现代化学专著系列·典藏版 18

聚酰亚胺

——化学、结构与性能的关系及材料

（第二版）

丁孟贤 编著

科学出版社

北京

内 容 简 介

本书较为全面地介绍了聚酰亚胺的“化学”、“结构与性能的关系”及“材料”。第1章为绪论，其他内容分成三编。第Ⅰ编化学包括“由二酐(或四酸)与二胺合成聚酰亚胺”、“由二酸二酯与二胺合成聚酰亚胺”、“以硝基酞酰亚胺或卤代苯酐为原料合成二酐及聚酰亚胺”、“聚酰亚胺的交联”、“由双马来酰亚胺及其衍生物得到的聚酰亚胺”及“聚酰亚胺的分解”6章；第Ⅱ编结构与性能的关系包括“聚酰亚胺的结构与性能关系概论”、“异构的聚酰亚胺”、“含氟聚酰亚胺”、“含硅聚酰亚胺”、“含磷聚酰亚胺”、“含脂肪单元的聚酰亚胺”、“含六元酰亚胺环的聚合物”、“液晶聚酰亚胺”、“树枝状及超枝化聚酰亚胺”及“共聚酰亚胺和聚酰亚胺共混物”10章；第Ⅲ编材料包括“薄膜”、“高性能工程塑料”、“泡沫”、“纤维”、“以聚酰亚胺为基体树脂的先进复合材料”、“黏合剂”、“分离膜”、“光敏聚酰亚胺”、“液晶取向排列剂”、“非线性光学材料”、“聚酰亚胺(纳米)杂化材料”、“质子传输膜”、“生物相容材料”及“其他材料”14章。全书共计31章。本书除了尽可能地反映国内外的先进技术和最新进展外，还包括编著者所在集体近五十年来在聚酰亚胺研究工作中的积累。为了便于读者查阅，书末还附有英文缩写与化合物结构对照表。

本书可供从事高分子合成、性能、加工及应用的研究人员和研究生阅读，也可作为从事与高分子材料相关工作的工程技术人员的参考书。

图书在版编目(CIP)数据

现代化学专著系列：典藏版 / 江明，李静海，沈家骢，等编著. —北京：科学出版社，2017.1

ISBN 978-7-03-051504-9

Ⅰ.①现… Ⅱ.①江… ②李… ③沈… Ⅲ. ①化学 Ⅳ.①O6

中国版本图书馆CIP数据核字(2017)第013428号

责任编辑：杨 震 刘 冉 / 责任校对：钟 洋 宋玲玲
责任印制：张 伟 / 封面设计：铭轩堂

科学出版社 出版
北京东黄城根北街16号
邮政编码：100717
http://www.sciencep.com
北京厚诚则铭印刷科技有限公司印刷
科学出版社发行 各地新华书店经销
*
2017年1月第 一 版 开本：720×1000 B5
2017年1月第 一 版 印张：58 1/2
字数：1 380 000

定价：7980.00元（全45册）

本书由

深圳惠程电气股份有限公司

董事长吕晓义先生和总经理何平女士

资助出版

再版说明

《聚酰亚胺——化学、结构与性能的关系及材料》一书在2006年出版后，得到了读者的厚爱，目前存书已经售罄。随着聚酰亚胺材料在我国研发进程的加速，希望了解聚酰亚胺的读者群也不断扩大。不少读者要求更多地了解单体和聚合物的合成及材料的制备方法。本书的姊妹篇《聚酰亚胺——单体合成、聚合方法及材料制备》已于2011年6月由科学出版社正式出版发行。考虑到聚酰亚胺材料仍在迅速发展中，对本书初版进行内容上的调整和补充，并对其中的一些错误予以更正是很有必要的，所以决定出版本书第二版。

第二版基本延续了初版的章节结构，但删除了初版的第1章“聚酰亚胺的合成方法”，因为该章内容已经在《聚酰亚胺——单体合成、聚合方法及材料制备》一书中有更好的体现，另将初版的“生物相容材料”部分内容提取出来单设一章。此外，对各章内容都或多或少地进行了补充和调整。

初版中黄文溪、侯豪情、李悦生、秦宗益和童跃进等参加编写的部分在第二版中仍然保留。第二版第30章生物相容材料由马晓野撰写，在此一并表示诚挚感谢！

本书的出版得到深圳惠程电气股份有限公司董事长吕晓义先生和总经理何平女士的资助，本人谨向他们致以由衷的谢意！

本书对初版中的一些错误进行了更正，但错误、疏漏之处仍难避免，恳切希望读者诸君不吝指正。

丁孟贤

2012年5月

初 版 序

1998年，为配合中国科学院长春应用化学研究所建所50周年的活动，我与我的同事们在仓促间编写了《聚酰亚胺新型材料》一书，承蒙读者厚爱，1500册很快就售完，此后不少读者要求再版，考虑到《聚酰亚胺新型材料》还有许多内容未能包括进去，更主要的是这几年来，聚酰亚胺又有一些重要的进展需要补充，所以在原来资料积累的基础上重新进行补充和调整，希望这本书能够把聚酰亚胺的面貌表达得更为清晰、完整。

本书内容分为化学、结构与性能关系及材料三编，共30章。化学编包括"聚酰亚胺的合成方法"、"由聚酰胺酸合成聚酰亚胺"、"由聚酰胺酯合成聚酰亚胺"、"以硝基苯酐或卤代苯酐为原料合成二酐及聚酰亚胺"、"聚酰亚胺的交联"、"由双马来酰亚胺及其衍生物得到的聚酰亚胺"和"聚酰亚胺的分解"7章。结构与性能关系编包括"结构与性能概论"、"异构聚酰亚胺"、"含氟聚酰亚胺"、"含硅聚酰亚胺"、"含磷聚酰亚胺"、"含脂肪单元的聚酰亚胺"、"含六元酰亚胺环的聚合物"、"树枝状及高枝化聚酰亚胺"、"液晶聚酰亚胺"和"共聚酰亚胺和聚酰亚胺共混物"10章。材料编包括"薄膜"、"高性能工程塑料"、"泡沫"、"纤维"、"以聚酰亚胺为基体树脂的先进复合材料"、"黏合剂"、"分离膜"、"光敏聚酰亚胺"、"液晶取向排列剂"、"非线性光学材料"、"聚酰亚胺(纳米)杂化材料"、"质子传输膜"及"其他材料"13章。另外，由于聚酰亚胺品种繁多，书中不可能对每个单体都使用全称，所以按照习惯，在更多场合都采用缩写，书后附有英文缩写与结构的对照表，以方便读者查阅。

众所周知，聚酰亚胺相关的文献量非常庞大，据不完全统计，已经达到10万篇以上，除了公开发表在期刊上的文章当尽量择要介绍外，数万条专利文献只选择在聚酰亚胺发展过程中意义较大的加以引用。

本书除了尽可能地反映国内外先进技术和最新进展外，还包括了作者所在的集体四十多年来在聚酰亚胺研究工作中的积累，同时也加入了编著者个人的体会。由于水平有限，材料的取舍可能不尽得当，错误也在所难免，恳切欢迎读者指正。

参加本书第3章、第25章、第26章、第27章和第28章编写的还有黄文溪、侯豪情、李悦生、秦宗益和童跃进，编著者在此表示深切的感谢。

本书的出版得到国家自然科学基金委员会出版基金的支持，我们的研究工作也曾得到基金委的多次资助，编著者在此表示最诚挚的感谢。

编著者

2005年6月

目　　录

第Ⅰ编　化　　学

第Ⅱ编　结构与性能的关系

第Ⅲ编　材　　料

第1章 绪 论

20 世纪中叶，随着航空、航天技术的发展，对耐热、高强、轻质的结构材料的需求十分迫切，这时，一类主链以芳环和杂环为主要结构单元的聚合物应运而生，这类聚合物的出现将当时的高分子结构材料的使用温度提高了 100℃以上，因此成为这个时期除 Ziegler-Natta 催化剂外高分子科学上的又一大成就。当时发表的已经合成的芳杂环聚合物有数十种之多，但真正为工业界接受的却仅有少数几种，其中以聚苯硫醚、聚醚砜、聚醚酮、液晶聚合物及聚酰亚胺在性能-价格比上最为引人注目。

聚酰亚胺是指主链上含有酰亚胺环的一类聚合物(图 1-1)，其中以含有酞酰亚胺结构的聚合物尤为重要。线形酰亚胺结构不易合成，更主要的是其热稳定性很低，所以没有实用意义。

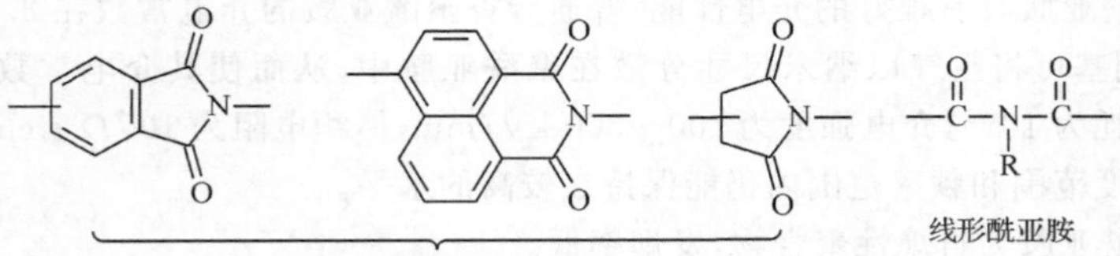

图 1-1 酰亚胺结构示意图

这类聚合物虽然早在 1908 年就已有报道，但那时聚合物的本质还未被充分认识，所以没有受到重视。直至 20 世纪 40 年代中期才有一些专利出现，但真正作为一种高分子材料的发展则开始于 20 世纪 50 年代。当时杜邦公司申请了一系列专利，并于 60 年代中期，首先将聚酰亚胺薄膜(Kapton)及清漆(Pyre ML)商品化，由此开始了一个聚酰亚胺蓬勃发展的时代。

与其他芳香杂环聚合物比较，聚酰亚胺之所以格外受到重视，是因为：①具有突出的综合性能；②在合成上具有多条途径；③可以用多种方法加工；④具有极广泛的应用领域。

1.1 聚酰亚胺的性能

(1) 对于全芳香聚酰亚胺，根据热重分析，其开始分解温度一般都在 500℃左右。由联苯二酐和对苯二胺合成的聚酰亚胺，热分解温度达到 600℃，是迄今聚合物中热稳定性最高的品种之一。

(2) 聚酰亚胺可耐极低温度，如在 4 K(−269 ℃)的液态氦中仍不会脆裂。

(3) 聚酰亚胺还具有很好的机械性能。未填充的塑料的抗张强度大多在 100 MPa 以上，均苯型聚酰亚胺薄膜(Kapton)的抗张强度为 250 MPa，而联苯型聚酰亚胺薄膜(Upilex S)的抗张强度达到 530 MPa。作为工程塑料，弹性模量通常为 3～4 GPa。俄罗斯学者报道由共聚聚酰亚胺纺得的纤维其强度可达 5.1～7.2 GPa，模量可达到 220～280 GPa。据理论计算，由均苯二酐和对苯二胺合成的聚酰亚胺纤维其模量可达 500 GPa，仅次于碳纤维。

(4) 聚酰亚胺对稀酸较稳定，但一般的品种不大耐水解，尤其是碱性水解。这个看似缺点的性能却给予聚酰亚胺有别于其他高性能聚合物的一个很大的特点，即可以利用碱性水解回收原料二酐和二胺，例如对于 Kapton 薄膜，其回收率可达 90%。改变结构也可以得到相当耐水解的品种，如经得起 120 ℃，500 h 水煮。但聚酰亚胺与其他芳香聚合物一样，不耐浓硫酸、浓硝酸及卤素。

(5) 聚酰亚胺有一个很宽的溶解度谱，根据结构的不同，一些品种几乎不溶于所有有机溶剂，另一些则能够溶于普通溶剂，如四氢呋喃、丙酮、氯仿甚至甲苯和甲醇。

(6) 聚酰亚胺的热膨胀系数在 $2\times10^{-5}\sim5\times10^{-5}\ K^{-1}$，联苯型聚酰亚胺可达 $10^{-6}\ K^{-1}$，与金属在同一个水平上，还有个别品种甚至可以达到 $10^{-7}\ K^{-1}$。

(7) 聚酰亚胺具有很高的耐辐照性能，其薄膜在吸收剂量达到 5×10^{7} Gy 时，强度仍可保留 86%，一种聚酰亚胺纤维经 1×10^{8} Gy 快电子辐照后，其强度保持率仍为 90%。

(8) 聚酰亚胺具有很好的介电性能，普通芳香聚酰亚胺的介电常数在 3.4 左右，引入氟后，大的侧基可将空气以纳米尺寸分散在聚酰亚胺中，从而使其介电常数降到 2.5 左右。介电损耗为 10^{-3}，介电强度为 100～300 kV/mm，体积电阻为 $10^{17}\ \Omega\cdot cm$。这些性能在宽广的温度范围和频率范围内仍能保持在较高的水平。

(9) 聚酰亚胺为自熄性聚合物，发烟率低。

(10) 聚酰亚胺在极高的真空下放气量很少。

(11) 聚酰亚胺无毒，可用来制造餐具和医用器具，并经得起数千次消毒。一些聚酰亚胺还具有很好的生物相容性，例如，在血液相容性试验中为非溶血性，体外细胞毒性试验为无毒。

1.2 合成上的多途径

聚酰亚胺品种繁多、形式多样，据不完全统计，已被用来合成聚酰亚胺的二酐有 400 多种，二胺则达到了上千种，因此被合成并进行研究的聚酰亚胺至少已达数千种。同时聚酰亚胺在合成上具有多条途径，因此可以根据各种应用目的进行选择，这种合成上的易变通性是其他高分子所难以媲美的。

(1) 聚酰亚胺主要由二元酐和二元胺合成，这两种单体与众多其他杂环聚合物，如聚苯并咪唑、聚苯并噁唑、聚苯并噻唑、聚喹噁啉及聚喹啉等的单体比较，原料来源广，合成也较容易。

(2) 聚酰亚胺可以由二酐和二胺在极性溶剂，如 DMF、DMAc、NMP 或 THF/甲醇等混合溶剂中先进行低温缩聚，获得可溶的聚酰胺酸，由聚酰胺酸溶液成膜或纺丝后加热至 300 ℃左右脱水成环转变为聚酰亚胺；也可以向聚酰胺酸中加入乙酐和叔胺类催化剂，进行化学脱水环化，得到聚酰亚胺溶液或粉末。二酐和二胺还可以在高沸点溶剂，如酚类溶剂中加热缩聚，一步获得聚酰亚胺。此外，还可以由四元酸的二元酯和二胺反应获得聚酰亚胺;也可以由聚酰胺酸先转变为聚异酰亚胺,然后再热转化为聚酰亚胺。这些方法都为加工带来方便,前者称为单体反应物的聚合(polymerization of monomeric reactants,PMR)方法,可以获得低黏度、高固含量的溶液,在加工时有一个具有低熔体黏度的窗口,特别适用于复合材料的制造;后者则增加了聚合物的溶解性,在转化的过程中不放出低分子化合物。

(3) 只要二酐(或四酸)和二胺达到合格的纯度,则不论采用何种缩聚方法,都很容易获得足够高的相对分子质量,加入单元酐或单元胺还可以方便地对相对分子质量进行调控。

(4) 含有酐(或邻位二酸)端基和氨端基的低相对分子质量聚酰亚胺在真空下加热时可以彼此发生反应,使相对分子质量继续增长。

(5) 很容易在链端或链上引入反应基团形成活性低聚物,从而得到热固性聚酰亚胺。

(6) 利用聚酰胺酸中的羧基进行酯化或成盐,引入光敏基团或长链烷基,获得双亲聚合物,可得到光刻胶、杂化材料或用于LB膜的制备。

(7) 一般的合成聚酰亚胺过程都不产生无机盐,其预聚物或聚酰亚胺的溶液可以直接用于涂膜或纺丝,无须进行繁杂的洗涤以去除会降低性能的无机盐副产物,这对于绝缘材料的制备特别有利。

(8) 作为单体的二酐和二胺在高真空和适当温度下容易升华,因此可以利用气相沉积法在工件,特别是表面凹凸不平或具有尖锐边缘的器件上形成聚酰亚胺薄膜。

1.3 聚酰亚胺的加工

经过几十年的发展,传统上认为的聚酰亚胺难以加工的观念应当有所修正。事实上,聚酰亚胺已经可以用适用于大多数聚合物的方法进行加工,例如利用溶液进行流延成膜、旋涂和丝网印刷,可以用熔融加工方法进行热压、挤塑、注射成型,甚至也可以得到熔体黏度很低的预聚物进行传递模塑(RTM法),可以用高固含量、低黏度的预聚物溶液进行预浸料的制备(PMR法),可以进行溶液纺丝(湿法、干法及干喷湿纺)及熔融纺丝,以四元酸的二元酯为单体,还可以以独特的方法得到聚酰亚胺泡沫材料,此外还可以利用单体二酐和二胺的易升华而进行气相沉积法成膜。至于亚微米级光刻、深度直墙刻蚀、离子注入、激光精细加工、纳米级杂化技术等都为聚酰亚胺的应用打开了广阔的天地。因此,聚酰亚胺非但不是难以加工的聚合物,相反,与其他聚合物相比,它还有更多的加工手段可以选择。

1.4 聚酰亚胺的应用

聚酰亚胺由于上述在性能、合成化学上的特点以及可以用多种方法加工的特性而得以广泛应用。在众多的聚合物中,很难再找到一种材料像聚酰亚胺这样应用范围如此广泛,而且其每一个应用都显示了极为突出的性能。

(1) 薄膜:聚酰亚胺最早的商品之一,用于电机的槽绝缘及电缆绕包材料。近年来,聚酰亚胺薄膜在柔性印刷线路板上的应用已经形成了巨大的产业。主要产品有杜邦的Kapton、宇部兴产的Upilex系列和钟渊的Apical。透明的聚酰亚胺薄膜可作为柔软的太阳能电池和OLED底板。

(2) 涂料：作为绝缘漆用于电磁线，或作为耐高温涂料使用。

(3) 先进复合材料：用于航天、航空器及火箭的结构部件及发动机零部件。在380℃或更高温度下可以使用数百小时，短时间内可以经受400～500℃的高温，是最耐高温的树脂基复合材料。

(4) 纤维：普通耐热纤维可以作为高温介质及放射性物质的过滤材料，亦可作为阻燃织物。高强度纤维是先进复合材料的增强剂，也可用作防护、防割织物。由电纺丝得到的纳米纤维非制造布可以用作锂电池的隔膜，提高电池的安全性和充电速度。此外，还可以在精细过滤材料方面得到应用。

(5) 泡沫塑料：用作耐高温及超低温的隔热和隔音材料。

(6) 工程塑料：有热固性也有热塑性，可以模压成型也可用注射成型或传递模塑。主要用于自润滑、密封、绝缘及结构材料。

(7) 胶黏剂：用作高温结构胶。

(8) 分离膜：用于各种气体对诸如氢/氮、氮/氧、二氧化碳/氮或甲烷等的分离，从空气、烃类原料气及醇类中脱除水分。也可用于渗透汽化膜及超滤膜。由于聚酰亚胺耐热和耐有机溶剂的性能，在有机液体和气体的分离上具有特别重要的意义。

(9) 光刻胶：有负性胶和正性胶，可以使用水性显影液，分辨率可达亚微米级。与颜料或染料配合可用于彩色滤光膜，可大大简化加工工序。

(10) 在微电子器件中的应用：用作介电层进行层间绝缘，作为缓冲层可以减少应力，提高成品率。作为保护层可以减少环境对器件的影响，还可以对α粒子起屏蔽作用，减少或消除器件的软误差(soft error)。

(11) 液晶显示用的取向排列剂：聚酰亚胺在TN-LCD、STN-LCD、TFT-LCD及铁电液晶显示器的取向剂材料方面都占有十分重要的地位。

(12) 电-光材料：用作无源或有源波导材料、光学开关材料等，含氟的聚酰亚胺在通信波长范围内透明；以聚酰亚胺作为发色团的基体可提高材料的稳定性。

(13) 质子传输膜：用作燃料电池尤其是甲醇燃料电池的隔膜，其甲醇透过率大大低于传统的全氟磺酸膜(Nafion)。

(14) 医用材料：聚酰亚胺低毒，可以用作多方面的医用材料。某些聚酰亚胺对血液和组织有较高的相容性，使其在生物相容材料方面的应用引起了人们的兴趣。

综上所述，不难看出聚酰亚胺之所以可以从20世纪六七十年代出现的众多芳杂环聚合物中脱颖而出，最终成为一类重要的高分子材料的原因。

1.5 展　望

聚酰亚胺作为一种很有发展前途的高分子材料已经得到充分的认识，在绝缘材料和结构材料方面的应用正不断扩大。在功能材料方面虽然已经有多种材料获得应用，但其潜力仍在发掘中。聚酰亚胺在发展了半个世纪之后仍未成为一个更大的品种的主要原因是其成本较高。但从化学的角度来看，聚酰亚胺的成本是可以降低的。降低成本的途径主要有两条：一是在单体合成及聚合方法上寻找途径；二是以聚酰亚胺的高性能来改进其他聚合物以发展一类新的性能比芳香聚酰亚胺稍低，但却高于被改性的聚合物的新品种。

(1) 单体的合成：聚酰亚胺的单体是二酐(四酸)和二胺。二胺的合成方法比较成熟，许多二胺也已有商品供应。二酐则是比较特殊的单体，除了用作环氧树脂的固化剂外，主要用于聚酰亚胺的合成。均苯二酐和偏苯三酸酐可由石油炼制或煤化学产品重芳烃油中提出的均四甲苯和偏三甲苯用气相和液相氧化一步得到。其他重要的二酐，如二苯酮二酐、联苯二酐、二苯醚二酐、六氟二酐等已由各种方法合成，但成本十分昂贵，例如六氟二酐每千克达数千元。中国科学院长春应用化学研究所开发出由邻二甲苯氯代、氧化再经异构体分离可以得到高纯度的3-氯代苯酐和4-氯代苯酐，以这两种化合物为原料可以合成一系列二酐，其降低成本的潜力很大，是一条有价值的合成路线。

(2) 聚合工艺：目前所用的二步法、一步法缩聚工艺都使用高沸点的溶剂，非质子极性溶剂价格较高，还难以除尽，最后都需要高温处理。PMR法使用的是廉价的醇类溶剂。热塑性聚酰亚胺还可以用二酐和二胺直接在挤出机中聚合并造粒，不再需要溶剂，可以大大提高效率。用氯代苯酐不经过二酐，先与二胺合成双(氯代酞酰亚胺)，然后再以多种方法直接聚合得到聚酰亚胺，是一条很经济的合成路线(详见本书第4章)。

(3) 用聚酰亚胺使其他聚合物高性能化：采用共聚、共混使聚酰亚胺与尼龙、聚酯、聚碳酸酯、环氧树脂等结合的工作已经有大量的文章发表。这种改性的聚合物虽然已有一些品种获得了应用，但还远远没有达到应有的程度，从其潜力来说，前景是很光明的。

除了上述与成本相关的问题之外，近年来对于异构聚酰亚胺的研究越来越引起人们的关注，有人称这类聚合物为“第二代聚酰亚胺”。因为由二酐和二胺的位置异构体获得的聚酰亚胺与传统的聚酰亚胺相比，具有更高的玻璃化温度和较低的熔体黏度，同时又保持了高热氧化稳定性、优异的机械性能和电绝缘性能。某些异构体还具有形成大环的倾向。这方面的研究工作还仅仅处于开始阶段，相信不论在合成或性能研究上，都将会取得更大的进展，尤其在功能材料方面的潜在可能性还远未认识。可以期望，由异构聚酰亚胺将会发展出更多的新型高分子材料。

有关单体和聚酰亚胺合成及材料的制备可以参考本书的姐妹篇《聚酰亚胺——单体合成、聚合方法及材料制备》。

诚然，聚酰亚胺仍然还有许多问题需要解决，例如开发能够低温(如室温至200℃)固化、高温(300℃以上)使用的结构和固化方法，零双折射薄膜材料，具有高导热率的材料及其他功能材料等。

我们始终相信，随着合成技术和加工技术的进一步提高和成本的大幅度降低，具有优越综合性能的聚酰亚胺必将在未来的材料领域中占据更为突出的地位。

有关聚酰亚胺的一些专著及综述

1 Androva N A, Bessonov M I, Laius L A, Rudakov A P. Polyimides: A New Class of Heat-Resistant Polymers. Leningrad: Nauka, 1968.

2 Volksen W, Cotts P M. Polyimides: Synthesis, Characterization and Applications. New York: Plenum, 1984.

3 Mittal K L. Polyimides: Synthesis, Characterization and Applications. New York: Plenum, 1986.

4 Bessonov M I, Koton M M, Kudryavtsev V V, Laius L A. Polyimides: Thermally Stable Polymers. New York: Ple-

num,1987.
5 Weber W D,Gupta M R. Recent Advances in Polyimide Technology. New York:Mid-Hundson Section of the Soc. of Plast. Eng. ,Poughkeepsie,1987.
6 Feger C, Khojasteh M M, McGrath J E. Polyimides Materials, Chemistry and Characterization. New York: Elsvier,1988.
7 Wilson D,Stenzenberger H D,Hergenrother P M. Polyimides. New York:Blackie,1990.
8 Abadie M J M,Sillion B. Polyimides and Other High Temperature Polymers. Amsterdam:Elsevier,1991.
9 Feger C,Khojasteh M M,Htoo M S. Advances in Polyimide Science and Technology. Lancaster,Pa:Technomic Publishing Co. Inc. ,1993.
10 Bessonov M I,Zubkov V A. Polyamic Acids and Polyimides:Synthesis,Transformations and Structures. Boca Raton:CRC Press,1993.
11 Yokota,R. Recent Advances in Polyimides. Raytech Co. ,1993.
12 Horie K,Yamashita T. Photosensitive Polyimides:Fundamentals and Applications. Lancaster,Pa:Technomic Publishing Co. Inc. ,1995.
13 Ghosh M K,Mittal K L. Polyimides: Fundamentals and Applications. New York:Marcel Dekker,Inc,1996.
14 梁国正,顾媛娟．双马来酰亚胺．北京:化学工业出版社,1996.
15 Feger C, Khojasteh M M, Molis S E. Polyimides: Trends in Materials and Applications. SPE: Mid Hudson Sec,1996.
16 Ohya H,Kudryavtsev V V,Semenova S I. Polyimide Membrane:Applications,Fabrications and Properties. Tokyo:Kodansha,1996.
17 丁孟贤,何天白．聚酰亚胺新型材料．北京:科学出版社,1998.
18 Kricheldorf H R. Progress in Polyimide Chemistry Ⅰ. Adv. Polym. Sci. ,1999,140.
19 Kricheldorf H R. Progress in Polyimide Chemistry Ⅱ. Adv. Polym. Sci. ,1999,141.
20 今井淑夫,横田力男,最新ポリイミド,日本ポリイミド研究会编,エヌ・テイー・エス,2002;聚酰亚胺的基础和应用．贺飞峰,吴忠文,译．NTS Inc. ,2003.
21 詹茂盛,王凯．聚酰亚胺泡沫．北京:国防工业出版社,2010.
22 丁孟贤．聚酰亚胺——单体合成、聚合方法及材料制备．北京:科学出版社,2011.

第Ⅰ编　化　　学

第 2 章 由二酐(或四酸)与二胺合成聚酰亚胺

2.1 聚酰胺酸的合成

2.1.1 概述

由聚酰胺酸合成聚酰亚胺,是获得聚酰亚胺最主要的合成方法,其优点是:

(1) 所有含五元酰亚胺环的聚酰亚胺都可以通过聚酰胺酸来合成;

(2) 所有聚酰胺酸都可以由二酐与二胺在非质子极性溶剂,如 *N*,*N*-二甲基甲酰胺(DMF)、*N*,*N*-二甲基乙酰胺(DMAc)、*N*-甲基吡咯烷酮(NMP)、二甲基亚砜(DMSO)中低温下得到高相对分子质量的聚酰胺酸;

(3) 由聚酰胺酸转化为聚酰亚胺只放出水分,而不像其他一些缩聚物,如聚苯硫醚、聚砜及聚芳醚等在缩聚过程中产生需要繁复的洗涤才能去除的无机盐。

在由二酐和二胺合成聚酰胺酸的过程中,其主要反应如式 2-1 所示。

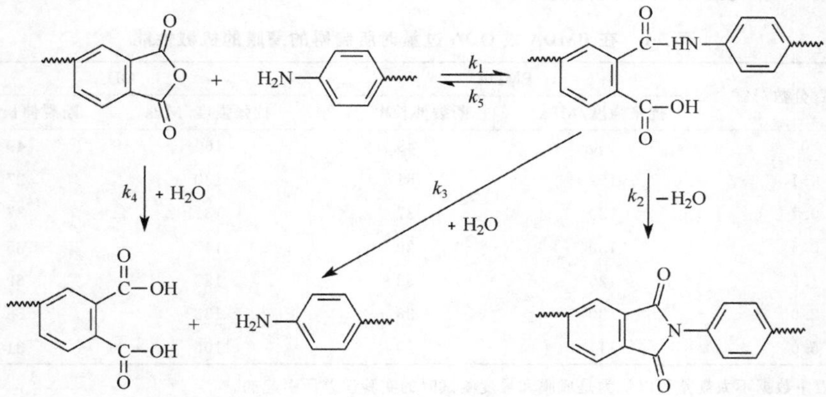

式 2-1 由二酐和二胺合成聚酰亚胺过程中的主要反应

聚酰胺酸通常由二酐和二胺在非质子极性溶剂中于低温(如−10℃至室温)下反应得到。通常认为,由于二酐容易被空气或溶剂中的水分水解,得到的邻位二酸在低温下不能与胺反应生成酰胺,从而影响到聚酰胺酸的相对分子质量。为了保证获得高相对分子质量的聚酰胺酸,在使用前应将反应器和溶剂小心干燥,二酐应妥善保存以避免被空气中的水分水解。对于对水解特别敏感的二酐,如均苯二酐,最好使用刚脱过水(如升华)的新鲜二酐。反应时应将二酐以粉末状态加入二胺的溶液中,同时开始搅拌,必要时还要外加冷却。然而在实际应用时,相对分子质量太高的聚酰胺酸由于溶液的表观黏度太高而不易加工,例如难以得到薄而均匀的薄膜。此外还经常发生在二酐溶解完之前体系就变得十分黏稠的现象，使反应难以顺利进行，或者在溶液中形成聚合物的团块，影响随后的加工，所以可以根据需要，将聚酰胺酸的相对分子质量控制在一定的范围内。为了达到这个目的，常用的方法是将黏度过高的聚酰胺酸溶液在适当的温度（如 40～60 ℃）下搅拌，利用酰胺酸的自降解过程使其黏度降低到适合加工的程度。上述的操作主要根据二酐的性质而定，如容易水解的均苯二酐，就要采用比较严格的干燥操作，而对于一些比较稳定的二酐，干燥的条件就不必太严格。我们曾经采用含有一定水分的溶剂，也就是让二酐水解掉一部分来控制所生产的聚酰胺酸的相对分子质量，或者更适合实际使用的是先以低于等物质的量比的二酐（如 95％～98％）与二胺反应，待溶解后，再以小份量的方式添加二酐直至黏度提高至所需数值，剩余的二酐量改用四酸加入，这样既能够保持二酐与二胺的等当量，又不至于使溶液的表观黏度太高。目前在生产过程中采用多加或少加二酐来调节相对分子质量的办法是不可取的，因为这样会破坏二酐和二胺的等物质的量比，造成最终产物聚酰亚胺相对分子质量的降低，从而影响产品的性能。表 2-1 是均苯二酐（PMDA）或二苯醚二胺（ODA）过量对所制得的薄膜机械性能的影响。由酐水解生成的邻位二酸端基或加入的四酸在聚酰胺酸加热环化时仍然可以脱水成酐并重新与氨端基反应，只要单体保持等物质的量比，仍然可以得到高相对分子质量的聚酰亚胺。表 2-2 是将各种二酐和二胺在含水量很高的溶剂中缩聚，所得到的聚酰胺酸热环化后获得的聚酰亚胺的机械性能。由表 2-2 可见，由于水分的存在，聚酰胺酸相对分子质量在一定程度内的降低并不会明显影响聚酰亚胺的机械性能[1]。

表 2-1　在 PMDA 或 ODA 过量时所制得的薄膜的机械性能

过量百分数/％	PMDA		ODA	
	抗张强度/MPa	断裂伸长率/％	抗张强度/MPa	断裂伸长率/％
0	160	49	160	49
0.1	152	61	130	27
0.2	130	37	131	37
0.5	130	29	140	35
1.0	125	33	153	62
2.0	130	33	133	58
5.0	111	29	106	31

注：表中数据不太规整可以认为是成膜和强度测试时的实验误差所引起的。

表 2-2　含水溶剂对聚酰胺酸的黏度及聚酰亚胺性能的影响

二酐/二胺	聚酰胺酸薄膜性能		聚酰亚胺薄膜性能		
	DMAc 含水量/％	η_{inh}/(dL/g)	η'_{inh}(dL/g)	抗张强度/MPa	断裂伸长率/％
PMDA/ODA	0.1	6.60	—	139	66
PMDA/ODA	1.0	3.30	—	—	—
PMDA/ODA	5	1.55	—	—	—
PMDA/ODA	10	1.12	—	131	66
PMDA/ODA	20	0.96	—	134	43
PMDA/ODA	30	0.46		不能成膜	
BPDA/ODA	0.1	2.05	—	124	20

续表

二酐/二胺	聚酰胺酸薄膜性能		聚酰亚胺薄膜性能		
	DMAc 含水量/%	η_{inh}/(dL/g)	η'_{inh}(dL/g)	抗张强度/MPa	断裂伸长率/%
BPDA/ODA	5	1.37	—	115	23
BPDA/ODA	10	0.93	—	114	17
BPDA/ODA	15	0.85	—	112	11
BPDA/ODA	25	0.73	—	81	8
BPDA/ODA	30	非均相			
ODPA/ODA	0.1	0.97	1.09	107	19
ODPA/ODA	10	0.40	1.03	121	15
ODPA/ODA	15	0.36	1.02	110	9
ODPA/ODA	20	0.25	1.05	101	11
ODPA/ODA	25	0.22	0.99	106	10
ODPA/ODA	30	非均相			
TDPA/ODA	0.1	1.12	1.09	121	15
TDPA/ODA	5	0.85	1.02	109	9
TDPA/ODA	15	0.58	1.03	112	12
TDPA/ODA	20	0.44	1.12	96	8
TDPA/ODA	25	非均相			
HQDPA/ODA	0.1	1.02	1.15	104	12
HQDPA/ODA	5	0.91	1.11	105	17
HQDPA/ODA	10	0.83	1.01	107	23
HQDPA/ODA	15	0.69	1.01	112	12
HQDPA/ODA	20	非均相			

注：η_{inh}：聚酰胺酸的比浓对数黏度，0.5%DMAc，30℃；η'_{inh}：聚酰亚胺的比浓对数黏度，0.5%甲酚，30℃。PMDA系列的数据是由用区熔提纯的单体聚合得到的。

2.1.2　二酐和二胺的活性

由二酐和二胺合成聚酰胺酸的反应是可逆的(式 2-1)[2,3]。正向反应被认为是在二酐和二胺之间形成了电荷转移络合物[4-6]。由于酐基中一个羰基碳原子受到亲核进攻，这种酰化反应在非质子极性溶剂中室温下的平衡常数达到 10^5 L/mol[2]，因此很容易获得高相对分子质量的聚酰胺酸。该反应的平衡常数取决于胺的碱性或给电性和二酐的亲电性。动力学研究表明，对于不同的二酐，其酰化能力可相差 100 倍，而对于不同的二胺，其反应能力则可相差 10^5 倍[7]。带有吸电子基团，如—CO—、—SO_2—、炔基及含氟基团的二胺，尤其当这些基团处于氨基的邻、对位时，在通常的低温溶液缩聚中难以获得高相对分子质量的聚酰胺酸。然而迄今为止，对于五元环酐，尚无二酐因为带有给电子基团而使活性降低到得不到足够高的相对分子质量的聚酰胺酸的报道。

对于二酐，其羰基的电子亲和性(E_a)越大，即酐的电子接受能力越大，酰化速率也越高，它可以由极谱还原数据得到[6]，也可以由分子轨道法算得。各种二酐的 E_a 值见表2-3[8]。

表 2-3　芳香族二酐的电子亲和性

二酐	E_a/eV	二酐	E_a/eV
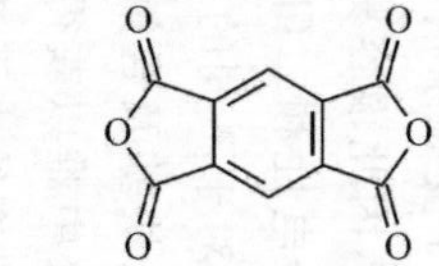	1.90	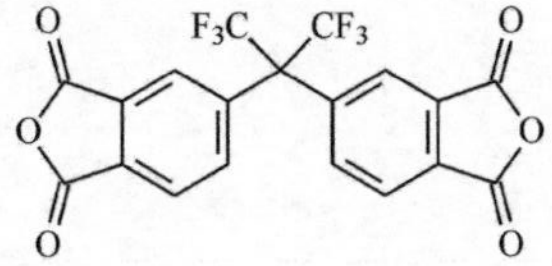	1.48[a]
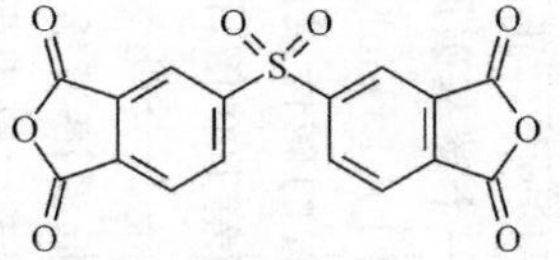	1.57	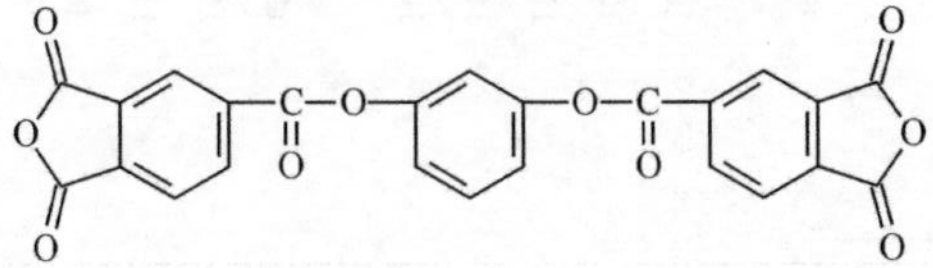	1.47
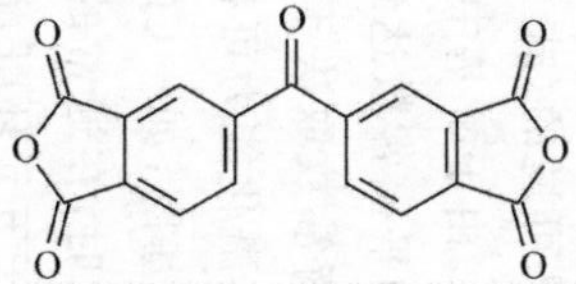	1.55	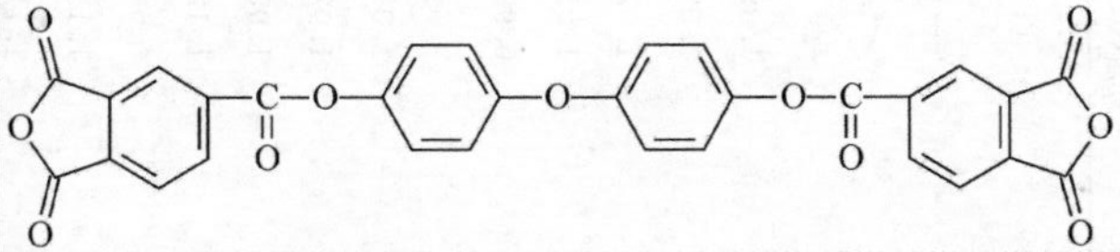	1.45
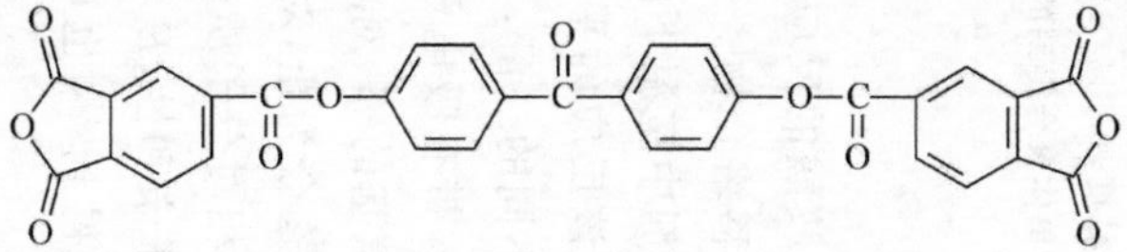	1.51	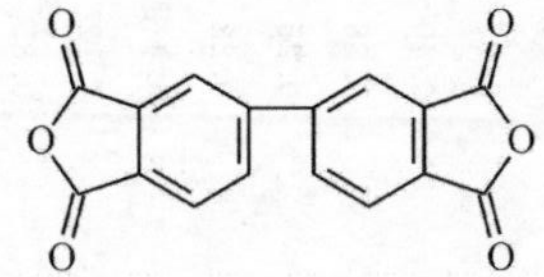	1.38
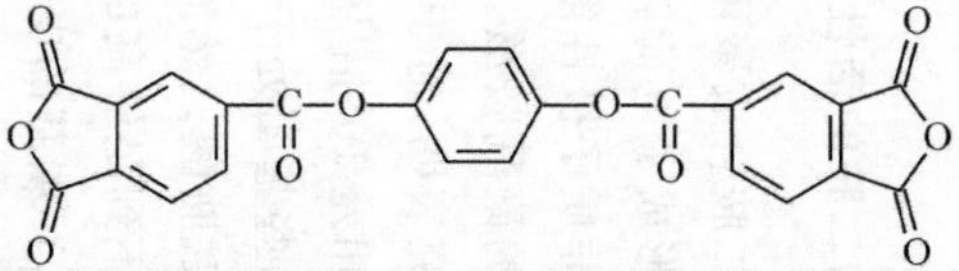	1.48	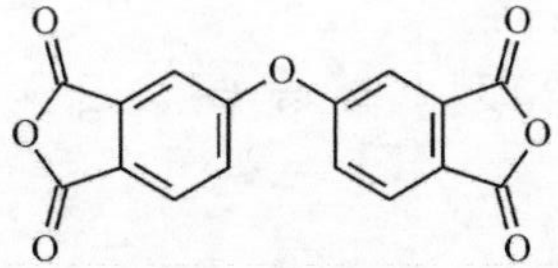	1.30
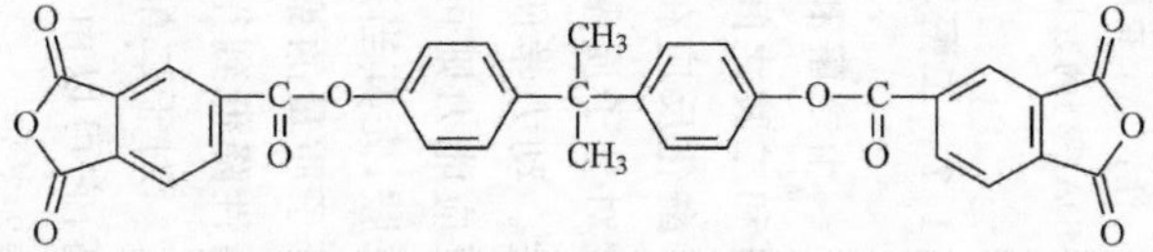	1.48	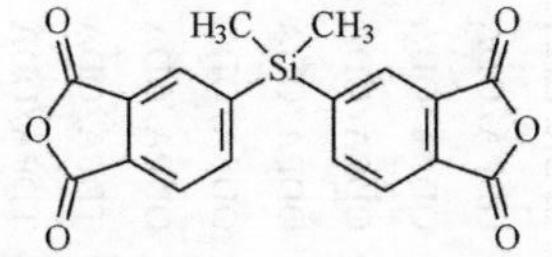	1.26

续表

二酐	E_a/eV	二酐	E_a/eV
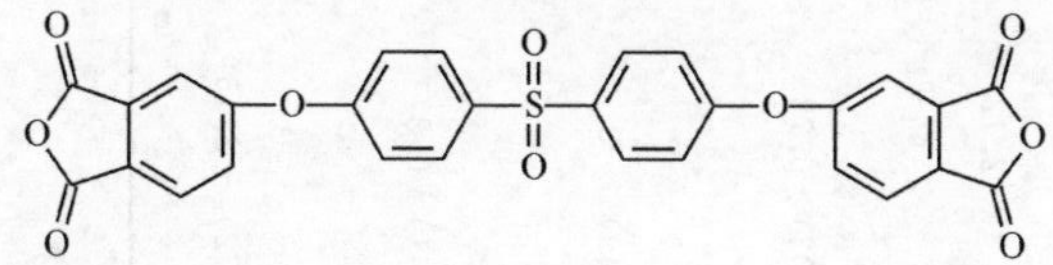	1.24	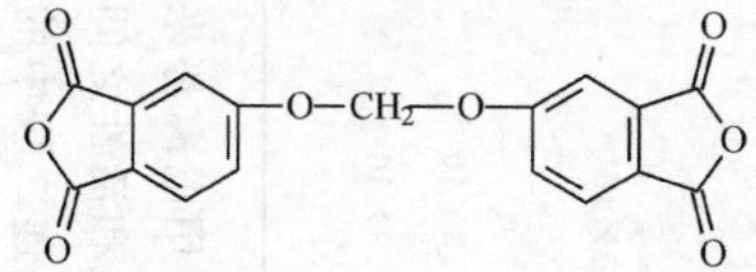	1.19
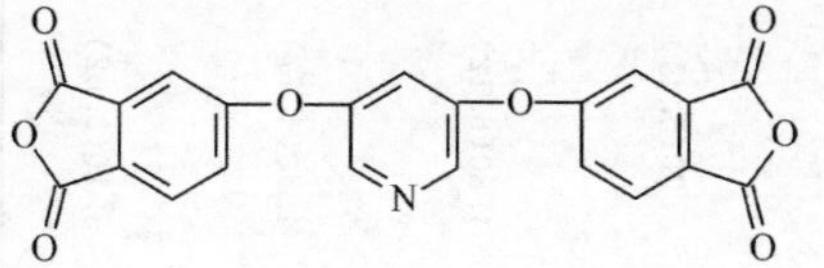	1.22	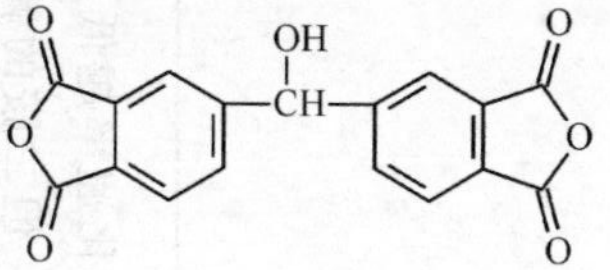	1.17
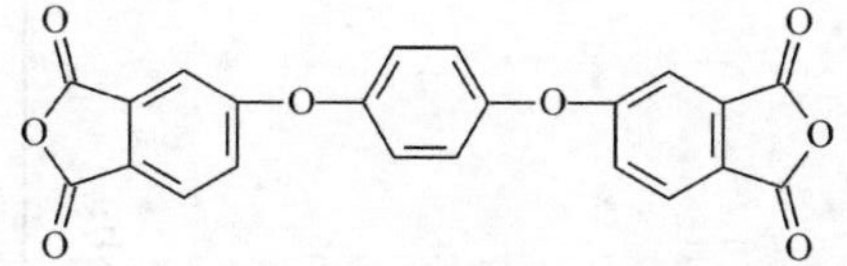	1.19	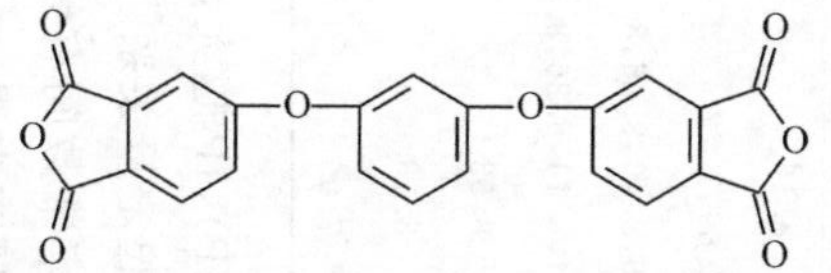	1.13
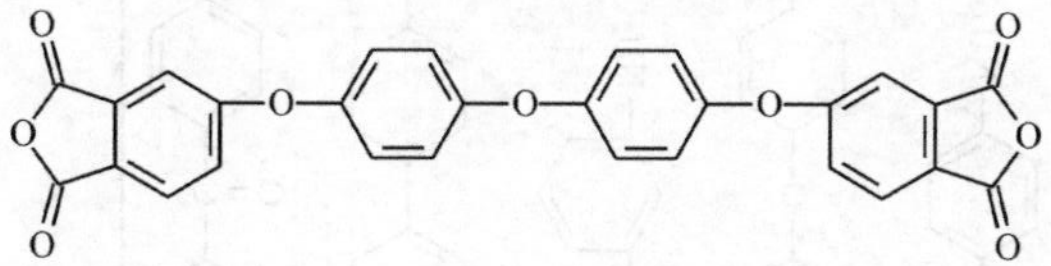	1.19	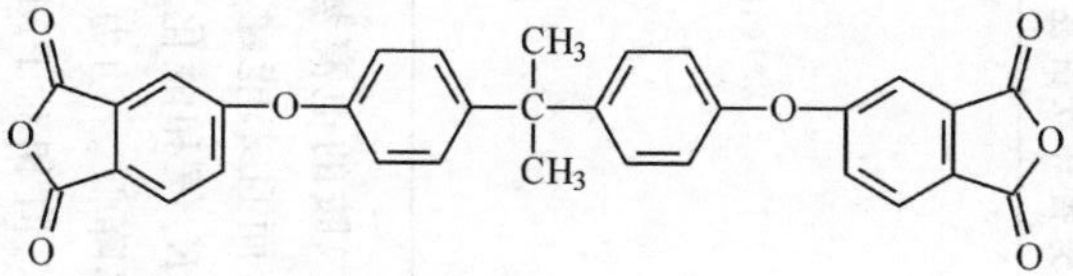	1.12
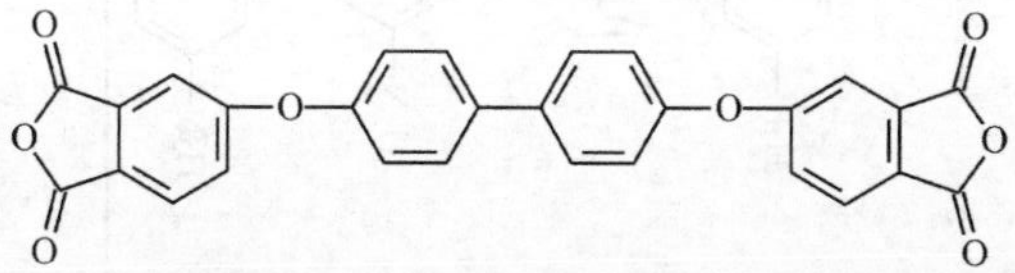	1.19	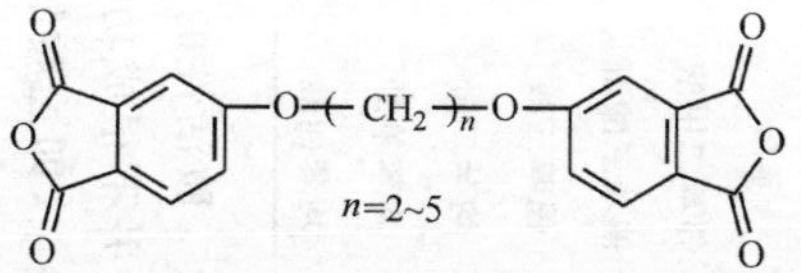	1.10

a：由作者所在实验室从 6FDA 的酯化选择性数据估算而得(见本书第 3 章)。

二酐的活性也反映在它们的水解稳定性上。Kreuz 等[9]报道了芳香环状酐的质子化学位移和水解速率常数(表 2-4)。认为所有的酐水解反应均为二级动力学,随着苯环上拉电子基团的增加,水解速率增加。

表 2-4　芳香环状酐在 DMAc 中的 H^1 化学位移和水解速率常数

化合物	化学位移/ppm	水解速率常数,k(25℃)/[L/(mol · s)]
苯酐	8.16	6×10^{-6}
邻苯二甲酸	7.69,7.72	—
偏苯三酸酐	8.14,8.26,8.40,8.46,8.62	1×10^{-4}
偏苯三酸	7.72,7.84,8.14,8.26,8.34	—
均苯二酐	8.53	1.3×10^{-2}
均苯单酐	8.18	6.8×10^{-4}
均苯四酸	7.95	—

衡量二胺活性的是二胺的电离势(IP),IP 越大,酰化速率越低,但用电离势来联系二胺的活性并不很成功[7],而且未能建立起定量关系[10]。但二胺的碱性和活性之间有很好的定量关系,即二胺的 pK_a 值和酰化速率常数间有线性关系[11,12]。桥连二胺中的桥的拉电子能力增加,酰化速率降低。动力学研究表明,二胺结构的变化要比二酐更能影响反应的进行。各种二胺的 pK_a 值和对 PMDA 的活性列于表 2-5[10]。

表 2-5　二胺的碱性及对 PMDA 的活性

二胺	pK_{a1}	pK_{a2}	lg k	^{15}N NMR 化学位移[13]
$H_2N(CH_2)_6NH_2$	9.8			
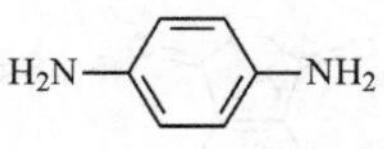	6.08		2.12	53.8
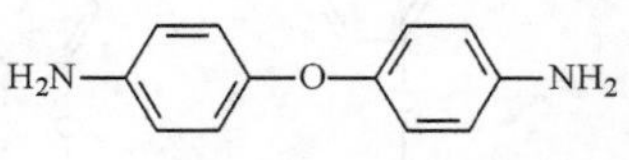	5.20(5.41)	(4.02)	0.78	57.9
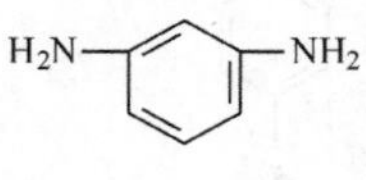	4.80(6.12)	(3.49)	0	60.8
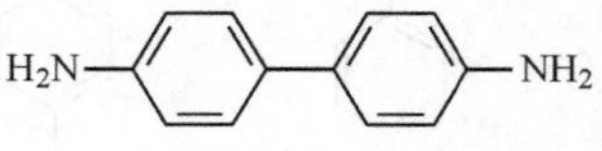	4.60(4.77)	(3.41)	0.37	
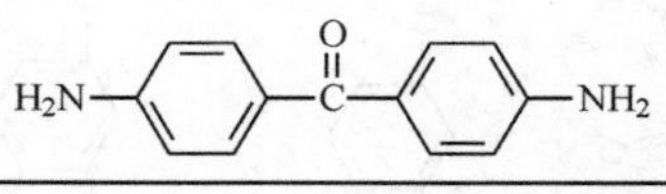	3.10(3.02)	(2.72)	−2.15	

续表

二胺	pK_{a1}	pK_{a2}	lg k	^{15}N NMR 化学位移[13]
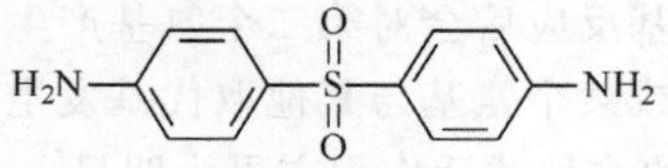	2.0(2.44)	(2.32)		
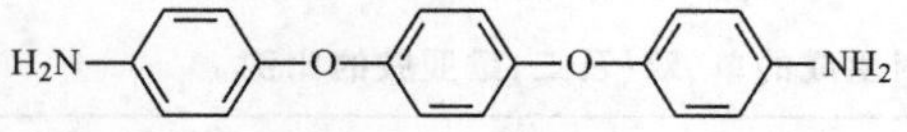	(4.97)	(4.22)		59.1
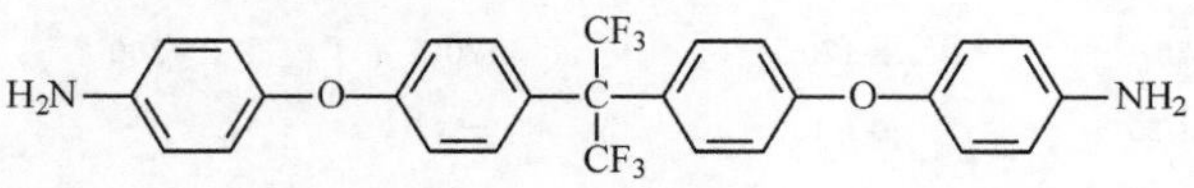				60.0
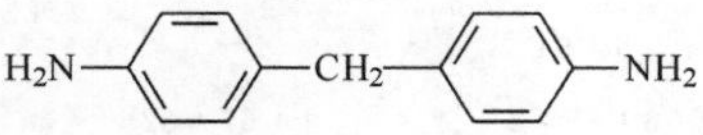	(6.06)	(4.98)		59.4
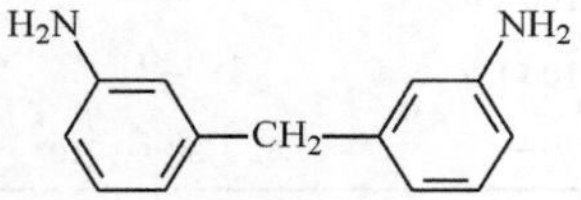				61.4
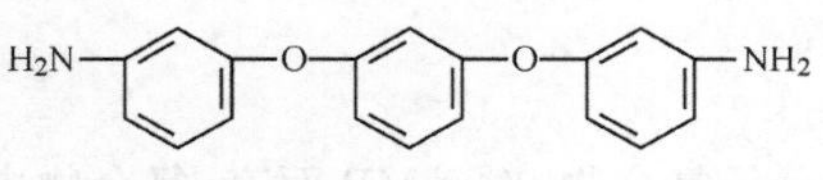				63.8
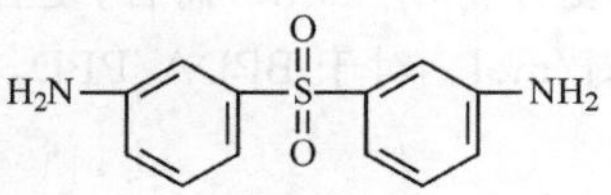				65.7
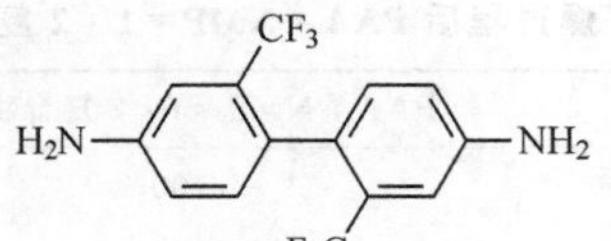				63.9
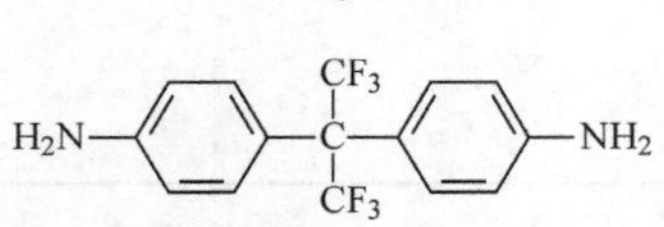	(3.10)	(2.92)		

注：括号中的数据来自参考文献[14]。

Okuda 等[15] 和 Ando 等[13] 以 ^{15}N、^{13}C、^{1}H NMR 的化学位移作为二胺和二酐局部电子结构的参数,发现与酰化速率之间可以建立起很好的关系。二胺的 ^{15}N NMR 化学位移随活性增加及 IP 降低而移向高场(pH 值降低)。^{1}H NMR 化学位移也有同样的规律,只是后者比前者更能为另一个氨基所影响,因此对苯二胺并不服从这个规律。^{15}N NMR 的化学位移向高场移动 4 ppm,相应于反应速率增加 10 倍。直接与氨基连接的碳原子的 ^{13}C NMR化学位移也同样与 ^{15}N NMR 的化学位移有单调的关系。该芳香碳的化学位移与二胺的电子给予性质之间的联系是很有价值的。这些化学位移向高场移动说明氨基上的电子密度增加，因而也反映了二胺活性的增加。二酐羰基碳的^{13}C NMR化学位移也能表示二酐的反应能力，越在高场，反应能力越强，但由于其差别往往只在1%以下，所以其准确度不大令人满意。

苯二胺与芳香二酐进行反应时，第一个氨基反应后会对第二个氨基产生减活作用，当两个氨基处于同一个芳环上互成邻位或对位，或某个氨基与其他取代基发生空间位阻时，这种减活作用就更明显[16]。杂环二胺或三胺的这种减活作用亦更为明显[16]（表2-6）。

表2-6　苯酐与胺类反应时生成的单、双(及三)酰亚胺的比例

胺：苯酐	1：1	1：2	1：3	1：3
反应温度/℃	170	170	170	200
间苯二胺	75：25	0：100	—	—
2,6-吡啶二胺	88：12	1：99	—	—
2,4-嘧啶二胺	93：7	6：94	—	—
2,4,6-嘧啶三胺	87：13	6：85：9	1：67：32	<1：68：31
2,4-对称三嗪二胺	—	100：0	—	—
苯基对称三嗪二胺	—	100：0	—	—
2,4,6-对称三嗪三胺	94：4：0	—	62：38：<10	57：43：<10

2.1.3　聚酰胺酸与溶剂的复合物

聚酰胺酸与非质子极性溶剂可以形成分子复合物，对NMP而言，复合物中NMP：PAA为2：1。该复合物的分解活化能为109 kJ/mol。对于BPDA/PPD，在不同干燥条件下的复合物含量见表2-7[17]。

表2-7　在BPDA/PPD聚酰胺酸:NMP体系中每个干燥过程后PAA：NMP=1：2复合物的百分数

干燥温度(60 min)/℃	PAA：NMP=1：2复合物/%
80	100
100	100
150	68
200	0

2.1.4　形成聚酰胺酸的反应动力学

由式2-1可见，在由二酐和二胺形成聚酰胺酸的反应中，除了正、逆反应(k_1,k_5)之外还可能进行酰亚胺化(k_2)、酰胺的水解(k_3)及端酐基的水解(k_4)反应。由PMDA/ODA在DMF中测得的各个反应的速度常数如下[7]：

$$k_1 = 0.6\ \text{L/(mol} \cdot \text{s)}$$

$$k_2 = 8 \times 10^{-10}\ \text{s}^{-1}$$

$$k_3 = 0.5 \times 10^{-8} \sim 2.0 \times 10^{-8}\ \text{L/(mol} \cdot \text{s)}\ (k_5 = 0)$$

$$k_4 = 1.5 \times 10^{-3} \sim 4 \times 10^{-3}\ \mathrm{L/(mol \cdot s)}$$
$$k_5 = 0.5 \times 10^{-8} \sim 1.0 \times 10^{-8}\ \mathrm{s^{-1}}(k_3 = 0)$$

形成聚酰胺酸的反应是放热的,反应热取决于溶剂的碱性,因此提高反应温度会增加逆反应,使相对分子质量降低[18]。只有当单体(绝大多数的情况为二胺)的活性太低时,提高反应温度才有利于反应,但这时可能伴随有聚酰亚胺的产生,由于形成酰亚胺的反应在该条件下是不可逆的,所以得到的聚酰亚胺的相对分子质量可能要比聚酰胺酸高。事实上,在二胺活性不够高的情况下,经常采用一步法,在高温下由二酐和二胺一步合成聚酰亚胺[19,20]。

在一些由于二胺的碱性太强(例如脂肪二胺),容易与酰胺酸形成盐,或者由于聚酰胺酸发生结聚而凝胶化的情况下,也需要将反应温度适当提高,以得到均相的聚酰胺酸溶液。

由于正反应为双分子反应,而逆反应为单分子反应,因此增加浓度对正反应有利[21]。但是这个事实有时难以用实验证明,因为浓度太高也会使得黏度变得很大,以致达到难以搅拌的程度,使反应不能顺利进行下去。同时二酐常常是以固体形式加入的,黏度太高,导致传质不利,二酐颗粒周围水的浓度由于二胺被反应掉而相对提高,从而增加了二酐水解的速度。通常所用的溶剂都含有一定量的水分,浓度低,水分的含量相对增加,因此,太稀的溶液会降低聚酰胺酸的相对分子质量[22]。

形成聚酰胺酸的动力学仍有争论,有人认为是不可逆的二级动力学反应[11,23-25],也有人认为是可逆的自催化反应[26,27]。因为在四氢呋喃中,酸的加入可以加速反应,但只能得到低相对分子质量的产物。在酰胺类溶剂中,反应是没有自催化作用的[28,29],因为这种溶剂的碱性能和羧酸形成很强的氢键,从而起不到催化作用。但简单的羧酸(如苯甲酸)则的确可以在酰胺类溶剂中催化酰胺化反应。溶剂的极性越高,碱性越强,形成聚酰胺酸的速率越大[2,24,28],以苯甲酸为溶剂的反应见第 2.3 节。

在高浓度下,反应受扩散控制,实际上,反应是在固体二酐的表面进行的[29-32],因此在二酐溶解完之前就已经形成了一些相对分子质量很高的产物[30],结果是使相对分子质量分布变宽[31]。

2.1.5 聚酰胺酸的异构化

二胺与二酐反应时会生成位置异构体[33,34],异构体的组成与二胺类型无关,仅取决于二酐的结构,即与羧基碳原子上的电子密度有关,亲核试剂二胺优先进攻最缺电子的羧基碳。因此,当羧基的邻、对位具有强拉电子基团时,会增加这个羧基被进攻的可能性。PMDA 的一个酐开环后,处于酰胺基间位的另一个酐环上的羰基比较缺电子,因此更容易为亲核的胺所进攻。式 2-2 中,P 为氨基进攻桥基间位羰基的分数,对于均苯二酐,则是一个酐反应后,另一个酐反应时产生间位异构体的分数。各种二酐产生异构酰胺酸的分数见表 2-8。

有关酐的酰化反应见第 3 章 3.1 节。

对于 ODPA/BAPF 的聚酰胺酸的异构体,羰基碳的^{13}C NMR 谱裂分为多个部分重叠的峰,而与桥链醚相邻的芳香碳在^{13}C NMR 谱中 156.5～159.5 ppm 范围能够很好地区分(图 2-1)[35]。

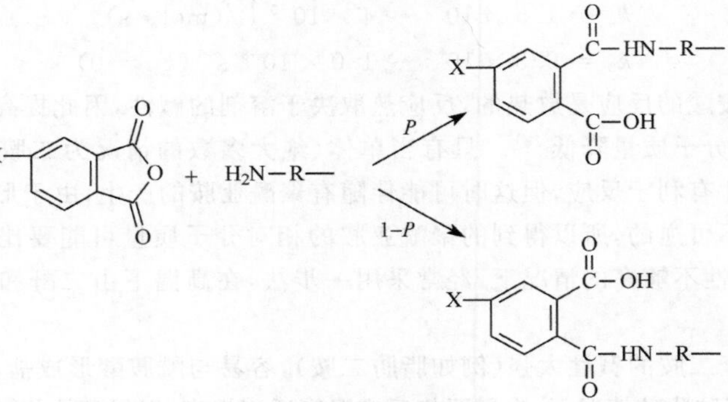

式 2-2　形成聚酰胺酸时的异构化

表 2-8　由各种二酐产生的异构聚酰胺酸

二酐	间位异构体/%	对位异构体/%
PMDA	60	40
ODPA	53	37
BPDA	50	50
BTDA	45	55

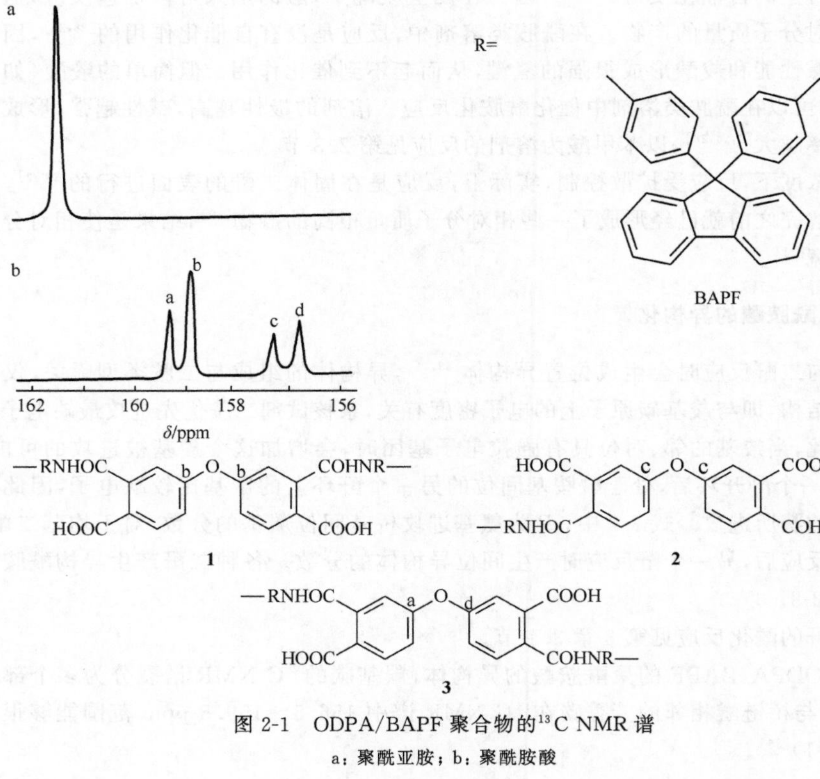

图 2-1　ODPA/BAPF 聚合物的 ^{13}C NMR 谱

a：聚酰亚胺；b：聚酰胺酸

由这些峰的面积就可以定量地计算出酰胺酸异构体在聚酰胺酸链中的分数。在以 NMP 为溶剂时,**1**∶**2**∶**3**＝0.33∶0.17∶0.50,桥基间位羰基被酰化的分数 P＝**1**＋(1/2)**3**＝0.58。因此在 NMP 中,ODPA 处于醚氧间位的羰基较易受到亲核攻击。而在 DMSO 中,**1**∶**2**∶**3**＝0.14∶0.37∶0.49,P＝0.39。这时 ODPA 中处于醚氧对位的羰基较易受到亲核攻击[36]。因此,溶剂也能够影响酐酰化异构体的分配。酰亚胺化后这些不等同的碳原子的差别就全部消失,变成 161.5 ppm 处的单一峰。在以 PMDA、ODPA、BTDA 及 BPDA 与 PPD 或联苯胺(Bz)得到的聚酰胺酸中,PMDA 对于两个二胺,其间位、对位比都为 0.60∶0.40;ODPA 的 **1**∶**2**∶**3**＝0.40∶15∶0.45,P＝0.63; BTDA 的 **1**∶**2**∶**3**＝0.20∶0.34∶0.46,P＝0.43;对于 BPDA,间、对位异构单元几乎相等[37]。

三氟甲基均苯二酐在与苯胺反应时得到的相对于 CF_3 的间位酰胺酸占 80%,相对于 H 的间位酰胺酸占 20%(式 2-3)[38]。

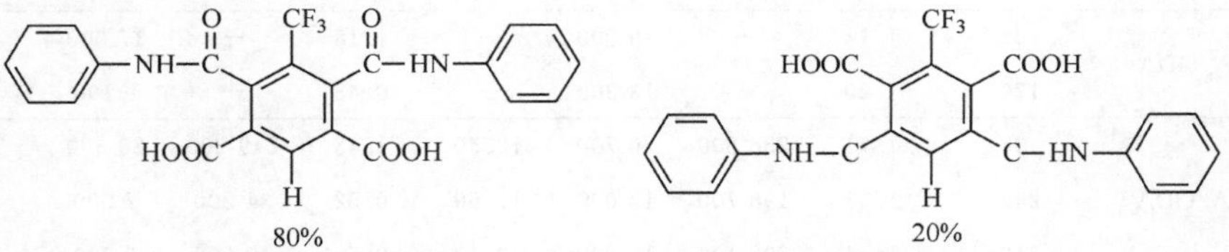

式 2-3　三氟甲基均苯二酐与苯胺反应得到的异构体

2.1.6　聚酰胺酸的降解过程

聚酰胺酸溶液在储藏过程中黏度自动降低,这种现象很早就已被认为是由于酰胺酸中邻位羧基对酰胺基的自动催化裂解,产生的酐又被溶剂中的水分水解,使其不能再与胺反应重新形成酰胺(式 2-4)[39]。

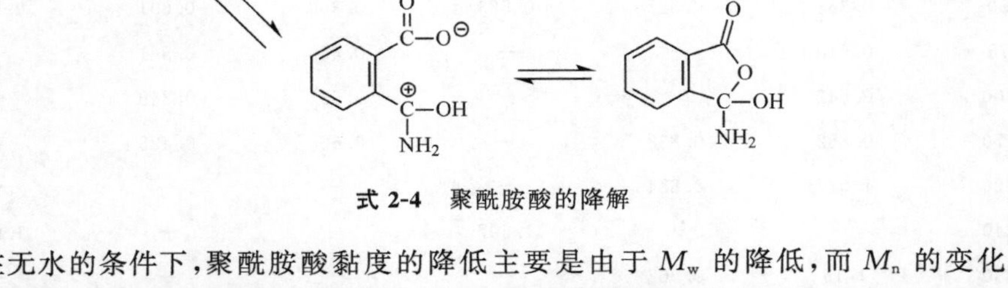

式 2-4　聚酰胺酸的降解

在无水的条件下,聚酰胺酸黏度的降低主要是由于 M_w 的降低,而 M_n 的变化并不大,结果是相对分子质量分布变窄[40],系统达到动态平衡,实际上是式 2-1 中的 $k_3=0$[39]。温度只能决定达到该平衡的时间长短,此外的决定因素还有二酐对水解的稳定性。在有水存在的情况下,由于酐的水解,反应向降解的方向移动,聚酰胺酸的相对分子质量持续降低，温度越高，降低得越快。表 2-9 是各种聚酰胺酸在“干态”和“湿态”条件下相对分子质量和相对分子质量分布的变化情况[40]。

表 2-9　聚酰胺酸在“干态”和“湿态”条件下的相对分子质量和相对分子质量分布

聚酰胺酸	时间/h	“干态”				“湿态”			
		η_{inh}	M_w	M_n	M_w/M_n	η_{inh}	M_w	M_n	M_w/M_n
BPDA/ODA	0	1.39	89 900	13 100	6.86	1.35	90 100	13 000	6.93
	290	1.49	74 200	11 200	6.63	0.86	24 200	6 100	3.97
BPDA/PPD	0	1.33	103 400	18 800	5.50	1.34	94 500	17 800	5.31
	312	1.33	78 400	14 900	5.26	0.63	19 600	6 000	3.27
BTDA/ODA	0	1.28	—	15 400	—	1.10	—	12 300	—
	170	1.53	—	12 500	—	0.48	—	6 500	—
6FDA/ODA	0	1.11	—	19 200	—	1.18	—	17 000	—
	170	1.20	—	13 300	—	0.48	—	9 100	—
ODPA/ODA	0	1.71	258 800	20 700	12.50	1.45	249 200	20 300	12.28
	240	1.53	198 700	17 000	11.69	0.52	34 200	7 000	4.89
	312	1.54	208 100	15 800	13.17	0.52	19 900	5 800	3.43

注：“干态”是指所用的溶剂 DMAc 是在 P_2O_5 上蒸馏得到的；“湿态”是使用含水量为 1 mol/L 的 DMAc。

从表 2-9 中可见，即使在“干态”条件下，M_n 也随着时间的延长而降低，但相对分子质量分布并未变窄，可见在储存过程中，M_w 和 M_n 是按同样比例下降的。这可能是由于所用的溶剂并未将水分除尽，与“湿态”相比，只是下降得较慢而已。在“湿态”条件下，相对分子质量随着时间的延长明显降低，而且相对分子质量分布也显著变窄，可见有水存在时，重均相对分子质量的降低比数均相对分子质量快，实际上起到使相对分子质量均匀化的作用。表 2-10 为在“干态”条件下聚酰胺酸每个重复单元发生水解断链的数目[40]。

表 2-10　在“干态”条件下聚酰胺酸每个重复单元发生水解断链的数目

时间/h	PMDA/ODA	BPDA/ODA	BPDA/PPD	BTDA/ODA	6FDA/ODA	ODPA/ODA
0	0.000	0.000	0.000	0.000	0.000	0.000
25	0.162	0.153	0.559	0.131	0.326	0.224
50	0.363	0.321	0.583	0.368	0.601	0.632
75	0.610	—	—	0.459	0.581	—
100	0.642	—	—	0.625	0.349	—
170	0.882	0.838	—	0.660	0.425	—
220	1.017	0.884	—	—	—	—
240	—	—	1.507	—	—	1.682
290	1.16	0.962	—	—	—	—

表 2-10 的数据同样说明了所用的溶剂中仍然含有水分，因为如果用的是绝对无水的溶剂，酰胺酸降解成酐和胺，则由酐和胺形成酰胺酸的可逆反应会达到动态平衡，不会使

相对分子质量继续下降,由于绝对无水的酰胺类溶剂难以得到,所以这种动态平衡至今也未能看到。

对于 PMDA/ODA 体系,在含水的 DMF 中,室温反应在前 10～20 min 进行得最快,在二酐完全溶解后数小时内,由于逆反应变得显著,而使黏度达到最高值后开始逐渐下降,相对分子质量分布也由初始的 6 或更高降至 3 或更低[7]。在室温下,聚酰胺酸的酰亚胺化反应很慢。但酰亚胺化反应也取决于酐的结构,由均苯二酐获得的聚酰胺酸溶液在室温存放数月后即产生聚酰亚胺沉淀,而由某些二醚二酐制得的聚酰胺酸,即使存放 1 年,也不会产生沉淀(表 2-11)[41]。从表 2-11 可见,在所研究的二酐中,由 HQDPA 得到的聚酰胺酸的稳定性最高,由 PMDA 所得到的聚酰胺酸的稳定性最低,这是由二酐的水解稳定性所决定的。酐的水解速度随着苯环上拉电子基团的增加而提高,例如 PMDA 的水解速度要比苯酐大 2000 多倍[9]。HQDPA 甚至在被粉碎为 60 目后,在空气中放置数月,仍可以获得高相对分子质量的聚酰胺酸;而 PMDA 被粉碎后即使立即使用也难以得到高相对分子质量的聚酰胺酸。此外,在与 ODA 反应的情况下,由 HQDPA 得到的聚酰胺酸的黏度即使降到 0.3～0.2 dL/g,仍可以得到强韧的薄膜,而由 PMDA 得到的聚酰胺酸的黏度降到 0.5 dL/g 以下即难以成膜。

表 2-11　各种聚酰胺酸溶液的储藏稳定性

二酐	聚酰胺酸		聚酰亚胺	
	储藏期/天(室温)	η_{inh}^{a}/(dL/g)	η_{inh}^{b}/(dL/g)	成膜情况
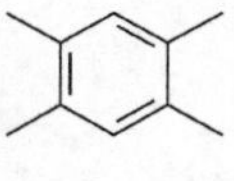	230	0.44	—	不能成膜
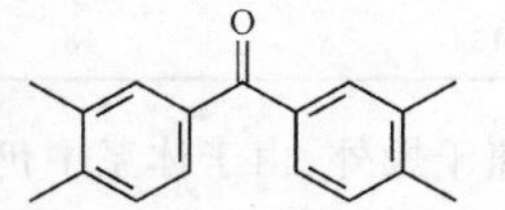	230	0.45	—	成膜良好
	289	0.20	—	不能成膜
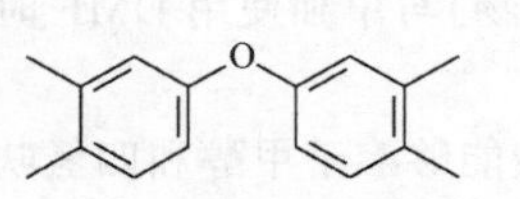	220	0.37	1.12	成膜良好
	389	0.19	—	不能成膜
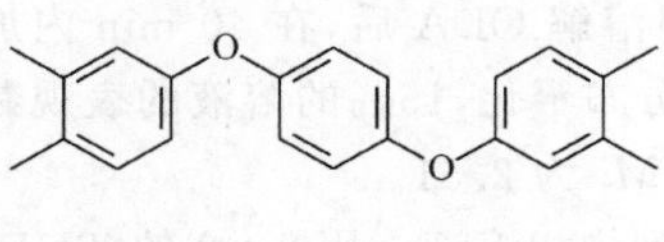	250	0.73	1.47	成膜良好
	385	0.46	1.29	成膜良好
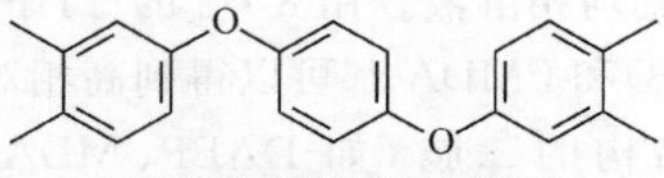	200	0.28	1.31	成膜良好
(10%以四酸形式参加反应)	385	0.20	0.86	成膜良好

注:二胺组分为 4,4′-二氨基二苯醚。a. 0.5%DMAc,30 ℃;b. 0.5%间甲酚,30 ℃。

由上述可见,要降低聚酰胺酸的降解速度,可以降低温度,去除环境中的水分,如采用干燥的溶剂,或将聚酰胺酸以干态保存,或束缚酰胺酸中羧基上的质子,例如加入有机碱,都可以减慢降解过程[42]。让酰胺酸中的羧基酯化,则能完全抑制降解过程[43]。

2.1.7 在其他溶剂中合成聚酰胺酸

聚酰亚胺，尤其是 PMDA/ODA 体系，能够作为材料迅速进入市场的原因之一是可以由二酐和二胺在非质子极性溶剂中聚合得到可溶的预聚体聚酰胺酸，由聚酰胺酸溶液涂膜后再加热进行酰亚胺化得到不溶的聚酰亚胺，这就解决了此前在研究耐热聚合物时经常遇到的聚合物不溶、不熔，难以加工的问题。但非质子极性溶剂一般都具有较高的沸点，更值得注意的是，这些溶剂都能与聚酰胺酸形成分子络合物，即使在很高的温度下也难以将其除尽(曾有报道称在 300℃下仍能发现痕量的残留溶剂)。这种情况给研究工作和某些应用带来困难。在非质子极性溶剂中加进第二组分(如醇类、芳烃、酮类、THF 等)是完全可能的，其加入量可以达到 50%甚至更高，表 2-12 就是使用混合溶剂对 PMDA/ODA 的聚酰胺酸得到的结果。具体的方法是：将第二溶剂与 DMF 混合后加入等当量的 PMDA和 ODA，搅拌聚合。也可以将第二溶剂逐渐加入搅拌着聚酰胺酸的 DMF 溶液中，继续搅拌至得到均匀的溶液。

表 2-12 PMDA/ODA 聚酰胺酸合成中混合溶剂的使用

第二溶剂	体积分数/%	η_{inh}/(dL/g)	聚酰亚胺薄膜的机械性能	
			抗张强度/MPa	断裂伸长率/%
甲苯	50	2.35	139	51
二甲苯	40	0.48	125	56
丙酮	60	3.16	131	70
乙醇	50	1.68	136	51
石油醚	10	3.18	131	47
水	20	0.96	134	43

在使用混合溶剂时，除了在加工过程中(如涂膜)能够快速干燥外，由于体系中仍然含有高沸点的极性溶剂，其他情况(如 DMF 与酰胺酸形成络合物)与单独使用 DMF 时并没有太大的区别。

1995 年日本 Unitika 公司的研究人员发现某些聚酰胺酸能够溶于甲醇和四氢呋喃的混合物[44]。他们以 8∶2(质量比)的 THF/MeOH 在室温溶解 ODA 后，在 40 min 内加入 PMDA 粉末，所得到的溶液放置 24 h 使相对分子质量分布窄化，15%的溶液的表观黏度为 206 P①，特性黏度为 1.49 dL/g，M_w 为 191 000，M_w/M_n 为 2.51。

THF 与 MeOH 的比例在 9∶1～6∶4 之间都可以得到均相溶液。用 8∶2 的 THF/MeOH，含有二苯醚结构的各种二胺(如 ODA、BDAF、APB)和 PMDA 都可以得到高相对分子质量的聚酰胺酸均相溶液。相反，不带二苯醚结构的二胺(如 DABP、MDA、DMMDA、PPD 和 DACH)在这两种溶剂的任何比例混合物中都得不到高相对分子质量的聚酰胺酸。这个规律也适用于 BPDA。这是由于甲醇能与二苯醚中的氧作用形成氢键，羧基质子也可以与 THF 形成氢键(式 2-5)。

① 1 P=0.1 Pa·s。

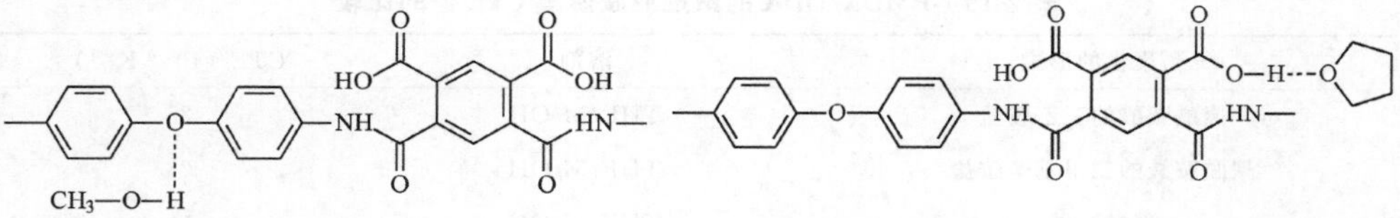

式 2-5　THF 和 MeOH 与聚酰胺酸的作用

如将聚酰胺酸的 THF/MeOH 溶液加热,则会变成非均相,冷却后又成均相。这可能是在加热时会使 THF 或甲醇与聚酰胺酸间的氢键裂解,降低了聚酰胺酸的溶解性,冷却后氢键又恢复。其他醇,如乙醇、异丙醇、乙二醇、二乙二醇或聚乙二醇都可作为甲醇的代用物;其他醚,如二氧六环、乙二醇二甲醚也可作为 THF 的代用物。

以 THF/MeOH 为溶剂得到的 PMDA/ODA 的聚酰胺酸在 80 ℃干燥后的溶剂残留量、异构情况及酰亚胺化程度见表 2-13[45]。

表 2-13　以 THF/MeOH 为溶剂得到的聚酰胺酸薄膜中溶剂残留量、异构情况及酰亚胺化程度

薄膜在 80 ℃干燥的时间/h	THF/PAA	MeOH/PAA	酰亚胺化程度/%	聚酰胺酸反式/顺式
0	1.6	0.12		
2	0.96	未测到	<1	44.8/55.2
6	0.85	未测到	2	44.5/55.5
24	0.71	未测到	8	43.6/56.4

注:空白薄膜先在 40 ℃下干燥 30 min,膜厚 60~80 μm。溶剂分数由 NMR 芳香质子分数测得。

在 80 ℃下干燥 2 h 后的样品,300 ℃之前的热重分析(TGA)显示,在 NMP 中得到的薄膜失重为 39.0%,与每酰胺酸单元络合两个 NMP 的理论量相符。而由 THF/MeOH 得到的聚酰胺酸的失重为 24.8%,和转化为聚酰亚胺的理论失重 8.6%比较相差很大,说明仍有大量溶剂存在于薄膜中。经质谱分析确定,在 200 ℃时逸出的为 THF,其量相应为每个酰胺酸单元一个 THF,即 THF 和聚酰胺酸生产 1∶1 的稳定络合物。以 THF/MeOH 为溶剂的聚酰胺酸的开始失重温度为 195 ℃,高于以 NMP 为溶剂的聚酰胺酸的开始失重温度。动态力学分析显示,含 NMP 的薄膜在升温时发生解络合,游离的 NMP 起增塑作用,使模量降低,继续升温发生酰亚胺化则使模量提高。但是这种现象在 THF/MeOH 体系中并不发生,因为残留的 THF 很少,THF 沸点低,容易扩散逸出,起不了增塑作用。大分子活动性低,使得 THF/MeOH 体系的聚酰胺酸的酰亚胺化温度比 NMP 体系高,所以大分子在面内的取向程度也较高,这可由两种薄膜的双折射和热膨胀系数(CTE)比较看出(表 2-14、表 2-15、图 2-2 和图 2-3),即由 THF/MeOH 体系得到的聚酰亚胺薄膜具有较高的双折射和较低的热膨胀系数[44]。

表 2-14　从基板上取下的聚酰亚胺薄膜的 CTE

溶剂	CTE/(10^{-6} K^{-1})	
	快固化	慢固化
NMP	57	50
THF/MeOH	50	43

表 2-15　PMDA/ODA 的聚酰亚胺薄膜 CTE 值的比较

预聚物的形式	溶剂	CTE/(10^{-6} K^{-1})
聚酰胺酸的三乙胺盐	THF/MeOH	25
聚酰胺酸的二甲基辛胺盐	THF/MeOH	23
聚酰胺酸	THF/MeOH	30
聚酰胺酸的三乙胺盐	NMP	36
聚酰胺酸的二甲基辛胺盐	NMP	34
聚酰胺酸	NMP	36

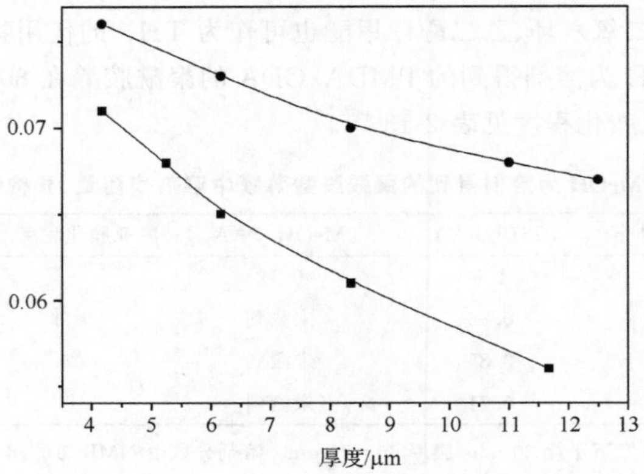

图 2-2　PMDA/ODA 在不同溶剂中得到的聚酰亚胺薄膜的厚度与双折射的关系[45]

■：THF/MeOH；●：NMP

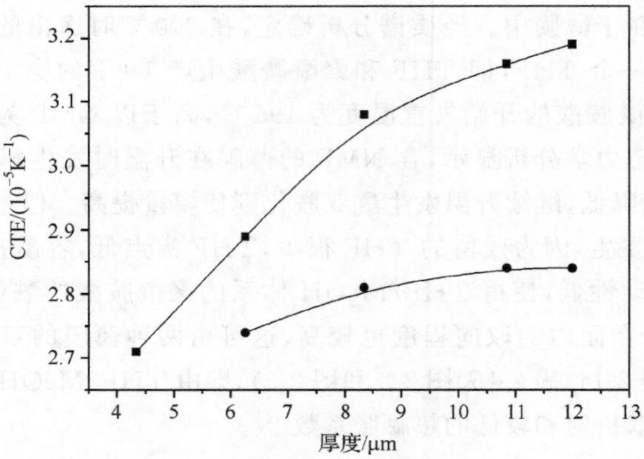

图 2-3　PMDA/ODA 在不同溶剂中得到的聚酰亚胺薄膜的厚度与 CTE 的关系[45]

■：THF/MeOH；●：NMP

表 2-15 更显示出由各种形式的预聚物得到的聚酰亚胺都有这种现象[46]。

以上两表数据不大一致是由于实验条件不同，表中数据仅供相对比较时使用。

在基板上得到的聚酰亚胺，其 CTE 的差别比自由状态下的薄膜更大，因此采用 THF/MeOH 体系可能可以克服因 CTE 太大而造成在铜箔上的聚酰亚胺薄膜发生开裂的问题。

1997 年，日本又发现二丙酮醇(4-羟基-4-甲基戊酮，bp 166 ℃)可以作为聚酰胺酸的溶剂，该溶液在 20 ℃下放置两周，黏度没有明显降低，说明具有很好的稳定性。该溶液还可用于化学酰亚胺化，而使用 THF/甲醇的体系却不能使用化学酰亚胺化，因为作为溶剂之一的甲醇容易与乙酐反应[47]。

2.1.8　聚酰胺酸盐

Li 等[48]以 PMDA/PPD 的聚酰胺酸粉末与当量的三乙醇胺形成可以溶于水的聚酰胺酸盐。由表 2-16 的结果可见，各种聚酰胺酸和其相应的三乙醇胺聚酰胺酸盐的黏度是基本相同的。

表 2-16　聚酰胺酸(PAA)和聚酰胺酸盐(PAS)的黏度

聚合物	[η]/(dL/g)	
	PAA	PAS
PMDA/PPD	1.71	1.73
PMDA/DCHM	0.40	0.42
BPDA/PPD	1.93	1.97
BPDA/DCHM	0.41	0.41
BTDA/PPD	1.80	1.85
BTDA/DCHM	0.34	0.37

[η]：PAA 在 DMF 中 30 ℃测定；PAS 在水中 30 ℃测定。

聚酰胺酸盐可能存在如式 2-6 所示的互变异构。

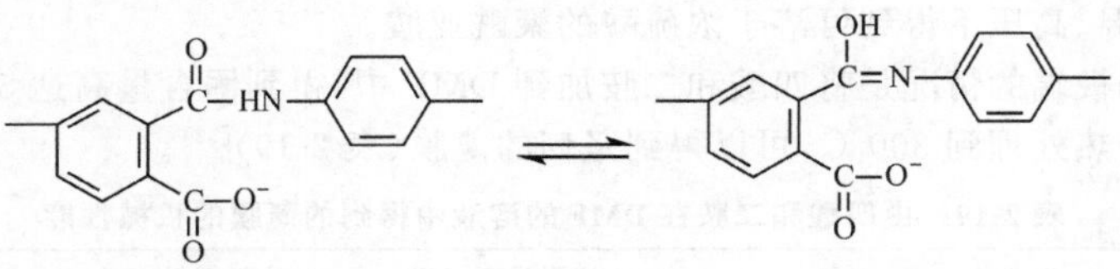

式 2-6　聚酰胺酸盐的互变异构

聚酰胺酸盐的溶解性取决于叔胺的离子浓度，当采用低级脂肪叔铵盐时，聚酰胺酸盐可溶于水，否则成凝胶。例如 BPDA/PPD 的 PAA 溶于含 30％水的 NMP 中，其三乙胺的聚酰胺酸盐可溶于 100％水中，三丁胺的聚酰胺酸盐溶于含 15％～55％水的 NMP 中，三己胺的聚酰胺酸盐和三辛胺的聚酰胺酸盐不溶于含水的 NMP 中，其吡啶的聚酰胺酸盐溶于含 30％水的 NMP 中。

Ding 等[49]报道了聚酰胺酸盐在各种溶剂中的溶解性(表 2-17)。他们将在 NMP 中得到的聚酰胺酸盐在甲乙酮或丙酮中沉淀，洗涤后于 50 ℃干燥 24 h，溶于醇中的溶液可以用来成膜。聚酰胺酸盐的稳定性明显高于聚酰胺酸，其粉末在室温放置 2 年后比浓对数黏度不变。

表 2-17 聚酰胺酸盐的溶解性

聚酰胺酸	胺	甲醇	乙醇	异丙醇	DMF	NMP	丙酮	THF
6FDA/ODA	Et_3N	+	+	±	+	+	−	−
6FDA/ODA	Me_3N	+	±	±	+	+	−	−
BTDA/p,p'-6FBA	Et_3N	+	+	±	+	+	−	−

注：+表示溶解；±表示部分溶解；−表示不溶。

BPADA/MPD 聚酰胺酸与季铵碱及三乙胺形式盐的溶解性见表 2-18[50]。

表 2-18 BPADA/MPD 聚酰胺酸盐的溶解性(羧基浓度为 0.15 mol/L)

聚酰胺酸 M_n	16 000		8800	
制备溶剂	甲醇	水	甲醇	水
聚酰胺酸四甲基铵盐	+	−	+	−
聚酰胺酸四乙基铵盐	+	+	+	+
聚酰胺酸四乙基铵盐	+	+	+	+
聚酰胺酸四丙基铵盐	+	+	+	+
聚酰胺酸四丁基铵盐	+	−	+	−
三乙胺的聚酰胺酸盐	+	−	+	+

2.1.9 “尼龙盐”

一些二酐在水解后形成的酸可以与二胺生成“尼龙盐”。作者曾用各种四酸和二胺在甲醇中得到白色的“尼龙盐”，干燥后在真空中高温处理，得到聚酰亚胺粉末。用 ODPA、TDPA 及 HQDPA 等二酐水解后的四酸与 ODA 得到的聚合物可以模压成型，并具有好的机械性能，但聚合物在有机溶剂中不溶[51]。

Imai 等[52]由各种四酸与脂肪或芳香二胺以水或醇为介质得到“尼龙盐”，这种“尼龙盐”可以在高温、高压下得到可溶于浓硫酸的聚酰亚胺。

一个十分极端的情况是将四酸和二胺加到 DMF 中，得到固含量高达 50％的溶液，涂膜后经过逐步热处理到 300 ℃，可以得到坚韧的薄膜(表 2-19)[53]。

表 2-19 由四酸和二胺在 DMF 的溶液中得到的薄膜的机械性能

聚合物	抗张强度/MPa	抗张模量/GPa	断裂伸长率/％
ODPA/3,4′-ODA	153	4.60	7.5
ODPA/3,4′-ODA：PPD(90：10)	133	3.57	6.6
BPDA/3,4′-ODA：1,3′,3″-APB(85：15)	146	4.16	8.5

2.2 聚酰胺酸的酰亚胺化

2.2.1 聚酰胺酸的热酰亚胺化

在由聚酰胺酸以热处理获得聚酰亚胺的过程中，除了脱水环化即酰亚胺化外，还有其他反应,如聚酰胺酸的解离、端基重合和交联等。

1. 聚酰胺酸在酰亚胺化过程中的解离反应

酰亚胺化过程中的解离反应主要是未酰亚胺化的酰胺酸解离为含酐端基和氨端基的分子链段,酐在仍然存在于体系中的水分及由于酰亚胺化反应而产生的水分的作用下发生水解,由于水解而产生的邻位二酸又可以在热的作用下脱水成酐。由红外光谱 1820 cm^{-1}波数测得,酐最初可在 50～100 ℃时出现(由酰胺酸解离而产生),在 175～225 ℃时达到最大值,在 250～300 ℃时消失。大分子链越柔软,酐产生得越少(摩尔质量 1%～2%),对于刚性大分子,则可高达 10%。在 200℃以上,酐端基和氨端基的复合反应和酰亚胺化过程逐渐占优势,1820 cm^{-1} 逐渐变弱以致最后消失。在 Dine-Hart 等[21]于 1967 年发表的图 2-4 中可以明显看出,对于高相对分子质量的聚酰胺酸,即使在热的作用下发生降解,对薄膜机械性能的影响也不大,其柔韧性在整个热处理过程中都处于较高水平。相对分子质量太低的聚酰胺酸,其薄膜本身可能就很脆,在 150～200 ℃时相对分子质量的降低对柔韧性也没有大的影响,进一步提高温度,使酐端基与氨端基的反应不足以使聚合物的相对分子质量提高到显示足够柔韧性的程度。对于最常遇到的中等相对分子质量的聚酰胺酸,其薄膜在低温下已经具有较高的柔韧性,在 150～200 ℃之间,由于聚酰胺酸在热的作用下发生解离,相对分子质量降低,聚合物薄膜的柔韧性出现一个低谷,随着温度的继续升高,韧性逐渐提高,到 350 ℃以上,其性能与由高相对分子质量聚酰胺酸得到的聚酰亚胺就没有多大差别了。由此可见,150～200 ℃是应当避免停留的最终酰亚胺化温度,因为在这个温度区域所得到的聚合物具有最低的相对分子质量,所以也具有最差的机械性能。

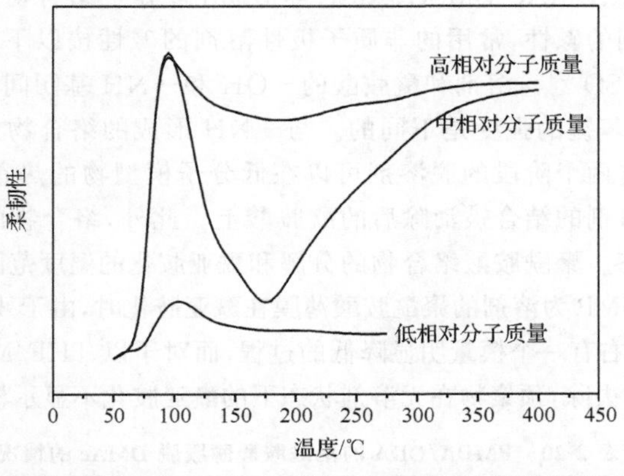

图 2-4　聚酰胺酸相对分子质量对所形成的聚酰亚胺薄膜的柔韧性的影响

2. 热酰亚胺化反应

聚酰胺酸的热酰亚胺化反应从 20 世纪 60 年代中期以来已有大量报道,对结构、构象、溶剂等各种因素的影响都作了详细的研究,也经常争论。但是总的看法还是比较统一的。

聚酰胺酸在热的作用下脱水环化为聚酰亚胺的反应如式 2-7 所示[4,44-56]。这些中间体的形成都包括酰胺氢的转移[57,58]。

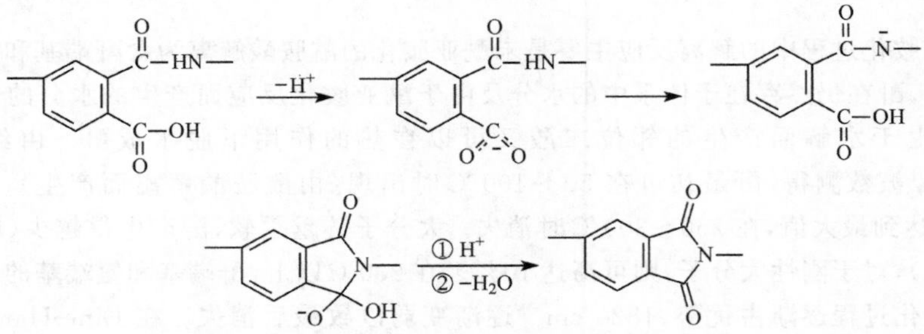

式 2-7　聚酰胺酸热脱水环化为聚酰亚胺

在一定温度下，固态聚酰胺酸的热酰亚胺化过程通常可以观察到两个阶段，一个为快速阶段，随后为慢速阶段，即酰亚胺化进行到一定程度后就缓慢下来，甚至不再进行，如果提高温度，反应又会立即快速进行，然后再度减慢速度，直至温度提高到可以完全酰亚胺化为止。也就是说，在固态下酰亚胺化反应的进行仅取决于温度，与时间的关系不大。这种在一定温度下酰亚胺化反应速度减慢，以致趋于零的现象称为“动力学中断”[59-61]。产生“动力学中断”的原因有多种，例如：

(1) Shibaev 等认为酰亚胺化过程由于溶剂的存在而加速(第一阶段)，溶剂因加热除去后，过程变慢(第二阶段)。聚酰胺酸的薄膜尽管干燥至“固态”，但仍然含有 25%～30%的溶剂[21,62,63]，表 2-20 可以反映聚酰胺酸薄膜含溶剂的情况。这是由于聚酰胺酸和所用的溶剂，如 DMF、DMAc、DMSO、NMP 等形成了稳定的络合物[64-70]。溶剂在络合物中的活性取决于溶剂的碱性，常用的非质子极性溶剂的碱性按以下面次序递减：DMF＞NMP＞DMAc＞DMSO[67]。溶剂和酰胺酸的－OH 和－NH 基团间的氢键是形成络合物的原因[70,71]，这两种氢键的强度是不同的。与－NH 形成的络合物比与－OH 形成的络合物要分解得快。这两个阶段的脱溶剂可以在低分子模型物的热重分析中看到[64]。成环脱水只发生在与溶剂的结合被消除后的酰胺酸上。此外，络合物的分解还伴随着样品由晶态转化为非晶态。聚酰胺酸络合物的分解和酰亚胺化的温度范围是重叠的，在热重曲线上难以区分。以 NMP 为溶剂的聚酰胺酸薄膜在酰亚胺化时，由于残留的 NMP 的增塑作用，在 100～200 ℃左右有一个模量明显降低的过程，而对于以 THF/MeOH 为溶剂的薄膜，由于低沸点溶剂容易去除，预聚物在无溶剂状态下的酰亚胺化不显示模量降低的过程[46]。

表 2-20　PMDA/ODA 的聚酰胺酸薄膜脱 DMAc 的情况

脱溶剂的条件	DMAc 残留量/%
在 30 ℃空气中晾干 36 h	26
30 ℃，10 mmHg 下 36 h	15.5
70 ℃，10 mmHg 下 25 h	17.5
90 ℃，10 mmHg 下 50 h	14

注：1 mmHg＝0.133 kPa。

(2) Lavrov 等认为在酰胺酸分子内或分子间的羧基和酰胺基之间可形成氢键[72-74]，只有这些氢键断裂后才能进行环化，如果这些氢键的稳定性不相同，则反应过程的环化速率常数也会不同。

(3) Dobrodumov[75]和 Pyun 等[76]认为“动力学中断”是由于相邻基团对酰胺酸活性的影响，例如，酰亚胺化可以由酸性催化，当酰胺酸大部分消耗掉以后，催化效应就变弱。

但以上解释都不能解释“动力学中断”现象，而只是说明速率逐渐减慢的过程。

(4) Lauis 等[77]则认为聚酰胺酸中的酰胺处于两种动力学状态：一种有利于环化，另一种不利于环化。前一种在第一阶段就环化了，第二阶段是不活化的酰胺发生环化。例如异构化，对于 PMDA/ODA 的聚酰胺酸，相对两个酰氨基可以有对位和间位结构[78-83]，对于桥连二酐，相对于桥基可以有对-对、间-间和对-间异构。这些异构单元的组成、排列的不同可能带来不同的环化速率。但 Denisov 等[81]发现在 PMDA/ODA 体系的环化过程中异构酰胺基的比例不发生变化，因此断定异构化并不会影响环化速率。此外，酰胺酸基团有如式 2-8 所示的旋转异构体[73,84-86]，这些异构体之间的活性是有差别的。

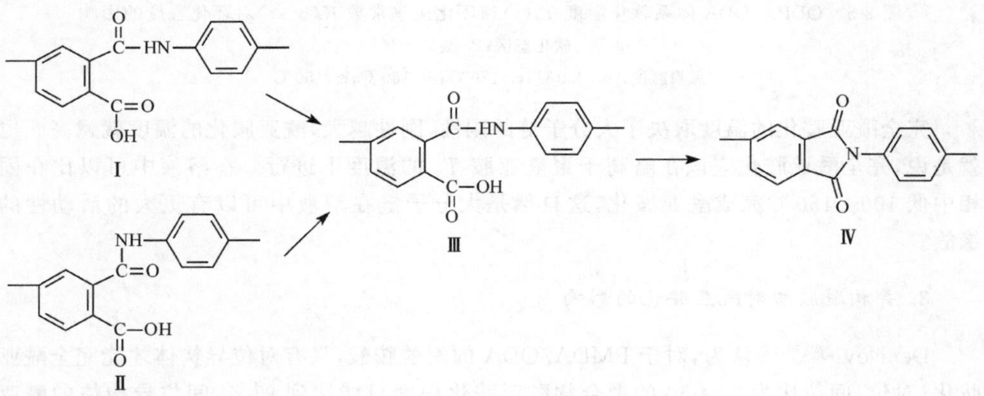

式 2-8　酰胺酸基团的旋转异构化

式 2-8 中，构象Ⅲ中羧基的—OH 和酰胺的—NH 最接近，最有利于环化。构象Ⅰ中的羧基也容易调整到构象Ⅲ。只有构象Ⅱ，由于牵涉大分子链构象的改变，需要克服的能垒较大。分子链越长，酰亚胺化程度越高，而使大分子变得越刚性，构象Ⅱ转变为构象Ⅲ也就越困难。但这种解释同样缺乏实验证明。

只有用反应过程中分子活动性发生变化这种解释才能够比较完满地说明“动力学中断”现象[87-93]。随着环化过程的进行，聚合物的 T_g 增高，聚合物由橡胶态转变为玻璃态。环化速率的降低是由于大分子活动性的降低所引起的[94]。聚合物(酰亚胺和酰胺酸的共聚物)的 T_g 随环化程度的增加而提高，其关系见图 2-5[95]，当聚合物由软化状态变成固态时，环化反应实际上就停止了，这就是“动力学中断”的原因。因此一定程度的分子活动性对于酰亚胺化是必需的。

通常认为在 300℃热处理后的样品，其环化率应在 90%以上，但无可靠的测定方法和事先的标定，不能轻易确定样品的酰亚胺化程度，尤其在酰亚胺化程度较高的情况下。

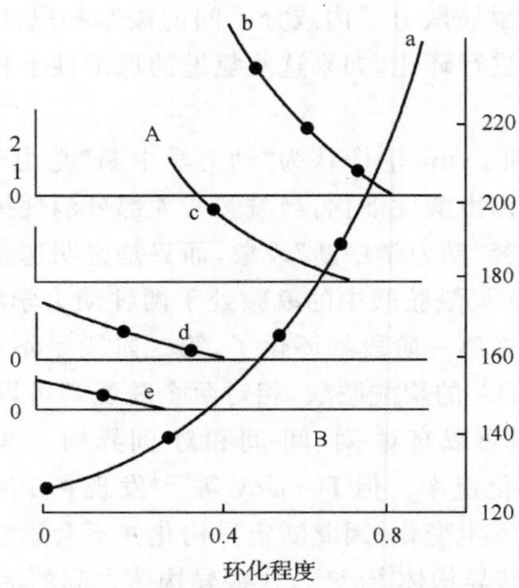

图 2-5 ODPA/ODA 体系软化温度 T_s(a)和环化速率常数 K(b～e)对环化程度的影响

A. 软化态区;B. 玻璃态区

实验温度:b. 200℃;c. 180℃;d. 160℃;e. 150℃

完全酰亚胺化的温度取决于大分子链的刚性,刚性越大,酰亚胺化的温度就越高。也就是说,完全酰亚胺化应该在略高于聚酰亚胺 T_g 的温度下进行。在溶液中可以比在固相中低 100～150℃完成酰亚胺化,这自然是大分子链在溶液中可以有更大的活动性的缘故。

3. 异构酰胺酸对酰亚胺化的影响

Denisov 等[79,96]认为,对于 PMDA/ODA 的聚酰胺酸,只有对位异构体才能完全酰亚胺化,对位、间位比为 50∶50 的聚合物酰亚胺化程度只能达到 91%,间位异构体的酰亚胺化则只能达到 82%。PMDA/ODA 聚酰胺酸异构体的酰亚胺化见表 2-21[97]。

表 2-21 PMDA/ODA 聚酰胺酸异构体的酰亚胺化

异构体	预处理	加热速率/(℃/min)	T_{max}/℃	$\Delta T_{1/2}$/℃
对位	100℃,10 min	5	285	65
间位	100℃,10 min	5	295	30
对∶间=50∶50	100℃,10 min	5	300	55
对位	100℃,30 min	2	240	80
间位	100℃,30 min	2	252	33
对∶间=50∶50	100℃,30 min	2	285	60

注:T_{max}为酰亚胺化速率最大时的温度;$\Delta T_{1/2}$为半峰宽。

对位异构体在 275℃以下有较高的转化速率,但在更高温度时速率降低,50∶50 聚酰胺酸的转化速率最低,转化率也最低。除异构体效应外,溶剂的存在对酰亚胺化也有很大影响,除了增塑作用外,还使大分子发生取向,以满足酰亚胺化所需要的有利的空间要求,所以使 T_{max} 降低,$\Delta T_{1/2}$ 窄化,其系数可达 2～3。

图 2-6 为 PMDA/ODA 的聚酰胺酸的各个异构体在酰亚胺化时的密度变化。215 ℃时,对位异构体的密度很快增加,但间位和 50∶50 异构体的密度则增加得较慢,1 h 后才稳定到比对位低的水平(2 h 后,由对位异构体得到的聚合物密度为 1.36 g/cm³,间位为 1.335 g/cm³,50∶50 异构体为 1.34 g/cm³)。

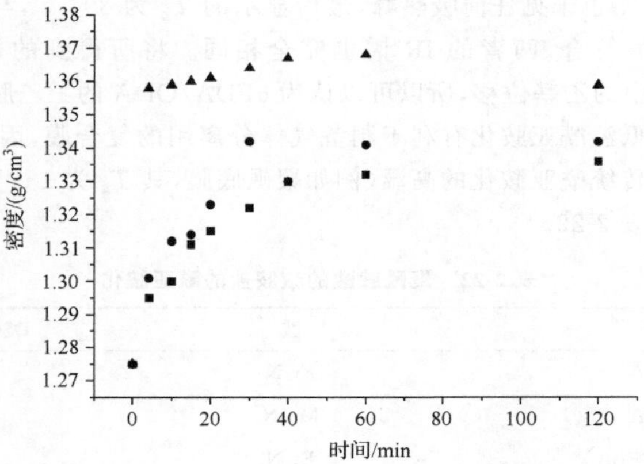

图 2-6　PMDA/ODA 的异构体的 50∶50 混合物在 215 ℃下处理 1 h 后的密度

▲: 对位; ●: 混合; ■: 间位

但是这种假设似乎并未得到实验的有力证明,因为 PMDA/ODA 聚酰胺酸的间位异构体与对位异构体的比例为 60∶40(见表 2-8),而在 300 ℃下处理后的样品从红外光谱看,1660 cm^{-1} 左右的吸收峰已经消失,说明在红外可检测的范围,酰亚胺化已经完全。

4. 聚酰胺酸的催化酰亚胺反应

由上面的讨论可以知道,聚酰胺酸的酰亚胺化必须在分子链能够活动的温度下,亦即应该在 T_g 以上才能完全,所以随着环化反应的进行,聚合物分子链的刚性越来越高,需要继续酰亚胺化的温度也随之增高,因此对于 PMDA/ODA,其酰亚胺化温度要求在 360 ℃以上。

其他较为柔性的聚酰亚胺也要求在 300 ℃左右环化才能得到较好的结果。然而这种温度对于某些应用是不合适的,例如对于 TFT-LCD 的取向剂及彩色滤光膜用的聚酰亚胺光刻胶,希望在 200 ℃以下完成酰亚胺化。降低酰亚胺化温度的途径有两条:一条途径从聚合物的结构设计出发,链越柔性,酰亚胺化温度就越低。使分子链的活动性达到最大的方法是在溶液中进行酰亚胺化,但这些方法都受到溶解性和加工要求的限制,例如聚酰亚胺对金属或聚酰亚胺的黏结性不如由聚酰胺酸在基底上进行酰亚胺化后所得到的高。太低的 T_g 也不符合许多应用的要求。另一条途径是采用催化剂来降低酰亚胺化的温度。然而作为耐高温的高分子材料,催化剂的加入,尤其是用量较大时,就会明显影响材料的性能,因此迄今为止,这个问题仍然没有得到满意的解决。这里仅仅将一些有关的工作作一概括的介绍。

Oba[98]曾用羟基酸(如羟基苯甲酸、羟基丙酸、羟基苯磺酸等)或氨基苯甲酸使聚酰胺酸的酰亚胺化的温度得到显著降低,但这些催化剂的用量较大,如达到25%～100%当量,去除这些催化剂的过程给应用带来很大的限制,所以实用价值不大。

其他用来降低酰亚胺化温度的催化剂多是一些碱性物质。叔胺能够促进聚酰胺酸的热酰亚胺化,Ding 等[49]以 6FDA/ODA 的三乙胺盐在 150 ℃下酰亚胺化 24 h 后测定其DSC,发现直至 350 ℃也未见任何吸热峰,最后显示的 T_g 为 304 ℃,与 6FDA/ODA 的聚酰亚胺 T_g 的文献值符合,两者的 IR 谱也完全相同。将所得到的聚酰亚胺溶解后测NMR,未见三乙胺中的乙基位移,所以可以认为6FDA/ODA 的三乙胺盐在 150 ℃已经完成酰亚胺化。这种低温酰亚胺化有利于制备气体分离用的复合膜,因为作为多孔的底膜材料往往经受不了传统酰亚胺化的高温(例如聚砜底膜,其 T_g 为 189 ℃)。聚酰胺酸的叔胺盐的酰亚胺化见表 2-22。

表 2-22 聚酰胺酸的叔胺盐的酰亚胺化

聚酰胺酸	胺	DSC 的最大放热峰/℃
6FDA/ODA	Et_3N	138
6FDA/ODA	Me_3N	217
BTDA/*p*,*p*′-6FBA	Et_3N	144
6FDA/ODA	—	186(225)

注:括号中为完全酰亚胺化时的温度。

Endrey 等报道了 PMDA/ODA 聚酰胺酸的叔胺盐在 161 ℃时的酰亚胺化速率(表 2-23)[99]。

表 2-23 PMDA/ODA 的 PAA 叔胺盐在 161 ℃酰亚胺化速率

叔胺	k_1/min^{-1}	k_2/min^{-1}	相对速率	第一阶段转化率/%
二甲基十二胺	0.206	0.0185	10.6	83(8 min)
三正丁胺	0.105	0.004 09	5.4	73(15 min)
三正丁胺(140 ℃)	0.0303	—	—	—
三正丁胺(123 ℃)	0.004 80	—	—	—
三乙胺	0.0757	0.0133	3.9	69(18 min)
无	0.0195	0.004 52	1.0	45(38 min)

Echigo 等[100]在 PMDA/ODA 聚酰胺酸的 THF/MeOH 溶液中加入三乙胺的甲醇溶液,得到聚酰胺酸的三乙胺盐。发现由该盐得到的薄膜在 80 ℃酰亚胺化 24 h 后,其酰亚胺化程度要高于聚酰胺酸膜本身(表 2-24)。从反、顺结构比例可以推断,反式构象比顺式更有利于酰亚胺化。

表 2-24 聚酰胺酸盐对热酰亚胺化的影响

干膜	酰亚胺化程度/%	反式/顺式
PMDA/ODA 的 PAA/TEA(THF)	15	36∶64
PMDA/ODA 的 PAA(THF)	8	43∶57

Kostereva 等[101]发现苯并咪唑对二酐与二异氰酸酯的反应(式 2-9)的催化作用，在其用量以与酰亚胺酸为 1∶1 时有最好的催化效果。从前体七元环分解放出 CO_2 的情况来看(表 2-25)，完成酰亚胺化的温度可以由 300 ℃降到 160 ℃，催化效果除了与催化剂的碱性有关外，大概还跟它的挥发速率与酰亚胺化程度的匹配有关，苯并咪唑恰好在酰亚胺化完成时也从体系中完全挥发。

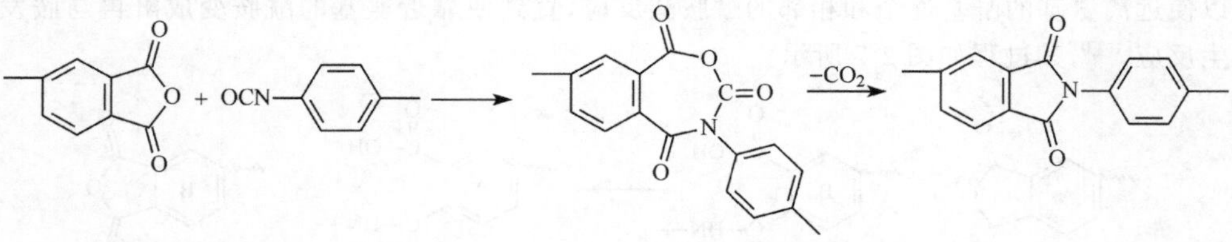

式 2-9　二酐与二异氰酸酯的反应

表 2-25　咪唑的浓度对前体酰亚胺化的影响

咪唑相对于重复单元的量	CO_2 释放温度/℃			
	$T_{开始}$	$T_{最大}$	$T_{结束}$	半峰高度
0	150	210	300	50
0.25	60	150/180	200	80
0.5	60	130	190	70
1.0	60	118	170	65
2.0	60	87	160	25

5. 酐端基和氨端基之间的复合反应

正如上面所述，聚酰胺酸在酰亚胺化过程中可解离为含酐端基及氨端基的分子链，在高温下酐端基和氨端基又可复合，使相对分子质量增大。这种行为在聚酰亚胺合成和加工中是十分重要的，也是其他种类的高分子所不具备的特性。

这种聚酰亚胺所独有的相对分子质量再增长过程被我们用来以二步法制备由三苯二醚二酐(HQDPA)和 ODA 得到的聚酰亚胺粉末[102]。大多数高相对分子质量的聚酰亚胺都具有很高的韧性，从溶液中沉淀后难以粉碎为细粉。也可以向聚酰胺酸溶液中加入乙酐和三乙胺或吡啶，即在化学成环的过程中或直接加热聚酰胺酸溶液使聚酰亚胺呈粉末状沉淀析出，虽然前者得到的聚合物相对分子质量较高，但适用这种方法的聚酰亚胺有限，容易得到大块聚合物沉淀，只有在低固含量的情况下才能得到细而均匀的粉末，此外溶剂不容易回收，成本也较高。我们的方法是先将三苯二醚四酸在酚类溶剂中加热至 150～160 ℃，待四酸完全溶解后(部分成酐)，冷却到 100 ℃以下，加入二胺，搅拌加热至 110～120 ℃，经 10～30 min，即可让聚合物溶液在乙醇或丙酮中分散、沉淀，洗涤后在 80 ℃下烘干，得到 η_{inh} 为 0.10～0.30 dL/g 的预聚物。这种预聚物很容易粉碎至所要求的细度，再次洗涤、干燥后，在真空下处理到 280～300 ℃，所得到的聚合物的 η_{inh} 在 1.20 dL/g以上。这种带酐端基和氨端基的分子链的复合过程仍然不十分清楚，例如，在固态中酐端基和氨端基是怎样接触反应的等。一种可能是酐端基在反应过程中水解为酸，酸和胺形成盐，这种弱的离子键能够保持两个端基的接触，又使聚合物易于粉碎。然而以酐封端的低聚物和胺封端的低聚物的等物质的量比混合物也能够在热处理中复合得到高相对分子质量的聚酰亚胺[103]，这显然不能用大分子的扩散来解释。为此，Koton 等提出了"接力跑"模型。这个模型是基于酐和酰胺酸之间的交换反应，通过这个反应就可以使远离氨基的酐基逐个和相邻的酰胺酸反应，直到使靠近氨基的酰胺变成酐再与胺发生反应[104]，其过程如图 2-7 所示。

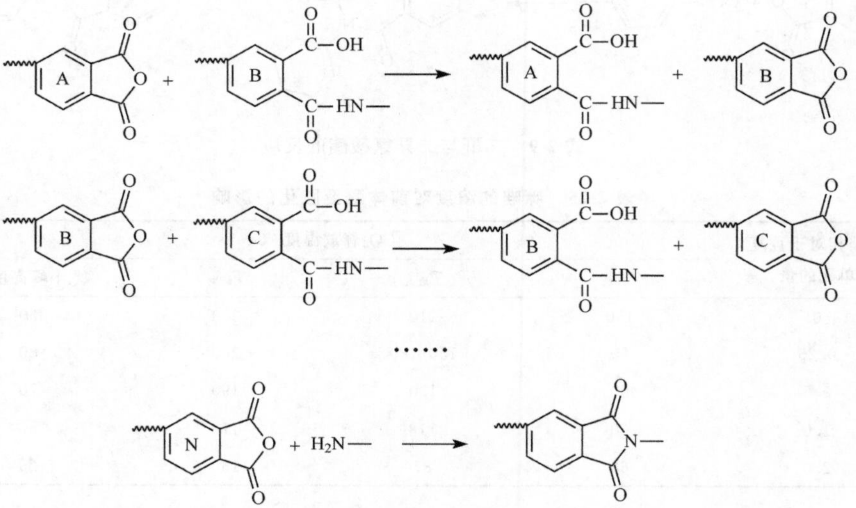

B，C，…，N为处于将要进行反应的酐(A)和胺之间的酰氨酸基团

图 2-7　远离的酐端基与氨端基反应的"接力跑"模型

6. *在热酰亚胺化过程中的交联反应*

聚酰亚胺在 300 ℃左右通常并不发生显著的交联，所以仍然可以溶解在有机溶剂或浓硫酸中。在 400 ℃或更高温度下，尤其在有氧、水分存在时，情况变得复杂，聚酰亚胺容易发生交联。

在热环化过程中可能出现的交联反应可以有下列形式：

(1) 由酰亚胺上的羰基氧和氨端基或异氰酸端基反应：Kostereva 等[105]曾经报道在热环化时存在分子间形成二酰胺的可能性。Saini 等[106]由模型物证明在热环化时可以由伯胺进攻酰亚胺的羰基，在类似于酰亚胺化的条件下形成亚胺(式 2-10)。在拉曼(Raman)光谱中可以观察到在 1664 cm^{-1}的 C═N 振动。这个亚胺峰在 IR 中因为太弱往往看不到，但是在拉曼光谱中却看得十分清楚。因此认为这种亚胺可以是聚酰亚胺交联的一种形式，尤其是当存在过量的氨基时[106]。试图进一步证明以邻位二酰胺形式产生的交联却未能成功，因为实际上这种二酰胺在加热时可以转变为酰亚胺和胺[21]。

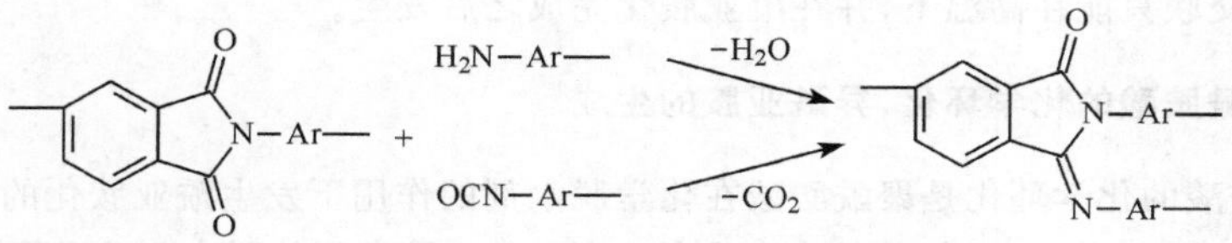

式 2-10　伯胺或异氰酸酯与酰亚胺上羰基的作用

(2) 聚酰亚胺在 350 ℃下加热较长时间就可能产生交联,变得不溶,这种交联大都由游离基机理而形成。酐端基在高温下分解,脱去 CO、CO_2 产生游离基,与相邻的大分子反应而交联(式 2-11)。此外氨端基也可以发生类似的游离基反应而交联[107-109]。

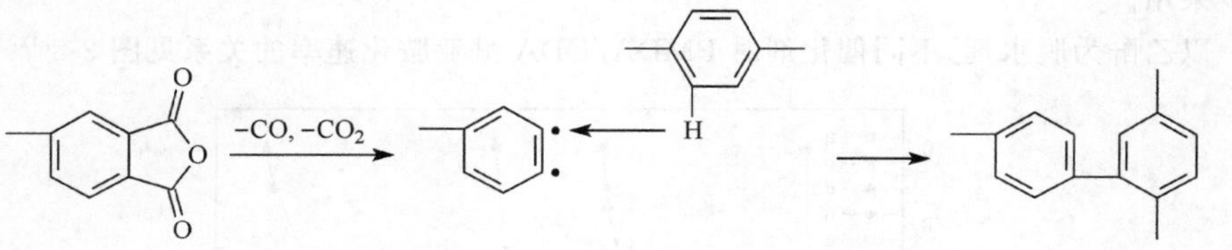

式 2-11　聚酰亚胺在高温下产生游离基及其复合而交联

(3) 酰亚胺环与芳环之间的反应如式 2-12 所示[110]。

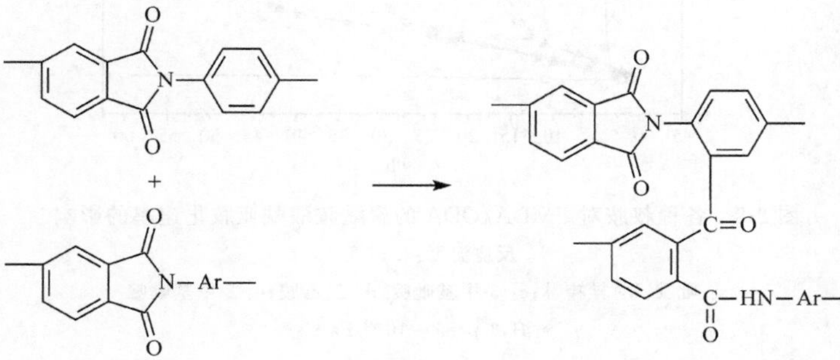

式 2-12　酰亚胺环与芳环之间的反应

(4) 端氨基和聚酰胺酸的羧基之间的反应如式 2-13 所示[110]。

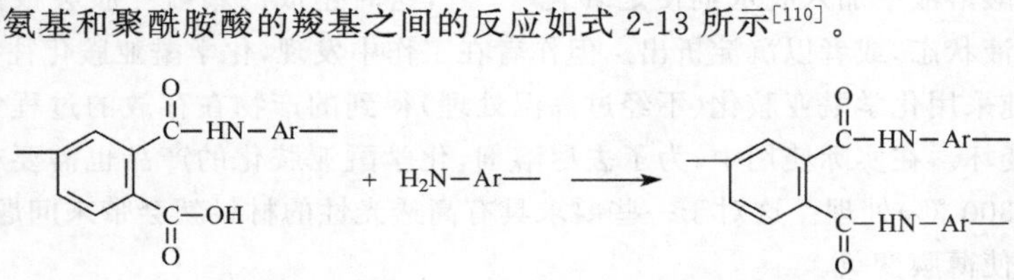

式 2-13　端氨基和聚酰胺酸的羧基之间的反应

但从实验来看,这种羧基和氨基的链间反应几乎不会发生。而且即使发生,也会在高温下形成酰亚胺并析出游离胺。

交联结构单元的低浓度或聚合物的不溶解,使得对于交联本质的研究变得非常困难。

一般认为，交联只能在高温下，并在酰亚胺化完成之后发生。

2.2.2 聚酰胺酸的化学环化，异酰亚胺的生成

聚酰胺酸的化学环化是聚酰胺酸在化学脱水剂的作用下发生酰亚胺化的过程。最早的报道出现在20世纪60年代的专利文献中[111,112]。最常用的脱水剂为酸酐，以叔胺(如三乙胺、吡啶等)为催化剂[111-113]，其中以乙酐/吡啶或甲基吡啶为最常用，其优点是即使在140～150℃的酰胺类溶液中也不会引起聚酰胺酸的降解[114,115]，同时酰亚胺化反应在较低温下也能够快速进行[116,117]。作为脱水剂的还有乙酰氯[113-118]、氯化亚砜[118]、磷的卤化物[119]、有机硅化合物[120]及二环己基碳酰亚胺(DCC)[113,121]等，但这些脱水剂实际上都很少采用。

以乙酐为脱水剂，不同催化剂对PMDA/ODA酰亚胺化速率的关系见图2-8[122]。

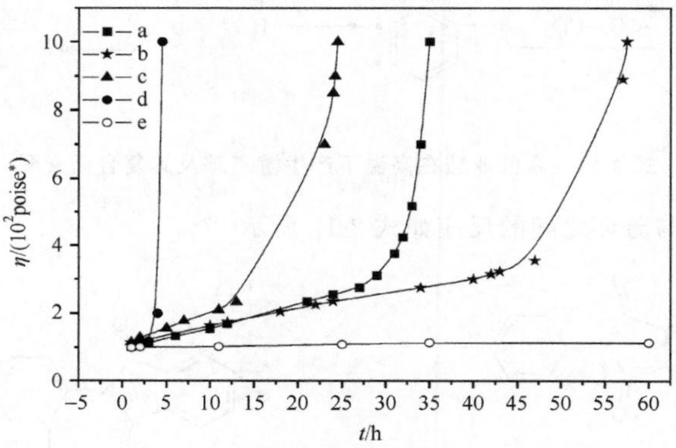

图2-8 各种叔胺对PMDA/ODA的聚酰胺酸酰亚胺化速率的影响

反应温度：−15 ℃

a：吡啶；b：异喹啉；c：3-甲基吡啶；d：三乙胺；e：2-甲基吡啶

*泊，1 poise$=10^{-1}$ Pa·s

聚酰胺酸通常是以薄膜、纤维和粉末状态在含有脱水剂的介质中进行酰亚胺化，也可以在聚酰胺酸溶液中加入脱水剂使之环化[123,124]，这时生成的聚酰亚胺会根据其溶解性或者保持溶液状态，或者以沉淀析出。但作者在工作中发现，化学酰亚胺化往往是不完全的，所以单纯采用化学酰亚胺化(不经过高温处理)得到的产物在存放的过程中会发生降解，使性能变坏。在实际使用中，为了去尽溶剂，化学酰亚胺化的产品也需要在最后经过高温(250～300 ℃)处理。这对于一些要求具有高透光性的材料就会带来问题，因为高温处理往往会使薄膜变黄。

前苏联的研究者对聚酰胺酸的化学环化进行了深入和系统的研究[125]。

根据脱水剂和反应条件的不同，聚酰胺酸的脱水可以产生不同比例的酰亚胺和异酰亚胺。反应过程如式2-14所示。

异酰亚胺从结构上来看仍然具有酐的性质，它要比酰亚胺活泼得多，无论在酸性、碱性或中性介质中都能水解为酰胺酸[126]，还可以与醇、胺等发生反应生成酰胺酯及酰胺酰

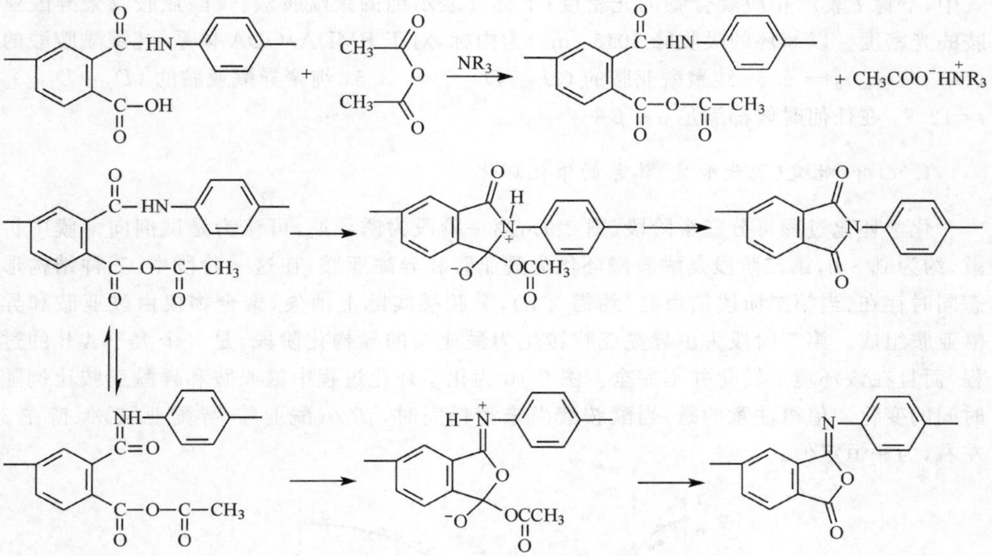

式 2-14　聚酰胺酸的化学环化

胺(式 2-15)。在含有乙酸、磷酸、苯并咪唑和吗啉的有机缓冲水溶液中,*N*-苯基酞异酰亚胺的异构化和水解已有报道[127]。

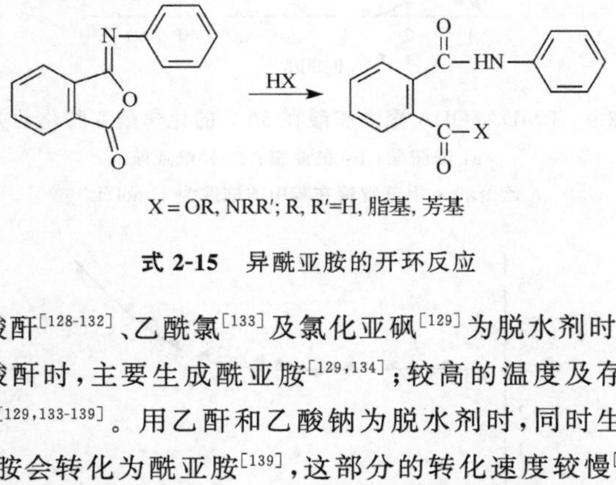

X = OR, NRR′; R, R′=H, 脂基, 芳基

式 2-15　异酰亚胺的开环反应

在采用三氟乙酸酐[128-132]、乙酰氯[133]及氯化亚砜[129]为脱水剂时,对形成异酰亚胺比较有利。当采用磷酸酐时,主要生成酰亚胺[129,134];较高的温度及存在三乙胺和乙酸钠时,主要形成酰亚胺[129,133-139]。用乙酐和乙酸钠为脱水剂时,同时生成酰亚胺和异酰亚胺,其中部分异酰亚胺会转化为酰亚胺[139],这部分的转化速度较慢[140,141]。也有人认为在加入乙酐和叔胺的初期,首先生成的是异酰亚胺,然后再异构化为酰亚胺[142]。

Koton 等[143]将聚酰胺酸薄膜在含有脱水剂的苯溶液中进行环化。用 α,β 及 γ 来表示酰胺酸、酰亚胺及异酰亚胺的浓度,对于 PMDA/ODA,根据红外吸收峰采用下面的方法计算:

$$\alpha = (D_{1535}/D_{1015})_t/(D_{1535}/D_{1015})_0$$

$$\beta = (D_{725}/D_{1015})_t/(D_{725}/D_{1015})_0$$

$$\gamma = (D_{915}/D_{1015})_t/(D_{915}/D_{1015})_0$$

式中,下标 t 表示相应聚合物的光密度;下标 0 表示纯的聚酰胺酸、聚酰亚胺及聚异酰亚胺的光密度。以苯环的吸收峰 1015 cm^{-1} 为内标,对于 PMDA/ODA 体系,纯聚酰胺酸的 $(D_{1535}/D_{1015})_0 = 6.5$,纯聚酰亚胺的 $(D_{725}/D_{1015})_0 = 3.5$,纯聚异酰亚胺的 $(D_{915}/D_{1015})_0 = 12.7$,在任何时候都满足 $\alpha + \beta + \gamma = 1$。

1. 乙酐/吡啶(取代吡啶)体系的催化环化

化学环化过程可分三个阶段(图 2-9),第一阶段为诱导期,可认为是试剂向薄膜中扩散,约为 0.8 h,第二阶段是酰胺酸环化为酰亚胺和异酰亚胺,在这一阶段中,三种结构形态同时存在,当第二阶段结束时(约需 2 h),酰胺酸实际上消失,聚合物仅由酰亚胺和异酰亚胺组成。第三阶段为由异酰亚胺转化为酰亚胺的异构化阶段,是一个大于 4 h 的过程,而且在该环境下转化并不完全。图 2-10 为化学环化过程中酰亚胺和异酰亚胺比例随时间的变化。值得注意的是,当酰胺酸尚未消耗完时,β/γ(酰亚胺/异酰亚胺)保持在 3 左右,为一恒定值。

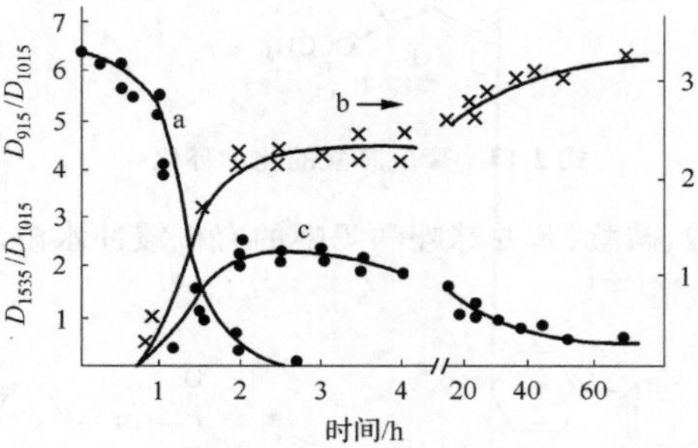

图 2-9 PMDA/ODA 聚酰胺酸在 50 ℃的化学酰亚胺化动力学

a:酰胺酸;b:酰亚胺;c:异酰亚胺

乙酐和 α-甲基吡啶在苯中的浓度为 1 mol/L

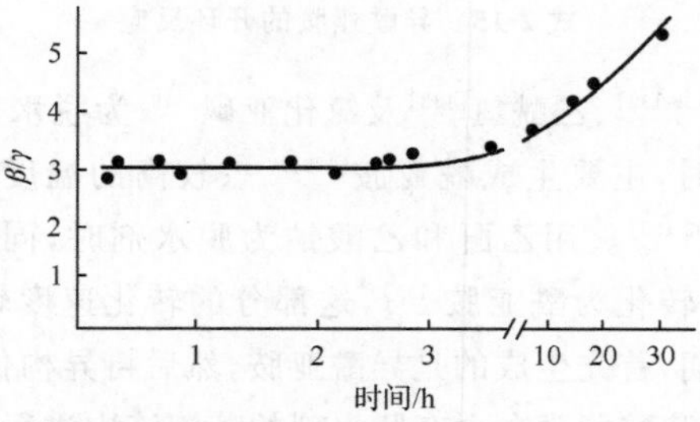

图 2-10 在 PMDA/ODA 聚酰胺酸化学环化时酰亚胺和异酰亚胺的比例随时间的变化

表 2-26 是 PMDA/ODA 聚酰胺酸在乙酐/吡啶中催化环化的动力学特征,随着反应温度的提高,β/γ 减小,即在该实验的条件下,温度更有利于酰胺酸向异酰亚胺转变。

表 2-26　PMDA/ODA 聚酰胺酸在乙酐/吡啶中催化环化的动力学特征

(酰亚胺 $\xleftarrow{k_1}$ 酰胺酸 $\xrightarrow{k_2}$ 异酰亚胺)

实验	温度/℃	β/γ	$k_1+k_2/(10^4\ s^{-1})$	$k_1/(10^4\ s^{-1})$	$k_2/(10^4\ s^{-1})$
1	20	3.11	1.17[a]	0.89	0.29
			0.67[b]	0.51	0.16
			0.57[c]	0.43	0.14
2	35	2.85	3.27[a]	2.42	0.85
			3.02[b]	2.23	0.79
			2.72[c]	2.01	0.71
3	50	2.98	19.5[a]	14.6	4.9
			12.8[b]	9.6	3.2
			11.3[c]	8.5	2.8
4	65	2.36	39.2[a]	27.5	11.7
			31.3[b]	22.1	9.2
			35.1[c]	24.6	10.5

a. 由酰胺酸的减少算得；b. 由酰亚胺的减少算得；c. 由异酰亚胺的减少算得。

Silinskaya 等[144]研究了不同结构的聚酰胺酸在乙酐/吡啶中 50℃下催化环化的动力学特征(表 2-27)。在所有的情况下，β/γ 值都接近于 3，说明在酰胺酸未消耗完之前，酰亚胺与异酰亚胺之比为 75∶25，即聚酰胺酸的化学结构对 β/γ 接近于 3 的结果影响不大。总速度常数 (k_1+k_2) 也在一个数量级上，所以不论化学环化或热环化，环化速率对于结构是不敏感的。只有 PMDA/PPD，在聚酰胺酸状态由于大分子的有序性为环化造成大的空间位阻，而使速率降低了一个数量级，诱导时间提高了一个数量级。

表 2-27　不同结构的聚酰胺酸在乙酐/吡啶中 50℃下催化环化的动力学特征

聚酰胺酸	β/γ	$(k_1+k_2)/(10^4\ s^{-1})$	$k_1/(10^4\ s^{-1})$	$k_2/(10^4\ s^{-1})$	τ_{ind}/h
PMDA/ODA	3.0	1.1	0.8	0.3	0.05
PMDA/PPD	3.1	0.1	0.07	0.03	2.0
PMDA/Bz	3.2	1.2	0.9	0.3	0.1
PMDA/PRM	3.4	1.4	1.0	0.4	0.1
ODPA/ODA	2.5	1.1	0.8	0.3	0.3
DEsDA/ODA	2.7	1.9	1.4	0.5	0.01

注：τ_{ind}为诱导时间。

表 2-28 为催化剂对 PMDA/ODA 聚酰胺酸在 50℃下催化环化的影响。由表 2-28 可见，pK_a 与 β/γ 成正比，即介质的酸碱性决定了最终产物的组成，即使酸性相差并不大，其影响却很大，但与环化速率没有相关性。环化速率随着吡啶的取代而降低，同时诱导时间也随着延长。

表 2-28　催化剂对 PMDA/ODA 聚酰胺酸在 50℃下催化环化的影响

碱	pK_a	β/γ	(k_1+k_2) /(10^4 s^{-1})	k_1 /(10^4 s^{-1})	k_2 /(10^4 s^{-1})	τ_{ind}/h
喹啉	4.94	2.3	0.5	0.35	0.15	2.0
吡啶	5.23	3.0	11.0	8.0	3.0	0.05
3-甲基吡啶	5.66	3.3	4.5	3.5	1.0	0.8
2-甲基吡啶	5.96	3.8	1.9	1.5	0.4	1.5
2,4-二甲基吡啶	6.62	7.7	0.37	0.33	0.04	24.0

注：脱水剂为乙酐，每种组分在苯中的浓度为 1 mol/L。

当没有乙酐存在时，苯的吡啶溶液也可以使 PMDA/ODA 的聚酰胺酸薄膜酰亚胺化，当浓度为 0.9%(物质的量分数)时，在 50℃下的 $k_1=7.10^{-6}$ s^{-1}。

如上所述，在催化环化的最后阶段，异酰亚胺缓慢地转化为酰亚胺，但即使相当长时间地保持在化学环化浴中也不会完全转化，事实上，异酰亚胺还会由于水解而有所消耗。由酰亚胺转化为异酰亚胺在热力学上是不大可能的[145]。

2. 乙酐/三乙胺体系的催化环化

即使在乙酸酐/吡啶体系中加入少量的三乙胺也会明显增加酰亚胺在环化产物中的比例。表 2-29 即为含有三乙胺的催化体系对 PMDA/ODA 聚酰胺酸在 50℃下催化环化的影响。当三乙胺的比例达到 20%时，在 IR 谱中就看不到异酰亚胺了。用三氟乙酐代替乙酸酐以三乙胺为催化剂时却得不到聚酰亚胺。

表 2-29　含有三乙胺的催化体系对 PMDA/ODA 聚酰胺酸在 50℃下催化环化的影响
(在苯中的浓度各为 1 mol/L)

乙酐	三氟乙酐	三乙胺	吡啶	β
1.0	—	1.0	—	1.0
1.0	—	0.2	0.8	1.0
1.0	—	0.1	0.9	0.9
1.0	—	0.05	0.95	0.8
1.0	—	—	1.0	0.7
—	1.0	1.0	—	0.0

与吡啶一样，三乙胺也可以与酰胺酸中的羧基反应形成盐型结构，同时也形成氢键阻碍酰胺基的氢的解离[54,146-148]，从而使红外光谱变得复杂。所以应当采用典型的酰胺吸收峰 3280 cm^{-1}、1660 cm^{-1}、1535 cm^{-1} 和 1410 cm^{-1} 来确定邻羧基酰胺单元的减少[147,149-151]。最好的结果是由 3280 cm^{-1}和 1410 cm^{-1}得到的，因为这两个峰的减少是与 725 cm^{-1}酰亚胺吸收峰的增加同步的。聚合物中邻羧基酰胺单元的含量由 3280 cm^{-1}确定，对于纯的聚酰胺酸，$(D_{3280}/D_{1015})=3.8$。

表 2-30 为乙酐/三乙胺催化体系对 PMDA/ODA 聚酰胺酸薄膜在 50℃下催化环化的动力学特征。

表 2-30　乙酐/三乙胺催化体系对 PMDA/ODA 聚酰胺酸薄膜在 50℃下催化环化的动力学特征

乙酐	三乙胺苯/(mol/L)	$k_1/(10^3\ s^{-1})$	τ_{ind}/h
1.0	0.1	0.07	2.0
1.0	1.0	0.40	0.8
1.0	2.0	0.20	1.0
1.0	10.0	0.08	1.3

过量三乙胺由于与氢形成氢键,能够阻碍聚酰胺酸上酰胺的氢的活动,从而使环化速率降低。但由聚酰胺酸三乙胺盐成膜再进行环化却并不会降低环化速率和增加诱导时间[148,152]。

与吡啶比较,采用三乙胺为催化剂时诱导时间较长,环化速率较低,这可能是聚酰胺酸形成较强的三乙胺盐的缘故。乙酐/三乙胺体系的环化特征是不会形成异酰亚胺。

当不存在吡啶时,乙酐和三氟乙酐的环化行为是不同的。对于乙酐,形成酰亚胺和酐的速率较低,而且相差不大。对于三氟乙酸,酰亚胺和异酰亚胺都可以生成,但生成异酰亚胺的速率要高得多,而且并不形成酐环。所以乙酐可以使大分子解离,而三氟乙酐则不会。

吡啶浓度的增加使乙酐体系的 k_1 有较大的增加,所以酰亚胺的含量会迅速增加。三氟乙酐体系则相反,k_2 会有较大的增加,所以异酰亚胺的含量增加。当采用三氟乙酐/三乙胺体系时,得到的是主要含异酰亚胺单元的聚合物($\gamma \geqslant 0.97$)。当使用乙酐和三氟乙酐混合物时,只有在三氟乙酐量大于乙酐时,异酰亚胺的含量才会随三氟乙酐量的增加而增加。

Smith 等[153]以乙酐/三乙胺为脱水剂研究了苯酐与对氟苯胺的酰胺酸的化学环化过程,以 ^{19}F NMR 测定其反应情况,结果见表 2-31。

表 2-31　以含氟的聚酰胺酸用 ^{19}F NMR 测定的酰亚胺化条件与反应情况

酰亚胺化条件	酰胺酸	酰胺混合酐	酰亚胺	异酰亚胺
	乙酐:三乙胺:酰胺酸=1.5:1.5:1			
加入乙酐后 1 min	97	1	1	1
加入三乙胺后 1 min	0	32	63	5
室温下 10 min 后	0	20	73	7
60℃ 10 min 后	0	0	100	0
	乙酐:三乙胺:酰胺酸=1.5:0.15:1			
加入乙酐后 1 min	97		1	1
加入三乙胺后 1 min			12	4
室温下 10 min 后	72		22	6
60℃ 10 min 后	51		41	8
60℃ 20 min 后	31		62	7
60℃ 30 min 后	15		82	3
60℃ 2 h 后	0		100	0

续表

酰亚胺化条件	酰胺酸	酰胺混合酐	酰亚胺	异酰亚胺
	乙酐：三乙胺：酰胺酸=0.5：1.5：1			
加入乙酐后 1 min	100	0	0	0
加入三乙胺后 1 min	87	0	13	0
室温下 10 min 后	74	0	26	0
60℃ 10 min 后	60	0	40	0
60℃ 30 min 后	52	0	48	0
60℃ 2 h 后	50	0	50	0
100℃ 30 min	41	0	59	0
再加 0.5 mol 乙酐，60℃ 30 min 后	3	0	97	0
	乙酐：β-甲基吡啶：酰胺酸=1.5：1.5：1			
加入乙酐后 1 min	100	0	0	0
加入甲基吡啶后 1 min	64	21	11	4
室温下 10 min 后	53	23	17	7
60℃ 10 min 后	0	0	87	13
60℃ 20 min 后	0	0	92	8
60℃ 30 min 后	0	0	96	4
60℃ 2 h 后	0	0	100	0
	丙酐：三乙胺：酰胺酸=1.5：1.5：1			
加入乙酐后 1 min	100	0	0	0
加入三乙胺后 1 min	0	87	13	0
室温下 10 min 后	0	74	26	0
60℃ 10 min 后	0	42	58	0
60℃ 20 min 后	0	28	72	0
60℃ 30 min 后	0	21	79	0
60℃ 2 h 后	0	11	89	0
100℃ 10 min 后	0	8	92	0
100℃ 30 min 后	0	4	96	0
	乙酐：三乙胺：酰胺酸=1.5：1.5：1(2-氟苯胺/苯酐)			
加入乙酐后 1 min	100	0	0	0
加入三乙胺后 1 min	0	73	27	0
室温下 10 min 后	0	47	53	0
60℃ 10 min 后	0	10	90	0
60℃ 30 min 后	0	3	97	0
60℃ 2 h 后	0	0	100	0

酰胺混合酐是指酰胺酸上的羧基与乙酐发生交换反应所得到的酐。结果表明,在 60 ℃下反应能够使酰胺酸完全转化为酰亚胺。当以丙酐代替乙酐时,反应初期可以产生大量的酰胺混合酐,但却不产生异酰亚胺,其脱水能力却远不如乙酐。以邻氟苯胺代替对氟苯胺,同样产生大量的酰胺混合酐,却不产生异酰亚胺。

3. 2-氯-1,3-二甲基咪唑氯化物(DMC)/吡啶体系的催化环化

Ikeda 等报道了酰胺酸可以与 DMC 在吡啶存在下反应,在 1～2 h 内以高选择性(>99%)和高收率(96%～99%)转化为异酰亚胺(表 2-32)[154]。

表 2-32　酰胺酸在 2-氯-1,3-二甲基咪唑氯化物和吡啶作用下转化为异酰亚胺

酐 /mol	胺 /mol	DMC /mol	碱 /mol	反应时间 /h	选择性 /%	收率 /%
马来酸酐(0.3)	苯胺(0.3)	0.36	吡啶(1.08)	1	99.7	98.1
马来酸酐(0.3)	苯胺(0.3)	0.36	三乙胺(1.08)	1	99.3	97.2
苯酐(0.1)	*m*-APBP(0.05)	0.11	三乙胺(0.33)	1	99.5	97.4
苯酐(0.1)	ODA(0.05)	0.11	三乙胺(0.33)	1	99.0	97.1
PMDA(0.094)+PA(0.012)	*m*-APBP(0.1)	0.22	三乙胺(0.594)	2		

在环化速率上,聚酰胺酸低于低分子酰胺酸模型物的原因主要是由于高分子的高黏度,影响了体系的传质过程。

2.2.3　聚异酰亚胺异构化为聚酰亚胺

1. 聚异酰亚胺在溶液中的催化异构化

Kurita 等[155]对聚异酰亚胺在溶液中的催化异构化进行了详细的研究,结果见式 2-16和表 2-33。

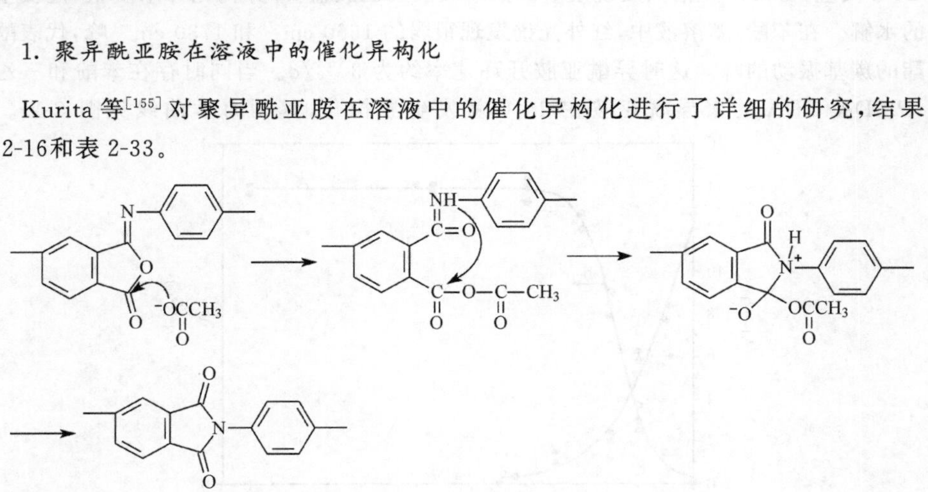

异酰亚胺 $\xrightarrow{k'}$ 中间体 $\xrightarrow{k''}$ 酰亚胺

式 2-16　异酰亚胺重排为酰亚胺

表 2-33 PMDA/ODA 聚异酰亚胺在乙酐/三乙胺/苯体系中的异构化

反应浴		20 ℃(80 h)			50 ℃(4 h)			70 ℃(2 h)			70 ℃(5 h)		
三乙胺 /(mol/L)	乙酐 /(mol/L)	α	β	γ	α	β	γ	α	β	γ	α	β	γ
10	1	0.23	0.0	0.77	0.76	0.24	0.0	—	—	—	—	—	—
5	1	0.27	0.0	0.73	0.65	0.35	0.0	—	—	—	—	—	—
1	1	0.64	0.36	0.0	0.52	0.48	0.0	0.2	0.8	0.0	—	—	—
1	5	0.42	0.42	0.16	0.15	0.85	0.0	0.0	1.0	0.0	—	—	—
1	10	0.14	0.61	0.25	0.12	0.88	0.0	0.0	1.0	0.0	—	—	—
0	1	—	—	—	—	—	—	—	—	—	0.53	0.47	0.0

酰胺酸在异构化反应产物中的存在说明异酰亚胺与存在于体系中的水分反应发生了水解。由表 2-33 可见，聚异酰亚胺在乙酐/三乙胺体系中发生异构化和水解的竞争，随着温度的提高，异构化成为主要反应。当没有三乙胺存在时，即使在较高温度(如 70 ℃)下，非但异构化不能完全，水解还略占优势。随着乙酐的增加，酰亚胺产率增加，酰胺酸减少，即水解受到抑制，因为过量的乙酐可以与体系中的水反应生成对反应无害的乙酸。三乙胺可能起到促使乙酐解离的作用，结果导致乙酸根离子的增加，有利于异酰亚胺向酰亚胺的转化。这是一种亲核催化机理。但是乙酐/三乙胺体系是难以避免聚酰胺酸发生水解副反应的。

Sheffer 研究了酚类溶剂在聚酰亚胺合成中的广泛使用，并且常常在反应中添加三乙胺[156]。将 PMDA/ODA 的聚异酰亚胺薄膜在 1 mol/L 的三乙胺的苯溶液中，在 20 ℃经过 24 h 反应，由红外光谱只发现痕量的聚酰胺酸三乙胺盐，即异构化并未发生，但发生少量的水解。在苯酚/苯溶液中，红外光谱发现很弱的 1660 cm^{-1} 和 1730 cm^{-1} 峰，代表酰胺和酯的羰基振动的峰。这时异酰亚胺开环速率约为 3 %/d。当同时存在苯酚和三乙胺时，PMDA/ODA 的聚异酰亚胺在 25 ℃就发生异构化，其动力学曲线见图 2-11。由

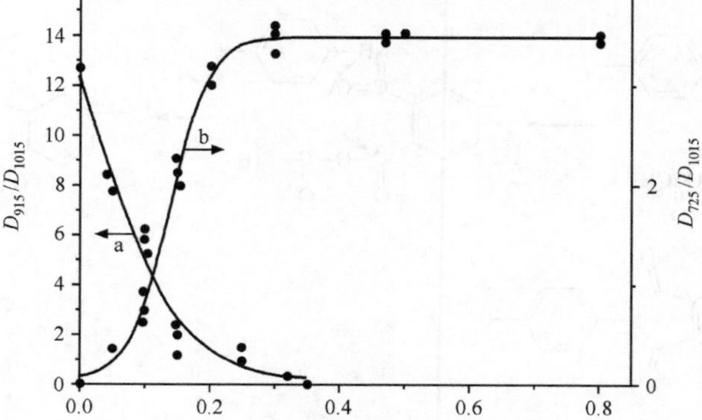

图 2-11 PMDA/ODA 聚异酰亚胺 20 ℃时在苯酚/三乙胺(物质的量比 1∶1)中的异构化

a:异酰亚胺(D_{915}/D_{1015})；b:酰亚胺(D_{725}/D_{1015})

图 2-11可见,酰亚胺含量变化呈 S 形,但异酰亚胺的消耗却不是 S 形,这可能意味着有某种中间体的形成。当存在苯酚和三乙胺时,PMDA/ODA 的聚异酰亚胺在 25 ℃异构化的动力学特性见表 2-34。

表 2-34　存在苯酚和三乙胺时 PMDA/ODA 的聚异酰亚胺在 25 ℃异构化的动力学特性

在苯中的浓度/(mol/L)		$k'/(10^3\ s^{-1})$	$k''/(10^3\ s^{-1})$	t_{max}/s
苯酚	三乙胺			
0.5	0.1	0.17	0.67	700
0.5	0.2	1.3	2.3	600
0.1	0.1	2.8	3.2	318
0.5	0.5	2.5	3.3	342
1.0	1.0	2.7	3.7	300
0.5	1.0	3.3	1.3	480
0.1	0.2	4.1	1.7	360

注:t_{max}为中间体在聚合物中含量最大时的时间。

Kudryavtsev 等[152]假设中间体为在异构化过程中形成的聚酰胺酸的苯酯(以阴离子状态存在),该中间体已被分离出来,并且可以控制条件,让聚异酰亚胺完全转变为苯酯(式 2-17)。

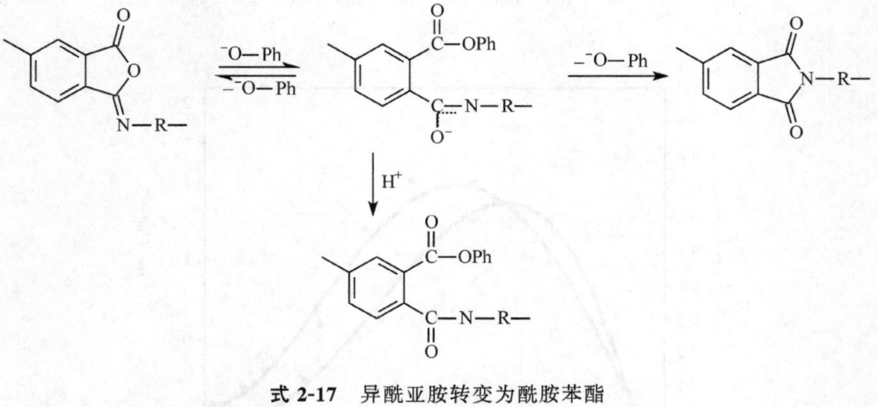

式 2-17　异酰亚胺转变为酰胺苯酯

聚异酰亚胺的薄膜在含有 1 mol/L 苯酚,0.02 mol/L 三乙胺及 0.01 mol/L 三氟乙酸的苯溶液中 48 h 就得到聚酰胺酸苯酯薄膜,该薄膜如果在含有 0.5 mol/L 苯酚和 0.5 mol/L三乙胺的苯溶液中,则在 25 ℃ 1.5 h 即可完全转化为聚酰亚胺。三氟乙酸可以增加给质子介质的活性而发生质子化。苯酚/三乙胺体系可以有效地使聚异酰亚胺异构化而避免发生水解。

由表 2-34 可见,k'和 k''对苯酚和三乙胺的浓度并不敏感,仅取决于组分的比例。k'与三乙胺的相对含量成单调关系,当苯酚/三乙胺为等物质的量比时,k''有一最大值,这是由于苯酚与三乙胺之间存在平衡。

2. 聚异酰亚胺的热异构化

由图 2-12 可见，异构化在室温就已经开始，完成于 325 ℃。此时 $D_{725}/D_{1015}=3.5$，这是纯 PMDA/ODA 酰亚胺的典型的数值。在合成聚异酰亚胺的过程中很难完全去除脱水剂及溶剂可能吸收的水分。所存在的亲核试剂会催化异酰亚胺的异构化。有文献报道异酰亚胺的非催化热重排并不发生[157,158]。除了异构化反应外还有因断链生成酐和氨端基及其重新复合的反应发生，这些反应都是由于存在痕量水分。薄膜强度最低时的处理温度正好与端基含量最高的温度相应[图 2-12(b)和图 2-13]。

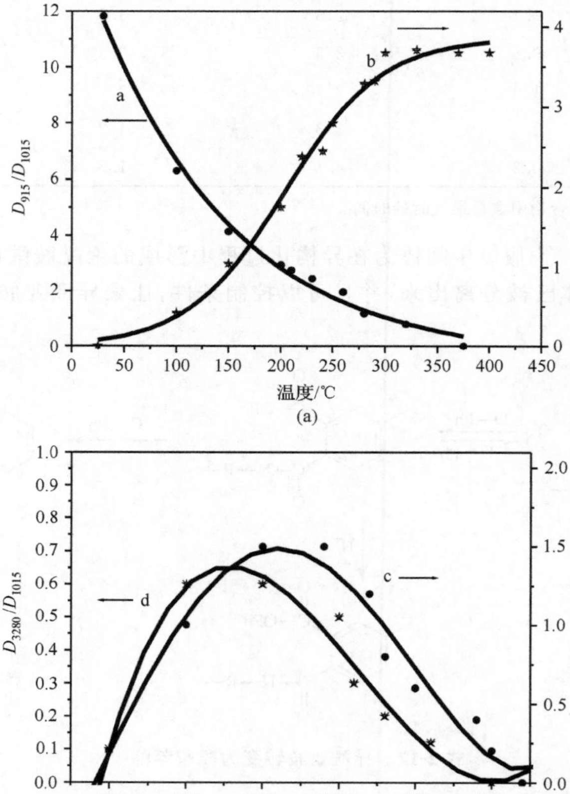

图 2-12　PMDA/ODA 的特征红外吸收的温度曲线

(a) a：异酰亚胺的消耗(D_{915}/D_{1015})；b：酰亚胺的累积(D_{725}/D_{1015})；(b) c：酐基的累积和消耗(D_{1860}/D_{1015})；d：氨基的累积和消耗(D_{3280}/D_{1015})。加热速率为 5 ℃/min

正如已经介绍过的那样，聚酰胺酸在固态环化时的最典型动力学特征是在一定的温度下，环化速率会迅速降低以致实际上停止进行。聚异酰亚胺在固态下的异构化也会发生类似现象(图 2-14)，因此不能用一个恒定的速率常数来表征。Kudryavtsev 等在动力

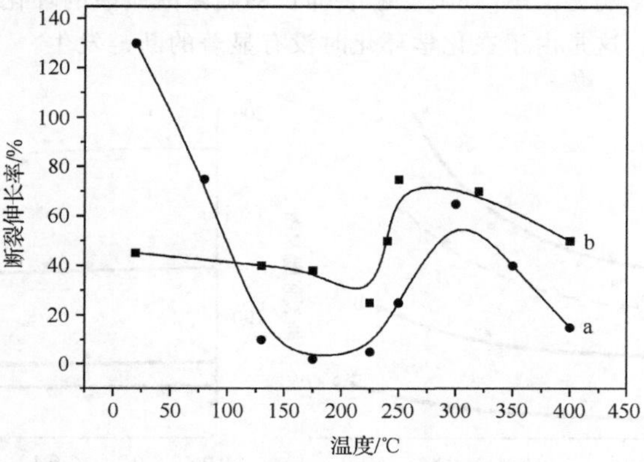

图 2-13　PMDA/ODA 聚异酰亚胺薄膜机械性能在热处理过程中的变化

升温速率为 5 ℃/min

a：断裂伸长率；b：抗张强度

学曲线初始部分得到在 310～340 ℃的活化能 E_a 为 190 kJ/mol，而 PMDA/ODA 的聚酰胺酸的 E_a 为 108 kJ/mol[152]，所以认为聚异酰亚胺转化为聚酰亚胺需要更强烈的条件。

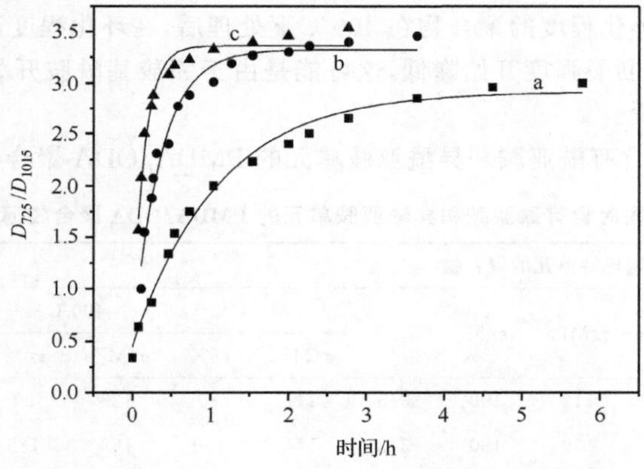

图 2-14　PMDA/ODA 的聚异酰亚胺异构化的等温曲线

a：310 ℃；b：330 ℃；c：340 ℃

Kailani 等[159]研究了 6FDA 和 1,5-萘二胺的聚酰胺酸的转化，测得酰亚胺化的速率常数 k_1 与异酰亚胺化的速率常数 k_2 之和为 0.044 min^{-1}，同是得到 $k_1/k_2=5.11$，所以认为 k_1 为 0.0368 min^{-1}，k_2 为 0.0072 min^{-1}。

如上所述，聚异酰亚胺和聚酰胺酸的热转化都具有动力学中止的特征。但动力学中止现象并不出现在两者的催化转化过程，所以一直到 100%转化，催化转化都具有恒定的速率常数。

2.2.4　酰亚胺化条件对聚酰亚胺性能的影响

薄膜断裂伸长率和断裂强度与酰胺酸含量的关系见图 2-15。第一个关于相对分子质量对机械性能的影响见文献[160]。断裂伸长率随聚酰胺酸的环化程度的增加而增加，而强度却很少变化。这是由于在化学环化时没有显著的断链发生。

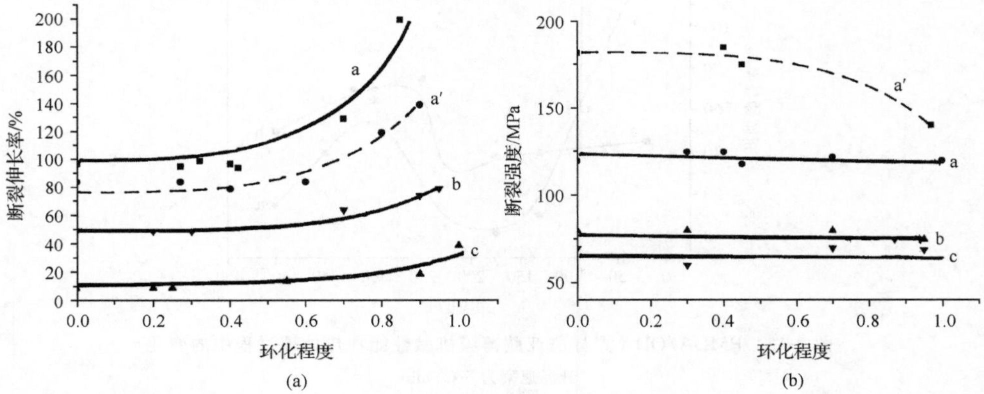

图 2-15　PMDA/ODA 薄膜的断裂伸长率(ε)(a)和断裂强度(σ)(b)与环化程度的关系

a：[η]=2.5 dL/g；b：[η]=1.4 dL/g；c：[η]=0.6 dL/g；a′：经过 400 ℃处理后的薄膜

所有样品在处理前的 $\beta/\gamma=3$

当将具有不同环化程度的聚合物在 400 ℃下处理后，在环化程度达到 0.5 以后，断裂伸长率开始升高，而断裂强度开始降低，这可能是由于邻羧基酰胺开始断裂，该断裂随环化程度的增加而减少。

表 2-35 为同时含有酰亚胺和异酰亚胺单元的 PMDA/ODA 聚合物薄膜的性能。

表 2-35　同时含有酰亚胺和异酰亚胺单元的 PMDA/ODA 聚合物薄膜的性能

乙酐∶吡啶	带有不同环链单元的聚合物					聚酰亚胺					
	组成		σ/MPa	ε/%	T_s/℃	350 ℃[a]		400 ℃[a]		$T_{1\%}$/℃	$T_{5\%}$/℃
	β	γ				σ/MPa	ε/%	σ/MPa	ε/%		
1∶0.1	0.60	0.40	112	100	315	117	30	123	20	385	445
1∶1	0.75	0.25	150	190	343	144	140	169	135	420	515
1∶10	0.90	0.10	160	220	364	164	190	140	140	445	530
聚酰胺酸			178	110	—	175	80	175	70	410	518

a：最后的热处理温度；σ：断裂强度；ε：断裂伸长率。

由表 2-35 可见，随着异酰亚胺单元的增加，断裂伸长率和热稳定性降低，这可能是由于异酰亚胺对水解的不稳定。较高弹性的薄膜可以由化学环化后再经 350～400 ℃热处理而得到，这并不是由于溶剂的增塑作用，而是化学环化和热环化之间的基本差别而引起的[160,161]。

表 2-36 为 PMDA/ODA 聚酰胺酸以不同的乙酐/叔胺体系在 50 ℃催化环化所得到的薄膜的机械性能。

表 2-36　PMDA/ODA 聚酰胺酸以不同的乙酐/叔胺体系在 50 ℃催化环化所得到的薄膜的机械性能

叔胺	带有不同单元的环链聚合物[a]			经 400 ℃处理的聚酰亚胺	
	β/%	σ/MPa	ε/%	σ/MPa	ε/%
喹啉	67	116	128	109	33
3-甲基吡啶	77	147	178	153	175
2-甲基吡啶	80	141	179	139	166
2,4-二甲基吡啶	89	126	181	123	160
三乙胺	100	66	85	86	35
吡啶(0.1)+三乙胺(0.9)	96	150	220	140	200
吡啶(0.8)+三乙胺(0.2)	100	170	250	170	230
聚酰胺酸热环化				160	70

a：$\beta+\gamma=1$。

乙酐/三乙胺体系的催化环化实际上得到的是只有酰亚胺单元的环链聚合物，但其性能较低，这可能是由于较长的环化时间使在碱性介质中的聚合物引起酰胺酸的断链。三乙胺与吡啶共用的效果比单独使用两个组分要好。吡啶的存在有利于形成中间体混酐，该混酐可以减少断链副反应[139]。三乙胺可以保证环化过程在碱性催化下进行，以增加酰亚胺的生成，酰亚胺对于次级副反应是比较稳定的。在 400 ℃老化的情况下，断裂强度和断裂伸长率的降低只发生在最初的 1～2 h，以后就趋于稳定(图 2-16)。要得到高质量的薄膜，催化试剂必须严格脱水，否则就会严重影响薄膜的性能。

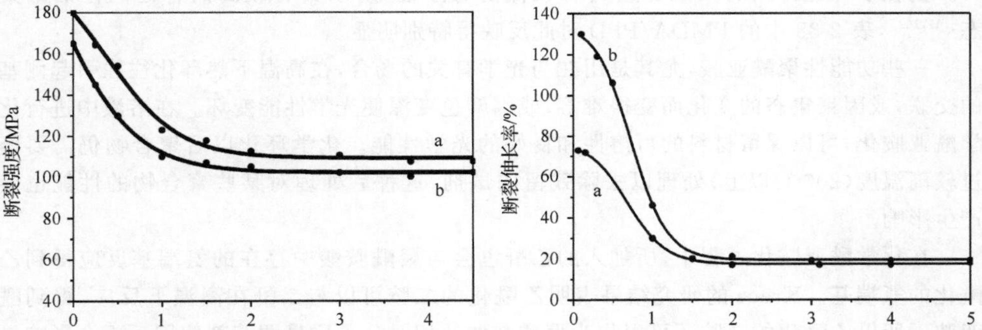

图 2-16　不同酰亚胺化过程对在 400 ℃下老化的 PMDA/ODA 薄膜机械性能的影响

a：热酰亚胺化；b：化学酰亚胺化

表 2-37 为在乙酐/吡啶的苯溶液中水分含量对 PMDA/ODA 薄膜性能的影响。表 2-38为不同结构的聚酰亚胺的机械性能。

表 2-37 在乙酐(1 mol/L)/吡啶(1 mol/L)的苯溶液中水分含量对 PMDA/ODA 薄膜性能的影响

水分/(mol/L)	带有不同单元的聚合物				聚酰亚胺	
	单元组分		断裂强度/MPa	断裂伸长率/%	断裂强度/MPa	断裂伸长率/%
	β	γ				
0	0.75	0.25	150	130	169	135
0.5	0.80	0.15	120	140	120	120
1.0	0.90	0.08	140	150	140	90
2.0	0.06	0.06	90	50	130	40

表 2-38 不同结构的聚酰亚胺的机械性能

聚合物	化学环化			热环化		
	断裂强度/MPa	断裂伸长率/%	断裂模量/GPa	断裂强度/MPa	断裂伸长率/%	断裂模量/GPa
PMDA/PPD	185	95	3.8		脆	
PMDA/Bz	170	120	3.4	240	3	9.5
PMDA/PRM	218	89	4.1	290	6	11.7
BPDA/Bz	176	117	3.9	270	18	9.1
BTDA/ODA	135	180	2.9	160	28	3.7

注：聚合物不含异酰亚胺单元，薄膜厚度为 40～60 μm。

由化学环化得到的聚酰亚胺具有较低的有序性，所以具有较高的各向同性的聚集态[161,162]，表 2-38 中的 PMDA/PPD 对此反映得特别明显。

一些功能性聚酰亚胺，尤其是用在与光学有关的场合，在高温下热环化往往引起侧基的交联，或因聚集态的变化而变得难溶，或因颜色变深使光学性能变坏。在溶液中进行化学酰亚胺化，可以保留材料的可溶性和良好的光学性能。化学环化以后聚合物仍需要经过较高温度(200 ℃以上)处理以去除残留的试剂，这种后处理对某些聚合物的性能也会产生影响。

在化学酰亚胺化过程中，所加入的乙酐也会与聚酰胺酸中存在的氨端基反应得到乙酰化的氨端基。Kreuz 的研究结果表明乙酰化的二胺可以与二酐在高温下反应，得到酰亚胺。所以乙酰化的二胺还可以作为聚酰胺酸的相对分子质量调节剂使用而不会影响最终产物聚酰亚胺的相对分子质量。由 DSC 测得各种乙酰化二胺及二酐与乙酰化二胺的吸热温度见式 2-18 和表 2-39[163]。

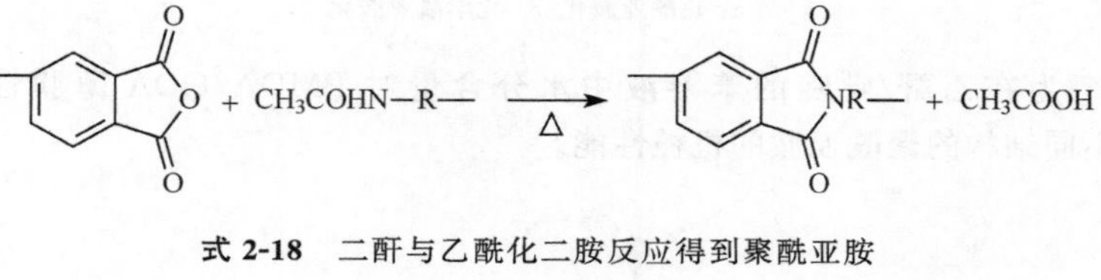

式 2-18 二酐与乙酰化二胺反应得到聚酰亚胺

表 2-39　乙酰化二胺及二酐与乙酰化二胺的吸热温度

化合物	DSC 的吸热峰温度/℃
PMDA/AODA	210
AODA	231
PMDA/ABAPB	186
ABAPB	198

2.3　由二酐或四酸和二胺或酰化的二胺一步合成聚酰亚胺

2.3.1　在有机溶剂中一步合成聚酰亚胺

对于能够溶解于酚类溶剂的聚酰亚胺可以采用一步法直接合成,例如由 ODPA 或二醚二酐类与二胺在间甲酚,甚至苯酚中加热到 180℃,由 BPDA 与 PPD 或 ODA 在对氯苯酚中加热到 220℃都可以得到高相对分子质量的聚酰亚胺。酚类化合物除了作为溶剂外,还对酰亚胺反应起催化作用。

羧酸可以作为二胺与二酐的酰化反应及脱水环化反应的催化剂[164-166],例如少量一氯乙酸在氯仿中可以大大促进苯酐与取代苯胺的反应,如没有催化剂,该反应也会由于所产生的酰胺酸而自催化,催化剂可使反应速率常数提高一个数量级。溶剂则起共催化剂的作用。在碱性较大的溶剂,如 DMAc 中,因为溶剂与酰胺酸的强作用而抑制了自催化反应,但溶剂与酰胺酸的作用有利于平衡向产物方向转移。过强的酸会使胺质子化,降低反应活性,所以一步法合成聚酰亚胺时不能使用太强的酸。

Kuznetsov[164]以苯甲酸为介质进行二胺和二酐或四酸的一步聚合得到聚酰亚胺,反应温度为 140℃,时间在 1 h 左右(表 2-40)。

表 2-40　以苯甲酸为介质的聚合反应

二胺	二酐	PEI	[η]/(dL/g)	T_g/℃	T_m/℃
MPD	BPADA	PEI-1	0.78	220	—
BAPP	BPDA	PEI-2	0.50	240	—
BAPP	ODPA	PEI-3	0.40	220	—
BAPP	BPADA	PEI-4	0.48	200	—
ODA	ODPA	PEI-5	0.42	265	340
ODA	BPADA	PEI-6	0.52	220	—
HDA	BPADA	PEI-7	0.40	120	165
DDS	BPADA	PEI-8	0.5	230	—
DAPy	BPADA	PEI-9	0.56	220	—
MPD/DAPy(1:1)	BPDA	PEI-10	0.50	220	—

在 140℃的苯甲酸中,酰亚胺化反应进行得很快,以致难以准确测量。但其黏度的增

加却与在 20 ℃的酰胺类溶剂中相当,这说明胺在苯甲酸中大大被减活了。在苯甲酸中加入惰性组分(如二苯砜)可以降低环化速率而增加酰化速率,以致在时间-黏度曲线上出现下降又上升的现象,见图 2-17。

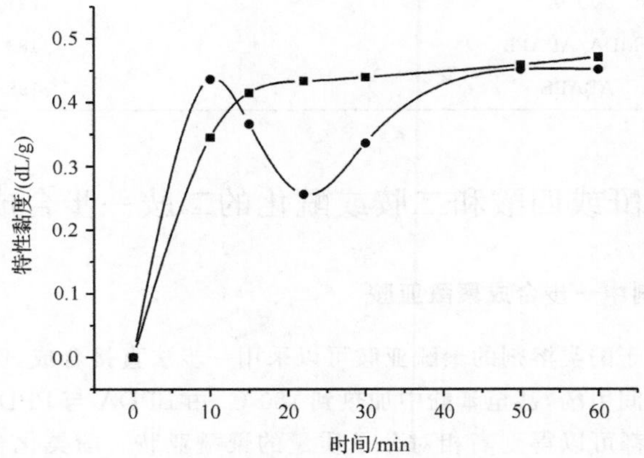

图 2-17 BPDA/BAPP 于 140 ℃在不同介质中特性黏度增加的情况

■:熔融的苯甲酸;●:1∶1 的苯甲酸和二苯砜

由表 2-40 可见,甚至由低活性的二胺,如 4,4′-二氨基二苯砜(DDS)和 2,6-二氨基吡啶(DAPy)也可以得到较高相对分子质量的聚合物。DAPy 由于出现胺-亚胺互变异构,作为亲核试剂的活性很低,在甲酚中不能用一步法得到聚酰亚胺,例如 BPADA/DAPy 在间甲酚中 170 ℃下反应 1 h 后,再在甲醇中沉淀得不到聚合物。而在苯甲酸中 140 ℃下 1 h可以定量得到高相对分子质量的聚酰亚胺。所以在苯甲酸中的反应,二胺活性的高或低对聚合结果似乎没有影响。碱性相差较大的 ODA 和 DDS 在甲酸中具有相同的活性,这是因为在酸性介质中,它们之间的碱性的差别对反应的影响就不明显了。DAPy 在苯甲酸中的高活性也可以认为是酸与吡啶氮通过氢键的配合阻止了胺-亚胺的互变异构,从而使 DAPy 中的氨基碱性增加。此外,碱性差别的消除对于获得新的共聚物应该是有用的。

以苯甲酸为介质可以采用分阶段投料得到两嵌段的聚酰亚胺,如 BPADA/PPD 和 BPDA/PPD。当二胺∶二酐为 2∶1 时,理论上可以得到交替共聚物。

苯甲酸对聚酰亚胺的溶剂化作用力较小,所以质量分数难以得到高于 12%。而且苯甲酸在常压下 100 ℃就会升华,给反应带来困难。以水杨酸(bp 211 ℃,mp 158～161 ℃)作为溶剂合成聚酰亚胺的方法[67]是将二酐和二胺及水杨酸在封管中反应,固含量可达 40%。

2.3.2 在水中一步合成聚酰亚胺

以水为溶剂合成聚酰亚胺当然是很吸引人的方法,首先可以显著降低合成成本,即有机溶剂本身的成本和回收的成本;其次可以避免有机溶剂所带来的环境的影响。由于四酸和二胺可以在水中形成“尼龙盐”,将该盐加热脱水成环得到聚酰亚胺,但这样得到的聚酰亚胺往往是交联的,不能再溶解。Imai 将该尼龙盐在高压下加工,可以得到线形聚酰亚胺(见第 2.1.9 节)。Chiefari 等[167]将二酐在水中加热水解,然后加入二胺,得到尼龙盐,再在压力下加热到 160～180 ℃,就可以得到聚酰亚胺。该方法除了可以用于线形聚酰亚胺的合成外,还可以得到 PMR 和 PETI 型热固性聚酰亚胺的预聚物。但以水为溶剂的缺点是其并没有普适性,一些在水中溶解度很低的四酸和二胺就不适宜用该方法合成。更主要的是此法一般只能得到聚酰亚胺粉末,不适用于很广泛的溶液加工方法,如薄膜、纤维等材料的制备;另外所得到的聚合物相对分子质量较低,通常在 0.5 dL/g 以下。

2.3.3　二酐与酰化二胺的反应[168]

将二酐和乙酰化的二胺以粉末状研磨均匀混合,从热重分析可以看出在 270～350 ℃有单独的失重峰,从失重量看,两个单体可以完全反应转变为聚酰亚胺。将 PMDA 和乙酰化的 ODA(AODA)的无色的 THF 溶液混合,立即转变为黄-橙色,并维持不变,说明产生了电荷转移络合物。将 PMDA 和 AODA 在 420 ℃反应得到部分可溶于浓硫酸的聚合物,可溶部分的比浓对数黏度为 0.2 dL/g。

Goykhman 等[169]提出了二酐与酰化二胺的反应过程(式 2-19),认为在 200 ℃以下可以形成预聚体,该预聚体通常为黏性物质,可以作为黏合剂使用。

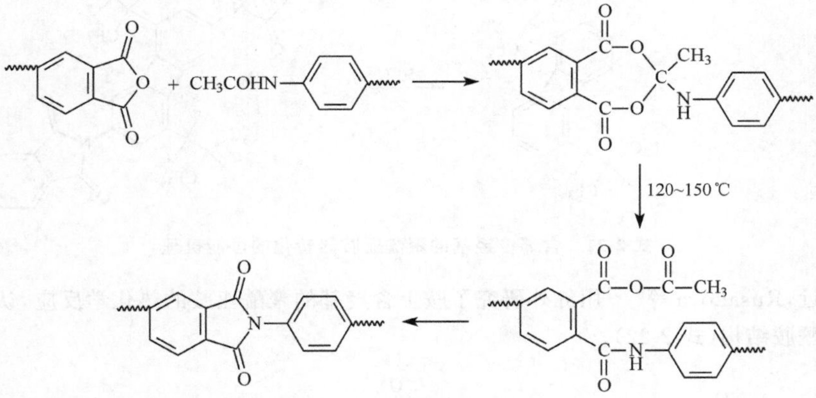

式 2-19　二酐与酰化二胺的反应

2.4　二酐与双(邻位羟基胺)的反应

Mathias 等[170]在 1999 年发现由含邻位羟基的二胺与二酐反应得到含羟基的聚酰亚胺可以在 350 ℃热处理中每个酰亚胺单元失去一个 CO_2,所以认为进一步形成了聚苯并噁唑结构(式 2-20)。

随后一些研究组也进行了这方面的研究[171],他们通过热重分析、红外等方法认为这种热重排反应的确发生了,并研究了所得到的聚苯并噁唑的气体透过性。

但 Hodgkin 等[172]认为由酰亚胺氮的邻位羟基聚合物热处理是难以得到聚苯并噁唑

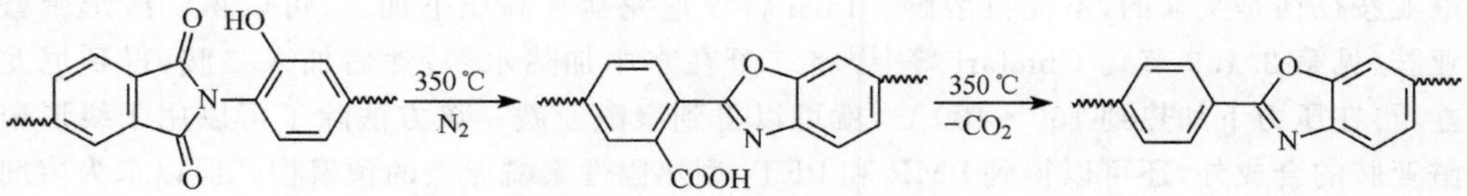

式 2-20　由邻位含羟基的二胺合成聚苯并噁唑

的。他们认为羟基在酰亚胺化温度以下就已经分解了。可能的热解机理见式 2-21。虽然研究结果否定了聚苯并噁唑的生成，但对正确的热解化学还知道得不多。

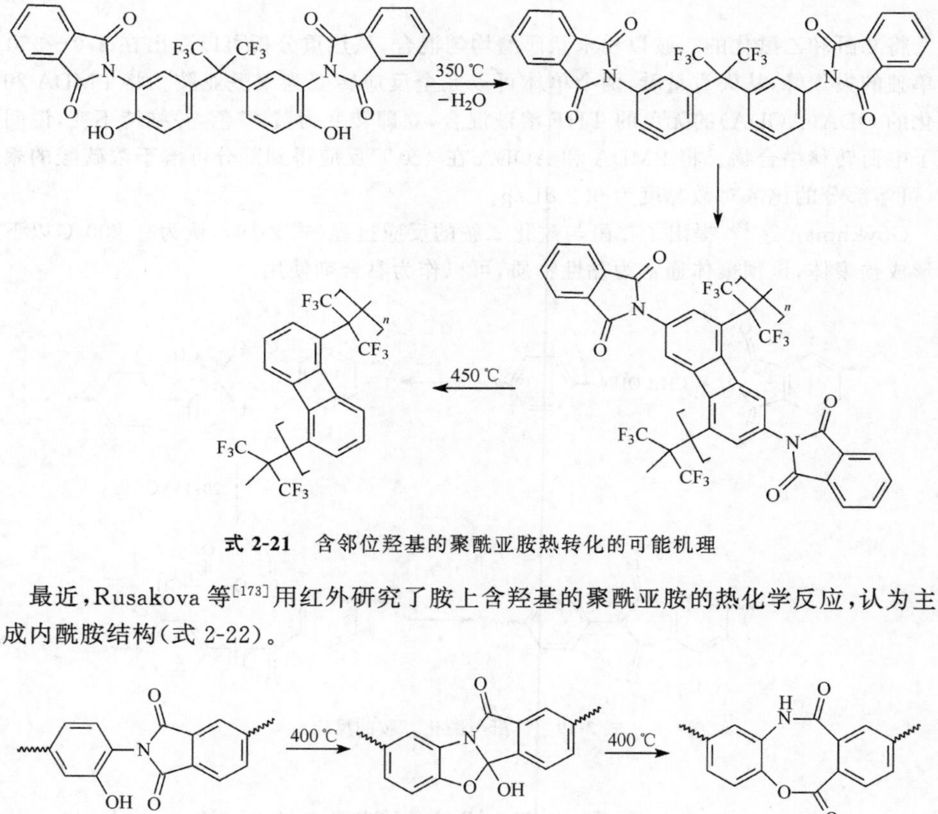

式 2-21　含邻位羟基的聚酰亚胺热转化的可能机理

最近，Rusakova 等[173]用红外研究了胺上含羟基的聚酰亚胺的热化学反应，认为主要生成内酰胺结构（式 2-22）。

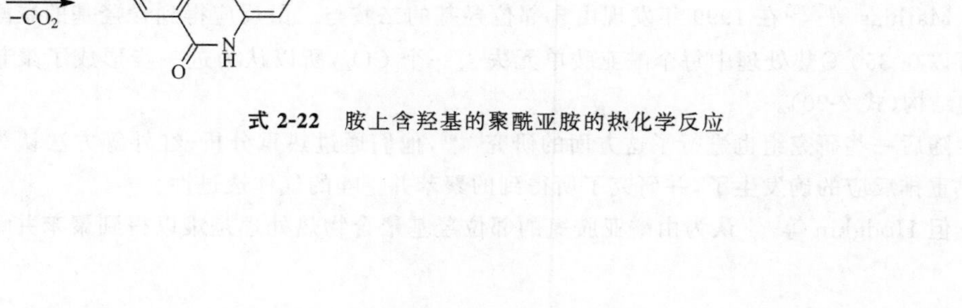

式 2-22　胺上含羟基的聚酰亚胺的热化学反应

2.5　合成聚酰亚胺过程中各物种的测定

合成聚酰亚胺过程中各物种的测定最常用的是红外光谱,以酰胺酸、酰亚胺、异酰亚胺及酐的吸收相对于苯环的 1500 cm^{-1}吸收来计算,其他还有环化的热效应、介电和机械损耗[174-176]、核磁共振[177]、氘代法[178]等。测定环化时放出的水分[179-182]和用四甲基氢氧化铵的甲醇溶液滴定尚未环化的羧基[183]等都是绝对的方法,但是实施起来比较困难。上述测定方法的共同问题是,当高度酰亚胺化时,这些方法的精确度都不够高。Laius 等提出用元素分析法来测定环化程度[184],但要提高准确度需要多次测试(1 个样品甚至需要测 20 次)以得到统计数值,同时其精确度同样是可疑的。所以迄今为止,如何精确测定酰亚胺化程度仍然是一个有待解决的问题。

2.5.1　红外光谱

合成聚酰亚胺过程中各物种的测定最常用的方法是使用红外光谱[54,185],表 2-41 列出了研究酰亚胺化过程最常用的一些基团的波数:1780 cm^{-1}是确定酰亚胺化程度的最常使用的波数[186,187],但有人认为,1780 cm^{-1}和 725 cm^{-1}在酰亚胺化程度较高时并不灵敏[188],同时会被产生的酐的峰所干扰,所以建议使用 1380 cm^{-1}。

表 2-41　酰亚胺及有关化合物的红外吸收光谱

基团	吸收带/cm^{-1}	强度	来源
芳香酰亚胺	1780	s	C=O 不对称伸展
	1720	vs	C=O 对称伸展
	1380	s	C—N 伸展
	725	w	C=O 弯曲
异酰亚胺	1750～1820	s	亚氨基内酯
	1700	m	亚氨基内酯
	921～934	vs	亚氨基内酯
酰胺酸	2900～3200	m	COOH 和 NH_2
	1710	s	C=O(COOH)
	1660(酰胺Ⅰ)	s	C=O(CONH)
	1550(酰胺Ⅱ)	m	C—NH 弯曲振动
	1325		酰胺 C—N 伸展
酰胺酸的三乙胺盐	3000		乙基的不对称伸展
	1400		羧基阴离子
酐	1820 或 1850	m	C=O 对称伸展
	1780	s	C=O
	720	s	C=O

续表

基团	吸收带/cm^{-1}	强度	来源
胺			NH_2对称结构(vs)
	3254,3194	w	NH_2不对称结构(ν_{as})
			$\nu_s=345.53+0.786\nu_{as}$
	1627		ODA的芳环
	1245	s	ODA和酐的C—O—C伸展
酸	2400～2650	宽	O—H伸展
	1607		羧基离子的不对称伸展
	1410		羧基离子的对称伸展
炔	2213	w	C≡C伸展
苯环	1500	vs	苯环的振动
	1050	s	苯环的振动

拉曼光谱有时可以更好地对一些结构进行测定(表2-42)[187]。

表2-42　聚酰亚胺相关的拉曼光谱

谱带/cm^{-1}	强度	来源
1126	w	$(CO)_2NC$
1170	vw	环平面上的氢
1278	vw	
1392	s	C—N伸展,酰亚胺
1518	w	PMDA
1616	m	芳香C═C伸展
1734		C═O,亚胺
1792	m	C═O,酰亚胺

注：s:强；m:中等强度；w:弱；vw:非常弱。

2.5.2　^1H NMR

对于均苯型聚酰亚胺,还可以用^1H NMR来测定其结构和反应过程[45,46]。表2-43为带有PMDA残基的各种化学结构及其芳香质子的^1H NMR化学位移[46]。

表2-43　带有PMDA残基的各种化学结构及其芳香质子的^1H NMR化学位移(ppm)

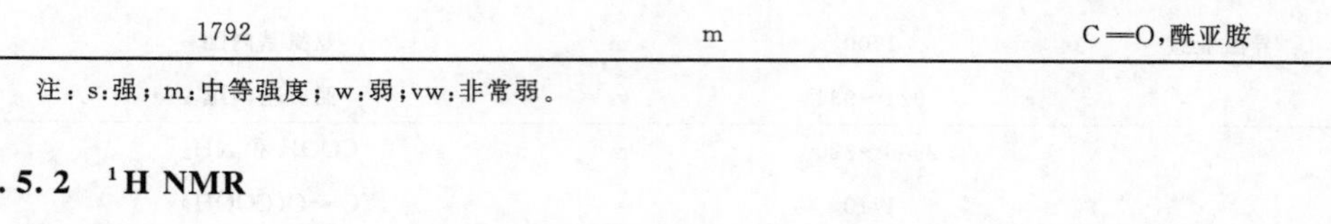

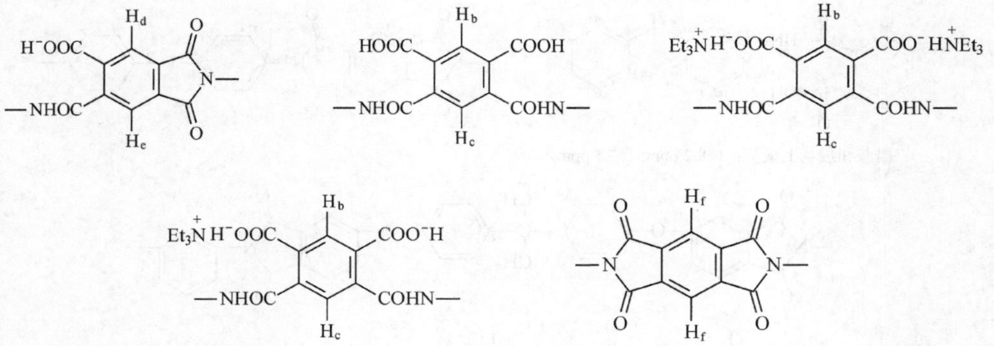

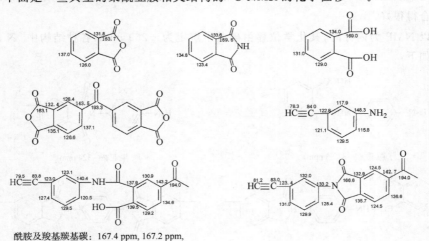

质子	PAA	PAA/TEA(膜)	PAA/TEA(粉末)
H_a	7.97	7.98	7.98
H_b	7.7	7.94	7.80
H_c	8.33	8.06	8.20
H_d	7.87	—	—
H_e	8.14	—	—
H_f	8.24	8.24	8.24

TEA:三乙胺;膜:TEA∶PAA=2∶1;粉末:TEA∶PAA=1∶1。

δ=10.52 ppm 和 10.55 ppm 分别为聚酰胺酸中顺式和反式酰胺中的质子的化学位移。所以由酰胺质子与芳香质子的比例可以算得酰亚胺化的程度,比较 H_a 和 H_c 可以得到反式和顺式异构体的比例。

2.5.3 ^13^C NMR

下面是一些典型的聚酰亚胺相关结构的 ^{13}C NMR 的化学位移[189]。

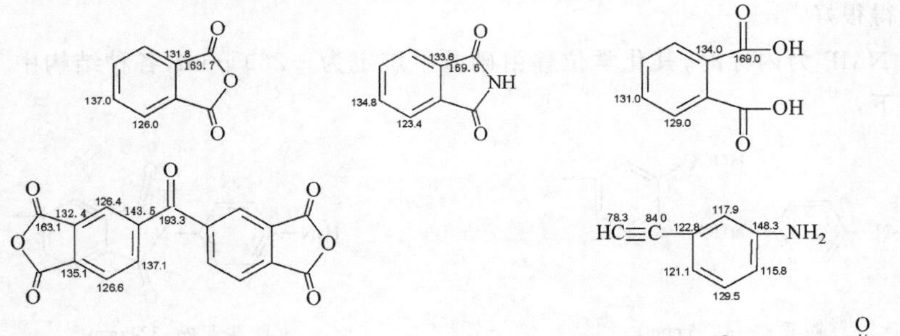

酰胺及羧基羰基碳:167.4 ppm, 167.2 ppm,
167.0 ppm, 166.5 ppm

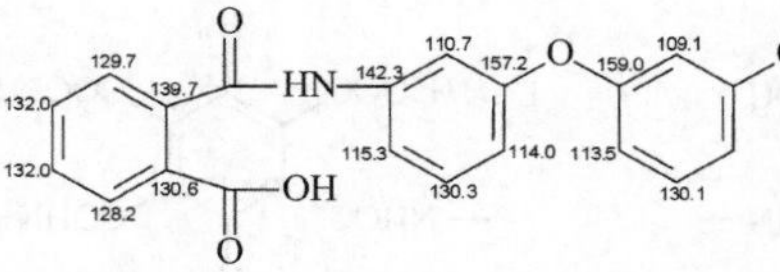

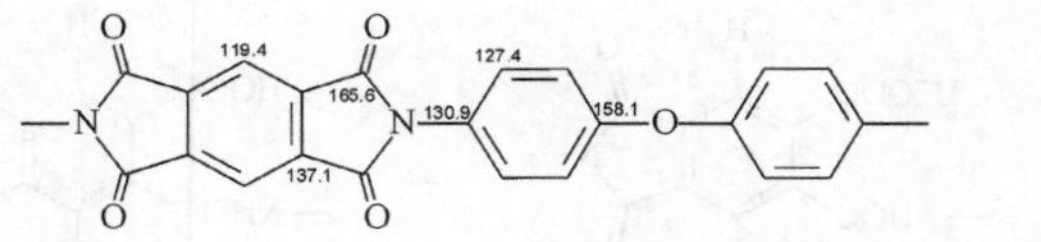

酰胺和羧基上羰基：168.2 ppm, 167.5 ppm

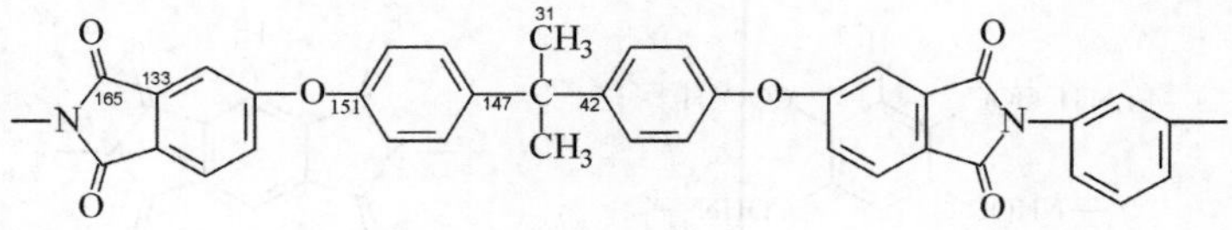

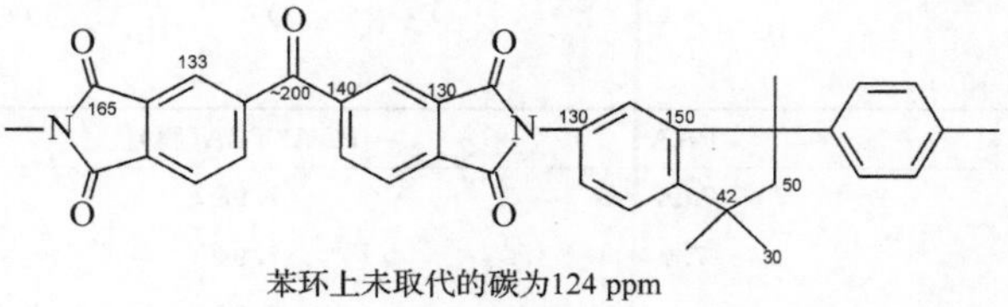

苯环上未取代的碳为124 ppm

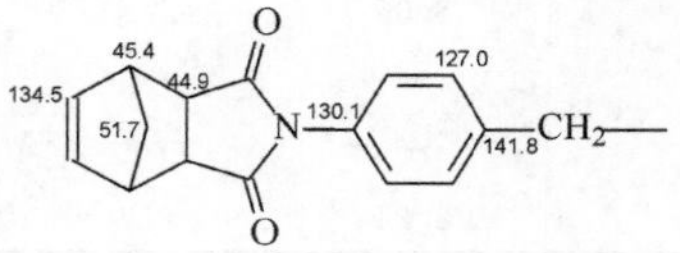

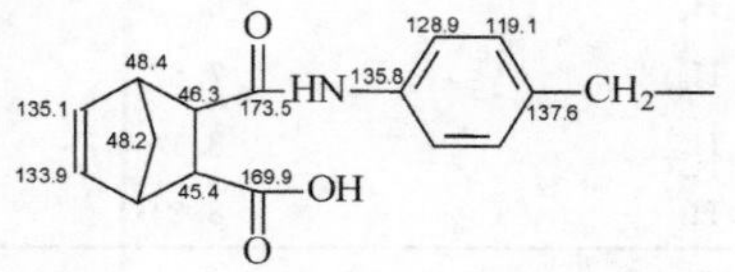

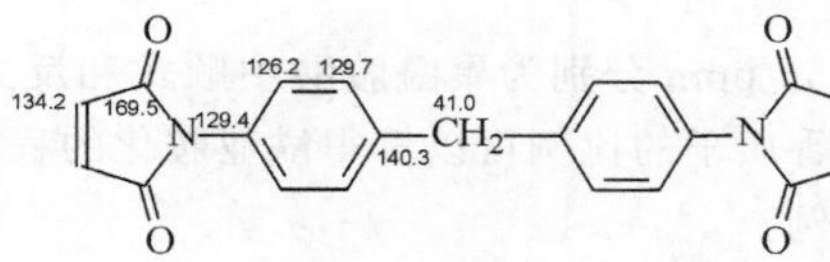

2.5.4 ${}^{15}N$ NMR

近期发展起来的${}^{15}N$ NMR 法对于各个活性种的测定有很好的结果，该结果与滴定的结果符合得很好[190]。

当以 NMP 为内标时，其化学位移由硝基甲烷定为－269 ppm，各种结构中${}^{15}N$ 的化学位移如下：

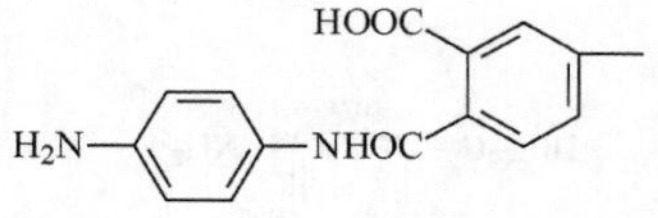

胺-酰胺(−332.5 ppm)

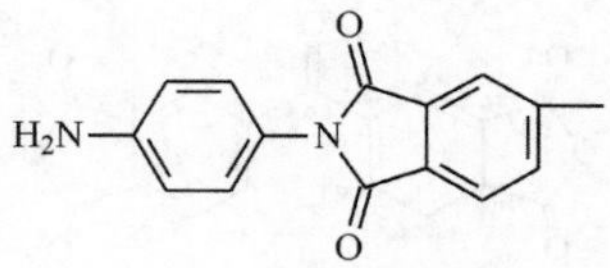

胺-酰亚胺(−324 ppm)

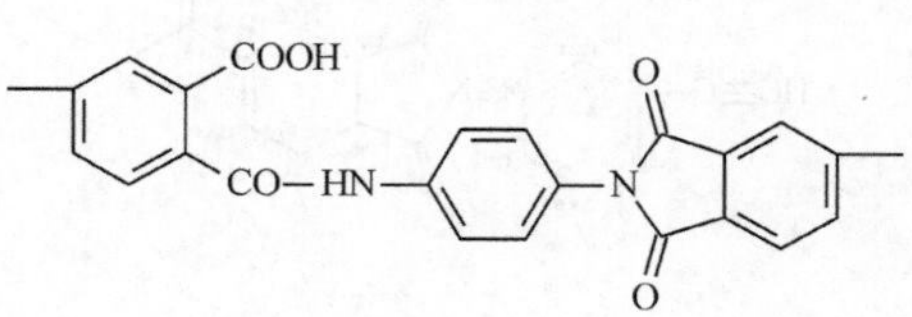

酰胺-酰亚胺(−210.0 ppm)

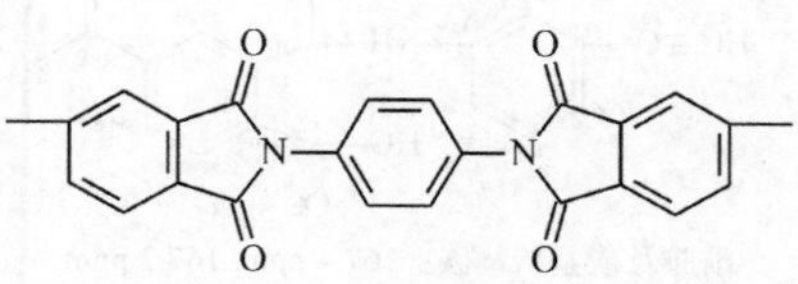

酰亚胺-酰亚胺(−210.4 ppm)

当以硫酸铵为外标时,化学位移为 0 ppm,对于 PMDA/ODA,酰亚胺氮为 150 ppm,酰胺氮为 110 ppm,酰亚胺以 ODA 为端基的氮为 28 ppm,酰胺酸以 ODA 为端基的氮为 22 ppm[191]。

Curliss 等[30]用^{15}N NMR 谱研究 BMI 的反应,采用氨基乙酸为外标的化学位移为 0.0 ppm,相关的^{15}N NMR 化学位移见表 2-44。

表 2-44　与 BMI 反应相关的^{15}N NMR 化学位移

氮源	液态/ppm	固态/ppm
MDA	10.4	24.1,21.2 (结晶)22.1(无定形)
BMI	122.7	127.3
丁酰亚胺	—	152.8
酰胺	—	100.7
仲胺	—	32.7

2.5.5 ^{19}F NMR

^{19}F NMR 也可以用来对聚酰胺酸的酰亚胺化进行研究,其条件是反应物含氟,并能够在反应全过程中都是可溶的。由模型物得到的^{19}F NMR 化学位移见表 2-45[153]。

表 2-45　模型物的^{19}F NMR 化学位移(以 $CFCl_3$ 为参考)

化合物	^{19}F NMR 化学位移/ppm	化合物	^{19}F NMR 化学位移/ppm
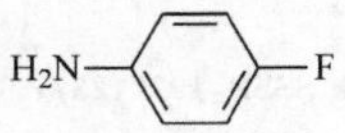	−131.7	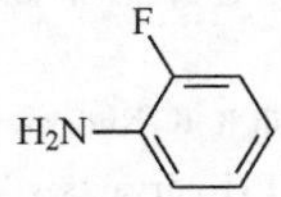	−136.8
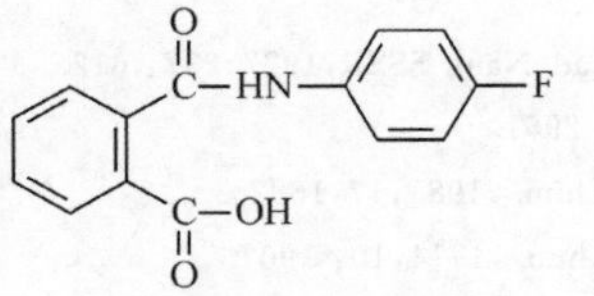	−121.0	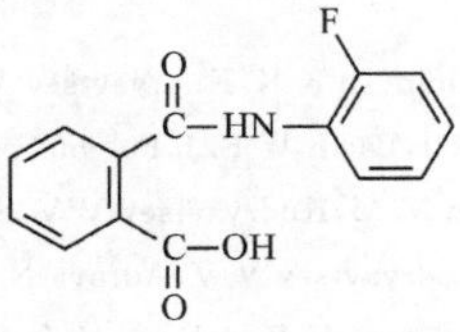	−125.7
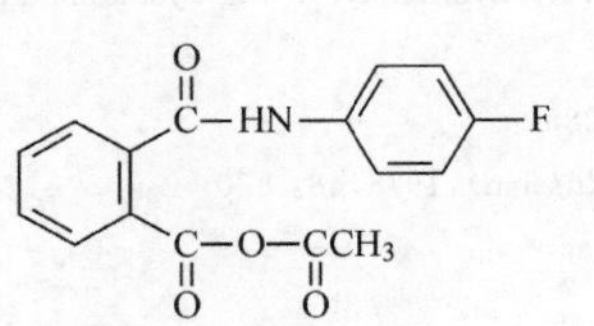	−121.4	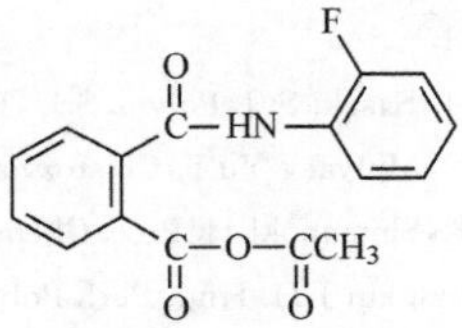	−126.1
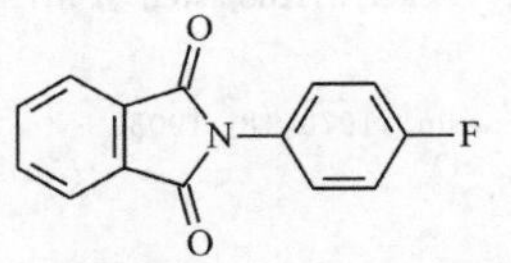	−114.9	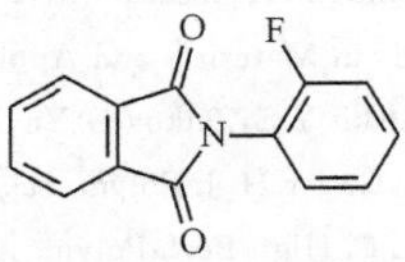	−121.4

续表

化合物	^{19}F NMR 化学位移/ppm	化合物	^{19}F NMR 化学位移/ppm
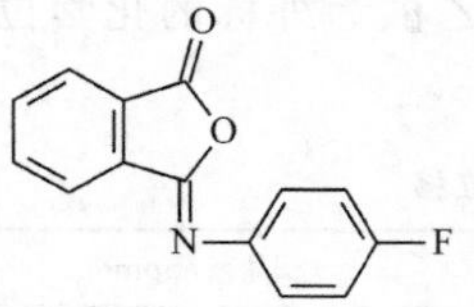	−117.4	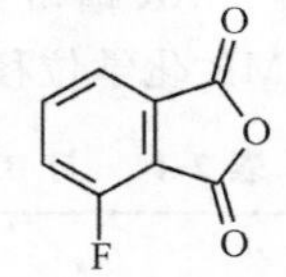	−112.9
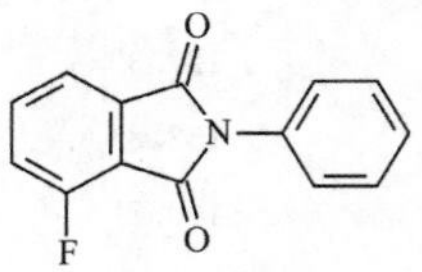	−115.4	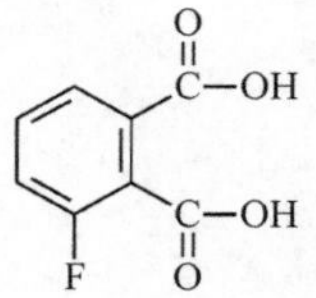	−117.3
6FDA	−62.9	6FTA	−63.2
6FDA/苯胺的酰胺酸	−63.7	6FDA/苯胺的酰亚胺	−62.9

参 考 文 献

[1] Tong Y, Li Y, Ding M. Polym. Bull., 1999, 42: 47.

[2] Ardashnikov A Ya, Kardash I Ye, Pravidnikov A N. Vysokomol. Soedin., 1971, 13: 2092.

[3] Pravidanikov A N, Kardash I Ye, Glukhoyedov N P, Ardashnikov A Ya. Vysokomol. Soedin., 1973, 15: 399.

[4] Frost L W, Kesse J. J. Appl. Polym. Sci., 1964, 8: 1039.

[5] Kalnin'sh K K, Solov'eva G I, Belen'kii B G, Kudryavtsev V V, Koton M M. Dokl. Akad. Nauk SSSR, 1972, 204: 473.

[6] Svetlichnyi V M, Kalnin'sh K K, Kudryavtsev V V, Koton M M. Dokl. Akad. Nauk SSSR, 1977, 237: 693.

[7] Kolegov V I, Sklizkova V P, Kudryavtsev V V, Belen'kii B G, Frenkel S Ya, Koton M M. Dokl. Akad. Nauk SSSR, 1977, 232: 848.

[8] Svetlichnyi V M, Kalnin'sh K K, Kudryavtsev V V, Koton M M. Dokl. Akad. Nauk SSSR, 1977, 237: 612.

[9] Kreuz J A, Angelo R J, Barth W E. J. Polym. Sci., Polym. Chem., 1967, 5: 2961.

[10] Zubkov V A, Koton M M, Kudryavtsev V V, Svetlichnyi V M. Zh. Org. Khim., 1981, 17: 1682.

[11] Svetlichnyi V M, Kudryavtsev V V, Adrova N A, Koton M M. Zh. Org. Khim., 1974, 10: 1907.

[12] Koton M M, Kudryavtsev V V, Adrova N A, Kalnin'sh K K, Dubnova A M, Svetlichnyi V M. Vysokomol. Soedin., 1974, 16: 2411.

[13] Ando S, Matsuura T, Sasaki S. J. Polym. Sci., Polym. Chem., 1992, 30: 2285.

[14] Balyamunskaya L N, Mulyaev Yu F, Chistozvonova L D. J. Org. Chem. (Russian), 1978, 48: 870.

[15] Okuda K, Tochigi K, Shimanoki H. Proc. Chem. Soc. Jpn., 1990, 3: C315.

[16] Hawthorne D G, Hodgkin J H. High Perf. Polym., 1999, 11: 315.

[17] Miwa T, Okabe Y, Ishida M, Hasegawa M, Matano T, Shindo Y, Sugimura T//Feger C, Khojasteh M M, Molis S E. Polyimides: Trends in Materials and Applications SPE, 1996: 231.

[18] Nechayev P P, Vygodskii Y S, Zaikov G Ye, Vinogradova S V. Vysokomol. Soedin., 1976, 18: 1903.

[19] Bell V L, Stump B L, Gager H. J. Polym. Sci., Polym. Chem., 1976, 14: 2275.

[20] Harris F W, Hsu S L-C. High Perf. Polym., 1989, 1: 3.

[21] Dine-Hart R A, Wright W W. J. Appl. Polym. Sci., 1967, 11: 609.

[22] Sroog C E, Endrey A L, Abramo S V, Berr C E, Edwards W M, Olivier K L. J. Polym. Sci., 1965, A3: 1373.
[23] Volksen W, Cotts P M//Polyimides: Synthesis, Characterization and Properties. Vol. 1. Mittal K L New York: Plenum, 1984: 163.
[24] Vygodskii Y S, Spirina T N, Nechayev P P, Chudina L I, Zaikov G Ye, Korshak V V, Vinogradova S V. Polym. Sci., USSR, 1977, 19: 1738.
[25] Moieev V D, Avetisyan N G, Chernova A G. Plast. Massy, 1971, (3): 6.
[26] Kaas R L. J. Polym. Sci., Polym. Chem., 1981, 19: 2255.
[27] Lillford P J, Satchell J. J. Chem. Soc., 1967, B360.
[28] Solomin V A, Kardash I E, Snzgovsky Y S, Messerle P E, Zhubanov B A, Pravednikov A N. Dokl. Akad. Nauk SSSR, 1977, 236: 510.
[29] Walker C C. J. Polym. Sci., Polym. Chem., 1988, 26: 1649.
[30] Curliss D B, Cowans B A, Caruthers J M. Macromolecules, 1998, 31: 6776.
[31] Orwoll R A, St Clair T L, Dobbs K D. J. Polym. Sci., Polym. Phys., 1981, 19: 1385.
[32] Koton M M, Kudryavtsev V V, Sklizkova V P, Nefedova P P, Lazareva M A, Belen'kii B G, Orlova I A, Oprits Z G. Vysokomol. Soedin., 1980, B22: 140.
[33] Denisov V M, Svetlichnyi V M, Gindin V A, Zubkov V A, Kel'tsov A I, Koton M M, Kudryavtsev V V. Vysokomol. Soedin., 1979, A21: 1644.
[34] Kim K, Ree M J. Polym. Sci., Polym. Chem., 1998, 36: 1755.
[35] Alekseeva S G, Vinogradova S V, Vorob'ev V D, Vygodsky Ya S, Korshak V V, Slonim I Ya, Spirina T N, Urman Ya G, Chudina L I. Vysokomol. Soedin., 1979, A21: 2207.
[36] Urman Ya G. Vysokomol. Soedin., 1982, A24: 1795.
[37] Denisov V M, Svetlichny V M, Gindin V A, Zubkov V A, Kol'tsov A I, Koton M M, Kudryavtsev V V. Vysokomol. Soedin., 1979, A21: 1498.
[38] Kim K, Ree M. J. Polym. Sci., Polym. Chem., 1998, 36: 1755.
[39] Bender M L, Chow Y-L, Chloupek F. J. Am. Chem. Soc., 1958, 80: 5380.
[40] Kreuz J A. J. Polym. Sci., Polym. Chem., 1990, 28: 3787.
[41] 丁孟贤，洪维，董立萍．高分子材料科学与工程，1990，(3)：97.
[42] Reynolds R J W, Seddon J D. J. Polym. Sci., 1968, C23: 45.
[43] Huang J B, Gong B M. J. Vac. Sci. Technol., 1985, B3: 253.
[44] Echigo Y, Iwaya Y, Tomioka I, Furukawa M, Okamoto S. Macromolecules, 1995, 28: 3000; EchigoY, Iwaya Y, Tomioka I//Feger C, Khojasteh M M, Molis S E. Polyimides: Trends in Materials and Applications. SPE, 1996: 157.
[45] Echigo Y, Iwaga Y, Tomooka I, Yamada H. Macromolecules, 1995, 28: 4861.
[46] Echigo Y, Miki N, Tomioka I. J. Polym. Sci. Polym. Chem., 1997, 35: 2493.
[47] Seto K, Okamoto M, Tomiaka I, Echigo Y. 日本专利, 09263, 698, 1997; Chem. Abstr., 1997, 127: 332324.
[48] Li Q, Yamashita T, Horie K, Yoshimoto H, Miwa T, Maekawa Y. J. Polym. Sci., Polym. Chem., 1998, 36: 1329.
[49] Ding Y, Bikson B, Nelson K. Macromolecules, 2002, 35: 905.
[50] Facinelli J V, Gardner S L, Dong L, Sensenich C L, Davis R M, Riffle J S. Macromolecules1996, 29: 7342.
[51] Liu Z, Ding M, Chen Z. Thermochim. Acta, 1983, 70: 71.
[52] Itoya K, Kumagai Y, Kakimoto M-A, Imai Y. Macromolecules, 1994, 27: 4101; Inoue T, Kumagai Y, Kakimoto M-A, Imai Y, Watanabe J. Macromolecules, 1997, 30: 1921; Imai Y, Fueki T, Inoue T, Kakimoto M-A, J. Polym. Sci., Polym. Chem., 1998, 36: 1341.
[53] Echigo Y, Kaneshiro H. J. Polym. Sci., Polym. Chem., 1999, 37: 11.
[54] Kreuz J A, Endrey A L, Gay F P, Sroog C E. J. Polym. Sci., A 1, 1966, 4: 2607.
[55] Lavrov S V, Talankina O B, Kardash I E, Pravednikov A N. Vysokomol. Soedin., 1978, B20: 786.

[56] Kumar D. J. Polym. Sci. ,Polym. Chem. ,1981,19: 795.
[57] Kumar D. J. Polym. Sci. ,Polym. Chem. ,1980,18: 1375.
[58] Vinogradova S V,Vygodsky Ya S,Churochkina N A,Korshak V V. Vysokomol. Soedin. ,1977,B19: 93.
[59] Laius L A,Tsapovetskii M I//Mittal K L. Polyimides: Synthesis and Characterization. Vol. 1. New York: Plenum,1984:295.
[60] Semenova L S,Lishansky I S,Illarionova N G,Michailova N V. Vysokomol. Soedin. ,1984,A26:1809.
[61] Kardash I E,Ardashnikov A Ya,Yakushin F S,Pravdnikov A N. Vysokomol. Soedin. ,1975,A17: 598.
[62] Bower G M,Frost L W. J. Polym. Sci. ,1963,A1: 3135.
[63] Kolesnikov G S,Fedotova O Ya,Hoffbauer E I. Vysokomol. Soedin. ,1968,A10: 1511.
[64] Brekner M J,Feger C. J. Polym. Sci. ,Polym. Chem. ,1987,25: 2005.
[65] Brekner M J,Feger C. J. Polym. Sci. ,Polym. Chem. ,1987,25: 2479.
[66] Dauengauer S A,Sazanov Y N,Shibaev L A,Bulina T M,Stepanov N G. J. Therm. Anal. ,1982,25: 441.
[67] Hasanain F,Wang Z Y. Polymer,2008,49: 831.
[68] Sazanov Y N,Shibaev L A,Zhukova T I,Stepanov D,Dauengauer S A,Bulina T M. J. Therm. Anal. ,1983,27: 333.
[69] Sazanov Y N,Kostereva T A,Koltsov A I. J. Therm. Anal. ,1984,29: 273.
[70] Dauengauer S A,Shibaev L A,Sazanov Y N,Stepanov N G,Bulina T M. J. Therm. Anal. ,1987,32: 807.
[71] Shibaev L A,Dauengauer S A,Stepanov N G,Chetkina L A,Magomedova N S,Belsky V K,Sazanov Y N. Vysokomol. Soedin. ,1987,A29: 790.
[72] Lavrov S V,Talankina O B,Pravdnikov A N. Vysokomol. Soedin. ,1980,A22: 1886.
[73] Sergenkova S V,Shablygin M V,Kravchenko T V,Opritz Z G,Kudriavtsev G I. Vysokomol. Soedin. ,1978,A20: 1137.
[74] Novikova S V,Shablygin M V,Sorokin V E,Opritzhim A N,Bogachev Y S,Kardash I E. Volokna,1979,3: 21.
[75] Dobrodumov A V,Gotlib Y Ya. Vysokomol. Soedin. ,1982,A24: 561.
[76] Pyun E,Mathisen R J,Soon C,Soug P. Macromolecules,1989,22: 1174.
[77] Laius L A,Bessonov M I,Kallistova Y V,Adrova N A,Florinsky F S. Vysokomol. Soedin. ,1967,A9: 2470.
[78] Milevskaya I S,Lukasheva N V,Eliachevich A M. Vysokomol. Soedin. ,1979,A21: 1302.
[79] Denisov V M,Svetlichny V M,Gindin V A,Zubkov V A,Koltzov A L,Koton M M,Kudriavtzev V V. Vysokomol. Soedin. ,1979,A21: 1498.
[80] Alexeeva S G,Vinogradova S V,Vorob'ev V D,Vygodsky Y S,Korshak V V,Slonim I Ya,Spirina T N,Urman Y G,Chudina L I. Vysokomol. Soedin. ,1976,B18: 803.
[81] Denisov V M,Tsapovetsky M I,Bessonov M I,Koltsov A I,Koton M M,Khachaturov A S,Shcherbakova L M. Vysokomol. Soedin. ,1980,B22: 702.
[82] Elmessov A N,Bogachev Y S,Kardash I E,Pravdnikov A N. Dokl. Akad. Nauk SSSR,1986,286: 1453.
[83] Elmessov A N,Bogachev Y S,Zhuravleva I L,Kardas I E. Vysokomol. Soedin. ,1987,A29: 2333.
[84] Zubkov B A,Kudriavtsev V V,Koton M M. Zh. Org. Khim. ,1979,15: 1009.
[85] Kardash I E,Lavrov S V,Bogachev Y S,Yankelevich A Z,Pravdnikov A N. Vysokomol. Soedin. ,1981,B23: 395.
[86] Nechaev P P,Mukhina O A,Kosobutsky V A,Belyakov V K,Vygodsky Y S,Moiseev Y V,Zaikov G E. Izv. Akad. Nauk SSSR,Ser. Khim. ,1977,N8: 1750.
[87] Laius L A,Bessonov M I,Kallistova E V,Adrova N A,Florinsky F S. Vysokomol. Soedin. ,1967,A9: 2185.
[88] Kardash I E,Likhachev D Yu,Nikitin V N,Ardashnikov A Ya,Pravednikov A N. Dokl. Akad. Nauk SSSR,1984,277: 903.
[89] Slonimsky G L,Vygodsky Y S,Gerashchenko Z V,Nurmukhametov F N,Askadsky A A,Korshak V V,Vinogradova S V,Belevtseva E M. Vysokomol. Soedin. ,1974,A16: 2448.
[90] Pravidanikov A N,Kardash I E,Glukoedov N P,Ardashnikov A Ya. Vysokomol. Soedin. ,1973,A15: 349.

[91] Kolesnikov G S,Fedotova O Ya,Alial-Sufi K K M,Belevsky S F. Vysokomol. Soedin. ,1970,A12：317.
[92] Krongauz E S. Usp. Khim. ,1973,42：1854.
[93] Semyonov L S, Illarionova N G, Mikhailova N V, Lishansky I S, Nikitin V N. Vysokomol. Soedin. , 1978, A20：802.
[94] Koton M M,Meleshko T K,Kudriavtsev V V,Nechayev P P,Kamzolkina YV,Bogorad N N. Vysokomol. Soedin. ,1982,A24：791.
[95] Laius L A,Bessonov M I,Florinsky F S. Vysokomol. Soedin. ,1971,A13：2006.
[96] Alexeeva S G,Vinogradova S V,Vorob'ev V D,Vygodsky Ya S,Korshak V V,Slonim I Ya,Spirina T N,Urman Ya G,Chudina LI. Vysokomol. Soedin. ,1976,B18：803；Denisov V M,Tsapovetsky M I,Bessonov M I,Koltsov A I,Koton M M,Khachaturov A S,Shcherbakova L M. Vysokomol. Soedin. ,1980,B22：702.
[97] Koniecny M,Xu H,Battaglia R,Wunder S L,Volksen W. Polymer,1997,38：2969.
[98] Oba M. J. Polym. Sci. Polym. Chem. ,1996,34：651.
[99] Kreuz J A,Endrey A L,Gay F P,Sroog C E. J. Polym. Sci. ,Polym. Chem. ,1966,4：2607.
[100] Echigo Y,Miki N,Tomioka I. J. Polym. Sci. ,Polym. Chem. ,1997,35：2493.
[101] Kostereva T A,Stepanov N G,Shibaev L A,Sazanov Yu N//Feger C,Khojasteh M M,Molis S E. Polyimides：Trends in Materials and Applications SPE,1996;199.
[102] 丁孟贤,董立萍．塑料工业,1978,(1)：4.
[103] Smirnova V E, Bessonov M I, Zhukov T I, Koton M M, Kudriavtsev V V, Sklizkova V P, Lebedev G A. Vysokomol. Soedin. ,1982,A24：1218.
[104] Tsapovetsky M I,Laius L A,Zhukova T I,Koton M M. Dokl. Akad. Nauk SSSR,1988,301：920.
[105] Kostereva T A, Stepanov N G, Shibaev L A, Sazanov Yu N//Feger C, Khojasteh M M, Molis S E. Polyimides：Trends in Materials and Application. SPE, 1996：199.
[106] Saini A K,Carlin C M,Patterson H H. J. Polym. Sci. ,Polym. Chem. ,1993,31：2751.
[107] Oksentievich L A,Badaeva M M,TupeninaG I,Pravendnikov A N. Vysokomol. Soedin. ,1977,A19：553.
[108] Krasnov E P,AksyonovaV P,Kharkov C N,Baranova S A. Vysokomol. Soedin. ,1970,A12：873.
[109] Sazanov Y N,Shibaev L A. Thermochim. Acta,1976,15：43.
[110] Laius L A,Tsapovetsky M I//Bessonov M I,Zubkov V A. Polyamic Acids and Polyimides：Synthesis,Transformations and Stucture. Boca Raton：CRC Press,1993;48.
[111] Endry A G. US,3179630,1963;Endry A G. US,3179631,1963.
[112] Hendrix W R. US,3179632,1963.
[113] Angelo R J,Tatum W E. US,3316212,1967.
[114] Korshak V. V,Rusanov A L,Katsarova R D,Niyazi F F. Vysokomol. Soedin. ,1973,A15：2643.
[115] Vinogradova S V,Vygodsky Ya S,Vorob'ev V D,Churochkina N A,Chudina L I,Spirina T N,Korshak V V. Vysokomol. Soedin. ,1974,A16：506.
[116] Korshak V V,Rusanov A L,Katsarova R D,Niyazi F F. Vysokomol. Soedin. ,1973,A15：2643.
[117] Vinogradova S V,Vygodsky Y S,Vorob'ev V D,Churochkina N A,Chudina L I,Spirina T N,Korshak V V. Vysokomol. Soedin. ,1974,A16：506.
[118] Kreuz J A. US,3271366,1966.
[119] Sato M,Tada Y,Yokoyama M. Eur. Polym. J. ,1980,16：671.
[120] Rogers M E,Arnold C A,McGrath J E. Polym. Prepr. ,1989,30(1)：296.
[121] Angelo R J. US,328289853,1966.
[122] 马鹏常．聚酰亚胺薄膜的研究．中国科学院长春应用化学研究所博士学位论文,2006.
[123] Hand J D. US,3868351,1976.
[124] Hand J D. US,3996203,1976.
[125] Kudryavtsev V V//Bessonov M I,Zubkov V A. Polyamic Acids and Polyimides,Synthesis,Transformation and

Structure. Boca Raton:CRC Press,1993,Ch. 1.
[126] Sauers C K. Tetrahedron Lett. ,1970,(14): 1149.
[127] Ernst M H,Schmir G L. J. Am. Chem. Soc. ,1966,88: 5001.
[128] Cotter R J,Sauers C K,Whelen J M. J. Org. Chem. ,1961,26: 10.
[129] Roderick W R,Bhatia P L. J. Org. Chem. ,1963,28: 2018.
[130] Roderick W R. J. Org. Chem. ,1964,29: 745.
[131] Paul R,Kende A S. J. Am. Chem. Soc. ,1964,86: 4262.
[132] Kozinsky V A,Burmistrov S I. Khimia,Heterocycl. Soedin. ,1973,N4: 443.
[133] Pyriadi T M,Harwood H Y. J. Org. Chem. ,1971,36: 821.
[134] Kretov A E,Kulchitskaya N E. J. Obshchei Khimii,1956,26: 208.
[135] Kretov A E,Kulchitskaya N E,Malnev A F. J. Obshchei Khimii,1961,31: 2588.
[136] Flecher,T. H. ,and Pan,H. L. ,J. Org. Chem. ,26,2037(1961).
[137] Hedaya E,Hinman R H,Theodoropulos S. J. Org. Chem. ,1966,31: 317.
[138] Sauers C K. J. Org. Chem. ,1969,34: 2275.
[139] Sauers C K,Gould C L,Ioannou E S. J. Am. Chem. Soc. ,1972,94: 8156.
[140] Semenova L S, Illarioniva N G, Mikhilova N V, Lishansky I S, Nikitin V N. Vysokomol. Soedin. , 1976, A18: 1647.
[141] Lishansky I S, Semenova L S, Illarioniva N G, Mikhilova N V, Nikitin V N, Baranovskaya I A, Grigoriev A I. Eur. Polym. J. ,1979,15: 179.
[142] Sviridov E B,Lamskaya E V,Vasilenko N A,Kotov B V. Dokl. Akad. Nauk SSSR,1988,300: 404.
[143] Koton M M, Meleshko T K, Kudryavtsev V V, Nechaev P P, Kamzolkina EV, Bogorad N N. Vysokomol. Soedin. ,1982,A24: 715.
[144] Silinskaya I G, Kallistov O V, Svetlov Yu E, Kudryavtsev V V, Sidrovich A V. Vysokomol. Soedin. , 1986, A28: 2278.
[145] Zubkov V A,Yakimansky A V,Kudryavtsev V V,Koton M M. Dokl. Akad. Nauk SSSR,1982,262: 612.
[146] Reynolds R J,Seddon J D. J. Polym. Sci. ,1968,C1(23): 45.
[147] Serginkova S V, Shablygin M V, Kravchenko T V, Opritz Z G, Kudryavtsev G I. Vysokomol. Soedin. , 1978, A20: 1137.
[148] Sidorovich A V, Mikhailova N V, Baklagina Yu G, Prokhorova L K, Koton M M. Vysokomol. Soedin. , 1980, A22: 1239.
[149] Tsimpris C W,Mayhan K G. J. Polym. Sci. ,Polym. Phys. ,1973,11: 1151.
[150] Sergenkova S V,Shablygin M V,Kravchenko T V,Bogdanov L N,Kudryavtsev G I. Vysokomol. Soedin. ,1976, A18: 1863.
[151] Krassovsky A N,Antonov N G,Koton M M,Kudryavtsev V V. Vysokomol. Soedin. ,1979,A21: 954.
[152] Kudryavtsev V V,Koton M M,Meleshko T K,Sklizkova V P. Vysokomol. Soedin. ,1975,A17: 1764.
[153] Smith C D,Mercier R,Waton H,Sillion B. Polymer,1993,34: 4852; ibid//Abadie J M,Sillion B. 4th European Technical Symposium on Polyimides and High Performance Polymers. University Montpellier 2-France 13-15 May,1996:177.
[154] Ikeda K,Yamashita W,Tamai S. US,5892061,1999.
[155] Kurita K,Suzuki Y,Enari T,Ishii S,Nishimura S-I. Macromolecules,1995,28: 1801.
[156] Sheffer H. J. Appl. Polym. Sci. ,1981,26: 3837.
[157] Curtin D Y,Miller L L. Tetrahedron Lett. ,1965,(6): 1869.
[158] Curtin D Y,Miller L L. J. Am. Chem. Soc. ,1967,89: 637.
[159] Kailani M H,Sung C S P,Huang S J. Macromolecules,1992,25: 3751.
[160] Wallach M L. J. Polym. Sci. ,1968,A2: 953.

［161］ Sukhanova T E, Sidorovich A V, Gofman I V, Meleshko T K, Pelzbauer Z, Kudryavtsev V V, Koton M M. Dokl. Akad. Hauk SSSR, 1989, 306: 145.
［162］ Likhachev DYu, Chvalun S N, Zubov Yu A, Kardash I E, Pravednikov A N. Dokl. Akad. Hauk SSSR, 1986, 289: 1424.
［163］ Kreuz J A. Polymer, 1995, 36: 2089.
［164］ Kuznetsov A A. High Perf. Polym., 2000, 12: 445.
［165］ Kim Y J, Glass T E, Lyle G D, McGrath J E. Macromolecules, 1993, 26: 1344.
［166］ Proc. 5th Eur. Tech. Symp. on Polyimides and High Perf. Functional Polym., ISIM-Montpellier, France, May 3-5, 1999.
［167］ Chiefari J, Dao B, Groth A M, Hodgkin J H. High Perf. Polym. 2003, 15: 269; Chiefari J, Dao B, Groth A M, Hodgkin J H. High Perf. Polym., 2006, 18: 31; Chiefari J, Dao B, Groth A M, Hodgkin J H. High Perf. Polym., 2006, 18: 437.
［168］ Kreuz J A. Polymer, 1995, 36: 2089.
［169］ Goykhman M Ya, Svetlichnyi V M, Kudriavtsev V V, Antonov N G, Panov Yu N, Gribanov A V, Yudin V E. Polym. Eng. Sci., 1997, 37: 1381.
［170］ Tullos G L, Mathias L J. Polymer, 1999, 40: 3463; Tullos G L, Powers J M, Jeskey S J, Mathias L J. Macromolecules, 1999, 32: 3598.
［171］ Han S H, Misdan N, Kim S, Doherty C M, Hill A J, Lee Y M. Macromolecules 2010, 43: 7657; Calle M, Lee Y M. Macromolecules 2011, 44: 1156.
［172］ Hodgkin J H, Dao B N. Eur Polym J, 2009, 45: 3081; Hodgkin J H, Liu M S, Dao B N, Mardel J, Hill A J. Eur Polym J, 2011, 47: 394.
［173］ Rusakova O Yu, Kostina Yu V, Rodionov A S, Bondarenko G N, Alent'ev A Yu, Meleshko T K, Kukarkina N V, Yakimanskii A V. Polymer Science, Ser. A, 2011, 53: 791.
［174］ Navarre M. in "Polyimides: Synthesis, Characterization and Application", Vol. 1, K. L. Mittal, ed., Plenum Press, New York, 1984: 429.
［175］ Adrova N A, Borisova T I, Nikanorova N A. Vysokomol. Soedin., 1974, B16: 621.
［176］ Slonimsky G L, Askadsky A A, Nurmukhamettov F N, Vygodsky Y S, Gerashchenko Z V, Vinogradova S V, Korshak V V. Vysokomol. Soedin., 1976, B18: 824.
［177］ Denisov V M, Koltsov A I, Mikhailova N V, Nikitin V N, Bessonov M I, Glukhov N A, Shcherbakova L M. Vysokomol. Soedin., 1976, A18: 1556.
［178］ Shibaev L A, Sazanov Y N, Stepanov N G, Bulina T M, Zhukova T I, Koton M M. Vysokomol. Soedin., 1982, A24: 2543.
［179］ Nemirovskaya I B, Beryozkin V G, Kovarskaya B M. Vysokomol. Soedin., 1973, A15: 1168.
［180］ Mikitaev A K, Beriketov A S, Kuasheva V B, Oranova T I. Dokl. Akad. Nauk SSSR, 1985, 283: 133.
［181］ Numata S, Fujisaki K, Kinjo N//Mittal K L. Polyimides: Synthesis, Characterization and Applications New York: Plenum, 1984: 259.
［182］ Korshak V V, Berestneva G L, Lomteva A N, Postnikova L V, Doroshenko Y E, Zimin Y B. Vysokomol. Soedin., 1978, A20: 710.
［183］ Karchmarchick O S, Gugel I S, Shegelman I N. Plast. Massy, 1975, N4: 62; J. Polym. Sci., Polym. Chem., 1997, 35: 2981.
［184］ Laius L A, Fedorova E F, Florinsky F S, Bessonov M I, ZhukovaT I, Koton M M. Zh. Prikl. Khim., 1978, 51: 2053.
［185］ Laius L A, Bessonov M I, Kallistova E V, Adrova N A, Florinsky F S. Vysokomol. Soedin., 1967, A9: 2185.
［186］ Ginsberg R, Susko J R//Mittal K L. Polyimides: Synthesis, Characterization and Properties. Vol. 1. New York: Plenum, 1984: 237.

[187] Saini A K, Carlin C M, Partterson H H. J. Polym. Sci., Polym. Chem., 1992, 30: 419.

[188] Navarre M//Mittal K L. Polyimides: Synthesis, Characterization and Properties. Vol. 1. New York: Plenum, 1984: 259.

[189] Seshadri K S, Antonoplos P A, Heilman W J. J. Polym. Sci., Polym. Chem., 1980, 18: 2649; Silverman B D, Bartha J W, Clabes J G, Ho P S, Rossi A R. J. Polym. Sci., Polym. Chem., 1986, 24: 3325; Grobelny J, Rice D M, Karasz F E, MacKnught W J. Macromolecules, 1990, 23: 2139.

[190] Sonnett J M, McCullough R L, Beeler A J, Gannett T P//Feger C, Khojasteh M M, Htoo M S. Advances in Polyimide Science and Technology. Lancaster Basel Technomic Publishing Co., Inc, 1993: 313.

[191] Murphy P D, Di Pietro R A, Lund C J, Weber W D. Macromolecules, 1994, 27: 279.

第 3 章　由二酸二酯与二胺合成聚酰亚胺

聚酰胺酯作为聚酰亚胺的另一种前体被应用是考虑到:①相对于聚酰胺酸,聚酰胺酯在储藏中稳定,不会发生降解;②当酯基选择不饱和基团或长脂肪链时,可以在光敏树脂或 LB 膜方面获得应用,在光刻或成膜后进行热处理又可以转变为很稳定的聚酰亚胺形式,这种大分子反应也是聚酰亚胺的特点之一。

本章首先要讨论的是四酸的二元酯,即二酸二酯,它可以是聚酰胺酯的原料,同时也是以单体反应物的聚合(polymerization of monomeric reactants,PMR)方法合成聚酰亚胺的单体(详见本书第 5 章和第 22 章)。

3.1　二酸二酯的合成及其异构体

3.1.1　二酸二酯的合成

二酸二酯通常是将二酐在醇中加热酯化而得,不需另加催化剂。二酐酯化的难易取决于其对电子的亲和性(第 2 章表 2-3),同时也和二酐的颗粒大小有关,尤其是对于那些难溶、活性又较差的二酐。表 3-1 是几种二酐在各种醇中完成酯化的时间。通常认为,二酐的酯化速率取决于溶解度,对于难溶的二酐,可以加入良溶剂,如丙酮、DMF 及三乙胺等,以增加其溶解性,缩短酯化时间[1]。一般认为二酐溶解就表明酯化完全,因为该反应的控制步骤是二酐在甲醇中的溶解[2]。

表 3-1　几种二酐在各种醇中完成酯化的时间(min)

二酐	甲醇 (bp 65 ℃)	乙醇 (bp 78 ℃)	异丙醇 (bp 82 ℃)	正丁醇 (bp 118 ℃)
PMDA	25	40	110	35
6FDA	40	51	92	17
BTDA	34	75	>600	38
TDPA	26	35	>600	26
ODPA	30	97	480	17
DSDA	95	130	>600	33
BPDA	>600	>600	>600	260
HQDPA	>600	>600	>600	480

在研究酯化动力学时认为,当预先加入酯化产物,即二酸二酯时,可使反应的诱导期消失,而少量水分的加入则可使诱导期缩短[3]。

除了二酸二酯异构体外,在醇和水分存在下还可能有其他杂质生成,如四酸、单酯、三酯、四酯等。过多水分的存在会生成三酸单酯和四酸，酯化时间过长或长时间储存在醇溶液中则会生成三酯和四酯。

作者所在实验室曾将 BPDA 在甲醇中长时间回流，将所得产物以^{1}H NMR 测定甲酯质子峰面积可以计算得到过量酯化的数据（表 3-2）。

表 3-2　BPDA 在甲醇中的过量酯化量和回流时间的关系

反应时间/h（以 BPDA 完全溶解后的时间为起点）	每个分子中甲酯的平均数目
0	2.00
20	2.00
25	2.05
50	2.12
100	2.53
150	2.85
200	2.92
300	3.56

过量酯化的程度与醇的种类、温度及酸的酸性有关。三酯、四酯的存在对于后续的聚合反应都是不利的（见本书第 5.2.2 节）。

聚酰胺酸的直链醇的酯在酰亚胺化过程中速度较慢，利用特丁酯可以因热对羟基进行去保护的特性，采用聚酰亚胺特丁酯代替正烷基酯。由酐制备邻苯二甲酸单特丁酯的过程如式 3-1 所示。

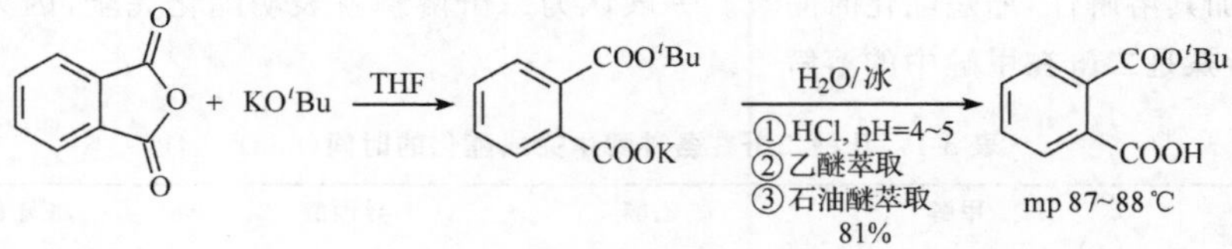

式 3-1　邻苯二甲酸单特丁酯的合成

3.1.2　异构的二酸二酯

本书第 2.1.5 节已介绍过异构聚酰胺酸的情况，^{13}C NMR 曾被用来测定聚酰胺酸中异构体的分布，然而信号的微弱和重叠为测量带来很大困难[4-6]。二酐由于醇的亲核攻击进行酯化也可以产生异构体[4,7]，以聚酰胺酯为研究对象则使工作容易得多，因为聚酰胺酯的异构情况可以直接由二酐酯化反应的异构化来决定[8]。

由 3-硝基苯酐和 3-氯代苯酐的单甲酯的^{1}H NMR 很容易区别两个异构体的含量（图 3-1和图 3-2）。表 3-3 为硝基苯酐、氯代苯酐和羟基苯酐的两个异构体甲酯化后异构单甲酯的相对分布。

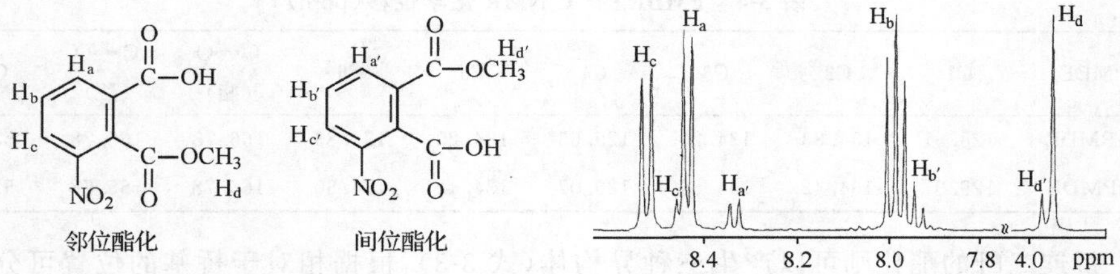

图 3-1　3-硝基苯酐和甲醇反应物的^{1}H NMR 谱

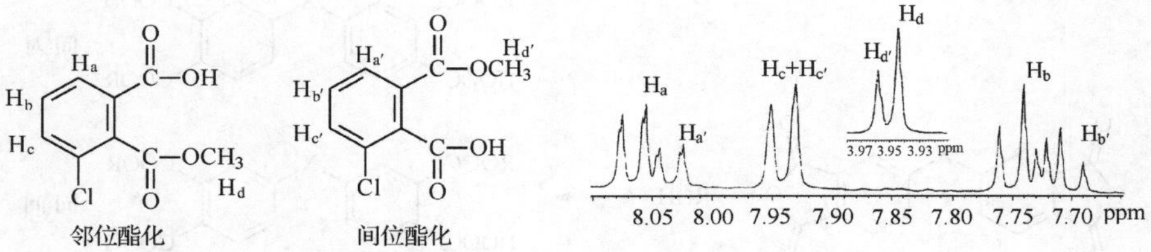

图 3-2　3-氯代苯酐和甲醇反应物的^{1}H NMR 谱

表 3-3　单取代苯酐甲酯化后异构体的相对分布

取代基	3-取代		4-取代	
	邻位酯化	间位酯化	对位酯化	间位酯化
NO_2	0.86	0.14	0.63	0.37
Cl	0.64	0.36	0.60	0.40
OH	0.30	0.70	0.44	0.56

拉电子取代基邻、对位的羰基容易受到亲核攻击。取代基的拉电子能力越强，其邻位或对位羧基酯化的比例就越高。对于推电子取代基，其情况则相反。二酐酯化异构化几乎不受醇的种类的影响，在进行酰胺化时也遵守这个规律。因此可以认为，酐的酰化异构化和亲核试剂无关，仅取决于苯酐上取代基的性质和位置。

均苯二酐酯化后可以生成两种异构体(式 3-2)，根据^{1}H NMR 谱，均苯二酐甲酯化所获得的 *m*-PMDE 和 *p*-PMDE 的含量相应为 53% 和 47%。这个结果和文献中用^{1}H NMR 测到的由均苯二酐和二胺得到的聚酰胺酸中间位和对位酰胺的含量符合得很好(0.54/0.46)[9]。其^{13}C NMR 化学位移见表 3-4。

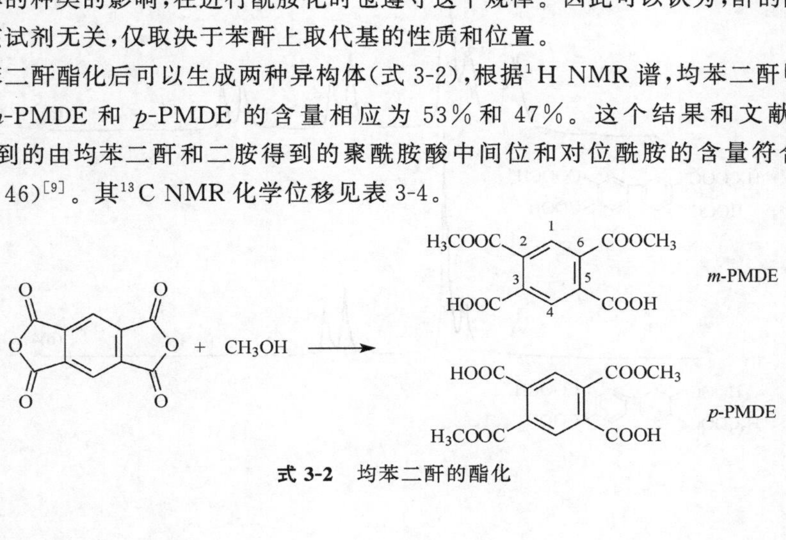

式 3-2　均苯二酐的酯化

表 3-4　PMDE 的^{13}C NMR 化学位移(ppm)

PMDE	C1	C2	C3	C4	C5	C6	C＝O(酯)	C＝O(酸)	CH_3
m-PMDE	128.51	134.83	134.20	129.65	134.20	134.83	166.78	166.78	53.12
p-PMDE	129.07	134.42	134.60	129.07	134.42	134.60	166.78	166.78	53.12

桥连二酐的酯化则可以产生三种异构体(式 3-3),根据相对于桥基的位置可分别命名为间-对、间-间及对-对异构体。

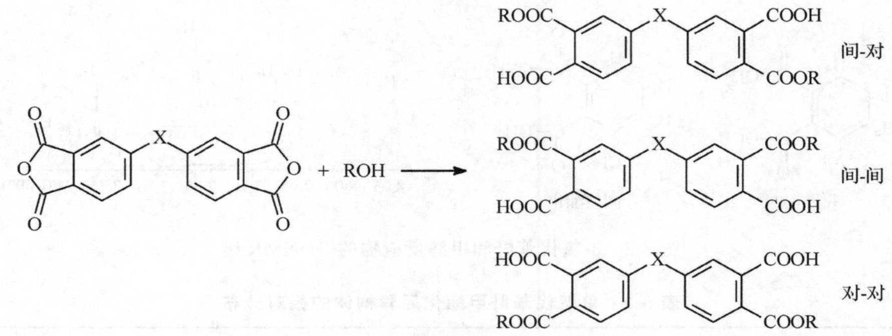

式 3-3　桥连二酐的酯化

我们对某些桥连四酸的二元酯用分步结晶法进行了分离,由这些纯异构体的^{1}H NMR图谱所得到的相应质子的化学位移就可确定混合物中异构体的比例。图 3-3 为联苯四甲酸二甲酯的三个异构体的^{1}H NMR 谱。表 3-5 则为 4,4′-位连接的二酸二酯异构体的比例及质子的化学位移。表 3-6 为桥连二酐酯化得到的二酸二酯的异构体分布。

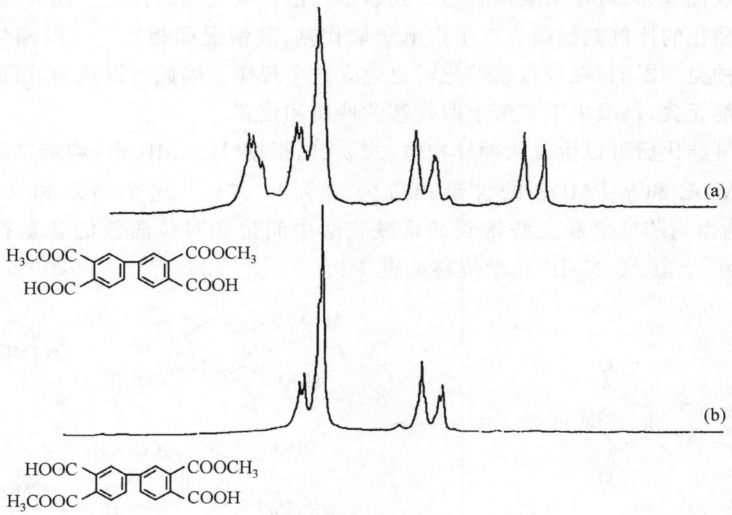

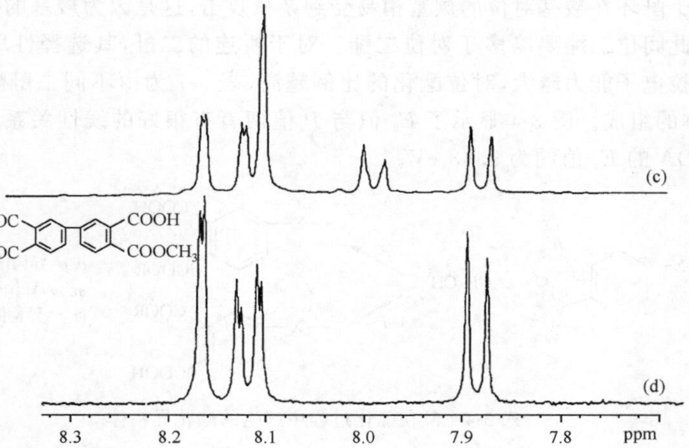

图 3-3　联苯四甲酸二甲酯的三个异构体的^{1}H NMR 谱(芳香部分)

(a) 混合二甲酯；(b) m,m'-二甲酯；(c) m,p'-二甲酯；(d) p,p'-二甲酯

表 3-5　4,4′-位连接的二酸二酯异构体的比例及质子的化学位移

二酸二酯	E_a/eV	相对比例		化学位移							
		对位	间位	H_a	H_b	H_c	H_d	$H_{a'}$	$H_{b'}$	$H_{c'}$	$H_{d'}$
DSDE	1.57	0.62	0.38	8.47	8.43	8.01	3.93	8.40	8.41	8.10	3.95
BTDE	1.55	0.57	0.43	8.29	8.11	7.93	3.94	8.17	8.09	8.03	3.92
6FDE	(1.48)	0.52	0.48	8.10	7.93	7.83	3.92	8.08	7.92	7.8	3.90
BPDE	1.38	0.43	0.57	8.17	8.12	7.87	3.91	8.11	8.12	7.99	3.90
ODPE	1.30	0.34	0.66	7.40	7.44	7.86	3.89	7.38	7.39	7.98	3.87
HQDPE	1.19	0.26	0.74	7.34	7.36	7.86	3.88	7.27	7.30	7.98	3.87

注：① DSDE、BTDE、6FDE、BPDE、ODPE、HQDPE 分别为相应二酐 DSDA、BTDA、6FDA、BPDA、ODPA、HQDPA 的二酯；

② 相应二酐的 E_a 值取自本书第 2 章表 2-3，括号中的数值由作者的实验数据测得。

表 3-6　桥连二酐酯化得到的二酸二酯的异构体分布[10]

桥基(X)	E_a/eV	P	m,m'-	m,p'-	p,p'-
O═S═O	1.57	0.34	0.12(0.12)	0.45(0.44)	0.43(0.44)
C═O	1.55	0.41	0.17(0.16)	0.48(0.50)	0.35(0.34)
$C(CF_3)_2$	1.48	0.47	0.22(0.21)	0.50(0.52)	0.20(0.27)
—	1.38	0.57	0.33(0.35)	0.48(0.44)	0.19(0.21)
O	1.30	0.68	0.46(0.46)	0.44(0.43)	0.10(0.11)
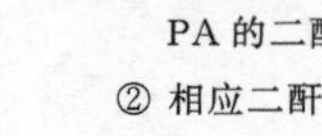	1.19	0.78	0.05(0.06)	0.34(0.32)	0.61(0.62)

注：① 括号中数值为由 HPLC 测得的实验值；

② P 为在桥基对位取代的异构体的分数，$(1-P)$为在桥基间位取代的异构体的分数。

显然，酯化开环的选择性取决于二酐的结构(式 3-4)。对于 PMDA，一个酐环酯化打开后，另一个酐环在羧基对位的羰基稍易受到亲核攻击，这是因为羧基的拉电子能力略高于酯基，因此间位二酯要略多于对位二酯。对于桥连的二酐，其选择性取决于桥基的性质，桥基的拉电子能力越大，对位酯化的比例越高，表 3-7 为由不同二酐酯化得到的二酸二酯异构体的组成。图 3-4 显示了 E_a 值与 P 值两者有很好的线性关系。由图 3-4 可以估计出 6FDA 的 E_a 值约为 1.48 eV。

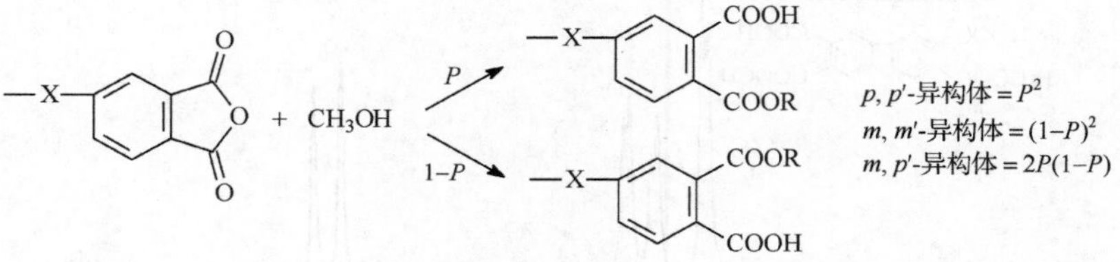

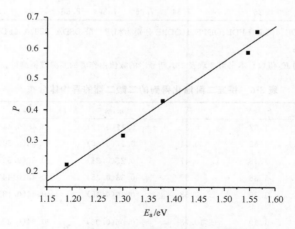

式 3-4 酐在酯化过程中产生的酯化异构体

表 3-7 由不同二酐酯化得到的二酸二酯异构体组成

桥基(X)	E_a/eV	P	p,p'-	m,p'-	m,m'-
O═S═O	1.57	0.66	0.44(0.44)	0.45(0.44)	0.12(0.12)
C═O	1.55	0.59	0.35(0.34)	0.48(0.50)	0.17(0.16)
$C(CF_3)_2$	1.48	0.53	0.20(0.27)	0.50(0.52)	0.22(0.21)
—	1.38	0.43	0.19(0.21)	0.48(0.44)	0.33(0.35)
O	1.30	0.32	0.10(0.11)	0.44(0.43)	0.46(0.46)
	1.19	0.22	0.61(0.62)	0.34(0.32)	0.05(0.06)

注：括号中数值为由 HPLC 测得的实验值。

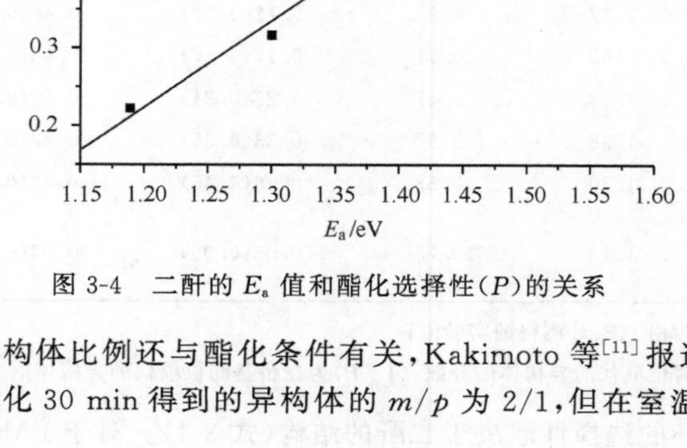

图 3-4 二酐的 E_a 值和酯化选择性(P)的关系

酐在酯化时的异构体比例还与酯化条件有关，Kakimoto 等[11]报道了 4-硝基苯氧基苯酐在甲醇中回流酯化 30 min 得到的异构体的 m/p 为 2/1，但在室温下酯化 24 h 得到

的 m/p 为 85/15。

3.1.3　醇中水分对二酐酯化的影响

BTDA 在含水的甲醇中酯化，其产物由 HPLC 分析的结果见图 3-5。由图 3-5 可见，除二酯的三个峰外，还有单酯(BTME)的两个峰及四酸(BTTC)的一个峰。水分含量的影响见表 3-8。

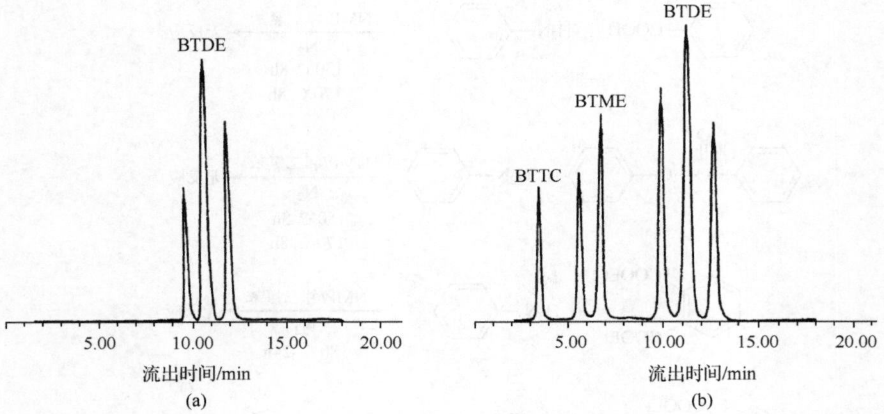

图 3-5　BTDA 在甲醇中的酯化产物的 HPLC 分离结果

(a) 无水；(b)有水

表 3-8　甲醇中水分含量对 BTDA 酯化的影响

水分含量 V/%	P	BTDE			BTME	BTTC
		p,p'-	p,m'-	m,m'-		
0	0.59	0.35	0.48	0.17	0	0
10	0.47	0.16	0.38	0.20	0.20	0.06
20	0.54	0.15	0.31	0.21	0.26	0.08

这是由于系统的酸性因酐的酯化而逐渐增加，在酸性的介质中形成了 H_3O^+，该离子是比醇更强的亲核试剂，并且优先进攻桥基 C ═O 的对位，从而使间位酯化的比例增高[3,12]。

二酸二酯，尤其是较高级醇的二酯，由于常在除去残留的醇的过程中呈黏稠状，长时间放置或加热会增加多元酯的形成，因此往往需要使用适当的溶剂进行重结晶以获得足够纯的二酸二酯。

3.2　二酸二酯与二胺的反应

二酸二酯和二胺的反应在室温下进行得很慢，其混合物的组成甚至几个月都不会有明显的变化。最初认为二者之间可发生简单的取代反应，即酯羰基受到胺的亲核攻击，消去甲醇，形成聚酰胺酸，而羧羰基再被酰胺氮亲核攻击，最终形成酰亚胺。如果按此机理进行反应，则有下面几点难以解释：

(1) 由于羧羰基比酯羰基更缺电子，氨基氮应首先进攻羧基而形成酰胺酯，但这并未得到实验的证实；

(2) 在反应过程中发现了酐，这显然不能用取代机理来解释[13]；

(3) 单酯或二酯都难以和胺发生反应，模型物的反应见式 3-5[14,15]。

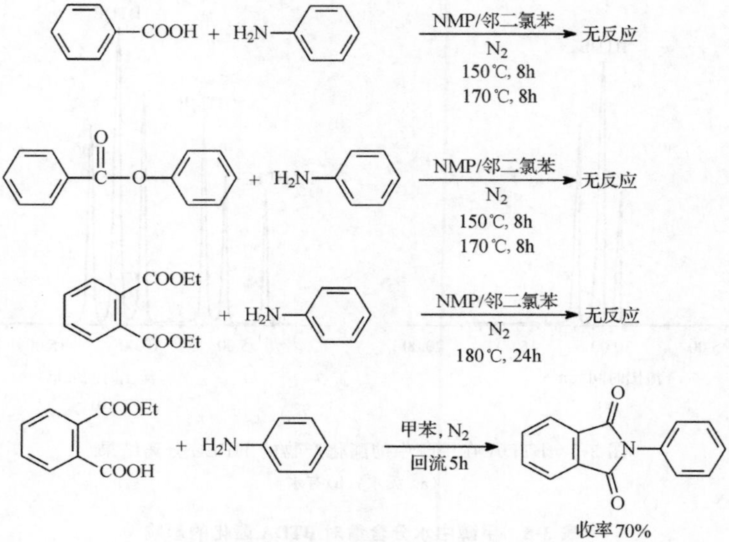

式 3-5　芳香羧酸及其酯与胺的反应

Garcia[16] 认为只有在二酸二酯和二胺的反应中才能观察到酐的生成，二酸二酯和二胺反应产生酐的机理可由式 3-6 来说明[17]，即酰胺酸与胺先生成盐，然后脱去甲醇，得到的酐和胺之间进一步反应得到酰胺酸。

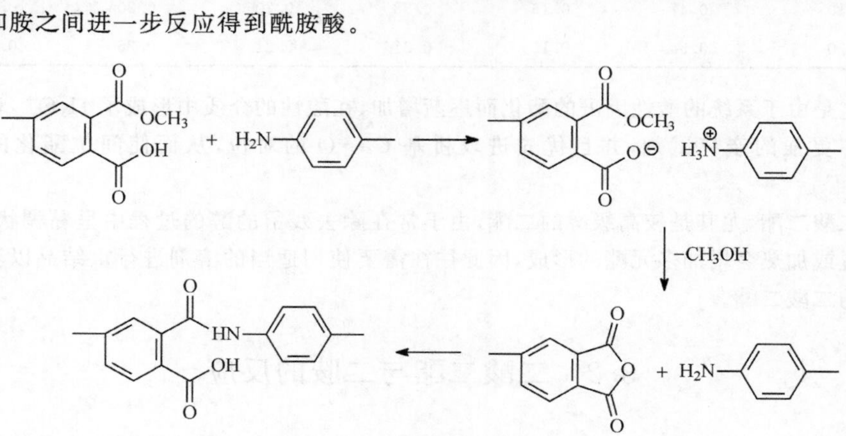

式 3-6　二酸二酯和二胺的反应产生酐

此外，一个不能形成酐的二元酸单酯（如间苯二酸单甲酯）与苯胺的反应速率实际上也等于 0。

Volksen 等[18]用均苯四甲酸的 2,4-二甲酯和苯胺反应，如果反应按取代机理进行，则只能得到单一异构体，如 2,4-二酰胺，然而所得到的产物却是 1∶1 的 2,4-二酰胺和 2,5-二酰胺。这也证明了邻位羧基的苯甲酸酯类与苯胺的反应产生酰胺酸是经过酐阶段进行的。

3.3　聚酰胺酯（聚酰胺）的合成

聚酰胺酯和聚酰胺酰胺可以用类似的方法合成，为叙述方便，这里只着重介绍聚酰胺酯的合成。

(1) 将二酸二酯先转化为二酯二酰氯，然后与二胺反应合成聚酰胺酯[8,19-22]（式 3-7）。加入叔胺或 LiCl 对反应有利[23-25]，后者增加了聚合物的溶解度。二胺可通过与 $(CH_3)_3SiCl$ 作用生成硅烷化二胺再与二酯二酰氯反应[26-28]。二酯二酰氯和二胺还可以用界面缩聚来得到聚酰胺酯，这时如果二酸二酯足够纯的话，二酯二酰氯不经过提纯也可以得到较高相对分子质量的聚合物[27,29]。

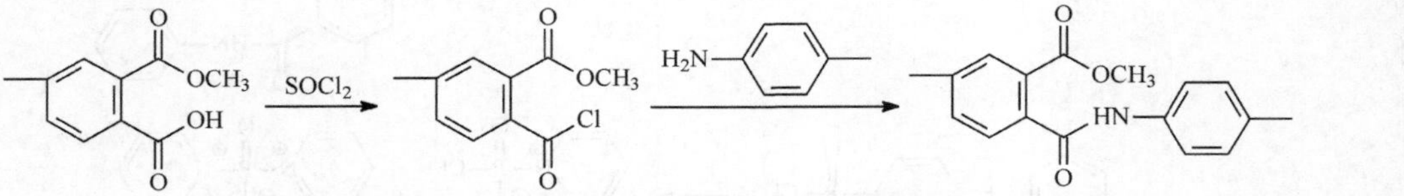

式 3-7　将二酸二酯酰氯化后再与二胺反应得到聚酰胺酯

(2) 将二酸二酯转化为二咪唑衍生物，然后再与二胺或其盐酸盐反应[26,30]。该法条件温和，可避免使用对水敏感的酰氯，而且适用于带有对酸敏感的基团，如特丁酯单体的聚合（见式 3-8）。

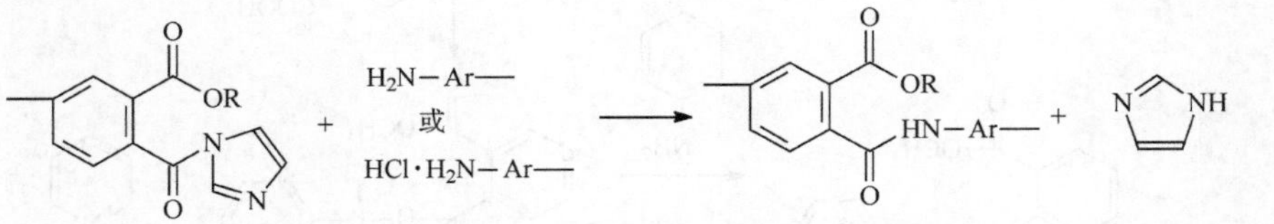

式 3-8　二酸二酯转化为二咪唑衍生物再与二胺盐酸盐的反应

(3) 二酸二酯和二胺可在缩合剂作用下直接获得聚酰胺酯。已采用的缩合剂有 NNPB[28-30]、DDTEP[13,31-34]、DCC[35]等。叔胺常用来作为催化剂。

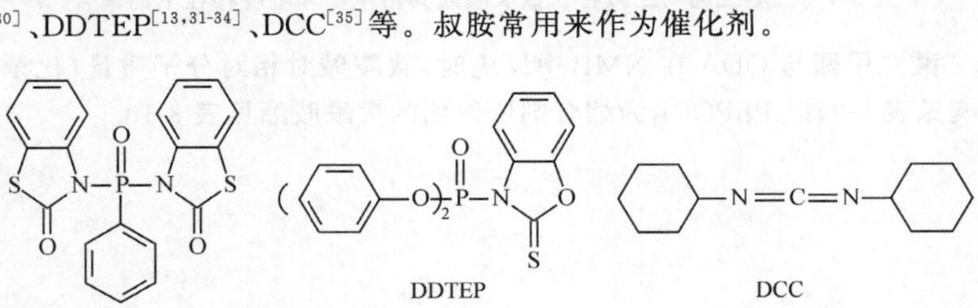

NNPB　DDTEP　DCC

在三乙胺存在下，DDTEP 在 25～50 ℃下可以使聚酰胺酸或聚酰胺酯转化为聚酰亚胺，转化的程度与酯基有关，对于乙酯可完全转化，而对于甲基丙烯酸羟乙酯在同样条件下转化就不很完全[36]。

还有一种由二酸二酯与二胺直接合成聚酰胺酯的方法是由三氯氧膦或其衍生物在吡啶存在下与羧基形成磷酸的混合酐，然后与二胺反应得到[37]，其反应过程有如式 3-9 所示的两种可能的方式。

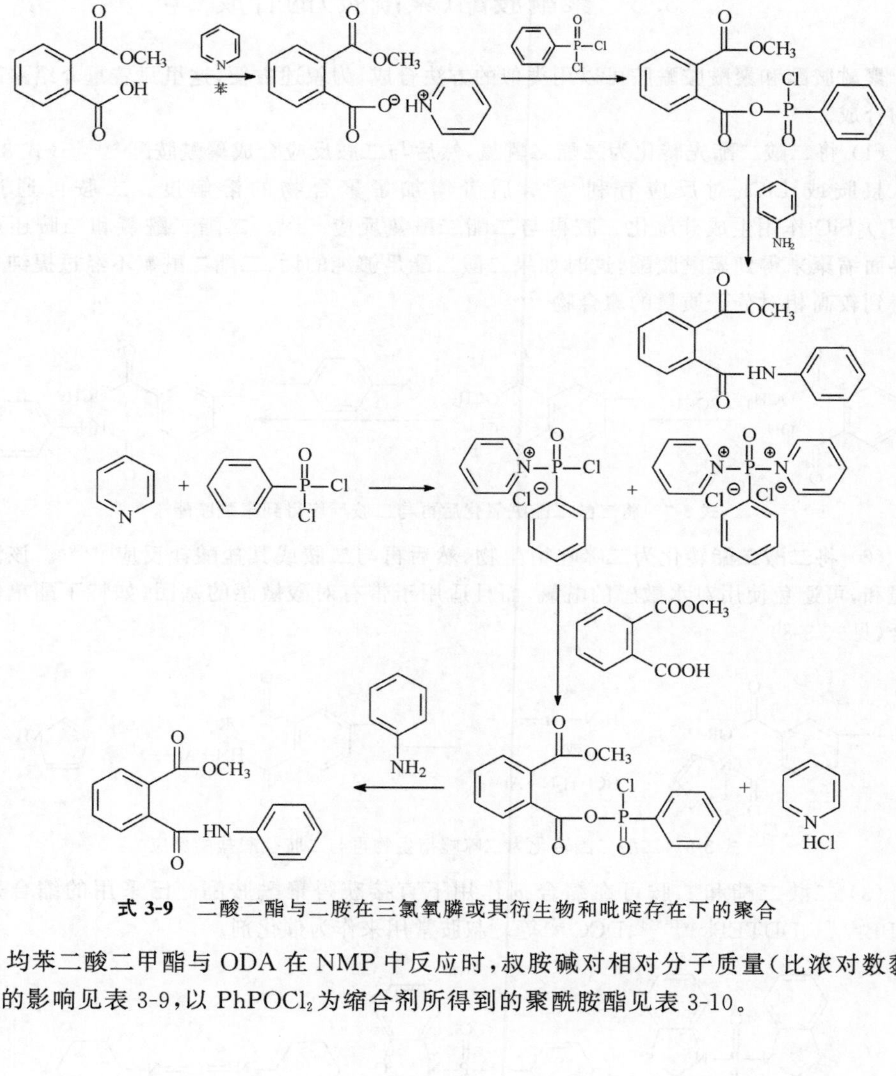

式 3-9　二酸二酯与二胺在三氯氧膦或其衍生物和吡啶存在下的聚合

均苯二酸二甲酯与 ODA 在 NMP 中反应时，叔胺碱对相对分子质量（比浓对数黏度 η_{inh}）的影响见表 3-9，以 $PhPOCl_2$ 为缩合剂所得到的聚酰胺酯见表 3-10。

表 3-9　均苯二酸二甲酯与 ODA 在 NMP 中反应时叔胺碱对 η_{inh} 的影响(dL/g)

叔胺	pK_a	$POCl_3$	$PhOPOCl_2$	$PhPOCl_2$	$(PhO)_2POCl$	$(EtO)_2POCl$
吡啶	5.23	0.25	0.20	0.32	c	c
α-甲基吡啶	5.97	0.12	0.16	0.16	c	c
2,6-二甲基吡啶	6.99	a	a	a	a	a
咪唑	7.12	0.18	0.23	0.24	c	c
异喹啉	8.60	b	b	b	b	b
Et_3N	11.0	b	b	b	b	b

注：η'_{inh}：0.5 dL/g,DMAc,25 ℃。a：加入叔胺后出现沉淀；b：加入活性试剂后出现沉淀；c：得不到聚合物。

表 3-10　以 $PhPOCl_2$ 为缩合剂所得到的聚酰胺酯

二甲酯	二胺	η_{inh}/(dL/g)
PMDE	PPD	0.33
	ODA	0.32
ODPE	MDA	0.27
	PPD	沉淀
	ODA	0.31
BTDE	ODA	0.30

以 NMP 为溶剂时，则可以发生如式 3-10 所示的反应。各种磷酰氯在 NMP 中使聚酰胺酯环化的能力见式 3-11。

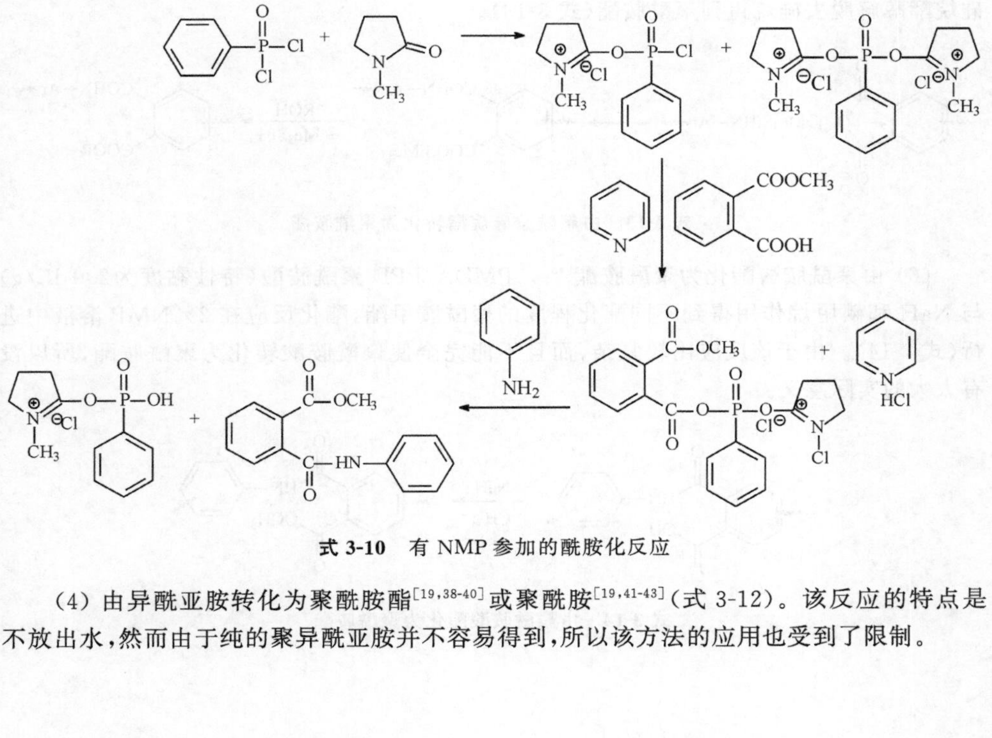

式 3-10　有 NMP 参加的酰胺化反应

(4) 由异酰亚胺转化为聚酰胺酯[19,38-40]或聚酰胺[19,41-43](式 3-12)。该反应的特点是不放出水，然而由于纯的聚异酰亚胺并不容易得到，所以该方法的应用也受到了限制。

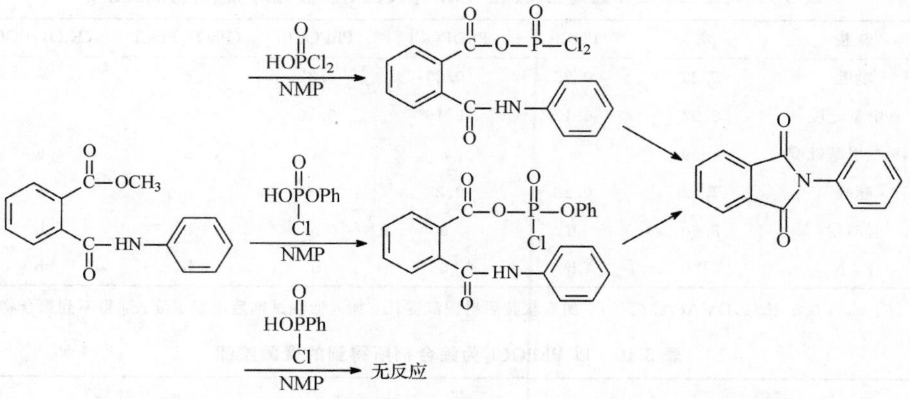

式 3-11　各种磷酰氯在 NMP 中使聚酰胺酯环化的能力

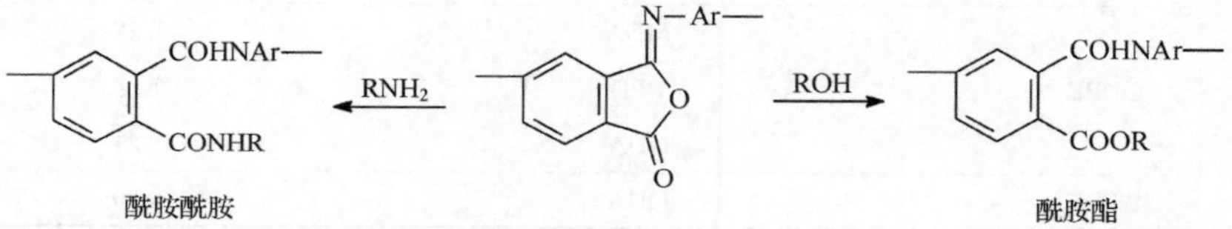

式 3-12　由异酰亚胺转化为聚酰胺酰胺及聚酰胺酯

(5) Imai 等[44]利用硅烷化的二胺和二酐反应先生成聚酰胺硅烷酯，再和醇反应并使硅烷酯醇解脱去硅烷得到聚酰胺酯(式 3-13)。

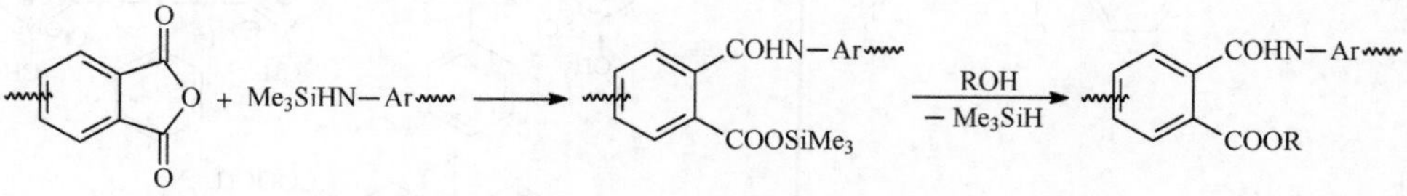

式 3-13　由聚酰胺硅烷酯转化为聚酰胺酯

(6) 由聚酰胺酸酯化为聚酰胺酯[45]。PMDA/PPD 聚酰胺酸(特性黏度为2.0 dL/g)与 NaH 和碘甲烷作用得到不同酯化程度的聚酰胺甲酯，酯化反应在 2%NMP 溶液中进行(式 3-14)。由于该反应比较复杂，而且不能完全使聚酰胺酸转化为聚酰胺酯，所以没有太大的实际意义。

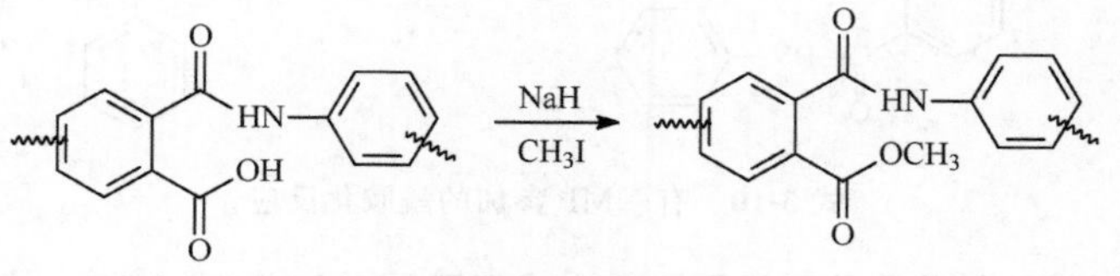

式 3-14　由聚酰胺酸酯化为聚酰胺酯

3.4　聚酰胺酯的热酰亚胺化

聚酰胺酸的酰亚胺化被认为是通过邻位羰基阳离子中间态[33]而完成的。对于聚酰胺酯或聚酰胺酰胺就不利于该中间态的生成，因此聚酰胺酯的热酰胺化温度要比聚酰胺酸高，速率也低，例如，有报道称聚酰胺正丁酯的酰亚胺化速率仅为相应的聚酰胺酸的1/60[19,46,47]。聚酰胺酯和聚酰胺酸类似，其酰亚胺化过程也分两个阶段：一个快过程和一个慢过程[22,47,48]，当将聚酰胺酯放置在某一温度下时，酰亚胺化迅速进行，但随着酰亚胺化程度的提高，分子链的刚性增加，活动性减小，酰亚胺化过程变慢，甚至停止，即达到“动力学中止”状态，这时只有让温度提高到该聚合物的 T_g 以上，酰亚胺化过程才能继续进行（图 3-6）。Venditti 等对由 BTDA 的二环己基甲酯和 ODA 得到的聚酰胺酯的酰亚胺化程度与当时聚合物的玻璃化温度的关系进行了研究，结果见图 3-7，酰亚胺化越到后期，链的刚性增加越显著，对玻璃化温度的贡献也越大[49]。

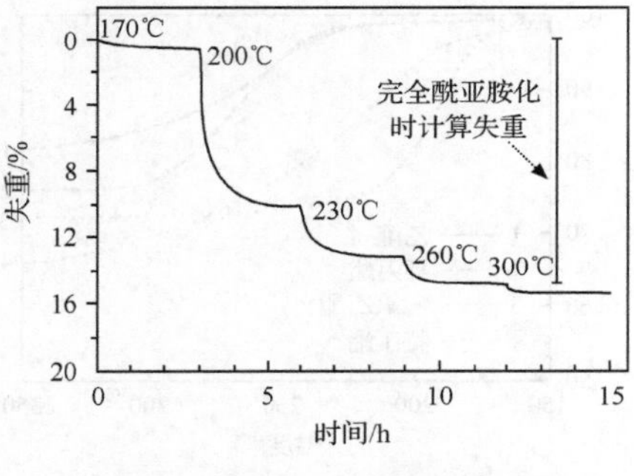

图 3-6　PMDA/ODA 聚酰胺甲酯的酰亚胺化过程

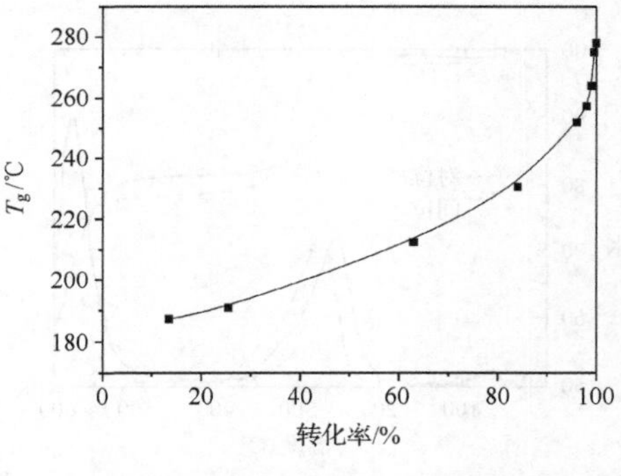

图 3-7　由 BTDA 的二环已甲酯和 ODA 得到的聚酰胺酯的酰亚胺化程度与 T_g 的关系

Stoffel 等[23]用前向反冲谱仪(forward recoil spectroscopy，FRES)来测定 PMDA 的聚酰胺乙酯(乙酯为氘代)的酰亚胺化。以 NMP 为溶剂时，间位聚酰胺乙酯最难酰亚胺化，1∶1 的混合物次之，对位聚酰胺乙酯最易；而以 DMSO 为溶剂时，三者的酰亚胺化行为相同(图 3-8)。以 NMP 为溶剂时，对位异构体与 NMP 结合得牢固，在 200 ℃下还存在 NMP，而对于间位异构体来说，则已经观察不到溶剂的存在。这被认为是由于有序度高的对位异构体比折叠的间位异构体更能保留溶剂，而溶剂则有利于酰亚胺化[50]。在 215 ℃时的酰亚胺化程度是：对位聚酰胺乙酯/NMP＞混合的聚酰胺乙酯/NMP＞间位聚酰胺乙酯/NMP＞对位聚酰胺乙酯/DMSO。PMDA/ODA 的聚酰胺乙酯异构体的热重分析见图 3-9。

对于异构聚酰胺酯的酰亚胺化有不同的结论。对于 PMDA/ODA 的异构聚酰胺酯，Milevskaya 等[51]认为只有对位异构体才可以完全酰亚胺化，间位只能达到 82%，50∶50 的异构体混合物达到 91%。Konieczny 等[52]则发现在 275 ℃时，酰亚胺化速率和转化率均为对位＞间位＞50∶50 混合物。随着温度的提高，三种异构体的反应速率逐渐接近。

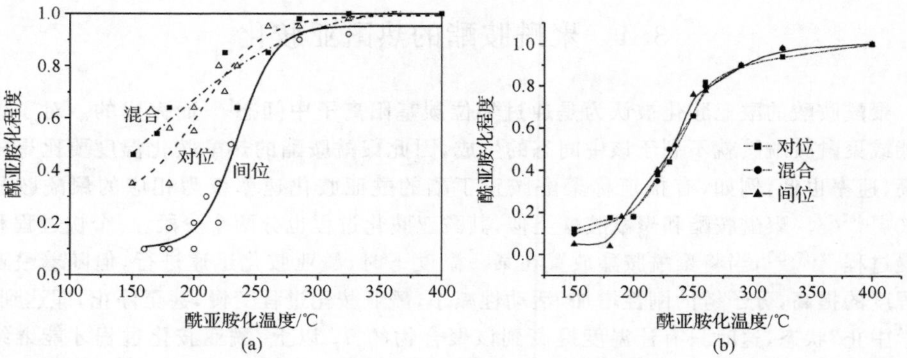

图 3-8　在 NMP(a)和 DMSO(b)中制得的 PMDA/ODA 的聚酰胺乙酯异构体的酰亚胺化

Volksen 等研究了由不同的醇酯化均苯二酐后所得到的二酸二酯和 ODA 所获得的聚酰胺酯的酰亚胺化过程[53]，其结果见图 3-10。

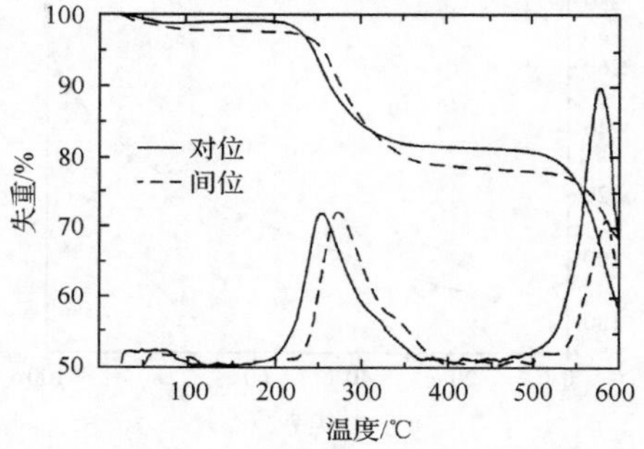

图 3-9　PMDA/ODA 的聚酰胺乙酯异构体的热重分析

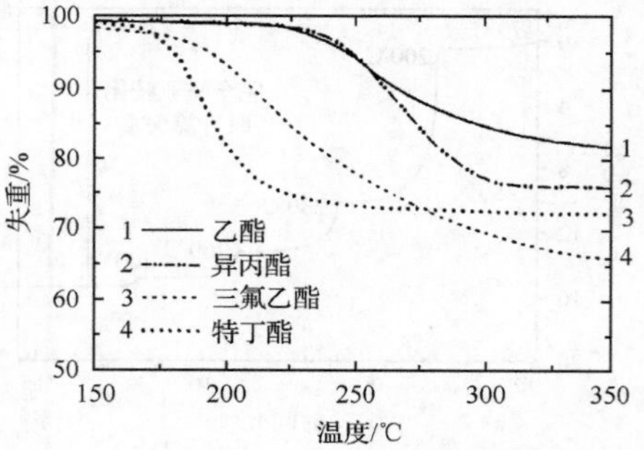

图 3-10　各种 PMDA/ODA 的聚酰胺酯的热重分析

聚酰胺特丁酯的特点是在加热时放出异丁烯而转变为聚酰胺酸，因此其酰亚胺化温度也和聚酰胺酸相同(式 3-15)。由 PMDA/ODA 得到的间位聚酰胺特丁酯可溶解于低

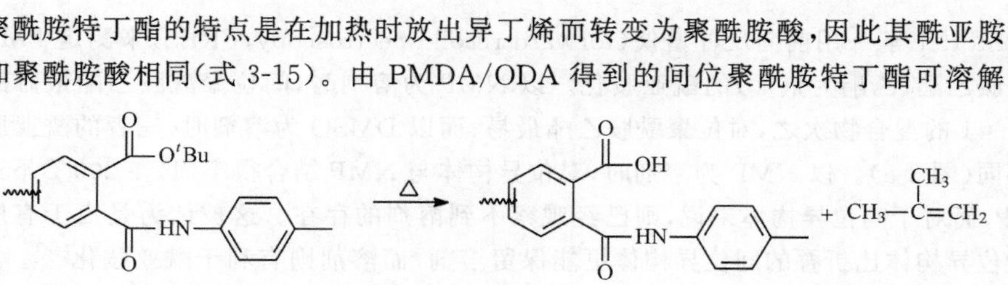

式 3-15　聚酰胺特丁酯的热酰亚胺化

沸点的溶剂(如 THF 和乙二醇二甲醚)中,而对位聚酰胺特丁酯则只能溶于高沸点的极性溶剂(如 DMF 和 NMP)中。聚酰胺特丁酯的热酰亚胺化速率介于聚酰胺酸和聚酰胺甲酯之间,即以 200 ℃加热 1 h 的失重计算酰亚胺化程度,聚酰亚胺正丁酯为 46%,聚酰亚胺特丁酯为 93%。聚酰胺特丁酯的酰亚胺化与聚酰胺酸相同,说明羧基的解保护并不会对聚酰胺酸的环化造成明显的障碍。聚酰胺特丁酯的异构体在酰亚胺化过程中也未见差别[31]。进一步的研究表明,含有 α-氢的仲醇、叔醇及 β-三烷基硅乙醇的聚酰胺酯在酰亚胺化时也经过类似于聚酰胺特丁酯的过程[32]。

Takeichi 等[45]发现聚酰胺酯可以由胺来催化环化。PMDA/ODA 的聚酰胺乙酯在 NMP 中过夜会变浑,如果将 NMP 在五氯化磷上蒸馏后再用,这种现象就不再发生,这是因为 NMP 中存在的少量能起催化作用的甲胺已被除去。当用 3-甲基-1-对甲苯基三嗪使聚酰胺酸甲酯化时,由于反应中会产生副产物对甲苯胺,所以在反应后期出现凝胶。试图将聚酰胺酯酰胺化时也会产生黄色沉淀[54]。在氯仿、乙腈中胺催化酰亚胺化的速率要比在 THF 或 NMP 中大。胺的催化活性取决于其碱性。在室温下,各种胺对模型物 *N*-甲氧基苯基邻苯二甲酰胺甲酯的酰亚胺化速率的影响见表 3-11[55]。

表 3-11　室温下各种胺对 *N*-甲氧基苯基邻苯二甲酰胺甲酯的酰亚胺化速率的影响

溶剂	酰亚胺化速率/(10^{-6} · s^{-1})				
	DBU[a]	PIP	TEA	DMA	NMM
NMP	587	149	9.8	4.4	2.7
THF	—	—	1.8	—	—
氯仿	—	—	85	—	—
乙腈	—	—	104	—	—

a:稀释 100 倍。

酰亚胺化的速率随用来酯化的醇的酸性的增加和用于酰胺化的胺的碱性的增加而增加(图 3-11),酰胺酯的酰亚胺化的途径如式 3-16 所示。首先形成 iminolate 阴离子,然后

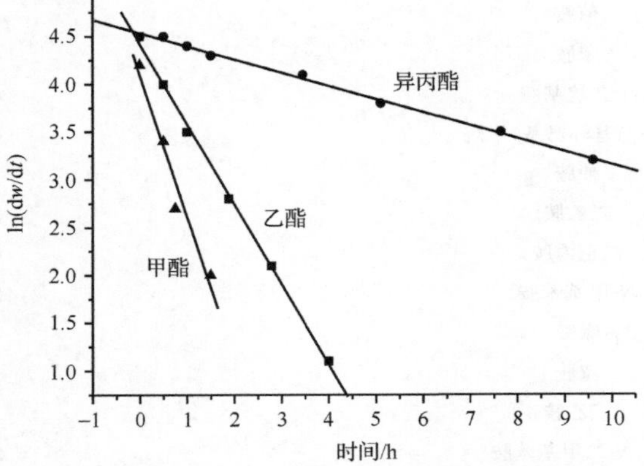

图 3-11　邻苯二甲酸对甲氧基苯酰胺的单酯中酯基对相对酰亚胺化速率的影响

酰胺酯质量分数 w=1.0%,T=23.3 ℃,溶剂为 NMP,碱为 DBU,用量为相对于酰胺酯的 1.0%(摩尔分数)

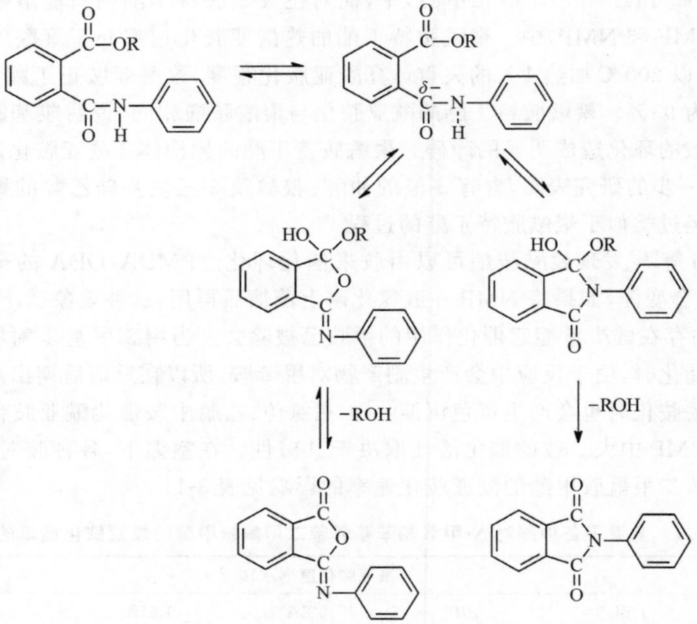

式 3-16　邻位芳香酰胺酯碱性催化环化的可能反应途径

闭环为酰亚胺或异酰亚胺中间体，最后脱醇成为酰亚胺或异酰亚胺。由于在热力学上的稳定性，热酰亚胺化的结果都完全转变为酰亚胺。对于活性较低的 PMDA/ODA 的聚酰胺甲酯，在各种碱存在下的酰亚胺化程度见表 3-12。

表 3-12　以 PMDA/ODA 为基的聚酰胺甲酯在各种碱存在下的酰亚胺化程度

碱(酰亚胺化的催化剂)	酰亚胺化程度/%
无	18
伯胺	
苯胺	40
十二烷基胺	41
双(4-氨基环己基)甲烷	41
仲胺	
二乙胺	52
二正丙胺	61
N-甲基苯胺	28
哌啶	45
叔胺	
三乙胺	30
N,*N*-二甲基苯胺	28
DBU	100
DBN	100

各种聚酰胺酯在不同条件下酰亚胺化要求的温度见表 3-13[30,31,48,56]。

表 3-13　各种聚酰胺酯在不同条件下酰亚胺化要求的温度

聚合物	异构体	加热速率/(℃/min)	$T_{开始}$/℃	$T_{最大}$/℃	$T_{降解}$/℃
PMDA/ODA,甲酯	混合	10	203		578
BPDA/ODA,甲酯	混合	10	217		570
BTDA/ODA,甲酯	混合	10	219		556
TDPA/ODA,甲酯	混合	10	213		560
HQDPA/ODA,甲酯	混合	10	211		543
PMDA/ODA,甲酯	混合	5		252	
PMDA/ODA,乙酯	混合	5		258	
PMDA/ODA,正丙酯	混合	5		263	
PMDA/ODA,正丁酯	混合	5		274	
PMDA/ODA,乙酯	混合			260	
PMDA/ODA,乙酯	对位			255	
PMDA/ODA,乙酯	间位			275	
PMDA/ODA,异丙酯	混合			265	
PMDA/ODA,三氟乙酯	混合			225	
PMDA/ODA,特丁酯	混合			192	
PMDA,乙酯	对位	20	185		585
PMDA,乙酯	对位	20	210		560
PMDA,乙酯	对位	20	235		510
PMDA,乙酯	对位	20	185		570
PMDA,乙酯	对位	20	190		570
PMDA,乙酯	对位	20	245		570
BPDA/ODA,乙酯	混合		224		
BPDA/PPD,乙酯	混合		226		
BPDA/PPD,甲酯	混合		232		
BPDA/ODA,甲酯	间-间		235		562
BPDA/ODA,甲酯	间-对		238		560
BPDA/ODA,甲酯	对-对		231		546
BPDA/ODA,甲酯	混合		240		570
PMDA/ODA,特丁酯	对位	25	183	197	
PMDA/ODA,特丁酯	间位	25	173	190	
PMDA/ODA,特丁酯	对位	5	164	178	
PMDA/ODA,特丁酯	间位	5	155	167	
PMDA/ODA,特丁酯	对位	5	163	178	
PMDA/ODA,特丁酯	间位	5	164	202	
PMDA/ODA,正丁酯	混合	5	193	247	

活化能：PMDA/ODA，26.0 kcal/mol；PMDE/ODA，28.2 kcal/mol；BPDE/ODA，27.5 kcal/mol；BPDE-PDA 36.5 kcal/mol；BPDE (methyl)/PDA，44.4 kcal/mol[57]。1 cal＝4.186 8 J。

PMDA/PPD 的对位二乙酯[22]如果使用特丁基取代的二胺以 NMP/THF(1：1)为溶剂，则在质量分数为 35%～55%时显示出液晶行为。将 THF 挥发后得到各向异性凝胶[57-59]的薄膜和纤维，这些结果都说明对位聚酰胺酯对于棒状聚合物是更好的前体。

聚酰胺酯还适用于以溶液法获得聚酰亚胺/酰亚胺共混物，因为若使用聚酰胺酸，在共混时易由于交换反应使得到的共混物实际上为共聚物。但是有研究者在将不同的聚酰胺酯进行共混时，在干燥的过程中发现了相分离[58,60]。

由聚酰胺酸和相应的聚酰胺酯所获得的聚酰亚胺的比较显示，对于 PMDA/ODA，由聚酰胺酸获得的聚酰亚胺当相对分子质量超过 10 000 时，断裂伸长率在 50%～60%，而由聚酰胺酯得到的聚酰亚胺，其断裂伸长率可达 120%～150%[50,56]。

PMDA/ODA 聚酰胺酸及其酯化产物的热重分析见表 3-14[31]。

表 3-14 PMDA/ODA 聚酰胺酸及其酯化产物的热重分析

聚合物	加热速度/(℃/min)	溶剂条件	T_{onset}/℃	T_{max}/℃	理论失重/%	实际失重/%
聚酰胺酸	25	溶剂	153	202	8.61	23.9
p-特丁酯	25	溶剂	183	197	27.9	28.3
m-特丁酯	25	溶剂	173	190	27.9	30.0
p-特丁酯	5	溶剂	164	178	27.9	28.6
m-特丁酯	5	除去溶剂	155	167	27.9	30.0
聚酰胺酸	5	除去溶剂	150	187	8.61	13.1
p-特丁酯	5	除去溶剂	163	178	27.9	27.2
m-特丁酯	5	除去溶剂	164	202	27.9	28.3
甲酯	5	除去溶剂	176	217	15.3	16.9
正丁酯	5	除去溶剂	193	247	27.9	29.0

由表 3-14 可以看出，聚酰胺酸的实际失重(23.9%，13.1%)超过了理论值(8.61%)，而且与所用的溶剂有关。但对于酯来说，实际失重却接近理论值(27.9%)，而且与所用的溶剂无关。

由聚酰胺酯得到的聚酰亚胺的聚集态与由聚酰胺酸得到的不同，突出的表现是所得到的薄膜有不同的热膨胀系数(CTE)。由各种 BPDE/PPD 的聚酰胺酯(PAE)和相应聚酰胺酸(PAA)所得到的聚酰亚胺薄膜的 CTE、抗张强度和断裂伸长率见表 3-15[32]，聚酰胺酯中酯基的不同对薄膜 CTE 的影响不大，由于不存在聚酰胺酯的溶剂复合物，所以 CTE 也不受干燥温度的影响。

表 3-15 由各种 BPDE/PPD 的 PAE 和 PAA 得到的聚酰亚胺薄膜的性能

聚酰胺酯	CTE/(10^{-5}·K^{-1})	抗张强度/MPa	断裂伸长率/%
PAMe	1.8	400	20
PAEt	2.0	390	20
PAPr	2.0	360	18
PABu	2.2	370	16
PAA	0.5	400	25

参考文献

[1] 张超:硕士学位论文. 长春:中国科学院长春应用化学研究所,1991.
[2] Roberts G D, Lauver R W. J Appl. Polym. Sci., 1987, 33: 2893.
[3] Atemjeva V N, Chupans P I, Kudriavtsev V V, et al., Zh. Prikl. Khim., 1990, 3: 655.
[4] Alekseeva S G, Vinogradova S V, Vorob'ev V D, Vygodskii Y S, Korshak V V, Slonim I Ya, Spirina T N, Urman Y G, Chudina L I. Vysokomol. Soedin., 1978, B18: 803.
[5] Elmessov A N, Bogachev Y S, Kardash I E, Pravdnikov A N. Dokl. Akad. Nauk SSSR, 1986, 286: 1453.
[6] Urman Y G. Vysokomol. Soedin., 1982, A24: 1795.
[7] Korshak V V, Urman Y G, Alekseyeva S G, Slonim. Ya, Vinogradova S V, Vigodskii Ya, Nagiei I M. Makromol. Chem., Rapid Commun., 1984, 5: 696.
[8] Kharkov S N, Krasnov Y P, Lavrova Z N, Baranova S A, Aksevova V P, Chegolya A S, Vysokomol. Soyed., 1971, A13: 833.
[9] Ningjo C, Jiannwen H. Polym. J., 1990, 22: 725.
[10] Huang W X, Gao L X, Zhang X, Xu J P, Ding M X. Macromol Chem Phys., 1996, 197: 1473.
[11] Liu X-Q, Yamanaka K, Jikei M, Kakimoto M-A. Chem. Mater.; 2000, 12: 3885.
[12] Takahashi N, Yoon D Y, Parrish W. Macromolecules, 1984, 17: 2583.
[13] Ueda M, Mori H. Makromol. Chem., 1992, 194: 511.
[14] Moy T M, Deporter C D, McGrath J E. Polymer, 1993, 34: 819.
[15] Takakoshi T, Matson J L. 4th International, Conf. on Polyimides, Session III-1, 1991.
[16] Garcia D, Serafini T T. J. Polym. Sci., Polym. Phys., 1987, 25: 2275.
[17] Johnston J C, Meador M A B, Alston W B. J. Polym. Sci. Polym. Chem., 1987, 25: 2175.
[18] Volksen W, Cotts P M//Mittal K L. Polyimides: Synthesis, Characterization and Applications. Vol. 1. New York: Plenum Press, 1984: 163.
[19] Kudriavtsev V V, Koton M M, Meleshko T K, Sklizkova V P. Vysokomol. Soedin., 1975, A17: 1764.
[20] Kharkov S N, Vinogradova S V, Vygodskii Y S, Gerashchenko Z V. Vysokomol. Soyed., 1971, A13: 1190.
[21] Nishizaki S, Moriwaki T. Ind. Chem. Mag., 1968, 71: 1559.
[22] Molodtsvova Y D, Timofeyeva G I, Pavlova S S A, Vygodski Y S, Vinogradova S V, Korshak V V. Vysokomol. Soyed., 1977, A19: 346.
[23] Stoffel N C, Kramer E J, Volksen W, Russell TP. Polymer, 1993, 34: 4524.
[24] Volksen W, Pascal T, Labadie J, Sanchez M. Polym. Mater. Sci. Eng., 1992, 66: 235; Bell V, Jewell R A. J. Polym. Sci., A1, 1967, 5: 3043.
[25] Becher K, Schmidt H W. Macromolecules, 1992, 25: 6784.
[26] Becker K H, Schmidt H-W. Macromolecules, 1992, 25: 6784.
[27] 西崎俊一郎. 工化,1970, 73: 1874.
[28] Hayano F, Komoto H. J. Polym. Sci., Part A-1, 1972, 10: 1263.
[29] Kubota S. J. Appl. Polym. Sci., 1987, 33: 1763.
[30] Volksen W, Hofer D, Cheng Y Y. Polyimides and Other High Temperature Polymers, 1991, 45.
[31] Houlihan F M, Bachman B J, Wilkins C W, Pryde C A. Macromolecules, 1989, 22: 4477.
[32] Miwa T, Okabe Y, Ishida M, Hasegawa M, Matano T, Shindo Y, Sugimura T// Feger C, Khojasteh M M, Molis S E. Polyimides: Trends in Materials and Applications. SPE, 1996: 231.
[33] Shibaev L A, Dauengauer S A, Stepanov N G, Chetkina L A, Magomedova N S, Belsky V K, Sazanov Y N. Vysokomol. Soedin., 1987, A29: 790.
[34] Chin E, Houlihan F M, Venditti R, Gillham J K. Polyimides: Materials, Characterisation and Application, Session II, 1991: 89.

[35] Hayase R, Kihara N, Oyasato N, Matake S, Oba M. J. Appl. Polym. Sci., 1994, 51: 1971.
[36] Kraiman E A. US, 2890206,1959; 2890207,1959.
[37] Seung K P, Wan S H, Chul J L. Polymer, 1997, 38: 5001.
[38] E. I. Du Pont de Nemours & Co., Neth. Pat. Appl., 6413552,1965.
[39] E. I. Du Pont de Nemours & Co., Neth. Pat. Appl., 6413550,1965; Chem. Abstr., 1965, 63: 1510b.
[40] Nader A E. Polym. Eng. Sci., 1992, 32: 1613.
[41] E. I. Du Pont de Nemours & Co., Neth. Pat. Appl., 6413551,1965; Chem. Abstr., 1965, 63: 15010f.
[42] Tan L. Polym. Prepr., 1988, 29(2): 316.
[43] Marasco J P. Polym. Bull., 1995, 35: 285.
[44] Oishi Y, Kakimoto M, Imai Y. Polym. Prepr., Japan., 1987, 36: 315.
[45] Takeichi T, Endo Y, Kaburagi Y, Hishiyama Y, Inagaki M// Abadie J M, Sillion B. 4th European Technical Symposium on Polyimides and High Performance Polymers, at University Montpellier 2-France 13-15 May. 1996: 225.
[46] Tead S F, Kramer E J, Russell T P, Volksen W. Polymer, 1990, 31: 520.
[47] Nishizaki S, Moriwaki T. Kogyo Kagaku Zasshi, 1970, 73: 1873.
[48] Kim K, Ryon J H, Kim Y, Ree M, Chang T. Polym. Bull., 1995, 34: 219.
[49] Venditti R A, Gillham J K, Chim E, Houlihan F M. J. Appl. Polym. Sci., 1994, 53: 455.
[50] Wallach M L. J. Polym. Sci., Part A-2, 1968, 6: 953.
[51] Milevskaya I S, Andonov N G, Shustrov A B, Denisov V M, Koltsov A I. Polym. Sci. USSR,1989, 31: 2141.
[52] Konieczny M, Xu H, Battaglia R, Wunder S L, Volksen W. Polymer, 1997, 38: 2969.
[53] Volksen W, Sanchez M I, Labadie J, Pascal J. Polym. Mater. Sci. Eng., News, 1993, 2: 6.
[54] Cotts P M, Volksen W. Polymer News, 1990, 15: 106.
[55] Lyle G D, Jurek M J, Mohatny D K, Wu S D, Hedrick J C, McGrath J E. Polym. Prepr., 1987, 28(2): 77.
[56] Stenzenberger H// Wilson D, Stenzenberger H, Hergenrother P M. Polyimides. Blackie & Son Lid., 1990: 79.
[57] Rojstaczer S, Ree M, Yoon D Y, Volksen W. J. Polym. Sci., Poly. Phys., 1992, 30: 133.
[58] Flaim T D, Ho C P, Proc. 4th International Conf. on Polyimide, Session Ⅲ, 1992:13.
[59] Kakimoto M, Orikabe H, Imai Y. Polym. Prepr., 1993, 34: 746.
[60] Ree M, Yoon D Y, Volksen W. Polym. Prepr., 1990, 31(1): 613.

第4章　以硝基酞酰亚胺或卤代苯酐为原料合成二酐及聚酰亚胺

由含有酰亚胺结构的单体合成聚酰亚胺的方法中除了双马来酰亚胺外，以双(硝基酞酰亚胺)或双(卤代酞酰亚胺)为原料的合成路线是具有工业价值的。双(硝基酞酰亚胺)和双(卤代酞酰亚胺)分别来源于硝基苯酐和卤代苯酐及其衍生物。卤代苯酐通常包括氟代苯酐、溴代苯酐和氯代苯酐。氟代苯酐可以由氯代苯酐氟化而得，目的是提高离去基团的活性，然而在大多数情况下，氯的活性已经足够使反应在可接受的条件下进行，溴代苯酐中溴的活性与氯接近，所以这氟代苯酐和溴代苯酐在实际中很少使用。虽然美国 GE 公司早在 20 世纪 70 年代就发表了一些有关从硝基酞酰亚胺和氯代苯酐出发合成二酐和聚酰亚胺的工作，但最终，GE 公司仍然采用硝基酞酰亚胺为原料，开发了现在已达到万吨级规模的热塑性聚酰亚胺——Ultem。中国科学院应用化学研究所在 20 世纪 70 年代初期就着手开发氯代苯酐路线，并于 1975 年进行了从氯代苯酐出发合成二酐的小规模生产，最近更在吉林以千吨规模建立了世界首条由邻二甲苯出发，经氯代、空气气相氧化、异构体分离，得到高纯度 3-氯代苯酐和 4-氯代苯酐的生产线。为了更全面地了解该路线的内容，本章同时也介绍硝基苯酐和氯代苯酐的制备及由硝基酞酰亚胺和氯代苯酐合成各种二酐及聚酰亚胺的方法。

4.1　由硝基酞酰亚胺合成二酐和聚酰亚胺

具体合成方法见《聚酰亚胺——单体合成、聚合方法及材料制备》一书的第 1 章、第 4 章及第 6 章。

4.1.1　硝基苯酐和硝基酞酰亚胺的合成

由苯酐或邻苯二甲酸在硝酸和硫酸的混合物中可以硝化得到 3-硝基邻苯二甲酸和 4-硝基邻苯二甲酸，前者在水中的溶解度比后者小，所以在水中重复结晶，可以得到 3-硝基邻苯二甲酸，但收率只有 30%左右，而要得到纯的 4-硝基邻苯二甲酸就比较困难[1]。Bacha 等曾由苊、聚苊、二氢萘或聚二氢萘硝化后氧化得到以 4-硝基苯二甲酸为主的产物[2]，但无论从原料来源和方法上来说，其都不具有工业化的价值。

硝基酞酰亚胺是由酞酰亚胺硝化得到的(式 4-1)[3]，通常所用的是 *N*-甲基酞酰亚胺，该化合物可以由甲胺与苯酐在气相连续过程中合成[4]。硝化产物用二氯甲烷萃取出来，其中约含有 4%～5%的 3-位异构体。反应温度越高，3-位异构体的比例也越高。

但是由于甲胺较大的毒性、较低的沸点及酞酰亚胺较高的熔点，蒸馏时容易堵塞冷凝器及在硝化时和随后的取代反应中效率较低，GE 公司改用正丁胺来代替甲胺，得到低熔点的硝基酞酰亚胺[5]。

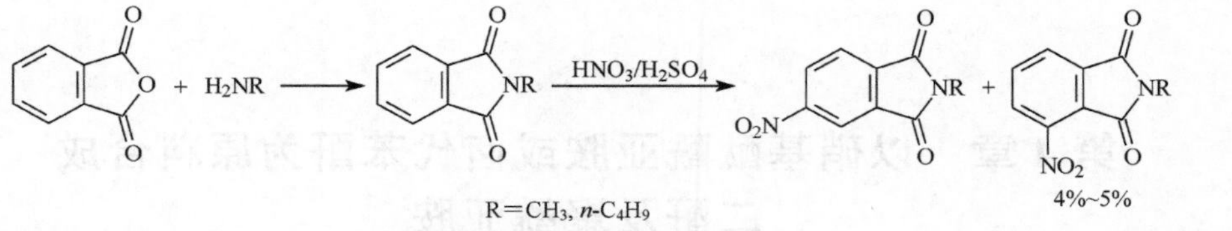

式 4-1　硝基酞酰亚胺的合成

双(硝基酞酰亚胺)是由硝基苯酐与二胺反应得到的(式 4-2)[6]，由于硝基苯酐难以获得，所以使该路线的应用受到很大的限制。

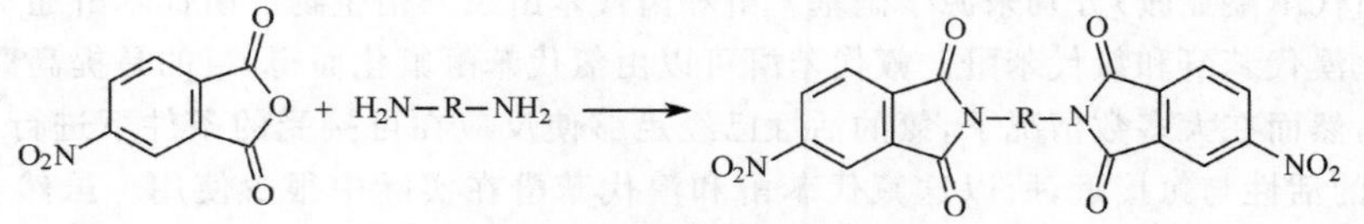

式 4-2　双(硝基酞酰亚胺)的合成

4.1.2　由硝基酞酰亚胺合成二酐

由硝基酞酰亚胺出发可以合成三类二酐：二苯醚二酐、二苯硫醚二酐及二醚二酐。

1. 二苯醚二酐[7]

硝基酞酰亚胺与碳酸钾在非质子极性溶剂中反应得到二苯醚二酰亚胺，再经水解脱水得到二苯醚二酐。最近 Brunelle 等用乙酸钾在相转移催化剂，如六乙基氯化胍(HEGCl)存在下同样可以得到 70%左右的二苯醚二酰亚胺(式 4-3)。

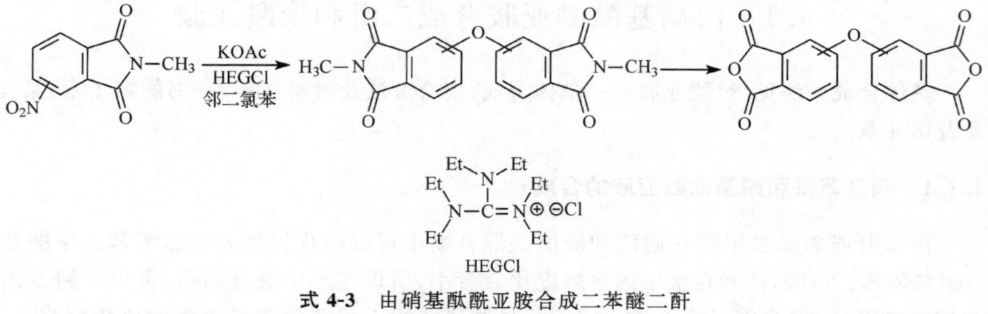

式 4-3　由硝基酞酰亚胺合成二苯醚二酐

2. 二苯硫醚二酐[8]

硝基酞酰亚胺在极性溶剂中与无水硫化钠在 70 ℃下反应以 95%的收率得到二苯硫醚二酰亚胺，水解、脱水后得到二苯硫醚二酐(式 4-4)。

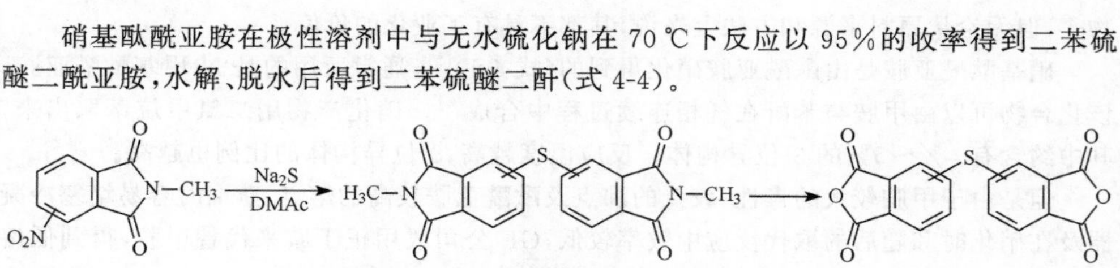

式 4-4　由硝基酞酰亚胺合成二苯硫醚二酐

3. 二醚二酐

Dellacoletta 等[9]用双酚 A 的二钠盐与 *N*-甲基-4-硝基酞酰亚胺在极性溶剂中反应得到二醚二酞酰亚胺，水解脱水后得到热塑性聚酰亚胺的主要原料双酚 A 型二醚二酐（式 4-5）。

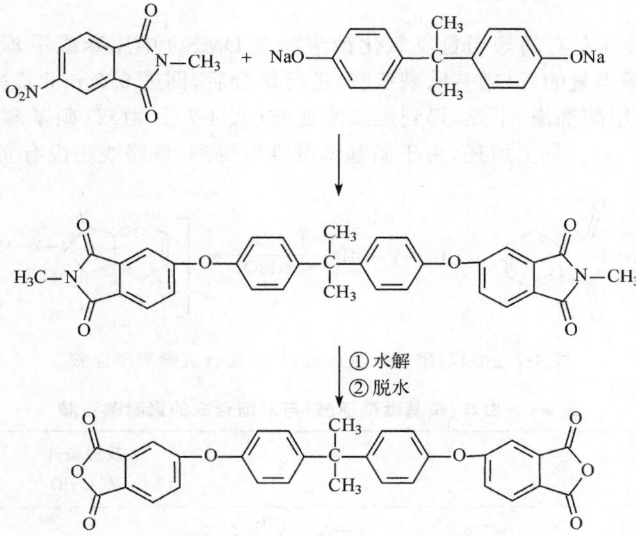

式 4-5　由硝基酞酰亚胺合成二醚二酐

GE 公司还发展了如式 4-6 所示的利用酰亚胺-酐的交换反应来制备二酐的方法[10]，这是用双酰亚胺与苯酐或取代苯酐，例如 4-氯代苯酐在叔胺的水溶液中进行酰亚胺-酐的

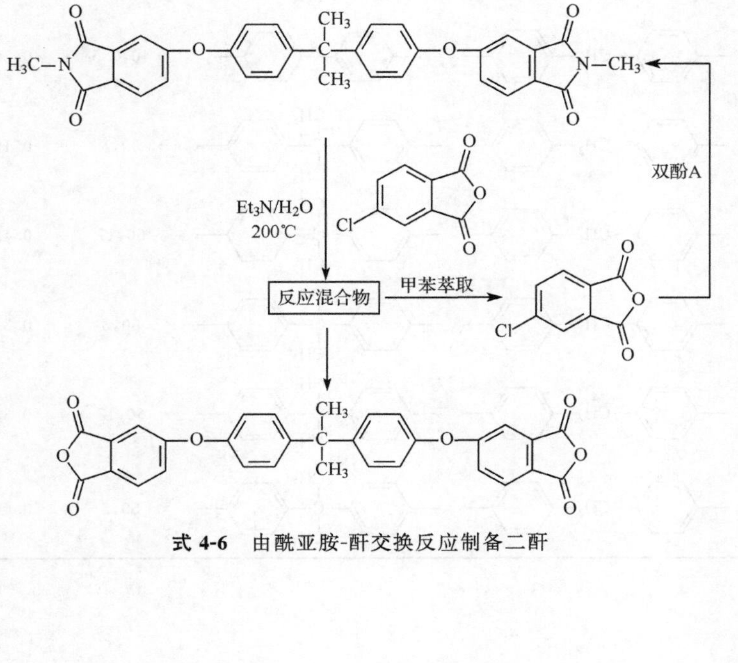

式 4-6　由酰亚胺-酐交换反应制备二酐

交换，然后用甲苯萃取得到含二酐达97%的反应产物。该反应虽然设备比较复杂，反应条件苛刻，但所有参加反应的化合物，除了作为原料的双酰亚胺和产物的二酐外，都可以在体系中循环使用，而且避免了用碱水解双酰亚胺带来大量酸碱副产物及随后烦琐的洗涤过程，从环境友好观点来看是非常吸引人的。

4.1.3　由双(硝基酞酰亚胺)合成聚醚酰亚胺[11]

将双酚与50%左右的等当量氢氧化钠溶液在DMSO中用苯或甲苯带水，制成双酚钠盐，然后加入等当量的双(硝基酞酰亚胺)进行聚合后，倒进0.2 mol乙酸和甲醇的溶液中，过滤，用水及甲醇洗涤，干燥，得到聚醚酰亚胺(式4-7)。由双(硝基酞酰亚胺)合成的聚醚酰亚胺见表4-1。如上所述，由于硝基苯酐难以得到，该路线还没有实现产业化。

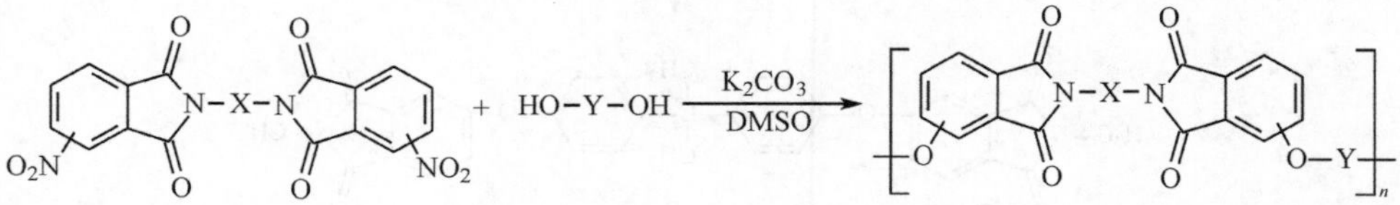

式4-7　由双(硝基酞酰亚胺)与双酚合成聚醚酰亚胺

表4-1　由双(硝基酞酰亚胺)与双酚合成的聚醚酰亚胺

双(硝基酞酰亚胺)	X	Y	反应条件/(℃,h)	[η]/(dL/g)	T_g/℃
3,3′	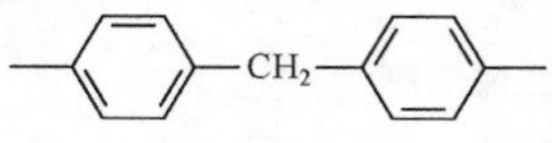	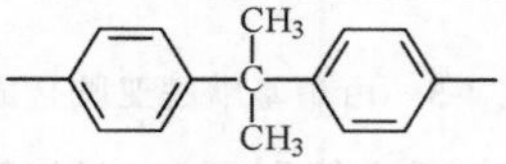	RT,15	0.20	
3,3′	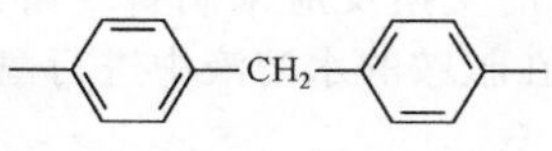	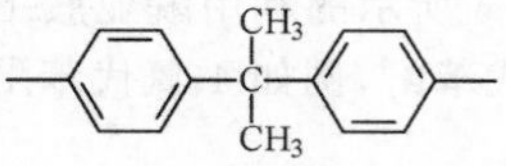	50,3	0.50	
3,3′	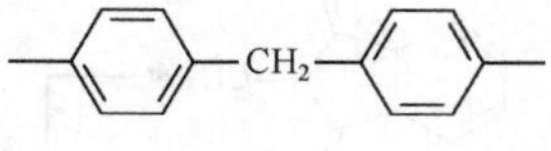	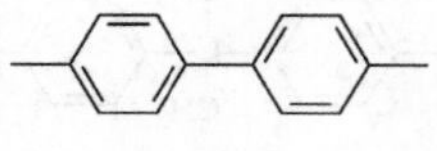	40,0.5	0.36	—
3,3′	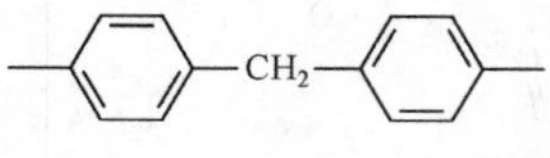	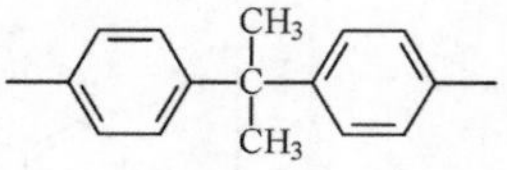	50,1	0.19	
4,4′	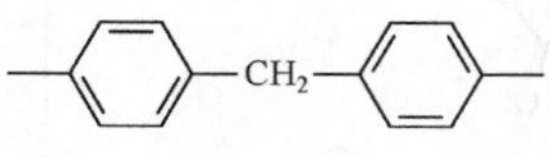	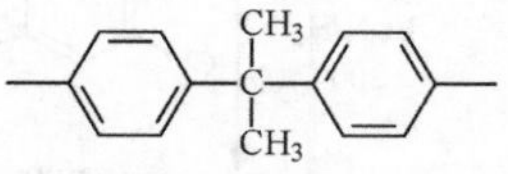	60,17	0.42	230
3,4′	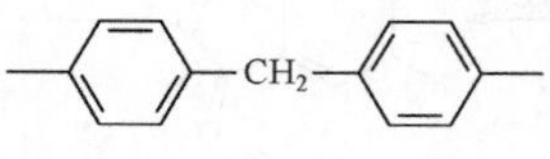	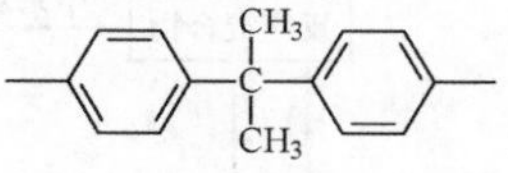	60,3	0.31	224
3,3′∶4,4′=2∶1	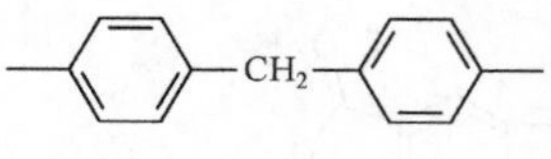	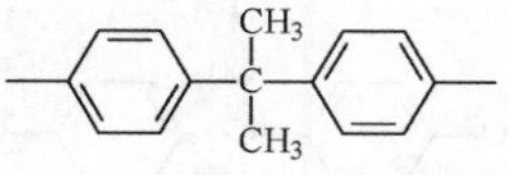	60,17	0.39	
3,3′∶3,4′∶4,4′=1∶2∶1	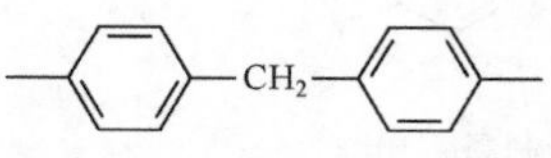	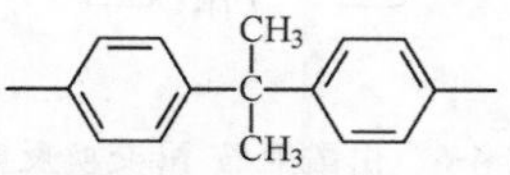	50,2	0.46	

续表

双(硝基酞酰亚胺)	X	Y	反应条件/(℃,h)	[η]/(dL/g)	T_g/℃
3,3′	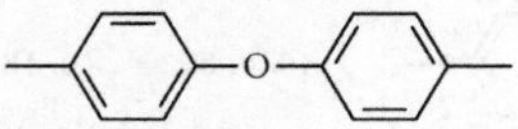	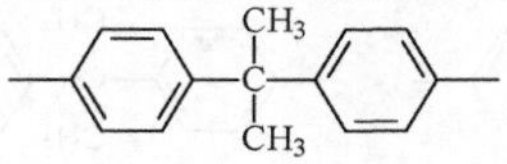	45,15	0.61	226
3,3′	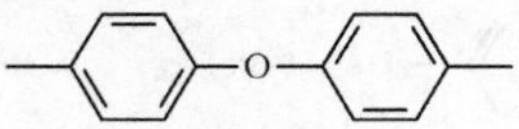	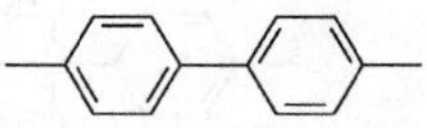	50,5/6	0.60	—
3,3′	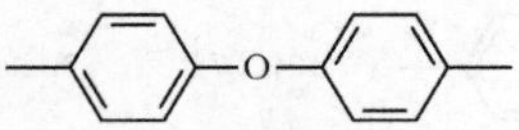	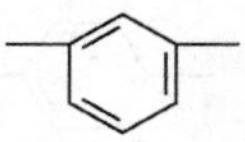	60,1	0.14	
3,3′	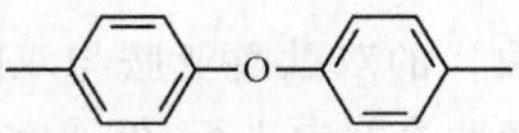	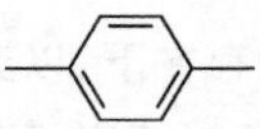	50,1	0.45	237
3,3′	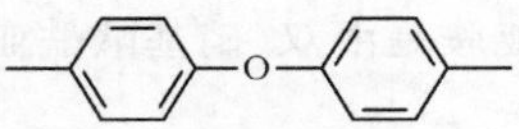	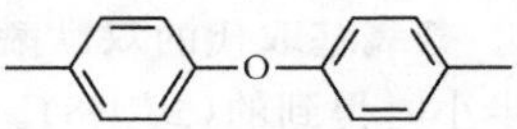	60,1	0.80	—
3,3′	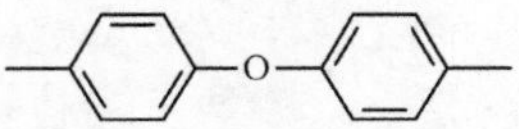	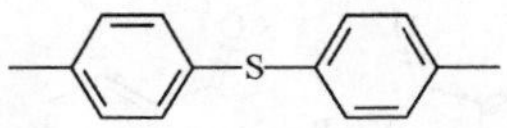	60,1	0.37	
4,4′	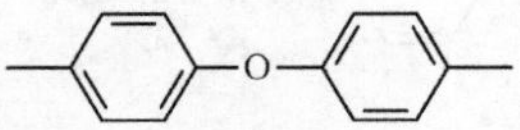	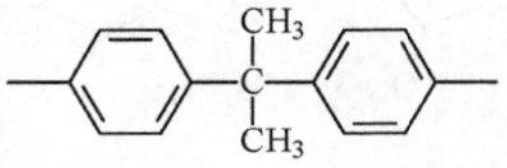	55,14	0.41	196
4,4′	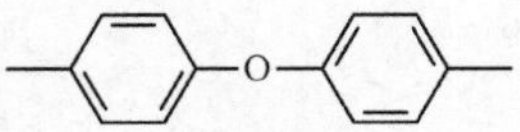	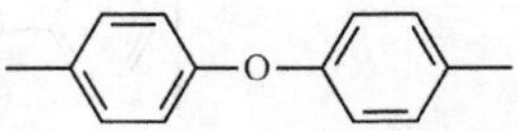	60,1	0.44	
3,3′	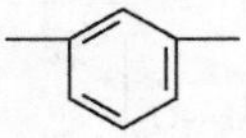	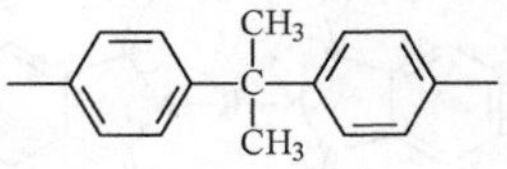	55,5	0.23	
3,3′	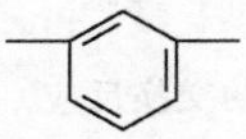	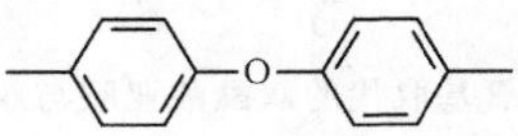	60,1	0.22	
3,3′	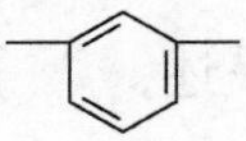	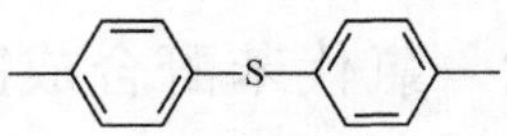	60,1	0.16	
4,4′	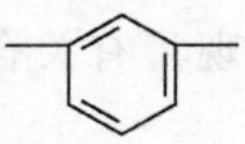	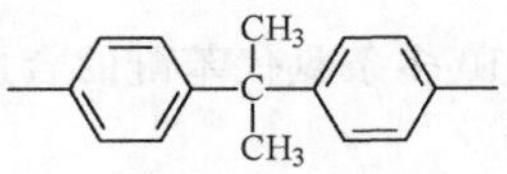	80,6	0.46	
4,4′	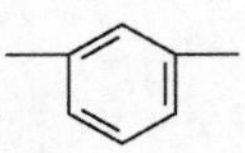	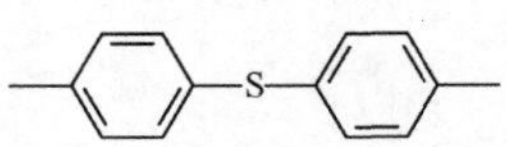	60,1	<0.1	
3,3′	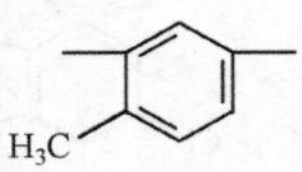	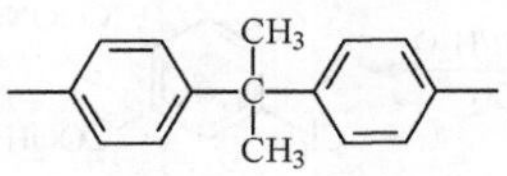	55~60,1.5	0.17	
4,4′	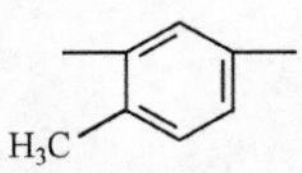	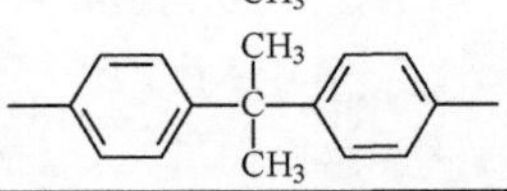	60,20	0.20	

续表

双(硝基酞酰亚胺)	X	Y	反应条件/(℃,h)	[η]/(dL/g)	T_g/℃
3,3′	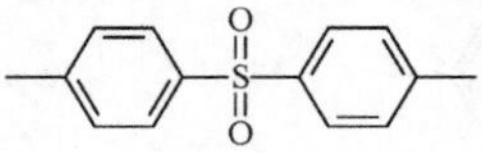	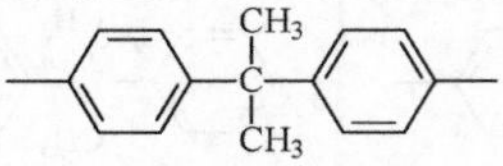	40,0.5	0.13	
3,3′	$-(CH_2)_6-$	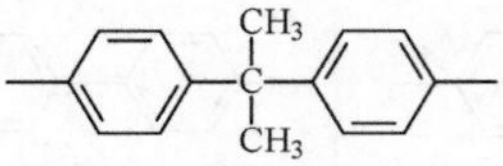	50,0.5	0.40	135
3,3′	$-(CH_2)_6-$	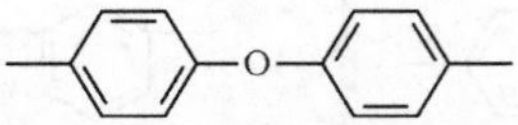	40,0.75	0.29	128

Tokekoshi 等[12]报道了在酚钠存在下,以芳氧基取代的双酞酰亚胺与双酚之间的交换反应得到聚醚酰亚胺,反应可以在熔体中或非质子极性溶剂中进行,但通常得到的聚合物特性黏度在 0.2 dL/g 左右。芳氧基取代的双酞酰亚胺是由双(硝基酞酰亚胺)与单元酚钠盐在 DMF 中 75 ℃反应半小时得到的(式 4-8)。

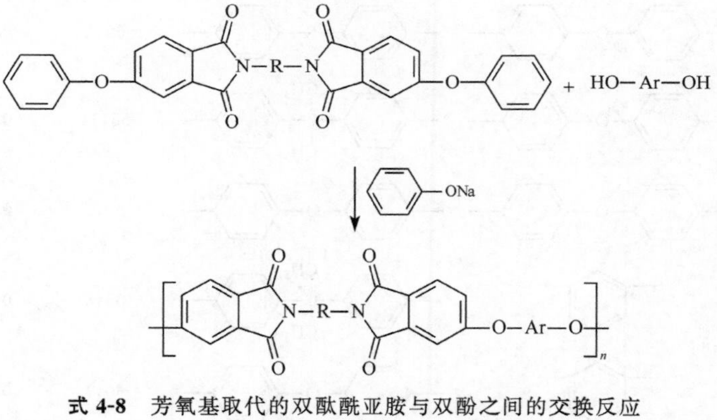

式 4-8 芳氧基取代的双酞酰亚胺与双酚之间的交换反应

4.2 氯代苯酐合成路线评述

19 世纪以来一共出现了 10 多条氯代苯酐的合成路线,现将有关合成路线按发表的时间顺序列出如下:

路线 1[13]

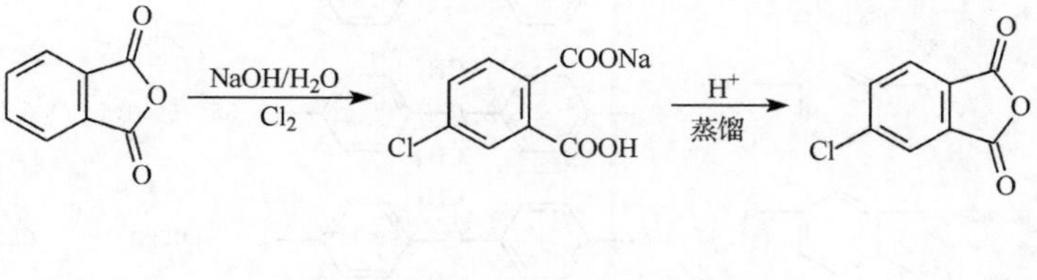

路线 2[14]

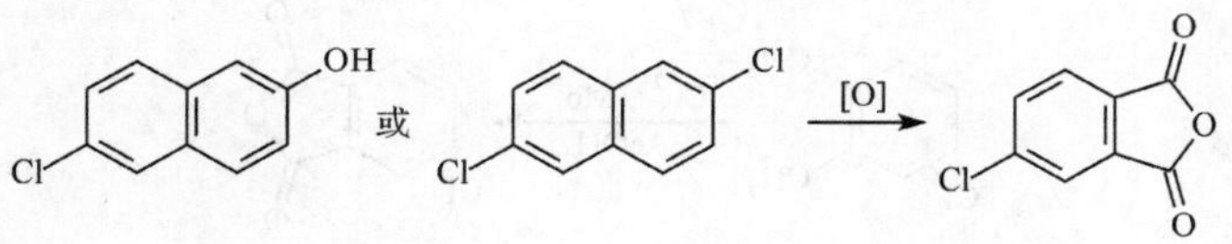

路线 3[15]

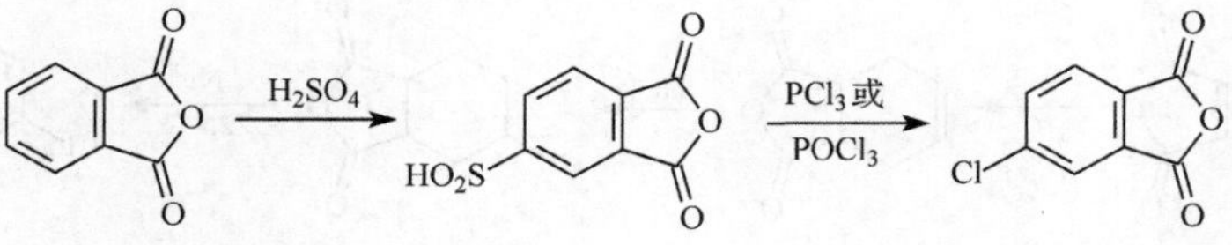

路线 4[16]

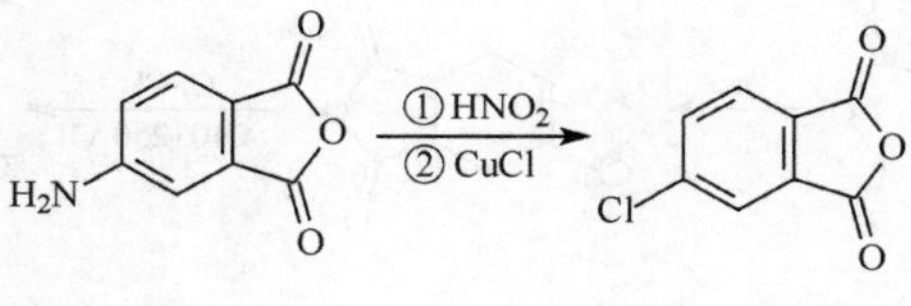

路线 5[17]

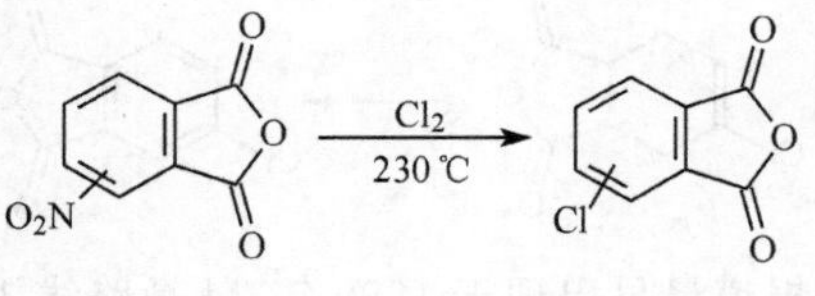

路线 6[18]

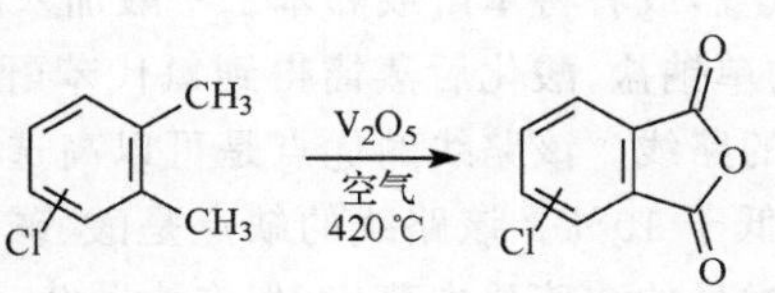

路线 7[19]

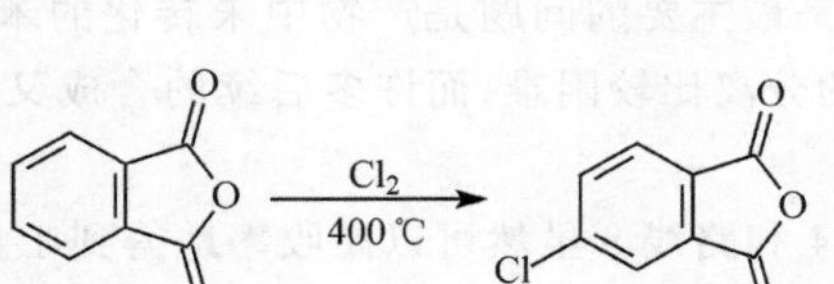

路线 8[20]

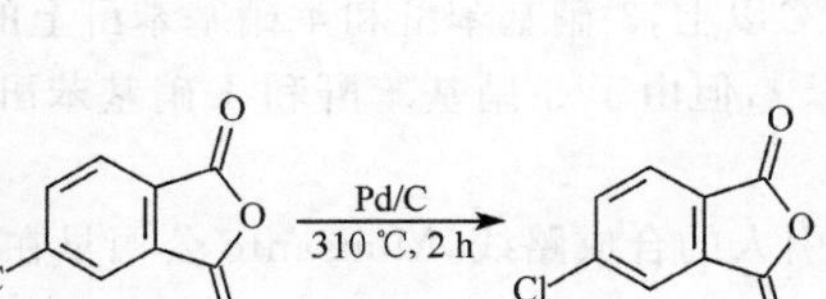

路线 9[21]

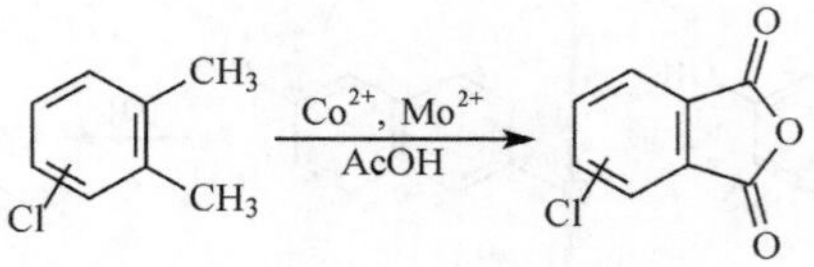

路线 10[22]

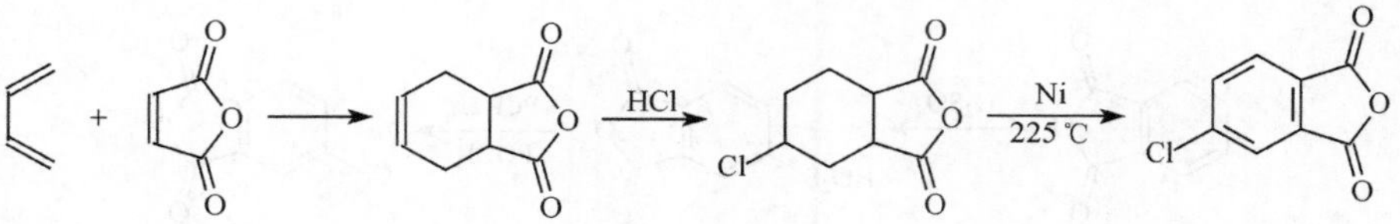

路线 11[23]

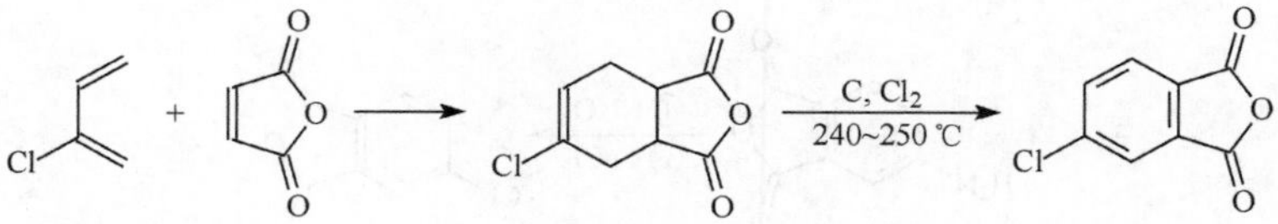

路线 12[24]

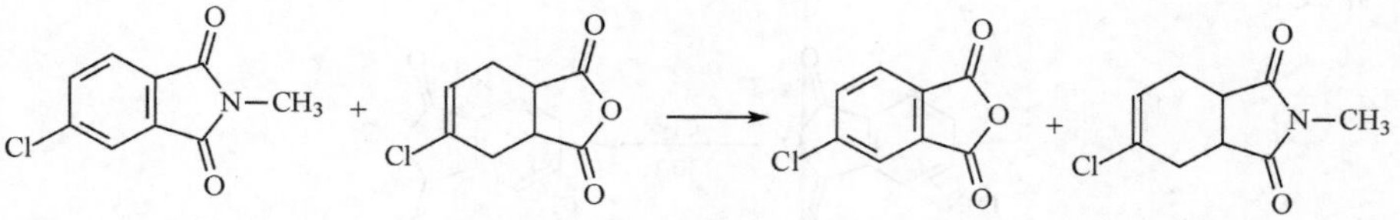

有关氯代苯酐合成的报道最早出现于 1880 年，就是路线 1。将苯酐或邻苯二甲酸溶于苛性碱的溶液中，通入氯气，或者将苯酐或邻苯二甲酸加入制备好的次氯酸钠溶液中氯代，得到氯代邻苯二甲酸的单钠盐，酸化后蒸馏得到氯代苯酐。这是一条报道得最早，也是在实验室中应用得最多的路线。该路线的优点是可以高选择性地获得 4-氯代苯酐，其中 3-氯代苯酐的含量通常低于 10%。该路线的缺点是酸、碱消耗大，后处理复杂。实验室中可以将单钠盐直接在过量的浓硫酸中蒸出，但在大量生产时必须将单钠盐用定量的酸酸化，萃取后蒸馏。但是最主要的问题是产物中未转化的苯酐含量高达 20%以上，苯酐和主产物 4-氯代苯酐的分离比较困难，而许多后续的合成又往往要求尽量排除苯酐的存在。

路线 2、路线 3、路线 4 和路线 8 虽然可以高收率地得到 4-氯代苯酐，但是起始原料不容易得到，处理过程也比较繁复。

对于路线 5，在 200 ℃以上，3-硝基苯酐和 4-硝基苯酐上的硝基可被氯置换，几乎定量地得到相应的氯代苯酐[25]，但由于 3-硝基苯酐和 4-硝基苯酐难以得到，所以此路线的实用价值并不大。

路线 7 是一条很吸引人的合成路线，Monsanto 公司早在 20 世纪 30 年代就有专利报道[26]，即在高温下用氯气氯代苯酐制得四氯苯酐，控制通氯量可以得到单氯代苯酐。20 世纪 50 年代，还有用碱金属碳酸盐在 200 ℃以上与氯代苯酐共热后蒸馏可以得到白色产物的专利报道[27]。虽然 GE 公司曾报道将苯酐在 350～430 ℃气相中与氯反应可以得到 60%～80%的 4-氯代苯酐，其中 3-氯代苯酐和多氯代苯酐的含量各少于 10%，但在高温下，苯酐的直接氯代通常只能得到复杂的氯代产物，其中多氯代物所占比例很高。同时在这个反应中使用过量的氯，这样又带来氯气的回收问题。至今报道该方法的 GE 公司也并没有使这条路线工业化。德国 BASF 公司报道了在对称四氯乙烷(bp 147 ℃)中由苯酐直接氯代的工作，用此法得到的氯代产物是相当复杂的，因此也给分离带来困难[28]。由结果可见，单氯代苯酐几乎具有和苯酐相同的氯代活性。

Zweig 等[29]详细地研究了苯酐直接氯代的方法，反应情况如式 4-9 所示。

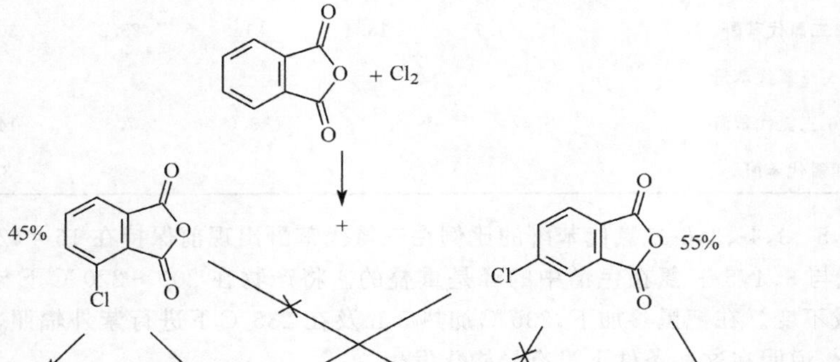

式 4-9　苯酐直接氯代

苯酐在 1,1,2,2-四氯乙烷中在 1.2%$FeCl_3$(摩尔分数)催化下 235～240 ℃氯代反应的产物见表 4-2。

表 4-2 苯酐直接氯代在不同时间氯代产物的质量分数(%)

产物	反应时间						
	4 h	7 h	10 h	10.75 h	12.5 h	16.25 h	17.75 h
苯酐	83.5	25.0	4.7	1.6	0.6		
4-氯代苯酐	9.8	32.2	31.7	27.0	19.5	4.5	2.3
3-氯代苯酐	7.0	24.9	19.0	17.6	14.0	12.3	12.8
4,5-二氯代苯酐		2.5	6.0	7.0	8.2	8.5	8.5
3,4-二氯代苯酐		7.7	18.4	21.9	25.1	25.9	25.6
3,6-二氯代苯酐		7.7	18.4	21.9	25.2	30.4	29.9
3,4,5-三氯代苯酐			—				
3,4,6-三氯代苯酐				3.0	7.3	14.8	16.3
四氯代苯酐						3.6	4.6

4,5-、3,4-、3,6-二氯代苯酐的比例在三氯代苯酐出现前保持在 16∶42∶42 不变。3,6-二氯与 3,4,5-三氯在色谱中的峰是重叠的。将产物在 200～220 ℃下与氯化铁共热 6 h,组成不变。在钯黑参加下,235 ℃加热 5 h 及在 235 ℃下进行紫外辐照,组成都没有发生变化,说明在这些条件下没有异构化发生。

4,5-二氯代苯酐与 3-氯代苯酐难以用分馏分离,试图用非蒸馏的方法(例如从特戊醇中分步结晶,分布熔融,萃取及升华)将 3-氯代苯酐从氯代混合物或与 4,5-二氯分离没有得到成功。

以欠量氯代方法得到的结果见表 4-3。可以将 4,5-二氯在 3-氯中的比例降低到 5%或更低。因此可以用分馏得到一定纯度的 3-氯代苯酐。这种方法会造成苯酐的循环再用及产生 4-氯代苯酐。

表 4-3 苯酐以 1.2% $FeCl_3$(摩尔分数)为催化剂在四氯乙烷反应时间(大约苯酐的 1%)存在下 225～230 ℃氯代产物的质量分数(%)

产物	反应时间								
	4 h	5.75 h	10.25 h	15.25 h	18.25 h	20.25 h	22.25 h	25.5 h	28.5 h
苯酐	81.6	80.1	63.7	44.0	40.6	34.9	30.8	27.2	24.2
4-氯代苯酐	10.4	11.1	18.6	25.1	28.3	30.8	31.3	32.0	32.5
3-氯代苯酐	8.0	8.8	15.9	21.2	21.9	21.6	23.2	22.7	23.0
4,5-二氯代苯酐			0.2	1.1	1.3	1.8	2.0	2.5	2.9
3,4-二氯代苯酐			0.8	3.3	4.0	5.5	6.4	7.8	8.7
3,6-二氯代苯酐			0.8	3.3	4.0	5.5	6.4	7.8	8.7

一些氯代苯酐标样的获得方法:

3-氯代苯酐:从特戊醇重结晶,mp 125～126 ℃。

4-氯代苯酐:将 4-硝基邻苯二甲酸加热到 180 ℃,使之转变为 4-硝基苯酐,再在

240 ℃下通氯，得到含 80%4-氯代苯酐和 20%3-氯代苯酐的混合物，再用特戊醇重结晶两次，得到纯度为 99%的产物，mp 94～96 ℃。

3,6-二氯苯酐：苯酐氯代产物的高沸点组分主要是二氯代苯酐。将其用特戊纯重结晶，得到纯度为 97.9%的 3,6-二氯苯酐，mp 184～187 ℃。

4,5-二氯苯酐：将 4-氯代苯酐进一步氯代 5.5 h，得到含 4,5-二氯苯酐 35.6%的混合物。将 10 g 该混合物在 50 mL 97.3%的硫酸中 100～110 ℃下反应 1.5 h 后冷却，倒入 100 g 碎冰中，搅拌，得到白色固体，过滤，用水洗涤后干燥。再用甲苯处理过夜。将甲苯不溶物从水中重结晶，得到纯度为 96%的 1.7 g 4,5-二氯邻苯二甲酸，mp 190～193 ℃。将 4,5-二氯邻苯二甲酸在 210 ℃下加热 3～4 h，冷却后从四氯化碳重结晶，得到 4,5-二氯代苯酐，mp 182～185 ℃。

苯酐在高温下直接氯代得不到 3,5-二氯苯酐，但是该化合物可用式 4-10 的反应得到。

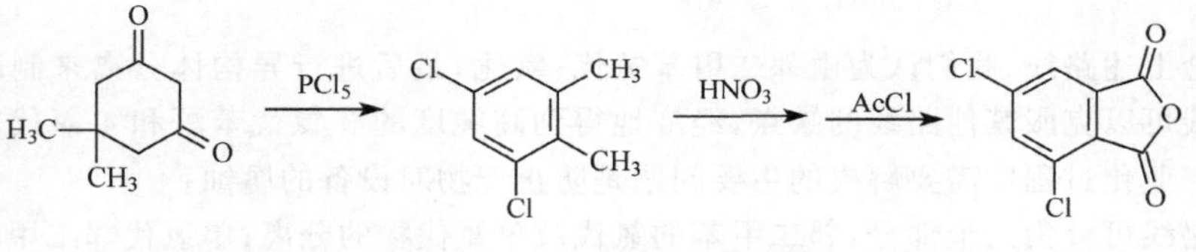

式 4-10　3,5-二氯苯酐的合成

路线 10、路线 11：氯代六氢苯酐是由马来酸酐和丁二烯经 Diels-Alder 反应得到四氢苯酐后和氯化氢进行加成反应得到的。氯代四氢苯酐则是由马来酸酐和氯丁二烯经 Diels-Alder 反应获得的。氢化氯代苯酐经脱氢芳化制得 4-氯代苯酐。氢化氯代苯酐的芳香化最初是由前苏联学者报道的[30]，他们将氯代四氢苯酐和 P_2O_5 共热，但同时发生脱羧形成氯代苯。Spohn 等[31]将氯代四氢苯酐和氯在 200 ℃以上反应脱氢得到氯代苯酐。发现溴比氯可以更为有效地进行脱氢反应。但据 Goldfinger 等报道[32]，HBr 可与氯作用产生溴和 HCl，所以将氯代四氢苯酐以氯苯为溶剂与等物质的量的溴在 105 ℃下反应，同时通入氯气(与溴等当量)，反应在 175 ℃下进行，最后蒸馏得 86%～93%收率的 4-氯代苯酐，产物含有 3%左右的溴代苯酐。

路线 12 也是 GE 公司的专利[24]，是利用他们已经成熟的 *N*-甲基-4-氯代酞酰亚胺的技术和比较容易得到的氯代四氢苯酐，以交换反应得到氯代苯酐，避免了收率较低的氯代四氢苯酐芳香化反应。反应是在三乙胺和水参加下于 170 ℃进行。产物中除 2.4%(摩尔分数)为未反应的原料 *N*-甲基酞酰亚胺外，还得到 11.9%(摩尔分数)的 *N*-甲基四氢酞酰亚胺，11.9%(摩尔分数)的 4-氯代苯酐(以二酸的三乙胺盐形式存在)，主要产物为 73.8%(摩尔分数)的氯代四氢邻苯二甲酸的二(三乙胺)盐。酰亚胺可用甲苯萃取出来，水相中的二酸的三乙胺盐在蒸馏时裂解，析出三乙胺和水，残留的两种二酸酐可以蒸馏分离，氯代四氢苯酐和三乙胺及水可以重复使用。*N*-甲基四氢酞酰亚胺在 V_2O_5 催化下于 260 ℃芳香化为 4-氯代酞酰亚胺。由于交换反应未能取得高产率，而且以氯代邻苯二甲酸二(三乙胺)盐出现的产物还需要萃取、蒸馏和提纯，此外所得到的 *N*-甲基四氢酞酰亚胺仍然需要在 V_2O_5 催化下于 260 ℃芳香化为 4-氯代酞酰亚胺，工艺十分繁复，所以该方法的实用性就不会高了。

路线 6 和路线 9 是类似的路线，都是以邻二甲苯为原料，经氯代得到 3-氯代邻二甲苯和 4-氯代邻二甲苯后氧化为氯代苯酐。两者的区别在于路线 6 用的是气相氧化，而路线 9 则用液相氧化。液相氧化在压力下进行，以乙酸为溶剂，乙酸钴、乙酸锰等为催化剂，氯代苯酐的产率可达到 90%左右，而气相氧化的产率仅为 70%左右。但液相反应无论从设备投资或生产运转来看，与气相氧化比较，成本较高，这也是由邻二甲苯制备苯酐都采用气相氧化的原因，但近年来由于原料邻二甲苯价格的上涨，产率会比以前更显重要，对这两条路线的选择也许会有新的考虑。氯代苯酐的生产过程无论是气相法还是液相法，最大的挑战是如何克服设备的腐蚀。

有关氯代邻二甲苯的气相氧化在第 4.3 节介绍。

4.3 由邻二甲苯合成氯代苯酐

综合上述路线，我们认为由邻二甲苯氯代、氧化，最后进行异构体分离来制取氯代苯酐的路线可以克服其他路线的缺点，经济地得到高纯度的 3-氯代苯酐和 4-氯代苯酐。该路线在产业化过程中需要解决的主要问题是防止产物对设备的腐蚀。

该路线可分为三个部分：邻二甲苯的氯代及单氯代物的分离；单氯代邻二甲苯的空气氧化；3-氯代苯酐和 4-氯代苯酐异构体的分离（式 4-11）。

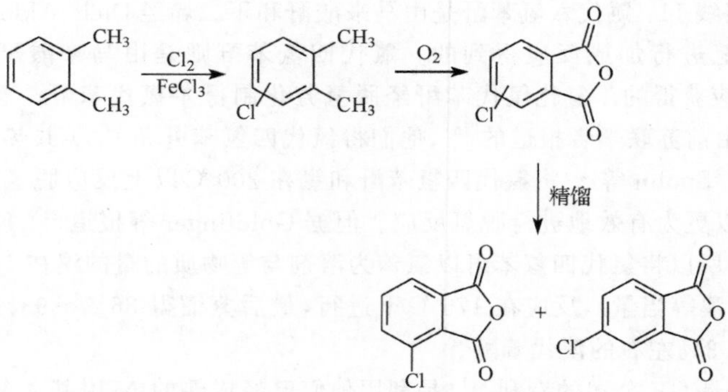

式 4-11　由邻二甲苯合成氯代苯酐

4.3.1　邻二甲苯的氯代和单氯代物的分离

邻二甲苯的氯代是一个相对简单的过程，为保证在苯环上氯代，采用 Lewis 酸，如 $FeCl_3$ 为催化剂。但令人奇怪的是，迄今文献所报道的氯化反应大都在溶剂（如乙酸、四氯化碳、发烟硫酸、硝基甲烷等）中进行而不是直接将邻二甲苯进行氯代。对邻二甲苯进行选择性氯代的工作取得了一定的成功，例如曾有在铁和二氯化硫存在下 4-位和 3-位异构体的比例为 64 ∶ 36 的报道[33]。美国西方化学公司用吩噻嗪为催化剂，但 4-氯代邻二甲苯的比例也只能达到 70%左右[34]。最有效的工作是在硅藻土存在下进行氯代，使 4-位和

3-位异构体的比例达到 3.87[35]，但一般情况下 4-位和 3-位异构体的比例为 55∶45。随着 3-位异构体的应用面的拓宽，提高选择性的努力已被高效分离所取代。

以氯化铁为催化剂进行本体氯代，4-位、3-位异构体的比例为 55∶45[33]，经蒸馏后单氯代邻二甲苯的纯度可达 98%以上，其中邻二甲苯的含量可控制在 0.5%以下。为了避免过度氯代生成过多的多氯代邻二甲苯，单程转化率以控制在 80%以下为宜[33]。反应过程可用反应液的相对密度来控制，达到 80%转化率时，反应液的相对密度约为 1.045(30 ℃)。

两种氯代邻二甲苯异构体的沸点并没有权威的数据。表 4-4 所列为文献报道的数据，可供参考。但从实验结果来看，由于邻二甲苯、单氯代邻二甲苯和多氯代邻二甲苯间的沸点相差很大，这些化合物的分离比较容易，利用一般的精馏塔可以得到 99%以上的单氯代邻二甲苯。回收的邻二甲苯可以重新使用，由于氯代转化率控制在 70%～80%，多氯代邻二甲苯一般在 5%以下。

表 4-4　氯代邻二甲苯的沸点及熔点

化合物	沸点/℃	熔点/℃	文献
邻二甲苯	142～145	−25～−23	
3-氯代邻二甲苯	185～187		[31]
	62～63(12 mmHg)		[31]
	187		[36]
	89(24 mmHg)		
4-氯代邻二甲苯	194(755 mmHg)		[31]
	221～223	−6	[37]
	191～192		[36]
3,4-二氯代邻二甲苯	234	9	[29]
	228～231	14.5	[29]
4,5-二氯代邻二甲苯	240	76	[29]
3,6-二氯代邻二甲苯	234	29	[29]
3,5-二氯代邻二甲苯	226	3～4	[29]
	129(23 mmHg)		[29]
多氯代邻二甲苯	226～240		

据 BASF 的专利[28]，要分离出纯度为 99%的 3-氯代邻二甲苯和 4-氯代邻二甲苯需要 250 块理论塔板。但利用两者熔点的不同可用分步结晶将其分离，但这种方法显然是不经济的。

4.3.2　氯代邻二甲苯的氧化及氧化产物的捕集

氯代邻二甲苯的空气氧化通常可采用气相氧化或液相氧化来进行。采用气相氧化与用邻二甲苯空气氧化为苯酐的过程相仿。气相氧化的收率一般为 70%，有 30%左右的氯代邻二甲苯被深度裂解，产生氯化氢、二氧化碳和水。气相空气氧化所得到的氯代苯酐中

4-位、3-位异构体的比例视催化剂性质而变动，可与原料氯代邻二甲苯中异构体的比例大致相同，在 55∶45 左右。

气相氧化产物的捕集可以采取直接冷却的方法，也可以用水或有机溶剂吸收。

液相氧化过程与其他芳烃的液相氧化过程相似，通常以乙酸为溶剂，以锰、钴盐为催化剂，反应在几兆帕压力下进行，收率可达 90%以上，但综合成本要比气相法高。

4.3.3 粗氯代苯酐的前处理和异构体的分离

邻二甲苯氯代、氧化路线所产生的氯代苯酐组分简单，苯酐和多氯代物的含量都可控制在 1%以下，实际上基本是二元混合物的分馏，而且 3-氯代苯酐和 4-氯代苯酐的沸点相差在 20 ℃以上，所以氯代苯酐异构体的分离要比氯代邻二甲苯异构体的分离容易得多[30]。氯代苯酐类化合物的沸点和熔点见表 4-5。分馏塔的理论塔板数为 45 块。由于氯代苯酐具有较高的熔点，使蒸馏时所用的真空度受到限制，实验结果证明，在 45 mmHg 下蒸出较为合适。分馏所得的两个异构体的纯度都可达到 99%以上。3-氯代苯酐的熔点虽然高于 4-氯代苯酐，但是 3-氯代苯酐具有明显的过冷现象，在间歇蒸馏时要注意管道的堵塞。BASF 公司用苯酐直接氯代的方法得到的产物由三个塔进行分离，得到的结果见表 4-6[28]。

表 4-5 氯代苯酐类化合物的沸点和熔点

化合物	沸点/℃	熔点/℃
苯酐	284	131～134
4-氯代苯酐	294～295	98
3-氯代苯酐	313 315[a] 327(745 mmHg)[b]	124
4,5-二氯代苯酐	313	188
3,4-二氯代苯酐	329	121
3,6-二氯代苯酐	339	194.5

a：BASF 数据；

b：我们用纯 3-氯代苯酐实验室测得。

表 4-6 BASF 公司多步减压精馏分离得到的高纯度 3-氯代苯酐的各组分含量(%)

物料部位	回流比	组分					
		苯酐	4-氯代苯酐	3-氯代苯酐	4,5-二氯代苯酐	3,6-二氯代苯酐	高沸点
进料			78.5	9.2	11.4	0.28	0.41
第一塔顶	17		99.5	0.5			
第二塔顶	312		0.5	99.5	0.001		
第二塔底			0.003	92.7	2.3	3.3	1.7
第三塔顶	247				0.0805	41.3	58.7
第三塔底				94.7	0.1	3.4	1.8

Zhao 等[38]报道了 3-氯代苯酐和 4-氯代苯酐在有机溶剂中和 3-氯代邻苯二甲酸和 4-氯代邻苯二甲酸在水中的溶解度。结果表明,3-氯代苯酐在 1,4-二氧六环中的溶解度高于乙酸乙酯和丙酮,而 4-氯代苯酐在 1,4-二氧六环中的溶解度则较低。4-氯代邻苯二甲酸在水中的溶解度随温度明显增高,而 3-氯代邻苯二甲酸在水中的溶解度随温度的增高只略有增加。

摩尔分数溶解度可表达为

$$\chi = \frac{m_1/M_1}{m_1/M_1 + m_2/M_2}$$

式中,m_1 和 m_2 分别为溶质和溶剂的质量;M_1 和 M_2 分别为溶质和溶剂的相对分子质量,3-氯代苯酐和 4-氯代苯酐在有机溶剂中的摩尔分数溶解度和 3-氯代邻苯二甲酸和 4-氯代邻苯二甲酸在水中的摩尔分数溶解度见表 4-7。

表 4-7　氯代苯酐在有机溶剂中及氯代邻苯二甲酸在水中的摩尔分数溶解度

温度/℃	乙酸乙酯		1,4-二氧六环	
	3-氯代苯酐	4-氯代苯酐	3-氯代苯酐	4-氯代苯酐
10	0.1067	0.1777	0.185	0.0825
20	0.1213	0.2056	0.2681	0.1237
30	0.1544	0.2607	0.3281	0.1664
40	0.1909	0.3261	0.3959	0.2502
50	0.265	0.4366	0.4393	0.359
温度/℃	丙酮		水	
	3-氯代苯酐	4-氯代苯酐	3-氯代邻苯二甲酸	4-氯代邻苯二甲酸
10	0.1669	0.2012	0.002 013 6	0.08021
20	0.2022	0.2456	0.002 483 4	0.1093
30	0.2344	0.3155	0.003 147 3	0.1451
40	0.2915	0.4274	0.003 834 6	0.1996
50	0.3569	0.5219	0.004 727 6	0.2615
60			0.005 600 0	0.3494

4.3.4　3-氯代苯酐的合成

如上所述,在已报道的氯代苯酐合成方法中,很少牵涉 3-氯代苯酐。一些合成方法(路线 2、路线 3、路线 4、路线 8、路线 10 和路线 11)只能得到 4-氯代苯酐,另一些方法(路线 1 和路线 7)的产物中成分复杂,而且 3-氯代苯酐含量也不高(<30%)。路线 5 如从 3-硝基苯酐出发可以得到 3-氯代苯酐,但是 3-硝基苯酐的合成收率不高,所以该路线的工业价值不大。最近 BASF 公司[28]从苯酐氯气氯代得到氯代苯酐的混合物,然后用多步减压精馏得到 3-氯代苯酐。该分离方法的一个关键是 3-氯代苯酐和 4,5-二氯代苯酐的分离,因为这两个化合物的沸点在常压下是十分相近的,BASF 利用减压下二者沸点发生足够的差别,得到了纯度为 94.7%的 3-氯代苯酐。一个典型的氯代混合物的组成和分离情

况见表 4-6,第三塔底物再经蒸馏得到 3-氯代苯酐中含 4,5-二氯代苯酐 0.1%。但由该方法 3-氯代苯酐的收率很低,精馏步骤多,不能认为是一个经济的方法。

还有一个合成 3-氯代邻二甲苯的方法如式 4-12 所示。3-氯代邻二甲苯氧化可以得到 3-氯代苯酐[39]。但是显然这不是一个经济的合成路线。综上所述可见,用氯代邻二甲苯氧化产物分离可以经济地得到高纯度的 3-氯代苯酐。

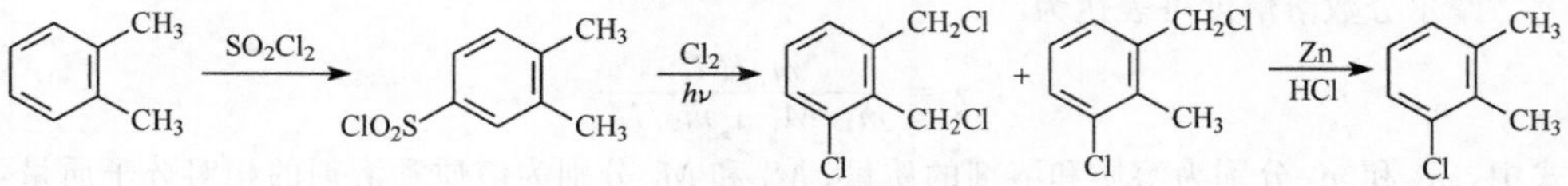

式 4-12 3-氯代邻二甲苯的合成

4.4 由氯代苯酐合成各种二酐

近年来对氯代苯酐的兴趣主要在将其用作合成各种芳香二酐的原料,而二酐则为高性能聚合物聚酰亚胺的单体和环氧树脂的固化剂。从氯代苯酐出发可以合成多种二酐,20 世纪 70 年代,美国 GE 公司和中国科学院长春应用化学研究所几乎同时开展这方面的研究。后来 GE 在实际生产中并没有采用氯代苯酐而是采用了硝基酞酰亚胺,其原因可能是当时没有商品氯代苯酐,也没有现成的令人满意的生产技术,此外,酞酰亚胺上的硝基作为亲核取代反应的离去基团要比氯更活泼。

由氯代苯酐出发可以合成三类二酐,即联苯二酐、苯醚类二酐和硫醚类二酐。具体合成方法见《聚酰亚胺——单体合成、聚合方法及材料制备》一书的第 1 章。

4.4.1 联苯二酐

中国科学院长春应用化学研究所在 20 世纪 80 年代后期开发了由氯代苯酐合成联苯二酐的方法,这是将 4-氯代邻苯二甲酯以氯化镍/三苯膦为催化剂,锌粉为还原剂进行偶联,收率可以达到 90%(式 4-13)[38]。

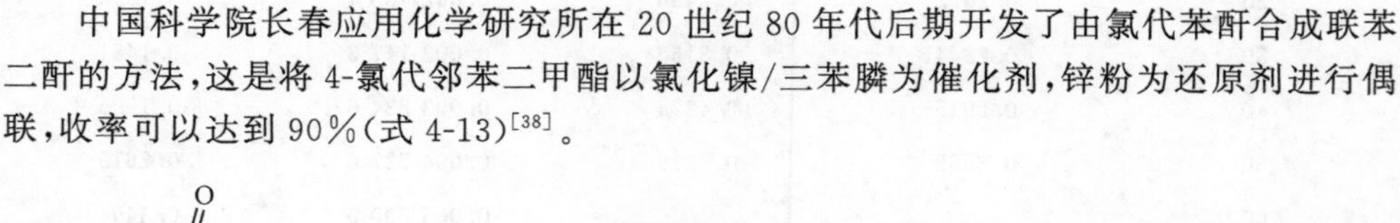

式 4-13 由 4-氯代苯酐合成 3,4,3′,4′-联苯二酐

目前日本宇部公司生产联苯二酐是由邻苯二甲酯在乙酸钯、乙酰基丙酮存在下,在 50 kg/cm^2,130～134 ℃下 1 h,130～150 ℃ 1 h,150 ℃ 12 h 反应,最后将产物进行减压蒸

馏，产率为 30%左右，其中 3,4,3′,4′-联苯四甲酯/2,3,3′,4′-联苯四甲酯/2,3,2′,3′-联苯四甲酯的比例为 40∶57∶3[41]。

三菱、日立、三井等将氯代苯酐在碱液中以 Pd/C 为催化剂，醇类为还原剂进行脱氯偶联得到联苯二酐，收率在 50%～60%[37]。

日本合成橡胶公司以 3-氯代酞酰亚胺为原料，氯化镍/三苯膦为催化剂合成了 2,3,2′,3′-联苯二酐(式 4-14)[36]。

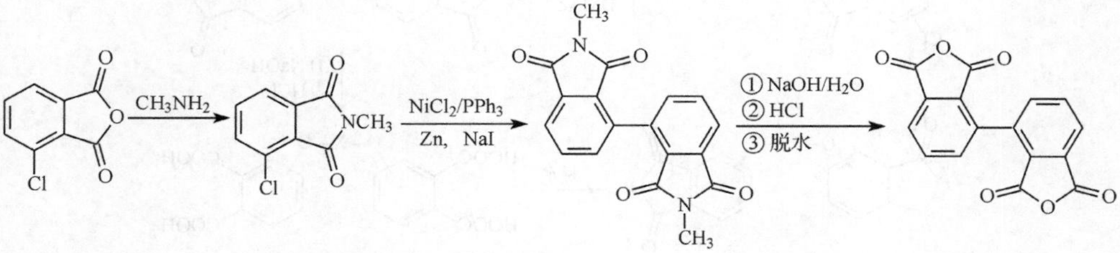

式 4-14　由 3-氯代苯酐合成 2,3,2′,3′-联苯二酐

从 3-氯代苯酐出发，按照上述合成 3,4,3′,4′-联苯二酐的路线同样可以得到 2,3,2′,3′-联苯二酐。

最近我们使用等当量的 3-氯代邻苯二甲酯和 4-氯代邻苯二甲酯为原料，采用式 4-13 的条件偶联，所得到的产物中，2,3,3′,4′-联苯四甲酯的含量在 70%～80%[42]。

由氯代苯酐的衍生物，二酯或酰亚胺也可以用电化学偶联，得到联苯二酐[43]。

4.4.2　二苯醚二酐

美国西方化学公司在 20 世纪 80～90 年代进行了广泛的研究。以氯代苯酐和碳酸钾在高沸点溶剂(如 NMP、HMPA、三氯苯等)中反应可以得到二苯醚二酐。当对氯苯甲酸存在时，二酐的收率可达 88%(式 4-15)[44]。为了使反应更易进行，先将氯代苯酐转化成氟代苯酐[45]，由氟代苯酐可以合成二苯醚二酐[46]和各种二醚二酐[47]。

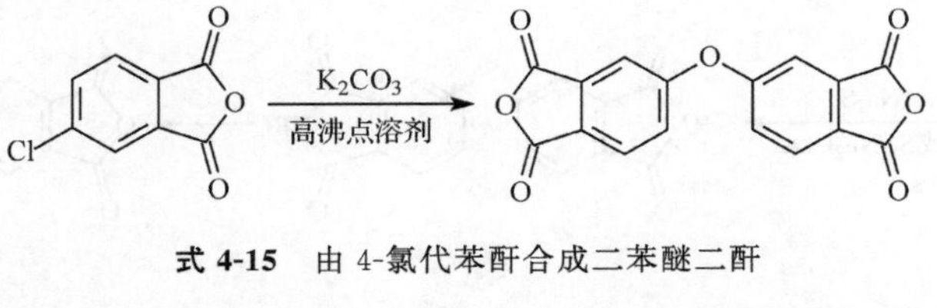

式 4-15　由 4-氯代苯酐合成二苯醚二酐

GE 公司的 Brunelle 等以六乙基氯化胍或四苯基氯化鏻为催化剂，采用氯代酞酰亚胺与碳酸钾在邻二氯苯中反应以 65%左右的产率得到二苯醚二酰亚胺(式 4-16)[48]。

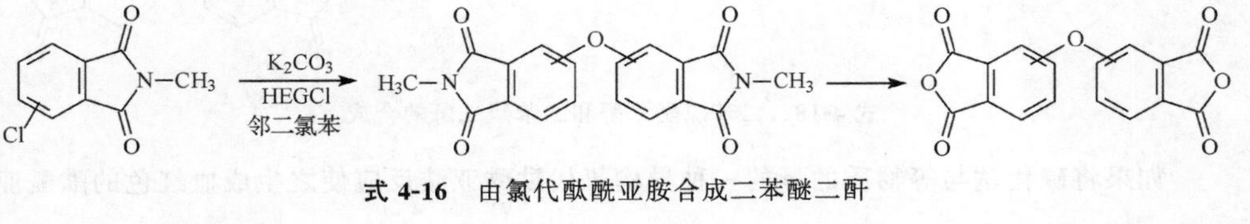

式 4-16　由氯代酞酰亚胺合成二苯醚二酐

4.4.3　二醚二酐

中国科学院长春应用化学研究所早在20世纪70年代初就以氯代苯酐为原料在碳酸钠存在下与双酚反应合成了二醚二酐，并进行了批量生产(式4-17)。

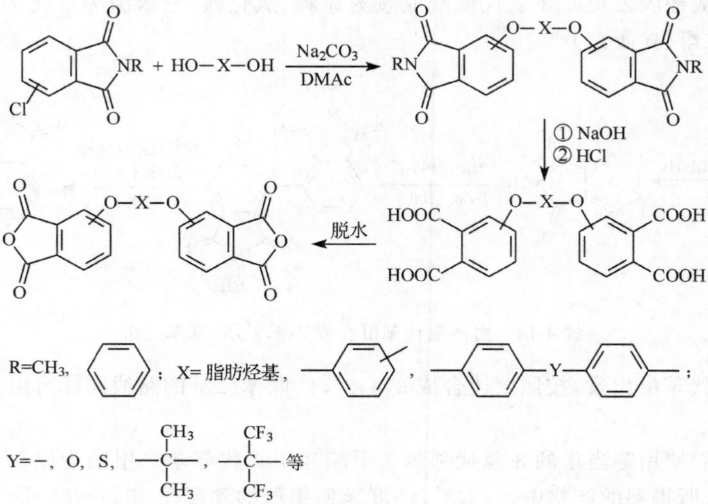

式4-17　由氯代酞酰亚胺合成二醚二酐

4.4.4　硫醚类二酐

20世纪70年代中期，GE和中国科学院长春应用化学研究所以无水硫化钠与氯代酞酰亚胺反应，水解、脱水后得到二苯硫醚二酐[49]，后来更将硫化剂由无水硫化钠改为单质硫和碳酸钾，使反应更为容易[50]。由二苯硫醚四酸用过氧化氢氧化可以完全转化为二苯砜二酐(式4-18)[51]。

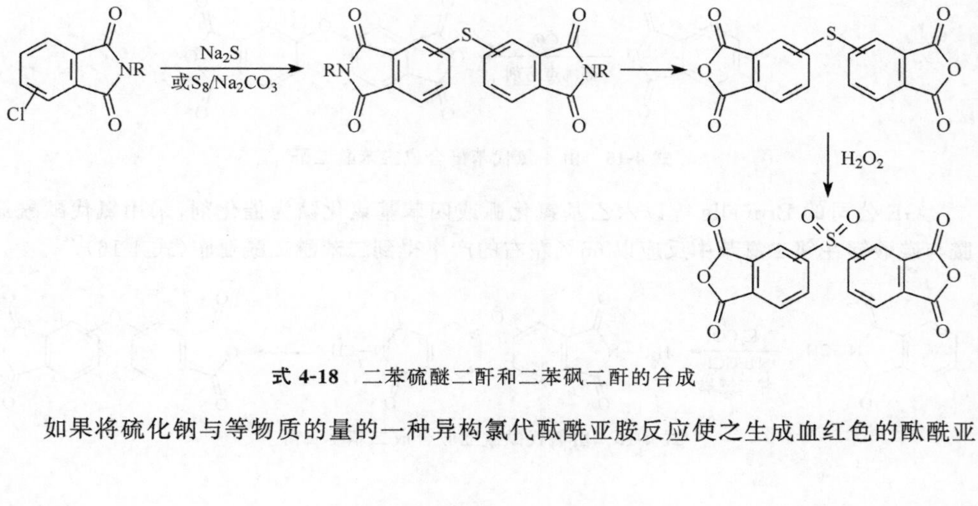

式4-18　二苯硫醚二酐和二苯砜二酐的合成

如果将硫化钠与等物质的量的一种异构氯代酞酰亚胺反应使之生成血红色的酞酰亚

胺巯基钠，而后再加入另一种异构氯代酞酰亚胺，则可以得到 2,3,3′,4′-二苯硫醚二酐。

我们由双硫酚代替双酚，合成了二硫醚二酐（式 4-19）。

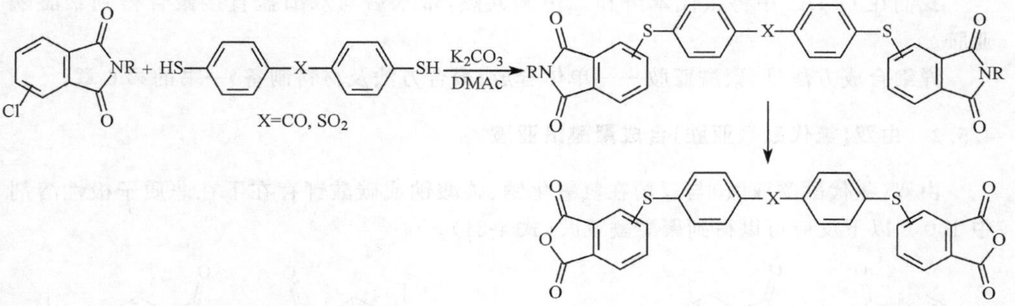

式 4-19　二硫醚二酐的合成

4.5 由氯代苯酐直接合成聚酰亚胺

从第 4.4 节可以看到，由氯代苯酐合成二酐的过程中往往需要先将氯代苯酐用酯化或酰亚胺化方法进行保护，缩合后水解成酸，再脱水成酐，最后与二胺缩聚得到聚酰亚胺。如果用氯代苯酐直接合成聚酰亚胺，则可以大大简化过程，是一条很经济、合理的路线。该路线是将氯代苯酐与二胺反应，得到双（氯代酞酰亚胺），再以此为单体，与双酚、双硫酚的二盐或硫化钠或单质硫和碳酸钠反应得到聚醚酰亚胺或聚硫醚酰亚胺。双（氯代酞酰亚胺）也可以在镍/三苯膦催化下直接合成含联苯单元的聚酰亚胺。可以用直接法合成的聚酰亚胺必须能够在所用的聚合介质中溶解才能够得到足够高的相对分子质量，这样就使聚酰亚胺的结构受到一定的限制，同时也因为在聚合过程中产生无机盐，给后处理带来麻烦，也会使某些应用受到限制，所以用这种方法得到的聚酰亚胺不能代替所有由二酐与二胺合成的聚酰亚胺，但由于可以使聚酰亚胺的成本大大降低，对于一些对成本比较敏感的应用，如工程塑料、分离膜等，则具有很大的意义。下面根据所合成的聚酰亚胺的类型分别叙述。

4.5.1 双（氯代酞酰亚胺）的合成

用氯代苯酐与二胺可以很容易地合成双（氯代酞酰亚胺）（式 4-20）。例如将 4-氯代苯酐与二胺在邻二氯苯中 135 ℃下反应得到无色溶液，然后以 4-二甲氨基吡啶为催化剂在 165 ℃下反应 3 h，最后倒入石油醚中，得到 85％的双（氯代酞酰亚胺）[52]。

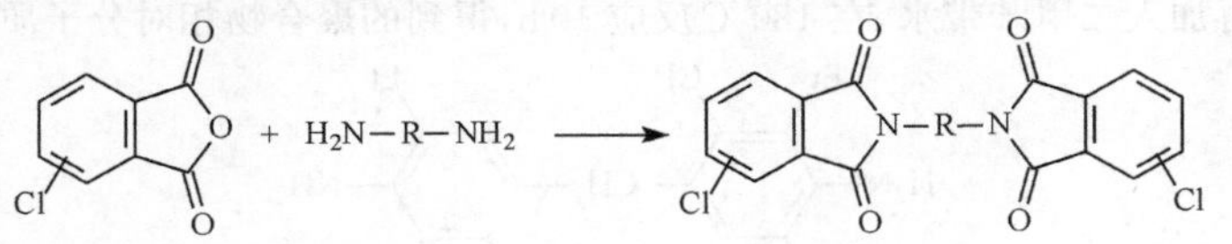

式 4-20　双（氯代酞酰亚胺）的合成

GE 公司还报道了无溶剂法由氯代苯酐与间苯二胺合成双(氯代酞酰亚胺)[53]，但所得到的产物的纯度还不能满足聚合的要求，所以需要用重结晶来提纯。

我们在 DMAc 中将氯代苯酐和二甲苯共热，带水后与双酚盐直接聚合得到聚醚酰亚胺。

详细合成方法见《聚酰亚胺——单体合成、聚合方法及材料制备》一书的第 6 章。

4.5.2　由双(氯代酞酰亚胺)合成聚醚酰亚胺

由双(氯代酞酰亚胺)与双酚在氢氧化钠、碳酸钠或碳酸钾存在下在非质子极性溶剂中 150 ℃以下反应可以得到聚醚酰亚胺(式 4-21)。

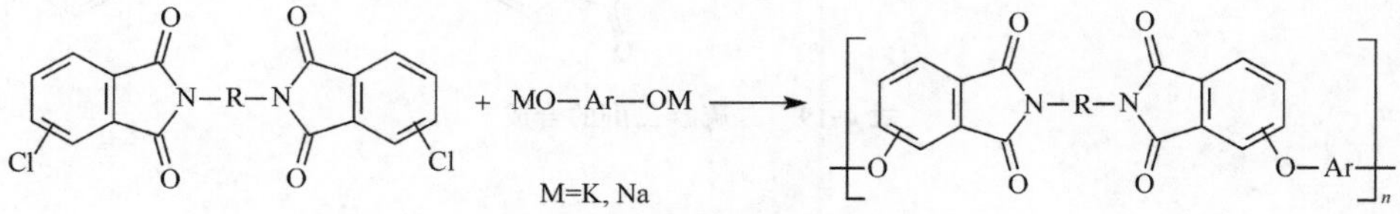

式 4-21　由双(氯代酞酰亚胺)合成聚醚酰亚胺

李炳海等在 20 世纪 80 年代初以氯代苯酐为原料曾发表了有关工作[54]，所得到的聚合物其 η_{inh} 可达 0.6 dL/g 以上，双(3-氯代酞酰亚胺)比双(4-氯代酞酰亚胺)的活性高，其结果见表 4-8。

表 4-8　双(氯代酞酰亚胺)与双酚得到的聚醚酰亚胺

双酚	碱	溶剂	反应时间/h	反应温度/℃	η_{inh}/(dL/g)
双酚 A	NaOH	DMSO	10	155	0.30
双酚 A	NaOH	DMAc	14+6+5+12	120+130+140+155	0.49
双酚 A	K_2CO_3	DMAc	24+12	140+160	0.40
双酚 A	K_2CO_3/Na_2CO_3(1∶2)	DMAc	10+10+10+10	150+155+160+170	0.52
对苯二酚	K_2CO_3/Na_2CO_3(1∶2)	DMAc	3+3.5+15	120+130+140	0.17
对苯二酚	NaOH	DMAc	4	140	0.13
对苯二酚	NaOH	DMSO	11	140	0.4

Brunelle 等[55]将由 2Cl35TEMDA 得到的双(氯代酞酰亚胺)与双酚 A 的二钠盐在邻二氯苯中在六正丙基氯化胍催化下回流 15 min 得到相对分子质量为 137 500 的聚醚酰亚胺，T_g 为 295 ℃。当以苯甲醚代替邻二氯苯时，反应 5 min、15 min 和 30 min，相对分子质量相应为24 000、81 000 和 112 000。作为对比，将 BPADA 与 2Cl35TEMDA 在 NMP 中反应24 h，再加入二甲苯带水，在 180 ℃反应 10 h，得到的聚合物相对分子质量为 54 000。

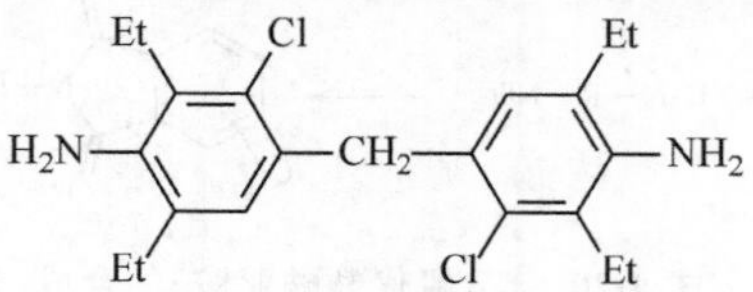

2Cl35TEMDA

4.5.3　由双(氯酞酰亚胺)合成聚硫醚酰亚胺

由于双(氯酞酰亚胺)中氯的活性及硫阳离子的强亲核特性,双(氯酞酰亚胺)与硫化钠的反应是很顺利的(式 4-22),初步的结果见表 4-9。不同于由硫化钠和对二氯苯合成聚苯硫醚的反应,双(氯酞酰亚胺)在碱性介质中对水解是敏感的,所以对于硫化钠和介质的脱水要求很高。由于高纯度的无水硫化钠不容易得到,该聚合反应仍未能得到理想的结果。

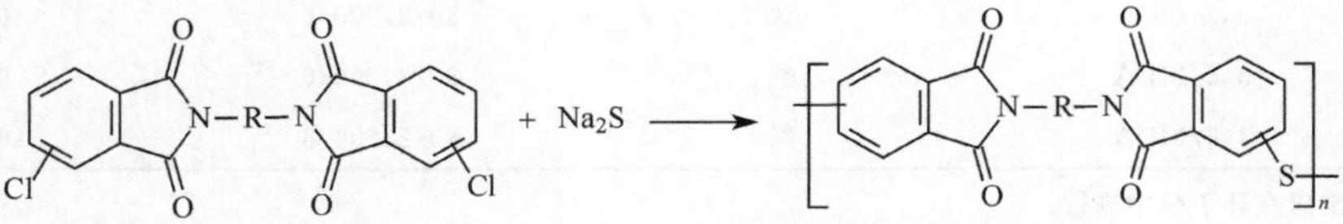

式 4-22　由双(氯酞酰亚胺)合成聚硫醚酰亚胺

表 4-9　由 4,4′-双(氯酞酰亚胺)与 Na_2S 合成聚硫醚酰亚胺

溶剂	反应时间/h	反应温度/℃	η_{inh}/(dL/g)
DMAC	12	140	0.27
DMSO	5	140～150	0.32
DMSO	5	150	0.23
NMP	5	150	0.37

方省众等以双(氯酞酰亚胺)与元素硫在碳酸钠和催化剂存在下反应,成功地得到高分子链的聚硫醚酰亚胺[56]。

4.5.4　双(氯代酞酰亚胺)与二氯二苯砜或二氯二苯酮在 Na_2S 作用下得到聚酰亚胺

双(氯代酞酰亚胺)与二氯二苯砜或二氯二苯酮在 Na_2S 作用下可以得到共聚酰亚胺(式 4-23)。除了硫化钠的纯度问题外,与双(氯酞酰亚胺)相比,二氯二苯砜或二氯二苯酮中的氯不够活泼,在较高温度下反应,酰亚胺环容易与存在于溶剂中的微量水分作用而发生水解,这些都是使聚合物的相对分子质量不够高的原因,初步结果见表 4-10[57]。

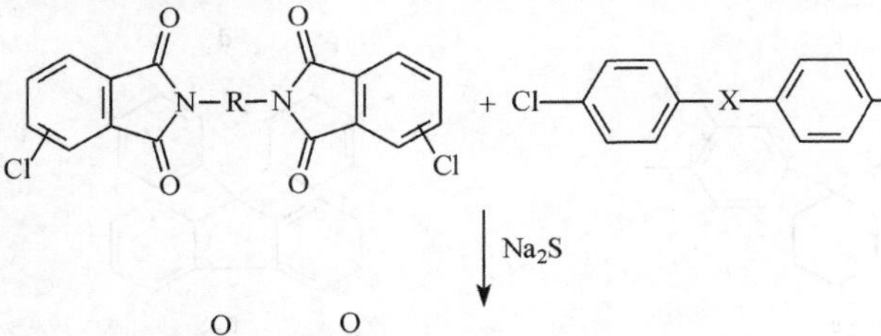

式 4-23　双(氯代酞酰亚胺)与二氯二苯砜或二氯二苯酮在 Na_2S 作用下合成聚酰亚胺

表 4-10 由双(氯代酞酰亚胺)与二氯二苯砜或二氯二苯酮在 Na_2S 作用下得到的聚酰亚胺

双(氯代酞酰亚胺)(氯的位置/二胺)	二氯化物	反应条件(温度/时间)/(℃/h)	η_{inh}/(dL/g)
4,4/ODA	酮	80/2,200/6	0.17
4,4/ODA	砜	80/2,200/6	0.18
4,4/MDA	酮	80/2,200/6	0.15
4,4/MDA	砜	80/2,200/6	0.16
3,3/ODA	酮	60/2,200/6	0.16
3,3/ODA	砜	80/2,200/6	0.12
3,3/MDA	酮	80/2,200/6	0.20
3,3/MDA	砜	80/2,200/6	0.16

注：反应在环丁砜中进行。

4.5.5 由镍催化偶合制备联苯型聚酰亚胺[58]

将双氯酞酰亚胺在镍催化剂存在下在 DMAc 中 80 ℃偶合可以得到联苯型聚酰亚胺(式 4-24 和表 4-11)。

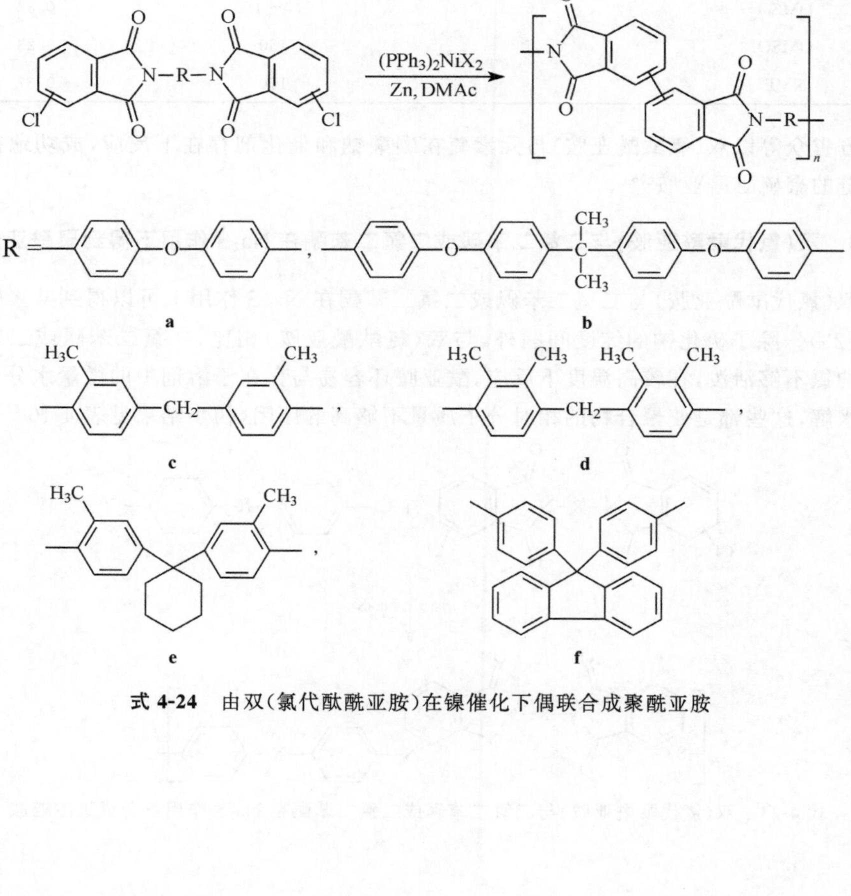

式 4-24 由双(氯代酞酰亚胺)在镍催化下偶联合成聚酰亚胺

表 4-11　联苯型聚酰亚胺的制备和热性能

氯的位置	二胺(R)	反应时间/h	产率/%	η_{inh}/(dL/g)	T_g/℃(DSC)	$T_{5\%}$/℃
3,3′-	**a**	8	97	0.25	296	500
4,4′-	**a**	8	97	0.20	306	498
3,3′-	**b**	8	98	0.36	260	450
4,4′-	**b**	8	96	0.24	245	480
3,3′-	**c**	8	96	0.21	300	460
4,4′-	**c**	8	98	0.98	299	458
3,3′-	**d**	8	97	0.23	—	440
4,4′-	**d**	8	98	0.77	297	442
3,3′-	**e**	8	96	0.18	300	445
4,4′-	**e**	8	98	0.40	305	450
3,3′-	**f**	8	96	0.13	315	500
4,4′-	**f**	8	98	0.30	311	480
由 BPDA/c 按传统方法得到			99	0.70	301	462

注：单体 1 mmoL，$NiCl_2$ 0.07 mol，PPh_3 0.49 mmol，Zn 4 mmol，95℃。

由表 4-11 可见，催化偶联得到的聚合物的相对分子质量可与由传统的方法得到的相当。

吴淑青等[59]以二氯二苯砜为共聚单体得到含联苯单元的共聚物(式 4-25)，其性能见表 4-12。随着二苯砜含量的增加，结晶性提高，聚合物变脆，不能成膜。

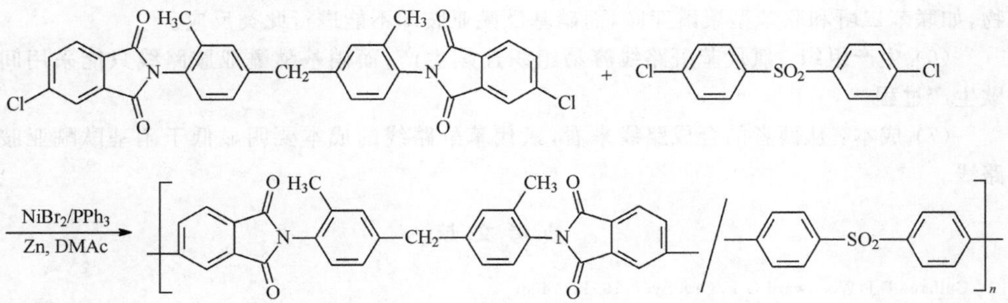

式 4-25　双(氯酞酰亚胺)与二氯二苯砜的共聚

表 4-12　双(氯酞酰亚胺)与二氯二苯砜的共聚物的性能

二氯二苯砜的物质的量分数	η_{inh}/(dL/g)	T_g/℃	$T_{10\%}$/℃	吸水率/%	接触角/(°)	抗张强度/MPa	抗张模量/GPa	断裂伸长率/%
0	0.98	307	456	0.8	82.4	144	3.0	5.9
25	1.13	317	450	1.3	72.3	158	3.3	7.1
50	0.84	341	452	3.4	66.3	21.3	2.1	1.1
75	0.52	345	476	—	—	—	—	—

4.6　硝基酞酰亚胺路线和氯代苯酐路线的比较

（1）原料的合成方法：硝基酞酰亚胺的合成需要大过量的浓硝酸和浓硫酸，产物需要用二氯甲烷萃取出来，废酸的重新浓缩再用，溶剂需要蒸馏回收，都是很繁复的操作。由于硝基苯酐难以得到，双(硝基酞酰亚胺)也不容易获得。氯代苯酐则是由邻二甲苯经氯代，精馏提纯后，经空气氧化，再经精馏得到高纯度的两个异构体：3-氯代苯酐和4-氯代苯酐，因此很容易得到双(氯代酞酰亚胺)。

（2）副产物及环境评价：硝基酞酰亚胺路线会产生大量废酸和需要有机溶剂重结晶。氯代苯酐路线的副产物主要就是氯化氢(盐酸)，可以用于随后各种二酐的合成过程。硝基酞酰亚胺亲核取代反应会产生既对环境有害，又能够引起酞酰亚胺水解的亚硝酸盐[60]，而氯代苯酐只产生对环境及反应无害的氯化钠或氯化钾。

（3）异构体：硝基酞酰亚胺路线得到的主要是4-硝基酞酰亚胺，3-位异构体仅4%～5%，而且没有有效的分离方法。氯代苯酐路线可以产生3-氯代苯酐和4-氯代苯酐两种异构体，根据最近研究结果，由3-氯代苯酐和4-氯代苯酐得到的异构二酐及异构聚酰亚胺具有比传统聚酰亚胺更好的性能(见本书第9章)。而本路线是目前得到3-氯代苯酐的唯一具有工业意义的合成路线。

（4）反应活性：虽然硝基酞酰亚胺上的硝基在亲核取代反应中的活性要高于氯代酞酰亚胺中的氯，但这个氯的活性对于合成二酐或聚酰亚胺已经足够高，例如可以得到高收率的二酐或用直接法得到具有可用相对分子质量的聚酰亚胺。

（5）联苯二酐：由氯代苯酐的衍生物可以在镍或钯催化下偶联得到含联苯单元的产物，如联苯二酐和联苯型聚酰亚胺，而硝基酞酰亚胺却不能进行此类反应。

（6）生产组织：氯代苯酐路线容易组织连续生产，而硝基酞酰亚胺路线只能采用间歇生产过程。

（7）成本：从两者的合成路线来看，氯代苯酐路线的成本要明显低于硝基酞酰亚胺路线。

参考文献

[1] Culhane P J, Woodward G E. Org. Syn., 1951, 1: 408.
[2] Bacha J D, Onopchenko A. US, 4137419, 1979.
[3] Cook N C, Davis G C. US, 3933852, 1976; Groeneweg P G, Odle R R. US, 4902809, 1990.
[4] Markezich R L. US, 4020089, 1977.
[5] Dellacoletta B, Odle R R, Guggenheim T I, Greenberg R A, King J A, Baghel S S, Haitko D A, Hawron D G. US, 5719295, 1998.
[6] Johnson R O, Burlhis H S. J. Polym. Sci., Symp., 1983, 70: 129.
[7] Berdahl D R. US, 4780544, 1988; Berdahl D R, Natsch P A. US, 4808731, 1989; Brunelle D L, Gurrenheim T L. US, 6028203, 2000.
[8] Williams III F. J. US, 4054584, 1977; Evans T L. US, 4625037, 1986.
[9] Dellacoletta B A. US, 5068353, 1991; Dellacoletta B A, Odle R R. US, 5359084, 1994.
[10] Webb J L, Phipps D L. US, 4318857, 1982; Odle R R, Swatos W J, Vollmer M J. US, 6590108, 2003.

[11] Wirth J G, Heath D R. US, 3838097, 1974; White D M, Takekoshi T, Williams F J, Relles H M, Donahue P E, Klopfer H J, Loucks G R, Manello J S, Matthews R O, Schluenz R W. J. Polym. Sci., Polym. Chem., 1981, 19: 1635.
[12] Tokekoshi T. US, 4024110, 1977.
[13] Auerbach J. Chem. Zeit., 1880, 407; Alyling E E. J. Chem. Soc., 1929, 253; Marrack M T, Proud A K. J. Chem. Soc., 1921, 119: 1788; Bansho Y, Suzuki S. Tokyo Kogyo Shikenshe Hokoku, 1961, 56(4): 158; 番匠吉卫, 黄光烈、藏野俊则. 工化, 1960, 63: 1996; 林茂助, 古泽郁三, 胜木直千. 工化, 1941, 44: 981.
[14] Ale'n. Bull. Soc. Chim., 1881, 36: 433; Dehne C. Ber., 1882, 15: 319; Muller C. Ber., 1885, 18: 3073.
[15] Ree A. Ann., 1886, 233: 216; Waldmann H, Schwenk E. Ann., 1931, 487: 287.
[16] Ponomarenko A A. J. Gen. Chem. (USSR), 1950, 20: 469.
[17] Пономаренко, АА. ЖОХ., 1950, 20: 469.
[18] Engelbach H, Wistuba H, Schaffiner E, Eillingsfeld H. Ger, 2236875, 1974; Engelbach H, Wistuba H. Ger, 2257643, 1972; Zweig A, Epstein M. J. Org. Chem., 1978, 43: 3690.
[19] Suguro Y, Matsuda H. JP, 07330641, 1995; Verbicky J W. US, 4297283, 1981; Zweig A, Epstein M. J. Org. Chem., 1978, 43: 3690; Verbicky Jr. J W, Williams L. J. Org. Chem., 1983, 48: 2465.
[20] Verbicky Jr. J W, Dellacoletta B A, Williams L. Tetrah. Lett., 1982, 23: 371.
[21] Nazarenko E S. Ukr. Khim. Zh., 1984, 56: 644; Tokekoshi T. US, 6469205, 2002; Schattenmann S L, Moasser B, Caringi J J. US, 6399790, 2002; Colborn R E, Hall D B, Koch P, Demuth B V, Wessel T, Mack K E, Tatake P A, Vakil U M, Gondkar S B, Pace J E, Won K W. US, 7541489, 2009.
[22] Spohn R F. EP, 330219, 1989; Tang D Y. EP, 417691, 1991.
[23] Spohn R F, Sapienza Jr. F J, Morth A H. EP, 334049, 1989.
[24] Odle R R, Guggenheim T L. US, 6528663, 2003.
[25] Newman M S, Scheurer P G. J. Am. Chem. Soc., 1956, 78: 5005; Culhane P J, Woodward G E. Org. Syn., 1951, Coll. Vol. 1, 408.
[26] Dvornikoff M N. US, 2028383, 1936.
[27] Steahly G W. US, 2547505, 1951.
[28] Baur K G, Brunner E, Brandt E. US, 5683553, 1997.
[29] Zweig A, Epstein M. J. Org. Chem., 1978, 43: 3690.
[30] Скварченко В Р, ЯЬелякая J I P. ЖОХ., 1961, 30: 3535.
[31] Spohn R F, Sapienza Jr. F J, Morth A H. US, 5003088, 1991.
[32] Goldfinger P, Noyes R M, Wen W Y. J. Am. Chem. Soc., 1969, 91: 4003.
[33] 中国科学院长春应用化学研究所. 氯代苯酐中试鉴定报告, 1994.
[34] Commandeur R, Gurtner B, Mathais H. Fr, 2545004, 1984.
[35] Matsuoka S, Tada K, Minomya H. JP, 0381234, 1991.
[36] Rozhanskii I, Okuyama K, Goto K. Polymer, 2000, 41: 7057.
[37] Kitai M, Katsuro Y, Kawamura S, Hino M, Sato K. EP, 318634; Sato K, Okoshi T. EP, 405389; Kikai M, Suguro Y, Saka A, Hino M. JP, 0113036; JP, 0170438; JP, 63 179834; JP, 63 179844; JP, 63 267735; JP, 62 26238; JP, 61 167642; JP, 04 257542.
[38] Zhao H-K, Ji H-Z, Meng X-C, Li R-R. J. Chem. Eng. Data, 2009, 54: 1135.
[39] Zweig A, Epstein M. Braz. Pedido PI 7807903, 1979; Chem. Abstr., 1980, 93: 95016s.
[40] 丁孟贤, 王绪强, 杨正华, 张劲. 中国, 88107107, 1988; Ding M, Wang X. Yang Z, Zhang J. US, 5081281, 1992.
[41] Iataaki H, Yoshimoto H. J. Org. Chem., 1973, 38: 76.
[42] 王震, 吴雪娥, 高昌录, 丁孟贤, 高连勋. 中国, 03105025.5, 2003.
[43] 高连勋, 吴雪娥, 丁孟贤, 高昌录. 中国, 02148860.6, 2001.
[44] Molinaro J R, Pawlak J A, Schwartz W T. EP, 330220; Molinaro J R, Pawlak J A, Schwartz W T. US, 4870194,

1989；Schwartz W T,Pawlak J A. US,4697023,1987；Stults J S. EP,460687,1991.
[45] Hamprecht G,Varwig J,Rohr W. US,4514572,1985；Tang D Y. US,4517372,1985.
[46] Stults J S. US,4946985,1990；Stults J S. US,4948904,1990；Schwartz W T. Wo,8901935,1989；Harbison J A, Nielsen D M,McDaniel D D. US,4687023,1987.
[47] Schwartz W T. EP,288974,1988.
[48] Brunelle D L,Gurrenheim T L. US,6028203,2000.
[49] Williams III F J. US,3989712,1976；中国科学院长春应用化学研究所聚酰亚胺组．化学学报,1976,35：321.
[50] 杨正华,丁孟贤．中国,92108735.7,1992.
[51] 丁孟贤,杨正华,张劲,中国,90109003.4,1990.
[52] Grubb T L,Tullos G L. EP,0892 003 A2,1999.
[53] Nick R J,Nelson M E,Williams D E. US,6096900,2000.
[54] 李炳海,张淑萍,刘鑫业,应用化学,1986,3(4)：1.
[55] Brunelle D J,Grubb T L,Tullos G L. US,6020456,2000.
[56] 方省众,胡本林,严庆,丁孟贤．中国，200810060189.9.
[57] 高昌录,张所波,高连勋,丁孟贤．中国,02104269.1.
[58] Gao C,Zhang S,Gao L,Ding M,Macromolecules,2003,36：5559.
[59] Wu S,Li W,Gao C,Zhang S,Ding M,Gao L. Polymer,2004,45：2533.
[60] Williams F J,Donahue P E. J. Org. Chem. ,1977,42：3414.

第 5 章　聚酰亚胺的交联

聚合物可以分为热塑性和热固性两类，通常认为具有线形结构的聚合物为热塑性，加热时可以塑性流动，冷却后变成固体，这种过程是物理变化，是可逆的；加热时如在大分子之间产生键合，成为体形结构，则为热固性，这种过程往往是不可逆的化学变化。然而这种一般性的叙述却并不完全适用于聚酰亚胺。线形的聚酰亚胺可以不具有热塑性，因为一些品种即使加热到分解温度仍然不会出现流动现象，甚至也不出现明显的软化。而具有典型热塑行为的聚酰亚胺，在高温，例如 400 ℃以上，会逐渐失去流动性，这是因为产生了大分子间的交联。事实上，所有的芳杂环聚合物在高温下都会产生交联，其中最普通的机理是由于芳环脱氢生成游离基，当其复合时就发生分子间的交联。因此，聚酰亚胺及其他芳杂环聚合物不能像聚烯烃或其他通用聚合物那样可以多次反复熔融加工，即使是具有热塑性的芳杂环聚合物也只能进行有限次数的熔融加工，所以有人称这种聚合物为“假热塑性聚合物”。然而本章所介绍的内容却并不是上述的交联，而是在分子中预先引进活性基团，然后在热的作用下发生交联，产生体形结构。对于聚酰亚胺，由于在合成时化学上的可变通性大，例如可以进行低温溶液缩聚和在低温下化学酰亚胺化，或以单体混合的方式(PMR)方便地在大分子或低聚物中引进在高温下敏感的活性基团得到预聚物，然后再进行交联。

根据热失重方法，聚酰亚胺的热分解温度可达到 550～600 ℃，所以其使用温度应可以达到 400 ℃以上，然而，热塑性聚合物的使用温度受到 T_g 的限制，而 T_g 太高的聚合物又难以加工成型，因此要求在 300 ℃以上长期使用的塑料及复合材料，通常应采用热固性树脂。对于能使芳杂环聚合物交联的活性基团有下列要求：

(1) 交联后形成的结构应有足够的热稳定性，最好能形成芳杂环结构；

(2) 进行交联反应时不能放出低分子产物；

(3) 在室温下有足够的稳定性，而在适当温度下可以发生高效率的交联反应；

(4) 容易合成并容易引入到低聚物结构中。

表 5-1 所列为用于得到热固性聚酰亚胺的活性基团。

表 5-1　用于得到热固性聚酰亚胺的活性基团

活性基团名称	活性基团结构	固化温度/℃
马来酰亚胺	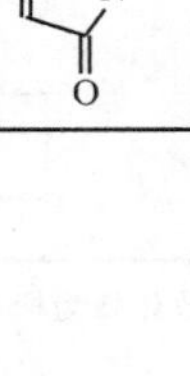	180～250

续表

活性基团名称	活性基团结构	固化温度/℃
降冰片烯酰亚胺	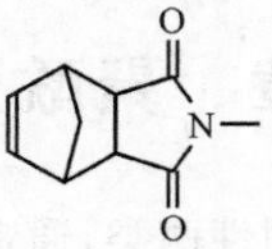	250～320
烯丙基降冰片烯酰亚胺	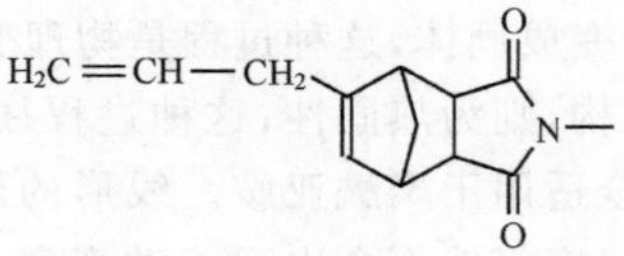	
苯并环丁烯	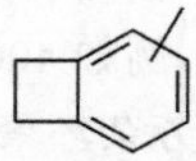	220～250
氰基	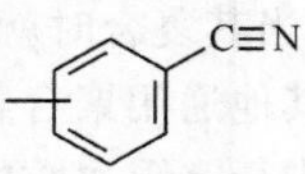	
异氰酸酯	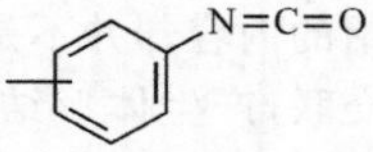	
氰酸酯	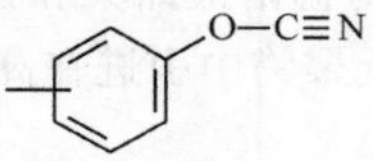	200～300
乙炔基	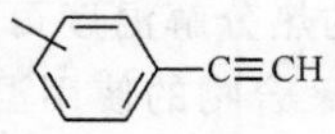	250
苯炔基	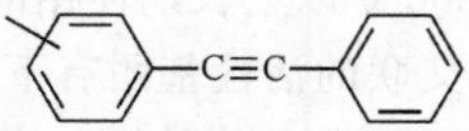	350～370
丙炔基苯醚	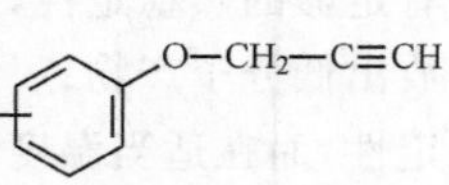	
双苯撑(biphenylene)	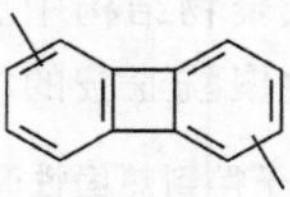	
苯基三氮烯	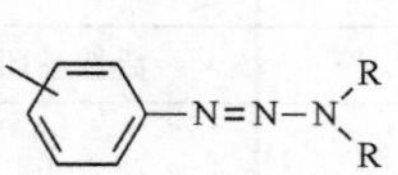	
四氟乙烯氧基	$-O-CF=CF_2$	250
2,2-对环芳烃	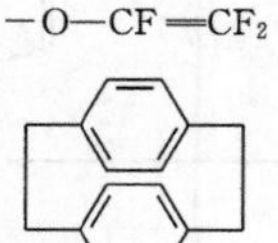	

注：固化温度是以 DSC(20 ℃/min)测得的放热峰为标识[1]。

下面将对表 5-1 中所列的一些主要的活性基团的交联反应及相关的化学问题分别进行简单介绍。与其中一些基团相关的树脂如在本书其他章节中不再涉及的，也在此略加介绍。

5.1　双马来酰亚胺

这是一类以马来酰亚胺为活性端基的低相对分子质量化合物，最常见的是由马来酸酐与二氨基二苯基甲烷形成的双马来酰亚胺(BMI)。

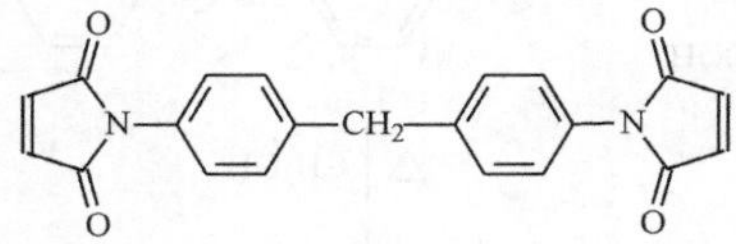

BMI

与芳香聚酰亚胺相比，BMI 的热稳定性低，交联后很脆，所以很少单独使用，实际使用的品种多是与其他组分共聚或共混的树脂，以得到性能较能接受的聚合物。但 BMI 容易合成，廉价，并具有高活性，并能够用传统的环氧树脂工艺进行加工，而耐热性又高于环氧树脂等优点，所以是一类应用广泛的聚合物，我们将在第 6 章对其进行专门的介绍。

5.2　PMR 型聚酰亚胺

5.2.1　概论

PMR 是“单体反应物的聚合(polymerization of monomer reactants)”的缩写，这个概念起源于 1970 年 Lubowitz 的工作[2]。在结构上是以降冰片烯二酰亚胺为端基的预聚物，后来发展成牌号为 P13N 的商品。P13N 是由传统的缩聚方法合成的，即先由二苯酮四酸二酐(BTDA)，4,4′-二氨基二苯甲烷(MDA)及降冰片烯二酸酐(NA)在 NMP 中缩聚成聚酰胺酸，再以化学法脱水成环得到如式 5-1 所示的预聚物。

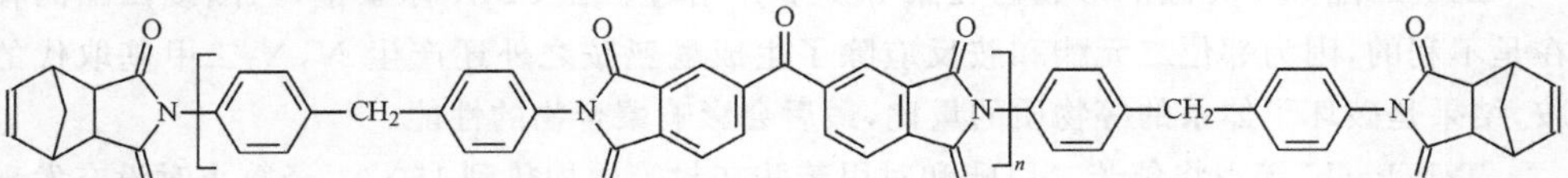

式 5-1　P13N 的结构

式 5-1 中，$n=1.67$，所以其相对分子质量为 1300，由于加工困难，P13N 未能商品化。

1972 年，Serafini 等发展了 PMR 方法[3]，这是 5-降冰片烯-2,3-二甲酸的单酯(NE)、MDA 和二苯酮四甲酸的二元酯(BTDE)在低级醇中的溶液。由于这是一种单体混合物的溶液，所以具有高浓度(50%～70%)、低黏度(200～400 cP①)的特点。该溶液可直接用

① 1 cP=10^{-3} Pa·s。

来浸渍纤维或织物，聚合和交联反应在加工时现场进行，得到耐热和高机械性能的先进复合材料。因为采用了低相对分子质量的单体进行反应，尤其在加工的初期阶段，熔体黏度很低，容易浸润纤维表面，同时也可以在低压下加工。其次，由于使用低沸点的溶剂，容易在加工过程中去除，减少了制品的孔隙率。

最典型的 PMR 聚酰亚胺的配方是 NE∶MDA∶BTDE＝2∶2.087∶2。由于其预聚物的平均相对分子质量为 1500，所以称为 PMR-15，其总的反应过程如式 5-2 所示。

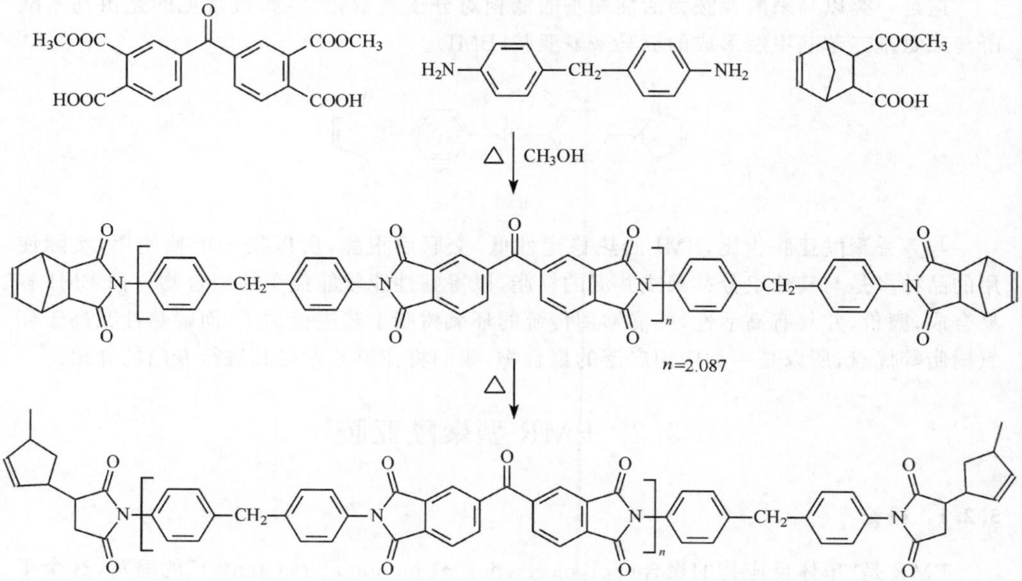

式 5-2 PMR-15 的组成和反应

5.2.2 四酸的三元酯和四元酯与胺的反应

二酸二酯和多元酯的形成已在第 3.1 节介绍过。在 PMR 体系中，三酯或四酯的存在是不利的，因为邻位二元酯和胺反应除了生成酰亚胺之外还产生 *N*,*N*-二甲基取代的胺，结果是破坏了体系的等物质的量比，最后会影响聚合物的性能。

Takekoshi 等[4]将邻苯二甲酯和对甲苯胺在封管中加热到 150℃，经数小时没有发现可检测的酰亚胺产物，在 200℃数小时后可以测得相当量的酰亚胺和一种未知的副产物。在反应 36 h 后，将产物进行气相色谱分析，对甲苯胺已经全部消失，但仍留有 30%左右的邻苯二甲酯、少量苯酐及质荷比(m/z)为 134 和 120 的副产物。经质谱查找，m/z 为 134 的应为 *N*,*N*-二甲基对甲基苯胺，m/z 为 120 的化合物为 *N*-甲基对甲苯胺。*N*-甲基对甲苯胺的形成过程见式 5-3。

由于 *N*-甲基对甲苯胺具有较高的亲核性，所以比对甲苯胺更快地甲基化而与邻苯二甲酯反应生成 *N*,*N*-二甲基对甲苯胺及另一分子的苯酐(式 5-4)。

所以，总反应可以如式 5-5 所示。

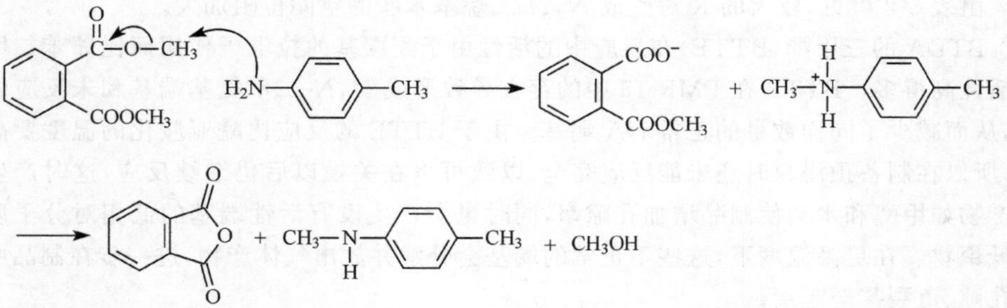

式 5-3 *N*-甲基对甲苯胺的形成

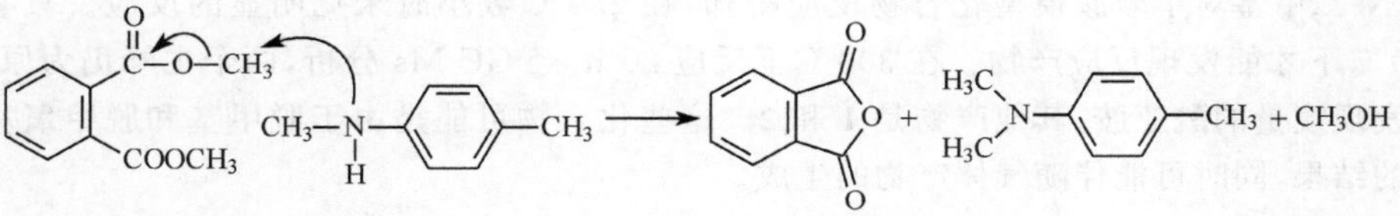

式 5-4 *N*-甲基对甲苯胺与邻苯二甲酯的反应

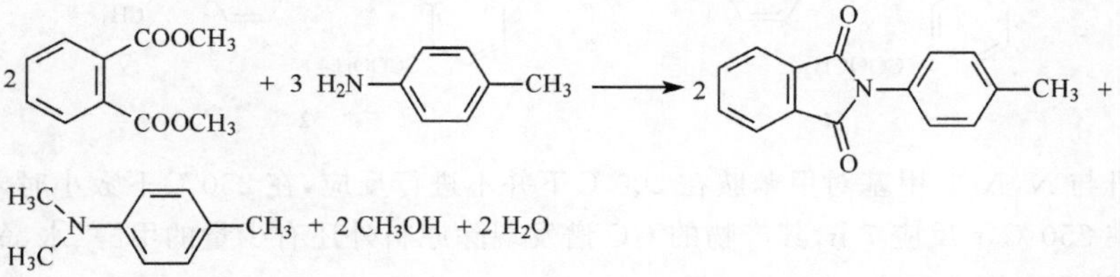

式 5-5 邻苯二甲酯与对甲苯胺的反应

酰亚胺的产率可达 67.7%，*N*,*N*-二甲基对甲基苯胺的产率为 32.2%。

各种邻苯二甲酸二酯与胺的反应见表 5-2。

表 5-2 邻苯二甲酸二酯与胺的反应[4]

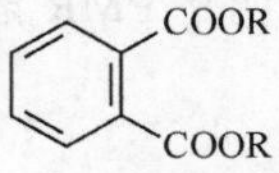 R	胺 Y=H 或 CH_3	反应条件 /(℃,h)	产物的物质的量分数/% 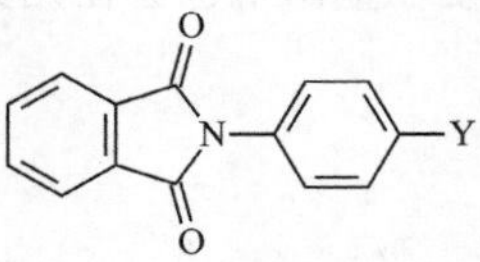	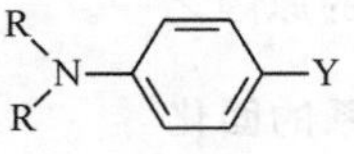	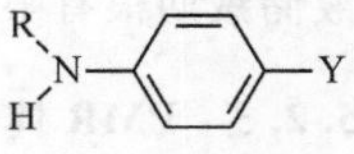
CH_3	对甲苯胺	200,24	67.7	32.3	痕量
CH_3	苯胺	200,24	56.0	34.2	0
C_2H_5	对甲苯胺	200,24	27.1	2.62	18.0
C_2H_5	苯胺	200,24	19.4	0.83	13.8
i-C_3H_7	苯胺	200,24	3.4	0	0.25
CH_3	对甲苯胺	300,2	63.6	29.9	0
CH_3	苯胺	300,2	50.2	25.5	0
C_2H_5	对甲苯胺	300,2	59.3	22.8	9.1
C_2H_5	苯胺	300,2	60.6	23.2	8.1

由表 5-2 可见，较大的 R 对生成 N,N-二烷基苯胺的空间位阻加大。

BTDA 的三甲酯(BTTE)在反应中的活性由于酮羰基的拉电子作用而比邻苯二甲酯的活性高得多。BTTE 在 PMR-15 中的存在导致形成 N,N-二甲氨基端基和未反应的酐基，从而减少了同样数量的正常 NA 端基。由于 BTTE 的反应比酰亚胺化的温度要高得多，所以在制备预浸料时还未能反应完全，以致可以在关模以后仍继续反应，这时产生的副产物如甲醇和水会使制品增加孔隙率，同时也会产生没有活性端基的低相对分子质量的低聚物。在更高温度下，这些不正常的端基会分解并放出气体产物，进一步在制品中形成孔隙、龟裂甚至起层。

N,N-二甲氨基端基与邻苯二甲酯端基之间的反应是十分缓慢的，由邻苯二甲酯与 N,N-二甲基对甲苯胺模型化合物反应得知，在 250 ℃数小时未见明显的反应。只有在 300 ℃下才能发现反应产物。在 300 ℃下反应 20 h，经 GC-Ms 分析，两个主峰仍为原料。仅发现痕量的酰亚胺，其他产物是 **1** 和 **2**。这些化合物可能是由于脱甲基和脱甲氧基反应的结果，同时可能伴随气体产物的生成。

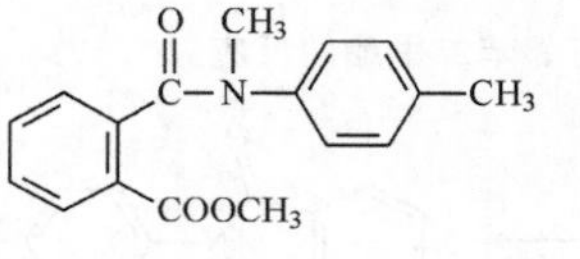

1

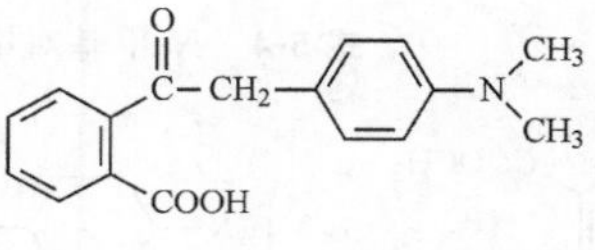

2

苯酐与 N,N-二甲基对甲苯胺在 200 ℃下并不进行反应，在 250 ℃下数小时才有产物出现。在 250 ℃下反应 7 h，其产物的 GC 谱发现除原料外还有少量的甲醇、水、邻苯二甲酯、酰亚胺及产物 **1** 和 **3**。

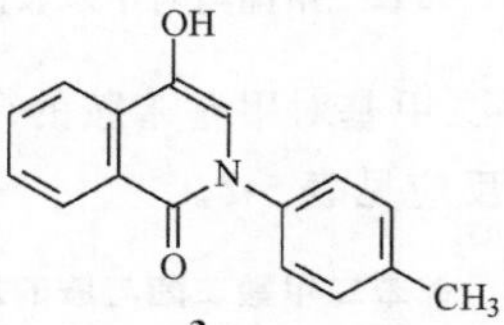

3

NE 和 MDA 在甲醇溶液中即使在室温下也会在几天内形成酰亚胺，这就是 PMR 溶液储藏期很有限的原因之一。

5.2.3 PMR 体系的固化

1. 降冰片烯二酰亚胺的异构化

降冰片烯二酰亚胺具有两种异构体：*endo*(N)和 *exo*(X)。

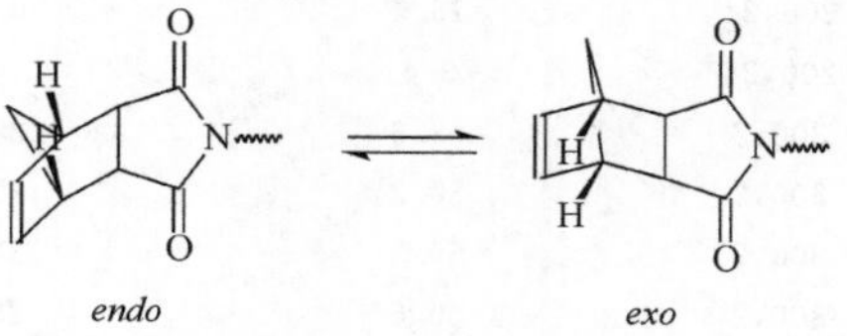

endo *exo*

对于两端用 NA 封端的化合物，就可能有三种情况：两端都是 N，即 NN；两端都是 X，即 XX；还有一端为 N，一端为 X 的 NX。由 MDA 与两分子降冰片烯二酸酐得到的化合物(DMA-BNI)的三种异构体的熔点见表 5-3[5]。

表 5-3　BNI 的三种异构体的熔点

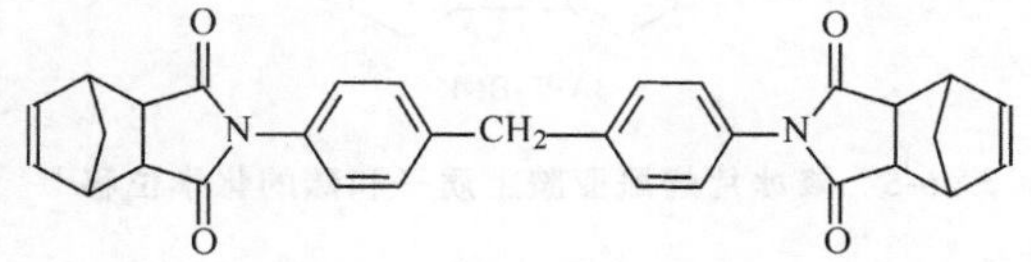

DMA-BNI

异构体	熔点/℃
endo-endo	244
endo-exo	231
exo-exo	241

Sillion 等[5]用模型物研究了 BNI 在固相中的异构化现象(见表 5-4)，认为异构化分三个阶段进行：第一阶段，晶胞未受到破坏；第二阶段，晶胞被损坏，出现孔洞，虽然整个结晶性仍然维持；第三阶段，晶体结构发生变化，空洞消失。发现发生热诱导的[4＋2] Diels-Alder 反应及其逆反应。

表 5-4　*endo-endo* BNI (NN)的热异构化

(在 210℃ 下不同反应时间各异构体的相对物质的量分数)

时间/h	0	3 h	5 h	7 h	10.5 h	12.5 h	14.5 h	20 h	24 h
NN/%	100	73	68	59	55	50	45	37	32
NX/%	0	24	27	34	37	39	41	48	50
XX/%	0	3	4	7	9	11	14	15	18
总 N/%	100	85	81.5	76	73.5	68.5	65.5	61	57
总 X/%	0	15	18.5	24	26.5	31.5	34.5	39	43

注：组分用^{1}H NMR 测定[6]，异构体可用柱色谱分离。

在 220～250℃，降冰片烯的构型会由动力学上有利的 *endo* 转化为热力学上有利的 *exo*[6,7]。Grenier-Loustalot 和 Billon[8]将 6FDA、BAPF 和 NMP 同时加入 NE 的甲醇溶液中加热到 145℃经 2 h 得到聚合物 **A**；再在 190℃加热 10 min 得到聚合物 **B**；将二酐和二胺先在 NMP 中在 180℃反应 3 h，冷却后再加入 NA，最后在 180℃反应 3h 得到聚合物 **C**。降冰片烯二酰亚胺上质子和碳的化学位移见表 5-5，表 5-6 是根据 NMR 数据计算得的 *endo*、*exo* 所占比例。同时也可以由^{13}C NMR 测得用 NA 封端的 BAPF，双降冰片烯二酰亚胺(BNI)在聚合物 **A**、**B**、**C** 中的比例相应为 25%、10%、27%。综合 NMR 和 HPLC 的结果可以得到聚合物中双降冰片烯二酰亚胺和不同端基构型低聚物的组成(表 5-7)。

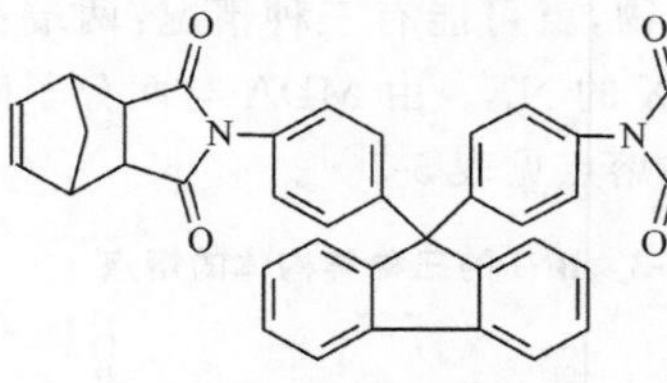

BAPF-BNI

表 5-5 降冰片烯酰亚胺上质子和碳的化学位移[8]

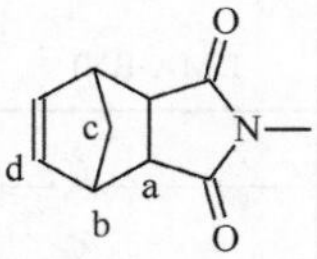

核的位置	构型	质子的化学位移/ppm	碳的化学位移/ppm
a	*endo*	3.40	45.4
a	*exo*		47.7
b	*endo*	3.50	45.6
b	*exo*	2.8	45.7
c	*endo*	1.63	52.1
c	*exo*	1.43	42.8
d	*endo*	6.19	134.6
d	*exo*	6.30	137.9

表 5-6 由 NMR 数据计算得到的 *endo*、*exo* 所占比例

聚合物	计算相对分子质量	由 ^{1}H NMR 计算		由 ^{13}C NMR 计算	
		exo/%	*endo*/%	*exo*/%	*endo*/%
A	2210	77	23	77	23
B	4560	95	5	93	7
C	2210	50	50	48	52

表 5-7 聚合物中双降冰片酰亚胺和不同端基构型低聚物的组成

聚合物	双冰片酰亚胺/%	(*endo*/*endo*)/%	(*endo*/*exo*)/%	(*exo*/*exo*)/%
A	25	57	37	6
B	10	39	61	0
C	27	25	50	25

降冰片烯二酰亚胺的异构化机理可以为以下几种：

(1) 通过形成二烯醇的异构化反应(式 5-6)[9]。

(2) 通过逆 Diels-Alder 反应而异构化(式 5-7)。

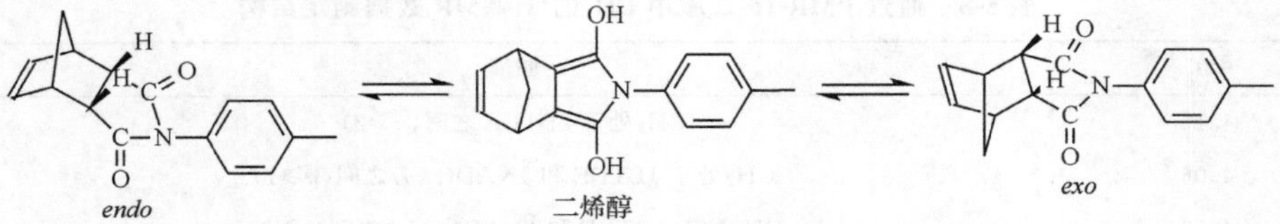

式 5-6　降冰片烯二酰亚胺通过形成二烯醇异构化

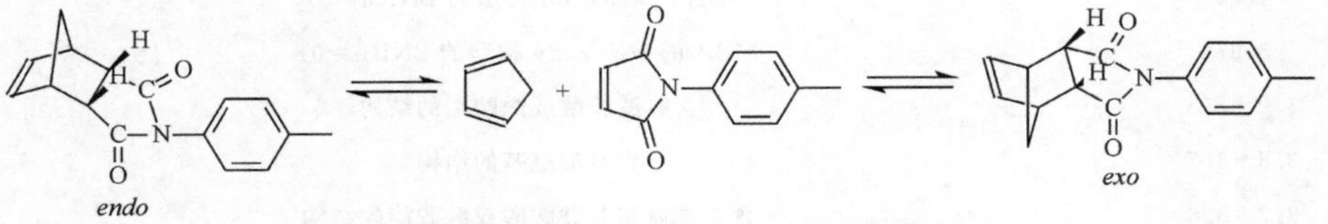

式 5-7　降冰片烯二酰亚胺通过逆 Diels-Alder 反应异构化

(3) 通过降冰片烯的 C_1-C_2 的均裂，再由 1,4-氢的转移和 C－C 键的重合而发生异构化(式 5-8)[10-15]。

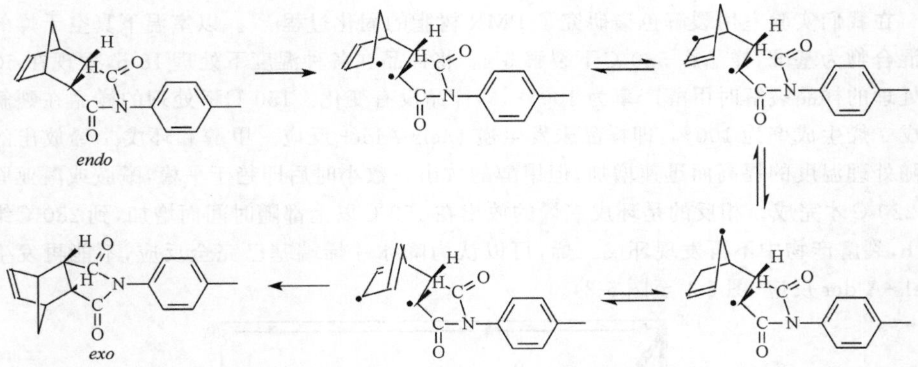

式 5-8　降冰片烯二酰亚胺通过 C_1-C_2 的均裂，1,4-氢的转移和 C－C 键的重合异构化

在上述机理中，逆 Diels-Alder 反应更能够得到实验的证明[15,16]。Young 等[6]发现，*endo* 和 *exo* 在空气和氮气中有不同的行为，说明固化具有不同的机理。在氮气中导致环戊二烯的损失，在空气中则不发生失重而有更明显的链的扩展。另外的实验发现在减压下能产生马来酰亚胺，这也证明了由于逆 Diels-Alder 反应而放出环戊二烯[17]。

由 PMR-15 中 MDA 残基的 CH_2 的 ^1H NMR 也可以确定相关的结构[18](表 5-8)。

Milhourat-Hammadi 等[18]将 PMR-15 在 220 ℃下处理后得到的数据表明，低聚酰亚胺的 $n=0$，MDA 的双降冰片烯二酰亚胺(BNI)为 35%～50%；$n=1$ 的低聚物为 15%～25%。

表 5-8 通过 PMR-15 二胺中 CH_2 的 ^1H NMR 数据测定结构

δ_{CH_2}	归属
4.10	CH_2 处于 2BTDE 之间($n \geqslant 2$)
4.06	CH_2 处于 1BTDE 和 1NAD(*exo*)之间($n \geqslant 1$)
4.03	CH_2 处于 1BTDE 和 1NAD(*endo*)之间($n \geqslant 1$)
4.05	MDA 的 *exo-exo* 构型的 BNI($n=0$)
4.00	MDA 的 *exo-endo* 构型的 BNI($n=0$)
3.97	MDA 的 *endo-endo* 构型的 BNI($n=0$)
3.9～3.8	含有酰胺酸或酰胺酯的结构
3.8～3.7	含有端氨基的结构
3.7～3.6	含有端氨基及酰胺酸或酰胺酯的结构
3.55	游离 MDA

2. 降冰片烯二酰亚胺的固化

在我们实验室用裂解色谱研究了 PMR 树脂的固化过程[19]。以室温下真空干燥的单体混合物为基准，样品在 530 ℃下裂解 5 s。将样品在各种温度下处理 18 h，发现在 50 ℃下处理的样品裂解时甲醇产率为 100%，即样品没有变化。150 ℃下处理的样品在裂解时环戊二烯生成率为 100%，即样品未发生逆 Diels-Alder 反应。甲醇和环戊二烯放出的速率随处理温度的提高而迅速增加，但甲醇的放出在数小时后即趋于平稳，酰胺或酰亚胺化在 220 ℃才完成。相反的是环戊二烯的放出在 150 ℃以上都随时间而增加，到 280 ℃维持 12 h，裂解产物中不再发现环戊二烯，可以认为降冰片烯端基已完全反应，不能再发生逆 Diels-Alder 反应(图 5-1 至图 5-3)。

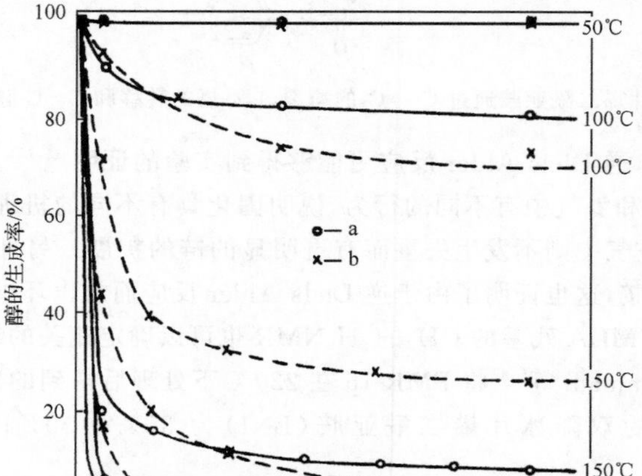

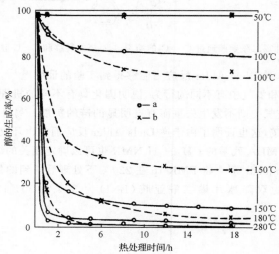

图 5-1 PMR 树脂醇的生成率与样品热处理时间的关系

a：采用甲酯的样品；b：采用乙酯的样品

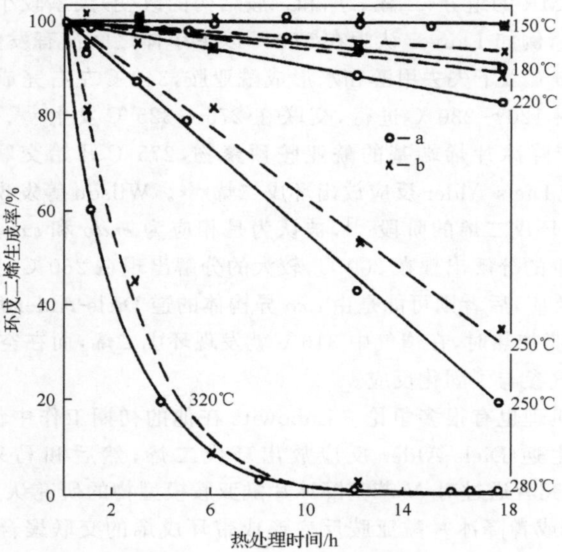

图 5-2　PMR 树脂的环戊二烯生成率与样品热处理时间的关系

a：采用甲酯的样品；b：采用乙酯的样品

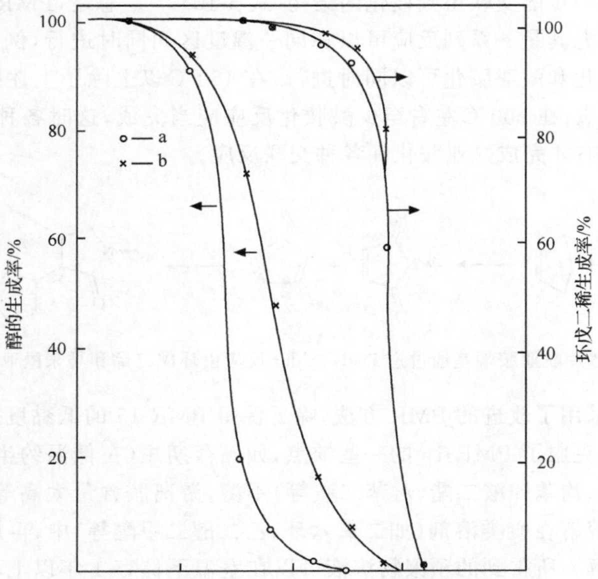

图 5-3　PMR 树脂的醇和环戊二烯的生成率与样品热处理温度的关系

a：采用甲酯的样品；b：采用乙酯的样品（样品在各个温度处理 1 h）

上述现象与 PMR 的组分(二酸二酯和二胺结构的改变)关系较小。其他一些工作却报道了不同的结果,例如 Lauver 认为在 100 ℃以下单体之间没有发生化学变化,酸和胺可能形成盐,在 140 ℃以下失去甲醇和水形成酰亚胺,340 ℃左右完成交联[20]。Johnston 等报道酰亚胺化在 120～230 ℃进行,交联在 275～325 ℃发生[21]。Gacia 等则认为在 140～250 ℃形成带降冰片烯端基的酰亚胺预聚物,275 ℃开始交联[22]。Scola 认为在 260～265 ℃发生逆 Diels-Alder 反应放出环戊二烯[23]。Wilson 等发现 PMR-15 热聚合过程中具有两个放出环戊二烯的阶段[24],被认为是相应为 *endo* 和 *exo* 异构体的不同分解反应所造成的,较少的分解出现在 200 ℃,较大的分解出现在 260 ℃,前者是由于 *endo* 型的逆 Diels-Alder 反应,后者则可能是由 *exo* 异构体的逆 Diels-Alder 反应所引起的。

在将 PMR 树脂加热时,在惰气中 316 ℃就发现环戊二烯,而在空气中,371 ℃才发现环戊二烯,可见空气参与了固化反应。

PMR 的交联机理也有很多争论。Lubowitz 在他的初期工作中认为,降冰片酰亚胺端基在 280 ℃发生逆 Diels-Alder 反应放出环戊二烯,然后和马来酰亚胺反应交联(式 5-9)[25]。有研究者通过对 *N*-苯基降冰片酰亚胺模型物的研究认为,环戊二烯以一个双键和马来酰亚胺或者降冰片酰亚胺反应形成带环戊烯的交联聚合物[24,26]。也有研究者认为环戊二烯并不参加聚合而是重新按 Ritchey 和 Wong 提出的机理[11]和 *N*-苯基降冰片酰亚胺进行 Diels-Alder 反应形成带双键的环状加成物[27]。Wilson 等将 *N*-苯基降冰片酰亚胺加压聚合后的可溶产物用 NMR 及 IR 分析,认为在长时间加热时,降冰片烯可以裂解,发生进一步的交联得到枝化的结构(式 5-10)[28]。总之,PMR 型聚酰亚胺的化学是十分复杂的,尤其是一系列反应可以在同一温度区间同时进行,例如在 100～150 ℃脱醇成酐时,酰胺化和酰亚胺化可以同时进行;在 150 ℃以上除了上述的反应外,还发生逆 Diels-Alder 反应;在 200 ℃左右至少酰胺化反应应当完成,这时各种交联反应逐渐显著,直到 300 ℃左右才完成酰亚胺化和各种交联反应。

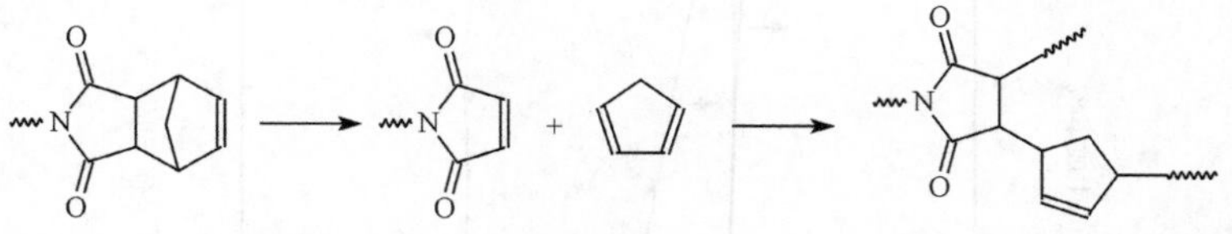

式 5-9 降冰片酰亚胺端基通过逆 Diels-Alder 反应由环戊二烯和马来酰亚胺反应交联

我们实验室采用了改进的 PMR 方法,除了保留 PMR-15 的低黏度、高固含量和容易加工的优点外,还克服了 PMR-15 的一些缺点,如储存期短(在低温约半年),对一些其他组分(如联苯四酸、均苯四酸二酯、对苯二胺等)不溶,游离胺含量太高等。这种改进的方法是将二酸二酯溶解在醚类溶剂(如二氧六环、乙二醇二甲醚等)中,再加入二胺、NE 等,加热回流使其溶解。所得到的预聚物溶液可以在室温下储存 1 年以上不变质,游离二胺仅为 PMR-15 的 10%以下,可以使用多种结构的二酸二酯及二胺等。根据分析,这种预聚物中有相当部分是以聚酰胺酯形式存在的,因此该方法也可用于共聚物及互穿网络聚合物[29]。

PMR-15 容易发生应力开裂,被认为是由于 NA 基团易发生逆 Diels-Alder 反应(在

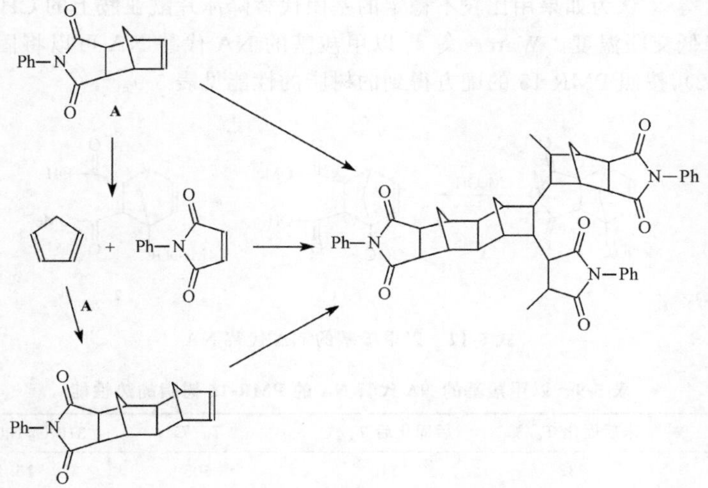

式 5-10　降冰片酰亚胺的交联

160 ℃以上就可以出现)，NA 的双环结构环的张力也较大，此外桥头碳容易氧化[30]。所以想到用 1,2,3,6-四氢苯酐(THPA)代替 NA，可是结果却出乎意料，由于该基团会发生歧化和异构化而不能得到所希望的交联效果(式 5-11)[31]。

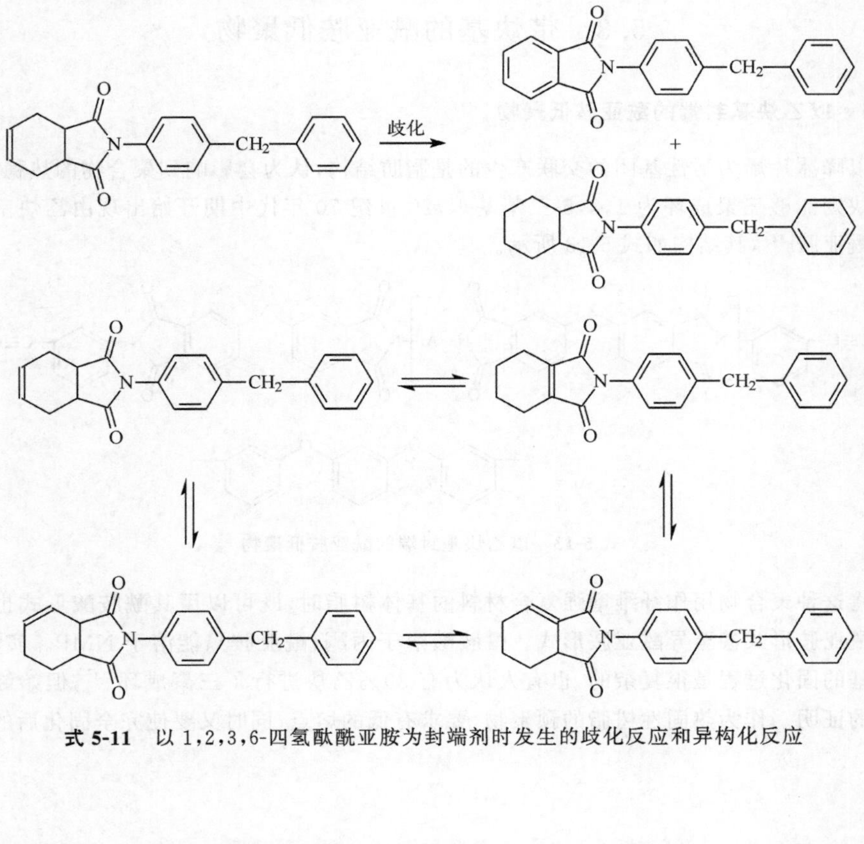

式 5-11　以 1,2,3,6-四氢酞酰亚胺为封端剂时发生的歧化反应和异构化反应

Meador 等[30]认为如果用比较不稳定的基团代替降冰片酰亚胺上的 CH_2 或采用催化剂，则可以降低交联温度。Waters 等[31]以甲羧基的 NA 代替 NA 可以将固化温度降低 25 ℃(式 5-12)，按照 PMR-15 的配方得到的树脂的性能见表 5-9。

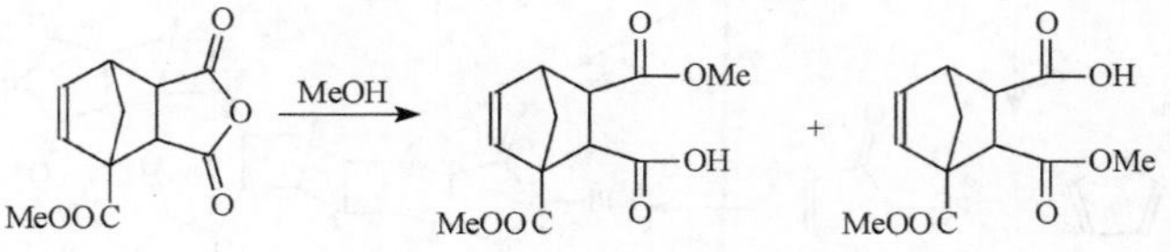

1　　2

式 5-12　以甲羧基的 NA 代替 NA

表 5-9　以甲羧基的 NA 代替 NA 的 PMR-15 树脂的热性能

聚合物	未后固化 T_g/℃	后固化后 T_g/℃	T_d/℃	316 ℃，1000 h 后失重/%
PMR-15	332	346	605	15.1(±0.5)
C-mix	304	340	609	16.9(±0.4)
C-1	315	329	589	19.8(±0.4)
C-2	310	330	608	20.5(±0.6)

注：C-mix：**1**∶**2**＝2∶3；C-1：由 **1** 得到的 PMR 树脂；C-2：由 **2** 得到的 PMR 树脂。后固化：316 ℃，16 h。

5.3　带炔基的酰亚胺低聚物

5.3.1　以乙炔基封端的酰亚胺低聚物

以降冰片烯为活性基团的交联产生的是脂肪结构，认为会影响到聚合物的热稳定性，苯乙炔则能够三聚成环为 1,3,5-三苯基苯，20 世纪 70 年代中期开始出现由乙炔基封端的聚酰亚胺[32]，其结构如式 5-13 所示。

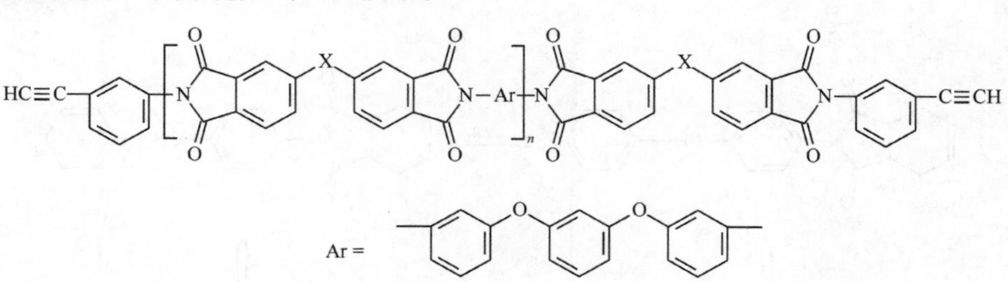

式 5-13　以乙炔基封端的酰亚胺低聚物

将这种聚合物用作纤维增强复合材料的基体树脂时，既可以用其酰胺酸形式也可以用其酰亚胺形式甚至异酰亚胺形式。酰胺酸溶于丙酮，酰亚胺只能溶于 NMP。实际上，乙炔基的固化过程是很复杂的，也有人认为有 30%乙炔进行了三聚成环[33]，但始终没有过硬的证明。作为热固性树脂的预聚物，要求有低的熔点，同时又要使完全固化后的树脂

有高的 T_g，前者使得树脂有宽的加工窗口，后者则可有高的使用温度。不同结构的乙炔封端的聚酰亚胺的 T_g 见表 5-10。以 6FDA 代替 BTDA 后可使预聚物的熔点由 195～200 ℃降到 160～180 ℃，而且可以溶解在一些普通溶剂，如 THF、DMSO、DMF 及 γ-丁内酯中。这种树脂的商品名为 Thermid AF-700。

表 5-10 各种乙炔封端的聚酰亚胺的 T_g

式 5-13 中的 X	预聚物的 T_g/℃	固化后的树脂的 T_g/℃
$-\overset{O}{\overset{\Vert}{C}}-$	195～200	370
—O—	150	253
$-CH_2-$	160	263
$-C(CF_3)_2-$	168～178	324
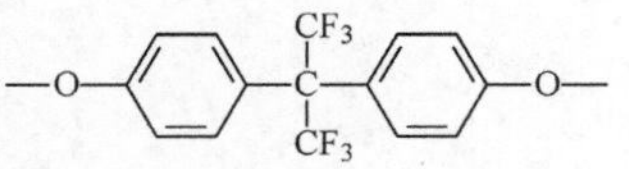	160	296
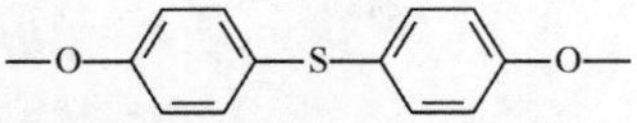	134	212

以异酰亚胺形式出现的乙炔封端的预聚物比酰亚胺形式有更好的溶解性[34]。一种叫 Thermid IP-600 的预聚物其熔点为 153～163 ℃，比相应的酰亚胺预聚物的熔点降低了 40 ℃。在 10 ℃/min 升温速度下，由 IR 检测，这种以乙炔封端的聚异酰亚胺在 160～230 ℃完成异构化为酰亚胺（1808 cm^{-1} 异酰亚胺吸收峰消失），在 180～330 ℃完成炔基的交联（3238 cm^{-1} 乙炔基吸收峰消失）。

具有乙炔端基的聚酰胺酸通常用化学环化，因为热环化可能使炔基发生聚合而交联，同时也为了避免炔基与酰亚胺化所产生的水反应。

乙炔封端的天冬酰亚胺比较容易制备，有下面两种形式[35]：

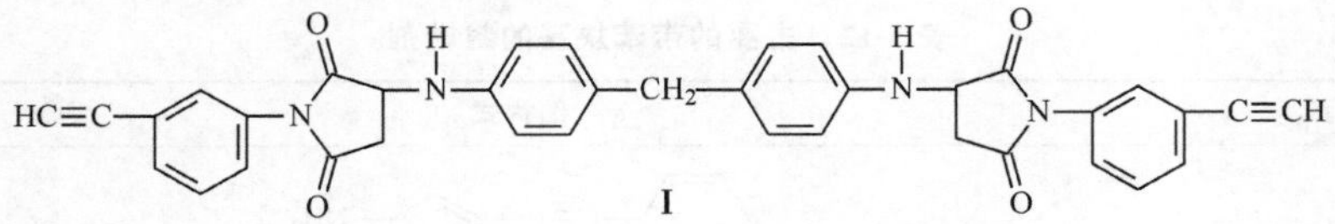

I

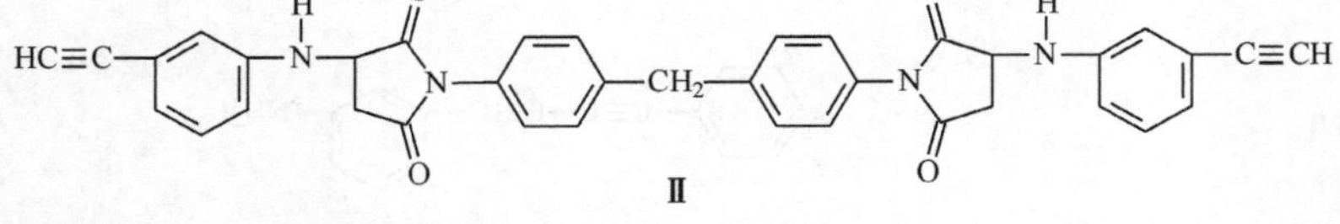

Ⅱ

但其耐热性显然不如全芳香聚合物。

5.3.2 以苯炔基封端的酰亚胺低聚物

由于用乙炔作端基的低聚物存在加工窗口太窄的缺点，20 世纪 80 年代后期又发展了带苯炔基的聚酰亚胺预聚物。与以乙炔基苯酐比较，这种预聚物是以将加工温度往高温侧移动的方法来达到加宽加工窗口的目的。这可以用表 5-11 的数据加以说明[36]。

表 5-11　乙炔基和苯炔基封端的低聚物的固化

胺		DSC	
		聚合开始温度/℃	聚合最大放热峰/℃
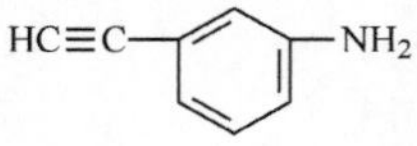	APA	195	240
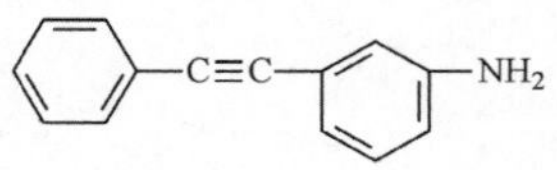	PEA	332	376
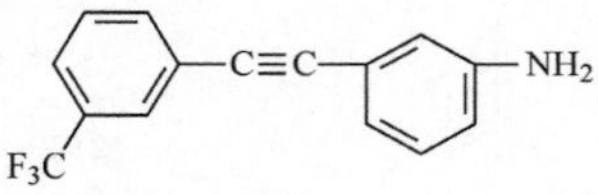	3-CF_3-PEA	343	378
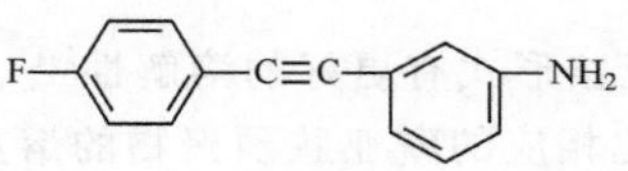	4-F-PEA	343	376
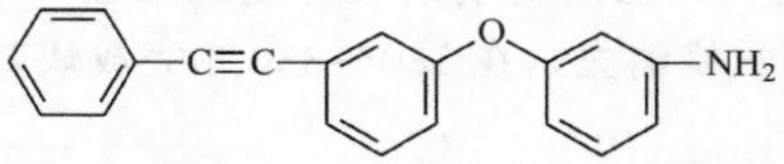	PEPOA	303	348

苯炔基团可以处于链端，也可以处于链中，还可以处于侧链上。一些带苯炔基的封端剂见表 5-12。苯炔基苯酐还有比较容易合成和提纯的优点，与 APA 相比，毒性也较低。

表 5-12　主要的带苯炔基的封端剂

缩写	结构式
PEA	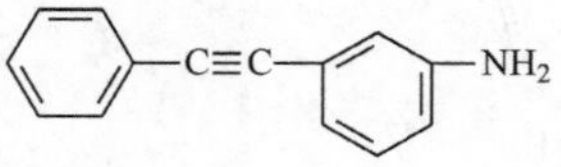
PAPB	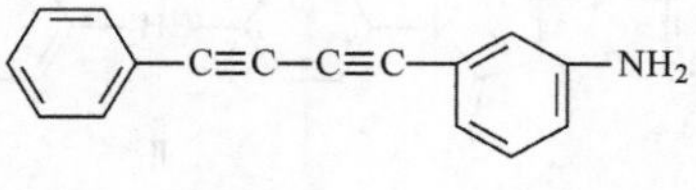
PEPOA	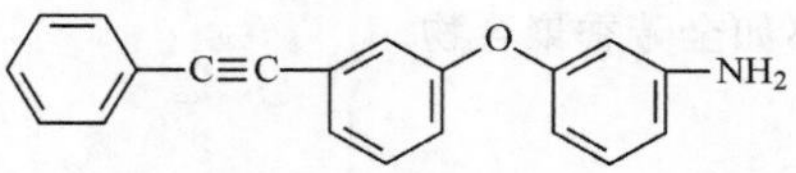

续表

缩写	结构式
3A4′PEB 4A4′PEB	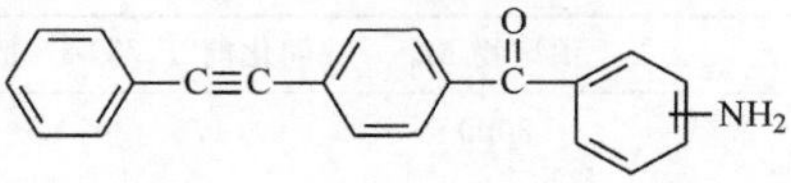
PEPA	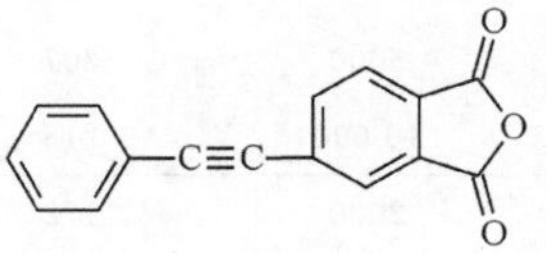
PEPOPA	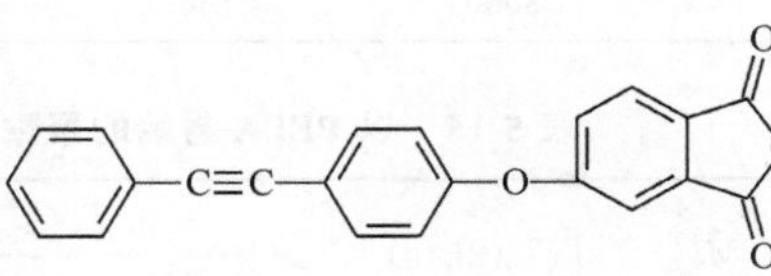
DPEB	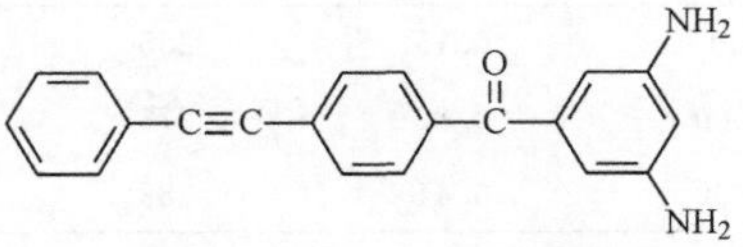

苯炔基的交联过程十分复杂，主要以游离基机理，产生多烯（polyene），同时也形成支化和交联。由于空间位阻，由苯炔基三聚成环的可能性不大[37]。

Meyer 等[38]以苯炔基苯胺为端基得到如式 5-14 所示的低聚物。当计算相对分子质量为 7000 时，固化温度及时间对凝胶含量的影响见表 5-13。

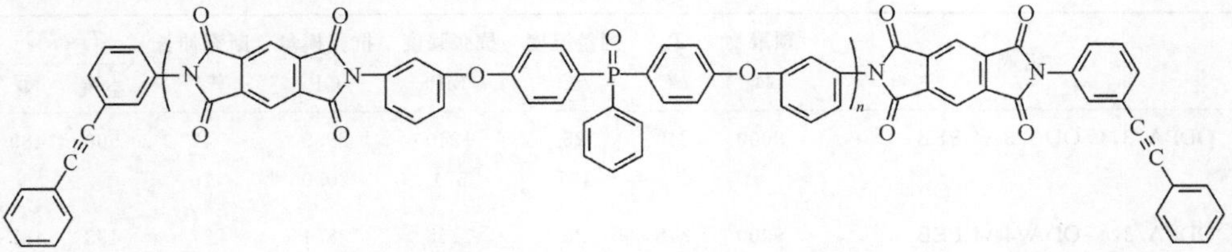

式 5-14　以苯炔基苯胺封端的聚酰亚胺低聚物

表 5-13　固化温度及时间对凝胶含量的影响

固化温度/℃	固化时间/min	凝胶量/%
350	60	67
350	90	89
380	30	90
380	60	94
380	90	98

以苯炔基作为活性基团的聚酰亚胺预聚物更多的工作集中在以 4-苯炔基苯酐

(4-PEPA)为封端剂。低聚物和交联聚合物的性能见表5-14至表5-16。

表5-14　以4-PEPA封端的聚酰亚胺的热性能[40]

组成	预聚物 M_n	固化前 T_g/℃	固化后 T_g/℃	放热峰/℃	$T_{5\%}$/℃
BPADA/PPD-MPD(7∶3)	2000	175	—	395	541
	3000	193	267	415	528
	5000	207	252	404	522
	10 000	216	240	—	531
BPADA/MPD	2000	172	265	392	525
	3000	184	252	395	520

表5-15　以PEPA封端的聚酰亚胺[41]

二酐和二胺	计算的 M_n	$[\eta]$/(dL/g)	T_g/℃		$T_{5\%}$/℃	
			交联前	交联后	交联前	交联后
6FDA/ODA	3000	0.15	255	310	555	587
	10 000	0.32	275	308	551	577
	15 000	0.41	288	289	546	—
6FDA/PPD	3000	不溶	324	—	540	—
	10 000	0.30	340	362	537	—
	15 000	0.40	—	—	543	—

注：T_g:10 ℃/min,N_2。

表5-16　用A4′PEB封端的聚酰亚胺的性能[42]

组成	预聚物 M_n	T_g/℃	测量温度/℃	抗张强度/MPa	抗张模量/GPa	断裂伸长率/%	$T_{5\%}$/℃	
							空气	N_2
ODPA/3,4′-ODA/3A4′PEB	9000	249	25	1240	29.9	42	500	489
			177	521	20.0	76		
ODPA/3,4′-ODA/4A4′PEB	9000	248	25	1155	28.1	27	493	487
			177	599	14.9	50		
BPDA/3,4′-ODA(0.85)APB(0.15)/3A4′PEB	5000	272	25	1423	35.4	67	515	522
			177	937	27.5	95		
BPDA/3,4′ODA(0.85) APB (0.15)/4A4′PEB	5000	271	25	1317	34.0	46	499	521
			177	824	25.0	90		
BPDA/3,4′-ODA(0.85) APB(0.15)	高相对分子质量		25	1423	33.9	44		
			177	817	25.3	96		

由苯乙炔封端而交联的聚酰亚胺比由乙炔封端交联的聚合物有更好的耐热氧化性能,并耐各种溶剂,如喷气机燃料、液压油及酮类。据报道,美国拟建造的高速客机就采用苯乙炔封端的聚酰亚胺为黏合剂[39]。

由 intA 得到的聚酰亚胺是炔基处于主链的聚酰亚胺，Takeichi 等[43] 以 6FDA 与 ODA 及 *m*-intA 得到的聚酰亚胺在 350～400 ℃固化，并未见到明显的交联效应，他们认为这可能是在主链上的炔基由于大分子的活动性差和空间位阻不能有效地发生交联所致。虽然这种聚合物在 400 ℃处理后都变为不溶，但不含炔基的线形聚酰亚胺也会发生这种行为。由 intA 得到的聚酰亚胺的性能见表 5-17 和表 5-18。

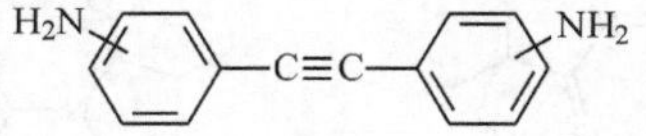

intA

表 5-17　由 *m*-intA 得到的炔基处于主链的聚酰亚胺的性能

6FDA/ODA ∶ *m*-intA	η_{red} /(dL/g)	GPC		
		M_w	M_n	M_w/M_n
1∶0	1.44	468 400	207 500	2.26
8∶2	1.29	340 400	80 000	4.25
5∶5	0.76	116 300	28 700	4.05
0∶1	0.81	102 000	25 500	4.00

表 5-18　由 intA 得到的 PAA 在 250 ℃处理后 DSC 上的放热开始温度(℃)[44,45]

BPDA		PMDA		6FDA	
p-intA	*m*-intA	*p*-intA	*m*-intA	*p*-intA	*m*-intA
379	340	387	341	330	321

所有含 *m*-intA 的聚合物都可以得到柔韧的薄膜，但含 *p*-intA 的聚合物只能得到脆的膜，开始放热温度 *m*-intA 也比 *p*-intA 低，认为放热开始温度与链的刚性有关。

Nakamura 等[46] 用热分析和固体 ^{13}C NMR 研究主链含苯炔聚酰亚胺的交联。PMDA/*m*-intA、6FDA/*m*-intA、BPDA/*m*-intA 在 400 ℃无明显失重，在 200 ℃、300 ℃、350 ℃处理后的 DSC 都有明显放热峰，但在 400 ℃处理后就没有此放热峰。对于 6FDA/*m*-intA，交联在 350 ℃完成，而对于 PMDA/*m*-intA 和 BPDA/*m*-intA，在 400 ℃才完成。固化后的样品中炔碳和苯碳峰降低，而联苯 C1 峰增强，说明发生 Diels-Alder 反应得到各种联苯和苯基萘结构(式 5-15)。表 5-19 为由 ^{13}C NMR 研究在 400 ℃ 30 min 处理后主链内炔基的反应程度。该结果与炔基处于链端的情况不同，后者在交联反应后没有残留的炔基。

表 5-19　在 400 ℃ 30min 处理后主链内炔基的反应程度

聚合物	反应程度/%
PMDA/*m*-intA	50
6FDA/*m*-intA	55
BPDA/*m*-intA	40

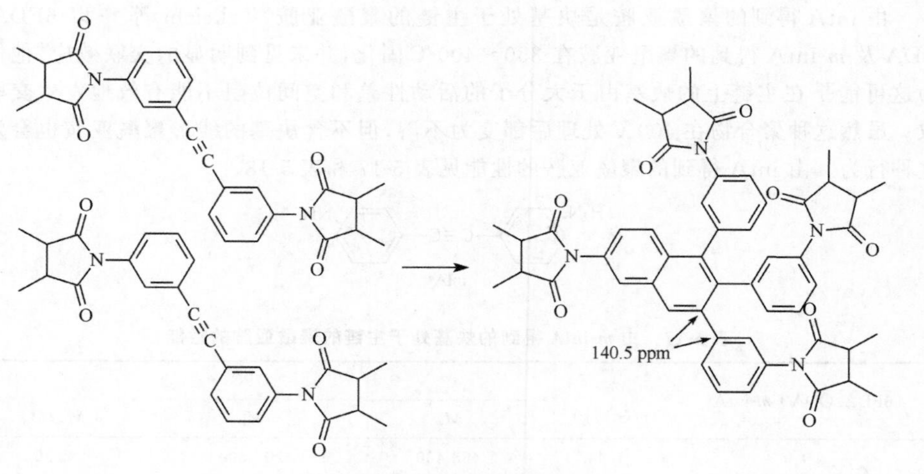

式 5-15　内苯炔基的交联

苯炔端基的交联是通过游离基机理，所以游离基引发剂可以促进苯炔基的交联，但一般的游离基引发剂的分解温度都大大低于低聚物玻璃化温度(200～250 ℃)，而有机金属化合物催化剂又会降低材料的高温热氧化稳定性。Hawthorne 等[47]为了降低苯炔基的固化温度，利用有机二硫化物在 200 ℃左右的不可逆解离形成硫游离基可以使苯炔基封端的酰亚胺的固化温度降低 50 ℃以上，所以能够在 300 ℃进行固化(式 5-16)。最佳的苯炔/二硫化物的配比为 2.8～3.0：1，更高的比例可能会残留巯基，较低的比例则会残留炔基，它可以在 360 ℃以上继续交联。二硫化物对苯炔基封端的酰亚胺低聚物在反应初

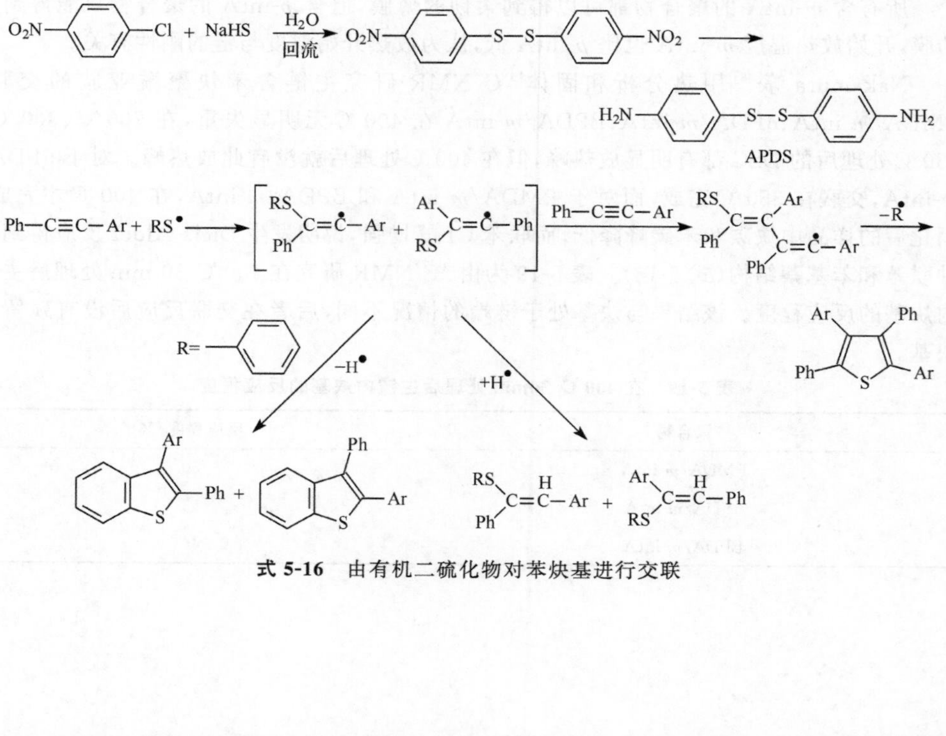

式 5-16　由有机二硫化物对苯炔基进行交联

期产生的是以苯并噻吩为端基的线形聚合物，可以溶于有机溶剂并呈热塑性。一种由BPDA：ODPA：3,4′-ODA：PEPA：1,3,4-APB：APDS＝240：80：285：136：58：45(mmol)组成的低聚物，其 T_g 在 200 ℃以下，可以用熔融浸渍法制备预浸料，在 320 ℃ 4 h固化后的树脂的 T_g 为 265 ℃，强韧，具有高的热氧化稳定性，抗张强度为 122.3 MPa，断裂伸长率为 7%，抗张模量为 3.71 GPa，在 22 ℃水中浸泡 14 天，吸水 1.2%，室温下在丁酮和航空煤油中浸泡 14 天，其质量相应增加 0.1%和 10.2%，在 204 ℃ 60 天和 160 天老化，质量相应增加 0.1%和 0.25%，在 250 ℃老化 140 天，失重 0.3%，与 PEPI-5 相似。

5.3.3　二苯乙炔与二苯撑的反应

双苯撑还可以与二苯乙炔反应，得到菲类交联结构(式 5-17)[48]。

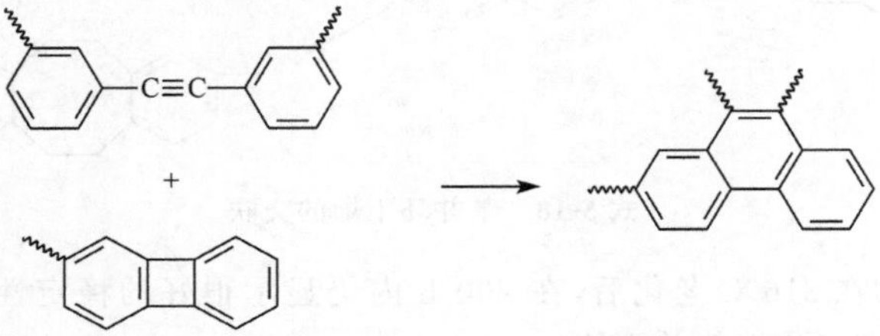

式 5-17　二苯乙炔与二苯撑的反应

5.3.4　其他芳炔基封端的酰亚胺低聚物

Wright 等[49]以萘炔基或蒽炔基代替苯炔基，发现固化速率有下面次序：9-蒽炔＞2-萘炔＞1-萘炔＞苯炔。与苯炔比较，萘炔可以使固化温度降低 30 ℃，蒽炔可以降低 80 ℃。

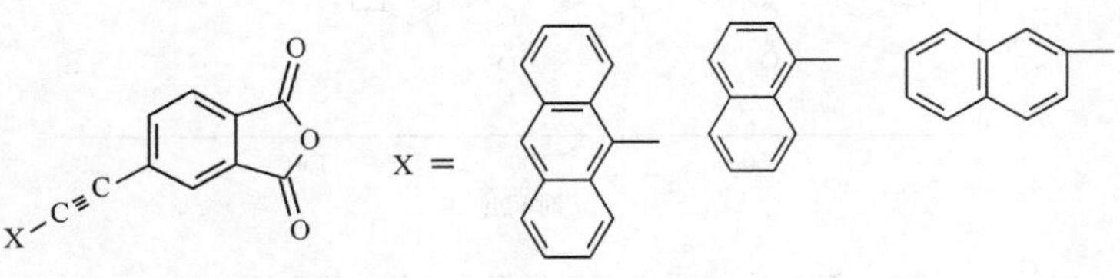

然而，采用苯炔基封端的目的就是使加工窗口向高温端扩展，采取措施让苯炔端基的固化温度降低显然与这个初衷相背离。

5.4　以苯并环丁烯作为活性端基

Oppolzer 等[50]以苯并环丁烯作为封端剂，因为苯并环丁烯的四元环在加热时可以开环成为能够发生均聚的邻苯二甲叉(*o*-xylylene)，固化时无挥发物放出，也不需要催化剂。将 4-氨基苯并环丁烯和二酐及二胺在乙酸中回流 17 h 得到由苯并环丁烯封端的预聚物[51]。这种预聚物同样希望具有低的熔点以便于加工。

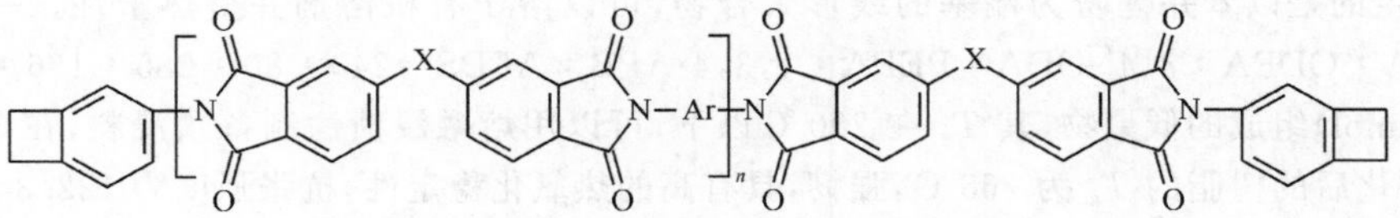

Denny[52]将苯并环丁烯加热到 250 ℃，认为可以发生式 5-18 所示的交联过程。

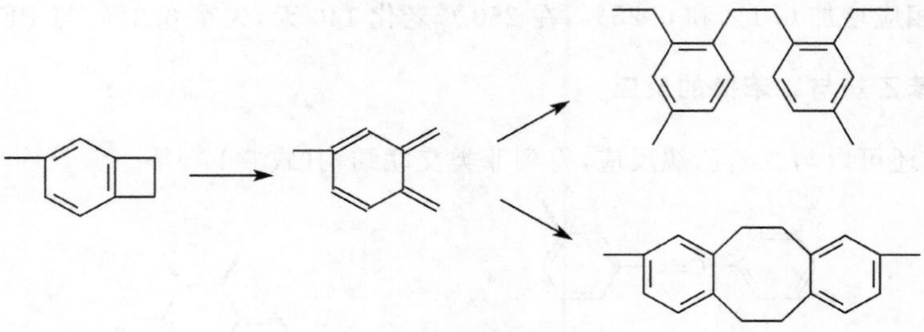

式 5-18　苯并环丁烯的交联

固化的聚合物在 316 ℃老化后，在 200 h 内仍显示很好的稳定性(图 5-4)。但据了解，这类聚合物长期老化性能并不佳。

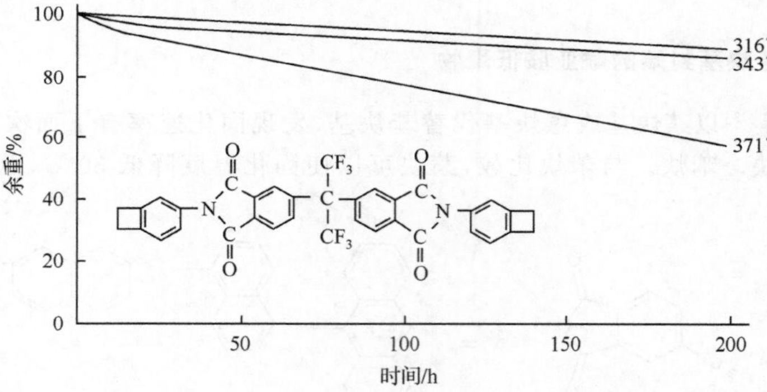

图 5-4　双苯并环丁烯聚合物的热稳定性

5.5　其他热固性聚酰亚胺

5.5.1　由烯丙基降冰片烯封端的聚酰亚胺

Chaudhari 等[53]报道了烯丙基降冰片烯封端的聚酰亚胺，该活性端基是由环戊二烯和金属钠反应后再和烯丙基卤化物作用得到很不稳定的烯丙基环戊二烯，然后与马来酸酐反应得烯丙基降冰片二酸酐。按通常方法可以得到具有活性端基的预聚物。与 MDA 得到的双酰亚胺的熔点为 80～85 ℃，与己二胺得到的双酰亚胺在室温是黏稠的液体。在

250 ℃左右发生聚合，硫酸可用作催化剂。这种热固性聚酰亚胺应当还可以与其他热固性聚合物(如 BMI 等)共聚。

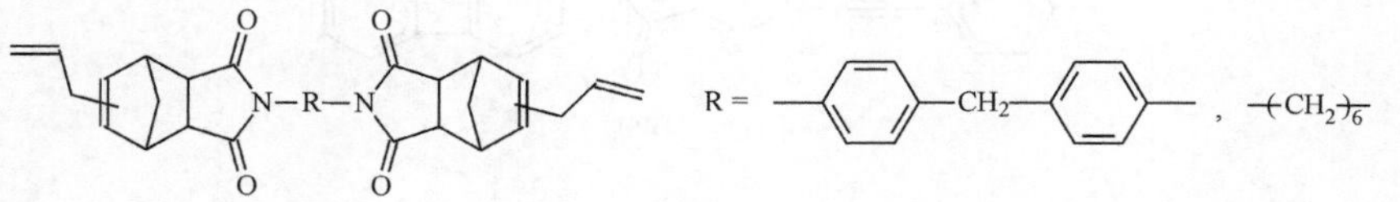

5.5.2　以 2,2-对环芳烃封端的聚酰亚胺

Baldwin 等[54]用带官能团的 2,2-对环芳烃(2,2-paracyclophane)来封端，2,2-对环芳烃在加热时开环得到对二甲苯撑单元，使聚合物发生交联(式 5-19)。

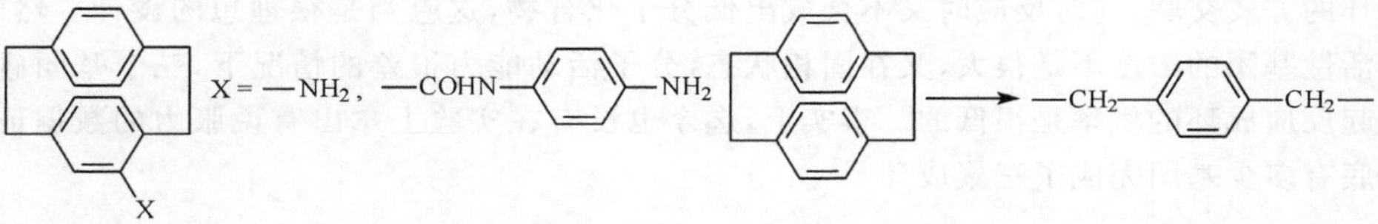

式 5-19　2,2-对环芳烃的交联反应

5.5.3　以二苯撑封端的聚酰亚胺

以上热固性聚酰亚胺的端基在交联后都生成脂肪的交联链节，因而降低了聚合物的热稳定性和热氧化稳定性。二苯撑开环后只形成苯环间的单键，得到热稳定的聚合物(式 5-20)[55]。开环反应可在 400 ℃左右进行[56]。在过渡金属催化剂存在下，可以在 200 ℃左右按氧化加成机理开环[57]。

式 5-20　二苯撑开环成联苯结构

Hay 等[58]根据二苯撑在高温下可以选择性地与二苯基乙炔反应得到含菲的结构(式 5-21)[55]，合成了 *N*-二苯撑-4-苯炔基酞酰亚胺(BPP)，在 370 ℃下固化，得到的聚合物的 T_g 要比单纯由苯炔基固化的高约 100 ℃。

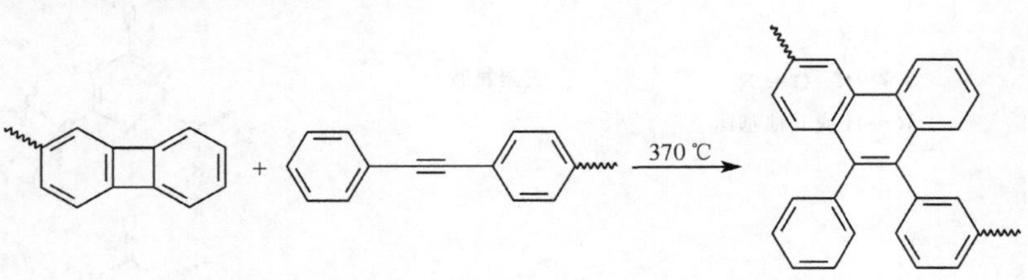

式 5-21　双苯撑与二苯基乙炔反应得到含菲的结构

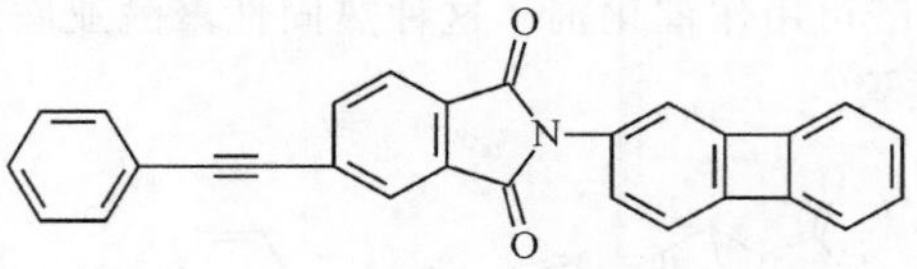

BPP

5.5.4 基于三聚成环概念的活性基团

氰基、炔基、氰酸基、异氰酸基及氰胺作为交联用的活性基团(表 5-20)是基于当时的一种新概念,即作为耐热的芳杂环聚合物,其交联单元也应该是耐热的,不然,在芳杂环聚合物中引入脂肪的交联单元会影响聚合物整体的热稳定性。这些基团可以以三聚形成芳杂环的方式交联,同时反应时又不会放出低分子化合物,这应当是很理想的设计。然而,在活性基团的浓度不是很大,又在固相状态,分子活动能力很差的情况下,三个基团碰在一起反应成环的概率是很低的。事实上,迄今也没有在实验上拿出有说服力的数据证明到底有多少基团完成了三聚成环[33]。

表 5-20 能够发生三聚成环的基团和可能形成的环的结构

活性基团		所形成的环	
炔	~C≡H ~C≡C~	苯	
腈	~C≡N	对称三嗪	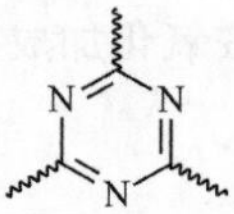
氰酸酯	~O—C≡N	三聚氰酸酯	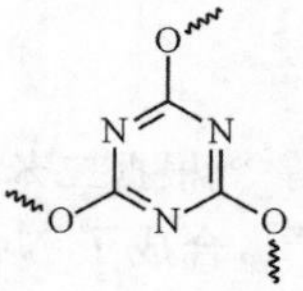
氰胺	R | ~N—C≡N R═H 或其他基团	三聚氰胺	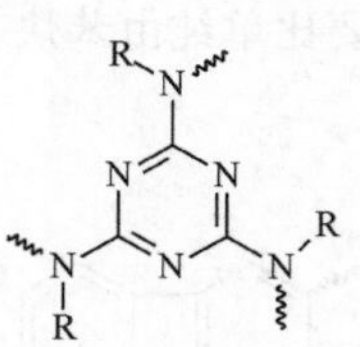
异氰酸酯	~N═C═O	三聚异氰酸酯	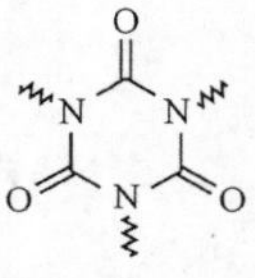

尽管未能证明三聚成环的比例，这些基团在加热时发生交联却是事实，在交联后的聚合物具有较高的耐热性的前提下，以乙炔基为活性基团的聚酰亚胺（Thermid 600 等）也已经商品化。此外，美国 NASA 还为克服乙炔基封端的低聚物加工窗口太窄，发展了将加工窗口向高温端扩展的以苯炔为活性基团的封端剂。

5.5.5　以苯基三氮烯封端的聚酰亚胺

Lau 等[59]利用苯基三氮烯在空气中室温下有足够的稳定性，可在 200～300 ℃分解，产生芳环-芳环的直接交联，但因同时放出氮气和胺（式 5-22），所以只比较适合于薄膜类制品。

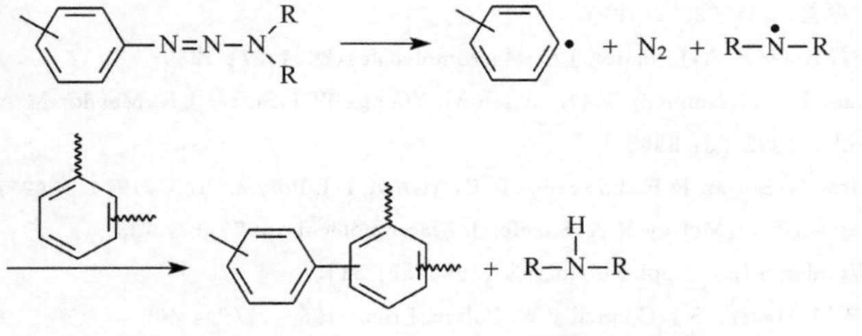

式 5-22　苯基三氮烯的分解交联

参 考 文 献

[1] Smith Jr. J G. Connell J W, Hergenrother P M. Polymer, 1997, 38: , 4657; Hergenrother P M, Connell J W, Smith Jr. J G. Polymer, 2000, 41: 5073.
[2] Lubowitz H R. US, 3528950, 1970.
[3] Serafini T T, Delvigs P, Lightsey G R. J. Appl. Polym. Sci., 1972, 16: 905.
[4] Takekoshi T, Matson J L//Feger C, Khojasteh M M, Htoo M S. Advances in Polyimide Science and Technology. Prodeedings of the 4th International Conference on Polyimides, Oct. 30-Nov. 1, 1991 Ellenville, New York, Lancaster Basel: Technomic Publishing Co., Inc. 1993: 268.
[5] Lagnitton B, Mison P, Sillion B, Brisson J. Macromolecules, 1998, 31: 7203.
[6] Young P R, Chang A C. J. Heterocyclic Chem., 1983, 20: 177.
[7] Scola D A. 2nd Int. Polyimide Conf., SPE, 1985: 247.
[8] Grenier-Loustalot M F, Billon L. Proc. of 4th European Technical Symp. on Polyimides and High Performance Polymers, May. 13-15, France, 1996: 87.
[9] Kwart H, King K. Chem. Rev., 1965, 68: 415.
[10] Wong A C, Richey W M. Spectrosc. Lett., 1980, 13: 503.
[11] Wong A C, Richey W M. Macromolecules, 1981, 14: 825.
[12] Berson J A, Reynolds R D. J. Am. Chem. Soc., 1955, 77: 4434.
[13] Berson J A, Reynolds R D, Jones W M. J. Am. Chem. Soc., 1956, 78: 6049.
[14] Rogers F E, Quan S W. J. Phys. Chem., 1973, 77: 828.
[15] Woodward R B, Katz T J. Tetrahedron, 1959, 5: 70.
[16] Milhourat-Hammadi A, Chayrigues H, Levoy R, Merienne C, Gaudemer A. J. Polym. Sci. Polym. Chem., 1994, 32: 1593.
[17] Laguitton B, Mison P, Pascal T, Sillion B. Polym. Bull., 1995, 34: 425.

[18] Milhourat-Hammadi A, Chayrigues H, Merienne C, Gaudemer A. J. Polym. Sci., Polym. Chem., 1994, 32: 203.
[19] 丁孟贤，徐正炎，张劲，孟慧岚．应用化学，1994，11(3)：107.
[20] Lauver R W. J. Polym. Sci., Polym. Chem., 1979, 17: 2529.
[21] Johnston J C, Meador M A B, Alston W B. J. Polym. Sci., Polym. Chem., 1987, 25: 2175.
[22] Gacia G, Serafini T T. J. Polym. Sci., Polym. Chem., 1987, 25: 2275.
[23] Scola D A, Stevens P M. J. Appl. Polym. Sci., 1981, 26: 231.
[24] Wilson D, Wells J K, Hay J N, Lind D, Owens G A, Johnson F. SAMPE J., 1987, May/June, 35.
[25] Lubowitz H R. ACS. Org. Coat. Plast. Chem., 1971, 31: 561.
[26] Serafini T T, Delvigs P. Appl. Polym. Symp., 1973, 22: 89.
[27] Sukenik C N, Malhotra V, Varde V//Harris F W, Spinelli H J. Reactive Oligomers. ACS Symp., 1985, 282: 53.
[28] Wilson D. Brit. Polym. J., 1988, 20: 405; Hay J N, Boyle J D, Parker S F, Wilson D. Polymer, 1989, 30: 1032.
[29] 丁孟贤，张劲．中国，951002392，1995.
[30] Meador M A B, Frimer A A, Johnston J C. Macromolecules, 2004, 37: 1289.
[31] Waters J F, Sukenik C N, Kennedy V O, Livneh M, Youngs W J, Sutter J K, Meador M A B, Nurke L A, Ahn M K. Macromolecules, 1992, 25: 3868.
[32] Landis A L, Bilow N, Bosjan R H, Lawrence R E, Aponyi T J. Polym. Prep., 1974, 15(2): 537.
[33] Sefeik M D, Stejskal E O, McKay R A, Shaefer J. Macromoleculs, 1979, 12: 423.
[34] Huang W X, Wunder S L. J. Appl. Polym. Sci., 1996, 59: 511.
[35] Hergenrother P M, Havens S J, Connell J W. Polym. Prep., 1986, 27(2): 409.
[36] Paul C W, Schultz R A, Fenelli S P//Feger C, Khoyasteh M M, Htoo M S. Advances in Polyimide Science and Technology. Lancaster, PA: Technomic, 1993: 220.
[37] Hergenrother P M, Smith Jr. J G. Polymer, 1994, 35, 4857.
[38] Meyer G W, Pak S J, Y. J. Lee J, McGrath J E. Polymer, 1995, 36: 2303.
[39] Hergenrother P M. Trends in Polym. Sci., 1996, 4(4): 104.
[40] Tan B, Vasudevan V, Lee Y J, Gardner S, Davis R M, Bullions T, . Loos A L, Parvatareddy H, Dillard D A, McGrath J E, Cella J. J. Polym. Sci., Polym. Chem., 1997, 35: 2943.
[41] Meyer G W, Glass T E, Grubbs H J, McGrath J E. J. polym. Sci., Polym. Chem., 1995, 33: 2141.
[42] Havens S J, Bryant R G, Jensen B J, Hergenrother P M. Polym. Prepr., 1994, 35(1): 553.
[43] Takeichi T, Ognra S, Takayama Y. J. Polym. Sci., Polym. Chem., 1994, 32: 579.
[44] Takeichi T, Kobayashi A, Takayama Y. J. Polym. Sci., Polym. Chem., 1992, 30: 2645.
[45] Takeichi T, Stille J K. Macromolecules, 1986, 19: 2093.
[46] Nakamura K, Ando S, Takeichi T. Polymer, 2001, 42: 4045.
[47] Hawthorne D G, Hodgkin J H, Morton T C. High Perf. Polym., 1999, 11: 15.
[48] Takeichit T, Stille J K. Macromolecules, 1986, 19: 2103; Georgiades A, Hamerton I, Hay J N, Shaw S J. Polymer, 2002, 43: 1717.
[49] Wright M E, Schorzman D A. Macromolecules, 2000, 33: 8611; Wright M E, Schorzman D A. Macromolecules, 2001, 34: 4768; Wright M E, Schorzman D A, Berman A M. Macromolecules, 2002, 35: 6550.
[50] Oppolzer W. Synthesis, 1978, 793.
[51] Loon-Send T, Arnold F E. Polym. Prep., 1985, 26(2): 176.
[52] Denny L R. Polym. Prep., 1988, 29(1): 597.
[53] Chaudhari M A. 32nd Int. SAMPE Symp., 1987, 32: 597.
[54] Baldwin L J, Meador M A B, Meador M A. Polym. Prep., 1988, 29(1): 236; Waters J F, Sutter J K, Meador M A B, Baldwin L J, Meador M A. J. Polym. Sci. Polym. Chem., 1991, 29: 1917.
[55] Vaucraeynest W, Stille J K. Macromolecules, 1980, 13: 1361; Takechi T, Stille J K. Macromolecules, 1986, 19: 2103.

[56] Lindow D F, Friedman L. J. Am. Chem. Soc., 1967, 89: 1271.
[57] Bishop K C. Chem. Rev., 1976; 76; 461.
[58] Georgiades A, Harmerton I, Hay J N, Shaw S J. Polymer, 2002, 43: 1717.
[59] Lau A N K, Moore S S, Vo L P. J. Polym. Sci., Polym. Chem., 1993, 31: 1093; Lau A N K, Vo L P. Macromolecules, 1992, 25: 7294.

第 6 章　由双马来酰亚胺及其衍生物得到的聚酰亚胺

由双马来酰亚胺及其衍生物得到的聚酰亚胺是一个大类，其文献数量十分庞大，本章所涉及的只着重在双马来酰亚胺及其衍生物的聚合化学方面。这类聚合物的应用主要集中在复合材料，在本书第 22 章将会有所介绍。此外还可以参考化学工业出版社在 1997 年出版的由梁国正和顾嫒娟编著的《双马来酰亚胺树脂》。

6.1　双马来酰亚胺

双马来酰亚胺(BMI)是一类以马来酰亚胺为活性端基的低相对分子质量化合物，是由马来酸酐与二胺形成的，结构如式 6-1 所示。最普遍使用的是由 4,4′-二氨基二苯甲烷(MDA)得到的双马来酰亚胺(为了方便起见，由某种二胺得到的 BMI 用“二胺-BMI”表示，例如，由 MDA 得到的 BMI 表示为“MDA-BMI”)。由于相邻的两个羰基的拉电子作用，马来酰亚胺的双键具有很高的亲电性，可以与各种官能团反应，所以以 BMI 为单体能够合成多种多样的共聚物。

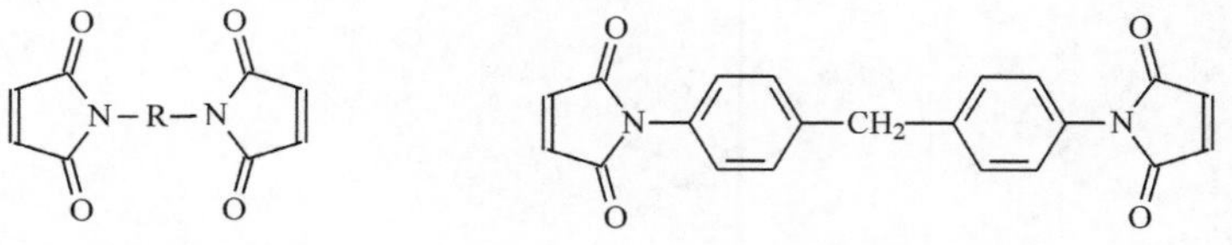

BMI　　　　MDA-BMI

式 6-1　双马来酰亚胺

6.1.1　BMI 的合成

常用的合成方法是将 2 mol 马来酸酐与 1 mol 二胺反应得到 *N*,*N*′-双马来酰胺酸，然后在碱性催化剂(如乙酸钠或叔胺)存在下，以脱水剂(如乙酐)脱水环化[1,2]。当采用氯仿、丙酮或甲苯为溶剂时，所得到的双马来酰胺酸会定量地沉淀出来，但大多数情况并不分离，而是直接在 25～90 ℃进行酰亚胺化得到 BMI。也可不用脱水剂，直接将马来酸酐和二胺在 DMF 或乙酸中加热得到。这个反应看似简单，但对其研究并不充分。副产物的产生使得提纯后的收率仅为 65%～75%(式 6-2)[3]。

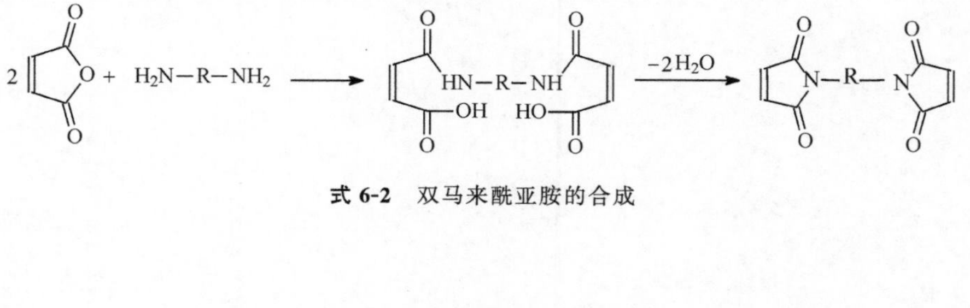

式 6-2　双马来酰亚胺的合成

当以乙酸钠为催化剂时，乙酸钠的浓度不够则会产生大量胺的乙酰化物[1]，此外可能还有异酰亚胺类化合物[3]，尤其是要避免产生富马酰胺酸，因为它不能环化为酰亚胺，低温反应可以最大限度地防止生成富马酰胺酸[4]。企图改进的方法有恒沸蒸馏法[5,6]及利用离子交换树脂的方法等[7]。

由各种二胺获得的双马来酰亚胺的性能列于表 6-1[8]。

表 6-1　双马来酰亚胺的结构和性能

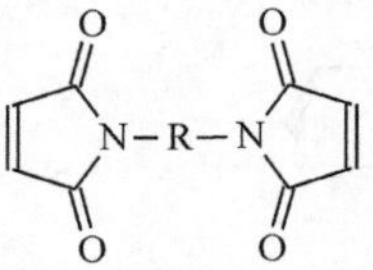

R	mp/℃	T_{max}/℃	ΔH/(J/g)
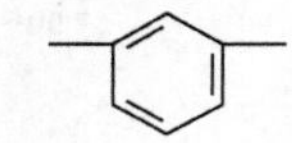	202		
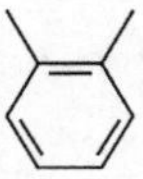	307～309		
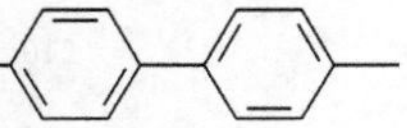	340～349		
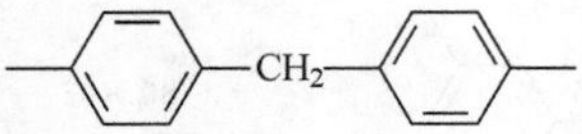	155～157	235	198
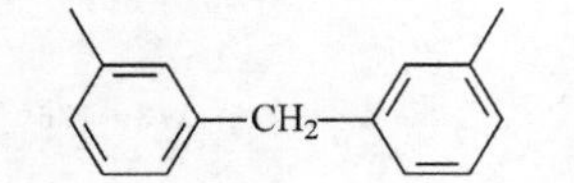	195～196	—	—
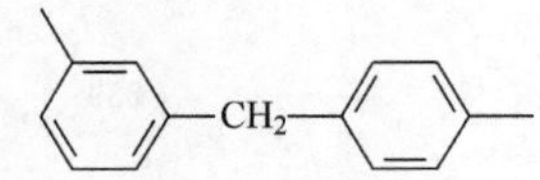	164～165	—	—
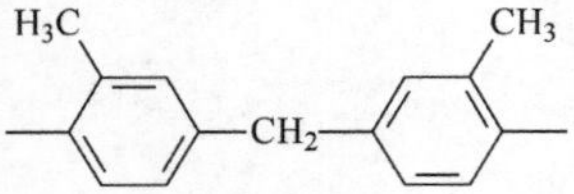	210～212	—	—
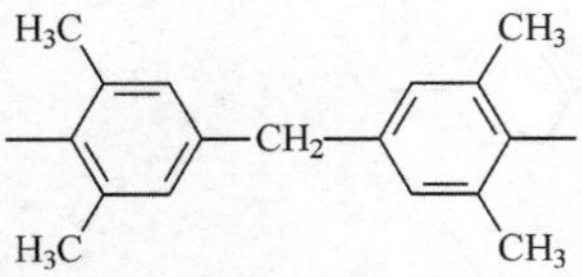	150～154	198	187

续表

R	mp/℃	T_{max}/℃	ΔH/(J/g)
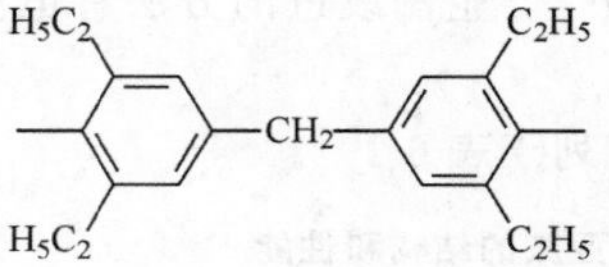	149～151	328	206
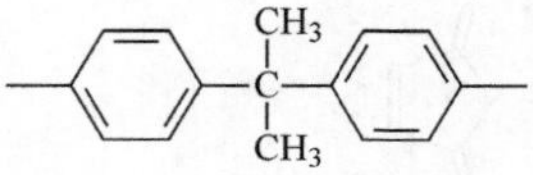	235	290	216
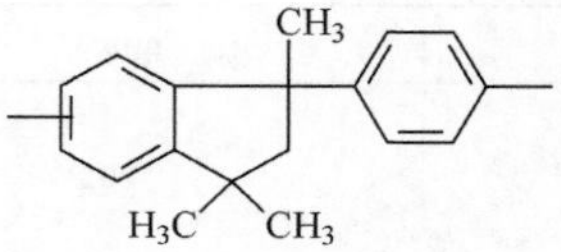	90～100	203	89
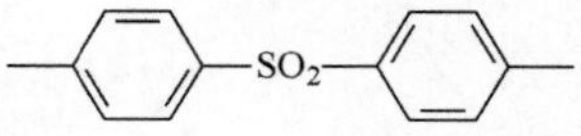	252～255	264	149
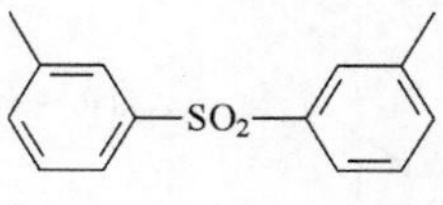	210～211	217	187
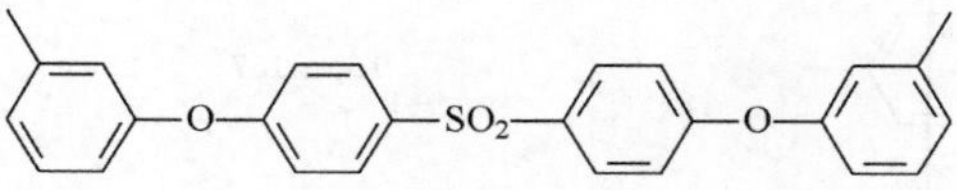	80～92	295	193.2
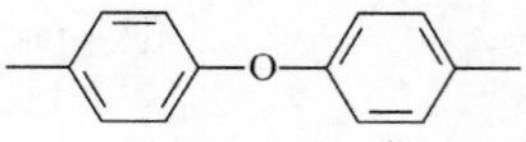	173～176	286	135
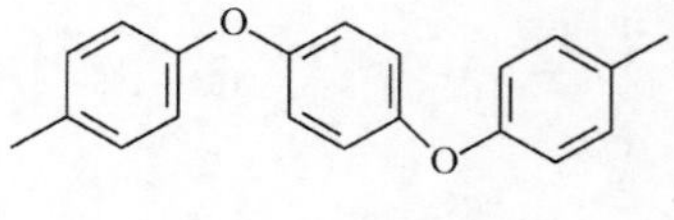	239	252	187
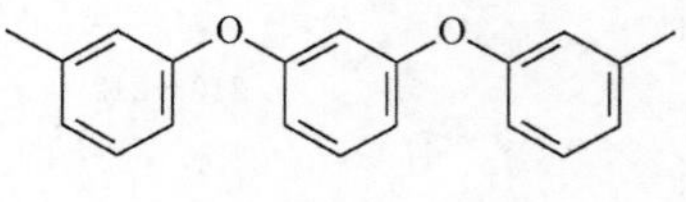	163	254	221
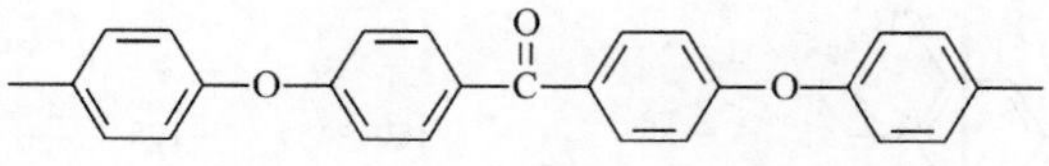	239	250	160～180
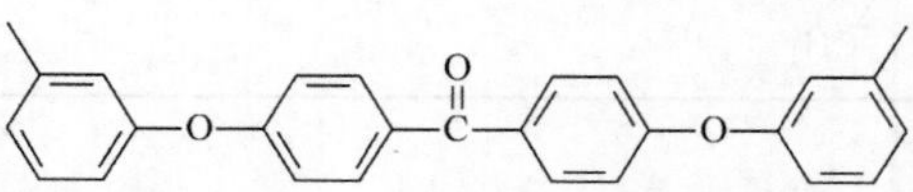	85～91	304	222

续表

R	mp/℃	T_{max}/℃	ΔH/(J/g)
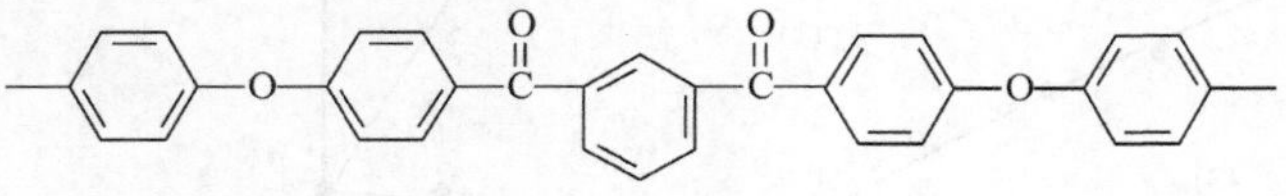	226	285	113
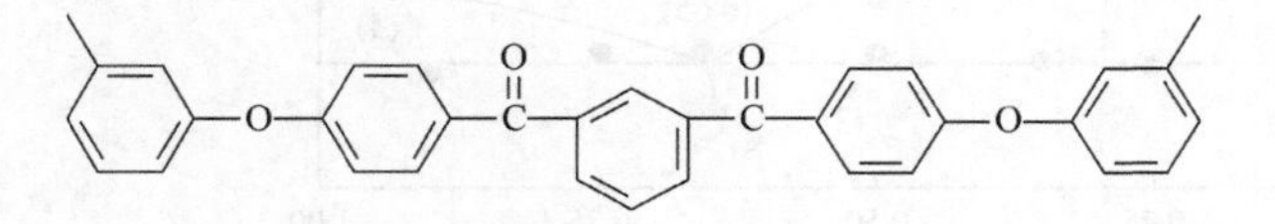	60～65	314	224
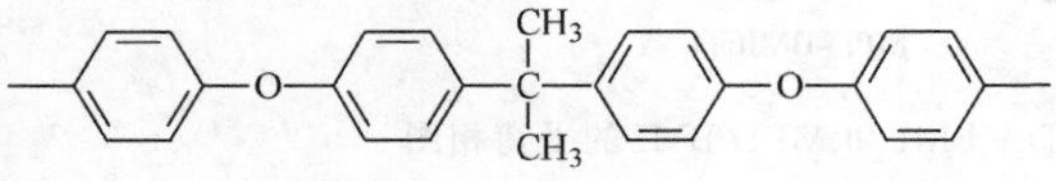	142		
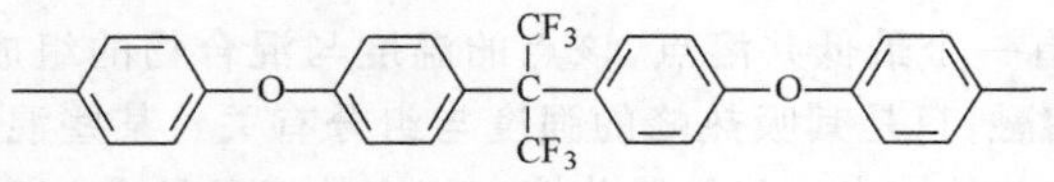	136		
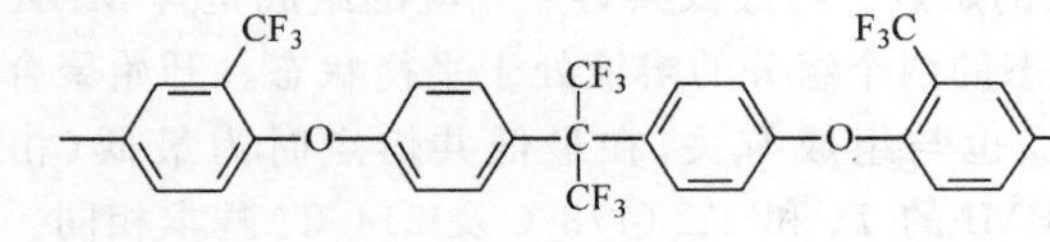	112		
$-CH_2-$	171		
$+CH_2+_6$	140～142		
$+CH_2+_8$	120～122		

二苯基茚二胺的 BMI 具有低熔点，可能是由于该二胺实际上是各个异构体的混合物[9]。以长链的醚砜二胺合成的 BMI 具有较低的熔点，固化后具有高热稳定性和高 T_g，在 T_g 以上，随醚砜二胺相对分子质量的不同，有从中到高的模量平台。这种预聚物可以在普通溶剂中制得高固含量的溶液[10]。含有醚-酮链二胺的 BMI 也已被合成出来[11]。

追求低熔点的 BMI 的一个方法是得到最低共熔混合物，但这方面仅有少量报道[12]。对于 MDA-BMI 和 MPD-BMI，其混合物的组成与熔点（T_{m1} 和 T_{m2}）、开始聚合的温度（T_o）及最大放热温度（T_{exo}）的关系见表 6-2，相图见图 6-1。

表 6-2　由 MDA 和 MPD 得到的两种 BMI 混合物的熔点及反应温度

MDA-BMI 的含量	T_{m1}/℃	T_{m2}/℃	T_o/℃	T_{exo}/℃
0	203	—	203～215	230
0.1	133	193	210	233
0.25	134	178	206	228
0.35	135	170	205	230
0.50	136	148	198	225
0.65	138	—	176	215
0.75	136	—	206	227
0.90	133	150	207	232
1	152	—	178	214

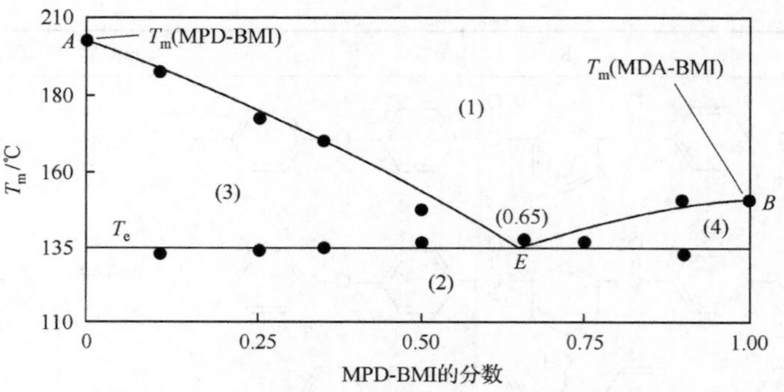

图 6-1　MDA-BMI 和 MPD-BMI 的平衡相图

由图 6-1 可见，在 135 ℃左右有一个最低共溶点，该点的温度与混合物的组成无关，只要是双组分都会在该温度出现熔融，只是其吸热峰的强度与组分有关。某些混合物组成会有第二个与 MPD-BMI 比例有关的熔点。与最低共熔点相应的组成是含 MDA-BMI 为 65%，在该点固态的两个组分与液态的两个组分的溶液处于平衡状态。开始聚合的温度 T_o 和相对最大放热峰的温度 T_{exo} 也与组成有关，在最低共熔点时为最低（相应为 176 ℃和 215 ℃），而且与纯的 MDA-BMI 的 T_o 和 T_{exo}（178 ℃及 214 ℃）基本相同。但不同的作者对于最低共熔物的 T_o 和 T_{exo} 报道出不同的数值[12]，文献[13]认为 T_o 和 T_{exo} 并不随混合物的组成的变化而变化。

用肼作为二胺，所得到的双马来酰胺酸在用乙酐作为环化剂时会产生 36%～60%的异酰亚胺而不是双马来酰亚胺（式 6-3）。

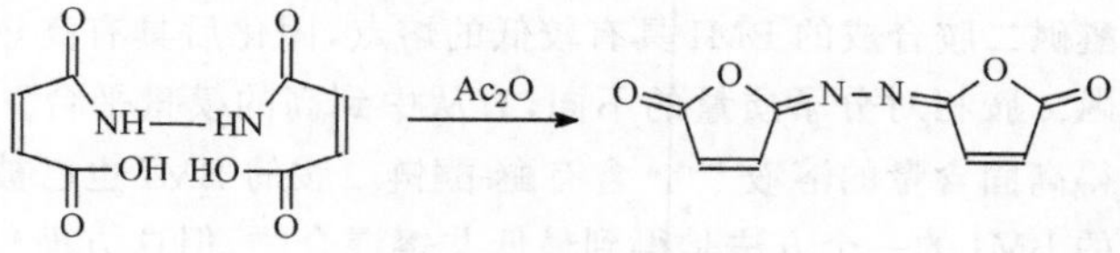

式 6-3　双马来异酰亚胺的生成

如将肼的双马来酰胺酸用氯化亚砜在冰醋酸中处理，则可以得到双马来酰亚胺[14]。也有采取间接的方法，即先由 3,6-环氧-1,2,3,6-四氢苯酐与肼在热的乙酸中反应得到双马来酰亚胺，然后再在 180～200 ℃热解得到双马来酰亚胺并放出呋喃（式 6-4）[15]。

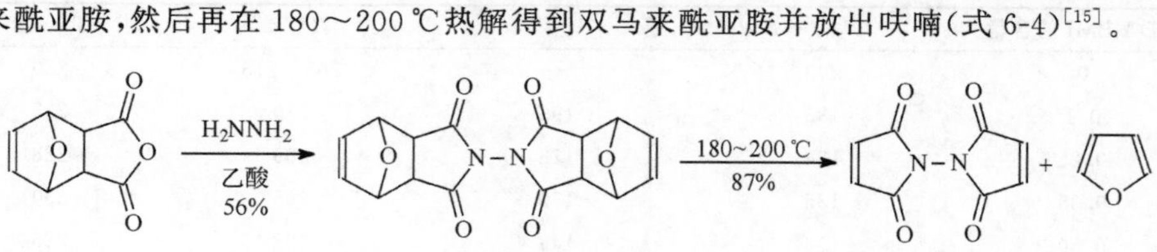

式 6-4　由肼与马来酸酐合成 BMI

Fan 等[16]以二胺与双异马来酰亚胺反应得到聚酰肼-酰胺共聚物（式 6-5）。双异马来酰亚胺与各种二胺反应得到的聚合物见表 6-3 和表 6-4。

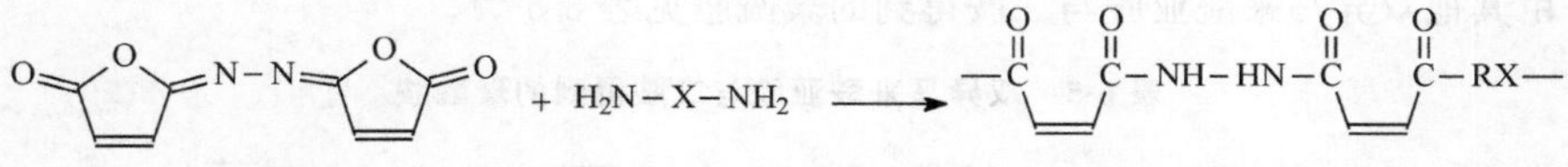

式 6-5　以二胺与双异马来酰亚胺反应得到聚酰肼-酰胺共聚物

表 6-3　二胺与双异马来酰亚胺反应得到聚酰肼-酰胺共聚物

二胺	收率/%	η_{inh}/(dL/g)	聚合物状态
H_2NNH_2	99	不溶	黄色固体
$H_2NCH_2CH_2NH_2$	80	不溶	黄色固体
CH_2　CH_3 (N 上取代) $HNCH_2CH_2NH$	89	0.46	红褐色固体
$H_2N(CH_2)_4NH_2$	95	0.97	黄色纤维状聚合物
$H_2N(CH_2)_6NH_2$	87	0.35	黄色纤维状聚合物
$H_2N(CH_2)_8NH_2$	84	0.32	黄色纤维状聚合物
$H_2N(CH_2)_{10}NH_2$	99	0.47	黄色纤维状聚合物
PPD	99	0.23	暗黄固体
MPD	94	0.19	淡绿固体
OPD	34	0.07	褐色固体
4MPPD	54	0.11	浅黄固体
MDA	99	0.36	黄色纤维状固体
ODA	95	0.19	黄色固体
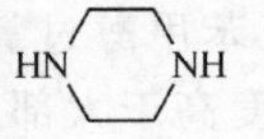	76	0.11	白色固体
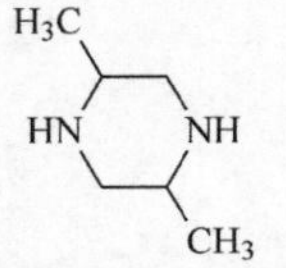	61	0.18	黄色固体

表 6-4　双异马来酰亚胺与脂肪二胺得到的聚合物的性能

性能	$H_2N(CH_2)_nNH_2$ $n=4$	$n=10$
η_{inh}/(dL/g)	0.97	0.47
T_g/℃	125	130
抗张强度/MPa	67.6	56.3
抗张模量/GPa	2.82	3.10
断裂伸长率/%	4	3.5
抗冲强度/(ft · lb/in²)	4.5	10
氧的透过系数/[(mL STP · mil)/(100 in · 24 h · atm)]	1.4	10
水的透过系数/[(mL STP · mil)/(100 in · 24 h · atm)]	4450	1200

注：1 ft＝3.048×10^{-1} m；1 lb＝0.453 592 kg；1 in＝2.54 cm；1 atm＝$1.013\ 25\times10^{5}$ Pa。mil：密耳，作体积单位时，1 mil＝10^{-3} L；作平面角单位时，1 mil＝10^{-3} rad；作质量单位时，1 mil＝10^{-3} lb＝0.453 592 g。

由其他双异马来酰亚胺与二胺得到的聚酰胺见表 6-5[17]。

表 6-5　双异马来酰亚胺与二胺得到的聚酰胺

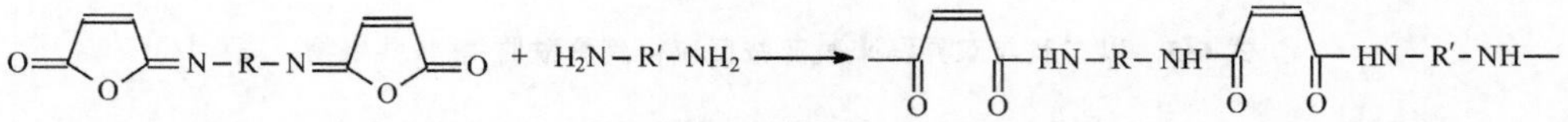

R	二胺	反应时间/h	η_{inh}/(dL/g)
—	己二胺	1	0.70
—	间二甲苯二胺	24	0.54
—	MDA	72	0.51
—	ODA	72	0.56
己二胺	MDA	3	0.43
	ODA	2	0.61
ODA	MDA	3	0.26
	ODA	2	0.25

注：聚合物可溶于硫酸、DMSO、DMAc、间甲酚、86%甲酸，不溶于 THF、丙酮、乙醇，分解温度<300 ℃。

6.1.2　BMI 的均聚

BMI 的突出优点是其双键的高活性，这是由两个相邻的拉电子羰基的作用使双键高度缺电子，可以参加亲核加成，Diels-Alder 反应及游离基聚合和阴离子聚合，即使没有催化剂存在，BMI 在热作用下也可发生聚合。由于通过游离基机理，所以酚类化合物可以阻滞其反应，一些游离基引发剂则可加速其反应。4,4′-氧[双(三苯甲醇过氧化物)]是 BMI 的良好固化剂，因为其最大分解速度发生在 170 ℃，这个温度高于大部分 BMI 的熔点[18]。

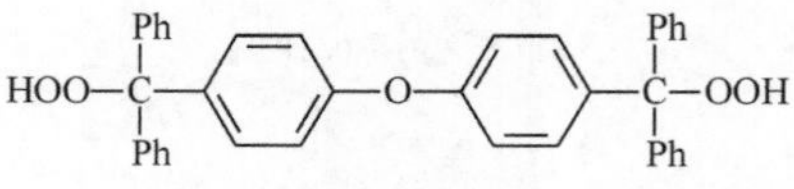

4,4′-氧[双(三苯甲醇过氧化物)]

BMI 中二胺部分如有拉电子的基团，则会使 BMI 的聚合活性降低，两个端基马来酰亚胺之间的链越长，其聚合活化能越高，这是分子活动性降低的缘故。

BMI 很少进行均聚，因为均聚所得到的材料太脆，所以常常与带有其他活性基团的单体共聚以取得各种性能的均衡。但即使在共聚时(例如与二胺共聚)也会有部分 BMI 发生均聚。BMI 除了通过游离基引发剂或无需催化剂的热聚合外，也可以用叔胺或咪唑为引发剂进行阴离子聚合[19]。Grenier-Loustalot 和 Hopewell 等[20,21]曾用固体核磁，FTIR 及电子自旋共振研究 BMI 的均聚反应。BMI 均聚物的理想结构见式 6-6。

6.1.3　BMI 与二胺的共聚——Michael 加成反应之一

Hopewell 和 Curliss 等[21,22]由 ^{15}N NMR 研究得出，BMI 与二胺的反应有三种类型：①在高温(180～220 ℃)下仍有 BMI 的均聚发生；②在低温(<180 ℃)下的双键与胺的

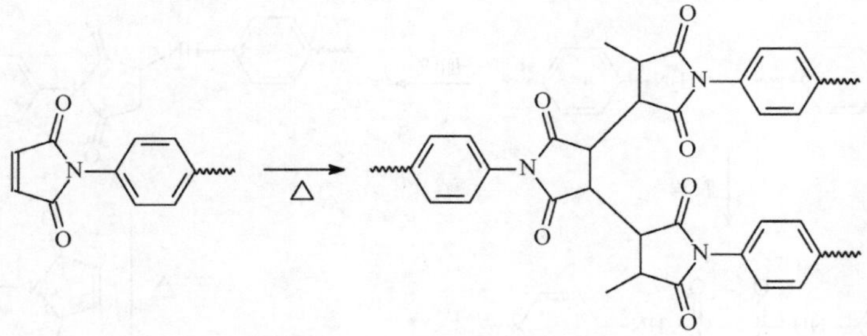

式 6-6　BMI 均聚物的示意式

Micheal 反应，包括与生成的仲胺进一步反应发生交联；③在较宽的温度范围内发生的开环或胺解。在有 MDA 存在时，在所有温度范围内都能看到酰胺的产生。在 200 ℃，316 min后均聚反应只进行了一部分，127.3 ppm 处的峰仍然存在，但出现了 152.8 ppm 处的丁二酰亚胺的峰，由其面积可以进行定量。均聚反应不能完全，可能是由于分子活动性因交联受到阻碍。BMI∶MDA＝1∶1 时在 150 ℃和 175 ℃下反应 10 min，各物种的相对浓度见表6-6[22]。

表 6-6　BMI∶MDA＝1∶1 在反应温度下 10 min 的相对浓度

温度/℃	BMI	MDA	丁二酰亚胺	酰胺	仲胺
150	0.41	0.49	0.49	0.10	0.41
175	0.21	0.38	0.66	0.13	0.49

由表 6-6 可见，在 150 ℃，有 59％的 BMI 发生反应，有 10％转变为酰胺；在 175 ℃，有 79％BMI 发生反应，13％转变为酰胺，酰胺在其中的比例基本相同。

在羧酸的催化下，芳香胺可以在 60 ℃以上迅速对马来酰亚胺加成得到聚天冬酰亚胺，其可能的机理如式 6-7 所示[8,23,24]。

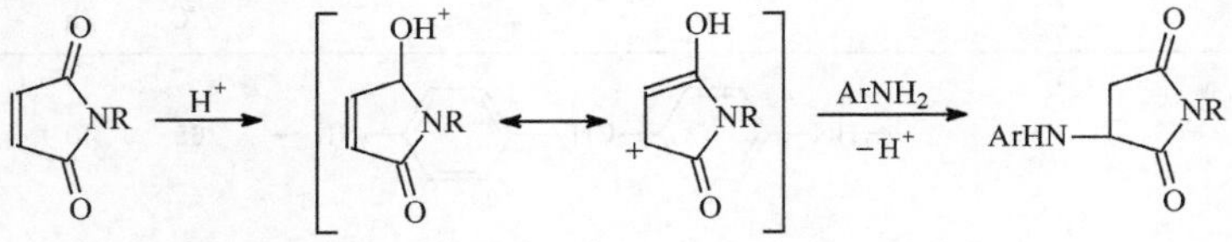

式 6-7　芳香胺与马来酰亚胺的加成反应

BMI 与胺的反应在进行加成的同时还发生胺解(式 6-8)[12]。

由近红外研究得知，均聚只在反应开始时，当 BMI 浓度较高的情况下比较明显。仲胺的活性要低于伯胺。Tungare 等[25]用 *N*-苯基马来酰亚胺与苯胺反应，用体积排除色谱分析反应产物发现，仲胺氢与马来酰亚胺的加成反应虽然很少，但却的确是发生了。BMI 与二胺类化合物的反应见表 6-7。

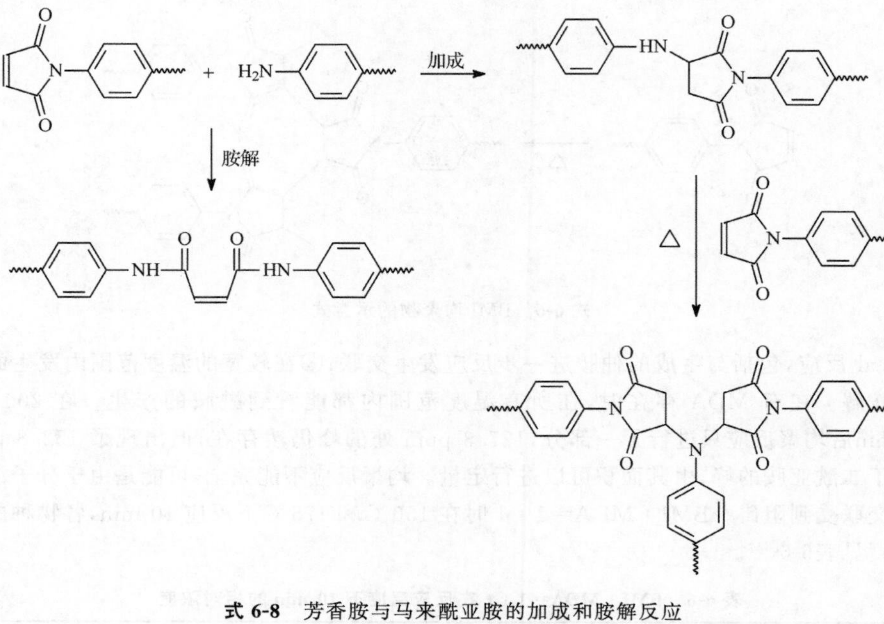

式 6-8　芳香胺与马来酰亚胺的加成和胺解反应

表 6-7　BMI 与二胺类化合物的反应

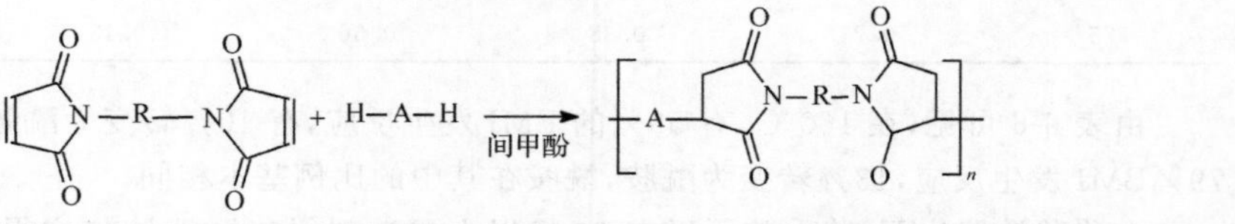

R	A	反应温度/℃	反应时间/h	产率/%	η/(dL/g)
—	—HN—C_6H_4—CH_2—C_6H_4—NH—	65	40		0.56
—C_6H_4—CH_2—C_6H_4—	—HN—C_6H_4—CH_2—C_6H_4—NH—	110	72	100	0.66
$\text{+}CH_2\text{+}_8$	—HN—C_6H_4—CH_2—C_6H_4—NH—	110	120	100	0.38
—	—N(piperazine-1,4-diyl)N—	65	20		0.41

续表

R	A	反应温度/℃	反应时间/h	产率/%	η/(dL/g)
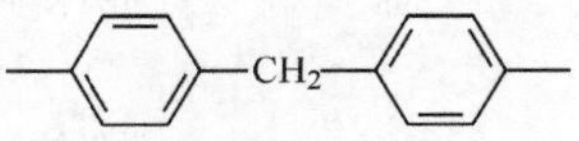	$-N(CH_3)-(CH_2)_6-N(CH_3)-$	25	19	60	2.16
$-(CH_2)_8-$	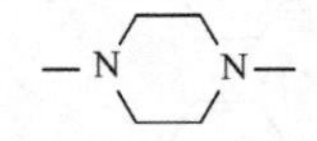	25	72	79	0.49
$-(CH_2)_8-$	$-N(CH_3)-(CH_2)_6-N(CH_3)-$	25	48	58	1.26

由对苯二胺或联苯胺得到的 BMI 与较少空间位阻的乙二胺或 1,3-丙二胺在含有乙酸的间甲酚中 110℃下反应会使马来酰亚胺开环得到低相对分子质量的聚酰胺，不会发生 Micheal 加成反应[24,26]。但对于 MDA-BMI 和 MDA 的反应，开环反应的比例低于 5%[27]，因此认为此副反应在 BMI 与胺的反应中不会起重要的作用。

由于随着交联度的增加，分子在体系中的活动性越加降低，固化反应速率在远离双键和伯胺消耗尽以前实际上已经降到零，温度在这里起着重要的作用。

双马来酰亚胺/二胺体系可以有许多变种，如不同的双马来酰亚胺的混合物，不同的二胺，尤其是两个端马来酰亚胺之间的不同长度的链等。例如 McGrath 和他的同事[28]使用各种相对分子质量的带有氨端基的芳醚砜、芳醚酮，以 Michael 加成得到各种交联聚合物，虽然都能显著提高树脂的韧性，但却大大降低了高温性能，尤其是 T_g。如果采用的是 3,3′-二氨基二苯砜，则可以溶解在丙酮及其他普通低沸点的有机溶剂中。在一些专利文献中还报道了用对氨基苯酚[29]、二元酚（如氢醌、双酚-A[30]）、二元酸[31]及仲胺[32]为 BMI Michael 加成的扩链剂，但这些品种都未商品化。由 BMI 与二胺得到的聚天冬酰亚胺的性能见表 6-8 和表 6-9。

表 6-8　聚天冬酰亚胺的热性能

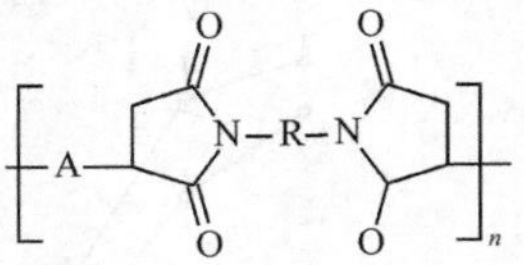

R	A	T_g/℃	T_m/℃	T_d/℃
$-(CH_2)_8-$	$-N(CH_3)-(CH_2)_6-N(CH_3)-$	~0		285(N_2)
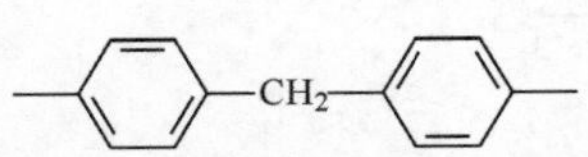	$-N(CH_3)-(CH_2)_6-N(CH_3)-$	86		249(N_2)

续表

R	A	T_g /℃	T_m /℃	T_d /℃
$-(CH_2)_8-$	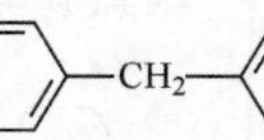	95		307(N_2)
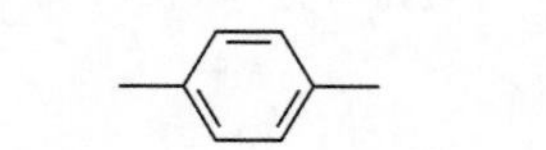	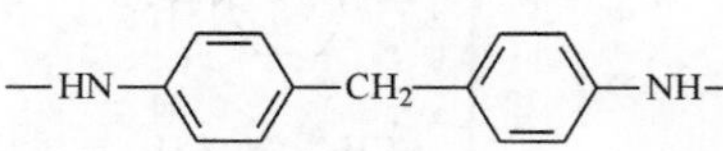	215	298	350(N_2) 350(空气)
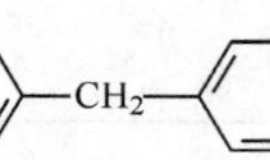	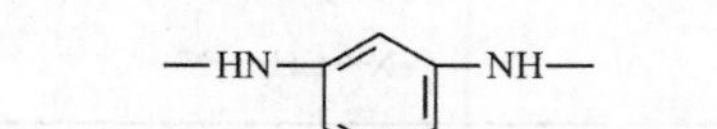	260～270		
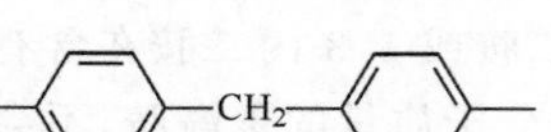	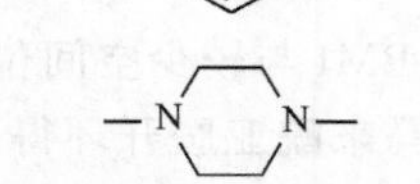	285～290		
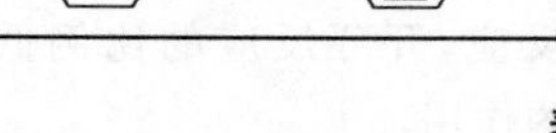	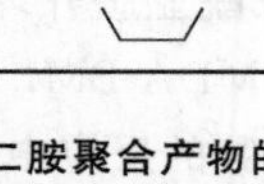	≥300		280(N_2)

表 6-9　BMI/二胺聚合产物的软化温度

BMI 中的二胺	二胺	[η]/(dL/g)	$T_{软化}$/℃
MDA	MDA	0.66	210～215
MDA	MPD	0.31	285～290
ODA	MDA	0.42	210～220
MDA	PPD	0.46	≥300
PPD	MDA	0.48	260～270
MDA	ODA	0.43	230～235
PPD	MDA	0.25	230～235

各种配比的 BMI/MDA 体系曾被广泛地研究[33]，其断裂韧性(G_{IC})与 BMI/MDA 配比的关系见图 6-2，但 G_{IC} 的提高会造成 T_g 的降低。Rhone-Poulenc 的 Kerimid 601 就属

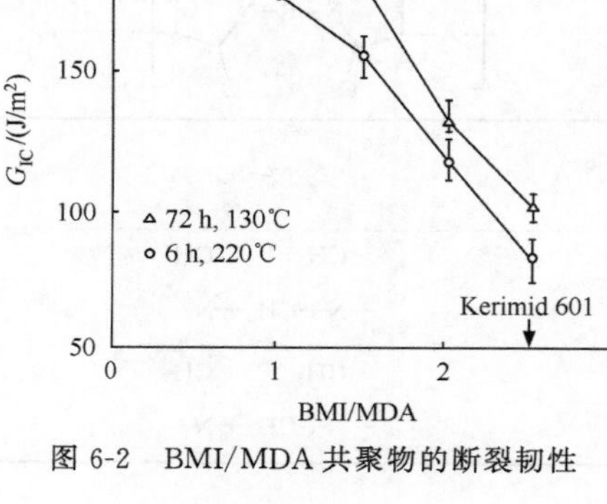

图 6-2　BMI/MDA 共聚物的断裂韧性

于这一类树脂，以预聚的粉末状产品出售，可以溶于 NMP 用作浸渍料，其粉末也可与聚四氟乙烯、石墨、MoS_2 等混合用作摩擦零件。

6.1.4　BMI 与硫化氢或二巯基化合物的共聚——Micheal 加成反应之二

BMI 与硫化氢或二巯基化合物的共聚是由于碱催化下产生的巯基阴离子对马来酰亚胺双键的进攻得到阴离子中间体，再质子化成为酰亚胺-硫醚链节。在非质子极性溶剂中，阴离子中间体的寿命较长，如果在溶剂中存在酸性质子，可以中和阴离子中间体阻止其发生偶联而交联，所以可以继续与马来酰亚胺端基作用，得到高相对分子质量的聚合物(式 6-9)[34-36]。

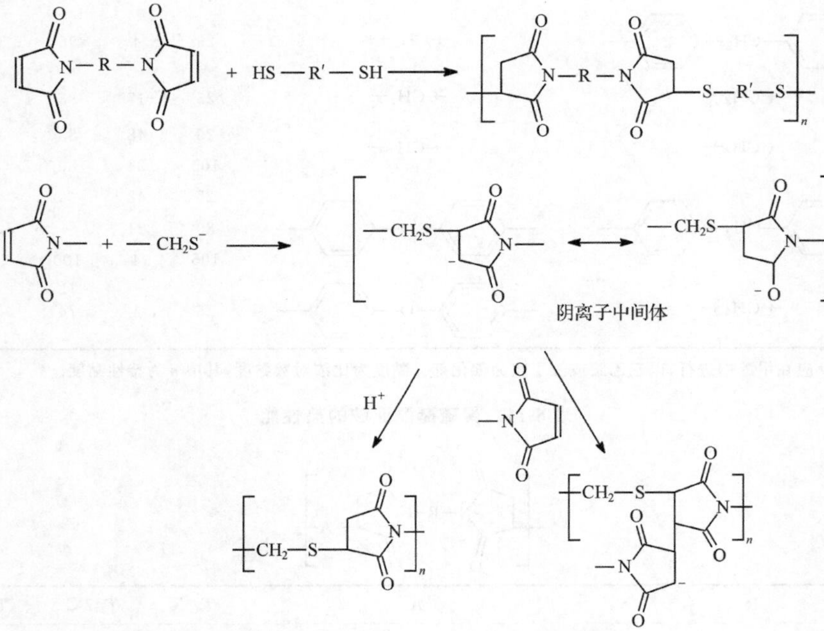

式 6-9　马来酰亚胺与巯基化合物的反应

由表 6-10 可见，对于二硫醇，温度的升高对反应没有什么作用，但对于亲核性较低的二硫酚，较高的反应温度是有利的。乙酸的加入可以抑制交联。在 DMF 中含有的二甲胺即使在室温下也会使聚合物很快分解[34]。BMI 与二巯基化合物得到的聚硫醚酰亚胺的热性能见表 6-11。

由硫化氢或 PEG 与 BMI 进行 Michael 加成得到的聚合物见表 6-12[37]，该反应可以在间甲酚中以三乙胺为催化剂，室温下 30 min～3 h 完成。

表 6-10　双马来酰亚胺与二巯基化合物的反应

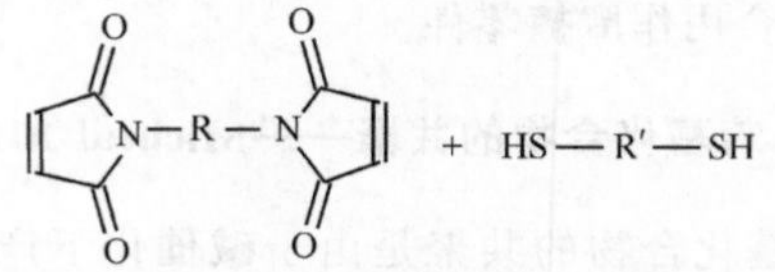

R	R′	反应温度/℃	反应时间/h	产率/%	η/(dL/g)
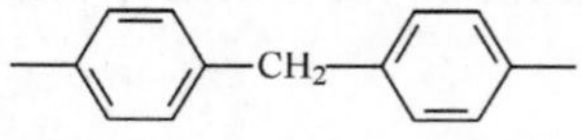	$-(CH_2)_6-$	25	4	100	0.38[a]
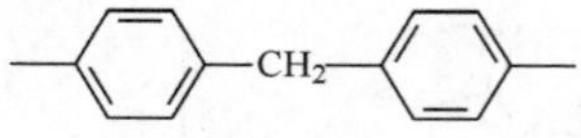	$-(CH_2)_{10}-$	25	4	96	0.41[a]
$-(CH_2)_8-$	$-(CH_2)_4-$	25	17	83	1.05
$-(CH_2)_8-$	$-(CH_2)_6-$	25 105	48 24	83 80	0.90 0.91
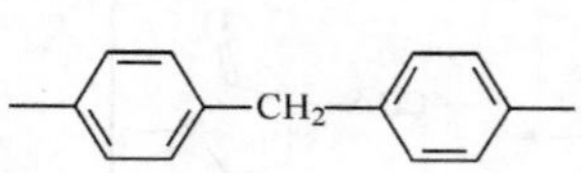	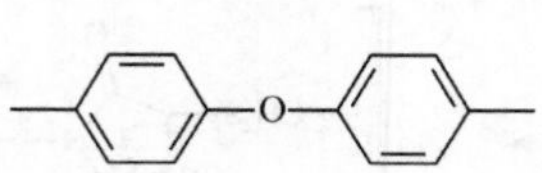	25 80 105	48 21 4	 100	0.39 0.72 1.45
$-(CH_2)_8-$	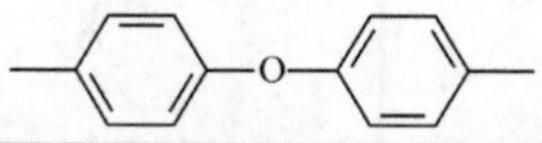	25	1	74	0.82

注：反应在甲酚中进行，以三乙胺或三丁胺为催化剂。黏度为比浓对数黏度，其中 a 为特性黏度。

表 6-11　聚硫醚酰亚胺的热性能

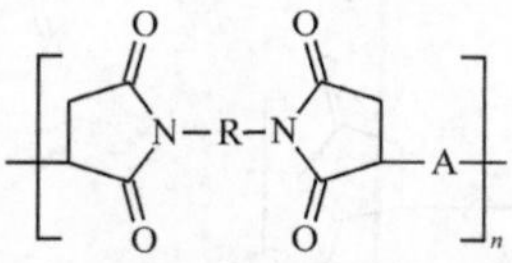

R	A	T_g/℃	T_m/℃	T_d/℃
$-(CH_2)_8-$	$-S(CH_2)_6S-$	35 4.5[a]	77	360(N_2)
$-(CH_2)_8-$	$-S(CH_2)_4S-$	13		352(N_2)
$-(CH_2)_8-$	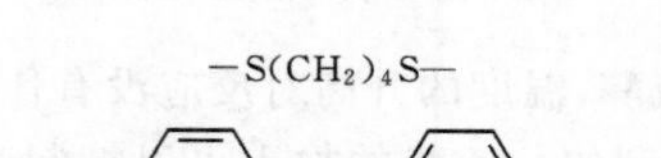	68		350(N_2)
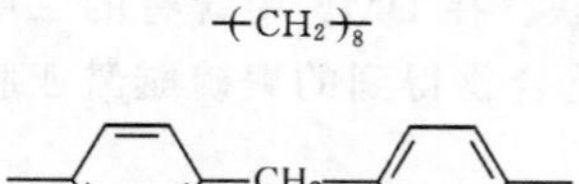	$-S(CH_2)_8S-$		115～120	
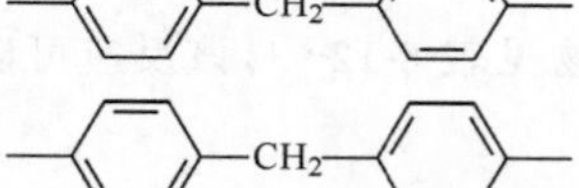	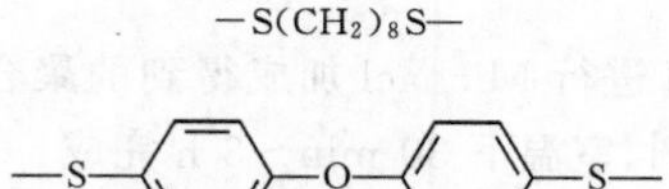	185		349(空气)
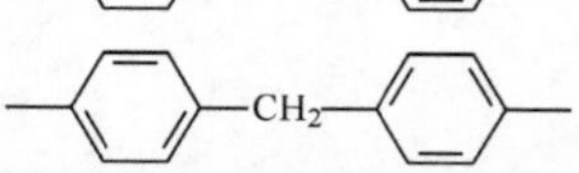	$-S-$	235	298	325(N_2) 325(空气)

a：将聚合物加热到熔点以上，而后很快萃火得到的非晶态聚合物的 T_g。

表 6-12 由硫化氢或 PEG 与 BMI 进行 Michael 反应得到的聚合物

$$HS CH_2\overset{\overset{O}{\|}}{C}(OCH_2CH_2)_nO\overset{\overset{O}{\|}}{C}CH_2SH$$

PEG

BMI 的二胺	H_2S			PEG, $n=1$	PEG, $n=4$
	收率/%	熔点/℃	η_{inh}/(dL/g)	η_{inh}/(dL/g)	η_{inh}/(dL/g)
MDA	95	272	0.493	0.155	0.234
OPD	97	307	0.047	0.123	0.156
MPD	96	260	0.097		
PPD	95	272	0.297		

6.1.5 BMI 与二元酚的共聚——Micheal 加成反应之三

双酚与 BMI 不能得到高相对分子质量的聚酰亚胺醚，如果采用具有强亲电性的双(二氯马来酰亚胺)与双酚 A 在三乙胺和 K_2CO_3 存在下反应，可以得到聚酰亚胺醚(式 6-10和表 6-13)[38]。

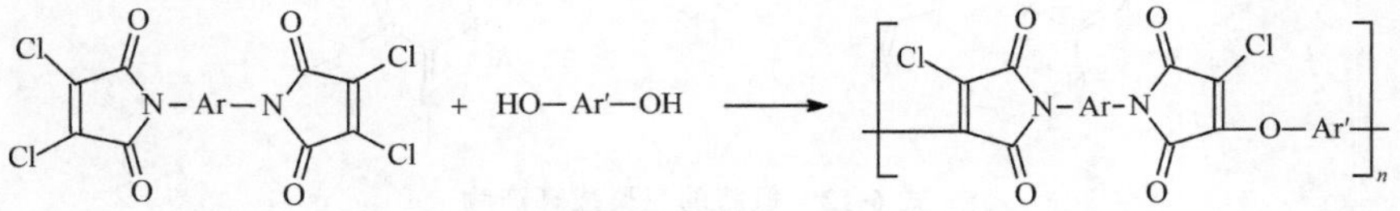

式 6-10 双(二氯马来酰亚胺)与双酚 A 的反应

表 6-13 氯代 BMI 与双酚反应产物的性能

Ar	Ar′	催化剂	反应温度/℃	[η]/(dL/g)	T_g/℃	T_d/℃	抗张强度/MPa	断裂伸长率/%
	双酚 A	CaO	65	0.54	173	360	62.2	94
MDA	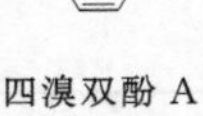	CaO Et_3N	25	1.01	192	330	80.3	5
	四溴双酚 A	CaO	25	0.38	—	350	67.6	22
	四氯双酚 A	CaO	25	0.31	200	335	68.3	8
	双酚 A	CaO	25	0.22	163	385	64.8	5
MPD		Et_3N						
	四氯双酚 A	CaO	25	0.25	222	405	87.3	5
ODA	双酚 A	CaO Et_3N	25	0.34	174	400	81.0	4

这反应看起来似乎是酚氧离子对氯的亲核取代，但实际上是先发生 Michael 加成后再失去 HCl 所得到的产物[39]。由于氯的空间位阻，在该反应中不会发生上面所说的交联反

应。在更强烈的反应条件下或使用过量的双酚都可以使马来酰亚胺上的两个氯都被取代。

6.1.6 BMI 与双氨腈化合物的共聚——Micheal 加成反应之四

BMI 与双氨腈化合物也应该可以按 Micheal 加成反应得到氮上有氰基取代的线形聚合物，但是该反应由于氨腈可以三聚得到三聚氰胺和异三聚氰胺而变得复杂了(式 6-11)[40]。该反应在 220 ℃加热后，氰基消失，认为是发生了三聚成环反应(产物见式 6-12)。

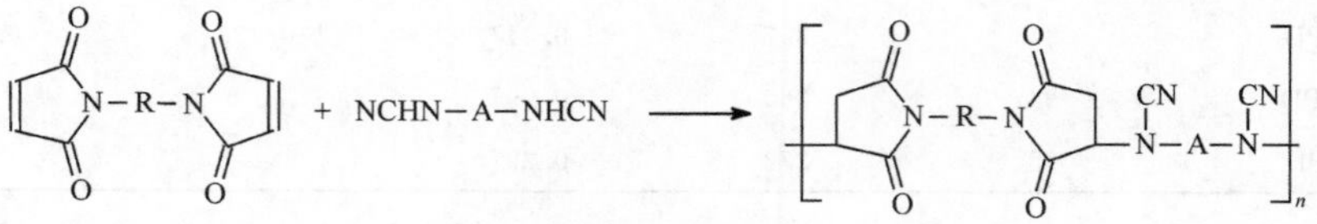

式 6-11 BMI 与双氨腈的反应

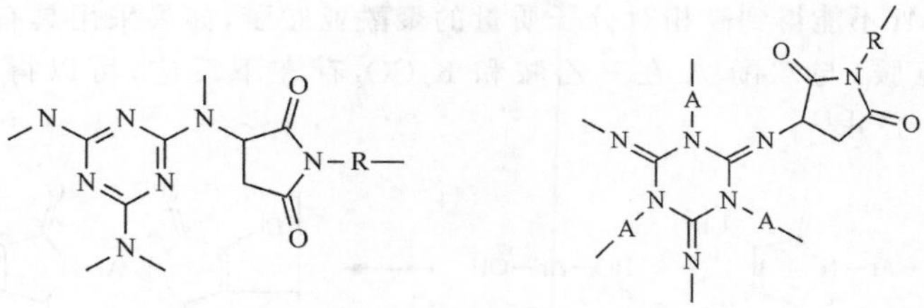

式 6-12 氨腈的三聚成环产物

用于该反应的双氨腈化合物有 BCA 和 BCMM，与 MDA-BMI 反应得到的聚合物的性能见表 6-14。聚合物性能数据的不规则，说明该聚合反应的复杂和难以控制。

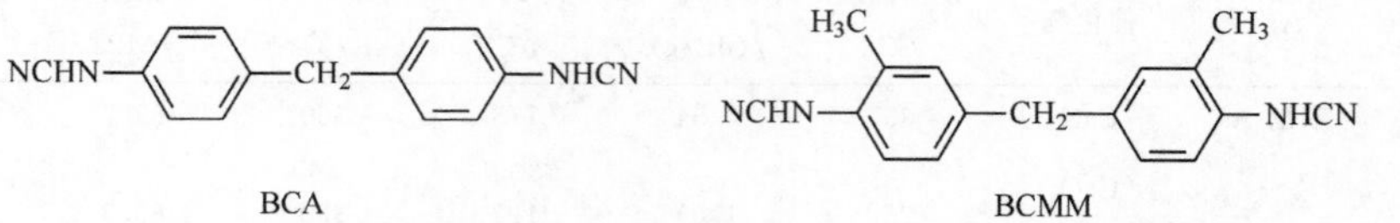

表 6-14 MDA-BMI 与 BCMM 的反应及产物的性能

BCMM : BMI	T_1/℃	T_{exo}/℃	170 ℃凝胶时间/s	密度/(g/cm³)	$T_{5\%}$/℃(氮)
0 : 100	183	222	160	1.53	392
20.1 : 79.9	133	210	108	1.40	355
25 : 75	133	209	76	1.45	351
30 : 70	146	204	40	1.44	313
40 : 60	124	190	32	1.42	267
50 : 50	145	180	—	1.38	125
60 : 40	127	177/215	—	1.42	292
100 : 0	153	202/225	—	—	311

6.1.7　BMI 和烯丙基化合物的共聚物

一些烯丙基类化合物，如 o,o'-二烯丙基双酚 A 及 Shell/Technochemic 公司的 compimide TM 121(一种结构尚未公开的烯丙基化合物)，常用作 BMI 的共聚单体。这些烯丙基化合物和 BMI 以 ene 反应进行扩链，其反应如式 6-13 所示。

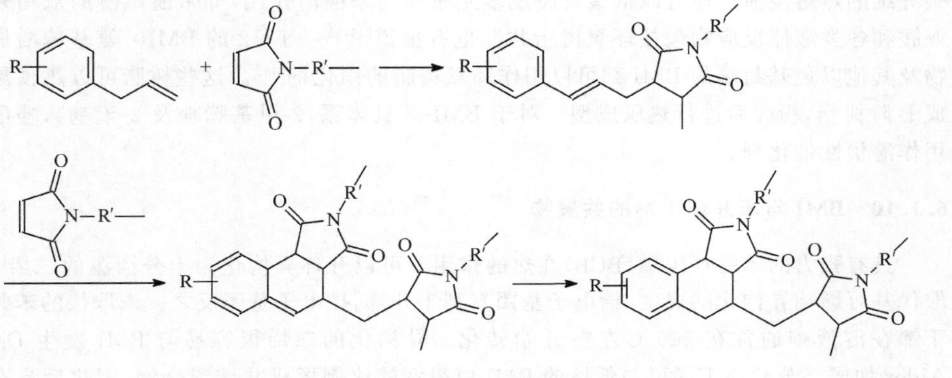

式 6-13　马来酰亚胺的 ene 反应

ene 反应可在较低温度下进行，生成带有苯乙烯结构的中间体，这种苯乙烯结构很容易与 BMI 进行 Diels-Alder 反应。所得到的交联产物的韧性要比 BMI 均聚物高。但烯丙基化合物的量超过 35% 以后，树脂的韧性反而降低，同时 T_g 及弹性模量也降低。MDA-BMI 与 3,3′-二烯丙基双酚 A(DBA)的反应产物见表 6-15[41]。

表 6-15　MDA-BMI 与 DBA 的反应产物

BMI：DBA	T_g/℃(tanδ)	T_d/℃
1.31	339	435
1.18	336	416
1.07	332	413
0.99	330	419

6.1.8　BMI 的 Diels-Alder 共聚物

BMI 是活泼的双亲双烯，可以与众多的双双烯，如 2-(羟甲基)-1,3-丁二烯，双富烯及假双双烯，例如环戊二烯酮，吡咯及噻吩二氧化物进行 Diels-Alder 聚合，当所用的双亲双烯和双双烯为等物质的量比时，可以得到很高的相对分子质量。当 BMI 过量时，预聚物带有马来酰亚胺端基，可以用来得到热固性聚酰亚胺。与呋喃类化合物反应后再脱 CO_2 可以得到芳香聚酰亚胺。BMI 的 Diels-Alder 聚合部分详见《聚酰亚胺——单体合成、聚合方法及材料制备》一书第 7.8 节。

6.1.9　BMI 和环氧树脂的共聚物

许多诸如用于印刷电路板的高温热固性树脂，除了要求高 T_g，以满足锡焊的需要之外,还希望具有环氧树脂那样的加工特性。这就是将 BMI 和环氧树脂结合起来的原因。关于这方面的工作有大量专利报道。

MDA-BMI 可以用作环氧树脂的固化剂[42],环氧-酚醛树脂(EPIKOTE 154),四环氧基苯基乙烷都可用 BMI 固化。Akiyama 等[43]报道了由环氧、酸酐及 BMI 组成的无溶剂耐热树脂。BMI 树脂 Compimide 795 和多官能环氧及 3,3-二氨基二苯砜共混物可用于碳纤维的热熔浸渍。还有以低聚二胺或多元胺和马来酸酐作用,如带醚砜链的双马来酰亚胺和各类液体反应物包括环氧树脂共混也有报道[44,45]。1∶2 的 BMI∶氨基苯酚加成物及其他以羟基封端的 BMI 都可以用作环氧树脂的固化剂[46]。这些树脂可以热预聚做成 B 阶树脂,粉碎后进行热压成型。对于 BMI-环氧体系,2-甲基咪唑及 2-苯基咪唑可以用作潜伏性催化剂。

6.1.10 BMI 与苯并环丁烯的共聚物

具有张力的苯并环丁烯(BCB)在热的作用下可以开环异构化为十分活泼的二烯[47]。取代基可影响异构化的温度,给电子基团有利于开环,拉电子基团反之。未取代的苯并环丁烯在溶液中通常在 200 ℃左右开始转化。异构化的二烯很容易与 BMI 发生 Diels-Alder 加成。苯并环丁烯可与低熔的 BMI 以很宽的比例形成共熔混合物,固化后具有很高的 T_g 及热氧化稳定性[48]。仅用少量的 BCB,例如 20%(摩尔分数)就能显著改善 BMI 的热稳定性。

有关 BMI 与 BCB 共聚反应及共聚物的性能见式 6-14 和表 6-16[47]。

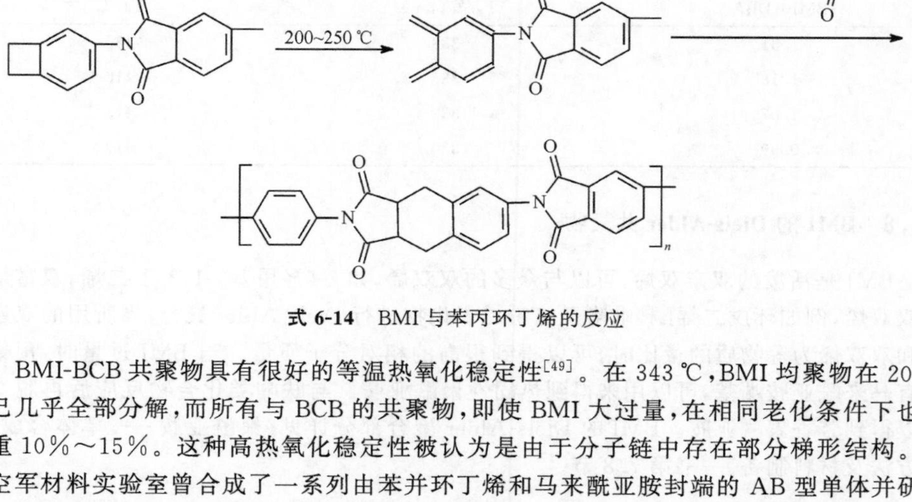

式 6-14　BMI 与苯丙环丁烯的反应

BMI-BCB 共聚物具有很好的等温热氧化稳定性[49]。在 343 ℃,BMI 均聚物在 200 h 后已几乎全部分解,而所有与 BCB 的共聚物,即使 BMI 大过量,在相同老化条件下也只失重 10%~15%。这种高热氧化稳定性被认为是由于分子链中存在部分梯形结构。美国空军材料实验室曾合成了一系列由苯并环丁烯和马来酰亚胺封端的 AB 型单体并研究了他们的性能[50]。然而据了解,BMI-BCB 共聚物在老化 3000 h 后性能会急剧下降。

表 6-16 BMI-BCB 共聚物的热性能

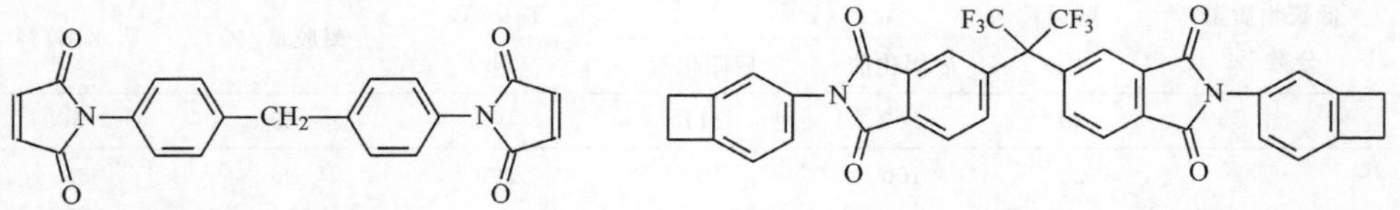

BMI ∶ BCB	T_{g1}/℃	T_{max}/℃	T_{g2}/℃	$T_{10\%}$/℃
0 ∶ 1	116	258	281	496
1 ∶ 0	—	239	—	492
1 ∶ 1	61	259	293	535
1.5 ∶ 1	68	257	298	520
3 ∶ 1	70	257	—	492
1 ∶ 1.5	68	257	298	515

注：T_{g1}：固化前树脂的玻璃化温度；T_{g2}：固化后树脂的玻璃化温度；T_{max}：DSC 最大固化放热峰的温度；固化条件：氮气中 250 ℃，8 h。

6.1.11 BMI 与乙烯化合物的共聚

得到低熔点的 BMI 是很吸引人的工作，其目的是要得到可以浇注成型的耐热高分子材料，除了寻找低熔点的 BMI 外，将 BMI 与乙烯基化合物混合是得到低熔点混合物的途径之一，但这方面的工作还很少报道。

Winter 等[51]将带马来酰亚胺基团的单体和苯乙烯在 DMAc 中以偶氮二异丁腈为催化剂进行游离基聚合。1,4-二氮双环[2,2,2]辛烷催化下在丙酮中得到熔点为 60～80 ℃的含有马来酰亚胺、异马来酰亚胺马和乙酰胺化合物的预聚物，将该预聚物与苯乙烯及甲基丙烯酸乙二醇单酯(HEMA)共聚，得到容易加工的聚合物(表 6-17)。

表 6-17 马来酰亚胺预聚物与乙烯基化合物的共聚物

预聚物/%	苯乙烯/%	HEMA/%	黏度/(mPa · s)	后固化温度/℃	T_g/℃	抗张模量/GPa	抗张强度/MPa	断裂伸长率/%
45	31	24	50	—	—	—	—	—
50	29	21	100	200	270	3.75	113	3.0
50	29	21	100	250	290	3.73	107	2.9
60	23	17	430	250	315	3.52	114	3.5
65	20	15	1730	250	310	3.53	91	2.7

作者所在的研究组曾将 MDA-BMI 与二胺的预聚物溶于活性溶剂 *N*,*N*-二甲基丙烯酰胺(DMAA)或 *N*-乙烯基吡咯烷酮，在模具中进行辐射聚合得到橙红色透明板材，在 180 ℃固化后的性能见表 6-18。用苯乙烯作为共溶剂可以使共聚物的吸水性降低至 2%～3%(表 6-19 和表 6-20)[52]。

表 6-18 MDA-BMI/MDA 低聚物在 DMAA 中的辐射聚合所得到的聚合物的性能

低聚物质量分数/%	剂量/kGy	T_g/℃		$T_{5\%}$/℃ (N_2)	凝胶量/%	吸水率/%
		后固化前	后固化后			
0	50	100	111	405	89	>500
30	20	100	160	220	86	55
	50	100	150	274	88	52
	100	108	150	290	87	52
	200	109	155	334	90	50
50	20	103	181	250	80	12
	50	101	183	362	83	10
	100	122	175	340	88	7
	350	120	176	343	90	6
70	100	124	170	385	80	—

低聚物质量分数/%	剂量/kGy	抗弯强度/MPa	抗弯模量/GPa	抗压强度/MPa	抗压模量/GPa	冲击强度/(kJ/m²)
0	50	97	2.95	119	1.23	22
30	20	96	2.18	112	1.12	26
	50	143	3.04	123	1.38	33
	100	139	3.21	123	1.45	46
	200	131	3.73	142	2.68	47
50	20	110	2.78	107	1.21	17
	50	134	2.86	149	2.54	24
	100	151	3.05	149	2.49	35

表 6-19 添加苯乙烯对降低吸水性的效果

BMI 质量分数/%	DMAA∶苯乙烯（质量比）	剂量/kGy	凝胶/%	吸水性/%	
				后固化前	后固化后
30	2∶1	150	80	14	9
30	2∶1	200	79	12	9
30	1∶1	150	75	3	2
40	2∶1	100	75	15	9
40	2∶1	150	79	11	6

表 6-20　添加苯乙烯后的共聚物的热性能[a]

DMAA∶苯乙烯（质量比）	剂量/kGy	T_g/℃	热失重/℃	
			5%	10%
2∶1	150	142	382	402
2∶1	200	151	354	390
1∶1	150	119[b]	345[b]	365[b]
1∶1	150	121	360	380
1∶1	200	121[b]	386[b]	405[b]
1∶1	200	120	384	405

a：BMI 的含量为 30%；b：后固化前。

6.1.12　BMI 的其他共聚物

BMI 还可以用其他活性化合物改性，这些化合物有二异氰酸酯[53,54]、甲亚胺(RN∶CHR)[55]、丙烯酸酯类[56]等。BMI 也可以同间苯二腈二氧化物[56]、对苯撑-双(*N*-苯基硝酸灵)[57]进行 1,3-偶极环加成反应。还有人将 BMI 和具有 1,2-加成链节的羧端基丁腈橡胶(CTBN)共聚[58,59]。CTBN 能有效地提高材料的冲击韧性，但对于 T_g 及模量则有负效应。BMI 与氰酸酯的共聚则可以得到互穿网络聚合物[60]。

许多 AB 型单马来酰亚胺也已有报道，大多是用官能化的苯胺和马来酸酐反应得到的，其中一些具有低的熔点(表 6-21)。

表 6-21　AB 型单马来酰亚胺单体

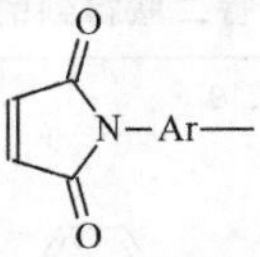

Ar	mp/℃	T_{max}/℃	ΔH/(J/g)	文献
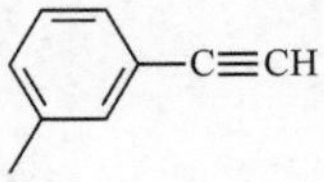	129～131	196	690	[56]
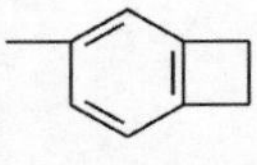	77	259	—	[57]
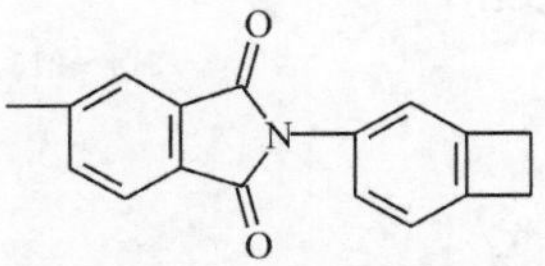	230	256	—	[58]

续表

Ar	mp/℃	T_{max}/℃	ΔH/(J/g)	文献
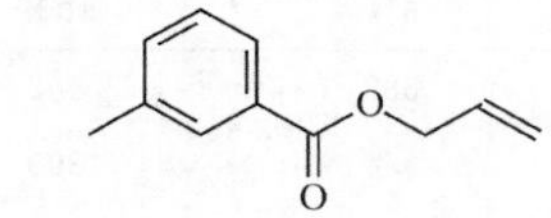	116～119	299	240	[57]
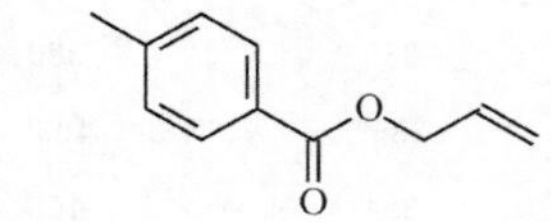	黏稠	313	228	[57]
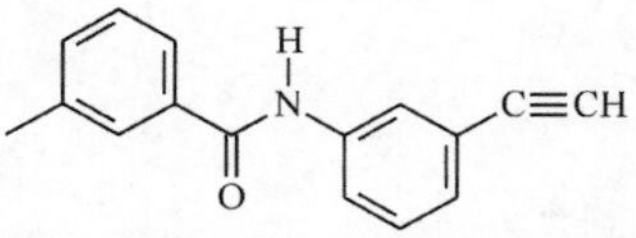	128～133	211	587	[57]

注：T_{max}：固化最大吸热峰值，DSC，10%/min；ΔH：聚合热。

6.2　双衣康酰亚胺和双柠康酰亚胺

BMI 的一个主要缺点是加工窗口窄、制品脆，马来酰亚胺难以进行均聚。已经知道[61-63]衣康酰亚胺比马来酰亚胺要容易聚合得多。但对它的研究仍然很少。Hartford 等[64]在 20 世纪 70 年代末由芳香二胺合成了一系列双衣康酰亚胺(BCI)，其熔点见表 6-22。

表 6-22　由芳香二胺得到的双衣康酰亚胺

编号	结构	熔点/℃
Ⅰ	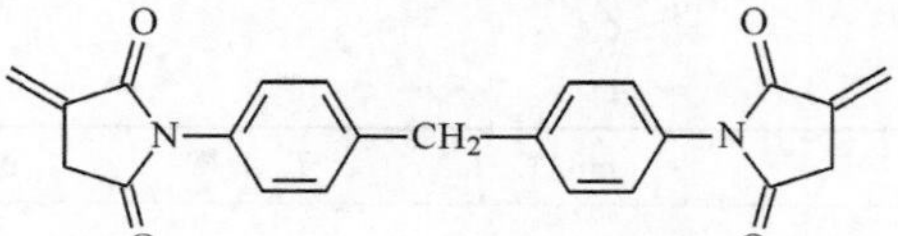	160～161
Ⅱ	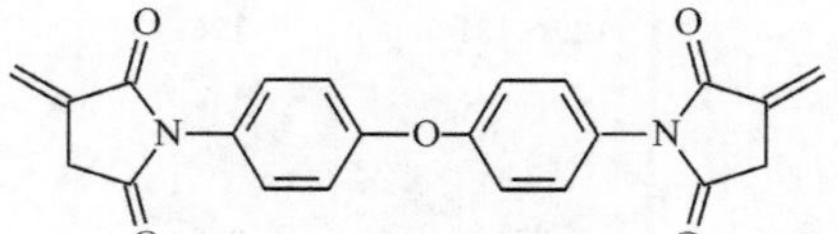	210～211
Ⅲ	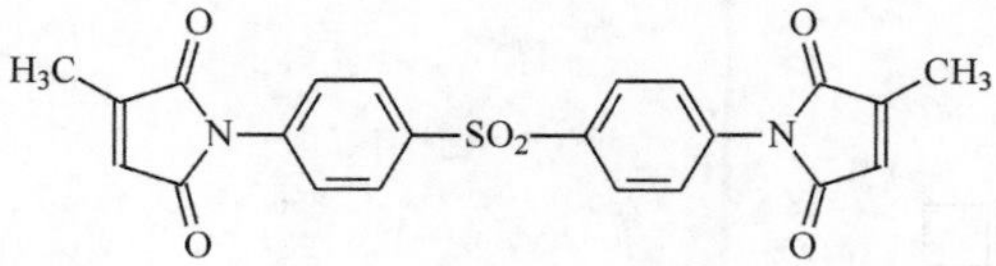	214～215
Ⅳ	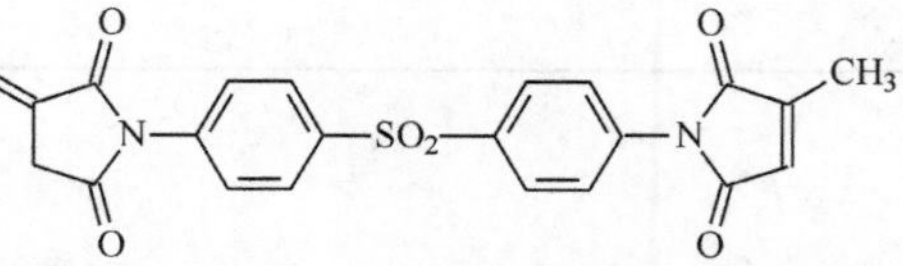	240～241

将表 6-22 的Ⅰ在 180 ℃,Ⅱ在 225 ℃下于 17.6 MPa 压力下热压 24 h 得到有韧性的浅黄色透明片。这类聚合物在 450～480 ℃开始分解,其热稳定性可与 BMI 相比。

双衣康酰亚胺(BCI)是由衣康酸酐与二胺反应得到,可以在 DMF 中加热一步得到,也可以在丙酮或氯仿中先得到双衣康酰胺酸,再在熔融下脱水成环得到双衣康酰亚胺。

原则上由式 6-15 应该可以得到两种酰胺酸的异构体,但由 NMR 研究发现只能得到单一的异构体 **1**[64,65]。

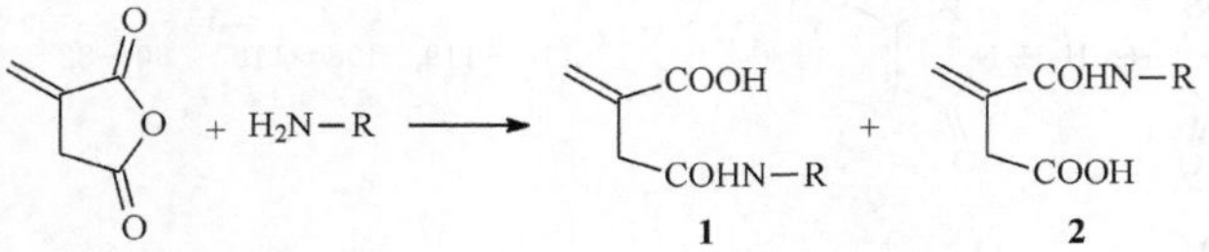

式 6-15　异构的衣康酰胺酸

20 世纪 80 年代初,Galanti 等[66]以脂肪族二胺与衣康酸进行反应,发现所得到的双酰胺酸都是双柠康酰胺酸而不是双衣康酰胺酸(式 6-16)。

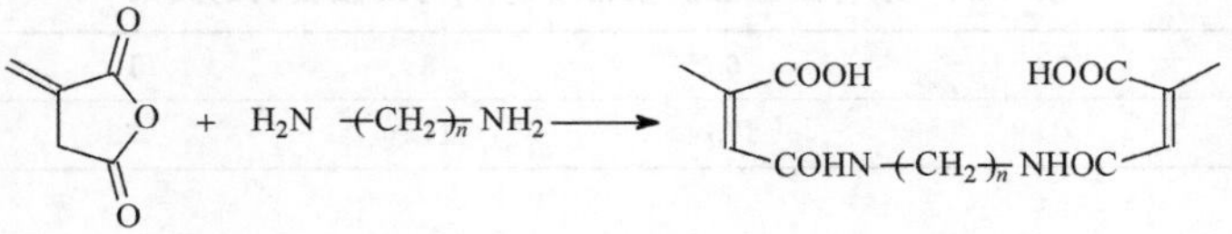

式 6-16　由衣康酸酐与二胺反应得到双柠康酰胺酸

Galanti 等[67,68]还发现当存在碱性催化剂时,在丙酮中加热衣康酸酐会异构化为柠康酸酐(式 6-17)。

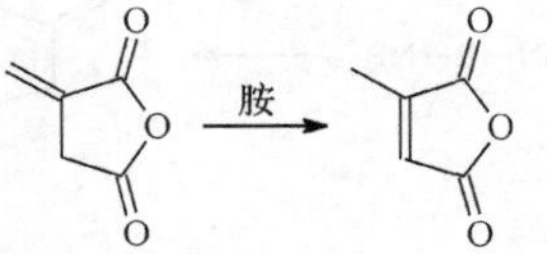

式 6-17　衣康酸酐异构化为柠康酸酐

催化剂的碱性越强,溶剂的极性越高,异构化的速率越大。后来将衣康酸酐与脂肪族二胺在氯仿中反应,则可以得到 BCI[69]。双衣康酰亚胺和双柠康酰亚胺的熔点与二胺链长度的关系见表 6-23。

双柠康酰亚胺在 225 ℃固化 1 h 后,聚合物的 T_g与二胺链长的关系见表 6-24[66]。

Hartford 等[64]发现 BCI 异构化得到衣康酰亚胺和柠康酰亚胺的混合物(式 6-18)。

表 6-23　双酰亚胺的熔点(℃)与二胺链长的关系

n	4	6	8	10	12
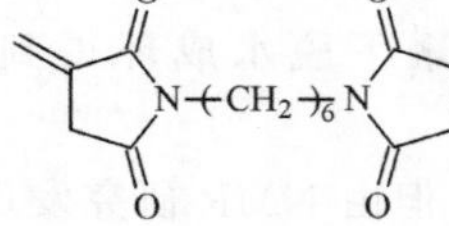	102～104	86～87	64～66	54～55	54～55
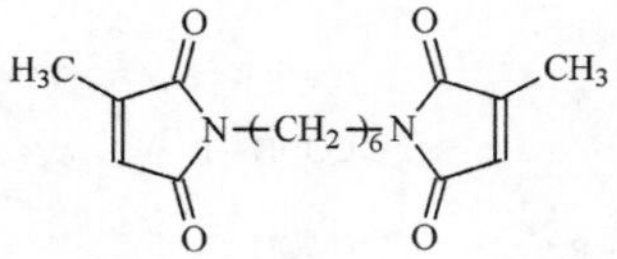	118～119	108～110	80～82	60～61	68～69
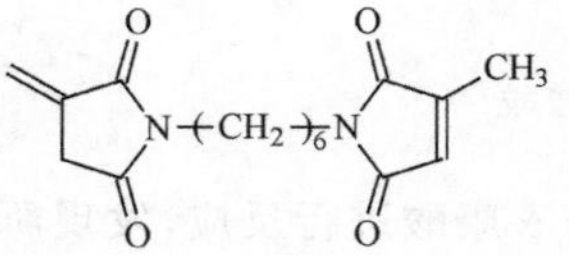	88～89	70～73	44～45	45～46	40～41

表 6-24　双柠康酰亚胺聚合物的 T_g 与二胺链长的关系

n	4	6	8	10	12
T_g/℃	188	175	115	78	60

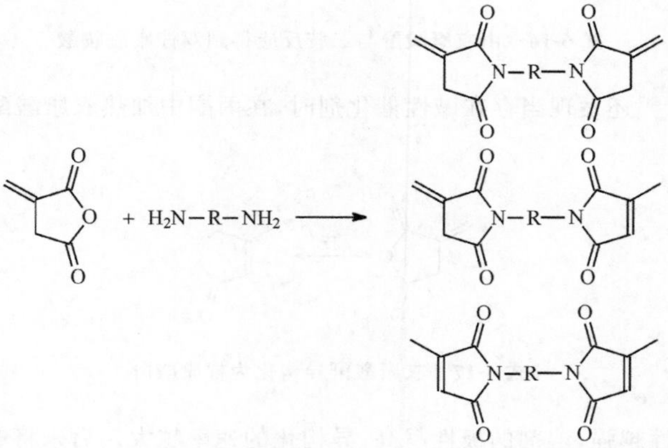

式 6-18　由于异构化而得到衣康酰亚胺和柠康酰亚胺的混合物

可以用碳酸钾在 2∶1 的乙酐和二氯甲烷中合成双衣康酰亚胺,但这只适用于芳香二胺,产物没有清楚的熔点,因为在熔融前已发生聚合。

在高沸点溶剂(如二甲苯)中会得到衣康/柠康异构化的混合物,重结晶后收率较低。但双柠康酰亚胺不论用芳香或脂肪胺都可以得到。脂肪胺的碱性比芳香胺高,异构化程度也高。为了提高双酰胺酸的溶解性,可加入 3 当量的乙酸(表 6-25)[70]。

表 6-25　合成双柠康酸时乙酸的加入对收率和异构化的影响

BCI	二胺	不加乙酸		加乙酸	
		收率/%	异构化/%	收率/%	异构化/%
C2-BCI	乙二胺	66	7	95	1
C6-BCI	己二胺	75	9	93	1
C6v-BCI[a]	2-甲基-1,5-戊二胺	>95	10	>95	2

注：收率是重结晶后计算；a：油状粗产物的收率。

BCI 的熔点通常低于 BMI，由脂肪二胺得到的 BCI 比由芳香二胺的 BCI 和 BMI 有更好的溶解性。由间二甲苯二胺得到的 BMI 和 BCI 制品性能的比较见表 6-26。

表 6-26　由间二甲苯二胺(MX)得到的 BMI 和 BCI 制品性能的比较

	MX-BCI	MX-BMI
熔点/℃	87	124
抗弯强度/MPa	201	80
抗弯模量/GPa	4.3	4.3
断裂伸长率/%	6.2	1.9
热形变温度/℃	232	>250
凝胶时间/min	9	<1

BMI 聚合活性很高，但 BCI 难以进行热聚合，长时间反应也只能得到 T_g 低于 100 ℃的低聚物和聚合物。采用游离基引发剂聚合进行得快得多，得到的材料 T_g 也较高(约 180 ℃)，但双键的反应仍然只有 90%左右。用叔胺进行 BCI 的阴离子聚合，单体转化可以完全。BMI 只需要少量催化剂(0.25%)，而 BCI 则需要 1%～2%催化剂才能得到合适的凝胶时间，所以 BCI 具有很好的加工窗口。表 6-27 和表 6-28 为阴离子聚合的 BCI[71]。

表 6-27　以阴离子机理固化的 BCI

BCI	二胺	熔点/℃	凝胶时间[a]/min		T_g/℃	CTE/(10^{-6} K^{-1})
			1%	2%		
C2-BCI	乙二胺	137	7	4	275	38～55
C4-BCI	丁二胺	114	20	—	235	50～91
C6-BCI	己二胺	107	126	49	190	58～157
C10-BCI	癸二胺	60	130	59	125	71～169
C6v-BCI	2-甲基-1,5－戊二胺	oil	130	58	190	48～167
MX-BCI	间二甲苯二胺	87	9	—	244	41～52

a：180 ℃，引发剂为偶氮双环辛烷(BABCO)，1%和 2%为引发剂的用量。

表 6-28 BCI 用阴离子聚合所得到的制品的性能

BCI	介电常数	介电损耗	抗张模量/GPa	抗张强度/MPa	断裂伸长率/%	吸收率/%	
						H_2O	CH_2Cl_2
C2-BCI	3.27	0.013	4.4	181	4.4	0.9	0.0
C4-BCI	3.06	0.015	3.2	144	5.4	0.7	4.3
C6-BCI	2.89	0.015	2.8	131	8.5	0.6	4.8
C10-BCI	2.61	0.008	2.0	95	17	0.3	21.9
C6v-BCI	2.89	0.013	3.4	152	5.6	0.5	1.5
MX-BCI	3.00	0.007	4.4	175	4.5	—	—

由表 6-28 可见，相对于 BMI 均聚物的脆性，阴离子聚合的 BCI 均聚物则具有很好的性能。

为了明白性能改进的原因，单柠康酰亚胺被用来进行阴离子聚合发现只能形成 4～8 个单体的低聚物。这也可能在 BCI 聚合中出现，从而起有增塑剂的作用，使聚合物有较高的柔性[72]。

MX-BCI 用偶氮双环辛烷(DABCO)在氯仿中 50 ℃下聚合时双键发生异构化形成衣康酰亚胺和柠康酰亚胺的平衡。衣康酰亚胺的活性比柠康酰亚胺高得多。用固态 ^{13}C NMR研究发现—CH_3的减少，认为在主链上形成 Cardo 结构(式 6-19)。

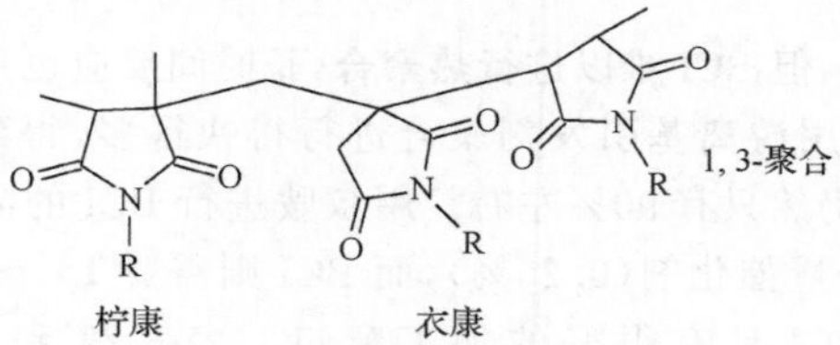

式 6-19 在游离基聚合下由衣康酰亚胺形成 Cardo 结构

BCI 还可与苯乙烯发生交替共聚，该共聚物适宜传递模塑(RTM)加工(表 6-29)[73]。

表 6-29 1∶2(物质的量比)的 BCI/苯乙烯共聚物的性能

BCI	T_g/℃	断裂伸长率/%	模量/GPa	400 ℃失重/%
C6-BCI	235	2.5	2.9	3.8
C6v-BCI	183	4.0	2.8	5.4
MX-BCI	240	2.2	3.6	3.0

C6v-BCI/苯乙烯体系在 20 ℃下的黏度为 10 mPa·s，80 ℃下使用 Triganox 21 为引发剂时，凝胶时间为 8～10 min。RTM 的条件：树脂浴温度为 20 ℃，模塑温度为 70～80 ℃，注射压力为 0.4～1.2 bar①，固化条件为 80 ℃ 1 h，140 ℃ 1 h，180 ℃ 3 h，后固化为 230 ℃ 3 h 玻璃纤维体积分数为 57%(体积)。

① 1 bar=10^5 Pa。

BCI/BMI 共聚物的性能见表 6-30[74]。

表 6-30　BCI/BMI 共聚物的性能

C6-BCI∶DAM-BMI	80∶20	95∶5
T_g/℃	220	200
模量/GPa	2.6	2.4
断裂伸长率/%	12	10

将 BCI 用于复合材料时首先应先制备预聚物，使黏度增加，对玻璃和碳纤维可以用溶液也可以用熔融法浸渍。

MX-BCI 树脂的性能见表 6-31。固化条件：180 ℃ 3h＋230 ℃ 4 h。

表 6-31　MX-BCI 树脂的性能

T_g/℃(DMA)	240	温度	20 ℃	200 ℃
CTE/(10^{-6} K^{-1})(T_g 以下)	60	模量/GPa	4.4	2.2
400 ℃失重/%	4.5	抗弯强度/MPa	175	75
介电常数	2.9	断裂伸长率/%	4.5	4.5

熔融法浸渍：将预聚物在 60 ℃下涂成厚度为 125 μm 的涂层，然后铺以碳纤维，在一定压力下于 80 ℃固化，得到含树脂 40%～42%的预浸料。

溶液法浸渍：MX-BCI 在甲乙酮(MEK)、甲基异丁酮(MIBK)或 NMP 中的 50%～80%固含量的溶液可用于玻璃纤维的浸渍，催化剂用量为 1%，该溶液在 48 h 内稳定，无沉淀，凝胶时间也不变。

单向碳纤维复合材料：树脂含量为 40%；热压釜固化条件：180 ℃ 3 h，230 ℃ 4 h；16 层压成 2 mm 板；T_g：220 ℃；层间剪切强度：95 MPa。

将式 6-20 的双柠康酰亚胺在 230～240 ℃固化 240 min，得到的聚合物的热性能见表 6-32[75]。

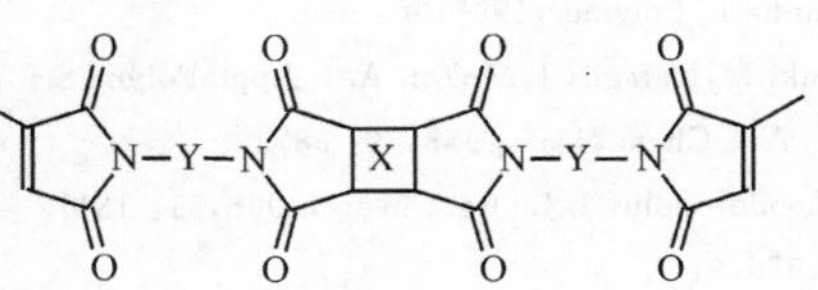

式 6-20

表 6-32　由双柠康酰亚胺得到的聚合物的热性能

X	Y	固化温度/℃	开始分解温度/℃	最大分解温度/℃	850 ℃残炭率/%
PMDA	DDS	240	450	500	63
BTDA	DDS	235	390	490	52
PMDA	ODA	240	485	510	65
BTDA	ODA	230	325	480	53
PMDA	DDD[a]	240	455	520	60
BTDA	DDD[a]	230	320	350	55

a：α,ω-十二二胺。

表 6-33 是一些由相同的二胺合成的 BMI 和 BCI 用 DSC 测得的参数的比较[75]。

表 6-33 BMI 和 BCI 反应温度的比较

参数	BAPP		1,4,4-APB		1,3,4-APB	
	BCI	BMI	BCI	BMI	BCI	BMI
T_m/℃	196	180	164	174	193	234
T_1/℃	200	219	182	250	199	250
T_{exo}/℃	206	262	223	291	210	291
T_2/℃	221	340	283	325	245	325
ΔH/(J/g)	—	—	29	27	43	66

由表 6-33 看到 BMI 比 BCI 有高得多的固化起始温度(T_1)、最大放热温度(T_{exo})及固化完成温度(T_2)。

参 考 文 献

[1] Kretov A E,Kulchitskaya N E. J. Obsh. Khim,1956,26: 208.
[2] Searle N E. US,2444536,1948; Arnold H W,Searle N E. US,2467835,1949.
[3] Sauers C K. J. Org. Chem. ,1969,34: 2275.
[4] Jin S,Yee A F. J. Appl. Polym. Sci. ,1991,43: 1849.
[5] Abblard J,Boudouin M. Ger. Offen,2751901,1978.
[6] Boudouin M. Ger. Offen. ,2834919,1979.
[7] Takao T,Kazuhiro S. EP,177 030A,1986.
[8] White J E,Scaia M D,Snider A. J. Appl. Polym. Sci. ,1984,29: 891.
[9] Lee B,Chaudhari M,Galvin T. 17th National SAMPE Technical Conf. 1986,17: 172.
[10] Kwiatkowski G T,Brode G L. US,4276344,1974.
[11] Lyle G D,Jurek M J,Mohatny D K,Wu S D,Hedrick J C,McGrath J E. Polym. Prep. ,1987,28(2): 77.
[12] Grenier-Loustalot M,Da Cunha L. Polymer,1997,38: 6303.
[13] Nagai A,Takahashi A,Susuki M,Katagiri J,Mukoh A. J. Appl. Polym. Sci. ,1990,41: 2241.
[14] Feuer H C,Rubinstein H. J. Am. Chem. Soc. ,1958,80: 5873.
[15] Hedaya E,Hinman K L,Theodoropulus J. J. Org. Chem. ,1966,31: 1311.
[16] Fan Y L. Macromolecules,1976,9: 7.
[17] Imai Y,Ueda M,Kanno S. J. Polym. Sci. ,Polym. Chem. ,1975,13: 1691.
[18] Iwata K,Stille J K. J. Polym. Sci. ,Polym. Chem. ,1976,14: 2841.
[19] Seris A,Feve M,Mechin F,Pascault J P. J. Appl. Polym. Sci. ,1993,48: 257.
[20] Grenier-Loustalot M,Da Cunha L. Polymer,1998,39: 1833; Hopewell J L,Hill D J T,Pomery P J. Polymer,1998,39: 5601.
[21] Hopewell J L,George G A,Hill D J T. Polymer,2000,41: 8221.
[22] Curliss D B,Cowans B A,Caruthers J M. Macromolecules,1998,31: 6776.
[23] Crivello J V. J. Polym. Sci. ,Polym. Chem. ,1973,11: 1185.
[24] Gheresim M G,Zugravescu I. Eur. Polym. J. ,1978,14: 985.
[25] Tungare A V,Martin G C. J. Appl. Polym. Sci. ,1992,46: 1125.
[26] Patel M R,Patel S H,Patel J D. Eur. Polym. J. ,1983,19: 101.
[27] Donnellan T M, Roylance D. Polym. Eng. Sci. , 1992, 32: 409; Curliss D B, Cowans B A, Caruthers J

M. Polym. Prepr. ,1993,34：225.
[28] Cecere J A,Senger J S,McGrath J. 32nd Int. SAMPE Symp. ,1987,32：1276.
[29] Kiyoje M,Tsutumu O. Japan,7751499,1977.
[30] Forgo I,Schreiber B,Renner A,Haug T. Ger. Offen. ,2459925,1975.
[31] Forgo I,Renner A,Schmitter A. Ger. Offen. ,2459938,1975.
[32] Asahara T,Yoda N,Minami N. US,3669930,1972.
[33] Tung C M,Lung C L,Liar T T. Polym. Mat. Sci. Eng. ,1985,52：139.
[34] White J A,Scaia M D. Polymer,1984,25：850.
[35] White J A,Snider D A,Scaia M D. J. Polym. Sci. ,Polym. Chem. ,1984,22：589.
[36] Crivello J V. J. Polym. Sci. ,Polym. Chem. ,1976,14：159.
[37] Hopewell J L,George G A,Hill D J T. Polymer,2000,41：8231.
[38] Rellers H M,Schluentz R W. J. Polym. Sci. ,Polym. Chem. ,1973,11：561.
[39] Rellers H M,Schluentz R W. J. Org. Chem. ,1972,37：3637.
[40] Takahashi A,Suzuki M,Suzuki M,Wajima M. J. Appl. Polym. Sci. ,1991,43：943.
[41] Chattha M S,Dickie R A. J. Appl. Polym. Sci. ,1990,40：411.
[42] Bargain M,Gruffaz M. Ger. Offen. ,2026423,1970.
[43] Akiyama K,Makino K. US,3730948,1973.
[44] Domeier L A. US,4654407,1987.
[45] Kiyoji M,Akira S. Janan,7801226,1978.
[46] Kiyoji M,Tsutomu O. Ger. Offen. ,2728843,1977.
[47] Oppolzer W. Synthesis,1978,793.
[48] Tan L-S,Solosky E J,Arnold F E. Polym. Mat. Sci. Eng. ,1987,56：650.
[49] Tan L-S,Arnold F E,Solosky E J. J. Polym. Sci. ,Polym. Chem. ,1988,26：3103.
[50] Johnston J C,Meador M A B,Alston W B. J. Polym. Sci. ,Polym. Chem. ,1987,25：2175.
[51] Dusek K,Matejka L,Spacek P,Winter H. Polymer,1996,37：2233.
[52] Wang Z,Deng P,Sun J,Ding M. Radiation Phys. and Chem. , 2002,65：87 ；Wang Z,Deng PY,Gao L X,Ding M X. J. Appl. Polym. Sci. ,2004,93：2879.
[53] Locatelli J L,Robin J. US,4342860,1980；4302572,1981.
[54] Stenzenberger H D. US,4520145,1985.
[55] Damory F P,Benedetto M D. US,3944525,1974.
[56] Iwakura Y,Shiraishi S,Akiyama M,Yuyama M. Bull. Chem. Soc. Japan,1968,41：1648.
[57] Iwakura Y,Akiyama M,Shiraishi S. Bull. Chem. Soc. Japan. ,1965,38：513.
[58] Kinloch A J,Shaw S J. Polym. Mat. Sci. Eng. ,1983,49：307.
[59] Shaw S J,Kinloch A J. Int. J. Adh. and Adh. ,1985,5(3)：123.
[60] Reghunadhan Nair C P,Francis T,Vijayan T M,Krishnan K,J. Appl. Polym. Sci. ,1999,74：2737.
[61] Marvel C S,Shepherd T H. J. Org. Chem. ,1959,24：599.
[62] Nagai S. Bull. Chem. Soc. Jpn. ,1964,37：369.
[63] Ishida S,Saito S. J. Polym. Sci. A-1,1967,5：689.
[64] Hartford S L,Subramanian S,Parker J A. J. Polym. Sci. ,Polym. Chem. ,1978,16：137.
[65] Barb W G. J. Chem. Soc. ,1955,1647.
[66] Galanti A V,Scola D A. J. Polym. Sci. ,Polym. Chem. ,1981,19：451.
[67] Galanti A V,Keen B T,Pater R H,Scola D A. J. Polym. Sci. ,Polym. Chem. ,1981,19：2243.
[68] Galanti A V,Liotta F,Keen B T,Scola D A. J. Polym. Sci. ,Polym. Chem. ,1982,20：233.
[69] Talma A G,Hooft H P M,Bovenkamp-Bouwman A G. US,5329022,1994.
[70] Talma A G,Hope P,Swieten A PV. EP,0407661B2,1989.

[71] Talma A G, Hope P, Swieten A P V. EP, 0495545, 1992.
[72] Talma A G, Hope P, Swieten A P V. EP, 0485405B1, 1989.
[73] Parker J A. US 4,568,733, 1986.
[74] Sen S R, Chakravorty S. J. Polym. Sci., Polym. Chem., 1996, 34: 25.
[75] Solanki A, Choudhary V, Varma I K. J. Appl. Polym. Sci., 2002, 84: 2277.

第7章　聚酰亚胺的分解

7.1　聚酰亚胺的热和热氧化分解

在讨论聚酰亚胺的热和热氧化分解之前应该先来讨论一下聚合物的化学热稳定性(thermal stability)、物理耐热性(heat resistance)和使用温度几个概念。化学热稳定性是指聚合物发生热分解的温度的高低，一般用热重分析(TGA)来测量，如用开始分解温度(T_d)、失重5%的温度($T_{5\%}$)及失重10%的温度($T_{10\%}$)等来表示。所谓“开始分解温度”是指在热失重曲线上开始偏离基线的温度，由于这一点在热重曲线上很难精确确定，所以往往用基线的延长线与最大失重速率的切线的交点作为起始分解温度。但一方面最大失重速率也难以精确确定，更主要的是用该方法确定的起始分解温度已经远远高于实际开始分解的温度，所以失去了标示聚合物实际热稳定性的意义。为了解决这个问题，建议采用失重5%时的温度来衡量材料的热稳定性，因为失重5%的温度可以很准确地确定，同时在失重5%时，材料基本上还保持其基本结构和可用的性能。有时也采用失重更多，如10%甚至50%的温度，这时材料的结构与性能已经改变得太大，难以代表原来的结构和状态了。TGA也受气氛(空气、惰性气体或真空)、等速升温的速率(一般为5℃/min、10℃/min、20℃/min)和样品状态(块状、薄膜或粉末)的影响。对于聚酰亚胺，用TGA测定的热分解温度最高可达600℃时左右，这大概也是有机高分子材料可以达到的热稳定性的极限。但这并不意味着这种聚合物可以在接近600℃时使用，实际使用温度远低于TGA所表示的分解温度，因为高分子在350～400℃通常就已开始发生化学变化，如产生自由基，发生断链和交联等。

耐热性是指材料在保持可用的性能时所能耐受的温度，通常用玻璃化温度(T_g)或软化点(T_s)及熔点(T_m)为指标的物理量度，也就是作为结构材料的高分子材料的实际使用温度极限。然而对于具有高度刚性的聚合物，如PMDA/ODA或BPDA/PPD聚酰亚胺，在由DMA测得的T_g以上仍然具有较高的模量，直至分解也不会出现明显的软化，这时T_g只有标志上的意义，即使作为结构材料，一定程度上也可以在其T_g以上使用。

这种材料可以在多少度使用？对这个问题的回答是比较复杂的。因为这和你打算使用多长时间，几千小时连续使用，还是只要求耐几分钟有关。例如，客机要求在规定温度下使用几万小时，而导弹则能耐几分钟就够了。目前用于飞机结构材料的高分子材料能长期在300℃下使用就不容易了，而对于导弹，则要求在500℃使用也是可能的。此外，也和在什么介质中使用等因素有关。因此必须要说明使用条件才能回答这个问题。对于回答材料的使用温度问题，过去曾采用在某几个温度下材料的失重(或其他性能的变化)进行外推，但对于实际应用，这种数据的可靠性是不够的，尤其是对于重要的材料，如飞机的结构材料、关键部位的绝缘材料等。最可靠的测定方法是进行等温老化，也就是在实际使用温度下进行考验,以取得真实的设计数据。

聚酰亚胺作为一类耐热高分子,其热分解和热氧化分解研究得最早,主要的工作都发表在 20 世纪 60～70 年代。

热分解的研究大都采用热重分析(TGA),用等速升温法和恒温法观察样品重量的变化,为了分析分解出来的气体的组成,可以采用裂解色谱和质谱联用,但这只能一个一个温度地做,手续十分繁复,近年出现的热重-色谱联用方法可以在一次升温过程中同时给出样品的重量变化和各种分解出来的气体量的变化,所以是研究材料热分解的有力手段。

7.1.1 聚酰亚胺的热分解和热氧化分解

1. 线形聚酰亚胺

线形全芳香聚酰亚胺的热稳定性最高,当将聚酰亚胺加热到 300 ℃以上时,T_g 会逐渐升高,可溶的变为不溶,说明形成了交联的产物。将温度进一步升高就会发生分解,热解时最主要的气体产物是 CO_2、CO 和水,在 350 ℃以下 CO_2 是主要产物,在 350 ℃以上开始出现 CO,而且在 400 ℃时成为主要产物,说明这时由于水分的存在(水分可以是样品吸附带来或存在于样品中的少量酰胺酸单元因热环化产生,也可以是由于热分解产生)发生了酰亚胺环的开环和脱羧[1],所以酰亚胺环是聚酰亚胺中薄弱的单元。CO_2 的形成除了脱羧以外还可能是由于酰亚胺环的热解产生异氰酸酯,然后再二聚得到碳二亚胺和 CO_2[2]。有人认为由于酰亚胺环在高温下重排为异酰亚胺而放出 CO_2[3],但这个假定通常不被承认,因为异酰亚胺在加热时很容易转化为酰亚胺,其逆过程从来未被发现过[4]。作为根据,有时在红外光谱中出现的 1660 cm^{-1} 吸收峰实际上并不是来自于异酰亚胺,有人认为是由于酰胺酸与过量的胺反应得到的邻位二酰胺,或是产生了分子间的酰亚胺链节[5]。这些反应也是聚酰亚胺交联的一种方式。但这种反应仍难得到普遍承认,因为即使邻位二酰胺在某种条件下能够形成,在高温下则也会脱去胺形成酰亚胺(式 7-1)。

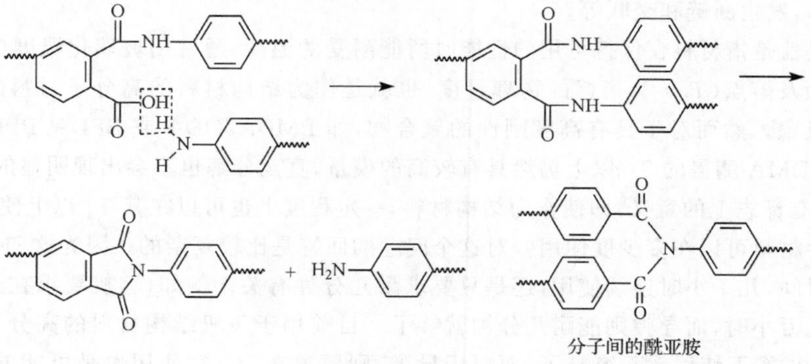

式 7-1　酰胺酸与过量的胺反应得到邻位二酰胺

在惰性气体和空气中热解所产生的气体裂解产物基本上是相同的,虽然在空气中的热解速度要高约一个数量级。也有人认为两者之间存在差异,例如,Bruck[6] 在 1964 年测得 Kapton 薄膜在真空(约 0.13 Pa)中的活化能为 74 kcal/mol,而在空气中为 33 kcal/mol,

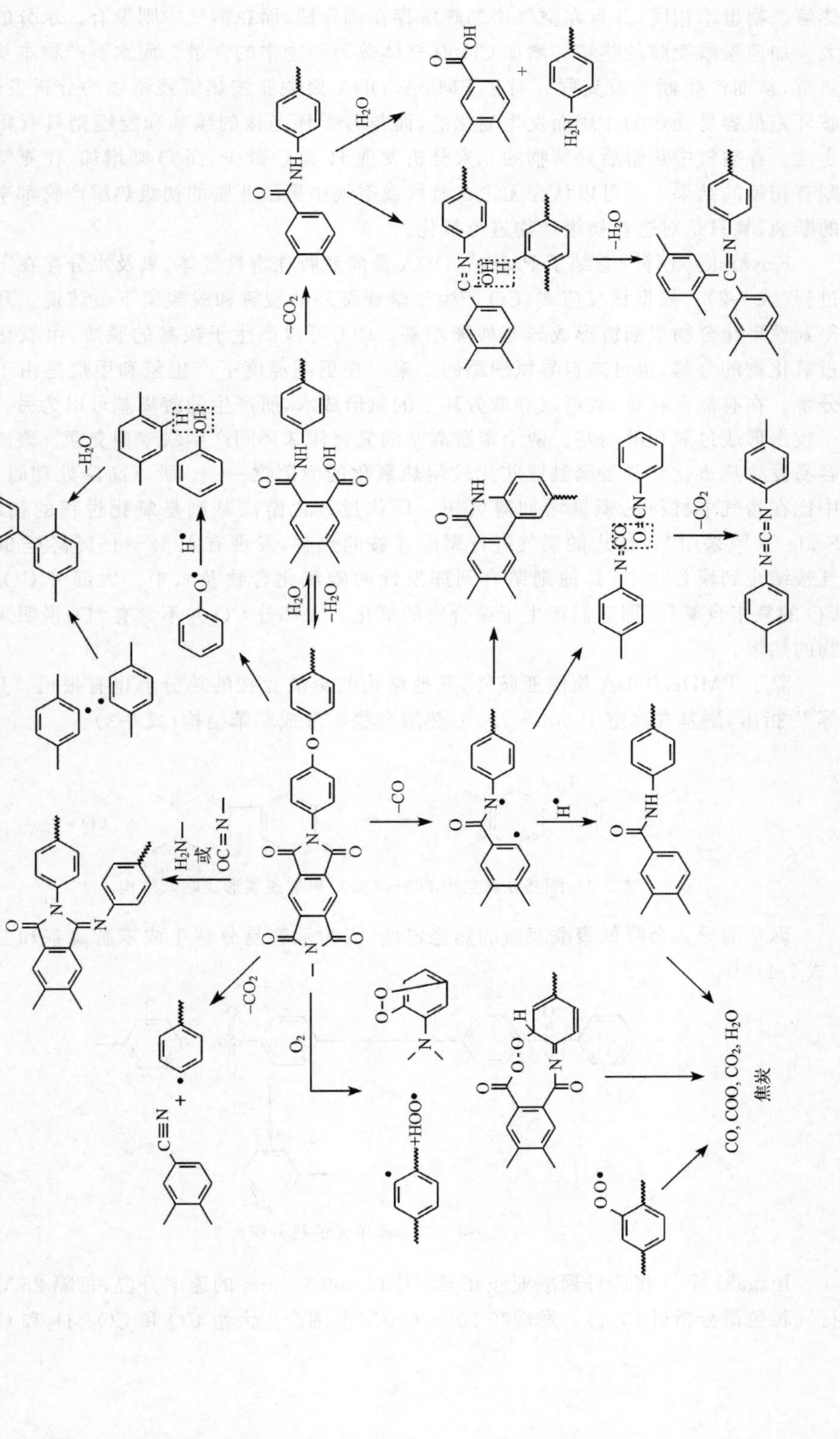
H_2O
$-CO_2$
$-H_2O$
$-CO$
O_2
+HOO•
或
CO, COO, CO_2, H_2O
焦炭

热解产物也不相同，并且在空气中的热解存在诱导期，而在惰气中则没有。水分的存在会大大加速聚酰亚胺的热解和增加 CO_2 在气体热解产物中的含量。而水解产物本身也发生热解，从而产生断链及交联。对于 PMDA/ODA 聚酰亚胺热解残留物的分析发现，酰亚胺环是最容易受热的作用而发生变化的，而与芳香环连接的羰基和醚键则具有很高的稳定性。在空气中热解后残留物的元素分析发现 H 和 C 减少，而 O 则增加，在氮气中热解则有相反的结果[7]。可以认为无论在氮气或空气中聚酰亚胺的初级热解产物都来自主链的断裂，氧只是对这些初级产物进行氧化。

Kovarskaya 等[8]总结了 PMDA/ODA 聚酰亚胺在惰性气体、氧及水分存在下的热解过程(式 7-2)。根据该反应式，CO 产生于酰亚胺环的裂解和脱羧留下酰胺键。环的稠合得到稠环化合物或断链形成异氰酸酯端基。CO_2 可以产生于羧基的脱羧，由氧化产生的过氧化物的分解，也可来自异氰酸酯的二聚。在更高温度下产生氢和甲烷是由于芳环的分解。在有氧存在时，氧可以夺取芳环上的氢形成水，所产生的游离基可以为另一个氧分子攻击形成过氧化游离基。两个苯游离基的复合使苯环间产生联苯型交联。聚酰亚胺的容易发生热氧化交联是聚酰亚胺比较耐热氧化的原因之一[9]。所以高温处理时，在空气中比在惰气中材料的模量增加得更快。环状过氧化游离基则是氧化过程的初级产物。Scala 等[10]采用 ^{18}O 标志的氧气进行聚酰亚胺的热解，发现有 10%～15%甚至 50%的氧气被结合到聚合物中，其他则结合到挥发性的碳氧化合物及水中。大部分 CO_2 及部分 CO 的氧来自氧气，即它们产生于聚合物的氧化。大部分 CO 并不含有 ^{18}O，说明来自聚合物的热解。

除了 PMDA/ODA 聚酰亚胺外，其他结构的聚酰亚胺的热分解也有报道。Johnston 等[11]指出，酮基在真空中 500～700 ℃热解会脱羰形成联苯结构(式 7-3)。

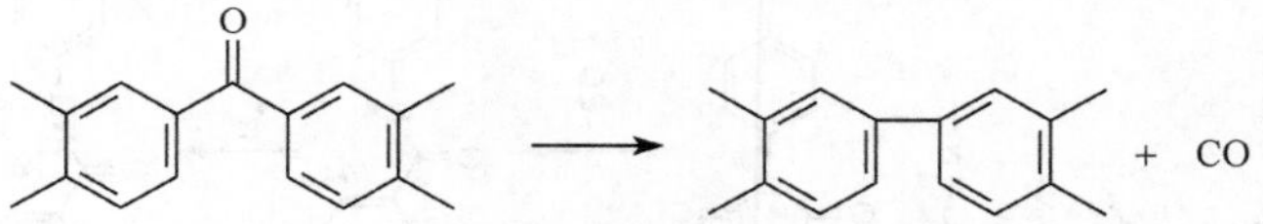

式 7-3　酮基在真空中 500～700 ℃热解脱羰形成联苯结构

砜基的导入会降低聚酰亚胺的热稳定性，因为砜容易分解生成苯游离基和二氧化硫(式 7-4)[12]。

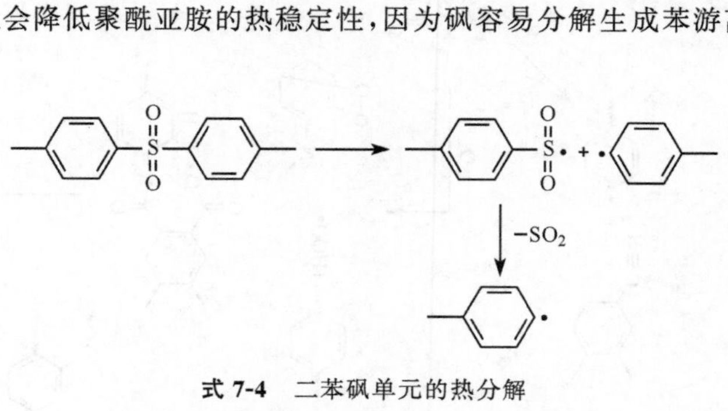

式 7-4　二苯砜单元的热分解

Inagaki 等[13]将四种聚酰亚胺在氦气中以 200 ℃/min 的速率升温，每隔 25 ℃取样进行气相色谱分析(图 7-1)。发现在 500～650 ℃范围产生大量 CO 和 CO_2，H_2 和 CH_4 则在

600 ℃以上产生，并相应在 700 ℃及 750～800 ℃达到最大值。对于 BTDA/MDA，由于含氧量小，相应放出的氧化碳也少，N_2 在 800 ℃以上产生，同时也伴随着电导率的迅速增加。

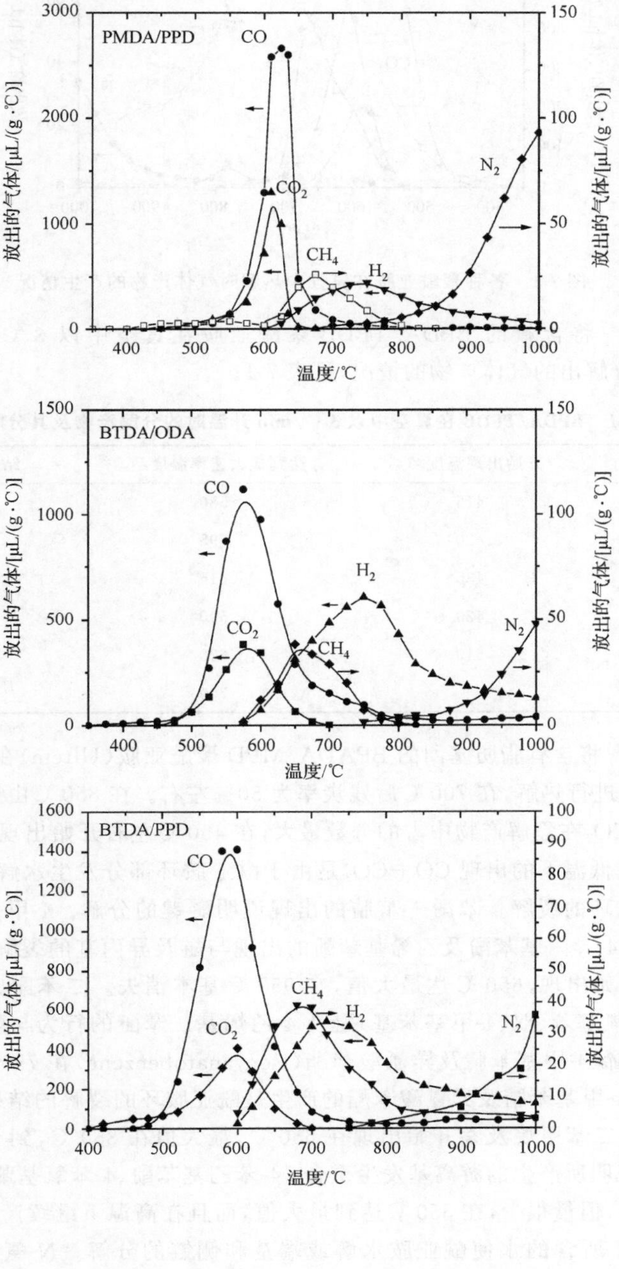

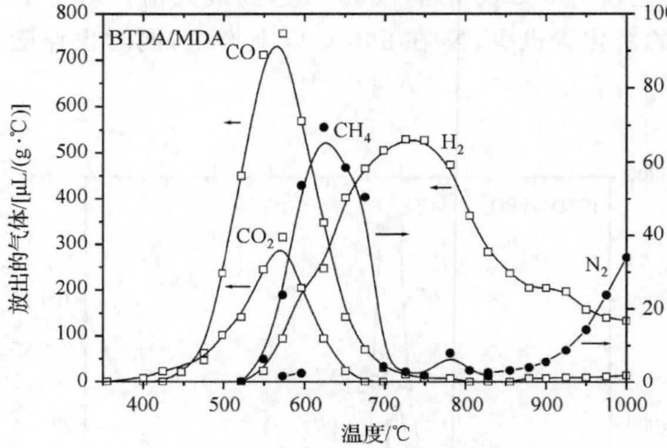

图 7-1　各种聚酰亚胺在氦气中热解时气体产物的产生情况

Arnold 等[14] 将含氟的 BPDA/TFDB 聚酰亚胺在真空中以 3 ℃/min 升温时，由 TGA-Ms 测定分解出的气体产物的情况，见表 7-1。

表 7-1　BPDA/TFDB 在真空中以 3 ℃/min 升温时的分解产物及其分解温度

气体分解产物	开始出现温度/℃	达到最大速率温度/℃	结束放气温度/℃
CF_3H	415	580	700
COF_2	420	595	680
HF	435	615	720
CO	420	590	780
HCN	510	620	>1000
NH_3	—	700	—

Huang 等[15]将含有脂肪基团的 BPADA/MPD 聚酰亚胺(Ultem)在氦气下以 10 ℃/min 的升温速率进行热解，在 700 ℃后残炭率为 50%左右。在 850 ℃由质谱测得 30 种分解产物。$CO+CO_2$在裂解产物中占的分数最大，在 450 ℃左右开始出现，在 650 ℃和 850 ℃有最大峰。在低温下的出现 $CO+CO_2$是由于酰亚胺环部分发生水解后的脱羧。在高温下则是酰亚胺环的裂解。苯酚+苄腈的出现说明醚键的分解。4-甲基苯酚、2-甲基苯酚、4-乙基苯酚、4-异丙基苯酚及乙烯基苯酚的出现与醚及异丙基的裂解相关。这些分解产物在 550 ℃开始出现，650 ℃达最大值，在 950 ℃基本消失。二苯醚、1-甲基-4-苯氧基苯、4-乙基-1-苯氧基苯、双(4-甲基苯基)醚及 4-乙烯基二苯醚的行为与酚类相似。甲苯、对二甲苯、苯乙烯、4-甲基苯腈及异氰酸苯酯(isocyanatobenzene)在 750 ℃开始出现，850 ℃达到最大量，4-甲基苯腈及异氰酸苯酯的产生是酰亚胺环的裂解的结果。二苯并呋喃、芴、2-乙烯基萘、二苯甲烷及萘开始出现在 650 ℃，最大值在 850 ℃，到 950 ℃很快停止。该类裂解产物说明所产生的游离基发生重合。4-苯乙基苯酚、4-苯氧基苯乙基苯开始出现的温度为 450 ℃，但量很少，在 550 ℃达到最大值，而且在高温下继续产生，同时伴有 $CO+CO_2$，这是由于所含的水使酰亚胺水解或端基和侧链的分解。*N*-氨苯基酞酰亚胺在

650 ℃出现，750 ℃达到最大，说明主链的断裂。裂解过程见式 7-5。

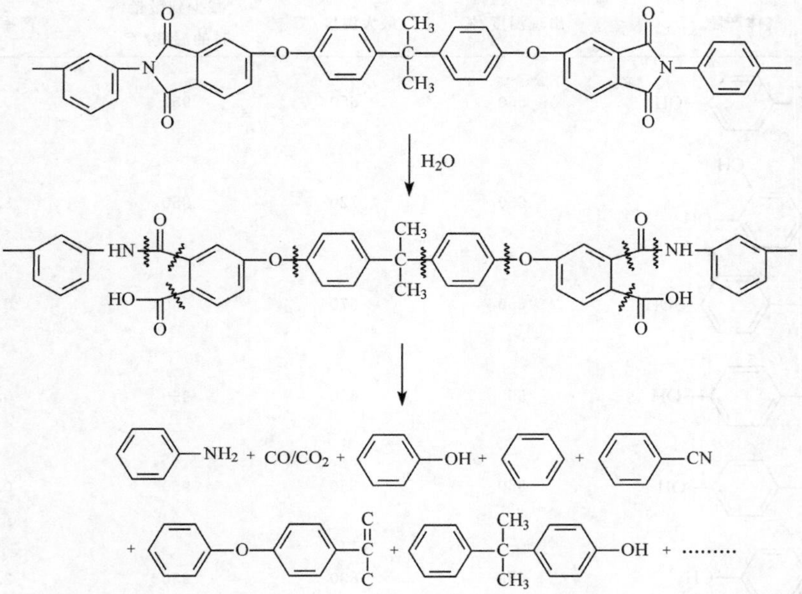

式 7-5　BPADA/MPD(Ultem)的热分解

Perng[16]用裂解色谱-质谱研究了 Ultem 的热解气体产物。列出了各种气体分解产物的出现温度、达到最大量的温度及消失的温度和这些产物的产率(表 7-2)。

表 7-2　Ultem 在氮气下进行逐步热解时的气体产物及其产生的温度[16]

气体产物	出现温度/℃	最大温度/℃	减少到微量时的温度/℃	产率ª/%
$CO+CO_2$	450	650,850	1050	60
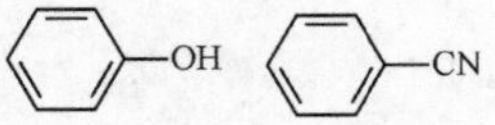	550	650	900	与 $CO+CO_2$ 重叠
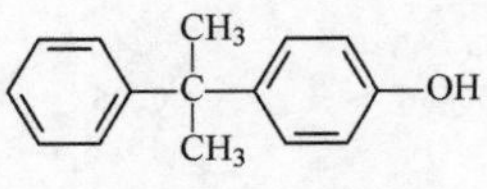	550	650	950	
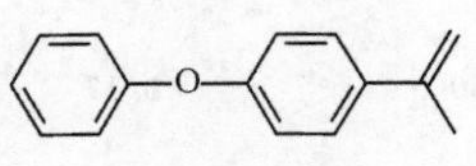	550	650	950	7
	650	850	950	2
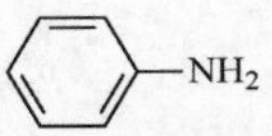	650	850	950	25

续表

气体产物	出现温度/℃	最大温度/℃	减少到微量时的温度/℃	产率[a]/%
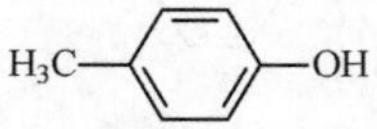	550	650	950	0.4
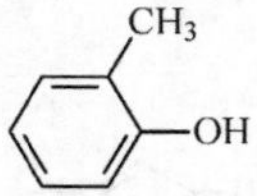	550	720	950	3.8
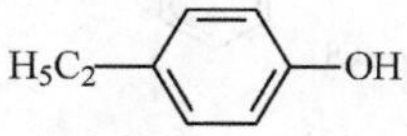	550	670	950	0.9
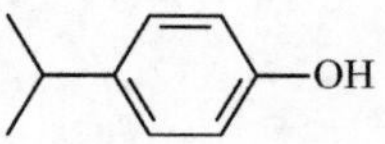	550	650	950	0.3
	550	650	950	0.7
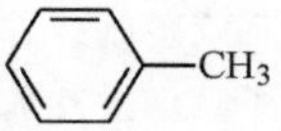	650	830	950	2.8
	650	780	950	0.6
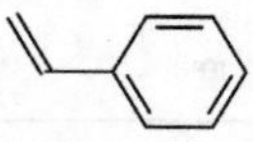	550	750	950	0.1
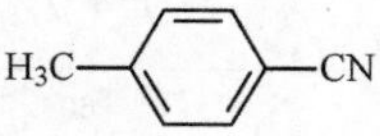	650	850	950	<0.1
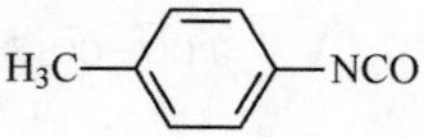	450	850	1050	0.1
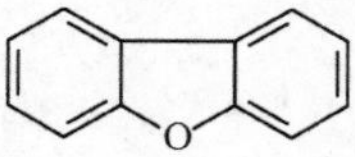	710	850	950	0.06
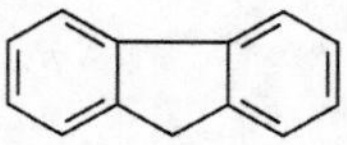	650	850	950	0.17
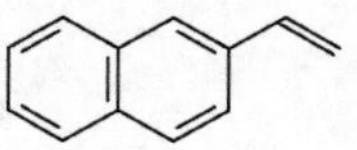	650	830	950	0.14
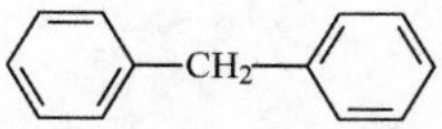	750	850	950	0.26

续表

气体产物	出现温度/℃	最大温度/℃	减少到微量时的温度/℃	产率[a]/%
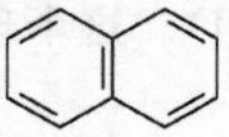	650	820	960	0.20
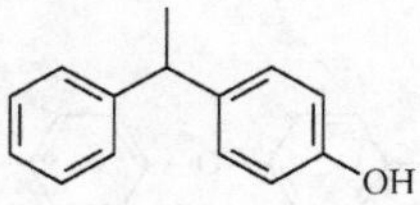	—	580	1050	0.56
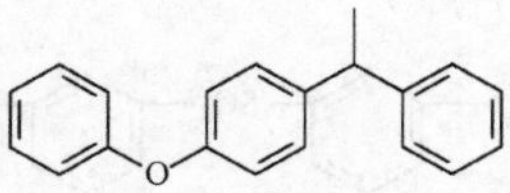	450	580	1050	0.20
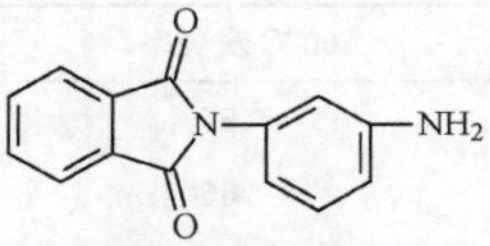	550	680	950	0.27

a：摩尔分数。

Tamai 等[17]研究了一系列聚酰亚胺的热氧化稳定性（表 7-3）。热氧化稳定性与 T_g 及聚集态无关，取决于电子条件的平衡。同时具有醚和酮的 **B** 和 **C** 比只具有酮或醚的 **A** 和 **D** 有更高的热氧化稳定性，这是因为在 **B** 和 **C** 的分子中可以形成电荷转移络合物。**H** 比 **J** 不稳定是由于 PMDA 残基中的苯环最缺电子，容易被氧攻击，**E** 比 **H** 稳定是由于 ABDE 比 APBP 缺电子。**F**、**G**、**I**、**J** 比 **E** 和 **H** 稳定是由于能够较好地形成电荷转移络合物。

表 7-3　聚酰亚胺的热氧化稳定性

编号	聚合物	T_g/℃	失重/%	
			350 ℃，空气中 100 h	350 ℃，空气中 196 h
A	BTDA/3,3′-DABP	240	5	
B	BTDA/3,3′-ODA	221	2	
C	ODPA/3,3′-DABP	225	2	
D	ODPA/3,3′-ODA	205	20	
E	PMDA/APBP	228		14.5
F	BTDA/APBP	202		7.5
G	ODPA/APBP	192		5.7
H	PMDA/ABDE	247		27.4
I	BTDA/ABDE	216		6.8
J	ODPA/ABDE	206		7.6

2. 双马来酰亚胺树脂

Ninan 等[18]研究了双马来酰亚胺体系的热稳定性，发现由 MDA、ODA、p,p'-DDS 和 m,m'-DDS 得到的 BMI 在固化后的热稳定性都在相同的水平上(表 7-4)。这个现象说明了双马来酰亚胺体系的热稳定性主要取决于马来酰亚胺环。

表 7-4　双马来酰亚胺的热性能

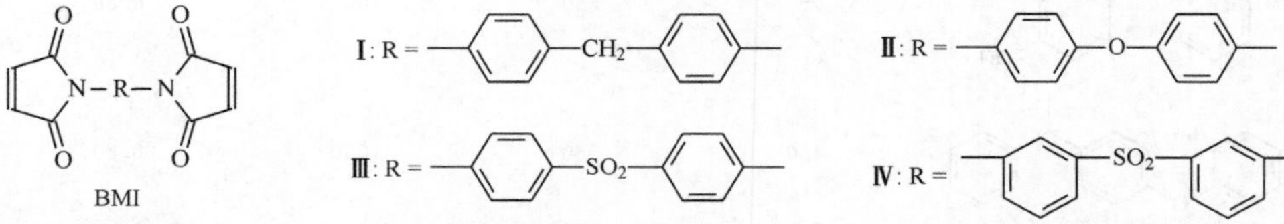

R	T_i/℃	T_s/℃	T_f/℃	600℃残炭率/%
Ⅰ	445	483	530	55
Ⅱ	450	487	530	56
Ⅲ	450	475	525	56
Ⅳ	440	475	515	54

注：T_i:开始分解温度；T_s:最大分解温度；T_f:完全分解温度。

Stenzenberger 等[19]研究了由脂肪和芳香二胺得到的 BMI 的热分解动力学参数(表 7-5)。聚合物结构单元的热稳定性的顺序是：脂肪链<丁二酰亚胺<芳香环。

表 7-5　双马来酰亚胺聚合物的热分解动力学参数

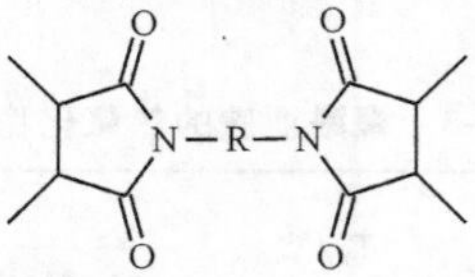

R	聚合条件/℃，h	T_d/℃	活化能/(kcal/mol)
$\text{-}(CH_2)_2\text{-}$	195,1; 240,3	435	258.34
$\text{-}(CH_2)_6\text{-}$	170,1; 240,3	420	235.31
$\text{-}(CH_2)_8\text{-}$	170,1; 240,3	408	220.65
$\text{-}(CH_2)_{10}\text{-}$	170,1; 240,3	400	209.35
$\text{-}(CH_2)_{12}\text{-}$	170,1; 240,3	380	195.95
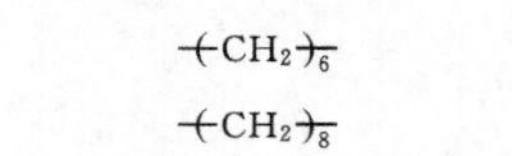	170,1; 240,3	452	272.57
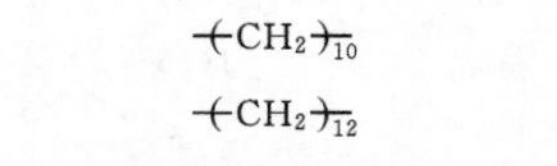	185,1; 240,3～260	438	270.50
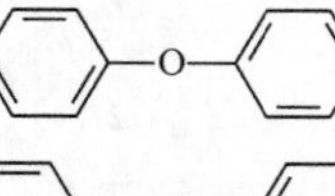	175,1～180; 240,3	462	314.03

Torrecollas 等[20]等研究了 MDA-BMI 的固化产物在氮气和空气中的分解行为，分别测定了在 500 ℃和 600 ℃热解时产生的可溶于丙酮的气体产物和非气体产物，结果表明，分解产物中 90%为 CO、CO_2 和 H_2O(表 7-6 和表 7-7)。所用的固化条件是：逐渐升温至 250 ℃，并在 250 ℃下保持 10 h。

表 7-6　固化后的 MDA-BMI 在空气中的裂解产物的相对含量

分解产物	相对分子质量	热分解温度 丙酮可溶气体产物			非气体丙酮可溶产物		
		500 ℃	600 ℃	730 ℃	500 ℃	600 ℃	730 ℃
苯胺	93	35	25	28	9.4	—	—
$H_2N-C(=O)-CH_2CH_2CH_2OH$	103	2.3	5	5	—	—	—
乙苯	106	—	3.7	—	—	—	—
对甲苯胺	107	6	4	5.4	4.5	3	—
异氰酸对甲苯酯	133	40	26.4	38	14	7.2	—
N-丙氨基甲苯	147	7.1	6.8	10.6	12.7	8	—
N-苯基丁二酰亚胺	175	—	—	1	4.7	8.3	14
N-对甲苯基丁二酰亚胺	189	—	—	1.4	10.1	26	40.2
二异氰酸二苯基甲烷酯	226	—	—	—	11	9	9

表 7-7　固化后的 MDA-BMI 在氮气中的裂解产物的相对含量

分解产物	相对分子质量	热分解温度 丙酮可溶气体产物		非气体丙酮可溶产物	
		500 ℃	600 ℃	500 ℃	600 ℃
苯胺	93	36	21.3	—	19.2
乙苯	106	5.5	6.4	—	—
对甲苯胺	107	—	—	—	2.7
异氰酸对甲苯酯	133	44	47.3	—	29.3
N-丙氨基甲苯	147	10.4	10	—	62
N-苯基丁二酰亚胺	175	—	—	15	1
N-对甲苯基丁二酰亚胺	189	—	—	51	2.7

3. 由降冰片酰亚胺封端的聚酰亚胺

Torrecollas 等[20]也对 MDA-BNI 双降冰片酰亚胺固化后在氮气和空气中的分解产物进行了研究，分别测定了在 500 ℃和 600 ℃热解时产生的可溶于丙酮的气体产物和非气体产物，结果表明分解产物中 90%为 CO、CO_2 和 H_2O(表 7-8 和表 7-9)。固化条件为：在 220～320 ℃间分阶段以 2 ℃/min 升温，压力始终保持在 15 MPa。

表 7-8　固化后的 MDA-BNI 在空气中的裂解产物的相对含量

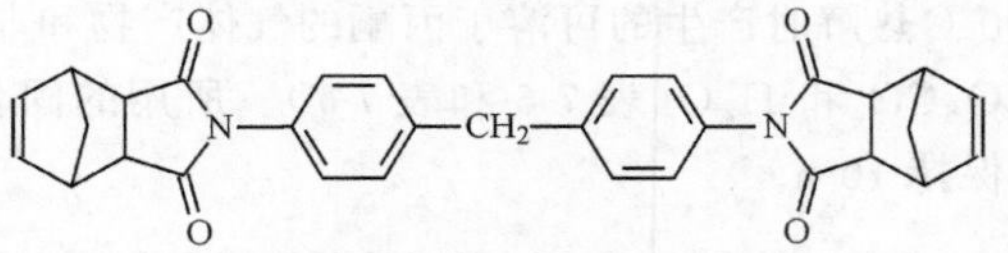

分解产物	相对分子质量	热分解温度					
		丙酮可溶气体产物			非气体丙酮可溶产物		
		500 ℃	600 ℃	730 ℃	500 ℃	600 ℃	730 ℃
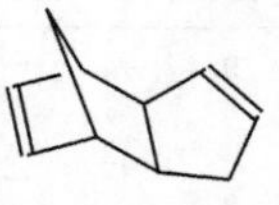	132	—	5	6.9	3.8	—	—
异氰酸对甲苯酯	133	27.9	27.7	30	—	—	1
苯胺	93	24.8	26.1	20	—	8	12
$H_2N—C(=O)—CH_2CH_2CH_2OH$	103	3	6.5	9.2	—	10	8.4
对甲苯胺	107	4.9		2.4	—	—	7
N-丙氨基甲苯	147	4	4.4	6	—	8	—
N-苯基丁二酰亚胺	175	—	—	—	3.9		6
N-对甲苯基丁二酰亚胺	189	4.8	2.5	—	37.2	38	4.5
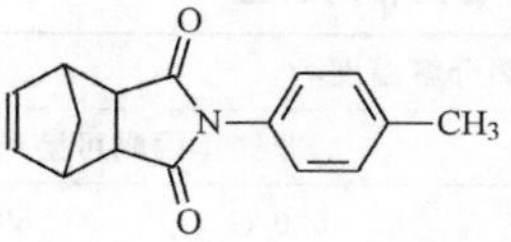	255	—	—	—	4.7	—	32
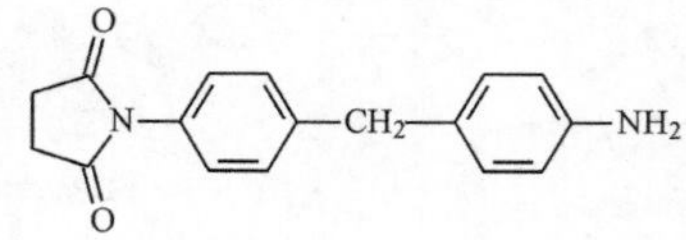	280	—	—	—	9.9	—	—
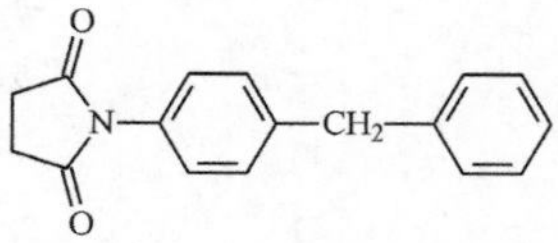	265	—	—	—	3.2	—	—
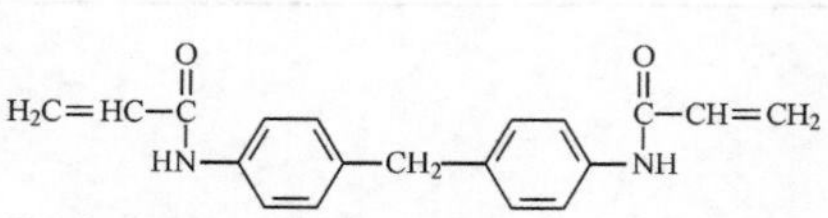	321	—	—	—	12	—	2.2
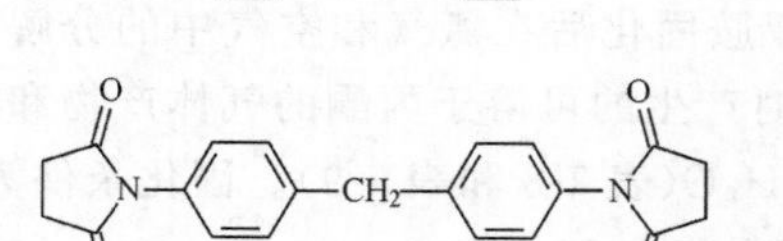	362	—	—	—	3.7	—	4.6

表 7-9　固化后的 MDA-BNI 在氮气中的裂解产物的相对含量

分解产物	相对分子质量	热分解温度			
		丙酮可溶气体产物		非气体丙酮可溶产物	
		500 ℃	600 ℃	500 ℃	600 ℃
苯胺	93	28.6	5.2	3.2	3.4
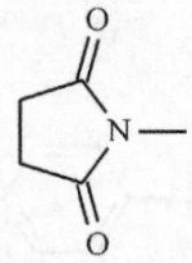	98	—	—	0.54	0.5
对甲苯胺	107	5.2	2	1.2	1.4
异氰酸对甲苯酯	133	38.6	12.4	10.2	8
N-丙氨基甲苯	147	12.2	6	7	6.7
N-苯基丁二酰亚胺	175	—	3.8	2.4	3
N-对甲苯基丁二酰亚胺	189	—	19.4	24	24.8
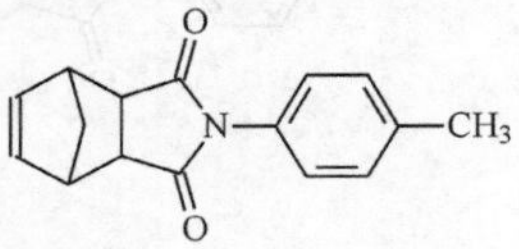	255	—	—	1.8	—
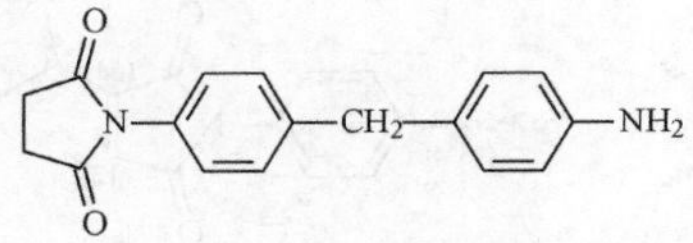	280			1.2	3.8
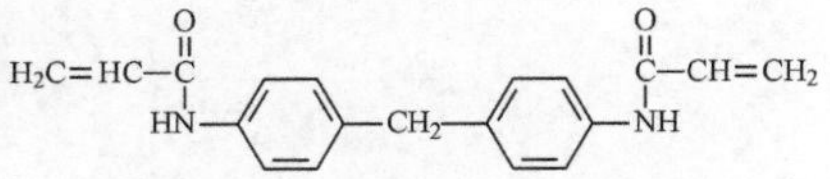	321	25	13	27	13.2
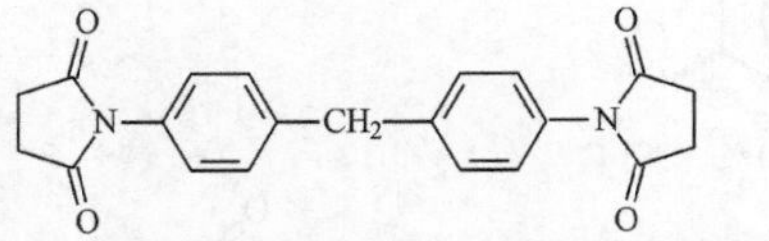	362	—	8	5.5	10.4

Meador 等[21]为了研究 PMR-15 的热氧化分解，将 NA 的羰基 α-位的碳原子用 ^{13}C 标记，将 PMR-15 树脂的热压成型品在 300 ℃进行老化，发现原来在 48 ppm 的标记碳的峰在 64 h 后消失，而在 105～120 ppm、125～140 ppm 及 150～165 ppm 处出现新峰。这些新峰可以根据式 7-6 的反应进行归属。

最可能存在的氧化分解产物为 **a**，**b**，**e**，**f**，这些化合物的季碳的化学位移在 125～140 ppm，此外，还有少量的 **d**(105～120 ppm)。

考虑到降冰片烯酰亚胺端基的分解限制了这类聚合物的热稳定性。Meador 等曾用 ^{13}C 标记化合物来研究，发现它的分解有如式 7-7 所示的两条路线[21]。

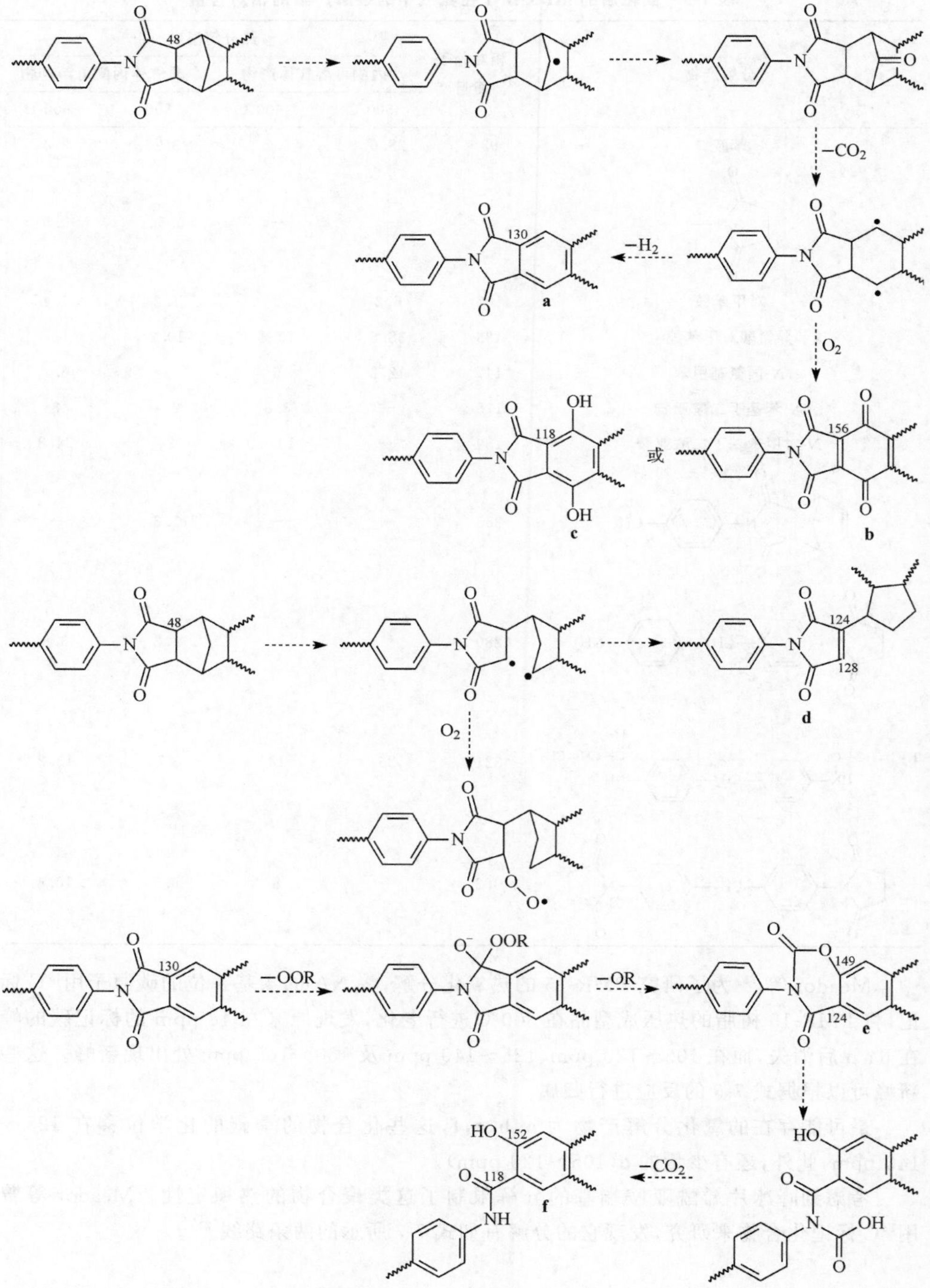

式 7-6 降冰片酰亚胺的氧化反应

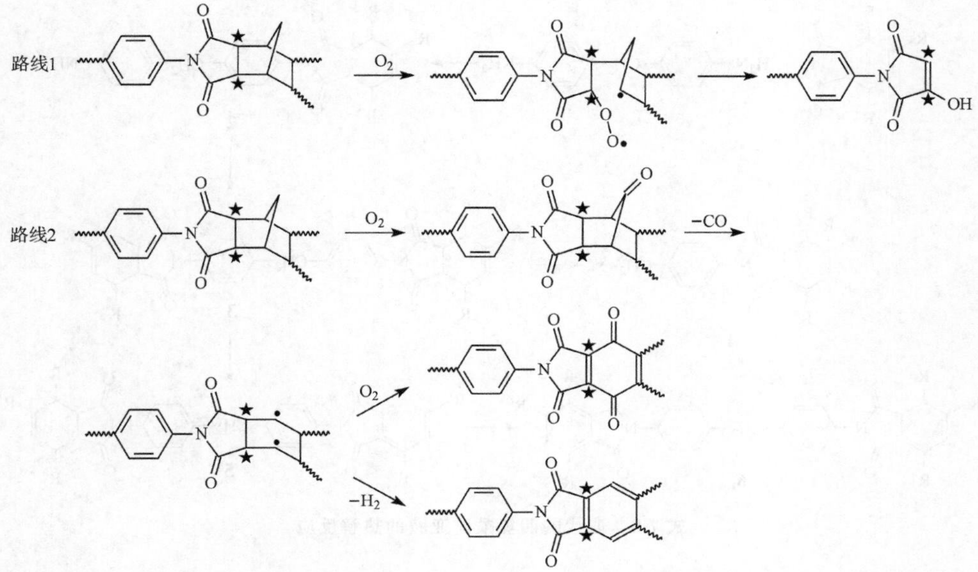

式 7-7　降冰片烯酰亚胺端基分解的两条途径

路线 1 失重较大，路线 2 失重较小。所以希望发展一种主要倾向于路线 2 的新端基。将降冰片二酰亚胺 **A** 中的 CH_2 换成较不稳定的基团，如 CHOH(即 **B**)，由 NMR 研究，确认主要是按路线 2 分解。

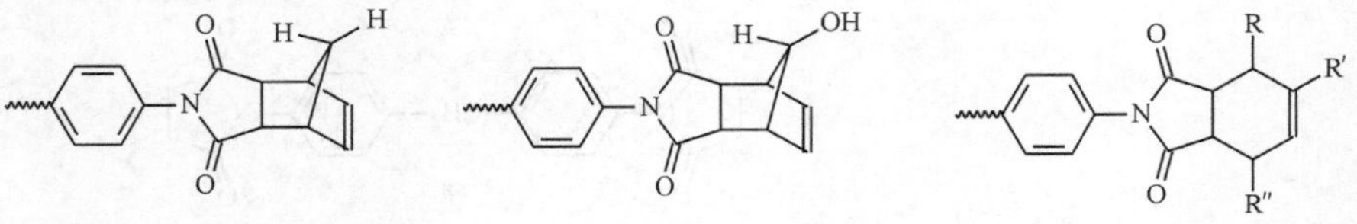

A　　　　**B**　　　　**C**

20 世纪 80 年代曾经研究用四氢酞酰亚胺作为封端，但发现直到 415 ℃也不发生交联[22]。如果利用取代或催化剂来降低交联温度则有可能可以代替降冰片烯端基。

Meador 等[23]设计了一系列取代的四氢邻苯二甲酸酐(表 7-10)，并研究了由 MDA 得到的取代的四氢酞酰亚胺 **C** 的热解反应(式 7-8)。所得到的双四氢酞酰亚胺(**3**)除了发生交联外，还可以脱氢，得到取代的双酞酰亚胺(**5**,**6**)。苯基取代的四氢酞酰亚胺还会在高温下发生逆 Diela-Alder 反应，得到双马来酰亚胺，进一步由于被由芳香化脱出的氢氢化而得到双丁二酰亚胺 **8**(式 7-9)。各种化合物在不同温度下的热解产物的组成见表 7-11。

表 7-10　取代的四氢邻苯二甲酸酐

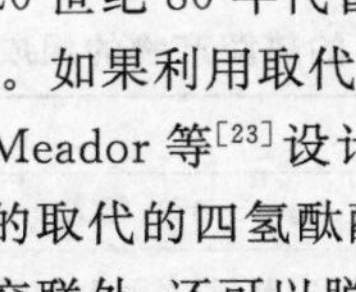	**a**：R=R′=R″=H	**e**：R′=CH_3，R=R″=H
	b：R=Ph，R′=R″=H	**f**：R=R″=Ph，R′=H
	c：R=OCH_3，R′=R″=H	**g**：R=OH，R′=R″=H
	d：R=$OSi(CH_3)_3$，R′=R″=H	

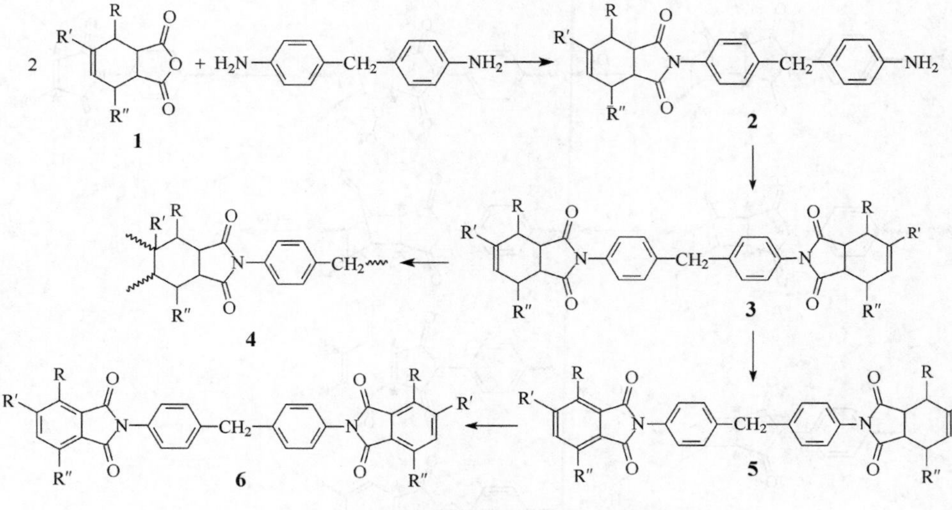

式 7-8　取代的四氢酞酰亚胺的热解反应

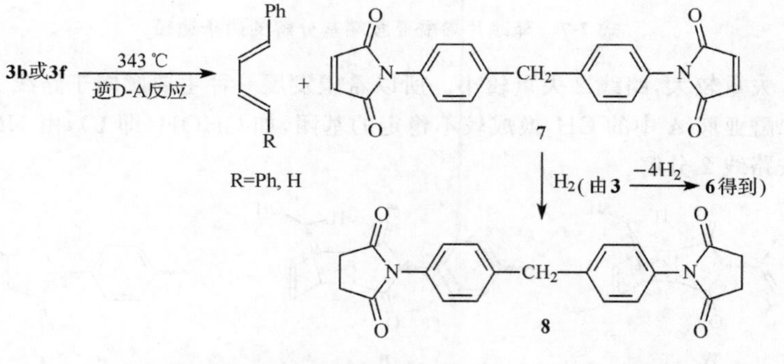

式 7-9　苯基取代的双四氢酞酰亚胺的逆 Diela-Alder 反应及氢化

表 7-11　各种取代的四氢邻苯二甲酸酐与 MDA 的反应物在不同温度下的热解产物的组成

1	热解条件			
	204/℃,1h	315/℃,30min	343/℃,50min	371/℃,30min
a	**2a**(2%),**3a**(98%)	**2a**(0.5%),**3a**(98%), **4a**(1%),**6a**(0.5%)	**3a**(35%),**4a**(35%), **5a**(29%),**6a**(1%)	**3a**(11%),**4a**(40%), **5a**(37%),**6a**(12%)
b	**2b**(67%),**3b**(33%)	**2b**(16%),**3b**(38%), **5a**(14%),**6b**(32%)	**2b**(7%),**3b**(12%), **4b**(6%),**5b**(35%), **6b**(32%),**8b**(8%)	**4b**(11%),**5b**(21%), **6b**(56%),**8b**(12%)
c	**2c**(<1%),**3c**(>95%), **6a**(5%)	**3a**(12%),**4a**(17%), **5a**(47%),**6a**(24%)	**4a**(19%),**5a**(47%), **6a**(34%)	**4a**(19%),**5a**(33%), **6a**(49%)
d	**3g**(61%),**4a**(4%), **5a**(35%)	**4a**(35%),**5a**(13%), **6a**(52%)	**3** 已经完全反应了	**3** 已经完全反应了

续表

1	热解条件			
	204/℃,1h	315/℃,30min	343/℃,50min	371/℃,30min
e	**2e**(7%),**3e**(93%)	**2e**(6%),**3e**(85%),**6e**(9%)	**3e**(34%),**4e**(28%),**5e**(15%),**6e**(23%)	**3e**(4%),**4e**(31%),**5e**(14%),**6e**(51%)
f	**2f**(75%),**3f**(25%)	**2f**(2%),**3f**(88%),**6f**(10%)	**3f**(2%),**6f**(86%),**8f**(12%)	**6f**(85%),**8f**(15%)

7.1.2　聚酰亚胺炭化产物

炭化是将聚合物在惰性气氛或真空中加热分解后,凡是能够分解成低分子的结构部分都变成气体逸出,剩余的固体主要是炭,其形式可以是无定形炭,也可以是石墨化了的炭。炭材料的结构与性能是由聚合物的结构、热解中间产物的特征及炭化和石墨化的条件所决定的,控制条件可以得到在扫描电镜下都不能发现开裂和针孔的炭化薄膜。

炭化聚酰亚胺是一种导电材料,可用于炭电极、生物医学器件、低温加热元件、成图形的导电线路、电磁屏蔽、气体分离膜、辐射及气体检测元件等[24]。聚酰亚胺炭材料用来净化空气的金属陶瓷过滤器已用炭化的聚酰亚胺来制造,这种过滤器有稳定的透过性和高的净化度。聚酰亚胺炭化材料也被用作润滑剂,在 300 ℃以上有低的摩擦系数。这种材料甚至在沸点温度下的硫酸和硝酸的混合物中和在沸腾的 KOH 溶液中也是稳定的。炭化聚酰亚胺在气体分离方面的研究见第 24.2 节。

过去用来产生炭化材料的聚合物多是酚醛树脂,其缺点是热解后炭产率较低,同时带来大的收缩率。此外品种不多,厚度受限制,脆性及在不透气制品中存在不可测的缺陷也使得这类树脂的应用受到限制。

将聚酰亚胺在惰性气体中加热到 600～700℃,样品的碳含量可达到 80%～86%,氢、氮含量急剧降低。这时形成了新的产物——炭化聚酰亚胺。X 射线衍射数据说明聚酰亚胺链结构转化为稠合的环结构,同时材料的性能也发生了巨大的变化,产生金属光泽,电阻率降低到 180～210 Ω · cm,热导率由 0.2～0.3 W/(m · K)增加到 0.5～2.0 W/(m · K),热胀系数降低到 $0.4\times10^{-6}\ K^{-1}$。炭化聚酰亚胺在 700～3000 ℃下热处理仅少量失重(3%～7%),在 2000 ℃收缩率趋于零。在 1500～1800 ℃得到的 PMDA/ODA 聚酰亚胺炭化材料中已经测不到氮,加热到 2000 ℃时,氢实际上已全部挥发,加热到 2500～3000 ℃的样品的碳含量为 99.3%～99.9%。其他聚酰亚胺在 3000 ℃处理后氮含量为 0.20%～0.33%。

Bruck[25] 提出 PMDA/ODA 聚酰亚胺热解为石墨结构的大致过程如式 7-10 所示。

控制聚酰亚胺薄膜的取向程度可以得到高质量的石墨薄膜[26]。表 7-12 是由几种聚酰胺酸薄膜冷拉后在氮气中 1000 ℃炭化产物的电导率。由表 7-12 可以看出,随着薄膜拉伸比的增加,炭化膜的电导率也增加,大分子刚性越大,所得到的炭膜的电导率也越高。

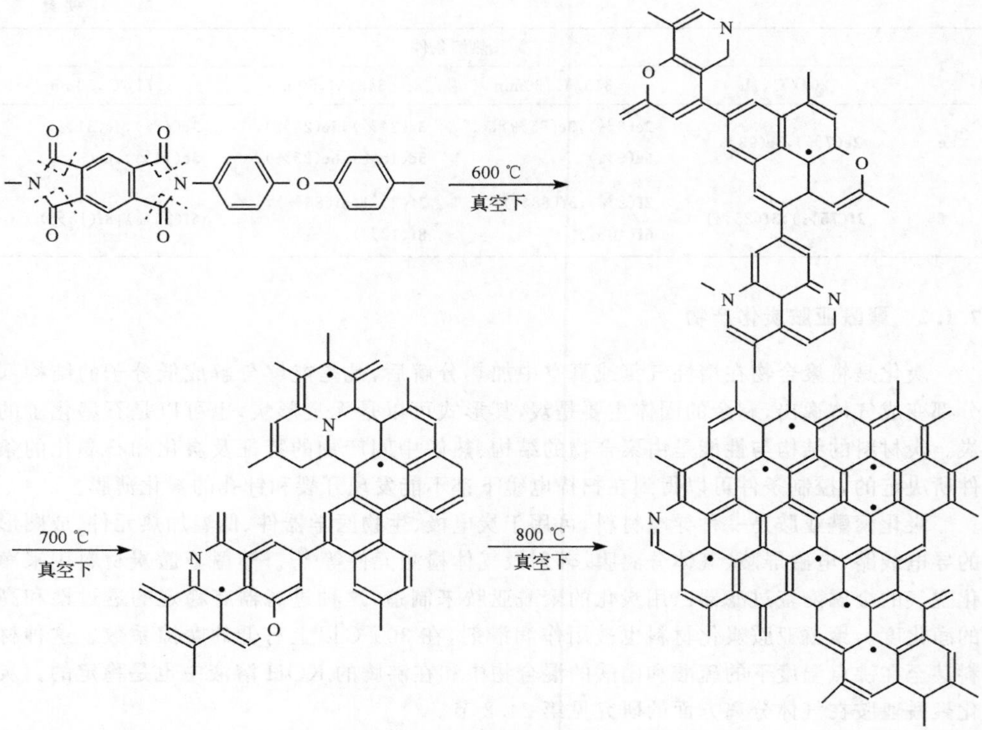

式 7-10 PMDA/ODA 聚酰亚胺热解为石墨结构的过程

表 7-12 由聚酰胺酸得到的炭化薄膜的拉伸比与电导率(S/cm)的关系

拉伸比/%	0	20	30	40	50	60	70
PMDA/ODA	70	100	—	140	—	160	180
PMDA/PDA	100	195	240	305	—	—	—
BPDA/ODA	105	110	130	135	—	—	—
BPDA/PDA	200	—	270	—	315	—	—

注：炭化条件：氮气下，1000 ℃。

表 7-13 是将 PMDA/ODA 聚酰亚胺薄膜进行冷拉后在 2800 ℃炭化得到的薄膜的电导率，出于意料的是冷拉的薄膜所得到的炭化膜的电导率大大低于没有经过冷拉的薄膜。对石墨化薄膜的尺寸测量结果发现，未经拉伸的薄膜炭化后面积增加了 29%，而经过拉伸的薄膜经过同样条件炭化后的面积却缩小了 3%～5%。这个结果说明未拉伸的薄膜在炭化时只在厚度方向收缩，而沿着表面膨胀；经过拉伸的薄膜在所有方向上收缩。可以认为，单向拉伸的薄膜在炭化时有利于在拉伸方向构成多环芳香网络，但在更高温度下石墨化时，在薄膜面内阻碍了多环芳香网络的形成。对于未拉伸的薄膜，最初的多环芳香网络形成很慢，炭化薄膜的电导率低，但在石墨化过程中由于空间阻碍小而有利于多环芳香网络的形成。

表 7-13　PMDA/ODA 薄膜在 2800 ℃热解 30 min 后得到石墨化薄膜的电导率(S/cm)

拉伸比/%	0	10	28	30	35
室温	10 000	1600	1600	1600	1600
77 K	6200	—	1500	—	1500

由 PMDA/PPD 聚酰胺甲酯得到的聚酰亚胺薄膜的模量(8.6～9.0 GPa)比由聚酰胺酸得到的聚酰亚胺(7.9～8.1 GPa)高，说明沿薄膜表面有较好的取向，这可能是消除比水大的甲醇所引起。

在 900 ℃炭化各种酯化度的薄膜在宽向和长向有相同的收缩(10%～12%)，而在厚度上收缩较大(46%～54%)。炭化薄膜的电导率都在 180～200 S/cm。酯化度高，电导率也略高。

石墨化程度和石墨晶体的取向用 X 射线衍射和抗磁性测得。所有石墨化的薄膜的表征石墨化程度的 d_{002} 值为 0.3357，接近天然石墨的 0.3354，说明薄膜具有高的石墨化程度。

随着酯化度的提高，石墨化薄膜的斑块分布(Mosaic spread)降低(由聚酰胺酸的 11°到酯化度 80%的 9°)。磁阻随石墨化程度的增高而降低。所以由较高酯化度的聚酰胺酯得到的聚酰亚胺薄膜有较高的石墨化程度。

Inagaki 等[13]研究了各种聚酰亚胺薄膜热解后的性能(表 7-14 至表 7-16)。由表 7-15 和表 7-16 可见，随着热处理温度的提高，芳香炭含量提高，电导率也提高。

表 7-14　各种聚酰亚胺薄膜在惰性气体中热解后的性能

聚酰亚胺	最终处理温度/℃	密度/(g/cm³)	开孔率/%	抗弯强度/MPa	体积电阻/(Ω·m)	热导率/[kcal/(m·h·℃)]
PMDA/ODA	2800	1.29	4.0	70	38～43	16.0
ODPA/ODA	2000	1.52	0.1	110	55	11.0
	2500	1.49	0.2	95	50	14.5
BTDA/ODA	2000	1.40	4.0	110	45～50	7.5
	2800	1.36	4.0～12.0	90	45～50	12.0
BTDA/BAPF	2000	1.5	0.6	120	45～52	9.0
	2800	1.47	1.0	90	38～45	17
石墨		1.6	20～25	12～25	6～13	100～110

表 7-15　各种聚酰亚胺在氮气中的炭化

聚酰亚胺	1000 ℃下的炭产率/%	芳香碳原子的含量/%
PMDA/PPD	47.6	50.7
PMDA/ODA	59.3	56.5
6FDA/ODA	60.4	47.5
BTDA/PPD	62.1	54.8
BTDA/ODA	62.5	59.5
BTDA/DMA	63.3	59.5

表 7-16　各种聚酰亚胺在氮气中炭化后的电导率(S/cm)

聚酰亚胺	700 ℃	800 ℃	900 ℃	1000 ℃	1100 ℃
PMDA/PPD	—	70	230	350	—
PMDA/ODA	0.35	18	40	80	100
BTDA/ODA	0.7	18	40	80	100
6FDA/ODA	—	12	30	40	65
BTDA/PPD	0.7	25	55	100	120
BTDA/MDA	1	20	45	80	100

氟化聚酰亚胺在炭化时会产生多孔结构，这是由于从材料中逸出 CF_3 的关系。微孔的面积取决于重复单元中氟的含量(见图 7-2)[27]。

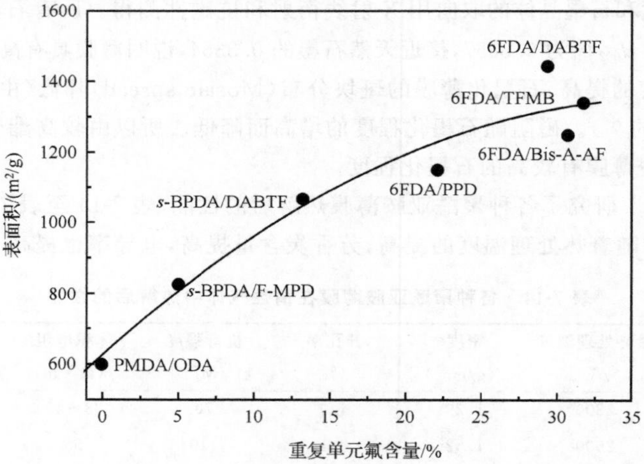

图 7-2　微孔表面积与聚酰亚胺氟含量的关系

7.2　聚酰亚胺的水解

由于酰亚胺环容易被羟基负离子进攻而开环形成酰胺酸，再进一步水解的是酰胺键，大分子链断裂，形成胺和二酸或其盐。在更高的温度下，醚键会被水解，形成酚[10]。所以聚酰亚胺对水解不很稳定，尤其是在加热和碱性条件下。聚酰亚胺对水解的稳定性取决于结构，大致上与二酐的 E_A 值相应(见表 2-3)，E_A 值越高，所得到的聚酰亚胺的水解稳定性就越低。因此由 PMDA 和 ODA 得到的 Kapton 薄膜最容易水解。当采用 E_A 值较低的二酐，如 HQDPA 时，其水解稳定性就高得多。某些聚酰亚胺可以在 120 ℃下经受 4000 次消毒处理。然而聚酰亚胺可以水解也带来一个可以利用的优点，如将 Kapton 薄膜在 20%NaOH 水溶液中水解后，均苯二酐和二苯醚二胺的回收率可达到 80%～90%(式 7-11)。但总的说来，聚酰亚胺与聚醚砜或聚醚酮，尤其是聚苯、聚喹噁啉、聚喹啉等比较，其水解稳定性是低的。

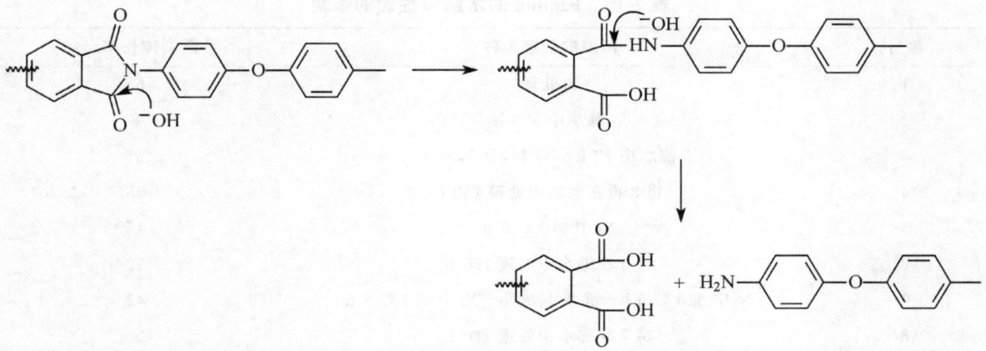

式 7-11　聚酰亚胺的水解

聚酰亚胺的水解研究大部分集中在 PMDA/ODA，即 Kapton 薄膜方面，DeIasi 等[28]研究了 Kapton 薄膜在不同温度下水解对机械性能的影响（表 7-17），结果表明，即使在较低温度下，几百小时就足以使机械性能明显变坏，说明这种聚酰亚胺是不能在有水分存在的情况下使用的。

表 7-17　Kapton 薄膜的水解

水解条件	断裂强度/MPa	断裂伸长率/%
未水解	162	38
25 ℃水浸 800 h	141	28
45 ℃水浸 800 h	127	15
62 ℃水浸 800 h	106	7
80 ℃水浸 500 h	98	3
100 ℃水浸 220 h	98	3

聚酰亚胺的水解还与 pH 值有关，pH 值在 12 以上是碱催化水解，长时间处理会使强度和断裂伸长率趋于零，而不像在稀酸中那样会达到一个平衡点。

DeIasi 等[29]还发现水解后的薄膜再经过热处理可以在一定程度上恢复薄膜的性能，而且恢复后的薄膜的耐水解性要比原来的薄膜高（表 7-18 和表 7-19）。

表 7-18　水解和重新热处理对 Kapton 性能的影响

水解条件		η_{inh}/(dL/g)	断裂强度/MPa	断裂伸长率/%
未水解		1.23	187.3	62
在水中 100 ℃	12 天	1.03	106.3	6.3
再热处理温度/℃	时间/h			
224	80		171.1	38.3
248	50		171.8	40.0
263	15		171.8	43.6
277	12		174.6	45.7
310	2	1.23	181.7	50.7

表 7-19　Kapton 的水解和性能的恢复

编号	薄膜的处理条件	断裂伸长率/%
1	未处理	65
2	沸水中 300 h	8
3	沸水中 12 h+N_2中 310 ℃ 3 h	51
4	将 3 再在沸水中处理 760 h	38
5	N_2中 310 ℃ 3 h	45
6	将 5 在沸水中处理 760 h	22
7	N_2中 310 ℃ 3 h+沸水 1000 h+N_2中 310 ℃ 3 h	42
8	将 7 在沸水中处理 760 h	30

由表 7-19 可见，经水解处理后再经高温处理可以将断裂伸长率恢复 50%左右，而且这种经恢复的薄膜的水解稳定性明显提高（编号 4）。同时也发现将未经水解处理的 Kapton薄膜在 310 ℃氮气中处理，颜色变暗，透光率降低 25%。但经水解的薄膜恢复后再经同样条件处理颜色不变暗。这种现象还没有得到合理的解释，可能的原因是与薄膜酰亚胺化条件有关，例如原来的聚酰胺酸酰亚胺化程度不够，在水解后重新经热处理，酰亚胺化程度得到提高。也可能是由于原来聚酰亚胺中分子链有很大程度的卷曲，空间阻碍导致酰亚胺化的不完全，水解过程中水分的进入起到增塑作用，使部分水解的大分子链得到伸展，随后的热处理就可以使薄膜的酰亚胺化更为完全。

Pawlowski 等[30]还发现用 6.7 mol/L + 1.9 mol/L 的 KOH + K_2CO_3 比单独用 6.7 mol/L的 KOH 对 PMDA/ODA 的腐蚀更快，原因是 K_2CO_3 能促进水解的聚合物的溶解。

表 7-20 是各种聚酰亚胺在硅片上的水解稳定性，水解的条件是将用旋涂法涂于硅片上的 1～3 μm 厚的聚合物经热处理后置于 90 ℃±2 ℃的 K_2SO_4 饱和溶液上方（相对湿度为 95%）进行水解试验[31]。该结果表明，由 BTDA 得到的聚酰亚胺的水解稳定性最低，由 BPDA 得到的聚酰亚胺具有最高的水解稳定性。

表 7-20　各种聚酰亚胺在硅片上的水解稳定性

聚合物	固化温度/℃	水解时间/h	水解百分数/%
BTDA-ODA	300	680	6.4
BTDA-ODA	400	680	6.0
BTDA-MPD	300	680	6.1
BTDA-MPD	400	680	5.6
BPDA-PPD	300	600	0
BPDA-PPD	400	600	0
PMDA-ODA	300	400	1
PMDA-ODA	400	400	1

Dine-Hart 等[32]将聚酰亚胺用水合肼来水解，可以定量地得到两种单体（式 7-12）。对于热氧化分解后的样品用肼以同样方法处理，在胺部分再用浓盐酸处理可以得到氨基

苯酚。认为二苯醚部分可以水解得到酚，在高温下与胺部分的苯环上氢反应脱水而交联。

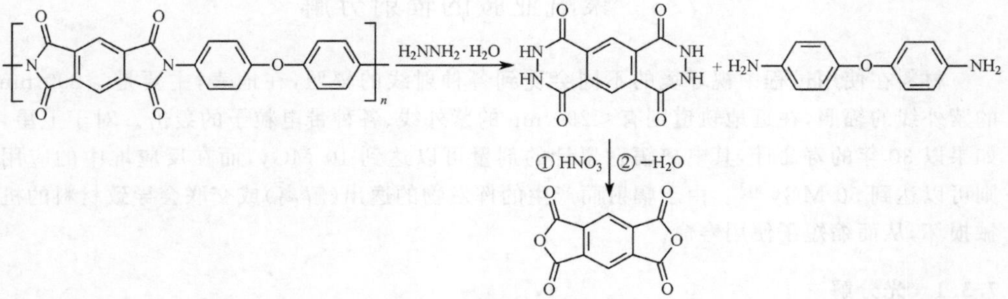

式 7-12　聚酰亚胺用水合肼水解

聚酰亚胺的结构对水解稳定性有很大的影响，而且决定聚酰亚胺水解稳定性的主要是二酐。二酐的电子亲和性越低（见表 2-3），其水解稳定性越高。所以由均苯二酐得到的聚酰亚胺都具有较低的水解稳定性。由二醚二酐得到的聚酰亚胺具有较高的水解稳定性。异构桥连二酐或二醚二酐中由 3,3′-二酐得到的聚酰亚胺的水解稳定性要高于由 4,4′-二酐得到的聚酰亚胺。Chern 等[33] 研究了由含双金刚烷结构的二醚二酐得到的聚酰亚胺Ⅰ和Ⅱ（式 7-13）的耐水解性，其结果见表 7-21。

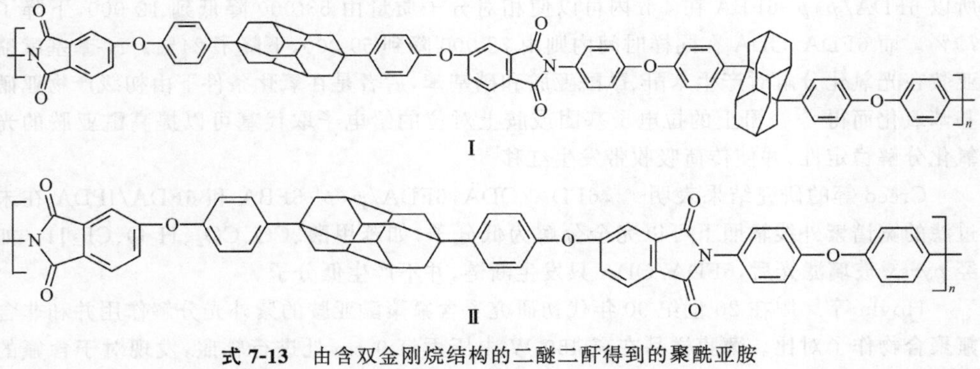

Ⅰ

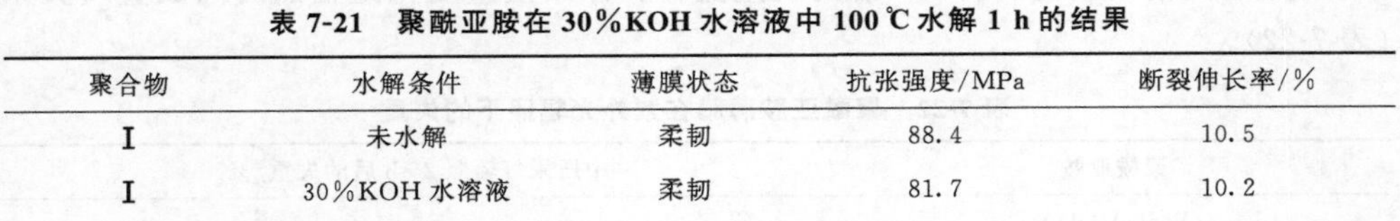

Ⅱ

式 7-13　由含双金刚烷结构的二醚二酐得到的聚酰亚胺

表 7-21　聚酰亚胺在 30%KOH 水溶液中 100℃ 水解 1 h 的结果

聚合物	水解条件	薄膜状态	抗张强度/MPa	断裂伸长率/%
Ⅰ	未水解	柔韧	88.4	10.5
Ⅰ	30%KOH 水溶液	柔韧	81.7	10.2
Ⅱ	未水解	柔韧	99.8	16.6
Ⅱ	30%KOH 水溶液	柔韧	94.5	16.1
PMDA/ODA	未水解	柔韧	135	17.6
PMDA/ODA	30%KOH 水溶液	水解	0	0
ODPA/ODA	未水解	柔韧	108	8.8
ODPA/ODA	30%KOH 水溶液	水解	0	0

7.3 聚酰亚胺的辐射分解

材料在使用过程中视环境的不同会受到各种射线的辐照，在地表，主要是＞290 nm的紫外线的辐照，在近地轨道则有＜290 nm的紫外线、各种带电粒子的轰击。对于卫星，如果以30年的寿命计，其电离辐射累计的剂量可以达到10 MGy，而在反应堆中的应用则可以达到50 MGy[34]。由于辐射而产生的挥发物的逸出(解离)或交联会导致材料的机械损坏，从而缩短了使用寿命。

7.3.1 光分解

在中压汞灯的UV辐照下，6FDA/ODA比PMDA/ODA容易分解，在空气中6FDA/ODA的光解失重大约是PMDA/ODA的6倍，然而在N_2中却相当稳定[35]。将6FDA/ODA和6FDA/6FBA在氮气氛下用未过滤的中压汞灯辐照，96 h后未发现包括相对分子质量在内的任何变化，也就是聚酰亚胺未发生分解。PMDA/ODA聚酰亚胺比较耐光分解的部分原因是均苯四酰亚胺存在较强的传荷作用和对所生成的活性中间体的稳定作用。二胺的给电子作用对光解稳定性产生影响。对于*N*-苯基酞酰亚胺，苯环对位的拉电子基团比给电子基团可使光氧化分解反应增加两个数量级，并且也增加了苯酐的产率。所以6FDA/*p*,*p*′-6FBA在4 h内可以使相对分子质量由58 000降低到12 000，下降了79%。而6FDA/ODA在同样时间内则由78 000降到59 000，下降了24%。*N*-苯基酞酰亚胺在光氧化分解时产生苯酐、酞酰亚胺和硝基苯，后者是在氧化条件下由初级产物亚硝基苯氧化而得[36]。酐上的拉电子基团或胺上对位的给电子取代基可以提高酰亚胺的光氧化分解稳定性，并使传荷吸收带发生红移[37]。

Creed等的研究结果表明[38]，6FDA/ODA，6FDA/*p*,*p*′-6FBA和6FDA/IPDA在未过滤的宽谱紫外线辐照下可以完全分解为低分子，如苯甲酸、CO、CO_2、H_2O、CF_3H。如经pyrex玻璃滤光后，6FDA/ODA只发生断链，并不产生低分子。

Hoyle等[39,40]在20世纪90年代初研究了含氟聚酰亚胺的紫外光分解作用并和非含氟聚合物作了对比。薄膜样品在离450 W中压汞灯9 cm处进行辐照，发现对于含氟的聚合物，IR光谱吸收变弱。UV谱则发生蓝移。样品重量变化随辐照时间成直线关系(表7-22)。

表7-22 聚酰亚胺薄膜在紫外光辐照下的失重

聚酰亚胺	中压汞灯辐照25 h后的失重/%
PMDA-ODA	5
PMDA-MDA	12
6FDA-ODA	33
6FDA-MDA	45

从模型化合物的研究可以认为是初始态氧使芳香酰亚胺环中的氮-羰基键断裂[41,42]。当用300 nm以下的光辐照时，初级产物的随后光解是非常有效的裂解。6FBA中6F基

团的作用是减少 S_1 的传荷特性，所以增加系统向三线态过渡，从而提高了引起链断裂的初级分解过程和引起聚酰亚胺后续完全光氧化分解的效率[43]。

由 GPC 研究发现含氟聚酰亚胺在辐照中伴随着相对分子质量的降低，并发现辐照后热稳定性下降(表 7-23)。这是由于辐照中酰亚胺环首先发生断裂，引起大分子的降解而使热稳定性降低。

表 7-23　辐照前后聚酰亚胺的热稳定性

聚合物	光解时间/h	$T_{5\%}$/℃	T_{max}/℃
6FDA-ODA	0	513	575
6FDA-ODA	12	446	568
6FDA-MDA	0	532	561
6FDA-MDA	12	384	561
PMDA-ODA	0	564	600
PMDA-ODA	12	568	609

聚酰亚胺在空气中辐照 15 h 后水-聚酰亚胺的接触角见表 7-24，接触角的减少说明表面由于氧化而亲水，而接触角的增加则往往是由于表面粗糙化的结果。

表 7-24　聚酰亚胺在空气中辐照 15 h 后水-聚酰亚胺的接触角(°)

聚酰亚胺	辐照前	辐照后
6FDA/3,3′-ODA	72	54
6FDA/TFDB	75	46
ODPA/3,3′-ODA	31	35
ODPA/DTFODA	69	25
Kapton	63	45

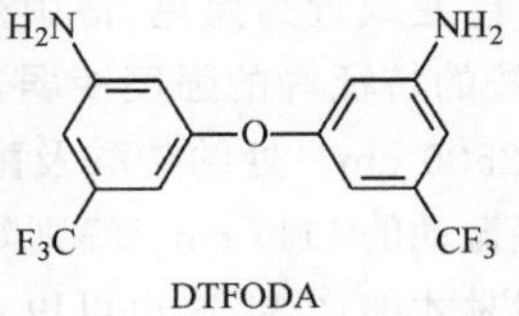

DTFODA

在荧光太阳灯/黑光灯(FS/BL)系统进行紫外辐照的加速试验的结果见表 7-25[44]。

表 7-25　在 FS/BL 系统进行紫外辐照 6000 h 的加速试验的结果

聚合物	机械性能降低率/%		薄膜的状态
	强度	断裂伸长率	
BTDA/ODA	30	75	仍可折叠
TMA/ODA	60	85	折叠 180°断裂
PMDA/ODA	50	90	仍可折叠

BTDA/ODA 的高稳定性与二苯酮本身就是紫外稳定剂有关。BTDA/ODA 和

PMDA/ODA的介电常数和损耗因子在辐照后没有太大的变化，但聚酰胺酰亚胺在由3000 h到4000 h辐照间隔内损耗因子由0.001降低到0.013，这时薄膜变脆了。

用阿特拉斯耐候测试仪测试时，所有的膜在100 h后性能有明显降低，聚酰胺酰亚胺在1000 h后变得很脆，强度损失40%，断裂伸长率减低80%，其他两个样品的性能虽然也下降很多，但仍有一定韧性，3000 h后Kapton膜变得很脆，介电强度下降57%。但BTDA/ODA仍可折叠，介电损耗增加到5倍。但薄膜在辐照2000 h后失去透明性。

7.3.2　高能辐射分解

高能辐射是指用快电子，γ射线、X射线及带电粒子进行辐照。从基本化学反应来说，这些射线的区别主要在于穿透深度、强度及空间扩散，所产生的是空间分布及化学活性种的浓度。20世纪70年代末期，许多研究组采用能量较低的轻离子束辐照，结果导致共价键的断裂，聚合物发生裂解或交联，产生衍生物或挥发性产物。高能辐射诱导反应的价值是增加硬度、耐磨性和导电性等由化学反应所不能做到的改性。用数百兆电子伏特的重离子进行辐照，这些离子产生窄路径深度可达数十微米。所以能够改性的不仅是表面，而且对内部也产生作用。20世纪60年代已经发现，沿离子路径的化学改性增加了材料的热解性。对于许多商品聚合物可以产生直径为100 nm到几微米的毛细孔。能量在数兆电子伏的离子由于与固体中电子的作用而传递能量，其线性能量传递每纳米可以达到数千电子伏，从而产生高浓度的激发态或电离的目标原子，放出的离子具有很宽的动能谱，并由此引发大量的电离。大多数的电离或激发产生在离子路径附近数纳米的距离以内，更大距离内的电离或激发则需由高能电子引起。其距离决定于射线的速度，最大的可达到微米级。在10^{-15} s时间内，其能量密度可以达到keV/nm^3量级，剂量分布大致为$1/r^2$，其中r为到射线直径中心的距离。对于这样极端条件下的辐射效应还不是很清楚，只是在最近由IR研究知道，高能粒子可以在脂肪聚合物中产生炔烃。

在有氧参与的重离子作用下，主要发生氧化裂解，尤其是过氧化物的产生，当剂量达到6×10^{12}离子/cm^2时，颜色由黄色变成近为黑色，薄膜变脆。用$4\sim60\times10^{11}$离子/cm^2 Kr离子进行辐照，由IR看出，酰亚胺的特征峰的强度变弱，发现在3600～3200 cm^{-1}处有醇和过氧化物的氢键，且有3600～2500 cm^{-1}处的羧酸及酰胺氢键(3600～3200 cm^{-1})。而代表酰亚胺环中CNC键横向伸展振动的1117 cm^{-1}峰则降低，说明环被破坏。在2926 cm^{-1}处发现的C—H只有在苯环破裂时才能产生，这也可以由三键的减少(3100 cm^{-1})得到证明。但长期辐照(3个月)并没有发现进一步的变化。在重离子辐照下许多产物与用γ射线、电子、UV及X射线辐照时相同，但乙烯基化合物并不增加，可能是转变为炔所以不能积累。聚酰亚胺在电离辐照下的分解反应见式7-14[45]。

作为材料来说，全芳香聚酰亚胺通常都具有很高的辐射稳定性，例如PMDA/ODA聚酰亚胺在5×10^9 rad① 下仍能保留原始强度的85%以上。一种芳香聚酰亚胺纤维Arimide T在100 MGy剂量的快电子辐照后，其强度仍可保持90%。一些商品聚酰亚胺的耐辐照性能见表7-26[46]。

① 1 rad$=10^{-2}$ Gy。

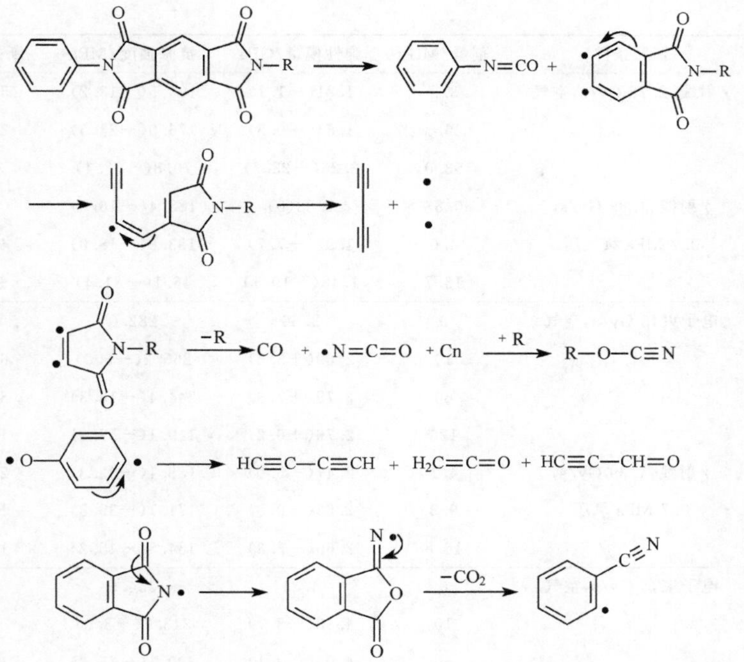

式 7-14　聚酰亚胺在电离辐射下降解的化学反应

表 7-26　聚酰亚胺的耐辐射性能

聚酰亚胺	剂量/MGy	强度保持率/%
Aurum	100	100
Ultem	<10	<50
Kapton	20	<20
Upilex	20	<60

Sasuga 等[47]报道的聚酰亚胺在氧化气氛中辐照对机械性能的影响见表 7-27。聚酰亚胺的强度和断裂伸长率随着辐照剂量的增加而降低，尤其是断裂伸长率降低得最为明显，但模量却随着剂量的增加有所增加。在氧气中辐照，断裂伸长率在接近 20 MGy 剂量时几乎为零，说明发生了链的断裂。在电子束或 γ 射线作用下，断裂伸长率的降低在 30 MGy以后变慢，说明在发生断链之外还有交联发生。

表 7-27　聚酰亚胺的氧化辐照对机械性能的影响

聚合物	辐照条件	剂量/MGy	弹性模量/GPa	抗张强度/MPa	断裂伸长率/%
PMDA/ODA	电子束,5 Gy/s,空气	0	1.83	224.2	90
		10	1.93(+5.5)	192.9(−14.0)	51(−43.3)
		60	2.02(+10.4)	186.7(−16.7)	24(−73.3)
		120	1.97(+7.7)	155.5(−30.6)	14(−84.4)

续表

聚合物	辐照条件	剂量/MGy	弹性模量/GPa	抗张强度/MPa	断裂伸长率/%
PMDA/ODA	γ射线,2.78 Gy/s,空气	3.2	1.81(−1.1)	194.5(−13.2)	56(−37.8)
		26.3	1.84(+0.5)	176.0(−21.5)	32(−64.4)
		53.0	2.26(+23.5)	70.8(−68.4)	3(−96.7)
	γ射线,1.39 Gy/s,0.7 MPa氧气压	0.83	1.83(0)	188.4(−16.0)	63(−30)
		4.0	1.97(+7.7)	183.8(−18.0)	42(−53.3)
		16.7	1.48(−19.1)	46.1(−81.4)	3(−96.7)
PMDA/ODA∶PMDA/OTOL=80∶20	电子束,5 Gy/s,空气	0	2.60	282.0	83
		10	2.69(+3.5)	265.2(−6.0)	63(−24.1)
		60	2.79(+7.3)	244.4(−13.3)	30(−63.9)
		120	2.76(+6.2)	119.1(−57.8)	18(−78.3)
	γ射线,1.39 Gy/s,0.7 MPa氧压	4.1	2.47(−5.0)	188.1(−33.3)	29(−65.1)
		9.3	2.62(+0.8)	171.1(−39.3)	19(−77.1)
		16.8	2.66(+2.3)	154.5(−45.2)	11(−86.7)
PMDA/ODA∶PMDA/OTOL=50∶50	电子束,5 Gy/s,空气	0	4.81	354.5	33
		10	4.63(−3.7)	343.7(−3.0)	33(0)
		60	4.96(+3.1)	300.1(−15.3)	12(−63.6)
		120	4.94(+2.7)	273.0(−23.0)	8(−75.8)
	γ射线,1.39 Gy/s,0.7 MPa氧压	4.1	4.75(−1.2)	261.3(−26.3)	11(−66.7)
		9.3	4.36(−9.4)	232.6(−34.4)	6(−81.8)
		16.8	4.74(−1.5)	173.0(−51.2)	4(−87.9)
BPDA/ODA	电子束,5 Gy/s,空气	0	2.09	237.8	96
		10	2.06(−1.4)	213.9(−10.1)	81(−15.6)
		60	2.05(−1.9)	156.7(−34.1)	20(−79.2)
		120	2.08(−0.5)	148(−37.8)	12(−87.5)
	γ射线,2.78 Gy/s,空气	4.0	2.04(−2.4)	247.1(+3.9)	108(+12.5)
		20.1	2.05(−1.9)	207.7(−12.7)	87(−9.4)
		40.8	2.24(−7.2)	146.7(−38.3)	32(−66.7)
	γ射线,1.39 Gy/s,0.7 MPa氧压	2.1	1.92(−8.1)	223.1(−6.2)	93(−3.1)
		10.3	2.15(+2.9)	193.9(−18.5)	81(−15.6)
		31.7	2.49(+19.1)	111.5(−53.1)	5(−94.8)
BPDA/PPD	电子束,5 Gy/s,空气	0	5.16	399.6	50
		10	5.14(−0.4)	395.8(−0.1)	37(−26.0)
		60	5.48(+6.2)	357.2(−10.6)	24(−52.0)
		120	5.58(+8.1)	356.2(−10.9)	21(−58.0)
	γ射线,1.39 Gy/s,	4.9	5.14(−0.4)	341.2(−14.6)	26(−48.0)

续表

聚合物	辐照条件	剂量/MGy	弹性模量/GPa	抗张强度/MPa	断裂伸长率/%
BPDA/PPD	0.7 MPa 氧压	10.9	5.22(+1.2)	296.8(−25.7)	20(−60.0)
		19.6	5.88(+14.0)	212.2(−46.9)	5(−90.0)
BPADA/MPA	电子束,5 Gy/s,空气	0	1.45	135.1	161
		5	1.59(+9.7)	99.9(−26.1)	26(−83.9)
		10	1.35(−6.9)	97.2(−28.1)	16(−90.1)
		20	1.53(+5.5)	92.1(−31.8)	8(−95.0)
	γ 射线,1.39 Gy/s, 0.7 MPa 氧压	1.2	0.76(−47.6)	53.2(−60.6)	20(−87.6)
		3.0	0.79(−45.5)	51.5(−61.9)	12(−92.5)

注：括号中的数值表示变化率(%)。

Hegazy 等[48]研究了几种商品聚酰亚胺薄膜在真空中进行 γ 射线辐照下的行为。剂量与气体产生的 G 值(辐射化学产额)的关系见表 7-28,表 7-29 为气体产率。

表 7-28　聚酰亚胺在真空中进行 γ 射线辐照时气体产生的 G 值

聚合物	剂量/MGy	G 值/10^{-4}					
		总量	H_2	N_2	CO	CO_2	CH_4
Kapton	E	24	3.2	5.1	5.4	8.1	0.96
	2.9	25	3.3	5.4	5.1	8.6	0.95
	7.4	18	2.1	3.6	3.9	7.4	0.89
	25.0	9.8	0.9	1.1	2.5	4.6	0.52
Upilex-R	E	22	0.39	9.7	2.4	4.8	0.09
	5.7	21	0.38	9.8	2.5	5.2	0.08
	15.6	13	0.39	6.2	3.2	3.3	0.05
	25.0	8.9	0.26	3.5	3.0	2.1	0.03
Upilex-S	E	91	7.5	14	1.4	15	0.29
	5.7	85	6.0	14	1.6	16	0.29
	8.1	80	8.4	13	1.8	15	0.30
	17.6	68	11	8.8	3.0	15	0.38

注：E 表示外推到零剂量的 G 值。

表 7-29　聚酰亚胺在真空中进行 γ 射线辐照时气体的产率[$mol/(g \cdot MGy) \times 10^{-7}$]

	Kapton	Upilex-R	Upilex-S
总量	1.8	1.8	7.0
H_2	0.21	0.05	2.1
CH_4	0.09	0.01	0.05
CO	0.39	0.29	1.0
CO_2	0.81	0.50	1.8
N_2	0.32	0.90	1.0

由 Upilex-R 和 Upilex-S 的结果可见，二苯醚结构的存在能够很有效地提高材料的耐 γ 射线辐照。

Hegazy 等[49]还研究了几种商品聚酰亚胺薄膜在剂率为 1.7 kGy/s 的电子束辐照下的结果(表 7-30)。

表 7-30 聚酰亚胺在剂率为 1.7 kGy/s 的电子束辐照时气体产生的 *G* 值[43]

聚合物	剂量/MGy	*G* 值/10^{-4}					
		总量	H_2	N_2	CO	CO_2	CH_4
Upilex-R	0	17	1.3	0.10	2.2	3.9	—
	5	16	1.3	0.10	2.1	3.4	0.07
	18	11	1.3	0.12	2.2	3.7	0.08
Upilex-S	0	18	2.4	2.8	2.4	8.8	0.31
	5	17	2.3	2.9	1.9	8.2	0.27
	18	17	2.1	1.9	2.4	8.6	0.31
Kapton	0	25	4.9	0.16	3.4	10	0.82
	6	27	4.8	0.15	3.5	11	0.89
	18	22	4.8	0.05	3.2	7.6	0.86

对于 Kapton，在低剂量下两种辐照方式的结果基本相同，但在较高剂量下，电子束辐照时气体放出量几乎是 γ 射线辐照的 2 倍。用电子束辐照时，N_2的放出量仅为 γ 射线辐照的 2%。其他气体的 *G* 值对于两种辐照方式没有明显差别。对于 Upilex-R，电子束辐照时 H_2的放出量为 γ 射线辐照的 3 倍，N_2则仅为 2%。对于 Upilex-S，电子束辐照时气体的放出量明显降低，仅为 γ 射线辐照的 20%，H_2和 N_2的降低幅度与总的气体降低幅度相当，而 CO_2为 γ 射线辐照的一半。至于 Upilex-S 在 γ 射线辐照时的稳定性不如 Kapton 和 Upilex-R 的原因却并没有得到解释。

Kupchishin 等[50]研究了聚酰亚胺薄膜的相对断裂伸长率和抗张强度与电子辐射剂量的关系(表 7-31)。

表 7-31 聚酰亚胺薄膜(厚度为 130 μm)的相对断裂伸长率和抗张强度与电子辐射剂量的关系

温度/℃	剂量/MGy				
	0	5	20	40	100
20	7/100	6/100	36/115	29/125	27/130
100	8/95	8/95	36/100	32/100	29/110
150	9/90	8/90	35/90	33/90	30/80
200	12/90	10/90	36/90	35/90	31/55
220	23/90	18/90	40/85	36/80	30/50
240	41/90	35/90	42/80	37/80	31/45
260	61/90	47/90	43/75	39/75	32/40
280	69/85	58/85	45/75	54/70	33/35
300	78/80	66/80	48/75	59/65	34/30

注：表中“/”前后的数据分别为相对断裂伸长率(%)的抗张强度(MPa)。

7.4 原子氧对聚酰亚胺的作用

原子氧来自于地球大气中氧分子被紫外线分解为中性的氧原子，存在于低地轨道(LEO)高度(离地球 200～700 km)。其浓度大约在 10^6～10^9 atoms/cm^3。飞船在 LEO 以大约 8 km/s 的速度飞行，这时原子氧的通量为 10^{12}～10^{15} atoms/(cm^2·s)，与原子氧的撞击可以转移的能量在 5 eV。此能量足以引起 C—O 键和 C—C 键的断裂，因此而造成的侵蚀称为原子氧攻击(AO attack)。聚酰亚胺受侵蚀后表面产生微米级的粗糙，即所谓地毯状或针状侵蚀。为了提高耐原子氧的性能，通常采用无机涂层，如 ITO、硅树脂。但这些涂层必须具有很高的可靠性，同时避免存在缺陷，因为涂层的破坏会引起基底材料的严重损坏。无机涂层很脆，在安装时需要特别小心，因此生产成本很高。代替的方法是采用含硅材料。SiO_2层可以由含硅材料与原子氧的反应而形成，这就是"自形成层"。其优点是可以在该层损坏后重新再形成一层，即具有自愈作用。这种薄膜应该在地面上容易施工，在 LEO 上具有高可靠性。聚硅氧烷-*b*-酰亚胺可以作为这种薄膜[51]。

实验证明，聚硅氧烷-*b*-酰亚胺比 Kapton 具有高得多的耐原子氧性能。原子氧的作用可以达到 100 nm 厚，即损失 100 nm 就可以得到对原子氧的保护层。所需的原子氧流量为 5.8×10^{20} atoms/cm^2。这时形成的 SiO_2层的厚度为 5～10 nm。将薄膜划伤后再进行原子氧轰击，伤口可以在 500 nm 被修复。聚硅氧烷-*b*-酰亚胺是现成的材料，容易施工，成本低[51]。

Li 等[52]研究了纳米 SiO_2 掺杂的聚酰亚胺，发现含 20%SiO_2 可以明显提高材料的耐原子氧的攻击(图 7-3)。

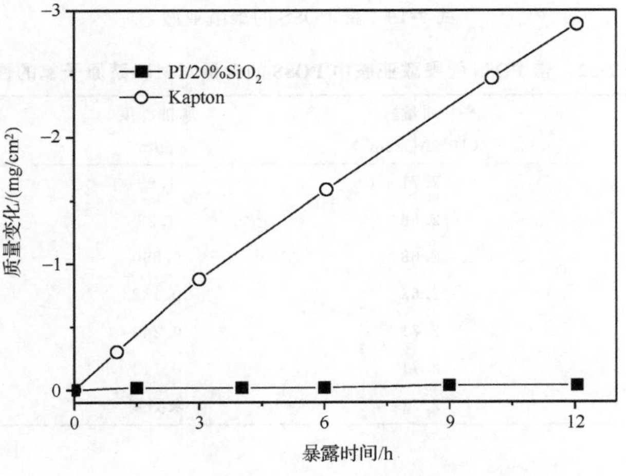

图 7-3　在原子氧作用下聚酰亚胺质量的变化

ITO 也可以保护聚酰亚胺受原子氧的攻击[53]。

此外，磷的引入可以提高聚酰亚胺的耐原子氧性能。最近的兴趣集中在将带苯基氧化膦的单元引入芳香聚合物主链上。与其他含磷聚合物比较,这类聚合物还具有高的 T_g 和高的杨氏模量。带有三苯基膦氧化物和膦腈基团[54,55]的聚合物能够显著提高耐原子氧和氧等离子的性能。用光电子光谱可以观察到含三苯基膦氧化物的材料暴露在原子氧下时,会提高接近材料表面的磷的氧化态。最近由 X 射线近边结构吸收光谱(X-ray adsorption near edge structure spectroscopy)观察到材料暴露在原子氧下会形成聚磷酸酯表面层[56]。该表面层可以保护下面的聚合物不再受 AO 侵蚀。其结果可以参考第 12.2 节。

高速冲击在薄膜上形成放射状星形孔洞,这种由于残余应力所造成的破坏有利于原子氧向聚合物内部扩散,从而进一步造成损坏。POSS(15%)的加入,可以起到消除残余应力的作用,同时也产生 SiO_2,从而提高了材料的耐原子氧性能[57]。式 7-15 所示的聚酰亚胺中 POSS 的含量对材料耐原子氧的性能见表 7-32[58]。

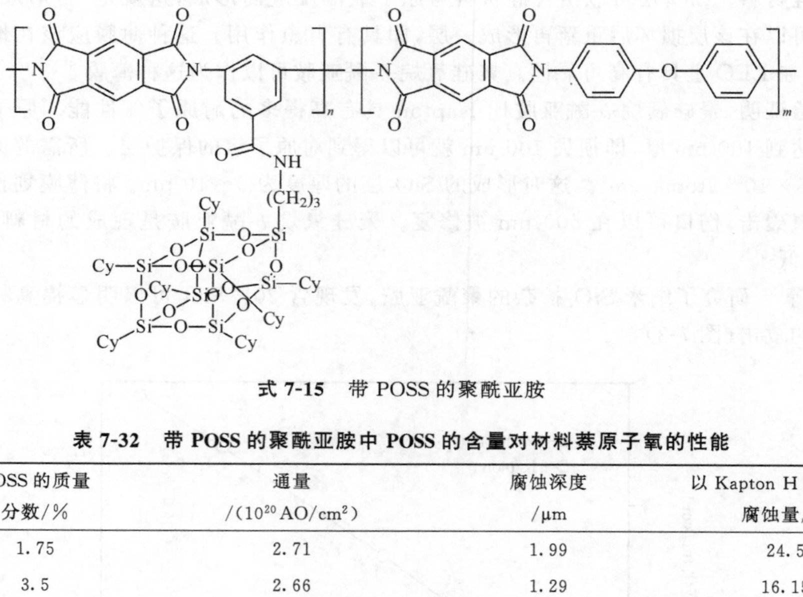

式 7-15 带 POSS 的聚酰亚胺

表 7-32 带 POSS 的聚酰亚胺中 POSS 的含量对材料萘原子氧的性能

POSS 的质量分数/%	通量/(10^{20} AO/cm^2)	腐蚀深度/μm	以 Kapton H 为参考的腐蚀量/%
1.75	2.71	1.99	24.5
3.5	2.66	1.29	16.15
7.0	2.68	0.390	4.9
8.8	2.68	0.132	1.64
10.5	2.71	0.249	3.06
12.3	2.71	0.113	1.39
14.0	2.71	未测到	～0

7.5 聚酰亚胺的其他分解反应

聚酰亚胺在六氟异丙醇中会发生降解,这被认为是六氟异丙醇略呈酸性,可以引起自催化开环和酯化,但酰胺酯在 150 ℃以上会恢复为酰亚胺(式 7-16)。

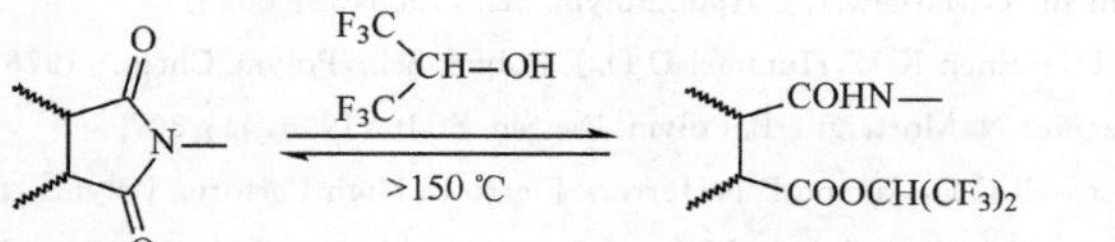

式 7-16　聚酰亚胺在六氟异丙醇中的降解

以式 7-17 所示的共聚物在六氟异丙醇中浸泡 12 h，约有 30％酯生成[59]。

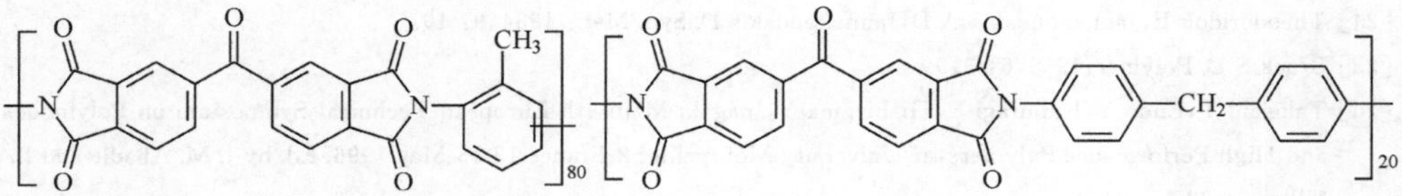

式 7-17　BTDA/DAT-MDA 共聚物

聚酰亚胺和其他芳香聚合物一样，不耐卤素，因为芳环即使在温和的条件下也容易发生卤代。大量的卤素在芳环上的取代引起的体积膨胀，使聚合物的机械性能变坏，薄膜变脆，塑料严重开裂等。

聚酰亚胺在浓硫酸或硝酸中容易发生磺化或硝化。但浓硫酸是一些不易溶于有机溶剂的聚酰亚胺，如 PMDA/ODA 聚酰亚胺的溶剂。

聚酰亚胺可以与氧氮化合物作用产生游离基[60]。二氧化氮以其具有氧化作用的二聚体硝酸亚硝酰($ONONO_2$)形式存在。

参 考 文 献

[1] Crossland B, Knight G J, Wight W W. Brit. Polym. J., 1987, 19: 291.

[2] Ehlers G F L, Fisch K R, Powell W R. J. Polym. Sci., A-1, 1970, 8: 3511.

[3] Gay F P, Berr C E. J. Polym. Sci., A-1, 1968, 6: 1935.

[4] Zurakowska-Orszagh J, Chreptowiecz T, Orzezko A, Kaminski J. Eur. Polym. J., 1979, 15: 409.

[5] Rudakov A P. Dokl. Akad. Nauk, 1967, 174: 899.

[6] Bruck S D. Polymer, 1964, 5: 435.

[7] Arnold, Jr. C, Bergman L K. Ind. Eng. Chem., Prod. Res. Dev., 1972, 11: 322.

[8] Kovarskaya B M, Blumenfeld A B, Levantovskaya I// Bessonov M I, Koton M M, Laius L A. Polyimides, Thermally Stable Polymers. New York: Plenum, 1987: 128.

[9] Kuroda S, Terauchi K, Nogami K, Mita I. Eur. Polym. J., 1989, 25: 1.

[10] Scala L C, Hickam W M. J. Appl. Polym. Sci., 1965, 9: 254; Kobarskaya B M, Annenkova N G, Guryanova V V, Blumenfeld A B. Vysokomol. Soed., 1973, A15: 2458.

[11] Johnston T H, Gaulin C A. J. Macromol. Sci., 1969, A3: 1161.

[12] Krasnov E P, Aksenova V P, Khr'kov S N, Baranova S A. Vysokomol. Soed., 1970, A12: 873.

[13] Inagaki M, Ibuki T, Takeichi T. J. Appl. Polym. Sci., 1992, 44: 521.

[14] Arnold Jr. F E, Cheng S Z D, Hsu S L C, Lee C J, Harris F W, Lau S-F. Polymer, 1992, 33: 5179.

[15] Huang F, Wang X, Li S.. Polym. Degrad. Stab., 1987, 18: 247.

[16] Perng L H. J. Appl. Polym. Sci., 2001, 79: 1151.

[17] Tamai S, Yamashita W, Yamaguchi A. J. Polym. Sci., Polym. Chem., 1998, 36: 1717.

[18] Ninan K N, Krishnan K, Mathew J. J. Appl. Polym. Sci., 1986, 32: 6033.
[19] Stenzenberger H D, Heinen K U, Hummel D O. J. Polym. Sci., Polym. Chem., 1976, 14: 2911.
[20] Torrecollas R, Regnier N, Mortaigne B. Polym. Degrad. Stab., 1996, 51: 307.
[21] Meador M A B, Lowell C E, Cavano P J, Herrera-Fierro P. High Perform. Polym., 1996, 8, 363; Meador M A B, Johnston J C, Cavano P J, Frimer A A. Macromolecules, 1997, 30: 3215; Meador M A B, Johnston J C, Frimer A A, Gillinsky-Sharon P. Macromolecules, 1999, 32: 5532.
[22] St. Clair A K, St. Clair T L. Polym. Eng. Sci., 1982, 22: 9; Bounor-Legare V, Mison P, Sillion B. Polymer, 1998, 39, 2815.
[23] Meador M A B, Frimer A A, Johnston J C. Macromolecules, 2004, 37: 1289.
[24] Theodoridou E, Jannakoudakis A D, Jannakoudakis D. Syn. Met., 1984, 9: 19.
[25] Bruck S D. Polymer, 1965, 6: 319.
[26] Takeichi T, Endo Y, Kaburagi Y, Hishiyama Y, Inagaki M. in 4th European Technical Symposium on Polyimides and High Performance Polymers, at University Montpellier 2-France 13-15 May 1996. Ed. by J. M. Abadie and B. Sillion, p. 225.
[27] Ohta N, Nishia Y, Morishita T, Tojoa T, Inagaki M. Carbon, 2008, 46: 1350.
[28] DeIasi R, Russell J. J. Appl. Polym. Sci., 1971, 15: 2965.
[29] DeIasi R. J. Appl. Polym. Sci., 1972, 16: 2909.
[30] Pawlowski W P, Coolbaugh D D, Johnson C J, Malenda M J. J. Appl. Polym. Sci., 1991, 43: 1379.
[31] Pryde C A. ACS Sympsium Series, 1989, 407: 57.
[32] Dine-Hart R A, Parker D B, Wright W W. Brit. Polym. J., 1971, 3(5): 226.
[33] Chern Y-T, Wang J-J. J. Polym. Sci., Polym. Chem., 2009, 47: 1673.
[34] Funk J G, Skyes Jr. G F. SAMPE Q., 1988, 19(3): 19.
[35] Hoyle C E, Anzures E T. J. Polym. Sci., Polym. Chem., 1992, 30: 1233.
[36] Holye C E, Creed D, Nagarajan R, Subramanian P, Anzures E T. Polymer, 1992, 33: 3162.
[37] Hoyle C E, Anzures E T, Subramanian P, Nagarajan R, Creed D. Macromolecules, 1992, 25: 6651.
[38] Creed D, Hoyle C, E., Subramanian P, Nagarajan R, Pandey C, Anzures E T, Cane K M, Cassidy P E. Macromolecules, 1992, 27: 832.
[39] Hoyle C E, Anzures E T. J. Appl. Polym. Sci., 1991, 43: 1.
[40] Hoyle C E, Anzures E T. J. Appl. Polym. Sci., 1991, 43: 11.
[41] Hill D J T, Rasoul F A, Forsythe J S, O'Donnell J H, Pomery P J, George G A, Young P R, Connell J W. J. Appl. Polym. Sci., 1995, 58: 1847.
[42] Pandey C A, Creed D, Hoyle C E, Subramanian P, Nagarajan R, Anzures E T. in Polyimides: Trends in Mater. and Appl. Ed. by C. Feger, M. M. Khojasteh and S. E. Molis, SPE, 1996.
[43] Pandy C A, Creed D, Hoyle C E. Polyimides: Trends in Mater. and Appl. Ed. by C. Feger, M. M. Khojasteh and S. E. Molis, SPE, 1996: 187.
[44] Alvino W M. J. Appl. Polym. Sci., 1971, 15: 2123.
[45] Stekenreiter T, Balanzat E, Fuess H, Trautmann C. J. Polym. Sci., Polym. Chem., 1999, 37: 4318.
[46] 伊东克彦. 合成树脂, 1995, 41(8): 36.
[47] Sasuga T. Polymer, 1988, 29: 1562.
[48] Hegazy El-S A, Sasuga T, Nishii M, Seguchi T. Polymer, 1992, 33: 2897.
[49] Hegazy El-S A, Sasuga T, Nishii M, Seguchi T. Polymer, 1992, 33: 2904.
[50] Kupchishin A I, Muradov A D, Omarbekova Zh A, Taipova B G. Russ. Phys. J., 2007, 50: 153.
[51] Miyazaki E, Tagawa M, Yokota K, Yokota R, Kimoto Y, Ishizawa J. Acta Astronautica, 2010, 66: 922.
[52] Duo S, Li M, Zhu M, Zhou Y. Surf. Coat. Tech., 2006, 200: 6671.
[53] Shimamura H, Nakamura T. Polym. Degrad. Stab., 2009, 94: 1389.

[54] Kumar D, Fohlen G M, Parker J A. J. Polym. Sci., Polym. Chem., 1984, 22: 1141.
[55] Fang J, Tanaka K, Kita H, Okamoto K-I. J. Polym. Sci., Polym. Chem., 2000, 38: 895.
[56] Okamoto K-i, Ijyuin T, Fujiwara S, Wang H, Tanaka K, Kita H. Polym. J., 1998, 30: 492.
[57] Verker R, Grossman E, Gouzman I, Eliaz N, High Perf. Polym., 2008, 20: 475.
[58] Minton T K, Wright M E, Tomczak S J, Marquez S A, Shen L, Brunsvold A L, Cooper R, Zhang J, Vij V, Andrew J. Guenthner A J, Brian J. Petteys B J. ACS Appl. Mater. Interfaces 2012, 4: 492.
[59] Sturgill G K, Stanley C, Beckham H W, Rezac M E. Polym. Mater. Sci. Eng., 1999, 80: 201.
[60] Gaponova I S, Pariiskii G B, Pokholok T V, Davydov E Ya. Polym. Degrad. Stab., 2008, 93: 1164.

第Ⅱ编

结构与性能的关系

第 8 章　聚酰亚胺的结构与性能关系概论

现在已经报道的用来合成聚酰亚胺的单体二酐已经超过 400 种,二胺则超过了 1000 种,所以已经合成的不同结构的聚酰亚胺数目至少已经达到数千种。这是一个宝贵的数据库,可以用来总结聚酰亚胺结构与性能的关系。遗憾的是,由于聚合物结构与性能关系严重受相对分子质量、相对分子质量分布、聚集态等制约和不同作者在材料性能测试上条件的不统一,难以对所报道的数据进行平行比较,同时也由于基本结构参数与性能之间的定量相关性还未能令人满意地建立起来,所以讨论聚酰亚胺的结构与性能间的关系还停留在粗略的定性阶段。

本章仅就一些共性的结构-性能关系作一简单介绍,其他如气体透过性、光学性能、压电性能等将在第Ⅲ编各相关章节分别再作介绍。

8.1　聚酰亚胺的分子结构

8.1.1　典型的酰亚胺单元的结构参数

几种典型的酰亚胺单元的结构参数由模型化合物的单晶经 X 射线衍射研究得到(图 8-1)[1-4]。

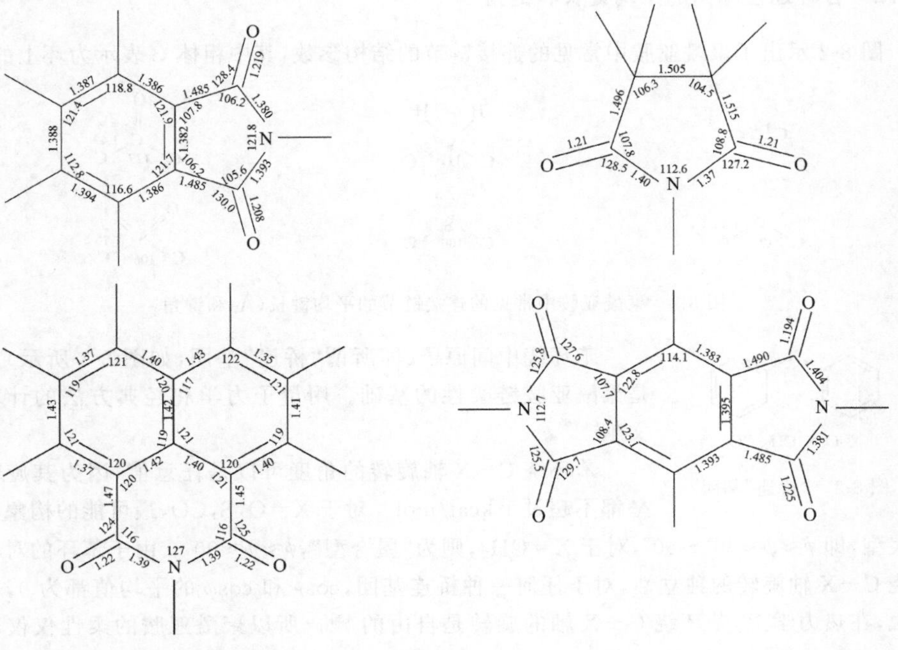

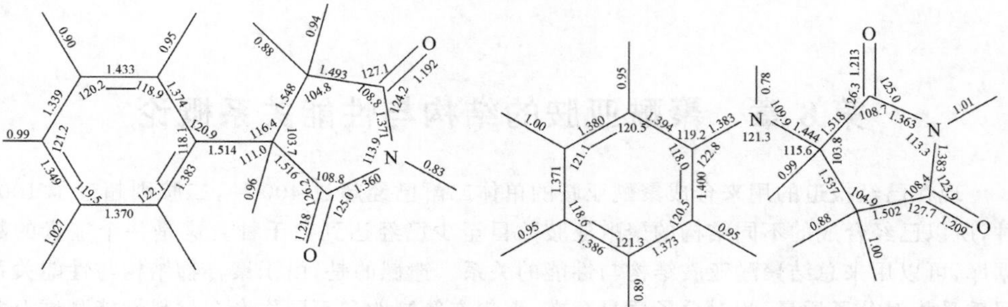

图 8-1　几种典型的酰亚胺单元的结构参数

酞酰亚胺是平面对称的环状结构，其键长和键角都处于正常状态，这也正是酰亚胺环具有高热稳定性的原因之一，只是苯环由于键角的略不等同而稍有变形。羰基氧并不在分子平面上，同一个酰亚胺环上的两个 C ═O 的长度不同，分子间的 C ═O 与 C ═O 的距离缩短了。这些情况是晶格的堆砌及分子间存在非化学的强作用所引起的。根据不同的计算方法，*N*-苯基酞酰亚胺具有三种可能的最低能量结构：一种是酰亚胺平面与 N 取代苯环平面有 109°夹角，两平面的扭转角为 90°；其余两种结构的 N－Ph 键与酰亚胺环都处于同一平面上，但酰亚胺环与苯环平面的扭转角各为 23°和 17°[5,6]。事实上，只有后两种假设与实验观察符合，特别是低扭转角的构象对于要求共平面所需要的活化能最低。在二胺单元氮邻位的甲基使苯环与酰亚胺处于共平面的能量增加了 200～500 倍[7]。

8.1.2　各种连接基团的平均键长和键角

图 8-2 示出了聚酰亚胺中常见的连接链节的结构参数，其中粗体 **C** 表示为环上的碳。

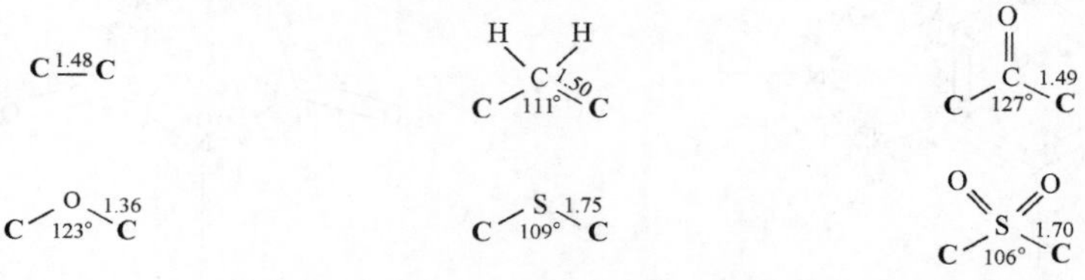

图 8-2　聚酰亚胺中常见的连接链节的平均键长(Å)和键角

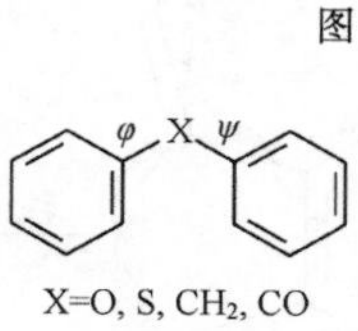

图 8-3　“桥连”基团

苯环绕中间原子(即所谓“桥连”基团，如图 8-3 所示)旋转是聚酰亚胺链柔性的基础。用量子力学和经典方法的计算见文献[8-12]。

苯环绕 C－X 轴旋转的角度可以是任意值，因为其旋转势垒都不超过 1 kcal/mol。对于 X＝O,S,CO，最可能的构象是螺旋桨型，即 $\phi\approx\psi\approx$30°～40°，对于 X＝CH_2，则为“屋脊型”，$\phi\approx\psi\approx$90°。由于苯环的对称性和绕 C－X 轴旋转的独立性，对于任何一种桥连基团，cosϕ 和 cosψ 的平均值都为 0，也就是说，在热力学上，苯环绕 C－X 轴的旋转是自由的[13]。所以聚酰亚胺的柔性仅仅取决于刚性链段的长度和 C—X—C 的角度。更定量的计算可以通过库恩链段长度(Kuhn segment length)来估计,这是由自由连接链段来模拟真实的大分子。每个完全拉伸的大分子由 S 个重复单元构成,所以

$$A = S\lambda$$

式中,λ 为单体单元在拉直的大分子末端连线 L 上的投影的长度;A 值代表大分子的刚性,即对形成线团的抗力,A 值越高,大分子的刚性越大,反之 $1/A$ 代表大分子的柔性。由自由连接的链段构成的大分子理论上只适用于具有大量链段的场合,而许多具有高刚性的聚合物实际上达不到这个要求,其大分子只含有少量的库恩链段,某些情况下甚至只有部分链段,其构象为“略为弯曲的棒”。对于这种大分子,Porod 提出“相关或蠕虫状链”(persistent or worm-like chain) 模型。在这个模型中,大分子被表达成具有固定弯曲的空间线。该模型考虑到了链单元取向的短程作用。它的量度是相关长度(persistence length)α。对于蠕虫状链:

$$\langle h^2 \rangle / L = 2\alpha\{1 - [1 - \exp(-L/\alpha)]/(L/\alpha)\}$$

式中,h 为链端的平均距离。如果 $L \to 0$(一个短链),则 $\langle h^2 \rangle = L^2$;如果 $L \to \infty$(一个长链),则 $\langle h^2 \rangle / L = 2\alpha$。所以,$L$ 由 0 增加到∞,蠕虫状链由棒状变为 Gaussian 线团。实际上当 $L/\alpha > 10$ 时,链就已经是线团了,这时库恩链段长度等于两个相关链段长度:$A = 2\alpha$[14]。

8.1.3　分子间和分子内的作用力

聚酰亚胺比相应的聚醚或聚酯具有更高的 T_g、折射指数(n)及热稳定性,这是由于分子间存在除经典的范德华力外的其他作用力。这些作用力包括电荷转移络合物(charge transfer complex,CTC)的形成、优势层间堆砌(preferred layer packing,PLP)及混合层堆砌(mixed layer packing,MLP)等[15]。

聚酰亚胺是由电子给予体(芳香胺链节)和电子接受体(芳香二酐链节)交替组成的,两者之间会发生分子内或分子间的电荷转移作用。这种电荷转移作用可以影响聚酰亚胺的颜色、光分解、荧光、光导性、电导性及玻璃化温度和熔点。但对分子内或分子间的电荷转移作用很少有直接的证明,而且二者的区别也很难确定。分子内的电荷转移作用取决于电子给予体和电子接受体所在平面的夹角,当两者共平面时,电荷转移作用最大;当两者成直角时则为最小。均苯四酰亚胺与一些芳香化合物,如蒽、萘及各种取代苯之间的电荷转移络合物已经得到广泛研究[16,17]。电荷转移峰经常出现于可见光区域,所以络合物的颜色可以用电子给予体和电子接受体的电子亲和性和电离势联系起来。在基态,电荷转移作用是很小的,其主要作用的是色散力和范德华力,这种作用使聚酰亚胺相邻链上酰亚胺基团产生最大的面-面排列,这就形成了优势层间堆砌。以电荷转移为主的堆砌,即一个分子链上的酰亚胺单元与另一分子上的胺链节互相结合,就形成了混合层堆砌。这两种分子间作用的典型状态见图 8-4。

BPDA/PPD 聚酰亚胺(Uplex-S)的电荷密度见图 8-5[18]:

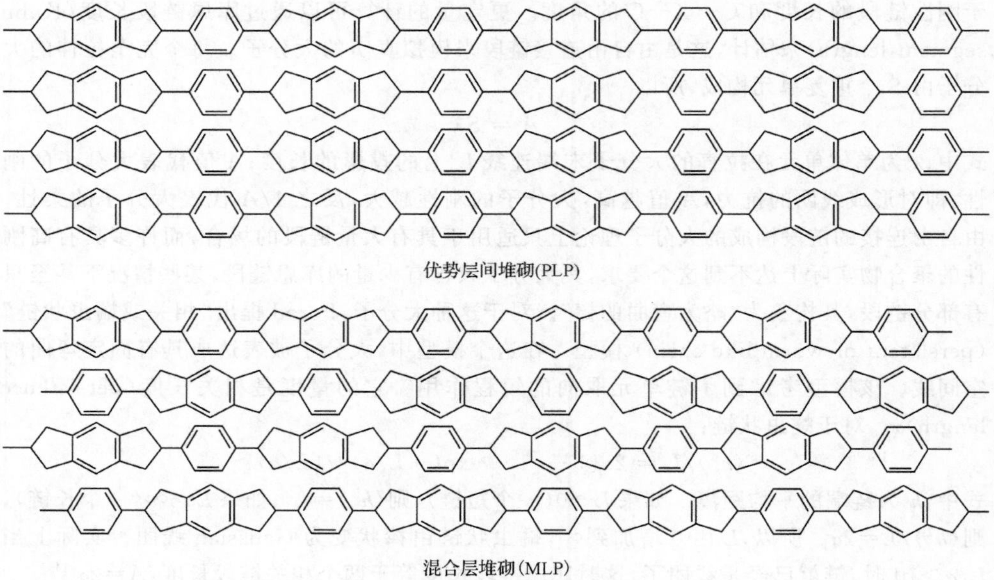

图 8-4　聚酰亚胺分子间作用的两种排列方式

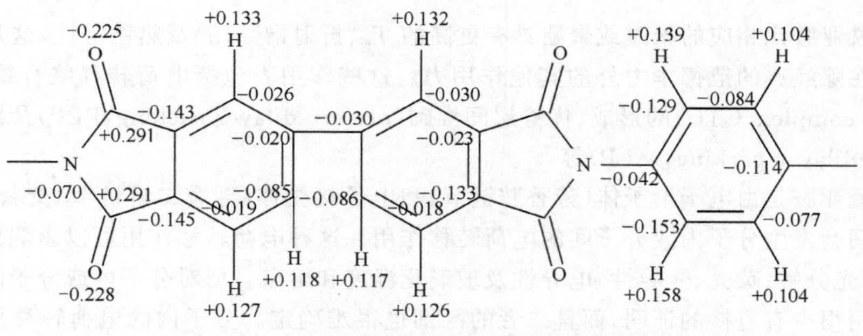

图 8-5　BPDA/PPD 聚酰亚胺(Uplex-S)的电荷密度

8.2　耐　热　性

耐热性的概念已经在第 7.1 节中介绍过。对于结晶聚合物，聚合物结晶的熔点与伴随该过程的热焓及熵变有下面的关系：

$$T_m = \frac{\Delta H_m}{\Delta S_m}$$

式中，ΔH_m 主要取决于链间的作用能。芳香聚酰亚胺都是由相似的环结构组成的，ΔH_m 基本是相同的，所以 ΔS_m 是决定 T_m 的主要因素。与碳链聚合物不同，对于环链聚合物，除了要考虑主链的无序化外，还要考虑环状结构，例如平面环的转动和振动，这种复杂链的结晶要求主链和链段中的环及各链段间的有序化，熔融则要求它们无序化，所以熔融熵除了典型的无序化项 S_d外，还有附加的两项：

$$S_m = S_d + S_1 + S_2$$

式中，S_d为主链的无序化熵；S_1为链段的无序化熵；S_2为环的无序化熵[19]。

玻璃化温度是非晶态聚合物或结晶聚合物非晶区在热作用下由于链段的活动使得材料由玻璃态转变为橡胶态的温度。但玻璃化温度的测量要比结晶熔点复杂得多，它受测量方法（包括升温速率、气氛及所用的仪器类型）、相对分子质量、制备方法（尤其是热历史）等的影响。测量时，样品的形态，例如是薄膜、粉末还是块状样品，都会在 T_g 上有所体现，即使样品是同一种形态，也会因为薄膜的厚度、粉末的细度、块状样品的大小差别而在 T_g 上有所反映。对于某些聚酰亚胺，由于其转变的热效应较低，用 DSC 测量 T_g 的效果并不很好。这时采用动态力学分析则可以得到明确的结果，但后者所得到的 T_g 值通常要比前者高。因此在比较不同来源，即使是同样结构的聚合物的 T_g 数值时，一定要把上述的因素考虑在内。对于像聚酰亚胺这样具有高 T_g 的聚合物，一些制备或加工过程都需要在 T_g 以上的温度进行，实际上，有机高分子在 400 ℃以上都会因脱氢产生的游离基的复合而发生枝化甚至交联，从而会影响其 T_g，因此也可以说这时的 T_g 已经不是原来结构的聚合物的 T_g 了。

芳杂环聚合物的 T_g 与大分子的相关链长度有关，对于具有桥链的聚合物，该值为 20～40 Å，而对于刚链的聚合物，则为 150～1500 Å[20]。

由于二酐单元与二胺单元间形成电荷转移络合物，从而增加了分子间的作用力，使聚合物呈现高的 T_g。同时认为在二酐上引进桥基比在二胺上引进桥基对降低 T_g 的作用更为明显[21]，例如表 8-1 列出的醚链和羰基在二酐或二胺中对聚酰亚胺的 T_g 发生了显著的影响。

表 8-1　醚链位置对聚酰亚胺 T_g 的影响

聚酰亚胺	T_g/℃
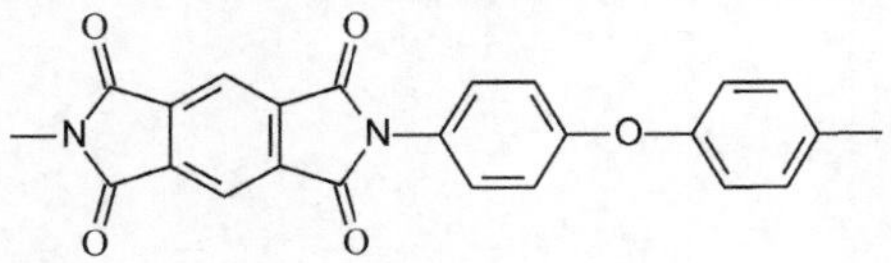	399
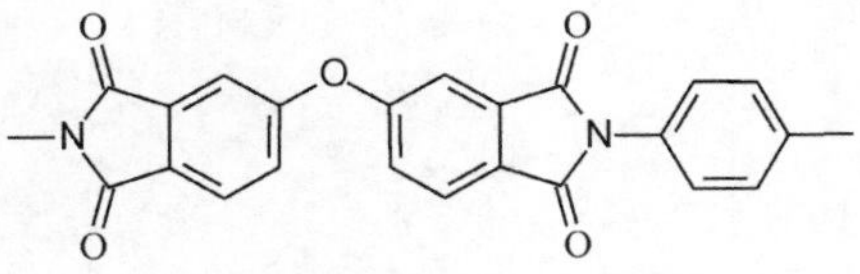	342
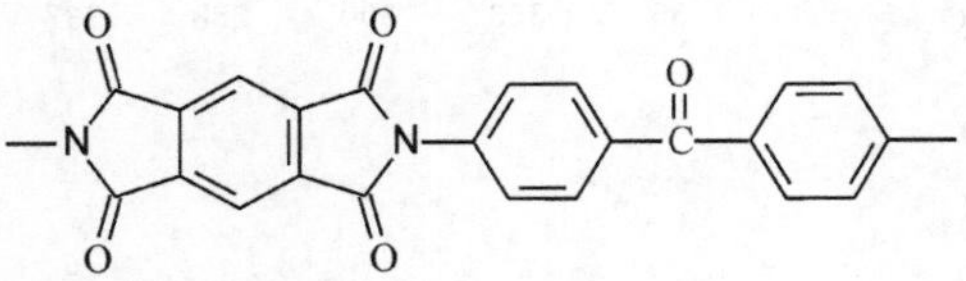	412
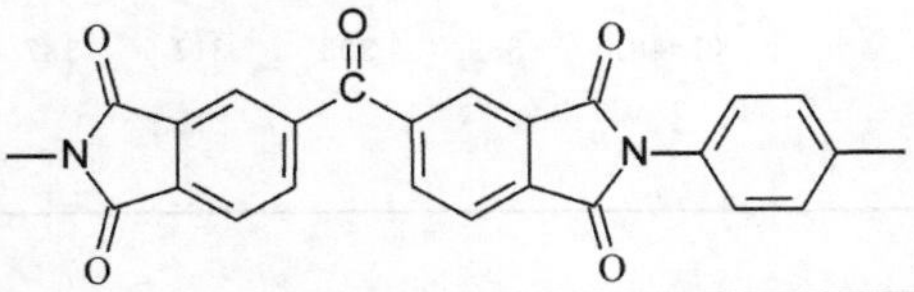	333

1. 二酐电子亲和力(E_a)对聚酰亚胺玻璃化温度的影响

二酐电子亲和力(E_a)对聚酰亚胺玻璃化温度的影响见表 8-2。—O—和—CO—在二酐中的存在降低了二酐的电子亲和力,因而也降低了链间的作用力,即降低了 T_g。富电子桥基(如—O—)会增加相邻芳环上的电子密度,而拉电子基团则会降低其电子密度。增加了电子密度的二胺单元也增加了形成电荷转移络合物的链间作用力。此外 C ═O 和O ═S ═O 中未成对电子也可以与二酐单元中缺电子的芳环作用。电荷转移模型还可以定性地说明 T_g 与二酐的电子亲和性之间的关系。当二个酞酐之间的距离拉大时,二酐 E_a 与 T_g 之间的关系就变得不那么明显。例外的情况也时有发生,例如二苯酮二酐的电子亲和性比联苯二酐大,但由二苯酮二酐得到的聚酰亚胺的 T_g 却比联苯二酐的聚酰亚胺低,聚酰亚胺晶区还可以发生优势层间堆砌(PLP)。Zubkov 等用量子化学计算了双酰亚胺-双酰亚胺、二胺-二胺及双酰亚胺-二胺间的作用能[22]。计算表明双酰亚胺-双酰亚胺作用能至少要比电荷转移模型所得到的作用能大 4～5 倍。由于在二酐中存在桥基,双酰亚胺基团的 PLP 被大大地破坏了,相比起来,在二胺中存在桥基只不过使 PLP 的堆切密度减小,所以对聚酰亚胺的 T_g 影响较小。但在 T_g 与 E_a 及二胺结构之间仍缺乏定量的联系,所以对 T_g 的预测还不能做得更精确。

表 8-2　芳香族二酐的电子亲和性和所得到的聚酰亚胺的玻璃化温度[23]

二酐	E_a/eV	与各种二胺得到的聚酰亚胺的 T_g/℃					
		PPD	MPD	DABP	Bz	ODA	MDA
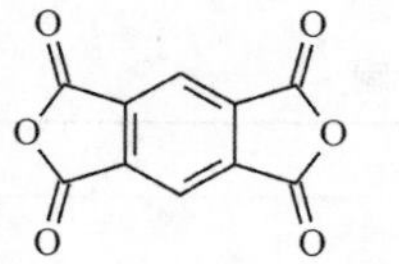	1.90	702	442	412	577	402	339
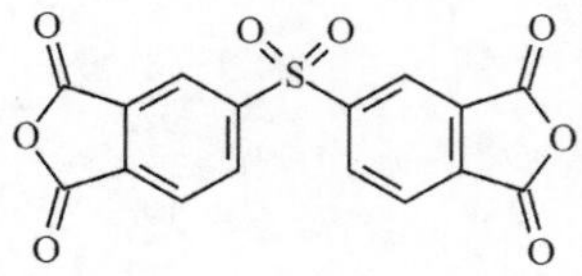	1.57	—	—	—	—	335	—
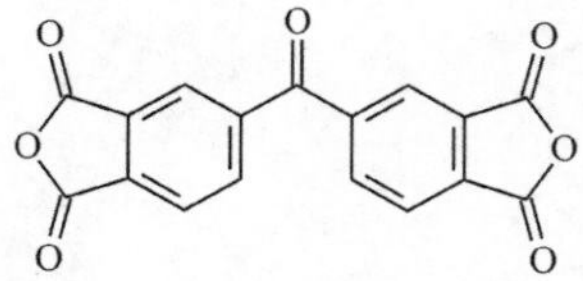	1.55	353	300	288	337	293	296
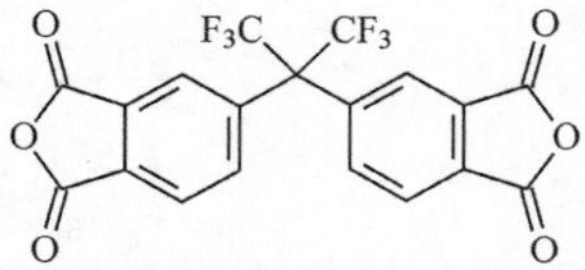	(1.48)	339	303	311	337	285	290

续表

二酐	E_a/eV	与各种二胺得到的聚酰亚胺的 T_g/℃					
		PPD	MPD	DABP	Bz	ODA	MDA
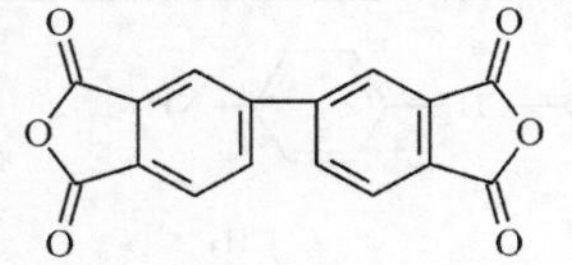	1.38	>500	—	—	—	285	308
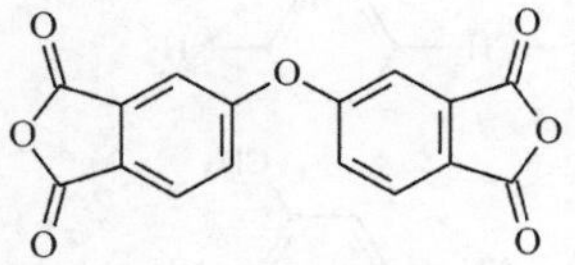	1.30	342	313	280	341	272	275
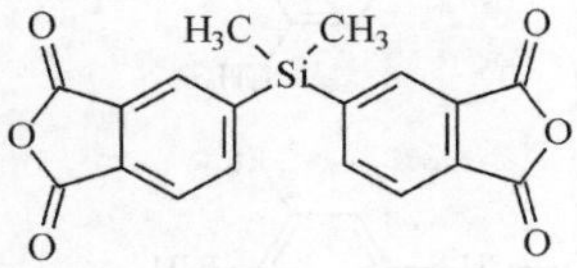	1.26	—	—	—	—	274	280
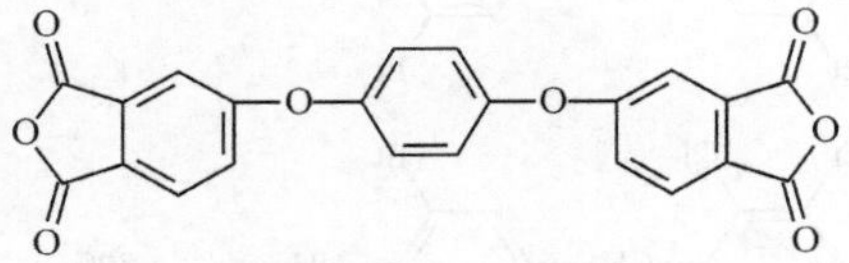	1.19	—	255	—	—	232	—
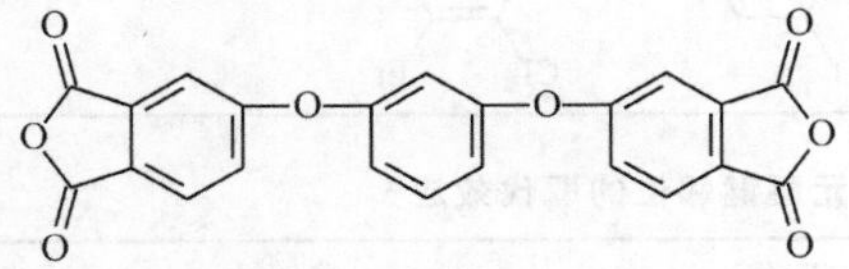	1.13	—	224	—	—	215	—
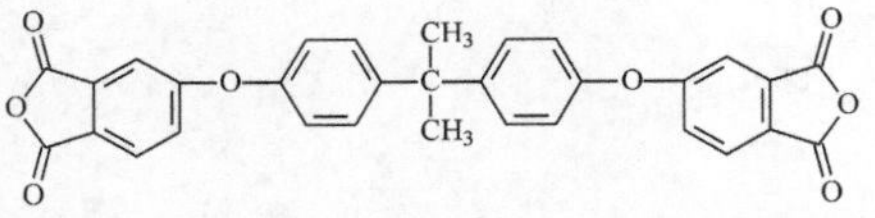	1.12	225	215	—		215	214

注：括号内的数值由估算得到(见图 3-4)。

2. 酰亚胺 C—N 键邻位的取代效应[24]

在酰亚胺的胺单元中，C—N 键邻位的取代是很重要的因素，因为该键连接了分子链上给电子单元和受电子单元，该键邻位取代后产生的空间位阻阻碍了苯环绕 C—N 键的旋转，破坏了共平面结构，因此会妨碍链内的电子转移，减弱分子内的电荷转移络合物的形成，从而也增加了大分子链的刚性，所以由具有位阻的二胺得到的聚酰亚胺都显示高的 T_g。随着甲基取代数目的增加，T_g 也逐渐增加。但以稍大但较柔性的乙基代替甲基，则会由于增塑作用及自由体积的增加而使 T_g 有所降低。与对苯二胺比较，二氨基二苯甲烷中苯环绕 CH_2 的旋转降低了 T_g，而 CH_2 邻位用氯取代则会阻碍这种旋转，从而增加了

T_g(表 8-3)。醚键邻位的取代在 T_g 和溶解性上也有类似的趋势(表 8-4)。

表 8-3 BTDA 基聚酰亚胺的 T_g

二胺	T_g/℃	二胺	T_g/℃
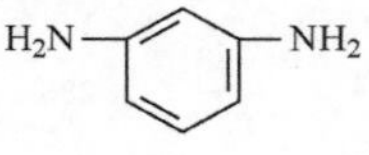	300	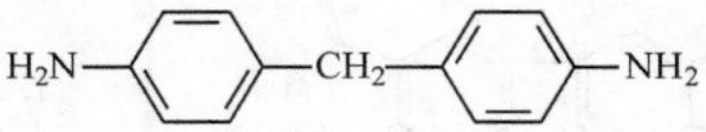	290
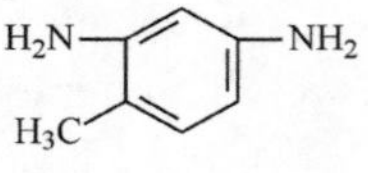	315	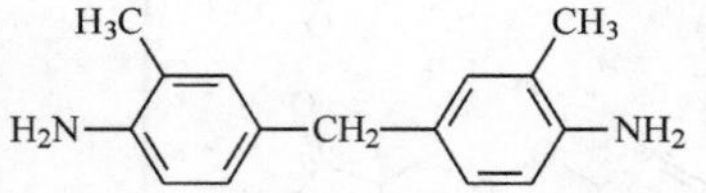	285
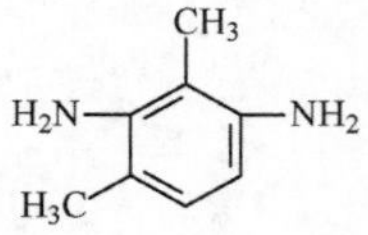	384	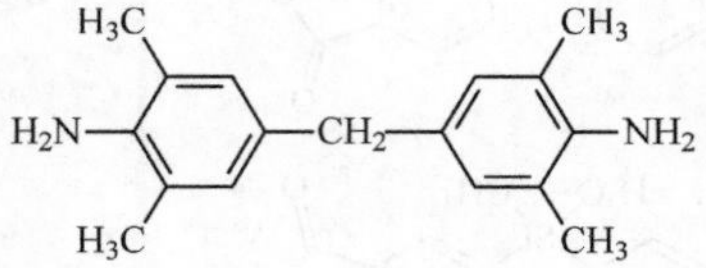	309
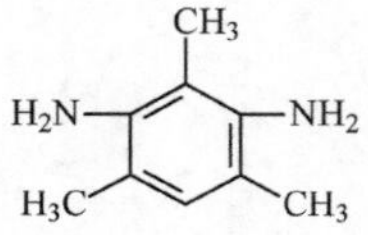	398	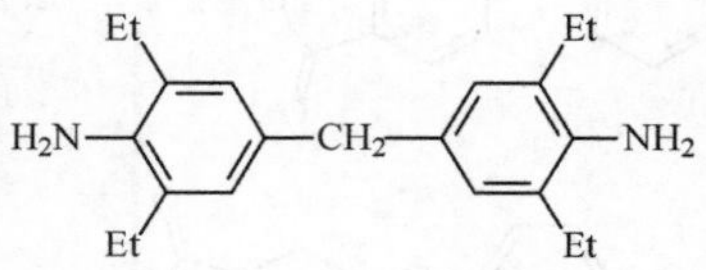	249
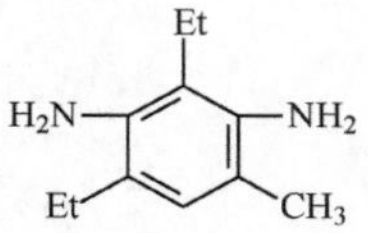	385	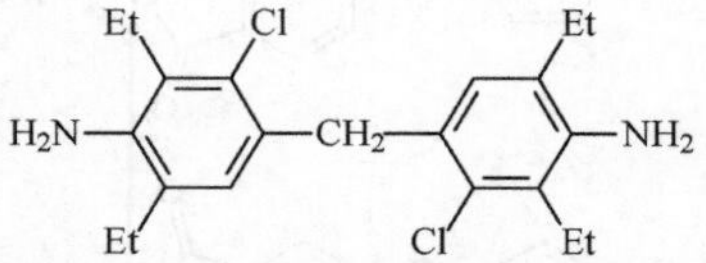	300

表 8-4 ODPA 基聚酰亚胺中二胺单元醚键邻位的取代效应

二胺	T_g/℃	溶解性
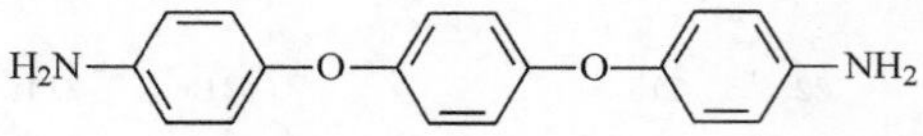	250	
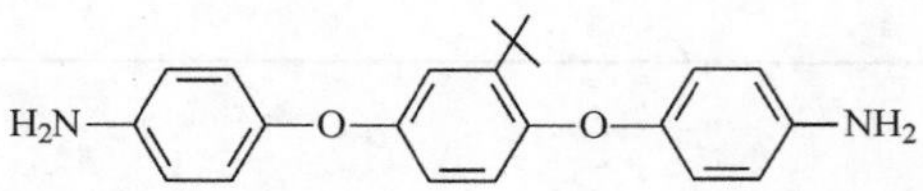	240	间甲酚,硫酸
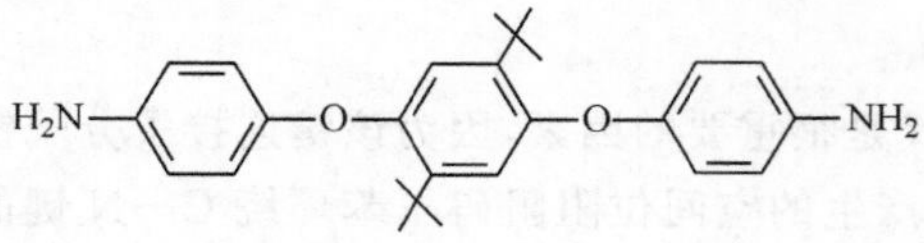	242	硫酸
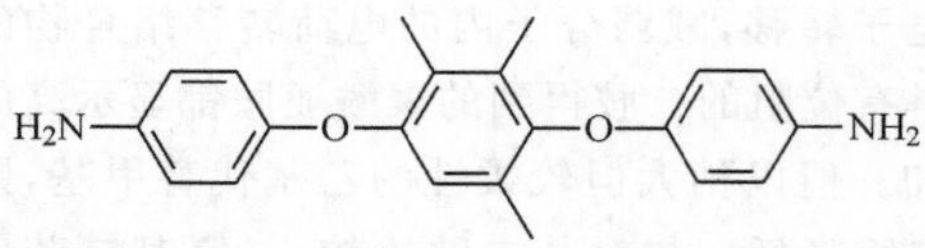	261	NMP,DMAC,DMSO(热)

3. 醚键和硫醚键的引入

醚键和硫醚键的引入能够保持聚合物的热稳定性，但显著降低 T_g，是获得热塑性聚酰亚胺的主要方法，表 8-5 列出的例子是可以进行熔融加工的聚酰亚胺品种。

表 8-5　热塑性聚酰亚胺

聚酰亚胺	T_g/℃	T_m/℃
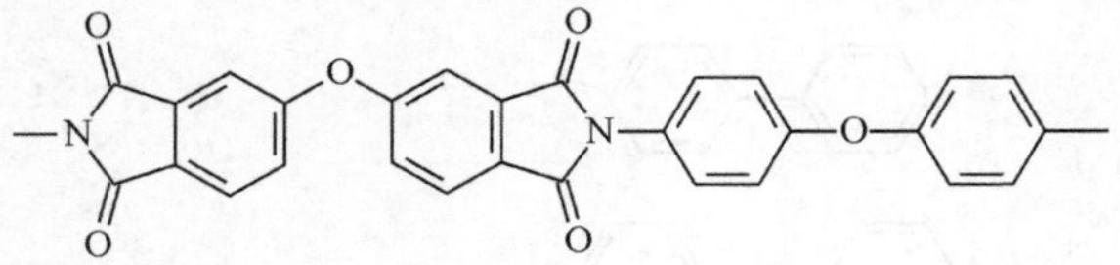	270	350
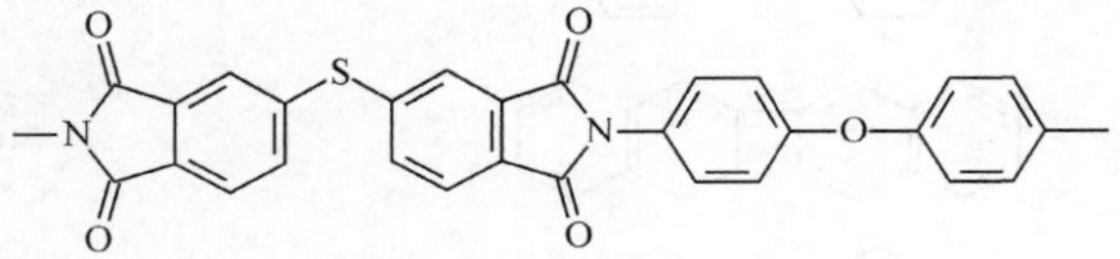	269	—
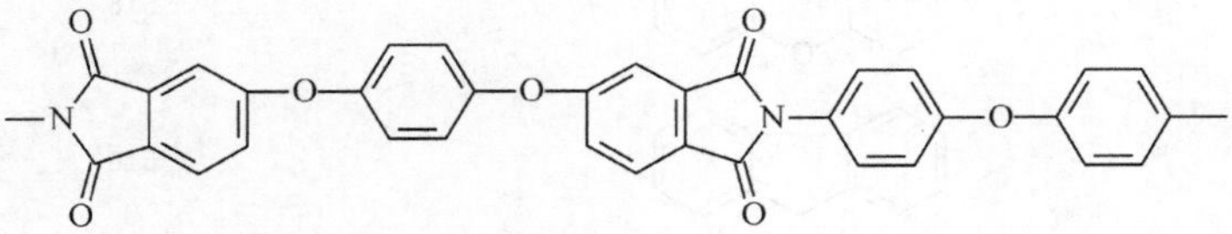	232	—
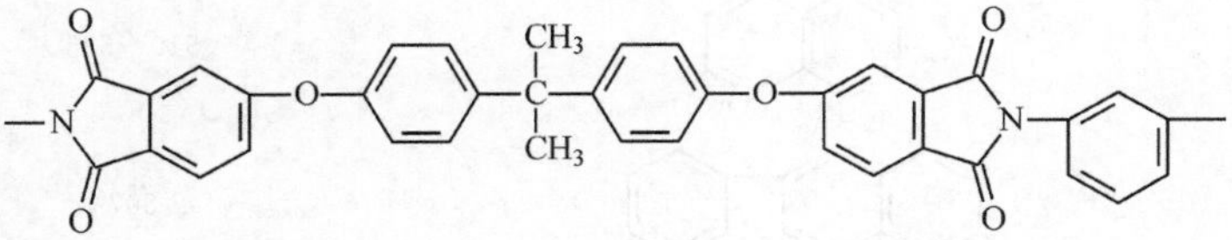	215	—
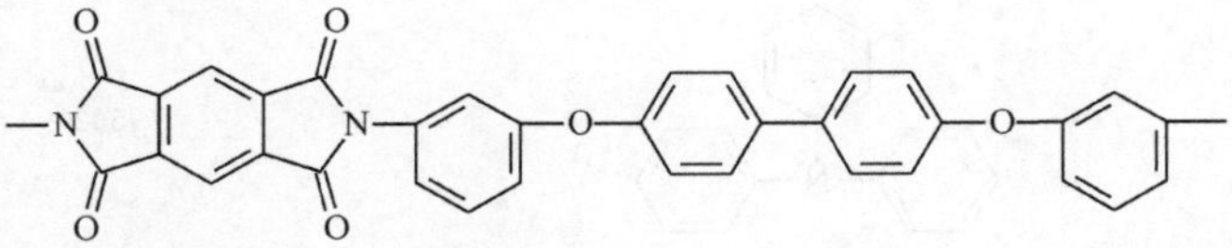	255	380

8.3　热稳定性

热稳定性特指聚合物在化学上的对温度的耐力，以分解温度 T_d 为该指标的量度。这里的分解温度通常是由热重分析得到的。有关聚酰亚胺热稳定性的概念已经在第 7.1 节介绍过，这里就不再重复。应该指出，聚酰亚胺的热稳定性的测量也同样会受到测试条件及样品制备过程和状态的影响。

各种芳杂环高分子结构单元的热稳定性已经经过充分研究，表 8-6 列出了一些可以作为聚酰亚胺结构单元的芳杂环化合物的热稳定性。

表 8-6 一些芳杂环化合物在凝聚态的热分解温度[25]

化合物	结构式	分解温度/℃
萘	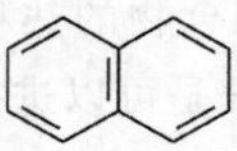	570
硫芴	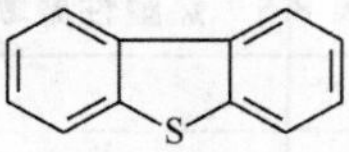	545
联苯	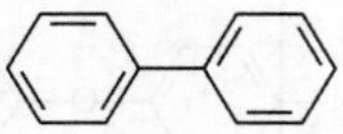	543
二苯醚	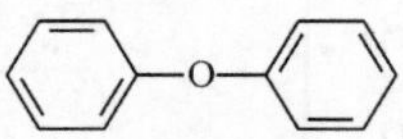	538
2,2′-联萘	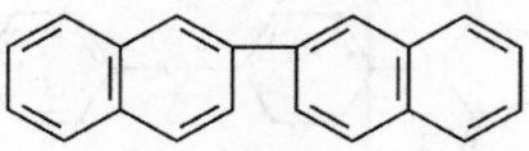	518
二苯并呋喃	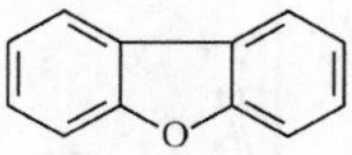	518
芴	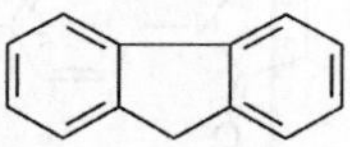	518
喹啉	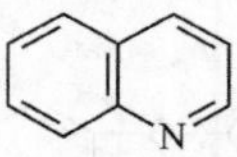	510～535
2-苯基萘	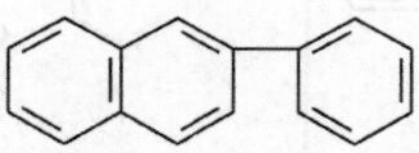	507
三苯胺	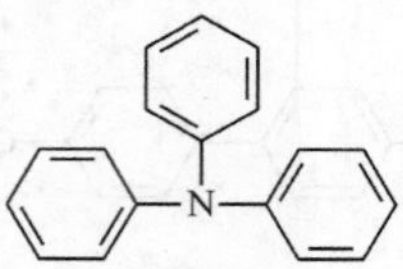	502
对四联苯	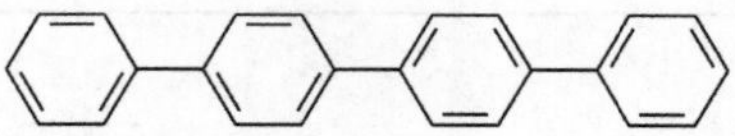	482～504
2,2′-联吡啶	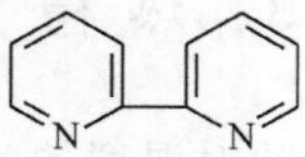	482
四苯基硅烷	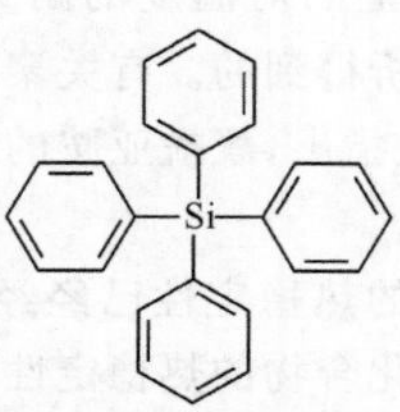	482

续表

化合物	结构式	分解温度/℃
二苯基二苯氧基硅烷	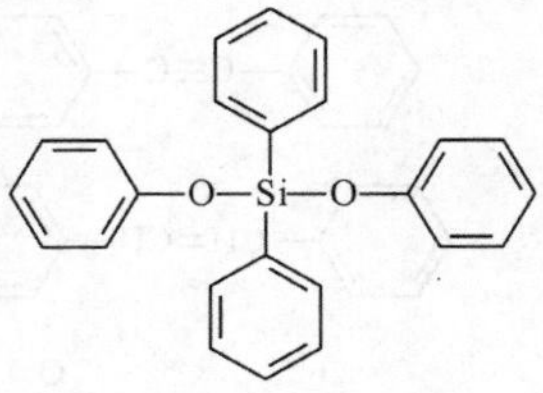	470～490
三苯基对称三嗪	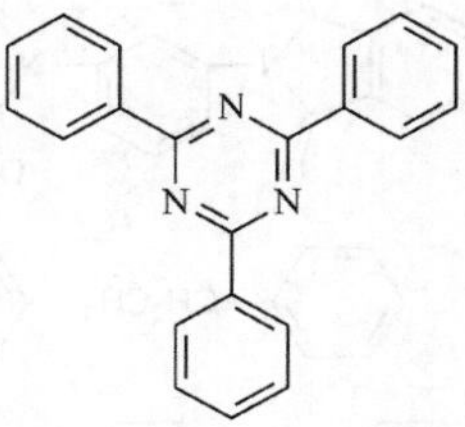	467
均苯四酰二亚胺	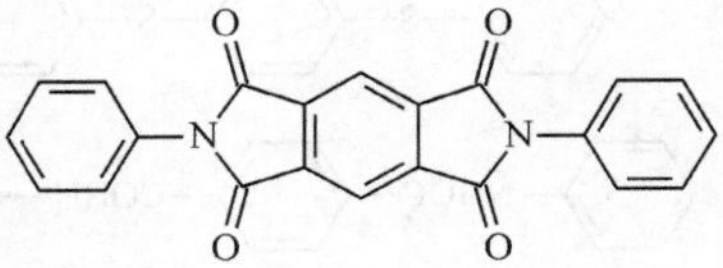	<456
间五苯四醚	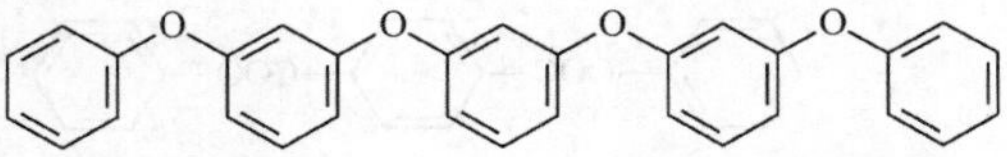	455
二苯甲烷	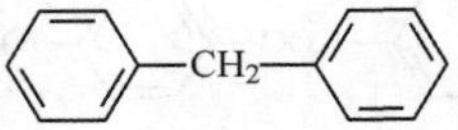	454
三苯基氧膦	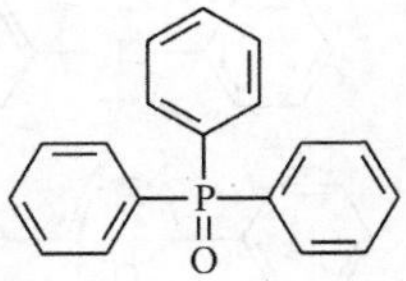	454
1,1′-联萘	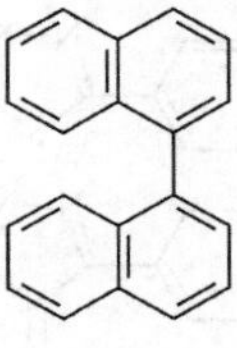	452
2,2′-二苯基苯并二咪唑	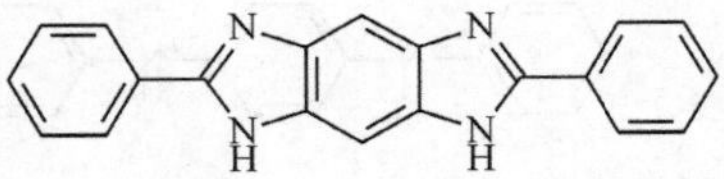	432
1,2-苯基四氟乙烷	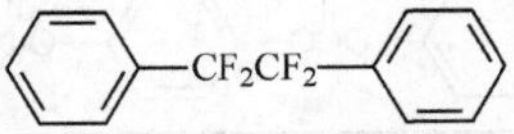	427～440

续表

化合物	结构式	分解温度/℃
二苯乙炔	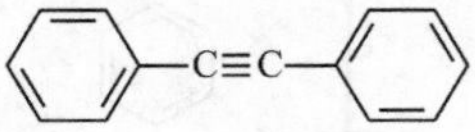	421
1,2-二苯乙烯	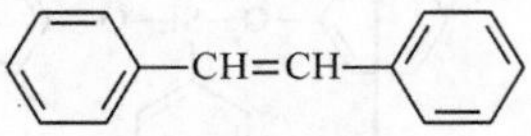	418
1,3-苯基二酞酰亚胺	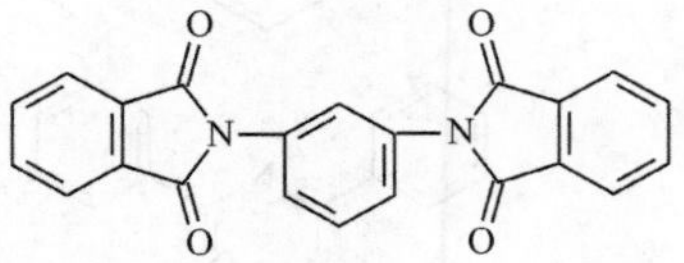	390
1,2-二苯乙烷	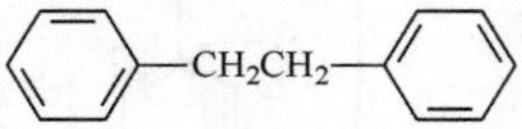	382
对三苯二硫醚		365
对苯二酰苯胺	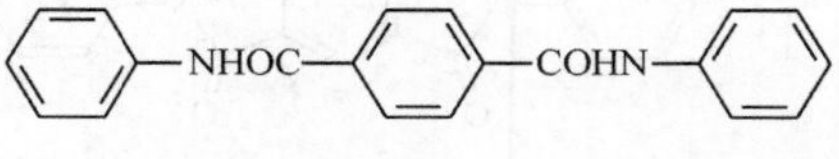	354
对苯二酸二苯酯	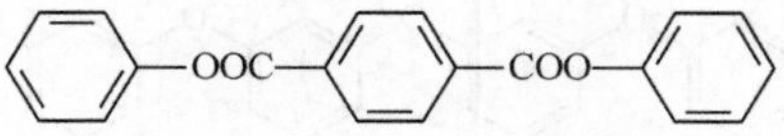	353
二苯甲酸对苯二酚酯	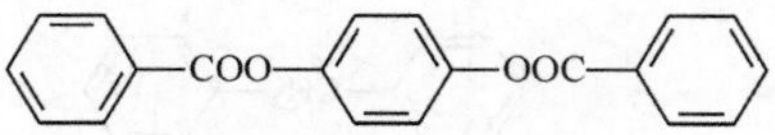	322
二苯基二氟代甲烷	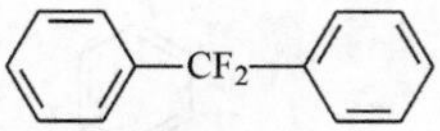	318
2,5-二苯基-1,3,4-噁二唑	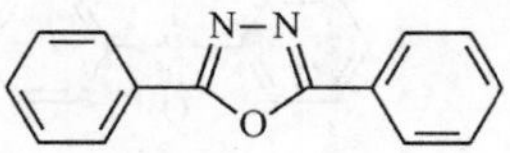	304
2,5-二苯基-1,3,4-噻二唑	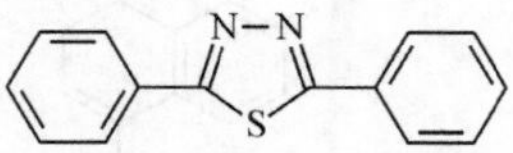	301
2,5-二苯基-1,3,4-三唑	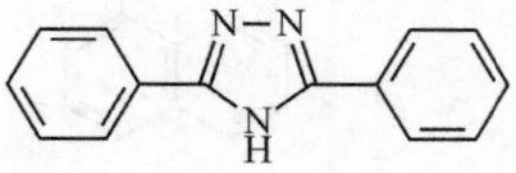	279
对三苯二胺	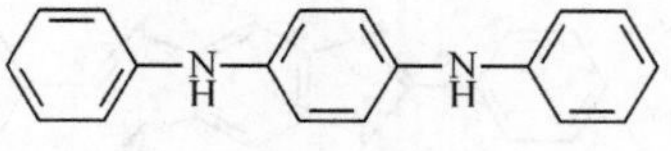	265
二碳酸三苯酯	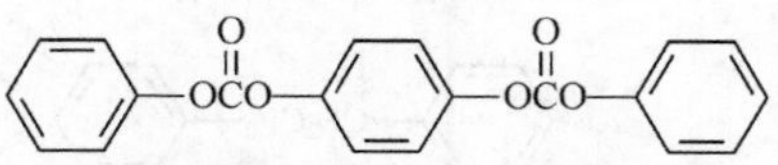	＜168

注：分解温度指分解速率达到1%(mol)/h时的温度。

但是应该指出，由这些结构单元组成的高分子的热稳定性由于链的刚性和聚集态的不同等原因并不能与低分子的热稳定性一一对应，通常由上述结构单元组成的高分子比相应的低分子会具有更高的热稳定性。

将氟引入聚酰亚胺的最初的动机是希望能够进一步提高其热稳定性，但是事实上这个目标并未达到，至少氟的引入并不能明显提高聚酰亚胺的热稳定性。这个现象可参考本书第 10 章表 10-2 所列出的模型物的热稳定性。

从分子设计出发，对于聚酰亚胺的结构与热稳定性的关系有以下几点经验规律：

(1) 由酞酰亚胺、苯环及单键组成的聚酰亚胺具有最高的热稳定性，例如由均苯二酐和对苯二胺及由联苯二酐和对苯二胺得到的聚酰亚胺的分解温度都在 600 ℃左右；

(2) 由单原子连接基团[如 O，S，C ═O，CH_2，$C(CF_3)_2$ 等]作为桥连键的聚酰亚胺具有较高的热稳定性，其热分解温度多在 500 ℃左右；

(3) 带有“圈(cardo)”型结构的聚酰亚胺可以保持较高的热稳定性但显著增加溶解性能；

(4) 由脂环结构组成的聚酰亚胺具有较高的热稳定性；

(5) 引进两个碳以上的直链单元会明显降低聚酰亚胺的热稳定性；

(6) 对于芳香聚酰亚胺，氟的引入不会对热稳定性有所贡献。

8.4 溶 解 性

初期的聚酰亚胺以其不溶于有机溶剂为特点之一，例如均苯二酐和二苯醚二胺的聚酰亚胺只能溶解在浓硫酸、发烟硝酸、$SbCl_3$ 或 $SbCl_3$ 和 $AsCl_3$ 的混合物中，不溶于有机溶剂。随着技术的发展，对于能够溶解在有机溶剂中的聚酰亚胺的要求越来越迫切，这也促使了对可溶性聚酰亚胺的研究。改善聚酰亚胺溶解性的基本途径有两个：一个是引入对溶剂具有亲和性的结构，例如引入含氟、硅或磷的基团；另一个是使聚合物的结构变得“松散”，例如引入桥连基团、侧基、“圈”，也可以采用结构上非对称的单体或用共聚打乱大分子链的有序性和对称性等。实际上，引入含氟、硅或磷的基团经常同时也具有使聚合物的结构变得“松散”的作用，尤其是引入六氟丙基。应当指出，聚酰亚胺的溶解性与其合成方法，尤其是环化方法有很大关系，通常，用化学环化所得到的聚酰亚胺比用热环化得到的有较好的溶解性，这除了由于热引起分子链较高的取向，甚至结晶外，过高的温度还可能会导致聚合物的交联。作为全芳香，不带取代基的聚酰亚胺，最常用的溶剂是酚类，如苯酚、间甲酚和对氯苯酚等，例如由含醚或硫醚的二酐合成的聚酰亚胺可以溶于苯酚和间甲酚。由联苯二酐与二苯醚二胺或对苯二胺合成的聚酰亚胺可以溶于对氯苯酚。含氟的聚酰亚胺多溶解于非质子极性溶剂，甚至一些低沸点普通溶剂，如四氢呋喃、卤代烃，甚至酮类溶剂，如丙酮、环己酮或甲乙酮等。聚酰亚胺在吡啶及其他碱中是不稳定的，特别是在高温下，因此实际上不能用作聚酰亚胺的溶剂。

某些可以溶解聚酰亚胺的溶剂具有对抗效应(antagonistic effect)，即两种溶剂可以分别溶解聚酰亚胺，但其混合物就不再具有溶解性。具有对抗作用的溶剂见表 8-7。

表 8-7 具有对抗性的溶剂

第一种溶剂	第二种溶剂
DMF	CH_2Cl_2
DMAC	$CHCl_3$
DMSO	$CHCl_2\text{-}CHCl_2$
NMP	$PhNO_2$

这种特殊的溶解效应可能是由于溶剂对之间的亲和力强于各个溶剂与聚合物之间的亲和力。例如 ODPA/DAF 的聚酰亚胺可以溶于 DMF 和氯仿但不溶于两者的1∶1的混合物。另一个例子是 NTDA/DAPT 聚酰亚胺对 NMP 和硝基苯不溶,但 NMP 和硝基苯的混合溶剂却可以溶解 PMDA/DAPT 的聚酰亚胺。对于某些聚酰亚胺,发现其溶解性具有协同效应,即聚合物能溶于一定比例的溶剂混合物中,却不能溶于个别溶剂中。例如含水 1%~5%的二氧六环可以溶解 PDPA/DAF,但这种聚合物却不溶于水和干燥的二氧六环。从形式上看,氟代酮类(如六氟丙酮、一氯五氟丙酮及二氯四氟丙酮等)和水的混合物可以溶解多种聚酰亚胺,这是由于氟代酮与水能够相互作用,形成单水化合物或一个半的水合物,这种水合物才是聚酰亚胺的真正溶剂[26]。

可溶性聚酰亚胺的分子设计可以采取以下几条途径。

8.4.1 引入含氟、硅、磷的基团或羟基[27]

利用这些元素和基团影响溶剂的亲和性及空间效应,减少分子间的作用力,从而增加聚合物的溶解性(表 8-8)。

表 8-8 含氟、硅、磷及羟基的聚酰亚胺

聚酰亚胺	溶解性
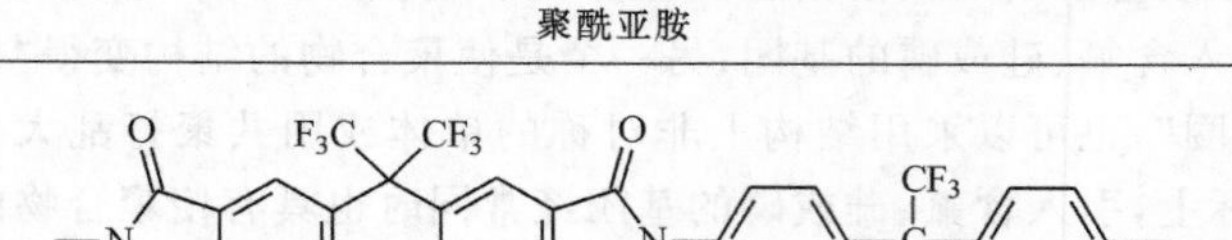	可溶于氯仿、苯、二氧六环及丙酮
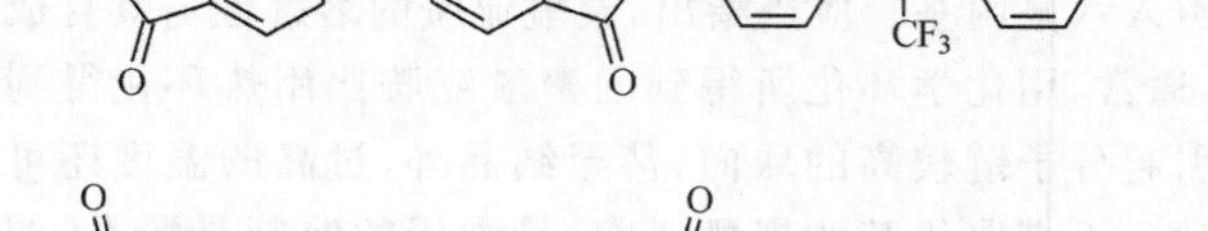	可溶于氯仿、丙酮、苯及二氧六环
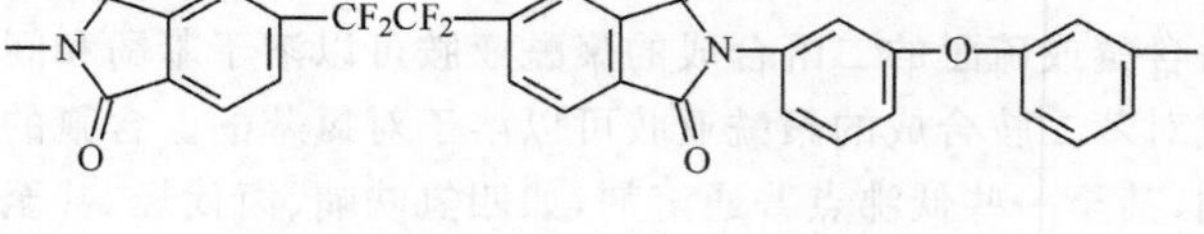	可溶于氯仿

续表

聚酰亚胺	溶解性
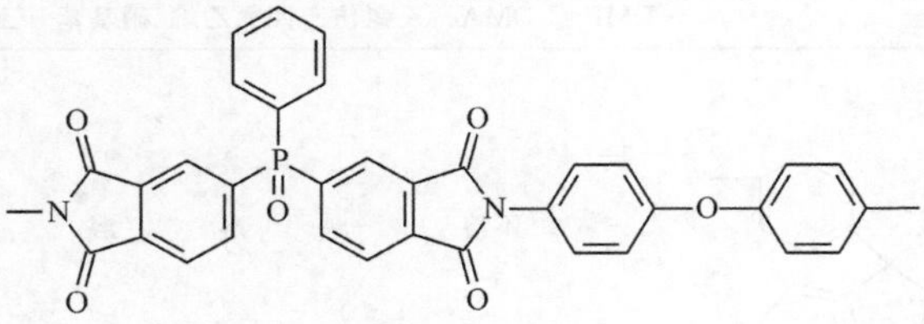	可溶于 DMAC、DMF 和硝基苯
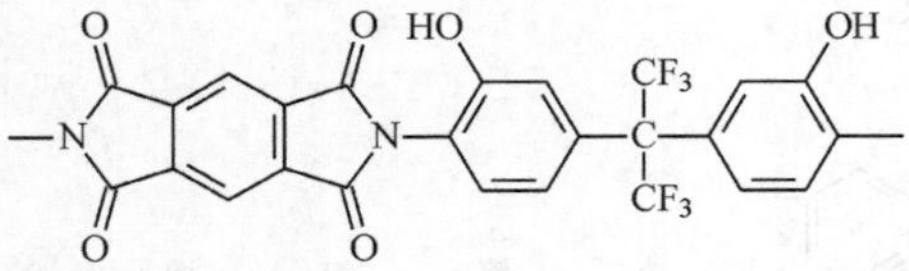	可溶于 DMAC、DMF、THF、甲醇、丙酮、氯仿等

8.4.2 引入“圈”型结构

20 世纪 60 年代中期，出现了“圈(cardo)”型单元，这是一些环状结构单元，其中一个原子处于主链上。这些聚酰亚胺可以溶解于氯代烃和酰胺类溶剂，而且能够保持高的 T_g 和分解温度[28]。可以引入二酐或二胺中的常用的“圈”型结构包括以下几种：

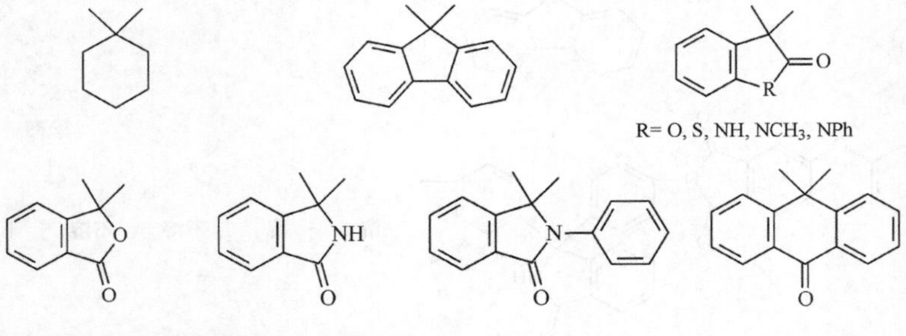

带“圈”型结构的聚酰亚胺的溶解性见表 8-9[29]。

表 8-9 带“圈”型结构的聚酰亚胺的溶解性

聚酰亚胺	溶剂					
	DMF	DMAc	氯仿	四氯乙烷	硝基苯	三甲酚
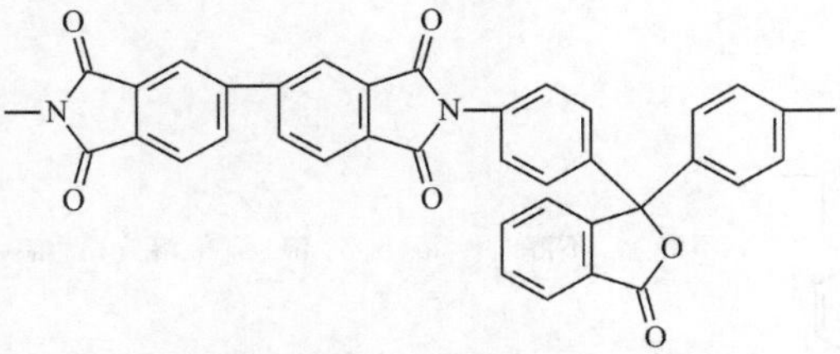	—	不溶	不溶	溶	溶	溶

续表

聚酰亚胺	溶剂					
	DMF	DMAc	氯仿	四氯乙烷	硝基苯	三甲酚
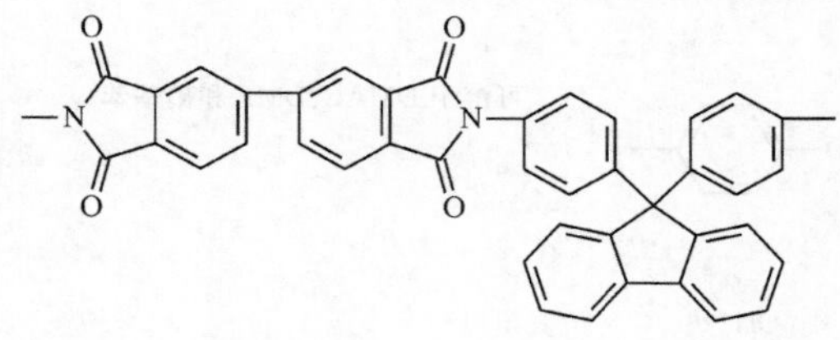	—	不溶	—	溶	溶	溶
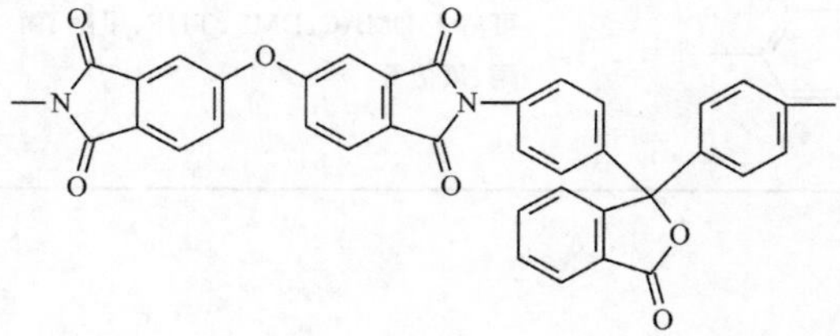	溶	溶	溶	溶	溶	溶
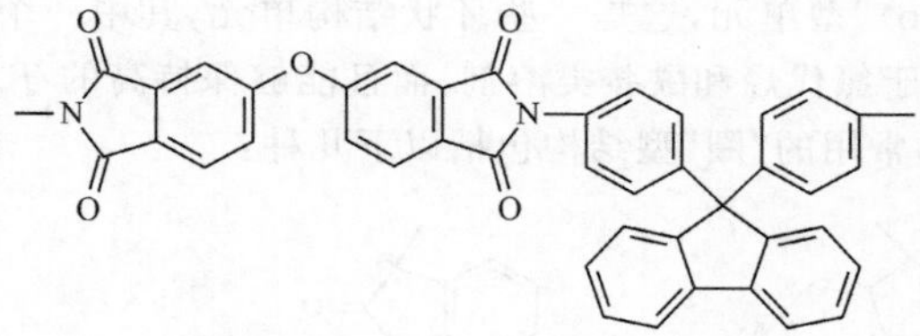	溶	溶	溶	溶	溶	溶
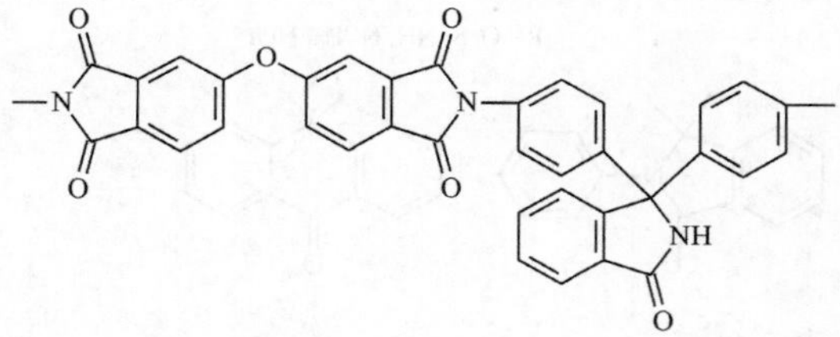	溶	溶	不溶	不溶	不溶	溶
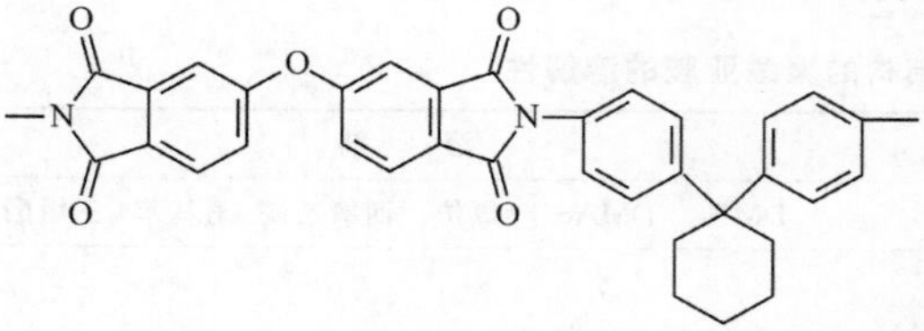	溶	溶	—	溶	溶	溶
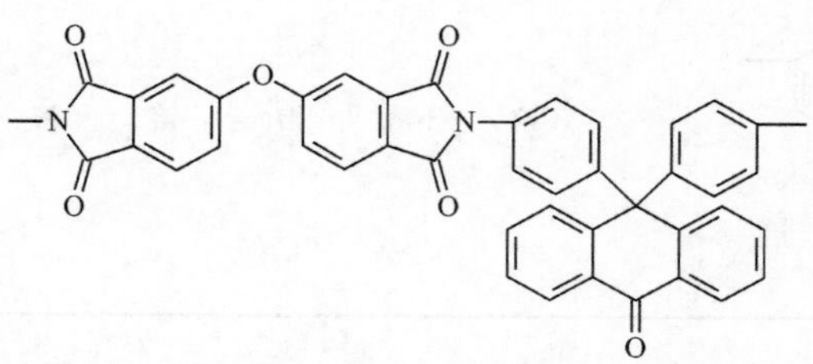	不溶	不溶	溶	溶	溶	溶

续表

聚酰亚胺	溶剂					
	DMF	DMAc	氯仿	四氯乙烷	硝基苯	三甲酚
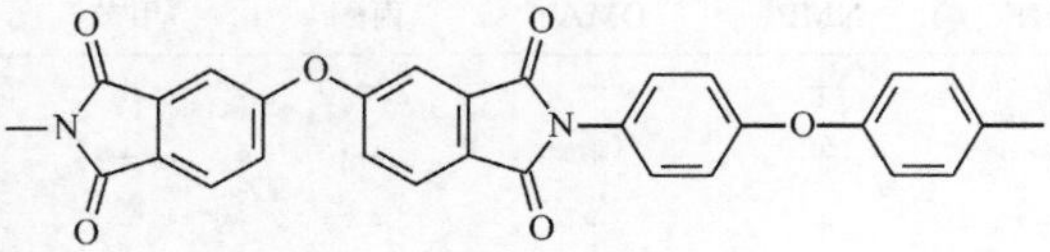	不溶	不溶	不溶	不溶	不溶	不溶
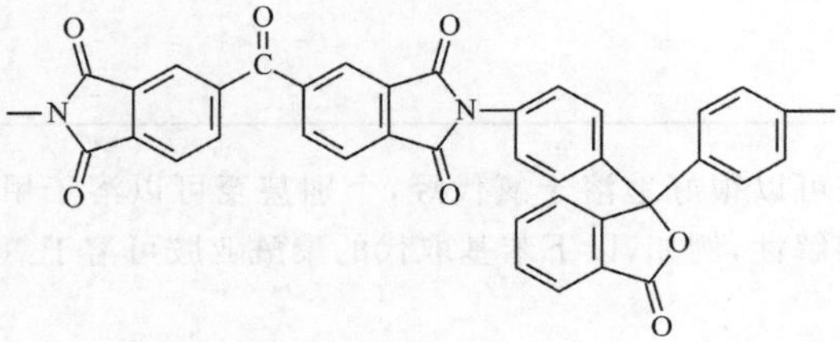	溶	溶	—	溶	不溶	溶
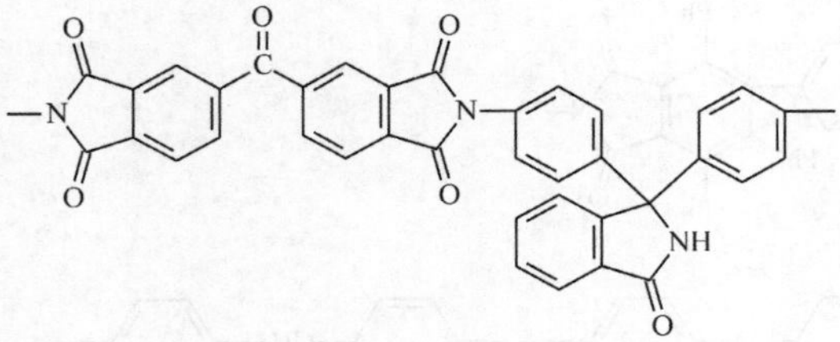	不溶	溶	不溶	不溶	不溶	溶
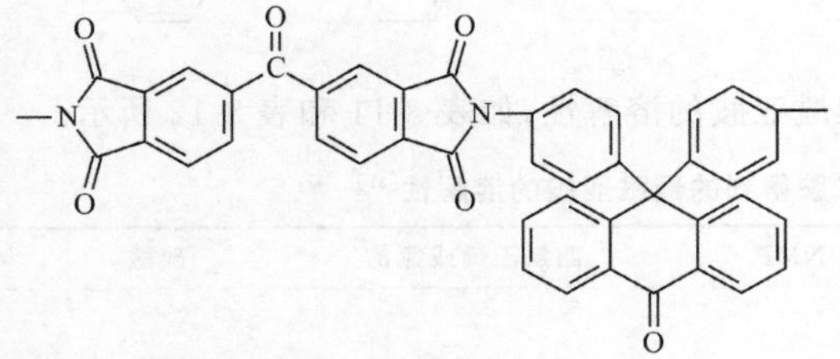	不溶	不溶	不溶	不溶	不溶	不溶
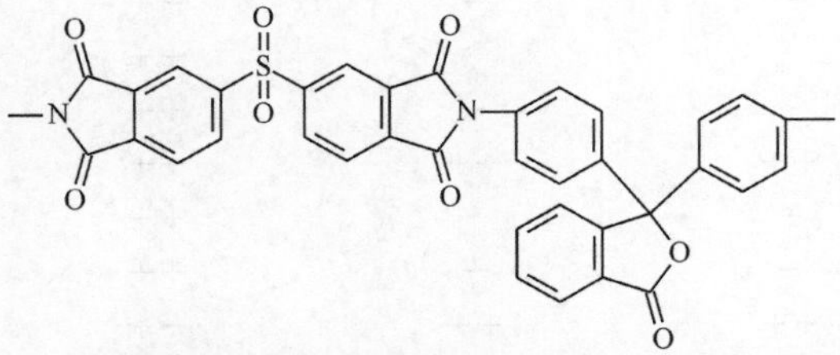	溶	溶	不溶	—	不溶	—

8.4.3　引入侧基

引入侧基以提高聚酰亚胺的溶解性是最常用的方法，侧基可以是脂肪链、芳环或杂环（表 8-10）。在联苯胺单体的 2,2′-位引入取代基，如甲基或三氟甲基，这时除了侧基的引入降低了分子间的作用力外，还由于两个基团的空间作用使联苯的两个苯环平面发生扭曲，不能处在同一个平面上，从而破坏了共轭作用，也阻碍了分子内的传荷作用，可以明显地增加聚酰亚胺在有机溶剂中的溶解性能(表 8-10)。

表 8-10 烷基取代的聚酰亚胺的溶解性[24]

	$CHCl_3$	CH_2Cl_2	THF	NMP	DMAc	丙酮	甲苯
PMDA/MCDEA	+	+	+	+	+	−	+
PMDA/ET100	±	+	−	+	+	−	−
PMDA/DAM	−	−	−	+	+	−	−
DSDA/MCDEA	+	+	+	+	+	−	−
DSDA/ET100	+	+	+	+	+	−	−
DSDA/DAM	+	±	−	+	+	−	−

由表 8-10 可见，烷基取代的聚酰亚胺可以很好地溶于氯代烃，个别甚至可以溶于甲苯。苯基取代的聚酰亚胺也具有良好的溶解性，例如，以下苯基取代的聚酰亚胺可溶于氯仿、四氯乙烷等[30]：

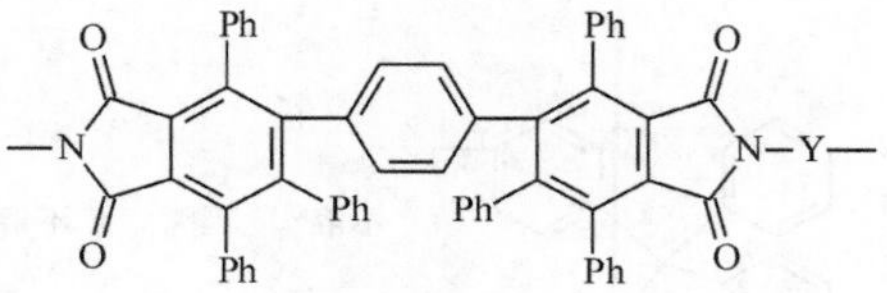

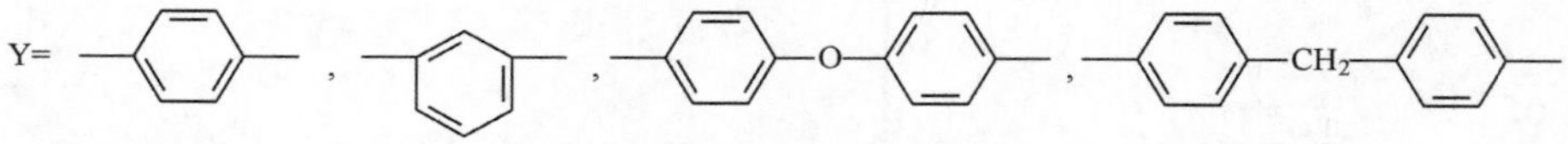

带有大量苯基侧基的单体可以增加聚酰亚胺的溶解性，如表 8-11 和表 8-12 所示。

表 8-11 由苯基取代的二胺得到的聚酰亚胺的溶解性[31]

聚合物	间甲酚	NMP	四氯乙烯或氯仿	硫酸
PMDA/**A**	−	−	−	+
PMDA/**B**	−	−	−	++
PMDA/**C**	−	−	−	++
BPDA/**A**	+	−	−	++
BPDA/**B**	++	++	++	++
BPDA/**C**	+	+	+	++
BTDA/**A**	+	−	−	++
ODPA/**A**	++	++	++	++
ODPA/**B**	++	++	++	++
ODPA/**C**	+	+	−	++
DSDA/**A**	++	++	++	++
DSDA/**B**	++	++	++	++
DSDA/**C**	++	++	−	++
6FDA/**A**	++	++	++	++

注：++表示室温溶解；+表示加热溶解；−表示不溶。

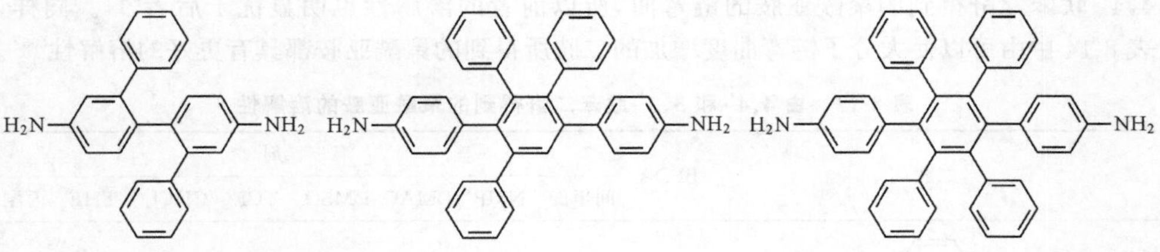

A　　B　　C

表 8-12 由苯基取代的二胺和联苯基取代的二胺所得到的聚酰亚胺的溶解性比较[32]

聚合物	DMF	NMP	DMSO	二氯乙酸	硫酸	1,4-二氧六环	环己酮	邻二氯苯
PMDA/**a**	+	+	+	+	+	±	±	±
PMDA/**b**	++	++	+	+	+	±	+	+
BTDA/**a**	+	+	+	+	+	±	±	±
BTDA/**b**	++	++	++	++	+	±	+	+

注：++表示室温溶解；+表示加热溶解；±表示部分溶解。

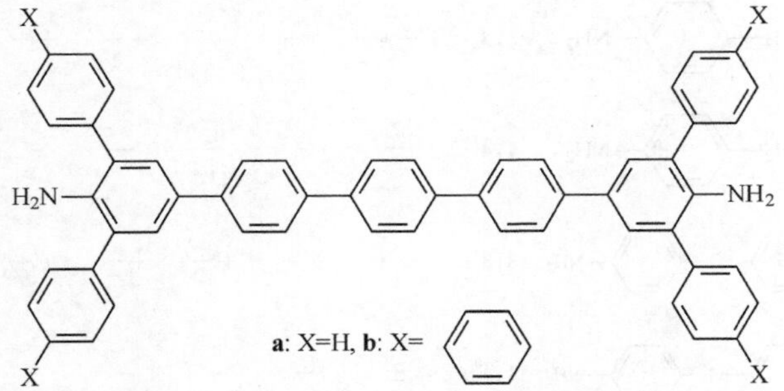

三维立体结构的三蝶烯具有高的分子间自由体积，由 6FDA 和三蝶烯二胺得到的聚酰亚胺(图 8-6)可以溶解在乙酸乙酯、丙酮、氯仿、THF 及极性非质子溶剂中[33]。

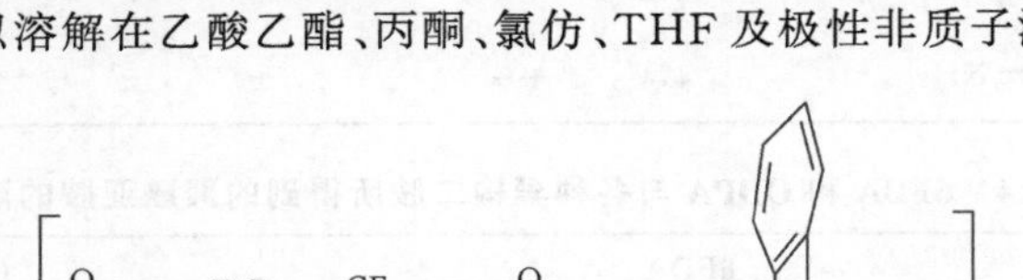

图 8-6 由 6FDA 和三蝶烯二胺得到的聚酰亚胺

8.4.4 使大分子链弯曲

引入桥连结构使大分子具有弯曲的构象，从而增加自由体积，也减弱了分子间的作用。以异构的聚酰亚胺为例(表 8-13)，由 3,3′-联苯二酐所得到的聚酰亚胺的大分子链要比由

4,4′-联苯二酐得到的聚酰亚胺的链弯曲，所以前者的溶解性也明显优于后者[34]。同样，表 8-14 中由可以使大分子链弯曲度增加的二胺所得到的聚酰亚胺都具有更好的溶解性[35]。

表 8-13　由 4,4′-和 3,3′-联苯二酐得到的聚酰亚胺的溶解性

二胺	BPDA	溶剂							
		间甲酚	NMP	DMAC	DMSO	TCE	$CHCl_3$	THF	丙酮
	3,3′-	±	±	±	±	±	−	−	−
	4,4′-	−	−	−	−	−	−	−	−
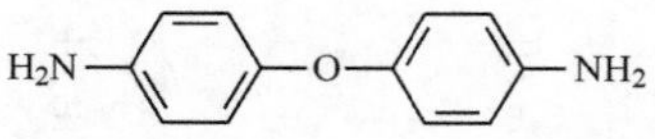	3,3′-	++	++	++	++	++	++	−	±
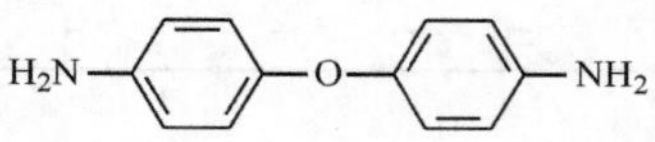	4,4′-	±	−	−	−	−	−	−	−
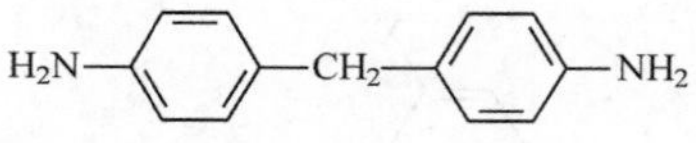	3,3′-	++	++	++	++	++	++	−	−
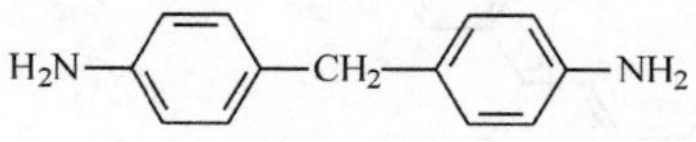	4,4′-	±	−	−	−	−	−	−	−
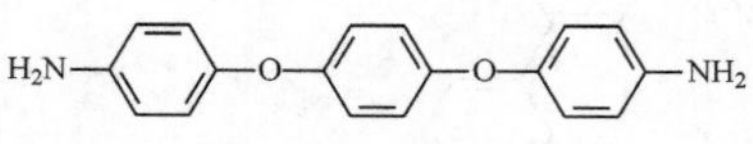	3,3′-	++	++	++	++	++	++	±	−
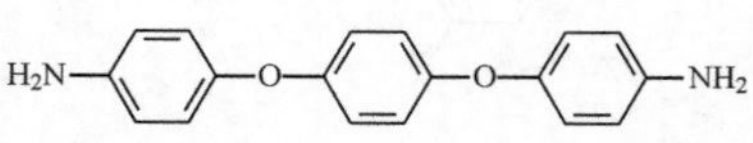	4,4′-	±	−	−	−	−	−	−	−
$H_2N \leftarrow\!\!(CH_2)_{10}\!\!\rightarrow NH_2$	3,3′-	++	+	+	+	+	+	−	−
$H_2N \leftarrow\!\!(CH_2)_{10}\!\!\rightarrow NH_2$	4,4′-	++	±	±	±	±	−	−	−

表 8-14　6FDA 和 ODPA 与各种异构二胺所得到的聚酰亚胺的溶解性

二胺	6FDA			ODPA		
	DMAC	DMF	$CHCl_3$	DMAC	DMF	$CHCl_3$
3,3′-ODA	+	+	+	+	−	+
2,4′-ODA	+	+	+	+	−	−
3,4′-ODA	+	+	+	+	−	−
4,4′-ODA	−	+	+	−	−	−
1,4,4-APB	−	+	+	−	−	−
1,3,4-APB	+	+	+	−	−	−
1,4,3-APB	+	±	±	−	−	−
1,3,3-APB	+	+	+	±	±	±

测试方法：在室温浸泡一天。

8.4.5 引入脂肪结构

引入脂肪结构尤其是柔性的结构可以增加聚酰亚胺的溶解性。全脂环聚酰亚胺的溶解性见表 8-15[36]。

表 8-15 全脂环聚酰亚胺的溶解性

溶剂	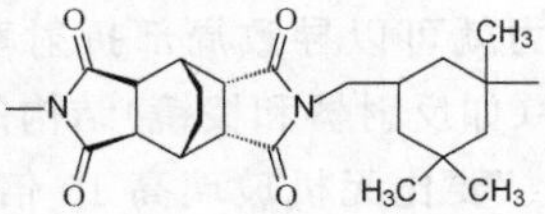	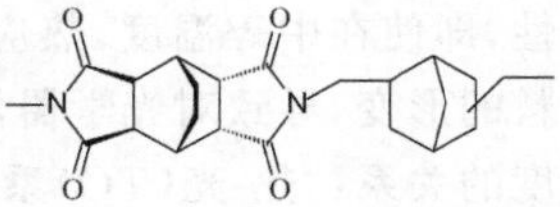	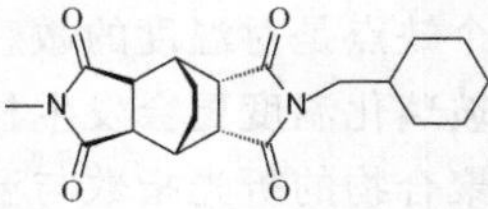
环己酮	+	+	−
间甲酚	+	+	−
THF	+	−	−
二氧六环	+	−	−
DMAC	+	+	−
DMSO	+	+	−
NMP	+	+	−

8.5 力学性能

材料的力学性能除了分子结构这个主要因素外，很大程度上还取决于合成方法和加工条件，尤其对于聚酰亚胺来说，更受其形成材料时的热历史的影响，最终的体现是材料的聚集态结构。因此从影响材料力学性能的因素来说，以体型的塑料最复杂，平面的薄膜次之，线形的纤维最能体现分子结构的影响。未加其他添加物的聚酰亚胺塑料，其强度通常都在 100 MPa 以上，杨氏模量在 2～3 GPa。聚酰亚胺薄膜，如 PMDA/ODA 薄膜(Kapton)的抗张强度为 170 MPa，拉伸后可以达到 254 MPa。BPDA/PPD 的薄膜(Upilex-S)的抗张强度为 400 MPa，拉伸后强度可达 530 MPa，模量达 9 GPa(参看第 18 章)。据俄罗斯报道的研究结果，由 BPDA 与对苯二胺及另一个含嘧啶单元的二胺共聚可以得到强度为 5.1～6.43 GPa、模量为 224～282 GPa 的聚酰亚胺纤维(参看第 21 章)。

8.6 光学性能

近年来，聚酰亚胺的光学性能引起了很大的关注，这也是由于聚酰亚胺的高热稳定性、高机械性能、易加工性和结构容易设计并合成的特性。光学性能的范围很广，包括透光性、折光指数、双折射、非线性光学特性、电致或光致发光特性等。对于后两者，聚酰亚胺主要是起相关的官能团的载体作用，聚酰亚胺本身的结构对功能的关系并不起决定作用，但可以使这些功能在较高温度下维持稳定，这将在第 27 章和第 30.2 节专门介绍。光敏性聚酰亚胺是一类在光(紫外光、电子束或 X 射线)作用下使引入聚合物链上的光敏部分发生反应(交联或分解),经显影、定影后得到特定图形,再经热处理得到稳定的聚酰亚胺图形的聚酰亚胺前体,这部分内容可以参考第 25 章。

迄今为止,用于透光的材料仍局限于无机和一般的透明有机高分子材料,如聚甲基丙烯酸甲酯、聚苯乙烯及聚碳酸酯等。无机材料的光损耗是最低的,玻璃纤维用于波长为 1310 nm 和 1550 nm 的光信号的长距离传输。有机材料在上述波长下的损耗要大得多。但有机材料由于比玻璃有韧性而越来越多地被用于短距离和中距离的连接。但这类材料的一个缺点是对温度的敏感性,即使在中等温度,热应力就可以导致局部折射率的变化。低的玻璃化温度更会发生材料的形变,导致对光学器件(如反射器和棱镜)结构的破坏。

聚合物的折光指数与温度的关系:"热-光(TO)系数"要比无机玻璃高 10 倍。所以聚合物光学材料在热-光开关和各种温度下的被动滤光器上的应用备受关注。而且聚合物波导体系可以显著降低光学开关的能耗和增加在光波回路中的响应速度[37]。

凝聚态的 TO 系数可以用 Lorentz-Lorenz 方程来表示:

$$\frac{\mathrm{d}n_{\mathrm{av}}}{\mathrm{d}T} = \frac{(n_{\mathrm{av}}^2 - 1)(n_{\mathrm{av}}^2 + 2)}{6n_{\mathrm{av}}}\beta$$

式中,β 为热膨胀系数。

有机材料的光损耗主要来自吸收和散射,聚酰亚胺对光的吸收来自电荷转移络合物及溶剂等杂质对光的吸收。对光的散射来自以下几个方面:聚酰亚胺分子由于本身结构或在热处理过程中发生的有序排列形成不同微区所产生的散射;由于残留的溶剂和产生的水分在聚合物中形成气泡所产生的散射;还有聚酰亚胺分子在基底面上出现的有序排列引起的散射等[38]。在波长为 633 nm(He-Ne 激光器)时,电荷转移络合物为主要的吸收源。在更高的波长,由电荷转移络合物引起的损耗减少,散射变成损耗的主要原因。除了从结构设计上减少电荷转移络合物和链的有序性外,加入大的基团以增加空间位阻也可限制电荷转移络合物的形成和链的有序性。

对于折光指数,Lorentz-Lorenz 方程建立了折射率(n)和密度(ρ)、相对分子质量(M_0)及分子平均极化率(α)之间的关系:

$$R = \frac{n^2 - 1}{n^2 + 2}\frac{M_0}{\rho} = \frac{4}{3}\pi N_{\mathrm{A}}\alpha = \frac{4\pi}{3} \cdot \frac{\alpha}{V_{\mathrm{int}}} = \phi$$

式中,R 为分子折射率,由实验证明是与聚集态无关的;α 为极化率,主要取决于化学结构;N_{A}为阿伏伽德罗常数;n 为平均折射率,$n=(n_{\mathrm{TE1}}+n_{\mathrm{TE2}}+n_{\mathrm{TM}})/3$,$n_{\mathrm{TE1}}$ 和 n_{TE2} 为面内两个方向的折射率,n_{TM}为面外折射率;V_{int} 为 1 mol 高分子重复单元所占的体积(分子容积);ρ 为密度,$\rho=M/(V_{\mathrm{int}} \cdot N_{\mathrm{A}})$。

$$K_{\mathrm{p}} = \frac{V_{\mathrm{VDW}}}{V_{\mathrm{int}}}$$

式中,K_{p} 为堆砌常数,对于非晶态或半晶态的高分子,可取 0.681;V_{VDW}为范德华体积,是分子实际占有的体积。因为极化率(α)可以由各个分子单元的极化率的总和来表示,所以分子折射率(R)也可以由组成分子或重复单元的所有原子或基团的折射率的总和来表示:

$$R = \sum_i n_i r_i$$

根据上面所介绍的关系，由范德华体积(V_{VDW})和极化率(α)以堆砌常数为 0.681 计算折射率及 ϕ_0 的结果见表 8-16。

表 8-16　由范德华体积(V_{VDW})和极化率(α)以堆砌常数为 0.681 计算折射率及 ϕ_0[39]

PI	$V_{VDW}/Å^3$	α	n_{calc}	n	ϕ_0
P6FDA/TFDB	404.5	45.08	1.571	1.531	0.482
6FDA/*m*,*m*′-6FBA	512.3	58.87	1.588	1.536	0.494
6FDA/*p*,*p*′-6FBA	512.3	58.87	1.588	1.545	0.494
6FDA/TFDB	494.6	56.58	1.585	1.549	0.492
10FEDA/TFDB	543.7	61.65	1.577	1.569	0.487
P3FDA/TFDB	380.2	43.52	1.596	1.573	0.497
6FDA/*m*,*m*′-6FBAP	675.7	79.02	1.591	1.594	0.500
6FDA/ODA	454.9	54.10	1.616	1.598	0.513
6FDA/*p*,*p*′-DDS	476.4	57.60	1.627	1.601	0.521
6FDA/1,3,3-APB	546.0	64.40	1.604	1.606	0.506
10FEDA/ODA	504.1	59.17	1.615	1.607	0.505
PMDA/TFDB	356.0	41.96	1.606	1.615	0.513
ODPA/TFDB	437.6	52.26	1.620	1.619	0.516
BTDA/TFDB	447.1	53.54	1.621	1.622	0.517
BPDA/TFDB	428.9	51.62	1.626	1.644	0.520
6FDA/DPTP	519.1	63.12	1.630	1.650	0.522
ODPA/ODA	397.9	49.78	1.659	1.691	0.542
PMDA/ODA	316.3	39.48	1.665	1.597	0.545
PMDA/DMB	340.6	42.51	1.662	1.723	0.544

因为

$$\frac{4\pi}{3}\cdot\frac{\alpha}{V_{VWD}}=\phi_0$$

所以

$$n=\sqrt{\frac{1+2K_p\phi_0}{1-K_p\phi_0}}$$

R 的实验值与计算值之差正是外加(分子间)作用的量度(表 8-17)[40]。

表 8-17　一些聚酰亚胺的分子折射率

聚酰亚胺	ρ /(g/cm³)	n_D^{20}	M_0	$R_{实验}$	$R_{计算}$	ΔR
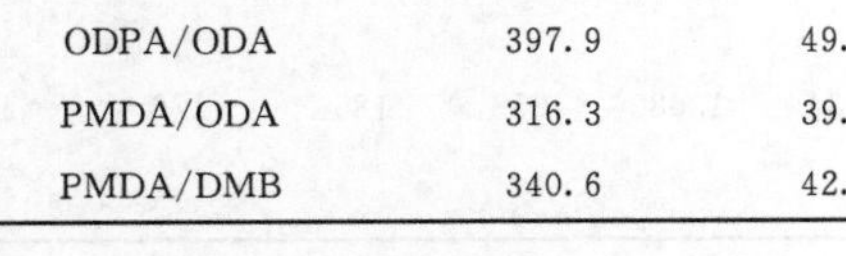	1.43	>1.78	366	>107	96	>11

续表

聚酰亚胺	ρ /(g/cm^3)	n_D^{20}	M_0	$R_{实验}$	$R_{计算}$	ΔR
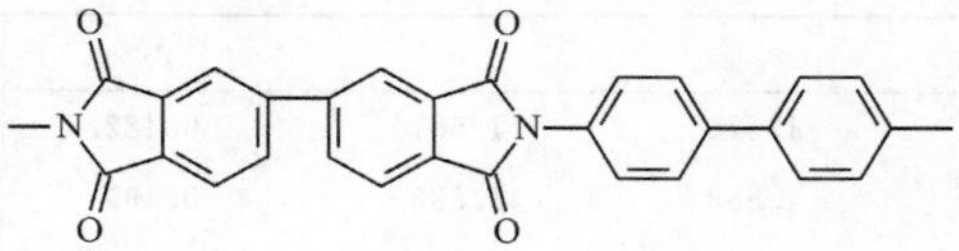	1.40	>1.78	442	>132	120	>12
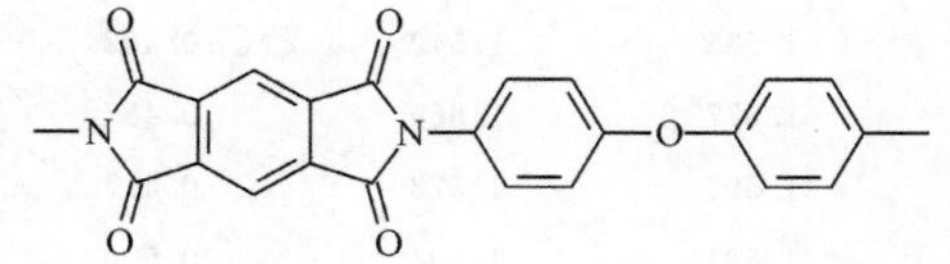	1.41	1.700	382	106	98	8
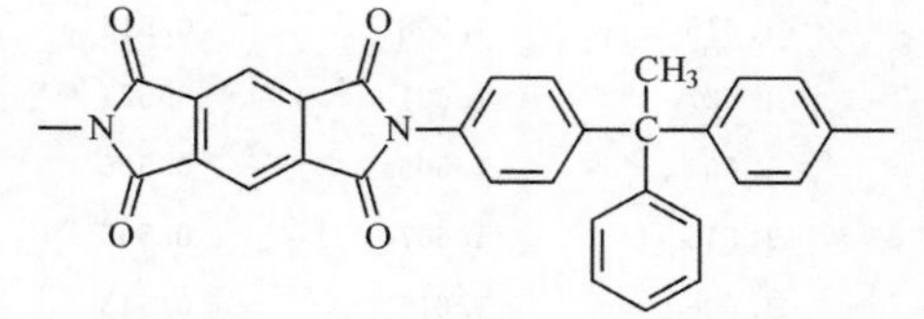	1.29	1.680	470	138	129	9
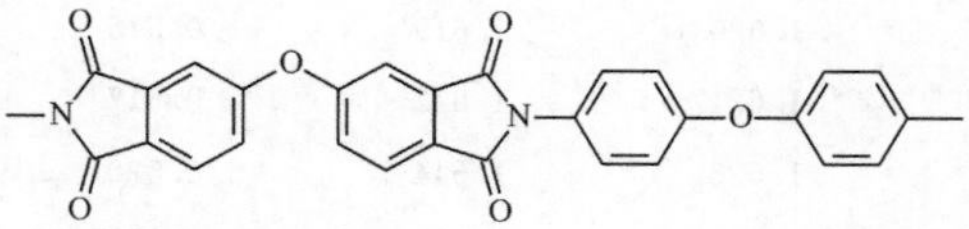	1.37	1.690	474	132	123	9
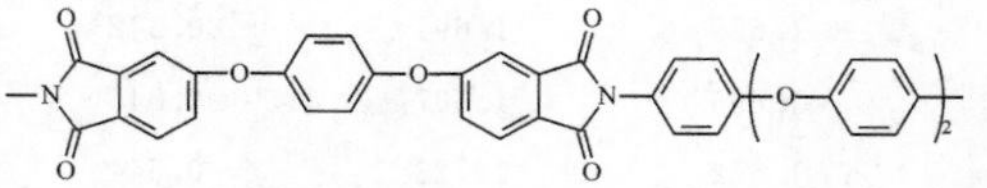	1.34	1.680	658	185	176	9

由表 8-17 看出，含联苯结构的聚酰亚胺由于存在共轭作用而使 ΔR 增大。

高达 1.78 的折射率只有特殊的光学玻璃能够达到，所以聚酰亚胺是很好的反反射(antireflective)涂料。

表 8-18 列出了一些聚酰亚胺的折射指数及双折射数据。

表 8-18　聚酰亚胺的折射指数及双折射数据

二酐	二胺	$n_{/\!/}$	$n_{\perp}$	Δn
6FDA	PPD	1.593	1.568	0.025
6FDA	FPPD	1.5783	1.5756	0.0027
6FDA	TFMPPD	1.5528	1.5484	0.0044
6FDA	4FPPD	1.5481	1.5413	0.0068
6FDA	3,3′-TFDB	1.5450	1.5258	0.0192
6FDA	OFB	1.5395	1.5327	0.0068
6FDA	2TFMPPD	1.5164	1.5129	0.0035
6FDA	TFDB	1.568	1.522	0.046

续表

二酐	二胺	$n_{/\!/}$	$n_{\perp}$	Δn
6FDA	DAT	1.5826	1.5776	0.005
6FDA	2MPPD	1.5633	1.5586	0.0047
6FDA	DMB	1.599	1.559	0.040
6FDA	DCM	1.589	1.557	0.032
6FDA	OTOL	1.604	1.554	0.050
6FDA	DCB	1.625	1.578	0.047
6FDA	C8F	1.482	1.469	0.013
6FDA	DABMB	1.593	1.585	0.008
BPDA	DMB	1.757	1.600	0.157
BPDA	OTOL	1.760	1.611	0.149
BPDA	DCM	1.709	1.598	0.111
BPDA	TFDB	1.634	1.540	0.094
BTDA	DCM	1.683	1.623	0.060
BTDA	TFDB	1.656	1.565	0.091
ODPA	DCM	1.679	1.633	0.046
ODPA	TFDB	1.639	1.602	0.037
DSDA	TFDB	1.617	1.591	0.026
PMDA	DABMB	1.632	1.554	0.078

由表 8-18 可见，含氟聚酰亚胺都具有较低的折射率。全氟聚酰亚胺(10FEDA/4FMPD)在 350 ℃固化的聚合物比在 300 ℃固化的聚合物的折光指数低，但在 380 ℃固化后折光指数没有进一步变化。这可能与其 T_g 有关，该聚酰亚胺的 T_g 为 301 ℃。10FEDA/4FMPD 聚酰亚胺在硅片上的双折射为 0.0076。该值认为是由聚酰亚胺与硅的热膨胀系数的不同所引起不同的张力所致。自由薄膜的双折射为 0.0037。将自由的薄膜在 350 ℃(T_g 以上)处理 1 h，双折射值近乎零[41]。

表 8-19 列出了一些含脂环聚酰亚胺的平均折射率和双折射数据，由表可见全脂肪聚酰亚胺的折射率明显低于含芳香环的聚酰亚胺的折射率，而且可以得到双折射为零的材料。

表 8-19　聚酰亚胺的光学性能

聚酰亚胺	n_{av}^{a}	Δn	ε^{b}
BCHDAdx-BBH	1.522	0.000	2.55
MCTC-BBH	1.542	0.000	2.73
BSDA-APB	1.611	0.015	2.85
DNDA-APB	1.603	0.013	2.83
PMDA-ODA	1.688	0.079	3.13

a：平均折射率，$n_{av}=(2n_{TE}+n_{TM})/3$；b：介电常数，$\varepsilon=1.1\ n_{av}^2$。

考虑到高性能互补金属氧化物半导体(CMOS)映像传感器(CIS)对于高折射指数、低双折射、耐热、透明的材料需要，Ueda 等[42]利用含多个硫醚基团的二酐和二胺合成了折射指数达到 1.76，双折射为 0.005 左右，并且具有浅颜色的透明聚酰亚胺薄膜。

有关聚酰亚胺的透光性与结构的关系见第 31.1 节。

8.7 电学性能

微电子器件变得越来越小，芯片上布线的密度越来越大，靠得很紧密的导线之间由于电容偶合(capacitive coupling)和交叉干扰(crosstalk)所引起的信号迟滞明显增加，这种效应在线距降低到 0.5 μm 时就变得十分严重。近来线距已达到 0.25 μm，进一步将要达到 0.1 μm 或更低。目前一个先进的微处理器芯片可以含有超过 550 万个晶体管和840 m 长的导线。15 年内每个芯片中的晶体管将达到 10 亿个，导线会超过 1 万米！现代芯片采用多层薄膜布线方式建立连接以减少导线的长度，所以逻辑芯片经常具有 4～6 层金属和介电层。金属层用称为通路的导电销来导通。

信号的滞后速度为

$$r_c = R_s \cdot L^2 k / t$$

式中，R_s 为线路的电阻；L 为线路的长度；k 为层间绝缘材料的介电常数；t 为线路间的距离。由此可见，R_s 是有一定限度的，大多数情况下是用铜作为导线，随着集成度的增加，L 会越来越长，而 t 则越来越小，所以要减少 r_c 只能从降低 k 上着手。

介电常数与频率有关，频率越高，介电常数越低，因为介电常数是总极化率(α_T)的函数：

$$\alpha_T = \alpha_E + \alpha_A + \alpha_O$$

式中，α_E 为电子极化率(10^{14} Hz)；α_A 为原子极化率(10^{12} Hz)，表征基团中原子的非对称取代的结果；α_O 为取向极化率(10^9 Hz)，表征分子永久偶极矩在外场作用下的取向。在低频时，这三种极化都发生作用，高频时，有一种或两种极化就可能不起作用，介电常数就会降低。此外，介电常数值也受测定方法、样品制备方法、薄膜厚度等的影响，在进行比较时必须注意。

Claslius-Mosotti 方程：

$$k = \frac{1 + 2(P_m / V_m)}{1 - (P_m / V_m)}$$

式中，P_m 和 V_m 分别为原子团的摩尔极化率和摩尔体积。由 Claslius-Mosott 方程可见，引入摩尔极化率低和摩尔体积大的结构单元可以降低介电常数。也由此推出，降低材料密度也可以收到降低介电常数的效果，因为空气的介电常数是 1，密度越低，自由体积越大，介电常数也就越低，引入大基团，甚至直接引入空气，即采用纳米泡沫结构都可以降低介电常数。

除了介电常数外，现代的集成技术要求介电材料的热稳定性在 450 ℃以上，玻璃化温度在 300 ℃以上，同时机械性能(强度和在热循环时的稳定性)良好，能够防止龟裂的产生和发展，缺陷密度低，吸水率低，环境稳定性高，具有自黏性及对各种基底(如陶瓷、金属)

的黏合性，高温下对金属化过程稳定性，可以机械光刻和气相刻蚀，具有流平性(planarization)、反流(reflow)或化学机械抛光等综合性能等，而聚酰亚胺是能够比较全面地满足上述要求的少数高分子材料之一。

聚合物链的取向使得薄膜在面内和面外的性能(如热膨胀系数、溶剂溶胀程度及介电常数等)呈现各向异性，链越是刚性，各向异性就越突出。例如，面内介电常数甚至可以比面外高 0.7～0.8 倍，这显然不能为微电子工业所接受。降低聚酰亚胺的介电常数的最通用的方法是引进氟，一些含氟聚酰亚胺的介电常数已经可以达到 2.4。但这方面的发展受到合成和成本的限制。此外，也可以引进桥连基团或可使共轭中断的结构以破坏芳环间的共平面，来使链间作用降低，从而降低介电常数。综合这些因素可以使介电常数降低到 2.4～2.8。空气的介电常数最低，所以有将空气以纳米尺寸分散在聚酰亚胺中以获得低的介电常数的报道[39]，保持引入空气泡的稳定在于气泡必须大大低于薄膜厚度，气泡还必须是闭孔的，气泡体积分数应当尽可能高，以获得最低的介电常数，但这样又会影响薄膜的机械性能和泡沫的稳定性，这方面的内容可以参看第 20.3 节。

在电子极化的频率范围内，介电常数 $\varepsilon=n^2$(n 为折射率)，在 1 MHz 下，$\varepsilon=1.1\ n^2$，这是因为有约 10%的红外吸收。所以第 8.6 节关于折射率的结构相关性也可以用于低介电常数的分子设计。

在大分子链中消除苯环，即引进脂环单元可以降低极化率，用半经验的分子轨道方法计算得到聚酰亚胺模型物的平均分子极化率[单位：10^{-24} cm^3(0.2 eV)]如下[43]：

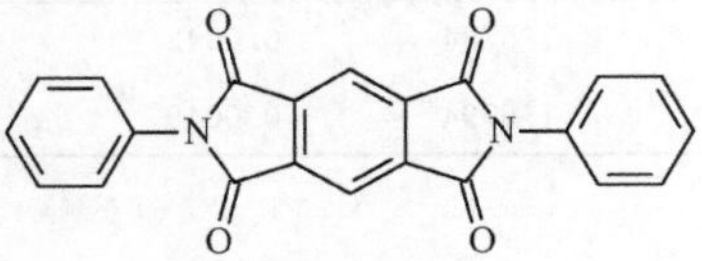

11.1

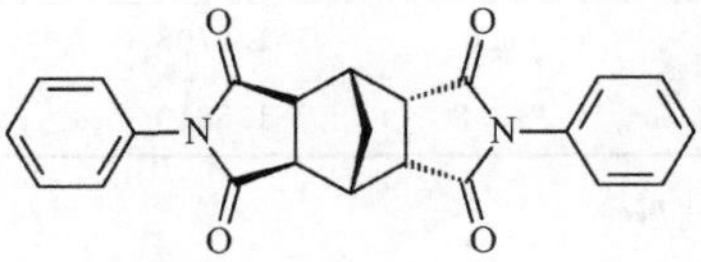

7.7

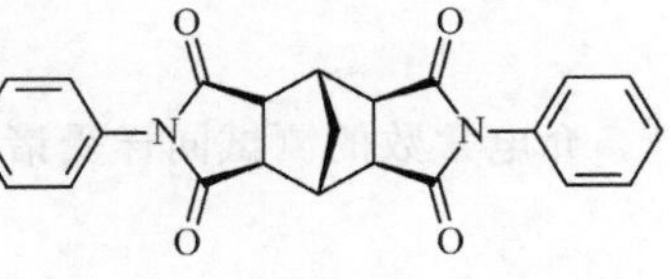

7.8

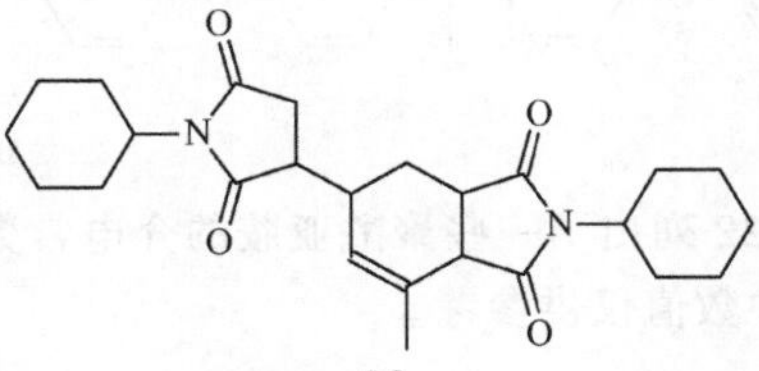

5.2

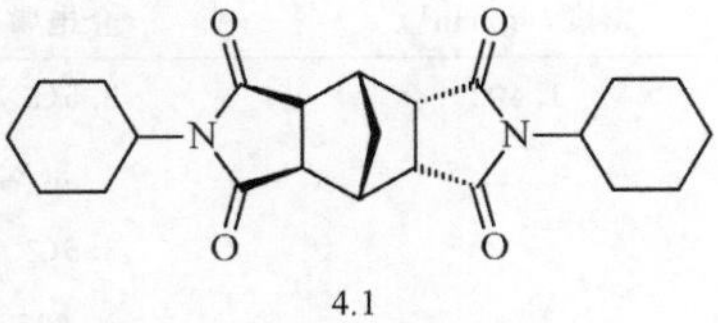

4.1

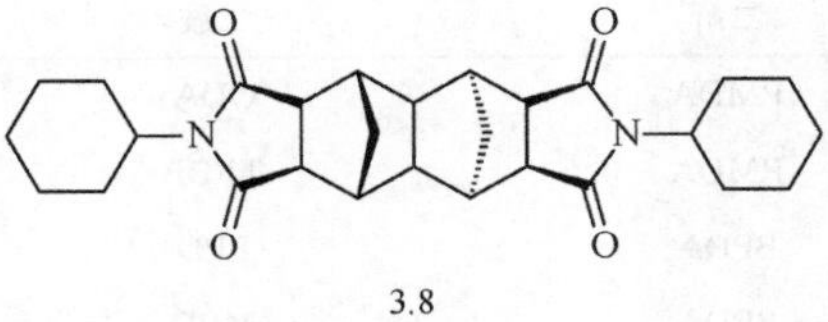

3.8

即降低分子的芳香性可以降低 α。脂环聚酰亚胺的介电常数见第 13 章相关各表。

Goto 等研究了大体积的侧基对聚酰亚胺介电常数的影响，表 8-20 为含氟和不含氟的聚酰亚胺介电常数的比较[36]。

表 8-20　大体积侧基对聚酰亚胺介电常数的影响

聚酰亚胺	结构	介电常数 (1 MHz)
不含氟	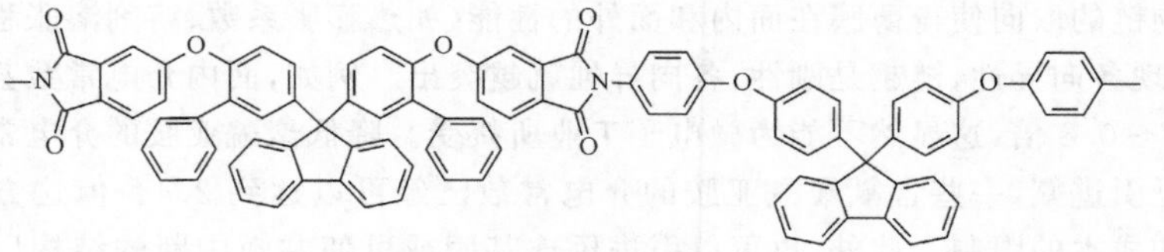	2.77
含氟	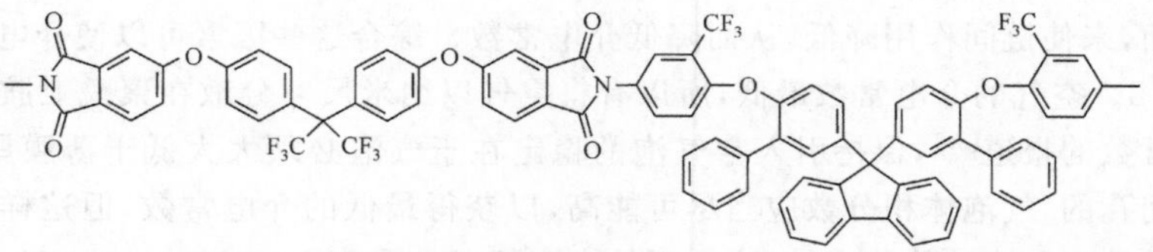	2.35

由表 8-20 可见，降低堆砌常数可以有效地降低介电常数。

Watanabe 等[44]用二胺与 PMDA 或 ODPA 合成的聚酰亚胺具有很低的介电常数和双折射，结果见表 8-21。PMDA/D 的 T_g 为 261 ℃，$T_{5\%}$ 为 450 ℃。

表 8-21　由二胺 D 得到的聚酰亚胺的光学性能

二酐	厚度/μm	$n_{/\!/}$	$n_{\perp}$	n_{av}	Δn	ε
PMDA	6.0	1.5798	1.5756	1.5784	0.0042	2.74
ODPA	13.8	1.5810	1.5761	1.5794	0.0049	2.74

注：$\varepsilon = 1.1\,n_{av}^2$

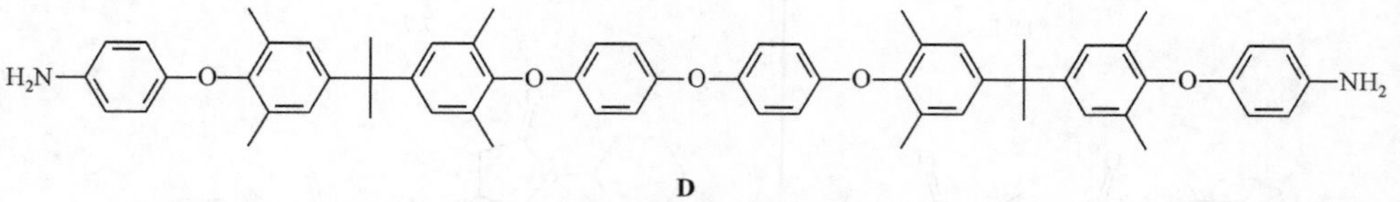

D

表 8-22 列出了一些聚酰亚胺的介电常数值[38]。介电常数的测试同样受诸多因素的影响，表中数值仅供参考。

表 8-22　一些聚酰亚胺的介电常数

二酐	二胺	密度/(g/cm³)	介电常数
PMDA	ODA	1.402	3.5(3.2)
PMDA	TFDB		3.2
BPDA	PPD		3.5(3.1)
BPDA	MPD		3.5
BPDA	ODA	1.366	3.5
BPDA	TFMPD		3.02
BPDA	TFDB		2.5

续表

二酐	二胺	密度/(g/cm³)	介电常数
BTDA	MPD	1.403	3.5
BTDA	ODA	1.374	3.6
BTDA	TFMPD		2.9
ODPA	TFMPD		2.91
6FDA	PPD	1.471	2.9(3.05)
6FDA	MPD		3.0(2.7)
6FDA	ODA	1.432	3.2(2.9)
6FDA	TFDB		2.8
6FDA	2,2′-DTFODA		2.76
SiDA	TFMPD		2.75
6FDA	TFMPPD		2.75
6FDA	OFB		2.75
6FDA	TFMPD		2.58
6FDA	*p*,*p*′-6FBA		2.4
6FDA	PPD	1.4494	2.81 3.222(湿)
6FDA	FPPD	1.4835	2.85 3.192(湿)
6FDA	DAT	1.4316	2.75 3.157(湿)
6FDA	TFMPPD	1.4956	2.72 3.054(湿)
6FDA	2MPPD	1.425	2.74 3.212(湿)
6FDA	2TFMPPD	1.5021	2.59 2.868(湿)
6FDA	4FPPD	1.5305	2.68 2.905(湿)
6FDA	OFB	1.5544	2.55 2.729(湿)
6FDA	TFDB	1.47895	2.715 2.886(湿)
6FDA	3,3′-TFDB	1.4627	2.568

参 考 文 献

[1] Bulgarovskaya I V, Novakovskaya L A, Fyodorov Yu G, Zvonkova Z V. Kristallografiya, 1976, 21: 515.

[2] Matzat E. Acta Crystallogr., 1972, B24: 415.

[3] Sobolev A I, Chetkina L A, Gol'der G A, Fyodorov Yu G, Zavodnik V E. Kristallografiya, 1973, 18: 1157.
[4] Hargreaves M K, Prichard J G, Dave H D. Chem. Rev., 1970, 70: 439.
[5] Pavlova S A, Timofeeva G I, Korshak V A, Vinogradova S V, Vygodskii Ya S, Churochkina N A. Vysokomol. Soedin., 1973, A15: 2650.
[6] Glukhov N A, Garmonova T I, Skazka V S, Bushin S V, Vitovskaya M G, Shcherbakova L M. Vysokomol. Soedin., 1975, B17: 579.
[7] Vygodskii Ya S, Molodtsova E D, Vinogradova S V, Timofeeva G I, Pavlova S A, and Korshak V V. Vysokomol. Soedin., 1979, B21: 100.
[8] Zhubkov V A, Birshtein T M, Milevskaya I S. Vysokomol. Soedin., 1974, A16(11): 2438.
[9] Zhubkov V A, Birshtein T M, Milevskaya I S. Vysokomol. Soedin., 1975, A17(9): 1955.
[10] Birshtein T M. Vysokomol. Soedin., 1977, A19(1): 54.
[11] Tonelli A E. Macromolecules, 1973, 6: 503.
[12] Conte G, D'ilario L, Pavel N V. J. Polym. Sci.; Polym. Phys, 1976, 14: 1553.
[13] Birshtein T M, Goryunov A N. Vysokomol. Soedin., 1979, A21(9): 1990.
[14] Magarik S Ya//Bessonov M I. Zubkov V A. Polyamic Acids and Polyimides, Synthesis, Transformations, Structure. CRC Press, 1993: 281.
[15] Baklagina Yu G, Milevskaya I S//Bessonov M I, Zubkov V A. Polyamic Acids and Polyimides, Synthesis, Transformations and Structures. CRC Press, 1993: 197.
[16] Sep W J, Verhoeven J W, de Boer T J. Tetrahedron, 31, 1975: 1065.
[17] Haarer D, Karl N. Chem. Phys. Lett., 1973, 21: 49.
[18] Ogawa T, Baba S, Fujii Y. J. Appl. Polym. Sci., 2006, 100: 3403-3408.
[19] Bessonov M I, Kusnetsov N P, Koton M M. Vysokomol. Soedin., 1978, A20(2): 347.
[20] Haarer D, Karl N. Chem. Phys. Lett., 1973, 21: 49.
[21] Fryd M//Mittal K L. Polyimides. Vol. 1. Plenum, 1984: 377.
[22] Zubkov V A//Bessonov M I, Zubkov V A. Polyamic Acids and Polyimides, Synthesis, Transformations, Structure. CRC Press, 1993: 107.
[23] Svetlichnyi V M, Kalnin'sh K K, Kudryavtsev V V, Koton M M. Dokl. Acad. Hauk SSSR, 1977, 237(3): 612.
[24] Acar H Y, Ostrowski C, Mathias L J//Mittal K L. Polyimides and Other High Temperature Polymers: Synthesis, Characterization and Applications. Vol. 1., 2001: 3-18.
[25] Johnes I B. J. Chem. & Eng. Data, 1962: 7(2), 277.
[26] Vygodskii Y S. Proc. 4th Eur. Tech. Symp. on Polyimides and High Performance Polymers. May 13-15, Frnce, 1996: 217.
[27] Harris F W, Feld W A, Lanier L H. Polym. Prepr., 1976, 17(2): 353.
[28] Vinogradova S V. Vysokomol. Soedin., 1966: 809.
[29] Vinogradova S V, Slonimskii G L, Vygodskii Ya S, Askadskii A A, Mzhel'skii A I, Churochkina N A, Korshak V V. Vysokomol. Soedin., 1969, A11: 2725.
[30] Vinogradova S V, Vygodskii J S, Korshak V V, Spirina T N. Acta Polymeria, 1979, 30(1): 3.
[31] Harris F W, Sakaguchi Y, Shibata M, Cheng S Z D. High Perform. Polym. 1997, 9: 251-261.
[32] Spiliopoulos I K, Mikroyannidis J A. Macromolecules, 1998, 31: 515-521.
[33] Cho Y J, Park H B. Macromol. Rapid Commun. 2011, 32: 579.
[34] Tong Y J, Liu S L, Guan H M, Ding M X. Polym. Eng. Sci., 2002, 42: 101.
[35] Seino H, Sasaki T, Mochizukio A, Ueda M. High Perf. Polym., 1999, 11: 255.
[36] Goto K. Proc. of 5th China-Japan Seminar on Advanced Aromatic Polymers, Changchun, China, 27-31 July, 2002.
[37] Matsumura A, Terui Y, Ando S, Abe A, Takeichi T. J. Photopolym. Sci., 2007, 20: 167-174.
[38] Hougham G, Tesoro G, Shaw J. Macromolecules, 1994, 27: 3642.

[39] 安藤慎治. 高分子论文集，1994，51(4)：251.

[40] Van Krevelen D W. Properties of Polymers：Their Estimation and Correction with Chemical Structure. New York：Elsevier，1976.

[41] Ando S，Matsuura T，Sasaki S. Polym. J.，1997，29(1)：69.

[42] Liu J-G，Nakamura Y，Ogura T，Shibasaki Y，Ando S，Ueda M. Chem. Mater. 2008，20：273；Liu J G，Nakamura Y，Shibasaki Y，Ando S，Ueda M. Macromolecules，2007，40：4614；Terraza，C A，Liu J-G，Nakamura Y，Shibasaki Y，Ando S，Ueda M，J. Polym. Sci.，Polym. Chem.，2008，46：1510；You N-H，Suzuki Y，Higashihara T，Ando S，Ueda M. Polymer，2009，50：789.

[43] Matsumoto T // Proc. of 4th Japan-China Seminar on Polyaromatics，Tokyo，Sep. 18-19，2001.

[44] Watanabe Y，Shibasaki Y，Ando S，Ueda M. Polymer，2005，46：5903.

第 9 章　异构的聚酰亚胺

“异构作用”对于聚合物的重要性是不言而喻的。具有不同性能的各种立体结构的聚烯烃及乙烯基聚合物组成了今天聚合物市场中各种各样的产品，例如高密度聚乙烯、低密度聚乙烯及线形低密度聚乙烯都可以看作是聚乙烯的异构体。更典型的是各种构型的聚苯乙烯和聚甲基丙烯酸酯等，它们的异构体之间的性能有很大的差别(表 9-1)。缩聚物的异构体在性能上同样具有显著的不同，表 9-2 和表 9-3 列出了聚苯二甲酸苯二酰胺和聚苯二甲酸苯二酯的热性能。加聚物的异构现象出现在聚合过程中，而缩聚物的异构现象却常常在单体的合成阶段就被决定了。众所周知，在石油化学过程中及芳香环的亲核或亲电取代反应中，异构体的产生是不可避免的，对这些由异构单体得到的异构聚合物的研究不仅可以了解聚合物的结构与性能的关系，而且对于异构体的综合利用也提高了原子的利用率。

表 9-1　各种立体结构的聚苯乙烯和聚甲基丙烯酸甲酯的热性能

构型	聚苯乙烯		聚甲基丙烯酸甲酯	
	T_g/℃	T_m/℃	T_g/℃	T_m/℃
无规	100	—	115	—
全同	—	240	55	—
间同	—	274	127	—

表 9-2　芳香聚酰胺的热性能[1,2]

芳香聚酰胺	软化点/℃	熔点/℃	分解温度/℃	分解活化能/(kcal/mol)
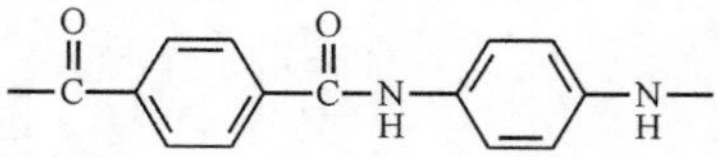	520	600	390～500	53.2
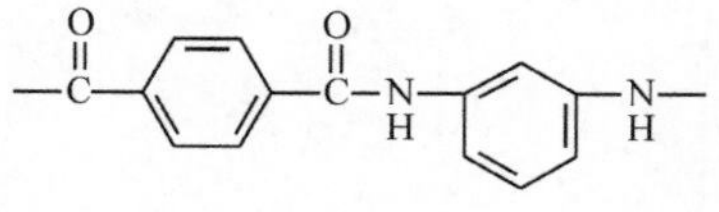	290	470	410～480	42.4
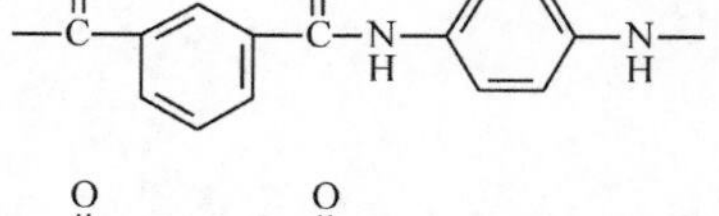	300	470	390～470	31.4
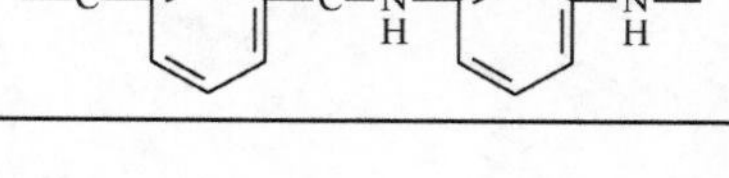	270	430	300～390	33.8

表 9-3　聚芳酯的软化点[3]

聚芳酯	软化点/℃
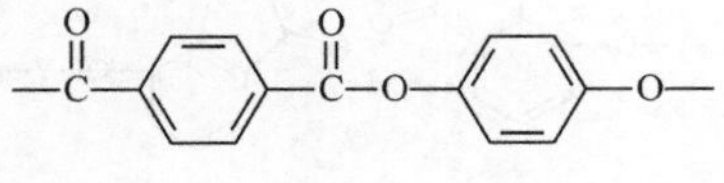	500
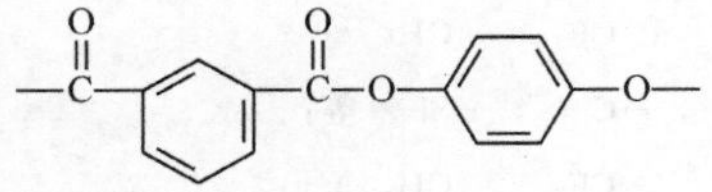	300
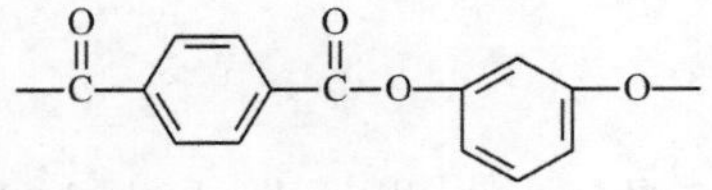	280
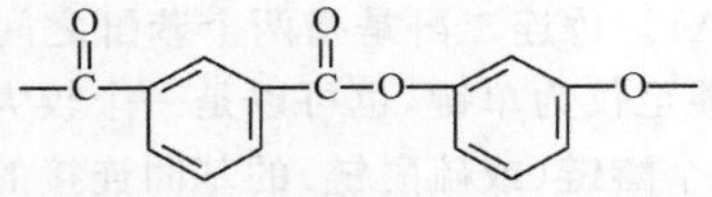	240

作为芳香-杂环高分子的代表，聚酰亚胺不论在结构材料还是在功能材料领域都已获得广泛的研究和应用，在归纳其结构-性能关系时，探索其异构体对性能的影响是十分必要的。本章将对由异构的二酐得到的聚酰亚胺、由异构的二胺得到的聚酰亚胺及手性聚酰亚胺分别进行介绍。

9.1　由异构的二酐得到的聚酰亚胺

芳香二酐的异构体可以分为三类，如表 9-4 所示。

表 9-4　芳香二酐的异构体

苯四酸二酐	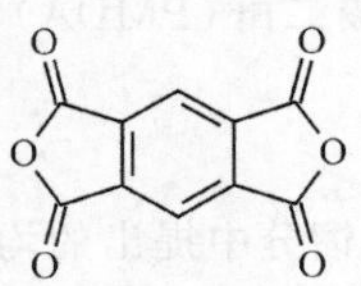	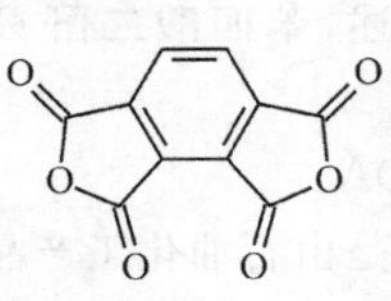	
桥连二酐	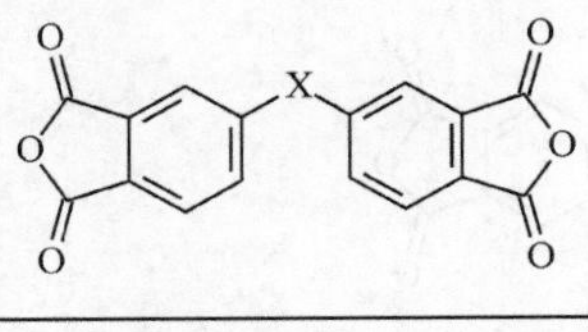	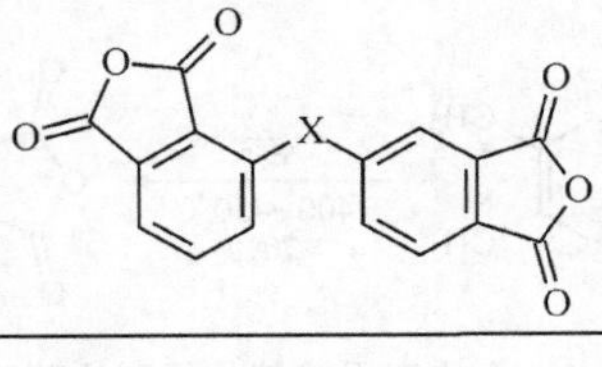	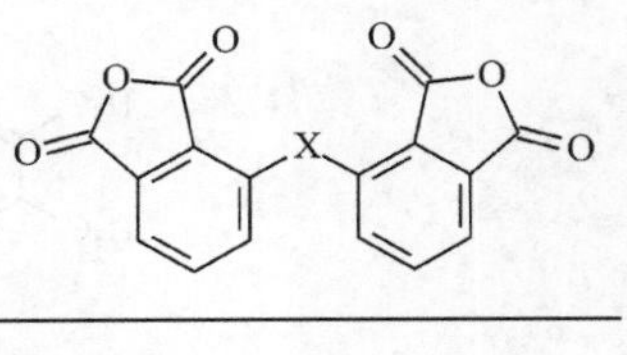

续表

二醚二酐	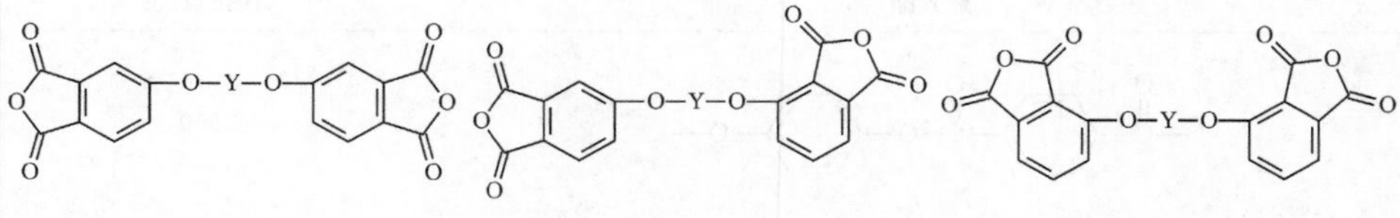

注：X=—，—O—，—S—，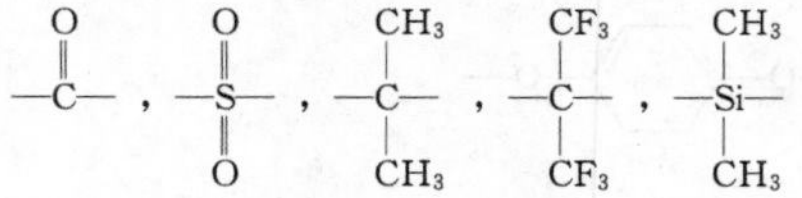等；

Y = 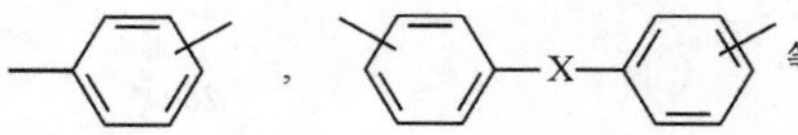 等。

苯四酸二酐只有两种异构体：均苯四酸二酐(pyromellitic dianhydride，PMDA)和连苯四酸二酐(mellophanic dianhydride，MPDA)。桥连二酐是指两个苯酐之间由一个基团分隔开的二酐。这个基团可以为一个原子，甚至仅为单键，也可以是一个较大的基团。二醚二酐是在两个苯酐之间由一个两端各带一个醚链(或硫醚链)的基团连接的二酐。为了叙述的方便，我们将桥连二酐和二醚二酐各依其在苯酐环上连接的位置命名为4，4′-二酐、3，4′-二酐和3，3′-二酐。通常报道的聚酰亚胺大多是由4，4′-二酐得到的。

除了这三类二酐之外，其他结构的二酐，尤其是脂肪(脂环)族二酐的异构体更为复杂，这将在相关部分再分别介绍。

9.1.1 异构二酐的合成和结构

异构二酐的合成可参见《聚酰亚胺——单体合成、聚合方法及材料制备》一书的第1章。

1. 苯四酸二酐

如上所述，苯四酸二酐只有两种异构体：均苯四酸二酐(PMDA)和连苯四酸二酐(MPDA)。

1) PMDA

PMDA是由石油化工产品或煤焦油中的重芳烃C_{10}馏分中提出的均四甲苯经气相氧化得到的(式9-1)：

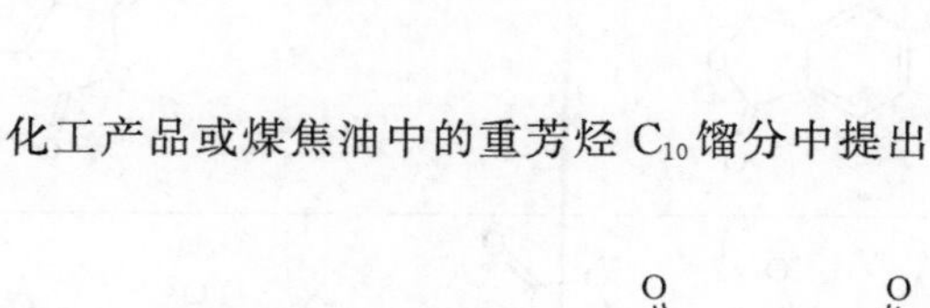

式9-1 由均四甲苯氧化得到均苯四酸二酐

对于由PMDA得到的聚酰亚胺，尤其是与ODA所得到的聚酰亚胺，已经进行了大量的研究，杜邦公司在四十多年前就以这种聚酰亚胺为基础开发了薄膜Kapton和塑料

Vespel。

然而，基于 MPDA 的聚酰亚胺除了 1971 年日本有关于与 PMDA 的共聚物的专利外[4]，却很少报道。在这个专利中，作者报道了只有当 MPDA 占总酐量的 50%～85%时，与 3,3′-ODA 所得到的聚酰亚胺共聚物才能够溶解在非质子极性溶剂中，并且可以由此得到透明、强韧的薄膜。近来我们对以 MPDA 为二酐的聚酰亚胺进行了研究[5]。

2) MPDA

MPDA 可以由三种方法来合成：

第一种是由环已烯或环已二烯出发的方法，该方法如式 9-2 所示，先得到的是 1,2,3,4-环已烷四酸，然后再芳香化为连苯四酸[6]。

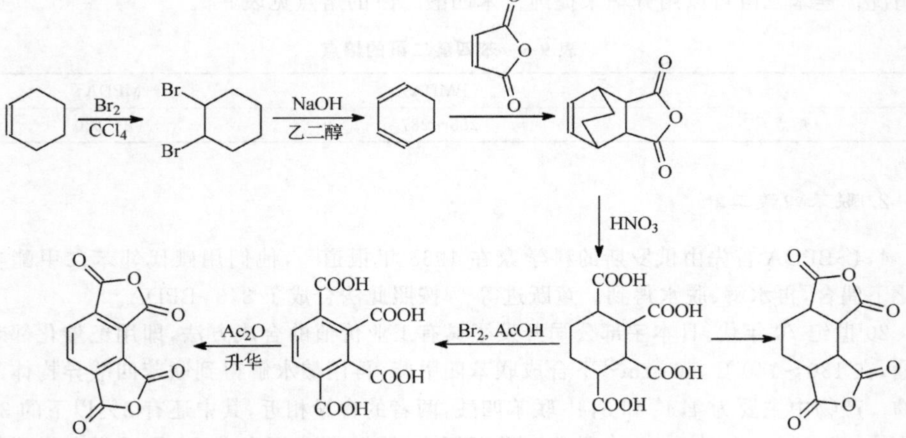

式 9-2　由环已二烯合成 1,2,3,4-环已烷四酸和连苯四酸

第二种方法是由萘出发，先与金属钠作用，生成萘二钠化合物，再与 CO_2 反应得到 1,4-萘二酸，最后氧化得到连苯四酸(式 9-3)[7]。

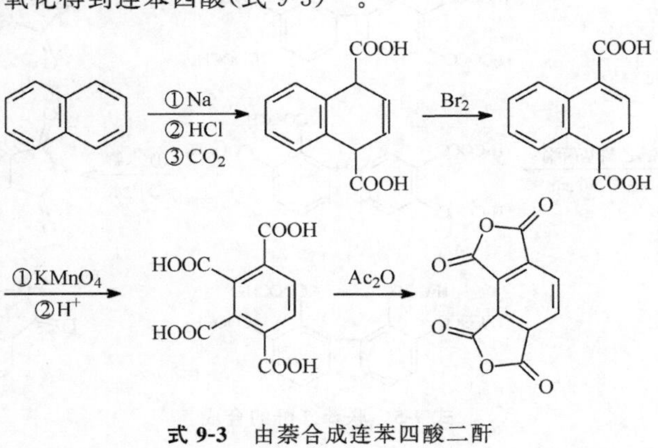

式 9-3　由萘合成连苯四酸二酐

第三种方法是由连四甲苯氧化而得(式 9-4)：

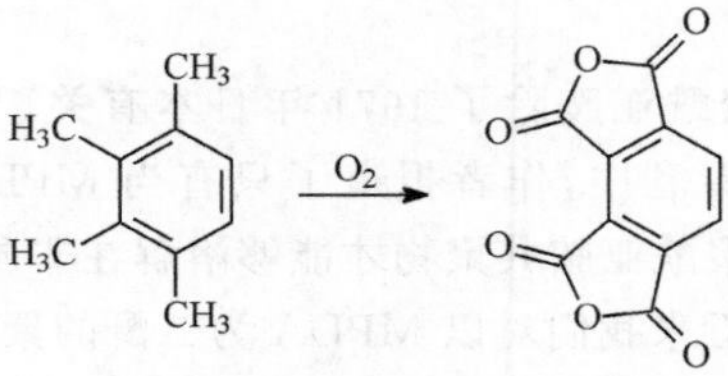

式 9-4 由连四甲苯合成连苯四酸二酐

这是一种最有实际意义的合成方法,因为,连四甲苯可以由石油或煤焦化学过程得到,在 C_{10} 重芳烃中,连四甲苯的含量仅低于均四甲苯,在 6%左右[8]。

无论用加热方法或用乙酐脱水,在成酐的过程中还没有发现中间两个羧基单独成酐的情况。连苯二酐可以用升华来提纯。苯四酸二酐的熔点见表 9-5。

表 9-5 苯四酸二酐的熔点

	PMDA	MPDA
熔点/℃	285～287	198～200

2. 联苯四酸二酐

4,4′-BPDA 首先由俄罗斯的科学家在 1965 年报道[9],他们用碘代邻苯二甲酯在铜催化下偶合,再水解、脱水得到。童跃进等[10]按照此法合成了 3,3′-BPDA。

20 世纪 70 年代,日本宇部公司开发了具有工业价值的合成方法,即用钯催化邻苯二甲酯,在 130～140 ℃,50 atm① 下合成联苯四甲酯,再用酸水解得到联苯四酸异构体的混合物。产物中主要为 4,4′-和 3,4′-联苯四酸,两者的含量相近,其中还有 3%以下的 3,3′-异构体(式 9-5)。4,4′-和 3,4′-联苯四酸可用水、脂肪酸或酮类分离,最后脱水得到相应的 BPDA[11]。

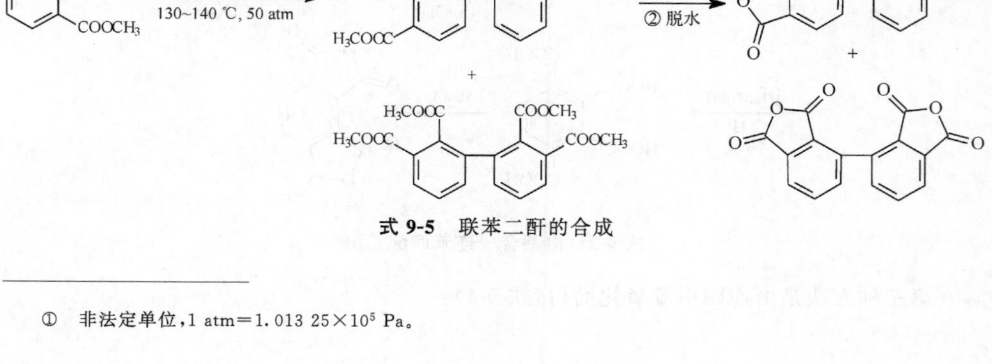

式 9-5 联苯二酐的合成

① 非法定单位,1 atm=1.013 25×10⁵ Pa。

1990 年，中国科学院长春应用化学研究所研究人员由 4-氯代邻苯二甲酯出发，以镍为催化剂，高收率、高纯度地合成了 4,4′-BPDA（式 9-6）[12]，采用酯是为了可以在酸性介质中水解，简化了碱性水解后烦琐的酸化和洗涤过程。2000 年，日本合成橡胶公司用 3-氯代酞酰亚胺在镍催化下合成了 3,3′-BPDA（式 9-7）[13]。

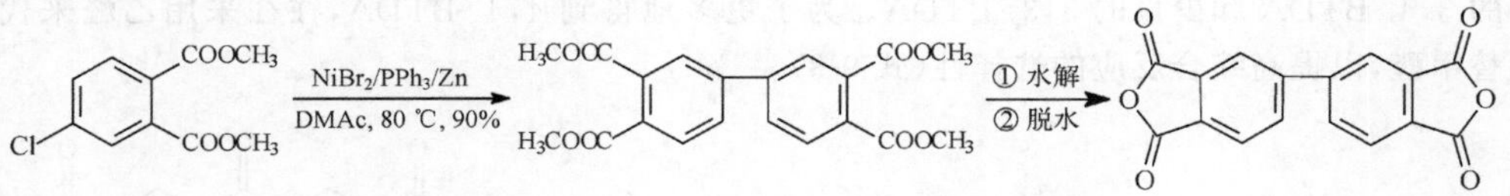

式 9-6　4,4′-联苯二酐的合成

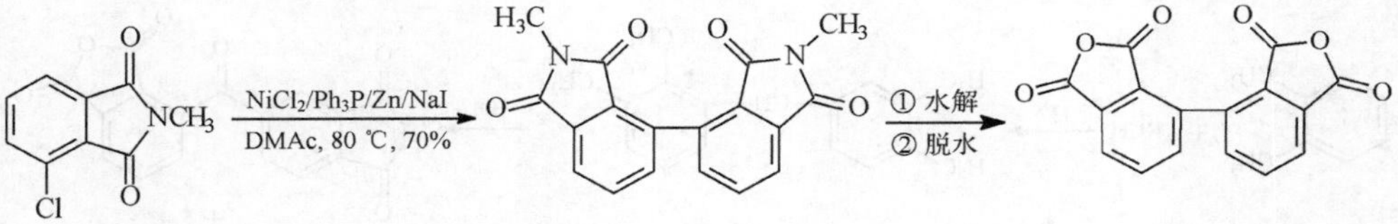

式 9-7　3,3′-联苯二酐的合成

当以联吡啶为配位体时，由电化学偶合测得 4-氯代邻苯二甲酯的活性为 3-氯代苯二甲酯的 3.66 倍，这可能是 3-氯代苯二甲酯中的氯具有较大的空间位阻的缘故[14]。

用 Cerius Program 进行分子模型研究发现，对于 4,4′-BPDA 和 3,3′-BPDA，联苯的两个苯环之间的二面角分别为 42°和 64°，其分子结构见图 9-1[10]，BPDA 异构体的熔点见表 9-6。

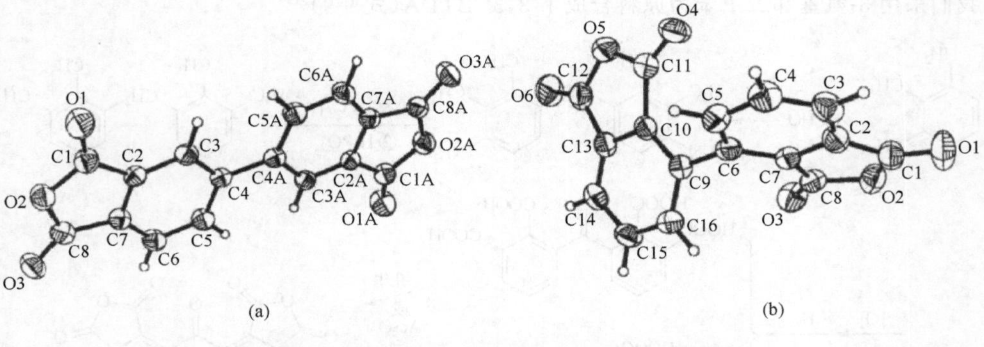

图 9-1　4,4′-BPDA(a)和 3,3′-BPDA(b)的分子结构

表 9-6　BPDA 异构体的熔点

BPDA	熔点/℃
3,3′-BPDA	268～269
3,4′-BPDA	196～198
4,4′-BPDA	299～300

3. 二苯酮二酐(BTDA)

4,4′-BTDA 可以由邻二甲苯与甲醛缩合,然后再氧化、脱水得到。用甲醛作为缩合剂由于空间位阻很小,产物的选择性较低,得到的产物中除了 4,4′-BTDA 外还有相当量的 3,4′-BTDA 和少量的 3,3′-BTDA。为了更多地得到 4,4′-BTDA,往往采用乙醛来代替甲醛,以提高缩合反应的选择性(式 9-8)。

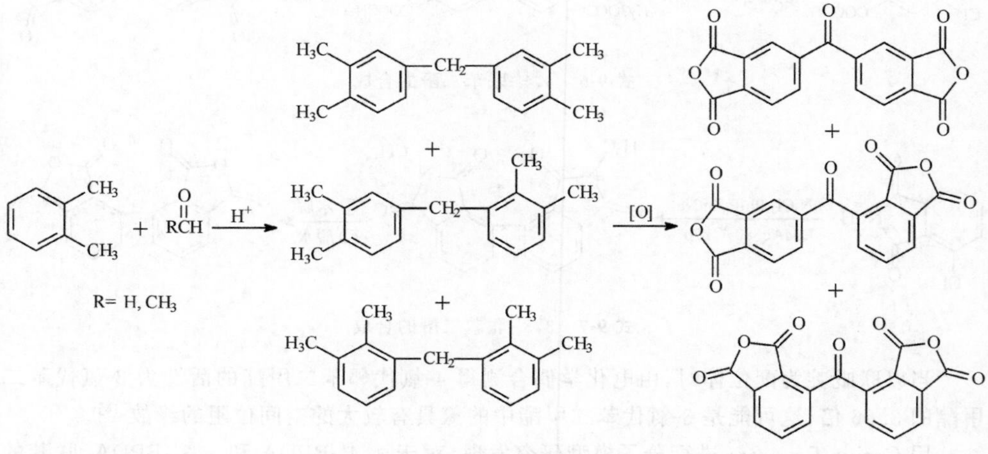

式 9-8 异构二苯酮二酐的合成

该路线只适用于 4,4′-BTDA 和 3,4′-BTDA 的合成,但难以得到较大比例的 3,3′-BTDA,我们采用 3-氨基邻二甲苯为原料合成了 3,3′-BTDA(式 9-9)[15]。

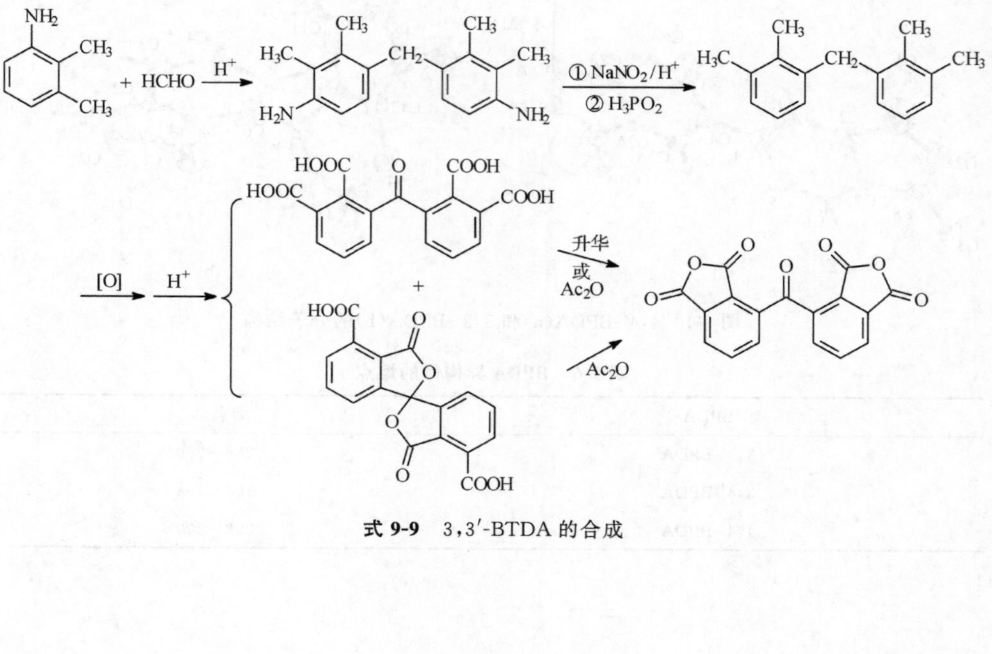

式 9-9 3,3′-BTDA 的合成

连接羰基的两个苯环上的邻位如果有羧基，在酸性条件下容易形成螺环内酯，所以由四甲基二苯甲烷氧化后得到的产物是四酸和苯并螺环内酯二酸的混合物。将该混合物升华可以得到 3,3′-BTDA，但苯并螺环内酯二酸并不能在该条件下转化，而在高温下分解。例如，将苯并螺环内酯二酸在乙酐中加热，则会逐渐转化为 3,3′-BTDA。BTDA 异构体的熔点见表 9-7，分子结构见图 9-2。

表 9-7　BTDA 异构体的熔点

异构体	熔点/℃
3,3′-BTDA	222～224
3,4′-BTDA	213～214
4,4′-BTDA	276～278

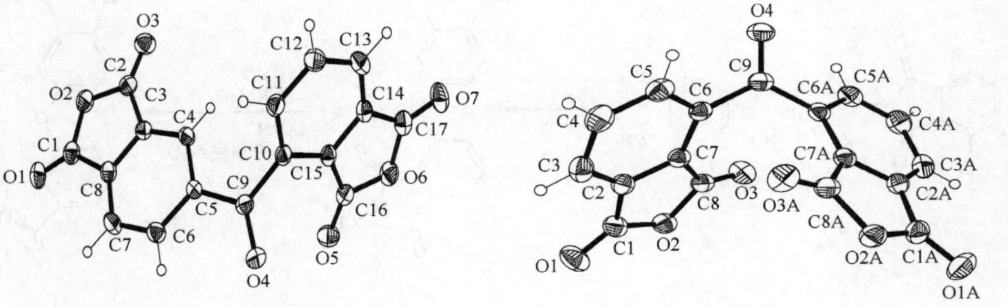

3, 4′-BTDA　　3, 3′-BTDA

图 9-2　BTDA 异构体的分子结构

4. 二苯醚二酐

异构二苯醚二酐(ODPA)早在 1963 年就由杜邦公司报道过[16]，美国 GE 公司的研究者报道了由异构的醚二酐合成的聚酰亚胺的热性能[17,18]。4,4′-ODPA 可以由 4-硝基酞酰亚胺在亚硝酸钠作用下缩合后水解再脱水得到(式 9-10)：

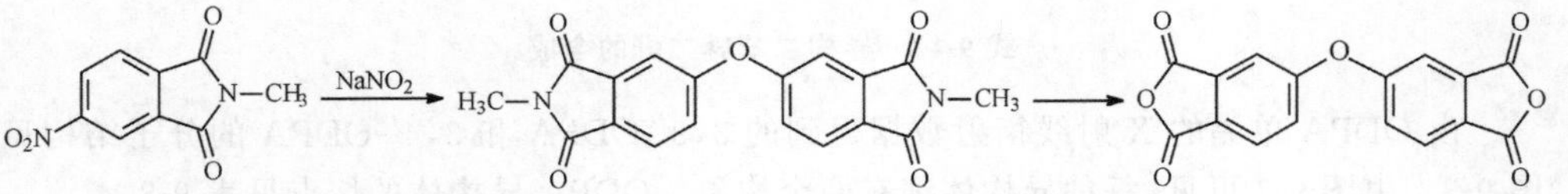

式 9-10　由 4-硝基酞酰亚胺合成 4,4′-ODPA

4,4′-ODPA 和 3,3′-ODPA 也可以由 4-氯代苯酐和 3-氯代苯酐在多氯代苯中与碳酸钾反应得到(式 9-11)[19]。

当然，3,4′-ODPA 应当可以以等量的 4-氯代苯酐和 3-氯代苯酐混合物为原料合成后再根据溶解度的不同而分离得到。在我们实验室中则采取了更为直接的方法：以 3-氯代酞酰亚胺与 3-羟基邻二甲苯或 4-羟基邻二甲苯在 K_2CO_3 存在下在极性溶剂中缩合后氧化、脱水得到 3,3′-ODPA 或 3,4′-ODPA(式 9-12)[20]。

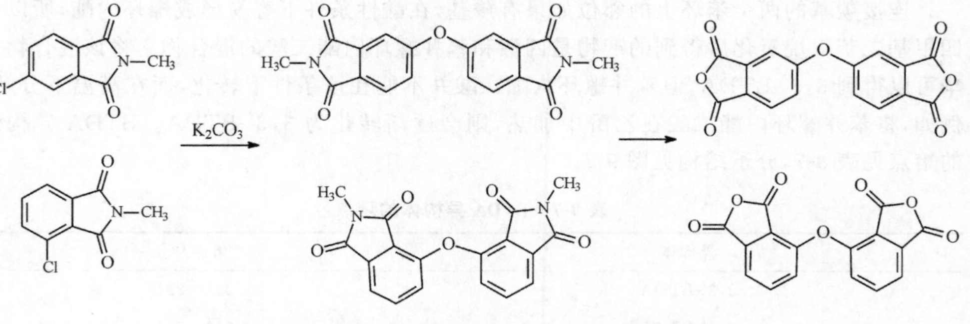

式 9-11　3,3′-ODPA 和 4,4′-ODPA 的合成

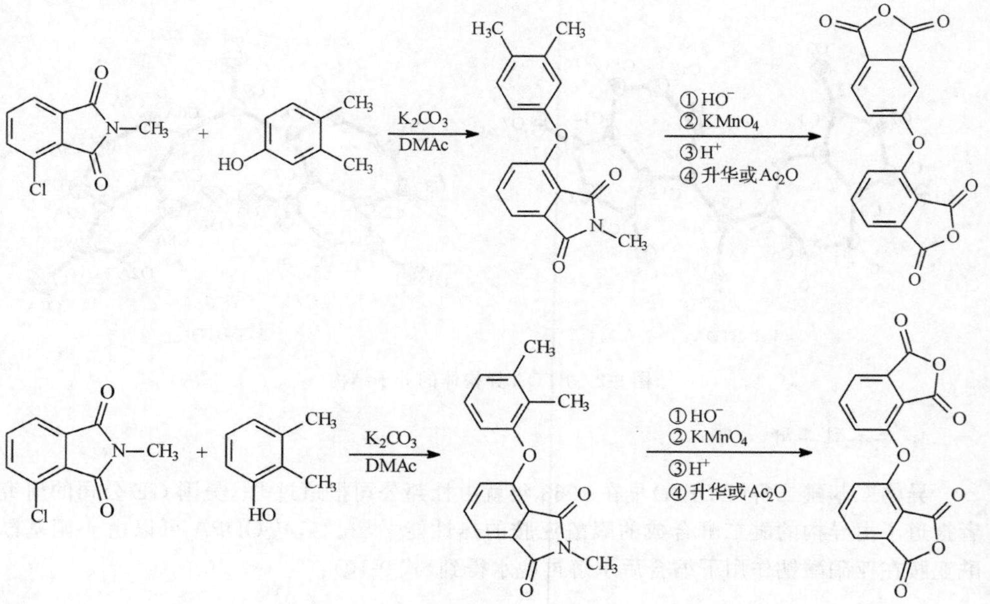

式 9-12　异构二苯醚二酐的合成

由 ODPA 单晶的 X 射线衍射数据得到的 3,3′-ODPA 和 3,4′-ODPA 的分子结构见图 9-3。由图 9-3 可见，每种异构体都有两个构象。ODPA 异构体的熔点见表 9-8。

表 9-8　ODPA 异构体的熔点

异构体	熔点/℃
3,3′-ODPA	243～244
3,4′-ODPA	177～178
4,4′-ODPA	228～230

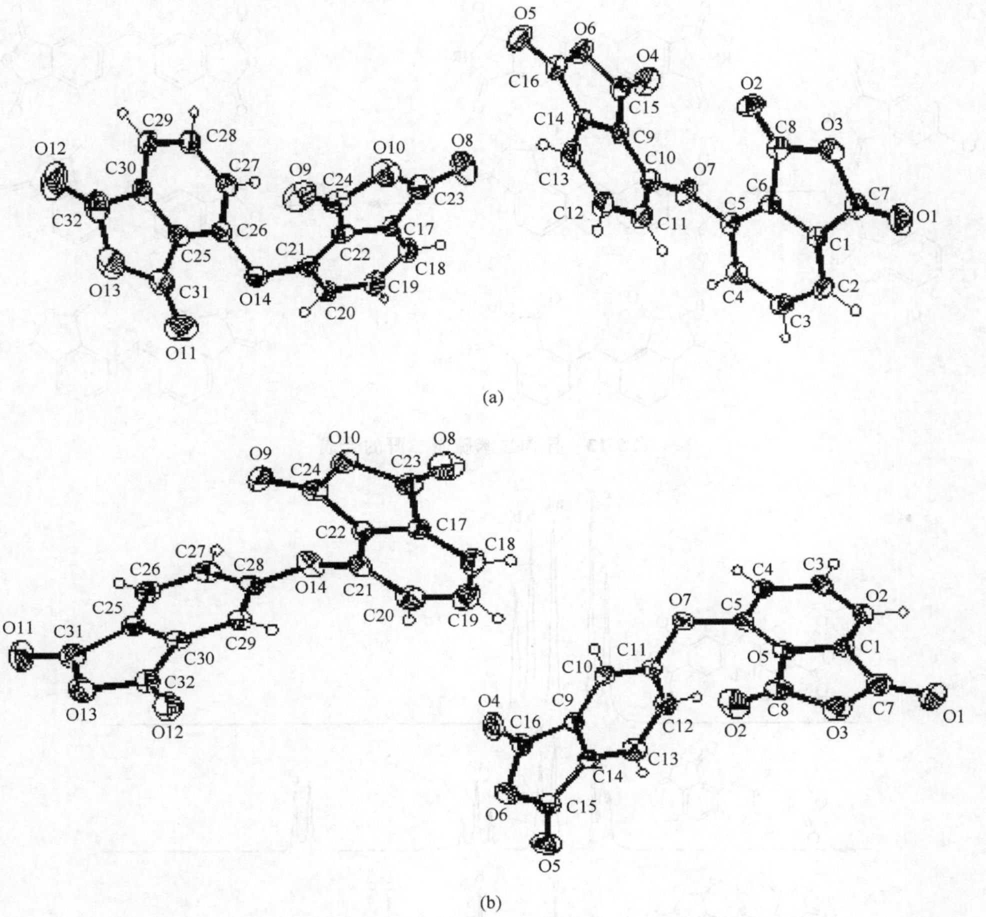

图 9-3　3,3′-ODPA(a)和 3,4′-ODPA(b)的分子结构

5. 二苯硫醚二酐

由异构二苯硫醚二酐(TDPA)得到的聚酰亚胺也在 1983 年有所报道[21]。3,3′-二苯硫醚二酐和 4,4′-二苯硫醚二酐可用相应的氯代酞酰亚胺与无水硫化钠或元素硫加碳酸钠在极性溶剂中合成二苯硫醚双酰亚胺,再经水解、酸化、洗涤、脱水得到二苯硫醚二酐。3,4′-TDPA 则是先由 1 mol 3-氯代酞酰亚胺或 4-氯代酞酰亚胺与 1 mol 无水硫化钠反应,得到血红色的硫酚盐溶液,然后再另加入 1 mol 4-氯代酞酰亚胺或 3-氯代酞酰亚胺,得到 3,4′-二苯硫醚双酰亚胺,再水解、脱水而得(式 9-13,图 9-4)[22]。异构二苯硫醚二酐的熔点见表 9-9。

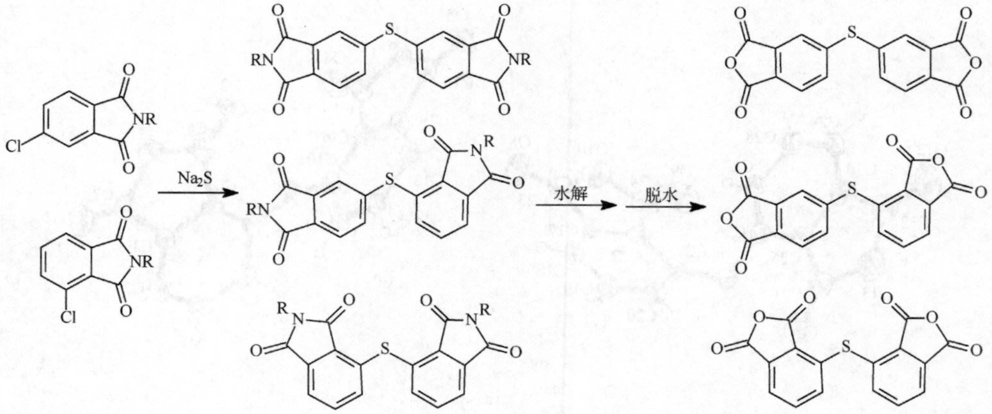

式 9-13　异构二苯硫醚二酐的合成

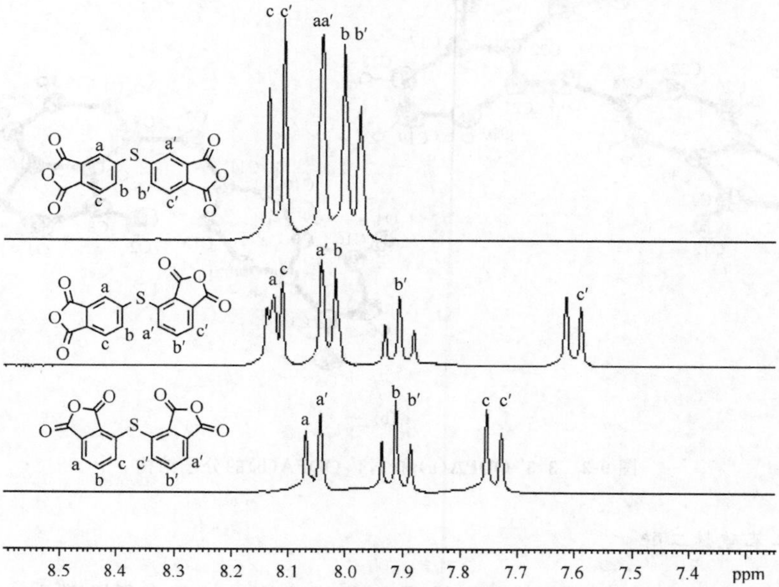

图 9-4　异构 TDPA 的^{1}H NMR 谱

表 9-9　异构二苯硫醚二酐的熔点

TDPA	熔点/℃
3,3′-TDPA	245～247
3,4′-TDPA	207～209
4,4′-TDPA	202～203

6. 异构二(硫)醚二酐

二醚二酐的合成基本上采用同一条合成路线，即由硝基苯酐、氟代苯酐、氯代苯酐、溴代苯酐或其衍生物，如酞酰亚胺与双酚盐缩合，然后水解、酸化，最后脱水而得(式 9-14)。一些二醚二酐的熔点见表 9-10[23]。

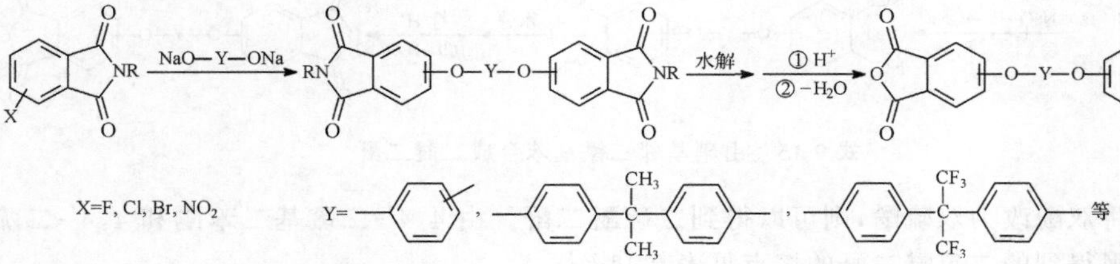

式 9-14　二醚二酐的合成

表 9-10　二醚二酐的熔点

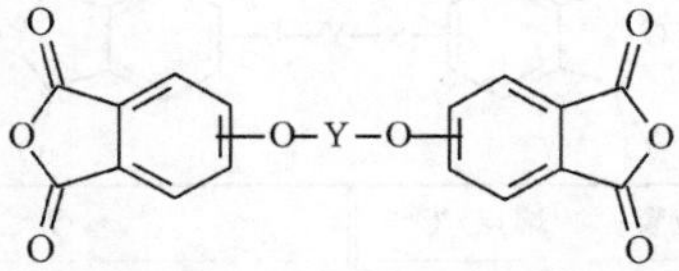

Y	位置	熔点/℃	Y	位置	熔点/℃
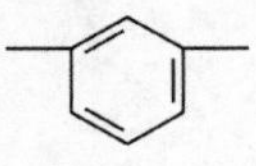	3,3′	228～229.5	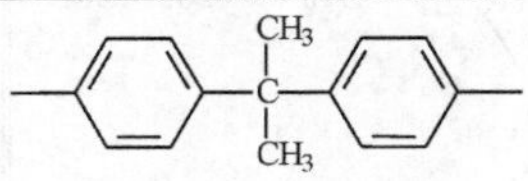	3,3′	186.5～187.5
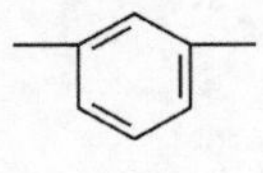	4,4′	284.5～286	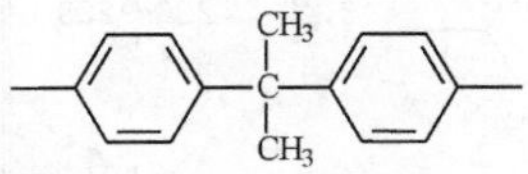	4,4′	189～190
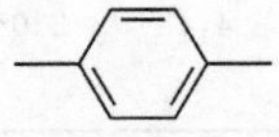	3,3′	306～307	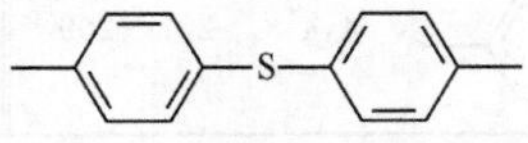	3,3′	257～257.5
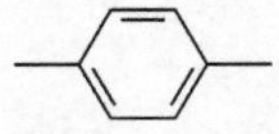	4,4′	265～266	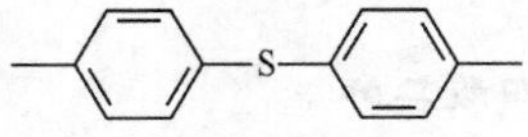	4,4′	189～190
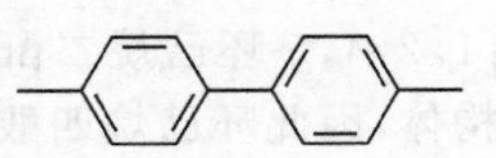	3,3′	280～281	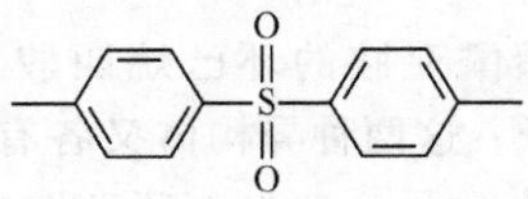	3,3′	230.5～231.5
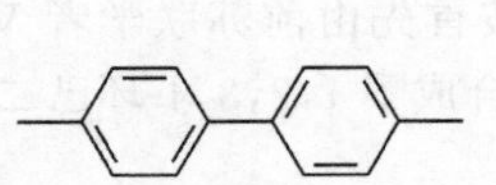	4,4′	285～286.5	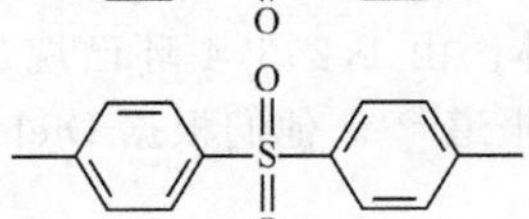	4,4′	251.5～252
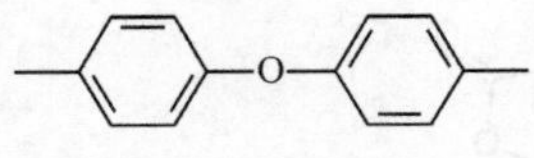	3,3′	254～255.5	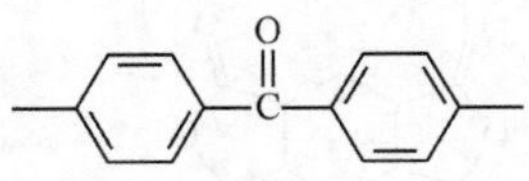	3,3′	278～279
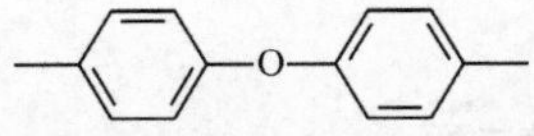	4,4′	238～239	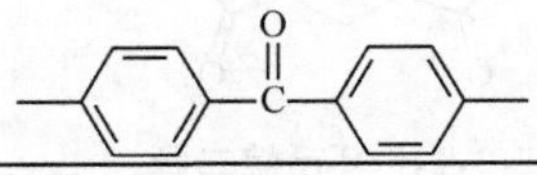	4,4′	215～216

二醚二酐曾经普遍采用硝基邻二氰基苯为原料，与二元酚的二钠盐反应得到四腈，然后水解、脱水得到(式 9-15)。虽然硝基邻二氰基苯中的硝基非常活泼，反应在室温就可以进行，但由于硝基邻二氰基苯不容易得到，在氯代苯酐商品化后，这条路线就不常采用了，除非当中间物对热不稳定时才使用(见第 9.3 节)。

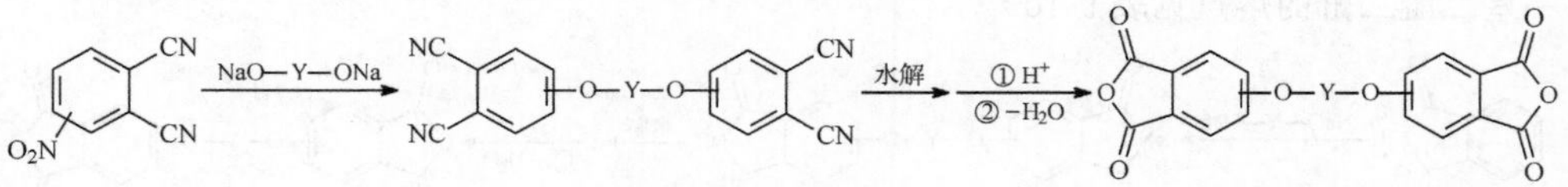

式 9-15　由硝基邻二氰基苯合成二醚二酐

如将双酚改为双硫酚，则可以得到二硫醚二酐。由 4,4′-二巯基二苯酮和 4,4′-二巯基二苯砜得到的二硫醚二酐的熔点见表 9-11[24]。

表 9-11　由 4,4′-二巯基二苯酮和 4,4′-二巯基二苯砜得到的二硫醚二酐的熔点

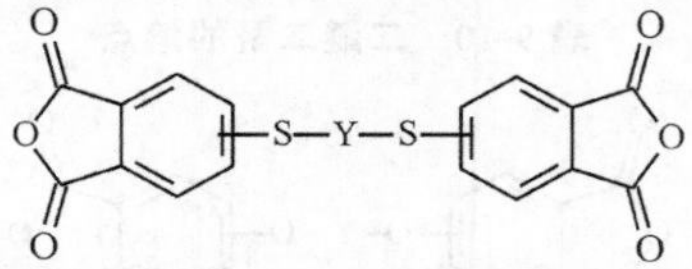

Y	位置	熔点/℃	Y	位置	熔点/℃
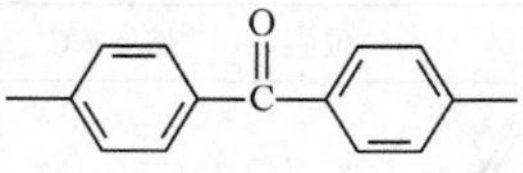	3,3′	259～261	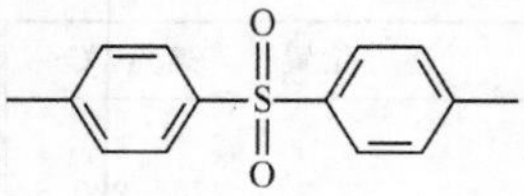	3,3′	289～291
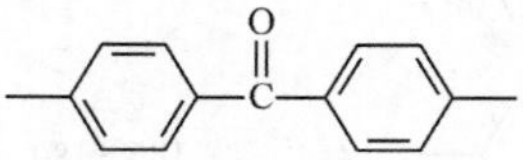	3,4′	226～228	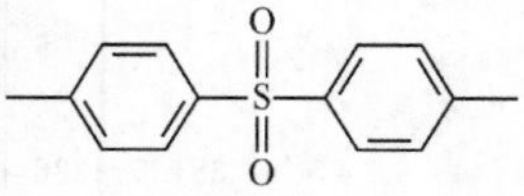	3,4′	
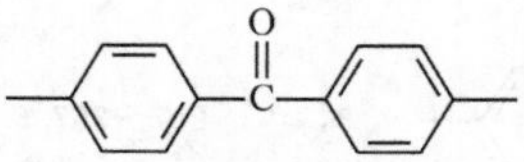	4,4′	207～209	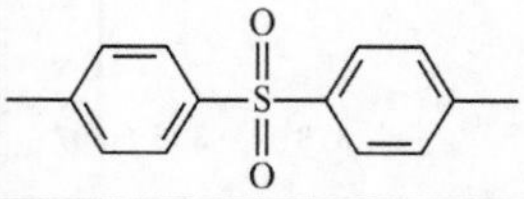	4,4′	230～232

7. 异构环己烷四酸二酐

可以用来合成聚酰亚胺的环己烷四酸二酐有两种异构体：1,2,4,5-环己烷二酐和 1,2,3,4-环己烷二酐。这两种异构体又各有顺式和反式两种异构体，因此环己烷四酸二酐一共有四种异构体。由 1,2,3,4-环己烷二酐得到的聚酰亚胺首先由前苏联学者 Volozhin 等在 1975 年报道[25]。他们根据 Diels-Alder 报道的方法合成了 1,2,3,4-环己二酐的两种异构体[26]。

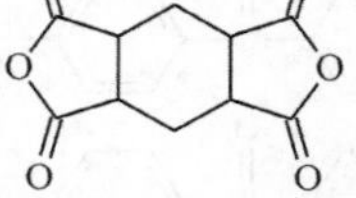

1,2,4,5-环己烷二酐

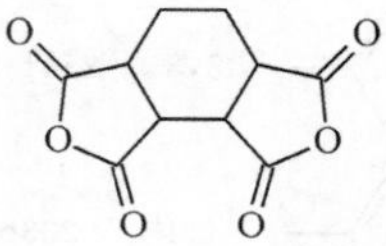

1,2,3,4-环己烷二酐

由式 9-2 得到的 1,2,3,4-环己二酐是顺式的,在加热或与乙酸酐共热时可以转变为反式。两种二酐的分子结构见图 9-5[27]。

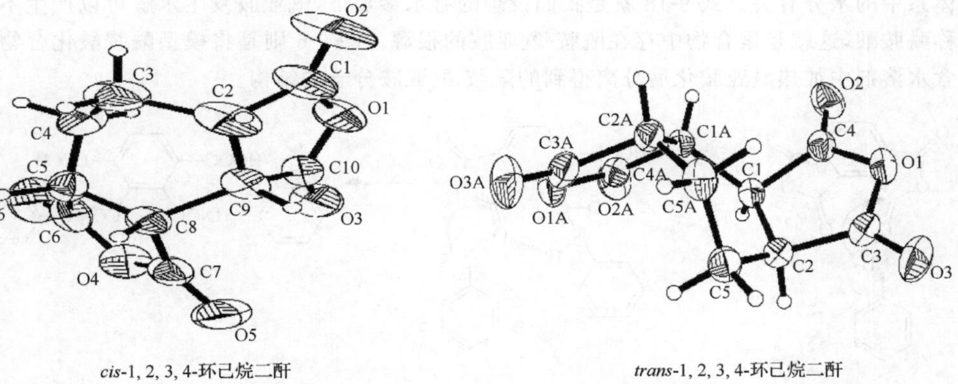

图 9-5　1,2,3,4-环己烷二酐异构体的分子结构

9.1.2　MPDA 与二胺的反应[5]

在 MPDA 与二胺的反应中,逻辑上可以得到如式 9-16 所示的三种酰胺酸结构:两种具有对称结构的 2,3-二酰胺和 1,4-二酰胺及一种不对称结构。由对称聚酰胺酸进行酰亚胺化应该可以得到聚酰亚胺;而从不对称聚酰胺酸除了得到聚酰亚胺外还可能得到聚酰胺酰亚胺。由聚酰胺酸在固态或溶液中热环化得到的产物的红外光谱中也的确发现了在 1660 cm^{-1}处的酰胺吸收峰。但通过 MPDA 与苯胺反应的模型化合物发现,所得到的二酰胺酸 100%为 2,3-二酰胺的对称结构。如式 9-17 所示,我们设想了一个可能的机理是苯胺氮首先进攻较富电子的 2-位或 3-位羰基,所得到的酰胺中的氢与苯环中仍然存在的酐基中近旁羰基上的氧产生氢键,使该羰基碳更缺电子,从而使第二个苯胺的反应优先向该碳进攻,得到 2,3-二酰胺产物。如按式 9-16 所示反应,得到的聚合物应该是聚酰亚胺,所以酰胺-酰亚胺结构的产生必然有另外的原因。我们发现,将 MPDA 与二胺得到的

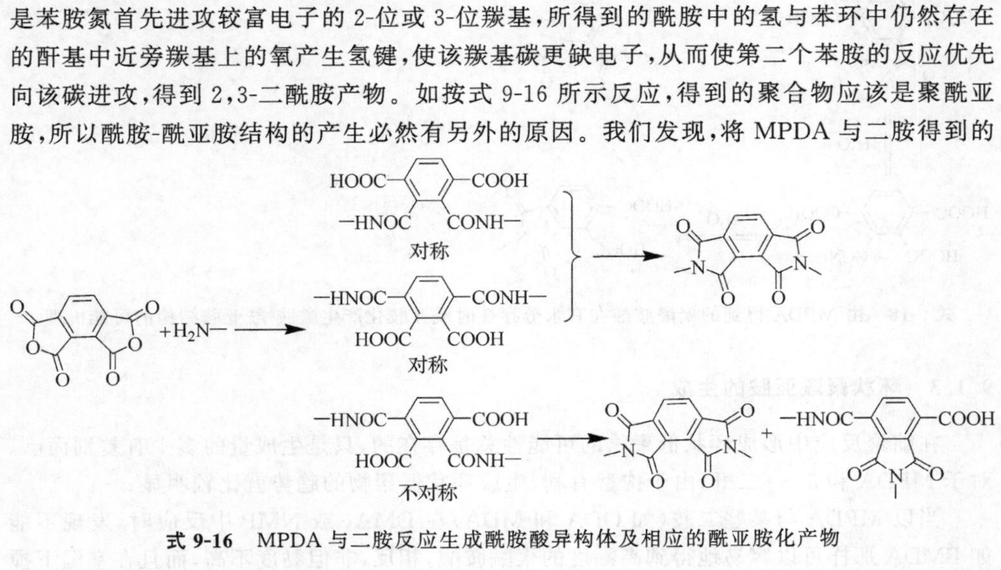

式 9-16　MPDA 与二胺反应生成酰胺酸异构体及相应的酰亚胺化产物

聚酰胺酸进行化学环化或由 MPDA 与二胺在酚类溶剂中高温反应得到的聚合物都是聚酰亚胺。由于在后面两种情况下体系中是不存在水分的,可见酰胺-酰亚胺结构的产生与体系中的水分有关。式 9-18 就是我们设想的有水参加下,酰亚胺发生水解可以产生不对称酰胺酸,这就是聚合物中存在酰胺-酰亚胺的根源。图 9-6 则是将模型酰胺酸化合物在含水溶剂中加热酰亚胺化后分离得到的酰胺-酰亚胺分子的结构。

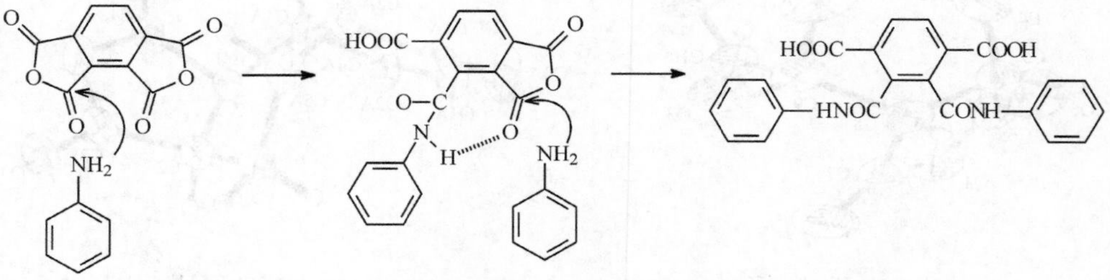

式 9-17　MPDA 与苯胺反应得到 2,3-二酰胺的可能机理

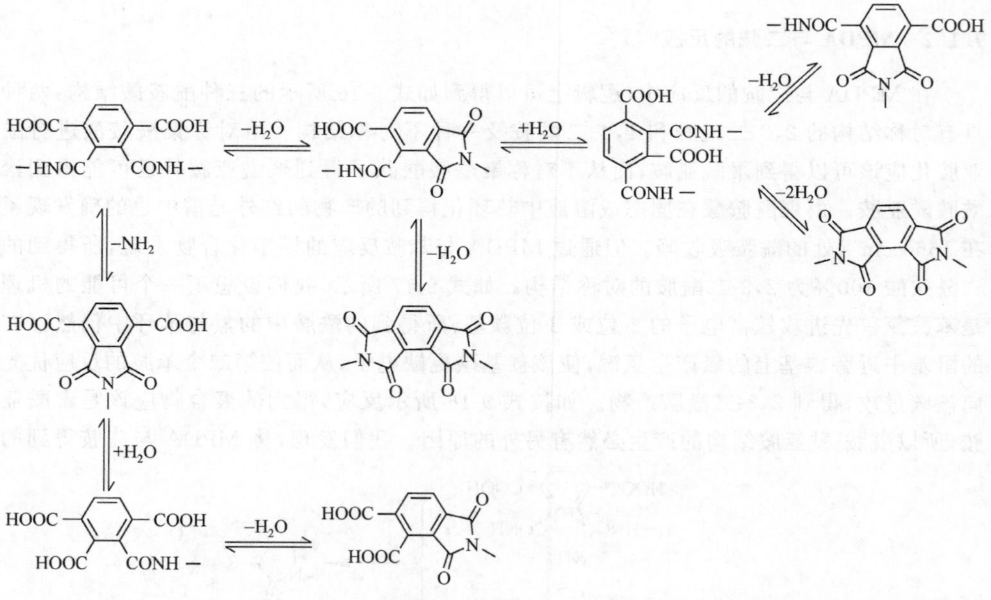

式 9-18　由 MPDA 得到的聚酰胺酸在有水分存在时酰亚胺化产生酰胺-酰亚胺结构的可能机理

9.1.3　环状聚酰亚胺的生成

在缩聚反应中形成环状低聚物的可能性总是存在的,只是生成量的多少有差别而已。对于 MPDA 和 3,3′-二酐,由于构型有利,生成环状低聚物的趋势就比较明显。

当以 MPDA 与某些二胺(如 ODA 和 MDA)在 DMAc 或 NMP 中反应时,发现不能如 PMDA 那样可以容易地得到高黏度的聚酰胺酸,相反,非但黏度不高,而且在室温下搅

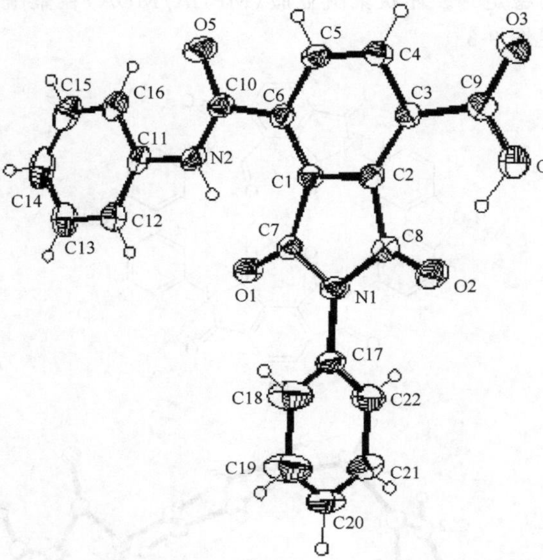

图 9-6 由 MPDA 与苯胺得到的单酰亚胺化合物的分子结构

拌数小时后还出现结晶沉淀。将结晶产物滤出，用乙醇洗涤，再在乙酐-三乙胺作用下酰亚胺化，用激光质谱测定，发现是由 MPDA 与 ODA 形成的以环状二聚体为主同时含有三至七聚体的环状低聚物。如果将聚酰胺酸溶液在室温放置 30 天后再滤出结晶，酰亚胺化后经 HPLC 测定，主要产物则为环状二聚体(图 9-7)，可见环状二聚酰胺酸在热力学上

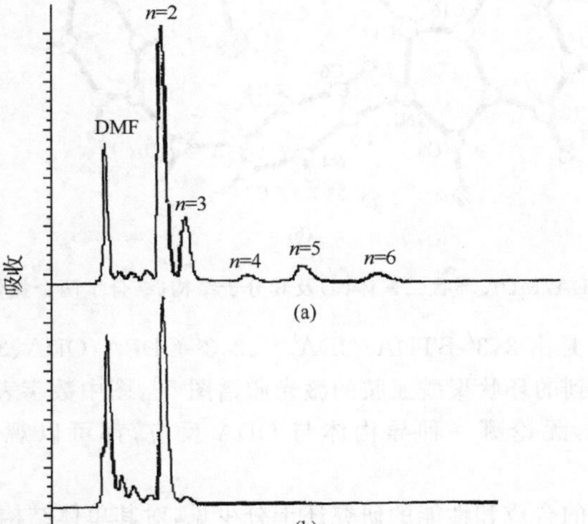

图 9-7 环状聚酰亚胺(MPDA/MDA)的 HPLC 图

(a)聚酰胺酸制备后立即酰亚胺化；(b)聚酰胺酸制备后在室温放置 25 天后酰亚胺化

要比其他环状低聚物稳定[5]。环状聚酰亚胺(MPDA/MDA)在聚酰胺酸阶段室温放置25天后组成的变化见图9-8。

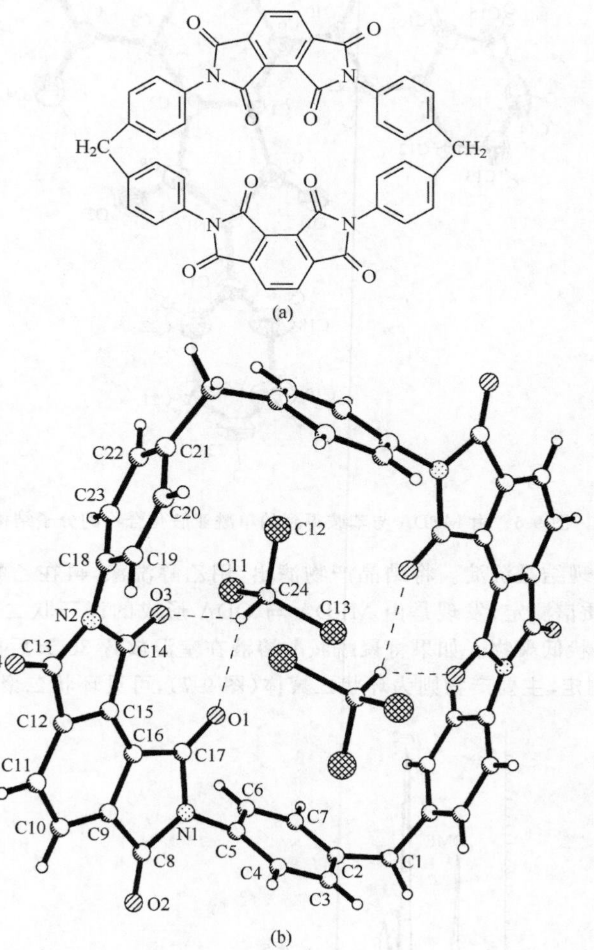

图 9-8 MPDA/MDA 环状二聚体(a)及其分子结构(结合了两个氯仿分子)(b)

图9-9至图9-12是由3,3′-BTDA/ODA[15]、3,3′-ODPA/ODA、3,4′-ODPA/ODA及4,4′-ODPA/ODA得到的环状聚酰亚胺的激光质谱图[20],图中数字表示相对分子质量。

对于异构ODPA,无论哪一种异构体与ODA反应,都可以观察到环状低聚物的形成。

对环状聚酰亚胺的合成和性能的研究还十分少见,对其单体结构的要求、反应特性的研究及环状低聚物的性能和应用的研究应该是一个很有趣的课题。

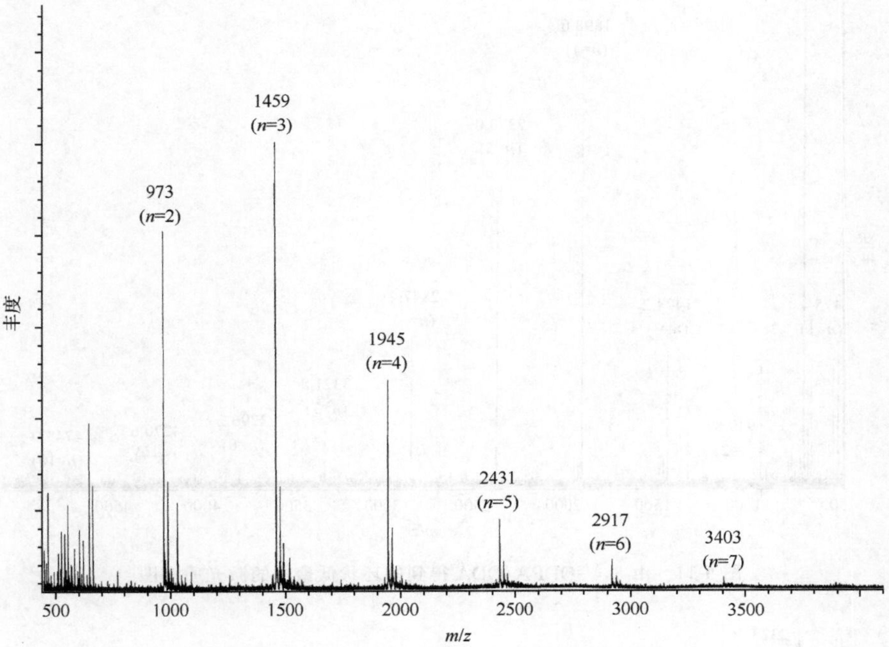

图 9-9　由 3,3′-BTDA 与 ODA 得到的环状低聚物的激光质谱图

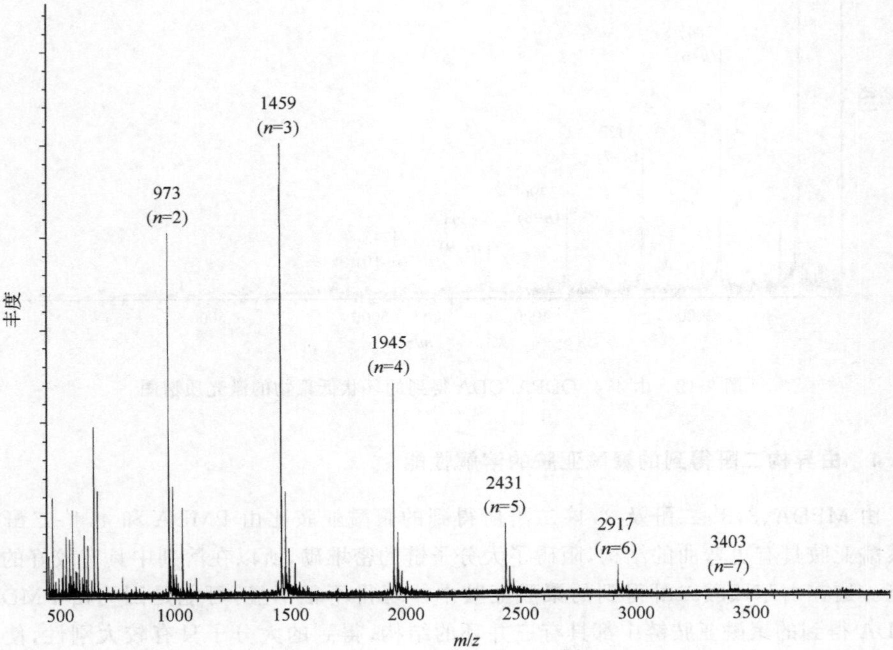

图 9-10　由 3,3′-ODPA/ODA 得到的环状低聚物的激光质谱图

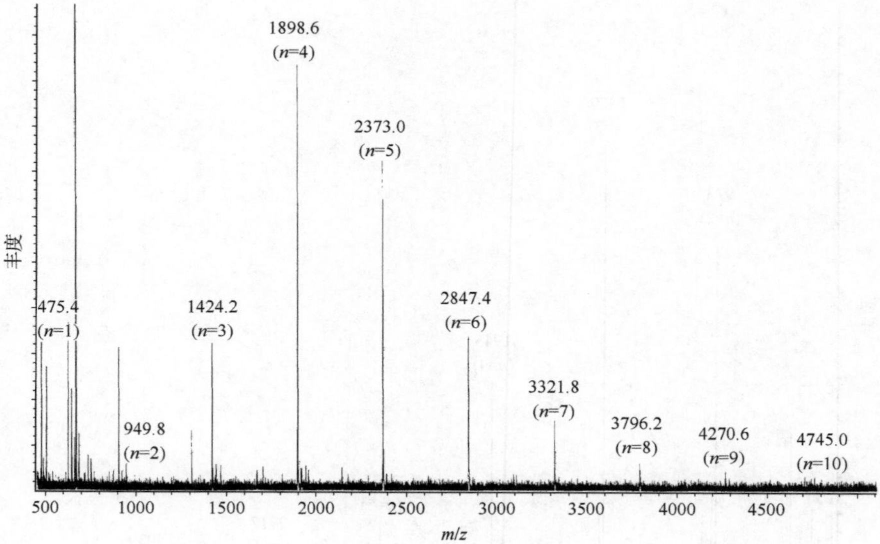

图 9-11　由 3,4′-ODPA/ODA 得到的环状低聚物的激光质谱图

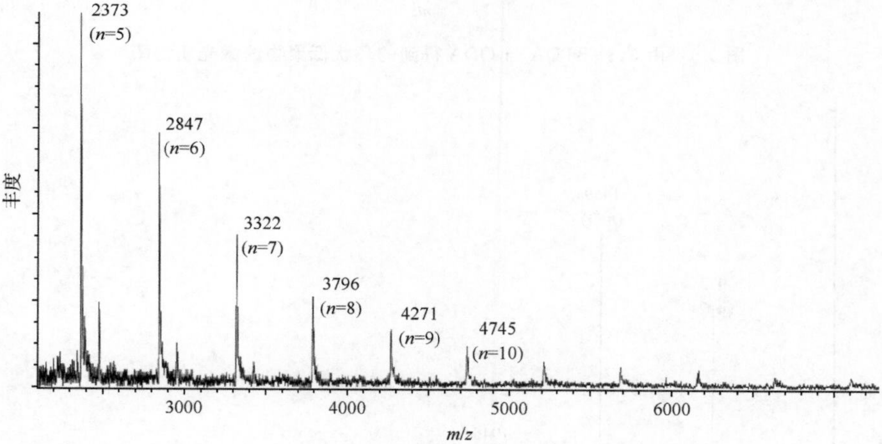

图 9-12　由 4,4′-ODPA/ODA 得到的环状低聚物的激光质谱图

9.1.4　由异构二酐得到的聚酰亚胺的溶解性能

由 MPDA、3,3′-二酐及 3,4′-二酐所得到的聚酰亚胺比由 PMDA 和 4,4′-二酐得到的聚酰亚胺具有更弯曲的结构，阻碍了大分子链的密堆砌，所以在溶剂中具有较好的溶解性能。这在由苯四酸二酐得到的聚酰亚胺中体现得不很明显，可能是因为由 PMDA 和 MPDA 得到的聚酰亚胺链中都具有三并环的结构，得到的大分子具有较大刚性，使之难以溶解。但在由桥连二酐得到的聚酰亚胺中就可以比较明显地看出，即由 3,3′-二酐或

3,4′-二酐得到的聚酰亚胺的溶解性要高于由 4,4′-二酐得到的聚酰亚胺的溶解性(表 9-12)[5,15,20]。

表 9-12　由异构二酐得到的聚酰亚胺的溶解性比较

聚合物	$CHCl_3$	TCE	DMAc	DMSO	NMP	间甲酚	对氯苯酚	硫酸
MPDA/DMMDA	+	+	+	+	+	+	+	+
PMDA/DMMDA	+	+	+	+	+	+	+	+
MPDA/1,4,4,-APB	−	−	−	−	−	±	+	+
PMDA/1,4,4-APB	−	−	−	−	−	±	+	+
3,3′-BPDA/ODA	++	++	++	+	+	++	+	
4,4′-BPDA/ODA	−	−	−	−	−	±	+	
3,3′-BTDA/1,4,4-APB	+	+	+	+	+	+	+	
3,4′-BTDA/1,4,4-APB	+	+	+	+	+	+	+	
4,4′-BTDA/1,4,4-APB	−	−	−	−	−	−	±	
3,3′-ODPA/ODA	±		+	±	+	+	+	
3,4′-ODPA/ODA	+		+	±	+	+	+	
4,4′-ODPA/ODA	±		±	−	±	+	+	
3,3′-ODPA/3,4′-ODA	−		+	±	+	+	+	
4,4′-ODPA/3,4′-ODA	−		−	−	−	+	+	
3,3′-ODPA/1,4,4-APB	+		+	±	+	+	+	
3,4′-ODPA/1,4,4-APB	+		+	±	+	+	+	
4,4′-ODPA/1,4,4-APB	−		−	−	−	±	+	

注：+：溶解；±：部分溶解；−：不溶。TCE：1,1,2,2-四氯乙烷。

表 9-13 为由萘二酚得到的双醚酐的聚酰亚胺的溶解性能，其中以萘上 2,3-位取代的二酐所得到的聚酰亚胺具有最好的溶解性，其原因是由于 2,3-位取代得到的大分子链弯曲程度最大，而且萘基可以被看成是一个侧基，类似于圈(cardo)型结构，所以具有高的溶解能力。

由顺式和反式 1,2,3,4-环己烷二酐得到的聚酰亚胺的溶解性见表 9-14，顺式结构要比反式结构具有较好的溶解性，也是因为由顺式 1,2,3,4-环己烷二酐得到的聚酰亚胺比由反式 1,2,3,4-环己烷二酐得到的聚酰亚胺的大分子链更为弯曲[27]。

表 9-13　由萘二酚得到的双醚酐的聚酰亚胺的溶解性能

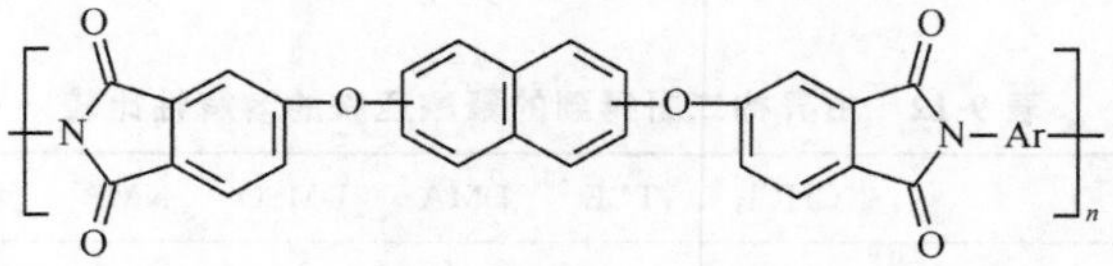

Ar	萘环取代位置	T_g/℃	溶解性				
			NMP	DMAc	$CHCl_3$	硫酸	间甲酚
MPD	1,5-	260	+	−	±	−	−
	2,3-	255	+	+	+(热)	−	−
	2,6-	230	+	g	−	−	−
	2,7-	254	g	−	−	−	−
ODA	1,5-	240	−	−	−	+	g
	2,3-	235	+	+	±	+	+
	2,6-	249	−	−	−	+	+
	2,7-	245	+	g	−	+	+
BAPB	1,5-	—	−	−	−	−	−
	2,3-	227	−	−	+	−	+
	2,6-	230	−	−	−	−	g
	2,7-	231	−	−	−	−	g

注：g：热可逆凝胶；−：不溶；±：部分溶解；+：溶解。

表 9-14　由顺式和反式 1,2,3,4-环己烷二酐得到的聚酰亚胺的溶解性

聚合物	四氯乙烷	氯仿	THF	二氧六环	DMF	DMAc	DMSO	NMP	间甲酚	浓硫酸
cis-ODA	±	−	−	−	++	++	++	++	++	++
trans-ODA	±	−	−	−	±	±	+	+	+	++
cis-MDA	±	−	−	−	++	++	++	++	++	++
trans-MDA	±	−	−	−	±	±	+	+	+	++
cis-DMMDA	+	++	+	+	++	++	++	++	++	++
trans-DMMDA	+	±	±	±	++	++	++	++	++	++
cis-1,4,4-APB	+	+	±	±	++	++	++	++	++	++
trans-1,4,4-APB	±	±	−	−	±	±	+	+	++	++
cis-BAPP	++	++	++	++	++	++	++	++	++	++
trans-BAPP	++	++	++	++	++	++	++	++	++	++

注：++：室温全溶；+：加热全溶；±：加热部分溶；−：加热不溶。

Maiti 等[28]报道了聚酯酰亚胺的异构效应，见表 9-15。聚酯酰亚胺的溶解性见表 9-16。由表 9-16 可见，邻位取代的聚合物的溶解性能要明显高于间位和对位聚合物。

表 9-15　聚酯酰亚胺的异构效应

聚酯酰亚胺	对数黏度/(dL/g)	密度/(g/cm³)	T_g/℃
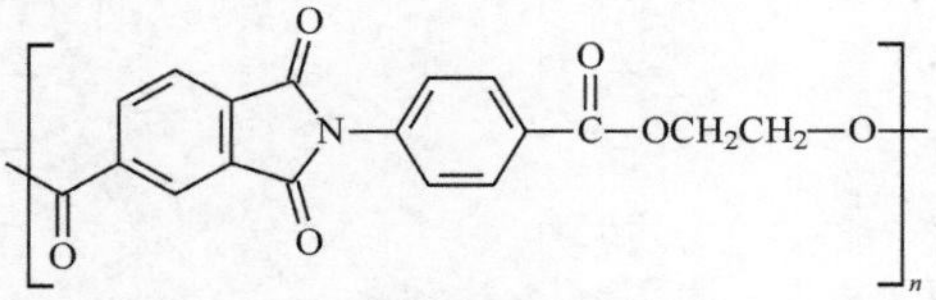	0.25	1.380	280
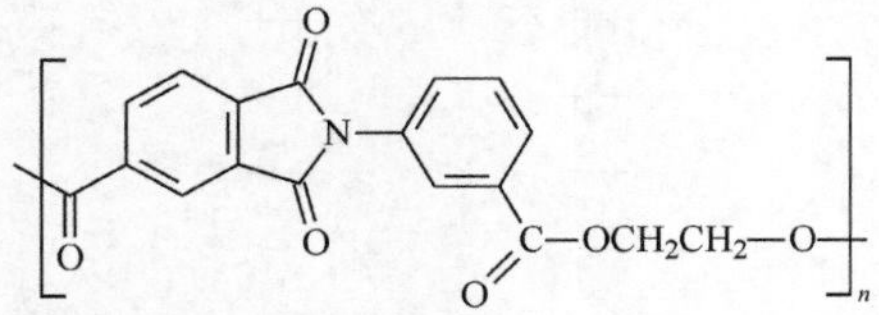	0.37	1.259	220
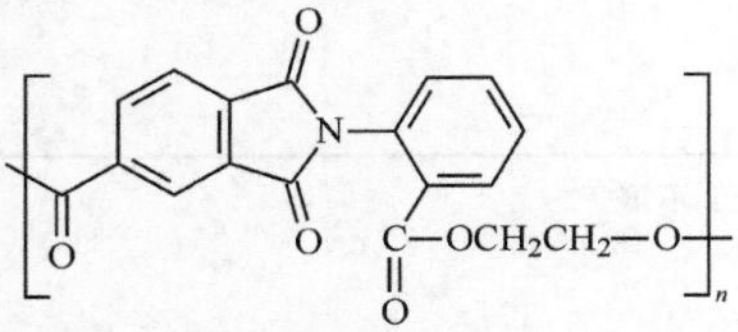	0.20	1.140	180

表 9-16　聚酯酰亚胺的溶解性

溶剂	溶解度参数(δ)	氢键指数(γ)	溶解性		
			o-	*m*-	*p*-
二丙酮乙醇	9.77	6.9	−	−	−
环己酮	10.42	6.4	++	+	−
DMF	11.79	6.4	++	+	+
1,4-二氧六环	10.13	5.7	++	+	−
丙酮	9.62	5.7	−	−	−
NMP	11.00	5.6	++	++	+
THF	9.10	5.3	++	+	−
乙酸甲酯	9.46	5.2	±	−	−
环戊酮	10.53	5.2	++	+	−
乙酸乙酯	8.91	5.2	−	−	−
DMSO	13.00	5.0	++	++	+
甲乙酮	9.45	5.0	±	±	−
苯甲酸甲酯	10.19	4.5	++	−	−
甲苯	8.93	3.8	−	−	−
硝基苯	10.00	3.2	±	±	−
二氯甲烷	9.88	2.7	±	−	−

续表

溶剂	溶解度参数(δ)	氢键指数(γ)	溶解性		
			o-	*m*-	*p*-
二氯乙烷	9.86	2.7	++	−	−
氯苯	9.67	2.7	±	±	−
苯	9.67	2.7	−	−	−
氯仿	9.16	2.2	++	−	−
己烷	7.27	2.2	−	−	−
甲酸			++	++	−
间甲酚			++	++	+
浓硫酸			++	++	+
环己烷	8.19	2.2	−	−	−
四氯化碳	8.55	2.2	−	−	−
戊烷	7.02	2.2	−	−	−
癸烷	7.74	2.2	−	−	−

注：++：溶解；+：加热溶解；±：部分溶解或溶胀；−：不溶。

9.1.5 由异构二酐得到的聚酰亚胺的热性能

1. 玻璃化温度

由异构二酐得到的聚酰亚胺的玻璃化温度与结构的关系遵循一个十分明显的规律，与传统结构聚酰亚胺比较，异构聚酰亚胺的 T_g 都比较高。例如，由 MPDA 得到的聚酰亚胺的 T_g 要比相应的由 PMDA 得到的聚酰亚胺的 T_g 高。对于桥连二酐，由 3,3′-二酐得到的聚酰亚胺的 T_g 比由 3,4′-二酐得到的聚酰亚胺的 T_g 高，后者又比由 4,4′-二酐得到的聚酰亚胺的 T_g 高。对于二醚二酐，也具有同样的规律，即由 3,3′-二醚二酐得到的聚酰亚胺的 T_g 比由 4,4′-二醚二酐得到的聚酰亚胺的 T_g 高。T_g 提高的程度与大分子链的刚性有关，刚性越大的聚合物，异构体间 T_g 的差别越大。例如表 9-17 中，3,3′-BPDA/ODA 与 4,4′-BPDA/ODA 之间相差 45 ℃，而 3,3′-BPDA/1,4,4,-APB 与 4,4′-BPDA/1,4,4-APB 之间相差 36 ℃，因为 1,4,4-APB 中有两个醚键，使分子链变得很柔软，柔性很高的 3,3′-BPDA/1,3,3-APB 和 4,4′-BPDA/1,3,3-APB 之间只相差 6 ℃（见表 9-17 和表 9-18）。这是因为 3,3′-二酐中 3-位连接的键在旋转时受到的空间位阻要比 4-位连接的键大，即使由 3,3′-二酐得到的聚合物链由于比较弯曲，其大分子链间的作用要比由 4,4′-二酐得到的聚合物低，但前者对 T_g 的贡献比后者大，所以其 T_g 较高。由 3,4′-二酐得到的聚酰亚胺处于两者之间。

表 9-17 由异构二酐得到的聚酰亚胺的热性能

聚酰亚胺	η_{inh}/(dL/g)	T_g/℃	$T_{5\%}$/℃	文献
MPDA/DMMDA	0.78	354	482	[5]
PMDA/DMMDA	1.20	274	495	[5]
MPDA/1,4,4,-APB	1.87	292	492	[5]
PMDA/1,4,4-APB	1.38	272	527	[5]
3,4′-BPDA/PPD		410	599	[29]
4,4′-BPDA/PPD		360	603	[29]
3,3′-BPDA/ODA	0.63	330	534(N_2),515(空气)	[30]
3,4′-BPDA/ODA	0.51	319	545(N_2),538(空气)	[30]
4,4′-BPDA/ODA	1.04	285	567(N_2),566(空气)	[30]
3,3′-BPDA/*m*,*m*′-ODA	0.64	246	515(N_2),508(空气)	[30]
3,4′-BPDA/*m*,*m*′-ODA	0.77	245	520(N_2),518(空气)	[30]
4,4′-BPDA/*m*,*m*′-ODA	0.6	243	545(N_2),531(空气)	[30]
3,3′-BPDA/MDA		311		[31]
4,4′-BPDA/MDA		308		[31]
3,3′-BPDA/DDA		114		[31]
4,4′-BPDA/DDA		104		[31]
3,3′-BPDA/1,3,3-APB	0.37	206	474(N_2),489(空气)	[30]
3,4′-BPDA/1,3,3-APB	0.73	207		[32]
4,4′-BPDA/1,3,3-APB	0.78	200	531(N_2),521(空气)	[30]
3,4′-BPDA/1,3,4-APB	1.51	248		[32]
4,4′-BPDA/1,3,4-APB	1.22	211(391)		[32]
3,3′-BPDA/1,4,4-APB	0.37	293	524(N_2),508(空气)	[30]
3,4′-BPDA/1,4,4-APB	1.06	283	524(N_2),509(空气)	[30]
4,4′-BPDA/1,4,4-APB	1.05	257	532(N_2),517(空气)	[30]
3,4′-BPDA/2,2′-TFDB		329		[32]
4,4′-BPDA/2,2′-TFDB		280		[32]
3,4′-BPDA/BAPF		261		[32]
4,4′-BPDA/BAPF		254		[32]
3,4′-BTDA/ODA	0.92	312	482	[15]
4,4′-BTDA/ODA	1.37	292	492	[15]
3,3′-BTDA/1,4,4-APB	0.34	278	464	[15]
3,4′-BTDA/1,4,4-APB	1.75	268	510	[15]
4,4′-BTDA/1,4,4-APB	—	255	504	[15]
3,3′-ODPA/PPD		294		[33]
3,4′-ODPA/PPD		313		[33]

续表

聚酰亚胺	η_{inh}/(dL/g)	T_g/℃	$T_{5\%}$/℃	文献
4,4′-ODPA/PPD		326		[33]
3,3′-ODPA/ODA	0.49	295(246)	500	[20,33]
3,4′-ODPA/ODA	0.49	278(270)	505	[20,33]
4,4′-ODPA/ODA	0.50	269(268)	493	[20,33]
3,3′-ODPA/*m*,*m*′-DABP		234		[33]
3,4′-ODPA/*m*,*m*′-DABP		243		[33]
4,4′-ODPA/*m*,*m*′-DABP		235		[33]
3,3′-ODPA/*m*,*m*′-DDS		241		[33]
3,4′-ODPA/*m*,*m*′-DDS		244		[33]
4,4′-ODPA/*m*,*m*′-DDS		253		[33]
3,3′-ODPA/*m*,*m*′-APBP		198		[33]
3,4′-ODPA/*m*,*m*′-APBP		207		[33]
4,4′-ODPA/*m*,*m*′-APBP		204		[33]
3,3′-ODPA/1,4,4-APB	0.89	263	493	[20]
3,4′-ODPA/1,4,4-APB	0.94	253	488	[20]
4,4′-ODPA/1,4,4-APB	1.22	245	477	[20]
3,3′-TDPA/ODA	0.44(0.76)	281(253)	523	[34]
3,4′-TDPA/ODA	0.67	269	512	[34]
4,4′-TDPA/ODA	0.42(1.06)	263(280)	518	[34]
3,3′-TDPA/MDA	(0.84)	(255)	500	[21]
4,4′-TDPA/MDA	(0.89)	(277)	500	[21]
3,3′-TDPA/HDA	(1.33)	(118)	440	[21]
4,4′-TDPA/HDA	(0.50)	(136)	430	[21]
3,3′-HQDPA/ODA		269	531	[22]
4,4′-HQDPA/ODA		245	536	[22]
3,3′-DSDA/ODA		—	521	[22]
4,4′-DSDA/ODA		335	522	[22]
3,3′-BPADA/ODA		231		[35]
4,4′-BPADA/ODA		215		[35]
3,3′-BPADA/TMBz		265		[35]
4,4′-BPADA/TMBz		280		[35]
3,3′-BPADA/TMMDA		223		[35]
4,4′-BPADA/TMMDA		249		[35]
3,3′-BPADA/MPD		219		[35]
4,4′-BPADA/MPD		215		[35]

续表

聚酰亚胺	η_{inh}/(dL/g)	T_g/℃	$T_{5\%}$/℃	文献
3,3′-BPADA/TMMPD		265		[35]
4,4′-BPADA/TMMPD				[35]
3,3′-BPADA/BAPB		236		[35]
4,4′-BPADA/BAPB		220		[35]
3,3′-**A**/ODA		270		[35]
4,4′-**A**/ODA		266		[35]
3,3′-**A**/TMBz		276		[35]
4,4′-**A**/TMBz		>420		[35]
3,3′-**A**/TMMDA		243		[35]
4,4′-**A**/TMMDA		264		[35]
3,3′-**A**/MPD		269		[35]
4,4′-**A**/MPD		245		[35]
3,3′-**A**/TMMPD				[35]
4,4′-**A**/TMMPD				[35]
3,3′-**A**/BAPB		259		[35]
4,4′-**A**/BAPB		248		[35]
3,3′-**B**/ODA		298		[35]
4,4′-**B**/ODA		299		[35]
3,3′-**B**/TMBz		327		[35]
4,4′-**B**/TMBz				[35]
3,3′-**B**/MPD		311		[35]
4,4′-**B**/MPD		295		[35]
3,3′-**C**/ODA		238		[35]
4,4′-**C**/ODA		228		[35]

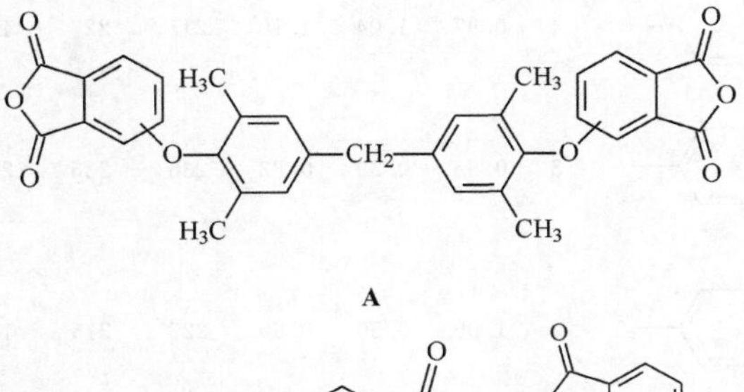

A

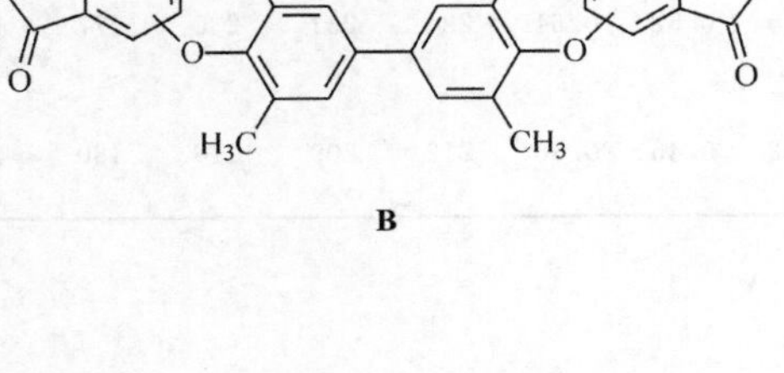

B

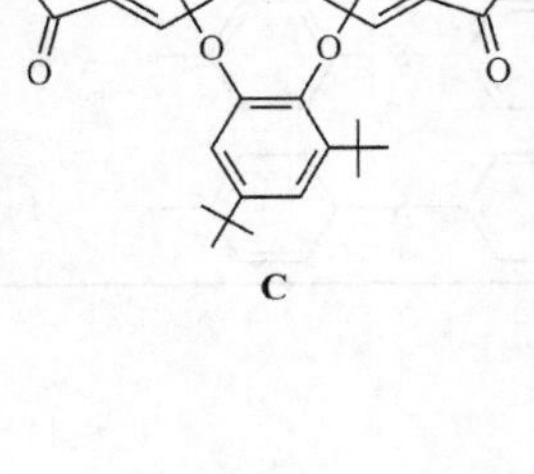

C

表 9-18　由异构二醚二酐得到的聚酰亚胺的热性能[36]

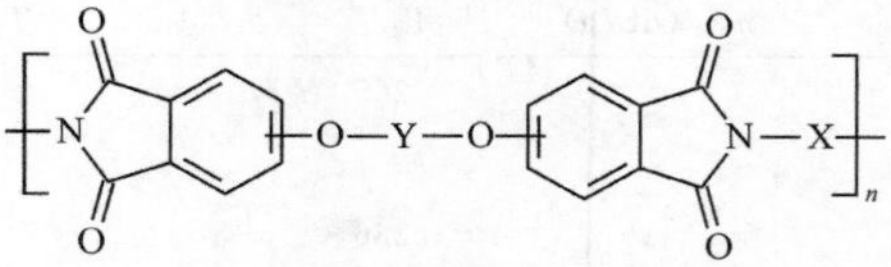

X=ODA,MPD,1,3,4-APB

Y	位置	η_{inh}/(dL/g) ODA	MPD	1,3,4-APB	T_g/℃(DSC) ODA	MPD	1,3,4-APB	$T_{1\%}$/℃(空气)5℃/min ODA	MPD	1,3,4-APB
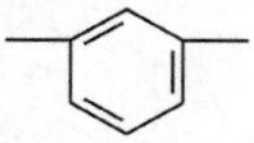	3	0.44	0.57	0.65	226	241	193	490	460	460
	4	0.67	0.70	1.10	209	224	188	480	500	450
	3	2.21	0.45	0.94	263	259	214	475	400	450
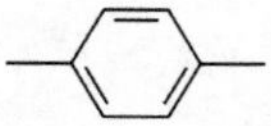	4	1.71	0.96	—	237	255	199 (T_m: 330)	486	485	465
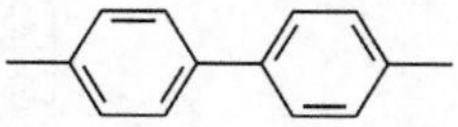	3	1.70	0.56	1.11	277	275	224	485	500	490
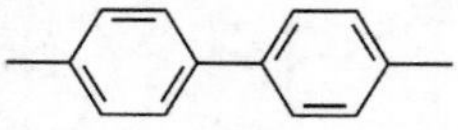	4	0.83	0.51	—	229	247	205 (T_m: 343)	490	480	490
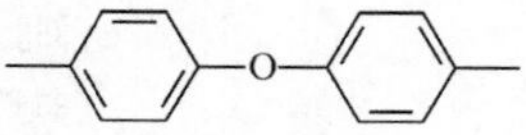	3	1.92	0.53	0.54	239	238	198	470	480	480
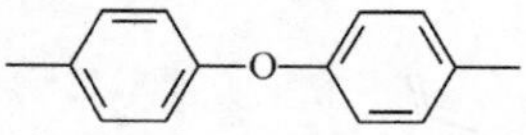	4	0.97	1.04	1.10	215	227	184	480	500	482
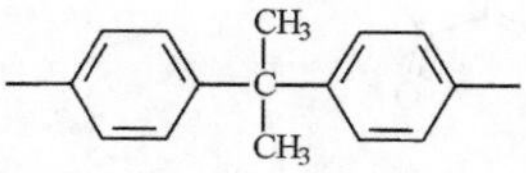	3	0.66	0.39	0.82	235	236	202	470	440	488
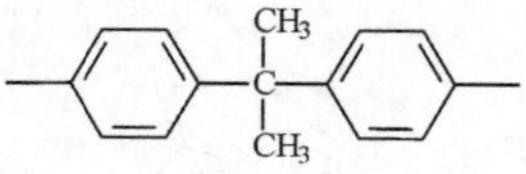	4	1.09	0.50	0.60	223	215	178	480	460	495
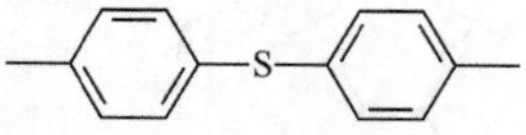	3	1.15	0.52	0.61	234	231	230	477	470	440
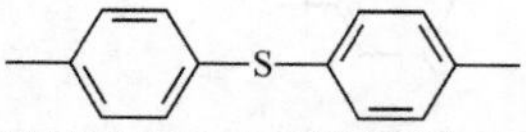	4	1.02	0.45	0.88	212	209	219	480	480	480

续表

Y	位置	η_{inh}/(dL/g)			T_g/℃(DSC)			$T_{1\%}$/℃(空气)5 ℃/min		
		ODA	MPD	1,3,4-APB	ODA	MPD	1,3,4-APB	ODA	MPD	1,3,4-APB
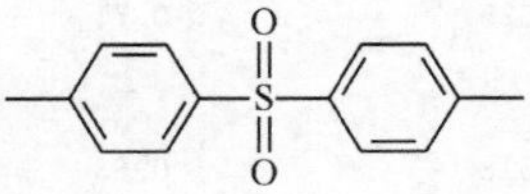	3	0.76	0.34	1.00	267	266	216	455	440	470
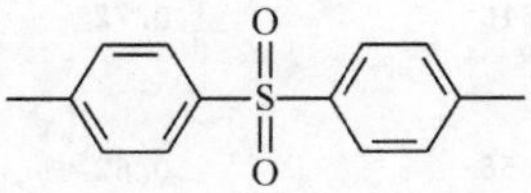	4	1.13	0.70	0.93	260	265	194	470	460	440
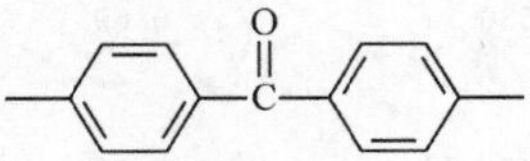	3	2.00	0.27		252	248		480	490	
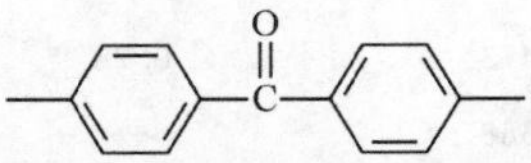	4	0.33	1.35		210	239		455	480	

然而对于由桥连二酐和二醚二酐得到的聚酰亚胺，当二胺单元在氨基邻位有取代基时情况就不同了，例如由 3,3′,5,5′-四甲基联苯胺(TMBz)或 3,3′5,5′-四甲基二苯甲烷二胺(TMMDA)得到的聚酰亚胺，4,4′-二酐的聚合物都比 3,3′-二酐的聚合物有较高的 T_g。这时大分子链间作用的贡献比较大，结果使由 4,4′-二酐得到的聚合物具有较高的 T_g。值得注意的是，对于 PMDA 和 MPDA 与 TMMDA 得到的聚合物，后者的 T_g 仍然高于前者，这可能是由 MPDA 单元所带来的聚合物内旋转阻碍太大，仍然超过大分子链间作用的贡献。

Gerber 等[33]和 Evans 等[21]曾发表了由异构 ODPA 和 TDPA 得到的聚酰亚胺的 T_g 数据，列于表 9-17 中相应栏的括号中，但其数据与我们得到的及后来发表的由异构二酐得到的聚酰亚胺的 T_g 变化规律不相符合。

2. β 转变

β 转变作为大分子次级松弛的过程在异构聚酰亚胺中表现得很突出，最典型的是体现在由桥连二酐和二醚二酐所得到的聚酰亚胺上。例如由 4,4′-ODPA，3,4′-ODPA 或 4,4′-TDPA，3,4′-TDPA 得到的聚酰亚胺都有明显的 β 转变，只是转变能的大小有所不同，由 4,4′-二酐得到的聚酰亚胺要大于由 3,4′-二酐得到的聚酰亚胺。然而，由 3,3′-二酐得到的聚酰亚胺则没有明显的 β 转变。同时该现象与所用的二胺无关。这可以用桥连基团(包括二醚二酐中的连接基团)绕其与酞酰亚胺相连的键转动时所受到的阻碍程度有关。在由 4,4′-二酐得到的聚酰亚胺中，这种转动受到的阻碍最小，由 3,4′-二酐得到的聚酰亚胺次之，由 3,3′-二酐得到的聚酰亚胺则最大，这种类型的转动并不取决于二胺单元的结构。此外，用热力学温度表示的 β 转变温度与玻璃化温度之比通常都落在 0.70～0.75 范围内，这些结果见表 9-19。

表 9-19 由异构二酐得到的聚酰亚胺的 T_β 和 T_g [2,22,37]

聚合物	T_β/K	T_g/K	T_β/T_g
3,3′-BPDA/*p*,*p*′-ODA	312	603	0.52
3,4′-BPDA/*p*,*p*′-ODA	341	592	0.58
4,4′-BPDA/*p*,*p*′-ODA	378	535	0.71
3,3′-BPDA/*m*,*m*′-ODA			—
3,4′-BPDA/*m*,*m*′-ODA	324	518	0.63
4,4′-BPDA/*m*,*m*′-ODA	369	516	0.72
3,3′-BPDA/1,4,4-APB			—
3,4′-BPDA/1,4,4-APB	345	556	0.62
4,4′-BPDA/1,4,4-APB	366	530	0.69
3,3′-BPDA/1,3,3-APB			—
3,4′-BPDA/1,3,3-APB	316	478	0.66
4,4′-BPDA/1,3,3-APB	371	473	0.78
3,3′-ODPA/ODA	—	568	—
3,4′-ODPA/ODA	379	551	0.69
4,4′-ODPA/ODA	394	542	0.73
3,3′-ODPA/1,4,4-APB	—	536	—
3,4′-ODPA/1,4,4-APB	387	526	0.74
4,4′-ODPA/1,4,4-APB	386	518	0.75
3,3′-TDPA/ODA	—	566	—
3,4′-TDPA/ODA	391	555	0.70
4,4′-TDPA/ODA	396	539	0.73
3,3′-HQDPA/ODA	—	542	—
4,4′-HQDPA/ODA	390	518	0.75

3. 热稳定性

由表 9-19 同样可以看到，聚酰亚胺各个异构体之间在热稳定性上并无太大的差别，只是某些样品由于低相对分子质量而出现较低的热稳定性，如 3,3′-BTDA/1,4,4-APB。这个现象是可以理解的，因为决定热稳定性的主要是化学结构，而异构聚酰亚胺的化学结构则是相同的，因此它们具有接近的热稳定性。

4. 热膨胀系数

异构效应在热膨胀系数(CTE)上的体现见表 9-20。通常由 3,4′-二酐或 3,3′-二酐得到的聚酰亚胺由于大分子链有较大的弯曲度，所以 CTE 要比由 4,4′-二酐得到的聚合物大。

表 9-20　4,4′-BPDA/PPD 和 3,3′-BPDA/PPD 及其共聚物和共混物的热膨胀系数[30,38]

共聚或共混	聚合物	薄膜厚度/μm	有无基板	CTE/(10^{-6} K^{-1})
	4,4′-BPDA/PPD	7	有	9.1
	4,4′-BPDA/PPD	11	无	11.8
	3,4′-BPDA/PPD	5	有	58.0
	3,4′-BPDA/PPD	13	无	59.1
	3,3′-BPDA/PPD		无	51.6
	4,4′-BPDA/ODA	15	有	56.0
	3,3′-BPDA/ODA	15	无	62.0
共聚	BPDA/PPD(4,4′/3,3′=80∶20)	9	有	17.2
	BPDA/PPD(4,4′/3,3′=80∶20)	14	有	18.0
共混	BPDA/PPD(4,4′/3,3′=80∶20)	8	有	18.6
	BPDA/PPD(4,4′/3,3′=80∶20)	9	有	15.2

9.1.6　由异构二酐得到的聚酰亚胺的机械性能

总体来说,无论弹性模量、抗张强度还是断裂伸长率,由 4,4′-二酐得到的聚酰亚胺都比由 3,4′-二酐或 3,3′-二酐获得的聚酰亚胺略高,尤其要高于由 3,3′-二酐获得的聚酰亚胺,因为 3,3′-二酐在与二胺聚合时有成环趋势,通常得不到高的相对分子质量,或者也由于大分子结构的原因,使聚合物得不到足够强韧的薄膜(表 9-21)。

表 9-21　异构聚酰亚胺的机械性能

聚酰亚胺	抗张模量/GPa	抗张强度/MPa	断裂伸长率/%	文献
MPDA/DMMDA	1.68	58	2.8	[5]
PMDA/DMMDA	1.32	40	3.0	[5]
3,3′-BPDA/1,3,3-APB	3.2	93	4	[30]
3,4′-BPDA/1,3,3-APB	3.02	109.6	5.9	[32]
4,4′-BPDA/1,3,3-APB	3.48	118.6	25.5	[32]
3,4′-BPDA/1,3,4-APB	2.47	80.8	5.4	[32]
4,4′-BPDA/1,3,4-APB	3.57	122.7	90	[32]
3,3′-BPDA/1,4,4-APB	2.0	79	155	[30]
3,4′-BPDA/1,4,4-APB	2.38	98.6	8.9	[32]
4,4′-BPDA/1,4,4-APB	4.10	143.4	34	[32]
3,4′-BPDA/2,2′-TFDB	3.05	111.0	4.6	[32]
4,4′-BPDA/2,2′-TFDB	5.18	144.1	4.2	[32]
3,4′-BPDA/BDAF	3.04	124.1	7.4	[32]
4,4′-BPDA/BDAF	3.03	111.0	31.2	[32]
3,4′-BTDA/ODA	2.38	109	8.2	[15]

续表

聚酰亚胺	抗张模量/GPa	抗张强度/MPa	断裂伸长率/%	文献
4,4′-BTDA/ODA	3.63	156	11	[15]
3,3′-BTDA/1,4,4-APB	1.32	56	8.1	[15]
3,4′-BTDA/1,4,4-APB	2.53	112	9.2	[15]
4,4′-BTDA/1,4,4-APB	2.55	122	8.0	[15]
3,3′-ODPA/ODA	1.57	98	12	[20]
3,4′-ODPA/ODA	1.86	98	10	[20]
4,4′-ODPA/ODA	1.95	105	23	[20]
3,3′-ODPA/1,4,4-APB	1.50	88	16	[20]
3,4′-ODPA/1,4,4-APB	1.70	91	9	[20]
4,4′-ODPA/1,4,4-APB	1.83	99	30	[20]
3,3′-TDPA/ODA	1.81	118	10	[22]
3,4′-TDPA/ODA	2.03	116	10	[22]
4,4′-TDPA/ODA	1.80	108	18	[22]
3,3′-HQDPA/ODA	2.00	107	6.5	[22]
4,4′-HQDPA/ODA	1.78	129	64.7	[22]

由3,4′-BPDA和4,4′-BPDA得到的PETI-5树脂基复合材料(见第22.7节)的性能见表9-22。值得注意的是,虽然在室温下由3,4′-BPDA得到的材料的力学性能都不如由4,4′-BPDA得到的复合材料,但在高温下由3,4′-BPDA得到的材料的力学性能都优于由4,4′-BPDA得到的复合材料,尤其是抗张强度,由3,4′-BPDA得到的材料在288℃下仍保持80%,而由4,4′-BPDA得到的材料已经降低得不能使用,这显然是由3,4′-BPDA得到的聚酰亚胺的T_g显著高于由4,4′-BPDA得到的聚酰亚胺的缘故。

表9-22 异构的BPDA对PETI型树脂性能的影响[39]

力学性能		PETI-5(4,4′-BPDA)	PETI-5(3,4′-BPDA)
层间剪切强度/MPa	RT	106.5	86.9
	177℃	62.8	62.5
抗张强度/MPa	RT	2295	1634
	288℃	—	1314
抗张模量/GPa	RT	175	185
	288℃	—	135
开孔压缩强度/MPa	RT	335	293
	177℃	238	268

9.1.7 由异构二酐得到的聚酰亚胺的流变性能

由异构二酐得到的聚酰亚胺的一个极其吸引人的性能是树脂的流变性能。我们研究

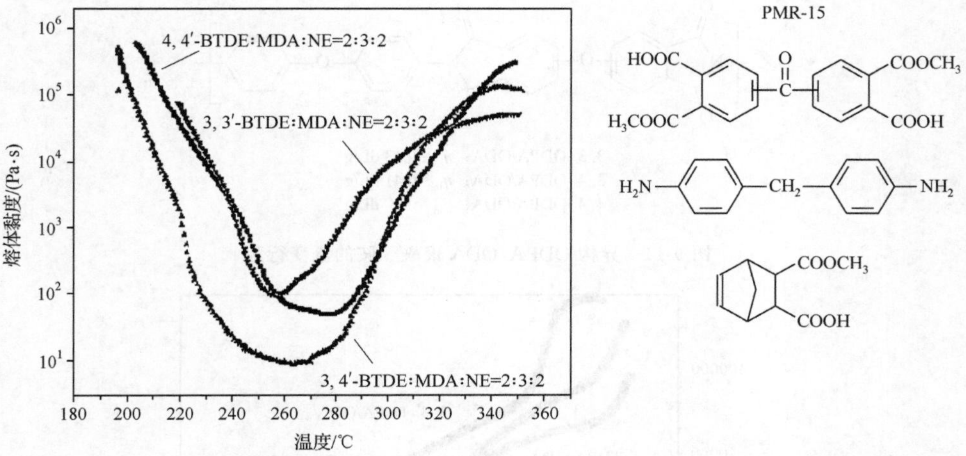

图 9-13　PMR-15 型聚酰亚胺的流变行为

了 PMR-15 组分中的 BTDA 为不同异构体时得到的结果，见图 9-13。

由图 9-13 可以看到，将 PMR-15 中的 4,4′-BTDA 改为 3,4′-BTDA，所得到的树脂的熔体黏度可以降低 1 个数量级，而加工窗口也将近增加了 1 倍。但当采用 3,3′-BTDA 时，熔体黏度没有降低，加工窗口却缩小了。

由图 9-14 同样可以看到，由 3,4′-ODPA 代替 4,4′-ODPA 所得到的热塑性聚酰亚胺的熔体黏度也下降了 1 个数量级。我们知道，4,4′-ODPA/ODA 因为熔体黏度太高，难以进行注射成型，如果将相对分子质量降低，又因为容易发生结晶，使得到的树脂非常脆。由上面的结果可以知道，如果采用 3,4′-ODPA/ODA，应该可以得到能够注射成型的聚酰亚胺。同样，采用 3,3′-ODPA，相同相对分子质量的聚合物却具有较高的熔体黏度。

在比浓对数黏度可比的情况下，3,4′-TDPA/ODA 比 4,4′-TDPA/ODA 的熔体黏度降低了将近 1 个数量级(图 9-15)。

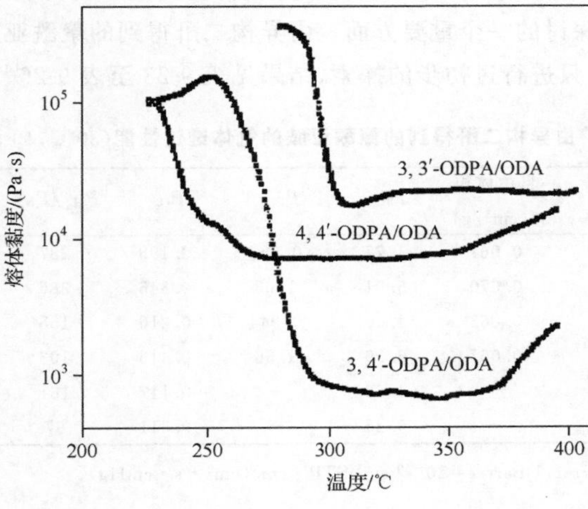

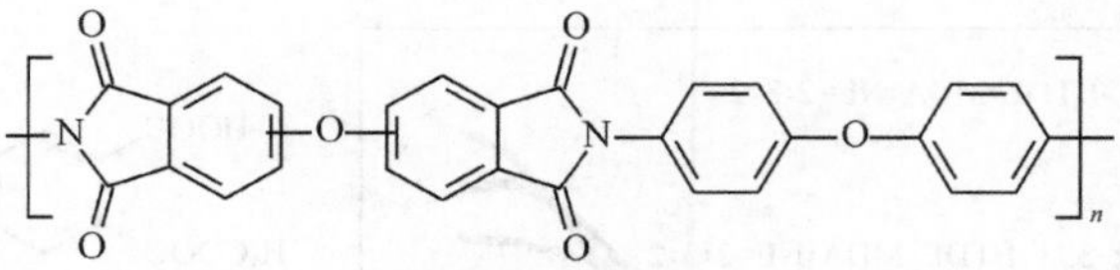

图 9-14　异构 ODPA/ODA 聚酰亚胺的流变行为

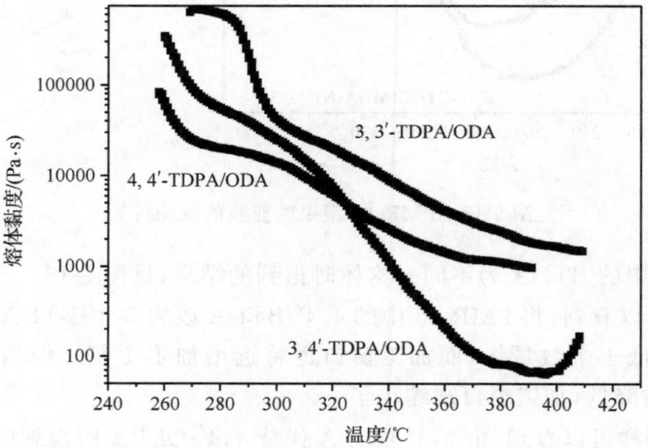

图 9-15　TDPA/ODA 聚酰亚胺的流变行为

3,3′-TDPA/ODA，η_{inh}=0.400 dL/g；3,4′-TDPA/ODA，η_{inh}=0.393 dL/g；4,4′-TDPA/ODA，η_{inh}=0.421dL/g

9.1.8　由异构二酐得到的聚酰亚胺的气体透过性能

聚酰亚胺作为气体分离材料的研究已经有大量的报道，从所得到的结果可见，聚合物的结构可以给气体分离性能带来巨大影响，作为结构变化之一的异构化对气体分离性能的影响自然也是值得探讨的一个重要方面。由异构二酐得到的聚酰亚胺的气体透过性能研究较少，我们研究组只进行过初步的探索，结果见表 9-23 至表 9-26[15,22]。

表 9-23　由异构二酐得到的聚酰亚胺的气体透过性能(30 ℃，10 atm)

聚酰亚胺	T_g /℃	自由体积 /(cm³/g)	P_{H_2}	P_{CO_2}	P_{O_2}	P_{H_2}/P_{N_2}	P_{CO_2}/P_{N_2}	P_{O_2}/P_{N_2}
4,4′-TDPA/ODA	258	0.067	4.77	0.955	0.198	237	37.4	9.4
3,3′-TDPA/ODA	288	0.070	6.91	1.63	0.346	386	45.5	12
4,4′-HQDPA/ODA	246	0.063	4.00	0.944	0.216	155	34.7	6.9
3,3′-HQDPA/ODA	267	0.067	6.99	1.56	0.416	103	29.4	6.9
4,4′-BTDA/ODA	292	—	4.66	—	0.117	161	—	6.13
3,4′-BTDA/ODA	312	—	5.25	—	0.311	97	—	5.78

注：表中 P 的单位为 Barrer，1 Barrer=10^{-10} cm³ STP·cm/(cm²·s·cmHg)。

表 9-24　异构化 TDPA 型聚酰亚胺的气体扩散系数和扩散选择性(30 ℃,10 atm)

聚酰亚胺	D_{H_2}	D_{CO_2}	D_{O_2}	D_{H_2}/D_{N_2}	D_{CO_2}/D_{N_2}	D_{O_2}/D_{N_2}
4,4′-TDPA/ODA	1440	1.01	5.17	1490	1.36	6.96
3,3′-TDPA/ODA	2040	1.64	7.70	1280	1.03	4.84

注：表中 D 的单位为 10^{-9} $cm^2/(cm \cdot s)$,用时间滞后法测定。

表 9-25　异构化 TDPA 型聚酰亚胺的气体溶解系数和溶解选择性(30 ℃,10 atm)

聚酰亚胺	S_{H_2}	S_{CO_2}	S_{O_2}	S_{H_2}/S_{N_2}	S_{CO_2}/S_{N_2}	S_{O_2}/S_{N_2}
4,4′-TDPA/ODA	0.243	71.0	2.87	0.119	34.9	1.41
3,3′-TDPA/ODA	0.254	74.0	2.96	0.116	33.9	1.36

注：表中 S 的单位为 10^{-5} $cm^3/(cm^3 \cdot cmHg)$。

表 9-26　一些异构二醚二酐的气体分离特性[35]

聚合物	P_{O_2}	P_{CO_2}	P_{N_2}	P_{Ar}	P_{CO_2}/P_{O_2}	P_{CO_2}/P_{N_2}	P_{O_2}/P_{N_2}
3,3′-BPADA/BAPB	0.45	2.22	0.08	0.35	4.9	27.4	5.5
4,4′-BPADA/BAPB	0.79	2.26	0.08	0.45	2.9	26.9	9.3
3,3′-**D**/BAPB	2.75	7.02	0.69	1.45	2.6	10.2	4.0
4,4′-**D**/BAPB	3.37	13.47	0.56	1.41	4.0	24.3	6.1
3,3′-**E**/BAPB	1.56	5.09	0.29	0.64	3.2	17.5	5.4
4,4′-**E**/BAPB	0.99	3.27	0.21	0.40	3.3	15.8	4.8

注：表中 P 的单位为 Barrer,1 Barrer$=10^{-10}$ cm^3 STP · cm/($cm^2 \cdot s \cdot cmHg$)。

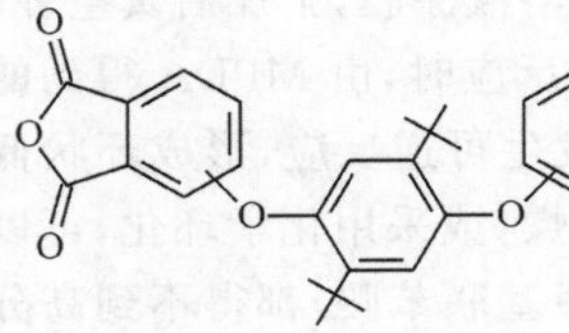

D

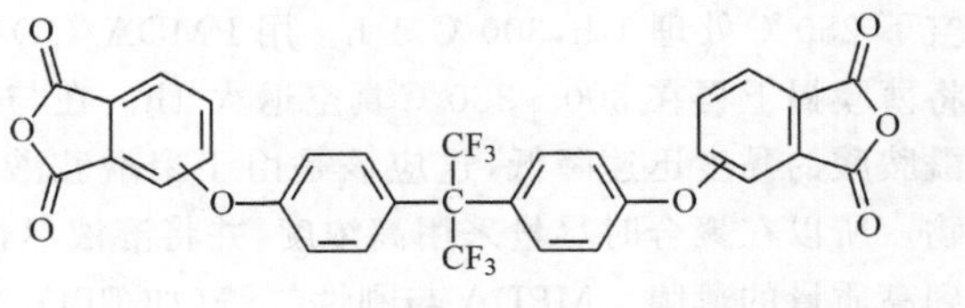

E

对于扩散因素的单一气体透过性,异构体效应不明显。对于 CO_2 的高透过是由高的溶解性所引起的。除了氮,非氟聚酰亚胺在高扩散系数方面,含 3-位取代的聚合物都高于含 4-位取代的聚合物。

9.1.9　由异构二酐得到的聚酰亚胺的透光性能

表 9-27 显示了薄膜的太阳吸收系数(α)和热发散系数(ε),前者说明照射到物体的能量被吸收的分数,颜色越浅,α 越低;后者为对从物体表面辐射能量的量度,颜色越深,ε 越高。两者之比表示薄膜本身在太阳辐照下的温升程度,这对于轨道飞行器是重要的。由 3,4′-BPDA 得到的聚酰亚胺比由 4,4′-BPDA 得到的聚酰亚胺有较低的 α,因为它们的颜色也较浅。

表 9-27 异构聚酰亚胺的透光性能[40]

聚合物	太阳吸收系数(α)	热发散系数(ε)	薄膜厚度/mm
3,4'-BPDA/1,3,3-APB	0.072	0.665	0.064
4,4'-BPDA/1,3,3-APB	0.082	0.583	0.028
3,4'-BPDA/1,3,4-APB	0.092	0.596	0.033
4,4'-BPDA/1,3,4-APB	0.168	0.592	0.046
3,4'-BPDA/1,4,4-APB	0.089	0.558	0.046
4,4'-BPDA/1,4,4-APB	0.121	0.491	0.036
3,4'-BPDA/2,2'-TFDB	0.101	0.620	0.051
4,4'-BPDA/2,2'-TFDB	0.108	0.511	0.033
3,4'-BPDA/BDAF	0.108	0.590	0.038
4,4'-BPDA/BDAF	0.096	0.461	0.020
3,4'-BPDA/1,3,3-APB	0.051	0.575	0.025
4,4'-BPDA/1,3,3-APB	0.108	0.620	0.048
3,4'-BPDA/1,3,4-APB	0.159	0.622	0.041
4,4'-BPDA/1,3,4-APB	0.288	0.533	0.023

由 3,3'-BPDA 与含氟的二醚二胺得到的薄膜可以是基本无色的，并具有高的 T_g[32]。

9.1.10 一些由异构二酐得到的聚酰亚胺的特性

1. 由 PMDA 和 MPDA 得到的聚酰亚胺

方省众等[5]首先研究了以 MPDA 为基础的聚酰亚胺，一些结果已经在前面介绍过。Hasegawa 等[41]为了开发新的高温黏合剂，用于“假二层”覆铜板。对 MPDA 基的聚酰亚胺进行了研究，他们将化学环化的聚酰亚胺溶于溶剂后涂膜，在 60～80 ℃下干燥，再在真空下 250 ℃处理 1 h，300 ℃ 1 h。用 PMDA/ODA 聚酰胺酸溶液涂膜，干燥后真空环化，将薄膜揭下再在 300～330 ℃真空退火 1h。在与 4,4'-ODA 反应时，由 MPDA 得到的聚酰胺酸的黏度迅速降低，这应该是由于聚酰胺酸在溶液中发生可逆反应，形成环状低聚物。所以在聚合时尽量采用高浓度，并将溶液尽快涂膜并干燥，或采用化学环化，可以得到高质量的薄膜。MPDA 与刚性二胺(如 PPD、MPD 及二甲基联苯胺)都得不到高分子链的聚酰胺酸。以 MPDA 和 PMDA 得到的聚酰胺酸和聚酰亚胺的还原黏度和成膜性及其他性能见表 9-28 和表 9-29。

表 9-28 以 MPDA 和 PMDA 得到的聚酰胺酸和聚酰亚胺的还原黏度和成膜性

二胺	MPDA/PAA		MPDA/PI		PMDA/PAA	
	η_{red}/(dL/g)	成膜性	η_{red}	成膜性	η_{red}	成膜性
4,4'-ODA	0.25～0.63	—				+
3,4'-ODA	0.74	±	1.64	+	1.00	+
1,4,4-APB	0.97	±			4.01	+
1,4,3-APB	1.14	±			2.18	+
TFDB	0.56～0.71	—	1.02	+	1.08	+
DCHM	0.13	—				+
BAPP			1.57	+		
HFBAPP			0.61	+		

注：+：可以成膜，±：能否成膜取决于膜的厚度，—：不能成膜。

表 9-29 以 MPDA 和 PMDA 与各种二胺得到的聚酰亚胺的性能

编号	二酐	二胺	环化方式	T_g /℃	CTE /(10^{-6} K^{-1})	T_d /℃(空气)	T_d /℃(N_2)
1	MPDA	3,4′-ODA	化学	312	46.3	485	507
2	MPDA		热	330	41.2	—	—
3	PMDA		热	~380	43.5	531	556
4	MPDA	1,4,4-APB	热	286	44.8	445	474
5	PMDA		热	—	46.5	>500	>500
6	MPDA	1,3,4-APB	热	272	56.2	445	467
7	PMDA		热	~370	—	—	—
8	MPDA	BAPP	化学	280	53.6	457	490
9	PMDA		热	287	56.7	451	500
10	MPDA	HFBAPP	化学	272	56.7	490	512
11	PMDA		热	327	58.5	505	519
12	MPDA	TFDB	化学	~400	35.7	537	551
13	PMDA		热	~400	−4.7	515	589
编号	Δn	ε_{opt}	W_A /%	CHE /(10^{-6} K^{-1})	抗张模量 /GPa	断裂伸长率/%	断裂强度 /MPa
1	0.012	3.15	2.56	48.6	2.51	9	110
2	—	—	—	—	—	—	—
3	0.046	3.22	2.61	—	—	—	—
4	0.001	3.14	0.46	—	2.17	14	93
5	0.051	3.19	—	—	2.91	64	110
6	0.000	3.12	0.41	—	2.05	5	57
7	—	—	—	—	—	—	—
8	0.051	3.12	0.93	24.4	1.92	161	110
9	0.021	3.07	0.41	13.4	2.18	169	80
10	0.012	2.86	0.44	14.4	2.24	21	80
11	0.006	2.84	0.57	13.5	1.77	9	80
12	0.068	2.81	1.11	18.3	2.56	15	150
13	0.131	2.86	0.47	—	5.95	20	260

注：Δn：面内与面外折射率之差；ε_{opt}：用光学方法测得的介电常数；W_A：相对吸水率；CHE：在 80%相对湿度下测得的线性膨胀系数。

值得注意的是，由 MPDA 得到的聚酰亚胺的 T_g 都低于由 PMDA 得到的聚酰亚胺。

2. BPDA/PPD 聚酰亚胺

Matsumura 等[38]研究了由异构 BPDA 与 PPD 得到的各种异构聚酰亚胺的性能。BPDA/PPD 三种异构聚酰亚胺链的线性显著不同，其性能见表 9-30。

表 9-30 异构 BPDA/PPD 的一些特性

聚合物	联苯二面体夹角	$T_{5\%}$ /℃	CTE /(10^{-6} K^{-1})	分子堆砌系数(K_p)	二酐的极化率
4,4′-BPDA/PPD	40.8°	603	8.8	0.574	31.3
3,4′-BPDA/PPD	46.7°	599	53.5	0.558	30.5
3,3′-BPDA/PPD	54.0°	495	51.6	0.562	29.7

三种异构体中截止波长最短的是 3,3′-BPDA/PPD，最长的是 4,4′-BPDA/PPD；颜色

同样最浅的是 3,3′-BPDA/PPD，最深的是 4,4′-BPDA/PPD。根据密度作用理论[B3LYP/6-311G(d)]，优化的联苯二面体夹角对于 4,4′-BPDA/PPD、3,4′-BPDA/PPD 和 3,3′-BPDA/PPD 分别为 40.8°、46.7°和 54.0°。4,4′-BPDA/PPD 有最高的堆砌密度、分子间的 π-π 堆砌和分子内最小的空间位阻，所以有最高的热稳定性。3,3′-BPDA/PPD 弯曲的分子链使分子内的聚集无序化并产生分子间的应力，所以热稳定性最低。由 TMA 测定，50～250 ℃间的热膨胀系数对于 4,4′-BPDA/PPD、3,4′-BPDA/PPD 和 3,3′-BPDA/PPD 分别为 $8.8\times10^{-6}\ K^{-1}$、$53.5\times10^{-6}\ K^{-1}$和 $51.6\times10^{-6}\ K^{-1}$。这是因为 4,4′-BPDA/PPD 的分子链有最大的伸长和较密的堆砌。其他两种异构体有较大的 CTE 是由于弯曲的分子链。聚酰亚胺主链的赫曼二级矩取向函数(Herman second orientation function,P_{200})是由极化的 ATR-IR 谱测得的[42]：

$$P_{200} = (3\langle\cos^2\Theta\rangle - 1)/2 \qquad -0.5 < P_{200} < 2$$

式中，Θ 为主链与垂直于膜平面的轴之间的夹角。当聚酰亚胺链的主轴沿着膜平面平行取向时，$P_{200}=-0.5$，而在无规状态下则为 0。4,4′-BPDA/PPD 的分子链在平面上高度取向，$P_{200}=-0.32$，说明为刚性、线形结构。其他两种异构体的取向则较弱，P_{200} 都接近于 0，说明分子链是各向同性地分布的。

平均折射率(n_{av})按 4,4′-BPDA/PPD、3,4′-BPDA/PPD 和 3,3′-BPDA/PPD 的次序降低。4,4′-BPDA/PPD 较高的 n_{av} 是由于其较高的密度和极化率。BPDA/PPD 异构聚酰亚胺的光学性能见表 9-31。

表 9-31 BPDA/PPD 异构聚酰亚胺的光学性能

聚合物	厚度/μm	$n_{/\!/}$	$n_\perp$	n_{av}	Δn
4,4′-BPDA/PPD-1	8.8	1.7802	1.5925	1.7176	0.1877
4,4′-BPDA/PPD-2	6.9	1.7704	1.5982	1.7130	0.1722
4,4′-BPDA/PPD-3	7.1	1.7725	1.6029	1.7160	0.1696
3,4′-BPDA/PPD-1	12.3	1.6590	1.6424	1.6535	0.0166
3,4′-BPDA/PPD-2	8.6	1.6594	1.6603	1.6597	−0.0009
3,4′-BPDA/PPD-3	7.3	1.6564	1.6553	1.6560	0.0011
3,3′-BPDA/PPD-3	10.3	1.6564	1.6454	1.6527	0.0010
聚合物	dn_{TE}/dT /($10^{-6}\ K^{-1}$)	dn_{TM}/dT /($10^{-6}\ K^{-1}$)		dn_{av}/dT /($10^{-6}\ K^{-1}$)	$d\Delta n/dT$ /($10^{-6}\ K^{-1}$)
4,4′-BPDA/PPD-1	−102	−63		−90	−39
4,4′-BPDA/PPD-2	−95	−66		−86	−29
4,4′-BPDA/PPD-3	−91	−66		−83	−25
3,4′-BPDA/PPD-1	−100	−82		−94	−8
3,4′-BPDA/PPD-2	−92	−92		−92	0
3,4′-BPDA/PPD-3	−87	−65		−80	−22
3,3′-BPDA/PPD-3	−102	−3		−90	−9

注：1：在氮气中 70 ℃干燥 2 h，然后在 350 ℃氮气中处理 1 h；2：在氮气中 70 ℃干燥 2 h，然后从基板上揭下，再在 350 ℃氮气中处理 1 h；3：过程如 2，最后再在 400 ℃下处理 1 h。

3. 二硫醚二苯砜(酮)二酐/ODA 异构聚酰亚胺

方省众等[43,44]由 3-氯代苯酐和 4-氯代苯酐与二胺反应得到双(氯代酞酰亚胺)单体，然后与二巯基二苯砜或二巯基二苯酮聚合得到聚硫醚酰亚胺的各种异构体(式 9-19)、共聚物及共混物，其性能见表 9-32 至表 9-34。

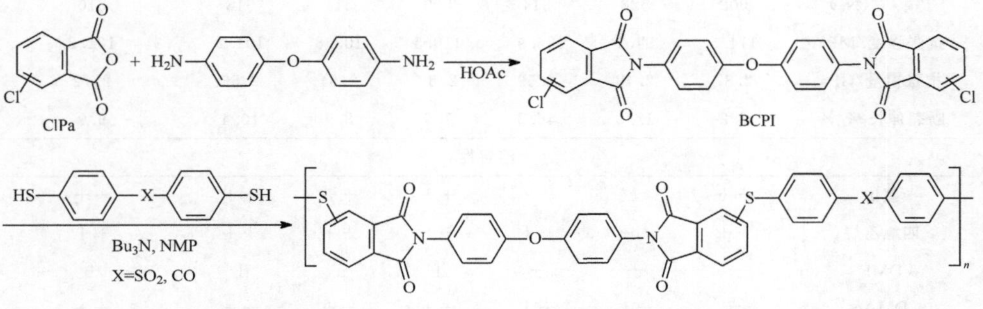

式 9-19　二硫醚二苯砜(酮)二酐/ODA 异构聚酰亚胺的合成

表 9-32　BCPI 的组成

BCPI	ClPa(3-∶4-)	BCPI(3,3′∶4,4′∶3,4′)
1	3∶1	53.6∶6.9∶38.5
2	1∶1	23.3∶26.3∶49.5
3	1∶3	4.2∶59.8∶34.9

表 9-33　二硫醚二苯砜二酐/ODA 异构聚酰亚胺的性能

性能	BCPI			ClPa(3-∶4-)			共聚物
	3,3′	4,4′	3,4′	3∶1	1∶1	1∶3	3,3′∶4,4′=1∶1
η_{inh}/(dL/g)	0.82	0.45	0.66	0.72	0.61	0.55	0.60
T_g/℃(DMA)	251	226	240	239	237	229	239
$T_{5\%}$/℃/(N_2)	482	504	486	483	487	492	483
抗张强度/MPa	81.9	88.5	88.5	96.1	92.3	93.3	86.1
抗张模量/GPa	2.82	2.75	2.65	2.71	2.62	2.66	2.71
断裂伸长率/%	3.3	5.0	4.6	5.2	5.2	5.5	4.2
溶解性							
氯仿	±	++	++	++	++	++	++
四氯乙烷	++	++	++	++	++	++	++
DMAc	±	±	±	++	++	++	++
NMP	++	++	++	++	++	++	++
间甲酚	++	++	++	++	++	++	++

表 9-34　二硫醚二苯酮二酐/ODA 异构聚酰亚胺的性能

性能	BCPI			ClPa(3-：4-)			共聚物
	3,3′	4,4′	3,4′	3：1	1：1	1：3	3,3′：4,4′=1：1
η_{inh}/(dL/g)	1.23	0.84	0.92	1.02	0.95	0.88	0.82
T_g/℃(DMA)	240	205	221	229	220	210	223
$T_{5\%}$/℃(N_2)	508	522	514	509	514	518	510
抗张强度/MPa	114.5	94.1	96.9	110.5	103.8	101.2	101.2
抗张模量/GPa	2.87	2.48	2.59	2.83	2.64	2.53	2.72
断裂伸长率/%	7.2	12.0	46.3	7.9	8.9	10.4	9.0
溶解性							
氯仿	++	±	++	++	++	++	++
四氯乙烷	++	++	++	++	++	++	++
DMF	−	−	±	±	±	±	±
DMAc	±	++	++	++	++	++	++
DMSO	−	−	−	±	±	−	−
NMP	++	++	++	++	++	++	++
间甲酚	++	++	++	++	++	++	++

值得注意的是，由 3,4′-BCPI 得到的聚合物具有比其他异构聚合物明显高的断裂伸长率，类似现象也曾为陈春海等在 3,3′-BPDA/1,4,4-APB 聚酰亚胺上观察到[30]，但其原因目前还不清楚。

阎敬灵等[45]则从二硫醚二苯砜二酐出发合成异构聚硫醚酰亚胺。聚合物的性能见表 9-35，比较表 9-33 和表 9-35，发现结构相同的聚合物性能却不尽相同，这可能与聚合物因不同的合成方法和处理过程而形成不同的聚集态有关。

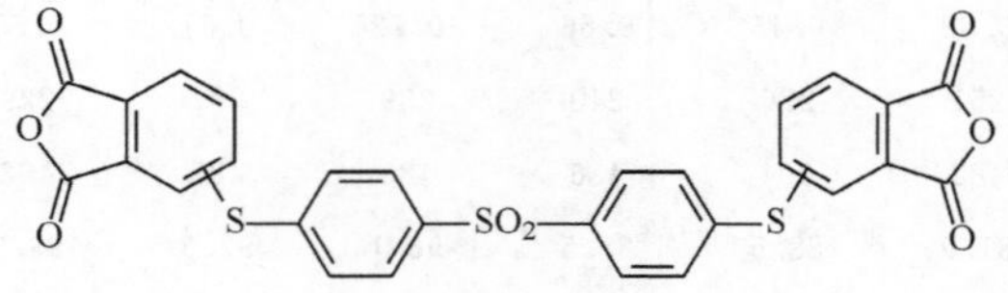

二硫醚二苯砜二酐

表 9-35　由二硫醚二苯砜二酐合成的聚硫醚酰亚胺

聚合物	η_{inh} /(dL/g)	T_g /℃	$T_{5\%}$ /℃	抗张强度 /MPa	抗张模量 /GPa	断裂伸长率/%
4,4′-/ODA	0.93	261	504	103	1.560	19
3,3′-/ODA	1.50	288	496	99	1.470	14
4,4′-/1,4,4-APB	0.95	240	497	98	1.540	16
3,3′-/1,4,4-APB	1.36	269	500	97	1.280	14

续表

聚合物	溶解性							
	氯仿	四氯乙烷	THF	DMAc	DMSO	NMP	间甲酚	对氯酚
4,4′-/ODA	−	+	−	+	+	+	+	+
3,3′-/ODA	−	+	−	−	±	±	±	+
4,4′-/1,4,4-APB	−	±	−	±	+	+	+	+
3,3′-/1,4,4-APB	−	+	−	±	±	+	±	+

4. BPDA/ODA 与 PMDA/PPD 的共混物

Sensui 等报道[46]，3,4′-BPDA/ODA 与 PMDA/PPD 可以任何比例相容，而 4,4′-BPDA/ODA 与 PMDA/PPD 则基本上是不相容的。以 10%的 3,4′-BPDA/ODA 与 90%的 PMDA/PPD 共混，可以使 CTE 由原来的 $2.8\times10^{-6}\ K^{-1}$ 下降到 $0.9\times10^{-6}\ K^{-1}$，同时有效地降低结晶性，从而可以提高薄膜的韧性。

9.2　由异构的二胺得到的聚酰亚胺

芳香族二胺异构体大致可以分为三类：单环二胺（如苯二胺）、桥连二胺（如二苯醚二胺）及多环二胺（如三苯二醚二胺）。由于大部分二胺都已有商品出售，同时其合成方法也基本相同，所以本章不拟对二胺的合成作专门的叙述。

异构二胺上的氨基的位置通常用 *p*、*m*、*o* 来表示对位、间位、邻位，对于桥连二胺，氨基的位置是相对于桥联点来定位的。例如：

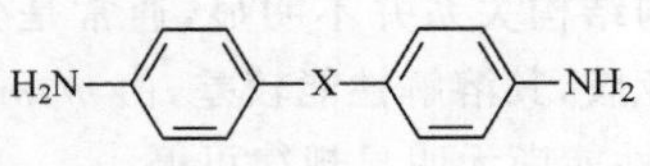

p, *p*′-二胺

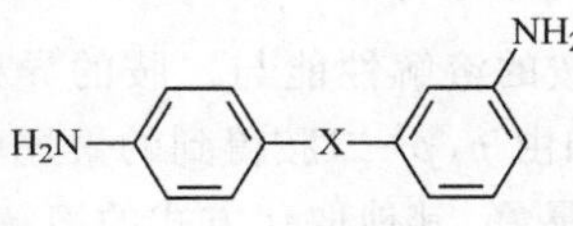

p, *m*′-二胺

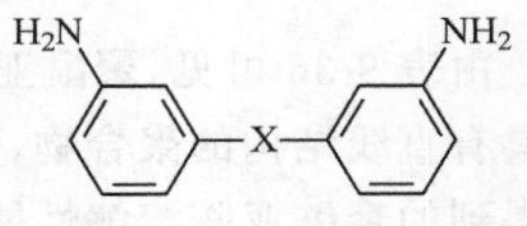

m, *m*′-二胺

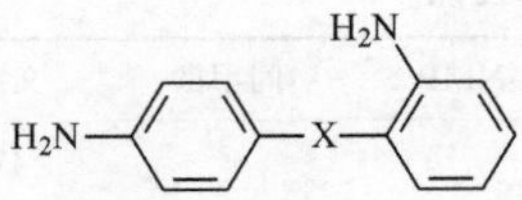

p, *o*′-二胺

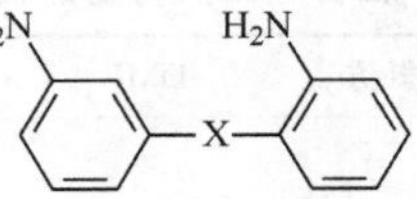

m, *o*′-二胺

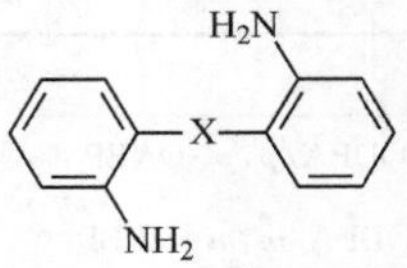

o, *o*′-二胺

对于三苯二醚二胺（APB），按习惯用数字来表示其结构，即第一和第二个数字是代表中间苯环的取代位置，数字 1,3 即表示中间苯环为间位取代，1,4 则表示对位取代。第三个数字是氨基所在苯环的取代位置，3 表示氨基在间位，4 则表示在对位：

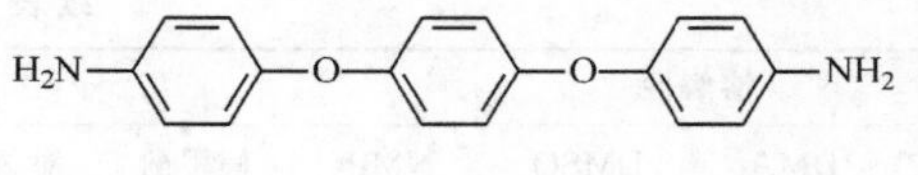

1, 4, 4-APB

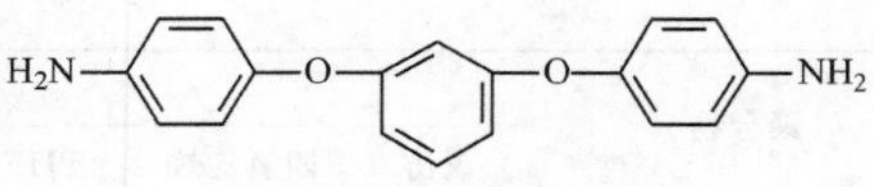

1, 3, 4-APB

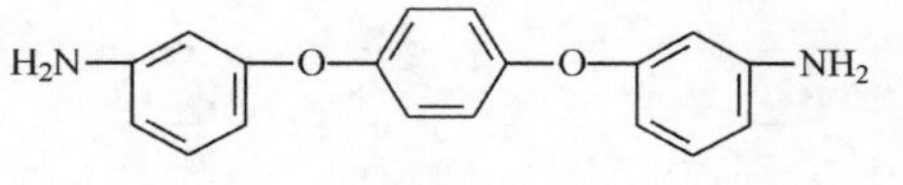

1, 4, 3-APB

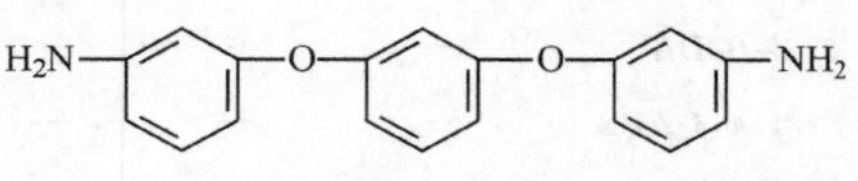

1, 3, 3-APB

其他多环二胺如中间部分不变化，则可以看成是桥连二胺，并按桥连二胺来命名，例如：

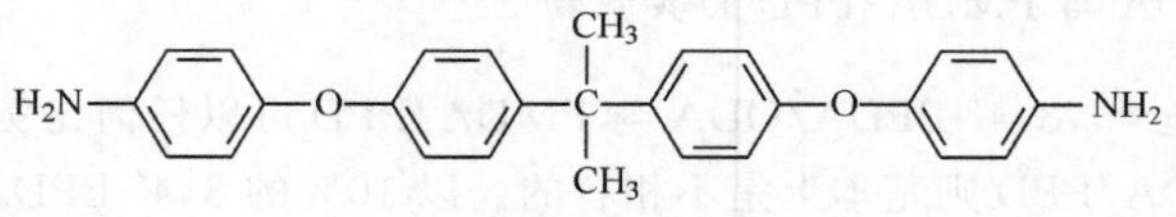

p, *p*'-BDAF

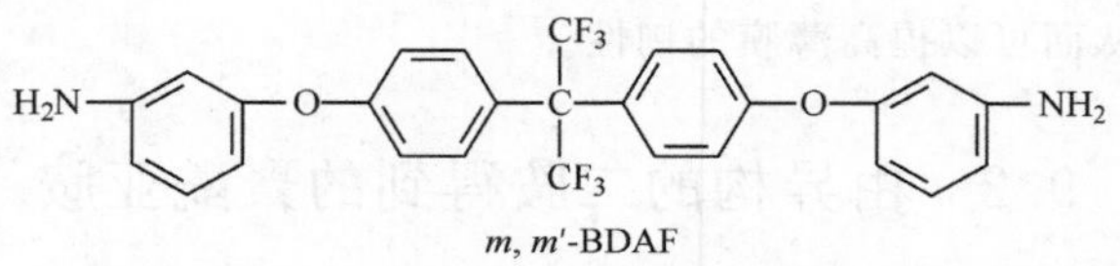

m, *m*'-BDAF

由异构的二胺得到的聚酰亚胺在性能上表现出来的差异并没有由异构的二酐得到的聚酰亚胺那样显著和具有明显的规律性，这固然与制备方法及测试条件的不同有关，但本身的内在原因也有待进一步的探索和阐明。这个结果也进一步从异构的角度证明了“对于聚酰亚胺，二酐的结构要比二胺的结构对性能有更大的影响”这个结论。

9.2.1　由异构二胺得到的聚酰亚胺的溶解性能

由表 9-36 可见，聚酰亚胺的溶解性能与二胺的异构结构关系并不明显，通常是分子链具有直线结构的聚合物，如由 *p*,*p*'-二胺得到的聚酰亚胺，其溶解性能较差，由 *m*,*m*'-二胺得到的聚酰亚胺溶解性能最好，其他取代方式的溶解性能尚无明显规律可循。

表 9-36　由异构二胺得到的聚酰亚胺的溶解性能

	氯仿	DMF	DMAC	NMP	间甲酚	文献
ODPA/*p*,*p*'-DABP		−		−	−	[47]
ODPA/*m*,*m*'-DABP		−		−	−	[47]
ODPA/*o*,*p*'-DABP		+		+	±	[47]
ODPA/*m*,*p*'-DABP		+		+	+	[47]
6FDA/*p*,*p*'-DABP		−		−	−	[47]
6FDA/*m*,*m*'-DABP		+		+	±	[47]
6FDA/*o*,*p*'-DABP		+		+	+	[47]
6FDA/*m*,*p*'-DABP		+		+	−	[47]
BFDA/*p*,*p*'-DABP		−		−	−	[47]

续表

	氯仿	DMF	DMAC	NMP	间甲酚	文献
BFDA/m,m'-DABP		−		−	−	[47]
BFDA/o,p'-DABP		−		−	−	[47]
BFDA/m,p'-DABP		−		−	−	[47]
BDSDA/p,p'-DABP		−		+	+	[47]
BDSDA/m,m'-DABP		−		+	±	[47]
BDSDA/o,p'-DABP		+		+	+	[47]
BDSDA/m,p'-DABP		−		+	±	[47]
ODPA/p,p'-MDA		±		±	±	[48]
ODPA/m,m'-MDA		−		−	−	[48]
ODPA/o,p'-MDA		±		±	±	[48]
ODPA/m,p'-MDA		−		−	−	[48]
6FDA/p,p'-MDA		−		−	−	[48]
6FDA/m,m'-MDA		±		±	±	[48]
6FDA/o,p'-MDA		±		+	+	[48]
6FDA/m,p'-MDA		−		−	−	[48]
BFDA/p,p'-MDA		−		−	−	[48]
BFDA/m,m'-MDA		−		−	−	[48]
BFDA/o,p'-MDA		−		−	−	[48]
BFDA/m,p'-MDA		−		−	−	[48]
BDSDA/p,p'-MDA		−		−	−	[48]
BDSDA/m,m'-MDA		−		−	−	[48]
BDSDA/o,p'-MDA		±		±	±	[48]
BDSDA/m,p'-MDA		−		−	−	[48]
6FDA/1,4,4-APB	+	+	−			[49]
6FDA/1,3,4-APB	+	+	+			[49]
6FDA/1,4,3-APB	±	±	+			[49]
6FDA/1,3,3-APB	+	+	+			[49]
ODPA/1,4,4-APB	−	−	−			[49]
ODPA/1,3,4-APB	−	−	−			[49]
ODPA/1,4,3-APB	−	−	−			[49]
ODPA/1,3,3-APB	±	±	±			[49]
PMDA/p-SED	−	±	±	±		[50]

续表

	氯仿	DMF	DMAC	NMP	间甲酚	文献
PMDA/*m*-SED	−	±	±	±		[50]
6FDA/*p*-SED	+	+	+	+		[50]
6FDA/*m*-SED	+	+	+	+		[50]
BTDA/*p*-SED	−	−	−	−		[50]
BTDA/*m*-SED	±	+	+	+		[50]
BPDA/*p*-SED	−	±	±	±		[50]
BPDA/*m*-SED	−	+	+	±		[50]
ODPA/*p*-SED	−	+	+	+		[50]
ODPA/*m*-SED	−	+	+	+		[50]
BTDA/*p*,*p*′-ODA	−		−	−	−	[10]
BTDA/*m*,*p*′-ODA	−		−	−	−	[10]
BTDA/*m*,*m*′-ODA	−		−	−	−	[10]
BTDA/*m*,*m*′-PBDA		−	−	−		[51]
BTDA/*m*,*p*′-PBDA		−	−	−		[51]
BTDA/*p*,*m*′-PBDA		−	−	−		[51]
BTDA/*p*,*p*′-PBDA		−	−	−		[51]
ODPA/*p*,*p*′-ODA	−		±	+	+	[10]
ODPA/*m*,*p*′-ODA	−		−	±	+	[10]
ODPA/*m*,*m*′-ODA	±		+	+	+	[10]
6FDA/*p*,*p*′ - ODA	+	+	−			[49]
6FDA/*o*,*p*′-ODA	+	+	+			[49]
6FDA/*m*,*p*′ - ODA	+	+	+			[49]
6FDA/*m*,*m*′-ODA	+	+	+			[49]
ODPA/*p*,*p*′-ODA	−	−	−			[49]
ODPA/*o*,*p*′-ODA		+	+			[49]
ODPA/*m*,*p*′-ODA	−	−	−			[49]
ODPA/*m*,*m*′-ODA	+	−	+			[49]

9.2.2　由异构二胺得到的聚酰亚胺的热性能

表 9-37 为由 PMDA 得到的聚酰亚胺的等温热稳定性[49]，应该说，由异构二胺与 PMDA 得到的聚酰亚胺的热稳定性没有根本性的差别。由二氨基苯甲酰苯胺得到的聚酰亚胺研究得较少，如果不是实验误差，由 *m*,*p*′-PBDA 和 *p*,*m*′-PBDA 得到的聚酰亚胺之间热稳定性上的差别是很有意思的结果。由 *p*,*p*′-PBDA 和 *m*,*p*′-PBDA 得到的聚合

物虽然都具有高相对分子质量，却得不到柔韧的薄膜，这可能是链的刚性太大所致。

表 9-37　由 PMDA 得到的聚酰亚胺的热稳定性性能

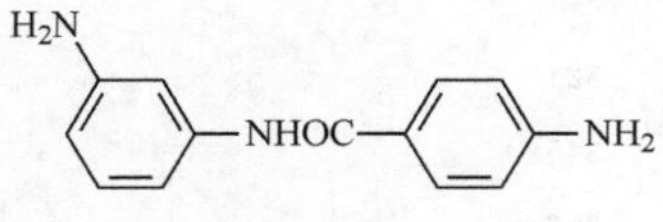

m, *p*'-PBDA

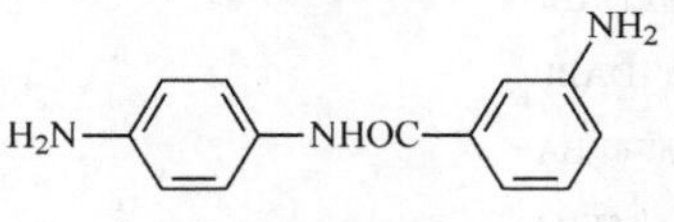

p, *m*'-PBDA

聚酰亚胺	η_{inh} /(dL/g)	薄膜状态	在 325 ℃等温失重/%			
			100 h	200 h	300 h	400 h
PMDA/*p*,*p*'-ODA	2.45	柔性	3.3	4.0	5.2	6.5
PMDA/*m*,*p*'-ODA	1.31	柔性	3.4	3.8	5.1	6.6
PMDA/*p*,*p*'-PBDA	2.2	脆	5.7	8.4	11.9	12.1
PMDA/*m*,*p*'-PBDA	1.55	柔性	4.3	7.8	10.8	11.9
PMDA/*p*,*m*'-PBDA	2.19	柔性	2.0	4.2	6.9	9.8
PMDA/*m*,*m*'-PBDA	1.18	柔性	3.2	6.5	9.8	11.2
PMDA/3,5'-PBDA	1.29	不能成膜	—	—	—	—

表 9-38 是由异构二胺得到的聚酰亚胺的玻璃化温度和热稳定性，由异构的二胺得到的聚酰亚胺的玻璃化温度在通常情况下都是以由 *p*,*p*'-二胺得到的聚酰亚胺为最高，*m*,*m*'-二胺的聚酰亚胺为最低，氨基在桥基邻位的二胺得到的聚酰亚胺的 T_g 也较高，但通常略低于由 *p*,*p*'-二胺得到的聚酰亚胺。这可能是由于邻位氨基使得到的大分子发生扭曲，降低了分子链的活动性。氨基在其他取代位置时所得到的聚酰亚胺的 T_g 则处于中间温度。但也有一些例外的情况，其中最典型的是由 6FBA 异构体得到的聚酰亚胺，由 *m*,*m*'-6FBA 得到的聚酰亚胺的 T_g 要明显高于由 *p*,*p*'-6FBA 得到的聚酰亚胺。

表 9-38　由异构二胺得到的聚酰亚胺的玻璃化温度和热稳定性[52]

聚酰亚胺	η_{inh}/(dL/g)	T_g/℃	$T_{5\%}$/℃	文献
BTDA/PPD		333		[53]
BTDA/MPD		300		[53]
ODPA/PPD		326		[53]
ODPA/MPD	0.47	261		[53]
PMDA/*p*,*p*'-ODA		380		[52]
PMDA/*m*,*p*'-ODA		440,320		[52]
PMDA/*p*,*p*'-ODA	1.64,1.20	361^b,400		[52]
PMDA/*o*,*p*'-ODA	0.52	386^b		[52]
PMDA/*m*,*m*'-ODA	0.83	287		[52]
PMDA/*p*,*p*'-DABP	0.69,0.98	412,424		[15,52]
PMDA/*m*,*m*'-DABP	1.00	318		[15,52]

续表

聚酰亚胺	η_{inh}/(dL/g)	T_g/℃	$T_{5\%}$/℃	文献
PMDA/m,p'-DABP	0.84	341		[52]
PMDA/o,p'-DABP	0.83	321		[52]
PMDA/p,p'-6FBA		345		[54]
PMDA/m,m'-6FBA		296		[54]
PMDA/p,p'-BDAF	1.05	310		[55]
PMDA/m,m'-BDAF	0.81	235		[55]
BTDA/p,p'-Bz	1.72	382		[52]
BTDA/o,p'-Bz	0.35	305		[52]
BTDA/p,p'-ODA	1.01	290		[52]
BTDA/o,p'-ODA	0.60	287		[52]
BTDA/p,p'-ODA	1.67	277	540($T_{20\%}$)	[56]
BTDA/m,p'-ODA	1.14	252	540($T_{20\%}$)	[56]
BTDA/m,m'-ODA	1.09	221	539($T_{20\%}$)	[56]
BTDA/p,p'-MDA	0.96	306		[52]
BTDA/m,p'-MDA	0.99	292		[52]
BTDA/m,m'-MDA	0.80	272		[52]
BTDA/o,p'-MDA	0.62	290		[52]
BTDA/o,m'-MDA	0.62	258[b]		[52]
BTDA/o,o'-MDA	0.20	285[b]		[52]
BTDA/m,m'-PBDA		287		[51]
BTDA/m,p'-PBDA		306		[51]
BTDA/p,m'-PBDA		309		[51]
BTDA/p,p'-PBDA		ND		[51]
BTDA/p,p'-DABP	0.79[13],0.73	288[13],293	546[a]	[52]
BTDA/m,p'-DABP	0.70[13],0.64	259[13],282	545[a]	[52]
BTDA/m,m'-DABP	0.64[13],0.55	277[13],264		[52]
BTDA/3,5-DABP	0.74	295		[52]
BTDA/o,p'-DABP	0.22	289[b]		[52]
BTDA/o,m'-DABP	0.09	259[b]		[52]
BTDA/o,o'-DABP	0.09	289[b]		[52]
BTDA/p,p'-6FBA		239.0		[57]
BTDA/m,m'-6FBA		304.0		[57]
ODPA/p,p'-ODA	1.90	267	542($T_{20\%}$)	[56]
ODPA/m,p'-ODA	1.82	237	539($T_{20\%}$)	[56]
ODPA/m,m'-ODA	1.15	202	543($T_{20\%}$)	[56]

续表

聚酰亚胺	η_{inh}/(dL/g)	T_g/℃	$T_{5\%}$/℃	文献
ODPA/*p*,*p*'-MDA		294,(275,N_2)		[48]
ODPA/*o*,*p*'-MDA		279,(263,N_2)		[48]
ODPA/*m*,*p*'-MDA		274		[48]
ODPA/*m*,*m*'-MDA		258		[48]
ODPA/*p*,*p*'-DABP	0.70	274	541[a]	[52]
ODPA/*o*,*p*'-DABP		265(TBA)		[52]
ODPA/*m*,*p*'-DABP		265		[52]
ODPA/*m*,*m*'-DABP	1.32	239	547[a]	[52]
ODPA/*p*,*p*'-6FBA		224.5		[57]
ODPA/*m*,*m*'-6FBA		305.0		[57]
ODPA/1,4,4-APB	0.50	222		[48]
ODPA/1,4,3-APB	0.45	189		[48]
ODPA/1,3,4-APB	0.50	201		[48]
ODPA/1,3,3-APB	0.53	168		[48]
ODPA/1,2,4-APB	0.98			[48]
6FDA/*p*,*p*'-ODA	1.20	288		[49]
6FDA/*m*,*m*'-ODA	0.63	244		[49]
6FDA/*p*,*p*'-MDA		290		[48]
6FDA/*o*,*p*'-MDA		245,(262,N_2)		[48]
6FDA/*m*,*p*'-MDA		272		[48]
6FDA/*m*,*m*'-MDA		248,(242,N_2)		[48]
6FDA/*p*,*p*'-DABP		311		[52]
6FDA/*o*,*p*'-DABP		289(TBA)		[52]
6FDA/*m*,*p*'-DABP		288		[52]
6FDA/*m*,*m*'-DABP		260		[52]
6FDA/*p*,*p*'-6FBA		250.5		[54]
6FDA/*m*,*m*'-6FBA		318.5		[54]
6FDA/*p*,*p*'-BDAF	1.74	263,262		[55]
6FDA/*m*,*m*'-BDAF	0.92,0.61	246,224		[55]
6FDA/*p*-SED		293	544(空气),561(N_2)	[58]
6FDA/*m*-SED		244	540(空气),550(N_2)	[58]
6FDA/*p*-intA		>400	477	[59]
6FDA/*m*-intA		>400	509	[59]
BFDA/*p*,*p*'-MDA		238		[47]
BFDA/*o*,*p*'-MDA		224		[47]

续表

聚酰亚胺	η_{inh}/(dL/g)	T_g/℃	$T_{5\%}$/℃	文献
BFDA/*m*,*p*′-MDA		231		[47]
BFDA/*m*,*m*′-MDA		216		[47]
BPDA/PPD	1.99	—	10%,638(N_2)	[60]
BPDA/MPD	1.05	336	10%,613(N_2)	[60]
BPDA/*p*,*p*′-ODA	1.04	262	567	[31]
BPDA/*m*,*p*′-ODA	1.13	274	10%,604(N_2)	[60]
BPDA/*m*,*m*′-ODA	0.6	243	545	[31]
3,4′-BPDA/*p*,*p*′-ODA	0.51	319	545(N_2),538(空气)	[31]
3,4′-BPDA/*m*,*m*′-ODA	0.77	245	520(N_2),518(空气)	[31]
3,3′-BPDA/*p*,*p*′-ODA	0.63	330	534(N_2),515(空气)	[31]
3,3′-BPDA/*m*,*m*′-ODA	0.64	246	515(N_2),508(空气)	[31]
BPDA/*p*-DDS		330		[61]
BPDA/*m*-DDS		260		[61]
BPDA/*p*,*p*′-6FBA		267		[57]
BPDA/*m*,*m*′-6FBA		343.0		[57]
BPDA/1,4,4-APB	1.05	257	532(N_2),517(空气)	[31]
BPDA/1,3,4-APB		210		[40]
BPDA/1,3,3-APB	0.78	200	531(N_2),521(空气)	[31]
3,4′-BPDA/1,4,4-APB	1.06	283	524(N_2),509(空气)	[31]
3,4′-BPDA/1,3,3-APB	0.81	205	514(N_2),507(空气)	[31]
3,3′-BPDA/1,4,4-APB	0.37	293	524(N_2),508(空气)	[37]
3,3′-BPDA/1,3,3-APB	0.37	206	474(N_2),489(空气)	[37]
BFDA/*p*,*p*′-DABP		248		[52]
BFDA/*o*,*p*′-DABP		234		[52]
BFDA/*m*,*p*′-DABP		237		[52]
BFDA/*m*,*m*′-DABP		220		[52]
BDSDA/*p*,*p*′-MDA		267,(223,N_2)		[47]
BDSDA/*o*,*p*′-MDA		240,(223,N_2)		[47]
BDSDA/*m*,*p*′-MDA		254		[47]
BDSDA/*m*,*m*′-MDA		247		[47]
BDSDA/*p*,*p*′-DABP		221		[52]
BDSDA/*o*,*p*′-DABP		212		[52]
BDSDA/*m*,*p*′-DABP		213		[52]
BDSDA/*m*,*m*′-DABP		200		[52]
SiDPA/4,4′-ODA		256	531(N_2),519(空气)	[62]
SiDPA/4,4′-ODA		228	512(N_2),481(空气)	[62]

a：$T_{20\%}$，空气[15]，T_g 由 TMA 测定；b：T_g 由 TBA 测定[52]。

由表 9-39 同样可以得到 $T_g(K)/T_\beta(K)$在 0.75 左右的关系。

表 9-39　由 BTDA 得到的聚酰亚胺的 T_g 和 β 转变的关系[63]

二胺	$\eta/(dL/g)$	$T_g/℃$	$T_\beta/℃$	$T_g(K)/T_\beta(K)$
m,*m*′-MDA	0.41	232	115	0.77
p,*p*′-MDA	1.21	284	105	0.71
m,*m*′-DABP	0.43	257	125	0.75
m,*p*′-DABP	0.51	277	120	0.71
p,*p*′-DABP	0.70	285	110	0.69
3,5-DABP	0.74	278	110	0.70

Dingemans 等[64] 研究了一些含多苯醚结构的二胺，所合成的聚酰亚胺的热性能见表9-40。

表 9-40　由多苯醚二胺异构体合成的聚酰亚胺的热性能

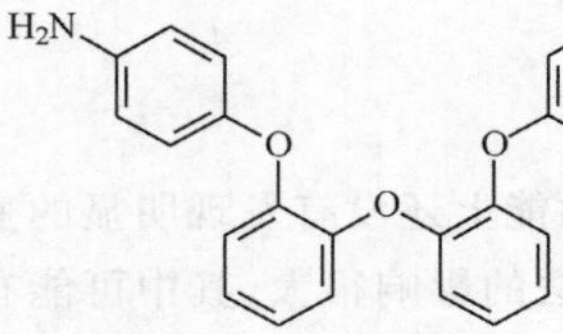

o-**4**

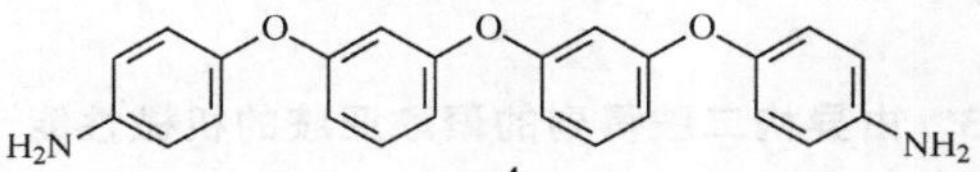

m-**4**

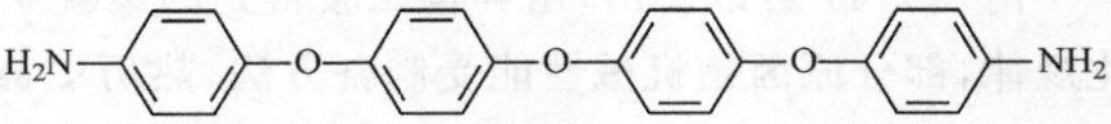

p-**4**

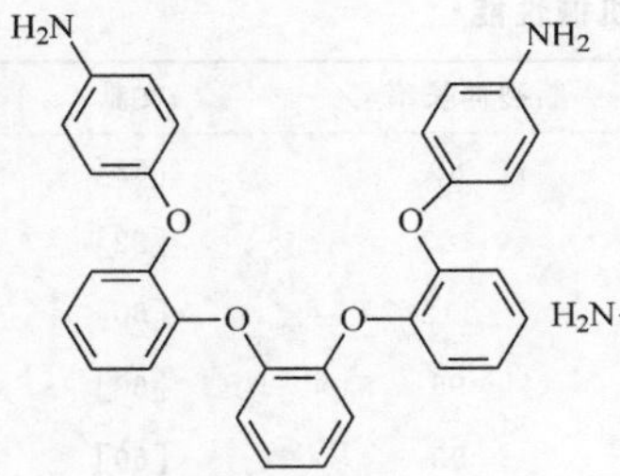

o-**5**

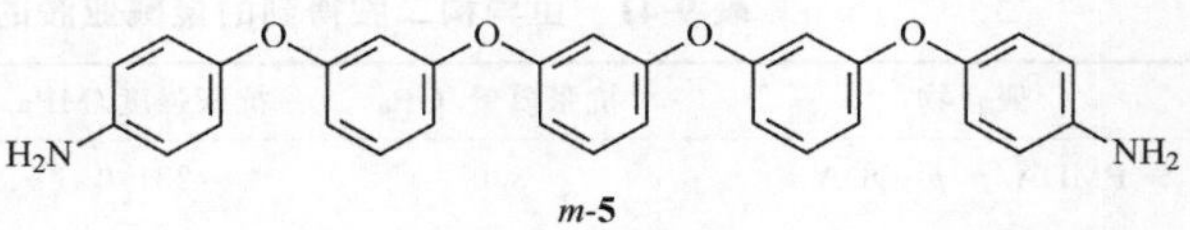

m-**5**

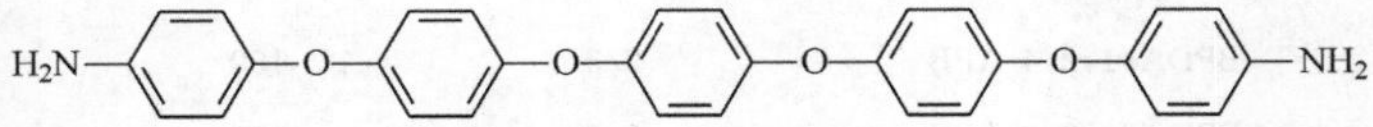

p-**5**

聚合物	$\eta_{inh}/(dL/g)$	$T_g/℃$	$T_m/℃$	$T_{5\%}/℃(N_2)$	$T_{5\%}/℃$(空气)
BPDA/1,2,4-APB	1.67	272	457	524	488
BPDA/*p*-**4**	1.01	226	381	514	479
BPDA/*p*-**5**	0.77	218	345	496	454
ODPA/1,4,4-APB	0.72	243		499	482
ODPA/*p*-**4**	1.18	214		506	477
ODPA/*p*-**5**	0.87	206		481	461
BPDA/1,3,4-APB	0.86	214	384	533	493

续表

聚合物	η_{inh}/(dL/g)	T_g/℃	T_m/℃	$T_{5\%}$/℃(N_2)	$T_{5\%}$/℃(空气)
BPDA/*m*-**4**	1.80	196		502	461
BPDA/*m*-**5**	1.44	173		514	490
ODPA/1,3,4-APB	0.92	215		503	464
ODPA/*m*-**4**	0.73	175		502	499
ODPA/*m*-**5**	0.59	158		501	480
BPDA/1,3,3-APB	1.60	246		539	494
BPDA/*o*-**4**	1.03	206		499	445
BPDA/*o*-**5**	0.50	184		480	448
ODPA/1,3,3-APB	0.75	223		490	478
ODPA/*o*-**4**	1.08	190		509	459
ODPA/*o*-**5**	0.26	171		480	434

9.2.3 由异构二胺得到的聚酰亚胺的机械性能

由表9-41可以看出，由异构二胺得到的聚酰亚胺在机械性能上还没有发现明显的变化规律，部分原因是机械性能受制备方法、热历史甚至测试方法的影响很大，其中可能有的差别被这些实验条件的不同所带来的误差所掩盖。

表 9-41 由异构二胺得到的聚酰亚胺的机械性能

聚合物	抗张模量/GPa	抗张强度/MPa	断裂伸长率/%	文献
PMDA/*p*,*p*′-ODA	3.0	281.0	83	[52]
PMDA/*m*,*p*′-ODA	5.0	235.6	183	[52]
BPDA/1,2,4-APB	2.3	100	112	[60]
BPDA/1,3,4-APB	2.7	136	96	[60]
BPDA/1,4,4-APB	2.9	158	93	[60]
BPDA/PPD	5.2	246	15	[60]
BPDA/MPD	3.2	168	16	[60]
BPDA/ODA	2.5	164	80	[60]
BPDA/*m*,*p*-ODA	2.6	146	95	[60]
BTDA/*p*,*p*′-ODA	3.41	139	10.4	[65]
BTDA/*m*,*p*′-ODA	3.67	132	12.1	[65]
BTDA/*m*,*m*′-ODA	3.51	136	6.0	[65]
BTDA/*p*,*p*′-MDA	2.57	93.7	8.1	[52]
BTDA/*o*,*p*′-MDA	3.23	98.6	3.5	[52]
BTDA/*m*,*p*′-MDA	2.77	109.9	8.5	[52]

续表

聚合物	抗张模量/GPa	抗张强度/MPa	断裂伸长率/%	文献
BTDA/*m*,*m*′-MDA	2.65	82.4	3.7	[52]
BTDA/*p*,*p*′-DABP	3.32	113.3	6.6	[52]
BTDA/*m*,*p*′-DABP	3.49	131.0	5.7	[52]
BTDA/*m*,*m*′-DABP	3.80	138.7	4.8	[52]
BTDA/*m*,*m*′-DABA	3.9	121.1	5.7	[51]
BTDA/*m*,*p*′-DABA	3.9	131.0	7.3	[51]
BTDA/*p*,*m*′-DABA	3.6	130.3	7.1	[51]
BTDA/*p*,*p*′-DABA	7.2	179.6	4.4	[51]
ODPA/*p*,*p*′-ODA	2.95	138	49.4	[65]
ODPA/*m*,*p*′-ODA	3.04	117	37.8	[65]
ODPA/*m*,*m*′-ODA	3.35	123	51.7	[65]
ODPA/*p*,*p*′-DABP	3.23	141	39.6	[52]
ODPA/*m*,*m*′-DABP	3.77	156	6.9	[52]
6FDA/*p*-SED	2.99	98.5	14.0	[58]
6FDA/*m*-SED	2.91	89.4	13.1	[58]
6FDA/*p*-intA	2.7	91.7	5.0	[59]
6FDA/*m*-intA	2.8	67.0	2.93	[59]

由异构二胺得到的聚酰亚胺对钛的黏结力也不同[66]（表 9-42 和表 9-43）。

表 9-42　线形聚酰亚胺对钛的黏结性能

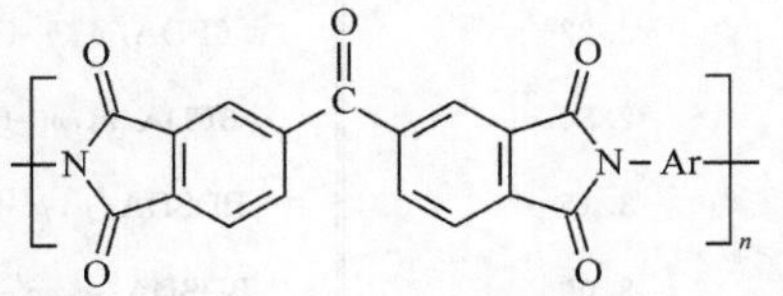

Ar	异构体	层间剪切强度/MPa
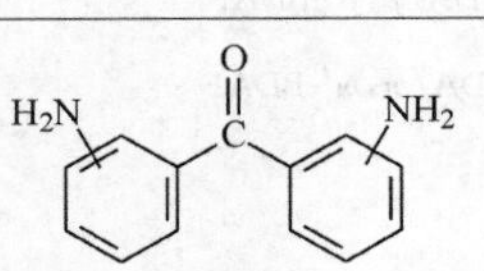	*m*,*m*′- *m*,*p*′- *p*,*p*′-	42.3 17.6 18.3
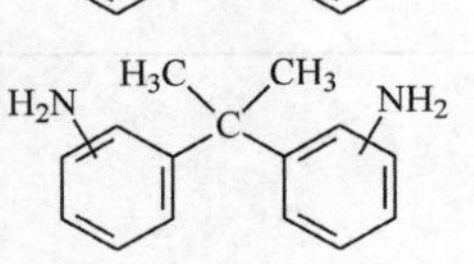	*m*,*m*′- *p*,*p*′-	29.6 13.4
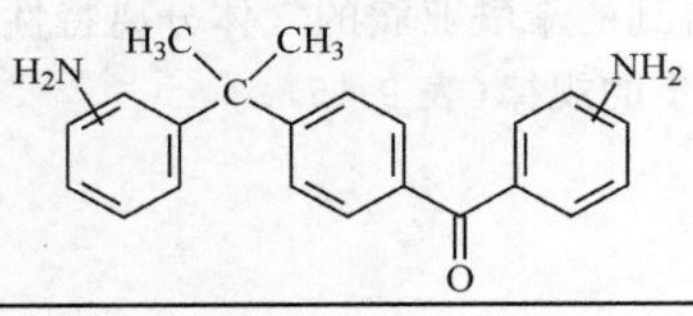	*m*,*m*′- *p*,*p*′-	29.6 18.3

表 9-43　热固性聚酰亚胺对钛的黏结性能

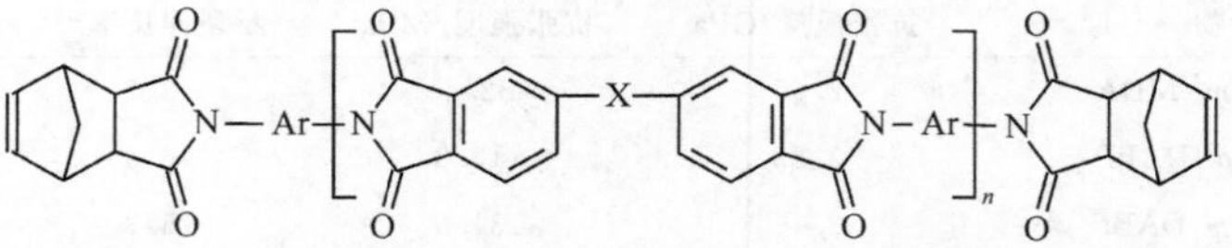

Ar	X	异构体	层间剪切强度/MPa
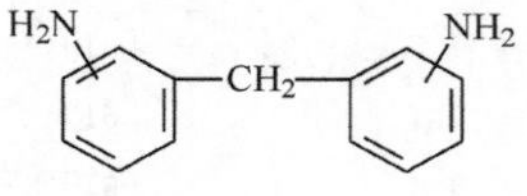	C=O	*m*,*m*′-	19.7
	C=O	*p*,*p*′-	4.2
	O	*m*,*m*′-	17.6
	O	*p*,*p*′-	9.2
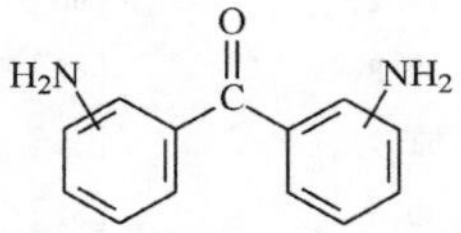	C=O	*m*,*m*′-	14.8
	C=O	*p*,*p*′-	9.2
	O	*m*,*m*′-	21.1
	O	*p*,*p*′-	9.2

9.2.4　由异构二胺得到的聚酰亚胺的介电常数

由 *m*,*m*′-二胺得到的聚酰亚胺的介电常数都低于由 *p*,*p*′-二胺得到的聚酰亚胺，这应该与由 *m*,*m*′-二胺得到的聚酰亚胺由于弯曲的链使大分子的堆砌密度较低，相对较大的自由体积降低了介电常数有关(表 9-44)。

表 9-44　异构聚酰亚胺的介电常数[67]

聚酰亚胺	介电常数(10 GHz)	聚酰亚胺	介电常数(10 GHz)
PMDA/*p*,*p*′-ODA	3.22	6FDA/*p*,*p*′-ODA	2.79
PMDA/*m*,*m*′-ODA	2.84	6FDA/*m*,*m*′-ODA	2.73
BTDA/*p*,*p*′-ODA	3.15	BDSDA/*p*,*p*′-ODA	2.97
BTDA/*m*,*m*′-ODA	3.09	BDSDA/*m*,*m*′-ODA	2.95
ODPA/*p*,*p*′-ODA	3.07	6FDA/*p*,*p*′-BDAF	2.50
ODPA/*m*,*m*′-ODA	2.99	6FDA/*m*,*m*′-BDAF	2.40
HQDPA/*p*,*p*′-ODA	3.02		
HQDPA/*m*,*m*′-ODA	2.88		

9.2.5　由异构二胺得到的聚酰亚胺的气体分离特性

由异构二胺得到的聚酰亚胺比由异构二酐得到的聚酰亚胺的气体分离特性的研究要充分一些，从这里列出的数据可以总结出一些初步的规律(表 9-45)。

表 9-45　由异构二胺得到的聚酰亚胺的气体分离性能

聚酰亚胺	P_{H_2}	P_{CO_2}	P_{O_2}	P_{CH_4}	文献
PMDA/*m*,*m*′-ODA	3.6	0.50	0.13	0.008	[68]
PMDA/*p*,*p*′-ODA	3.01	1.14	0.22	0.026	[68]
PMDA/*m*,*p*′-ODA	5.92	1.18	0.31	0.0258	[69]
PMDA/*m*,*m*′-6FBAP	18.8	6.12	1.40	0.17	[68]
PMDA/*p*,*p*′-6FBAP	23.9	11.8	2.90	0.36	[68]
PMDA/*m*,*m*′-DABP		—	0.1	—	[53]
PMDA/*p*,*p*′-DABP		5.2	0.32	—	[53]
6FDA/MPD	40.2	9.2	3.0	—	[70]
6FDA/PPD	45.5	15.3	4.2	—	[70]
6FDA/*p*,*p*′-BDAF		18.90		0.510	[71]
6FDA/*m*,*m*′-BDAF		5.71		0.142	[71]
6FDA/*m*,*m*′-ODA	14.0	2.10	0.68	0.032	[68]
6FDA/*p*,*p*′-ODA	52.5	22.0	5.05	0.53	[68]
6FDA/*m*,*p*′-ODA	23.7	6.11	1.57	0.125	[69]
6FDA/*p*,*p*′-ODA	40.7	16.7	3.88	0.341	[69]
6FDA/*m*,*m*′-DDS		2.3	0.73	0.031	[72]
6FDA/*p*,*p*′-DDS		16	3.7	0.34	[72]
6FDA/*m*,*m*′-6FBAP	21	6.30	1.35	0.13	[68]
6FDA/*p*,*p*′-6FBAP	46.0	19.0	5.40	0.51	[68]
6FDA/*m*,*m*′-6FBA	(48)	5.13	1.80	0.08	[73]
6FDA/*p*,*p*′-6FBA	(137)	63.9	16.3	1.06	[73]
BTDA/MPD		0.34	0.12		[53]
BTDA/PPD		—	0.039		[53]
BTDA/*m*,*m*′-6FBAP	(17.0)	1.05	0.39	0.014	[74]
BTDA/*p*,*p*′-6FBAP	(26.7)	7.30	1.86	0.156	[74]
BTDA/*m*,*m*′-DABP		0.31	0.084		[53]
BTDA/*m*,*p*′-DABP		0.34	0.172		[53]
BTDA/*p*,*p*′-DABP		0.50	0.173		[53]
BTDA/*m*,*m*′-MDA		0.13	0.09		[52]
BTDA/*m*,*p*′-MDA		—	0.22		[52]
BTDA/*p*,*p*′-MDA		1.24	0.54		[52]
BTDA/*m*,*m*′-6FBA	(17)	1.05	0.39		[75]
BTDA/*p*,*p*′-6FBA	(26.7)	7.3	1.86		[75]
BPDA/*m*,*m*′-DDS		0.18			[61]
BPDA/*p*,*p*′-DDS		2.7			[61]

续表

聚酰亚胺	P_{H_2}/P_{CH_4}	P_{CO_2}/P_{CH_4}	P_{O_2}/P_{N_2}	P_{N_2}/P_{CH_4}	文献
PMDA/*m*,*m*′-ODA	450	62	7.2	2.5	[68]
PMDA/*p*,*p*′-ODA	115	43	4.5	1.8	[68]
PMDA/*m*,*p*′-ODA	229	46	6.9	1.8	[69]
PMDA/*p*,*p*′-ODA	110	38	5.7	1.6	[69]
PMDA/*m*,*m*′-6FBAP	123	36	4.8	1.6	[68]
PMDA/*p*,*p*′-6FBAP	65	33	4.4	1.8	[68]
6FDA/MPD	252	58		6.7	[68]
6FDA/PPD	159	54		5.3	[70]
6FDA/*p*,*p*′-BDAF		38			[71]
6FDA/*m*,*m*′-BDAF		40			[71]
6FDA/*m*,*m*′-ODA	437	64	6.8	3.0	[68]
6FDA/*p*,*p*′-ODA	97	41	5.4	1.7	[68]
6FDA/*m*,*p*′-ODA	190	49	6.1	2.1	[69]
6FDA/*p*,*p*′-ODA	120	49	5.3	2.1	[69]
6FDA/*p*,*p*′-DDS		47	6.1	1.8	[72]
6FDA/*m*,*m*′-DDS		74	9.1	2.6	[72]
6FDA-/*m*,*m*′-6FBAP	156	48	5.6	1.8	[68]
6FDA/*p*,*p*′-6FBAP	34	37	5.5	1.9	[68]
6FDA/*m*,*m*′-6FBA		64	6.9	3.2	[73]
6FDA/*p*,*p*′-6FBA		40	4.7	3.3	[73]
BTDA/*m*,*m*′-6FBA	1200	75	8.4	3.3	[74]
BTDA/*p*,*p*′-6FBA	171	46.8	6.0	2.0	[74]
BPDA/*m*,*m*′-DDS		83			[61]
BPDA/*p*,*p*′-DDS		45			[61]

注：表中 *P* 的单位为 Barrer，1 Barrer＝10^{-10} cm^3 STP · cm/(cm^2 · s · cmHg)。

由表 9-45 可见，由 *p*,*p*′-ODA 得到的聚酰亚胺比由 *m*,*p*′-ODA 和 *m*,*m*′-ODA 得到的聚酰亚胺的透过系数都高，相应地也具有最低的分离系数。但应该注意到，一些聚合物在透过系数上提高的幅度大，而在分离系数上降低的幅度小。例如，6FDA/*m*,*p*′-ODA 和 6FDA/*p*,*p*′-ODA，在对氢、氮、二氧化碳及甲烷的透过系数后者相应为前者的 1.7 倍、2.7 倍、2.47 倍和 2.73 倍，而对氢和二氧化碳的分离系数仅降低到前者的 63%和 87%，而对于氮和甲烷，其分离系数并未下降。又如，6FDA/*p*,*p*′-6FBA 和 6FDA/*m*,*m*′-6FBA，对于二氧化碳、氧和甲烷，其透过系数相应前者为后者的 12.46 倍、9.06 倍和 13.25 倍，而 CO_2/CH_4，O_2/N_2的分离系数则仅降低为 63%及 68%，对于 N_2/CH_4的分离系数并没有降低。这种性能的变化正是气体分离材料所追求的目标。

9.3　手性聚酰亚胺

手性聚酰亚胺是指大分子链中带有手性结构单元的聚酰亚胺，其中非消旋的异构体应该具有旋光性。基于"一种结构的大分子应该具有相对的特定性能"这样的看法，我们研究手性聚酰亚胺的初衷就是希望能够从不同的手性结构（具有 R 构型结构单元、S 构型结构单元及外消旋结构单元等）的聚酰亚胺中发现在性能上的差异，希望能够开发出具有特定性能的新型高分子材料。

旋光性聚合物在自然界是普遍存在的，除了如天然橡胶和古塔布胶等极少数聚合物以外，其他如蛋白质、多糖，几乎都以旋光性聚合物存在。但是合成的聚合物却几乎都是非旋光性的。旋光性聚合物具有最高级的立体规整性，在生物和热性能上已经显示出巨大的差别，我们希望在光、电和磁功能材料方面也应该表现出差别来。

在我们实验室首次合成了一系列旋光性芳香聚酰亚胺[76-79]，由于选用联萘为结构单元，使得联萘的旋转轴与大分子主链轴成垂直配置，所以联萘这个手性基团几乎不可能因绕 1,1′-轴旋转而消旋。

当采用通常用的氯代酞酰亚胺为原料合成联萘二醚二酐时，缩合反应必须在 100 ℃以上进行，较高的温度会引起联萘酚的外消旋，所以改用可以在室温下反应的硝基邻苯二腈，避免了联萘酚的外消旋（式 9-20）[80]。

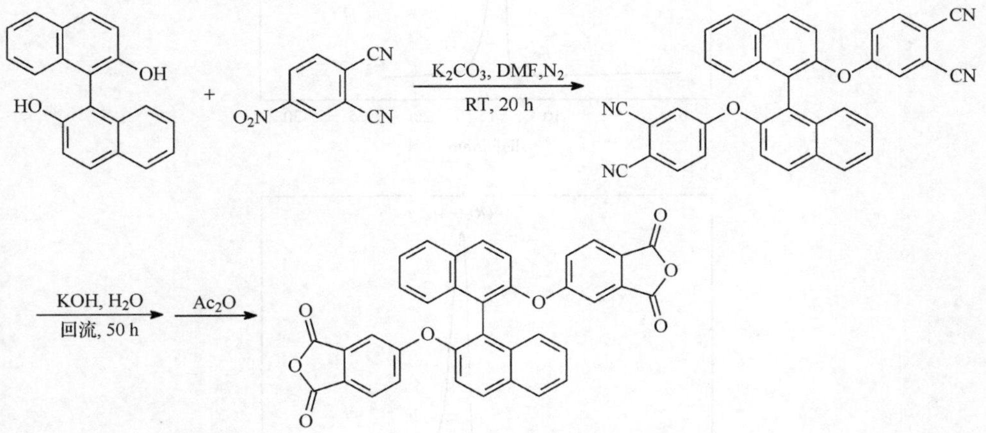

式 9-20　带旋光性联萘单元的二醚二酐的合成

图 9-16 是用手性色谱柱对四腈化合物进行的分析，可见所得到的四腈化合物是旋光纯的，而随后的反应，如水解、脱水、与二胺的聚合及化学酰亚胺化的条件都不应使联萘单元发生消旋化，所以可以认为所得到的聚酰亚胺也是旋光纯的。

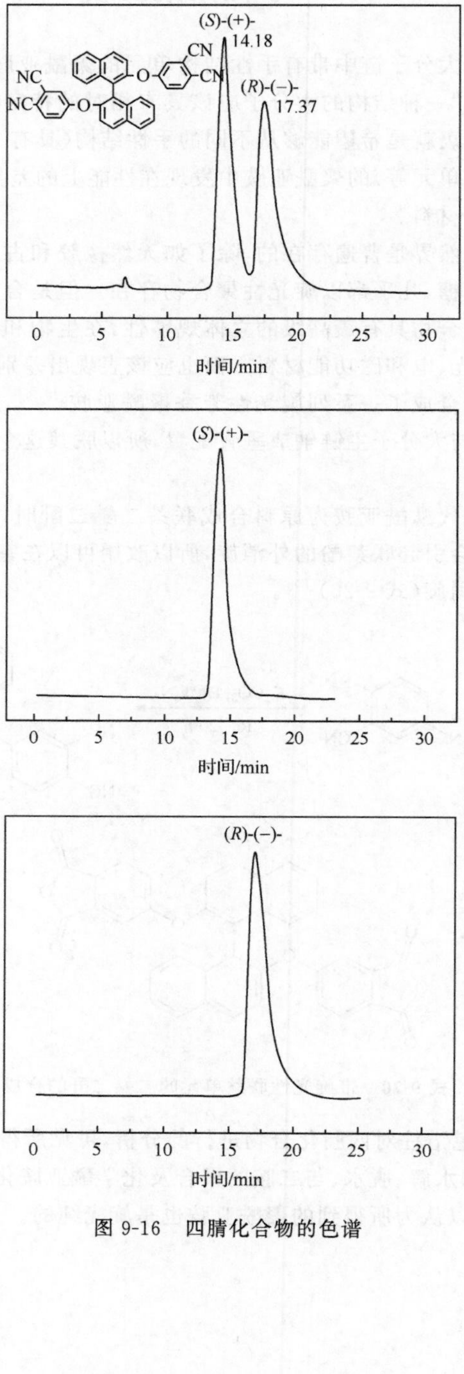

图 9-16　四腈化合物的色谱

联萘二酯二酐是由联萘酚与偏苯三酸酐酰氯合成的。含手性联萘单元的芳香二酐和二胺的熔点和比旋光度见表 9-46。由这些单体得到的旋光性聚酰亚胺的性能见表 9-47。旋光异构体与外消旋体之间的 T_g 和 $T_{5\%}$ 都没有明显差别。由于聚酰亚胺的高热稳定性，表 9-47 中的 1 和 4，即使在 250 ℃和 290 ℃空气中经过近 100 h 和 50 h 处理，或在溶液(DMAc，bp 165 ℃)中回流 24 h 也没有发现消旋化。

表 9-46　含手性联萘单元的芳香二酐和二胺

化合物	熔点/℃	$[\alpha]_D^{20}$
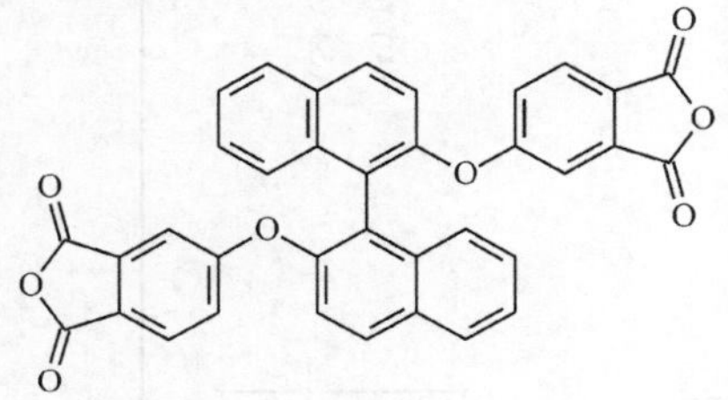	141～142	(*R*)-(＋)68.4° (*c*,0.5,DMAC) (*S*)-(－) 68.2° (*c*,0.5,DMAC)
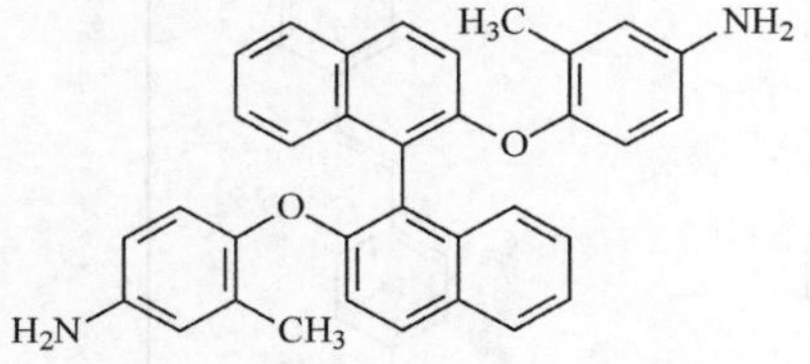 (*R*)	282～283	(*R*)-(＋)189.4° (*c*,0.5,THF)
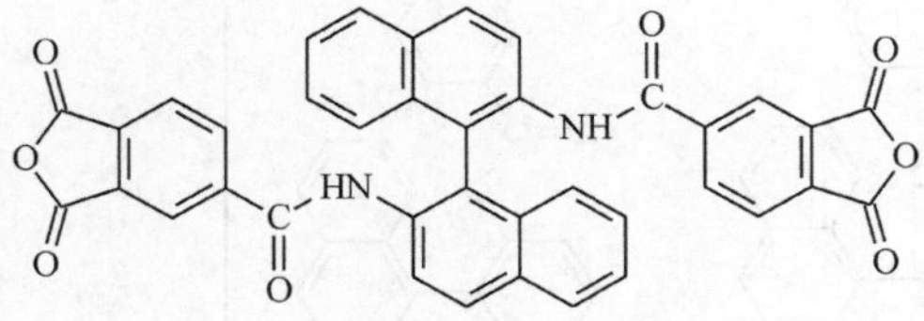 (*R*)	166～169	(*R*)-(－)13.8° (*c*,0.5,DMF) (*S*)-(＋) 14.0° (*c*,0.5,DMF)
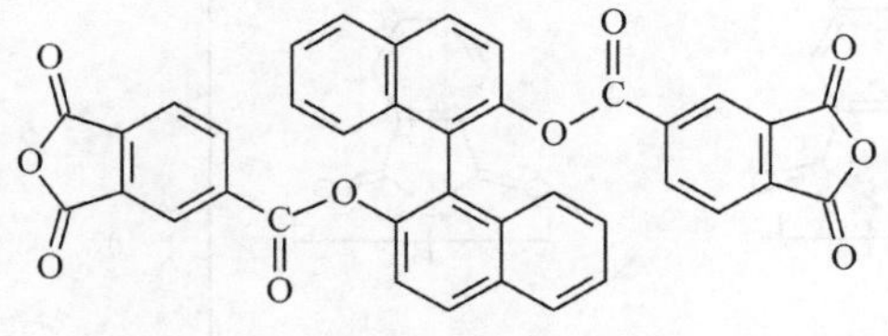 (*R*)	(R)：177～178 (S)：175～176	(*R*)-(＋)13.2° (*c*,0.4,DMF) (*S*)-(－) 14.0° (*c*,0.4,DMF)

表 9-47　含手性联萘单元的芳香聚酰亚胺

序号	聚酰亚胺	$[\alpha]_D$	T_g/℃	$T_{5\%}$/℃
1	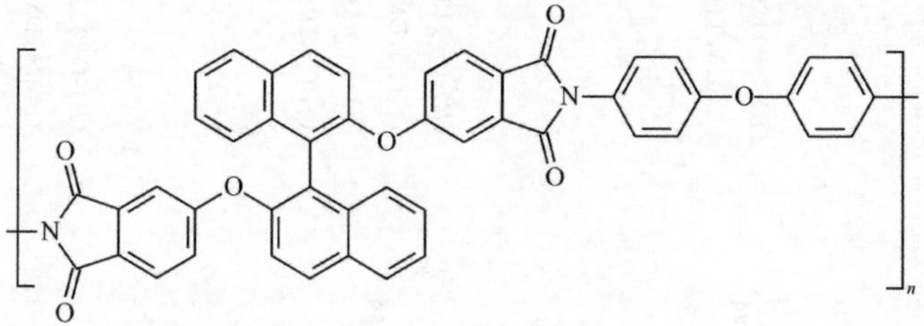	(*R*)-(+)251° (*S*)-(−)250°	274 274	534 530
2	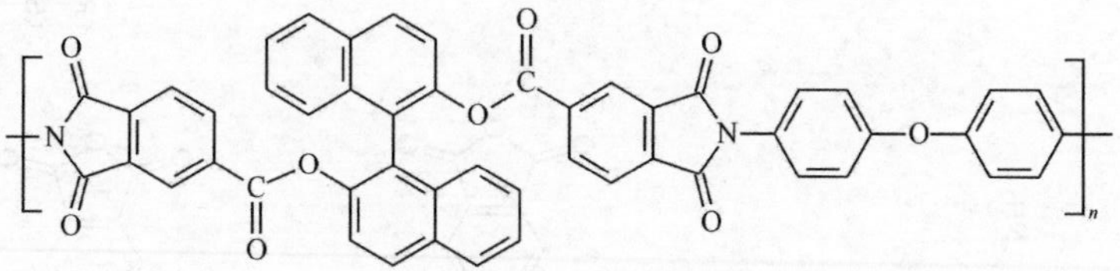	(*R*)-(−)61.34° (*S*)-(+)61.32°	256 258	427 421
3	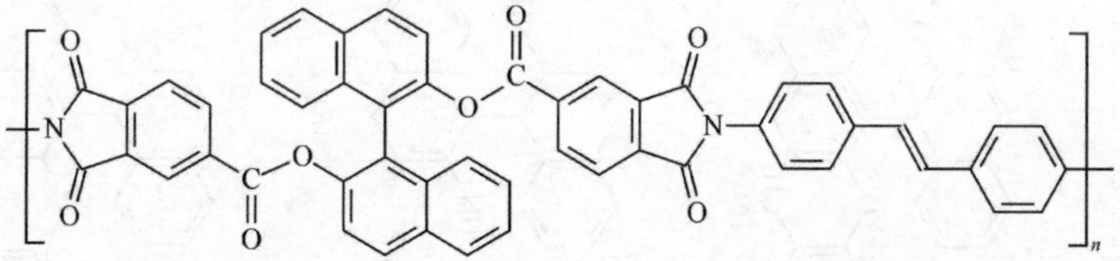	(*R*)-(+)119.4° (*S*)-(−)156.8°	278 284	421

续表

序号	聚酰亚胺	$[\alpha]_D$	T_g/℃	$T_{5\%}$/℃
4	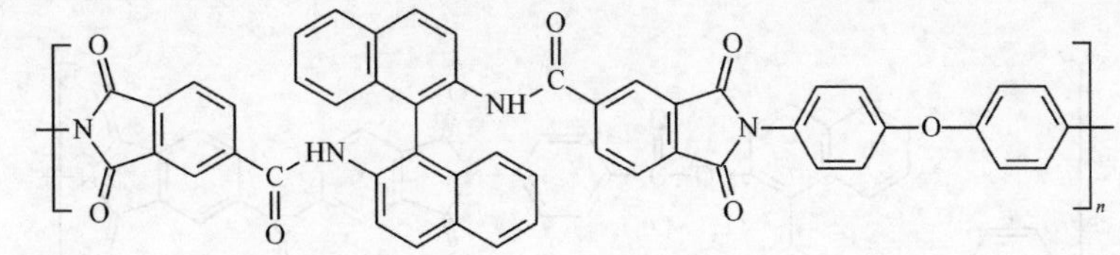	(*S*)-(+)-102.5°	287.8	444.8
5	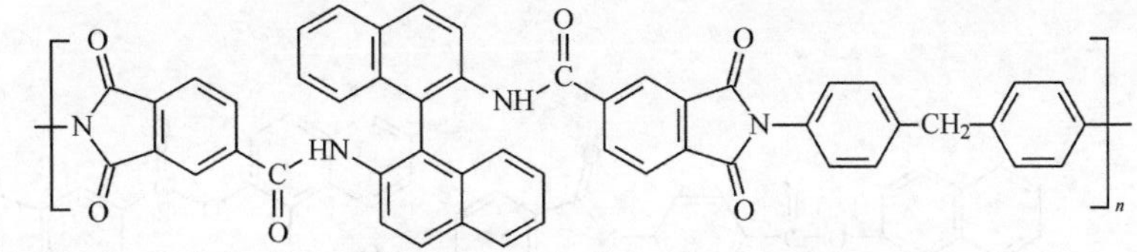	(*S*)-(+)-110.5°	285.4	450.8
6	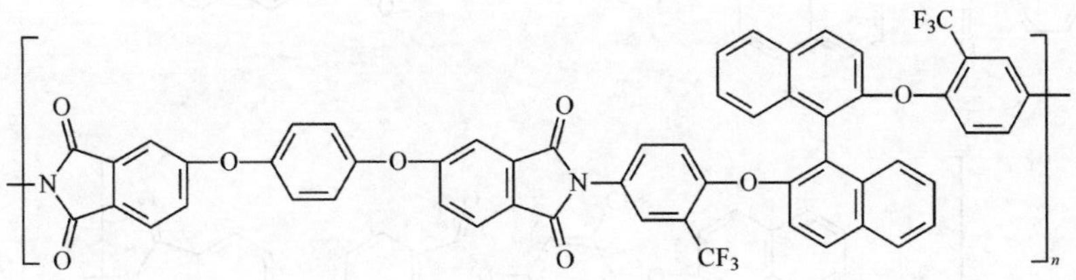	(*R*)-(+)167.1	256	535

续表

序号	聚酰亚胺	$[\alpha]_D$	T_g/℃	$T_{5\%}$/℃
7	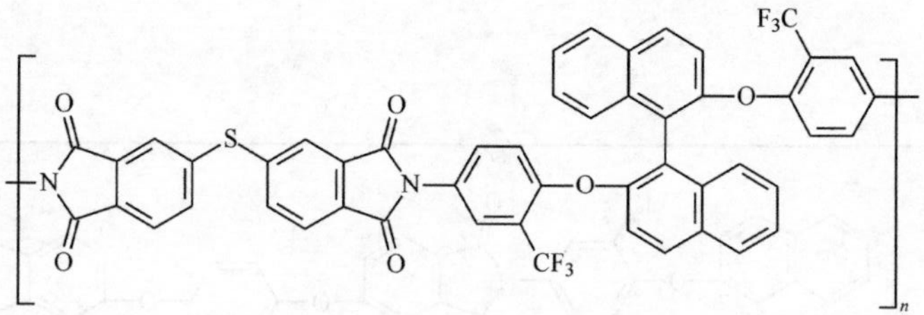	(*R*)-(+)258.1	273	510
8	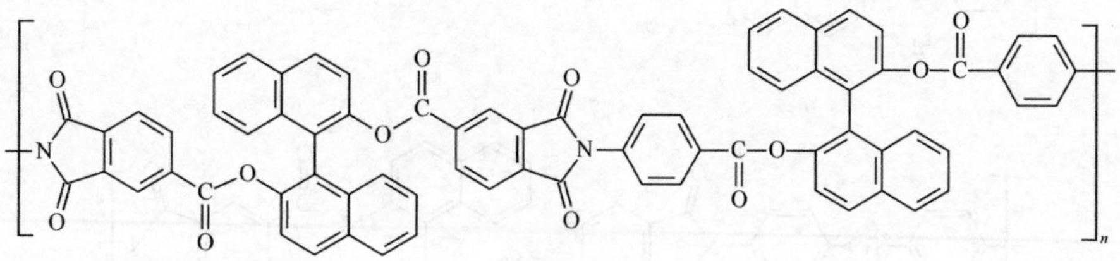	(*R*,*R*)-(−)82.87 (*R*,*S*)-(−)0.98 (*S*,*R*)-(+)3.46 (*S*,*S*)-(+)85.14	264 268 267 267	389 405 421 417
9	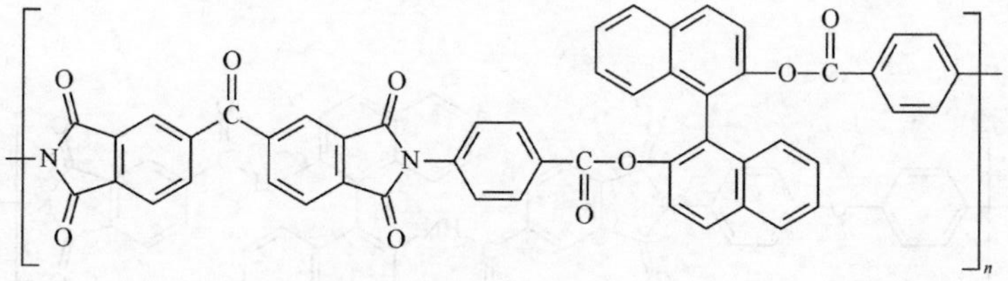	(*S*)-(+)72.42 (*R*)-(−)70.79	272 275	436 400

Kudo 等[81]由手性脂环二酐(—)-DAn 合成了旋光性聚酰亚胺(式 9-21),性能列于表 9-48至表 9-50,旋光聚合物与外消旋聚合物之间在 T_g 和溶解度上同样没有明显差别。

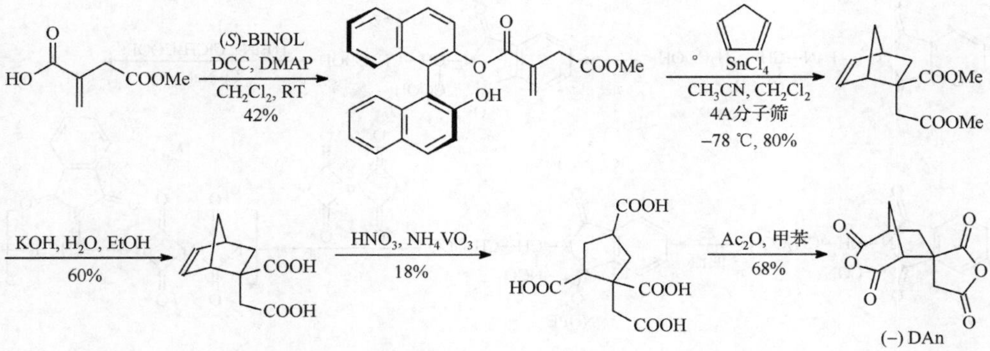

式 9-21　由手性脂环二酐(—)-DAn 合成旋光性聚酰亚胺

表 9-48　由二酐 DAn 合成的聚酰亚胺

二酐	二胺	η_{inh} /(dL/g)	$M_w/10^4$	$M_n/10^4$	T_g/℃	$T_{10\%}$ /℃(N_2)	薄膜
rac-DAn	ODA	0.43	7.7	3.4	268	423	无色
(—)-DAn	ODA	0.37	4.8	2.4	268	424	无色
rac-DAn	MDA	0.32	6.9	3.1	268	418	浅黄
(—)-DAn	MDA	0.26	3.8	1.8	267	416	浅黄

表 9-49　由 DAn 得到的聚酰亚胺的溶解性

溶剂	ODA		MDA	
	rac-DAn	(—)-DAn	*rac*-DAn	(—)-DAn
DMF	++	++	++	++
DMAC	++	++	++	++
DMSO	++	++	++	++
吡啶	++	++	++	++
1,4-二氧六环	±	++	±	±
氯仿	—	+	±	++
丙酮	—	—	—	—
THF	—	—	—	—

表 9-50　由 DAn 得到的聚酰亚胺的比旋光度

聚合物	$[\alpha]_D^{25}$(c,0.5,DMAC)
(—)-DAn/ODA	—59.6
(—)-DAn/MDA	—40.0

Barikani 等[82]用 L-天门冬氨酸合成带酞酰亚胺的手性二异氰酸酯，再与二酐反应得到带酞酰亚胺侧基的聚酰亚胺(式 9-22)，其性能见表 9-51。

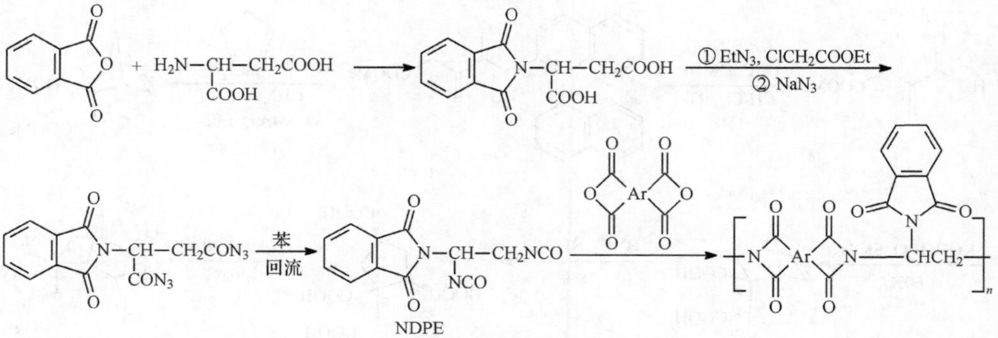

式 9-22　带酞酰亚胺侧基的手性聚合物

表 9-51　L-天门冬氨酸得到的带侧链酰亚胺单元的手性聚合物

聚合物	η_{inh}/(dL/g)	T_g/℃	$T_{10\%}$/℃, N_2	$[\alpha]_D^{25}$
NDPE/PMDA	0.28	190	325	+16.0°(c,1,DMF)
NDPE/BTDA	0.30	185	320	+17.0°(c,1,DMF)
NDPE/6FDA	0.27	175	315	+17.5°(c,1,DMF)
NDPE				+19.0°(c,2,DMF)

Mallakpour 等[83]由亮氨酸以三种方法合成了聚酰胺酰亚胺(式 9-23)：方法Ⅰ是将二酰氯和二胺在 NMP 中用微波处理 6 min；方法Ⅱ是将二酰氯和二胺在 NMP 中－5 ℃溶解后加入三甲基氯硅烷反应 2 h，再在室温下反应 5 h；方法Ⅲ是将二种单体在 DMAc 中回流 5 h。得到的聚合物见表 9-52。

表 9-52　由亮氨酸得到的聚酰氨酰亚胺

二胺	方法	T_g/℃	$T_{5\%}$/℃	$[\alpha]_D^{25}$
DDS	Ⅰ		340	－16.2
MDA	Ⅰ	206	317	－6.0
ODA	Ⅰ		275	－14.0
DDS	Ⅱ			－11.2
MDA	Ⅱ			－8.2
ODA	Ⅱ			－15.1
DDS	Ⅲ			0
MDA	Ⅲ			0
ODA	Ⅲ			0

注：由方法Ⅲ得到的聚合物的比旋光度为零，说明在高温下聚合能够引起亮氨酸的消旋化。

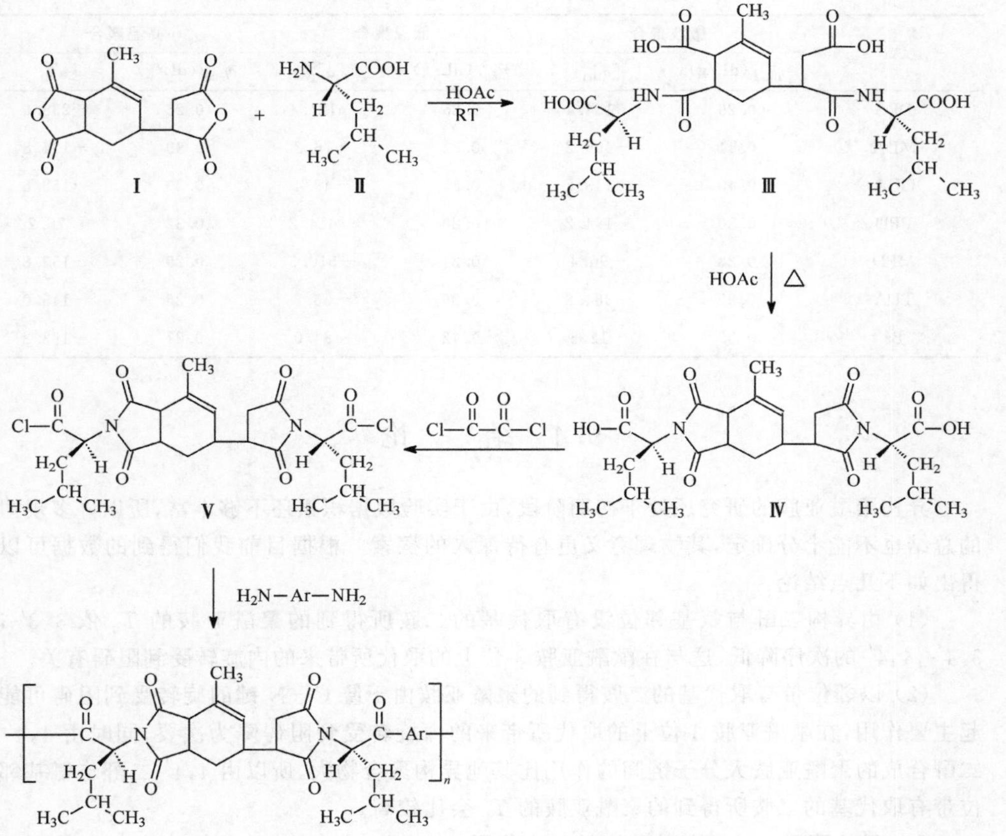

式 9-23　由亮氨酸合成旋光性聚酰胺酰亚胺

Mallakpour 等[84]以苯丙氨酸按照前面的方法合成旋光性聚酰胺酰亚胺(式 9-24)，不同聚合方法得到具有不同比旋光度的聚合物，结果见表 9-53。

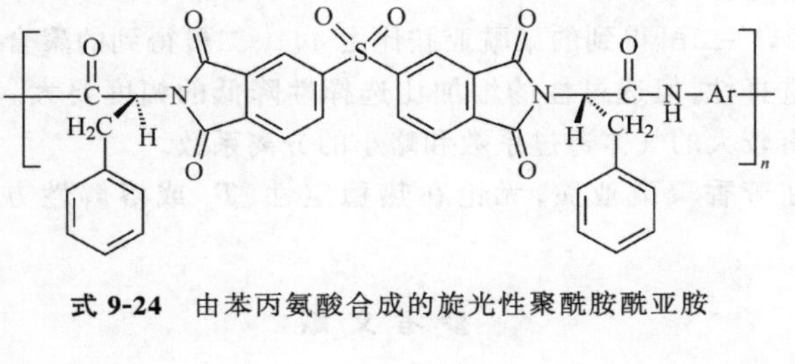

式 9-24　由苯丙氨酸合成的旋光性聚酰胺酰亚胺

表 9-53 由苯丙氨酸以不同方法合成的旋光性聚酰氨酰亚胺

Ar	微波聚合		低温聚合		高温聚合	
	η_{inh}/(dL/g)	$[\alpha]_D^{25}$	η_{inh}/(dL/g)	$[\alpha]_D^{25}$	η_{inh}/(dL/g)	$[\alpha]_D^{25}$
DDS	0.29	−134.4	0.25	−121.4	0.25	−238.6
MDA	0.41	−499.2	0.32	−76.2	0.39	−174.8
ODA	0.40	−148.8	0.35	−43.4	0.30	−162.6
PPD	0.30	−184.2	0.29	−614.2	0.32	−76.2
MPD	0.28	−90.4	0.21	−510.6	0.29	−153.8
TDA	0.35	−364.8	0.36	−56.2	0.26	−145.0
Bz	0.39	−12.8	0.42	−84.0	0.27	−183.8

9.4 结　　论

异构聚酰亚胺的研究还处于初期阶段，由于实验数据积累还不够丰富，所以许多规律的总结也不能十分确定，其物理意义更有待深入的探索。根据目前我们得到的数据可以得出如下几点结论：

(1) 由异构二酐与氨基邻位没有取代基的二胺所得到的聚酰亚胺的 T_g 依 3,3′-，3,4′-，4,4′-的次序降低，这与在酞酰亚胺 3-位上的取代所带来的内旋转受到阻碍有关。

(2) 以邻位带有取代基的二胺得到的聚酰亚胺由于绕 C—N 键的旋转受到阻碍可能起主要作用，在酞酰亚胺 3-位上的取代所带来的内旋转受到阻碍降为次要，同时由 4,4′-二酐合成的聚酰亚胺大分子链间的作用比其他异构聚合物大，所以由 4,4′-二酐与氨基邻位带有取代基的二胺所得到的聚酰亚胺的 T_g 会比较高。

(3) 异构聚酰亚胺间的热稳定性基本相同。

(4) 由 m,m'-二胺得到的聚酰亚胺比由 p,p'-二胺得到的聚酰亚胺的介电常数小，这与由 m,m'-二胺得到的聚酰亚胺具有较大的自由体积有关。

(5) 由异构的二酐和二胺得到分子链比较弯曲的聚酰亚胺比分子链较刚直的聚酰亚胺具有较大的溶解性。

(6) 3,3′-和 3,4′-二酐得到的聚酰亚胺比由 4,4′-二酐得到的聚合物具有较大的气体透过性和较低的选择性，但透过性的增加比选择性降低的幅度要大。而由 p,p'-二胺得到的聚酰亚胺具有较大的气体透过系数和略小的分离系数。

(7) 对于手性芳香聚酰亚胺，无论在热稳定性、T_g 或溶解性方面，都未发现明显差别。

参 考 文 献

[1] Kuznezov G A, Savinov V M, Sokolov L B, Belyakov V K, Maklakov A I, Pimenov G G. Vysokomol. Soedin., 1969, 11: 1491.

[2] Krasnov E P, Savinov V M, Sokolov L B, Logunova V I, Belyakov V K, Polyakova T A. Vysokomol. Soedin., 1966, 8: 380.

[3] Korshak V V. Vynogradova S V. Izv. AN SSSR. Ser. Chem. ,1958,637.
[4] Suzuki S,Kaneda I,Takehashi M,Nagai H. Ger. Offen. 1969,1,904,857; Chem. Abstr. ,1969,71: 125220u; Jpn Pat. 71,16906,1971.
[5] Fang X Z,Yang Z H,Zhang S B,Gao L X,Ding M X. Macromolecules,2002,35: 8708.
[6] Masaaki T. Bull. Chem. Soc. ,Jpn. ,1968,41: 265.
[7] Shiotani A,Kohda M. J. Appl. Polym. Sci. ,1999,74: 2404.
[8] 赵开鹏,韩松,石油化工,200029: 214.
[9] Adrova N A,Koton M M,Moskvina E M. Dokl. Nauka Acad. SSSR,1965,165: 1069.
[10] Tong Y J,Huang W X,Luo J,Ding M X. J. Polym. Sci. ,Polym. Chem. ,1999,37: 1425.
[11] Iataaki H, Yoshimoto H. J. Org. Chem. , 1973, 38: 76; Itatani H, Kashima M, Matsuda M, Yoshimoto H, Yamamoto H. US,3940426,1976.
[12] 丁孟贤,王绪强,杨正华,张劲. 中国,88107107,1988;US,5081281,1990.
[13] Rozhanskii I,Okuyama K,Goto K. Polymer,2000,41: 7057.
[14] 王震,吴雪娥,高昌录,丁孟贤,高连勋. 中国专利,03105025. 5,2003.
[15] Fang X Z,Wang Z,Yang Z H,Gao L X,Li Q X,Ding M X. Polymer,2003,44: 264.
[16] Dupont. Brit,903272,1963; Chem. Abst. 1963,38:9256b;Brit,941158,1964; Chem. Abst. 1964,40: 8159a.
[17] Takekoshi T,Hillig W B,Mellinger G A,Kochanowski J E,Manello J S,Webber M J,Bulson R W,Nehrich J W. NASA CR 145007,1975.
[18] Takekoshi T,Kochanowski J E,Manello J S,Webber M. J. Polym. Prepr. ,1983,24: 312.
[19] Schwarts W T,US,4837404,1989; Molinaro J R,Pawlak J A,Schwarts W T. US,4870194,1989; Molinaro J R, Pawlak JA,Schwarts W T. US,5021168,1991.
[20] Li Q X,Fang X Z,Wang Z,Gao L X,Ding M X. J. Polym. Sci. ,Polym. Chem. ,2003,41: 3249.
[21] Evans T L,Williams F J,Donahue P E,Grade M M. Polym. Prepr. ,1984,25(1): 268.
[22] Ding M X,Li H Y,Yang Z H,Li Y S,Zhang J,Wang X Q. J. Appl. Polym. Sci. ,1996,59: 923;杨正华,丁孟贤. 中国,92108735. 7,1992.
[23] St. Clair A K,St. Clair T L,Winfree W P. Polym. Mater. Sci. Eng. ,1988,59: 28.
[24] 阎敬灵,丁孟贤. 第六届中日尖端高分子研讨会. 杭州,2004;Wei H,Pei X L,Fang X Z. J. Polym. Sci. , Polym. Chem. ,2011,49:2484.
[25] Krut' ko E T, Volozhin A I, Paushikin Ya M. Vestsi Akad. Navuk BSSR, Ser. Khim. Navuk, 1975, (3), 53; Chem. Abstr. ,1975,83: 131981g.
[26] Diels O,Alder K. Liebig Ann. Chem. ,1931,490: 257; Alder K,Molla H H,Reeber R. Liebig Ann. Chem. ,1958, 611: 8.
[27] Fang X Z,Yang Z H,Zhang S B,Gao,L X,Ding M X. Polymer,2004,45:2539.
[28] Maiti S,Das S. J. Appl. Polym. Sci. ,1981,26: 957.
[29] Hasegawa M,Sensui N,Shindo Y,Yokota,R. J. Polym. Sci. ,Polym. Phys. ,1999,37:2499.
[30] Chen C,Yokota R,Hasegawa M,Kochi M,Horie,K,Hergenrother,P. High Perf. Polym. ,2005,17: 317.
[31] Tong Y J,Liu S L,Guan H M,Ding M X. Polym. Eng. Sci. ,2002,42: 101.
[32] Rozhanskii I,Okuyama K,Goto K. Polymer,2000,41: 7057.
[33] Gerber M K,Pratt J R,St. Clair T L. Proc. of 3rd Inter. Conf. on Polyimides,101,1988.
[34] Zhang M,Wang Z,Gao L X,Ding M X. J Polym Sci,Polym Chem 2006,44: 959.
[35] Eastmond G C,Paprotny J,Pethrick R A,Santamaria-Mendia F. Macromolecules,2006,39: 7534.
[36] Takekoshi T,Kochanowski J E,Manello J S,Webber M J. Polym. Prepr. ,1983,24(2): 312.
[37] Kochi M,Chen,C,Yokota R,Hasegawa M,Hergenrother P. High Perf. Polym. ,2005,17: 335.
[38] Matsumura A,Terui Y,Ando S,Abe A,Takeichi T. J. Photopolym. Sci. Tech. ,2007,20: 167.
[39] Thompson C M,Connell J W,Hergenrother P M,Yokota R. 47th international SAMPE symposium,2002,NASA

report.
[40] Hergenrother P M, Watson K A, Smith Jr. , J G, Connell J W, Yokota R. Polymer, 2002, 43: 5077.
[41] Hasegawa M, Nomura R. React. Func. Polym. , 2011, 71: 109.
[42] Mitsuda S, Ando S. J. Polym. Sci. , Polym. Phys. , 2003, 41: 418; Mitsuda S, Ando S. 高分子论文集, 2004, 61: 29.
[43] Wei, H, Fang X, Han Y, Hu B, Yan Q. Eur. Polym. J. , 2010, 46: 246.
[44] Wei H, Wu X, Hu B, Fang X. , Polym. Adv. Technol. , 2011, 22: 2488.
[45] Yan J, Wang Z, Gao L, Ding M. Polymer, 2005, 46: 7678.
[46] Sensui N, Ishii J, Takata A, Oami Y, Hasegawa M, Yokota, R. High Perf. Polym. , 2009, 21: 709.
[47] Kenner J, Mathes M. J. Chem. Soc. , 1914, 105: 2471.
[48] Yamaguchi H, Aoki F, Proceedings of China-Japan Seminar, 65, 1996; Yamaguchi H, Proceedings of 2nd China-Japan Seminar on Advanced Aromatic Polymer, Gui lin, China 11-15 Oct. 1998.
[49] St. Clair A K, St. Clair T L, Winfree W P. Polym. Mater. Sci. Eng. , 1988, 55: 396.
[50] Seo J, Han H, Lee A, Han J. Polym. J. , 1999, 31: 324.
[51] Dezern J F. J. Polym. Sci. , Polym. Chem. , 1988, 26: 2157.
[52] Bell V L, Stump B L, Gager H. J. Polym. Sci. , Polym. Chem. , 1976, 14: 2275; Tamai S, Yamaguchi A, Ohta M. Polymer, 1996, 37: 3683.
[53] Sykes G F, St. Clair A K. J. Appl. Polym. Sci. , 1986, 32: 3725.
[54] Qu W, Ko T-M. , Vora R H, Chung T. -S. Polymer, 2001, 42: 6393.
[55] Stern S A, Mi Y, Yamamoto H, St. Clair A K. J. Polym. Sci. , Phys. , 1989, 27: 1887.
[56] Dezern J, Croall C I//Feger, C. Khojasteh, M M, Htoo M S. Advances Polyimide Science and Technology, Prodeedings of the 4th International Conference on Polyimides, Oct. 30-Nov. 1, 1991. Ellenville, New York. Lancaster Basel: Technomic Publishing Co. , Inc. , 1993: 468.
[57] Zoia G, Stern S A, St. Clair, A K, Pratt J R. J. Polym. Sci. , Polym. Phys. , 1994, 32: 53.
[58] Chung T i-S, Vora R H, Jaffe M, J. Polym. Sci. , Polym. Chem. , 1991, 29: 1207.
[59] Takeichi T, Tanikawa M, Zuo M. J. Polym. Sci. , Polym. Chem. , 1997, 35: 2395.
[60] Yang C-P, Hsiao S-H, Chen, R-S, Wei, C-S. J. Appl. Polym. Sci. , 2002, 84: 351.
[61] Tanaka K, Kita H, Okamoto K-i, Nakamura, A, Kusuki Y. Polym. J. , 1990, 22: 381.
[62] Lin, B-P, Pan Y, Qian, Y, Yuan, C-W. J. Appl. Polym. Sci. , 2004, 94: 2363.
[63] Gillham J K, Gillham H C. Polym. Eng. Sci. , 1973, 13: 447.
[64] Dingemans, T J, Mendes E, Hinkley, J J, Weiser, E S, St Clair, T L. Macromolecules, 2008, 41: 2474 .
[65] Ratta V, Ayambem A, McGrath J E, Wilkes G L. Polymer, 2001, 42: 6173.
[66] St. Clair A K, St. Clair T L. NASA CR 83141.
[67] St. Clair T L//Wilson D, Stenzenberger H D, Hergenrother P W. Polyimides. Blackie, 1990: 63.
[68] Stern S A, Mi Y, Yamamoto H, St Clair A K. J. Polym. Sci. , Polym. Phys. , 1989, 27: 1221.
[69] Pavlova S S A, Timofeeva G I, Renova J A. J. Polym. Sci. Polym. Phys. , 1980, 18: 1175.
[70] 竹沢由高, 大原冈一. 高分子加工, 1992, 41(11): 23.
[71] Zoia, G, Stern, S A, St. Clair A K, Pratt, J R. J. Polym. Sci. , Polym. Phys. , 1994, 32: 53.
[72] Kawakami H, Anzai J, Nagaoka S. J. Appl. Polym. Sci. , 1995, 57: 789.
[73] Mi Y, Stern S A, Trhalaki S. J. Membr. Sci. , 1993, 77: 41.
[74] Coleman M R, Koros W J. J. Membr. Sci. , 1990, 50: 285.
[75] Coleman M R, Koros W J. J. Polym. Sci. . , Polym. Phys. , 1994, 32: 1915.
[76] Mi Q D, Gao L X, Ding M X. Macromolecules, 1996, 29: 5758.
[77] Mi Q D, Gao L X, Li L M, Ma Y, Zhang X, Ding M X. J. Polym. Sci. , Polym. Chem. , 1997, 35: 3287.
[78] Mi Q D, Ma Y, Gao L X, Ding M X. J. Polym. Sci. , Polym. Chem. , 1999, 37: 4536.

［79］ Song N H, Gao L X, Ding M X. J. Polym. Sci. , Part A, Polym. Chem. , 1999, 37: 3147.
［80］ Mi Q D, Gao L X, Ding M X. Macromolecules, 1996, 29: 5758.
［81］ Kudo K, Nonokawa D, Li J, Shiraishi S, J. Polym. Sci. , Polym. Chem. , 2002, 40: 4038.
［82］ Barikani M, Mehdipour-Ataei S, Yeganeh H. J. Polym. Sci. . , Polym. Chem. , 2001, 39: 514.
［83］ Mallakpour S, Hajipour, A-R, Zamanlou, M R. J. Polym. Sci. , Polym. Chem. , 2003, 41: 1077.
［84］ Mallakpour S, Kowsari E. J. Polym. Sci. , Polym. Chem. , 2003, 41: 3974.

第 10 章　含氟聚酰亚胺

10.1　含氟聚酰亚胺的性能特点

氟是一种神奇的元素，它在药物、制冷剂及溶剂等方面的功用已经广为人知，在聚合物材料中，以聚四氟乙烯为代表的氟聚合物已经成为一类重要材料在工业技术领域得到了广泛的应用。对于聚酰亚胺，氟的引入也同样收到了惊人的效果，所以从 20 世纪 60 年代中期以来，含氟聚酰亚胺的研究始终长盛不衰。

氟是所有元素中除氢原子以外最小的原子，其 2s 和 2d 电子很靠近原子核，所以其电子极化率很小，氟又是所有元素中电负性最高的元素，F—C 键的键能很高。这些结构和性质上的特点决定了含氟聚酰亚胺许多突出的性能，而这些性能对于某些材料是十分宝贵的。此外，氟的引入也给聚合反应及聚合物带来一些不利的影响，这些结构与性能上的互相影响归纳在表 10-1 中。

表 10-1　含氟聚酰亚胺的结构与性能

结构因素	性能效果
高的电负性，高的 C—F 键能	高热和热氧化稳定性
含氟基团的高拉电子作用	在二胺上，尤其是在氨基邻、对位上氟的取代会降低的二胺亲核反应活性
CF_3和 $C(CF_3)_2$基团的大体积，造成大分子的低堆砌密度	结晶性低，透气性高，透气选择性低
	低的介电常数和折射率
	提高了溶解性
	有高的热膨胀系数
	$C(CF_3)_2$基团对辐射敏感(见第 7 章)
降低分子内外的传荷作用	颜色浅，透明
电子极化率低	低的介电常数和折射率
	低的内聚能和表面自由能，使其有低的吸水性，既疏水又疏油
	与其他材料黏结性较差

将氟引入脂肪族聚合物能够显著提高其热稳定性，但对于芳杂环聚合物，这个效应并不明显。表 10-2 列出了全氟代和未氟代芳香杂环化合物的热稳定性[1]。

表 10-2　全氟代和未氟代芳香杂环化合物热稳定性的比较

化合物	分解温度/℃	
	全氟代	未氟代
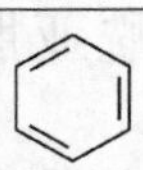	＞670	600
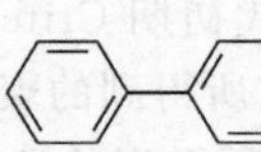	538	543
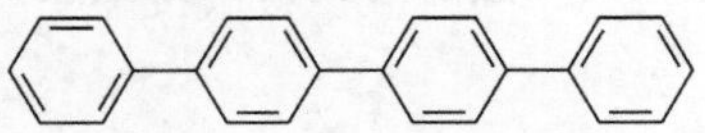	392	426
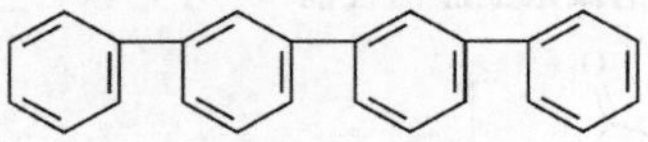	425	458
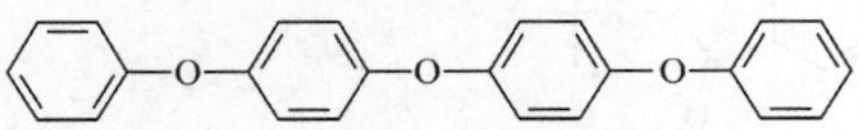	360	439～453
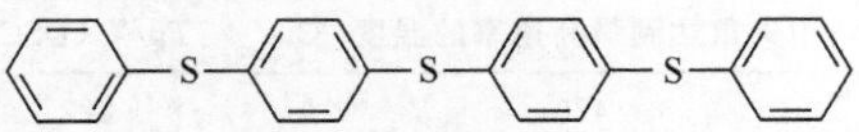	336	371
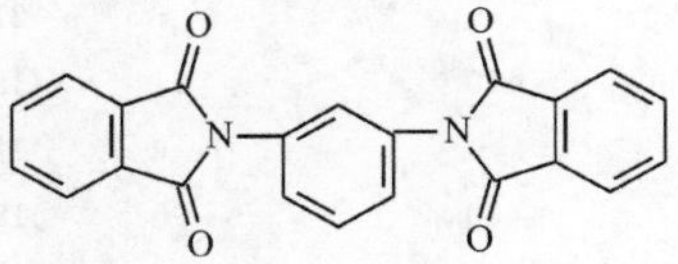	318	390
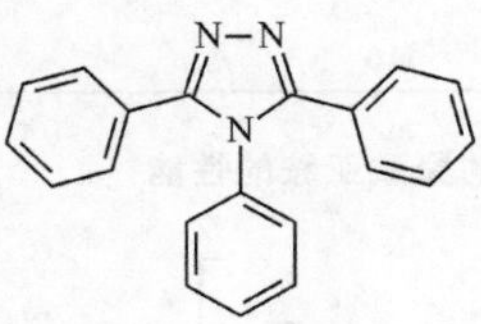	305	352
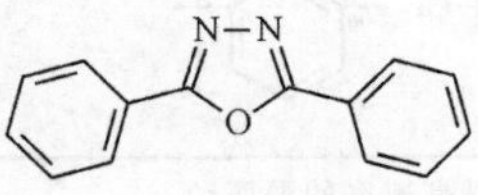	327	304
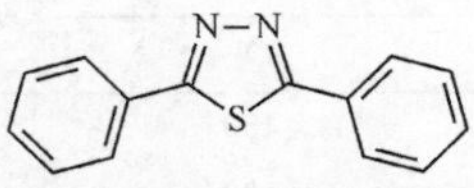	343	301

由表 10-2 看出，对于大部分化合物，未氟代要比全氟代有更高的热稳定性。对于部分氟代的化合物，则容易在热的作用下放出氟化氢。Ohta 等[2] 指出，6FDA 中的 CF_3 在 450 ℃左右会消去，而二胺中的 CF_3 则在 600 ℃左右消去，即与酰亚胺环的分解同时。

含氟聚酰亚胺可以依氟取代基的结构和在聚合物中取代的部位分类：

(1) 主链上含有全氟脂肪链的聚酰亚胺；

(2) 含三氟甲基及六氟丙基的聚酰亚胺；

(3) 芳核上的氢被氟所取代的聚酰亚胺；

(4) 含氟代脂肪侧链的聚酰亚胺；
(5) 全氟聚酰亚胺。

10.2　主链上含有全氟脂肪链的聚酰亚胺

主链上含有全氟脂肪链的聚酰亚胺集中在 20 世纪 70 年代初期 Critchley 等所报道的工作中[3]。以全氟脂肪链为连接基团的二酐与非氟代的二胺所得到的聚酰亚胺的性能见表 10-3。以全氟脂肪链为连接基团的二酐与全氟代的二胺所得到的聚酰亚胺的性能见表 10-4。

表 10-3　由含全氟脂肪链的二酐得到的聚酰亚胺的性能

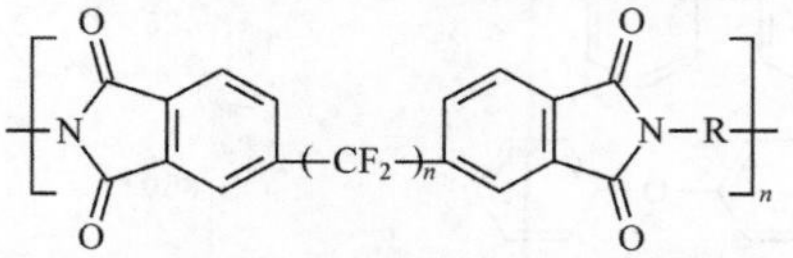

n	二胺	400℃空气中 24 h 的失重/%	N_2中失重达到最高速率的温度/℃	T_g/℃(DSC)
3	4,4′-ODA	1.7	470	222
4	4,4′-ODA	1.7	—	212
6	4,4′-ODA	—	470	185
7	4,4′-ODA	0.9	—	178
8	4,4′-ODA	—	430	186
3	4,4′-MDA	—	440	225
3	4,4′-DDS	—	440	259

表 10-4　由含全氟脂肪链的二酐和二胺得到的聚酰亚胺的性能

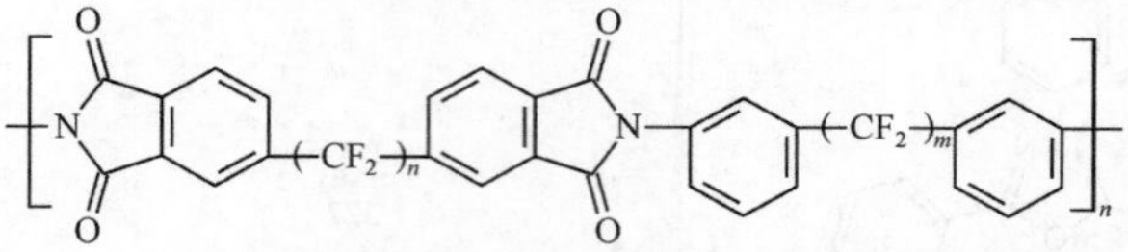

n	m	400℃空气中 24 h 的失重/%	N_2中失重达到最高速率的温度/℃		T_g/℃(DSC)
			N_2	O_2	
3	3	0.3	520	450	157
3	5	0.8	480	430	111
4	3	1.1	440	380	159
4	5	0.8	460	390	144
7	3	1.1	—	—	134
7	5	1.0	—	—	109
16～22	3	—	350	—	
3	3,3′-ODA	1.6			
ODPA	3	0.8	400	380	183
ODPA	5	1.2	—	—	157

由表 10-3 和 10-4 的数据可以看到，这些聚酰亚胺的热稳定性和 T_g 都较低，全氟链上 CF_2 的数目也表现了奇-偶效应。同时由于带全氟脂肪链的二酐有较低的熔点(表 10-5)，因此这些聚合物也可以用熔融聚合来获得。

表 10-5　带全氟脂肪链的二酐的熔点

n	熔点/℃
3	171～172
4	205～206
6	182～183
7	185～187
8	182～183
16～22	201～218

氟代聚酰亚胺的水解稳定性见表 10-6，由于氟的存在，聚合物的吸水性和对水的亲和性降低，所以其耐水解性也有了相应的提高。

表 10-6　聚酰亚胺的水解稳定性

聚酰亚胺(表 10-4)		η_{inh}/(dL/g)	24 h 后的 η_{inh}/(dL/g)		
n	二胺		沸水	80 ℃ 5*N** H_2SO_4	25 ℃ 5*N* NaOH
3	*m*=3	0.93	0.51	0.64	0.83
3	3,3′-ODA	0.98	0.86	0.74	0.55
3	4,4′-ODA	1.61	0.70	1.56	—
ODPA	3,3′-ODA	0.24	0.24	—	—

* 克当量浓度，非法定单位，为遵从学科及行业习惯，此处沿用此用法，特此说明。

表 10-7 的数据说明含全氟脂肪链的聚酰亚胺具有一般的机械性能和电性能。

表 10-7　含氟聚酰亚胺的性能

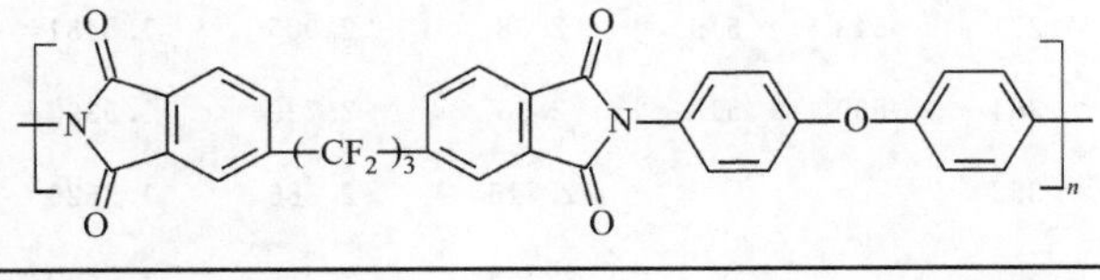

性能	数值
抗张强度/MPa	70.4
抗张模量/GPa	1.97
断裂伸长率/%	13～17
介电常数(1 MHz)	3.3
介电损耗(1 kHz)	0.003
体积电阻/(Ω/cm)	8×10^{15}

10.3 含三氟甲基及六氟丙基的聚酰亚胺

含三氟甲基及六氟丙基的聚酰亚胺早在 1967 年就有报道[4]，同时也是含氟聚酰亚胺中研究得最多的聚合物。上面介绍的含氟聚酰亚胺的特点也基本上都在这类聚合物中得到体现。在含氟聚酰亚胺中使用得最普遍的二酐为 6FDA，它是由邻二甲苯与六氟丙酮按式 10-1 的反应合成的。

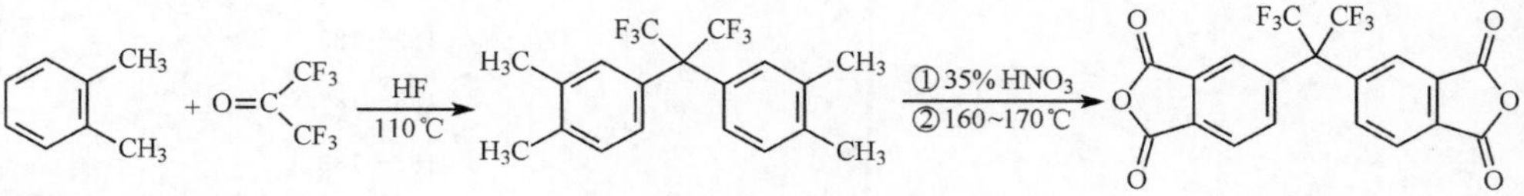

式 10-1　六氟二酐的合成

尽管由 6FDA 合成的聚酰亚胺具有突出的性能和许多潜在的应用领域，但由于 6FDA 成本高昂，使这类聚合物的应用受到了很大的限制。

Hougham 等[5]研究了由 6FDA 得到的聚酰亚胺的性能（表 10-8）。

表 10-8　由 6FDA 得到的聚酰亚胺的性能

二胺	密度/(g/cm³)	T_g/℃ ($\tan\delta_{max}$)	$T_{5\%}$/℃		介电常数(1 kHz)		折射率		Δn
			N_2	空气	干态	湿态	$n_{//}$	$n_{\perp}$	
PPD	1.4494	370	535	525	2.81	3.222	1.5901	1.58295	0.0072
FPPD	1.4835	370			2.85	3.192	1.5783	1.5756	0.0027
DAT	1.4316	358	521	506	2.75	3.157	1.5826	1.5776	0.0050
TFMPPD	1.4956	366	523	513	2.72	3.054	1.5528	1.5484	0.0044
2MPPD	1.4260	379	532	508	2.74	3.212	1.5633	1.5586	0.0047
2TFMPPD	1.5021	365	551	531	2.59	2.868	1.5164	1.5129	0.0035
4FPPD	1.5305	371	543	519	2.68	2.905	1.5481	1.5413	0.0068
OFB	1.5544	364	530	518	2.55	2.729	1.5395	1.5327	0.0068
TFDB	1.47895	362			2.715	2.886	1.5520	1.5435	0.0085
33′-TFDB	1.4627	367			2.568	—	1.5450	1.5258	0.0192

2,2′-位取代联苯胺由于其中两个苯环间有一个扭转角，所造成的非平面结构可以给聚酰亚胺带来许多有用的性能，例如可溶性、浅颜色，同时还保留高的热稳定性和一定的机械性能，所以受到很大的关注，尤其是对与 6FDA 得到的聚酰亚胺进行了更详细的研究。表 10-9 是各种 2,2′-位取代联苯胺与 6FDA 所得到的聚酰亚胺的 T_g[6]。

表 10-9　由 2,2′-位取代联苯胺与 6FDA 所得到的聚酰亚胺的性能

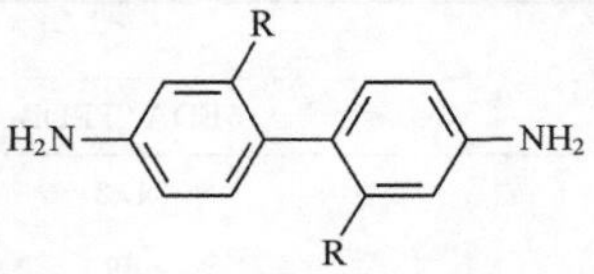

R	T_g/℃	$T_{5\%}$/℃		λ_0/nm
		N_2	空气	
Cl	336	513	497	349
CH_3	325	505	503	341
CN	331	528	513	344
Br	329	504	472	316
I	319	467	413	326
CF_3	315	530	518	319
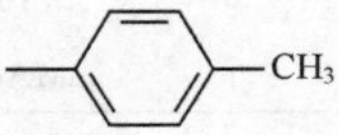	286	480	471	317
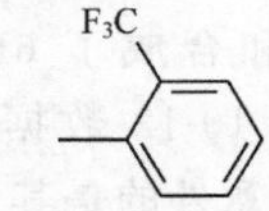	289	523	517	316
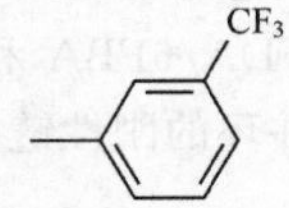	278	525	508	318
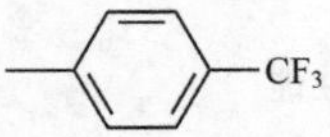	283	523	513	321
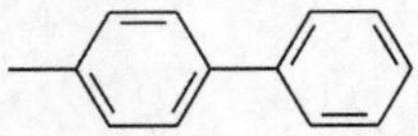	285	521	513	315
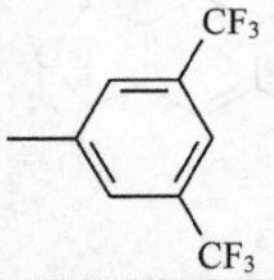	263	525	509	316

Harris[7] 和 Matsuura 等[8] 深入研究了由 6FDA 与 2,2′-二(三氟甲基)联苯胺(TFDB)合成的聚酰亚胺,聚合物的性能见表 10-10 和表 10-11。

表 10-10　由 TFDB 得到的聚酰亚胺的性能

二酐	η_{inh}/(dL/g)	T_g/℃	$T_{5\%}$/℃		溶解性
			N_2	空气	
PMDA	—	—	575	555	—
BTDA	1.6	—	560	550	间甲酚
ODPA	1.1	275	580	570	间甲酚,NMP,TCE
DSDA	1.0	320	515	540	间甲酚,NMP
6FDA	1.9	320	540	530	间甲酚,NMP,TCE
BPDA	4.9	—	600	600	间甲酚

表 10-11　由 6FDA 与 TFDB 合成的聚酰亚胺的性能

性能		聚酰亚胺	
		6FDA/TFDB	PMDA/TFDB
氟含量/%		31.3	23.0
$T_{10\%}$/℃		569	610
T_g/℃(DSC)		335	>400
介电常数(1 MHz)	干态	2.8	3.2
	湿态(50%RH)	3.0	3.6
折射率(589.6 nm)		1.556	1.647
吸水率/%(3 天)		0.2	0.7
CTE/(10^{-6} K^{-1})(50～300℃)	第一次	4.8×10^{-5}	3×10^{-6}
	第二次	8.2×10^{-5}	-5×10^{-6}
溶解性		DMAC,丙酮,THF,乙酸乙酯,甲醇	DMAc

Auman 等[9] 为了降低 6FDA 聚酰亚胺较高的 CTE,设计和合成了 6FCDA 和 3FCDA,这是利用分子中三并环来提高大分子链的刚性。由表 10-12 数据可见,由 6FCDA 和 3FCDA 得到的聚酰亚胺具有更高的强度和模量,更令人意外的是其还具有更高的断裂伸长率。6FCDA/6FBA 和 6FCDA/ODA 的 CTE 比 6FDA/6FBA 和 6FDA/ODA 的 CTE 低,而相应地,前者的 T_g 则比后者明显地高,说明三并环的刚性链的确有利于 CTE 的降低和 T_g 的提高。

表 10-12　由 3FCDA 和 6FCDA 得到的聚酰亚胺的性能

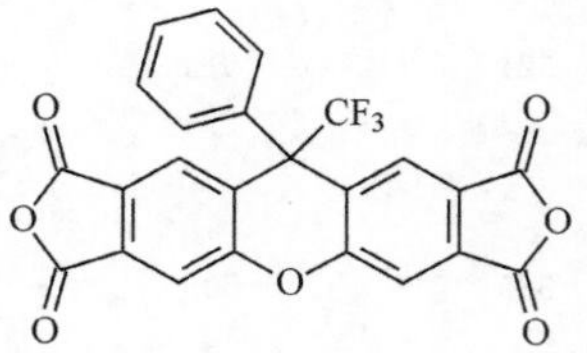

3FCDA

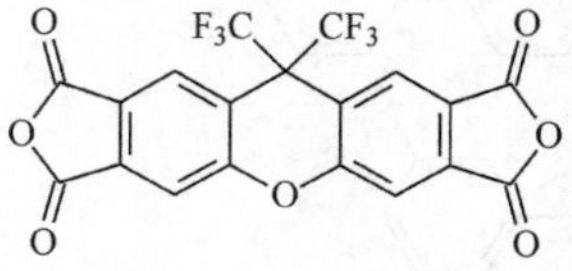

6FCDA

样品	氟含量/%	T_g/℃	抗张强度/MPa	断裂伸长率/%	抗张模量/GPa	CTE/(10^{-6} K^{-1})	吸水率/%(85%RH)	介电常数(干态,1 MHz)	$T_{5\%}$/℃(空气)
3FCDA/TFDB	22.8		197	8	5.0	13	1.8	2.7	484
6FCDA/DMB	18.0		340	14	7.5	-3	2.3	2.6	472
3FCDA/DMB	8.9		177	5	5.3	18	2.3	2.9	471
6FCDA/PPD	21.5		280	7	7.1	3	3.0	2.8	487
3FCDA/4MPPD	9.6	394	230	8	4.9	3	3.2	2.7	431
BPDA/PPD	0.0	>400	424	52	5.7	4	1.4	3.1	606
PMDA/ODA	0.0		168	82	1.3	31	3.5	3.2	565

Matsuura 等[10]研究了由 P6FDA 和 P3FDA 与刚性二胺得到的聚酰亚胺,为了比较,也列进由 PMDA 得到的聚酰亚胺的数据。由这些数据可以发现,由于二酐的不同,在性能上有明显的变化趋势,对于 CTE:P6FDA>P3FDA>PMDA;对于热稳定性,介电常数及吸水率:P6FDA<P3FDA<PMDA。介电常数及吸水率的降低通常是与氟含量的增加有关,CTE 则与大分子链的刚直程度有关(表 10-13)。

表 10-13 由 P6FDA 和 P3FDA 得到的聚酰亚胺的性能

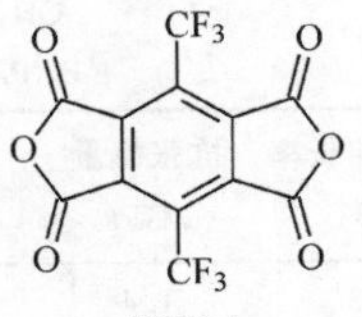

P6FDA

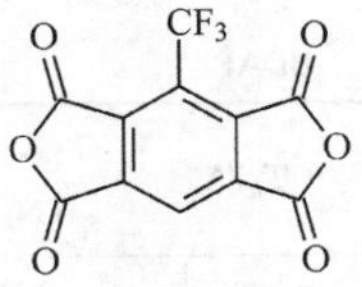

P3FDA

聚酰亚胺	η_{inh} /(dL/g)	T_g/℃ (TMA)	CTE /(10^{-6} K^{-1})	$T_{10\%}$/℃(N_2)	介电常数 (1 MHz)	吸水率/%
P6FDA/TFDB	0.6	304	45	495	2.6	0.37
P3FDA/TFDB	0.75	373	24	585	2.8	0.43
PMDA/TFDB	1.95	ND	-5	610	3.2	0.67
P6FDA/DMB	0.75	385	20	470		
P3FDA/DMB	1.3	373	2	525		
PMDA/DMB	2.8	374	-10	570		2.0
P6FDA/DPTP	0.20	364	3	490		
P3FDA/DPTP	0.25	364	0	565		
PMDA/DPTP	1.2	ND	0	635		

Gerber 等[11]研究了由 3,5-DBTF 得到的聚酰亚胺的性能(表 10-14)。3,5-DBTF 是含氟二胺中活性较高的化合物,因为氨基的取代是在 CF_3 基团的间位,但与不含氟的二胺,如 MPD 比较,其活性还是低的。

表 10-14 由 3,5-DBTF 得到的聚酰亚胺的性能

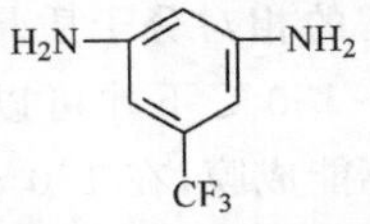

二酐	η_{inh}/(dL/g)	T_g/℃	$T_{5\%}$/℃	成膜性及颜色	介电常数(10 GHz)	溶解性
BTDA	0.53	294	520	可折,浅黄	2.90	DMAc,间甲酚
6FDA	0.70	297	492	可折,浅黄	2.58	DMAc,间甲酚
ODPA	0.34	274	524	可折,黄	2.91	DMAc,间甲酚
BPDA	0.89	329	550	可折,浅金	3.02	—
IDPA	0.53	253	510	可折,金	—	—
PMDA	0.93	—	548	不可,金	—	DMAc
SiDA	0.64	263	440	不可,淡金	2.75	DMAc,间甲酚,CH_2Cl_2
DSDA	0.51	310	492	不可,淡黄	—	DMAc,间甲酚
BDSDA	0.37	218	498	可折,淡金	—	DMAc,间甲酚,CH_2Cl_2

表 10-15 为含六氟丙基的聚合物与不含六氟丙基而结构相应的聚合物的性能。结果表明，含氟与不含氟的二胺所得到的聚酰亚胺间的差别不很明显，这可能是氟含量较低，含氟基团远离酰亚胺环，同时二胺链长而柔软，许多性能被这些因素所掩盖的缘故。

表 10-15　由 BDAF 和 BAPP 得到的聚酰亚胺的性能

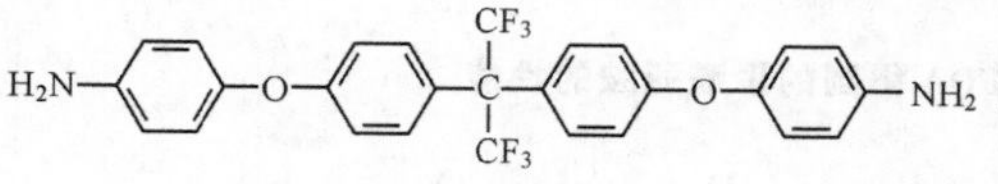

BDAF

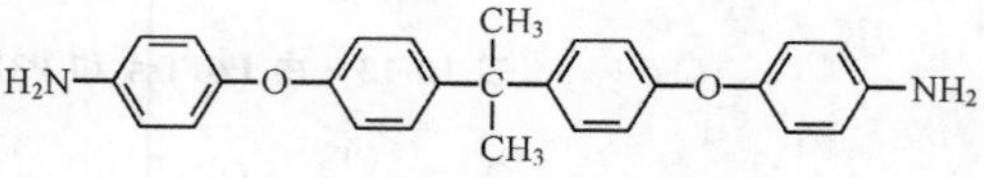

BAPP

二酐	二胺	T_g/℃	$T_{10\%}$/℃ (N_2)	抗张强度 /MPa	断裂伸长率 /%	抗张模量 /GPa	介电常数	电导率 /(10^{-15}S/cm)
PMDA	BDAF	295	525	68	15	1.4	3.4	3.3
BTDA	BDAF	236	540	98	10	2.0	2.7	3.3
BPDA	BDAF	237	546	107	5	2.5	2.9	2.5
SDPA	BDAF	240	537	88	7	2.2	—	—
6FDA	BDAF	234	532	98	6	1.9	—	—
PMDA	BAPP	283	520	59	13	1.6	3.6	3.3
BTDA	BAPP	206	510	88	6	2.1	—	—
BPDA	BAPP	248	515	98	11	2.3	—	—
SDPA	BAPP	229	495	127	8	2.5	—	—
6FDA	BAPP	249	522	—	—	—	3.2	2.5

10.4　芳核上的氢被氟所取代的聚酰亚胺

芳核上的氢被氟所取代的聚酰亚胺的数量并不多，除了单体不容易合成外，主要是二胺的反应活性由于氟的取代而大大降低，所以只有少数几个聚合物可以达到足够高的相对分子质量，其他都达不到成膜所需的相对分子质量。例如，6FDA/4FPPD 即使在室温反应 5 天都不能成膜，只有在 130～150 ℃下才可以得到可以成膜的聚酰亚胺，6FDA/OFB 在 50 ℃下聚合得到的聚合物不能成膜，在 150～200 ℃下聚合所得到的聚酰亚胺才能成膜，虽然在 200 ℃下聚合会产生一些酰亚胺沉淀，同时也有在 350 ℃才能得到有高机械性能的聚酰亚胺，而 PMDA/4FPPD 和 BPDA/4FPPD 即使在 200℃聚合也得不到可以成膜的聚合物[11]。下面列出了芳香氢被氟取代的二酐和二胺：

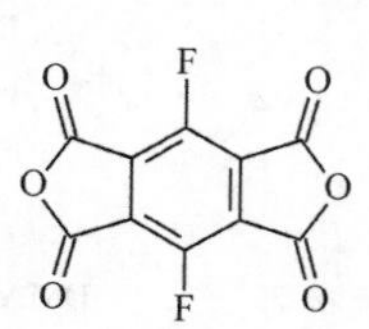
P2FDA

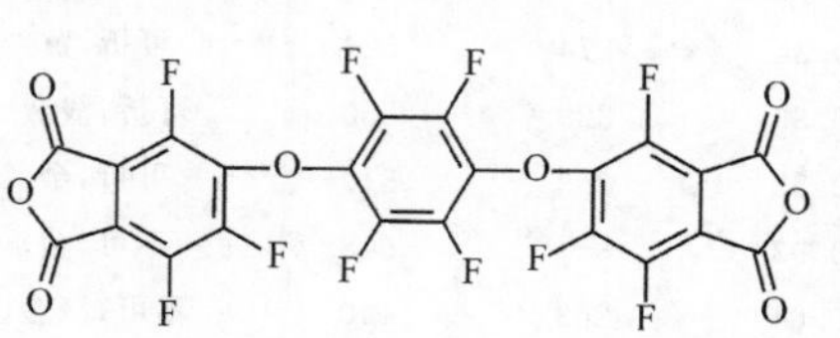
10FEDA

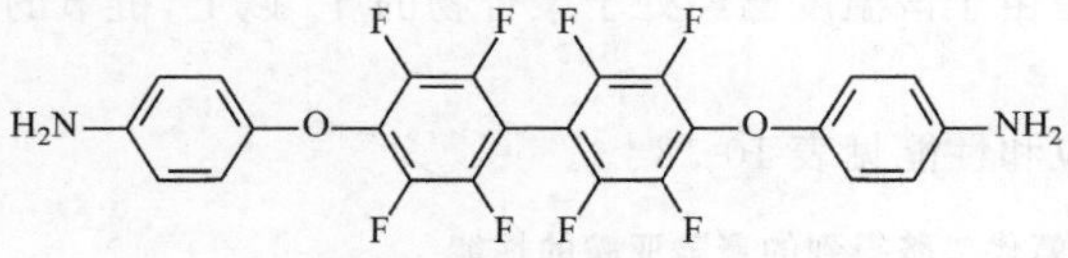
BAO

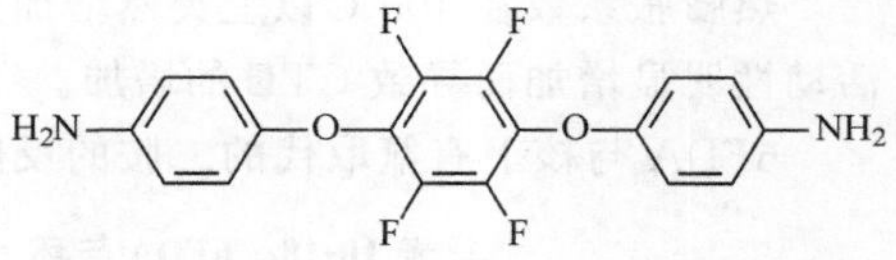
BAT

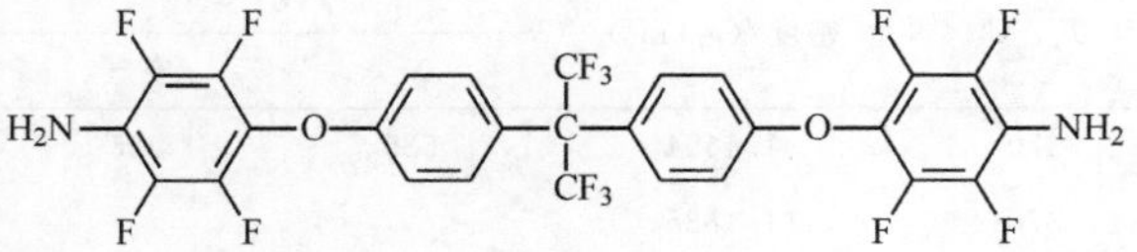
4FBDAF

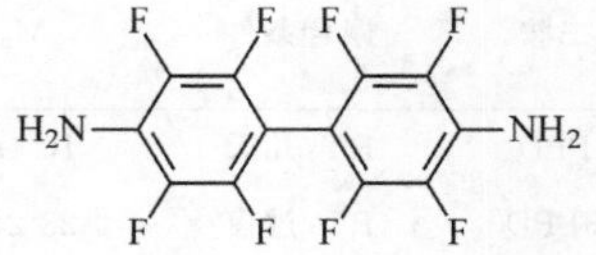
OFB

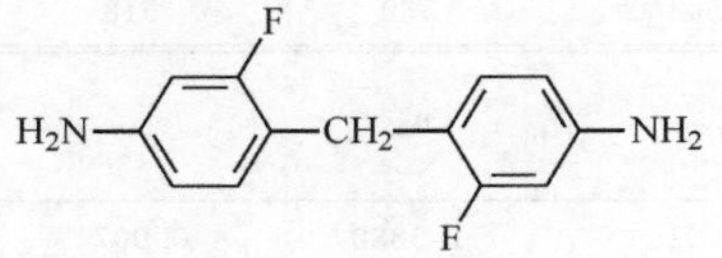
2FMDA

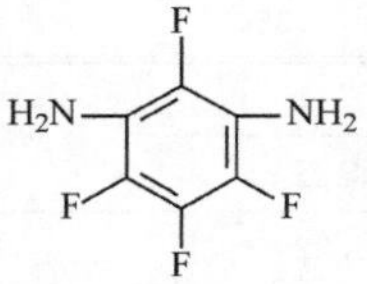
4FMPD

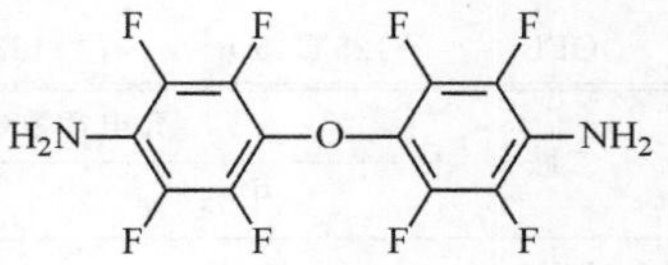
8FODA

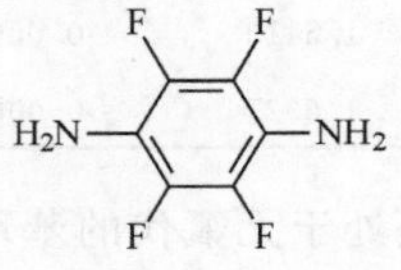
4FPPD

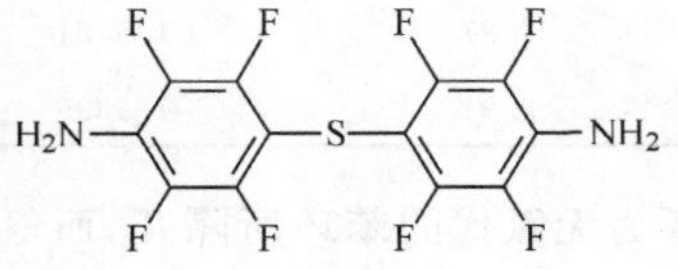
8FSDA

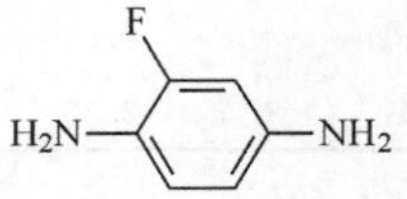
FPPD

Hougham 等[12]研究了由 4FPPD 和 OFB 与各种二酐合成的聚酰亚胺的性能，为了比较，也列出了 PPD 的数据(表 10-16 和表 10-17)。

表 10-16　由 4FPPD 和 OFB 与各种二酐合成的聚酰亚胺的性能

二酐	二胺	介电常数(100 kHz)	T_g/℃ ($tan\delta_{max}$)	T_d/℃	
				N_2	空气
6FDA	4FPPD	2.75	380	500	475
6FDA	OFB	2.75	385	480	475
6FDA	PPD	2.9	360	500	490
PMDA	4FPPD	—	—	525	510
BPDA	4FPPD	—	—	560	535
BPDA	PPD	2.9	>400	575	560
BTDA	4FPPD	—	—	520	515

表 10-17　由 4FPPD 和 OFB 与 6FDA 合成的聚酰亚胺的 CTE

二酐	二胺	退火温度/℃	热膨胀系数/($10^{-5}\cdot K^{-1}$)			
			100～200℃	200～300℃	>400℃	50～250℃
6FDA	PPD	400	5.41	7.16	23.9	5.34
6FDA	4FPPD	400	4.97	7.52	23.0	5.08
6FDA	OFB	450	5.7	8.4	24.9	5.61

热膨胀系数在 400℃以上突然增加是由于该温度已经处于聚合物的 T_g 以上，链节的活动性明显增加而导致 CTE 的增加。

6FDA 与核上有氟取代的二胺的反应和性能见表 10-18[11]。

表 10-18　6FDA 与环上氟代二胺得到的聚酰亚胺的性能

二胺	聚合条件	M_n	T_g/℃	密度/(g/cm³)	$T_{5\%}$/℃	
					N_2	空气
PPD	RT，几天	10 484	370	1.4494	535	525
FPPD	RT，过夜	23 246	370	1.4835		
4FPPD	130℃，8 h	1084	371	1.5305	543	519
OFB	125℃，5 h	1163	364	1.5544	530	518
二胺	介电常数(1kHz)		$n_{//}$	$n_{\perp}$	Δn	
	干态	湿态				
PPD	2.81	3.22	1.5901	1.5830	0.0071	
FPDA	2.85	3.19	1.5783	1.5756	0.0027	
4FPPD	2.68	2.87	1.5481	1.5413	0.0068	
OFB	2.55	2.91	1.5395	1.5327	0.0068	

在二胺中，如果氟代的苯环为无氟代的苯环所隔开，而氨基是处于无氟代的苯环上，则这种二胺的反应性能与没有氟代的二胺相同。这些结果列于表 10-19[13]。

表 10-19　含氟二胺与 6FDA 得到的聚酰亚胺的性能

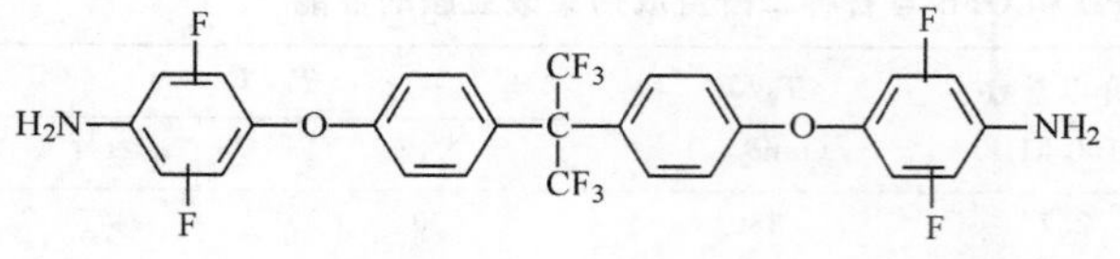

I

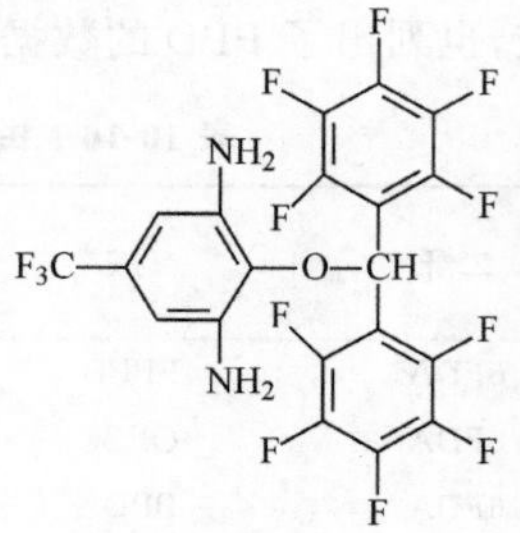

Ⅱ

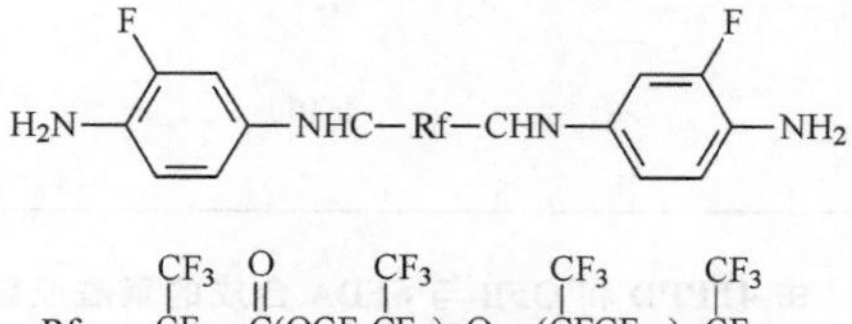

Ⅲ　$m+n=3$

二胺	含氟量/%	聚合温度/℃（成膜性）	M_n	介电常数（100 kHz）	T_g/℃（DSC）	T_d/℃	600℃残炭率/%
Ⅰ	19.03	100(不能成膜)	3964	—	224.0	505	63
Ⅱ	26.10	100(不能成膜)	417	—	321.7	353	63
Ⅲ	48.06	100(能成膜)	29 297	2.93	116.3	355	26
BAT	24.61	RT(能成膜)	15 602	2.83	243.8	505	66
BAO	31.73	RT(能成膜)	30 402	2.78	271.2	518	76
BDAF	24.62	RT(能成膜)	27 600	2.96	231.7	512	66

注：Ⅰ，Ⅲ在 100℃ NMP 中可以得到较高的黏度。

10.5　含氟代脂肪侧链的聚酰亚胺

将氟代侧链引进聚合物可以由控制全氟链的链长而使氟含量提高，从而明显降低其介电常数及吸水率，但也会降低其热稳定性和 T_g，并提高其热膨胀系数。应该注意到，这类聚合物仍具有较高的热稳定性。

Auman 等[14]研究了由 5-位有全氟代脂肪侧链的间苯二胺所得到的聚酰亚胺的性能（表 10-20）。

表 10-20　由 5-位有全氟代侧链的间苯二胺得到的聚酰亚胺的性能

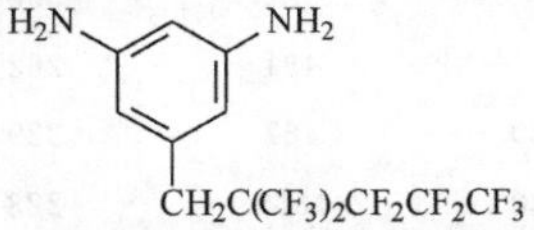

二酐	抗张强度/MPa	断裂伸长率/%	抗张模量/GPa	CTE/(10^{-6} K^{-1})	吸湿率/%(85%RH)	介电常数(1 MHz)	$T_{5\%}$/℃(空气)
6FDA	65	5	1.6	98	—	—	—
6FDA	72	6	1.7	86	0.5	2.7	472
6FCDA	116	28	2.0	70	0.6	2.3	458
3FCDA	115	25	1.9	67	1.1	2.5	465
Kapton	168	82	1.3	31	3.5	3.2	565

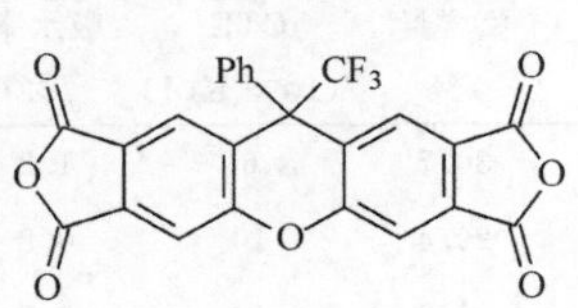

3FCDA

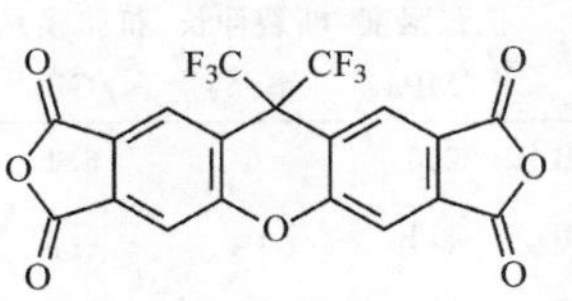

6FCDA

Ichino 等[15]研究了由 4-位有含氟脂肪侧链的间苯二胺得到的聚酰亚胺的性能（表 10-21）。随着氟代脂肪侧链的加长，热稳定性和 T_g 都有所降低，虽然侧链中含有氢原子，但聚合物仍具有较高的热稳定性。介电常数则随着氟代脂肪链的加长而降低，这自然与氟含量的增加及分子难以进行密堆砌有关。

Feiring 等[16]研究了在 2,2′-位有含氟脂肪取代基的联苯胺所得到的聚酰亚胺的性能。同样随着氟含量的增加，吸水率降低。CTE 则按 TFMB＜TFMOB≈TFEOB≪DF-

POB的次序降低，所以可以认为醚链的存在似乎会明显增加CTE(表10-22)。

表 10-21　由4-位有含氟脂肪侧链的间苯二胺得到的聚酰亚胺的性能

7F：X=F, n=3, mp 76.3~76.8 ℃
13F：X=F, n=6, mp 92.9~93.5 ℃
15F：X=F, n=7, mp 111.9~112.3 ℃
20F：X=H, n=10, mp 126.3~126.9 ℃

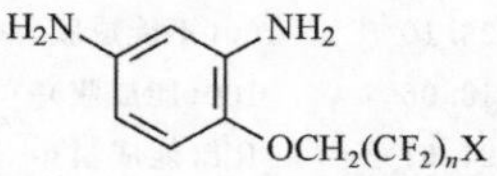

聚酰亚胺	氟含量/%	η_{inh} /(dL/g)	$T_{10\%}$/℃	T_g/℃	介电常数 起始	介电常数 70%RH,25℃,5天
6FDA/MPD	22.1	0.70	563	303	3.0	3.3
6FDA/**7F**	34.6	0.38	487	266		
6FDA/**13F**	41.8	0.31	467	228		
6FDA/**15F**	43.6	0.33	459	226		
6FDA/**20F**	47.2	0.29	455	189	2.6	2.7
BPDA/MPD	0	0.93	589	332	3.5	4.0
BPDA/**7F**	23.6	0.47	495	300		
BPDA/**13F**	34.6	0.32	471	262		
BPDA/**15F**	37.3	0.34	459	250		
BPDA/**20F**	42.4	0.25	457	230	2.9	3.0
BTDA/MPD	0	0.72	582	308	3.5	4.0
BTDA/**7F**	22.5	0.41	491	262		
BTDA/**13F**	33.3	0.30	467	229		
BTDA/**15F**	36.0	0.30	4654	223		
BTDA/**20F**	41.1	0.28	467	194	3.0	3.1

表 10-22　由2,2′-位有含氟脂肪取代基的联苯胺得到的聚酰亚胺的性能

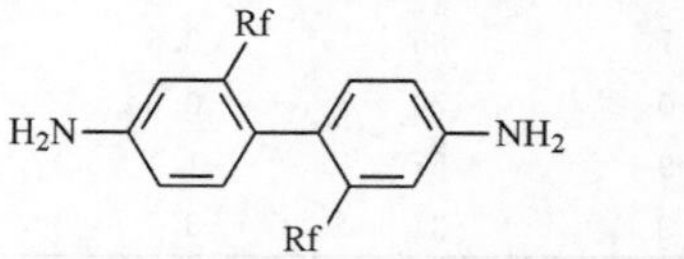

TFMB：Rf=CF_3
TFMOB：Rf=OCF_3
TFEOB：Rf=OCF_2CF_2H
DFPOB：Rf=$OCF_2CFHOC_3F_7$

聚酰亚胺	抗张强度/MPa	断裂伸长率/%	抗张模量/GPa	T_g/℃	$T_{5\%}$/℃	氟含量/%	CTE/(10^{-6} K^{-1})	吸水率/%	介电常数(干态,1 MHz)
6FCDA/TFMB	200	6	6.1	420	473	30.7	6	1.2	2.4
6FCDA/TFMOB	411	18	5.1	375	491	29.4	10	0.8	2.8
6FCDA/TFEOB	294	15	5.3	363	477	31.7	10	0.7	3.0
6FCDA/DFPOB	221	27	2.6	350	470	42.2	109	0.1	2.5
3FCDA/TFMB	197	8	5.0	>400	484	22.8	20	1.9	2.7
3FCDA/TFMOB	143	7	3.4	400	487	21.8	36	—	2.6
3FCDA/TFEOB	249	19	4.0	—	480	24.7	40	0.8	3.1
BPDA/TFMB	286	31	4.1	~330	580	19.7	20	1.3	2.9
BPDA/TFMOB	316	39	4.4	335	606	18.7	37	0.6	2.7

续表

聚酰亚胺	抗张强度/MPa	断裂伸长率/%	抗张模量/GPa	T_g/℃	$T_{5\%}$/℃	氟含量/%	CTE/(10^{-6} K^{-1})	吸水率/%	介电常数(干态,1 MHz)
BPDA/TFEOB	239	30	3.8	—	558	22.5	48	1.4	3.3
BPDA/DFPOB	145	45	1.8		516	37.8	133	0.2	2.7
PMDA/TFMB	374	28	7.4	379	592	22.7	−3	1.9	2.6
PMDA/TFMOB	378	18	7.2	363	591	21.3	−3	0.7	2.6
PMDA/TFEOB	333	14	6.9		549	25.4	−7	1.6	3.3
PMDA/DFPOB	226	24	3.1		496	40.8	81	<0.05	2.5
BPDA/PPD	424	52	5.7		606	0	4	1.4	3.1
PMDA/ODA	168	82	1.3		565	0	31	3.5	3.2

10.6　全氟聚酰亚胺

全氟代聚酰亚胺只有少数几个例子,主要是由日本的 Ando 及其同事们合成的[17]。合成这些聚合物的主要目的是得到在光通信波长的范围内透明的材料。

由 P6FDA 与全氟二胺都得不到能够成膜的聚酰亚胺,这是由于分子链有太强的刚性,同时也是二胺的活性太弱的缘故[18]。由 10FEDA 与 4FMPD、8FODA 及 8FSDA 都能够得到高相对分子质量的柔韧薄膜。这些聚合物都具有较高的热稳定性、T_g 和低的介电常数。最吸引人的还是在 0.8～1.6 μm 广泛波长范围内是透明的(见第 30.1 节)。10FEDA/4FMPD 可得到强韧的像 Kapton 那样的薄膜,不溶于极性溶剂,如 NMP、DMAc 及 DMF 等。然而这类聚酰亚胺由于合成的困难和成本高昂,其应用受到很大的限制。全氟聚酰亚胺的性能见表 10-23。

表 10-23　全氟聚酰亚胺的性能

二酐	二胺	氟含量/%	$T_{10\%}$/℃	T_g/℃	介电常数	折光指数	Δn
10FEDA	4FMPD	36.6	501	309	2.8	1.562	0.004
10FEDA	8FODA	38.4	485	300	2.6	1.552	0.004
10FEDA	8FSDA	37.7	488	278	2.6	1.560	0.006
10FEDA	TFDB	35.1	543	312	2.8	1.569	0.009
6FDA	TFDB	31.3	553	327	2.8	1.548	0.006
PMDA	TFDB	22.7	613	>400	3.2	1.608	0.136
PMDA	ODA	0	608	>400	3.5	1.714	0.08

10.7　含氟聚酰亚胺的应用

以 6FDA 为原料的含氟聚酰亚胺曾作为先进复合材料的基体树脂在 20 世纪 80 年代以后得到过广泛的研究,也公布了数个品种(见第 22 章),目的在于将 PMR-15 的使用温度(316℃)进一步提高到 371 ℃,同时也降低由于 PMR-15 的高吸水性在冷-热循环中所引起的开裂现象,但其结果似乎不甚理想。首先是 6FDA 的高成本难以为大量使用的复合材料基体树脂所接受,其次是其耐热氧化性尤其是加工性能也未能达到所希望的水平。随着 BPDA 基体树脂的兴起,尤其是采用 3,4′-BPDA 为单体得到的基体树脂既具有更高的 T_g,又具有低的融体黏度和较宽的加工窗口,满足了复合材料研究者多年追求的目标,可以预见,以 6FDA 为基础的基体树脂的前景将不会被看好。

其次的材料领域是气体分离膜,由于氟的引入,膜的气体透过率大大提高,然而同时带来的往往是选择性的降低,虽然在这方面进行了很多工作,也取得了显著效果,但一方面是含氟聚酰亚胺成本高,另一方面则是许多不含氟的聚酰亚胺也可以达到高的气体透过系数,而且具有很高的选择性(见第 24 章),因此含氟聚酰亚胺分离膜的发展也受到了限制。

作为低吸水率、低介电常数的材料,含氟聚酰亚胺在微电子领域的某些方面会找到应用,但作为大量使用的材料,成本仍然是一个很大的制约因素。将含氟单体引入液晶显示取向剂可以有效地提高预倾角,尤其在 STN 液晶显示屏的制造中可以得到应用(见第 26 章)。

含氟聚酰亚胺最大的价值在于其在光-电相关的功能高分子方面的应用。许多有关的材料无论是由于使用条件或加工要求,或者是为了器件的高可靠性,都需要耐高温的高分子材料,同时在光-电材料领域,氟的引入所带来的宝贵性能是其他结构所难以替代的,但材料则是高附加值的,含氟材料的高成本在这里常常是可以被接受的,所以含氟聚酰亚胺在这些领域的应用就受到格外的重视(见第 27 章和第 30.1 节)。例如,用作柔性太阳能电池和 OLED 基板所要求的高透光率和高 T_g,可能会成为含氟聚酰亚胺的主要应用领域。

最近,含氟聚酰亚胺作为生物相容材料在医疗器械和医用材料上的应用研究很值得注意,因为这种材料,如 6FDA/6FBA,在血液和组织的相容性方面都优于已经广泛使用的有机硅高分子,这方面的内容将在第 30 章进行介绍。

参考文献

[1] Wright W W//Conley R T. Thermal Stability of Polymers. Vol. 1. New York: Marcel Dekker Inc. ,1970: 287.

[2] Ohta N, Nishia Y, Morishita T, Tojoa T, Inagaki M. Carbon, 2008, 46: 1350.

[3] Critchley J P, Grattan P A, Whitte M A, Pippett J S. J. Polym. Sci. , Part A-1, 1972, 10: 1789.

[4] Rogers F E. US, 3356648, 1967.

[5] Hougham G, Tesoro G, Shaw J. Macromolecules, 1994, 27: 3642.

[6] Li F, Fang S, Ge J J, Honigfort P S, Chen J-C, Harris F W, Cheng S Z D. Polymer, 1999, 40: 4571.

[7] Harris F W, Hsu S L C. High Perform. Polym. , 1989, 1: 1; Harris F W, Hsu S L C, Tso C C, Polym. Prepr. , 1990, 31(1): 342.

[8] Matsuura T, Hasuda Y, Nishi S, Yamada N. Macromolecules, 1991, 24: 5001; Matsuura T, Yamada N, Nishi S, Hasuda Y. Macromolecules, 1993, 26: 419.

[9] Auman B C. Advances in Polyimide Science and Technology, Prodeedings of the 4th International Conference on Polyimides, Oct. 30-Nov. 1, 1991 Ellenville, New York, Ed. by Feger C, Khojasteh M M, Htoo M S. Lancaster Basel: Technomic Publishing Co. , Inc, 1993: 15-32.

[10] Matsuura T, Ishizawa M, Hasuda Y, Nishi S. Macromolecules, 1992, 25: 3540.
[11] Gerber M K, Pratt J R, St. Clair A K, St. Clair T L. Polym. Prepr., 1990, 31(1): 340.
[12] Hougham G, Tesoro G. Polym. Mater. Sci. Eng., 1989, 61: 369.
[13] Misra, A. C., Tesoro, G., Hougham, G. and Pendharkar, S. M., Polymer, 1992 33:1078.
[14] Auman B C, Higley D P, Scherer Jr. K V, McCord E F, Shaw Jr. W H. Polymer, 1995, 36: 651.
[15] Ichino T, Sasaki S, Matsuura T, Nishi S. J. Polym. Sci., Polym. Chem., 1990, 28: 323.
[16] Feiring A E, Auman B C, Wonchoba E R. Polym. Prepr., 1993, 34(1): 393.
[17] Ando S, Matsuura T, Sasaki S. Cemtech, 1994, Dec: 20.
[18] Ando S, Matsuura T, Sasaki S. Macromolecules, 1992, 25: 5858.

第 11 章　含硅聚酰亚胺

含硅聚酰亚胺常被称为聚酰亚胺硅氧烷(polyimidesiloxanes),有关它的专利最早出现在 1961 年[1]。硅氧烷链节的引入可以给聚酰亚胺带来好的可加工性,增加其对金属、硅、ITO、玻璃及其本身的黏结性,降低内应力,获得低的介电常数、低的吸水率、高的耐原子氧性能以及良好的溶解性和气体透过性等,使其在微电子工业中用作介电薄膜和刻蚀阻隔层和封装材料,或用于气体分离膜及电线、电缆的绝缘材料等。

含硅聚酰亚胺的含硅结构单元可以处于主链上也可以处于侧链上,处于主链上的又可分为含硅单元处于二胺上和含硅单元处于二酐上两种,下面就按类别进行介绍。

11.1　主链上含硅的聚酰亚胺

11.1.1　由含硅的二胺合成的聚酰亚胺

这是一类报道得最多的含硅聚酰亚胺。主要的单体是 1,3-二氨丙基四甲基二硅氧烷(GAPD)和含有多个二甲基硅氧烷链的 α,ω-二氨丙基衍生物(α,ω-diaminopropyl polysiloxanes,PDMS),还有在两端带苯胺的硅氧烷。

第一篇有关含硅聚酰亚胺的研究报道是由 PMDA 或其二酯与 PDMS 得到的,该类聚合物可溶于有机溶剂,并可以在 180 ℃注射成型。但以间苯基代替丙基时(Bis-A),仅得到低相对分子质量的脆膜[2]。

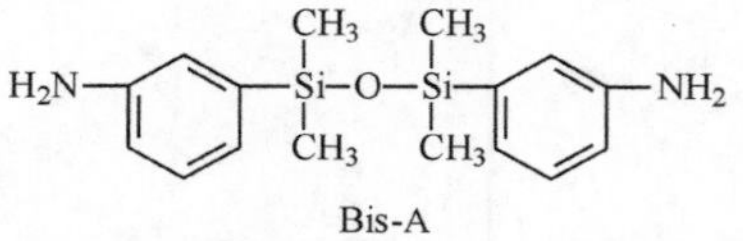

Bis-A

GAPD 是由烯丙胺与 1,1,3,3-四甲基二硅氧烷(TMDS)在氯铂酸催化下进行硅氢化反应而得到的(式 11-1)。PDMS 则是由 GAPD 与八甲基环四硅氧烷(D_4)在酸或碱催化下或加热使 GAPD 扩链得到的(式 11-2),该产物是一个含有不同数目硅氧烷链的混合物,同时还会产生一些环状化合物,在使用时要测定胺当量,才能准确计量。在合成聚酰亚胺时,通常还与其他二胺共聚,以获得具有较高使用温度和机械性能的聚合物。

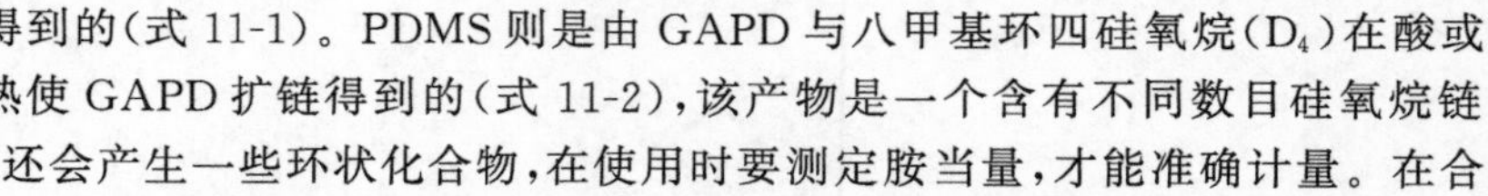

TMDS　　GAPD

式 11-1　GAPD 的合成

由于 PDMS 中的硅氧烷链比较长,所以可以将所得到的聚酰亚胺看成是聚酰亚胺与聚硅氧烷的嵌段共聚物,其行为也与典型的具有软-硬段的嵌段共聚物相同,例如有两个

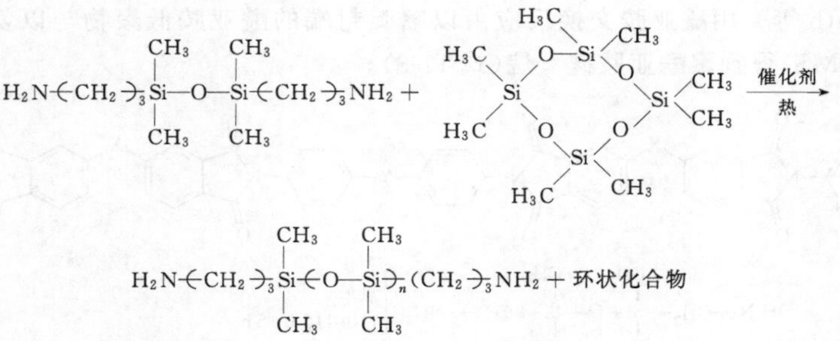

PDMS

式 11-2　PDMS 的合成

T_g：一个是在 −130～−120℃之间的聚硅氧烷的 T_g；另一个为聚酰亚胺的 T_g，视所用的二酐和共聚的芳香二胺的不同，通常在 200～300℃。如果采用 GAPD，由于硅氧烷的链很短，常常得到不存在分相的共聚物，这时，T_g 就只有一个，同时其 T_g、强度和热稳定性都随着硅氧烷链节在共聚物中的增加而明显降低。

由 GAPD 得到的聚酰亚胺硅氧烷的性能见表 11-1[3]。

表 11-1　以 GAPD 得到的聚酰亚胺硅氧烷的性能

聚合物	[η]/(dL/g)	T_g/℃	抗张强度/MPa	$T_{10\%}$/℃
BTDA/ODA	1.25	279	139	598
BTDA/ODA-GAPD(0.9∶0.1)	0.958	240	116	592
BTDA/ODA-GAPD(0.8∶0.2)	0.804	218	68.4	542
BTDA/ODA-GAPD(0.7∶0.3)	0.784	184	41.6	535
BTDA/ODA-GAPD(0.6∶0.4)	0.701	158	20.8	527

由表 11-1 的数据可见，随着 GAPD 的增加，共聚物的 T_g、抗张强度及热稳定性都有规律地明显降低。为了增加聚酰亚胺对底物，如金属、硅、玻璃或 ITO 的黏结力，氨丙基三乙氧基硅烷（APS）常被用来作为偶联剂。但由表 11-2 的数据可以看出，如果采用 GAPD 为共聚单体，对增加聚酰亚胺的黏结性有更好的效果。虽然 GAPD 的成本很高，也经常被使用，因为 APS 只能加在聚酰亚胺的链端，如果加的量太多，会影响聚酰亚胺的机械性能，加的量太少，效果就不够显著。采用 GAPD 可以不影响聚合物的相对分子质量，因此可以在增加黏结性的同时还能够有高的机械性能。

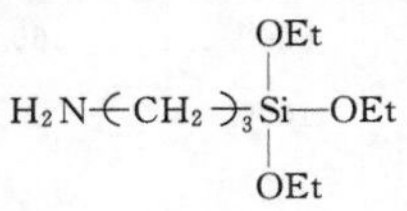

APS

表 11-2　以 GAPD 得到的聚酰亚胺硅氧烷的剥离强度（g/cm）[3]

聚合物	底物	不加 APS	加 APS
BTDA/ODA	硅	50	245
	氧化硅	65	430
BTDA/ODA(1∶0.97)	硅	—	不能剥离
	氧化硅	—	不能剥离
BTDA/ODA-GAPD(0.9∶0.1)	硅	不能剥离	—
	氧化硅	不能剥离	—

McGrath 等[4]用酰亚胺交换反应由以嘧啶封端的酰亚胺低聚物与以氨基封端的聚硅氧烷(PDMS)得到聚酰亚胺硅氧烷(式 11-3)。

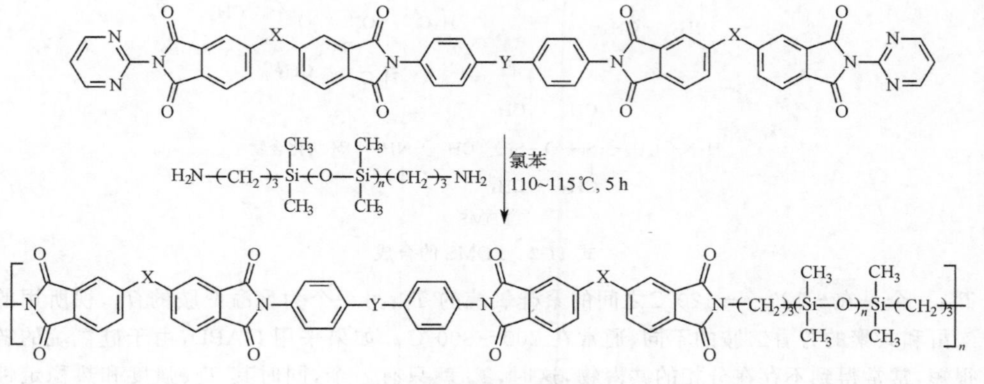

式 11-3 酰亚胺交换反应

由表 11-3 的结果可见，这种共聚可以使预先计算的硅氧烷量有序地引入共聚物中，由 NMR 测定所得到的共聚物，硅氧烷的实际含量与作为单体加入的量符合得很好。

表 11-3 以 Bis-P 和 PDMS 由酰亚胺交换反应得到的聚酰亚胺

序号	以 2-氨基嘧啶封端的酰亚胺低聚物 组成	M_n	PDMS 的 M_n	聚合物中 PDMS 的质量分数/% 目标质量分数	NMR 测定质量分数	η_{inh}/(dL/g)
1	ODPA/Bis-P	4100	1090	21	20	0.62
2	ODPA/Bis-P	4100	2550	37	35	1.08
3	ODPA/Bis-P	4100	4500	52	48	0.41
4	ODPA/Bis-P	11000	1090	9	9	1.07
5	ODPA/Bis-P	11000	2550	18	17	1.03
6	ODPA/Bis-P	11000	4500	28	26	1.16
7	6FDA/Bis-P	4600	1090	19	17	0.56
8	6FDA/Bis-P	4600	2550	35	32	0.60
9	6FDA/Bis-P	4600	9300	65	58	0.53
10	ODPA/m,m'-DDS	4300	1090	20	—	0.95
11	DDPA/Bis-P-PA	40000				

序号	T_g/℃ 低	高	DMA	$T_{5\%}$/℃	Y_C/% (700℃)	抗张强度/MPa	抗张模量/GPa	断裂伸长率/%
1	−123	216	203	461	16	60.6	1.64	20
2	−127	190	212	467	37	36.6	0.697	25
3	−122	203	195	428	11	16.2	0.176	41
4	−109	248	241	499	11	86.6	2.11	22

续表

序号	T_g/℃			$T_{5\%}$/℃	Y_C/%（700 ℃）	抗张强度/MPa	抗张模量/GPa	断裂伸长率/%
	低	高	DMA					
5	−131	249	233	491	20	65.5	1.54	17
6	−126	253	238	441	20			
7						35.2	1.64	12
8						35.2	1.25	63
9						6.3	0.035	333
10						73.9	1.68	38
11			267	550	9			

注：Y_C 表示残炭率。

聚酰亚胺硅氧烷的 T_g 受两个因素制约：一个是 PDMS 中硅氧烷的链长，另一个为最终得到的共聚物中硅氧烷的含量。在相同硅氧烷含量的情况下，PDMS 中硅氧烷链越长，酰亚胺的链段也越长，分相会越显著，这时由酰亚胺链段所表现的 T_g 也就越显著，即 T_g 会越高。反之，如果 PDMS 中的硅氧烷链较短，最极端的例子是采用 GAPD，这时 GAPD 在单体中的物质的量分数就较高，所以酰亚胺链节被分隔得越开，其嵌段就越短。极端的情况是得到了均相的共聚物，T_g 只有一个。对于相同酰亚胺，相对分子质量为 4100 的共聚物酰亚胺段的 T_g 要比相对分子质量为 11 000 的共聚物酰亚胺段的 T_g 低 32～59 ℃。由 DMA 测定 T_g 时，由于不能区分两个转变温度，其总的 T_g 和机械性能更多地受共聚物中硅氧烷含量的影响。

St. Clair 等[5] 由 α,ω-二氨丁基聚甲二基硅氧烷（PSX4）作为共聚单体与 BDSDA 及 1,3,3-APB 得到的聚酰亚胺的性能见表 11-4。PSX4 的加入可以使材料断裂面呈现韧性断裂的外观。

表 11-4　BDSDA/133-APB/PSX4 聚酰亚胺的性能

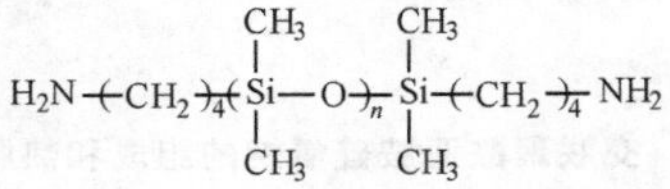

PSX4

PSX4 质量分数/%	M_n	G_{IC}/(J/m²)	断裂面	抗弯性能	
				强度/MPa	模量/GPa
0	45 140	4775	光滑	105.9	2.91
0	13 900	4100	光滑	75.1	3.48
2.5	22 600	4232	光滑	102.2	2.54
2.5	22 600	3419	粗糙	63.2	2.75
5.0	20 644	2805	粗糙	59.3	2.83

表 11-5 是由 DSDA、BAPP 与 20%（质量分数）PDMS 共聚得到的聚酰亚胺。由于 PDMS 的质量分数是固定的，所以 n 越大，PDMS 的物质的量就越低，酰亚胺段的长度也

越长，结果是两个 T_g 的低值越低，高值越高。

表 11-5 由 DSDA 和 PDMS/BAPP 得到的聚酰亚胺的性能[6]

PDMS	T_g/℃		热分解温度/℃	抗张模量/GPa	抗张强度/MPa
n=10.4	−119	220	469	2.17	73
n=14.4	−125	230	455	2.07	72
n=32.2	−126	258	450	2.00	78
DSDA/BAPP	—	267	500	2.80	114

注：PDMS 的用量为 20%（质量分数）。

Furukawa 等[7]以带乙烯基侧链的 PDMS 作为单体进行聚合，所得到的聚合物再用硅氢化合物进行硅氢化反应，得到交联的含硅聚酰亚胺。

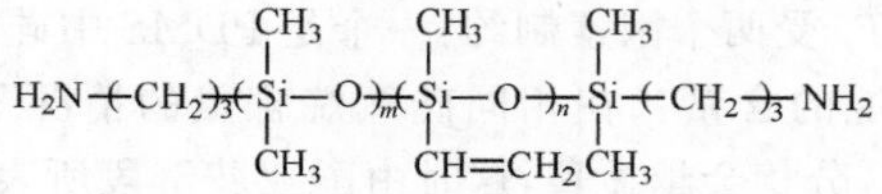

1-PSX：M_w=832, m=8, n=1

2-PSX：M_w=868, m=7, n=2

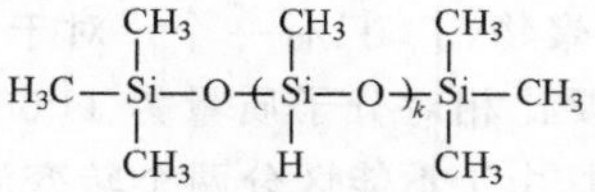

H-PSX

由 BTDA 与 m,m'-BAPS 及 1-PSX 或 2-PSX 合成的带乙烯基的线形聚酰亚胺硅氧烷（PI），然后在与四甲基二硅氧烷（TMDS）或链中带硅-氢键的硅氧烷（H-PSX）进行硅氢反应，得到交联的聚酰亚胺硅氧烷。结果见式 11-4，聚合物的组成和热膨胀系数见表 11-6。由表 11-6 可以明显看出，交联的聚合物的热膨胀系数要比不交联的聚合物小，尤其是 PId 要比相应的不交联的 PIf 低两个数量级。固化条件对 PIb 的 T_g 及热膨胀系数的影响见表 11-7。

表 11-6 交联聚酰亚胺硅氧烷的组成和热膨胀系数

聚合物	2-PSX 质量分数/%	H-PSX 物质的量分数/%	T_{hd}/℃	CTE_1/(10^{-6} K^{-1})	CTE_2/(10^{-6} K^{-1})
PIa	10	0	192	182	12 900
PIb	10	2.0	192	175	8062
PIc	30	0	148	271	7623
PId	30	2.0	152	123	457
PIe	50	0	98	3350	38 610
PIf	50	2.0	100	111	342

注：T_{hd}：热变形温度，DMA，10℃/min，N_2。

CTE_1：在 T_{hd} 以下 50～100℃；CTE_2：在 T_{hd} 以上测定，T_g-T_{hd}=50℃。

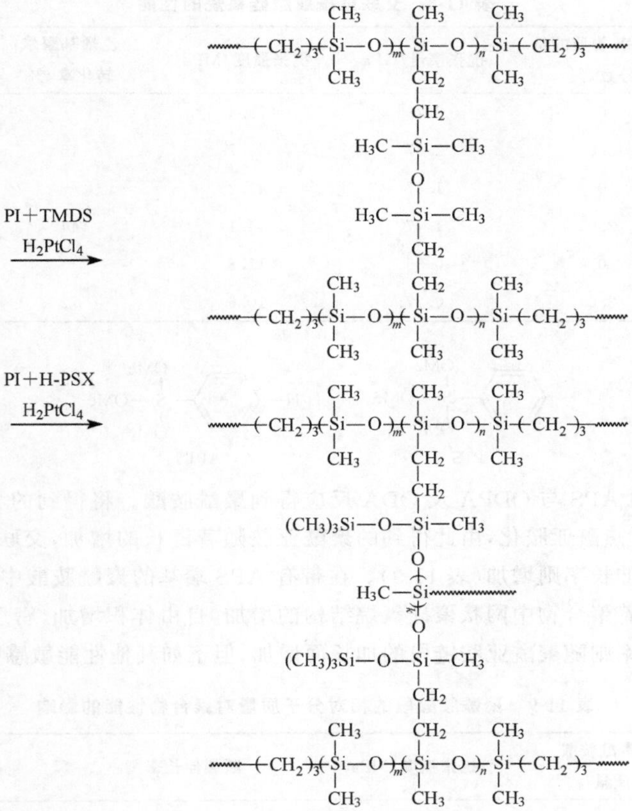

式 11-4　交联的聚酰亚胺硅氧烷

表 11-7　PIb 的固化条件对 T_g 及热膨胀系数的影响

温度/℃	加热时间/h	T_g/℃	CTE/(10^{-6} K^{-1})
200	1	201	124
200	5	208	132
300	1	215	133

由表 11-8 可见，在 PSX 二胺单体结构相同的情况下，聚酰亚胺硅氧烷的机械性能取决于 PSX 二胺单体的用量和交联与否，对于 PIa 和 PIb，由于 PSX 二胺单体用量较少(10%)，机械性能与交联与否关系不太明显，因为这时表现出来的主要是酰亚胺链段的性能。对于 PSX 二胺单体中硅氧烷用量较多(50%)的场合(PIe 和 PIf)，交联对聚合物性能的影响就十分突出。这时软段变成了连续相，交联的影响就会超过软段的增塑作用。

另一种获得交联含硅聚酰亚胺的方法是用 APS 作为封端剂，得到聚酰胺酸，再加入苯基三甲氧基硅烷(PTS)作为交联剂[8]。

表 11-8　交联聚酰亚胺硅氧烷的性能

聚合物	H-PSX 物质的量分数/%	抗张模量/GPa	抗张强度/MPa	乙烯基摩尔转化率/%	交联密度/(10^{-3}mol/cm^3)
PIa	0	2.73	79.4	—	—
PIb	2.0	2.67	68.7	16	0.42
PIc	0	1.37	41.2	—	—
PId	2.0	1.47	44.1	44	0.70
PIe	0	0.35	11.8	—	—
PIf	2.0	0.77	10.6	72	1.01

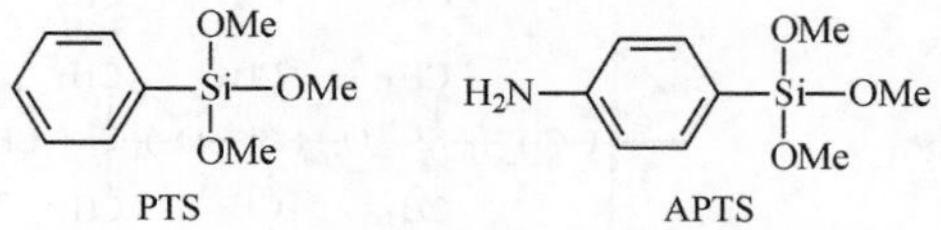

将一定量的 APS 与 ODPA 及 ODA 反应得到聚酰胺酸。将得到的含硅氧烷的聚酰胺酸涂膜并进行热酰亚胺化，由此得到的聚酰亚胺随着链长的增加，交联密度降低，模量也降低，而断裂伸长率则增加(表 11-9)。在带有 APS 端基的聚酰胺酸中加入 PTS，再进行酰亚胺化，随着聚合物中网状聚硅氧烷结构的增加，自由体积增加，密度、模量及 T_g 都下降，断裂伸长率则随聚酰亚胺链段的加长而增加，但不如其他性能敏感(表 11-10)。

表 11-9　聚酰胺酸段的相对分子质量对聚合物性能的影响

带有 APS 端基的聚酰胺酸段的相对分子质量	抗张强度/MPa	断裂伸长率/%	抗张模量/GPa
3000	86.6	2.9	3.43
5000	148.6	11.0	3.17
10 000	138.4	13.3	2.60
15 000	129.3	14.6	2.46
20 000	116.6	17.2	2.01
ODPA/ODA	112.3	29.6	2.20

表 11-10　交联剂 PTS 的用量对聚合物性能的影响

PTS/APTS-PAA/%	抗张强度/MPa	断裂伸长率/%	抗张模量/GPa
0	148.6	11.0	3.17
8	152.0	13.6	3.18
24	142.8	12.3	2.95
36	127.3	13.8	2.59
50	119.9	13.6	2.43
70	113.5	14.1	2.26
100	89.1	9.2	1.6

在由 ODPA、2,4-DAT 及 PDMS 合成聚合物时,发现当 $n=1$ 即含硅二胺为 GAPD 时,只能得到脆的膜,而且溶解性能也不够好。当使用硅氧烷链较长的 PDMS 时,所得到的聚酰亚胺都可以得到柔韧的薄膜(表 11-11)[9]。

表 11-11　由 ODPA、2,4-TDA 及 PDMS 合成的聚合物

PDMS		成膜性	T_g/℃		溶解性
n	%(质量分数)		硅段	酰亚胺段	
	0	柔韧		313	
1	16	脆			NMP
1	25	脆			NMP,THF
9	34	柔韧		230	NMP
9	38	柔韧	−80	205	NMP,乙二醇二甲醚,THF
9	41	柔韧		196	NMP,乙二醇二甲醚,THF
9	53	柔韧		165	NMP,乙二醇二甲醚,THF
11	35.4	柔韧		255	NMP
11	38.0	柔韧			
12	39.7	柔韧			NMP
12	43	柔韧	−80	235	NMP
12	47.3	柔韧		225	NMP,THF
12	52.4	柔韧			NMP,乙二醇二甲醚,THF
12	58.7	柔韧			NMP,乙二醇二甲醚,THF,甲乙酮
7.5	13.4	柔韧			NMP
7.5	31.1	柔韧	−80	205	NMP,THF
7.5	34.3	柔韧			NMP,THF
7.5	49.4	柔韧		125	NMP,乙二醇二甲醚,THF,甲乙酮
7.5	68	柔韧			NMP,乙二醇二甲醚,THF,甲乙酮

表 11-12 中除了一些规律如 T_g 的变化与上述一致外,热酰亚胺化的聚合物要比化学酰亚胺化的聚合物有更高的 T_g,这是因为热酰亚胺化在较高温度下进行,可能使聚合物发生交联或部分有序化。另外,在化学酰亚胺化得到的聚合物中,如果干燥温度不够高,可能还残留有少量溶剂,这些溶剂可以起增塑作用,降低了聚合物的 T_g[10]。

表 11-12　由 BTDA/m,m'-DDS 与 PDMS 得到的聚酰亚胺硅氧烷

二酐/二胺	PDMS 质量分数/%	PDMS 的 M_n	酰亚胺化方法	[η]/(dL/g)	T_g/℃ (DSC)
BTDA/m,m'-DDS	0	—	热	—	272
BTDA/m,m'-DDS	0	—	溶液	1.36	265
BTDA/m,m'-DDS	10	900	热	0.62	256
BTDA/m,m'-DDS	10	900	溶液	0.63	251
BTDA/m,m'-DDS	10	2100	热	0.78	261

续表

二酐/二胺	PDMS 质量分数/%	PDMS 的 M_n	酰亚胺化方法	[η]/(dL/g)	T_g/℃ (DSC)
BTDA/*m*,*m*'-DDS	10	2100	溶液	0.73	260
BTDA/*m*,*m*'-DDS	10	5000	热	0.71	264
BTDA/*m*,*m*'-DDS	10	10 000	热	0.73	266
BTDA/*m*,*m*'-DDS	20	900	热	0.78	246
BTDA/*m*,*m*'-DDS	20	900	溶液	0.67	240
BTDA/*m*,*m*'-DDS	20	5000	热	0.51	262
BTDA/*m*,*m*'-DDS	40	900	热	0.55	225
BTDA/*m*,*m*'-DDS	40	900	溶液	0.58	218
BTDA/*m*,*m*'-DDS	10	800	溶液	1.88	251
BTDA/Bis P	0		溶液	0.72	264
BTDA/Bis P	10	800	热	0.60	241
6FDA/*m*,*m*'-DDS	0		溶液	0.60	270
6FDA/Bis P	0		溶液	0.50	267
6FDA/Bis P	10	800	溶液	0.79	232

由于硅氧烷与酰亚胺在溶解度参数上有很大的差别,从而提供了微相分离的驱动力,尤其当采用高相对分子质量的 PDMS 时更为突出。又由于硅氧烷低的表面能,其能够向空气或真空界面富集,使表面富有共价结合的硅氧烷组分(表 11-13)[10]。X 射线光电子能谱说明有较多的硅氧烷处于表面 10～20 Å 处,其含量与本体中的含量无关,在 50～70 Å 处仍高于本体,但其含量与本体含量有关。在硅氧烷的含量高于 40%时会发生相转换,硅氧烷成为连续相[11]。这种现象对于微电子及空间技术有重要意义,因为可以形成耐氧等离子腐蚀的保护层。

表 11-13　由 BTDA/*m*,*m*'-DDS 与 PDMS 得到的含硅聚酰亚胺的 X 射线光电子能谱

PDMS 质量分数/%	PDMS 的 M_n	测试所取角度/(°)	表面 PDMS 质量分数/%
5	950	15	85
5	950	90	34
10	950	15	77
10	950	90	35
10	10 000	15	87
10	10 000	90	39
20	950	15	87
20	950	90	53
40	950	15	86
40	950	90	63

由表 11-14 可以明显看出，当 PDMS 的相对分子质量固定时，随着含量的增加，玻璃化温度、热稳定性及吸水率都降低，热膨胀系数和断裂伸长率增加，强度和模量降低[12]。

表 11-14　由 BTDA/芳香二胺与 PDMS 得到的聚酰亚胺

二胺	二胺物质的量分数/%	PDMS (1300[a]) 物质的量分数/%	η_{inh} /(dL/g)	T_g /℃	T_d /℃	CTE /(10^{-6} K^{-1}) 25～100℃	CTE /(10^{-6} K^{-1}) 100～150℃	吸水率/%	抗张强度/MPa	抗张模量/GPa	断裂伸长率/%
BAPP	1.0	0	1.09	213	493	21	25	1.02	103.0	2.86	7.1
	0.937	0.063	0.65	207	481	23	28	0.32	82.4	2.11	7.1
	0.82	0.18	0.52	185	462	28	65	0.25	50.0	1.46	18.0
	0.68	0.32	0.32	159	457	55	128		22.6	0.34	35.0
BAPS	1.0	0	0.85	255	539	26	28	1.04	125.5	2.70	9.3
	0.935	0.065	0.50	240	505	29	31	0.50	95.1	1.93	9.1
	0.82	0.18	0.30	213	466	34	70	0.30	53.9	1.23	13.5
	0.67	0.33	0.28	171	459	52	125	0.28	30.4	0.37	50.7
BAPF	1.0	0	0.87	208	539	19	23	0.87	105.9	2.28	9.0
	0.928	0.072	0.30	207	498	27	38	0.30	83.4	1.92	10.0
	0.80	0.20	0.25	176	468	42	81	0.25	64.7	1.49	10.5
	0.65	0.35	0.22	130	448	58	160	0.22	26.7	0.44	48.8

a：1300 为 PDMS 的数均分子量。

表 11-15 则表明，随着硅氧烷链段的增多和硅氧烷链长度的增加，聚合物薄膜的透明度降低，说明分相越发明显[13]。

表 11-15　PDMS 的相对分子质量和含量对聚酰亚胺硅氧烷的透明度的影响

体系	PDMS/PI	507 硅氧烷/%	507 η_{inh}/(dL/g)	507 透明度	715 硅氧烷/%	715 η_{inh}/(dL/g)	715 透明度	996 硅氧烷/%	996 η_{inh}/(dL/g)	996 透明度
BTDA/*m*-BAPS-PDMS	0	0	0.77	A	0	0.77	A	0	0.77	A
	0.6	0.8	0.68	A	1.1	0.65	A	1.6	0.65	+
	1.1	1.5	0.67	A	2.0	0.62	+	2.9	0.61	+
	1.7	2.2	0.64	A	3.2	0.60	+	4.3	0.60	+
	2.7	3.6	0.65	+	5.0	0.64	+	6.9	0.60	++
	4.2	5.2	0.60	+	7.7	0.56	++	10.4	0.56	++
	6.1	—	—	—	—	—	—	14.8	0.56	++
	7.7	10.2	0.60	++	13.8	0.53	++	18.2	0.52	+++
	10.0	—	—	—	17.6	0.49	+++	22.9	0.49	+++
	13.7	—	—	—	23.5	0.50	+++	—	—	—
	14.2	18.6	0.53	++	—	—	—	—	—	—
	16.6	21.6	0.49	++	—	—	—	—	—	—
	19.0	24.6	0.50	++	—	—	—	—	—	—

续表

体系	PDMS/PI	PDMS相对分子质量								
		507			715			996		
		硅氧烷/%	η_{inh}/(dL/g)	透明度	硅氧烷/%	η_{inh}/(dL/g)	透明度	硅氧烷/%	η_{inh}/(dL/g)	透明度
PMDA/PPD-PDMS	0	0	1.54	A	0	1.54	A	—	—	—
	0.1	—	—	—	0.6	0.61	++	—	—	—
	0.5	1.4	0.68	++	—	—	—	—	—	—

注：A：透明；+：略浑浊；++：浑浊；+++：很浑浊。

表 11-16 数据说明 BTDA/PDMS 链节的含量增加，抗张模量降低，断裂伸长率增加[13]。

表 11-16 BTDA/*m*,*m*′-BAPS-PDMS 体系的模量和断裂伸长率与 PDMS 数量和相对分子质量的关系

y	PDMS的相对分子质量															
	507				715				996							
	−118 ℃		RT		−118 ℃		RT		−118 ℃		RT					
	TM/GPa	ε/%	TM/GPa	ε/%	TM/GPa	ε/%	TM/GPa	ε/%	TM/GPa	ε/%	TM/GPa	ε/%				
1.7	3.66	4.45	3.00	4.79	3.58	3.73	2.93	5.54	3.60	4.79	2.47	5.54				
6.1	—	—	—	—					2.70	4.92	2.21	5.90				
7.7	—	—	—	—	2.91	4.33	2.03	7.89	2.49	5.95	1.77	7.17				
10.0	—	—	—	—	2.77	6.26	1.74	11.7	2.44	5.95	1.54	6.90				
13.7	—	—	—	—	2.30	5.30	1.51	8.16	—	—	—	—				
14.2	3.37	4.88	2.23	6.26	—	—	—	—	—	—	—	—				
16.6	2.98	5.36	1.84	7.17	—	—	—	—	—	—	—	—				
19.0	2.82	4.70	1.76	7.16	—	—	—	—	—	—	—	—				

注：*y* 为 BTDA/PDMS 链节的含量(%)；TM 为抗张模量；ε 为断裂伸长率。

将 ODPA 与 APTMS 在 NMP 中反应后加入 ODA，再加入交联剂二甲基二甲氧基硅烷(DMDMS)。最后加入与甲氧基等当量的水，也可以加入氢氧化铵作为催化剂，使 pH 调到 8～9。该溶液涂膜后进行热环化，最高处理温度为 240 ℃ 2 h，得到不透明的薄膜(式 11-5)[14]。

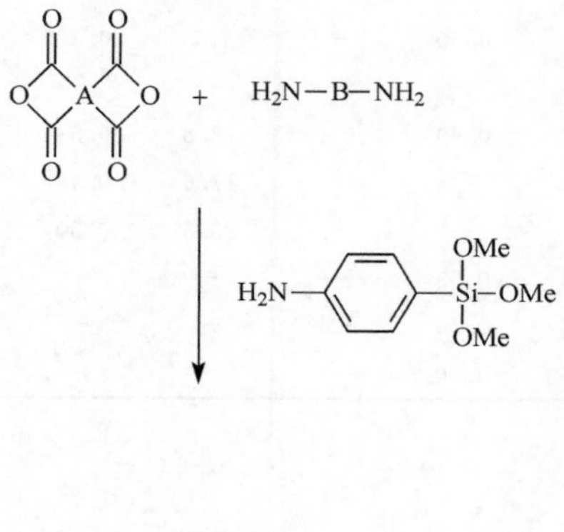

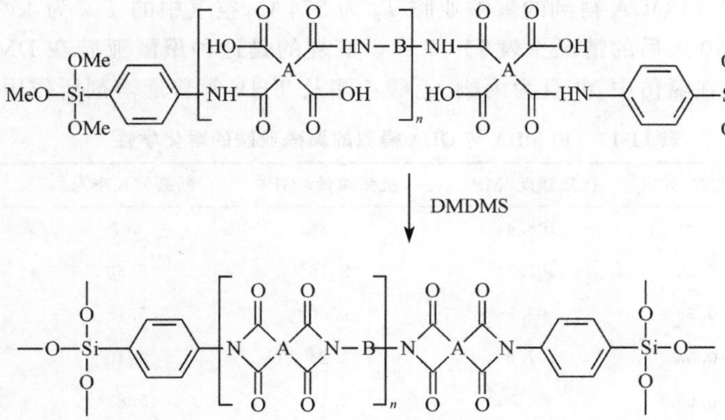

式 11-5　带烷氧端基的聚酰亚胺的交联

11.1.2　由含硅的二酐合成的聚酰亚胺

可能是由于含硅的二酐合成比较困难，由含硅的二酐得到的聚酰亚胺的报道要比由含硅的二胺得到的聚酰亚胺少得多。已经报道的含硅二酐有下面几个：

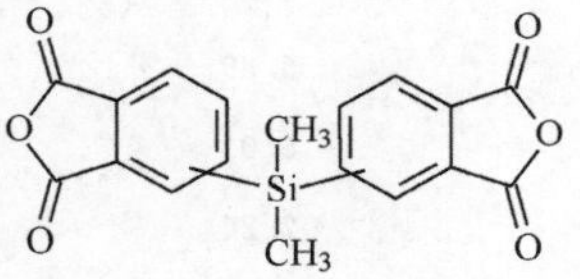

SiDA

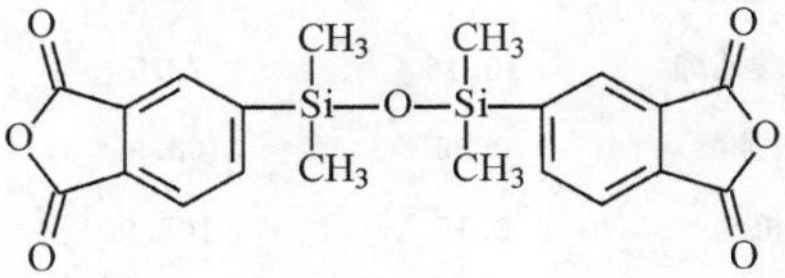

PADS

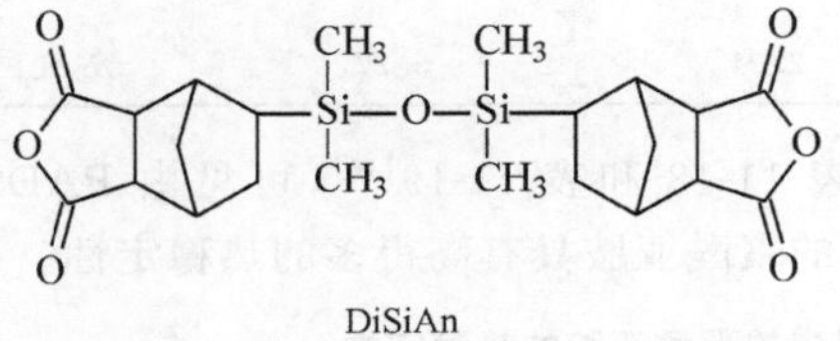

DiSiAn

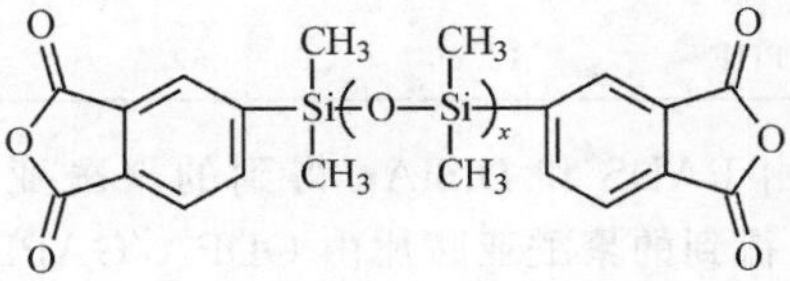

PPDS

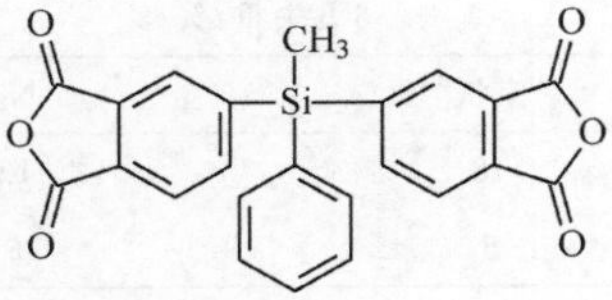

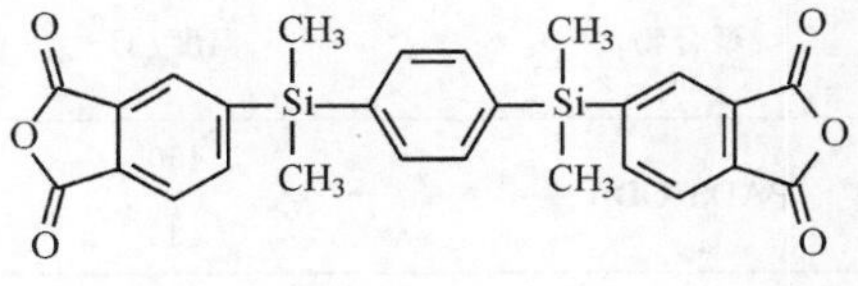

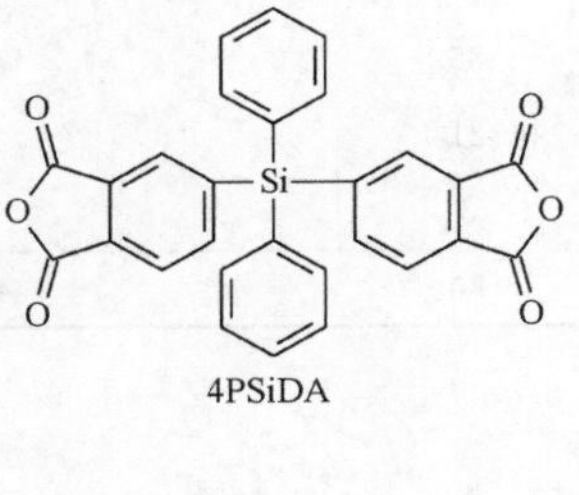

4PSiDA

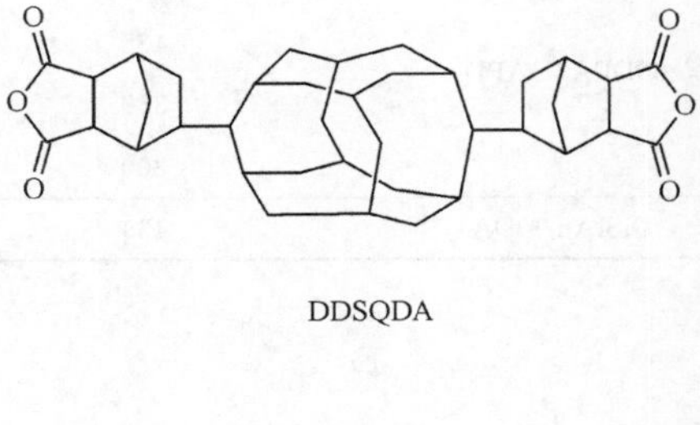

DDSQDA

由 4,4′-SiDA 与 ODA 得到的聚酰亚胺 T_g 为 274℃，空气中的 $T_{5\%}$ 为 490℃，在各种试剂中室温浸泡 30 天后的情况见表 11-17[15]。有趣的是这种聚酰亚胺在 DMAc 中变化不大，但可以溶解在氯仿中，并且为丙酮、乙酸乙酯及 THF 等普通溶剂所作用。

表 11-17　由 SiDA 与 ODA 得到的聚酰亚胺的耐化学性

化合物	失重/%	抗张强度/MPa	抗张模量/GPa	断裂伸长率/%	外观
空白	—	108.4	2.34	6.7	
10%硫酸	0.80	101.8	2.16	5.63	无变化
10%盐酸	0.23	103.5	2.00	5.13	无变化
10%硝酸	0.53	107.8	2.24	9.40	无变化
10%HF	0.63	95.7	2.14	5.87	无变化
10%NaOH	0.38	104.0	2.25	8.30	无变化
10%H_2O_2	0.53	95.1	2.05	6.75	无变化
乙醇	4.11	95.6	2.03	10.8	无变化
丙酮	7.40	74.7	2.13	13.21	稍皱
氯仿	—	—	—	—	溶解
冰醋酸	3.53	95.7	2.10	9.20	无变化
乙酸乙酯	10.16	72.5	2.11	5.89	皱
石油醚	0.36	68.9	2.02	5.01	无变化
机油	0.15	108.9	2.22	7.24	无变化
甲苯	1.69	100.8	2.27	7.04	无变化
DMAc	2.01	108.5	2.20	8.97	无变化
THF	13.65	69.3	2.01	5.27	皱，变白

由 PADS 和 DiSiAn 得到的聚酰亚胺见表 11-18 和表 11-19[16]，可见由 PADS 与 ODA 得到的聚酰亚胺比由 ODPA/GAPD 合成的聚酰亚胺具有高得多的热稳定性。

表 11-18　由 PADS 和 DiSiAn 得到的聚酰亚胺的热稳定性

聚合物	温度/℃	6 h 失重/%	
		空气	N_2
PADS/ODA	450	18	12
	435	5	6
ODPA/GAPD	450	86	
	435	85	75
	350	21	
	300	3	
DiSiAn/ODA	435	80	47

表 11-19　由 PADS 得到的聚酰亚胺的热性能

聚合物	T_g/℃	N_2中 30 min 内失重 1%的温度/℃	T_m/℃
PADS/ODA	160	435	
PADS/MPD	160	435	
PADS/PPD	180	435	350
PADS-BPADA(1∶1)/MPD	190	435	
PADS-BPADA(1∶1)/MPD-PPD(1∶1)	205	435	
PADS-BPADA(1∶1)/PPD	210	435	276
PADS-ODPA(3∶7)/MPD-PPD(5∶5)	260	480	
PADS-PMDA(3∶7)/ODA	320	460	
PADS-PMDA(3∶7)/PPD	—	500	>500

Buese[17]由 DiSiAn 得到的一种两端带甲基硅烷的酰亚胺单体，以酸催化的平衡聚合得到聚酰亚胺硅氧烷，同时也得到环状低聚物(式 11-6)。这种环状低聚物溶解于二氯甲

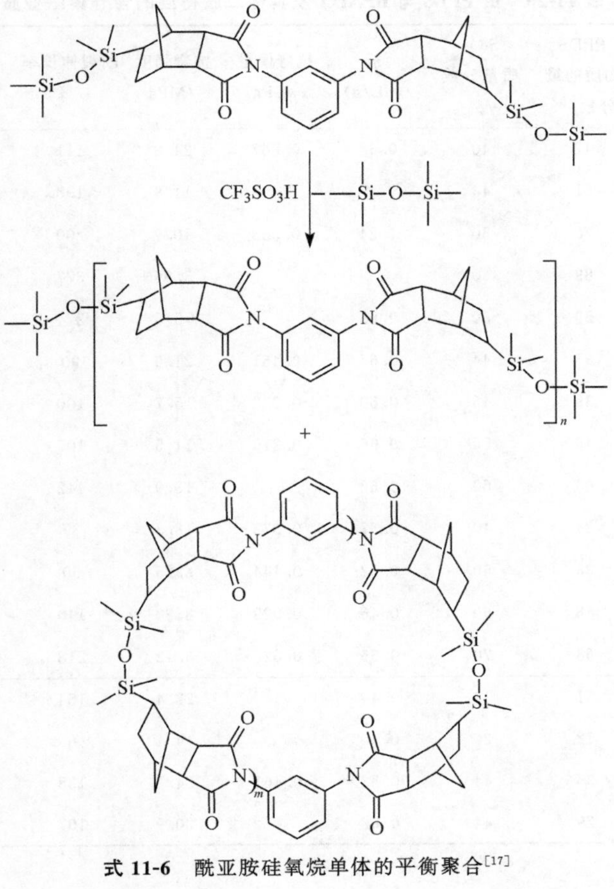

式 11-6　酰亚胺硅氧烷单体的平衡聚合[17]

烷,可以在丙酮中重结晶提纯,认为是十六元环,而且能够在三氟甲磺酸的催化下开环聚合,所以这个体系是处于平衡状态。

PADS也可以与环状硅氧烷反应进行扩链(式11-7),由扩链的PADS(PPDS)与BPADA及二胺共聚得到的聚合物见表11-20[18]。由这些数据可以看出,硅氧烷链以在二酐中的方式加入聚酰亚胺中所产生的效果与在二胺中的方式是一致的,即在硅氧烷链的长度相同的情况下,随着硅氧烷链含量的增加,或在硅氧烷含量相同的情况下,随着链长的增加,T_g、强度和模量降低,断裂伸长率提高。PPDS与其他二酐及二胺的共聚物的性能见表11-20和表11-21。

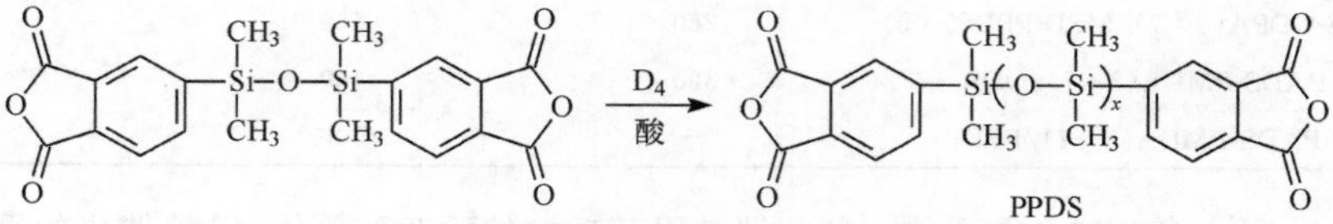

式 11-7 硅氧烷的扩链反应

表 11-20 由PPDS与BPADA及其他二胺得到的含硅聚酰亚胺

	x	PPDS物质的量分数/%	SiO_2质量分数/%	[η]/(dL/g)	抗弯模量/GPa	抗弯强度/MPa	断裂伸长率/%	T_g/℃	在氯仿中的溶解性
PPD	10	47	40	0.68	0.867	24.8	111		
	10	51	44			11.9	198	137	溶解
	10	70	50	1.24	0.338	10.9	200	110	溶解
	10	89	60			5.96	377	68	
	11	59	50	0.65		15.5	274	90	溶解
	16	35	44	0.67	0.461	21.6	90	147	部分溶解
	16	39	46	0.60	0.332	15.7	100	123	部分溶解
	16	45	50	0.66	0.210	11.5	107	141	部分溶解
	16	63	60	0.62		13.0	442	85	溶解
	22	24	40	0.37	0.373	18.3	37		微溶
	22	33	50	0.62	0.144	8.25	50		微溶
	22	48	60	0.46	0.029	8.80	140	83	溶解
	22	68	70	0.66	0.025	3.12	218		溶解
MPD	10	51	44	0.49		22.4	154	128	
	16	12	20	0.50		44.1	6	>210	
	16	35	44	0.52	0.461	24.1	138	146	
	20	29	44	0.62		20.9	107	157	

表 11-21　由 PPDS 与 BPADA 及其他二胺得到的含硅聚酰亚胺的热稳定性

二胺	PPDS 物质的量分数/%	x	$T_{5\%}$/℃	
			N_2	空气
PPD	51	10	465	440
PPD	35	16	460	440
PPD	63	16	450	430
MPD	12	16	500	470
MPD	35	16	495	470
PPD：MPD=35：65	35	16	450	440

表 11-22 为用苯酐封端所得到的聚酰亚胺硅氧烷的熔融指数和在 270 ℃下的融体黏度。

表 11-22　BPADA/PPDS(物质的量分数 35%,PPD：MPD=35：65)用苯酐封端后的聚合物

苯酐物质的量分数/%	[η]/(dL/g)	熔融指数/(g/min)(温度/℃)	270℃下的融体黏度/P
2.0	0.67	0.75(290)	42 900
3.0	0.48	1.24(270)	26 300
3.5	0.43	1.38(260)	22 200

由含硅二酐与二氨基三苯基甲基硅烷所得到的聚酰亚胺的性能见表 11-23[19]。

表 11-23　由含硅二酐与二氨基三苯基甲基硅烷所得到的聚酰亚胺的性能[19]

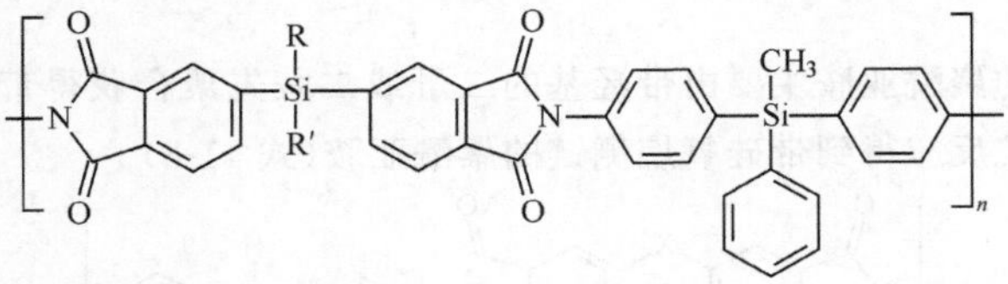

R	R′	η_{inh}/(dL/g)[a]	T_g/℃	$T_{15\%}$/℃
CH_3	CH_3	0.25	37	382
CH_3	Ph	0.29	122	463
Ph	Ph	0.35	130	473

a：由聚酰胺酸溶液(0.3 g/mL,DMF,25 ℃)测得。

Chavez 等[20]由含硅芳香二胺合成了一系列聚酰亚胺,其热稳定性见表 11-24。

表 11-24　一些由含硅芳香二胺合成的聚酰亚胺

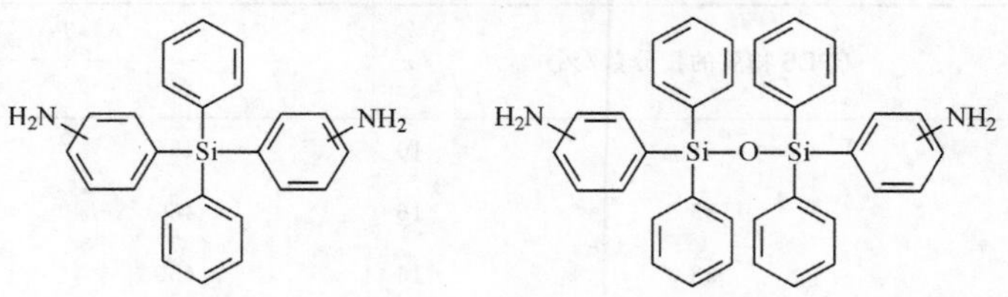

4PhS　　6PhS

聚酰亚胺	熔点/℃	分解温度/℃	在 DMAc 中的溶解性
PMDA/4,4′-4PhS	无	330	不溶
PMDA/3,3′-4PhS		400	不溶
BTDA/4,4′-4PhS	398	460	不溶
BTDA/3,3′-4PhS	199	343	溶
ODPA/4,4′-4PhS	160	336	溶
ODPA/3,3′-4PhS	140	279	溶
PMDA/4,4′-6PhS	无	421	不溶
PMDA/3,3′-6PhS	无	392	不溶
BTDA/4,4′-6PhS	390	457	不溶
BTDA/3,3′-6PhS	183	361	溶
ODPA/4,4′-6PhS	190	358	溶
ODPA/3,3′-6PhS	170	323	溶
聚酰亚胺硅氧烷	无	460～500	不溶
Kapton	无	570	不溶

11.2　侧链上含硅的聚酰亚胺

侧链上含硅的聚酰亚胺主要由带羟基的二酐或二胺先聚合获得带羟基的聚酰亚胺，然后再与氢硅氧烷反应得到带硅氧烷侧链的聚酰亚胺(式 11-8)。

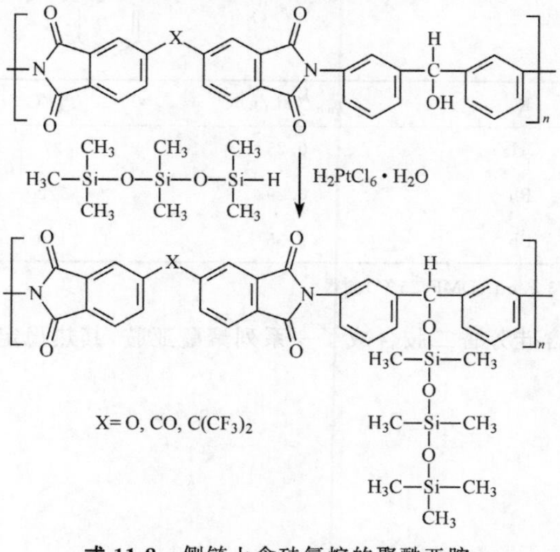

式 11-8　侧链上含硅氧烷的聚酰亚胺

3,3′-二氨基二苯基甲醇和二苯甲醇二酐是相应由二氨基二苯酮和 BTDA 还原得到的。

表 11-25 列出的是在二酐链节带硅氧烷侧基的聚酰亚胺，表 11-26 为在二胺链节带硅氧烷侧基的聚酰亚胺。这些带有硅氧烷侧链的聚合物都可以得到柔韧的薄膜，随着侧链的增长，玻璃化温度、强度和模量降低，断裂伸长率有所增加。硅氧烷的引入可以降低聚酰亚胺的介电常数和耐氧等离子的侵蚀(见表 11-27 和表 11-28)[21]。但是 C(脂肪)—O—Si 键对水解不稳定。

表 11-25　在二酐链节带硅氧烷侧基的聚酰亚胺

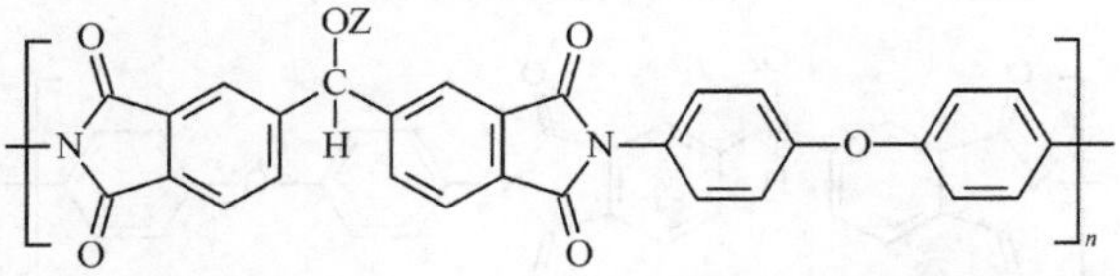

Z	T_g/℃	薄膜	抗张强度/MPa	抗张模量/GPa	断裂伸长率/%	介电常数
H	250	韧，透明	127.5	3.1	10.4	3.4
$(CH_3)_3Si$—	210	韧，透明	119	2.8	28.8	—
CH_3—$Si(CH_3)_2$—O—$Si(CH_3)_2$—O—$Si(CH_3)_2$—	167	韧，半透明	76.7	1.8	34.3	2.8

表 11-26　在二胺链节带硅氧烷侧基的聚酰亚胺

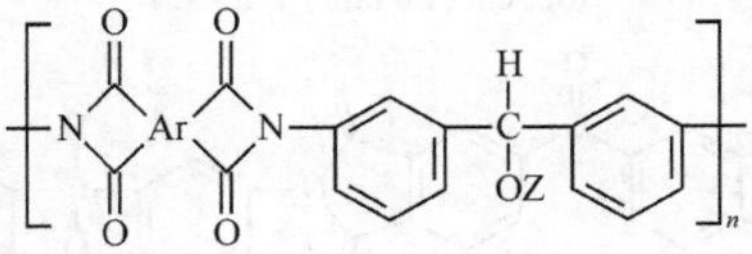

二酐	Z	T_g/℃	抗张强度/MPa	抗张模量/GPa	断裂伸长率/%
BTDA	H	267	156	4.8	6.0
BTDA	CH_3—$Si(CH_3)_2$—O—$Si(CH_3)_2$—O—$Si(CH_3)_2$—	235	88	2.7	9.4
ODPA	H	262	171	4.5	6.6
ODPA	CH_3—$Si(CH_3)_2$—O—$Si(CH_3)_2$—O—$Si(CH_3)_2$—	211	94	3.2	4.1

续表

二酐	Z	T_g/℃	抗张强度/MPa	抗张模量/GPa	断裂伸长率/%
6FDA	H	252	脆		
6FDA	$CH_3-Si(CH_3)_2-O-Si(CH_3)_2-O-Si(CH_3)_2-$	219	57	2.5	12.0

表 11-27　在二酐上带硅氧烷侧链的聚酰亚胺氧等离子体辐射失重(%)

(3.2 cm², 50 μm厚, 23 ℃)

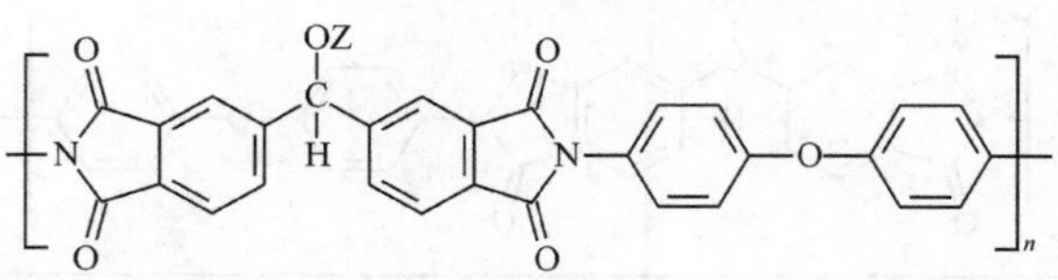

辐照时间/h	Ultem	Kapton	Z: H	Z: $CH_3-Si(CH_3)_2-O-Si(CH_3)_2-O-Si(CH_3)_2-$
4	37.0	38.6	64.2	6.3
5	41.2	39.8	78.8	50.5
6	62.6	43.2	86.5	40.4
8	100	100	100	62.2

表 11-28　在二胺上带硅氧烷侧链的聚酰亚胺氧等离子体辐射失重(%)

(3.2 cm², 50 μm厚, 23 ℃)

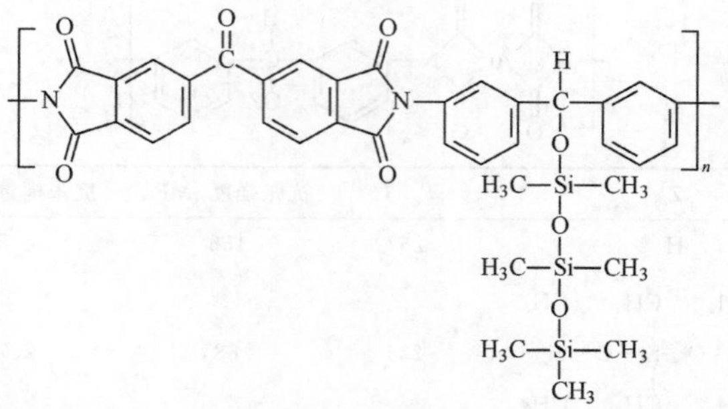

辐照时间/h	Ultem	Kapton	含硅聚酰亚胺
4	55.5	48.0	67.5
5	45.6	52.1	59.5
6	100	81.3	70.6

注：在几乎相同的条件下，Ultem 和 Kapton 的辐照结果却不相同，这里按文献[7]给出。

这些薄膜在等离子辐照前都存在针孔，辐照后都在针孔处发生开裂，甚至剥离。含硅聚酰亚胺薄膜针孔少，这也是耐氧等离子辐照的原因之一（有关含硅聚酰亚胺对原子氧的作用见第 7.4 节）。

11.3　含 POSS 的聚酰亚胺

一个特殊的结构是在聚酰亚胺中引入多面体低聚倍半硅氧烷（polyhedral oligomeric silsesquioxanes，POSS）笼状硅氧烷结构。八面体 $(RSiO_{1.5})_8$ 可以形成纳米孔直径为 0.3～0.4 nm 的刚性立方氧化硅核，具有很低的密度。这种分子设计的目的是得到低介电常数的材料，克服因引入氟而使材料机械性能降低和成本增高，纳米泡沫聚酰亚胺难以保证完全的闭孔结构及机械性能降低的缺点。POSS 可以带单官能团，也可以带双官能团，前者可以处于聚酰亚胺链端或侧链，后者则可以插入主链（式 11-9）[22]。PMDA/

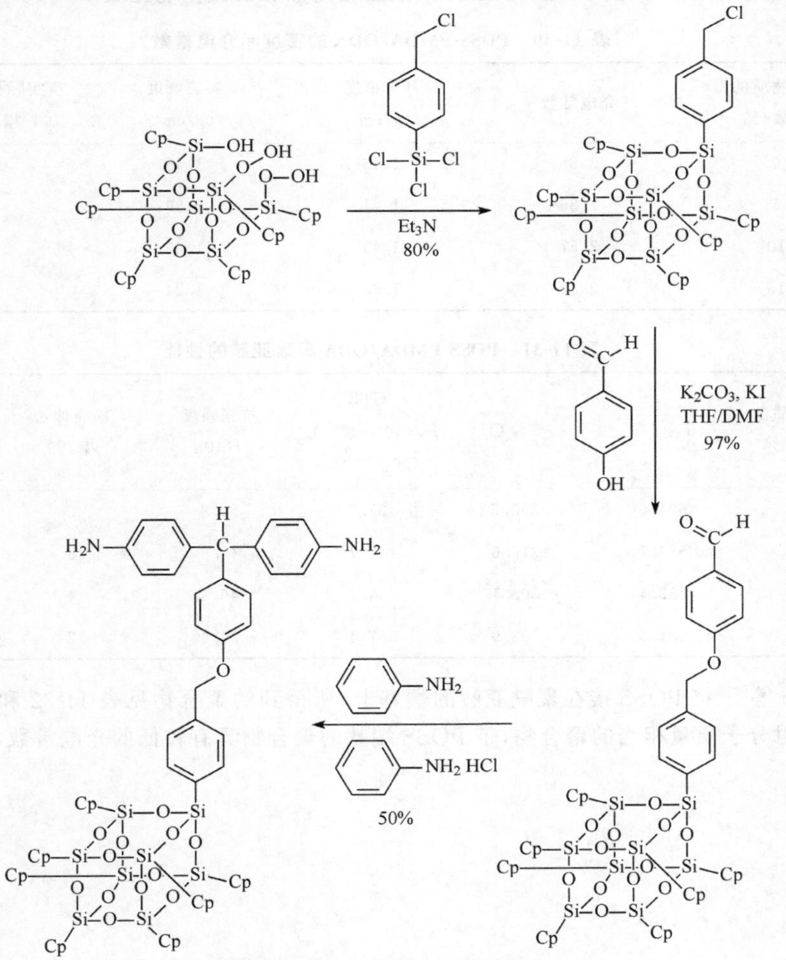

式 11-9　含 POSS 的二胺的合成

ODA 聚酰亚胺中 POSS 含量和特性黏度的关系见表 11-29。

表 11-29 POSS-PMDA/ODA 聚酰亚胺硅氧烷的特性黏度

POSS 物质的量分数/%	POSS 质量分数/%	POSS 体积分数/%	[η]/dL/g
0	0	0	1.4
5	14.2	18.2	1.1
10	26.6	32.8	1.2
16	39.4	46.6	1.3

表 11-29 中 POSS 物质的量分数、质量分数和体积分数均指的是在聚合物中的含量。POSS 的密度为 1.12 g/cm³，聚酰亚胺为 1.46 g/cm³。从体积上来看，POSS 所占的比例是很大的，可以有效地降低聚酰亚胺的介电常数，达到引入氟也很难达到的 2.32（表 11-30）。含 POSS 的 PMDA/ODA 聚酰亚胺的热和机械性能见表 11-31。

表 11-30 POSS-PMDA/ODA 的密度和介电常数

POSS 物质的量分数/%	介电常数	计算密度/(g/cm³)	实测密度/(g/cm³)	实际孔隙率的增加/%
0	3.26	1.48	1.48	0
5	2.86	1.41	1.39	2.3
10	2.57	1.45	1.32	3.8
16	2.32	1.30	1.24	6.8

表 11-31 POSS-PMDA/ODA 聚酰亚胺的性能

POSS 物质的量分数/%	$T_{5\%}$/℃	T_g/℃	CTE /(10^{-6} K^{-1}) (50～200℃)	抗张强度/MPa	断裂伸长率/%	抗张模量/GPa
0	604.6	350.7	31.9	50.9	6	1.60
5	583.7	316.6	49.7	48.9	5	1.58
10	552.4	308.1	54.4	46.4	4	1.43
16	534.5	303.9	57.1	20.4	2	1.25

Leu 等[23]将 POSS 接在聚酰亚胺的端基上，所得到的聚合物见表 11-32 和表 11-33。对于相对分子质量相当的聚合物，带 POSS 端基的聚合物具有较低的介电常数，其他性能相近。

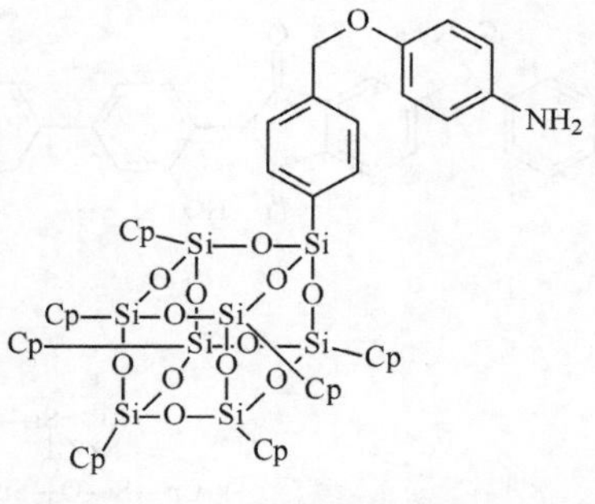

表 11-32　带有 POSS 端基的聚酰亚胺

聚合物	[η]/(dL/g)	M_w	M_n	介电常数(1 MHz)
PMDA/ODA	1.29	101899	40759	3.40
PMDA/ODA-POSS	1.35	121459	59947	3.09

表 11-33　带有 POSS 端基的聚酰亚胺的性能

聚合物	$T_{5\%}$ /℃	T_g /℃	CTE /(10^{-6} K^{-1}) (50～200 ℃)	抗张强度 /MPa	断裂伸长率/%	抗张模量 /GPa
PMDA/ODA	574	362.0	67.2	44.1	6	1.60
POSS-PMDA/ODA(POSS 物质的量分数 2.5%)	536	360.2	67.1	47.2	3	1.71

Leu 等[24] 还将 POSS 以大分子反应作为侧链接于聚酰亚胺上(式 11-10),所得到的聚合物见表 11-34 和表 11-35。随着 POSS 含量的增加,实际孔隙率增加,密度、介电常数、电容、热稳定性、T_g、表面硬度、强度及模量都明显降低。

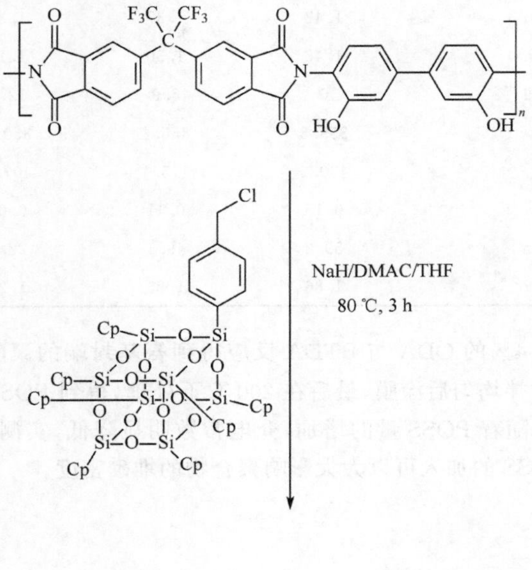

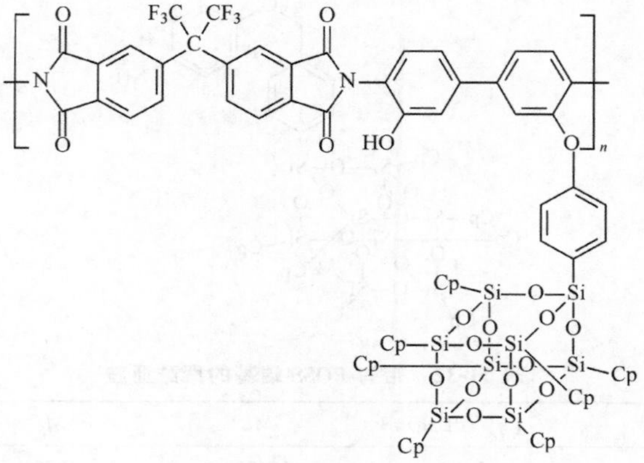

式 11-10 侧链含 POSS 的聚酰亚胺

表 11-34 带有侧链 POSS 的 6FDA/HAB 聚酰亚胺的组成

加入 POSS 的物质的量分数%	聚合物中质量分数%	聚合物中物质的量分数%	聚合物中体积分数%
0	0	0	0
10	14.3	10	17.5
20	26.5	22	31.5
40	36.7	35	42.5

表 11-35 带有侧链 POSS 的 6FDA/HAB 聚酰亚胺的性能

聚合物中 POSS 的物质的量分数%	0	10	20	35
电容/10^{11}(1 MHz)	2.35	1.91	1.14	1.64
介电常数(1 MHz)	3.35	2.83	2.67	2.40
计算密度/(g/cm³)	1.42	1.37	1.33	1.29
实测密度/(g/cm³)	1.42	1.30	1.19	1.12
实际孔隙率的增加/%	0	5.9	12.0	15.2
T_g/℃	359.3	355.1	350.5	337.6
$T_{5\%}$/℃	430.2	415.1	407.9	405.7
表面硬度/GPa	0.15	0.11	0.07	0.06
抗张强度/MPa	59.2	49.1	22.3	11.2
抗张模量/GPa	1.86	1.85	1.20	0.61

Lee 等[25]用过量 4%的 ODA 与 BTDA 反应得到氨基封端的聚酰胺酸，然后加入用环氧修饰的 POSS，搅拌均匀后涂膜，最后在 200 ℃下处理，得到 POSS 杂化膜，其性能见表 11-36和表 11-37。随着 POSS 量的增加，介电常数明显降低，实测密度比理论密度有较大的偏差，说明 POSS 的加入可以大大影响聚合物的堆砌密度。

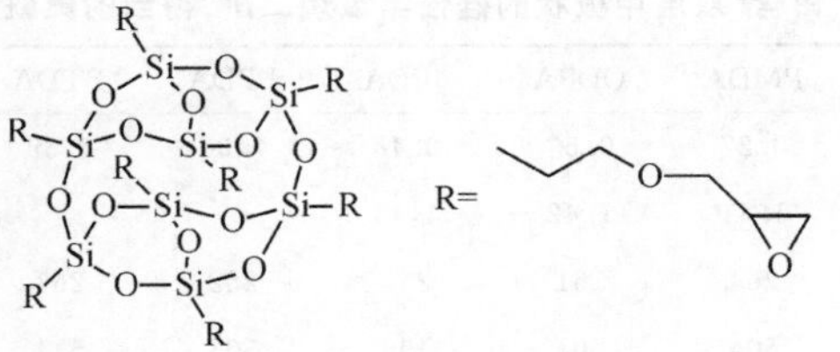

用环氧修饰的 POSS

表 11-36　BTDA/ODA-环氧修饰的 POSS 聚酰亚胺的性能

环氧-POSS 质量分数/%	环氧-POSS 物质的量分数/%	T_g/℃	$T_{5\%}$/℃	800 ℃残炭率/%	介电常数	CTE /(10^{-6} K^{-1})
0	0	310	562	58.2	3.22	66.23
3	0.0017	308	558	62.2	2.88	63.28
7	0.0038	305	542	59.3	2.73	61.37
10	0.0056	302	533	60.4	2.65	58.25

表 11-37　BTDA/ODA-环氧修饰的 POSS 聚酰亚胺的密度

环氧-POSS 质量分数/%	环氧-POSS 体积分数/%	理论密度 /(g/cm³)	实测密度 /(g/cm³)	相对孔隙率增加/%
0	0	1.38	1.38	0
3	3.57	1.37	1.31	5.11
7	8.48	1.36	1.21	11.25
10	12.03	1.35	1.12	17.47

类似的工作还有 Tamaki 等[26]用以氨苯基修饰的 POSS 与 PMDA 反应得到含 POSS 的聚酰亚胺，但这种聚合物由于刚性太大而不能成膜。

Kakimoto 等合成了带 POSS 单元的所谓"双层甲板状的硅倍半氧烷二酐"[27]。由这个二酐与 ODA 只能得到低相对分子质量的聚酰亚胺，但可将其与 2 mol ODA 得到含该二酐单元的二胺，与其他二酐聚合可以得到能够成膜的聚合物(表 11-38)。

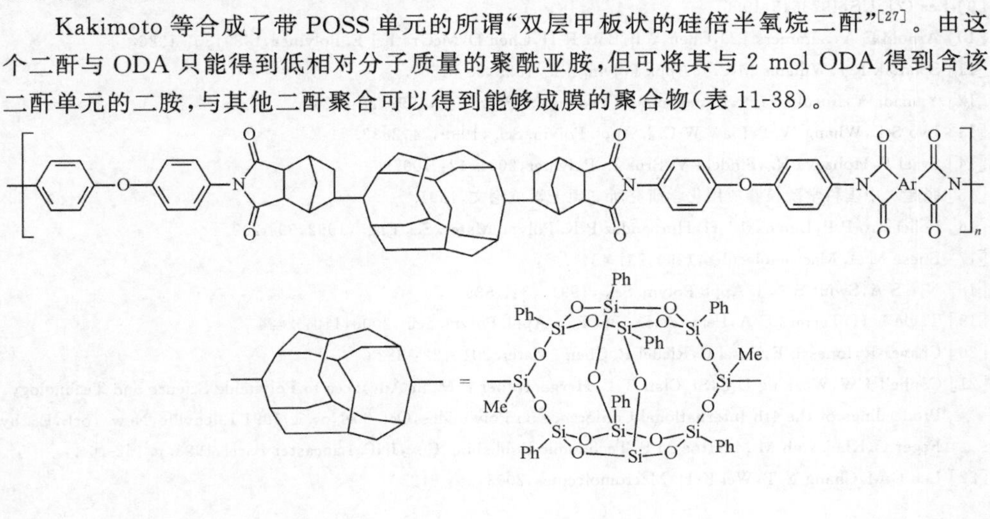

表 11-38 由含"双层甲板状的硅倍半氧烷二酐"得到的聚酰亚胺的性能

Ar		PMDA	ODPA	6FDA	BPDA	BTDA	二酐/ODA	PMDA/ODA
η_{inh}/(dL/g)[a]		0.27	0.53	0.48	0.38	0.39		
密度/(g/cm³)		1.41	1.42	1,43				
T_g/℃		264	261	255	262	267	248	362
$T_{5\%}$/℃,空气		504	501	495	503	514	498	470
接触角/(°)		84	86	79	83	84	85	54
抗张强度/ MPa		42.1	74.1	58.0	52.3	65.8		
断裂伸长率/%		2.9	6.0	5.9	5.0	5.4		
抗张模量/GPa		2.32	2.15	1.82	1.51	2.18		
介电常数	1 kHz	2.43	2.69	2.39	2.59	2.79		3.44
	1 MHz	2.38	2.63	2.36	2.55	2.74		3.39

a：由聚酰胺酸溶液测得，0.5 g/dL，30 ℃。

参 考 文 献

[1] Bailey D L, Pike M, US, 2,998,406,1961.

[2] Kuckertz Von H. Makromol. Chem., 1966, 98: 101.

[3] Lee Y-D, Lu C-C, Lee H-R. J. Appl. Polym. Sci., 1990, 41: 877.

[4] Rogers M E, Glass T E, Mecham S J, Rodrigues D, Wilkes G L, McGrath J E. J. Polym. Sci., Polym. Chem., 1994, 32: 2663.

[5] Burks H D, St. Clair T L. J. Appl. Polym. Sci., 1987, 34: 351.

[6] Yamada Y, Furukawa N, Wada K, Tsujita Y, Takizawa A//Feger, C, Khojasteh M M, Htoo M S. Advances in Polyimide Science and Technology, Prodeedings of the 4th International Conference on Polyimides, Oct. 30-Nov. 1, 1991 Ellenville, New York, Lancaster Basel: Technomic Publishing Co., Inc., 1993: 482.

[7] Furukawa N, Yuasa M, Yamada Y, Kimura Y. Polymer, 1998, 39: 2941.

[8] Tsai M-H, Whang W-T. J. Appl. Polym. Sci., 2001, 81: 2500.

[9] Lee C J. US, 4973645, 1990.

[10] Arnold C A, Summers J D, Chen Y P, Bott R H, Chen D, McGrath J E. Polymer, 1989, 30: 1986.

[11] Spontak R J, Wiliams M C. J. Appl. Polym. Sci., 1989, 38: 1607.

[12] Yamada Y, Furukawa N, Kanagama K, Yoshino S. Polym. J., 1997, 29: 923.

[13] Jwo S-L, Whang W-T, Liaw W-C. J. Appl. Polym. Sci., 1999, 74, 2832.

[14] Sysel P, Hobzová R., Sindelá V, Brus J. Polymer, 2001, 42: 10079.

[15] 张超. 中国科学院长春应用化学研究所. 硕士学位论文, 1991.

[16] Policastro P P, Lupinski J H, Hernandez P K. Polym. Mater. Sci. Eng., 1992, 59: 209.

[17] Buese M A. Macromolecules, 1990, 23: 4341.

[18] Nye S A, Swint S A. J. Appl. Polym. Sci., 1991, 43: 1539.

[19] Tagle L H, Terraza C A, Leiva A, Devilat F. J. Appl. Polym. Sci., 2008, 110: 2424.

[20] Chavez R, Ionescu E, Fasel C, Riedel R. Chem. Mater. 2010, 22: 3823.

[21] Connell J W, Working D C, St. Clair T L, Hergenrother P M. in Advances in Polyimide Science and Technology, Prodeedings of the 4th International Conference on Polyimides, Oct. 30-Nov. 1, 1991 Ellenville, New York, Ed. by Feger C, Khojasteh M M, Htoo M S. Technomic Publishing Co., INC. Lancaster Basel, 1993. p. 152-164.

[22] Leu C M, Chang Y-T, Wei K-H. Macromolecules, 2003, 36: 9122.

[23] Leu C-M, Reddy G-M, Wei K-W, Shu C-F. Chem. Mater., 2003, 15: 2261.
[24] Leu C-M, Chang Y-T, Wei K-W. Chem. Mater., 2003, 15: 3721.
[25] Lee Y-J, Huang J-M, Kuo S-W, Lu J-S, Chang F-C. Polymer, 2005, 46: 173.
[26] Tamaki R, Choi J, Laine R M. Chem. Mater., 2003, 15: 793.
[27] Wu S, Hayakawa T, Kikuchi R, Grunzinger, S J, Kakimoto, M-A. Macromolecules2007, 40: 5698.

第 12 章　含磷聚酰亚胺

含磷聚合物具有阻燃、与底物有好的黏结性、可与金属离子结合、增加极性、耐原子氧的侵蚀等特性。虽然已经合成一些含磷聚酰亚胺，但由于成本高和热稳定性降低而很少被产业化。氧化膦单元与其他含磷结构比较，具有较高的热稳定性，水解稳定性，可以增加溶解性，所以受到较大的重视。

12.1　含 磷 单 体

含磷单体有两类：一类是磷的氧化物，另一类是膦腈化合物。这些单体的合成方法见《聚酰亚胺——单体合成、聚合方法及材料制备》一书。

12.1.1　磷的氧化物类单体

最重要的含磷二胺是 m,m'-二氨基甲基二苯基氧化膦(DAMPO)和 m,m'-二氨基三苯基氧化膦(m-DAPPO)，因为由这类单体合成的聚酰亚胺具有高的耐热性。一些含磷二胺如下：

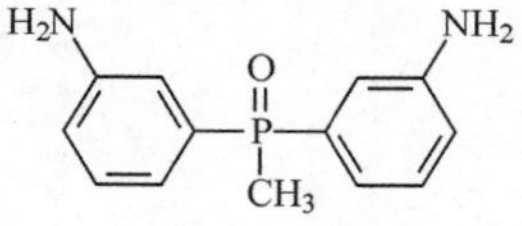

DAMPO

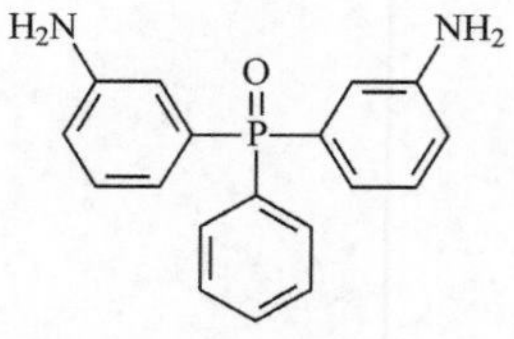

DAPPO

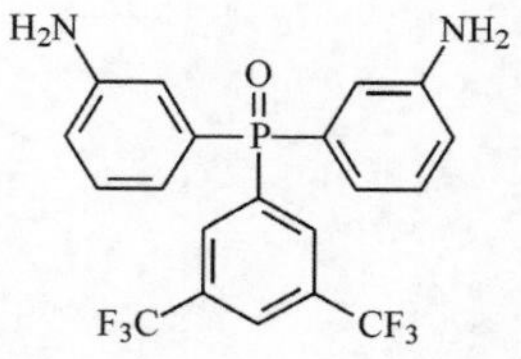

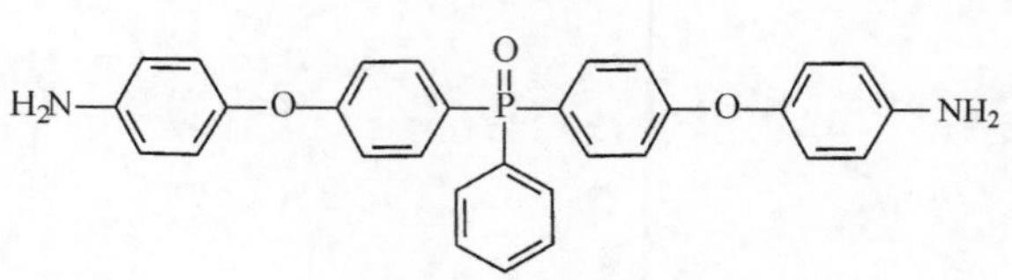

BAPPO

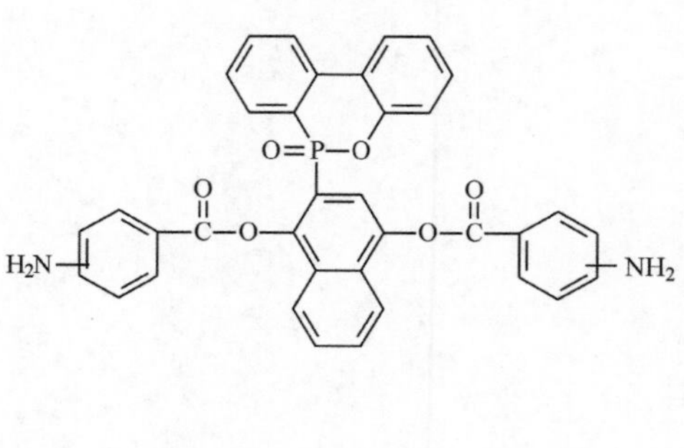

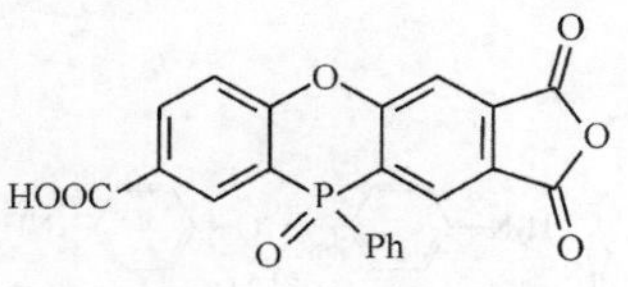

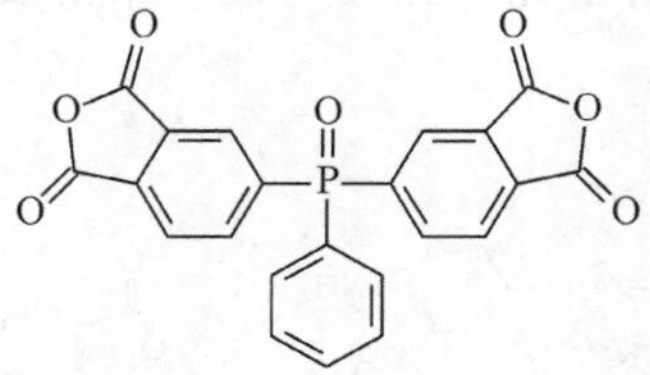

12.1.2　膦腈类单体

膦腈类单体的合成是由氯化膦腈出发，用苯酚取代氯得到各种含苯氧基的膦腈，然后再进行硝化、还原得到各种含氨苯基的膦腈。虽然所报道的文献中都列出了元素分析数据，说明官能度的正确性，但都无法说明这些单体的确切结构，即取代的位置，因此结构式表示的只是位置异构体的混合物。

Kumar 等[1]将氯化膦腈先与苯酚反应，得到三苯氧基三氯膦腈，然后再与对硝基苯酚反应，还原后得到三苯氧基三氨基苯氧基膦腈(式 12-1)。将该三胺再与一个马来酸酐或苯酐反应，作用掉一个氨基，得到的二胺最后与二酐反应得到含磷的聚酰亚胺。

用类似方法得到含六个氨苯基的膦腈化合物，然后与马来酸酐反应得到由六马来酰亚胺封端的化合物，固化后可以得到交联的聚合物[2]。

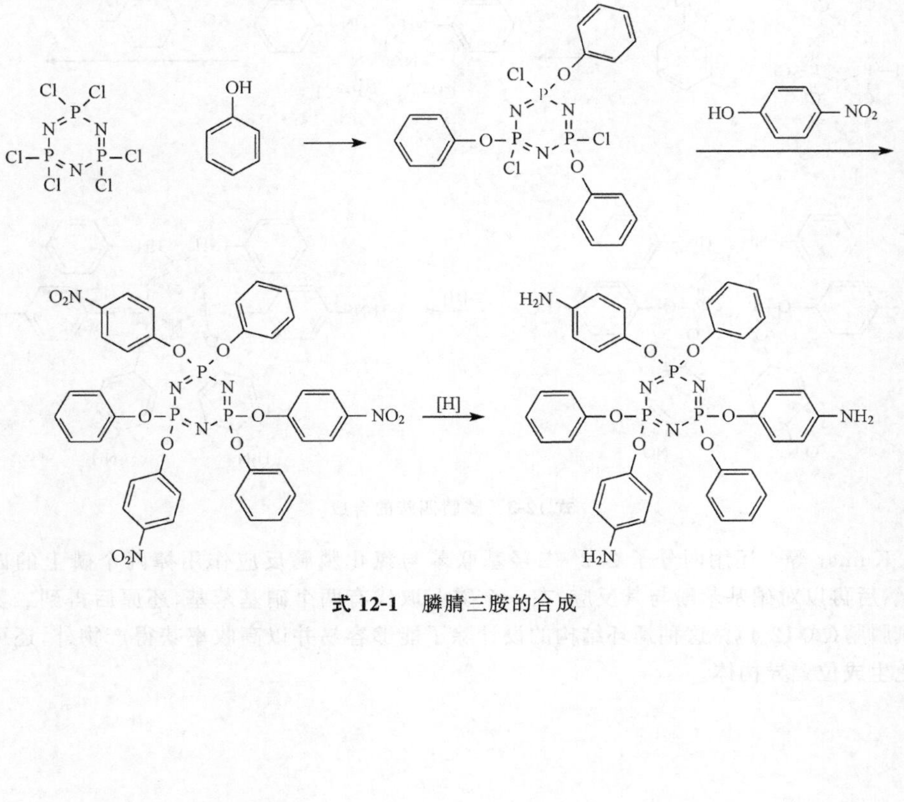

式 12-1　膦腈三胺的合成

也可以用六个对硝基苯酚与氯化膦腈作用得到六硝基苯基膦腈，然后再还原为六氨苯基膦腈，再由此六元胺与四个苯酐反应后得到带四个酞酰亚胺的二氨苯基膦腈（式 12-2）[3]。

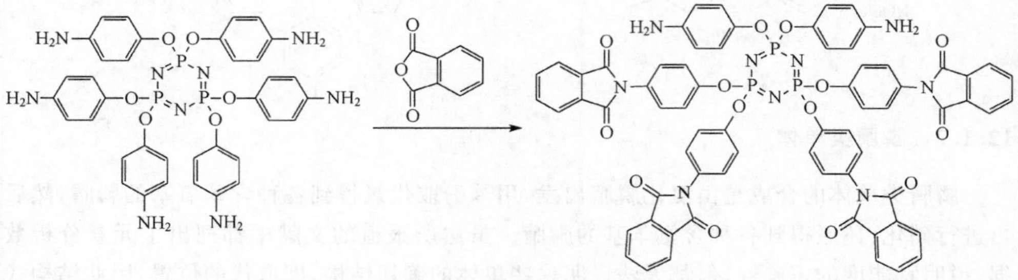

式 12-2 带四个酞酰亚胺的膦腈二胺的合成

用类似的方法，先用苯胺与氯化膦腈反应，在一个磷原子上接上两个苯氨基，剩下的两个磷原子上的氯与硝基苯酚钾反应得到四硝基取代的混合物，最后还原为四胺（式 12-3）。该四胺与马来酸酐反应得到由四马来酰亚胺封端的化合物，固化后得到交联的聚合物[4]。

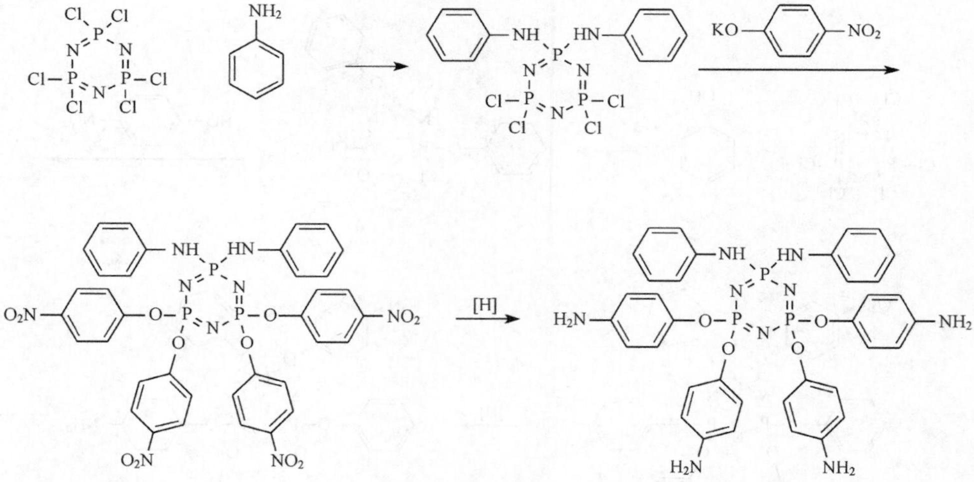

式 12-3 膦腈四胺的合成

Kumar 等[5]还用两分子 2,2′-二羟基联苯与氯化膦腈反应作用掉两个磷上的四个氯，然后再以对硝基苯酚与其反应，在一个磷上取代有两个硝基苯基，还原后得到二氨基苯氧膦腈（式 12-4）。这种螺环结构的设计除了能够容易并以高收率获得产物外，还可以避免生成位置异构体。

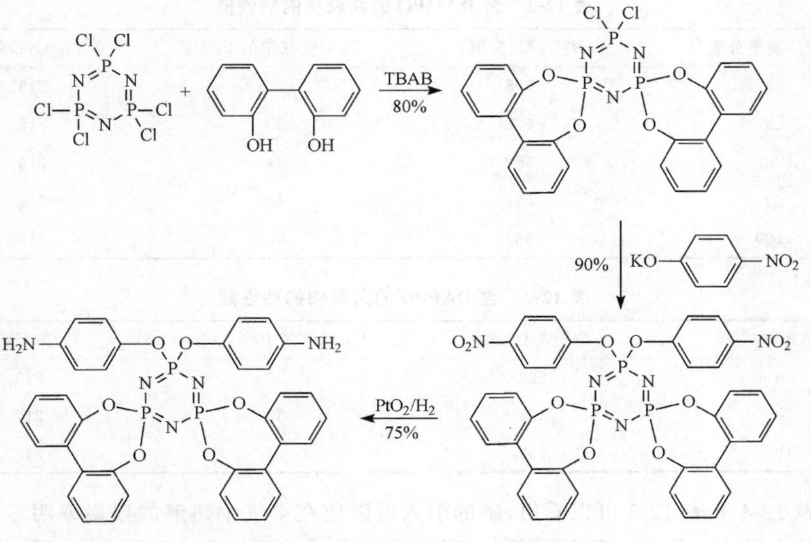

式 12-4　带螺环结构的二氨基膦腈

TBAB:四丁基溴化铵

12.2　含磷聚酰亚胺的性能

Huang[6] 以 BPADA 与 MPD 和 DAMPO 或 DAPPO 合成了共聚酰亚胺,其相对分子质量计算值和实测值很接近(表 12-1)。聚合物具有很高的热稳定性，在 750 ℃的空气中的残炭率随着 DAMPO 含量的增高而明显增高,以 BPADA 与 DAMPO 及 DAPPO 得到的均聚酰亚胺的残炭率高达 57%和 54%,但由等量的 DAMPO/MPD 及 DAPPO/MPD 所得到的共聚物的残炭率则相应为 34%和 50%。在空气中有高的残炭率,是其他结构的聚酰亚胺所少见的(表 12-2 和表 12-3)。由 DAMPO 或 DAPPO 得到的聚合物具有相近的 T_g。

表 12-1　BPADA/MPD 与 DAMPO 或 DAPPO 的共聚物

含磷单体	计算 M_n	实测 M_n	实测 M_w	M_w/M_n	[η]/(dL/g)
0%DAMPO	20 000	20 600	37 200	1.8	0.45
25%DAMPO	20 000	20 600	37 200	1.8	0.40
50%DAMPO	20 000	18 600	36 400	2.0	0.37
75%DAMPO	20 000	20 200	34 000	1.7	0.33
100%DAMPO	20 000	19 000	33 300	1.8	0.28
50%DAPPO	20 000	19 400	39 900	2.1	0.36
100%DAPPO	20 000	19 400	37 600	1.9	0.28

表 12-2 含 DAMPO 的共聚物的热性能

DAMPO 质量分数/%	$T_{5\%}$/℃(空气)	750 ℃空气中的 Y_C/%	T_g/℃(DSC)
0	578	11.5	219
25	572	30	215
50	552	34	216
75	537	48	211
100	532	57	211

表 12-3 含 DAPPO 的共聚物的热性能

DAPPO/%	$T_{5\%}$/℃(空气)	750 ℃空气中的 Y_C/%	T_g/℃(DSC)
0	588	20	219
50	576	50	217
100	563	54	217

由表 12-4 和表 12-5 可以看出,磷的引入可以使在空气中热解的残炭率明显增高,同时表面磷含量比未热解的聚合物高 1 倍多。在空气中 750 ℃和在氮气中 800 ℃热解后虽然残炭率接近,但在空气中裂解后表面的磷含量比在氮气中裂解的还要高,这说明磷的氧化物可以在表面形成保护层,在氮气中由于不能形成氧化物的保护层而使得表面的磷含量仍处于一般水平。

表 12-4 BPADA/DAMPO 聚合物的表面原子浓度

	Y_C/%	C	O	N	P
理论值		81	13	3.7	1.9
未热解		80	16	2.9	1.2
炭,~582 ℃,空气	74	77	18	3.6	1.3
炭,~750 ℃,空气	57	67	25	4.7	2.8
炭,~800 ℃,N_2	59	75	19	3.8	1.8

表 12-5 BPADA/DAPPO 聚合物的表面原子浓度

	Y_C/%	C	O	N	P
理论值		83	12	3.4	1.7
未热解		82	14	2.7	1.1
炭,~608 ℃,空气	63	79	16.5	3.5	1.3
炭,~750 ℃,空气	54	70	23	4.7	3.0
炭,~800 ℃,N_2	55	80	16	3.5	1.3

由 BPADA/MPD 和 DAMPO 得到的共聚物有较高的强度,而 DAMPO 的加入会降低断裂伸长率(表 12-6)。由 DAPPO 得到的聚合物强度低并较脆,认为可能是由于存在三苯膦氧化物而引起的刚性过大所致。

表 12-6　由 BPADA/MPD 和 DAMPO 的共聚物的机械性能

DAMPO 的含量/%	抗张强度(屈服)/MPa	断裂伸长率/%
0	108	50
25	109	25
50	108	29
75	104	27
100	105	21

含氧化膦结构的聚合物具有高的耐等离子氧性能[7]，这代表了材料对原子氧的耐力。Ultem-1000 在等离子氧作用下 12 h 失重 25%，而含 25%DAMPO 的 BPADA/MPD 共聚物 24 h 失重不到 5%，而 BPADA/DAMPO 在 24 h 仍不见明显失重(图 12-1)。由 X 射线光电子能谱可见，磷的 2p 电子峰在氧等离子作用下由 132.4 eV 移向 133.7 eV，说明磷产生了更高的氧化形式，该能量峰值与磷酸三苯酯的 133.6 eV 接近，所以可以认为在含磷聚酰亚胺的表面层可能形成了磷酸酯结构。

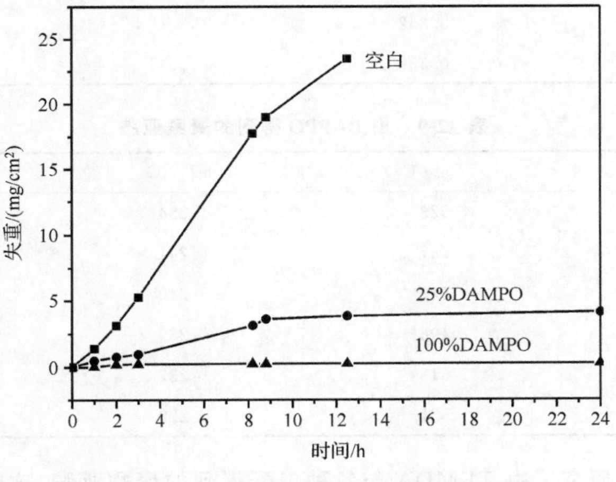

图 12-1　含磷聚酰亚胺的耐等离子氧性能

Varma 等[8]研究了由 BTDA 与 DAMPO 和 TAP 得到的均聚酰亚胺和共聚酰亚胺，这些聚合物都具有高的热稳定性(表 12-7)。

表 12-7　由 DAMPO 和 TAP 与 BTDA 得到的聚合物

二胺	T_d/℃	[η]/(dL/g)	密度/(g/cm³)
DAMPO	450	0.19	1.401
TAP	485	—	—
DAMPO∶TAP=9∶1	505	0.46	1.351
DAMPO∶TAP=4∶1	—	0.78	1.344

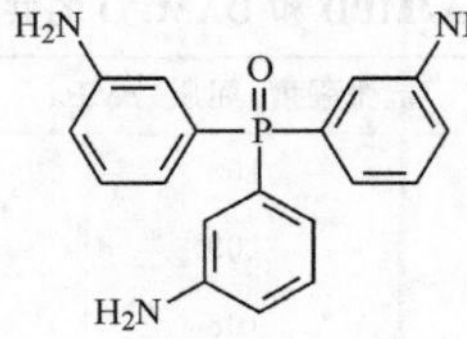

TAP

McGrath 等由 *p*-DAPPO[9] 及 BAPPO[10] 与各种二酐得到的聚酰亚胺都具有高的热稳定性和 T_g(表 12-8 和表 12-9)。

表 12-8　由 *p*-DAPPO 得到的聚酰亚胺

二酐	[η]/(dL/g)	T_g/℃	$T_{5\%}$/℃(空气)
6FDA	0.464	345	592
BPDA	0.550	371	578
PMDA	0.409	425	584
BTDA	0.457	—	577
DSDA	0.352	—	529
ODPA	0.538	311	588

表 12-9　由 BAPPO 得到的聚酰亚胺

二酐	$T_{5\%}$/℃	T_g/℃	[η]/(dL/g)
PMDA	523	254	0.59
BPDA	557	241	0.46
ODPA	518	240	0.38
DSPA	496	239	0.38
BTDA	513	232	0.43
6FDA	521	220	0.37

Watson 等[11]研究了由 TFMDA 与各种二酐得到的聚酰亚胺,这些聚合物都具有高的热稳定性和机械性能(表 12-10 和表 12-11),并在可见光区有较好的透明性,这可能是由于 TFMDA 的大体积,降低了大分子间的作用,即降低了会给聚合物带来颜色的分子间的传荷作用(表 12-12)。表 12-13 和表 12-14 则显示了含磷聚酰亚胺的高耐原子氧和紫外光的特性。

表 12-10　由 TFMDA 与各种二酐合成的聚酰亚胺

二酐	η_{inh}/(dL/g)	T_g/℃	$T_{5\%}$/℃	
			空气	N_2
6FDA	0.73	245	500	510
ODPA	0.39	217	498	501
BzDPA	0.57	226	503	527
PMDA	—	269	500	510

续表

二酐	η_{inh}/(dL/g)	T_g/℃	$T_{5\%}$/℃	
			空气	N_2
HQDPA	0.47	222	496	511
BFDA	0.23	213	487	491
BFDA	0.93	260	500	514

表 12-11　由 TFMDA 与各种二酐合成的聚酰亚胺的机械性能

二酐	抗张强度/MPa	抗张模量/GPa	断裂伸长率/%
BzDPA	118.2	2.84	9.8
HQDPA	79.2	2.90	3.1
BFDA	93.0	2.92	3.8
6FDA	122.0	3.77	3.7

表 12-12　由 TFMDA 与各种二酐合成的聚酰亚胺的光学性能

二酐	厚度/mm	波长/nm	透明度/%
6FDA	37	500～600	88
BzDPA	45	540～600	80
HQDPA	62	540～600	80
BFDA	57	500～600	86

表 12-13　6FDA/TFMDA 聚酰亚胺/Ag 薄膜的快氧原子(AO)辐射效应

辐照	α	ε	侵蚀/cm
无	0.15	0.74	0
7.5×10^{20} AO/cm^2	0.24	0.79	5.3×10^{-4}
1.0×10^{21} AO/cm^2	0.23	0.79	6.8×10^{-4}
1.6×10^{21} AO/cm^2	0.23	0.79	9.0×10^{-4}

注：α：太阳吸收；ε：太阳透过。

表 12-14　6FDA/TFMDA 聚酰亚胺/Ag 薄膜的 UV 辐射效应

辐照	α	ε	Δα
—	0.184	0.820	0
500 ESH	0.205	0.822	0.025
1000 ESH	0.202	0.817	0.018

Mikroyannidis[12] 以下列带磷酸酯的间苯二胺合成了聚酰亚胺。DEPD 为黏性液体，不能用重结晶和蒸馏方法提纯，PCEPD 经重结晶后熔点为 116～119 ℃，由这些二胺得到的聚酰亚胺见表 12-15。

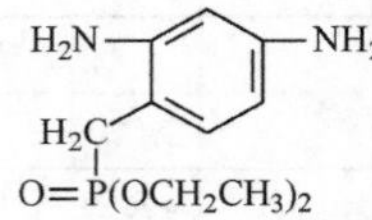

DEPD

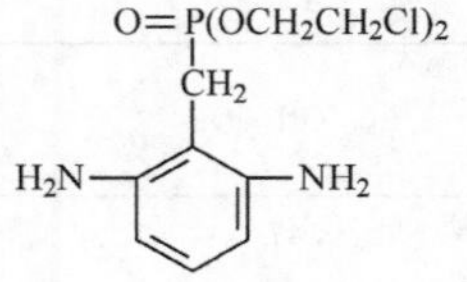

DCEPD

表 12-15　由 DCEPD 得到的聚酰亚胺

聚合物	η_{inh}/(dL/g)	T_d/℃(N_2)	Y_C/%(700 ℃,N_2)
PMDA/DEPD	0.15	453	54
PMDA/DCEPD	0.10	401	70
BTDA/DEPD	0.11	350	64
BTDA/DCEPD	0.14	412	56

McGrath 等[13]由氧化三苯膦二酐与各种二胺合成的聚酰亚胺见表 12-16。

表 12-16　由氧化三苯膦二酐合成的聚酰亚胺

二胺	η_{inh}/(dL/g)	T_g/℃	$T_{5\%}$/℃(空气)	Y_C/%(750 ℃)
PPD	0.821	366	586	42
MPD	0.817	323	564	37
ODA	0.813	318	586	10
TFMPD	0.245	317	538	12

这些聚合物都具有很高的热稳定性,但与由含磷的二胺 DAMPO 所得到的聚酰亚胺相比,在 750 ℃的残炭率却并不高(表 12-2 和表 12-3)。

Sato 等[14]用带环状氧化三苯膦的三酸合成了聚酰胺酰亚胺(式 12-5),这些聚合物在氮气中 700 ℃有很高的残炭率(表 12-17)。

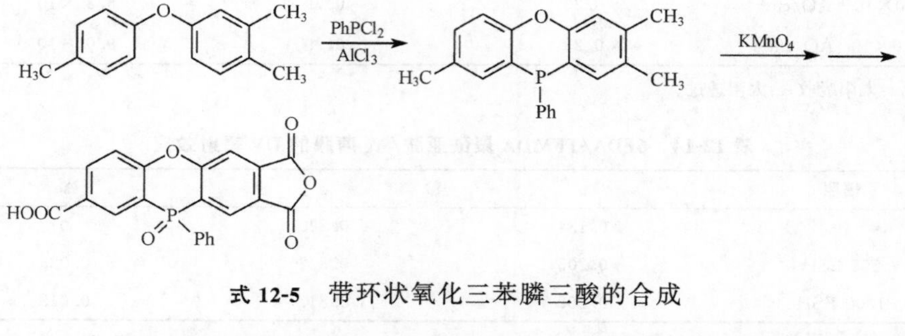

式 12-5　带环状氧化三苯膦三酸的合成

Banerjee[15]将含酰亚胺单元的双酚与苯基二氯氧磷反应得到含磷聚酰亚胺(式 12-6),结果表明,在由相转移催化剂存在时可以得到相对分子质量较高的聚合物(表 12-18)。

表 12-17　由含磷三酸得到的聚酰胺酰亚胺

二胺	η_{red}/(dL/g)	$T_{10\%}$/℃ 空气	$T_{10\%}$/℃ N_2	Y_C/%(700 ℃，N_2)
PPD	0.51	512	554	66
1,5-NDA	0.47	512	556	71
Bz	0.39	524	557	73
ODA	0.59	502	588	72
MDA	0.46	484	563	74
3,3′-DABP	0.28	525	577	74
SDA	0.45	506	548	71
DDS	0.16	481	515	67
$(CH_2)_2$	0.10	425	436	66
$(CH_2)_4$	0.12	365	408	57

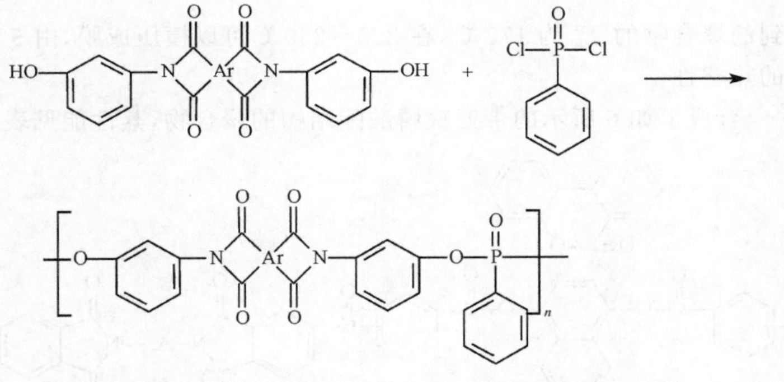

式 12-6　含酰亚胺单元的双酚与苯基二氯氧磷的反应

表 12-18　含磷聚酰亚胺的性能

二酐	颜色	η_{inh}/(dL/g) 无 PTC	η_{inh}/(dL/g) 十六烷基三甲基氯化铵	η_{inh}/(dL/g) 苄三乙基氯化铵	LOI	T_g/℃	T_d/℃ N_2	T_d/℃ 空气
PMDA	淡黄	0.04	0.17	0.23	49.7	192	465	415
BTDA	黄白	0.05	0.16	0.25	48.5	175	445	400

注：界面聚合：酰亚胺双酚溶于 KOH 水溶液中，加入相转移催化剂；磷酰氯溶于二氯乙烷中，在 −6 ℃剧烈搅拌 5 min，−3 ℃，2 h。

Kumar 等[16]由 3-硝基苯酐或 4-硝基苯酐与膦腈三胺及 ODA 合成带硝基的酰亚胺单体，然后与双酚 A 二钠盐进行亲核取代聚合得到含膦腈环的聚酰亚胺。

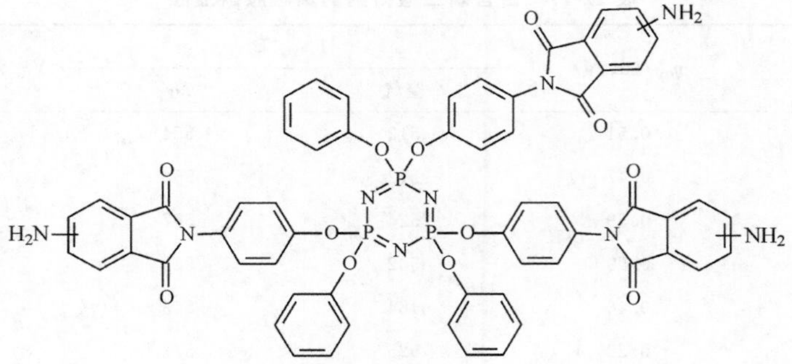

1: 3-NH_2; **2**: 4-NH_2

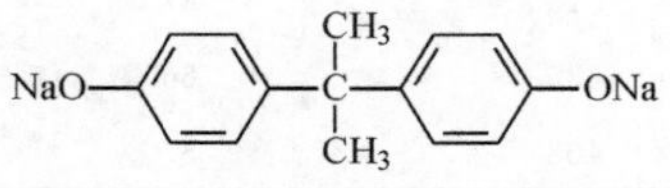

3

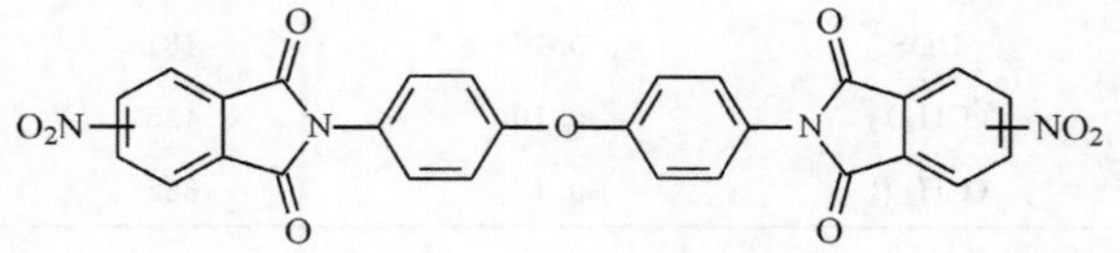

4: 3-NO_2; **5**: 4-NO_2

由 **4** 得到的聚合物的 T_g 为 179 ℃，在 225～250 ℃可以模压成膜，由 **5** 得到的聚合物则没有足够的热塑性。

Liou 等[17]合成了如 **6** 所示的带亚次膦酸酯结构的聚合物，其性能见表 12-19。

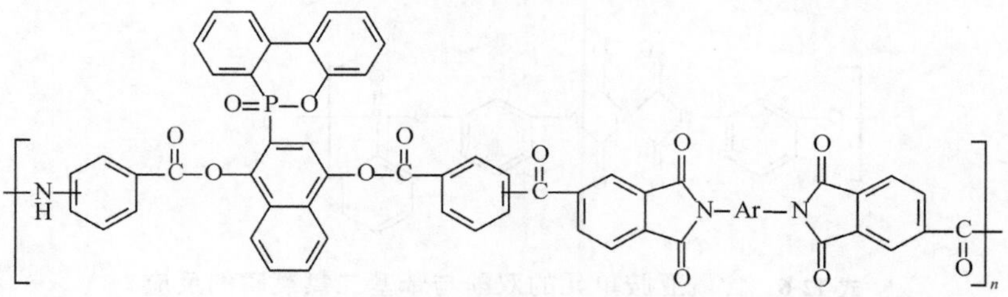

6

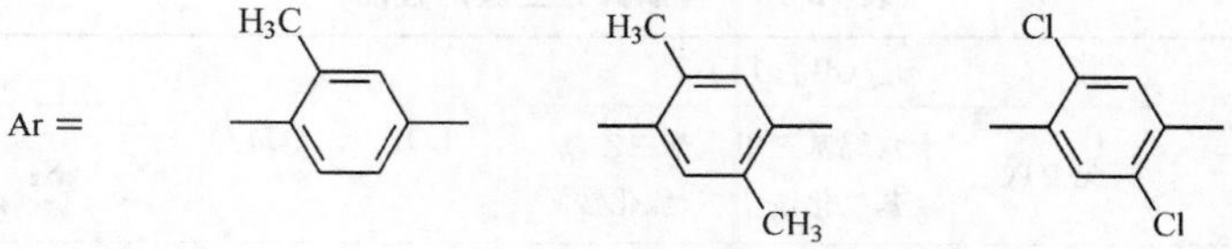

a　　**b**　　**c**

表 12-19　带亚次膦酸酯结构的聚合物(6)的性能

氨基位置	Ar	η_{inh} /(dL/g)	抗张强度 /MPa	断裂伸长率/%	抗张模量 /GPa	T_g/℃	$T_{10\%}$/℃ N_2	$T_{10\%}$/℃ 空气	Y_C/% (800 ℃,N_2)	LOI
p	**a**	2.00	181	11	4.46	271	469	484	62	43
p	**b**	0.94	149	5	3.84	286	482	492	60	43
p	**c**	1.28	135	5	3.38	271	467	457	58	45

续表

氨基位置	Ar	η_{inh} /(dL/g)	抗张强度 /MPa	断裂伸长率/%	抗张模量 /GPa	T_g/℃	$T_{10\%}$/℃ N₂	$T_{10\%}$/℃ 空气	Y_C/% (800 ℃,N₂)	LOI
m	**a**	0.41	127	9	2.68	264	484	474	62	44
m	**b**	0.56	121	7	2.99	274	461	487	62	41
m	**c**	0.41	118	7	2.41	265	457	458	57	46

还有一些工作是将含磷的二胺与马来酰亚胺反应得到含磷的双马来酰亚胺。Varma 等[18]以 DAMPO 与 6FDA 反应得到两端带氨基的化合物,然后再用马来酸酐封端得到具有 **7** 结构的 BMI 作为基体树脂制备复合材料,所得到的复合材料的性能见表 12-20。

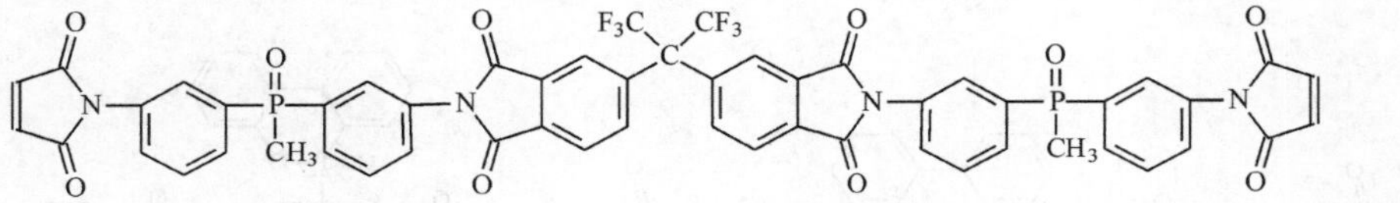

7

表 12-20　由 7 和炭布制成的复合材料的性能

树脂含量/%	19.4
沸水中 24 h 增重/%	2.5
短梁抗剪强度/MPa	22.5
抗张强度/MPa	387
抗弯强度/MPa	379.6
抗弯模量/GPa	68.5

Liu 等[19]将 BAPPO 与马来酸酐作用得到含磷的 BMI,其固化后的性能与 MDA 的 BMI 树脂的比较见表 12-21。由表 12-21 数据可以看到,含膦的聚合物有很高的 T_g,但较低的热稳定性,一个突出的差别是在空气中 700 ℃有 50%的残炭率,而 MDA 的 BMI 在相同条件下的残炭率为 0。将两种二胺与马来酸酐进行共聚,所得到的聚合物的性能见表 12-22。

表 12-21　BMPPPO 与 MDA-BMI 性能的比较

	相对分子质量	T_m/℃	T_p/℃	T_g/℃	N₂ $T_{5\%}$/℃	N₂ Y_C/%	空气 $T_{5\%}$/℃	空气 Y_C/%
BAPPO-BMI	470	148	214	320	393	61	380	50
MDA-BMI	358	150	226	250	530	55	490	0

注:T_p 为聚合温度;残炭率 Y_C 为在 700 ℃测得。

Zimmerman[20]由结构如 **8** (式 12-7)所示的双马来酰亚胺与 MDA-BMI 共聚得到在 400 ℃前没有发现转变的聚合物。

表 12-22　BMPPPO 与 BMI 的共聚物

BMPPPO	MDA	T_g/℃	N_2		空气		LOI
			$T_{5\%}$/℃	Y_C/%	$T_{5\%}$/℃	Y_C/%	
1	1	212	372	52	354	30	41
2	1	215	367	54	344	35	44
3	1	230	358	55	336	38	46
4	1	235	351	59	327	40	48
5	1	250	343	61	320	42	49
MDA-MBI	1	210	391	43	371	0	37

注：Y_C 为在 700 ℃测得。

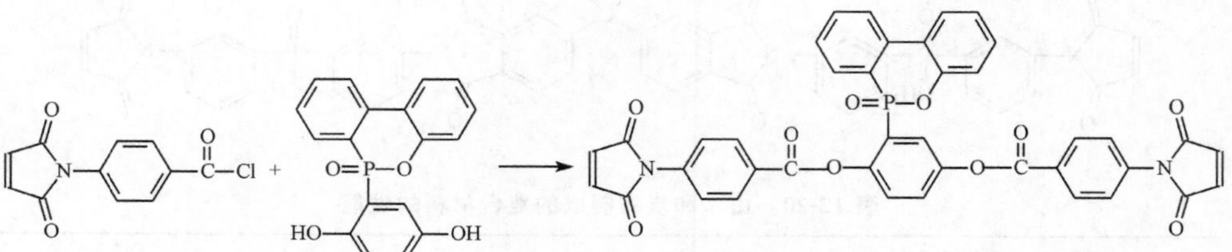

8

式 12-7

Liu 等[21]以 ODPA/Bis-P 聚酰亚胺与苯基二氯化膦进行 Friedel-Crafts 反应及由带羟基的聚酰亚胺与磷酰氯进行酯化反应引入磷(见式 12-8 和式 12-9)。所得到的聚合物与原聚合物的比较见表 12-23 和表 12-24。可以看到,引入磷后的聚酰亚胺在空气中的残炭率及氧指数明显提高,但热稳定性则降低。在 Friedel-Crafts 反应的场合有可能发生分子间的反应形成部分交联,所以聚合物的溶解度有所降低。

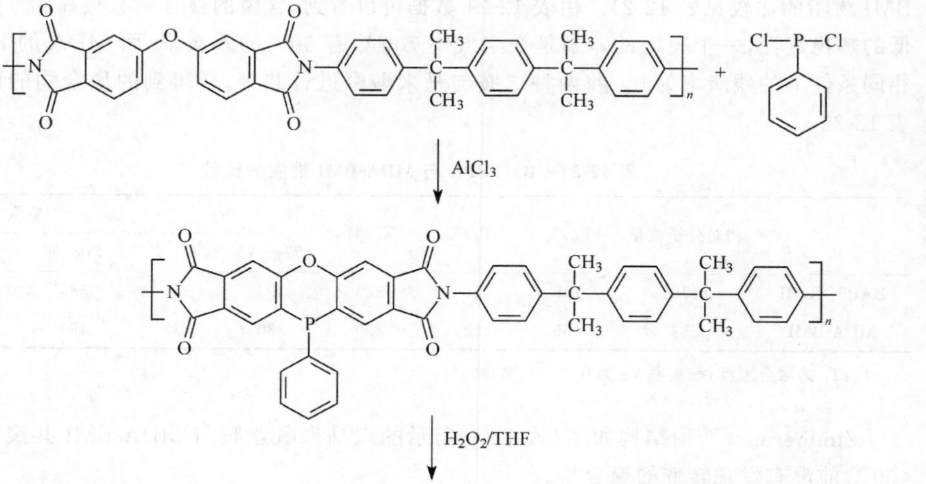

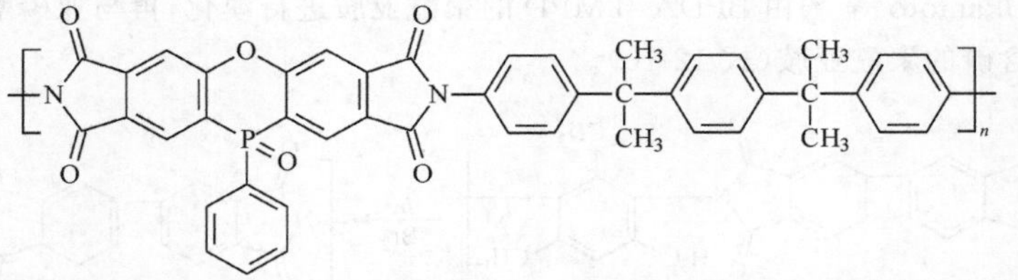

式 12-8　ODPA/Bis-P 由聚酰亚胺与苯基二氯化膦得到的含磷聚酰亚胺

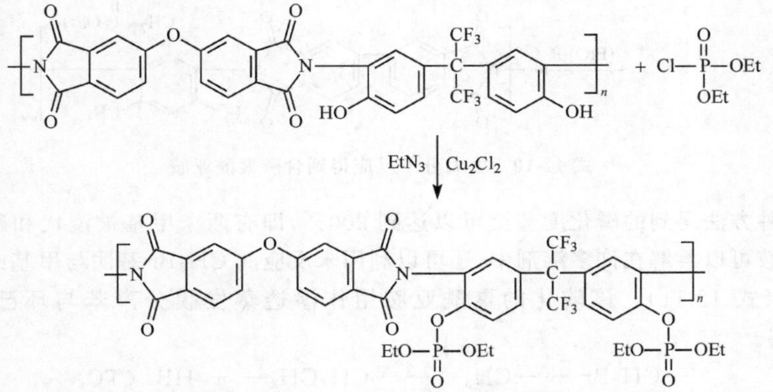

式 12-9　由含羟基聚酰亚胺与磷酰氯反应得到的含磷聚酰亚胺

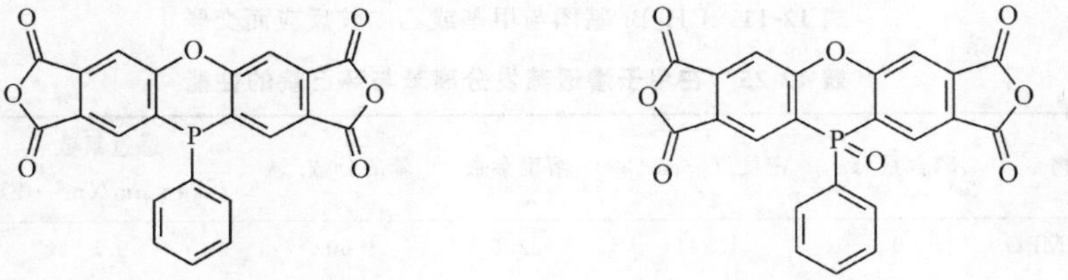

9　　10

表 12-23　磷化前后的聚酰亚胺的 T_g

聚合物	M_w	T_g/℃	磷含量/%
ODPA/Bis-P	6950	205	0
9/Bis-P	8350	240	8.3
ODPA/HAB	7360	200	0
10/Bis-P	9860	187	5.8

表 12-24　磷化前后的聚酰亚胺的热稳定性及耐燃性

聚合物	$T_{1\%}$/℃		Y_C/%(800℃)		LOI
	空气	N_2	空气	N_2	
ODPA/Bis-P	490	490	14	44	33
9/Bis-P	325	330	54	68	52
ODPA/HAB	402	408	16	36	32
10/Bis-P	221	225	31	51	48

Okamoto 等[22]由 BPDA/TMPD 的聚酰亚胺进行溴化，再与亚磷酸三乙酯反应，得到侧链含磷的聚酰亚胺(式 12-10)。

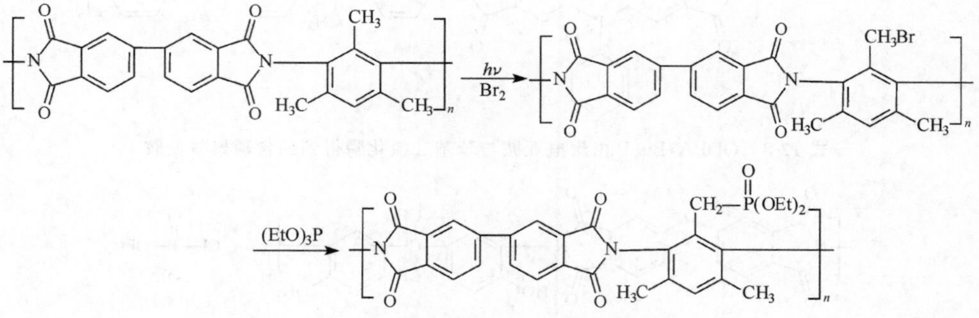

式 12-10 由大分子反应得到含磷聚酰亚胺

由这种方法得到的磷化度甚至可以达到 200%，即有两个甲基被溴代和磷化。该含磷聚酰亚胺可以溶解在许多溶剂中，还可以利用未反应的 CH_2Br 基团与甲基或乙二胺反应而交联(式 12-11)。该磷化的聚酰亚胺用作渗透蒸发膜分离苯与环己烷的效果见表 12-25。

$$—CH_2Br + —CH_3 \longrightarrow —CH_2CH_2— + HBr\ (TC)$$
$$—CH_2Br + H_2NCH_2CH_2NH_2 \longrightarrow —CH_2HNCH_2CH_2NHCH_2— + HBr\ (TAC)$$

式 12-11 CH_2Br 基团与甲基或乙二胺反应而交联

表 12-25 在用于渗透蒸发分离苯与环己烷的性能

聚合物	磷含量/%	密度/(g/cm³)	溶度参数	苯的分数/%	透过系数 /[kg · μm/(m² · h)]	$\alpha_{苯/环己烷}$
BPDA/TMPD	0	1.241	32.6	50	9.5	7.1
未交联	5.9	1.327	27.6			
TC		1.287				
TAC		1.267		50	7.9	13.4
未交联	7.7	1.319	26.2			
TC		1.308				
TAC		1.300		50	9.9	15
TC	8.0	1.300	26.1			
TAC		1.296	25.9	50	2.5	20

用式 12-4 所获得的带螺环的膦腈二胺与 6FDA 和 BTDA 反应，所得到的聚酰胺酸的 η_{inh} 为 0.5 dL/g。与 6FDA 所得到的薄膜无色，与 BTDA 得到的薄膜为黄色，聚酰亚胺在 800 ℃空气中的残炭率相应为 58%和 50%，热分解温度为 410 ℃[5]。

由膦腈单体所得到的聚酰亚胺，因单体一般为位置异构体的混合物，聚合物中存在多种结构，在 400 ℃左右就开始分解，也缺乏这些聚合物的机械性能数据。

参考文献

[1] Kumar D, Fohlen G M, Parker J A. J. Polym. Sci., Polym. Chem., 1984, 22: 927.
[2] Kumar D, Fohlen G M, Parker J A. Macromolecules, 1983, 16: 1250.
[3] Kumar D. J. Polym. Sci., Polym. Chem., 1984, 22: 3439.
[4] Kumar D, Fohlen G M, Parker J A. J. Polym. Sci., Polym. Chem., 1984, 22: 1141.
[5] Kumar D, Gupta A D. Macromolecules, 1995, 28: 6323.
[6] Huang H. Virgonia polytechnic Institute and State Unversity. Dissertation, 1998.
[7] Smith C D, Grubbs H, Webster H F, Gungör A, Wightman J P, McGrath J E. High Perf. Polym., 1991, 3: 211; Connell J W, Smith J G, Hergenrother P M. Polymer, 1995, 36, 5.
[8] Varma I K, Rao B S. J. Appl. Polym. Sci., 1983, 28: 2805.
[9] Yang H, Rogers M E, McGrath J E. Polym. Prepr., 1995, 36(1): 205.
[10] Gungor A, Smith C D, Wescott J, Srinivasan S, McGrath J E. Polym. prepr., 1991, 32(1): 172.
[11] Watson K A, Connell J W. Phosphorus containing polyimides. www.google.com.
[12] Mikroyannidis J A. J. Polym. Sci., Polym. Chem., 1984, 22: 1065.
[13] Jayaraman S, Meyer G, Moy T M, Srinivasan R, McGrath J E. Polym. prepr., 1993, 34(1): 515.
[14] Sato M, Tada Y, Yokoyama M. J. Polym. Sci., Polym. Chem., 1981, 19: 1037.
[15] Banerjee S, Palit S K, Maiti S. J. Polym. Sci., Polym. Chem., 1994, 32: 219.
[16] Kumar D, Khullar M, Gupta A D. Polymer, 1993, 34: 3025.
[17] Liou G-S, Hsiao S-H. J. Polym. Sci., Polym. Chem., 2001, 39: 1786.
[18] Varma I K, Fohlen G M, Parker J A. J. Polym. Sci., Polym. Chem., 1983, 21: 2017.
[19] Liu Y L, Liu Y L, Jeng R J, Chiu Y-S. J. Polym. Sci., Polym. Chem., 2001, 39: 1716.
[20] Zimmerman C M, Koros W J. Polymer, 1999, 40: 5665.
[21] Liu Y-L, Hsiue G-H, Lan C-W, Kuo J-K, Jeng R-J, Chiu Y-S. J. Appl. Polym. Sci., 1997, 63, 875.
[22] Fang J, Tanaka K, Kita H, Okamoto K-I. J. Polym. Sci., Polym. Chem., 2000, 38: 895.

第 13 章 含脂肪单元的聚酰亚胺

本章所谓“含脂肪单元的聚酰亚胺”是将在两个苯环之间由 CH_2、$C(CH_3)_2$ 及 $C(CF_3)_2$ 等单元连接的结构排除在外，仅指含有两个或两个以上碳的脂肪链、脂环、圈型及螺环结构的聚酰亚胺。由 Diels-Alder 反应得到的聚酰亚胺虽然也含有脂肪单元，但主要着眼于合成方法，具体情况见《聚酰亚胺——单体合成、聚合方法及材料制备》一书的第 6.10.5 节和第 7.8 节。

实际上在 20 世纪 40 年代聚酰亚胺发展之初就已经报道过含脂肪单元的聚酰亚胺，如由均苯二酐与脂肪二胺得到的聚酰亚胺。这些聚合物由于热稳定性低，一般在 400 ℃ 以下就开始分解，同时多为结晶聚合物，机械性能较差，所以并没有得到发展。随着对于在有机溶剂中可以溶解、低介电常数及具有光学特性的耐高温材料的要求变得迫切，而芳香聚酰亚胺由于难溶，较高的介电常数及在通信波长范围内不透明，光损耗大，通常带色等原因，使得在 90 年代初对于含脂肪单元的聚酰亚胺的研究变得活跃起来。含脂环的聚酰亚胺由于具有较高的透明度、较低的介电常数、较好的溶解性等特点，可以在彩色滤光膜、取向剂、非线性光学材料、分离膜等方面得到应用。螺环单元和圈型结构的引入都可以破坏分子链的平面性，降低传荷作用，也降低了分子链的堆砌密度，对于增加溶解性，降低介电常数，提高透明性等都是有利的。

通常将含脂肪单元的聚酰亚胺分为三类：由脂肪二胺和芳香二酐合成的聚酰亚胺、由脂肪二酐和芳香二胺合成的聚酰亚胺及由脂肪二酐和脂肪二胺合成的全脂肪聚酰亚胺。本章在这三类中又按含脂肪链、脂环、圈型及螺环结构分别进行介绍。

13.1 由脂肪二胺和芳香二酐合成的聚酰亚胺

13.1.1 由含脂肪链的二胺和芳香二酐合成的聚酰亚胺

脂肪二胺和芳香二胺在碱性和亲核性上有较大差别，芳香二胺的亲核性和碱性较低，所以二酐与脂肪二胺在反应开始阶段由于生成聚酰胺酸的铵盐难以得到高相对分子质量的聚酰胺酸。该问题可以通过以很慢的速度加入二胺[1-3]或直接在间甲酚中高温聚合等方法来解决[4]，也可采用四酸的二元酯与脂肪二胺进行高温溶液聚合得到高相对分子质量的可溶非晶态聚酰亚胺[5]。

由含脂肪链二胺和芳香二酐合成的聚酰亚胺在 20 世纪 50 年代就有所报道[6]，那是以 PMDA、2,2-双(3,4-二羧基苯基)丙烷(PDPA)或 ODPA 与脂肪二胺由熔融聚合得到的。PMDA 或其二乙酯与脂肪二胺在含水乙醇中加热，得到溶液，然后在真空下加热到更高温度(如 282 ℃)去除乙醇和水，最后得到高相对分子质量的聚合物。由这些聚酰亚胺可以得到柔韧的薄膜[6]。

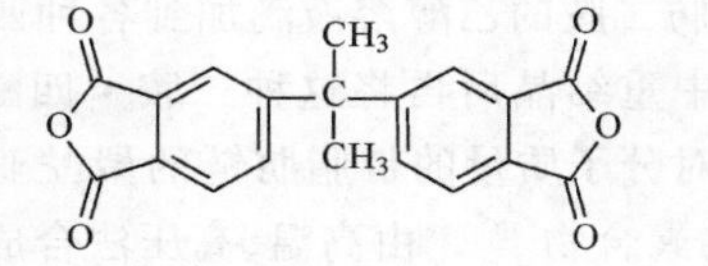

PDPA

由含直链脂肪二胺得到的聚酰亚胺的性能见表 13-1。

表 13-1　由含直链脂肪二胺得到的聚酰亚胺的性能

$H_2N \leftarrow CH_2 \rightarrow_n NH_2$

二酐	n	η_{inh}/(dL/g)	T_g/℃	T_m/℃	密度/(g/cm³)	文献
PMDA	4		—	—		[7]
	6		—	—		[7]
	9		115	271		[7]
	12	1.69		297	1.28	[8]
BPDA	4	—	184	415		[7]
	5	0.46	158			[9]
	6	0.26	150	336		[7]
	7	0.31	125	258		[9]
	8	0.29	113	293		[9]
	9	0.25	94	214		[9]
	10	0.30	89	249		[9]
ODPA	4	—	160	340,352	1.42	[7]
	6	1.19	123	228/276,238	1.39	[7]
	8	1.08		202	1.34	[8]
	9	1.46	91	—	1.27	[7]
	10	0.65		—	1.25	[8]
	12	0.51		—	1.23	[8]
BTDA	2		220	399		[7]
	3		185	244		[7]
	4		175	277		[7]
	5		158	220		[7]
	6		140	250		[7]
	7		129	183		[7]
	8		117	203		[7]
	9		97	138		[7]
SDPA	4		193	347		[7]
	6		157	292/310		[7]
	9		123	217/251		[7]
BPADA	4		145	—		[7]
NTDA	12	0.78		308	1.27	[8]

近年，Imai 等将直链脂肪二胺的乙醇溶液滴加到各种四酸的乙醇溶液中以高收率得到酸与胺的“尼龙盐”，在水中重结晶后再将这种二胺：四酸＝1：1 的“尼龙盐”在高压、高温下熔融聚合，得到高相对分子质量的带脂肪链的聚酰亚胺。这种“尼龙盐”在常压下进行聚合则往往得到交联的聚合物[10]。由高温、高压法合成聚酰亚胺的反应条件和性能见表 13-2 和表 13-3。

表 13-2　由 PMDA 和 BPDA 与脂肪二胺得到的聚酰亚胺的性能

二胺的 n	四酸	盐的吸热温度/℃	聚酰亚胺		
			η_{inh}/(dL/g)	T_m/℃	T_g/℃
6	PMTA	258	0.62		
7	PMTA	216	1.63	348	
8	PMTA	274	0.39	374	
9	PMTA	271	1.28	318	
10	PMTA	245	1.08	347	
11	PMTA	245	2.23	299	
12	PMTA	248	1.17	321	
6	BPTA	219	0.70	350	145
7	BPTA	224	1.53	260	131
8	BPDA	226	0.76	301	121
9	BPTA	209	1.75	231	108
10	BPTA	229	1.14	253	102
11	BPTA	202	2.72	222	91
12	BPTA	199	1.94	237	84

注：PMTA：均苯四酸；BPTA：联苯四酸。聚合反应在 320℃，220 MPa 下进行，事实上，1～2 h 就可以得到高相对分子质量的聚合物。黏度在浓硫酸中测定。T_g 用 DSC 以 10℃/min 升温速率测定。

表 13-3　由二苯醚四酸与直链脂肪二胺得到的聚酰亚胺的性能

n	盐的熔点/℃	反应条件		聚合物		
		温度/℃	压力/MPa	η_{inh}/(dL/g)	T_m/℃	T_g/℃
6	204	280	250	0.47	230	118
7	221	240	290	1.56		110
8	170,177	270	250	0.78	220	100
9	190	240	300	1.12		89
10	202,217	240	260	2.89	175	83
11	193	220	260	1.77		74
12	225	240	220	2.00	160	70

由均苯四酸(PMTA)得到的聚酰亚胺都具有高结晶性，而且与在常压下得到的聚合物没有太多的区别。在高压下由联苯四酸(BPTA)得到的聚酰亚胺通常比在常压得到的

有较高的结晶性。并且随 n 的变化有明显的奇-偶效应，即由带偶数 n 的二胺得到的聚酰亚胺的熔点比与其相邻的两个奇数 n 的聚合物都高，但熔点随着 n 的增大而降低。“尼龙盐”的熔点也呈现一定的奇-偶效应，但没有 T_m 那么明显和规律。T_g 则随着 n 的增大而呈规律性地降低。

由二苯醚四酸得到的聚酰亚胺中带偶数 n 的聚酰亚胺多为结晶，奇数 n 的聚酰亚胺多为非晶态。T_g 随二胺中次甲基数目的增加而降低。

Edwards 等和 Greshan 等[6]由 PDPA 与丁二胺和己二胺得到聚酰亚胺。由表 13-4 可见，随着二胺中脂肪链的增长，介电常数和模量都呈降低趋势。

表 13-4　由 PDPA 与脂肪二胺得到的聚酰亚胺

性能		丁二胺	己二胺
η_{inh}/(dL/g)		1.34	1.67
热形变温度/℃		177	
介电常数(1 kHz)		3.48	3.19
损耗因子(1 kHz)		0.0012	0.0018
模量/GPa	23 ℃	2.70	2.06
	50 ℃	2.34	1.85
	75 ℃	2.27	—
	100 ℃	2.09	1.54
抗张强度/MPa		99.3	
断裂伸长率/%		10	
蠕变速度 /h^{-1}(100 h)	14 MPa	1.85×10^{-6}	
	21 MPa	2.8×10^{-6}	
吸水率/%(24 h)		1.61	
平衡吸水率/%		2.04	

由 6FDA 与含烷氧链的二胺得到的聚酰亚胺也已有报道[11,12]（表 13-5 和表 13-6）。随着直链部分的加长，T_g 降低，热稳定性也降低，尤其在与 $n=1$ 时比较，含有较长脂肪链的聚合物这些性能的降低更加显著，而 n 大于 2 以后，它们之间的变化的幅度就相对较小。

表 13-5　由 6FDA 得到的聚酰亚胺

n	[η]/(dL/g)	T_g/℃	$T_{5\%}$/℃
4	0.35	169	452
6	0.40	167	450
10	0.42	143	442

表 13-6　与 6FDA 得到的聚酰亚胺

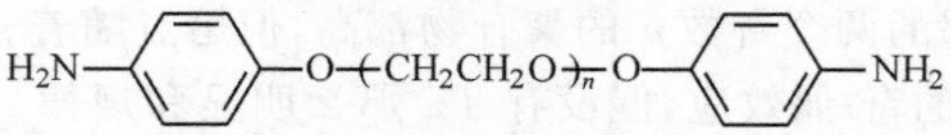

n	η_{inh}/(dL/g)	T_g/℃(DSC)	$T_{5\%}$/℃	
			氩	空气
1	0.38	254～255	475	460
2	0.29	175～180	475	425
3	0.27	170～175	475	425
4	0.28	135～140	405	385

Ghatge 等[13]研究了带有脂肪侧链的二胺对聚酰亚胺性能的影响(表 13-7)。同样，其热稳定性随着侧链的加长而降低。

表 13-7　二胺中带有脂肪侧链的链长对聚酰亚胺性能的影响

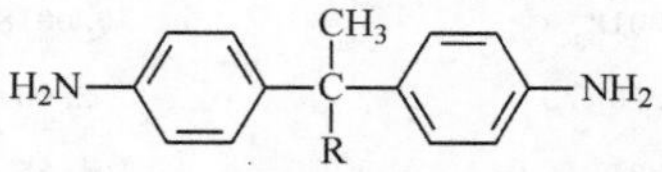

R: **1**-CH_3; **2**-CH_2CH_3; **3**-$CH_2CH_2CH_3$; **4**-CH_2CHMe_2

二酐-R	η_{inh}/(dL/g)	$T_{10\%}$/℃
PMDA-**1**	0.931	525
PMDA-**2**	0.348	490
PMDA-**3**	0.337	485
PMDA-**4**	0.319	460
BTDA-**1**	0.688	515
BTDA-**2**	0.327	470
BTDA-**3**	0.309	460
BTDA-**4**	0.296	425

13.1.2　由含脂环二胺与芳香二酐得到的聚酰亚胺

最简单的脂环二胺是 1,4-环己烷二胺(CHDA)。4,4′-二氨基二环己基甲烷(DCHM)也是常用的脂肪二胺，在构型上这两个二胺都有顺式和反式结构。DCHM 相对于 CH_2 应该还有反-反(*tt*)、顺-顺(*cc*)和顺-反(*ct*)结构，也可用混合构象的二胺来合成聚酰亚胺(表 13-8)[14]。

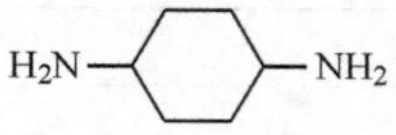

CHDA

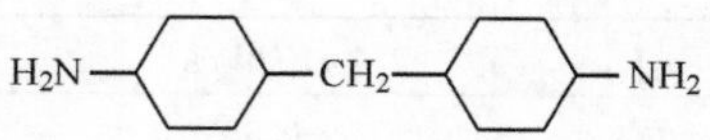

DCHM

表 13-8　由 CHDA 和 DCHM 合成的聚酰亚胺

二酐	二胺	T_g/℃	T_m/℃	T_d/℃
BPDA	*mix*-CHDA	225		450
	trans-CHDA	240		450
BTDA	*mix*-DCHM	240		450
	tt-DCHM	225	410	410
BPDA	*mix*-DCHM	230		450
	tt-DCHM	235		450
PMDA	*mix*-DCHM	325	>500	450
	tt-DCHM	330	>500	450

注：由 CHDA 得到的薄膜都是脆的，由 DCHM 得到的薄膜则是柔韧的。

Hasegawa 等[15]报道由 PMDA/CHDA 和 BPDA/CHDA 得到的薄膜的 CTE 相应为 $9.5\times10^{-6}\ K^{-1}$ 和 $9.6\times10^{-6}\ K^{-1}$。

Chern 等[16,17]研究了一系列由含金刚烷单元的二胺得到的聚酰亚胺。这些聚酰亚胺都具有较高的热稳定性、较低的吸水率和介电常数。由 1,3-金刚烷二胺 **1** 和 **2** 得到的聚酰亚胺，其性能见表 13-9 和表 13-10。

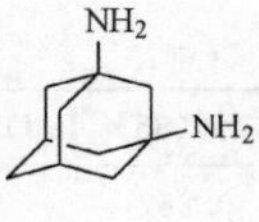

1

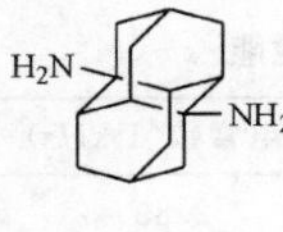

2

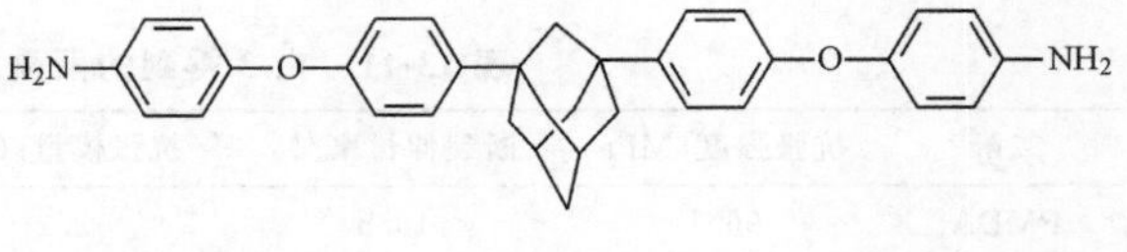

3

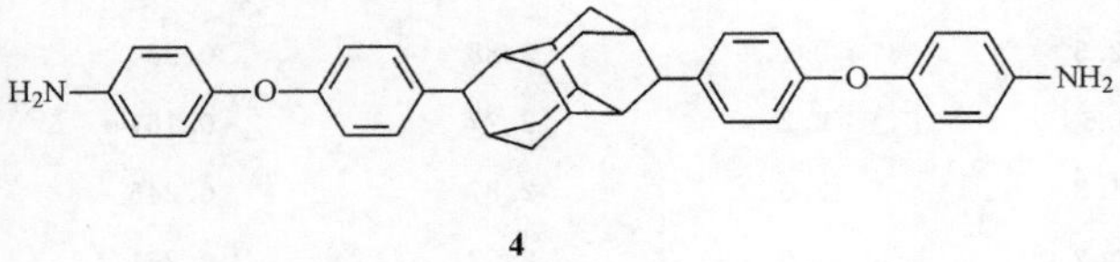

4

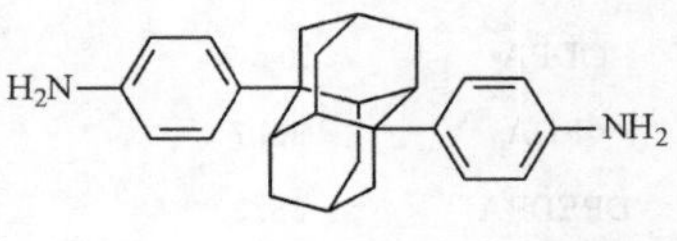

5

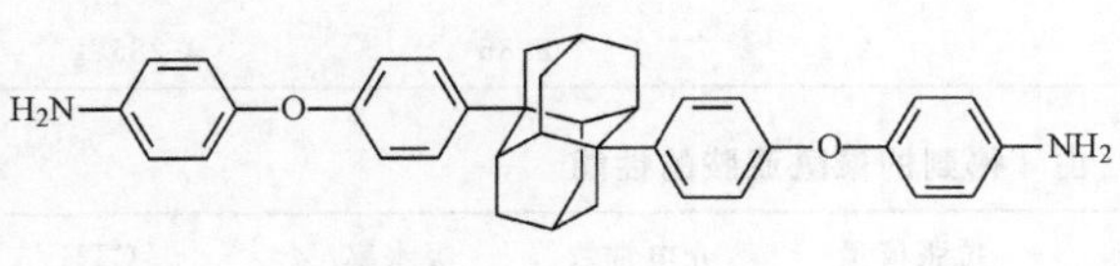

6

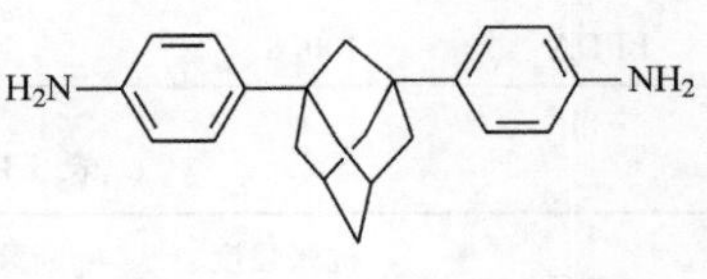

7

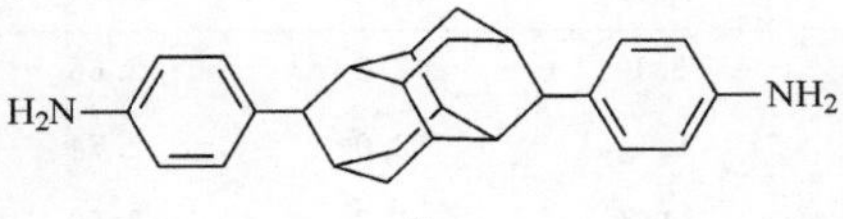

8

表 13-9 由 1 得到的聚酰亚胺的性能

二酐	PAA 的 η_{inh}/(dL/g)	T_g/℃	$T_{5\%}$/℃		Y_C/%(600 ℃,N_2)
			N_2	空气	
BTDA	0.38	255	485	468	33
BPDA	0.35	303	498	475	33
ODPA	0.37	245	483	465	32
6FDA	0.14	287	463	447	28

表 13-10 由 2 得到的聚酰亚胺的性能

二酐	PAA 的 η_{inh}/(dL/g)	T_g/℃	$T_{5\%}$/℃		Y_C/%(600 ℃,N_2)
			N_2	空气	
BTDA	0.55	416	537	518	30
BPDA	0.40	429	546	527	29
ODPA	0.41	414	526	513	25
6FDA	0.33	375	503	491	28

Chern 等[18,19]还研究了结构如 **3** 和 **4** 所示的含金刚烷结构的二胺得到的聚酰亚胺的性能(表 13-11 和表 13-12)。

表 13-11 由 3 得到的聚酰亚胺的性能

二酐	抗张强度/MPa	断裂伸长率/%	抗张模量/GPa	介电常数(1 kHz)	吸水率/%(85% RH)
PMDA	96.1	10.5	2.2	2.85	0.267
BTDA	113.5	11.2	2.1	2.91	0.459
ODPA	104.9	12.5	2.1	2.88	0.254
6FDA	99.7	5.6	2.2	2.77	0.167
DPEDPA	88.2	11.8	2.0	2.87	0.245
HQDPA	87.2	10.2	2.0	2.87	0.261
BPDA	100.8	11.5	2.2	2.86	0.285

表 13-12 由 4 得到的聚酰亚胺的性能

二酐	抗张强度/MPa	断裂伸长率/%	抗张模量/GPa	介电常数(1 kHz)	吸水率/%(85% RH)	CTE/(10^{-6} K^{-1})
PMDA	55.3	8.1	2.2	2.66	0.133	67.8
BTDA	91.7	9.6	2.0	2.74	0.264	41.6
ODPA	101.4	14.8	1.9	2.69	0.137	56.5
6FDA	86.8	6.1	2.2	2.58	0.122	57.5
DPEDPA	78.2	22.3	1.9	2.67	0.163	74.9
HQDPA	100.6	12.7	1.9	2.65	0.171	67.1
BPDA	89.9	8.5	2.2	2.66	0.149	72.4

Chern 等[20-23]也研究了结构如 **5**,**6**,**7** 和 **8** 所示的含金刚烷结构的二胺得到的聚酰亚胺的性能(表 13-13 至表 13-18)。这些聚酰亚胺都具有低的断裂伸长率、低的吸水率及低的介电常数,但具有高的 CTE。由 **8** 得到的聚酰亚胺的 T_g 都在 500 ℃以上并具有很高的热稳定性。

表 13-13　由 5 得到的聚酰亚胺的性能

二酐	抗张强度/MPa	断裂伸长率/%	起始模量/GPa	CTE/(10^{-6} K^{-1})	吸水率/%(85%RH)	介电常数(干,1 kHz)
PMDA	28.7	0.56	2.1	117	0.208	2.65
BTDA	59.2	1.5	2.3	113	0.389	2.74
ODPA	124.0	5.6	2.2	105	0.236	2.66
6FDA	25.1	1.1	2.3	91	0.207	2.54
DPEDPA	68.0	2.9	2.2	108	0.224	2.67
BPDA	19.8	0.74	2.0	112	0.240	2.66

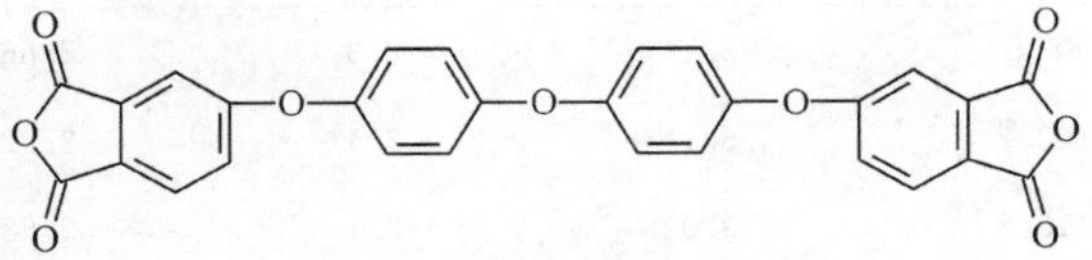

DPEDPA

表 13-14　由 5 得到的聚酰亚胺的热性能

二酐	DMA/℃			$T_{5\%}$/℃	
	T_g	$T_{\beta1}$	$T_{\beta2}$	空气	N_2
PMDA	>500	300	150	512	528
BTDA	>500	300	188	515	520
ODPA	>500	300	175	511	528
6FDA	>500	300	200	484	510
DPEDPA	>500	300	150	500	516
BPDA	—	—	—	526	545

表 13-15　由 6 得到的聚酰亚胺的性能

二酐	抗张强度/MPa	断裂伸长率/%	起始模量/GPa	CTE/(10^{-6} K^{-1})	吸水率/%(85%RH)	介电常数(干,1 kHz)
PMDA	90.9	8.3	2.2	45.3	0.132	2.65
BTDA	91.5	9.1	2.0	41.6	0.292	2.78
ODPA	118.2	24.3	1.9	53.5	0.138	2.68
6FDA	74.4	5.2	2.2	44.1	0.121	2.56
DPEDPA	101.3	17.5	1.9	52.2	0.162	2.65
HQDPA	104.9	13.8	1.9	54.8	0.173	2.64
BPDA	100.5	10.2	2.2	46.9	0.150	2.63

表 13-16 由 6 得到的聚酰亚胺的热性能

二酐	DMA/℃			$T_{5\%}$/℃	
	T_g	$T_{\beta1}$	$T_{\beta2}$	空气	N_2
PMDA	>445	303	104	502	525
BTDA	360		132	506	516
ODPA	340		120	463	524
6FDA	375	300	210	460	512
DPEDPA	283		136	481	505
HQPDA	302		100	490	521
BPDA	386	280	150	509	529

表 13-17 由 7 得到的聚酰亚胺的热性能

二酐	抗张强度/MPa	断裂伸长率/%	起始模量/GPa	介电常数/(1 kHz)	T_g/℃(DSC)
PMDA	86.0	5.1	2.3	2.86	399
BTDA	102.7	6.1	2.1	2.92	374
ODPA	110.8	9.0	2.1	2.88	364
6FDA	69.7	2.1	2.3	2.76	371
DPEDPA	93.7	11.3	2.0	2.89	290
HQPDA	81.2	5.3	2.1	2.88	314
BPDA	105.4	8.2	2.2	2.87	415

表 13-18 由 8 得到的聚酰亚胺的热性能

二酐	抗张强度/MPa	断裂伸长率/%	起始模量/GPa	CTE/(10^{-6} K^{-1})	吸水率/%(85%RH)	介电常数(干,1 kHz)
PMDA	87.0	3.0	2.3	97	0.243	2.64
BTDA	123.5	4.8	2.2	92	0.324	2.72
ODPA	84.1	4.5	2.2	69	0.284	2.68
6FDA	26.9	0.74	2.3	61	0.168	2.53
HQDPA	73.9	3.0	2.1	76	0.275	2.65
BPDA	127	4.2	2.3	86	0.268	2.64
DPEDPA/ODA	90	12.5	2.0	—	0.406	3.25

13.1.3　由带螺环二胺合成的聚酰亚胺

式 13-1 所示的螺环聚酰亚胺虽然含有长的脂肪链，但仍具有很好的热稳定性，可以溶于许多溶剂[24]。

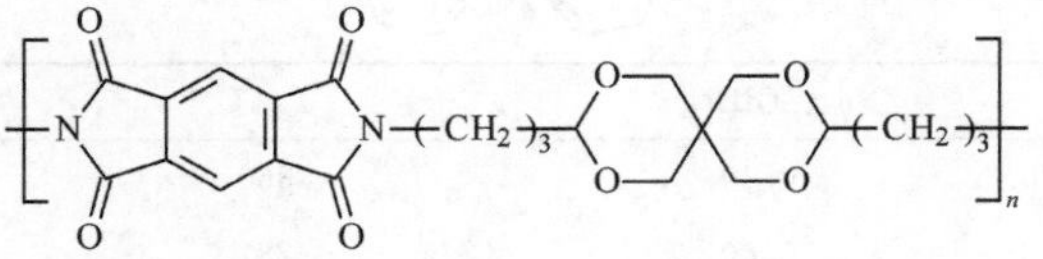

式 13-1

式 13-2 所示的含螺茚的聚酰亚胺的 T_g 为 253 ℃，$T_{5\%}$ 为 500 ℃，其聚酰胺酸对钢具有很好的黏结性，室温剪切强度达到 25 MPa，240 ℃下为 18 MPa[25]。

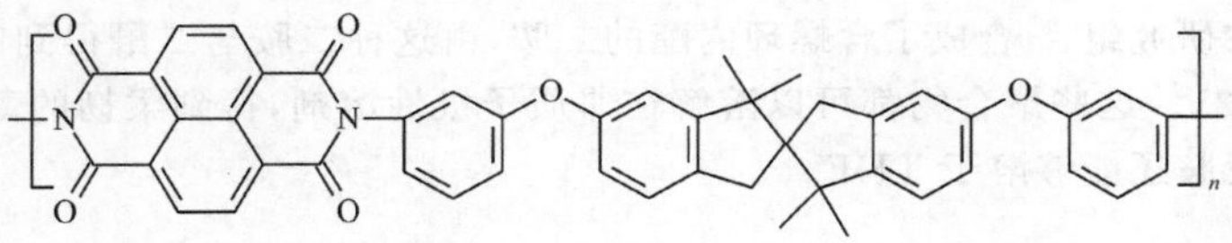

式 13-2

含双吡喃螺环结构[26]和两个芴形成的螺环结构[27]的二胺所得到的聚酰亚胺的性能见表 13-19 和表 13-20。这些聚合物可以溶于非质子极性溶剂、氯代烃类、吡啶、THF、酚类及环己酮，但不溶于丙酮。溶解性要比相应的由 BAPF 得到的聚酰亚胺好。

表 13-19　含双吡喃螺环结构的二胺所得到的聚酰亚胺的性能

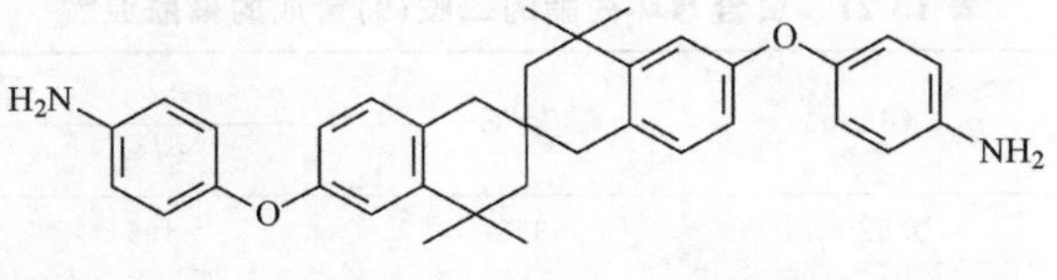

二酐	抗张强度 /MPa	抗张模量 /GPa	断裂伸长率 /%	T_g/℃	$T_{10\%}$/℃	
					N_2	空气
PMDA	85	1.7	27	248	464	472
BPDA	97	1.7	11	256	462	474
ODPA	97	2.2	9	240	457	471
BTDA	115	1.8	11	236	465	468
SDPA	110	1.8	10	256	448	454
6FDA	104	2.0	7	240	467	483

表 13-20　由两个芴形成的螺环二胺得到的聚酰亚胺

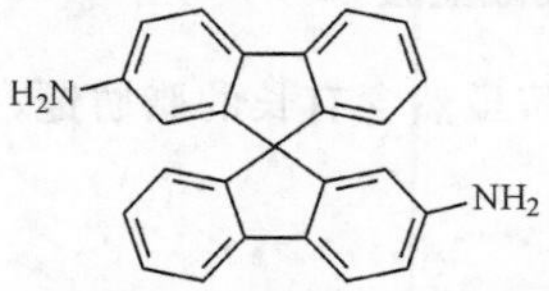

二酐	η_{inh}/(dL/g)	T_g/℃	$T_{5\%}$/℃
6FDA	0.40	360	542
BPADA	0.60	287	563
ODPA	0.55	362	606
BTDA	0.77	371	602
BPDA	0.61	374	587

作者所在研究组[28]合成了含螺环内酯的二胺，由这种二胺与二酐得到的聚酰亚胺的性能见表 13-21。这些聚合物都可以溶解在非质子极性溶剂，得到柔韧的薄膜，由 6FDA 得到的聚酰亚胺还能够溶于 THF。

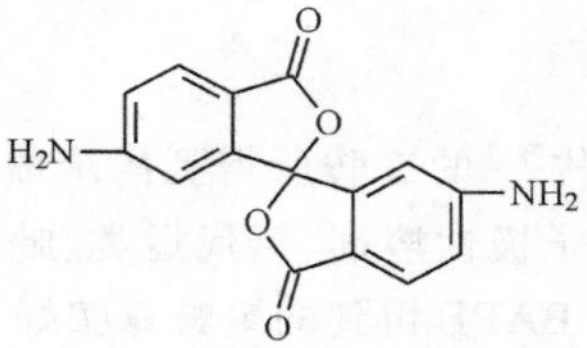

9

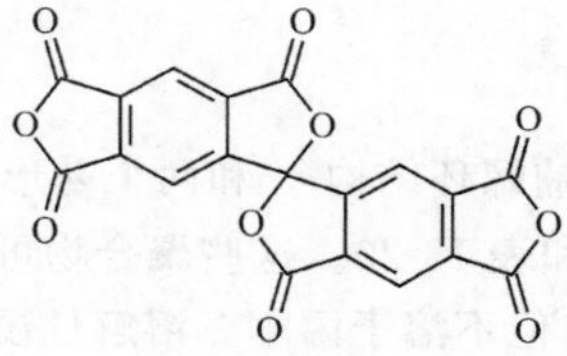

10

表 13-21　由含螺环内酯的二胺(9)合成的聚酰亚胺

二酐	η_{inh}/(dL/g)	T_g/℃	$T_{5\%}$/℃	
			空气	N_2
BTDA	0.52	325	465	473
6FDA	0.63	310	472	477
HQPDA	0.88	264	480	482
BPDA	0.59	328	505	511
TDPA	0.55	327	503	508
10	0.48	—	500	504

13.1.4　由含圈型结构的二胺合成的聚酰亚胺

“圈(cardo)型”结构是指一个环状侧链上的一个原子与主链上一个原子共用，该原子为一个季碳原子。带有“圈型”结构的聚合物能够明显改善其溶解性，但仍可以保持高的热稳定性和玻璃化温度。最初的工作见表 13-22[29]。有趣的是，在表 13-22 中可以发现一些不溶于非质子极性溶剂，却能够溶于氯代烃的聚酰亚胺，如 BPDA/**A**、BPDA/**C**、ODPA/**D** 及 BTDA/**D**。

表 13-22　由含各种带圈型结构的二胺得到的聚酰亚胺

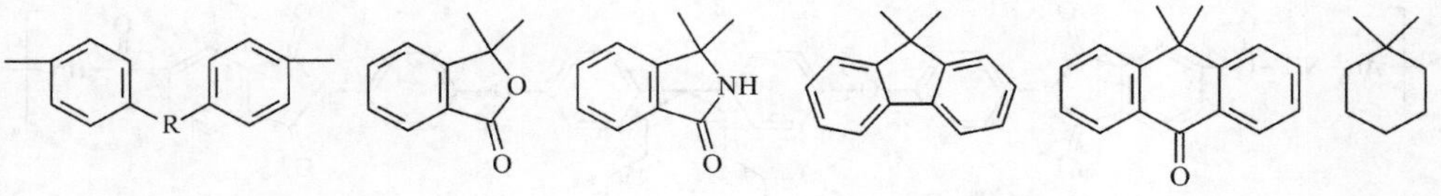

R=　　A　　B　　C　　D　　E

二酐	R	η_{inh} /(dL/g)	密度 /(g/cm³)	$T_{软化}$ /℃	溶解性				
					DMF	DMA	氯仿	TCE	三甲酚
PMDA	A	2.15	1.326	490	+	+	—	+	+
	B	0.57	—	—	—	—	—	—	—
	C	0.65	1.278	515	—	—	—	—	—
	D	0.41	—	—	—	—	—	—	—
	E	0.35	—	—	—	—	—	—	—
BPDA	A	0.52	1.325	415	—	—	—	+	+
	C	0.75	1.260	425	—	—	—	+	+
ODPA	A	1.66	1.346	360	+	+	+	+	+
	B	0.62		385	+	+	—	—	+
	C	1.20	1.280	385	+	+	+	+	+
	D	1.35	1.380	385	—	—	+	+	+
	E	0.33	—	285	+	+	—	+	+
BTDA	A	0.75	—	365	+	+	+	+	+
	B	0.66	—	380	+	+	—	—	+
	C	1.20	—	370	+	+	+	+	+
	D	0.64	—	370	—	—	+	+	+
SDPA	A	1.00	—	400	+	+	—	—	—
	C	0.92	—	400	+	+	—	—	—
PDPA	A	1.01	—	355	+	+	+	+	+
	C	0.74	—	350	+	+	+	+	+
S3O	A	1.86	—	500	+	+	—	—	—
	C	—	—	—	—	—	—	—	—

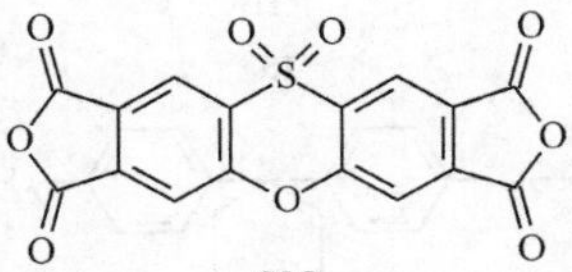

S3O

Liaw 等[30]由含环十二烷圈型结构的二胺和其他二胺得到了聚酰胺-酰亚胺(表 13-23)。这些聚合物都可以溶解于 NMP、DMAC、DMF、吡啶、THF 及环己酮中。

表 13-23　含环十二烷圈型结构的二胺和其他二胺所得到的聚酰胺-酰亚胺的性能

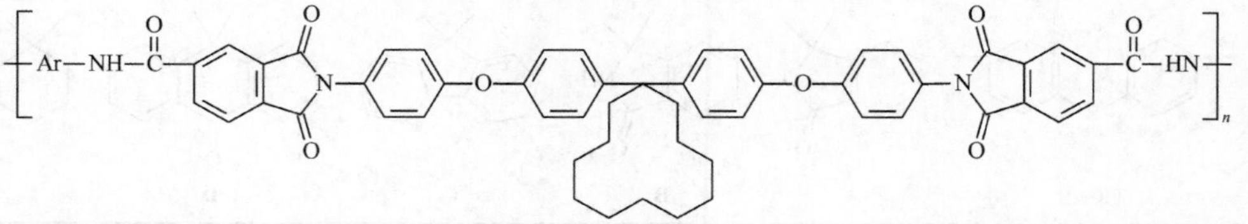

Ar	η_{inh}/(dL/g)	T_g/℃	$T_{10\%}$/℃(N_2)	抗张强度/MPa	抗张模量/GPa	断裂伸长率/%
11	0.78	244	477	93	2.1	11
12	0.80	253	469	82	2.1	11
13	0.75	241	482	104	2.1	12
14	0.82	262	474	84	2.2	12
15	1.02	243	498	108	2.1	14
16	0.72	246	473	80	2.0	11
17	0.91	261	511	80	2.2	11
18	0.77	257	482	79	2.4	7

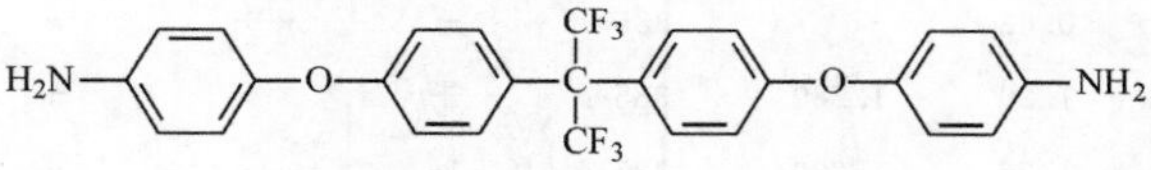

11

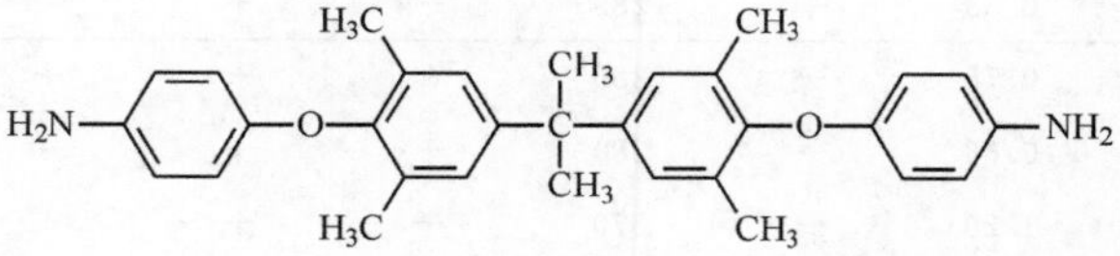

12

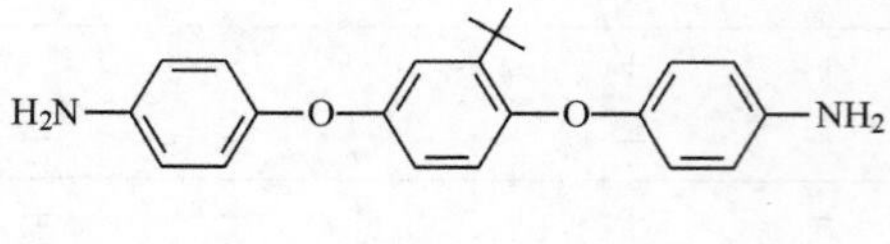

13

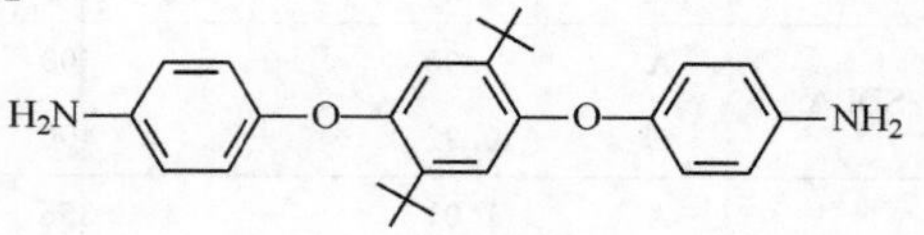

14

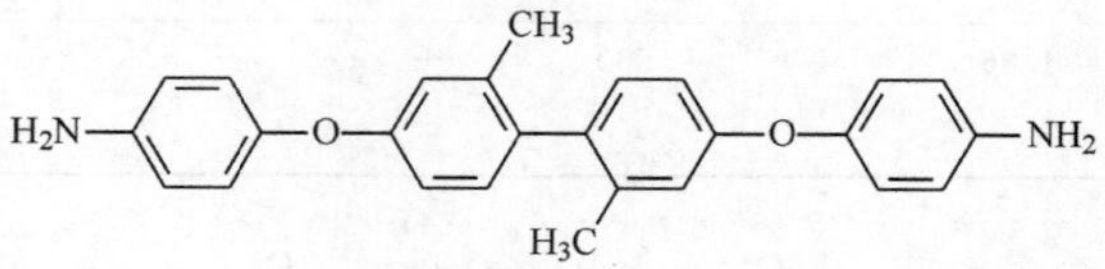

15

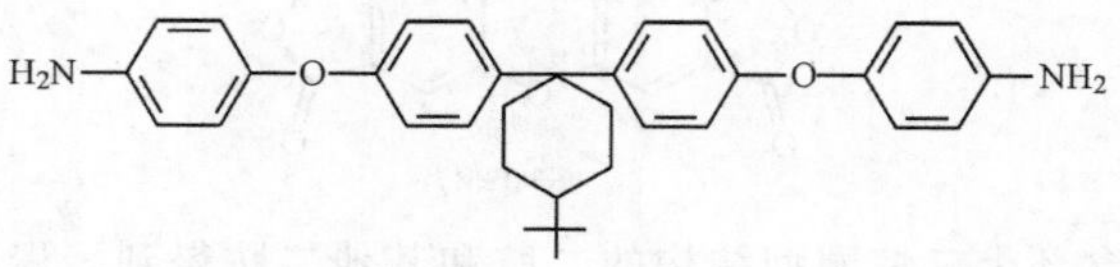

16

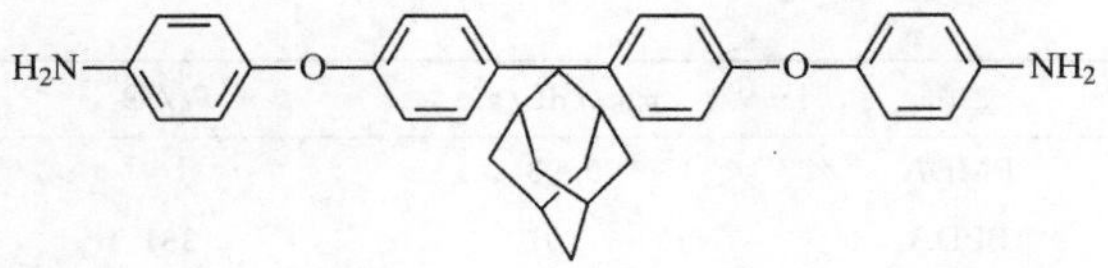

17

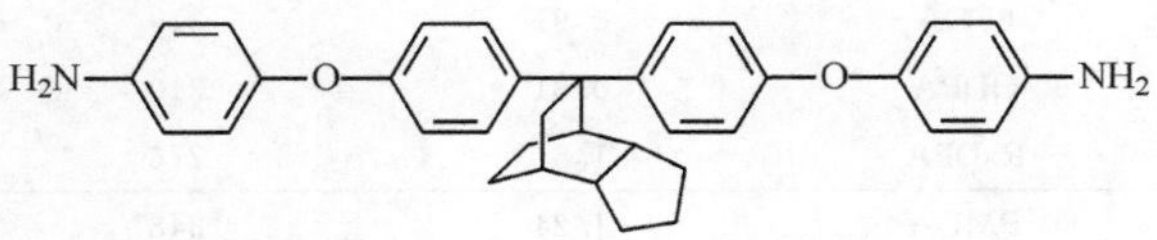

18

由带各种圈型结构的二胺得到的其他聚酰亚胺的性能见表 13-24[31,32] 和表 13-25[33]。PMDA/BAEt、PMDA/BABU、PMDA/BAAM 的聚酰亚胺可溶在极性非质子溶剂、二氧六环、THF、氯仿和 CH_2Cl_2 中，但不溶于丙酮。PMDA/BACH 仅溶于四氯乙烷，不溶于其他溶剂。

表 13-24　带各种圈型结构的二胺得到的聚酰亚胺

二胺	二酐	η_{inh}/(dL/g)	T_g/℃	$T_{5\%}$/℃(空气)
BANB	PMDA	0.88	346	405
	BPDA	1.02	—	410
	BTDA	0.92	347	410
	6FDA	0.59	332	419
	ODPA	0.87	327	419
BAAD	PMDA	0.37	—	442
	BPDA	0.44	323	420
	BTDA	0.52	363	416
	6FDA	0.34	349	421
	ODPA	0.49	331	426
BACH	PMDA	不溶于间甲酚		
BAME	PMDA	1.18		
BATM	PMDA	1.04		
BAEt	PMDA	1.27		
	BPDA	1.26	336	
	BTDA	1.23		
	6FDA	0.92		
	ODPA	1.25		
	RsDPA	1.57		

续表

二胺	二酐	η_{inh}/(dL/g)	T_g/℃	$T_{5\%}$/℃(空气)
BABU	PMDA	0.93		
	BPDA	1.01	331	
	BTDA	0.95	318	
	6FDA	0.91	319	
	ODPA	0.81	310	
	RsDPA	1.51	276	
BAAM	PMDA	1.24	348	
	BPDA	1.20	342	
	BTDA	1.66	318	
	6FDA	1.14	310	
	ODPA	1.00	298	
	RsDPA	1.01	261	
BACH	PMDA	0.74	—	
	BPDA		—	
	BTDA		305	
	6FDA		293	
	ODPA		290	
	RsDPA		261	

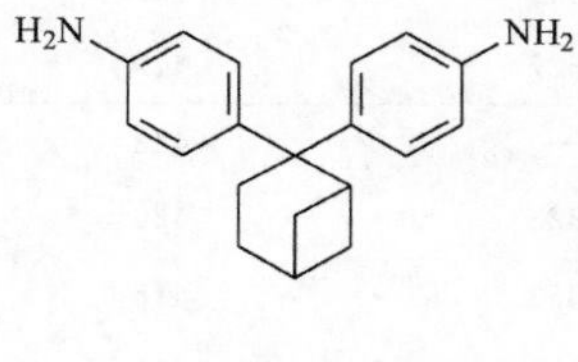
BANB

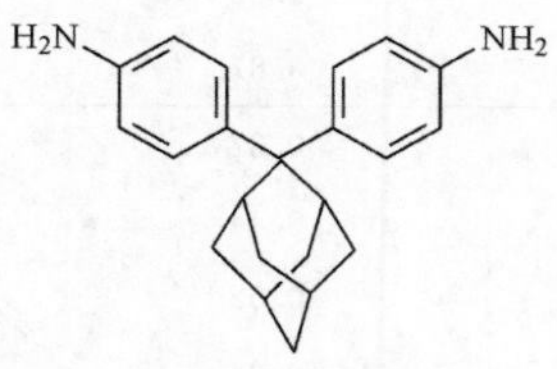
BAAD

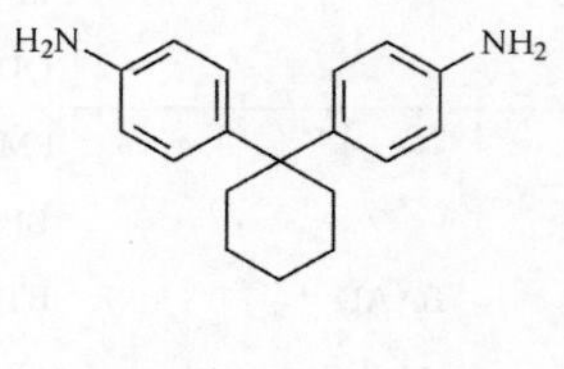
BACH

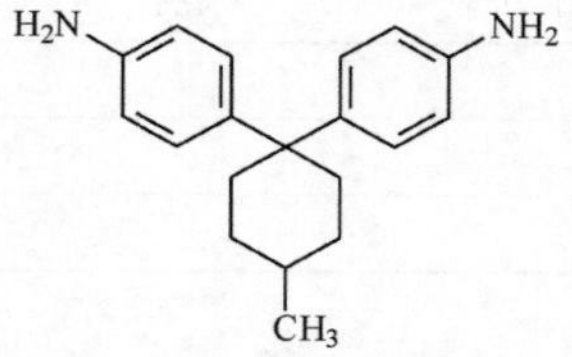
BAME

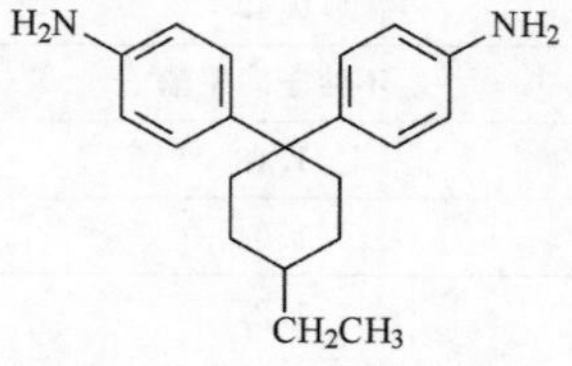
BAEt

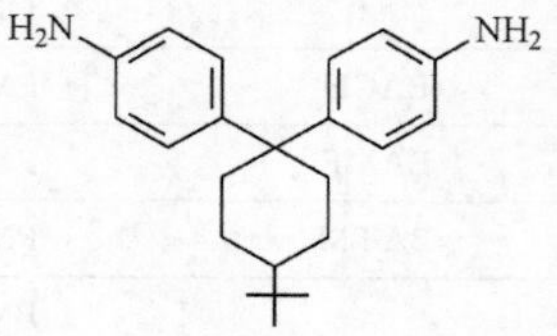
BABU

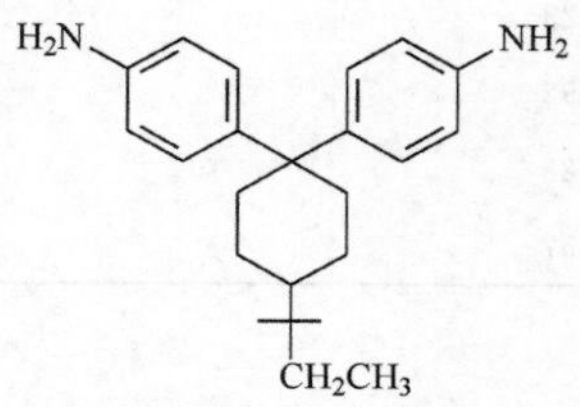
BAAM

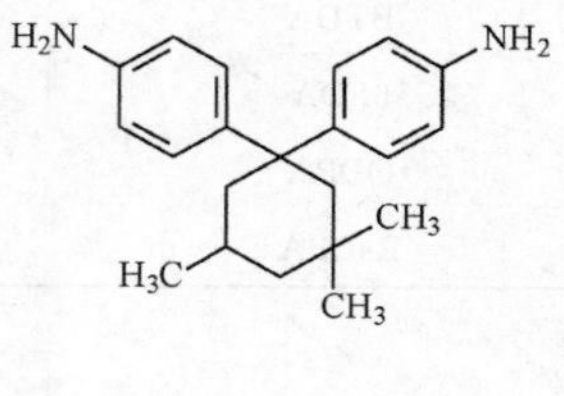
BATM

表 13-25　带各种圈型结构的二胺得到的聚酰亚胺

聚酰亚胺	η_{inh} /(dL/g)	T_g/℃	$T_{5\%}$/℃		Y_C/% (800 ℃)	抗张强度 /MPa	抗张模量 /GPa	断裂伸长率 /%
			N_2	空气				
PMDA-**19**	0.78	299	508	519	53	123	2.1	10
BPDA-**19**	0.72	279	515	518	58	114	2.1	10
ODPA-**19**	0.68	274	514	522	54	100	2.0	8
BTDA-**19**	0.75	287	513	532	56	89	2.0	7
SDPA-**19**	0.87	298	490	499	45	90	2.5	6
6FDA-**19**	0.86	288	521	526	54	98	1.9	7
6FDA-**20**	0.74	276	515	—	54	112	2.1	5
6FDA-**17**	0.74	296	538	—	55	—	—	—

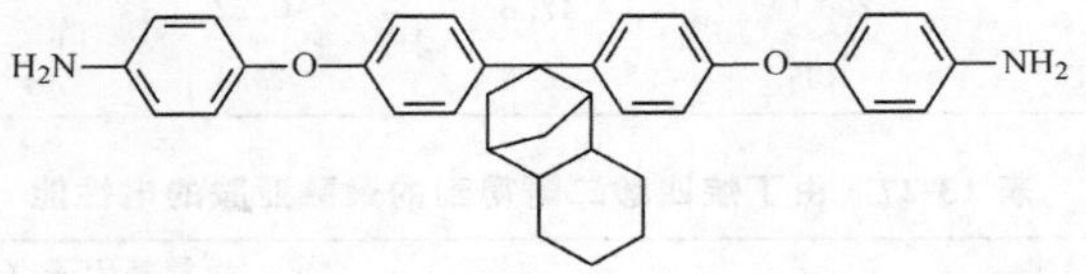

19

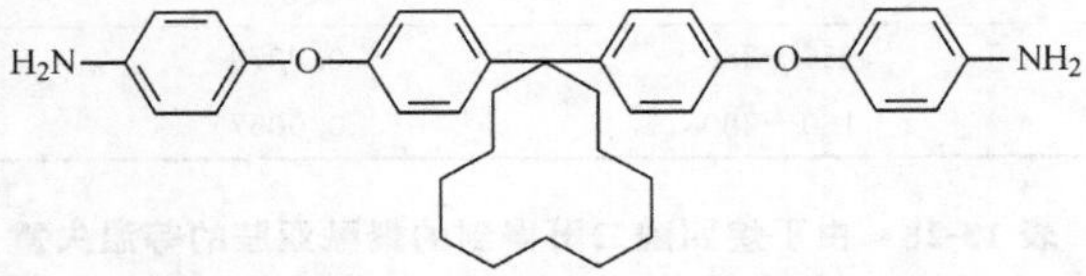

20

13.2　由脂肪二酐和芳香二胺合成的聚酰亚胺

13.2.1　由含脂肪链的二酐和芳香二胺合成的聚酰亚胺

脂肪二酐中最简单的是丁烷四酸二酐(TCBA),TCBA 具有 *meso* 和 *dl* 两种异构体。Loncrini 等[34]研究了 TCBA 两种异构体与各种二胺得到的聚酰亚胺,这些薄膜都是柔韧的,其性能见表 13-26 至表 13-28。

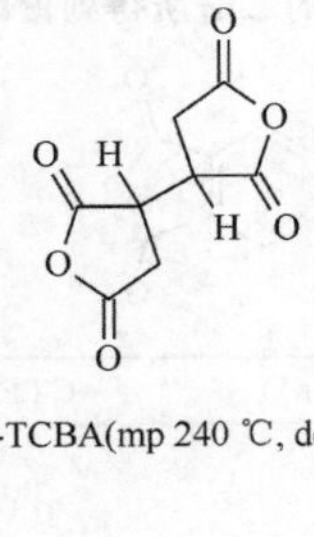

meso-TCBA(mp 240 ℃, dec.)

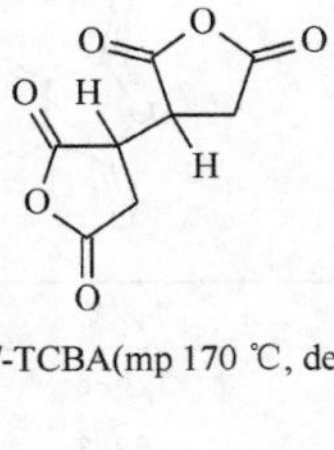

dl-TCBA(mp 170 ℃, dec.)

表 13-26 由丁烷四酸二酐得到的聚酰亚胺的机械性能

TCBA	二胺	测试温度/℃	抗张强度/MPa	抗张模量/GPa	断裂伸长率/%	[η]/(dL/g)
meso	MDA	RT	100	3.13	11.2	0.62
		200 ℃	55.9	1.73	7.2	
	ODA	RT	92.9	3.39	11.0	0.65
		200 ℃	57.6	1.61	8.1	
	MPD	RT	57.7	0.67	2.1	0.59
		200 ℃	36.6	0.45	3.2	
	Bz+ODA (1∶1)	RT	95.0	0.75	8.7	
		200 ℃	49.2	0.71	7.6	
dl	MDA	RT	101.4	1.07	10.2	0.63
		200 ℃	52.8	0.75	7.4	
	ODA	RT	93.6	0.62	9.1	0.73
		200 ℃	47.8	0.22	6.1	
	MPD	RT	54.9	1.54	2.0	0.35

表 13-27 由丁烷四酸二酐得到的聚酰亚胺的电性能

聚合物	介电强度/(kV/mm)	损耗因子/(60 Hz)	
		125 ℃	200 ℃
MesoTCBA/MDA	160～280	0.0079	0.0383
MesoTCBA/ODA	160～280	0.0057	0.0289

表 13-28 由丁烷四酸二酐得到的聚酰亚胺的等温失重

聚合物	100 h 失重/%			
	200 ℃	220 ℃	240 ℃	260 ℃
Meso-TCBA/ODA	0.47	1.15	2.06	48.4
dl-TCBA/ODA	0.82	1.23	1.45	53.5

Jeon 等[35]研究了 TCBA 与 ODA 或 MDA 合成的聚酰亚胺，T_g 为 210～220 ℃，$T_{5\%}$ 为 300～350 ℃，可以溶于非质子极性溶剂。

Charbonneau 等[36]研究了由两个苯酐单元之间带脂肪链的二酐所得到聚酰亚胺(表 13-29)，随着脂肪链的增长，T_g 和密度都降低。

表 13-29 由两个苯酐环之间带脂肪链的二酐所得到聚酰亚胺

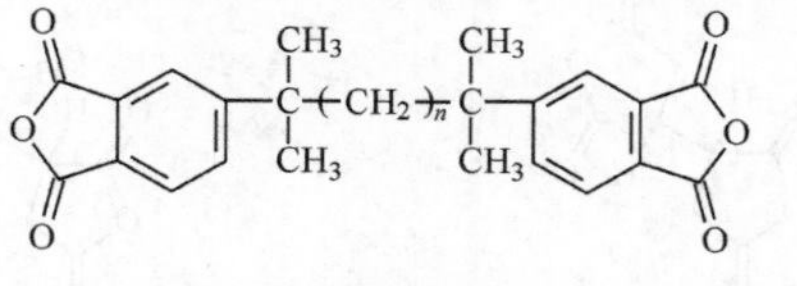

二胺(*n*)	T_g/℃	密度/(g/cm³)	CTE/(10⁻¹ K⁻¹)(25～95 ℃)
MDA(**4**)	170.8	1.19	8.00～14.0
ODA(**4**)	169.3	1.20	8.50～15.3
ODA(**8**)	125.0	1.05	7.36～15.1

13.2.2　由含脂环的二酐和芳香二胺合成的聚酰亚胺

1. 由环丁四酸二酐和芳香二胺合成的聚酰亚胺

最简单的脂环二酐是环丁四酸二酐(CBDA)。Tsujita[37]和 Suzuki 等[38]研究了由环丁四酸二酐制备的聚酰亚胺,其结构参数及光学性能与由 PMDA 得到的聚合物的比较见表 13-30 和表 13-31。由表 13-30 看出,在 150℃酰亚胺化时由 PMDA 得到的聚合物要比由 CBDA 得到的聚合物的酰亚胺化程度高,这显然是由于均苯二酐得到的聚合物有较好的平面性,有利于分子间的堆砌所致。表 13-31 数据则表明,由环丁烷二酐得到的聚酰亚胺仍具有较高的热稳定性,而透光率则比由 PMDA 得到的聚酰亚胺高很多。

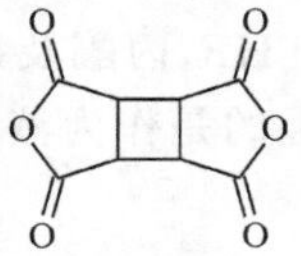

CBDA

表 13-30　由 CBDA 得到的聚酰亚胺

二酐	二胺	环化温度/℃	酰亚胺化程度/%	密度/(g/cm³)	链间距 1	链间距 2	T_g/℃
PMDA	1,4,4-APB	—	0	1.335	4.6	17.3	148
PMDA	1,4,4-APB	150	63	1.353	4.6	22.4	—
PMDA	1,4,4-APB	250	96	1.374	4.6	22.4	—
PMDA	1,4,4-APB	350	100	1.377	4.6	22.4	320
CBDA	1,4,4-APB	—	0	1.313	4.9	16.8	147
CBDA	1,4,4-APB	150	8	1.339	5.0	19.0	—
CBDA	1,4,4-APB	250	90	1.365	5.0	19.2	—
CBDA	1,4,4-APB	350	100	1.372	5.0	19.6	391
CBDA	1,3,4-APB	—	0	1.314	5.2	17.1	128
CBDA	1,3,4-APB	150	14	1.352	4.9	20.3	—
CBDA	1,3,4-APB	250	98	1.375	4.9	20.8	—
CBDA	1,3,4-APB	350	100	1.384	4.8	21.0	378～413

表 13-31　由环丁烷二酐得到的聚酰亚胺的透光率及热分解温度[34]

聚酰亚胺	透光率/%	T_d/℃
CBDA/BAPP	85.8	454
CBDA/ODA	82.1	456
CBDA/MDA	81.0	452
CBDA/ODA+BAPP(9∶1)	80.2	478
PMDA/BAPP	63.9	473
PMDA/ODA	48.0	530

2. 由五元脂环二酐与芳香二胺得到的聚酰亚胺

含五元脂环的二酐有 1,2,3,4-环戊烷四酸二酐(CPDA)和 3-羧甲基-1,2,4-三酸环戊烷二酐(TCPDA)。

CPDA　　TCPDA

印杰等[39,40]研究了由 TCPDA 与 ODA、MDA、*p*-DDS 及 **21** 得到的聚酰亚胺能够溶于非质子极性溶剂及间甲酚,不溶于 THF、丙酮及氯仿(表 13-32 和表 13-33),其 T_g 同样随 n 的增大而呈规律性地降低,有趣的是作为液晶取向剂,其预倾角也随 n 的增大而增大。

表 13-32　由 TCPDA 得到的聚酰亚胺的性能

二胺	T_g/℃	T_d/℃
ODA	182.2	447.6
MDA	180.8	441.8
p-DDS	180.8	477.4

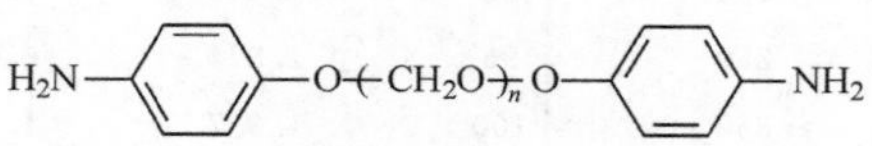

21

表 13-33　由 TCPDA 与 21 得到的聚酰亚胺的性能

性能	n				
	4	6	8	10	12
[η]/(dL/g)	0.38	0.42	0.37	0.37	0.39
T_g/℃	204.8	183.3	155.5	145.7	140.1
$T_{5\%}$/℃	394.4	414.7	397.6	415.7	422.6
预倾角	1.97°	3.13°	3.35°	4.61°	5.44°

3. 由含环己烷的四酸二酐与芳香二胺得到的聚酰亚胺

环己二酐(CHDA)有两个位置异构体:1,2,4,5-CHDAn 和 1,2,3,4-CHDAn,这两个位置异构体又各有顺式和反式结构,所以一共有四种异构体:

由 1,2,4,5-环己二酐合成的聚酰亚胺最早在 1972 年有杜邦公司专利报道[41]。公开文献见于 1981 年苏联 Koton 的工作[42]。他们以 Raney Ni 为催化剂在 200 ℃,20 MPa 氢压力下氢化 PMDA 得到 1,2,4,5-CHDAn,但至今还未见到有关由顺、反异构体得到的聚酰亚胺的报道。由 1,2,4,5-CHDAn 得到的聚酰亚胺的性能见表 13-34。

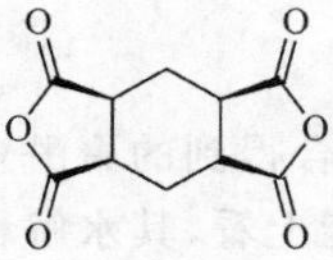
cis-1, 2, 4, 5-CHDAn

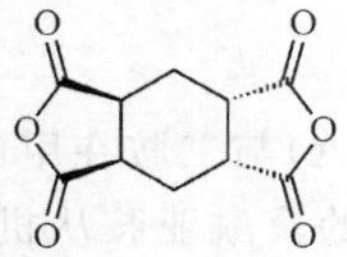
trans-1, 2, 4, 5-CHDAn

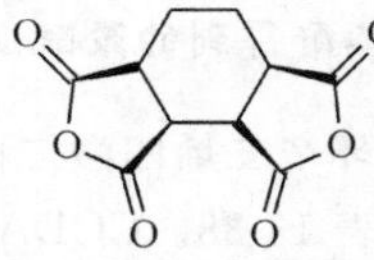
cis-1, 2, 3, 4-CHDAn

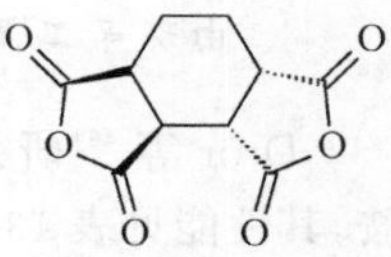
trans-1, 2, 3, 4-CHDAn

表 13-34　由 1,2,4,5-环己四酸二酐得到的聚酰亚胺

二胺	抗张强度/MPa	断裂伸长率/%	T_g/℃	$T_{5\%}$/℃
ODA	140	38	315	400
APB	112	40	255	470
MPD	173	9	295	360

可能因为比较容易合成，对由 1,2,3,4-环己四酸二酐合成的聚酰亚胺的研究要比由 1,2,4,5-环己四酸二酐的聚酰亚胺要多。早期出现于白俄罗斯的科学家在 20 世纪 70 年代的报道(表 13-35)[43]。

表 13-35　由 1,2,3,4-环己四酸二酐合成的聚酰亚胺

二酐	二胺	T_g/℃	抗张强度/MPa	断裂伸长率/%	抗张模量/GPa
反式	ODA	295	100	7.5	3.8
	MDA	310	90	9	3.6
顺式	ODA	270	100	3.0	5.0

作者所在的研究组最近也对 1,2,3,4-环己四酸二酐进行了研究，测定了顺式和反式 1,2,3,4-环己四酸二酐的分子结构(图 9-5)。顺式二酐在乙酐中回流数小时，可以完全转变为反式。所得到的聚酰亚胺的性能见表 13-36[44,45]。从表 13-36 可以看出，由反式 CHDAn 得到的聚酰亚胺的相对分子质量要明显高于由顺式 CHDAn 得到的聚酰亚胺，这可能是顺式 CHDA 在与二胺反应时容易形成环状低聚物的缘故。

表 13-36　由顺式和反式 1,2,3,4-环己四酸二酐合成的聚酰亚胺的性能

1,2,3,4-CHDAn	二胺	η^a/(dL/g)	T_g^c/℃	$T_{5\%}^d$/℃	抗张模量/GPa	抗张强度/MPa	断裂伸长率/%
cis	ODA	0.86	350	444	3.60	116	18
trans	ODA	1.29^b	334	432	3.58	95	7.6
cis	MDA	0.39	346	450	2.36	42	3.8
trans	MDA	1.01^b	336	437	2.81	86	8.5
cis	DMMDA	0.22	342	436	1.90	88	7.3
trans	DMMDA	0.76	338	422	2.10	91	6.9
cis	1,4,4-APB	0.27	298	415	3.12	94	7.7
trans	1,4,4-APB	0.64^b	250	429	2.41	93	10.6
cis	BAPP	0.38	268	440	2.73	78	6.8
trans	BAPP	0.78^b	259	435	2.18	90	9.6
trans	BAPF	0.52	—	430	39	1.42	4

a：测试条件：0.5 g/dL，DMAc，30 ℃；b：测试条件：0.5 g/dL，*m*-甲酚，30 ℃；c：由 DMTA 测得，5 ℃/min，1 Hz。d：TGA，10 ℃/min，空气。

4. 由环辛二烯四酸二酐得到的聚酰亚胺

Dror 等[46]研究了由环辛二烯四酸二酐(CODA)与二胺在甲酚中聚合得到的聚酰亚胺,其性能见表 13-37 和表 13-38。CODA/ODA 的聚酰亚胺从机械性能上看,其水解稳定性要比 PMDA/ODA 高得多,奇怪的是在 4mol/L KOH 中水解得到深蓝色溶液。

表 13-37　由环辛二烯四酸二酐得到的聚酰亚胺

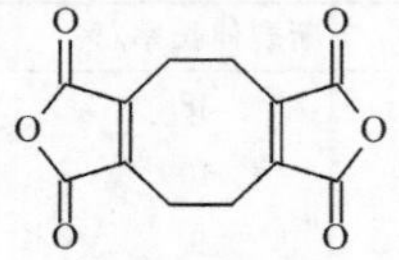

CODA

二胺	$[\eta]$/(dL/g)	η_{inh}/(dL/g)	T_g/℃	T_d/℃	
				空气	N_2
ODA	2.2	1.9	293	370	450
MDA	1.4	1.3	320	365	440
己二胺	2.6	2.4	140	365	440

表 13-38　由环辛二烯四酸二酐得到的聚酰亚胺的老化后的机械性能

聚合物	老化条件	抗张强度/MPa	断裂伸长率/%	抗张模量/GPa
		131	93	2.28
CODA/ODA	100℃空气中,400h	118	87	2.38
	100℃水中,400h	133	100	2.16
		246	60	2.95
Kapton	100℃空气中,400h	253	53	3.01
	100℃水中,400h	208	38	2.91

5. 以由依康酸酐与环戊二烯合成的脂环二酐

Li 等[47]用螺三环二酐 DAn 得到的聚酰亚胺见表 13-39。这些聚合物都可以溶解于非质子极性溶剂、吡啶及甲酚中。

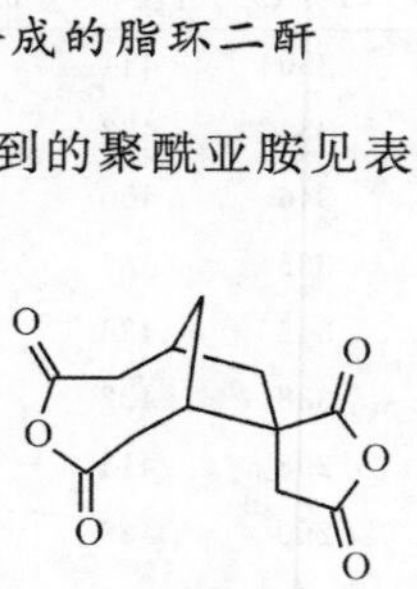

DAn

表 13-39　由 DAn 得到聚酰亚胺

二胺	η_{inh}/(dL/g)	T_g/℃	$T_{10\%}$/℃		溶解性			
			空气	N_2	二氧六环	THF	丙酮	氯仿
MPD	0.28	279.2	391.0	423.8	—	—	—	—
PPD	0.49		385.2	429.4	—	—	—	—
MDA	0.27	261.4	373.6	416.6	±	—	—	—
ODA	0.34	269.7	388.5	423.7	±	—	—	—
6FBA	0.19		418.0	429.5	++	++	++	++
DDS	0.10	239.0	368.7	389.1	±	±	++	—
CHDA	0.13	250.0	330.9	354.7				
DCHM	0.17	215.8	349.8	384.2	++	++	±	+

6. 由苯撑二丁二酸酐和二戊二酸酐得到的聚酰亚胺

Woo[48] 和 Teshirogi[49] 合成了苯撑二丁二酸酐和二戊二酸酐，由这些二酐得到的聚酰亚胺的性能见表 13-40 和表 13-41。

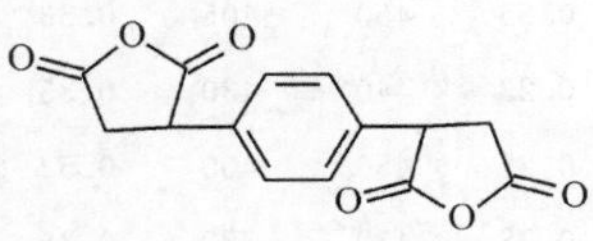
p-PBSA

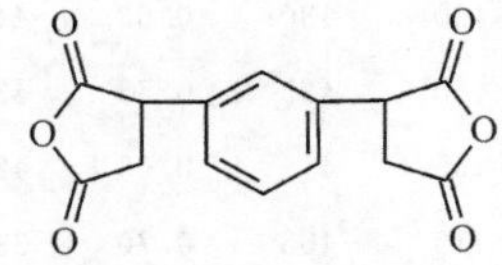
m-PBSA

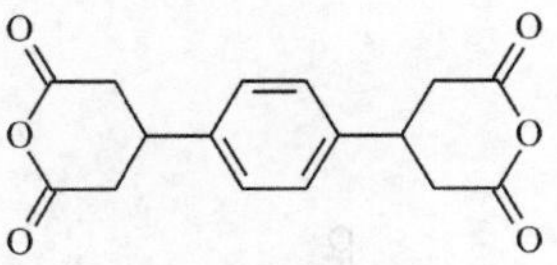
p-PBGA

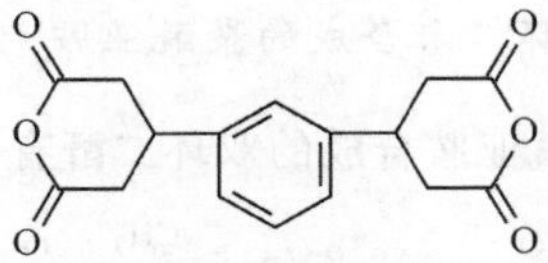
m-PBGA

表 13-40　由 *p*-PBSA 得到的聚酰亚胺的性能

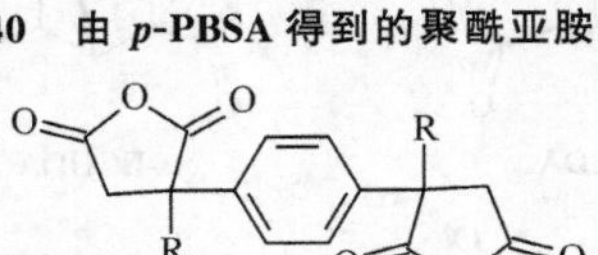

R/二胺	η_{inh}/(dL/g)	T_g/℃	T_d/℃		抗张强度/MPa	抗张模量/GPa	断裂伸长率/%
			N_2	空气			
H/ODA	0.63	275	465	400	85.2	2.36	27
H/MDA	0.84	278			63.4	2.43	65.5
CH_3/ODA	1.00	250	515	430			
H/MPD	0.83	285					
H/2,4-DAT	0.18	293					

续表

R/二胺	η_{inh}/(dL/g)	T_g/℃	T_d/℃		抗张强度/MPa	抗张模量/GPa	断裂伸长率/%
			N_2	空气			
H/2,4-DAT∶2,6-DA T(3∶1)	0.52	315					
H/DCHM	—	255					
H/HMDA	0.28	126					
H/ODA∶HMDA(3∶1)	0.57	237					
H/ODA∶HMDA(1∶1)	0.44	194					

表 13-41　由苯撑二丁二酸酐和苯撑二戊二酸酐得到的聚酰亚胺的性能

二胺	*p*-PBSA			*m*-PBSA			*p*-PBGA			*m*-PBGA		
	η_{sp}	$T_{10\%}$/℃		η_{sp}	$T_{10\%}$/℃		η_{sp}	$T_{10\%}$/℃		η_{sp}	$T_{10\%}$/℃	
		N_2	空气		N_2	空气		N_2	空气		N_2	空气
ODA	1.00	435	430	0.79	440	405	0.62	465	440	0.63	420	400
SDA	0.53	430	430	0.35	400	390	0.47	460	455	0.38	430	425
MDA	0.76	430	430	0.63	440	425	0.55	460	405	0.53	440	435
MPD	0.53	460	425	0.53	430	400	0.23	440	430	0.33	420	400
PPD	0.61	455	415	0.63	425	390	0.27	450	400	0.53	400	370
NDA	0.75	415	405	0.70	390	355	0.28	430	380	0.38	400	380

7. 由双环二酐合成的聚酰亚胺[50]

用于聚酰亚胺合成的双环二酐有下列几种：

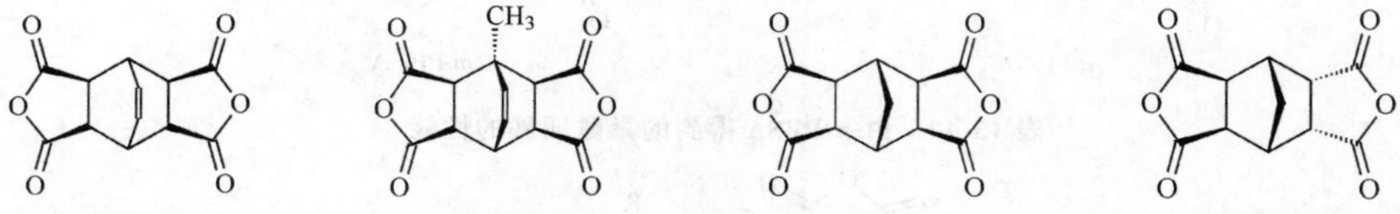

BCDA　MBCDA　*cis*-BCHDA　*trans*-BCHDA

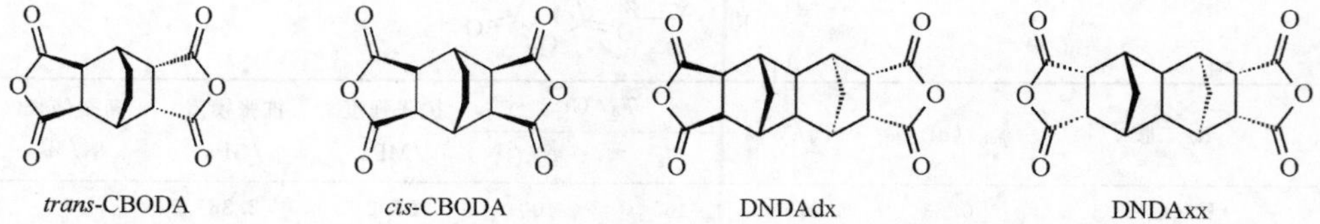

trans-CBODA　*cis*-CBODA　DNDAdx　DNDAxx

Chun[51]研究了由 BCDA 得到的聚酰亚胺，其性能见表 13-42 和表 13-43。由 BCDA 得到的聚酰亚胺的紫外的截止波长比由 6FDA 得到的要短，例如与 ODA 的聚酰亚胺的截止波长，BCDA 为 290 nm，6FDA 为 380 nm。

表 13-42　由 BCDA 得到的聚酰亚胺的热性能

二胺	[η]/(dL/g)	T_g/℃	T_d/℃
ODA	1.65	>350	444
MDA	0.86	>350	455
SDA	0.86	>350	452,447
BAPF	0.34	>350	456
p,*p*'-BAPS	0.56	340	467
m,*m*'-BAPS	0.50	261	469
1,3,4-APB	1.66	297	453
1,3,3-APB	0.74	228	460

表 13-43　由 BCDA 得到的聚酰亚胺的机械性能

二胺	[η]/(dL/g)	$T_{5\%}$/℃	抗张强度/MPa	抗张模量/GPa	断裂伸长率/%
BAPF	0.90	420	54	1.75	6
PhDA	0.56	430	72	1.92	8

由 BCDA 和 MBCDA 得到的聚合物 M_n 为 $1.6\times10^4\sim4.6\times10^4$，在 360 ℃开始发生逆 Diels-Alder 反应[52]。由 *cis*-BCHDA 得到的聚合物 M_n 为 $2.3\times10^4\sim13.1\times10^4$，400 ℃以前不发生分解，$T_g$ 为 200 ℃左右。由 *trans*-BCHDA 得到的聚合物的 η_{inh} 为 0.7～1.16 dL/g，化学环化可得到无色薄膜[53]。考虑到 BCDA 和 MBCDA 的低耐热性，将其氢化后得到 BCODA 可以避免发生逆 Diels-Alder 反应，但其氢化未能成功，这是因为在非均相催化氢化时，反应发生在催化剂表面，而顺式结构的空间位阻使得氢化不能发生。由邻苯二甲酸电解氢化得到的外消旋环已二烯二酸经酯化后再与马来酸二酯进行 Diels-Alder 反应得到的四酸具有一个 *endo* 和三个 *exo* 的构型，这种构型就可以顺利地氢化，所得到的四酯由于水解条件的不同可以得到不同的构型。由此与二胺聚合得到的聚合物相对分子质量较低，大概是由于聚酰胺酸在甲醇中沉淀可能发生酰胺-酯交换而使分子链断裂，但在较高温度下仍然可以得到能成膜的聚酰亚胺(表 13-44 和表 13-45)[54]。

表 13-44　由 CBODA 得到的聚酰亚胺

CBODA/二胺	反应温度/%	η_{inh}/(dL/g)	成膜性	T_g/℃	$T_{5\%}$/℃	介电常数	透明度/%
trans/ODA	RT	0.14	脆	—	—	—	—
trans/ODA	90	0.53	柔软	383	464	—	85
trans/MDA	90	0.16	柔软	385	474	3.4	89
trans/DDS	95	0.10	粉末	—	—	—	—
trans/1,3,4-APB	95	0.18	柔软	211	451	3.7	89
cis/ODA	95	0.34	柔软	385	447	3.4	87
cis/MDA	85	0.18	脆	—	—	—	—
cis/DDS	90	0.16	柔软	—	—	—	—
cis/1,3,4-APB	90	0.20	柔软	225	491	3.2	90

表 13-45 由双环二酐得到的聚酰亚胺的机械性能[50]

二酐	二胺	抗张模量/GPa	抗张强度/MPa	断裂伸长率/%
cis-BCHDA	ODA	1.25	145	15
cis-BCHDA	MDA	1.67	91	12
cis-BCHDA	BAPP	1.05	96	9
cis-CBODA	ODA	2.0	96	11.0
cis-CBODA	1,3,4-APB	1.5	52	4.0
trans-BCODA	ODA	1.6	64	8.6
trans-BCODA	1,3,4-APB	2.6	57	2.9
DNDAdx	ODA	2.30	112	30
DNDAdx	MDA	1.71	91	19
DNDAdx	BAPP	1.77	99	35

由 DNDAdx 得到的聚合物的相对分子质量为 1.1×10^4～5.8×10^4。在 420 ℃以前不失重。由 DNDAxx 得到的聚酰胺酸为低黏度($\eta_{inh}=0.21$～0.33 dL/g)但仍可得柔韧薄膜。DNDAdx/ODA 可在室温溶于氯仿[55]。

Yamada 等[53]得到的 *trans*-BCODA/ODA 的透光率达 85%～95%，截止波长为 200～300 nm，比 Kapton 缩短约 150 nm。由 *cis*-BCHDA 得到的聚酰亚胺的性能见表 13-46和表 13-47。

表 13-46 由 *cis*-BCHDA 得到的聚酰亚胺

二胺	T_g/℃	M_n/10^4	M_w/10^4	薄膜	$T_{5\%}$/℃	
					空气	氮气
ODA	292	13.1	15.7	柔韧	438	475
MDA	200	9,8	12.7	柔韧	415	463
p,p'-DDS	178	3.2	3.5	脆	412	463
1,4,4-APB		9.5	20.9	柔韧	423	463
1,3,4-APB	210	5.4	5.9	柔韧	426	479
BAPS		2.3	4.6	脆	455	485
BAPP	252	9.6	13.4	柔韧	440	478
m,m'-DABP	261	3.3	9.7	柔韧	396	420

表 13-47 由 *cis*-BCHDA 得到的聚酰亚胺的机械性能

二胺	抗张强度/MPa	抗张模量/GPa	断裂伸长率/%
ODA	145	1.25	15
MDA	91	1.67	12
BAPP	96	1.05	9

Matsumoto 等[50,56]由 *trans*-BCHDA 与二胺在 NMP 中聚合 2 天，然后加入

$(PhO)_3P/Py$，再搅拌 2 天得到聚酰胺酸溶液，由此得到的聚酰亚胺是无色透明的，可以与聚酯膜相比，但不加$(PhO)_3P/Py$的膜则带红黄色。$(PhO)_3P/Py$可促进链端酰胺键的形成，同时还有防氧化的作用，增加了相对分子质量，改善了成膜性。在空气中 300 ℃和在氮气中 400 ℃仍保持透明(表 13-48)，其溶解性能见表 13-49。

表 13-48　*trans*-BCHDA 的聚酰亚胺

二胺	η_{inh}/(dL/g)	$T_{5\%}$/℃(N_2)	薄膜
ODA	0.80	470	柔韧
MDA	1.16	484	柔韧
1,3,4-APB	0.77	445	柔韧
p,*p*′-BAPS	0.70	456	柔韧
BAPF	0.70	496	脆

表 13-49　由 *trans*-BCHDA 得到的聚酰亚胺的溶解性

溶剂	二胺				
	ODA	MDA	1,3,4-APB	*p*,*p*′-BAPS	BAPF
浓硫酸	++	++	++	++	++
间甲酚	++	—	++	+	++
环丁砜	++	+	++	+	++
NMP	++	++	—	+	—
DMF	++	++	—	+	—
DMAC	++	++	—	+	—
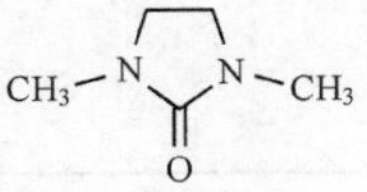	—	—	++	+	+
DMSO	—	—	—	—	—

杨士勇等[57]报道了下面的脂环二酐的合成及由其所得到的聚酰亚胺(表 13-50)。这些聚酰亚胺都具有较高的相对分子质量和热稳定性。

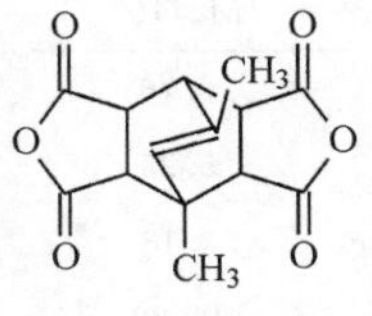

DMBCDA

表 13-50　由 DMBCDA 所得到的聚酰亚胺

二胺	η_{inh}/(dL/g)	T_g/℃	$T_{5\%}$/℃	预倾角/(°)
MDA	0.64	325	428	—
1,4,4-APB	0.62	296	410	1.5

续表

二胺	η_{inh}/(dL/g)	T_g/℃	$T_{5\%}$/℃	预倾角/(°)
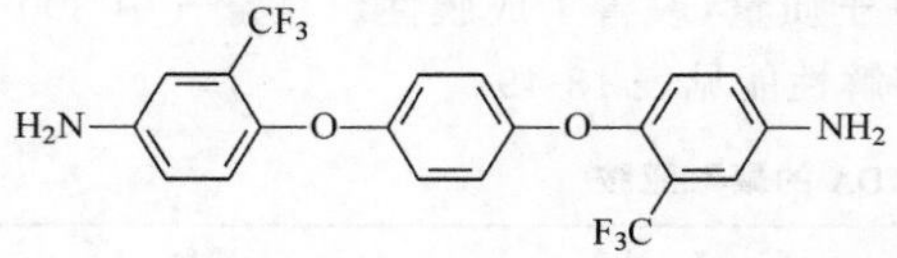	0.59	261	432	1.8
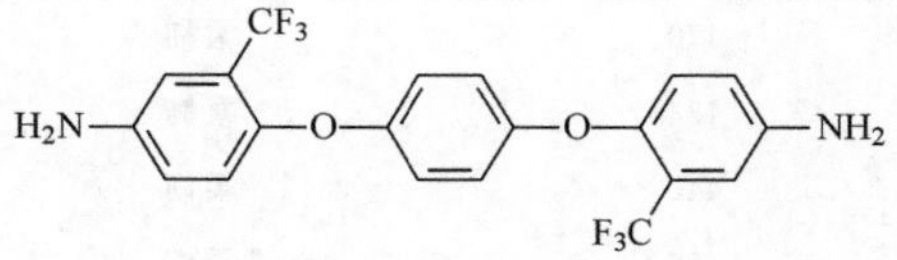	0.46	238	428	—
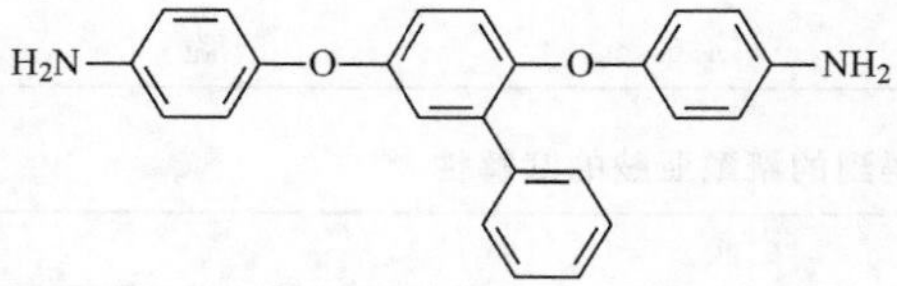	0.54	279	437	—
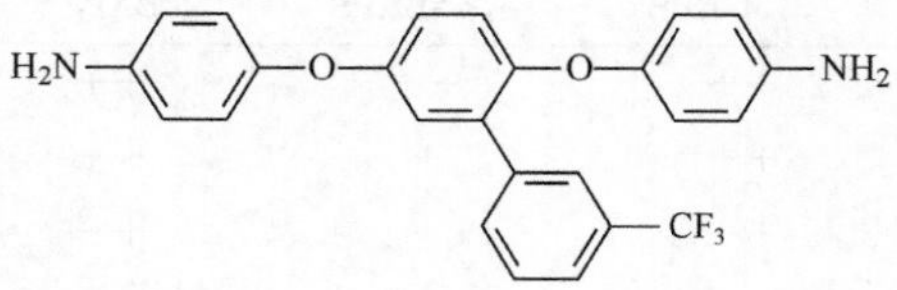	0.42	258	429	2.9
6FDA/ 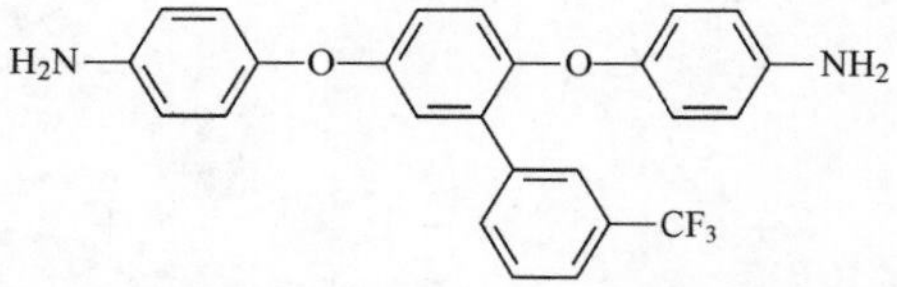	0.78	205	550	2.7

Kusama 等[55]由 DNDAdx 合成的聚酰亚胺都具有较高的相对分子质量、热稳定性和高的机械性能(表 13-51 至表 13-53)。

表 13-51　由 DNDAdx 得到的聚酰亚胺

二胺	$M_n/10^4$	$M_w/10^4$	M_w/M_n	成膜性
ODA	4.63	6.76	1.46	柔韧
MDA	3.41	5.25	1.54	柔韧
DDS	1.11	2.18	1.96	略脆
BAPP	5.82	12.22	2.10	柔韧
1,3,4-APB	2.13	7.37	3.46	柔韧
m,m'-DABP	1.54	4.99	3.24	柔韧

注:聚合溶剂为 NMP/Py(8∶1)，室温 2 天，酰亚胺化温度 220℃。

表 13-52 由 DNDAdx 得到的聚酰亚胺的热性能

二胺	$T_{5\%}$/℃		T_d/℃		T_g/℃(TMA)
	空气	N_2	空气	N_2	
ODA	470	521	488	543	404
MDA	466	501	488	529	301
DDS	442	462	456	486	201
BAPP	441	473	468	495	295
1,3,4-APB	452	484	473	493	256
m,*m*′-DABP	439	476	464	491	261

表 13-53 由 DNDAdx 和 *cis*-BCHDA 得到的聚酰亚胺的机械性能

二酐	二胺	抗张模量/GPa	抗张强度/MPa	断裂伸长率/%
DNDAdx	ODA	2.30	112	30
DNDAdx	MDA	1.71	91	19
DNDAdx	BAPP	1.77	99	35
cis-BCHDA	ODA	1.25	145	15
cis-BCHDA	MDA	1.67	91	12
cis-BCHDA	BAPP	1.05	96	9

13.2.3 由含螺环的二酐合成的聚酰亚胺

1. 由双芴螺环二酐得到的聚酰亚胺

Reddy 等[58]合成了双芴螺环二酐，所得到的聚酰亚胺的性能见表 13-54。由于螺环结构的刚性，又破坏了分子的平面性，使得难以形成电荷转移络合物，所以这些聚合物既具有高的热稳定性，又具有高的透光性。

表 13-54 由双芴螺环二酐得到的聚酰亚胺

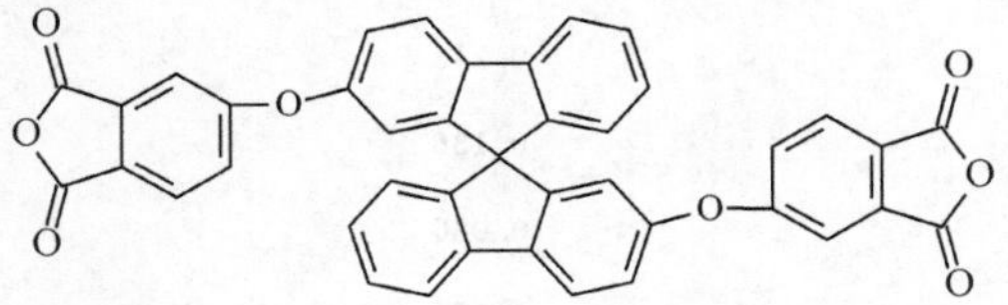

二胺	η_{inh}/(dL/g)	T_g/℃	$T_{5\%}$/℃(N_2)	透光率[a]/%
MDA	0.63	280	516	97
ODA	0.47	279	550	92
p-6FBA	0.57	240	528	98
MPD	0.42	265	553	94
PPD	0.44	293	545	94

a：0.3%NMP 溶液的可见光透过率。

2. 由含双环戊烷螺环的二酐得到的聚酰亚胺

Chao 等[59]合成了含双环戊烷螺环的二酐 SBIDA，据说其目的是希望能够找到一种比 Ultem 的 T_g 更高，但生产过程类似的聚酰亚胺，聚合在间甲酚中进行，性能见表 13-55 和表 13-56。

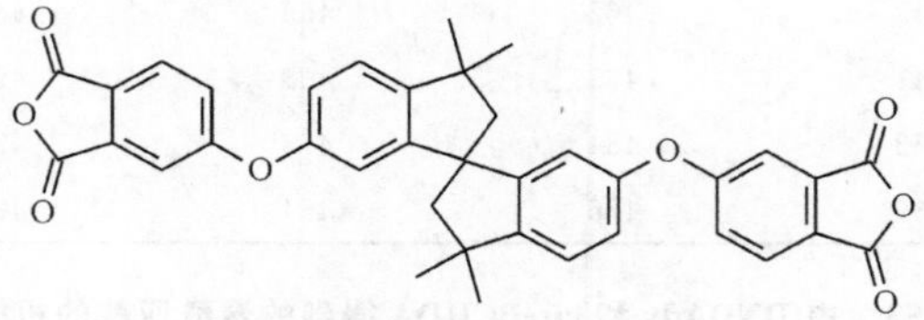

SBIDA

表 13-55　由含双环戊烷螺环的二酐得到的聚酰亚胺

性能	SBIDA/MPD	SBIDA/BPADA/PPD/MPD (1∶1∶0.75∶0.25)
[η]/(dL/g)	0.45	0.55
T_g/℃	251	248
M_w	91718	118 699
TGA/℃(onset)	549.7	564.6
断裂伸长率/%	7.17	22.53
抗张模量/GPa	1.54	1.45
抗张强度/MPa	76.3	110
缺口抗冲强度/(ft·lb/in)	0.272	0.527

表 13-56　由含双环戊烷螺环的二酐(SBIDA)与各种二胺得到的聚酰亚胺

二胺	[η]/(dL/g)	T_g/℃
ODA	0.410	252
3,4′-ODA	0.218	226
p,*p*′-DDS	0.136	275
m,*m*′-DDS	0.086	194
p,*p*′-DABP	0.182	255
m,*m*′-DABP	0.127	211
BAPF	0.246	298
BFDA	0.167	284
6FBA	0.227	252
MPD	0.306	250
PPD	—	281

韩福社等[60]合成了带螺环内酯的二酐(**10**),原来想利用二酐的非平面性希望得到具有溶解性的聚酰亚胺,然而可能是由于二酐单元过于刚性,使得聚合物的溶解性并未得到提高。

Kato 等[61]由依康酸酐和异戊二烯出发合成了不对称的螺环二酐 TCDA(式 13-3)。由于五元环和六元环上酐的活性不同,可以与不同的二胺得到严格交替结构的聚酰亚胺,即将 TCDA 与一半量的二胺(ODA)在 DMF 中室温反应,ODA 先与两个五元环的酐反应,化学酰亚胺化后得到两端为六元环酐的二酰亚胺二酐,最后可以再与另一种二胺反应得到交替的聚酰亚胺,其性能见表 13-57 至表 13-60。

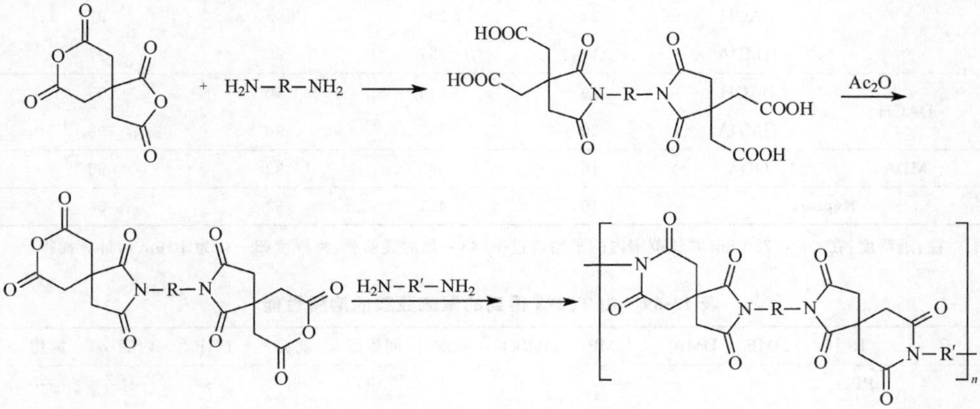

式 13-3　由 TCDA 得到的结构规整的聚酰亚胺

表 13-57　由 TCDA 得到的聚酰亚胺

R	R′	聚酰胺酸	聚酰亚胺				
		η_{inh}/(dL/g)	η_{inh}/(dL/g)	$M_n/10^4$	$M_w/10^4$	M_n/M_w	成膜性
ODA	PPD	0.24	0.30	4.34	5.70	1.31	柔韧
	MPD	0.20	0.21	6.97	8.44	1.21	柔韧
	MDA	0.54					柔韧
	ODA	0.33					柔韧
	DDS	0.16	0.21	2.93	3.68	1.26	脆
	6FBA	0.17	0.28	4.50	6.07	1.35	柔韧
	DACH	0.34	0.26	3.29	4.65	1.41	柔韧
	HMDA	0.26					柔韧
DACH	DACH	0.20					脆
	HMDA	0.15					柔韧
MDA	ODA	0.29					柔韧

表 13-58 由 TCDA 得到的聚酰亚胺的光学性能

R	R′	膜厚/μm	截止波长/nm	透明度/%	归一化的透明度/%
ODA	PPD	18	298	96	98
	MPD	19	294	95	97
	MDA	10	293	97	97
	ODA	23	302	94	97
	DDS	33	308	90	97
	6FBA	15	287	97	98
	DACH	24	296	93	97
	HMDA	18	297	95	97
DACH	DACH	19	244	90	95
	HMDA	20	235	96	98
MDA	ODA	16	303	92	95
Kapton		10	421	63	63

注：透明度：在 400～780 nm 波长范围内的平均透过率；归一化的透明度：将厚度归一化为 10 μm 后计算而得。

表 13-59 由 TCDA 得到的聚酰亚胺的溶解性能

R	R′	DMF	DMAC	NMP	DMSO	硫酸	间甲酚	吡啶	THF	丙酮	氯仿
ODA	PPD	++	++	++	++	++	+	±	—	—	—
	MPD	++	++	++	++	++	+	±	—	—	—
	MDA	±	±	±	±	±	±	±	—	—	—
	ODA	±	±	±	±	±	±	±	—	—	—
	DDS	++	++	++	++	++	+	±	—	—	—
	6FBA	++	++	++	++	++	+	++	±	±	—
	DACH	++	++	±	±	+	±	±	—	—	—
	HMDA	±	±	±	±	+	±	±	—	±	—
DACH	DACH	±	±	±	±	±	±	±	—	—	—
	HMDA	—	—	—	—	—	—	—	—	—	—
MDA	ODA	±	±	±	±	±	±	±	—	—	—
Kapton		—	—	—	—	++	—	—	—	—	—

表 13-60 由 TCDA 得到的聚酰亚胺的热性能

R	R′	T_g/℃	$T_{5\%}$/℃	$T_{10\%}$/℃	Y_C/%(800 ℃)
ODA	PPD	294	318	379	27
	MPD	261	331	379	17
	MDA	255	384	414	26
	ODA	272	393	419	38

续表

R	R′	T_g/℃	$T_{5\%}$/℃	$T_{10\%}$/℃	Y_C/%(800 ℃)
ODA	DDS	283	378	401	18
	6FBA	274	381	412	25
	DACH	260	361	394	4
	HMDA	197	375	401	17
DACH	DACH	315	356	390	0
	HMDA	220	398	409	0
MDA	ODA	282	373	410	20
Kapton		362	444	555	25

13.2.4 由带圈型结构的二酐合成的聚酰亚胺

至今报道的带圈型的二酐并不像带圈型的二胺那么多。20 世纪 70 年代，苏联的工作主要集中在以酚酞二酐(PhDA)所得到的聚酰亚胺上(表 13-61)[29]。

表 13-61　由 PhDA 得到的聚酰亚胺

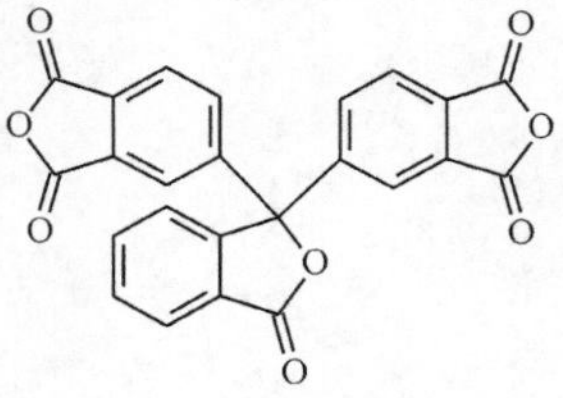

PhDA

二胺	η_{inh}/(dL/g)	$T_{软化}$/℃	溶解性			
			DMF	DMA	TCE	三甲酚
MPD	0.47	360	+	+	+	+
PPD	—	410	+	+	—	+
Bz	—	415	—	—	+	+
ODA	—	345	+	+	+	+
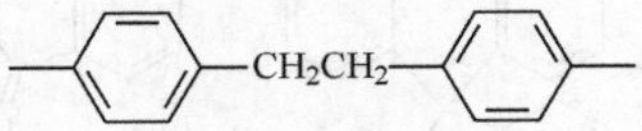	0.92	315	—	—	+	+
SDA	0.69	320	+	+	+	+
p,*p*′-DDS	0.42	315	+	+	+	+
m,*m*′-DDS	0.34	370	+	+	+	+
PhDA	1.04	415	+	+	+	+

续表

二胺	η_{inh}/(dL/g)	$T_{软化}$/℃	溶解性			
			DMF	DMA	TCE	三甲酚
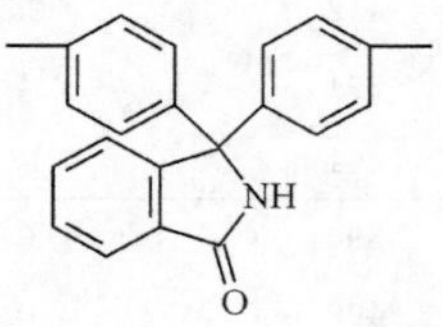	0.38	410	+	+	—	+
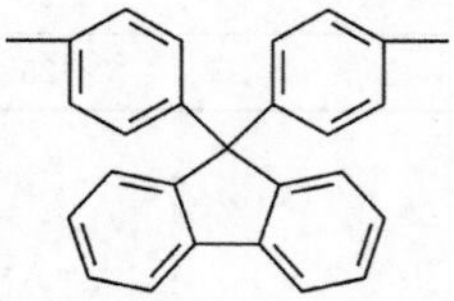	1.15	425	+	+	+	+
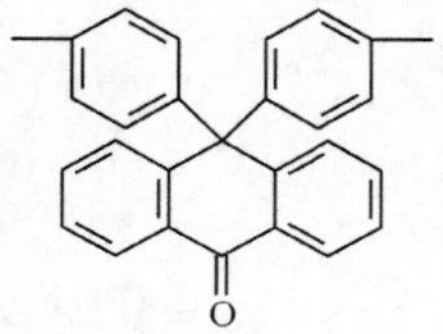	0.93	425	+	+	+	+
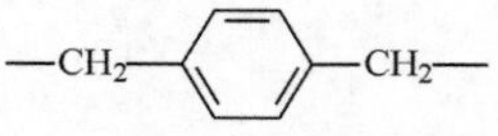	0.37	305	—	+	+	+
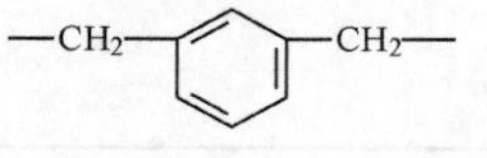	0.32	240	—	+	+	+
$\left(CH_2 \right)_6$	0.86	205	—	+	+	+
$\left(CH_2 \right)_8$	0.64	195	—	+	+	+

Quinn 等[62]用由芴酮双酚(双酚 F)和酚酞得到的二醚二酐与间苯二胺合成的聚醚酰亚胺见表 13-62。

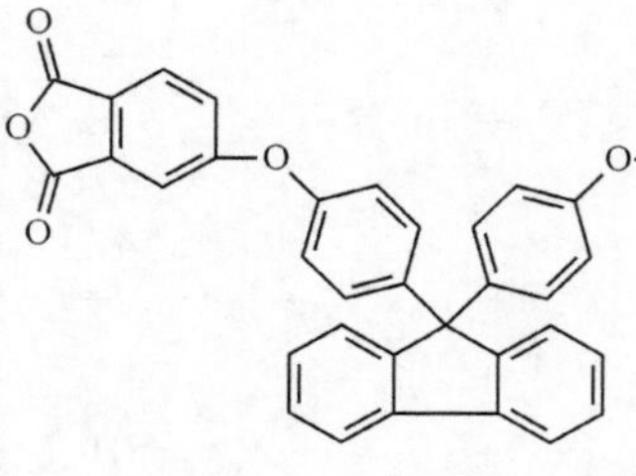

BPFDA

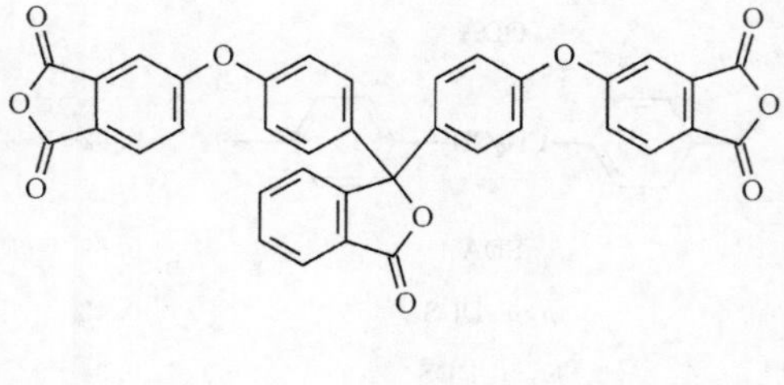

PPDA

表 13-62　由 BPFDA 和 PPDA 与间苯二胺合成的聚醚酰亚胺

二酐	聚合方法	η_{inh} /(dL/g)	T_g/℃	T_d/℃	LDI/%	D_m	Y_C/% (700℃,N_2)
BPFDA	间甲酚,170℃	0.35	281	570	46	3	3
BPFDA	熔融聚合,300℃,2%苯酐	0.50	282	570	46	3	3
PPDA	间甲酚,170℃	0.27	267	500	46		64
PPDA	熔融聚合,300℃,2%苯酐	0.52	272	520	44	13	62

注:D_m 为发烟特性[63]。

Hsiao 等[64]合成了带金刚烷单元的圈型二酐,所得到的聚酰亚胺的性能见表 13-63。

表 13-63　由含金刚烷单元的二酐得到的聚酰亚胺

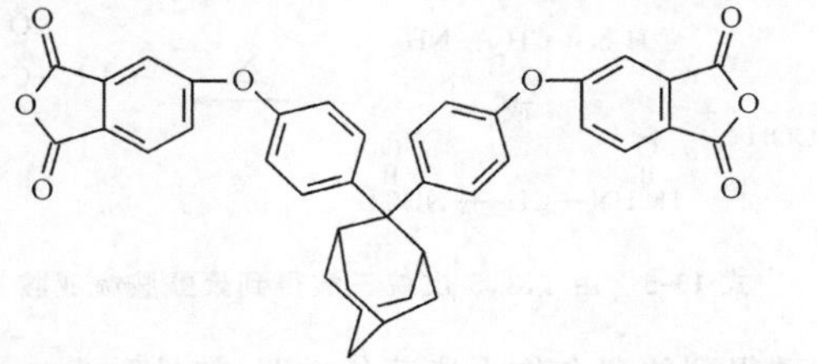

二胺	成膜性	T_g/℃	$T_{10\%}$/℃ N_2	$T_{10\%}$/℃ 空气
PPD	脆	304	524	516
MPD	脆	286	514	511
Bz	脆	317	531	522
MDA	柔	278	527	514
ODA	柔	285	529	520
1,4,4-APB	柔	252	531	522
BAPB	柔	273	538	527
BAPP	柔	252	534	521
22	柔	242	529	513

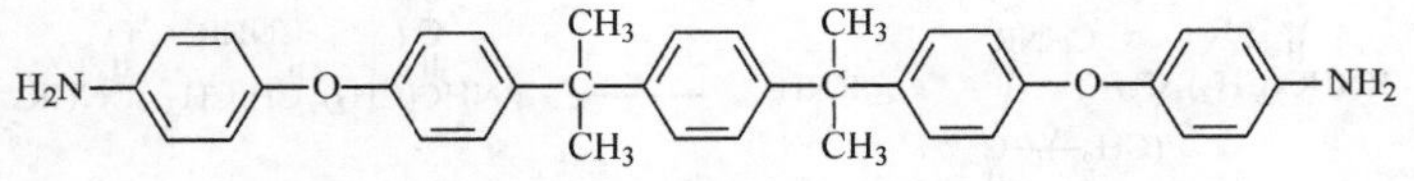

22

13.3　由脂肪二酐和脂肪二胺合成的全脂肪聚酰亚胺

全脂肪的聚酰胺酰亚胺在 20 世纪 40 年代就有所报道,那是由脂肪三酸与脂肪二胺进行熔融聚合得到的[65]。如由 1,2,3-丙烷三酸或 1,3,5-戊烷三酸与直链脂肪二胺或 *N*,

N′-二甲酰基脂肪二胺在 230 ℃左右聚合而得。由前者得到的是含有五元酰亚胺环的聚合物(式 13-4),由后者得到含六元酰亚胺环的聚合物(式 13-5)。这些聚合物都可以进行熔融纺丝。

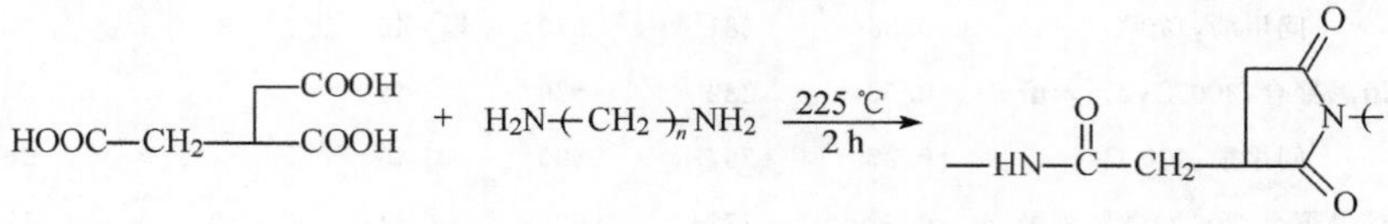

式 13-4 由 1,2,3-丙烷三酸得到聚酰胺酰亚胺

由癸二胺(n=10)得到的聚合物的 T_m 为 94 ℃,是韧性物质,可以熔融纺丝。由乙二胺(n=2)得到的聚合物的 T_m 为 170 ℃,为脆性物质。

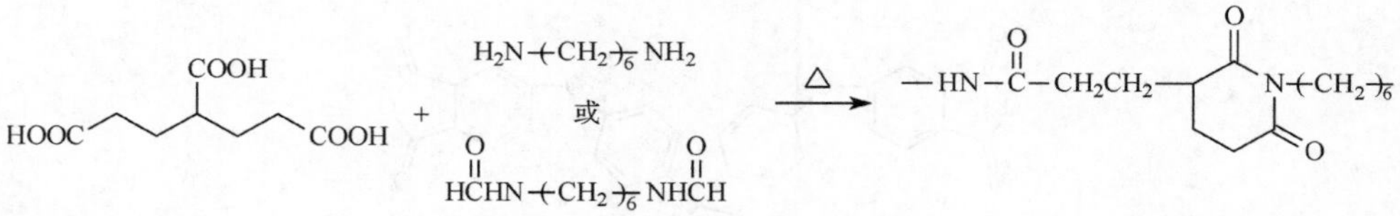

式 13-5 由 1,3,5-戊烷三酸得到聚酰胺酰亚胺

由 1,3,5-戊烷三酸得到的聚合物为淡黄色透明,特性黏为 0.41 dL/g 时在 130～150 ℃熔融,0.75 dL/g 时在 150～180 ℃熔融。Campbell 等[66]对 η_{inh} 为 0.4 dL/g 的聚合物进行光谱分析,根据未见羧酸吸收,羰基吸收在典型的环状酰亚胺弱的对称 1760 cm^{-1} 和强的不对称 1650cm^{-1},线形酰亚胺为强的对称吸收等情况,证明由熔融聚合得到的产物应为聚酰胺酰亚胺。这些聚合物为可溶可熔,η_{inh} 可达到 0.8 dL/g。

如何保持聚合物的线形是聚合时最大的问题,反应温度的控制起主要作用。对于丙烷三酸最高温度为 300 ℃,丁烷三酸为 230 ℃。氨端基也会在随后产生枝化。略为过量的三酸可以得到高相对分子质量(η_{inh} 为 0.8～1.2 dL/g)羧基封端的聚合物。这些聚合物可以进行熔融加工(如熔融纺丝)。还可以与二酸进行共聚。胺的存在可以在高温下与酰亚胺反应生成酰胺侧基。由丙烷三酸只能得到五元或六元环的酰亚胺,由丁烷三酸可以得到五元、六元或七元环的酰亚胺,由 1,3,5-戊烷三酸则可能得到六元和八元环的酰亚胺(式 13-6)。

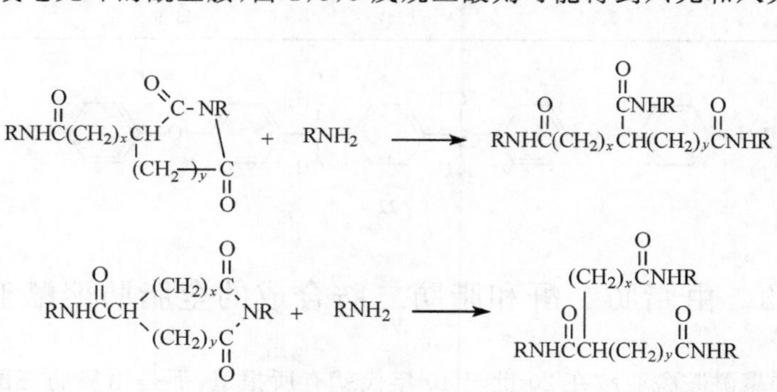

式 13-6 脂肪酰亚胺与胺反应开环

由丙烷三酸和丁烷三酸得到的聚酰亚胺的性能见表 13-64[66]。

表 13-64　由丙烷三酸和丁烷三酸得到的聚酰亚胺

二胺	HOOCCH₂CH(COOH)CH₂COOH			HOOCCH₂CH(COOH)CH₂CH₂COOH		
	T_g/℃	T_t/℃	η_{inh}/(dL/g)	T_g/℃	T_t/℃	η_{inh}/(dL/g)
乙二胺	130	190	0.15	87	140	0.12
己二胺	71	120	0.74	50	90	不溶
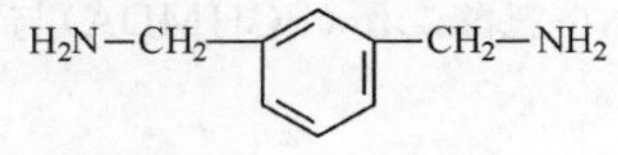	141	205	0.56	110	160	0.56
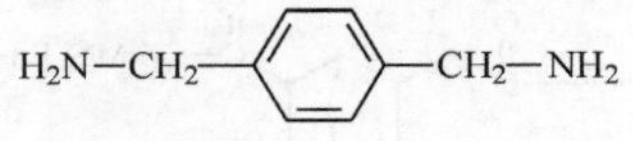	158	250	0.11	125	180	不溶
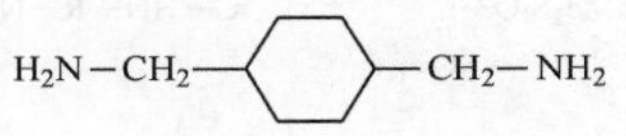	149	230	0.37	114	170	0.26
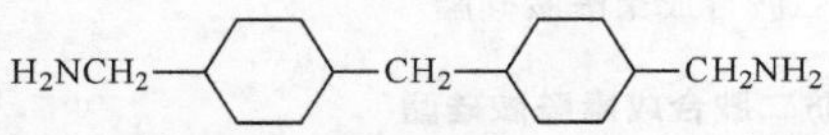	200	305	0.81	172	250	0.76

注：T_t 为样品在中等压力下可以在金属表面留下痕迹的温度。黏度用间甲酚为溶剂测得。

Watanabe 等[67]由环丁四酸二酐(CBDA)与硅化的脂环二胺得到聚酰胺硅酯(式 13-7 和表 13-65)。

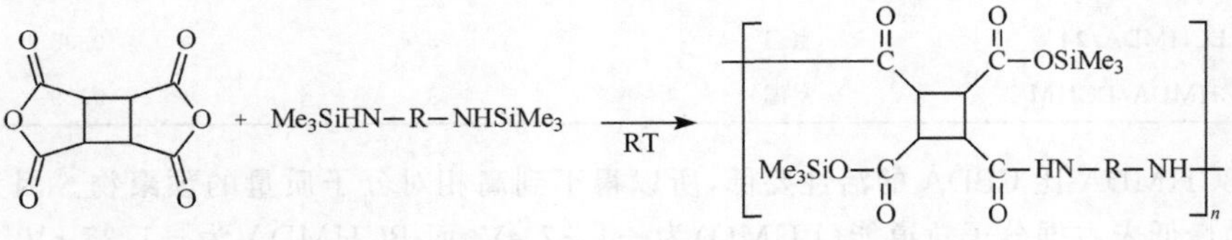

式 13-7　由 CBDA 与硅化的脂环二胺得到聚酰胺硅酯

表 13-65　由 CBDA 合成的聚酰胺硅酯

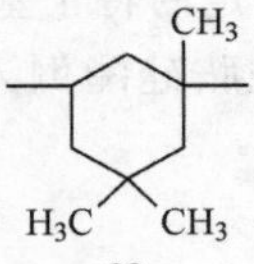
23

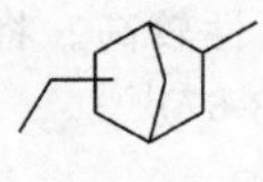
BBH

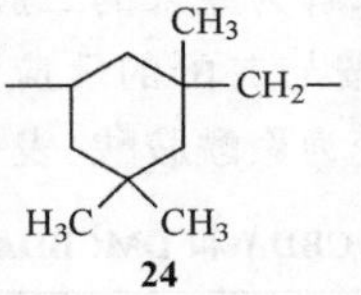
24

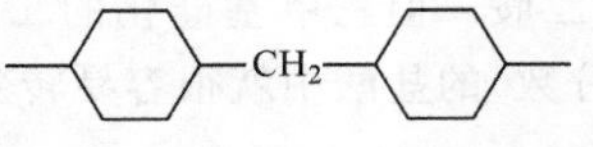
DCHM

硅化二胺	溶剂	η_{inh}/(dL/g)
23	DMAc	0.99(0.74)
BBH	DMAc	0.71
24	DMAc	0.51
DCHM	DMAc	0.64

续表

硅化二胺	溶剂	η_{inh}/(dL/g)
23	NMP	0.60
BBH	NMP	0.59
23	DMSO	0.72
BBH	DMSO	0.53

注：聚合在氮气气氛下室温反应 3 h 完成。η_{inh}：0.5 g/dL，DMAc，30 ℃。

Watanabe 等[67]还由双环[2.2.1]庚烷 2-甲羧基-3,5,6-三酸二酐(BCHMDA)与硅烷化的脂肪二胺合成的聚酰胺硅酯(式 13-8 和表 13-66)。

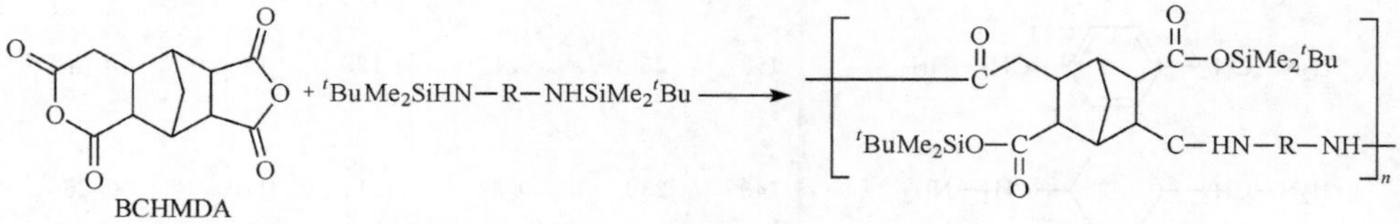

式 13-8 BCHMDA 与硅烷化的脂肪二胺合成聚酰胺硅酯

表 13-66 由 BCHMDA 与硅烷化的脂肪二胺合成聚酰胺硅酯

单体	反应温度/℃	反应时间/h	η_{inh}/(dL/g)
BCHMDA/**23**	室温	24	0.09
BCHMDA/BBH	室温	24	0.12
BCHMDA/**23**	60 ℃	24	0.10
BCHMDA/**24**	室温	3	0.35
BCHMDA/DCHM	室温	3	0.29

BCHMDA 比 CBDA 的活性要低,所以得不到高相对分子质量的预聚物。因为 CBDA 的最低未占据分子轨道能(LUMO)为－1.87 eV,而 BCHMDA 为－1.37 eV[68]。与 BCHMDA 有相似结构的 BCHDA 为－1.53 eV,该值更接近于 BCHMDA,所以低活性与降冰片烷结构有关,六元环酐的引入进一步降低了 BCHMDA 的活性[69]。

三甲基硅化的二胺可能容易水解为原来的二胺,所以采用了较稳定的特丁基二甲基硅化的二胺。但三甲基硅化的二胺与二酐的反应活性较高。将聚酰胺硅酯倒入 0.2%(质量分数)的盐酸中就很容易转变为聚酰胺酸(表 13-67)[70]。

表 13-67 由 CBDA 和 DMCBDA 得到的聚酰胺酸

二酐	二胺	[η]/(dL/g)	吸水率/%
CBDA	己二胺	0.49	9.9
CBDA	壬二胺	0.61	11.9
CBDA	MDA	0.40	12.4

续表

二酐	二胺	[η]/(dL/g)	吸水率/%
DMCBDA	己二胺	0.53	9.7
DMCBDA	壬二胺	0.21	9.9
DMCBDA	MDA	0.42	10.6

通过聚酰胺硅酯的热酰亚胺化得到的全脂肪聚酰亚胺的热性能和光性能见表 13-68 和表 13-69[67]。

表 13-68　全脂肪聚酰亚胺的热性能

聚酰亚胺	T_g/℃	T_d/℃	$T_{5\%}$/℃	$T_{10\%}$/℃
CBDA/**23**	—	361	415	425
CBDA/BBH	300	380	435	445
CBDA/**24**	—	368	410	421
CBDA/DCHM	—	378	430	440
BCHMDA/**24**	—	364	409	421
BCHMDA/DCHM	—	367	415	428

注：T_g：DSC，20℃/min，N_2。

表 13-69　脂肪聚酰亚胺的折射指数和双折射率

聚酰亚胺	膜厚/μm	$n_{//}$	$n_{\perp}$	n_{av}	Δn	介电常数
BCHMDA/**24**	5.3	1.5170	1.5174	1.5171	0.0004	2.53
CBDA/**24**	6.5	1.4977	1.4977	1.4977	0.0000	2.47

注：平均折射率 $n_{av}=(2n_{//}+n_{\perp})/3$。由光学方法测得的介电常数为 $\varepsilon=1.10n_{av}^2$。

全脂肪聚酰亚胺的介电常数低于半芳香聚酰亚胺[68,71]。同时由极低的双折射值也表明所得到的聚合物有很低的各向异性，说明大分子链在薄膜中是无规取向的。

Lester 等[72] 由螺四酸二酐 **25** 得到的聚酰亚胺见表 13-70 和表 13-71。

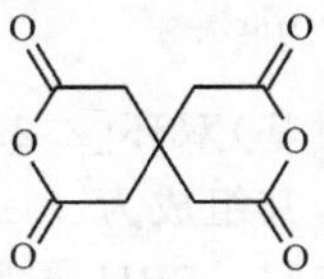

25

表 13-70　由螺四酸二酐 25 得到的聚酰亚胺

二胺	η_{inh}/(dL/g)	T_g/℃	薄膜	400℃失重/%	
				空气	N_2
乙二胺	0.31	205	柔韧	—	—
己二胺	1.03	125	柔韧	2.0	0.40
癸二胺	0.70	78	柔韧	—	3
ODA	—	—	脆	—	9

表 13-71　由 25 与己二胺得到的聚酰亚胺

抗张强度/MPa	断裂伸长率/%	抗张模量/GPa	100 h 失重/%	
			200 ℃	230 ℃
55.2	3.9	2.39	1.76	7.00

Seino 等[73]由 CBODA 与脂肪二胺在甲酚中 80 ℃ 1～2 h，200 ℃ 6～12 h 合成了全脂肪聚酰亚胺(表 13-72 和表 13-73)[68,74]。这些聚合物在 300 nm 下透光率为 85%，但不能成膜。

表 13-72　由 CBODA 合成的全脂肪聚酰亚胺

聚酰亚胺	η_{inh}/(dL/g)	$T_{5\%}$/℃	
		N_2	空气
CBODA/DCHM	0.51[a]	445	360
CBODA/CHDA	—	440	410
CBODA/BAA · 2HCl	0.28[b]	390	380
CBODA/DABA	0.24[b]	385	380

a：间甲酚；b：硫酸。

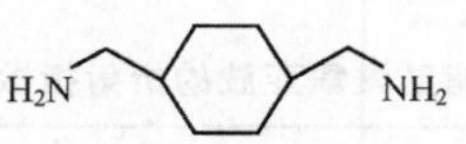

26

表 13-73　由 CBODA 合成的全脂肪聚酰亚胺的性能

二胺	收率/%	η_{inh}[a]/(dL/g)	GPC[b]		$T_{5\%}$/℃		560 ℃下残重/%	
			M_n	M_w/M_n	空气	N_2	空气	N_2
23	93	0.34	1.6×10^4	2.6	400	460	7.6	0.9
BBH	99	0.48	1.3×10^4	2.8	430	480	16.1	2.7
26	99	0.50	—	—	420	480	16.2	2.1

a：0.5%，NMP，30 ℃；b：以含 LiBr 的 DMF 为淋洗剂。

Volksen 等[68]由 2,5(6)-双(氨甲基)双环[2.2.1]庚烷(BBH)与各种脂肪二酐合成聚酰亚胺。BBH 是异构体的混合物，其组成为：2-*exo*，5-*exo*：30%；2-*endo*，5-*exo*：35%；2-*exo*，6-*exo*：20%；2-*endo*，6-*exo*：15%。BBH 与脂肪二酐得到的聚酰胺酸的薄膜在 250 ℃ 2 h 真空中环化。这些聚酰亚胺都有较好的热稳定性，良好的溶解性，大都可以制成薄膜。由 *trans*-BHDA/BBH 和 MCTC/BBH 得到的薄膜双折射为零(表 13-74 至表 13-77)。脂肪酰亚胺羰基的伸缩振动的吸收峰比芳香酰亚胺低 10～20 cm^{-1}，相应为 1695 cm^{-1} 和 1768 cm^{-1}。DNDAdx/BBH、DNDAdx/ODA 的 $T_{5\%}$ 分别为 459 ℃及 514 ℃。TMA 测定 DNDAdx/BBH 的 T_g 为 340 ℃。

表 13-74　由 BBH 得到的全脂肪聚酰亚胺

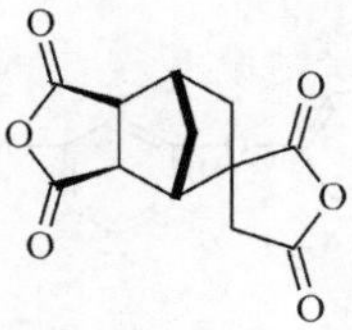

BSDA

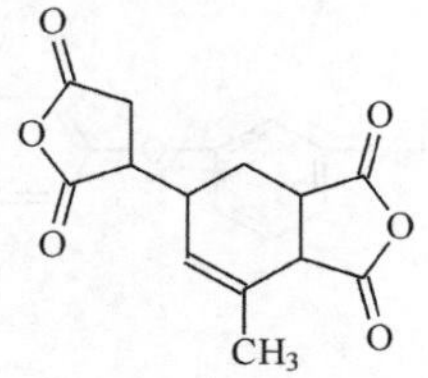

MCTC

聚酰亚胺	PAA 的 $\eta_{inh}{}^{a}$/(dL/g)	PI 薄膜
trans-BCHDA/BBH	0.21	自支持，韧
DNDAdx/BBH	0.36	自支持
BSDA/BBH	0.22	有点脆
MCTC/BBH	0.20	自支持

a：溶剂为 HMPA。

表 13-75　由 BBH 得到的全脂肪聚酰亚胺的溶解性

溶剂	二酐			
	BHDAdx	DNDAdx	BSDA	MCTC
HMPA	+	+	+	+
DMAC	++	++	++	++
NMP	++	++	++	++
1,3-二甲基-2-咪唑啉酮	++	++	++	+
DMSO	++	++	++	+
间甲酚	未测	未测	++	+

表 13-76　由 BBH 得到的全脂肪聚酰亚胺的热性能

聚酰亚胺	$T_{5\%}$/℃		T_g/℃
	N_2	空气	
BHDAdx/BBH	455	411	297
DNDAdx/BBH	459	416	340
BSDA/BBH	422	ND	253
MCTC/BBH	424	ND	209
DNDAdx/ODA	514	470	404

表 13-77　由 BBH 得到的全脂肪聚酰亚胺的光学性能

聚酰亚胺	$n_{av}{}^{a}$	Δn	ε^{b}
BHDAdx/BBH	1.522	0.000	2.55
MCTC/BBH	1.542	0.000	2.62
BSDA/BAB	1.611	0.015	2.85
DNDAdx/BAB	1.603	0.013	2.83
PMDA/ODA	1.688	0.079	3.13

a：平均折射率，$n_{av}=(2n_{/\!/}+n_{\perp})/3$；b：$\varepsilon=1.1\,n_{av}{}^{2}$。

Watanabe 等[75]合成了二胺 **27** 和 **28**，其与脂肪二酐得到的聚酰亚胺的光学性能见表 13-78。

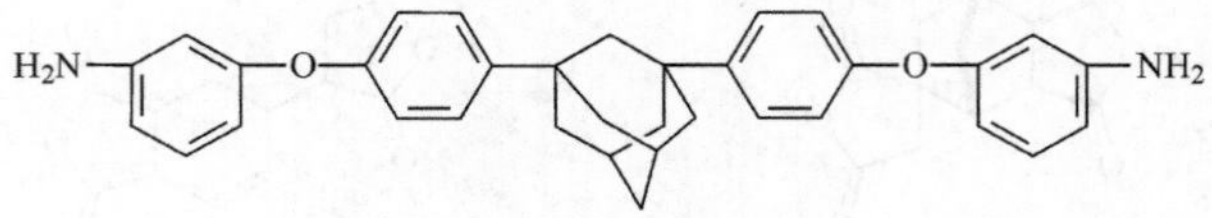

27

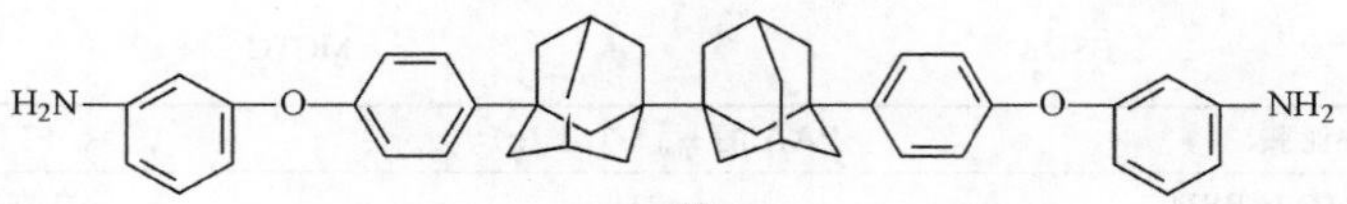

28

表 13-78　由 27 和 28 与脂肪二酐得到的聚酰亚胺的光学性能

二酐	二胺	厚度/μm	$n_{/\!/}$	$n_{\perp}$	n_{av}	Δn	ε	T_g/℃
CBDA	**27**	2.7	1.5957	1.5815	1.5910	0.0142	2.78	—
BCDA	**27**	7.5	1.5881	1.5547	1.5770	0.0334	2.74	267
BCHDA	**27**	2.0	1.5671	1.5605	1.5649	0.0066	2.69	—
CBDA	**28**	3.8	1.5837	1.5815	1.5830	0.0022	2.76	288
BCDA	**28**	4.0	1.5933	1.5934	1.5933	−0.0001	2.79	275
BCHDA	**28**	4.0	1.5837	1.5823	1.5832	0.0014	2.76	289

Ha 等[76]合成了以下结构的全脂肪共聚聚酰亚胺，其组成见表 13-79，性能见表 13-80。

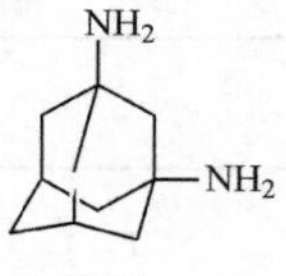

DDA

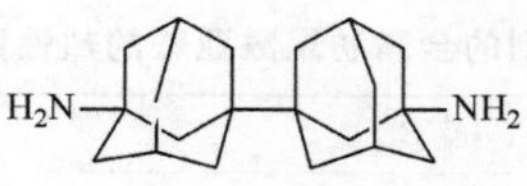

DADA

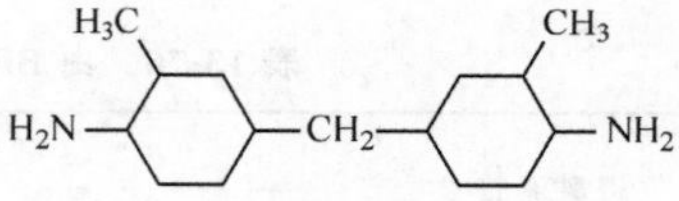

MMCA

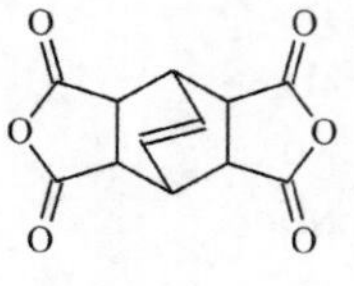

BCDA

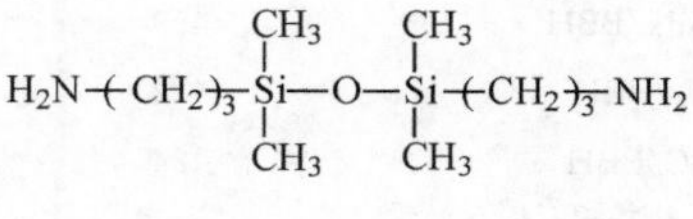

GAPD

表 13-79　一些全脂肪共聚聚酰亚胺的组成和代号

聚合物	组分比例					
	0∶1∶1	1∶9∶10	3∶7∶10	1∶1∶2	7∶3∶10	1∶0∶1
GAPD∶DCHM∶BCDA	API1	$APISi1_9$	$APISi1_7$	$APISi1_5$	$APISi1_3$	PISiO1
GAPD∶MMCA∶BCDA	API2	$APISi2_9$	$APISi2_7$	$APISi2_5$	$APISi2_3$	—
GAPD∶DDA∶BCDA	API3	$APISi3_9$	$APISi3_7$	$APISi3_5$	$APISi3_3$	—
GAPD∶DADA∶BCDA	API4	$APISi4_9$	$APISi4_7$	$APISi4_5$	$APISi4_3$	—

续表

聚合物	组分比例					
	0∶1∶1	1∶9∶10	3∶7∶10	1∶1∶2	7∶3∶10	1∶0∶1
GAPD∶DCHM∶CBDA	API5	APISi5$_9$	APISi5$_7$	APISi5$_5$	APISi5$_3$	PISiO2
GAPD∶MMCA∶CBDA	API6	APISi6$_9$	APISi6$_7$	APISi6$_5$	APISi6$_3$	—
GAPD∶DDA∶BCDA	API7	APISi7$_9$	APISi7$_7$	APISi7$_5$	APISi7$_3$	—
GAPD∶DADA∶BCDA	API8	APISi8$_9$	APISi8$_7$	APISi8$_5$	APISi8$_3$	—

表 13-80　一些全脂肪共聚聚酰亚胺的性能

聚合物	η_{inh}/(dL/g)	T_g/℃	$T_{5\%}$/℃	溶解性			
				NMP	DMAc	THF	氯仿
API1	0.56	239	358	+	+	+	+
APISi1$_9$	0.56	238	360				
APISi1$_7$	0.58	240	411				
APISi1$_5$	0.59	249	449	++	++	++	++
APISi1$_3$	0.44	201	433				
PISiO1	0.3	199	403	++	++	++	++
API2	0.5	241	326	+	+	+	+
APISi2$_5$	0.5	246	440	++	++	++	++
API3	0.32	NA	325	±	±	±	±
APISi3$_5$	0.39	270	440	++	++	++	++
API4	0.36	NA	328	+	—	—	+
APISi4$_5$	0.49	238	450	++	++	++	++
API5	0.53	231	360	±	±	±	±
APISi5$_5$	0.48	204	449	++	++	++	++
PISiO2	0.28	197	405	+	+	+	++
API6	0.54	239	330	±	±	±	±
APISi6$_9$	0.54	238	367				
APISi6$_7$	0.56	241	380				
APISi6$_5$	0.5	210	444	++	++	++	++
APISi6$_3$	0.4	206	406				
API7	0.33	NA	329	—	—	—	—
APISi7$_5$	0.47	264	445	++	++	++	++
API8	0.37	NA	330	—	—	—	—
APISi8$_9$				±	±	±	±
APISi8$_7$				++	++	++	++
APISi8$_5$	0.52	225	455	++	++	++	++
APISi8$_3$				±	±	±	±

注：所有共聚物都溶于间甲酚和浓硫酸。

参考文献

[1] Kreuz J A, Hsiao B S, Renner C A, Goff D L. Macromolecules, 1995, 28: 6926.

[2] Jin Q, Yamahita T, Horie K, Yokota R, Mita I. J. Polym. Sci., Polym. Chem., 1993, 31, 2345.

[3] Jin Q, Yamahita T, Horie K. J. Polym. Sci., Polym. Chem., 1994, 32: 503.

[4] Koning C, Delmotte A, Larno P, Van Mele B. Polymer, 1998, 39: 3697; Korshak V V, Babchinitser T M, Kazaryan L G, Vasilyev V A, Genin Ya V, Azriel A Ye, Vygodsky Ya S, Churochkina N A, Vinogradova S V, Tsvankin D Ya. J. Polym. Sci., Polym. Phys., 1980, 18: 247; Evans J R, Orwoll R A, Tang S S. J. Polym. Sci., Polym. Chem., 1985, 23: 971.

[5] Eichstadt A E, Ward T C, Bagwell M D, Farr I V, Dunson D L, McGrath J E. J. Polym. Sci., Polym. Phys., 2002, 40: 1503.

[6] Edwards W M, Robinson I M. US, 2710853, 1955; Greshan W F, Naylor Jr. M A. US, 2712543, 1955; Greshan W F, Naylor Jr. M A. US, 2731447, 1956.

[7] Koning C, Teuwen L, Meijer E W, Moonen J. Polymer, 1994, 35: 4889.

[8] Korshak V V, Babchinitser T M, Kazaryan L G, Vasilyev V A, Genin Ya V, Azriel A Ye, Vygodsky Ya S, Churochkina N A, Vinogradova S V, Tsvankin D Ya. J. Polym. Sci., Polym. Phys., 1980, 18: 247.

[9] Koning C, Delmotte A, Larno P, Van Mele B. Polymer, 1998, 39: 3697.

[10] Itoya K, Kumagai Y, Kakimoto M-a, Imai Y. Macromolecules, 1994, 27: 4101; Inoue T, Kumagai Y, Kakimoto M-a, Imai Y, Watanabe J. Macromolecules, 1997, 30: 1921.

[11] Marek Jr M, Doskočilová D, Schmidt P, Schneider B, Kříž J, Labsky J, Puffr R. Polymer, 1994, 35: 4881.

[12] Feld W A, Ramalingam B, Harris F W. J. Polym. Sci., Polym. Chem., 1983, 21: 319.

[13] Ghatge I N D, Shinde B M, Mulik U P. J. Polym. Sci., Polym. Chem., 1984, 22: 3359.

[14] Jin Q, Yamashita T, Horie K, Yokota R, Mita I. J. Polym. Sci., Polym. Chem., 1993, 31: 2345.

[15] Hasegawa M, Horiuchi M, Wada Y. High Perform. Polym., 2007 19: 175.

[16] Chern Y-T, Chung W-H. J. Polym. Sci., Polym. Chem., 1996, 34: 117.

[17] Chern Y-T. J. Polym. Sci., Polym. Chem., 1996, 34: 125.

[18] Chern Y-T, Shiue H-C. Macromolecules, 1997, 30: 4646.

[19] Chern Y-T, Shiue H-C. Macromolecules, 1997, 30: 5766.

[20] Chern Y-T. Macromolecules, 1998, 31: 1898.

[21] Chern Y-T. Macromolecules, 1998, 31: 5837.

[22] Chern, Y.-T, Shiue H-C. Macromol. Chem. Phys., 1998, 199: 963.

[23] Chern Y-T, Shiue, H.-C., Macromol. Chem. Mater., 10, 210(1998)

[24] Kanayama K, Yoshino S. JP. 87 212 390; Chem. Abst., 1987, 108: 95504c.

[25] Tamai M, Kawashima S, Sonobe Y, Ota M, Oikawa H, Yamaguchi T. JP. 62 50 374; Chem Abst., 1987, 107: 155800m; Tamai M, Kawashima S, Sonobe Y, Ota M, Oikawa H, Yamaguchi T. JP. 62 50 375; Chem. Abst., 1987, 107: 155798t.

[26] Hsiao S-H, Yang C-P, Yang C-Y. J. Polym. Sci., Polym. Chem., 1997, 35: 1487.

[27] Chou C-H, Reddy D S, Shu C-F. J. Polym. Sci., Polym. Chem., 2002, 40: 3615.

[28] 曲建强.中国科学院长春应用化学研究所,硕士学位论文,2000.

[29] Korshak V V, Vynogradova S V, Veigodsky Ya S. J. Macromol. Sci., Rev. Macromol. Chem., 1974, C11: 45.

[30] Liaw D-J, Liaw B-Y, Yu C-W. J. Polym. Sci., Polym. Chem., 2000, 38: 2787.

[31] Yi M H, Huang W, Lee B J, Choi K-Y. J. Polym. Sci., Polym. Chem., 1999, 37: 3449.

[32] Yi M H, Huang W X, Jung J T, Kwon S K, Choi K Y. J. Macromol. Sci., Pure and Appl. Chem., 1998, 35: 842.

[33] Liaw Dr-J, Liaw B-Y, Chung C-Y. J. Polym. Sci., Polym. Chem., 1999, 37: 2815.

[34] Loncrini D F, Witzel J M. J. Po lym. Sci., Polym. Chem., 1969, 7: 2185.

[35] Jeon J-Y, Tak T-M. J. Appl. Polym. Sci., 1996, 60: 1921.

[36] Charbonneau L F. J. Polym. Sci., Polym. Chem., 1978, 16: 197.

[37] Tsujita Y, Tanaka H, Yoshimizu H, Kinoshita T, Abe T, Kohtoh N. J. Appl. Polym. Sci., 1994, 54, 1297.

[38] Suzuki H, Abe T, Takaishi K, Narita M, Hamada F. J. Polym. Sci., Polym. Chem., 2000, 38, 108.

[39] Yin J, Zhang W, Xu H-J, Fang J-H, Sui Y, Zhu Z-K, Wang Z-G. J. Appl. Polym. Sci., 1998, 67: 2105.

[40] Zhang W, Xu H-J, Yin J, Guo X-X, Ye Y-F, Fang J-H, Sui Y, Zhu Z-K, Wang Z-G. J. Appl. Polym. Sci., 2001, 81: 2814.

[41] Su G C C. US, 3639343, 1972.

[42] Koton M M, Laius L A, Gluhov N A, Shetbakova L M, Kazanov U N, Luchiko R G. Vysokomol. Soed., 1981, B, 23: 850.

[43] Volozhin A I, Prokopchiuk N R, Krutsko E T, Korzhavin L N, Bronnikov S V. Vysokomol. Soed., 1979, A21: 1885.

[44] Fang X, Yang Z, Zhang S, Gao L, Ding M. Polymer, 2004, 45:2539.

[45] Bolozin A I, Krushko E T, Rozmeiclova A A, Prokontsuk N R, Paushkin Ya M. Dokl. Akad. Nauk SSSR, 1985, 280: 1169.

[46] Dror M, Levy M. J. Polym. Sci., Polym. Chem., 1975, 13: 171.

[47] Li J, Kato J, Kudo K, Shiraishi S. Macromol. Chem. Phys., 2000, 201: 2289.

[48] Woo E P. J. Polym. Sci., Polym. Chem., 1986, 24: 2823.

[49] Teshirogi T. J. Polym. Sci., Polym. Chem., 1987, 25:P 31.

[50] Matsumoto T, Kurosaki T. Feger C, Khojasteh M M, Molis S E. Polyimides: Trends in Material and Applications. SPE, 1996:19.

[51] Chun B W. Polymer,35, 4203(1994).

[52] Itamura S, Yamada M, Tamura S, Matsumoto T, Kurosaki T. Macromolecules,1993, 26: 3490.

[53] Yamada M, Kusama M, Matsumoto T, Kurosaki T. Macromolecules,1993, 26: 4961.

[54] Matsumoto T, Kurosaki T. Macromolecules, 1997,30: 993.

[55] Kusama M, Matsumoto T, Kurosaki T. Macromolecules, 1994,27: 1117.

[56] Matsumoto T, Kurosaki T. Macromolecules, 1995,28: 5684.

[57] Liu J G, He M H, Zhou H W, Qian Z G, Wang F S, Yang S Y. J. Polym. Sci., Polym. Chem.,2002, 40: 110.

[58] Reddy D S, Shu C F, Wu F I. J. Polym. Sci., Polym. Chem.,2002, 40: 262.

[59] Chao H S-I, Barren E. J. Polym. Sci., Polym. Chem.,1993, 31: 1675;US 4864034,1989.

[60] Han F, Ding M, Gao L. Polymer,1999, 40: 3809; Han F, Ding M, Gao L. J. Polym. Sci., Polym. Chem., 1999,37: 3680.

[61] Kato J, Seo A, Shiraishi S. Macromolecules, 1999,32: 6400.

[62] Quinn C B. US, 3968083,1976.

[63] Gross D, Loftus J J, Robertson A F. ASTM Special Technical Publication, 1969:422.

[64] Hsiao S-H, Lee C-T, Chern Y-T. J. Polym. Sci., Polym. Chem.,1999, 37:1619.

[65] Frosch C J. US, 2421024,1947;Lincoln J, Drewitt J G N. US, 2502576,1949.

[66] Campbell R W, Wayne Hill Jr H. Macromolecules, 1975,8: 706.

[67] Watanabe Y, Sakai Y, Shibasaki Y, Ando S, Ueda M, Oishi Y, Mori K. Macromolecules,2002, 35: 2277.

[68] Volksen W, Cha H J, Sanchez M I, Yoon D Y. React. Funct. Polym.,1996, 30: 61.

[69] Ando S, Matuura T, Sasaki S. J. Polym. Sci., Part A, Polym. Chem.,1992,30: 2285.

[70] Nakanishi, F. and Hasegawa, M. and Takahashi, H., Polymer,1973, 14: 440.

[71] Matsumoto T. Macromolecules,1999,32: 4933.

[72] Lester T C, Lee E M, Pearce S, Hirsch S. J. Polym. Sci. ,Polym. Chem. ,1971, 9: 3169.
[73] Seino H, Mochizuki A, Ueda M. J. Polym. Sci. , Polym. Chem. , 1999,37: 3584.
[74] Li, Q. , Horie, K. and Yakoda, Polym. J. 1998, 30: 805.
[75] Watanabe Y, Shibasaki Y, Ando S,Ueda M. J. Polym. Sci. , Polym. Chem. , 2004,42: 144.
[76] Mathews A S, Kim I, Ha C-S. J. Polym. Sci. , Polym. Chem. , 2006, 44: 5254.

第 14 章　含六元酰亚胺环的聚合物

脂肪二酐和芳香二酐都可以含有带六元环的酐，但本章仅讨论由含六元酐环的芳香二酐，即由带1,8-萘二酸酐结构单元得到的聚酰亚胺。

最初认为采用萘二酐得到的带六元环的聚酰亚胺应该比由苯二酐得到的带五元环的聚酰亚胺的热稳定性更高，因为萘比苯稳定，六元环也比五元环稳定（张力小），但实际上并不是如此，例如，1965 年，西崎俊一郎虽然还未清楚反应过程，但测得 1,4,5,8-萘二酐（NTDA）与对苯二胺得到的聚合物在升温速率为 2～4 ℃/min 的空气中，5%失重温度在 400 ℃左右，600 ℃ 失重大约为 70%。Dine-Hart 将 NTDA/PPD 与 PMDA/PPD 的聚酰亚胺在 400 ℃空气中老化，40 h 后，前者失重 80%，后者失重仅 20%[1]。

能够获得带六元环聚酰亚胺的最主要的单体应该是 1,4,5,8-萘二酐。但在实际中发现，这种二酐和二胺的反应与通常生成五元环聚酰亚胺的反应大不相同，在非质子极性溶剂中室温下得不到高相对分子质量的聚酰胺酸，显然两者之间具有不同的反应过程。这是因为六元环的酐比五元环的酐稳定，对胺的反应活性较弱，在 140 ℃以下通常不反应，所以都在较高温度下一步得到聚酰亚胺。例如在间甲酚中反应，可以以苯甲酸和异喹啉为催化剂，合成含六元环的酰亚胺聚合物。异喹啉为异酰亚胺转化为酰亚胺的催化剂。此外还可用六甲基磷酰三胺（HMPT）为溶剂用二胺的盐酸盐为原料以异喹啉为催化剂合成聚酰亚胺。萘异酰亚胺的^{15}N NMR 化学位移为 −190 ppm 左右，而酰亚胺为−276 ppm。

此外，含六元酰亚胺环的聚合物也与含五元酰亚胺环的聚合物有不同的性能。下面就萘的六元环酐与伯胺反应形成酰亚胺的过程和含六元酰亚胺环的聚合物分别进行介绍。

14.1　萘的六元环酐与伯胺反应形成酰亚胺的过程

对于萘的六元环酐与伯胺反应形成酰亚胺的过程，Sek 等作了详尽的研究。他们以 4-苯酰基-1,8-萘二酸酐（**1**）为模型物，发现萘酐与伯胺的反应过程实际上并不经过聚酰胺酸，因为 **1** 与 *N*-乙基苯胺不能够发生反应产生酰胺酸，而与伯胺反应的产物中出现带 C═N的化合物，这说明生成了异酰亚胺。异酰亚胺有顺式和反式，只有反式的异酰亚胺才可以在高温下转变为酰亚胺[2,3]。当有酸存在时有利于反式异酰亚胺的形成，没有酸存在则形成顺式萘异酰亚胺。萘异酰亚胺是热稳定的，在熔点以下并未观察到顺-反或反-顺异构体的转化。当存在叔胺时，反式萘异酰亚胺会异构为酰亚胺，但顺式异构体并未见到这种转化。顺式、反式酰亚胺的形成及其转化见式 14-1。

Sek 等[2]还发现 **1** 与伯胺在非质子极性溶剂等传统用于制备聚酰胺酸的溶剂中得到的都是同样的熔点为 325 ℃的可溶于氯仿的化合物，在该产物的红外光谱中不显示酸的

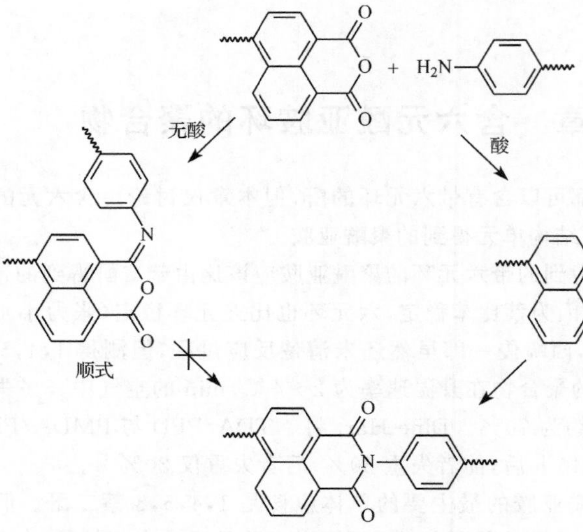

式 14-1　1,8-萘二酸酐与伯胺反应生成顺式和反式异酰亚胺及其向酰亚胺的转变

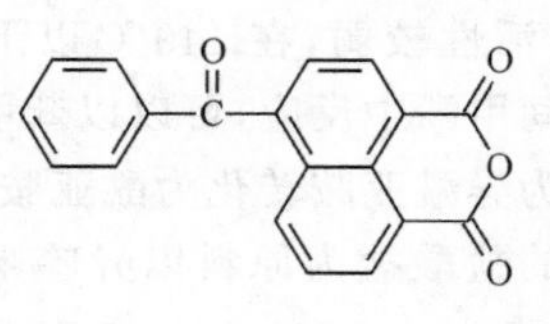

1

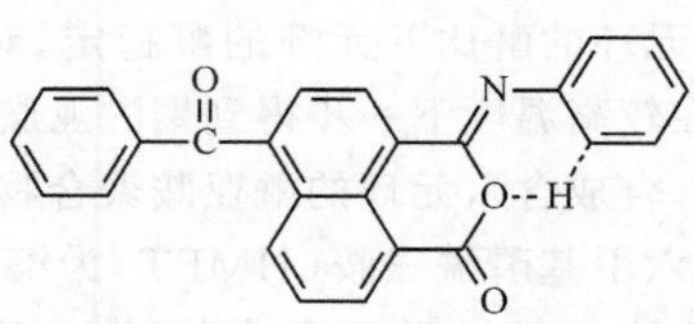

反式萘异酰亚胺

吸收峰,质荷比为 768,相应为酰亚胺和异酰亚胺。他们还发现[3],当**1**与 ODA 反应时,介质的酸性越高,产物的收率越低,说明在该反应中不生成酰胺酸。表 14-1 的元素分析结果显示,所得到的结果接近于酰亚胺或异酰亚胺而与酰胺酸不符。此外还可以由表 14-2 的^{13}C NMR 谱得到证明,所得到的产物的^{13}C NMR 谱与异酰亚胺能够很好符合而与酰亚胺不符合。反式的异酰亚胺可以形成氢键,即在 825 cm^{-1}、880 cm^{-1}有代表 1,2,4-位取代苯的强峰,同时代表 1,4-位取代的 1130 cm^{-1}则减小,在 3700～3000 cm^{-1}的宽峰也说明氢键的存在。**1**/ODA 在 HMPT 中得到的模型物的 DSC 显示只在 375 ℃有单一代表熔点的吸热峰,该峰在熔融-冷却后第二次升温也不变。在间甲酚等酸性介质中得到的模型物则在 244 ℃和 310 ℃有两个吸热峰,熔融-冷却后再升温有不熔的固体,该事实说明反式异酰亚胺可以转化为酰亚胺,而顺式异构体则不变。另外将从 HMPT 中得到的样品在异喹啉中加热 9 h 没有化学变化,从酸性介质中得到的样品与异喹啉共热可以得到两种化合物,一种溶于氯仿,白色为异酰亚胺;另一种不溶(占 60%),经 IR 和元素分析为酰亚胺。在间甲酚中有异喹啉及苯甲酸存在时可以得到少量(～1%)不溶于氯仿的产物,熔点在 450 ℃以上,在对氯苯酚中同样条件下会得到 1∶1 的两种产物。这是由于高温阻止了酐的开环,异酰亚胺是由胺与酐的羰基直接反应得到的。由此可见,六元环的酐与胺反应不经过酰胺酸而是直接与羰基反应得到异酰亚胺,其中反式可以转变为酰亚

胺,顺式则不能转变为酰亚胺。

表 14-1 1 与 ODA 反应所得到的模型物的元素分析结果

元素	实测值/%	计算值/%	
		酰胺酸	酰亚胺或异酰亚胺
C	77.88	74.62	78.12
H	3.67	4.01	3.67
N	3.71	3.48	3.64

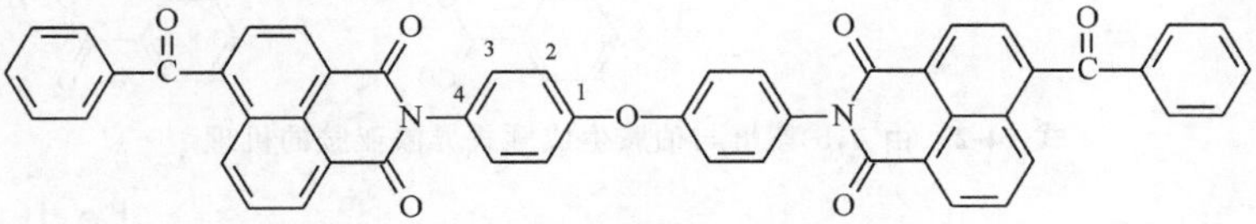

萘酰亚胺(**2**)

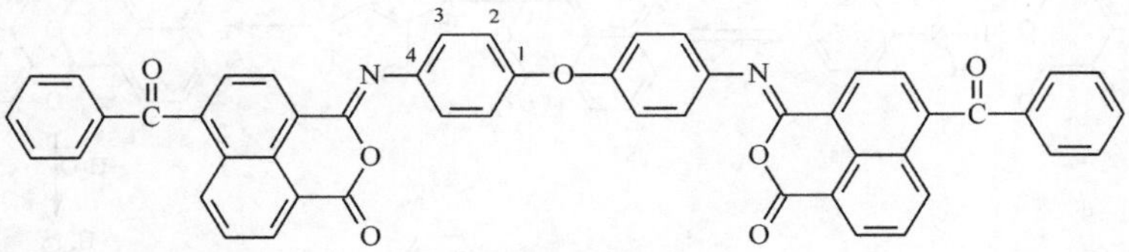

萘异酰亚胺(**3**)

表 14-2 1 与 ODA 反应所得到的模型物的^{13}C NMR 谱

2,3 中碳的编号	计算的化学位移/ppm		实测的化学位移/ppm
	异酰亚胺	酰亚胺	
1	154.9	142.0	157.0
2	120.3	119.9	119.8
3	126.5	114.4	130.1
4	129.1	145.8	130.3

六元环的萘酐与伯胺反应首先生成异酰亚胺,这是根据下面的机理进行反应的[4]。首先是胺对酐羰基碳的亲核进攻,生成了孪位氨基醇,然后是在酸催化下该氨基醇脱水形成异酰亚胺,当存在酸和胺的盐酸盐时,形成反式异酰亚胺,没有催化剂则形成顺式异酰亚胺,该反应过程见式 14-2 和式 14-3[5]。

Genies 等[6]研究了六元环酰亚胺 **4** 的水解稳定性,发现将模型化合物 **4** 在 80 ℃水解 120 h 后的^{1}H NMR 与 1200 h 后的相同,说明可能存在如式 14-4 所示反应的平衡,在该条件下水解的转化率为 12%左右。

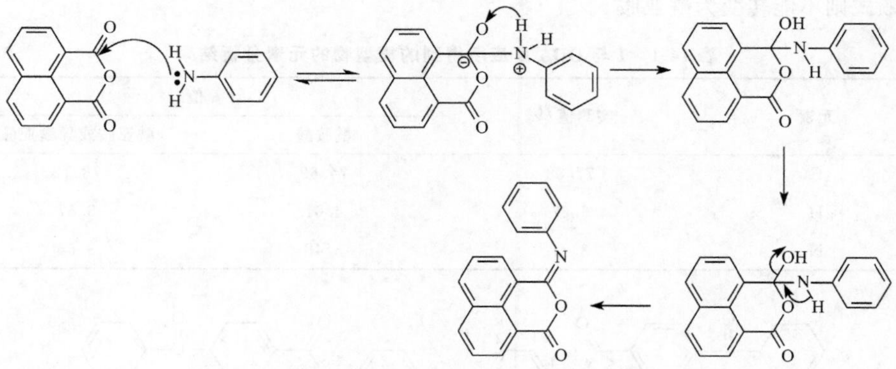

式 14-2　由 1,5-萘酐与伯胺生成顺式异酰亚胺的机理

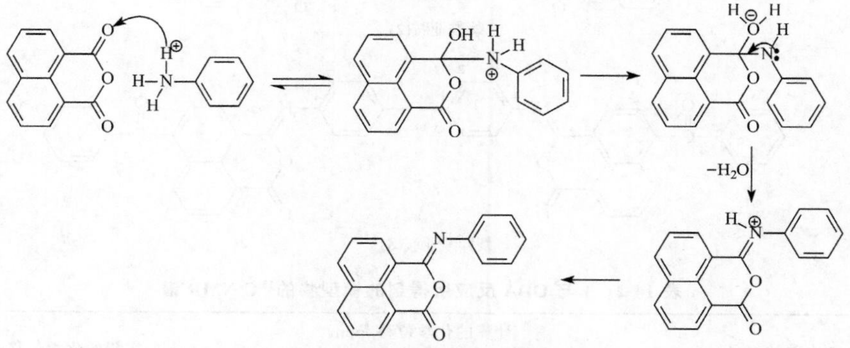

式 14-3　由 1,5-萘酐与伯胺生成反式异酰亚胺的机理

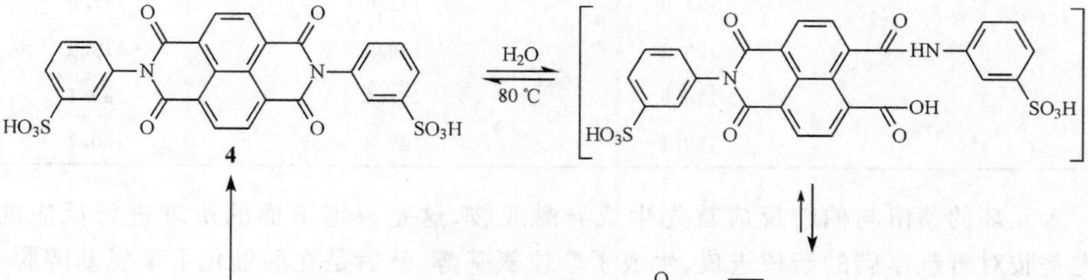

式 14-4　萘酰亚胺在水解时出现的平衡

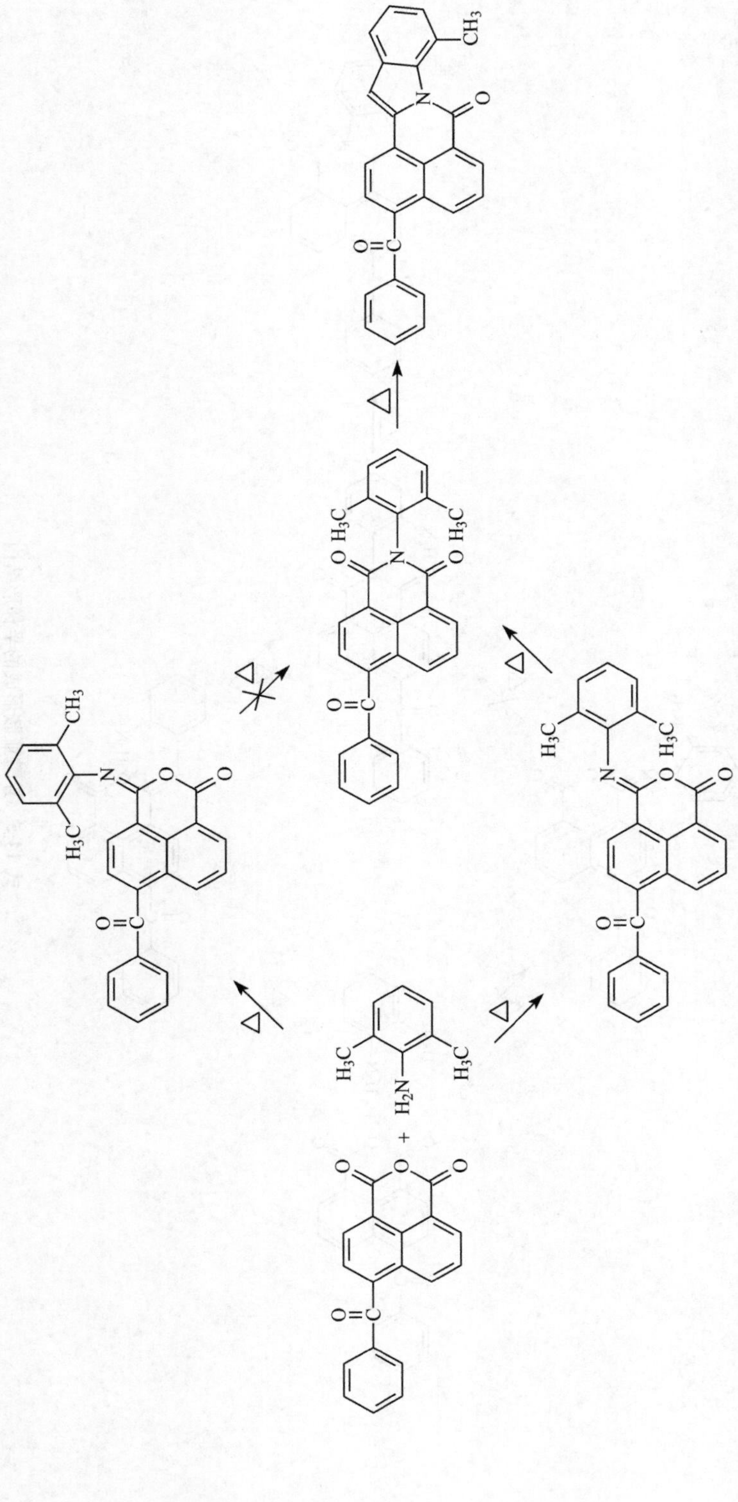
CH3
N
O
C
H3C
H2N
+

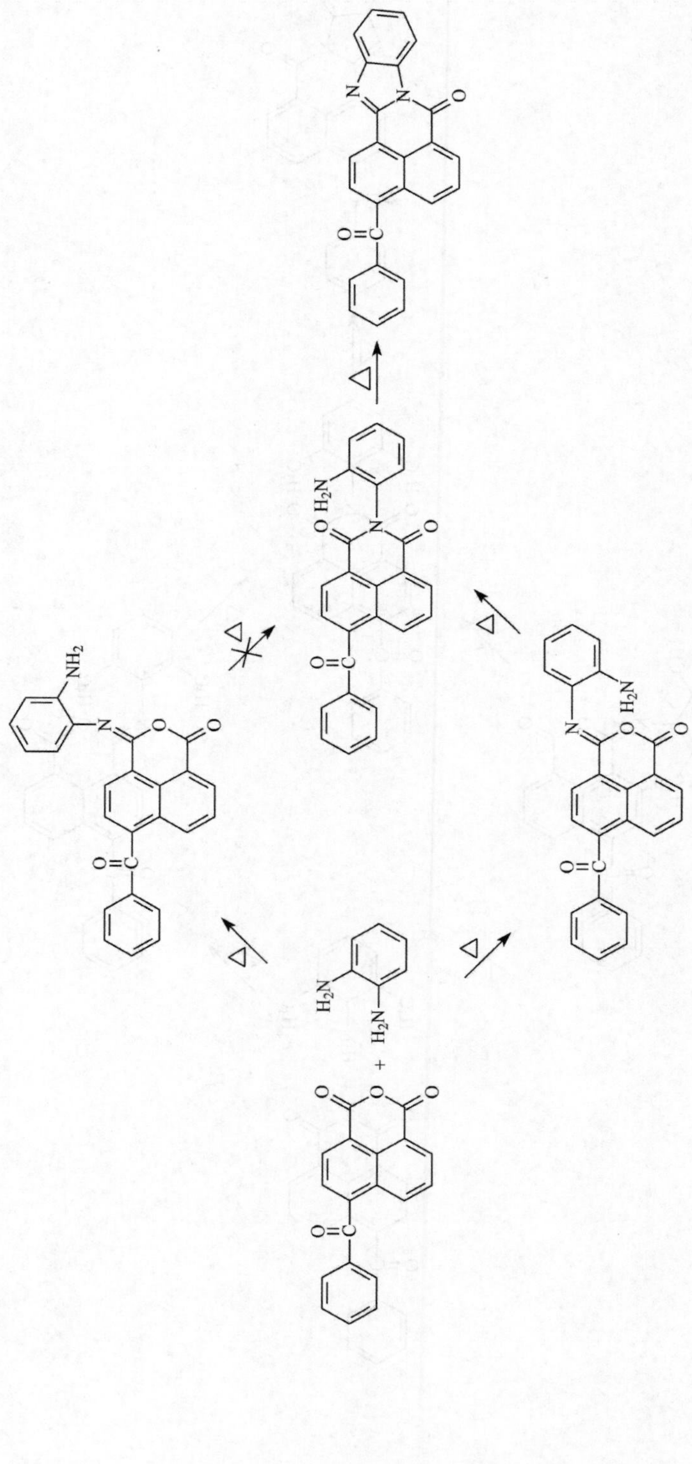

式 14-5 异酰亚胺形成的半梯形结构

Sek 等[7]在氨基的邻位带有烷基(α-碳上至少有两个氢)或氨基的苯胺与 **1** 反应时,在形成酰亚胺后还可以在羰基与烷基或氨基氢之间发生反应形成吡咯或咪唑环,得到半梯形化合物(式 14-5)。

14.2　含六元酰亚胺环的聚合物

Sek 等[3]将 **5** 与二胺在间甲酚中用异喹啉催化,200 ℃反应得到聚酰亚胺。由表 14-3 的数据可见,这些聚合物都具有很高的热稳定性,而且其中一些还具有一定的溶解性。

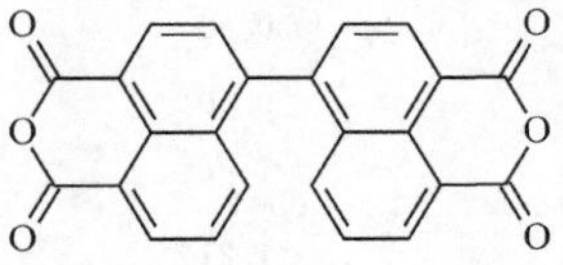

5

表 14-3　由 5 与各种二胺得到的聚酰亚胺

二胺	η_{inh} /(dL/g)	T_g/℃ (TMA)	$T_{5\%}$/℃		杨氏模量/GPa	溶解性
			N_2	空气		
PPD	—	—	590	550	—	硫酸,间甲酚
MPD	0.75	450	590	590	2.5	硫酸,间甲酚,TCE
ODA	2.20	470	562	548	3.2	硫酸,间甲酚,TCE,NMP
DDS	0.36		543	—		硫酸,间甲酚,TCE,NMP
MDA	1.50	430	555	—	4.8	同上,氯仿
BAPF	0.71	450	580	575	5.4	同上
$\leftarrow CH_2 \rightarrow_{12}$	—	174	—	—	—	同上

Sek 和 Sonpatki 等[8-10]将二酐 **6**,**7** 和 **8** 与各种二胺在含有苯甲酸的甲酚中 180 ℃反应 9 h,加入异喹啉再反应 9 h 得到各种含六元环的聚酰亚胺,其性能列于表 14-4。由表 14-4 可见,这些聚合物都具有高的相对分子质量和热稳定性。

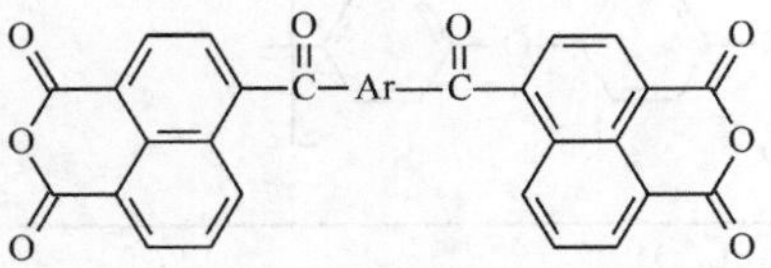

6

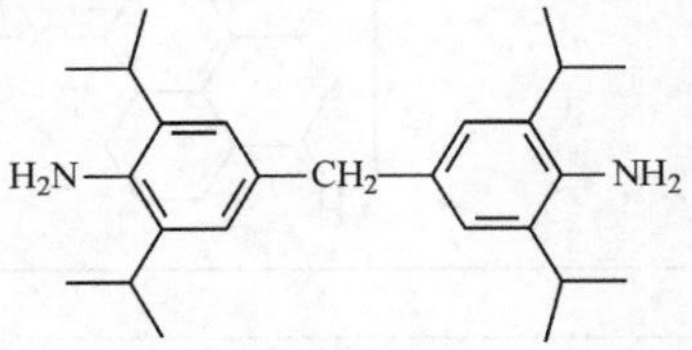

3iPMDA

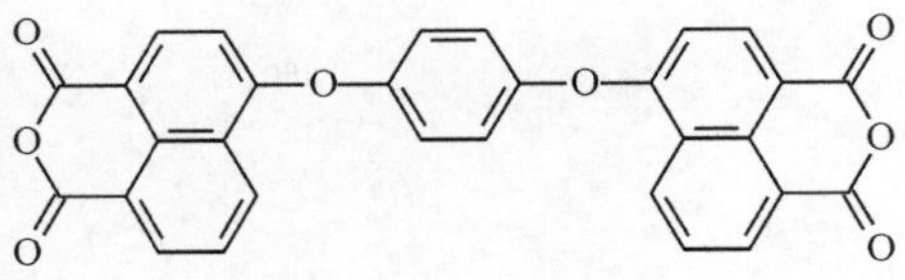

7

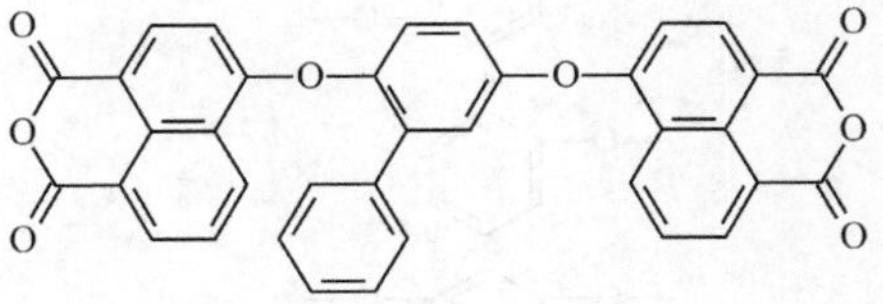

8

表 14-4　由各种萘二酐得到的聚酰亚胺

二酐	二胺	η_{red}/(dL/g)	$T_{10\%}$/℃	T_g/℃
	PPD	0.48	450	—
	MPD	0.43	—	—
	Bz	0.66	435	
	ODA	0.90	450	—
6	DDS	0.18	500	—
(Ar= 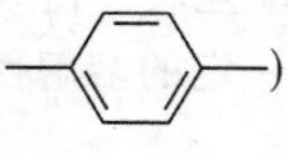)	MDA	2.10	—	—
	OTOL	0.83	440	—
	BAPF	0.40	—	—
	4MPPD	1.09	—	192.6(404)
	3iPMDA	1.21	—	113.9
6 (Ar= 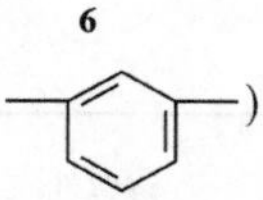)	PPD	0.42	470	—
	ODA	0.73	440	—
	MDA	0.70	430	—
7	BAPF	0.39	—	—
	OTOL	0.72	440	—
	ODA	0.70	460	—
	MDA	0.66	420	—
8	BAPF	0.40	—	—
	OTOL	0.69	460	—

Rusanov[11]报道了一系列二醚二萘酐和二酮二萘酐，其性能见表 14-5 和表 14-6。

表 14-5　由二醚二萘酐与 ODA 得到的聚酰亚胺的性能

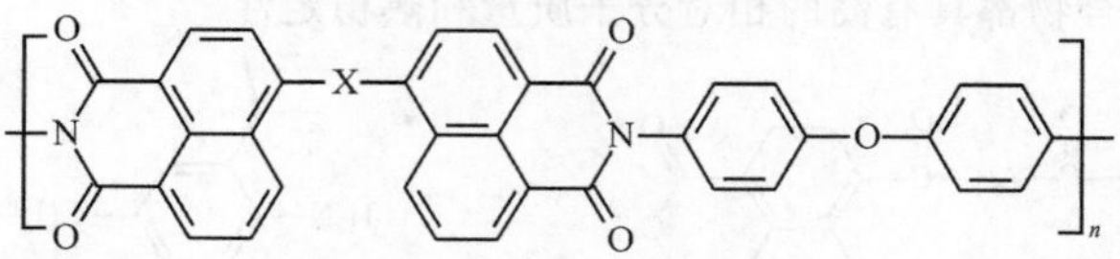

X	η_{red}/(dL/g)^a	T_g/℃
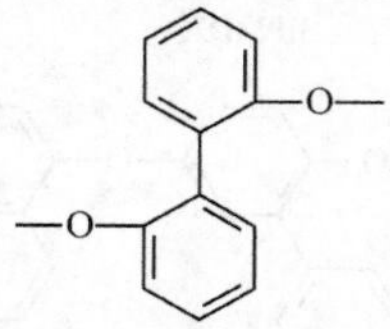	0.15	260
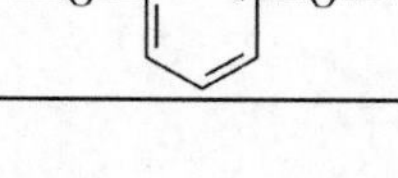	0.20	260

续表

X	η_{red}/(dL/g)[a]	T_g/℃
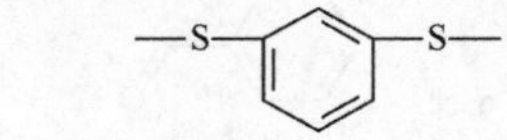	0.26	253
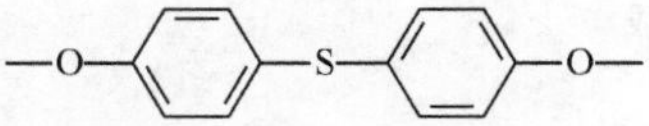	0.30	269
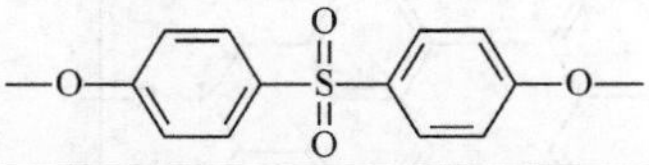	0.29	317

注：a：还原黏度，0.5%硫酸，25℃。

聚合物溶于四氯乙烷、间甲酚，不溶于 NMP。

表 14-6　由二酮二萘酐与 ODA 得到的聚酰亚胺的性能

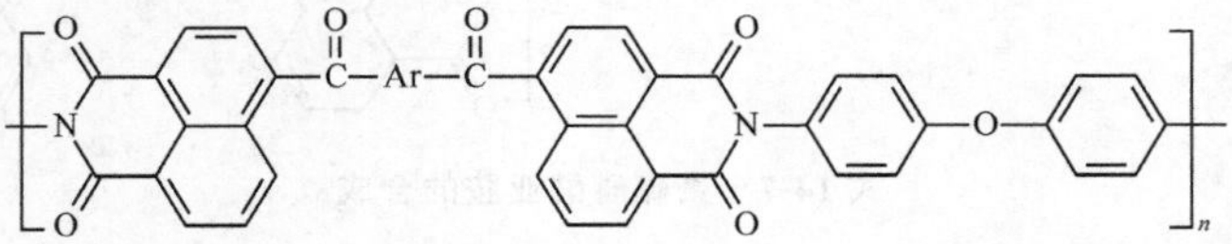

Ar	η_{red}/(dL/g)	T_g/℃	$T_{10\%}$/℃
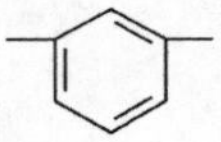	0.72	310	500
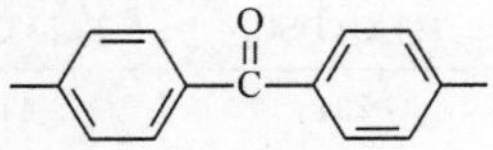	0.53	300	515
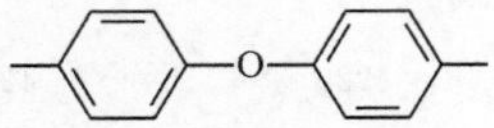	0.78	275	490
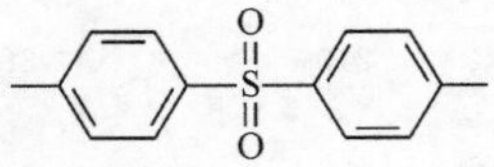	0.78	335	520
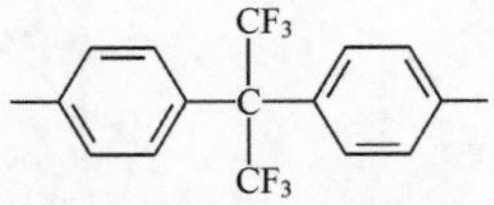	0.32	305	510

Hay 等[12]用各种双硫酚与 4-溴-1,8-萘二酸酐在碳酸钾作用下反应得到一系列双硫醚萘二酐 **9**（式 14-6），然后再与二胺反应得到一系列含六元酰亚胺环的聚硫醚酰亚胺。同时也用 4,4′-双(4-氯-1,8-萘酰亚胺)与硫化锂或双硫酚反应直接得到聚硫醚酰亚胺（式 14-7）。这些聚硫醚酰亚胺的性能见表 14-7。

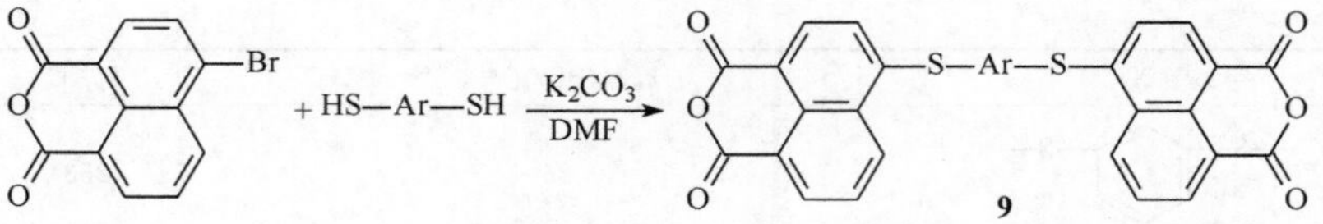

9

式 14-6　双硫醚萘二酐的合成

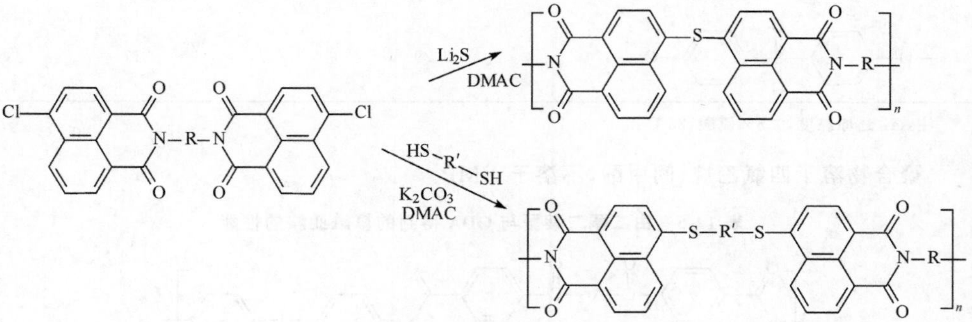

式 14-7　聚硫醚酰亚胺的合成

表 14-7　由硫醚萘二酐得到的聚酰亚胺

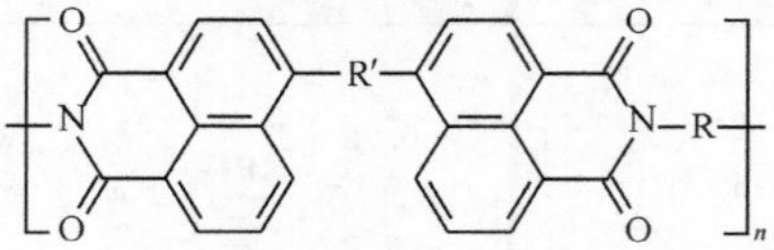

R 的二胺	R′	η_{inh}/(dL/g)	T_g/℃(DSC)	$T_{5\%}$/℃(N_2)
3,3′-DDS	—S—		234	445
4,4′-DDS	—S—	1.9	220	447
3,3′-DDS	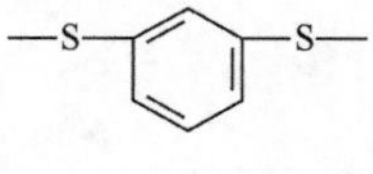		220	428
4,4′-DDS	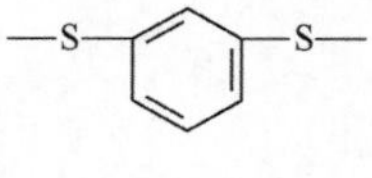	1.3	210	385
3,3′-DDS	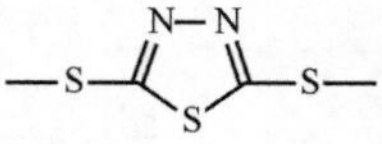	0.84	—	442
4,4′-DDS	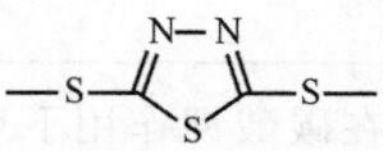	1.20	—	353

Hay 等[12]还将 **9** 与肼反应得到二氨基双硫醚萘酰亚胺 **10**，再将 **10** 与 **9** 反应得到含 N—N 键的聚硫醚酰亚胺 **11**(式 14-8)，由各种双硫酚得到的 **11** 的性能见表 14-8。

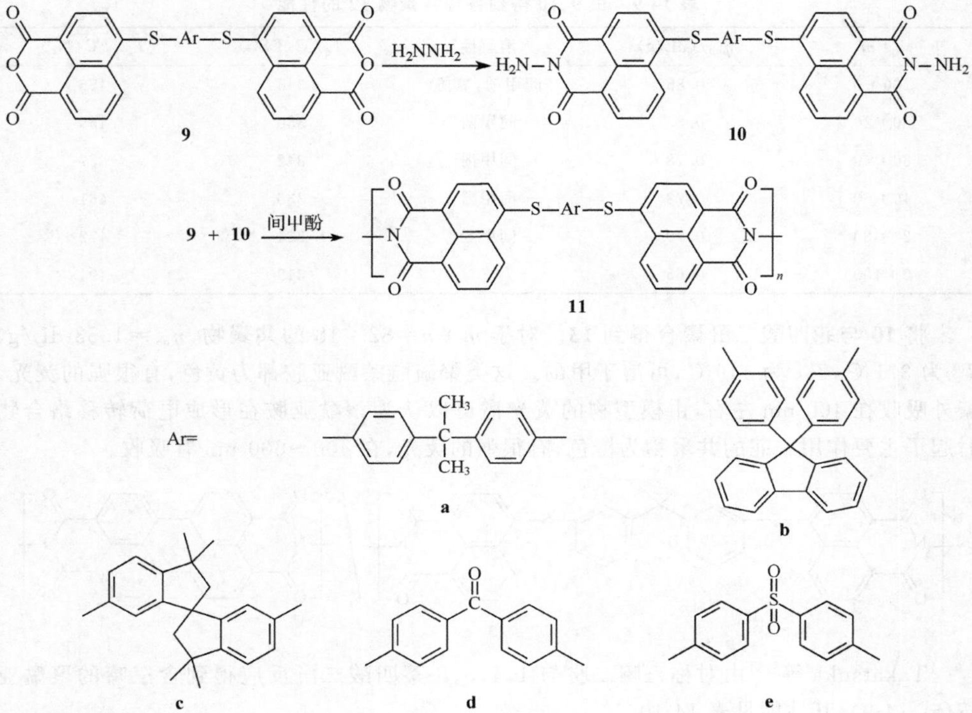

式 14-8　带 N—N 键的聚硫醚酰亚胺的合成

表 14-8　各种聚二硫醚酰亚胺 11 的性能

11 中的双硫酚组分	η_{inh}/(dL/g)	溶解性	T_g/℃(DSC)	$T_{5\%}$/℃(N_2)
a	0.85	间甲酚,氯仿	346	456
b	1.13	间甲酚,氯仿	无	500
c	0.57	间甲酚,氯仿,氯苯	322	434
d	0.65	间甲酚	319	494
e	1.73	间甲酚	353	467

由不同的 **9**,**10** 还可以得到各种共聚物,共聚物之一的 **12** 的性能见表 14-9[11]。

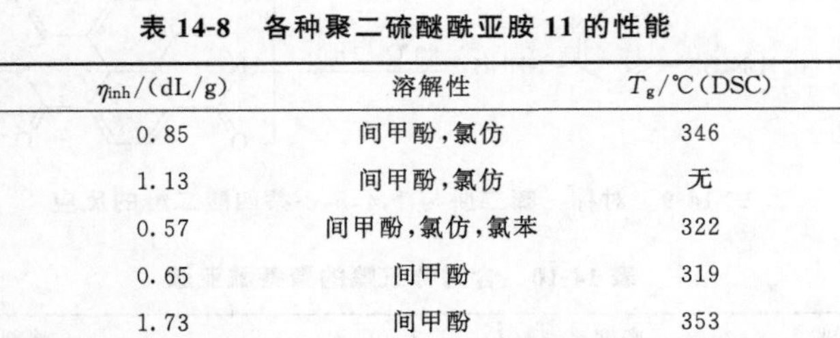

12

表 14-9 由 9,10 得到各种共聚物 12 的性能

$n:m$	η_{inh}/(dL/g)	溶解性	T_g/℃(DSC)	$T_{5\%}$/℃(N_2)
100∶0	0.85	间甲酚,氯仿	346	456
80∶20	0.83	间甲酚	350	455
60∶40	0.78	间甲酚	342	457
40∶60	0.73	间甲酚	336	461
20∶80	0.70	间甲酚	324	472
0∶100	0.65		319	494

将 **10** 与苝四酸二酐聚合得到 **13**。对于 $m:n=82:18$ 的共聚物,$\eta_{inh}=1.53$ dL/g,T_g 为 371 ℃,$T_{5\%}$ 为 449 ℃,可溶于甲酚。这类聚硫醚萘酰亚胺都为黄色,有很强的荧光。紫外吸收在 400 nm 左右,由模型物的荧光谱可以认为萘酰亚胺在形成电荷转移络合物时起了主要作用。苝的共聚物为橙色,有很强的荧光,在 400～600 nm 有吸收。

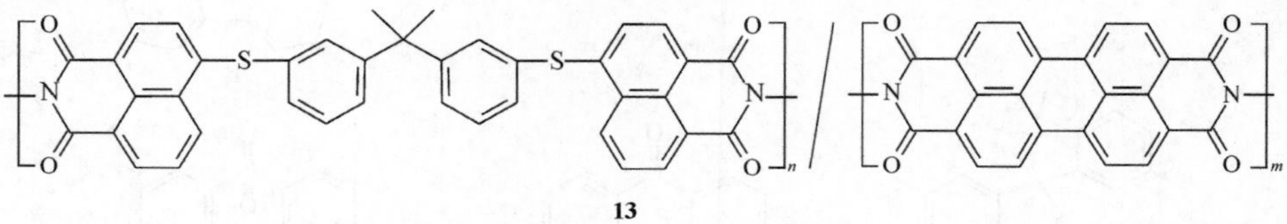

13

Takatsuka 等[13]由对称三嗪二肼与 1,4,5,8-萘四酸二酐反应得到含三嗪的聚酰亚胺(式 14-9),其性能见表 14-10。

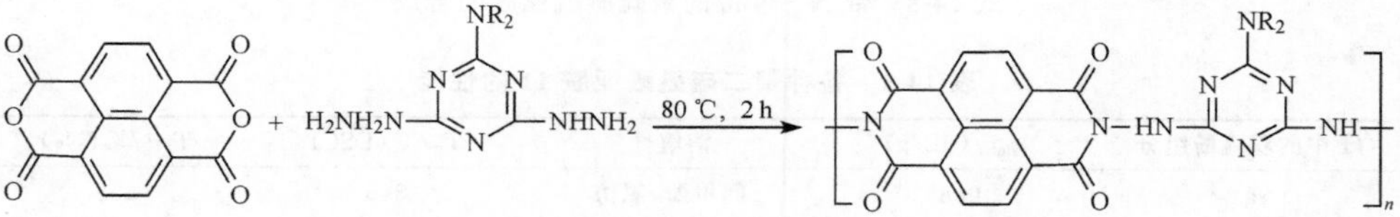

式 14-9 对称三嗪二肼与 1,4,5,8-萘四酸二酐的反应

表 14-10 含对称三嗪的聚萘酰亚胺

R	聚合溶剂	η_{sp}/c	密度/(g/cm³)	T_d/℃	溶剂
CH_3	DMAc	0.30	1.52	416	硫酸,三氟乙酸
C_2H_5	DMAc	0.49	1.48	421	硫酸,三氟乙酸,甲酸,非质子极性溶剂
	DMAc	0.36			
	NMP	0.34			
	DMSO	0.25			
	DMF	0.19			
	HMPA	0.14			
n-C_3H_7	DMAc	0.65	1.40	408	硫酸,三氟乙酸,吡啶,NMP,DMF
n-C_4H_9	DMAc	0.29	1.37	391	硫酸,三氟乙酸,非质子极性溶剂,THF,二氧六环
n-C_6H_{13}	DMAc	0.23	1.26	388	硫酸,三氟乙酸,非质子极性溶剂,THF,二氧六环

Dine-Hart 等[14]曾将萘二酐与肼反应，由于产物不溶不熔而得不到高相对分子质量的聚合物。但从模型物看，这类聚合物应该具有高热稳定性。

Hay 等[15]从 N,N'-二氨基萘酰亚胺(**14**)出发与二酐反应可以得到聚合物(式 14-10)。合成方法是将萘二酐在乙醇中沸腾数小时使溶解，加入肼，很快出现黄色沉淀，热过滤，在 80℃以上真空干燥，收率在 95%以上。以间甲酚/邻二氯苯或对氯苯酚/邻二氯苯为溶剂可以与一些二酐得到高热稳定性而且可溶并能够形成薄膜的聚酰亚胺(表 14-11)。

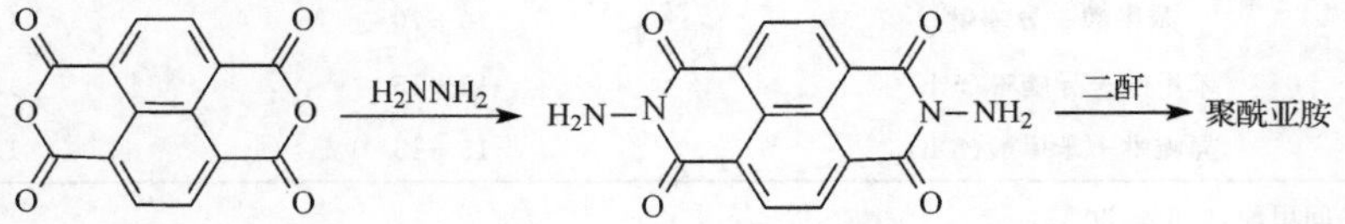

14

式 14-10　由萘二酐与肼及二酐得到聚酰亚胺

表 14-11　由 14 与各种二酐得到的聚酰亚胺

组分	η_{inh}/(dL/g)	模量/GPa		T_g/℃	$T_{5\%}$/℃	
		25℃	200℃		N_2	空气
14+BPADA	0.41	2.3	2.0	340	450	456
14+BPADA+ODPA	0.66	2.4	1.4	360	444	462
14+BPADA+BTDA	0.52	1.9	1.2	367	446	456
14+BPADA+DSDA	0.70	2.7	1.9	—	446	459
14+BPADA+6FDA	1.51	1.5	1.4	—	451	465
14+BPADA+MPD	0.44	2.0	1.7	288	435	453
14+6FDA+ODPA	0.65	—	—	438	500	506
14+6FDA+BTDA	0.56	—	—	—	495	526
14+6FDA+DSDA	0.41	1.1	1.1	—	497	515

Piroux 等[16]研究了酸性活化剂和碱性活化剂对 NTDA/BDAF 在间甲酚中聚合时的影响，发现碱性催化剂或与酸性催化剂共用，可以明显促进聚合反应的进行(表 14-12)。

表 14-12　活化剂对 NTDA/BDAF 在间甲酚中聚合时的影响

序号	活化剂	活化剂的用量/%(占酐的物质的量分数)	η_{inh}/(dL/g)
1	无	—	0.65
2	$ZnCl_2$	15	0.64
3	苯甲酸	15	0.86
4	苯甲酸	70	0.95
5	异喹啉	15	1.32
6	异喹啉(5 h)	15	1.54
7	异喹啉	70	1.26
8	异喹啉(5 h)	70	1.47

续表

序号	活化剂	活化剂的用量/%(占酐的物质的量分数)	η_{inh}/(dL/g)
9	氢氧化苄基三甲铵	15	1.17
10	*N*,*N*,*N'*,*N'*-四甲基-1,8-萘二胺	15	1.07
11	二氮双环[2.2.2]辛烷(DABCO)	15	1.56
12	苯甲酸+异喹啉	15+15	1.55
13	苯甲酸+异喹啉	70+70	1.18
14	苯甲酸+异喹啉(5 h)	15+15	1.94
15	异喹啉+苯甲酸(5 h)	15+15	1.26

注:η_{inh}:间甲酚,0.5%,30℃。

由于含六元环的芳香聚酰亚胺与通常的含五元环的聚酰亚胺相比具有较高的水解稳定性,只有强的水解试剂如热的浓硫酸或KOH/特丁醇才能够使其皂化[17]。另一方面,如果采用碱金属氢氧化物在醇中与其反应,则会失去一个羰基,得到内酰胺酰亚胺[18]。所有情况都只有一个酰亚胺环中的一个羰基参与反应,转化为内酰胺,另一个保持不变(式14-11)。单酰亚胺则不会发生这种缩环反应。重排的机理见文献[19]。所得到的内酰胺酰亚胺由于内酰胺分子内的电荷转移到电子接受体的酰亚胺,在可见区发生吸收,并显示强的荧光(量子产率为80%)使得这种化合物可能成为激光染料,同时根据其强的电荷转移作用及共轭作用,可能在三级非线性光学材料方面得到应用。含六元环的芳香聚酰亚胺由于其高的耐水解性,在质子传输膜方面引起了很大的兴趣,20世纪90年代以来合成了大量含有磺酸基的聚合物,这方面的工作详见第29章。

式 14-11 含六元环的芳香聚酰亚胺碱性水解的缩环反应

参考文献

[1] 西崎俊一郎. 工业化学杂志, 1965, 68: 1756; Dine-Hart R A, Wright W W. Makromol. Chem., 1972, 153: 237.

[2] Sek D, Wanie A, Schab-Balcerzak E. Polymer, 1993, 34: 2440.

[3] Sek D, Wanie A, Schab-Balcerzak E. J. Polym. Sci., Polym. Chem., 1995, 33: 547.

[4] Sek D, Wanie A, Janeczek H, Abadie M J M. J. Polym. Sci., Polym. Chem., 1999, 37: 3523.

[5] Mandal T K, Mandal B M, J. Polym. Sci., Polym. Chem., 1999, 37: 3723.

[6] Genies C, Mercier R, Sillion B, Petiaud R, Cornet N, Gebel G, Pineri M. Polymer, 2001, 42: 5097.

[7] Sek D, Wanic A. Polymer, 2000, 41: 2367.

[8] Sek D, Pijet P, Wanic A. Polymer, 1992, 33: 190.

[9] Sek D, Wanic A, Schab-Balcerzak E. J. Polym. Sci., Polym. Chem., 1997, 35: 539.

[10] Sonpatki M M, Fradet A, Skaria S, Ponrathnam S, Rajan C R. Polymer, 1999, 40: 4377.

[11] Rusanov A L. Adv. Polym. Sci. , 1994, 111: 115.

[12] Sugioka T, Hay A S. J. Polym. Sci. , Polym. Chem. , 2001, 39:1040.

[13] Takatsuka R, Unishi T, Honda I, Kakurai T. J. Polym. Sci. , Polym. Chem. , 1977, 15: 1785.

[14] Dine-Hart R A, Wright W W. Chem. Ind. (London), 1967: 1565; Dine-Hart R A. J. Polym. Sci. , Polym. Chem, 1968, 6: 2755.

[15] Ghassemi H, Hay A S. Macromolecules, 1994, 27: 3116.

[16] Piroux F, Mercier R, Picq D, Espuche E. Polymer, 2004, 45: 6445.

[17] Feiler L, Langhals H, Polborn, K. Liebigs Ann. , 1995, 1229.

[18] Bondarenko E, Shigalevskii V. J. Org. Chem. USSR (Engl. Transl.) 1986, 22: 1155.

[19] Langhals H,. Unold P. Angew. Chem. , Int. Ed. Engl. , 1995, 34: 2234.

第 15 章　液晶聚酰亚胺

热致性主链液晶聚合物的优点是具有有序的分子结构，在液晶态容易取向，而且一旦冷却，这种取向会保持下来，因此在分子取向的方向具有比非液晶态聚合物高得多的力学性能。

从 1985 年开始出现对液晶聚酰亚胺的研究热潮，主要的工作是由以 Kricheldorf 为代表的德国研究者和一些日本的研究者为主展开研究。从聚酰亚胺，尤其是均苯四酰亚胺的单元结构来看，其具有平面、刚性和线形的特征，应该具有形成液晶的良好条件，然而研究表明，聚酰亚胺虽然已有大量不同的结构报道，但并不容易得到液晶态。Kricheldorf 在 20 世纪末对液晶聚酰亚胺作了一个很全面的总结[1]，此后这方面的研究工作也就逐渐消沉了下去。本章就在文献[1]的基础上对液晶聚酰亚胺进行简单的介绍。

15.1　“纯粹”的液晶聚酰亚胺

虽然最感兴趣的是“纯粹”的液晶聚酰亚胺，即在主链上不含有酯、酰胺、醚等基团的聚酰亚胺，但是经过许多努力，仍没有取得成功。例如由均苯二酐与 α, ω-直链脂肪二胺(碳数为 8～12)得到的聚酰亚胺[2]，以及由 BPDA、ODPA、BTDA 和 DSDA 与碳数为 4～9 的直链二胺得到的聚酰亚胺都不是液晶聚合物[3]。可见均苯酰亚胺是很差的介晶单元(mesogen)。但由三联苯四酸二乙酯与十一碳二胺得到的尼龙盐经高压缩聚得到的聚酰亚胺(**1**)却具有液晶行为。DSC 显示其在 200 ℃有结晶的转变，228 ℃为晶体向液晶的转变，这时聚合物有流动性并具有高的双折射，液晶清亮点为 240 ℃[4]。

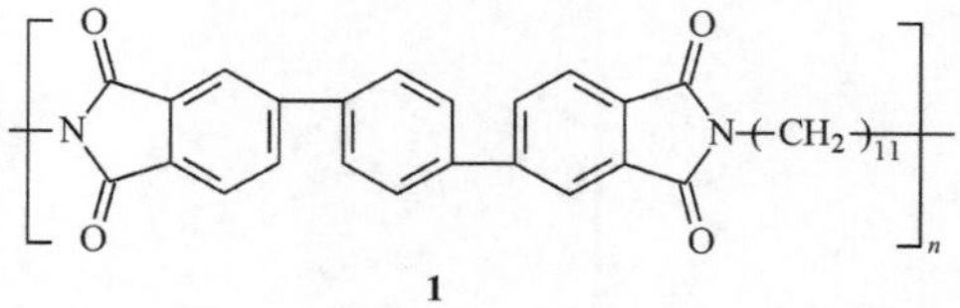

1

15.2　液晶聚酯酰亚胺

许多液晶聚合物都属于聚芳香酯，因为酯键具有柔性又是线形的，容易满足液晶结构的要求，所以绝大多数液晶聚酰亚胺都是聚酯酰亚胺。从带酰亚胺单元的二酸或双酚出发可以得到大量结构不同的聚酯酰亚胺，然而在这些聚合物中能够呈现液晶行为的聚合物却并不多，原因之一是这些聚合物都具有很高的熔点(400 ℃或更高)在其出现可能的液晶态之前已经发生分解，同时这些聚合物也往往难以溶解，不可能观察到是否具有溶致性液晶行为。

Kricheldorf 等[5]研究了由偏苯三酸酐与双酚得到的聚酯酰亚胺，发现 **2** 具有液晶行为(表 15-1)。

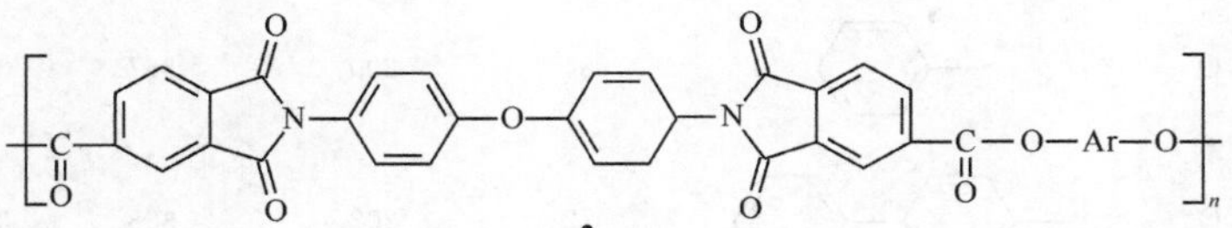

2

表 15-1　由偏苯三酸酐与双酚得到的液晶聚酯酰亚胺

Ar	T_g/℃	T_i/℃	液晶态
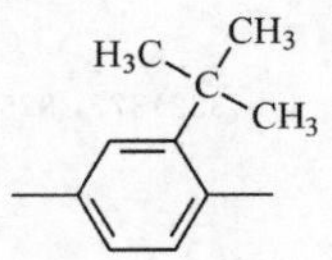	189	300～310	向列型
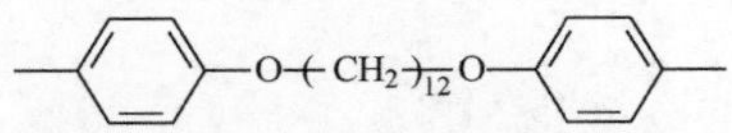	—	265～275	近晶型

注：T_i 为清亮点。

由二酐与对氨基苯酚反应得到的双酚与一些带侧链的对苯二酸三甲基硅酯反应可以得到液晶聚酰亚胺(式 15-1 和表 15-2)[6]。由表 15-2 可见，由联苯二酐得到的聚合物由于熔点太高实际上是得不到液晶聚合物的。由间氨基苯酚得到的二元酚与相同的对苯二酸三甲基硅酯反应由于刚性链段具有弯曲的构象，也得不到液晶聚合物。

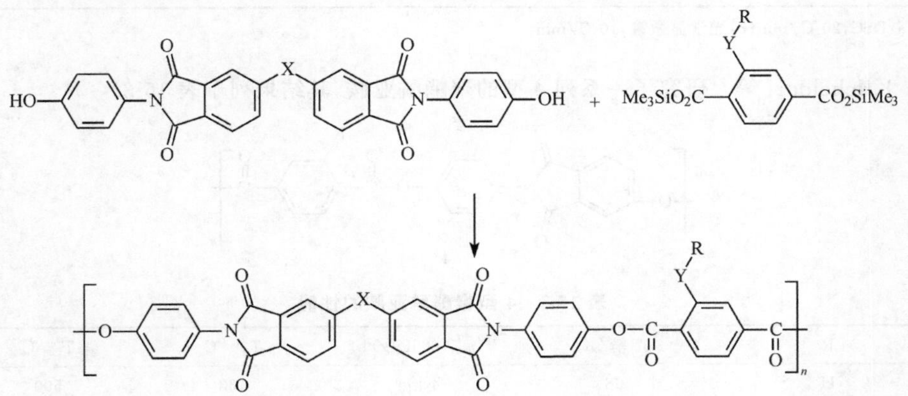

3

式 15-1　由二酐得到的双酚与对苯二酸三甲基硅酯的聚合

表 15-2 向列型聚酯酰亚胺

X	Y	R	产率/%	T_g/℃	T_m^a/℃	T_i^b/℃
—	O	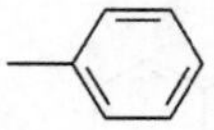	84	200	367	390～400(dec.)
—	O	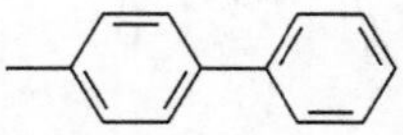	72	202	358	395～405(dec.)
—	S	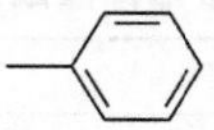	74	221	368	>470(dec.)
—	S	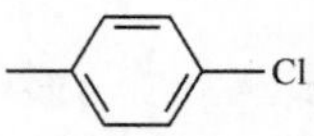	85	—	(332)377，375	>470(dec.)
O	O	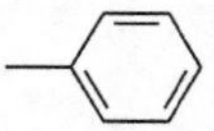	87	195	(354)376	380～385
O	O	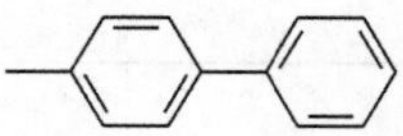	83	185	342	385～400
O	S	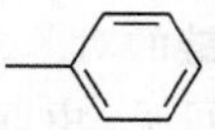	85	206	370/390	410～415
O	S	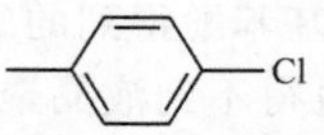	84	200	360/378	405～415

a：DSC，20 ℃/min；b：光学显微镜，10 ℃/min。

Kricheldorf 等[7]研究了一系列 **4** 型的聚酯酰亚胺，其结果列于表 15-3。

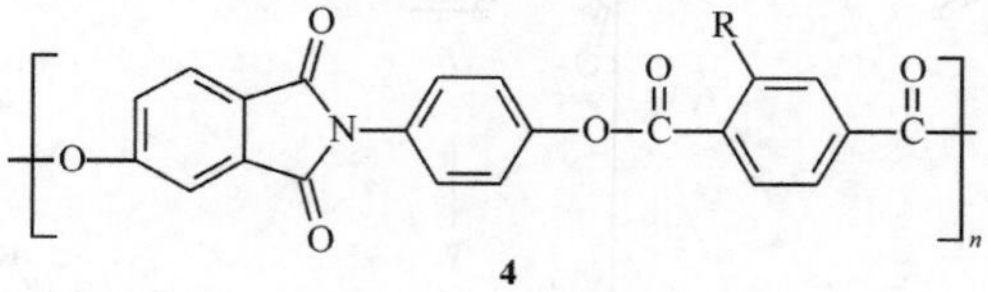

4

表 15-3 4 型聚酯酰亚胺的性能

R	产率/%	η_{inh}^a/(dL/g)	T_g^b/℃	T_i^c/℃
H	68	不溶	163	500
Br	76	不溶	144	500
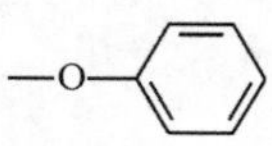	90	0.26	140	370～375
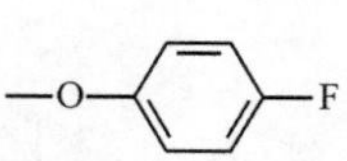	95	0.63	169	375～385

续表

R	产率/%	$\eta_{inh}{}^{a}$/(dL/g)	$T_g{}^{b}$/℃	$T_i{}^{c}$/℃
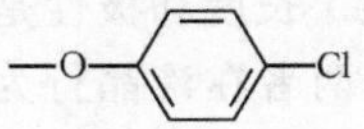	92	0.92	140	375～380
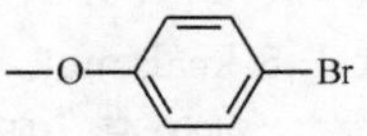	93	0.68	167	375～380
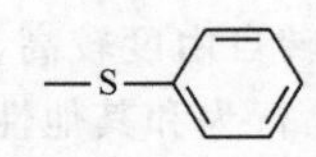	98	0.98	180	460～465
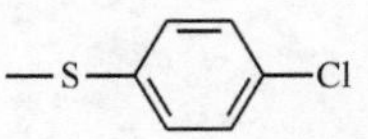	95	1.02	170	455～460
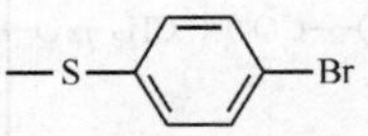	96	0.97	176	435～445

a:20 ℃,c=2 g/L,CH_2Cl_2/三氟乙酸(体积比 4∶1);b:DSC,20 ℃/min,熔融时分解;c:由光学显微镜测得。

Kricheldorf 等[8]还研究了 **5** 型的聚酯酰亚胺。该工作证明由偏苯三酸酐与对氨基苯甲酸得到的二酸是好的介晶单元。由未取代的氢醌没有得到液晶聚酯酰亚胺,因为其熔点在 450 ℃以上,甚至很小的取代基,如 Cl、CH_3 都能使熔点降低到 400 ℃以下(表 15-4)。事实上,所有单取代的氢醌得到的聚酯酰亚胺都能得到宽熔点范围热致性向列相液晶聚合物。**5g** 不易结晶,在退火三天后结晶度才达到 20%,其他大的取代基(如 **5d**, **5h** 和 **5i**)也降低了结晶的趋势(表 15-4)。

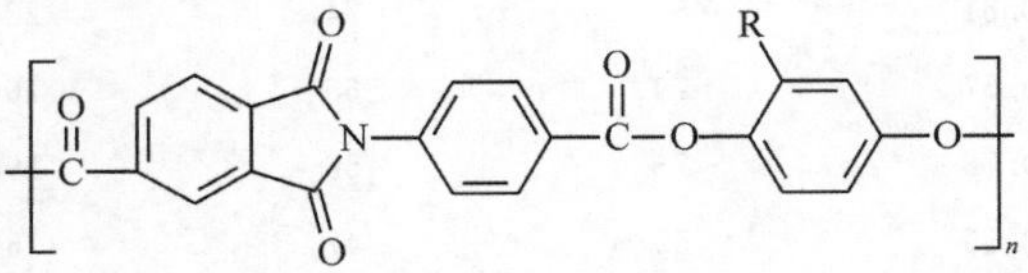

5

表 15-4　单取代氢醌得到的 5 型聚酯酰亚胺

聚合物	R	$\eta_{inh}{}^{a}$/(dL/g)	$T_g{}^{b}$/℃	$T_m{}^{b}$/℃	$T_i{}^{c}$/℃
5a	Cl	不溶	177	362	>500
5b	Br	不溶	180	347	>500
5c	CH_3	不溶	175	351	>500
5d	$C(CH_3)_3$	0.32	198	—	>400
5e	$S(CH_2)_{11}CH_3$	0.72	183	—	430～440
5f	$S(CH_2)_{15}CH_3$	0.80	160	199	400～410
5g	Ph	1.14	196	263	460～480
5h	SPh	1.06	168	326	460

a: c=2 g/L,CH_2Cl_2/三氟乙酸(4∶1 体积比);

b: DSC,20℃/min;

c: 光学显微镜,20℃/min。

de Abajo 等[9]研究了由羟基苯酐与对羟基苯酚得到的二元酚与脂肪二酸，及由偏苯三酸酐与对氨基苯甲酸得到的二元酸与脂肪二醇合成了两种同分异构的聚酯酰亚胺 **6** 和 **7**。由表 15-5 可见，聚合物 **6** 具有液晶性，但聚合物 **7** 却不具有液晶性。长度和极性是介晶单元的具有表征性的参数。对模型化合物 **M-6** 和 **M-7** 的计算认为两者在液晶行为上的区别不是由于几何上的原因，而是因为两者的参数十分接近（表 15-6）。由计算表明，**M-6** 的 C_O-C_{Ar} 键的旋转势垒要比 **M-7** 的 $C_{C=O}-C_{Ar}$ 键的旋转势垒低 1.5 kcal/mol。而且 **M-7** 具有 2 个最低能量位置，而 **M-6** 则有 4 个，分子两侧的酯键都有这种情况。所以对于 **M-6** 可以有 16 个最低能量的构象，而 **M-7** 只有 4 个。单元 **6** 的旋转自由度较高，所以也反映了两者在液晶行为上的区别。这种酯键的方向所引起的在液晶行为和其他性能如介电性能上的不同应该具有普遍性。

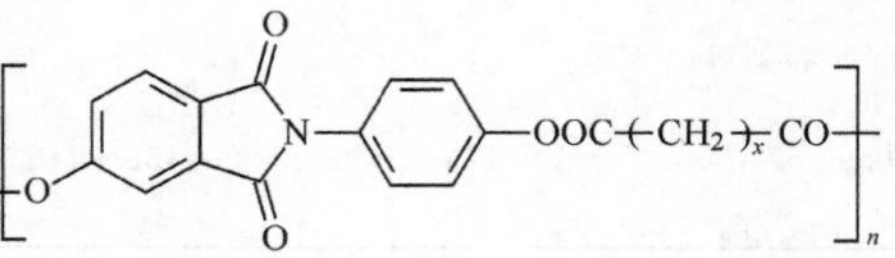
6

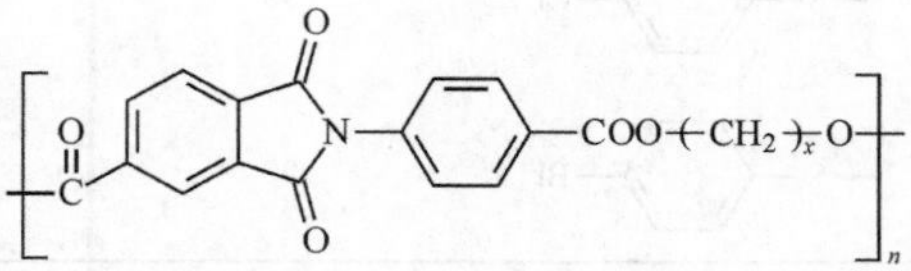
7

表 15-5 聚酯酰亚胺 6 和 7 的性能

聚合物/x	η_{inh}/(dL/g)	T_g/℃	$T_g{}^a$/℃	T_m/℃	T_i/℃
6/6	0.45	90	80	190	279
6/7	0.44	84	73	175	210
6/8	0.45	78	63	169	236
6/9	0.50	59	42	172	194
7/6	0.61	84	74	224	—
7/7	0.57	79	65	164	—
7/8	0.78	75	58	196	—
7/9	0.55	55	47	161	—

a：由介电谱测得。

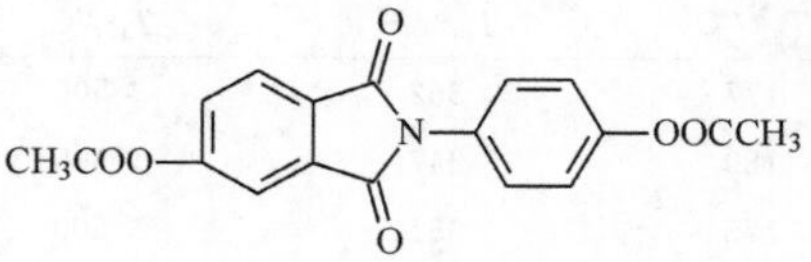
M-6

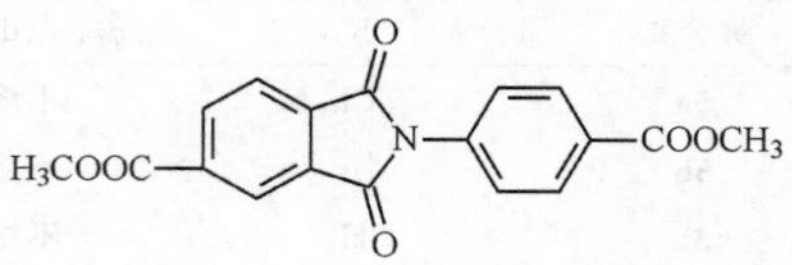
M-7

表 15-6 模型化合物 M-6 和 M-7 的极性和结构参数

模型化合物	偶极矩/D[a]	长度/Å	L/r
M-6	3.84	15.74	3.11
M-7	4.37	15.59	3.08

a：德拜，非法定计量单位，1 D=3.335 64×10^{-30}C · m。

Kricheldrof 等[10]也报道了 n 比在 **6** 中更大的聚酯酰亚胺，其性能见表 15-7。

表 15-7　带有长脂肪链的聚酯酰亚胺 6 的性能

x	T_g/℃	T_m/℃	T_i/℃
12	63	183	183～188
14	75	155	155～160
20	51	166	165～170

许家瑞等[11]将下列单体在 DMF 中有苯磺酰氯和吡啶存在下聚合，所得到的聚合物的转变温度见表 15-8，由这些液晶聚合物可以纺得高性能的纤维。

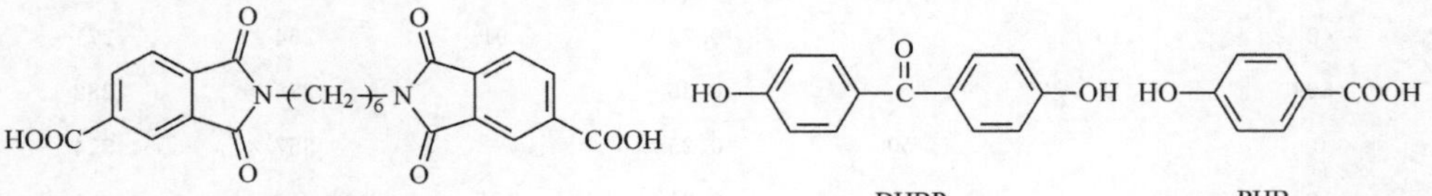

IA　　DHBP　　PHB

表 15-8　由 IA、DHBP 和 PHB 得到的聚酯酰亚胺的热转变温度

	PHB 的物质的量分数/%	T_g/℃	T_{m1}/℃	T_{m2}/℃
第一次加热	0	—	263.3	285.6
	11	—	257.6	275.1
	22	—	252.0	268.1
	33	—	250.6	265.8
	50	—	245.6	—
	67	—	—	—
第二次加热	0	128.7	253.5	286.6
	11	122.0	250.1	275.4
	20	117.4	243.6	267.7
	33	113.6	241.9	264.7
	50	108.3	235.5	252.9
	67	100.9	—	—

注：T_{m1} 为由晶态向向列液晶转变的温度；T_{m2} 为由向列态向近晶态液晶转变的温度。清亮点在 330℃左右。

董德文等[12]报道了二偏苯三酸对苯二酚二酯二酐与脂肪二胺得到的聚酯酰亚胺 **8**，这些均聚物和共聚物的性能见表 15-9。

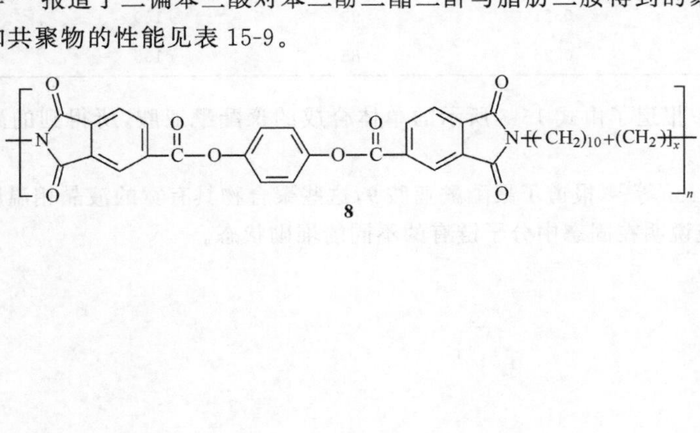

8

表 15-9 聚酯酰亚胺 8 的性能

二胺物质的量分数/%			η_{inh}/(dL/g)	T_g/℃	T_m/℃	T_i/℃
C_{10}	$x=5$	$x=6$				
0	50		0.28	112	257	287
10	40		0.25	107	225	235
17	33		0.18	104	217	241
25	25		0.30	102	226	246
33	17		0.24	97	233	254
40	10		0.23	91	264	271
50	0		0.36	—	275	282
0		50	0.25	—	357	374
10		40	0.21	115	316	341
17		33	0.33	109	300	315
25		25	0.25	105	266	292
33		17	0.19	97	250	265
40		10	0.27	92	248	272

Mustafa 等[13]报道了如式 15-2 所示的聚酯酰亚胺，由 DSC 测得分别代表熔点和清亮点的两个吸热峰。在两个温度之间可以观察到液晶相(表 15-10)。

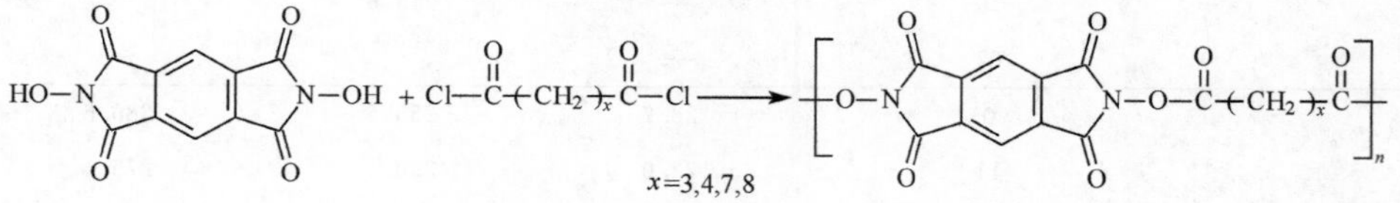

式 15-2 双(*N*-羟基)均苯四酰二亚胺与脂肪二酰氯的反应

表 15-10 由双(*N*-羟基)均苯四酰二亚胺与脂肪二酰氯反应得到的聚酯酰亚胺

x	η_{inh}/(dL/g)	T_g/℃	T_m/℃	T_i/℃
3	0.20	98	154	244
4	0.28	90	160	260
7	0.21	90	150	210
8	0.26	85	156	214

Sato 等[14]报道了由式 15-3 所示的单体合成的聚酯酰亚胺，所得到的聚合物具有向列型液晶行为。

Kricheldrof 等[15]报道了聚酯酰亚胺 **9**，这些聚合物具有宽的液晶相温度(表 15-11)，n 的奇-偶效应说明在固态中分子链有的不同的堆砌状态。

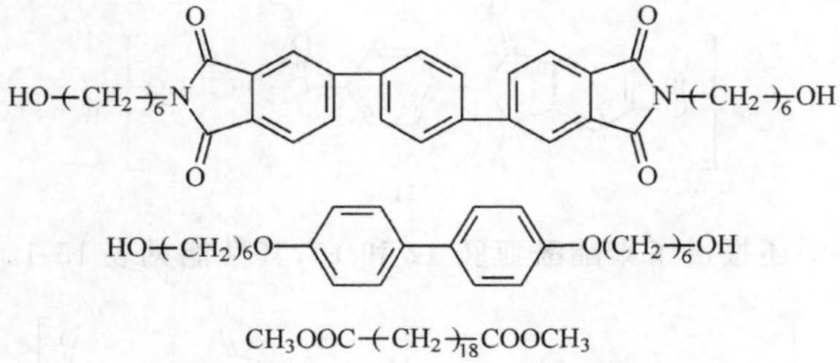

式 15-3

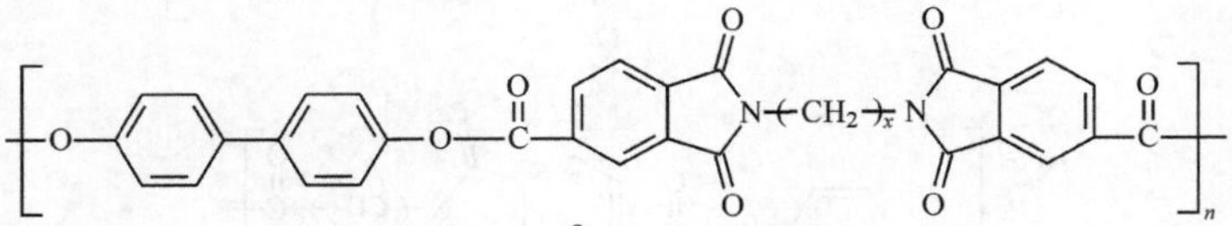

9

表 15-11　聚酯酰亚胺 9 的性能

x	η_{inh}/(dL/g)	T_g/℃	T_{m1}/℃	T_{m2}/℃	液晶相范围/℃
4	不溶	126	393	分解	398～467
5	0.79	147	356	分解	352～441
6	不溶	133	361	分解	370～439
7	1.23	117	290	408	297～429
8	不溶	n. b.	339	414	349～413
9	1.15	n. b.	246	406	245～400
10	不溶	n. b.	310	404	320～390
11	0.84	97	245	370	250～380
12	不溶	n. b.	297	386	300～386

de Abajo 等[16]报道了带脂肪醚链的聚酯酰亚胺 **10**，当 $x=y=3$ 时为向列液晶，当 $x=4$，$y=3$ 时则为向列相和近晶相的混合物。

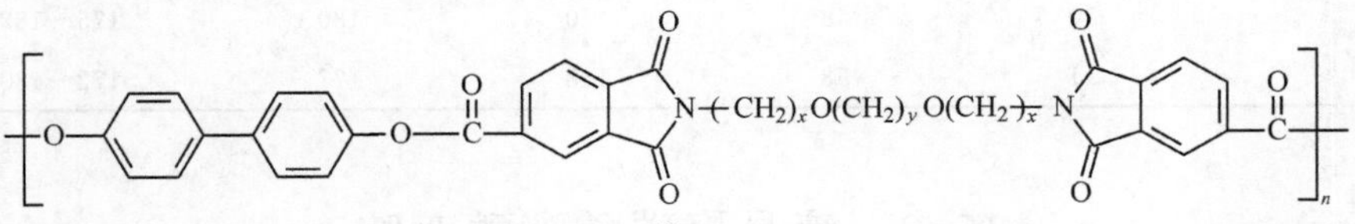

10

Kricheldrof 和 Aducci 等[17]报道了聚酯酰亚胺 **11**，当由熔融状态冷却时可以形成单变性的(monotropic) 近晶 A 相，但该近晶 A 相的寿命仅有数秒或更短。随冷却速率的不同可以得到近晶 A、B 或 E 相玻璃。

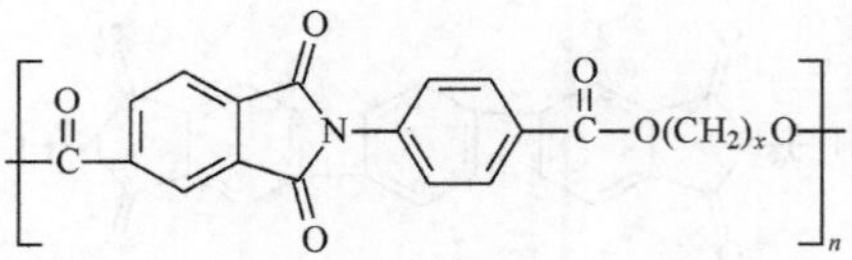

11

Kricheldof 等[18]还报道了聚酯酰亚胺 **12** 和 **13**，其性能见表 15-12。

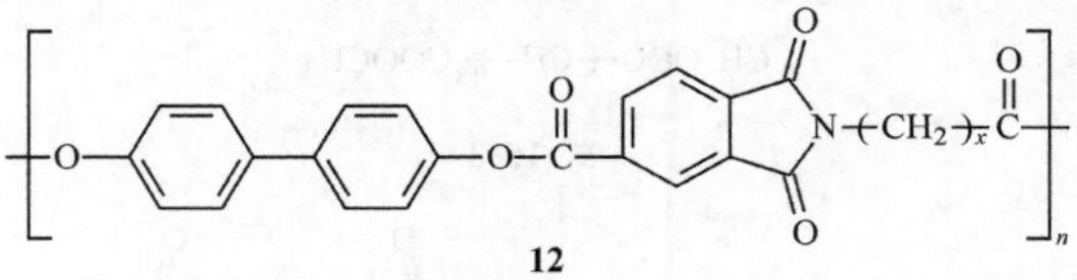

12

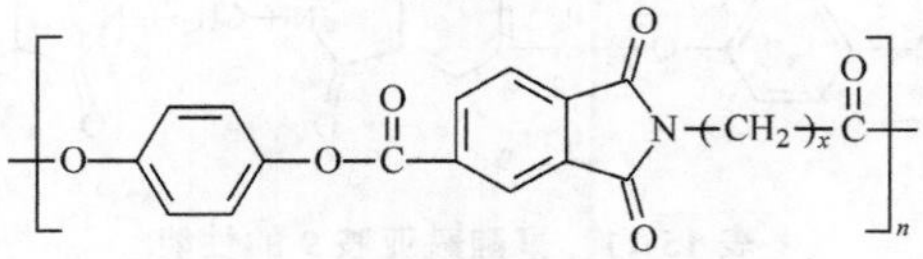

13

表 15-12　聚酯酰亚胺 12 和 13 的性能

聚酯酰亚胺	x	T_g/℃	T_{m1}/℃	T_{m2}/℃	液晶相范围/℃
12	3	132	336	360	＞350
	4	123	335	409	＞350
	5	118	337	358	334～360
	6	107	286	323	300～390
	10	61	230	298	236～316
	11	60	225	285	224～300
13	3	132	—	—	—
	4	96	207	295	214～321
	5	89	140	189	171～180
	6	76	197	220	200～246
	10	48	170	180	175～182
	11	58	168	177	172～180

15.3　液晶聚碳酸酯酰亚胺

Sato 等[19]合成了液晶聚碳酸酯酰亚胺 **14**，其结构和性能见表 15-13，认为液晶性能是由联苯单元所引起的。

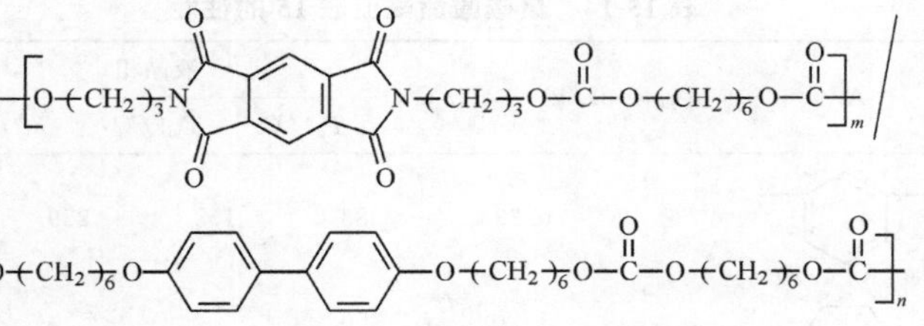

14

表 15-13　液晶聚碳酸酯酰亚胺 14 的结构和性能

m	m/n	η_{inh}/(dL/g)	T_g/℃	T_k/℃	T_c/℃	T_m/℃	T_i/℃	介晶相
3	10/0	0.40	36	143	156	261	—	—
3	8/2	0.50	24	126	142	211	—	—
3	6/4	0.58	28	—	—	124	164	双折射
3	5/5	0.68	21	55	—	118	161	向列
3	4/6	0.80	25	59	73	116	164	向列
3	2/8	1.02	14	56	—	120	153	向列
4	10/0	1.02	37	111	123	200		—
4	5/5	0.97	19	30	50	117	143	双折射
5	10/0	0.94	27	117	129	196		—
5	5/5	0.86	15	27	50	114	139	双折射
—	0/10	0.83	10			110	132	近晶
6	10/0	1.02	17	114	124	189		—
6	8/2	1.14	16	95	112	169		—
6	6/4	0.84	15	88	94	112	142	双折射
6	5/5	1.15	13			102	128	双折射
6	4/6	0.86	12	58		106	123	双折射
6	2/8	1.29	11	65		116	129	向列

注：T_k 为固相间的转变温度；T_c 为结晶温度。

Sun 等[20]报道了聚碳酸酯酰亚胺 **15** 在退火后 DSC 上出现了代表 T_m 和 T_i 的吸热峰。有趣的是，含间苯单元的聚合物也具有较宽的向列性液晶相(表 15-14)，这被解释为间苯单元的键角与碳酸酯的键角互相补偿使主链成为线性构象。

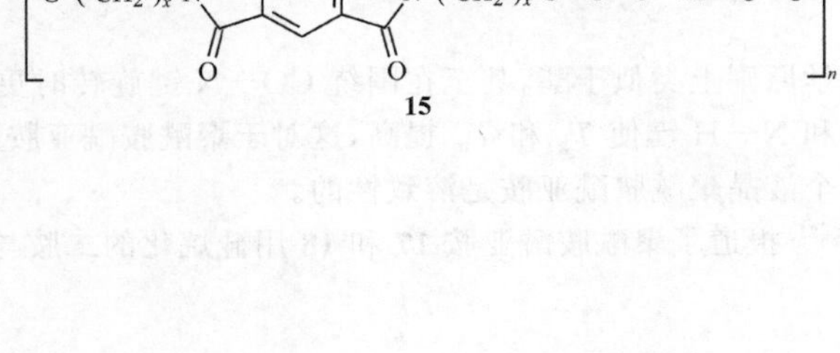

15

表 15-14 聚碳酸酯酰亚胺 15 的性能

x	Ar	η_{inh}/(dL/g)	T_i/℃	液晶相 T_g^a/℃	液晶相 T_m^a/℃	液晶相 T_i^b/℃	$T_{10\%}$/℃
	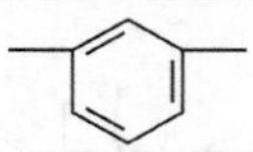	0.23	288	158	259	283	308
		0.45	350 (分解)	158	—	344	355
2	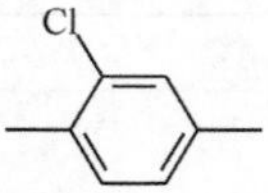	0.21	272	139	227	265	341
	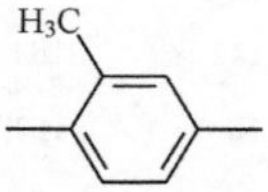	0.54	340 (分解)	164	—	307	355
	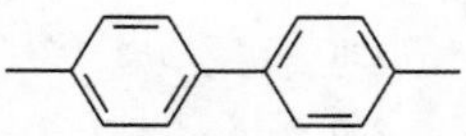	0.32	275	149	270	299	360
	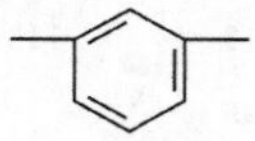	0.42	218	104	204	228	297
		0.50	260 (分解)	148	205	264 (分解)	318
3	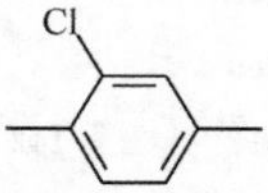	0.66	252	117	203	—	320
	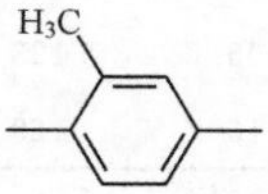	0.48	225	113	184	227	308
	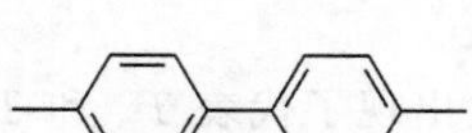	0.31	232	105	216	231	302

注：T_i 由偏光显微镜测得。

15.4 液晶聚酰胺酰亚胺

酰胺的立体化学原则上类似于酯，甚至在围绕 CO—N 键旋转时更有利于线形构象。然而较高的偶极矩和 N—H 键使 T_g 和 T_m 提高，这对于聚酰胺酰亚胺形成热致性液晶是不利的。所以第一个液晶聚酰胺酰亚胺是溶致性的。

Kricheldrof 等[21] 报道了聚酰胺酰亚胺 **17** 和 **18** 用硅烷化的二胺与 **16** 的二酰氯以类

似于聚芳香酰胺的方法在 NMP 中缩聚，这些聚酰胺酰亚胺能溶解于浓硫酸和甲磺酸，**17a** 的 10％浓硫酸溶液具有溶致性液晶特性。但 **17b**、**17c** 却不具溶致性，可见无规共聚不利于溶致性液晶的生成。

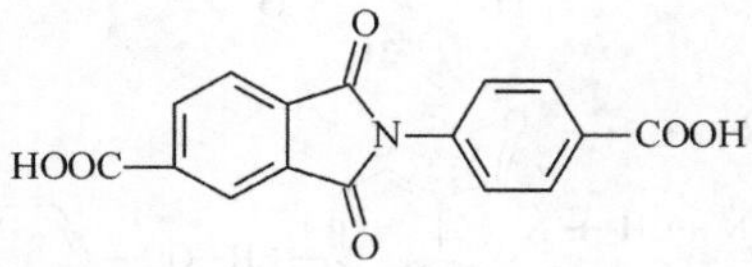

16

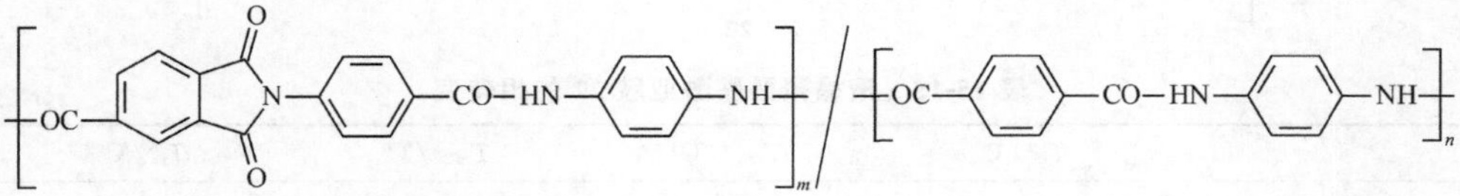

17: **a**:*m*:*n*=10:0; **b**:*m*:*n*=5:5; **c**:*m*:*n*=2:8

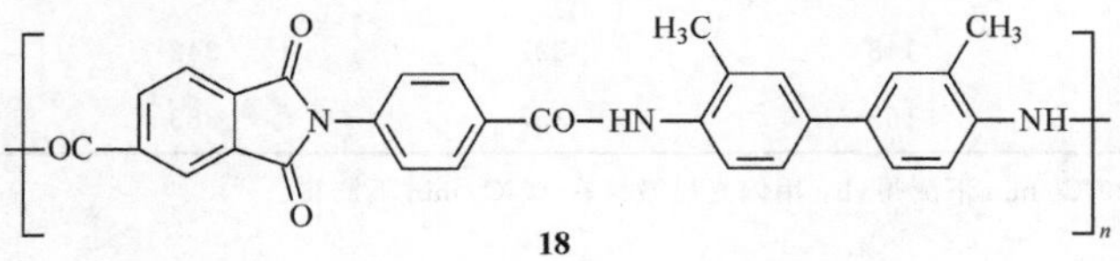

18

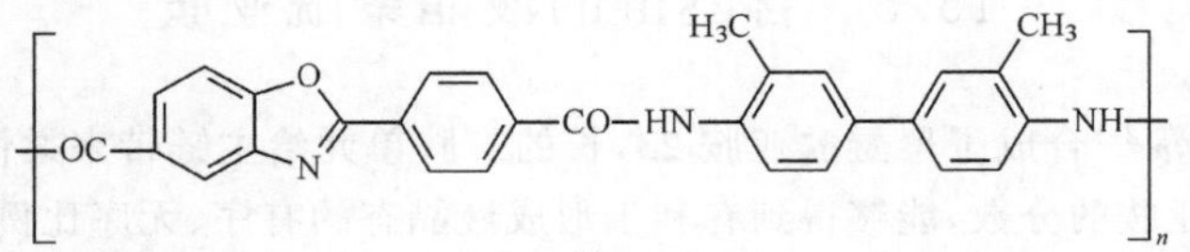

19

18 在 10％硫酸中不是溶致性液晶，而 **19** 则是。这是第一个说明苯并噁唑比酰亚胺更易形成液晶相的例子。**20a**～**20d** 在 300 ℃左右在 50～60 ℃范围内显示近晶相[22]。

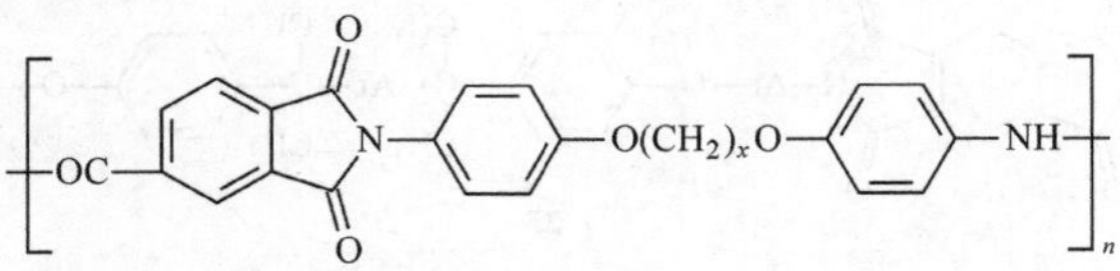

20: **a**: *x*=8; **b**: *x*=9; **c**: *x*=10; **d**: *x*=12

具有脂肪间隔链的二胺上如有甲基取代就得不到液晶，但在固相都得到近晶层状结构。

另一类聚酰胺酰亚胺 **22** 是由含酰亚胺单元的二胺 **21** 与对苯二酸、联苯二酸及 2,6-萘二酸的二酰氯缩聚而得的[23]。只有联苯二酸的聚酰胺酰亚胺具有热致性液晶的特性。表 15-15 中显示了三个转变温度：由近晶相到近晶液晶相（T_{m1}），再转化到向列相（T_{m2}），最后是清亮点 T_i。近晶液晶相和 350 ℃以上的热分解温度的窄温度范围使得不能区分近晶 A 和近晶 C 织构。

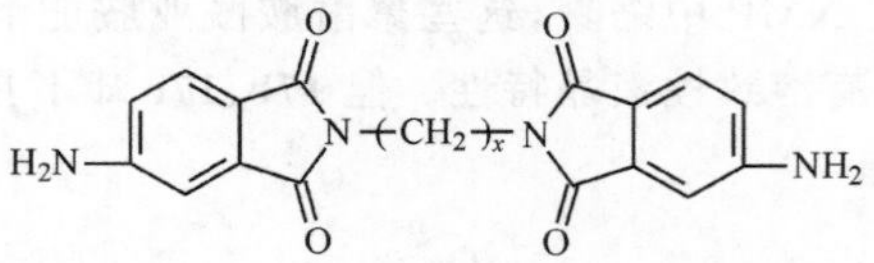

21

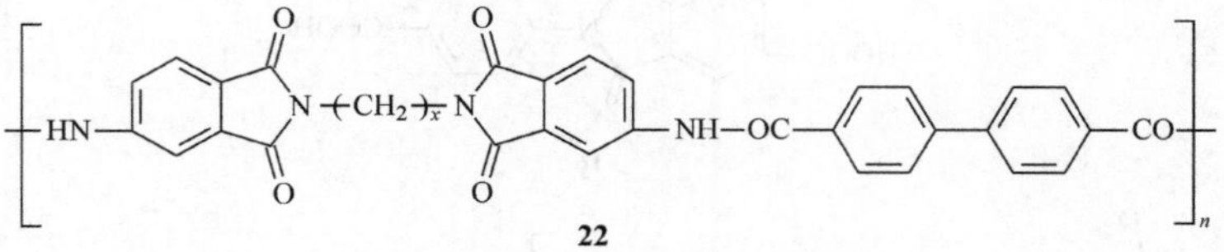

22

表 15-15　液晶聚酰胺酰亚胺 22 的相转变

x	$T_g{}^a$/℃	$T_{m1}{}^a$/℃	$T_{m2}{}^a$/℃	$T_i{}^b$/℃
9	156	325	351	435～445
10	173	383	409	440～450
11	148	322	342	380～390
12	152	357	383	415～425

a：由 DSC，在 20 ℃/min 下测得；b：用偏光显微镜在 10 ℃/min 下测得。

15.5　含醚链的液晶聚酰亚胺

Asanuma 等[24]合成了聚醚酰亚胺 **23**，长的二胺单元给主链带来柔性，同时也减少了重复单元中酰亚胺的分数，能够得到有利于形成液晶态的有序、无序比例。但链上苯环的构象对于聚合物的聚集态起有关键的作用（表 15-16），所得到的液晶聚合物在 277～300 ℃之间呈现液晶相。在 310 ℃熔融牵伸可以得到类似近晶型的液晶结构。

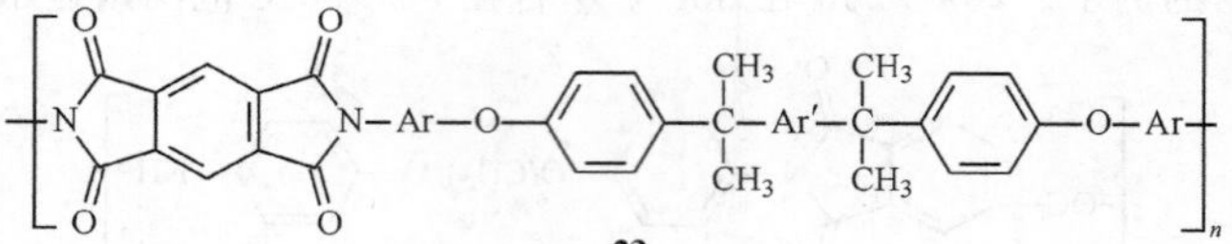

23

表 15-16　聚醚酰亚胺 23 的性能

Ar	Ar′	T_g/℃	T_m/℃	聚集态
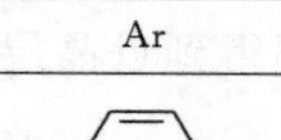	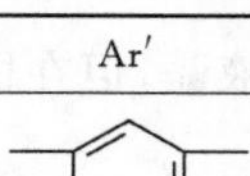	—	270～300	液晶
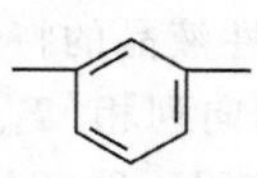	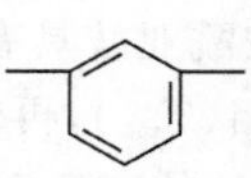	177	—	无定形
		246	339	结晶

15.6　侧链液晶聚酰亚胺

顾宜等合成了含联苯侧基的聚酰亚胺 **24** 和 **25**[25,26]，其性能见表 15-17 和表 15-18。

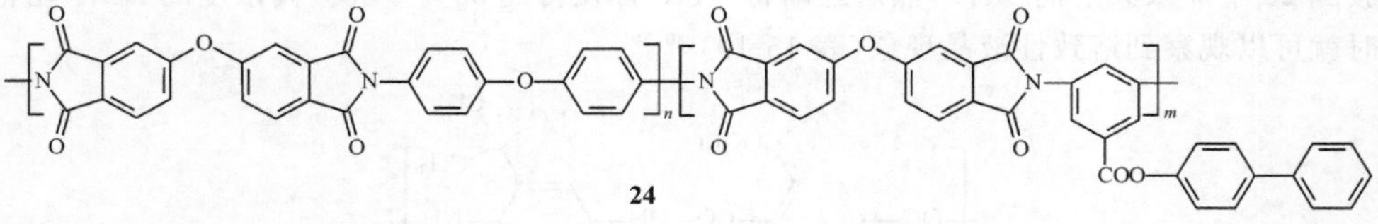

24

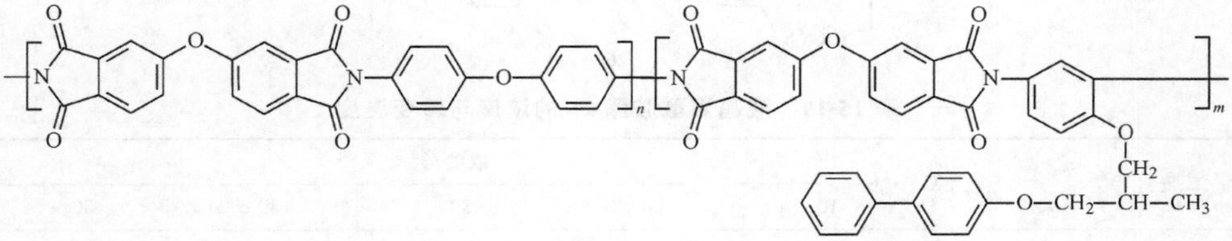

25

表 15-17　含联苯侧基的液晶聚酰亚胺 24 的性能

m/%(物质的量分数)	η_{inh} /(dL/g)	抗张强度 /MPa	抗张模量 /GPa	CTE /(10^{-6} K^{-1})	$T_{5\%}$/℃ (N_2)	T_m/℃	T_i/℃
0	1.12	78.4	1.738	64	—	—	—
10	1.08	98.2	2.418	—	—	—	—
15	1.04	139.2	2.732	46	539	246	267
20	0.98	235.2	5.360	41	553	245	262
25	0.82	148.3	2.987	—	523	241	260

注：T_m 为由 T_g 到向列型液晶态的转变温度；T_i 为清亮点。

表 15-18　含联苯侧基的液晶聚酰亚胺 25 的转变温度

m/%(物质的量分数)	加热		冷却	
	T_g/℃	近晶相/℃	近晶相/℃	T_i/℃
1.9	264	—		259
2.8	261	281		277
3.7	258	280	251	277
4.6	249	276	246	271

这些侧链型聚酰亚胺液晶在极性非质子溶剂中具有好的溶解性。

15.7　液晶聚酰胺酯

对于 PMDA/ODA 的聚酰胺酸，即使浓度高到 30%也未见溶致性液晶现象，这可能是由于存在异构体和大分子的曲折的构象，妨碍了形成液晶所必需的有序聚集。Whang等首先发现 PMDA/MDA 的聚酰胺酸有溶致性液晶现象[27]，但这种液晶是由规整的间位异构体组成的。由 PMDA/TFDB 的聚酰胺酸在 NMP 中可以观察到双折射球晶[28]。

Schmidt 等[29]发现在由 PMDA 的对位二乙酯二酰氯与特丁基对苯二胺得到的聚酰胺酯 **26** 中加入共溶剂 THF，然后逐渐将 THF 挥发得到 35%～55%高浓度的 NMP 溶液时就可以观察到溶致性液晶现象(表 15-19)[30,31]。

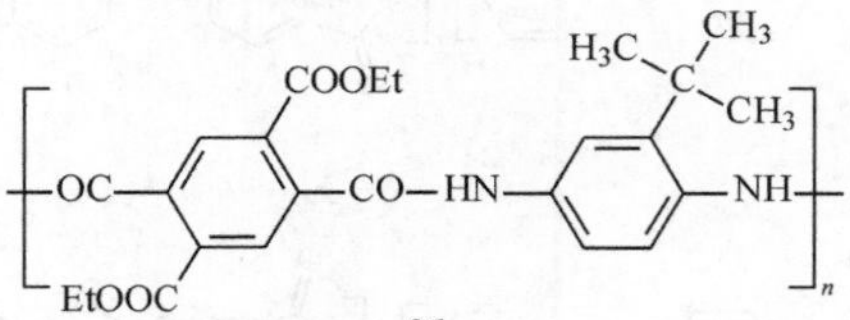

26

表 15-19　液晶聚酰胺酯 26 的浓度与转变温度

二胺	η_{inh} /(dL/g)	T_{ini}/℃	浓度/%				
			10	20	30	40	50
t-BuPPD	1.00	282	均相	80～95→均相	90～110→均相	105～125 →溶致	凝胶[a]
TFMPPD	1.02	271	均相	均相	30～50→均相	凝胶[a,b]	凝胶[a,b]
DMB	1.88	245	50～80→均相	80～110→均相	100～120 →溶致	110～130 →溶致	120～140→溶致
TFDB	1.86	270	均相	均相[c]	60～80→均相	50～80→溶致	60～100→溶致
8FBz	0.30	285	均相	均相	凝胶[a,c]	凝胶[a,c]	凝胶[a,c]

注：T_{ini}为开始酰亚胺化的温度。

a:140 ℃不溶；b:在强力剪切后可以观察到溶致性液晶相，但几分钟后又变成凝胶；c：在强力剪切后能够观察到溶致性液晶相，可以稳定数月。

参 考 文 献

[1] Kricheldorf H R. Adv. Polym. Sci., 1999, 141: 83.
[2] Evans J R, Orwoll R A. J. Polym. Sci., Polym. Chem., 1985, 23: 971.
[3] Koning C, Teuwen L, Meijer E W, Moonen J. Polymer, 1994, 35: 4889.
[4] Inoue T, Kakimoto M, Imai Y, Watanabe J. Macromolecules, 1995, 28: 6368.
[5] Kricheldorf H R, Krawinkel T H M, Schwoltz G. J. Macromol. Sci., Pure & Appl. Chem., 1998, 35: 1853.
[6] Fujiwara H, Ozake H, Isaba T, Tayama T. Jp, 04, 33925, 1990.
[7] Kricheldorf H R, Huner R. Makromol. Chem. Rapid Commun., 1990, 11: 211;(1):104.
[8] Kricheldorf H R, Domschke A, Schwarz G. Macromolecules, 1991, 24: 1011; Krecheldorf H R, Schwarz G, Domschke A, Linser V. Macromolecules, 1993, 26: 5161; de Abajo I, de la Campa J, Krecheldorf H R, Schwarz G. Eur. Polym. J., 1992, 28: 261.
[9] de Abajo J, de la Campa J G, Alegria A, Echave J M. J. Polym. Sci., Polym. Phys., 1997, 35: 203.
[10] Kricheldrof H R, Probst N, Schwarz G, Wutz C. Macromolecules, 1996, 29: 4234.
[11] Chi Z, Xu J. J. Appl. Polym. Sci., 2003, 90: 1045.
[12] Dong D, Zhuang H, Ni Y, Ding M. J. Polym. Sci., Polym. Chem., 1999, 37: 211.
[13] Mustafa I F, Dujaili A A, Alto A T. Acta Polymerica, 1990, 41: 310.
[14] Sato M, Ujiie S. Macromol. Phys., 1996, 197: 2765.

[15] Kricheldrof H R, Pakull R. Macromolecules, 1988, 21: 551.
[16] de Abajo J, De la Campa J, Schwarz G, Kricheldof H R. Polymer, 1997, 38: 5677.
[17] Kricheldrof H R, Schwarz G, De Abajo J, de la Campa J. Polymer, 1991, 32: 942; Aducci I M, Facinelli I V, Lenz R W. J. Polym. Sci., Polym. Chem., 1994, 32: 2931.
[18] Kricheldof H R, Pakull R, Buchner S. J. Polym. Sci., polym. Chem., 1989, 27: 431.
[19] Sato M, Hirata T, Mukaida K. Makromol. Chem., 1992, 193: 1724; Hirata T, Sato M, Mukaida K. Makromol. Chem., 1993, 194: 2861.
[20] Sun S-J, Chang TC. J. Polym. Sci., Polym. Chem., 1994, 32: 3039.
[21] Kricheldrof H R, Thomsen S A. Makromol. Chem. Rapid Commun., 1993, 14: 395.
[22] Kricheldrof H R, Gurau M. J. Polym. Sci., Polym. Chem., 1995, 33: 2241.
[23] Kricheldrof H R, Gurau M. J. Macromol. Sci., Pure Appl. Chem., 1996, A32: 1831.
[24] Asanuma T, Oikawa H, Ookawa Y, Yamasita W, Matsuo M, Yamaguchi A. J. Polym. Sci., Polym. Chem., 1994, 32: 2111.
[25] Fan H, Gu Y, Xie M. J. Polym. Sci., Polym. Chem., 2003, 41: 554.
[26] Fan H, Gu Y, Xie M L. Polym Int, 2001, 50: 1331.
[27] Whang W T, Wu S C. J. Polym. Sci., Polym. Chem., 1988, 26: 2749.
[28] Marasco J P, Garapon J, Sillion B. Mater. Res. Soc. Symp. Proc., 1997, 476: 249.
[29] Neuber C, Giesa R, Schmidt H-W. Macromol. Chem. Phys., 2002, 203: 598.
[30] Becker K H, Schmidt H-W. Macromolecules, 1992, 25: 6784.
[31] Becker K H, Schmidt, H- W. Polym. Prepr., 1994, 35(1): 349.

第 16 章　树枝状及超枝化聚酰亚胺

树枝状聚合物(dendrimers)和超枝化聚合物(hyperbranched polymers)都具有多个端基,高溶解性、低黏度和低结晶度等特点,只不过树枝状聚合物具有严格的结构规整性和相对分子质量的单分散性,需要逐步地进行合成和提纯才能得到,合成的方法可以是由一个中心点出发向外发展成规则的多支链聚合物(发散法),或由外向一个中心点收敛得到树枝状聚合物(收敛法)。超枝化聚合物则是由 AB_x 型或 A_x+B_y 型多官能单体一步合成,其结构是不规整的,相对分子质量分布也较宽,所以对于不必要求严格的结构规整性的场合,比较容易合成的超枝化聚合物更具有实际意义。

16.1　枝化度的测定

对于枝化的聚合物,可以用枝化度(DB)来表征其结构,图 16-1 是用来计算 AB_2 单体聚合物的枝化度的结构单元。

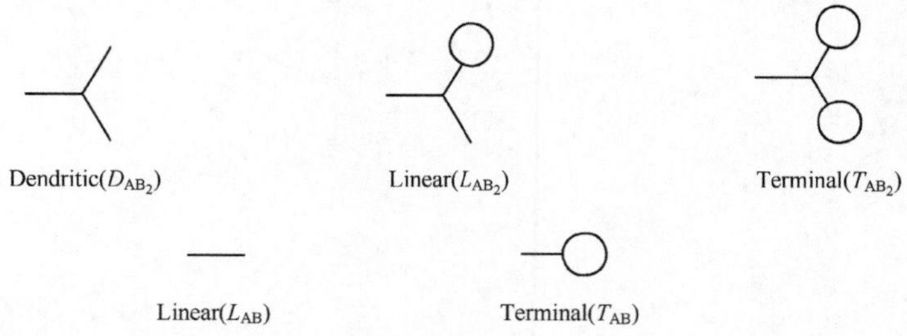

图 16-1　用来计算枝化度的结构单元

根据 Froly 的假设条件[1]:A 和 B 具有相同的活性,反应中不发生环化,也不存在次级反应时,对于 AB_2 单体聚合的理论,Frechet 提出计算 DB 的方法[2]:

$$DB(AB_2) = (T_{AB_2} + D_{AB_2})/(T_{AB_2} + D_{AB_2} + L_{AB_2}) \tag{16-1}$$

如果 A 的转化率高,$D \approx T$,就得到 Frey 式[3]:

$$DB(AB_2) = 2D_{AB_2}/(2D_{AB_2} + L_{AB_2}) \tag{16-2}$$

对于 $AB+AB_2$ 体系:

$$DB(AB_2/AB) = 2D_{AB_2}/(2D_{AB_2} + L_{AB} + L_{AB_2}) \tag{16-3}$$

所以对于没有枝化的线形高分子,DB=0;对于结构规整的树枝状高分子,DB=1。当 AB_2 单体的转化率达到 100%时,DB=0.5。在实际的反应中很难完全满足这些假设条件,所以 DB 需要实际测定,通常可以用 ^1H NMR 或 ^{13}C NMR 来测定各种结构的分数,还可以用分解的方法来测定各种枝化、线形及封端的片段[4]。最常用的是根据模型物来确定 NMR 的各种特征质子的化学位移,然后测得聚合物中枝化、线形及封端的链段数目进行计算[5]。采用这种方法时,模型物和超枝化聚合物必须都能够溶解在相同的氘代试剂中,而且聚合物中各个峰的分辨率必须能够进行准确地积分。如果不能满足这些条件,Moore 等[6]还提出一个间接的方法来确定 DB，即用带 A,B 和 B_2 官能团的不能聚合的小分子在与聚合反应相同的条件下进行反应,将所得到的低分子产物用^{1}H NMR 和 HPLC 来定量,并由所得到的数据计算 DB。由式 16-1 得到的化合物用 NMR 和 HPLC 测得的 DB 数据相应为 0.66 和 0.68。

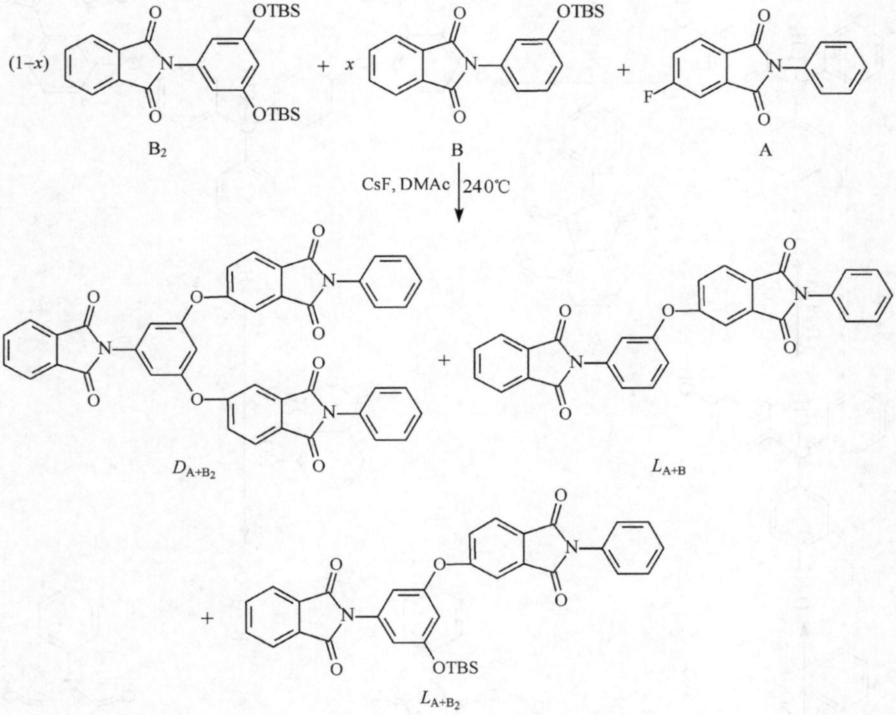

式 16-1　用间接法测定 DB 的例子

16.2　树枝状聚酰亚胺

Leu 等用收敛法合成了树枝状聚酰亚胺[7],式 16-2 是单体和聚合物的合成路线。他们先将对硝基苯乙酮与苯酚反应得到 1,1,1-硝苯基二羟苯基乙烷,还原后得到 1,1,1-氨苯基二羟苯基乙烷(**1**)。将 **1** 与 *N*-苯基-3-硝基酞酰亚胺反应得到第一代含氨基的树枝状聚酰亚胺[G-1]NH_2。将[G-1]NH_2 与 3-硝基苯酐反应得到[G-1]NO_2,然后将[G-1]NO_2 再与 **1** 反应,得到第二代带氨基的树枝状聚酰亚胺[G-2]NH_2,由[G-2]NH_2 与 3-硝基苯酐反应得到第二代带硝基的树枝状聚酰亚胺[G-2]NO_2,由[G-2]NO_2 再与 **1** 反应得到第三代带氨基的树枝状聚酰亚胺[G-3]NH_2……如果由 1,1,1-三羟苯基乙烷(**A**)与 *N*-苯基-3-硝基酞酰亚胺([G-0]NO_2)反应得到的是第一代[G-1]C，同样将[G-1]NO_2 与 1,1,

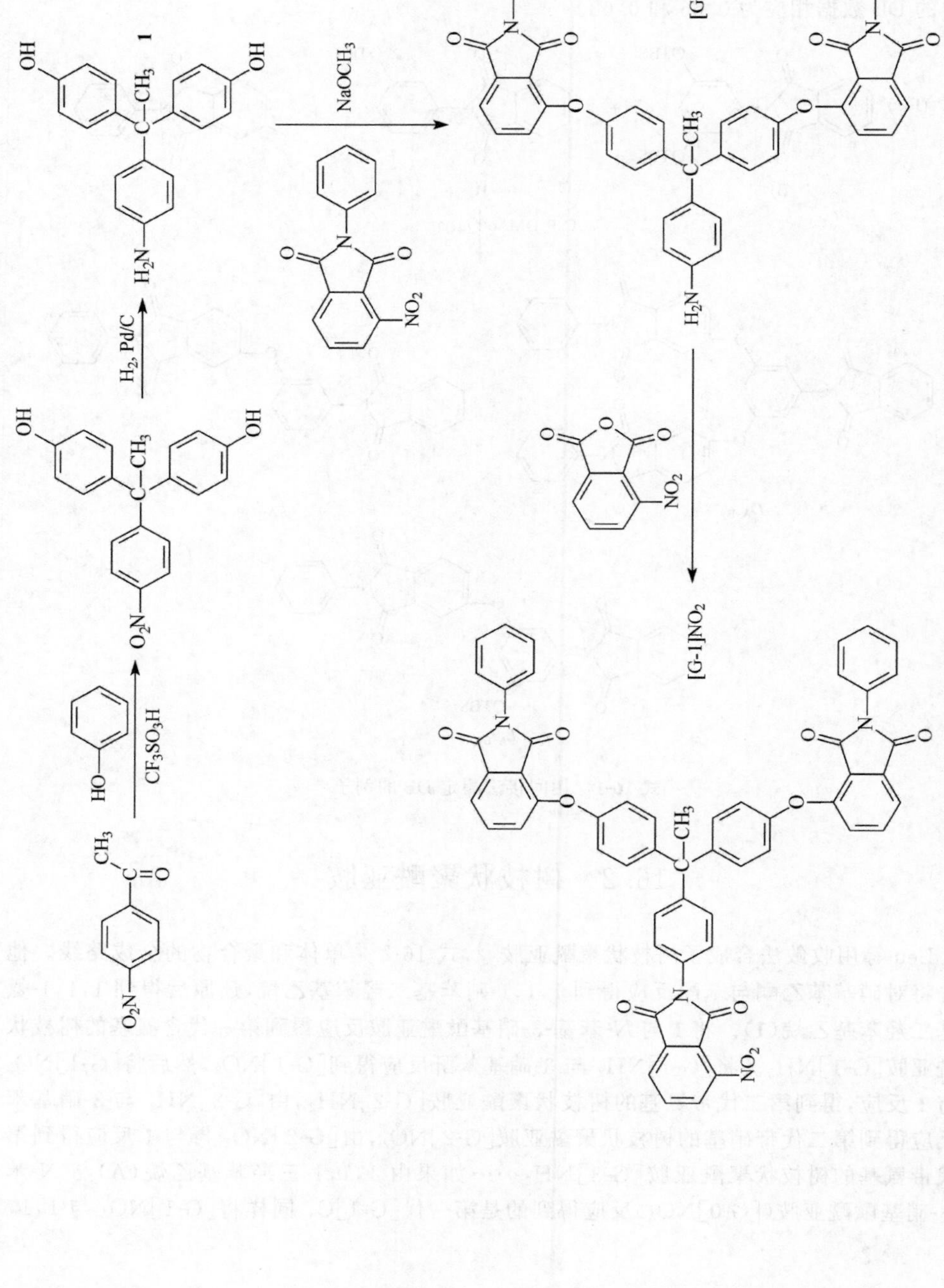

式 16-2 树枝状聚酰亚胺的合成

1-三羟苯基乙烷反应得到第二代[G-2]C 等(式 16-3)。这些树枝状聚酰亚胺可以溶解在 DMSO、THF、氯仿、二氯甲烷及酰胺类溶剂中,其热稳定性列于表 16-1。

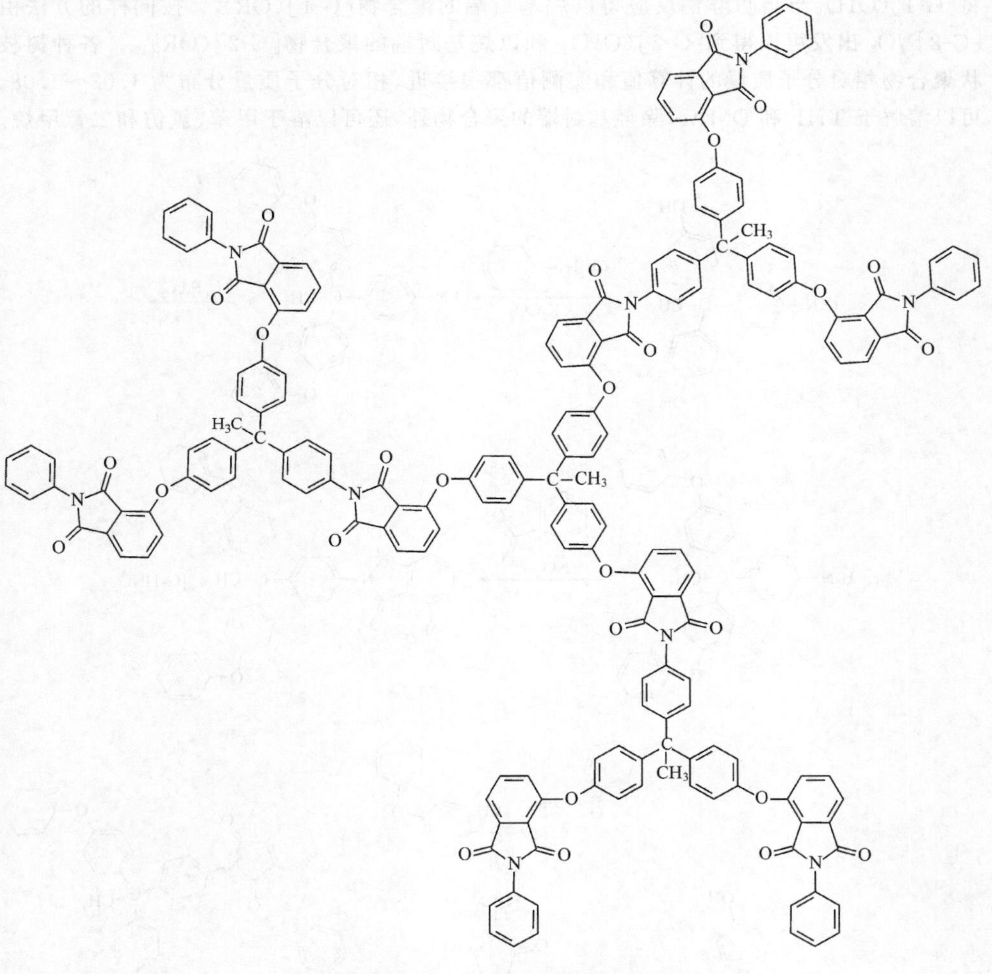

式 16-3　[G-2]C 树枝状聚酰亚胺

表 16-1　树枝状聚酰亚胺的热稳定性

	$T_{5\%}$/℃	$T_{10\%}$/℃
[G-1]C	458	487
[G-2]C	453	481
[G-3]C	462	481

由表 16-1 可见,这些树枝状聚酰亚胺的热稳定性与树枝的代数无关。

Leu 等[8]还以 1,1,1-硝苯基二羟苯基乙烷与苄氯反应得到 1,1,1-硝苯基二苄氧基苯基乙烷,还原后得到 1,1,1-氨苯基二苄氧基苯基乙烷,同样,再与 3-硝基苯酐反应得到第一代硝基化合物[G-1]NO_2。将[G-1]NO_2 与 **A** 反应就可以以收敛方法得到树枝状聚酰亚胺[G-1]C(式 16-4)。将[G-1]C 经加氢去除苄基,得羟基封端的聚合物[G-1]$(OH)_6$,将[G-1]$(OH)_6$ 与脂肪醇钠反应得以烷基封端的聚合物[G-1]$(OR)_6$。按同样的方法由[G-2]NO_2 出发可以得到[G-2]$(OH)_{12}$ 和以烷基封端的聚合物[G-2]$(OR)_{12}$。各种树枝状聚合物相对分子质量的计算值和实测值都很接近,相对分子质量分布为 1.02～1.08。可以溶解于 THF 和 DMAc,除羟基封端的聚合物外,还可以溶于甲苯、氯仿和二氯甲烷。

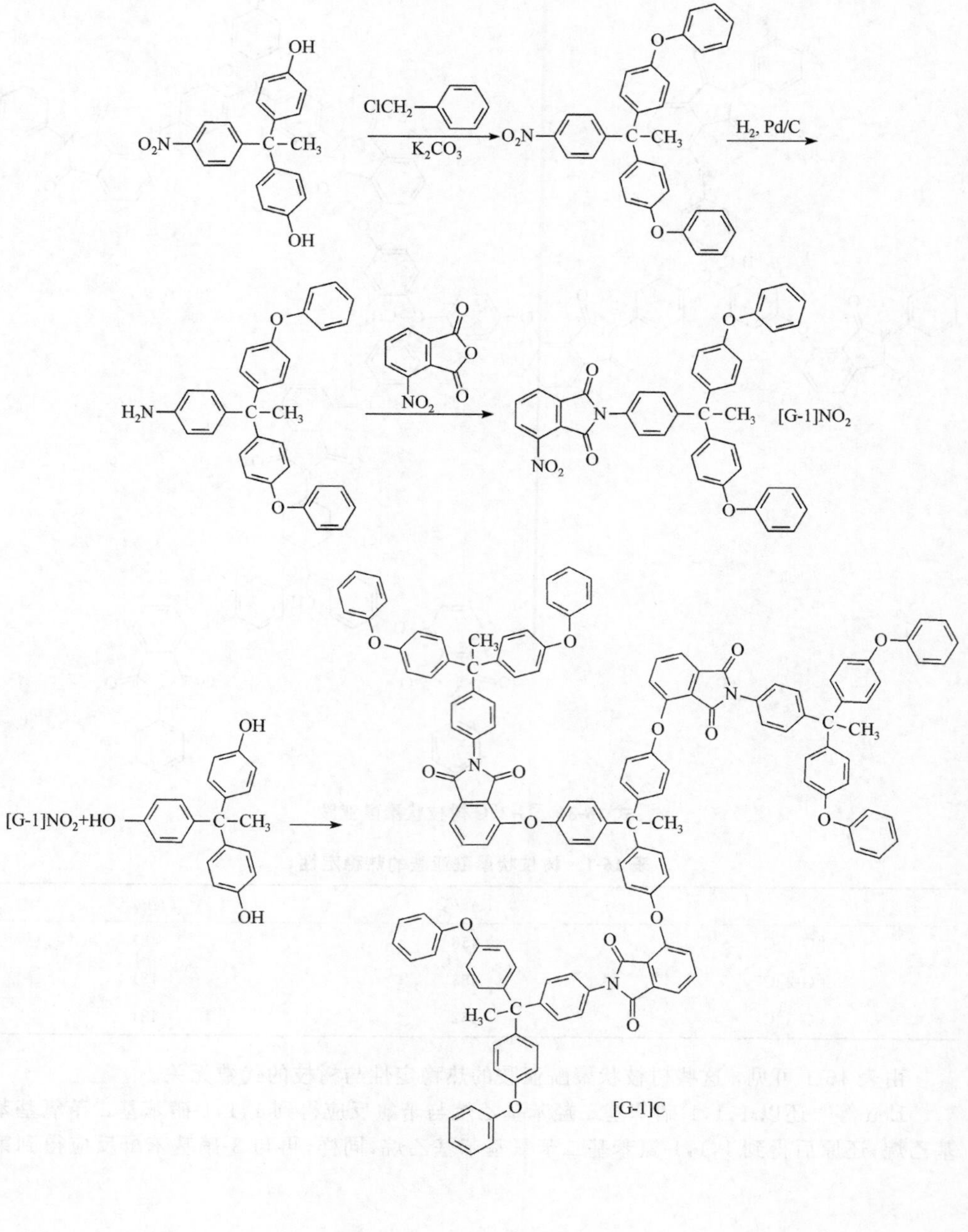

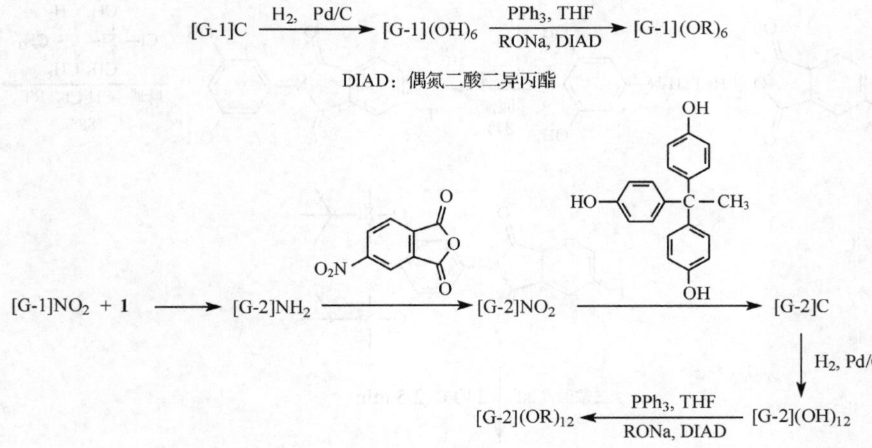

式 16-4　由收敛法得到树枝状聚酰亚胺[8]

以羟基封端的树枝状聚合物可以溶于含碱的甲醇中。玻璃化温度则随着树枝代数的增加而提高(表 16-2)。

表 16-2　以各种基团封端的树枝状聚酰亚胺的性能

聚合物	T_g/℃	溶解性						
		甲苯	CH_2Cl_2	氯仿	THF	DMF	DMSO	甲醇/(mol/L NaOH)
[G-1]C	120	+	+	+	+	+	±	—
[G-2]C	159	+	+	+	+	+	±	—
[G-1](OH)$_6$	190	—	—	—	+	+	+	+
[G-2](OH)$_{12}$	210	—	—	—	+	+	+	+
[G-1](OR)$_6$	76	+	+	+	+	+	—	—
[G-2](OR)$_{12}$	93	+	+	+	+	+	—	—

16.3　超枝化聚酰亚胺

Moore 等[9]用 4-氟苯酐与 3-氨基间苯二酚反应得到 *N*-间苯二酚基氟代酞酰亚胺 AB_2 型单体，将酚羟基用二甲基特丁基氯硅烷硅烷化，然后在氟化铯催化下，以二苯砜为溶剂在 240 ℃数分钟就完成聚合反应得到超枝化聚醚酰亚胺(式 16-5)。反应开始时即放出大量气泡，这是氟化二甲基特丁基硅烷从体系中逸出，2.5 min 后气泡停止逸出，说明反应已经完成。

所得到的聚醚酰亚胺的枝化度为 0.66。除了已烷、乙醇、甲醇和水外，聚合物可以溶解在许多有机溶剂中。空气中失重 10%的温度为 530 ℃。直到分解温度，DSC 不显示玻璃化转变，但用显微镜可以看到在 300 ℃附近开始软化。

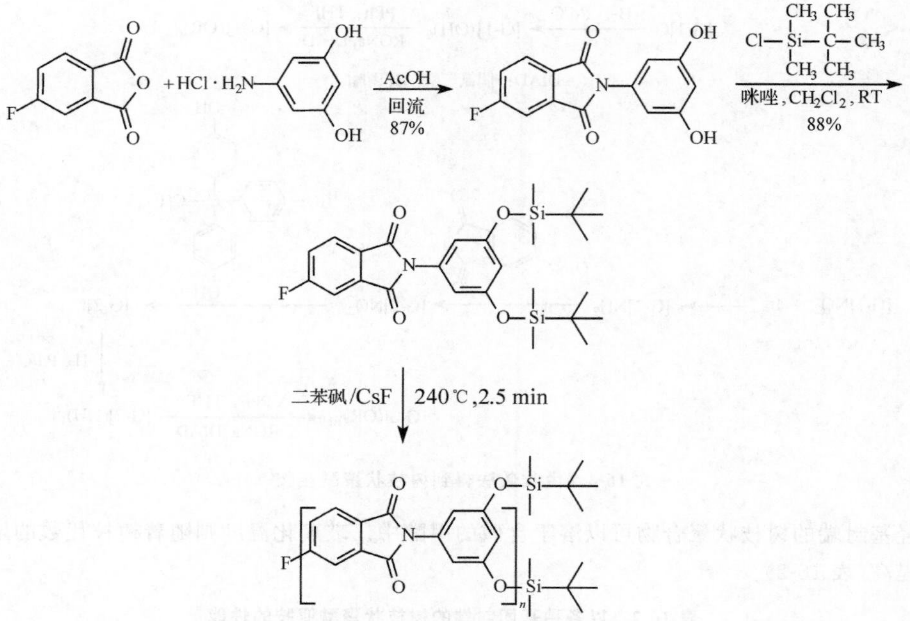

式 16-5　超枝化聚醚酰亚胺的合成

Okazaki 等[10]将上述以硅氧烷封端的超枝化聚合物酸解为酚羟基封端的聚合物(**2**)。该超枝化聚酰亚胺的 M_w=60 000，M_n=27 000，相对分子质量分布为 2.2，氮气中失重 10%的温度为 500℃，T_g(DSC)为 250℃，对于波长为 365 μm 的光线的透过率为 90%，枝化度为 0.50。将 **2** 与 20%交联剂 3,3′5,5′-羟甲基二苯甲烷(**3**)和 10%产酸剂(**4**)配成负性光刻胶，用 365 μm 的 i 线光刻后在 120℃后烘，可以用 2.3%(质量分数)的四甲基氢氧化铵水溶液显影，所得到的交联的超枝化聚酰亚胺见式 16-6。

Moore 等[11]将带羟基的超枝化聚酰亚胺进行烷基化，当烷基为 8 个碳时，即可与线形低密度聚乙烯相容，如烷基为 18 个碳时，烷基会在共混薄膜的表面富集。

Moore 等还研究了超枝化聚合物中线形部分的增加对聚合物性能的影响(式 16-7)[12,13]。发现在 AB 单体分数(x_{AB})由 0～1 的整个系列中相对分子质量变化不明显，聚合物的浓溶液(10%，NMP)的黏度在 x_{AB}为 0.00～0.80 范围内仅略有增加，但当 x_{AB}更高时，黏度会急剧升高，说明大分子由球状超枝化变为伸展的星状分子，分子链也开始发生缠结，所以薄膜显示延展性，当 $x_{AB}\geqslant 0.90$ 时，由共聚物得到的薄膜就可以从底板上完整地剥离。认为黏度与聚合物中枝化点间的距离(l_{AB})有很大的关系，所以 l_{AB}[3]是影响流变性能的重要结构参数。T_g 则随着 x_{AB}的增加逐渐增加(表 16-3)。同时从浓溶液的流变行为和双折射的降低也说明枝化度的降低，并随反应时间的增加而变化[14]。

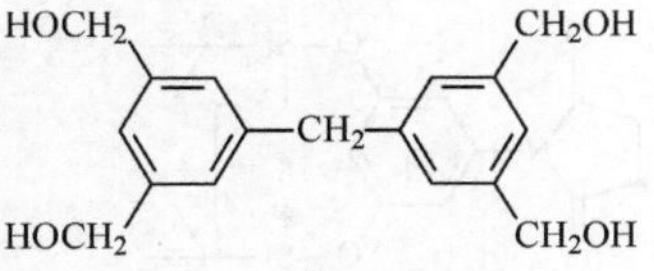

3

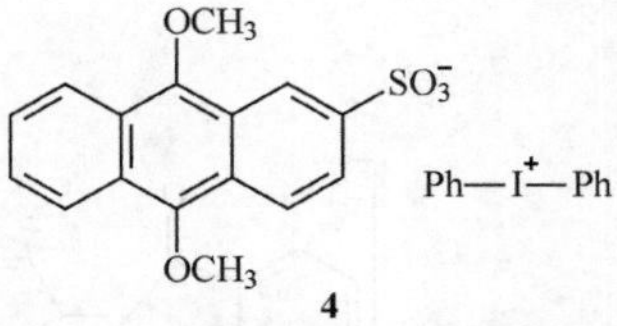

4

9, 10-二甲氧基蒽-2-磺酸二苯碘

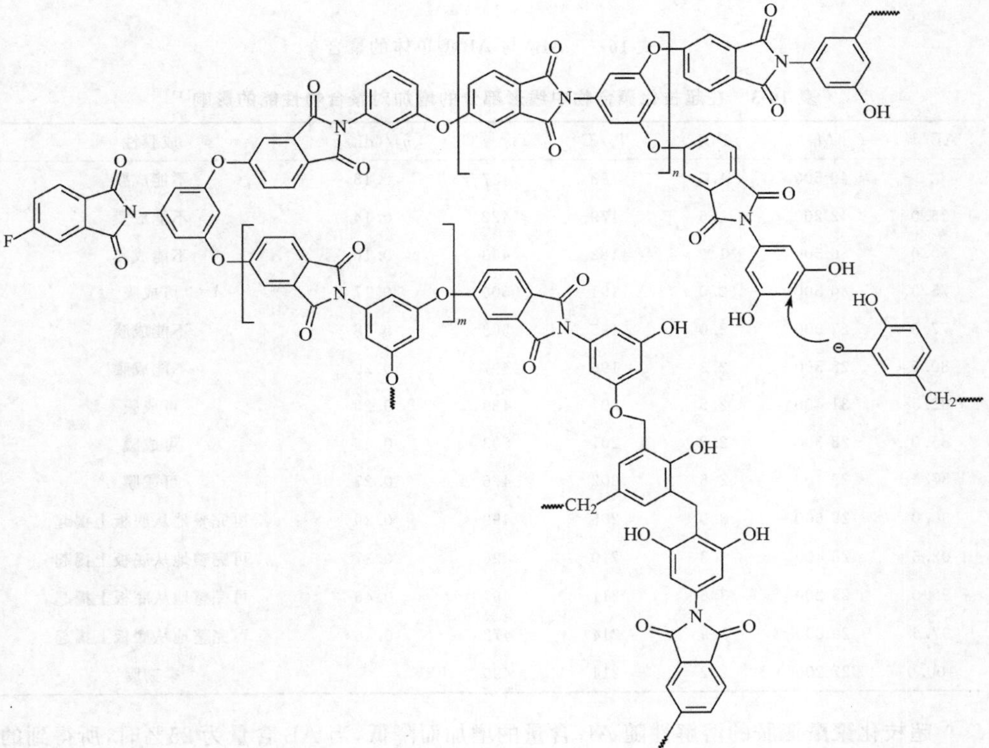

式 16-6　用 **3** 交联的超枝化聚酰亚胺

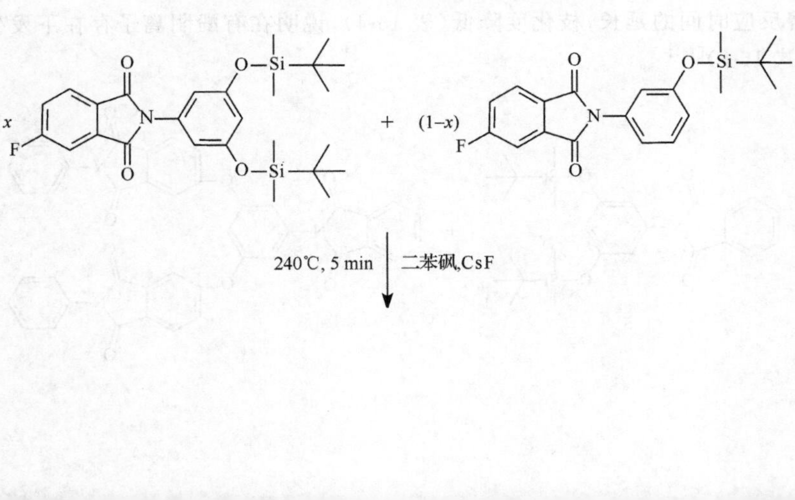

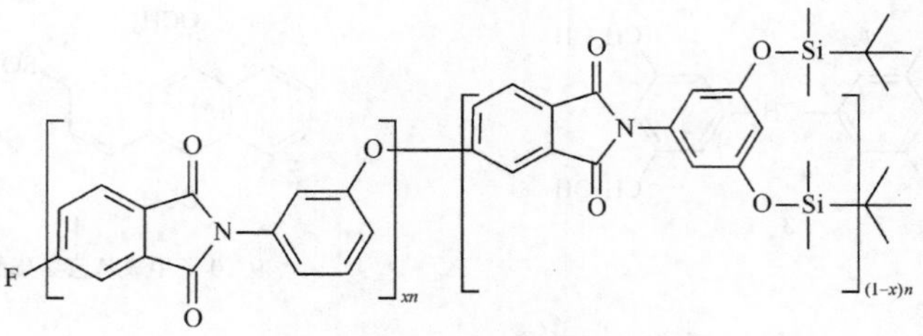

式 16-7 AB_2 与 AB 型单体的聚合

表 16-3 在超枝化聚合物中线形部分的增加对聚合物性能的影响[13]

AB/%	M_n	PDI	T_g/℃	$T_{10\%}$/℃	[η]/(dL/g)	成膜性
0.0	48 500	1.5	183	427	0.13	不能成膜
25.0	42 200	1.6	179	422	0.14	不能成膜
50.0	36 500	1.9	183	463	0.16	不能成膜
75.0	30 300	2.0	191	504	0.17	可成膜
77.5	27 900	2.0	195	503	0.18	不能成膜
80.0	28 300	2.3	196	497	0.20	不能成膜
82.5	31 400	2.5	201	489	0.23	可成膜
85.0	28 300	2.3	201	503	0.25	可成膜
87.5	29 100	2.6	202	496	0.27	可成膜
90.0	29 600	3.0	206	499	0.29	可完整地从底板上揭起
92.5	26 400	4.3	210	496	0.37	可完整地从底板上揭起
95.0	29 200	3.6	211	497	0.46	可完整地从底板上揭起
97.5	29 800	3.9	214	472	0.46	可完整地从底板上揭起
100.0	27 200	2.2	214	490		柔韧膜

超枝化聚酰亚胺的溶解性随 AB 含量的增加而降低，当 AB 含量为 25%时，所得到的聚合物可以溶解在乙酸乙酯中；AB 含量低于 75%时，可以溶于 THF；AB 含量低于 95%时，可以溶于 DMF。当 AB 含量为 0 及 25%时，枝化度相应为 0.67 和 0.69。

随着反应时间的延长，枝化度降低（表 16-4），说明在有酚阴离子存在下发生了醚交换反应（式 16-8）[15,16]。

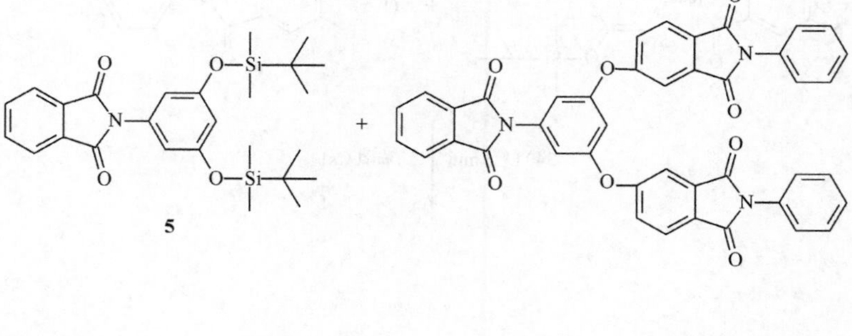

5

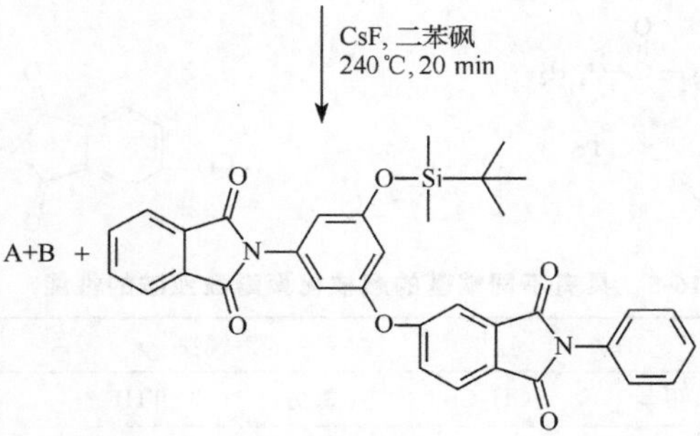

式 16-8　在合成超枝化聚醚酰亚胺时出现的醚交换反应

表 16-4　枝化度随着反应时间的延长而降低

反应时间/min	M_n	PDI	收率/%	枝化度(NMR)
2.5	51 600	1.6	90	0.66
5.0	70 800	2.0	94	0.59
7.5	75 800	2.3	96	0.52
10.0	77 500	4.1	98	0.44
20.0	85 000	3.5	99	0.42

超枝化聚合物的性能除了受枝化度的影响外，由于具有许多端基，所以端基的结构对性能的影响受到高度重视，许多研究组的工作都集中在这方面。Wu 等[17]研究了端基对超枝化聚醚酰亚胺性能的影响。表 16-5 列出了端基为羟基(**P1**)、二甲基特丁硅基(**P2**)、乙酰基(**P3**)、己酰基(**P4**)、十二酰基(**P5**)及十八酰基(**P6**)等的超枝化聚酰亚胺的性能。由表 16-6 可见，随着酰基端基中烷基的增加，T_g 明显降低，同时在非质子极性溶剂中的溶解性也降低。

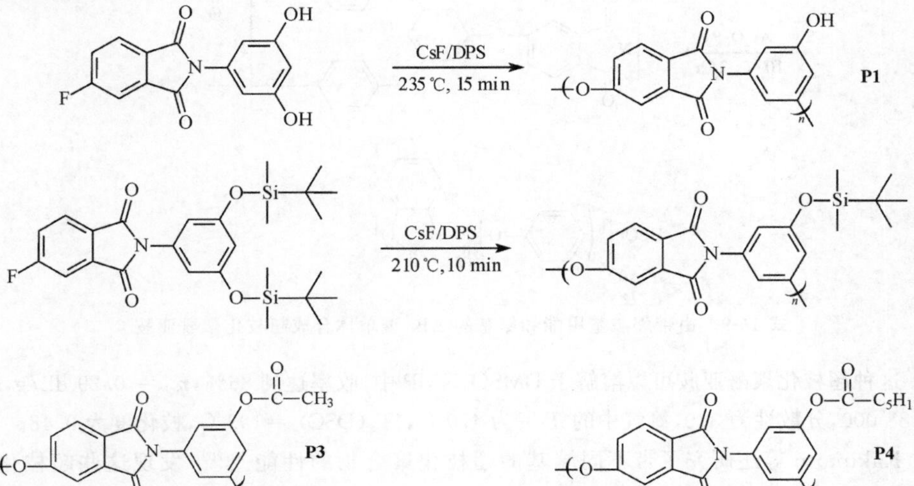

表 16-5　具有不同端基的超枝化聚醚酰亚胺的性能

聚合物	T_g/℃	溶解性					
		甲苯	CH_2Cl_2	氯仿	THF	DMF	DMSO
P1	270	−	−	−	+	+	+
P2	223	+	+	+	+	+	−
P3	227	−	+	+	+	+	+
P4	163	+	+	+	+	+	−
P5	43	+	+	+	+	+	−
P6	−41	+	+	+	+	−	−

由于同时带有酐基和氨基的 AB_2 型单体很难得到，因为酐基和氨基太活泼，难以同时在一个化合物中存在而不发生反应，Kakimoto 等[18] 由带邻羧基甲酯和氨基的 AB_2 型单体合成超枝化聚酰胺甲酯，再酰亚胺化为超枝化聚酰亚胺（式 16-9）。

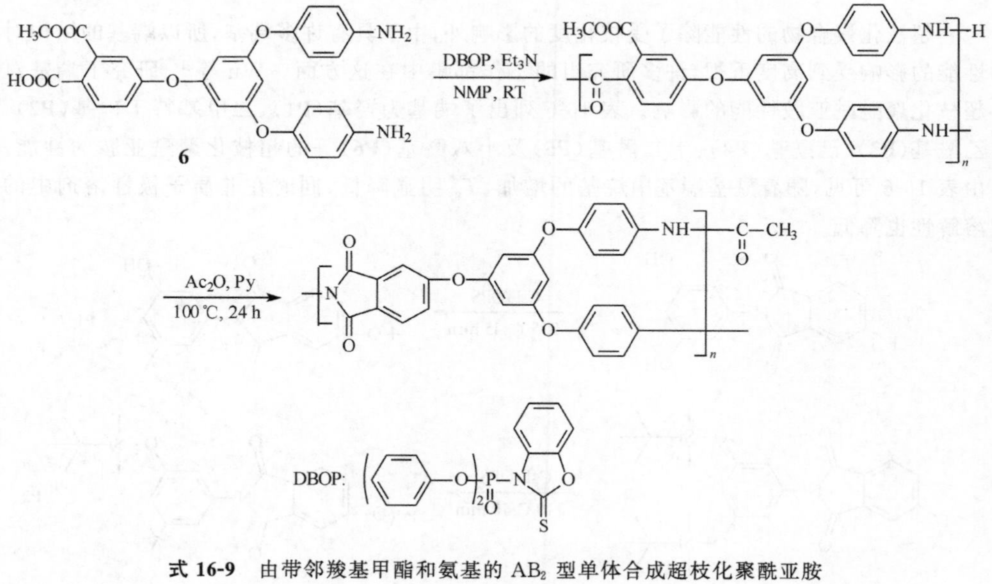

式 16-9　由带邻羧基甲酯和氨基的 AB_2 型单体合成超枝化聚酰亚胺

这种超枝化聚酰亚胺可以溶解于 DMSO、NMP 中，收率达到 86%，η_{inh} = 0.29 dL/g，M_w 为 188 000，分散性为 3.0，氮气中的 $T_{10\%}$ 为 470 ℃，T_g(DSC) =193 ℃，枝化度为 0.48。

Kakimoto 等还研究了带不同端基的超枝化聚合物的性能[19,20]，发现这些超枝化聚合物都有较低的密度、介电常数、双折射以及较好的溶解性（表 16-6 至表 16-8）。

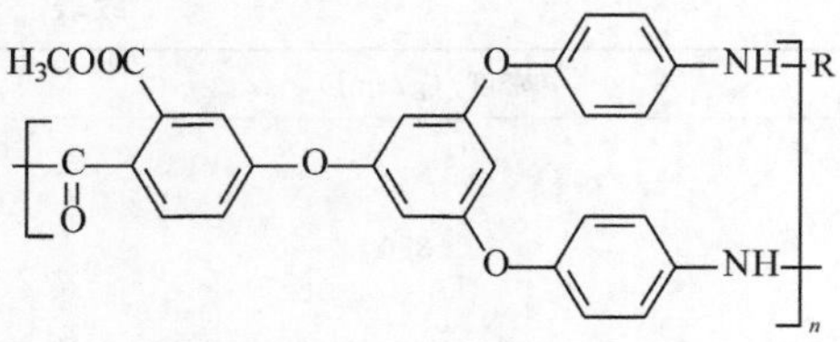

7

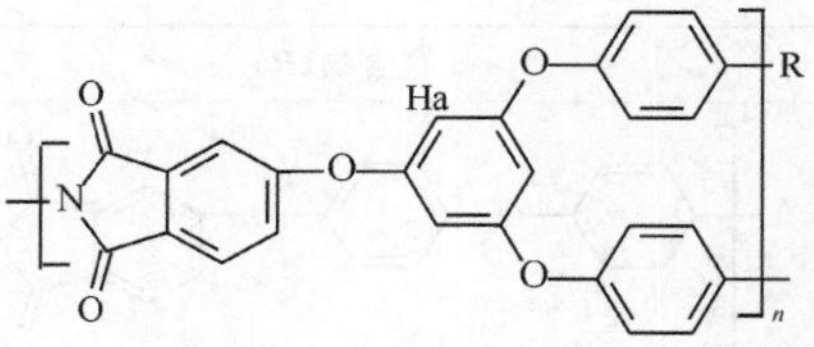

8

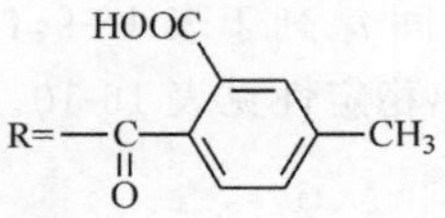

a

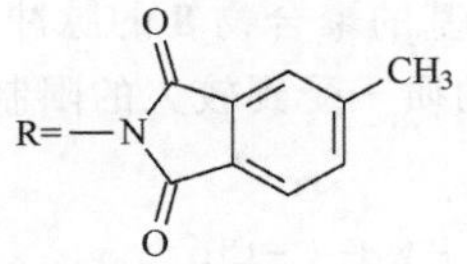

b

表 16-6　带不同端基的超枝化聚合物 7,8 的性能

聚合物(R)	溶解性	η_{inh} /(dL/g)	枝化度	$T_{5\%}$/℃	T_g/℃	溶解性			
						NMP	DMF	DMSO	THF
7(H)	凝胶	凝胶				凝胶	凝胶	凝胶	—
8(H)	均相	0.29	0.48	395	193	++	++	++	—
7(Ac)	均相	0.27				++	++	++	—
7($C_6H_{13}CO$)	均相					++	++	++	++
8(AcNH)	均相	0.21	0.47	425	189	++	++	++	—
8($C_6H_{13}CONH$)	均相			405	138	++	++	++	++
7a	均相					++	++	++	—
8b				455	186	++	++	+	++

表 16-7　聚合物 8b 的介电常数和光学性能

聚合物	介电常数(100 kHz)	平均折射率	双折射
8b	2.94	1.661	0.006
PMDA/ODA	3.33	1.691	0.053

超枝化聚合物 **8b** 可以成膜,其低介电常数和双折射说明分子间作用较弱,也有较低的堆砌密度。

表 16-8　带不同端基的超枝化聚酰亚胺的密度

聚合物(R)	密度/(g/cm³)
8(H)	1.344
7(Ac)	1.329
8(Ac)	1.332
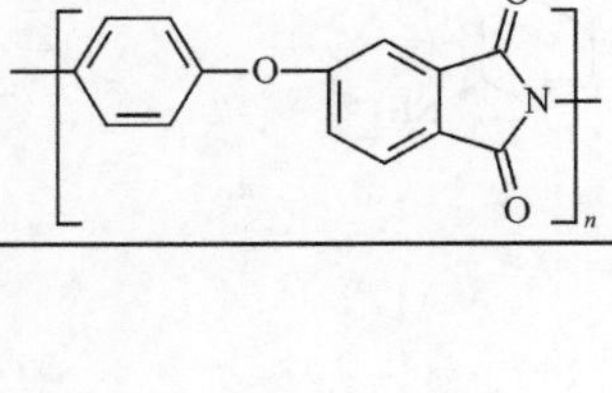	1.405

续表

聚合物(R)	密度/(g/cm³)
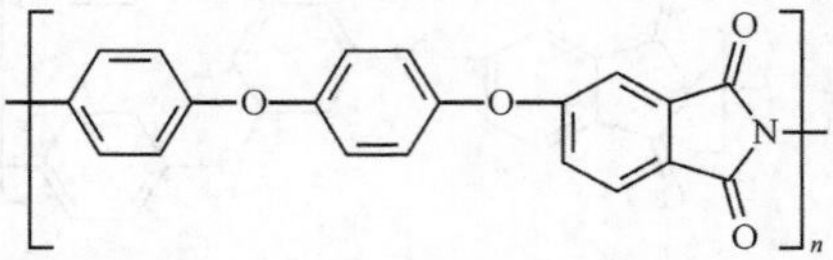	1.376

带有下列端基的聚合物 **8** 的脉冲自旋晶格松弛时间 t_1 列于表 16-9,**f** 的 t_1 比 **e** 要低得多,说明 **f** 中的质子受到较大的限制。聚合物 **8** 的热稳定性见表 16-10。

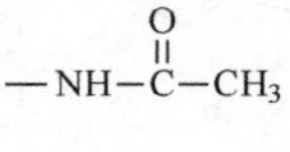

c

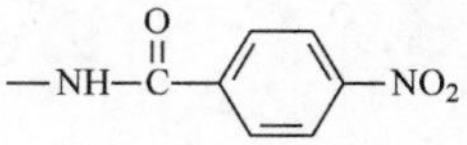

d

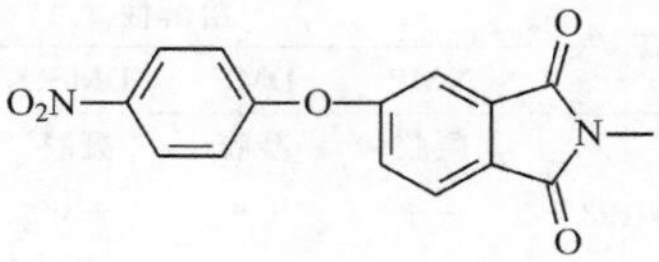

e

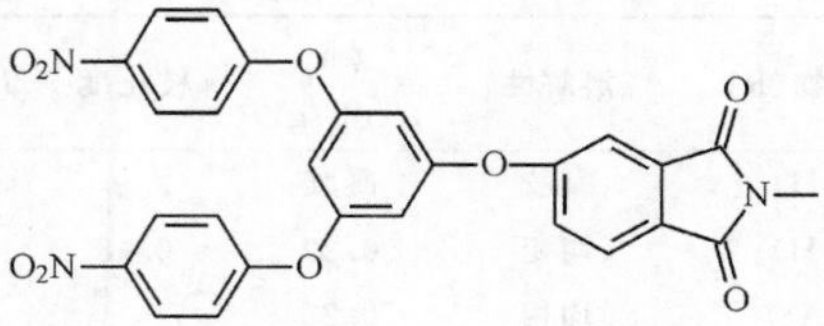

f

表 16-9　带有各种端基的 8 的脉冲自旋晶格松弛时间 t_1

聚合物 8	t_1/s			
	模型物		聚合物	
	c	**d**	**e**	**f**
树枝状		2.39(H_2)	2.46	1.85(H_7)
线形			2.39	
封端	2.43(H_1)	2.51(H_3)	2.34	1.61(H_8)

表 16-10　超枝化聚合物的热稳定性

聚合物 8	η_{inh}/(dL/g)	$T_{5\%}$/℃	T_g/℃
e		370	174
f	0.13	365	168

8d、**8e**、**8f** 都能够溶解在 NMP、DMF、DMSO 及 THF 中。

Wang 等[21]用 ABB′型单体 **9** 得到超枝化聚酰亚胺,将氨端基用各种比例的乙酰氯和苯甲酰氯及苯酐封端得到的超枝化聚酰亚胺,其热性能见表 16-11。

9

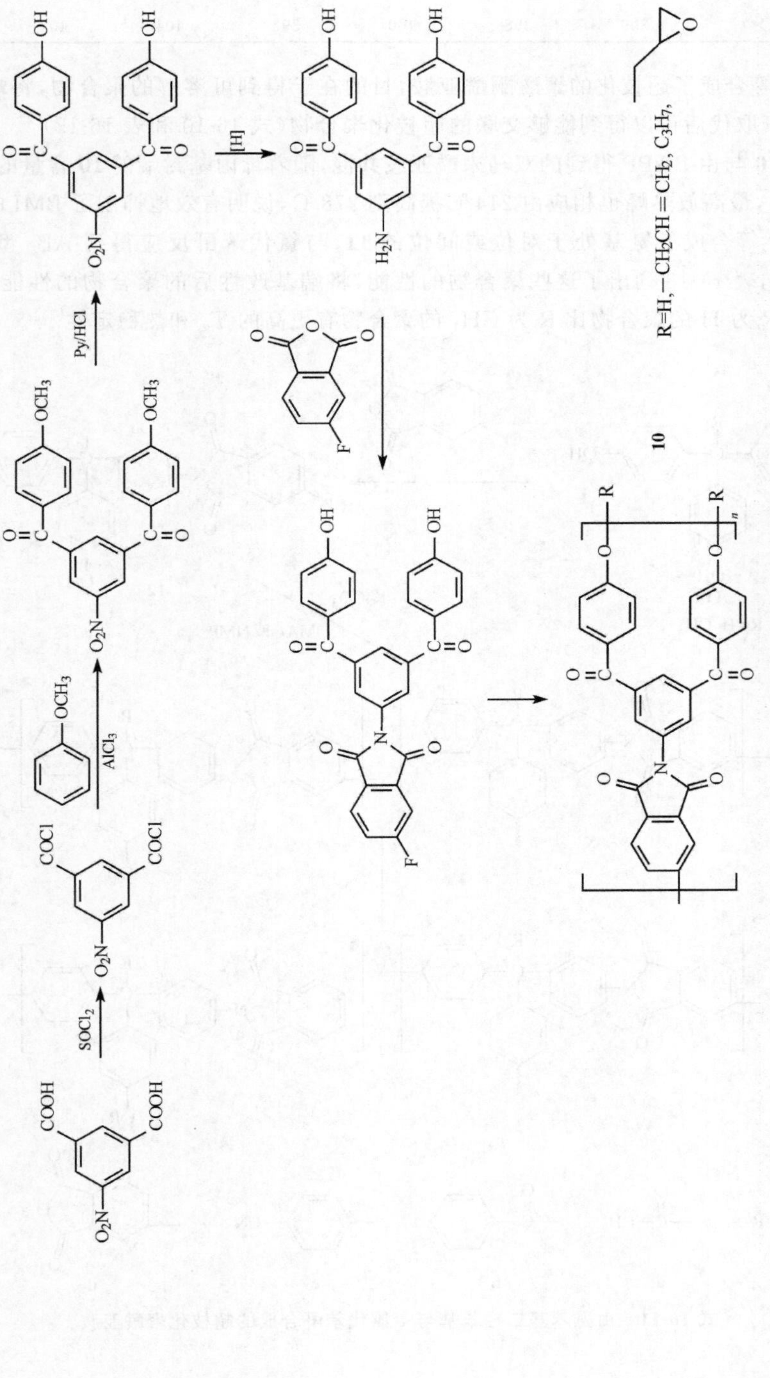

10

式 16-10　超枝化聚醚酮酰亚胺的合成

表 16-11 用各种比例的乙酰氯和苯甲酰氯及苯酐封端得到的超枝化的聚酰亚胺

乙酰基：苯甲酰基	100：0	96：4	88：12	53：47	17：83	0：100	酞酰亚胺
T_g/℃	201	202	204	210	215	217	258
$T_{5\%}$/℃	399	398	400	395	404	402	521

Baek 等合成了超枝化的聚醚酮酰亚胺，目的在于得到可溶解的聚合物，将端基用烯丙基及环氧取代后可以得到能够交联的超枝化聚合物（式 16-10 和表 16-12）[22]。将烯丙基封端的 **10** 与由 BAPP 得到的双马来酰亚胺共混，随着烯丙基封端的 **10** 含量的增加（可达到 32%），最高放热峰也相应由 214 ℃提高到 278 ℃，说明有效地抑制了 BMI 的均聚。

李悦生等合成了氨基处于对位或间位的 **11**，与氯代苯酐反应得到 AB_2 型单体 **12**（式 16-11），表 16-13 列出了这些聚合物的性能，将端基改性后的聚合物的性能见表 16-14。发现 R 为 H 的聚合物比 R 为 CH_3 的聚合物有更高的 T_g 和热稳定性[23]。

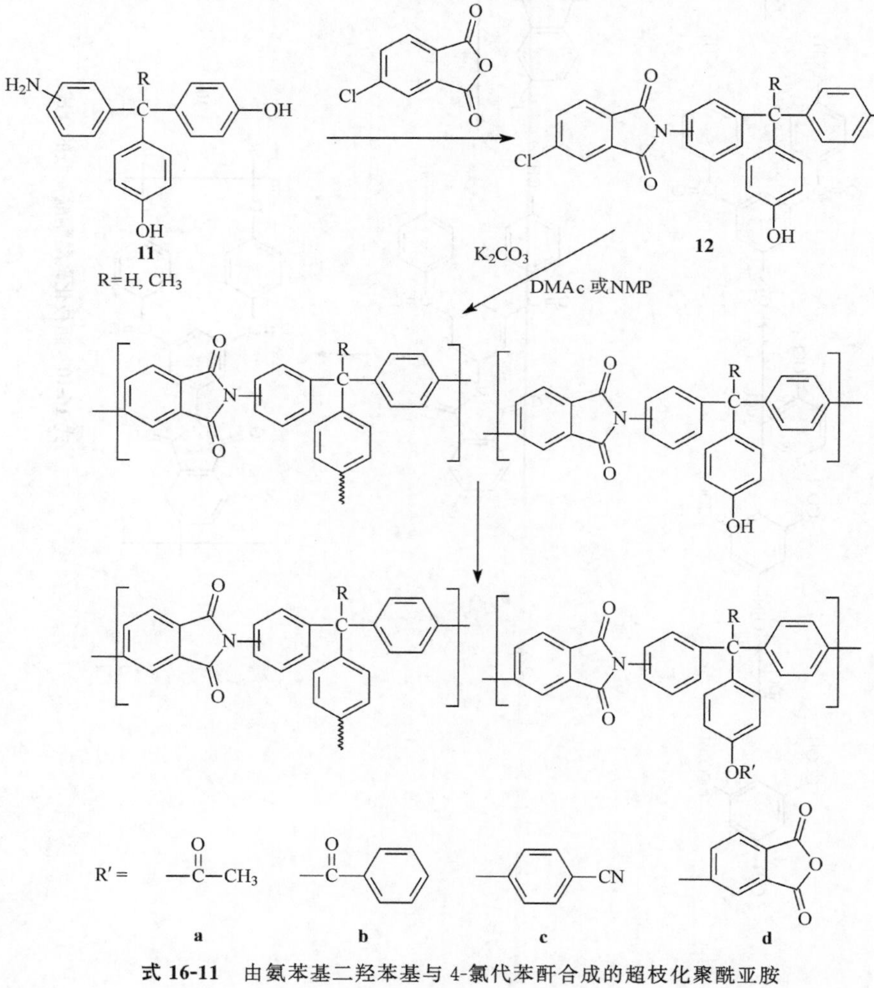

式 16-11 由氨苯基二羟苯基与 4-氯代苯酐合成的超枝化聚酰亚胺

表 16-12　带活性端基的超枝化聚醚酮酰亚胺

R	η_{inh} /(dL/g)	T_g/℃	T_{exo_1} /℃	T_{exo_2} /℃	TGA 氮气 $T_{5\%}$/℃	Y_C/%	空气 $T_{5\%}$/℃	Y_C%
H	0.13	225			441	55	416	0.6
$CH_2CH=CH_2$	0.08	122	269	343	431	58	408	0.1
C_3H_7	0.08	134		278	422	50	412	3.3
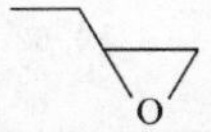	0.08	174		350	330	46	318	1.7

表 16-13　带羟基的超枝化聚醚酰亚胺

11 的氨基位置	R	η_{inh} /(dL/g)	M_w	PDI	DB	T_g/℃	$T_{5\%}$/℃	溶解性 氯仿	THF	DMAC
p	H	0.16	8030	3.95	0.62	230	281	—	+	+
p	CH_3	0.12	7870	3.81	0.63	190	245	—	+	+
m	H	0.14	6930	3.21	0.61	202	275	±	±	+
m	CH_3	0.15	5690	2.69	0.60	177	240	—	+	+

表 16-14　羟基被改性的超枝化聚醚酰亚胺

11 的氨基位置	R	R′	η_{inh} /(dL/g)	M_w	PDI	T_g/℃	$T_{5\%}$ /℃	溶解性 EtOAc	氯仿	THF	DMAC	NMP
p	H	**a**	0.11	7600	3.92	196	301	+	+	+	+	+
p	CH_3	**a**	0.08	4230	2.53	165	251	+	+	+	+	+
p	CH_3	**b**	0.08	4680	2.65	185	256	±	+	+	+	+
p	CH_3	**c**	0.11	5420	2.61	178	257	±	±	±	+	+
p	CH_3	**d**	0.14			207	408	—	—	—	+	+
m	H	**a**	0.09	7100	3.79	168	286	+	+	+	+	+
m	CH_3	**a**	0.08	4450	2.56	163	257	+	+	+	+	+
m	CH_3	**b**	0.08	4800	2.62	172	295	±	+	+	+	+
m	CH_3	**c**	0.10	5340	2.58		297	—	±	+	+	+
m	CH_3	**d**	0.15			214	315	—	—	—	+	+

印杰等[24]用由式 16-12 得到的三胺(TAPOB)与二酐作为 A_2+B_3 型单体合成了超枝化聚酰亚胺,其性能见表 16-15。

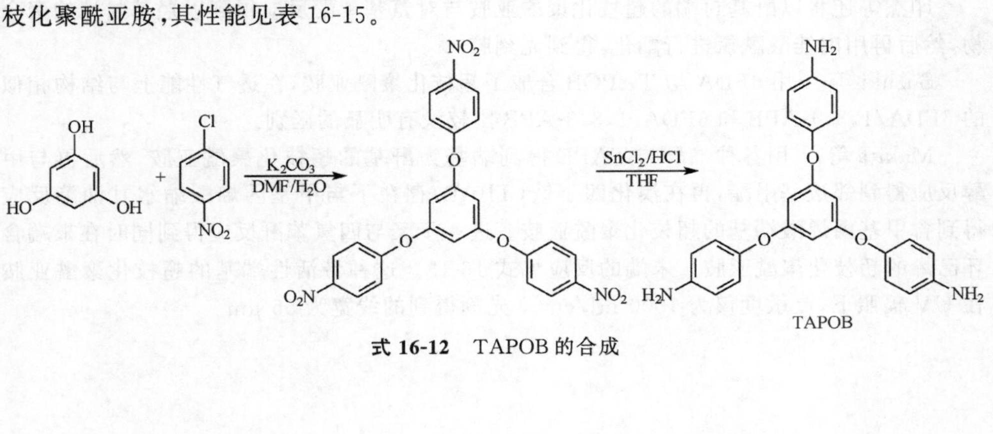

TAPOB

式 16-12　TAPOB 的合成

表 16-15 由 TAPOB 与各种二酐得到的超枝化聚酰亚胺

聚合物	M_w	M_n	PDI	$T_{10\%}$/℃	T_g/℃	DB
6FDA/TAPOB-胺	34 700	14 500	2.4	551	232	0.65
6FDA/TAPOB-胺/苯酐	52 400	16 500	3.2	556	188	
6FDA/TAPOB-酐	140 700	26 200	5.4	505	228	
6FDA/TAPOB-酐/苯胺	153 900	27 900	5.5	517	217	
ODPA/TAPOB-胺	57 200	22 600	2.5	555	211	0.62
ODPA/TAPOB-酐	262 700	41 100	6.4	541	208	
BTDA/TAPOB-胺	26 300	9000	2.9	561	282	0.67
BTDA/TAPOB-酐	52 700	8100	6.5	518	268	

这些聚合物可以溶解在非质子极性溶剂和间甲酚中。由 6FDA 得到的聚合物还可以溶于 THF、氯仿和丙酮,所有聚合物都不溶于甲醇。

印杰等[25]又将由 BTDA/TAPOB 得到的带酐端基的聚合物用于氨基邻位带不同烷基的苯胺化合物封端,得到可以用紫外线交联的光敏超枝化聚酰亚胺(表 16-16)。

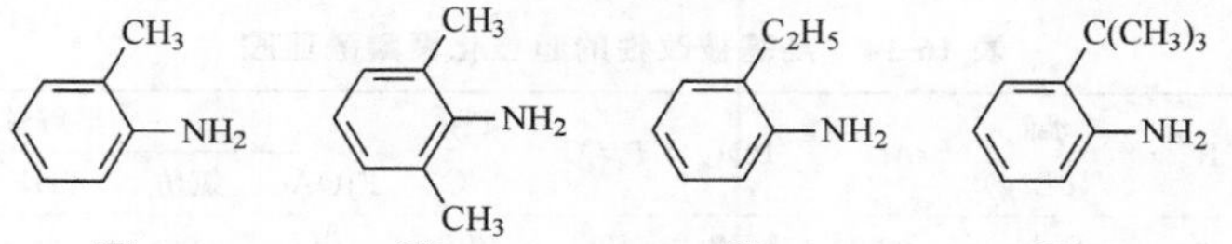

PI1 PI2 PI3 PI4

(代号代表聚合物)

表 16-16 由 BTDA 得到的末端用于氨基邻位带不同烷基的苯胺化合物封端的超枝化聚酰亚胺

聚合物	M_w	M_n	PDI	$T_{5\%}$/℃	T_g/℃
PI1	28 700	8800	3.3	548	232
PI2	33 500	8900	3.8	572	228
PI3	30 600	9800	3.1	562	226
PI4	26 500	7700	3.4	568	241

这些聚合物都可以溶于非质子极性溶剂、间甲酚,部分溶于氯仿,不溶于甲醇。

印杰等还将以酐基封端的超枝化聚酰亚胺与对氨基苯酚反应得到以羟基封端的聚合物,然后再用肉桂酸酰氯进行酯化,得到光刻胶[26]。

Suzuki 等[27]用 6FDA 与 TAPOB 合成了超枝化聚酰亚胺,在透气性能上与结构相似的 6FDA/1,3,4-APB 和 6FDA/1,3,3-APB 比较没有明显的区别。

Makita 等[28]用各种二酐与 TAPE 得到端基为酐基的超枝化聚酰亚胺,然后再与甲醇反应得到邻羧基甲酯,再在溴化四丁铵(TBAB)存在下与甲基丙烯酸缩水甘油酯反应得到含甲基丙烯酸端基的超枝化聚酰亚胺。进一步又与四氢苯酐反应得到同时在末端含环己烯的超枝化聚酰亚胺。末端的反应见式 16-13。这种带活性端基的超枝化聚酰亚胺在 UV 辐照下,灵敏度仅为 1000 mJ/cm^2,光刻得到的线宽为 55 μm。

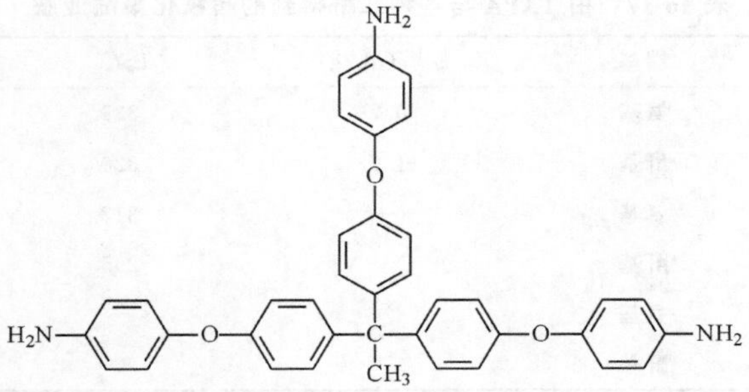

TAPE

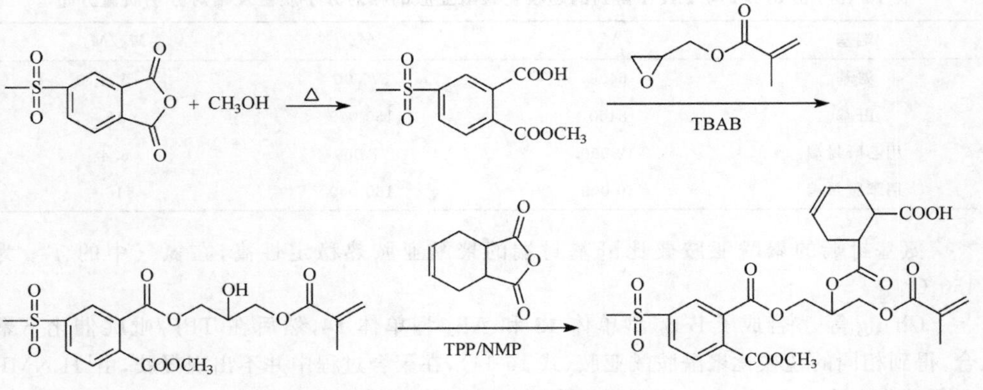

式 16-13　两种带不饱和基团的封端

Okamoto 等[29]用三氨基三苯胺(TAPA)与二酐反应,当两个单体的物质的量比及加料方式恰当时不会产生交联而可以得到超枝化聚酰亚胺。当二酐采用 PMDA、DSDA 及 6FDA 时,发现只有 6FDA 可以得到可溶的聚合物。将 6FDA 缓慢加入到 TAPA 的溶液中,当酐∶胺＝2∶3 时,可以得到以氨基为端基的聚合物;如果将 TAPA 缓慢加入到 6FDA 溶液中,当酐∶胺＝4∶3 时,则可以得到以酐基封端的聚合物,这些聚合物的性能见表 16-17 和表 16-18。

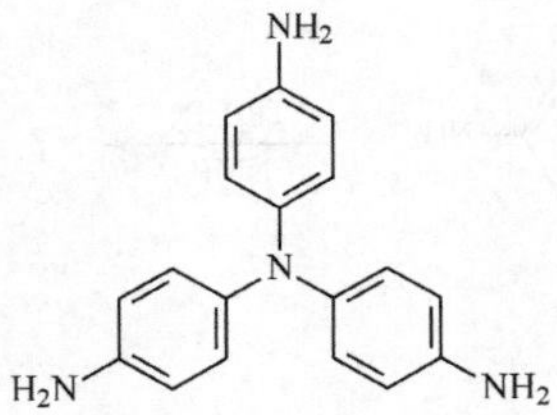

TAPA

表 16-17　由 TAPA 与各种二酐得到的超枝化聚酰亚胺

超枝化聚酰亚胺	端基	η_{inh}/(dL/g)	T_g/℃	在 DMAC 中的溶解性
6FDA-TAPA	氨基	0.76	339	溶
	酐基	1.92	320	溶
DSDA-TAPA	氨基	—	312	不溶
	酐基	—	295	不溶
PMDA-TAPA	氨基	—	—	不溶
	酐基	—	—	不溶

表 16-18　由 6FDA 与 TAPA 得到的超枝化聚酰亚胺的相对分子质量及相对分子质量分布

端基	M_n	M_w	M_w/M_n
氨基	6400	37 000	5.8
酐基	8400	150 000	18
用乙酐封端	12 000	77 000	6.4
用苯胺封端	10 000	160 000	16

氨基封端的聚酰亚胺要比酐基封端的聚酰亚胺热稳定性高，在氮气中的 $T_{5\%}$ 为 450℃。

Chang 等[30]合成了 B′B₂ 型单体 **13** 和 AB₂ 型单体 **14**，然后在 TPP/吡啶催化下聚合，得到相同的超枝化聚酰胺酰亚胺(式 16-14)，在聚合过程中并不出现凝胶，由¹H NMR 测得枝化度为 0.60 左右。将线形部分的游离羧基用各种胺进行封端(式 16-15)，所得到的超枝化聚合物见表 16-19。这些聚合物的 T_g 受端基影响很大。

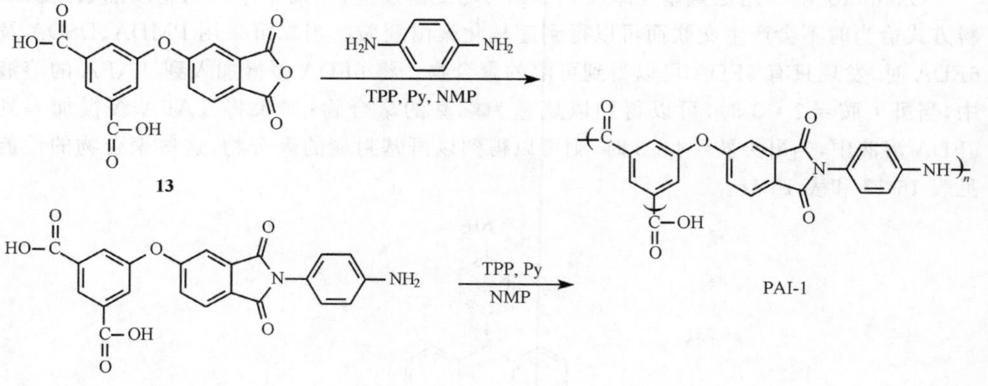

式 16-14　由 A_2＋$B'B_2$ 型单体及 AB_2 型单体合成的超枝化聚酰胺酰亚胺

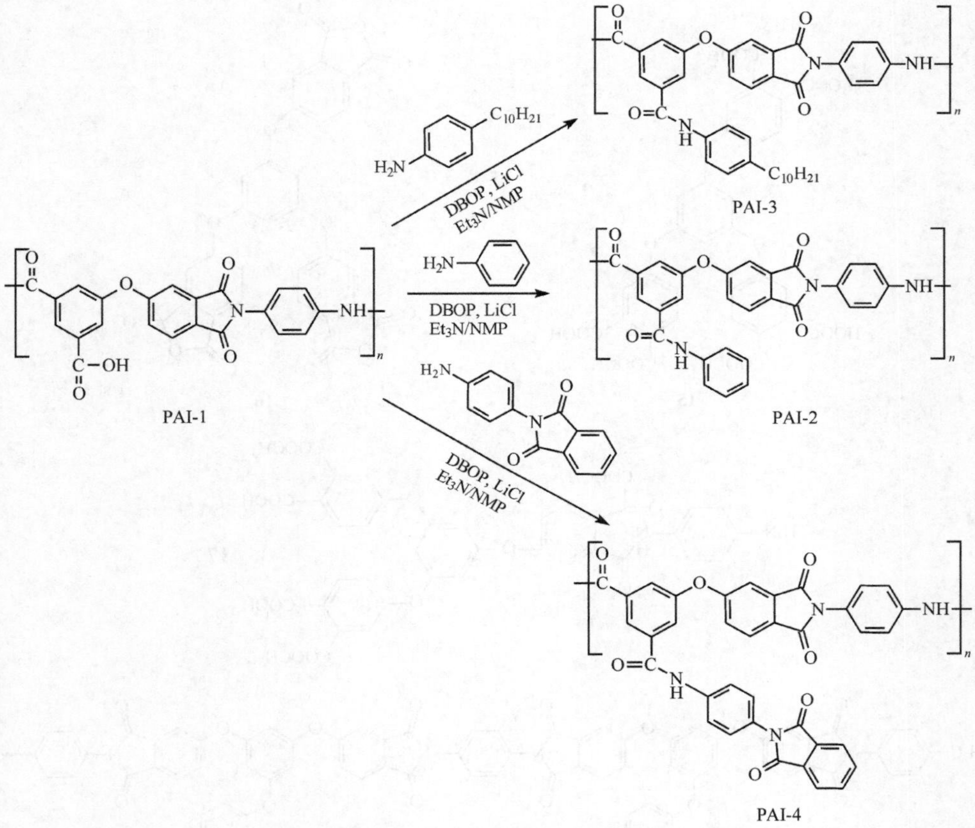

式 16-15　超枝化聚酰胺酰亚胺的封端

表 16-19　超枝化聚酰胺酰亚胺

聚合物	T_g/℃	溶解性				
		THF	NMP	DMAC	DMSO	吡啶
PAI-1[a]	262	—	+	+	+	+
PAI-1[b]	263	—	+	+	+	+
PAI-2	248	—	+	+	+	+
PAI-3	223	+	+	+	±	+
PAI-4	283	—	+	+	+	+

a. 由共聚得到；

b. 由单体 **14** 自聚得到。

Kakimoto[31,32]用三酸三酯 **15** 与对苯二胺(A_2+B_3 法)，或用 **17** 进行均聚(AB_2 法)采用甲苯胺封端都可以得到超枝化聚酰亚胺(式 16-16)，其性能见表 16-20 至表 16-22。

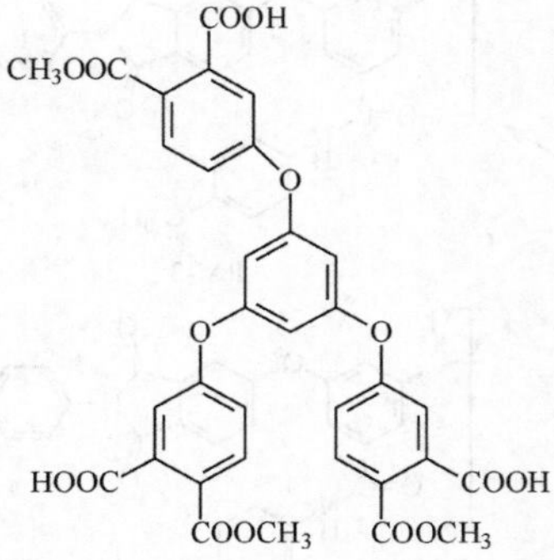

15

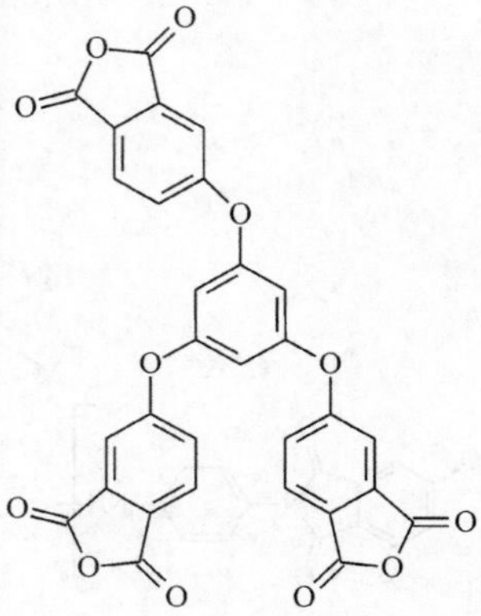

16

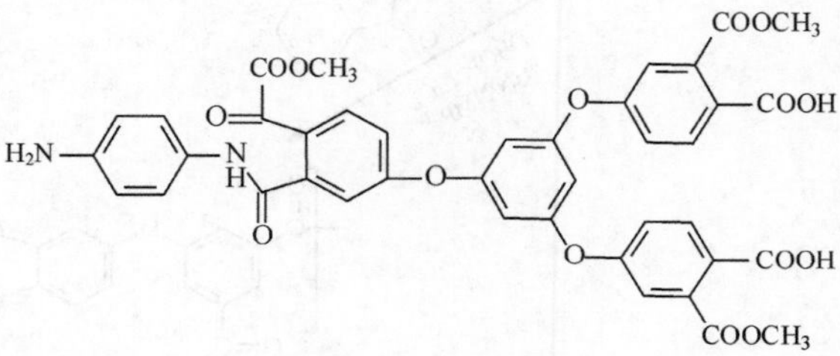

17

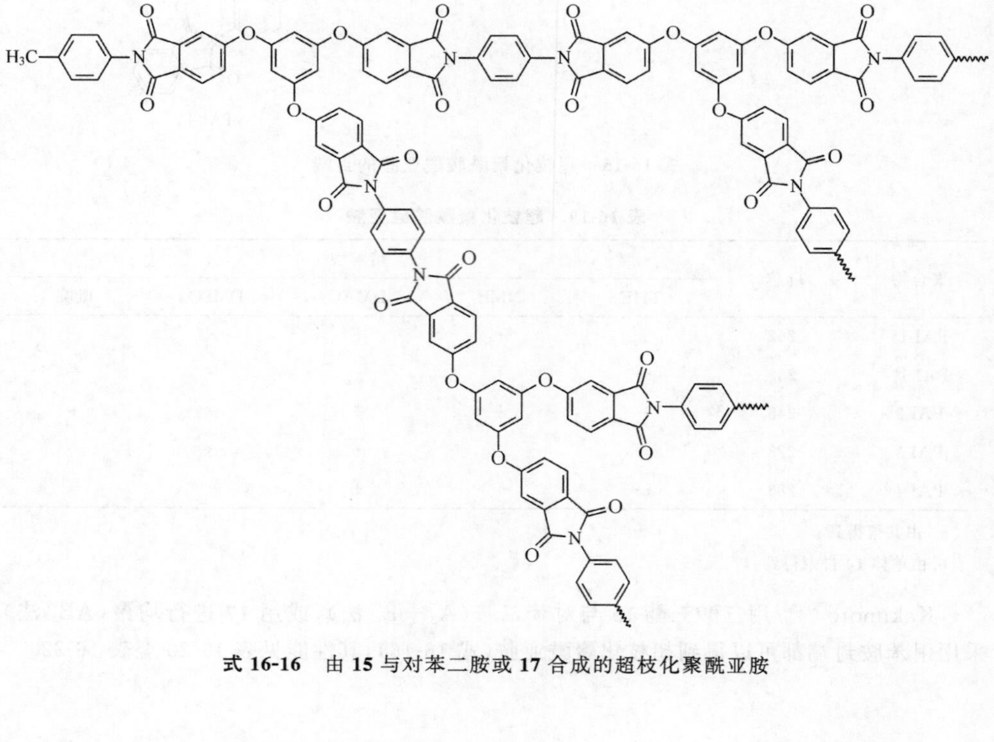

式 16-16　由 15 与对苯二胺或 17 合成的超枝化聚酰亚胺

表 16-20　由 15 与对苯二胺或 17 合成的超枝化聚酰亚胺

编号	方法	浓度/%	温度/℃	收率/%	η_{inh}/(dL/g)	M_w	PDI
1	AB_2	0.06	RT	70	0.12	11 400	1.2
2		0.16	RT	71	0.12	11 100	1.2
3		0.32	RT	75	0.13	25 500	1.5
4		0.06	50	82	0.15	51 300	1.9
5		0.08	50	94	0.17	173 000	2.3
6	A_2+B_3	0.097	RT	97	0.97	125 000	2.63
7		0.073	RT	90	0.25	67 400	2.08
8		0.058	RT	86	0.23	37 600	1.84
9		0.032	RT	78	0.17	33 600	2.17

所得到的该枝化聚酰亚胺可以溶解在非质子极性溶剂，但不溶于 THF 和丙酮。由 A_2+B_3 方法得到的超枝化聚酰亚胺可以成膜。

表 16-21　由 AB_2 方法得到的超枝化聚酰亚胺的热性能

性能	表 16-20 中的编号				
	1	2	3	4	5
T_g/℃	155	155	156	160	162
$T_{5\%}$/℃	450	445	455	450	460

表 16-22　由 A_2+B_3 方法得到的超枝化聚酰亚胺的机械性能

性能	表 16-20 中的编号			
	6	7	8	9
抗张强度/MPa	29	27	21	18
断裂伸长率/%	0.9	1.1	0.9	0.8
抗张模量/GPa	3.2	2.6	2.3	2.3

由 AB_2 方法得到的聚合物具有高的相对分子质量，低的特性黏度，所以分子间作用小，分子缠结低，是一个支链短而紧密的结构。由 A_2+B_3 方法得到的聚合物具有高的相对分子质量，高的特性黏度，堆砌较松，是一个带有长支链的低枝化密度的结构。以酐为端基的超枝化聚合物的结构见表 16-23。

表 16-23　以酐为端基的超枝化聚酰亚胺[32]

聚合方法	反应浓度/(g/cm³)	η_{inh}/(dL/g)	X_D	X_L	X_T	DB
A4	0.017	0.28	0.33	0.45	0.21	0.54
B3	0.097	0.97	0.29	0.45	0.26	0.55
B4	0.073	0.25	0.23	0.44	0.33	0.56
B5	0.058	0.23	0.20	0.47	0.33	0.53
B6	0.032	0.17	0.18	0.48	0.34	0.52

注：A：三酐 **16** 和对苯二胺以滴加法(30 min)在 DMAc 中反应；B：将三酸三酯和对苯二胺在 DBOP 催化下在 NMP 直接反应。

Moore 等[33]研究了表 16-24 和表 16-25 所列的有各种端基结构的超枝化聚酰亚胺 **18**,其性能见表 16-26,这些聚合物对水的接触角见表 16-27。结果说明对于相同的主链结构,端基的影响是很显著的,例如端基上烷氧基的取代位置由对位(**18A**)移到间位(**18B**),T_g 降低了 17～29 ℃,烷基链长度的增加使这种效应减弱。取代基团的位置和数目的变化所带来的 T_g 的变化可达 97 ℃之多。热分解稳定性更大地取决于烷氧基的类型,总的来说,这些聚合物的热稳定性都维持在较高水平。同时端基的性质也明显地影响了溶解性和表面能。

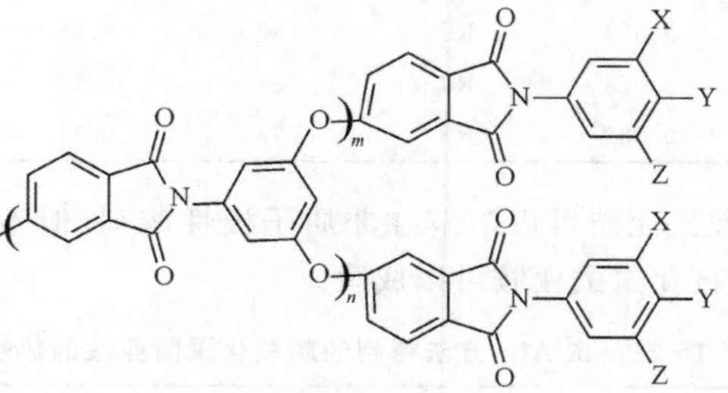

18

表 16-24 由 18 衍生出来的结构(聚合方法 A: CsF, DPS, 240 ℃)

18A	18B	18C
Y=OR,X,Z=H	Z=OR,X,Y=H	X,Z=OR, Y=H
a:R=CH_3	**a**:R=CH_3	**a**:R=CH_3
b:R=C_8H_{17}	**b**:R=C_8H_{17}	**b**:R=C_8H_{17}
c:R=$C_{18}H_{37}$	**c**:R=$C_{18}H_{37}$	**c**:R=$C_{18}H_{37}$

表 16-25 由 18 衍生出来的结构(聚合方法 B:CsF, DMAC, 155 ℃)

18D	18E	18F	18G
Z=OR,X,Y=H	X,Z=OR, Y=H	Y=OR,X,Z=H	X,Z=CF_3, Y=H
a:R=CH_3	**a**:R=CH_3	**a**:R=$CH_2(CF_2)_2CF_3$	
b:R=C_8H_{17}	**b**:R=C_8H_{17}	**b**:R= $CH_2(CF_2)_7CF_3$	
c:R=$C_{18}H_{37}$	**c**:R=$C_{18}H_{37}$	**c**:R= $(CH_2CH_2O)_3CH_3$	

表 16-26 各种超枝化聚酰亚胺 18 的性能

高枝化聚合物	T_g/℃	$T_{10\%}$/℃		M_n	PDI	溶解性
		N_2	空气			
18Aa	206	494	525	21500	1.93	CH_2Cl_2,DMF
18Ab	141	461	475	42300	2.11	CH_2Cl_2,THF
18Ac	156	441	451	38800	3.48	CH_2Cl_2,THF
18Ba	177	461	509	41800	2.55	CH_2Cl_2,DMF
18Bb	121	458	458	45100	1.79	乙醚,CH_2Cl_2,THF ,DMF
18Bc	139	444	450	21600	3.20	乙醚,CH_2Cl_2,THF

续表

高枝化聚合物	T_g/℃	$T_{10\%}$/℃		M_n	PDI	溶解性
		N_2	空气			
18Ca	196	499	522	23700	2.25	
18Cb	109	444	444	23400	1.47	
18Cc	124	442	437	22500	1.92	
18Da	187	433	459	28300	1.65	
18Db	124	431	443	27100	1.41	
18Dc	127	409	429	35300	2.18	
18Ea	195	418	453	32500	1.59	
18Eb	—	421	431	43700	1.47	
18Ec	—	414	405	42400	1.93	
18Fa	193	393	405	25200	1.33	CH_2Cl_2 THF,乙醇 DMF
18Fb	—	350	369	—	—	
18Fc	122	408	356	19600	1.36	CH_2Cl_2，THF，DMF
18G	191	409	460	36000	1.41	乙醚，CH_2Cl_2，THF，DMF

表 16-27　一些超枝化聚酰亚胺 18 对水的接触角

端基	接触角/(°)	端基	接触角/(°)
硅氧烷	94	两个 $C_{18}H_{37}$	101
m-CH_3	73	两个 CF_3	90
两个甲基	64	*p*-$CH_2(CF_2)_2CF_3$	93
m-C_8H_{17}	83	*p*-$CH_2(CF_2)_7CF_3$	120
两个 C_8H_{17}	92	*p*-$(CH_2CH_2O)_3CH_3$	65
m-$C_{18}H_{37}$	94		

Xu 等[34]为了综合聚酰亚胺和聚酯的优点，例如聚酰亚胺的高耐热性，聚酯的高黏结性和低吸水性等，由等物质的量的 6FDA 与 TAPA 反应得到具有氨端基的超枝化聚酰亚胺，然后与偏苯三酸酐反应得到带羧端基的超枝化聚酰亚胺(API)。另外由均苯三酸、间苯二酸、对苯二酚二乙酸酯及乙酰化羟基苯甲酸(物质的量比为 2∶2∶7∶2)得到以乙酰基封端的超枝化聚酯(APE)。将两者以不同的物质的量比在 NMP 中混合后旋涂，得到厚度为 5500 Å 的薄膜。该薄膜没有发现相分离现象。在 240 ℃、300 ℃和 340 ℃各处理 4 h，使酸端基和乙酰端基之间发生酯交换反应得到酯封端的超枝化聚酰亚胺(式 16-17)。

$$R'\overset{O}{\overset{\|}{C}}OH + CH_3\overset{O}{\overset{\|}{C}}OR'' \xrightleftharpoons{\triangle} R'\overset{O}{\overset{\|}{C}}OR'' + CH_3\overset{O}{\overset{\|}{C}}OH\uparrow$$

式 16-17　羧端基和乙酰端基的酯交换反应

研究结果发现，当 API∶APE＝1∶1 时可以得到最高的击穿电压(330V/μm)，而且随着固化温度的提高而提高。

16.4 结 束 语

树枝状和超枝化聚酰亚胺是近年才发展起来的新结构，目前的结构还仅限于有限的几种，尤其是树枝状聚酰亚胺。超枝化聚合物也仅限于聚醚酰亚胺，这主要是由于合成上的原因。与整个树枝状和超枝化聚合物领域的状态相似，从应用的目的出发，超枝化聚酰亚胺要比树枝状聚酰亚胺更容易被接受。与 AB_2 单体相比，A_2+B_3 方法容易制备和放大，结构也比较容易调整，其缺点是在以 1∶1 投料达到一定的转化率后就难以避免凝胶化。Froly[1] 在五十多年前就对理想的 A_2+B_3 聚合的凝胶化提出三个假设条件：①在任何反应阶段，A 和 B 都具有相同的活性；②没有分子内的环化；③反应只在 A 和 B 之间进行。所以如果不遵守这三个条件，凝胶就可能不会发生。实际上对于 A_2+B_3 的反应经常可以得到高的黏度，这和通常的超枝化聚合物具有低黏度的认识相左，其原因还不清楚。

由于聚酰亚胺在合成途径上的多样性和多官能单体较容易合成，在超枝化聚合物方面的发展应该有更宽广的前景，关键还是在于这类聚合物能否在应用上真正体现出价值。例如作为流变性能改进剂、光刻胶、分离膜、有机/无机纳米杂化材料等方面的应用还有待于深入开发。

参 考 文 献

[1] Froly P J. Principles of Polymer Chemistry: Ithaca, NY: Conell University Press, 1953, Ch. 9.

[2] Hawker C J, Lee R, Frechet J M J. J. Am. Chem. Soc., 1991, 113: 4583.

[3] Frey H, Holter D. Acta Polym., 1999, 50: 67.

[4] Kambouris P, Hawker C J. J. Chem. Soc., Perkin Trans., 1993, 22: 2717.

[5] Thompson D S, Markoski L J, Moore J S. Macromolecules, 1999, 32: 4764.

[6] Markoski L J, Thompson J L, Moore J S., Macromolecules, 2002, 35: 1599.

[7] Leu C-M, Chang Y-T, Shu C-F, Teng C-F, Shiea J. Macromolecules, 1999, 33: 2855.

[8] Leu C-M, Shu C-F, Teng C-F, Shiea J. Polymer, 2001, 42: 2339.

[9] Thompson D S, Markoski L J, Moore J S., Macromolecules, 1998, 32: 4764.

[10] Okazaki M, Shibasaki Y, Ueda M. Chem. Lett., 2001, (8): 762.

[11] Sendijarevic I, McHugh A J, Orlicki J A, Moore J S. Polym. Eng. Sci., 2002, 42: 2393.

[12] Markoski L J, Thompson J L, Moore J S. Macromolecules, 1999, 33: 5315.

[13] Markoski L J, Moore J S, Sendijarevic I, McHugh A J. Macromolecules, 2001, 34: 2695.

[14] Thompson D S, Markoski L J, Moore J S, Sendijarevic I, Lee A, McHugh A J. Macromolecules, 1999, 33: 6412.

[15] Williams F J, Donahue P E. J. Org. Chem. 1977, 42: 3414.

[16] Takekoshi T. US, 4024110, 1977.

[17] Wu F-I, Shu C-F. J. Polym. Sci., Polym. Chem., 2001, 39: 2536.

[18] Yamanaka K, Jikei M, Kakimoto M-A. Macromolecules, 1999, 33: 1111.

[19] Yamanaka K, Jikei M, Kakimoto M-A. Macromolecules, 1999, 33: 6937.

[20] Yamanaka K, Jikei M, Kakimoto M-A. Macromolecules, 2000, 34: 3910.

[21] Wang K-L，Jikei M，Kakimoto M-A. J. Polym. Sci.，Polym. Chem.，2004，42：3200.
[22] Baek J-B，Qin H，Mather P T，Tan L-S. Macromolecules，2001，35：4951.
[23] Li X，Li Y，Tong Y，Shi L，Liu X. Macromolecules，2002，36：5537.
[24] Chen H，Yin J. J. Polym. Sci.，Polym. Chem.，2002，40：3804.
[25] Chen H，Yin J. J. Polym. Sci.，Polym. Chem.，2003，41：2026.
[26] Chen H，Yin J. Polym. Bull.，2003，49：313.
[27] Suzuki T，Yamada Y，Tsujita Y. Polymer，2004，45：7167.
[28] Makita S，Kudo H，Nishikubo T. J. Polym. Sci.，Polym. Chem.，2004，42：3697.
[29] Fang J，Kita H，Okamoto K-I. Macromolecules，1999，33：4639.
[30] Chang Y-T，Shu C-F. Macromolecules，2002，36：661.
[31] Hao J，Jikei M，Kakimoto M-a. Macromolecules，2002，36：3519.
[32] Hao J，Jikei M，Kakimoto M. Macromolecules，2002，35：5372.
[33] Orlcki J A，Thompson J L，Markoski L J，Sill K N，Moore J E. J. Polym. Sci.，Polym. Chem.，2002，40：926.
[34] Xu K，Economy J. Macromolecules，2004，37：4146.

第 17 章　共聚酰亚胺和聚酰亚胺共混物

17.1　共聚酰亚胺

与聚酰亚胺相关的共聚物很多，从结构上看，除了含不同酰亚胺结构单元的共聚物外还有含酰胺、酯、氨基甲酸酯、醚、硫醚、砜、酮及各种杂环(如咪唑、噁唑、喹噁啉、喹啉、噁二唑等)结构的聚酰亚胺。但有时这种分类的边界是模糊的，例如由含有醚、硫醚、砜、酮等链节的二酐或二胺所得到的聚合物经常不认为是共聚物，如由二氨基二苯醚得到的Kapton和由二苯酮二酐得到的 PMR-15 等，由偏苯三酸酐与一种二胺得到的聚酰胺酰亚胺及由偏苯三酸酐得到的含酯链节的二酐与一种二胺得到的聚酯酰亚胺也不认为是共聚物。

聚酰亚胺的共聚物分无规共聚物、交替共聚物和嵌段共聚物。如果由 AA 和 BB 型单体来合成聚合物，共聚酰亚胺是指由两种或两种以上的二酐与一种或一种以上的二胺，或由两种或两种以上的二胺与一种或一种以上的二酐缩聚得到的聚合物。在大分子链中，两种组分的分布是无序的则为无规共聚物，如果不同组分在大分子链中是严格有序排列的则为交替共聚物。迄今所报道的共聚酰亚胺绝大部分都属于前一类，属于后者的例子较少。还有不同结构的聚合物呈链段形式分布在大分子链中则为嵌段共聚物。

无规共聚物遵循一般共聚物的特征，在合成上也没有特殊之处，所以本节主要介绍交替共聚物，此外再介绍几个嵌段共聚物的例子。

17.1.1　交替共聚酰亚胺

交替共聚物的研究目的通常是希望改善聚酰亚胺的溶解性和光学性能，合成方法有两种：

第一种是利用程序加料，即将 1 分子的二酐 A 加入到 2 分子的二胺溶液中，等反应完全后再将另 1 分子的二酐 B 加入，这样得到的共聚物不可能具有严格交替序列，所以也称之为“类交替共聚物”。例如，Nagano 等[1]将 0.5 mol PPD 加入到由 1 mol PMDA 和 0.5 mol ODA 制得的以酐为端基的低聚酰亚胺溶液中得到类交替共聚物，其断裂伸长率为 50%，而无规共聚物的断裂伸长率为 20%。

Hasegawa 等[2]先将 1 mol ODPA 缓慢地加入含 2 mol 1,3,4-APB 的 NMP 溶液中，室温搅拌数小时后再加入 1 mol 3,4′-BPDA。但从表 17-1 可见，所得到的交替聚合物与无规聚合物两者在热性能上的差别并不明显。

表 17-1　3,4′-BPDA：ODPA(5：5)/1,3,4-APB 的性能

体系	苯酐物质的量分数/%	η_{red}/(dL/g)	T_g/℃	$T_{5\%}$/℃	断裂伸长率/%	熔融流动
类交替共聚	0	1.60	232	553	7	−
无规共聚	0	1.64	232	551	6	−
类交替共聚	2.5	0.71	223	537	5	+
无规共聚	2.5	0.73	224	555	4	+

第二种合成交替共聚物的方法是先合成带酰亚胺结构的二胺或二酐，然后与另一种二酐或二胺反应。在合成方法上与均聚没有差别，但结构上是严格交替的。这是合成交替共聚酰亚胺常用的方法。王植源等将 PMDA 和二苯基连苯二酐以 1：1 的分子比与 PPD 进行聚合，发现由于 PMDA 活性高而先反应，使产物发生沉淀。将二苯基连苯二酐与 PPD 以 2：1 的分子比反应后再加入 PMDA 可以得到溶于间甲酚的聚合物，但仍不溶于 DMAc、NMP 及三氯乙烷(TCE)[3]。所以这种程序加料聚合方法不能得到结构严格的交替共聚物。后来他们采用先合成结构如 **1** 所示的含氨基的二酰亚胺，再将其与 PMDA 或萘二酐一步聚合(间甲酚，200 ℃，异喹啉)就可以得到溶解性较好的刚性的交替共聚酰亚胺(表 17-2)[4]。

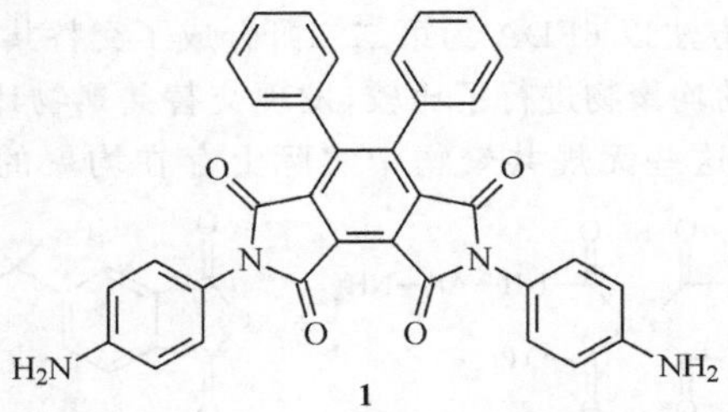

1

表 17-2　1 与 PMDA 及 NTDA 得到的刚性交替共聚酰亚胺

二酐	[η]/(dL/g)	$T_{5\%}$℃		溶解性					
		N_2	空气	TCE	DMF	DMAC	NMP	间甲酚	Py
PMDA	0.57	365	356	−	+	+	+	+	+
PMDA[a]	1.04	530	424	−	+	±	+	+	±
NTDA	0.89	505	403	+	+	+	+	+	+
NTDA[a]	1.20	530	416	+	+	+	+	+	±

a：在 300 ℃再固化 10 min。

合成交替共聚酰亚胺的一个更普遍的方法如式 17-1 所示，先由第一二酐与醇反应得到二酸二元酯，在氯代乙酸酯及三乙胺存在下与二胺进行酰胺化反应，得到两端带氨基的二酯二酰胺，最后再与第二二酐反应得到交替共聚酰亚胺[5]。以 PMDA 为第一二酐，BTDA 为第二二酐所得到的交替共聚酰亚胺的性能见表 17-3。

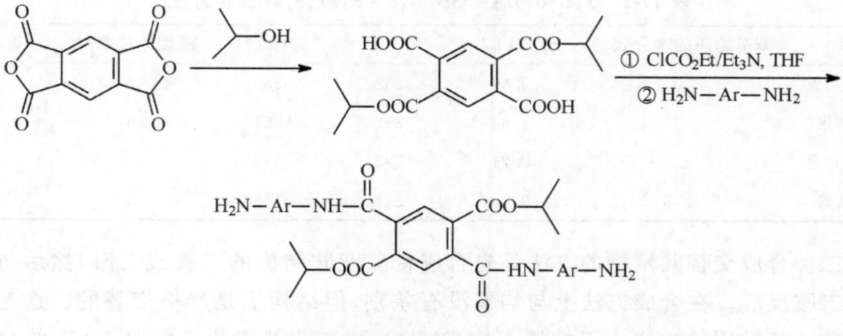

式 17-1　两端带氨基的二酯二酰胺的合成

表 17-3　交替共聚酰亚胺的性能

二胺	第一二酐	第二二酐	T_g/℃	均聚物			
				聚合物	T_g/℃	聚合物	T_g/℃
PPD	PMDA	BTDA	360	PMDA/PPD	>500	BTDA/PPD	333
MPD	PMDA	BTDA	329	PMDA/MPD	430	BTDA/MPD	301

Park 等[6]用同样的方法以 6FDA 为第二二酐合成了交替共聚酰亚胺(式 17-2),并与无规共聚物及相应结构的均聚物进行了比较,发现交替共聚物比无规共聚物有更好的溶解性。其原因可能是在这些无规共聚物中实际上存在均聚的链段,因为由 PMDA 和

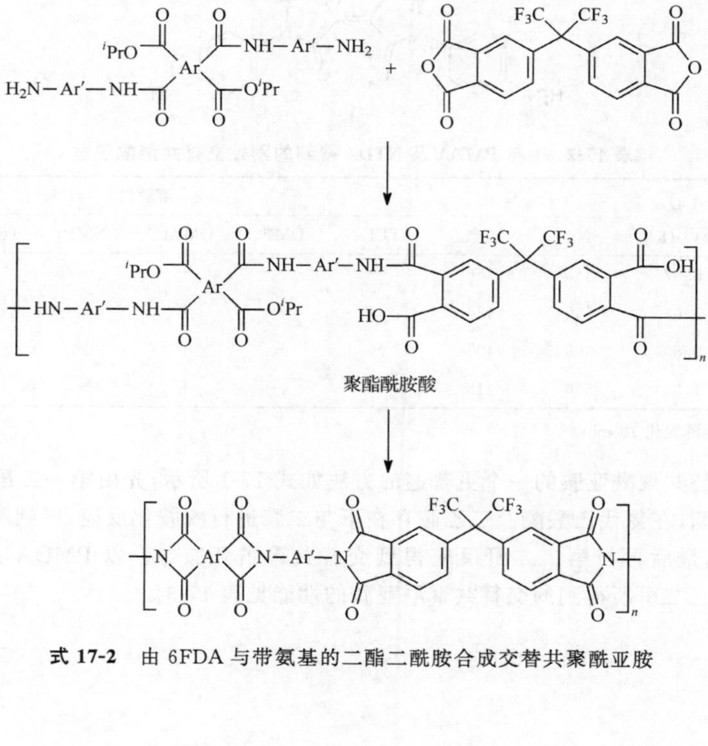

式 17-2　由 6FDA 与带氨基的二酯二酰胺合成交替共聚酰亚胺

BPDA与 PPD 和 MPD 所得到的均聚物在所试验的溶剂中都是不溶的(表 17-4)。在 T_g 的比较中发现，以 BPDA 为第二二酐所得到的交替共聚物的 T_g 要比无规共聚物略低(表 17-5)。具有不同序列的共聚酰亚胺的热稳定性没有明显差别(表 17-6)。

表 17-4　交替共聚酰亚胺与无规共聚酰亚胺溶解性比较

交替共聚物				无规共聚物			
Ar/Ar′	NMP	DMASO	DMAC	Ar/Ar′	NMP	DMASO	DMAC
PMDA/PPD	±	±	±	PMDA/PPD	—	—	—
PMDA/MPD	+	+	+	PMDA/MPD	±	±	—
BPDA/PPD	±	±	±	BPDA/PPD	—	—	—
BPDA/MPD	+	+	+	BPDA/MPD	+	±	—

表 17-5　交替共聚酰亚胺与无规共聚酰亚胺的 T_g

共聚物				均聚物			
交替共聚物		无规共聚物		聚合物	T_g/℃	聚合物	T_g/℃
Ar/Ar′	T_g/℃	Ar/Ar′	T_g/℃				
PMDA/PPD	—	PMDA/PPD	—	PMDA/PPD	>500	6FDA/PPD	326
PMDA/MPD	338	PMDA/MPD	335	PMDA/MPD	430	6FDA/MPD	297
BPDA/PPD	342	BPDA/PPD	356	BPDA/PPD	>500		
BPDA/MPD	308	BPDA/MPD	315	BPDA/MPD	329		

表 17-6　交替共聚物的热稳定性

Ar/Ar′	T_d/℃	$T_{5\%}$/℃	800℃残炭率/%
PMDA/PPD	456	545	56.5
PMDA/MPD	440	515	53.9
BPDA/PPD	450	545	58.2
BPDA/MPD	430	535	57.8

Ree 等[7]用同样的方法合成交替的共聚酯酰胺酸和相应的交替共聚酰亚胺，其光学性能见表 17-7，热性能和强度见表 17-8。

表 17-7　交替的共聚酯酰胺酸和相应的交替共聚酰亚胺的光学性能和介电常数

	第一二酐	第二二酐	二胺	光学性能				介电常数			
				$n_{//}$	$n_{\perp}$	n_{av}	Δn	$k_{//}$	$k_{\perp}$	k_{av}	Δk
交替共聚酯酰胺酸	PMDA	6FDA	PPD	1.600	1.563	1.588	0.037	2.560	2.443	2.521	0.127
	PMDA	6FDA	MPD	1.588	1.573	1.583	0.015	2.522	2.474	2.506	0.047
	PMDA	DSDA	MPD	1.621	1.609	1.617	0.012	2.628	2.589	2.615	0.039

续表

	第一二酐	第二二酐	二胺	光学性能				介电常数			
				$n_{/\!/}$	$n_{\perp}$	n_{av}	Δn	$k_{/\!/}$	$k_{\perp}$	k_{av}	Δk
交替共聚酰亚胺	PMDA	6FDA	PPD	1.644	1.593	1.627	0.051	2.703	2.538	2.647	0.165
	PMDA	6FDA	MPD	1.618	1.602	1613	0.016	2.618	2.566	2.601	0.052
	PMDA	DSDA	MPD	1.682	1.678	1.681	0.004	2.829	2.816	2.825	0.013

注：折射率在 632.8 nm 下测得；介电常数 $k=n^2$。

表 17-8　交替的共聚酯酰胺酸和相应的交替共聚酰亚胺的热性能和强度

第一二酐	第二二酐	二胺	交替共聚酯酰胺酸				交替共聚酰亚胺			
			T_g/℃	T_{imide}/℃	CTE/(10^{-6} K^{-1})	强度/MPa	T_g/℃	T_d/℃	CTE/(10^{-6} K^{-1})	强度/MPa
PMDA	6FDA	PPD	251.5	262.8	35	19	>400	29	522	46
PMDA	6FDA	MPD	242.0	256.7	47	53	370	43	522	76
PMDA	DSDA	MPD	229.5	228.6	48	24	385	40	418	64

注：T_{imide}：酰亚胺化温度。

Yang 等[8]研究了由偏苯三酸酐与两种二胺合成的交替共聚酰胺酰亚胺。当以 BAPS 为二胺并处于酰胺单元时（Ⅱ），所得到的聚合物的颜色要比 BAPS 处于酰亚胺单元时（Ⅰ）浅（表 17-9）。

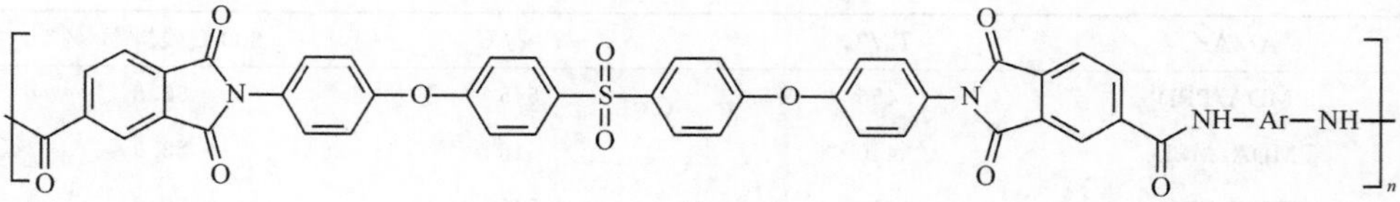

Ⅰ

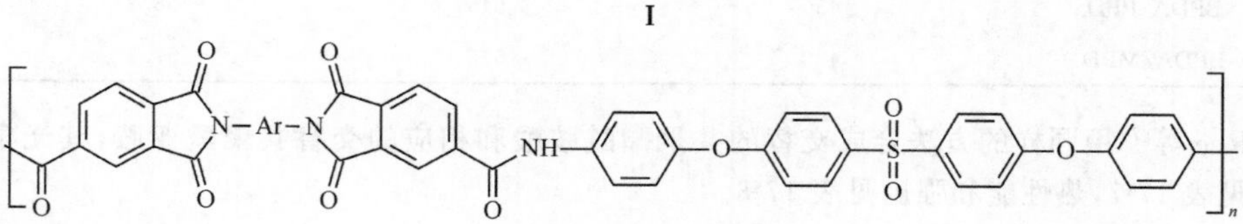

Ⅱ

表 17-9　由偏苯三酸酐与 BAPS 得到的共聚酰胺酰亚胺的颜色

第二二胺	b (−7.99)		a (1.00)		L (89.82)	
	Ⅰ	Ⅱ	Ⅰ	Ⅱ	Ⅰ	Ⅱ
PPD	22.62	66.08	1.26	4.67	74.54	78.02
MPD	23.35	43.82	−5.04	−1.08	87.69	78.09
2,4-DTA	18.85	38.16	−5.45	−9.14	89.25	87.51

续表

第二二胺	b (−7.99)		α (1.00)		L (89.82)	
	Ⅰ	Ⅱ	Ⅰ	Ⅱ	Ⅰ	Ⅱ
ODA	29.41	62.98	−6.05	−8.08	84.42	85.25
3,4′-ODA	26.51	58.33	−3.44	−1.44	84.34	78.89
MDA	20.22	43.87	−5.18	−8.63	88.52	86.84
SDA	45.70	77.19	−10.82	−0.83	88.31	83.08
1,4,4-APB	27.67	61.42	−7.99	4.50	88.55	77.65
1,3,4-PBA	25.12	57.44	−6.09	−4.88	86.43	82.11
BAPP	22.79	62.91	−6.42	−2.50	84.75	80.13

注：颜色参数根据 Cielab 方程计算，以纸为标准。L 为白度，以 100 为白，0 为黑；α：正值为红色，负值为绿色；b：正值为黄色，负值为蓝色。

Ⅰ系列聚合物可以溶解于 DMAc、NMP、DMF、DMSO、间甲酚、吡啶及硫酸，可以得到柔韧的薄膜。

Yang 等[9] 先合成两端带羧基的二酰亚胺 **2**，然后与各种二胺反应得到交替聚酰胺酰亚胺（式 17-3），其性能见表 17-10。

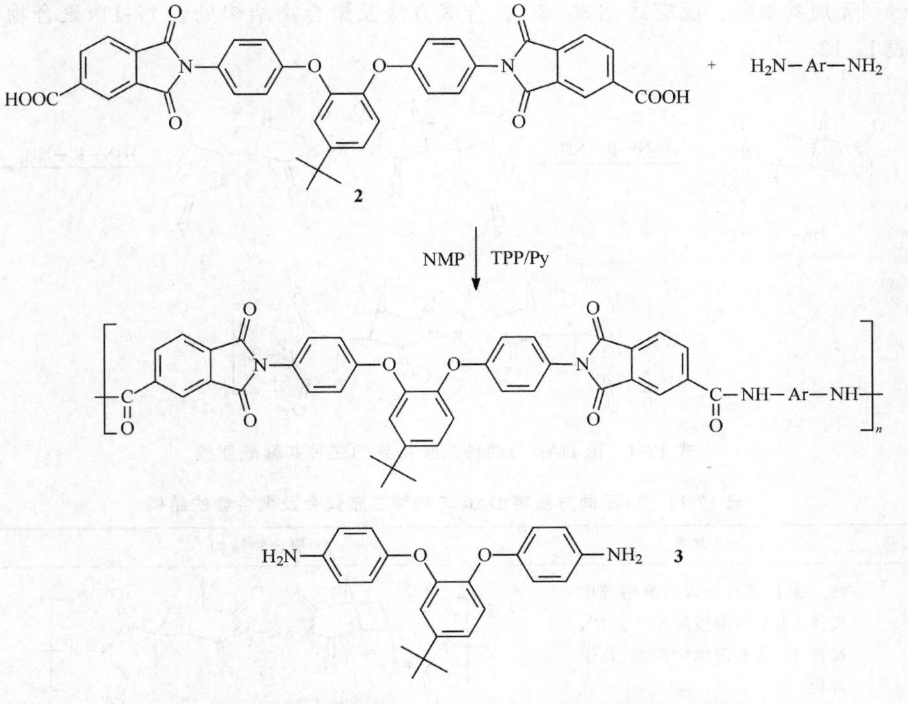

式 17-3　由带羧端基的酰亚胺与二胺合成交替共聚酰胺酰亚胺

表 17-10 交替聚酰胺酰亚胺的性能

二胺	T_g/℃	$T_{10\%}$/℃ N₂	$T_{10\%}$/℃ 空气	Y_C/%	抗张强度 /MPa	抗张模量 /GPa	断裂伸长率/%
PPD	273	536	535	63			
MPD	276	537	517	57	108	2.4	8
ODA	266	530	500	52	105	2.6	8
SDA	270	521	520	57	97	2.3	10
MDA	270	522	483	54			
1,4,4-APB	251	527	489	48			
1,3,4-APB	234	534	515	55	87	2.1	17
1,2,4-APB	242	336	512	51	101	2.3	9
BAPP	245	525	500	51	91	2.3	15
4,4′-BDAF	251	538	510	55	90	2.3	16
3	245	521	475	48	99	2.1	13

一种设计巧妙的方法是利用二酐中两个具有不同活性的酐环依次与两个不同的二胺反应，得到交替共聚酰亚胺。

Kudo 等[10]利用 DAn 与两个二胺反应，从加料方式可以得到交替共聚酰亚胺，也可以得到无规共聚物。反应式见式 17-4。合成方法及聚合物结构见表 17-11，聚合物性能见表 17-12。

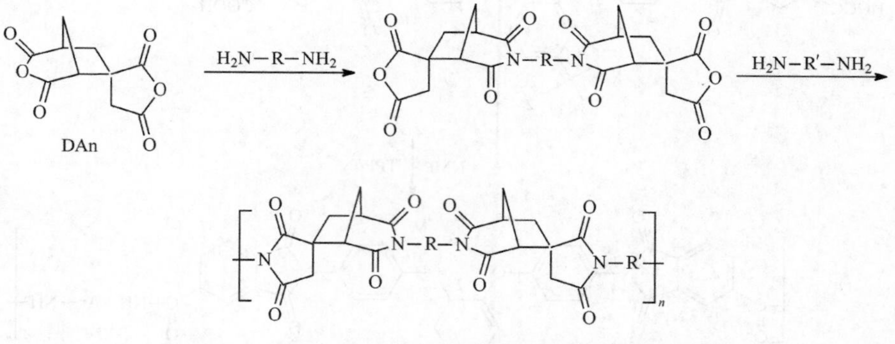

式 17-4 由 DAn 与两种二胺得到的交替共聚酰亚胺

表 17-11 以不同方法将 DAn 与两种二胺聚合及聚合物的结构

编号	合成方法	聚合物结构
1	将二胺 R 缓慢加入二酐溶液中搅拌 1 h 后再缓慢加入二胺 R′，搅拌 48 h，在丙酮中沉淀，化学环化	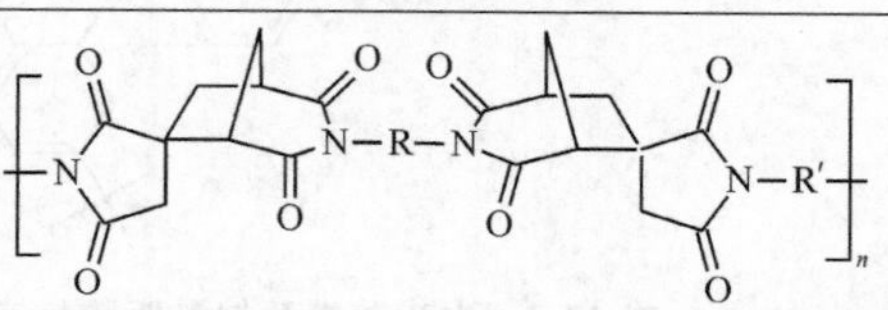

续表

编号	合成方法	聚合物结构
2	将二胺 R′缓慢加入二酐溶液中搅拌 1 h 后再缓慢加入二胺 R，其他如前	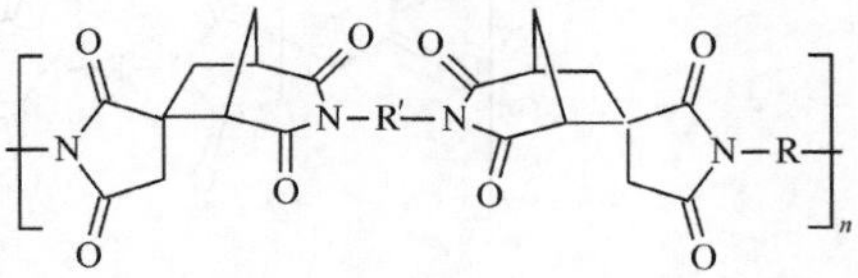
3	将二胺混合物缓慢加入二酐的溶液中，其他如前	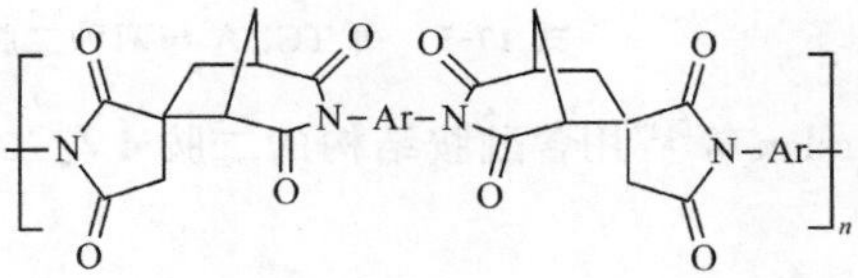
4	将二胺混合物一次加入二酐的溶液中，其他如前	$\text{-}\!\!\left[\text{DAn—Ar}\right]_n\!\!\text{-}$

注：Ar 为 R 或 R′，DAn 为 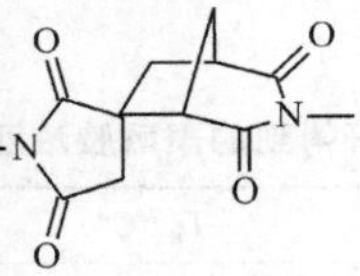 或 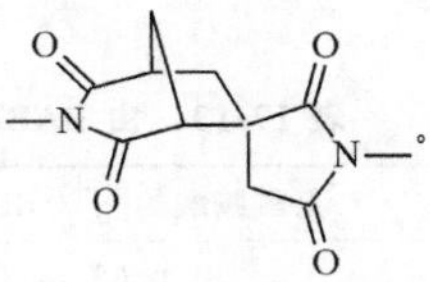。

表 17-12 DAn 与两种二胺得到的不同聚合物的性能

编号	η_{inh}/(dL/g)	M_w	M_n	M_w/M_n	T_g/℃	$T_{5\%}$/℃
1	0.32	43 000	25 000	1.7	275	411
2	0.28	33 000	15 000	2.2	290	404
3	0.28	38 000	18 000	2.0	306	414
4	0.21	31 000	12 000	2.6	303	394

注：编号同表 17-11，其中 R 为 PPD，R′为 ODA。

Kato 等利用 TCDA（见《聚酰亚胺——单体合成、聚合方法及材料制备》第 1 章）中五元环酐和六元环酐活性的差别，将 TCDA 先与第一二胺反应，由于五元环酐的活性比六元环酐大，可以得到两端带有两个六元环酐的酰亚胺，然后再与第二二胺反应得到结构规则的交替共聚物[11]。这类聚酰亚胺的合成见式 17-5，性能见第 13 章表 13-57 至表 13-60。

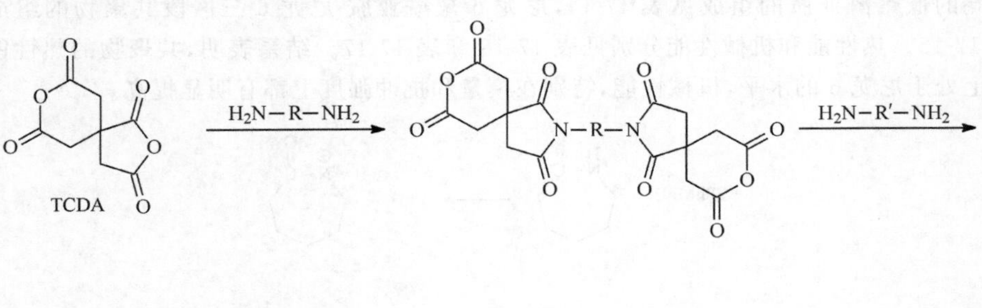

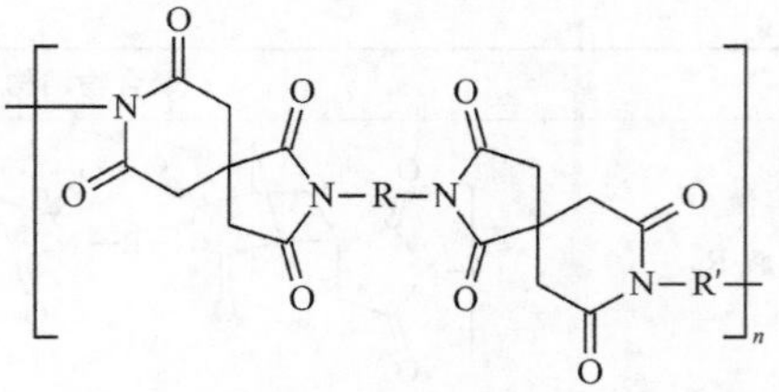

式 17-5　由 TCDA 与两种二胺得到的交替共聚酰亚胺

Ozarslan 等[12]用含酰胺结构的二胺 **4** 与二酐反应，得到交替共聚酰胺酰亚胺（表 17-13）。

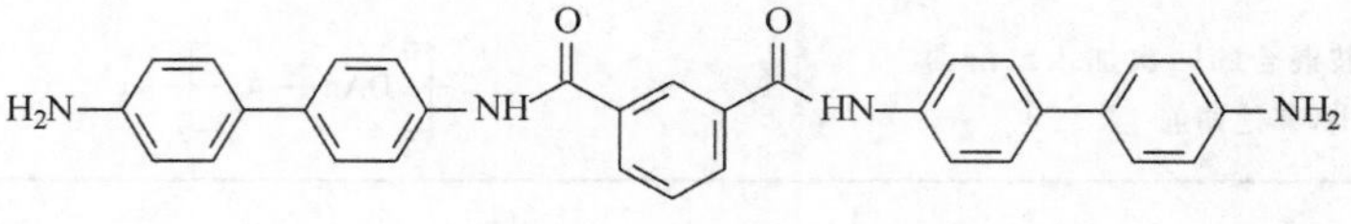

4

表 17-13　由 BABPI 与二酐得到的聚酰胺酰亚胺

二酐	聚酰胺酸的[η]/(dL/g)	T_g/℃	$T_{10\%}$/℃
BPDA	0.62	230	550
ODPA	0.43	233	537
BTDA	0.69	235	527
PMDA	0.46	227	538

17.1.2　嵌段共聚酰亚胺

Harris 等[13]用低聚酰亚胺与已内酰胺合成了尼龙 6-聚酰亚胺-尼龙 6 三嵌段共聚物，反应过程如式 17-6 所示。

将由苯甲酸苯酯(PAB)封端的酰亚胺低聚物和已内酰胺加热到 150～160 ℃得到均相的熔融体，冷却到 120 ℃后，将过量 20%的苯基溴化镁(3 mol/L 乙醚溶液)加入，很快变黏，10 min 后成为固体，再在固体状态放置 5 h，使反应完全，切碎后用甲醇萃取，160 ℃干燥，得到三嵌段共聚物。为了可以进行熔融聚合，选择了低 T_g 的酰亚胺低聚物。苯酯封端的低聚酰亚胺的组成见表 17-14，尼龙 6-聚酰亚胺-尼龙 6 三嵌段共聚物的组成见表 17-15。热性能和机械性能分别见表 17-16 和表 17-17。结果表明，共聚物的热性能基本上处于尼龙 6 的水平，机械性能，特别在模量和抗冲强度上都有明显提高。

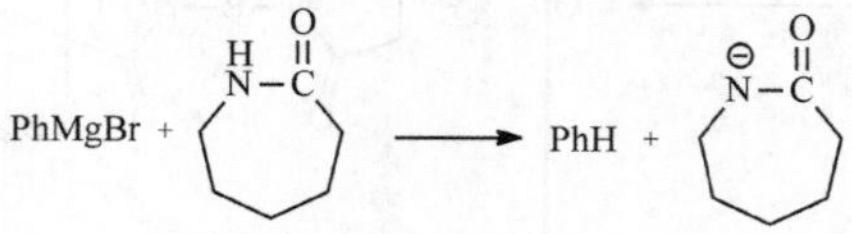

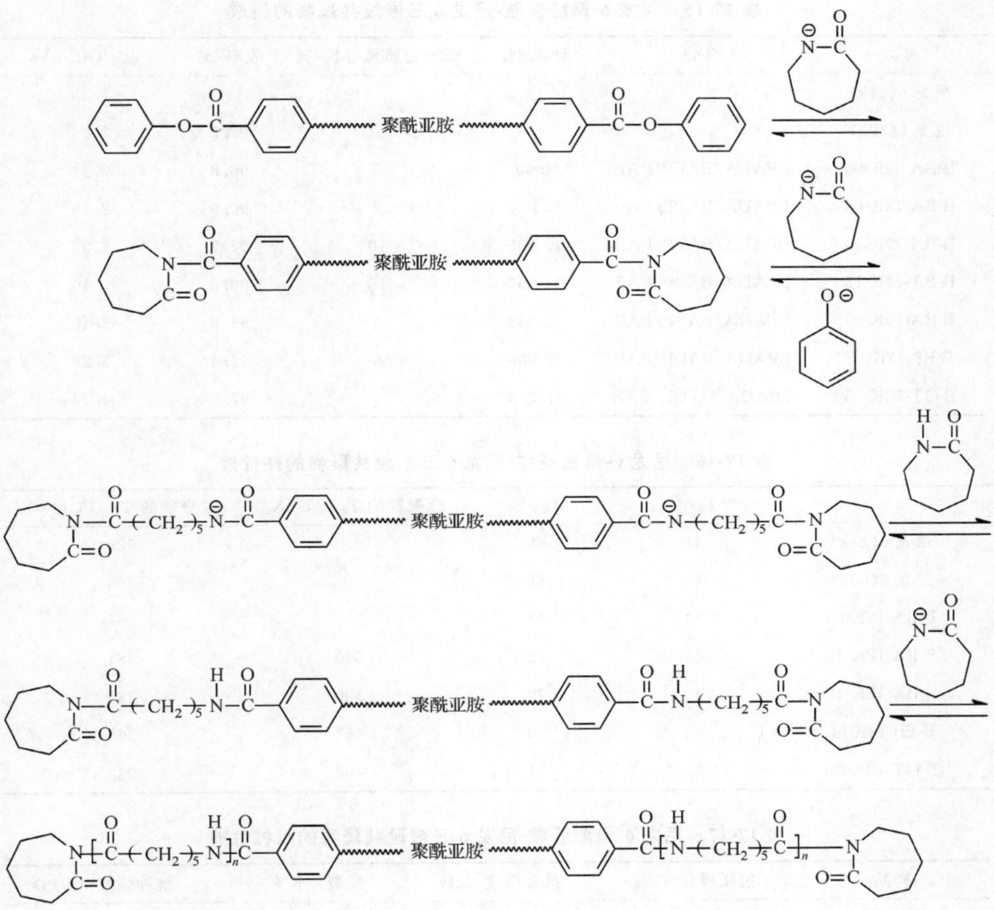

式 17-6　尼龙 6-聚酰亚胺-尼龙 6 三嵌段共聚物的合成

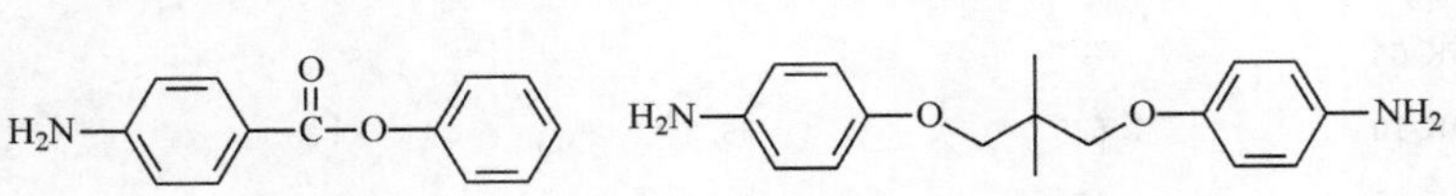

PAB　　　　　　　　　　BADP

表 17-14　由苯酯封端的低聚酰亚胺

组分	分子比	计算 M_n	实测 M_n	实测 M_w	M_w/M_n	T_g/℃
BPADA/BAPP/PAB	100∶90.5∶19.0	9000	6700	16 000	2.39	187
BPADA/BAPP/PAB	100∶92.8∶14.4	12 000	9200	23 700	2.58	191
BPADA/BAPP/PAB	100∶94.2∶11.6	15 000	13 700	35 000	2.55	192
BPADA/BADP/PAB	100∶93.8∶12.4	12 000	10 200	20 500	2.01	181
BPADA/OTOL/PAB	100∶94.4∶11.2	12 000	11 400	23 100	2.03	240

表 17-15 尼龙 6-聚酰亚胺-尼龙 6 三嵌段共聚物的组成

样品	组分	计算 M_n	低聚物质量分数/%	收率/%	η_{inh}/(dL/g)
尼龙 6(24k)					1.35
尼龙 6(80k)				97.5	2.64
B-BA-09K-05	BPADA/BAPP/PAB	9000	5	96.8	2.94
B-BA-12K-05	BPADA/BAPP/PAB	12 000	5	96.9	2.98
B-BA-12K-10	BPADA/BAPP/PAB	12 000	10	97.0	2.34
B-BA-12K-15	BPADA/BAPP/PAB	12 000	15	96.8	2.10
B-BA-15K-05	BPADA/BAPP/PAB	15 000	5	96.8	3.10
B-BP-12K-05	BPADA/BADP/PAB	12 000	5	97.4	3.28
B-OT-12K-05	BPADA/OTOL/PAB	12 000	5	97.2	4.37

表 17-16 尼龙 6-聚酰亚胺-尼龙 6 三嵌段共聚物的热性能

	T_g/℃	T_m/℃	低聚物的 $T_{5\%}$/℃(N_2)	共聚物的 $T_{5\%}$/℃(N_2)
尼龙 6(24k)	41	66		329
尼龙 6(80k)	43	68		360
B-BA-12K-05	44	71	500	367
B-BA-12K-10	44	72	500	384
B-BA-12K-15	45	73	500	385
B-BP-12K-05	43	70	467	365
B-OT-12K-05	47	71	488	382

表 17-17 尼龙 6-聚酰亚胺-尼龙 6 三嵌段共聚物的机械性能

样品	抗张模量/GPa	抗张强度/MPa	断裂伸长率/%	抗冲强度/(J/m)
尼龙 6(24k)	0.542	45.1	240	41.4
尼龙 6(80k)	1.100	58.4	58.3	52.7
B-BA-09K-05	—	—	—	140
B-BA-09K-10	1.585	66.3	50.3	—
B-BA-12K-05	1.453	74.0	41.4	158
B-BA-12K-10	1.471	76.0	33.6	—
B-BA-12K-15	1.462	74.3	31.3	—
B-BA-15K-05	—	—	—	105
B-BA-15K-10	1.648	66.5	20.2	—
B-BP-12K-05	1.548	56.5	35.5	163
B-OT-12K-05	1.296	72.8	30.5	124

缺口、无缺口及水饱和的缺口样品都打不断。B-BA-12K-05 的饱和吸水率在 3.5%左右，尼龙 6(24k)约为 9%。

Jeon 等[14]以两端为酐基的低聚酰亚胺与两端带异氰酸酯的低聚氨基甲酸酯(PU)聚合得到规整的交替嵌段聚氨基甲酸酯-酰亚胺(式 17-7)。

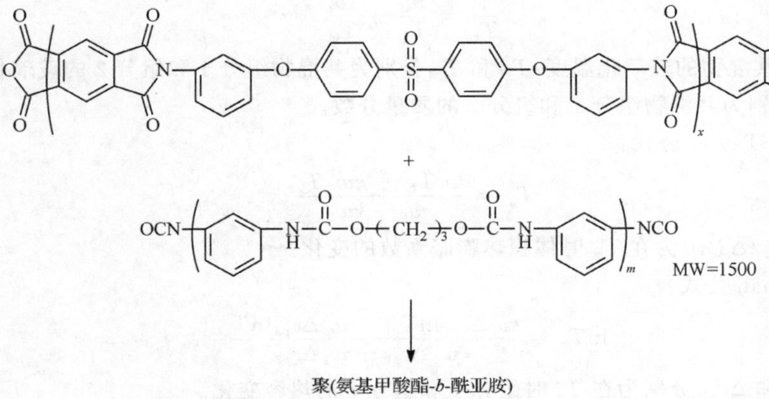

式 17-7　交替嵌段聚氨基甲酸酯-酰亚胺的合成

聚合在 NMP 中 90 ℃反应 4 h。以低聚酰亚胺为基的 PU 的用量在 150%以下,聚合物的溶解性及断裂伸长率仍增加,热稳定性降低。PU 高于 150%,溶解度降低,热稳定性增加,这可能是由于过量的异氰酸酯官能团自己通过异氰酸酯的相互作用而交联,共聚物的性能见表 17-18。

表 17-18　规整的交替嵌段聚氨基甲酸酯-酰亚胺

PMDA∶BAPS	PU 含量/%	黏度/(dL/g)	T_g/℃	抗张强度/MPa	断裂伸长率/%
	0	0.14	245	72	7.7
	10	0.56	240	89	9.0
	20	0.73	235	74	10.0
	40	0.83			
1.0∶9.0	50	0.94	220	51	11.3
	80	1.20			
	100	1.00	210	51	15.6
	150	0.42	165		
	200	—	285		
0.1∶0.5	100	0.67		3.6	7.0

17.2　聚酰亚胺共混物

聚酰亚胺的共混物有大量报道,本节并不准备对其作全面的总结,只是从性能角度对几类聚酰亚胺共混物作一简单的介绍。

Fox、Gorden 和 Tayler 及 Couchman 由相容的聚合物各自得到表达共混物 T_g 的公式，通常可以用这些个公式来判别共混物的相容性。

Fox 公式：

$$\frac{1}{T_g} = \frac{w_1}{T_{g1}} + \frac{w_2}{T_{g2}}$$

式中，T_g 为共混物的玻璃化温度；T_{g1} 和 T_{g2} 分别为共混物组分 1 和组分 2 的玻璃化温度；w_1 和 w_2 分别为共混物组分 1 和组分 2 的质量分数。

Gorden-Tayler 公式：

$$T_g = \frac{w_1 T_{g1} + k w_2 T_{g2}}{w_1 + k w_2}$$

式中，$k = \Delta\beta_2 / \Delta\beta_1$，$\beta$ 为在 T_g 时体积热膨胀系数的变化。

Couchman 公式：

$$\ln T_g = \frac{w_1 \Delta c_{p1} \ln T_{g1} + w_2 \Delta c_{p2} \ln T_{g2}}{w_1 \Delta c_{p1} + w_2 \Delta c_{p2}}$$

式中，Δc_{p1} 和 Δc_{p2} 分别为在 T_g 时组分 1 和组分 2 的热容变化。

17.2.1 聚酰亚胺与聚酰亚胺的共混物

聚酰亚胺与聚酰亚胺的共混物可以用两种方法制备：一是用聚酰胺酸进行共混；另一是用聚酰亚胺共混。用聚酰胺酸溶液共混，各种变数较多，如混合条件、混合时间和温度、涂膜和干燥的温度和时间等都会给共混聚酰亚胺的性能带来影响，这是由于在聚酰胺酸中存在酰胺酸的交换反应，所以多少都会给共混体系带来一些共聚的组分。为了避免在共混物中出现共聚组分，可以采取将一种组分以聚酰亚胺形式，另一种为聚酰胺酸形式进行共混，也可以由不会发生交换反应的聚酰胺酯进行共混。

用来共混的聚酰亚胺必须是可以溶解或熔融加工的，这类聚酰亚胺中已经商品化的以 Ultem 1000(PEI)为最容易获得，所以有关聚酰亚胺共混物的工作大多数是在这种聚酰亚胺的基础上进行的。

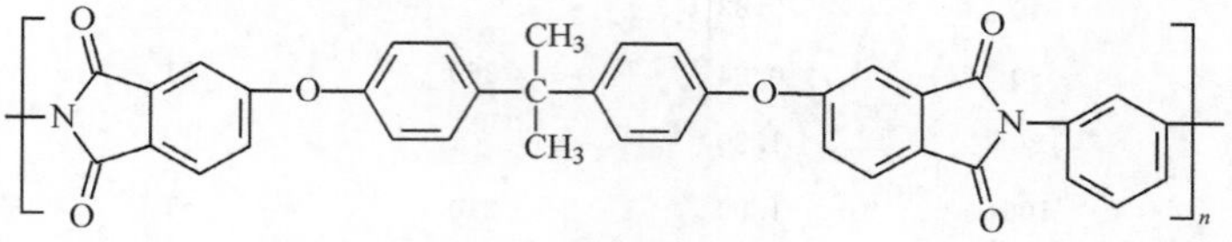

Ultem 1000(PEI)

1. 聚酰亚胺的共混物

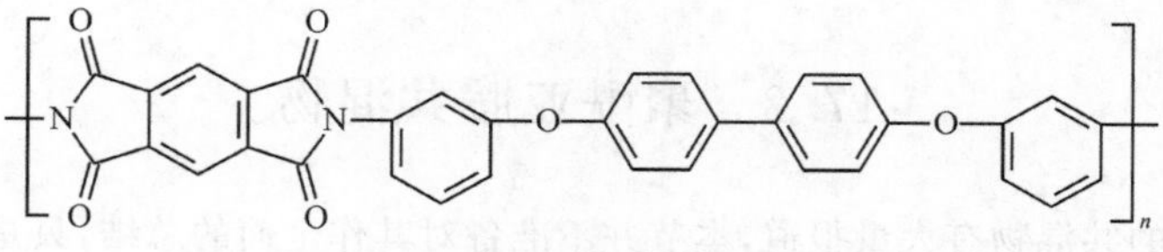

Aurum(New-TPI)

Ma 等[15]研究了半晶的 New-TPI 和 PEI 的共混物,这两者都是热塑性聚酰亚胺,相对分子质量都为 30 000 左右。所有样品熔融后经淬火都是相容的非晶态共混物,将淬火的聚合物在 260 ℃热处理后,凡是 PEI 含量为 40%、50%、60%的样品都出现相分离,但没有结晶,其他样品仍为相容的非晶态聚合物。在 290～340 ℃处理后,上述样品的相分离区域出现半晶态,将淬火样品经 350 ℃处理后,共混物在相容的非结晶区出现半晶态。PEI 链段是插入 New-TPI 晶区间的非晶态层,与样品是否分相无关(表 17-19)。

表 17-19　New-TPI 和 PEI 共混物的 T_g

New-TPI/%	熔融后淬火样品 T_g/℃	经 260 ℃处理 T_g/℃	经 360 ℃处理 2 hT_g/℃
0	217	217	216
20	220	220	220
40	226	220,241	222
50	229	220,243	223
60	232	218,244	230
80	240	244	240
100	250	250	248

Goodwin[16]也研究了 New-TPI 与 PEI 的共混物,发现 New-TPI 与 PEI 在任何比例下都是相容的,非晶态共混物的 T_g 随 New-TPI 的增加呈线性增高。β 转变随 New-TPI 的增加而降低,而 γ 转变则不变。密度则随 New-TPI 的增加在开始(10%)时有突然的增高,然后随着 TPI 的继续增加有一线性的增高。

Hasegawa 等[17]利用苝四酸二酰亚胺(PEDI)具有特殊的荧光性能,来研究共混聚酰亚胺的相容性。例如 PEDI 在 BPDA 的聚酰亚胺中能够发荧光,但在 PMDA 的聚酰亚胺中却不发荧光,这是由于与聚酰亚胺的电荷转移络合物作用引起的荧光猝灭。共混物的相容性增加,荧光强度降低,所以可以用来研究 T_g 不明显的聚酰亚胺共混物的相容性。荧光强度随着二酐的电子亲和性的增加而降低。在 BPDA 的聚酰亚胺中引入微量(1/700)的二氨基 PEDI,使这种聚酰亚胺带上可以发荧光的标志,就可以研究与其他聚合物共混时的相容性。

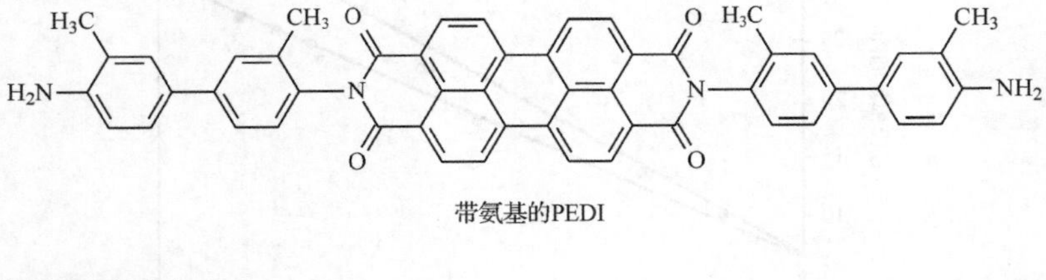

带氨基的PEDI

2. 聚酰胺酸的共混

Ree 等[18]将 PMDA/PPD 和 PMDA/p,p'-6FBA 的聚酰胺酸在 10%的 NMP 溶液中以 1∶1 共混,开始得到的是混浊的溶液,搅拌 10 天后混浊度消失,去除溶剂后仍可看到数百微米大小的相分离区域,在 400 ℃酰亚胺化后该相分离状态未见消失。微区的尺寸随混合时间的延长而减小，但即使在共混 66 天后仍旧不能得到完全的均相。

PMDA/ODA 与 6FDA/ODA 聚酰亚胺的共混物有类似的情况，用光学显微镜观察，在共混 5 天后涂膜，干燥后可以得到均相的干态聚合物，由 DMA 曲线可见，其 T_g 也增加到与共聚物相一致[18]。

Yokota 等[19]将 BPDA/PPD 和 PMDA/PPD 的聚酰胺酸的 1∶1 共混物在储存了 60 天后成为透明的均相，但在混合后涂的薄膜都是透明的。由热机械曲线看出，相同组分的共聚物在 400 ℃处理后，其断裂伸长率有一个明显的增加，而共混物的断裂伸长率在 500 ℃以下都是逐渐增加的。对于高刚性的 PMDA/PPD 聚酰亚胺在 500 ℃以下没有明显的转变，由共混物的热膨胀系数比共聚物低这个事实，可以认为共混物的尺寸稳定性取决于共混物中刚性链的组分(表 17-20)。

表 17-20　由 PMDA/PDA 和 BPDA/PDA 聚酰胺酸共混物和共聚物的性能

样品	混合时间/天	相容性	模量/GPa	密度/(g/cm³)	CTE/(10^{-6} K^{-1})
PAA 的 1∶1 混合物	4	浑浊	6.9	1.4830	
	60	清亮	7.8	1.4749	1.7
1∶1 的共聚物		清亮	7.6	1.4619	2.9

分子复合物是以分子链为刚性棒状的高强、高模的聚合物来增强具有柔性链的可延展的基体聚合物。BPDA/PPD 的 PAA 成膜冷拉后进行热酰亚胺化(最高温度为 330 ℃)最高模量可以达到 60 GPa[20]。

BPDA/PPD 与 BPDA/ODA 的聚酰胺酸的共混物成膜冷拉后进行热酰亚胺化(最高温度为 330 ℃)，共混物的强度和模量随 BPDA/PPD 组分的增加而增加，当 BPDA/PPD 达到 70%时，模量随拉伸比的增加而增加，最大值可达 35 GPa，拉伸到 75%时强度可以达到 1.5 GPa[21]。相应的共聚物模量也随牵伸而增高，但数值上要比共混物低得多[19](图 17-1)。这种共混物与共聚物的机械性能比较见表 17-21。

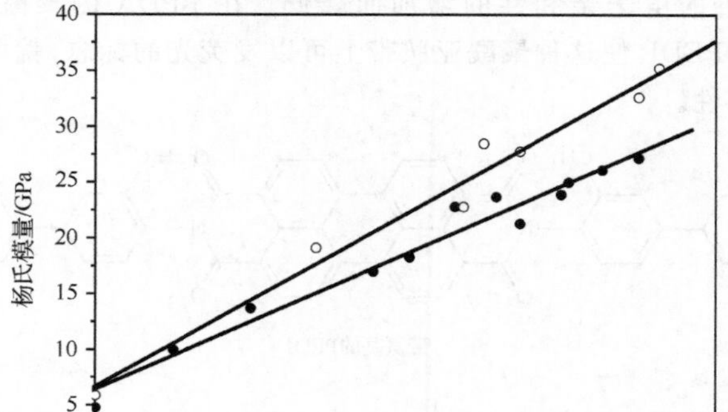

图 17-1　BPDA/PPD 与 BPDA/ODA7∶3 的共混物(○)和同样成分的共聚物(•)在 330 ℃退火 2 h 样品的杨氏模量与拉伸比的关系

表 17-21　PI(BPDA/PDA)和 PI(BPDA/PDA)为 7∶3 的共混物和相应的共聚物机械性能的比较

样品	拉伸比/%	模量/GPa	强度/MPa	断裂伸长率/%	密度/(g/cm^3)
共混物	0	48	0.30	46.7	1.4182
共聚物	0	4.2	0.26	67.5	1.4074
共混物	60	31.8	1.04	5.6	
共聚物	60	24.0	0.77	4.9	

3. PMDA/PPD 与 PMDA/3,4′-ODA 的共混物[19]

凡是结构相似的聚合物，其共混物的相容性就较高，PMDA/PPD 和 PMDA/3,4′-ODA 具有相同的二酐，其聚酰胺酸溶液混合后是透明的，但其薄膜在溶剂挥发后会得到显示大尺寸的相分离，除非共混溶液放置较长的时间，并在较高温度(80 ℃)下涂膜。共混物的热变形要明显低于柔性组分 PMDA/3,4′-ODA，说明在共混物中，其分子活动性受到相关组分的制约。随着混合时间的延长，共混物的密度略微降低，退火后样品表面中微区的尺寸也变小，说明随着混合时间的增加，不同组分的分子链间的相互作用增加，相容性变好。PMDA/PPD-PMDA/3,4′-ODA(5∶5)的共混物和共聚物的性能见表 17-22。

表 17-22　PMDA/PDA-PMDA/3,4′-ODA(5∶5)的共混物和共聚物的性能

样品	混合时间/天	相容性		模量/GPa	密度/(g/cm^3)
		PAA 溶液	薄膜		
共混物(5∶5)	30	透明	不透明	5.1	1.4620
共聚物(5∶5)		透明	透明	4.3	1.4448
共混物/共聚物(10∶1)	29	透明	不透明	4.7	1.4613

尺寸稳定性、模量都取决于大分子链的刚性，也取决于聚合物的聚集态。CTE 和断裂伸长率由共聚物中的柔性单元决定。对于相容的共混物，刚性分子可以在薄膜表面很好取向，所以其模量会与共聚物至少相同或更高[19]。

Ree 等[22]研究了聚酰胺酸共混物。由其溶液涂膜干燥后及酰亚胺化后的薄膜由光学显微镜观察的结果见表 17-23。将等量的 PMDA/PPD 与 PMDA/6FBA 的 NMP 溶液在 23 ℃共混得到浑浊的溶液，放置 10 天后成均相[22]，这可能是由于发生了酰胺交换反应的结果。

表 17-23　聚酰胺酸共混物及由此得到的聚酰亚胺共混物

组成	PAA 的共混物溶液	干燥后	400 ℃,1.5 h 酰亚胺化
PMDA/PPD＋PMDA/6FBA	浑浊	不相容	不相容
PMDA/PPD＋PMDA/ODA	清亮	不相容	不相容
PMDA/ODA＋6FDA/ODA	清亮	不相容	不相容
PMDA/ODA＋ODPA/ODA	清亮	相容	相容
PMDA/PPD＋6FDA/ODA	清亮	不相容	不相容
PMDA/PPD＋ODPA/ODA	清亮	相容	相容

Chung 等[23]研究了由 m,m'-6FBA 和 p,p'-6FBA 与各种二酐得到聚酰亚胺的共混物，这些均聚物和共聚物的 T_g 见表 17-24，各种共混物的 T_g 见表 17-25。

表 17-24　由 m,m'-6FBA 和 p,p'-6FBA 与各种二酐得到聚酰亚胺的 T_g

聚合物	T_g/℃	聚合物	T_g/℃
6FDA/m,m'-6FBA	250.5	6FDA/p,p'-6FBA	318.5
BPDA/m,m'-6FBA	267.0	BPDA/p,p'-6FBA	343.0
BTDA/m,m'6FBA	239.0	BTDA/p,p'-6FBA	304.0
ODPA/m,m'-6FBA	224.5	ODPA/p,p'-6FBA	305.0
PMDA-6FDA/m,m'-6FBA	270.9	PMDA- 6FDA/p,p'-6FBA	354.0
PMDA-BPDA/m,m'-6FBA	280.0	PMDA- BPDA/p,p'-6FBA	375.0
PMDA-BTDA/m,m'-6FBA	261.0	PMDA- BTDA/p,p'-6FBA	349.5
PMDA-ODPA/m,m'-6FBA	233.0	PMDA- ODPA/p,p'-6FBA	347.0

表 17-25　由 m,m'-6FBA 和 p,p'-6FBA 与各种二酐得到聚酰亚胺的共混物的 T_g

组分	组成	T_g/℃	T_g/℃(Fox)
6FDA/m,m'-6FBA+6FDA/p,p'-6FBA	1+1	275.0	282.4
BPDA/m,m'-6FBA+ BPDA/p,p'-6FBA	1+1	279.3	302.5
BTDA/m,m'-6FBA+ BTDA/p,p'-6FBA	1+1	252.8	269.6
ODPA/m,m'-6FBA+ ODPA/p,p'-6FBA	1+1	242.7	261.7
PMDA-6FDA/m,m'-6FBA+ PMDA-6FDA/p,p'-6FBA	1+1	295.0	309.5
PMDA-BPDA/m,m'-6FBA +PMDA-BPDA/p,p'-6FBA	1+1	295.5	323.7
PMDA-BTDA/m,m'-6FBA +PMDA-BTDA/p,p'-6FBA	1+1	273.4	301.8
PMDA-ODPA/m,m'-6FBA +PMDA-ODPA/p,p'-6FBA	1+1	258.4	284.2
PMDA-6FDA/m,m'-6FBA+ PMDA-6FDA/p,p'-6FBA	0+100	354.0	354.00
	25+75	313.0	330.96
	50+50	296.0	309.56
	75+25	278.0	289.62
	100+0	271.0	271.00
PMDA-6FDA/m,m'-6FBA+6FDA/p,p'-6FBA	0+100	318.5	318.50
	14.3+85.7	311.0	307.71
	34+66	292.0	293.48
	50+50	275.0	282.43
	74+26	257.5	266.63
	91+9	254.5	255.97
	100+0	250.5	250.50

在这一系列共混物中，对于相同的二酐，当将二胺由 m,m'-6FBA 换为 p,p'-6FBA 时，彼此仍然相容。

冯之榴等[24]研究了Ⅲ与Ⅳ的共混物，由 DMA 得到的 T_g 和 T_β 值见表 17-26。他们认为 T_β 是由于酰亚胺单元绕 4-位键转动所引起的[25]。共混物的 T_g 明显低于 Fox 方程所预测的数值，尤其是当Ⅲ的含量为 80%和 60%时，共混物的 T_g 甚至低于Ⅲ的 T_g。这种现象认为是由于共混降低了Ⅲ分子链间作用的结果。

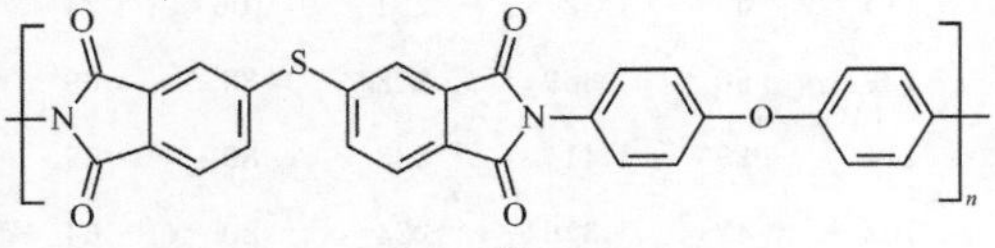
Ⅲ

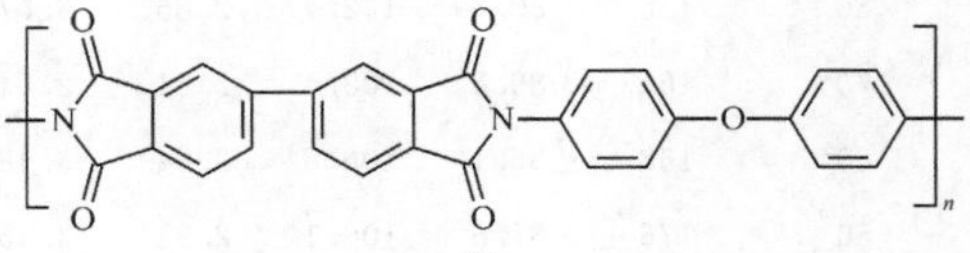
Ⅳ

表 17-26　Ⅲ与Ⅳ的共混物的 T_g 和 T_β

Ⅳ：Ⅲ	0：100	20：80	40：60	60：40	80：20	100：0
T_g/℃	260	253	257	267	276	293
T_β/℃	136	140	137	147	160	181

Kuriyama 等[26]为了解决可溶聚酰亚胺对底物黏结性问题，采用了酰亚胺和酰胺酸的嵌段共聚物。这种嵌段共聚物是由带酐端基的 MTDA/TFDB 聚酰亚胺与带氨基端基的 MTDA/PPD 聚酰胺酸在 γ-丁内酯中反应而得的。同时将已经封端的聚酰亚胺和聚酰胺酸在 γ-丁内酯中溶解共混。由原子力显微镜看到，在聚酰胺酸为 70%和 60%时可以得到相容的共混物，其薄膜的表面组成见表 17-27。

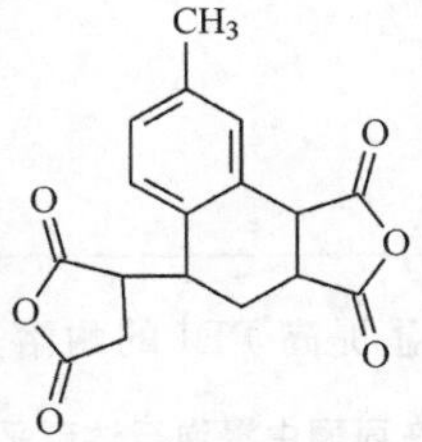
MTDA

表 17-27　由 XPS 得到的 PI/PAA 共混物表面 PI 的组成

PI/PAA 的组成/(质量比)	100：0	30：70	40：60
表面 PI 的组成/%	100	94.8	126.7

表面 PI 的组成由 XPS 测得的元素 F/N 除以均聚物的 F/N 得到。由于均聚物的薄膜表面富集了酐基，氟的比例相应较少，所以对于共混物的表面聚酰亚胺组成可以大于 100%。

17.2.2　聚醚酰亚胺与聚醚酮的共混物

Harris 和 Robeson[27]首先报道了 PEEK 与 Ultem(PEI)的共混物，共混物的性能见表 17-28。他们发现退火后强度和模量都有所提高，但韧性和断裂伸长率则降低，这是由于退火引起共混物的分相。

表 17-28 PEI 与 PEEK 的共混物的性能

PEEK 质量分数/%	T_g/℃	抗张强度/MPa		抗张模量/GPa		断裂伸长率/%		抗冲强度/(kJ/m²)		缺口抗冲/(J/m)	
		退火前	退火	退火前	退火	退火前	退火	退火前	退火	退火前	退火
100	142	88.9	93.7	3.56	3.63	103	42	279	170	84	76
80	155	80.6	102.7	2.85	3.57	115	53	327	254	106	74
70	161	89.6	105.4	2.81	3.51	129	50	369	248	85	69
60	168	86.1	106.8	2.84	3.48	114	29	414	233	80	69
50	176	87.5	106.1	2.91	3.45	107	42	376	224	80	64
40	183	91.6	105.4	2.92	3.30	80	33	344	195	80	69
30	—	93.7	104.0	2.98	3.35	97	22	262	189	64	64
0	215	104.0	113	3.19	3.18	68	66	168	147	59	59

注：退火条件：250 ℃，30 min。

有趣的是，与 PEEK 的共混能够明显提高聚醚酰亚胺的耐水解性能(表 17-29)[27]。

表 17-29 PEI/PEEK (1：1)共混物的水解稳定性

温度/℃	时间/h	10%NaOH 溶液中的失重/%	
		PEI	共混物
40	3552	10.7	—0.63
60	2520	82.6	—0.64
80	259	16.2	—0.58
80	594	74.1	—0.48
80	1104	100	—1.02

同样，与 PEEK 共混也能够明显提高 PEI 的耐溶剂(丙酮)的性能(表 17-30)[28]。

表 17-30 在丙酮中浸泡至达到平衡后的性能

样品	条件	抗张强度/MPa	抗张模量/GPa	断裂伸长率/%
PEEK		56	13.4	245
PEI	未处理	91	14	14
50%共混物		70	13.4	50
PEEK		33	9.6	286
PEI	25 ℃浸泡	1.5	0.83	4
50%共混物		16	5.0	17
PEEK		38	1.0	6.8
PEI	45 ℃浸泡	5	0.3	304
50%共混物		28	1.0	5

Goodwin 等[29]研究了 50：50 的 PEEK/PEI 共混物的丙酮扩散系数与温度的影响(表 17-31)。

表 17-31　温度对 50∶50 的 PEEK/PEI 共混物的丙酮扩散系数的影响

温度/℃	聚合物	扩散系数/(10^{15} m/s)	质量增加/%
25	PEEK	3.4	14.2
	共混物	1.2	20.7
	PEI	2.4	18.8
35	PEEK	8.4	13.1
	共混物	—	20.2
	PEI	5.2	17.6
45	PEEK	100	12.1
	共混物	6.2	16.9
	PEI	6.8	19.4

共混物在扩散系数上的不正常表现是由于 PEEK 与 PEI 之间的特殊作用影响到分子运动[30]，或者是由于共混物密度的变化所引起的。

Heon 等[31]发现 PEEK 与 Ultem 1000 在双螺杆挤出机中共混后用液氮淬火，成为非晶态时在所有组成下都相容，只有一个 T_g，共混物的 T_g 基本符合 Fox 方程。共混物在高温下都能诱导 PEEK 结晶，其晶形与纯的 PEEK 相同，DSC 出现两个 T_g（图 17-2）。PEI 作为稀释剂被晶体排挤出来，即使当 PEEK 的浓度很低时也是如此，只有在接近 T_g 温度下可以发现与纯 PEEK 不同的单晶样的聚集态。

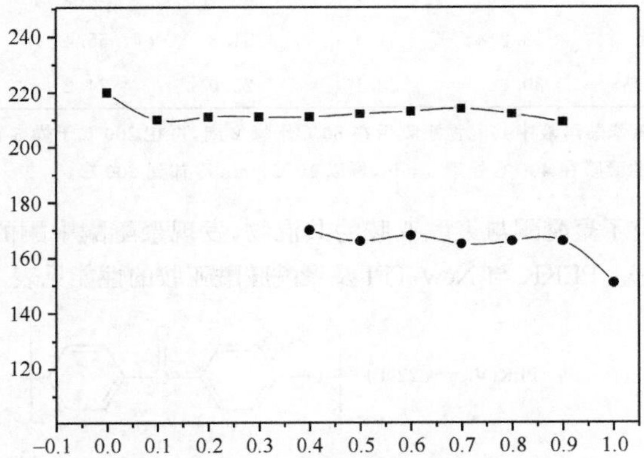

图 17-2　PEI 与 PEEK 的共混物（以 5℃/min 缓慢冷却）

■：PEI，●：PEEK

冯之榴等[32,33]将 PEEK 与Ⅴ共混得到相容的共混物，T_g 在 PEEK 含量大于 20%时都能够很好地符合 Fox 方程。但 PEEK 与Ⅵ则完全不相容，所显示的两个 T_g 基本上与两个纯组分的 T_g 相同[32]。他们认为在 PEEK 与聚酰亚胺的共混物中存在两种电荷转移络合物，一种是聚酰亚胺分子之间，另一种是聚酰亚胺与 PEEK 之间，这两种作用竞争的结果决定了共混物的相容情况。这两个共混物的 T_g 见表 17-32，结晶度见表 17-33。

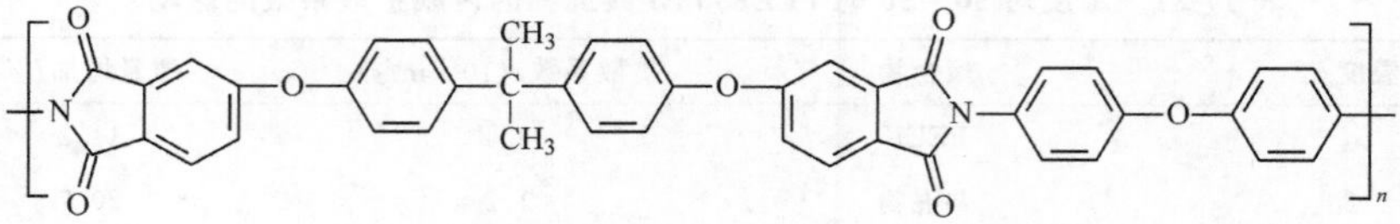
V

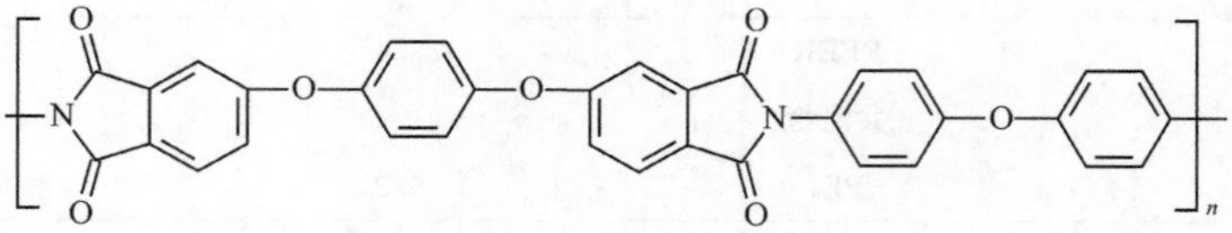
Ⅵ

表 17-32　PEEK 与 PEI 的共混物的 T_g

PEEK∶PEI	100∶0	80∶20	60∶40	40∶60	20∶80	0∶100
PEEK/Ⅴ	161	160	180	189	193	221
PEEK/Ⅵ	161	162	163,238	162,241	160,240	238

表 17-33　PEEK 与聚醚酰亚胺的共混物的结晶度(相应于 PEEK 的含量)

	结晶条件	100∶0	80∶20	60∶40	40∶60	20∶80	0∶100
PEEK/Ⅴ	原始	30.3	35.3	34.6	35.9	32.4	0
	冷结晶	58.2	55.4	56.1	59.4	54.3	0
	熔融结晶	25.8	25.4	21.8	3.0	0	0
PEEK/Ⅵ	原始	30.3	36.1	35.6	39.2	43.5	0
	冷结晶	58.2	51.4	51.8	55.4	49.8	0
	熔融结晶	30.3	28.1	23.0	24.2	11.8	0

注:冷结晶:将在对氯苯酚溶液中共混物涂膜后在 80 ℃干燥 2 周,再在 200 ℃干燥 5 h,将得到的薄膜在 300 ℃处理 2 h。热结晶:将干燥的薄膜在 400 ℃处理 5 min,再以 10 ℃/min 冷却到 200 ℃。

Sauer 等[34]研究了聚醚酮与聚酰亚胺的共混物,发现聚醚酮中酮的百分比越高,与 New-TPI 的相容性也越好。PEKK 与 New-TPI 及聚酰胺酰亚胺的性能见表 17-34 和表 17-35。

PEK(Victrex 220P)

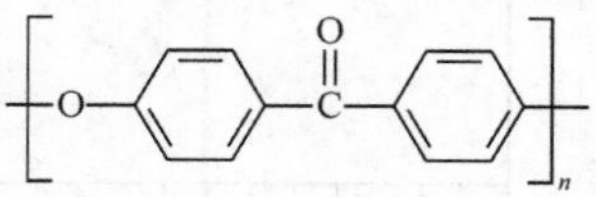

PEKK

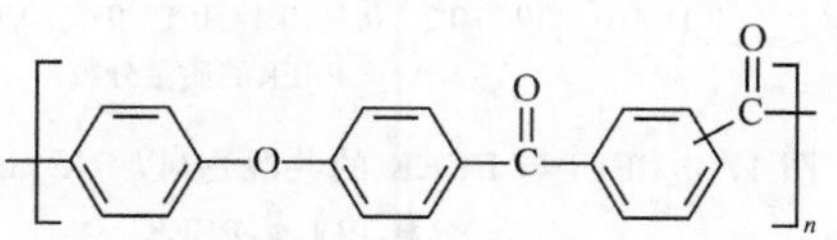

T/I为酮部分异构单元的比例: T: 对位; I: 间位

LaRC-IA

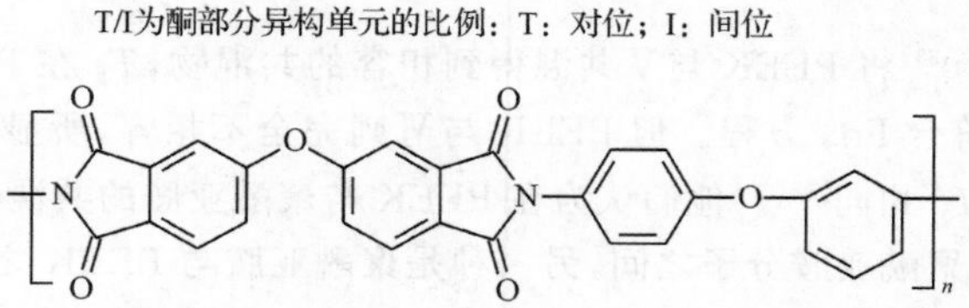

表 17-34　聚醚酮酮与 New-TPI 的共混物

	PEKK/%	T_g/℃	T_m(New-TPI)/℃	T_m(PEKK)/℃
PEKK (50T/50I)	100	156		331
	70	173	380	330
	30	185，223	383	—
	0	246	383	
PEKK (60T/40I)	100	156		315
	85	167	375	—
	75	170	378	—
	75	171	379	—
	65	179	375	—
	50	190	375	—
	30	215	384	—
	15	231	384	—
	0	246	383	
PEKK (80T/20I)	100	159		357
	70	175	383	355
	30	183，234	384	355
	30	184，233	384	354
	15	183，235	384	
	0	246	383	
PEKK (100T/0I)	100	159		393
	70	171	385	385
	30	177，241	384	390
	0	246	383	

表 17-35　PEKK 与 LaRC-IA 的共混物

	PEKK/%	T_g/℃	PEKK 部分的 T_m/℃
PEKK (60T/40I)	100	156	315
	85	163	313
	70	174	—
	30	203	—
	15	220	—
	0	231	
PEKK (80T/20I)	100	159	357
	70	170，215	350
	30	177，219	351
	0	231	

续表

	PEKK/%	T_g/℃	PEKK 部分的 T_m/℃
PEKK (100T/0I)	100	159	393
	70	170, 212	393
	30	177, 222	387
	0	231	

由紫外-可见光谱没有发现在相容的 New-TPI/PEKK 共混物中有电荷迁移络合物的存在。以前的工作中[35]带有较多醚链的聚合物，如 PEEK 与 New-TPI 是完全不相容的，而 PEK 及 PEKK(60T/40I)与 New-TPI 在某些组成时则完全相容。较高含量的醚链或约 120°的醚的键角可以改变与很刚性的聚酰亚胺的作用能力。相容性的能力大致如下：PEK＞PEKK≫PEEK，即酮的含量越高与 New-TPI 的相容性也越高。在 PEKK 中，60T/40I 是最能与 LaRC-IA 相容的。同时也同 New-TPI 最相容，虽然其间的差别没有前者大。这可能是由于带有较高含量的 1,3-酮链使大分子产生无序化与同样也带 1,3-链节的聚酰亚胺产生较高的相容性。对于 50T/50I 的 PEKK，分子链有较高的规整性，所以相容性就差。

当 PEKK 的含量为 5%～20%时可以看作高分子增塑剂，使得高黏度的聚酰亚胺的熔体黏度下降一个数量级。

PEKK 与 PEI 的共混物相容，T_g 基本符合 Fox 方程。结晶成核速度因 PEI 含量的增加而降低[36]。

Bicakci 等[37]发现聚萘二酸乙二醇酯(PEN)与 PEEK 不相容，但加入 PEI 可以增加相容性。当 PEI 少于 40%，就显示分相(表 17-36)。

表 17-36 PEI 对 PEEK 与 PEN 共混物的增容作用

PEN：PEI：PEEK	T_g/℃ (DMA)	T_g/℃ (DSC)
30：40：30	159	154
40：40：20	159	153
50：40：10	157	152
40：30：30	153	148
50：30：20	150	147
60：30：10	149	144
70：20：10	137	128
40：20：40	150,122	
PEN	123	
PEI	218	
PEEK	146	

17.2.3 聚酰亚胺与聚醚砜的共混物

Kapantaidakis 等[38]研究了聚醚砜与聚酰亚胺的共混物。

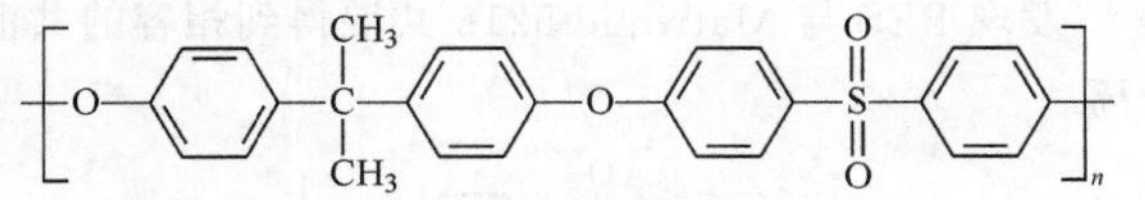

PSF(Udel P-1700)

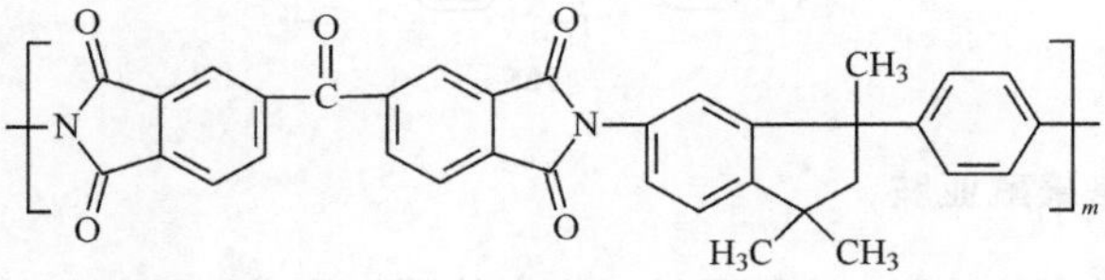

PI(MATRIMID 5218)

富 PSF 的共混物，在 T_g 以下是部分相容的，增加 PI 则出现两个 T_g。在 T_g 以下及在 T_g 以上退火可以得到相容、部分相容及完全相分离的三种情况。该工作建立了共混物的相态与气体透过性能的关系(图 17-3 和图 17-4)。

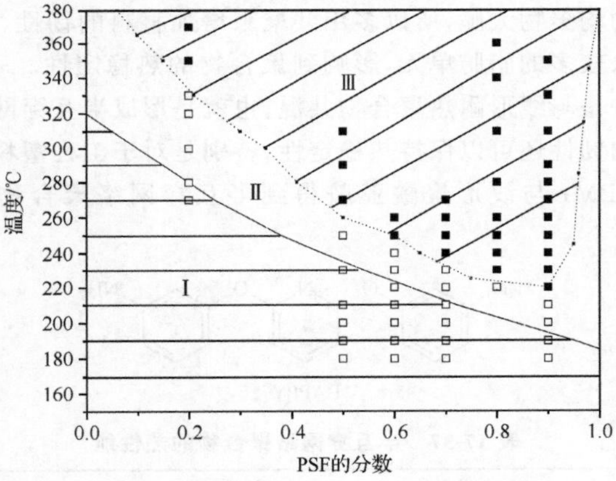

图 17-3　由 PSF/PI 共混物得到的相图
○:相容;●:分相

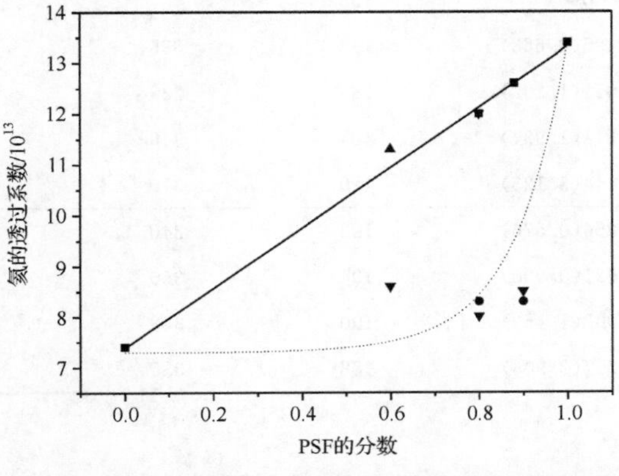

图 17-4　PSF/PI 共混物组成对氦在 40 ℃下的透过系数的关系
■:空白;◆:在Ⅰ区退火;▲:在Ⅱ区退火;▼:在Ⅲ区退火

MacKnight 等[39]发现 PES 与 Matrimid 5218 共混得到相容的共混物，但在 T_g 以上，数度就会发生相分离。

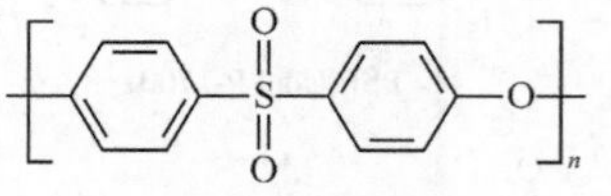

PES

17.2.4　互穿网络聚酰亚胺

互穿网络聚酰亚胺的研究主要是针对提高热固性聚酰亚胺的韧性问题而开展的，由于以热固性聚酰亚胺为基体的先进复合材料是目前使用温度最高的高分子材料，但由于高的交联密度往往使材料较脆，所以对其增韧的工作受到很大的重视。

1. 马来酰亚胺类聚合物的互穿网络

双马来酰亚胺的均聚物太脆，所以多用共聚来增加材料的韧性，如第 6 章所述，这些共聚物往往由于引入较多的脂肪单元，影响到聚合物的热稳定性。一种有效的增韧双马来酰亚胺树脂的方法是与线形耐热聚合物共混，也就是形成半互穿网络聚合物，这类聚合物既能够增加材料的韧性还可以保持热稳定性，特别是对于工程塑料是一种很好的选择。

Sillion 等[40]以 BMI 与线形聚酰亚胺得到半互穿网络聚合物，其性能见表 17-37 和表 17-38。

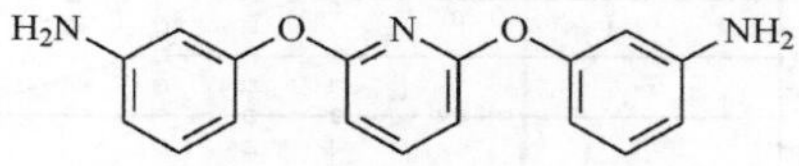

BAPPY

表 17-37　半互穿网络聚合物的热性能

组成	质量分数/%（物质的量分数/%）	T_{g1}/℃	T_{g2}/℃	相对形变/%	400℃失重/%
BTDA-BAPPY/BAPPY-BMI	0(0)	198		52	0.55
	0.495(0.663)	192	335	56.1	2.5
	1.011(1.292)	189	339	39.9	3.25
	1.511(1.931)	184	346	39.2	4.2
	2.444(3.123)	190	370	14.0	5.0
BTDA-BAPPY/MDA-BMI	0.356(0.576)	192	340	59.0	2.1
	0.621(0.990)	194	350	59.2	2.1
	0.902(1.459)	190	348	47.2	2.8
	1.797(2.906)	188	385	21.1	2.2

续表

组成	质量分数/%(物质的量分数/%)	T_{g1}/℃	T_{g2}/℃	相对形变/%	400℃失重/%
BTDA-1,3,3-APB/1,3,3-APB-BMI	0(0)	191		56.5	0.5
	0.379(0.485)	180	322	62.5	2.1
	1.086(1.390)	182	335	47.8	2.8
	1.445(1.848)	180	350	41.5	3.15
	2.495(3.191)	181	360	21.6	4.1

相对形变在加入少量 BMI 后反而增大被认为是这些 BMI 起了增塑剂的作用。

表 17-38　互穿网络聚合物的机械性能

组成	抗张模量/GPa		抗张强度/MPa		断裂伸长率/%		抗冲强度/MPa		
	20℃	160℃	20℃	160℃	20℃	160℃	20℃	160℃	200℃
BTDA/BAPPY	2.12	0.72	93.3	23.4	5.4	80	23.0	11.3	6.6
BTDA-BAPPY/BAPPY-BMI (1.278)	2.6	1.47	96.6	46.6	5.2	6.1	16.4	16.7	13.8
BTDA-BAPPY/MDA-BMI (1.617)	2.81	1.56	110.5	58.7	4.1	5.7	6.5	7.9	7.4
BTDA-1,3,3-APB	1.95	0.58	87.2	18.2	7.3	100	22.8	11.0	2.2
BTDA-1,3,3-APB/1,3,3-APB-BMI (1.279)	2.35	1.23	94.8	42.1	4.8	11.3	18.0	19.7	15.8

Dinakaran 等[41]以 BMI 与环氧树脂(双酚 A 的二缩水甘油醚,GY250)得到互穿网络,发现 BMI 可以有效地降低环氧树脂的吸水性(表 17-39)。

表 17-39　BMI 与环氧树脂的互穿网络聚合物

环氧树脂：BMI	吸水性/%	热形变温度/℃
100：0	0.1201	153
100：4	0.0816	154
100：8	0.0786	156
100：12	0.0697	159

蔡兴贤等[42]以带硅氧烷链的双马来酰亚胺(BPS)与 MDA-BMI 共混,所用的 BPS 的 M_n 为 1402。所得到的互穿网络的 T_g 及抗冲强度与组成的关系见表 17-40 和表 17-41。由表 17-40 可见,互穿网络聚合物出现了一个被称为相应于“共聚相”的 T_g,该 T_g 在各单独组分中都不出现。由表 17-41 发现,当 BPS 含量为 20%时,可以得到最好的增韧效果。

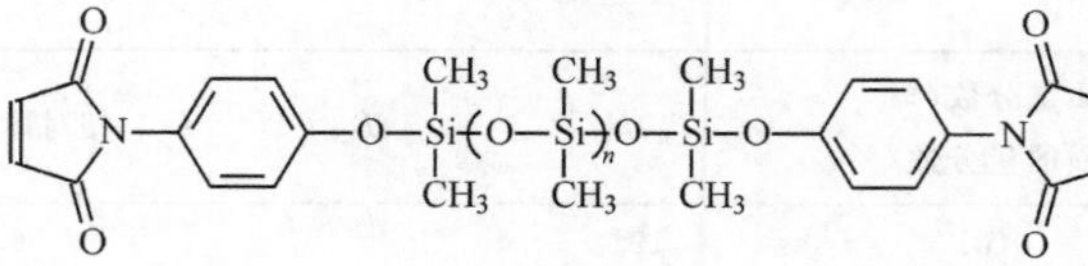

BPS

表 17-40　BMI 与 BPS 互穿网络的 T_g

BMI：BPS(质量比)	T_g/℃		
	硅氧烷相	共聚相	酰亚胺相
100：0		—	—
90：10		200	—
80：20		198	—
70：30	76	190	330
50：50	76	186	323
0：100	62	—	301

表 17-41　BMI 与 BPS 互穿网络的抗冲强度与组成的关系

BPS：BMI(质量比)	抗冲强度/(J/m²)
0	500
10	1100
20	2000
30	1000
40	700
50	700

2. PMR-15 型聚酰亚胺的互穿网络

唐浩等[43]研究了 PMR-15 与 BPADA/ODA 聚酰亚胺(Ⅴ)的半互穿网络聚合物，其 T_g 和抗冲强度见表 17-42。

表 17-42　PMR-15 与Ⅴ的半互穿网络聚合物的性能

PMR-15：Ⅴ	100：0	90：10	80：20	70：30	60：40	50：50	40：60	30：70	20：80	0：100
T_g/℃	374	236,347	231	232	235	209	225	225	222	226
抗冲强度/(kg·cm/cm²)	3.2	5.0	4.5	8.18	11.3					

冯之榴等[44]还研究了用非晶态的聚醚酮Ⅶ与 PMR-15 形成半互穿网络聚合物，其抗冲强度见表 17-43。当 PMR-15：Ⅶ为 90：10 时，从共混物的分相和有效的增韧效应来看，两相具有好的界面黏合性。在该半互穿网络中同样发现在 PMR-15：Ⅶ为 60：40 时，T_g 明显低于Ⅶ的 220 ℃。

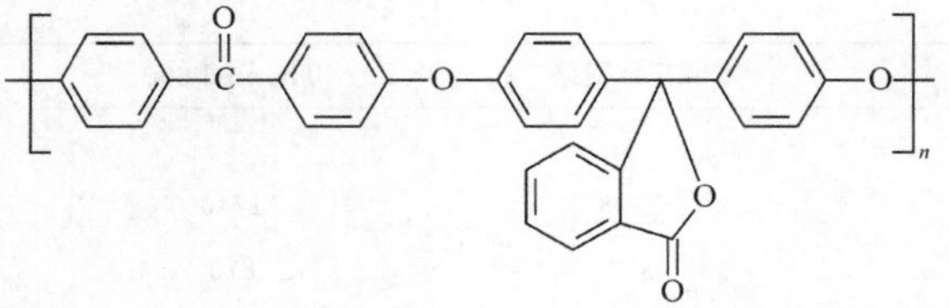

Ⅷ(PEK-C)

表 17-43　Ⅷ与 PMR-15 半互穿网络聚合物的抗冲强度

PMR-15∶Ⅷ	100∶0	90∶10	80∶20	70∶30	60∶40
抗冲强度/(kg·cm/cm²)	3.2	6.6	7.2	7.6	8.8
T_g/℃	374	346,246	—	240	180

3. 炔基封端的聚酰亚胺的互穿网络

Thermid 600 是一种在 PMR-15 以后发展起来的热固性聚酰亚胺的预聚物，用 LaRC-TPI 作为增韧剂是因为它具有突出的韧性和耐热氧化性。表 17-44 和表 17-45 相应为半互穿网络纯树脂和复合材料的性能[45]。由表中数据看出，半互穿网络具有明显的增韧效果，其复合材料具有较低的孔隙率，机械性能介于两个组分之间。

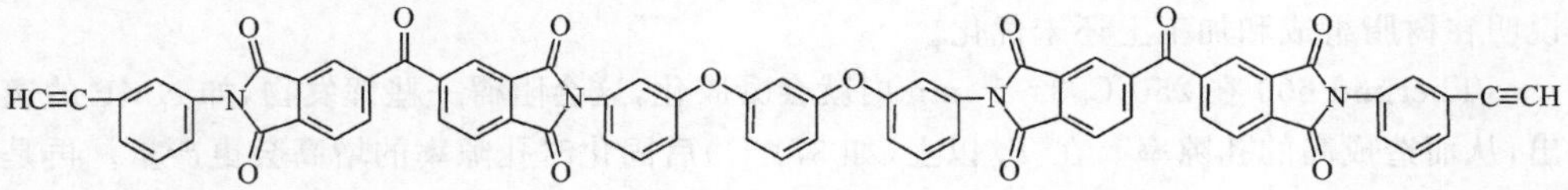

Thermid 600

表 17-44　纯树脂的增韧效果

性能		半互穿网络	Thermid 600	LaRC-TPI
T_g/℃	干态	250, 295	310	257
	湿态	244, 295	301	245
316 ℃老化 1000 h 后		261, 312	—	—
断裂韧性 G_{IC}/(J/m²)		368	85	1770
吸湿性/%		0.3	0.3	1.0
$T_{5\%}$/℃(空气)		490	487	495
371 ℃老化 50 h 失重/%		14	18	15

注：Thermid 600∶LaRC-TPI = 80∶20，质量比。

表 17-45　复合材料的增韧效果

性能	半互穿网络	Thermid 600	LaRC-TPI
T_g/℃	256, 305	323	253
纤维(AS-4)体积分数/%	59	58	58
树脂体积分数/%	37	35	33

续表

性能		半互穿网络	Thermid 600	LaRC-TPI
孔隙体积分数/%		4	7	9
抗弯强度	25 ℃	1303	1740	972
/MPa	316 ℃	317	875	108
抗弯模量	25 ℃	84	123	66
/GPa	316 ℃	25	99	19
层间剪切	25 ℃	46	66	64
/MPa	316 ℃	22	31	15

注：Thermid 600 ∶ LaRC-TPI ＝ 80 ∶ 20，质量比。

从半互穿网络纯树脂的两个 T_g 来看，聚合物中产生了分相，这两个 T_g 都比相应的热固性和热塑性树脂的 T_g 低，说明在互穿过程中彼此对交联和分子链的扩展起了阻滞作用。因为炔基的交联反应即使在早期阶段也对空间位阻十分敏感，线形聚合物的加入更增加了阻碍作用，两种聚合物相容性越高对交联的阻碍作用就越大。此外样品是由聚酰胺酸的形式互混的，彼此交换反应会增加交联点之间的链的长度，这也是造成 T_g 降低的一个原因。

半互穿网络树脂的 G_{IC} 比热固性树脂增加了 2 倍多，但仍低于理论值的 509 J/m^2，这说明在树脂组成和加工上还未优化。

Thermid 600 在 250 ℃ 3～5 min 内就会凝胶化，这会阻碍一些挥发物，如 NMP 的逸出，从而造成高的孔隙率。在 T_g 以上（如 371 ℃）后固化时孔隙率的增高会更严重。再是 LaRC-TPI 是半晶态聚合物，在较低温度时流动性很低，只在 T_m 以上，如 350 ℃，才有高的流动。两者混合产生了协同效应，所以半互穿网络的复合材料有较好的性能。Thermid 600 的耐龟裂性能比 PMR-15 高，有人认为较高的孔隙率（Thermid 600 的孔隙率为 7%，PMR-15 为 1%以下）可能对抗开裂有利，因为微空腔可以用来解除应力，终止裂纹的发展[45]。

Ree 等[46]将可交联的低聚物与线形聚合物在 NMP 中共混，涂膜后干燥，固化。由 PMDA/ODA 的聚酰胺乙酯（ES）与 6FDA/APB/APA 共混的结果见表 17-46 和表 17-47。

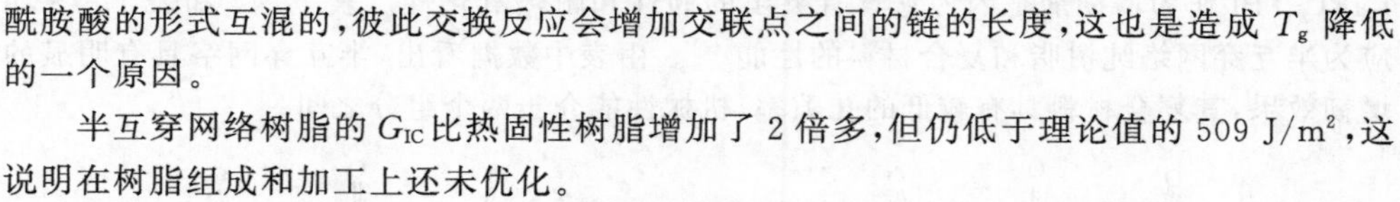

BTDA/APB/APA

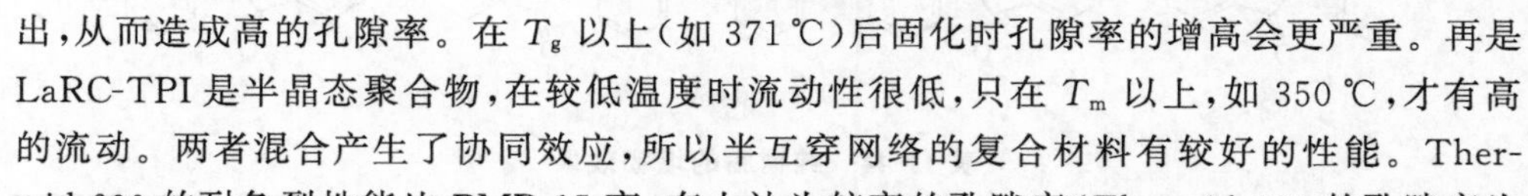

6FDA/APB/APA

表 17-46 由 PMDA/ODA 的聚酰胺乙酯(ES)与乙炔封端的热固性聚酰亚胺的共混物的相容性

		10% NMP 溶液	干燥后 80 ℃,1 h	固化后 400 ℃,1 h
PMDA/ODA(ES)∶6FDA/APB/APA(质量比)	90∶10	清亮	清亮	清亮
	70∶30	清亮	清亮	清亮
	50∶50	清亮	清亮	<1 μm
	30∶70	清亮	清亮	<1 μm
	10∶90	清亮	清亮	清亮
PMDA/ODA(ES)∶BTDA/APB/APA(质量比)	90∶10	清亮	清亮	<1 μm
	70∶30	清亮	清亮	<1 μm
	50∶50	清亮	清亮	<1 μm
	30∶70	清亮	>1 μm	>1 μm
	10∶90	清亮	清亮	清亮

表 17-47 由聚酰胺乙酯 PMDA/ODA(ES)与 6FDA/APB/APA 得到的互穿网络的机械性能

性能	PMDA/ODA(ES)∶6FDA/APB/APA(质量比)				
	100∶0	75∶25	50∶50	25∶75	0∶100
模量/GPa	2.9	3.2	3.3	3.5	3.7
断裂强度/MPa	221	216	187	139	134
断裂伸长率/%	106	107	109	33	5
屈服强度/MPa	—	—	127	145	—
屈服伸长率/%	—	—	6	6	—

与可交联的低聚物共混,聚酰胺酯比聚酰胺酸有更好的相容性,6FDA/APB/APA 比 BTDA/APB/APA 更容易与 PMDA/ODA 相容。大部分共混物从光学来看是透明的,但其 DMA 曲线仍显示两个 T_g,说明还是存在分相。

4. 线形聚酰亚胺与环氧树脂的互穿网络

Hourston 等[47]将三官能环氧化合物 TGPaP 环氧树脂与 27.5%二氨基二苯砜及 Ultem 1000(PEI)在二氯甲烷中混合,去溶剂干燥后在 180 ℃固化 2 h,后固化条件为 200 ℃ 10 h,其性能见表 17-48。

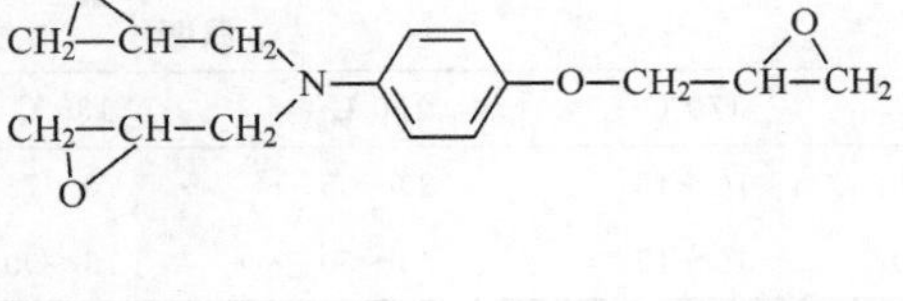

TGPAP

表 17-48　由三官能环氧树脂与 PEI 得到的互穿网络聚合物的性能

PEI 质量分数/%		$T_β$/℃	T_g/℃(PEI)	T_g/℃(环氧)	K_{IC}/(MPa·$m^{1/2}$)	G_{IC}/(kJ/m^2)
0	固化	−30		262	0.79	0.23
	后固化	−24		260	1.49	0.66
10	固化	−38	177	267	0.73	0.19
	后固化	−37	209	263	1.22	0.43
15	固化	−33	190	263	1.78	1.13
	后固化	−31	215	265	1.73	0.93
20	固化	−39	195	276	1.58	0.76
	后固化	−35	216	272	1.97	1.14
25	固化	−34	193	274	1.68	0.87
	后固化	−38	218	272	2.13	1.31
30	固化	−32	195	274	1.73	0.89
	后固化	−46	218	274	2.14	1.35
35	固化	−24	198	276	1.66	0.88
	后固化	−28	215	269	2.10	1.26
40	固化	−46	194	277	1.63	0.84
	后固化	−29	216	271	2.06	1.26
100			224			

PEI 含量在 15%以上发生相转换，韧性得到明显提高，后固化在 200 ℃是处于共混物 PEI 的 T_g 以上，使得组分有足够的活动性进行扩散。共混物中大部分 PEI 可以被萃取出来，说明在固化后，两个组分之间没有形成明显的共价键。

Sillion 等[48]将四官能环氧树脂 TGMDA 与线形聚酰亚胺 BTDA/FBPA 共混，凝胶时间和性能见表 17-49 和表 17-50。线形聚酰亚胺的加入延长了凝胶时间，共混物的 T_g 基本上与线形聚合物相当，只有在线形聚酰亚胺的含量达到和高于 10%时，共混物的韧性才会有所提高。

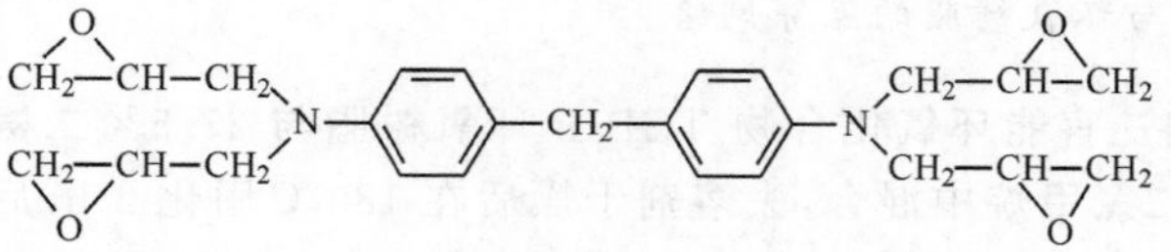

TGMDA

表 17-49　四官能环氧树脂 TGMDA 与线形聚酰亚胺 BTDA/FBPA 共混物的凝胶时间(min)

树脂	温度			
	170 ℃	150 ℃	135 ℃	120 ℃
TGMDA/DDS	10～15	30～35	70～75	165～170
TGMDA-DDS/BTDA-FBPA(10%)	10～15	40～50	75～90	150～180

表 17-50　TGMDA 与 BTDA/FBPA 共混物的性能

性能	BTDA/FBPA	TGMDA/DDS	TGMDA-DDS/BTDA-FBPA	
			5% PI	10% PI
T_g/℃	350	225	227	230
抗弯模量/GPa		3.3	3.4	3.2
抗张模量/GPa	2.3	3.8	4.3	4.2
断裂伸长率/%	3.93	0.35	0.48	0.51
抗张强度/MPa	67.5	140	190	210
K_{IC}/(MPa · $m^{1/2}$)		0.69	0.67	0.82
G_{IC}/(J/m^2)		110	90	140

由于两个组分是相容的,整体来说交联密度降低了,所以线形聚酰亚胺的加入对韧性贡献不明显,而相分离对于增韧作用是必要的。

Chen 等[49]为了得到相容性较好的共混物,采用了硝化的 PEI(每重复单元 1.9 个硝基)与 TGPaP 共混,其断裂韧性见表 17-51,T_g 见表 17-52。

表 17-51　由 TGPaP 与 PEI 及硝化 PEI 的共混物的断裂韧性

线性聚酰亚胺/%		PEI		硝化 PEI	
		K_{IC}/(MPa · $m^{1/2}$)	G_{IC}/(kJ/m^2)	K_{IC}/(MPa · $m^{1/2}$)	G_{IC}/(kJ/m^2)
0	固化	0.89	0.25		
	后固化	0.91	0.26		
5	固化	1.30	0.55	1.20	0.51
	后固化	0.80	0.26	0.98	0.31
10	固化	1.98	1.06	1.70	0.86
	后固化	1.09	0.36	0.99	0.32
15	固化	1.18	0.47	0.94	0.30
	后固化	1.21	0.49	0.84	0.25
25	固化	1.56	0.78	0.84	0.25
	后固化	1.55	0.77	0.80	0.24
25(PEI∶硝化 PEI=75∶25)	固化	1.51			0.73
	后固化	1.58			0.82
25(PEI∶硝化 PEI=25∶75)	固化	1.04			0.37
	后固化	0.90			0.30

表 17-52　由 TGPaP 与 PEI 及硝化 PEI 的共混物的 T_g

聚合物		T_g/℃ (DMA)
环氧树脂	固化	232
	后固化	240

续表

	聚合物	T_g/℃ (DMA)
5%PEI 共混物	固化	229
	后固化	236
5%硝化 PEI 共混物	固化	230
	后固化	232
10%PEI 共混物	固化	228
	后固化	237
25%(PEI∶硝化 PEI=75∶25)	固化	216
	后固化	229
PEI		228
硝化 PEI		246

当 PEI 含量为 25%以后,PEI 就成为连续相。硝化 PEI 与环氧树脂有较好的相容性,所以其增韧效果也较差。

17.2.5　聚酰亚胺与液晶聚合物(LCP)的共混物

Bafna 等[50]首先报道了有关 PEI 与 LCP 的共混物报道。他们用 PEI 与液晶聚酯 Vectra A900 共混,由 DMA 和 DSC 研究可见,PEI 与 Vectra 是不相容的,结果见表 17-53。

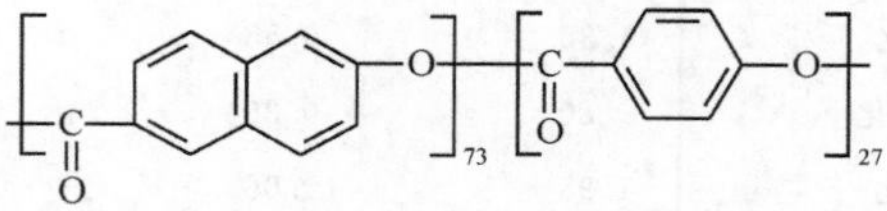

Vectra A900

表 17-53　液晶聚酯与 PEI 的熔融共混物

PEI∶LCP	模量/GPa	强度/MPa	断裂伸长率/%	断裂韧性/(J/m²)
10∶0	3.0	100	60	7752
7∶3	5.8	135	4.42	3824
5∶5	7.0	129	3.15	2447
3∶7	10.0	187	4.48	5550
2∶8	10.8	194	4.42	5896
1∶9	13.5	240	4.64	7577
0∶10	11.0	234	4.41	5942

Blizard 等[51]研究了 LaRC-TPI, New-TPI 与液晶聚酯 Xydar 的共混物,各个组分聚合物的性能见表 17-54。New-TPI 与 Xydar 共混物的强度和模量与组分成线性关系,当 Xydar 的含量达到 20%以后,共混物的伸长率就下降到 Xydar 水平(8%)。New-TPI 含量为 32%以上,T_g 符合 Fox 方程。

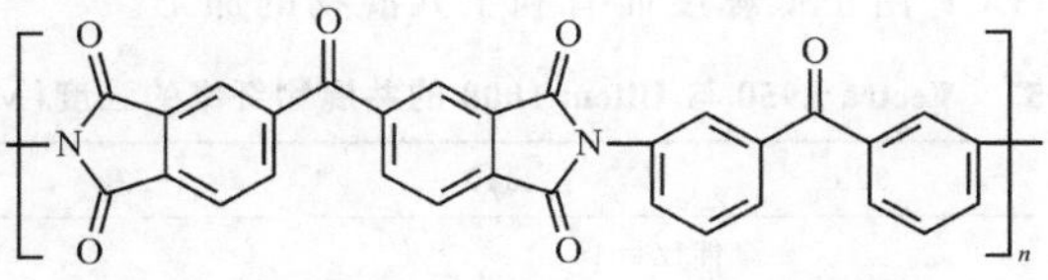

LaRC-TPI

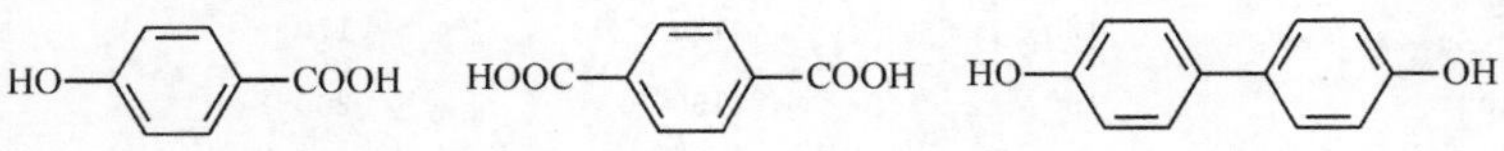

Xydar的组分

表 17-54　各种聚合物组分的性能

聚合物	T_g/℃	T_m/℃	T_c/℃
LaRC-TPI	242	—	—
New-TPI	250	388	～325
Xydar SRT 900	—	349	302

Lee 等[52]研究了液晶聚合物 Vectra B950 与 Ultem 1000 的共混物，发现这两个组分是不相容的，只呈现 PEI 的 T_g(表 17-55)，共混物的动态黏度见表 17-56，由共混物纺得的纤维见表 17-57。

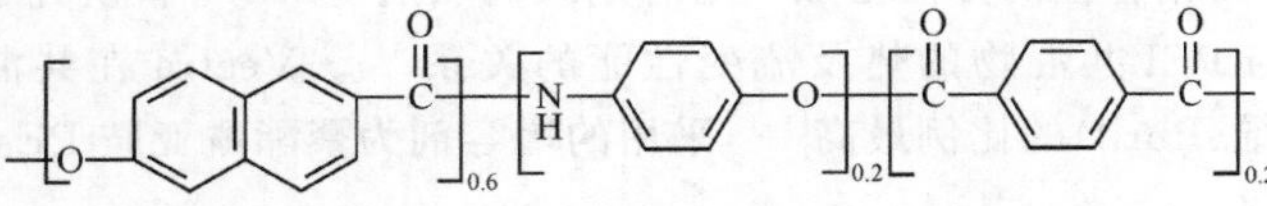

Vectra B950

表 17-55　Vectra B950 与 Ultem 1000 的共混物

Vectra B950 质量分数/%	T_g/℃	T_m/℃	T_c/℃	T_d/℃
0	217.3	—	—	496
5	215.5	—	—	492
10	216.8	—	—	485
25	211.3	274.7	229.9	485
50	213.3	278.1	229.7	474
75	210.8	276.6	230.7	478
100	—	279.0	230.7	477

表 17-56　Vectra B950 与 Ultem 1000 的共混物 300℃下的动态黏度(Pa·s)

频率/(rad/s)	Vectra B950 质量分数						
	0%	5%	10%	25%	50%	75%	100%
0.1	8×10^4	7.5×10^4	7×10^4	5×10^4	2×10^4	9×10^3	4×10^3
1	7×10^4	5×10^4	4×10^4	3×10^4	9×10^3	5×10^3	3×10^3
10	3×10^4	2×10^4	1.8×10^4	1.5×10^4	3×10^3	2×10^3	9×10^2
100	5×10^3	4.5×10^3	4×10^3	3×10^3	1×10^3	3×10^2	1×10^2

所以在熔点以上，LCP 由于低黏度而有利于共混物的加工。

表 17-57　Vectra B950 与 Ultem 1000 的共混物纤维的强度(MPa)

纺丝温度/℃	320	340	320	340
Vectra B950 质量分数/%	牵伸比＝4		牵伸比＝8	
0	100	100	150	150
5	120	120	170	170
10	150	150	200	200
25	300	300	330	330
50	300	390	500	400
75	300	480	700	550
100	800	850	1100	900

当牵伸比为 4 时，在 340 ℃纺的丝的强度比在 320 ℃纺的高，但当牵伸比为 8 时，在 340 ℃纺的丝其强度反而比在 320 ℃纺的低，其原因比较复杂，可能有相反转，两相界面条件变化等问题。

Seo 等[53]以 LCP 作为加工助剂和自增强材料。这种共混物在许多方面很像玻璃纤维增强的复合材料。但大多数热塑性聚合物与 LCP 是不相容的，从而带来比预期低的机械性能。一种提高相容性的方法是加入增容剂或偶联剂。Seo 等曾研究了增容剂对 LCP (Vectra B950)与 PEI 共混物的热及流变性能的关系[54]。Vectra 在共混物中的比例为 25%，这时原纤维(fibril)的比例最高[55]，采用的增容剂为聚酯酰亚胺 PEsI[54](表 17-58)。

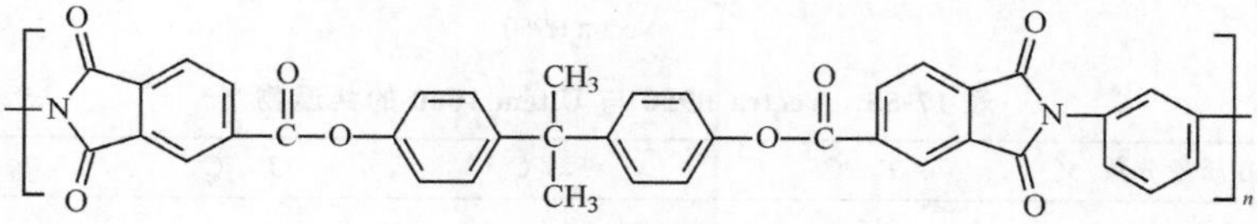

PEsI

表 17-58　Vectra B950/PEI(25：75)拉伸比为 4 时以 PEsI 为增容剂的共混物性能

PEsI/%	抗张强度/MPa	抗张模量/GPa	断裂伸长率/%	抗冲强度(归一化)
0	350	13	4.6	1
1	400	14	5.3	1.2
1.5	500	15.5	6.5	1.85
2	300	12	4.6	1.58
3.75	170	9	3.2	1.62
7.5	120	7	3.4	1.62

Wei 等[56]聚对羟基苯甲酸-聚对苯二甲酸乙二醇酯(POB-PET，60：40)、聚对羟基苯甲酸-2，6-羟基萘甲酸(73：27)(Vectra A900)与 PEI 进行共混，其 T_g 及机械性能见表 17-59和表 17-60。

表 17-59　POB-PET/PEI 共混物的 T_g

共混物	T_g/℃	
	混合 15 min	混合 60 min
POB-PET∶PEI(70∶30)	62，171.8	62.5，172.5
POB-PET∶PEI(50∶50)	191.2	191.8
POB-PET∶PEI(30∶70)	202.0	203.7
Vectra A900∶PEI(50∶50)	219.1	220.5

表 17-60　POB-PET/PEI 共混物的机械性能

共混物	抗张强度 /MPa	抗张模量 /GPa	断裂伸长率 /%	抗冲强度 /(ft·lb/in)
PEI	95.89	2.43	6.97	30.68
PEI∶Vectra(80∶20)	77.91	2.87	3.82	3.79
PEI∶POB-PET∶Vectra(80∶3∶20)	84.70	2.91	4.28	4.41
PEI∶POB-PET∶Vectra(80∶5∶20)	91.19	3.04	4.98	5.46
PEI∶POB-PET∶Vectra(80∶7∶20)	84.83	3.05	4.24	4.68
PEI∶POB-PET∶Vectra(80∶10∶20)	81.12	3.01	4.22	5.19
PEI∶Vectra(70∶30)	62.65	2.75	2.86	2.59
PEI∶POB-PET∶Vectra(70∶5∶30)	83.21	2.92	4.08	4.70
Vectra	203.98	7.74	7.51	超出量度

少量 POB-PET 可以改进 PEI 与 Vectra 的相容性。

17.2.6　聚酰亚胺与聚苯并咪唑的共混物

MacKnight 等[57]首先研究了聚酰亚胺与聚苯并咪唑的共混物，认为在所有组成范围内都是相容的，因为始终只有单一的 T_g，但是在 T_g 以上加热就很容易产生相分离。用 IR 研究发现共混物的相容性是由于苯并咪唑上的 N－H 与酰亚胺羰基氧间产生了氢键[57-61]。Foldes 等[62]认为 N－H 与羰基间的氢键可以由于热的作用发生松弛而发生分相。

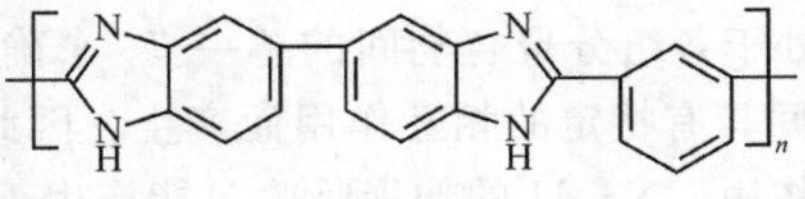

PBI

PBI/Ultem 1000 在 T_g 以下的转变只能用 DMA 方法才能测得，因为在动态力学谱(1 Hz)可以看到 2～3 个由组分得到的 T_g[63]。共混组分间的相互作用能够受到存在于样品中的痕量水分的影响。

由 TMA 和 DSC 谱可见，PBI 得到宽的峰，聚酰亚胺要的窄得多。共混物组成与 T_g 的关系见图 17-5 和图 17-6[62]。所得到的 T_g 要小于由 Fox 及 Gorden-Tayler 公式计算得到的值。

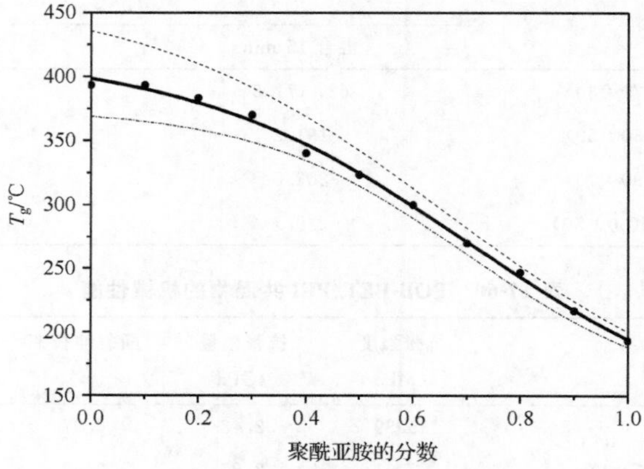

图 17-5 由 TMA 测得的 T_g 与共混物组成的关系

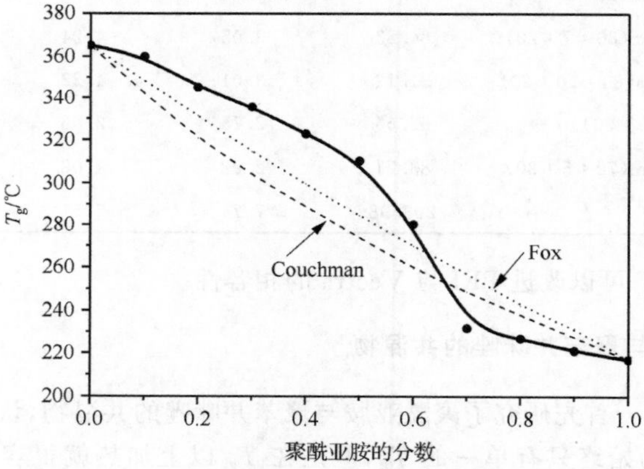

图 17-6 由 DSC 测得的 T_g 与共混物组成的关系

MacKnight 等[64] 发现 Ultem 1000、UX 218 及 PI2080 可以溶于 DMAc，充分酰亚胺化了的 LaRC-TPI 不溶于 DMAc，所以采用其聚酰胺酸或酰亚胺化 95％的聚合物溶液与 PBI 溶液共混。相容性由处于各组分聚合物间的单一 T_g 来确定。二元组分共混物的相容性都是由于两个组分之间具有特定的相互作用而产生。因此对于 PBI/PI 共混物可以用 FTIR 来表征相互间的作用。N－H 的伸展吸收只能产生于 PBI(3420 cm^{-1})，而羰基的伸展吸收只能产生于聚酰亚胺(1727 cm^{-1}，1780 cm^{-1})。将 XU 218 与 PBI 共混，随着 PI 含量的增加 N－H 吸收峰向低波数移动。当 XU 218 为 50％时，吸收峰的移动达 55 cm^{-1}之多，此后就不再移动。1727 cm^{-1} 吸收峰随着 PBI 含量的增加而降低达 6 cm^{-1}，半峰宽在 PBI 含量达到 70％时加宽了 22～26 cm^{-1}，随后成一平台，1780 cm^{-1}也加宽了3～4 cm^{-1}。

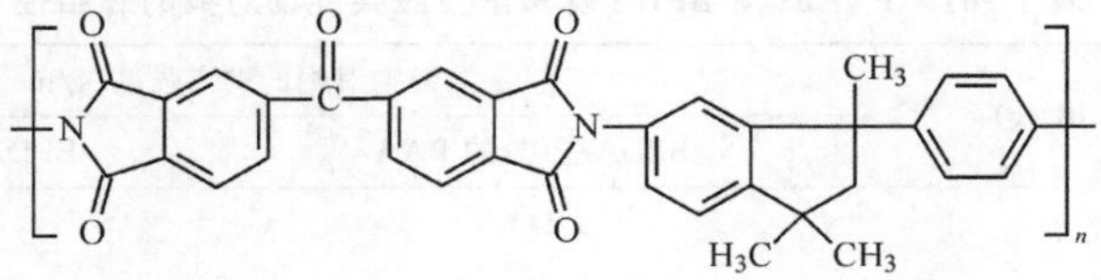

XU 218

在 T_g 以上，PBI/Ultem 1000 发生了不可逆的相分离。这时在相容的共混物中发生移动的吸收峰应当返回到原来位置。对于 PBI/Ultem 1000，N－H 和羰基吸收峰的移动相应在 30 cm^{-1} 和 5 cm^{-1}，与 PBI/XU 218 共混物相似。对于 50：50 的 PBI/Ultem 1000，当在 T_g 温度范围(350 ℃)退火后 N－H 吸收峰的移动被消除。对于 PBI：Ultem 1000＝75：25 的共混物在 T_g(400 ℃)温度退火后，羰基吸收峰的移动也基本消除。这个结果说明，用红外光谱可以表征 PBI/PI 共混物的相容情况。吸收峰在相容的共混物中出现移动可能有三个原因：①N－H 与羰基间的氢键；②酰亚胺环与咪唑环之间 π 电子的相互作用；③酞酰亚胺环与苯并咪唑环之间的传荷作用。

Yu 等[65] 以 BPDA/ODA 与聚苯并咪唑 PAEBI 在 NMP 中共混，PAEBI 不论是与聚酰胺酸或聚酰亚胺都是相容的，如果分相，微区也小于数个纳米，但与聚酰胺乙酯共混只在 13.5%～36.3%(质量分数)区间相容，在环化中分相进一步发展，微区大小为 1.2～2.2 μm，当某一个组分为(10：90～20：80)时，膜是透明的，说明微区仍在纳米级。高的相容性对铜也有高的黏结性。

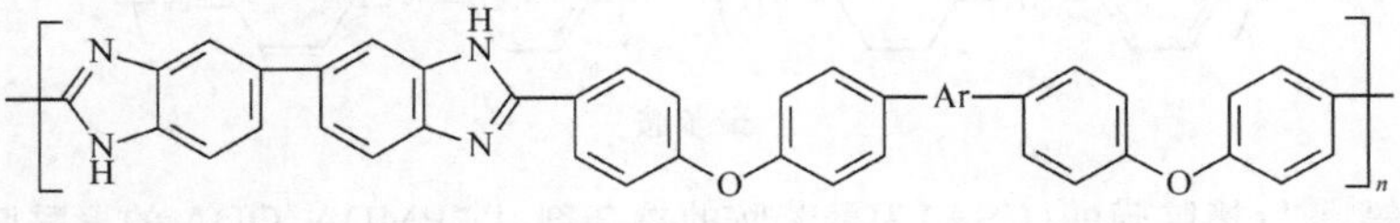

PAEBI

Yu 等[66] 还研究了 PAEBI 可以与 BPDA/PPD 的聚酰胺酸在所有组成上相容，这显然上由于聚酰胺酸中的羧基与咪唑环的作用。但在酰亚胺化的过程中取决于共混物的组成也可以发生相分离。在聚酰亚胺的含量为 30%～70%时，得到微区大小为 0.7～1.4 μm 的相分离。这说明此时聚酰亚胺与 PAEBI 的相互作用不足以得到完全的相容性。此外部分结晶的 PBPDA/PPD 也是产生分相的部分原因。

BPDA/PPD 的聚酰胺酯(PAE)在 11.3%～14.5%浓度范围内与 PAEBI 在溶液中是相容的，但在凝聚态则完全不相容。这是由于 PAEBI 与酯或酰胺的作用太弱，所以会产生相分离，并且在酰亚胺化过程中变得更显著，所产生的微区大小在 0.8～3.0 μm。尤其当组成为 50：50 时，微区大小可大于 3.6 μm。只有在 90：10 时才能够得到透明的薄膜。PAEBI/PAA 比 PAEBI/PAE 对铜有较高的黏合性，PAEBI 的相对分子质量越低，黏结性越好(表 17-61)。

表 17-61　PAEBI 与 BPDA 基聚酰亚胺共混物对铜的黏结性

PAEBI 的[η]/(dL/g)	共混物对铜的剥离强度(J/m^2)	
	BPDA/PPD 的 PAA	BPDA/PPD 的 PAE
0.80	441	343
0.67	588	490

17.2.7　聚酰亚胺与聚苯胺的共混物

聚苯胺是一种性能良好的导电高分子材料，但是强度较低，难以加工，在对于导电性要求不太高的场合，与成膜性良好，并具有高强度和耐热性的聚酰亚胺共混是一个很好的选择。聚苯胺可以溶于像 DMAc 这样的非质子极性溶剂，也可以溶于酚类溶剂。如果与聚酰胺酸在非质子极性溶剂中共混，则需要在高温下酰亚胺化，对于高 T_g 的聚酰亚胺要求的 300 ℃左右的环化温度，聚苯胺会发生分解，掺杂剂更会挥发和分解，因此用可溶性聚酰亚胺共混可以得到满意的结果。

聚苯胺根据氧化态的不同可以有不同的结构，完全氧化态的 pernigraniline($x=0$)；50%氧化的 emeraldine($x=0.5$)；完全还原态的 leucoemeraldine($x=1$)。通过对 emeraldine 中亚胺—N＝的质子化或对 leucoemeraldine 中氨基的氧化都能够得到导电聚苯胺。

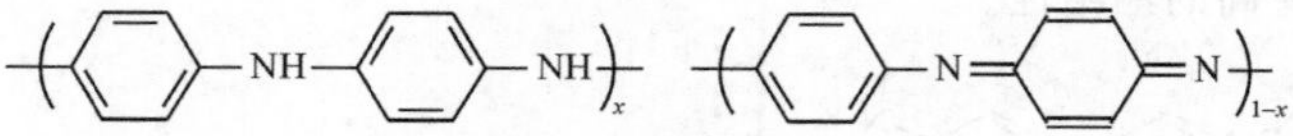

聚苯胺

Han 等[67]以樟脑磺酸(CSA)为聚苯胺的掺杂剂，以 PMDA/ODA 的聚酰胺酸与聚苯胺共混，当聚苯胺的量高于 30%后，共混物的电导率与纯聚苯胺相似或略高。与聚酰胺酸的共混物在 150 ℃酰亚胺化后电导率因为掺杂剂的挥发而降低。PMDA/ODA 与聚苯胺共混物的电导率见表 17-62，电导率随酰亚胺化温度的变化见表 17-63，但在 200 ℃以下所得到的未完全酰亚胺化的薄膜的性能是不稳定的，最后还会因为未酰亚胺化的酰胺酸链节受环境水分的影响分解使薄膜变脆。

表 17-62　聚苯胺的量对与聚酰亚胺共混物的电导率的影响

聚苯胺的量/%	电导率/(S/cm)
10	10^{-6}
20	10^{-5}
30	6×10^{-4}
50	5×10^{-3}

表 17-63　聚苯胺与聚酰亚胺的共混物的电导率随酰亚胺化温度的变化

酰亚胺化温度/℃	酰亚胺化率/%	PAn-CSA 的电导率 /(S/cm)	PAn-CSA/PAA 共混物的电导率/(S/cm)
RT	—	1.22×10^{3}	2.80×10^{3}
80	32.4	3.43×10^{-4}	9.79×10^{-4}
100	38.3	8.43×10^{-4}	1.21×10^{-3}
120	51.7	8.93×10^{-4}	2.64×10^{-3}
150	76.4	1.59×10^{-3}	5.05×10^{-3}
200	87.7	—	3.51×10^{-3}

Han 等[68]认为，随着酰亚胺化的进行，相容性增加，这是由于两者之间的作用通过氢键而增加。共混物的质子化程度对于导电性是至关重要的。由 XPS 和紫外-可见光谱，对于聚苯胺/聚酰胺酸和聚苯胺/聚酰亚胺，掺杂酸程度超过所期望的 50%，这可能是由于氨基氮和亚胺氮都得到掺杂。在共混温度达到 250 ℃以前，并没有发现亚胺结构。在经 250 ℃固化后，由十二烷基苯磺酸掺杂的样品中有较高含量的亚胺，在以樟脑磺酸掺杂的样品中亚胺含量较低。但前者的电导率较高，这是因为后者由于过量的掺杂而形成极化子的干扰。

参 考 文 献

[1] Nagano H，Nojiri H，Furutana H. Polymer for Microelectronic：Science and Technology Abstract，Tokyo，1989：102.
[2] Hasegawa M，Shi Z，Yokoda R，He F，Ozawa H. High Perf. Polym.，2001，13：355.
[3] Wang Z Y，Qi Y. Macromolecules，1996，27：625.
[4] Qi Y，Wang Z Y. Macromolecules，1996，29：792.
[5] Rhee S B，Park J-W，Moon B S，Chang J Y. Macromolecules，1993，26：404.
[6] Park J W，Lee M，Lee M-H，Liu J W，Kim S D，Chang J Y，Rhee S B. Macromolecules，1994，27：3459.
[7] Kim S I，Shun T J，Ree M，Lee H，Chang T，Lee C，Woo T H，Rhee S B. Polymer，2000，41，5173.
[8] Yang C-P，Chen R-S，Huang C-C. J. Polym. Sci.，Polym. Chem.，1999，37：2421.
[9] Yang C-P，Wei C-S. Polymer，2001，42：1837.
[10] Kudo K，Yoshizawa T，Hamada T，Li J，Sakamoto S，Shiraishi S. Macromol. Rapid Commun. 2006，27：1430.
[11] Kato J，Seo A，Shiraishi S. Macromolecules，1999，32：6400.
[12] Ozarslan O，Yilmaz T，Yildiz E，Fiedeldei U，Kuyulu A，Gungor A. J. Polym. Sci.，Polym. Chem.，1997，35：1149.
[13] Pae Y，Harris F W. J. Polym. Sci.，Polym. Sci.，2000，38：4247.
[14] Jeon J-Y，Tak T-M. J. Appl. Polym. Sci.，1996，62：763.
[15] Ma S P，Takahashi T. Polymer，1996，37：5589.
[16] Goodwin A A. J. Appl. Polym. Sci.，1999，72：543.
[17] Hasegawa M，Ishii J，Shindo Y. Macromolecules，1999，32：6111.
[18] Ree M，Yoon D Y，Volksen W. Polym. Mater. Sci. Eng.，1989，60：179.
[19] Yokota R，Kochi M，Okuda K，Mita I // Advances in Polyimide Science and Technology，Prodeedings of the 4th International Conference on Polyimides，Oct. 30-Nov. 1，1991 Ellenville，New York：Feger C，Khojasteh M

M，Htoo M S. Lancaster Basel：Technomic Publishing Co.，Inc.，1993：453.
[20] Kochi M，Uruji T，Iizuka T，Mita I. J. Polym. Sci.，Polym. Lett.，1987，25：441.
[21] Yokota R，Horiuchi R，Kochi M，Soma H，Mita I. J. Polym. Sci.，Polym. Lett.，1988，26：215.
[22] Ree M，Yoon D Y，Volksen W. J. Polym. Sci.，Polym. Phys.，1991，29：1203.
[23] Chung T S，Kafchinski E R. Polymer，1996，37：1635.
[24] Zhang P，Sun Z，Li G，Zhuang Y，Ding M，Feng Z. Makromol. Chem.，1993，194：1871.
[25] Sun Z，Dong L，Zhuang Y，Cao L，Ding M，Feng Z. Polymer，1992，33：4782.
[26] Kuriyama K，Shimizu S，Eguchi K，Russell T P. Macromolecules，2003，36：4976.
[27] Harris J E，Robeson L M. J. Appl. Polym. Sci.，1988，35：1877.
[28] Browne M M，Forsyth M，Goodwin A A. Polymer，1997，38：1285.
[29] Browne M M，Forsyth M，Goodwin A A. Polymer，1995，36：4359.
[30] Chen J L，Porter R S. J. Polym. Sci. B 1993，31：1845.
[31] Heon S L，Woo N K. Polymer，1997，38：2657.
[32] Kong X，Tang H，Dong L，Teng F，Feng Z. J. Polym. Sci.，Polym. Phys，1998，36：2267.
[33] Kong X，Teng F，Tang H，Dong L，Feng Z. Polymer，1996，37：1751.
[34] Sauer B B，Hsiao B S，Faron K L. Polymer，1996，37：445.
[35] Sauer B B，Hsiao B S. Polymer，1993，34：3315.
[36] Hsiao B S，Sauer B B. J. Polym. Sci.，Polym. Phys.，1993，31：901.
[37] Bicakci S，Cakmak M. Polymer，1998，39：4001.
[38] Kapantaidakis G C，Kaldis S P，Sakellaropoulos G P，Chira E，Loppinet B，Floudas G. J. Polym. Sci.，Polym. Phys.，1999，37：2788.
[39] Liang K，Grebowicz J，Valles E，Karasz F E，MacKnight W J. J. Polym. Sci.，Polym. Phys.，1992，30，465.
[40] Pascal T，Mercier R，Sillion B. Polymer，1990，31：78.
[41] Dinakaran K，Kumar S R，Alagar M. J. Appl. Polym. Sci.，2003，90：1596.
[42] Jianjun H，Jiang L，Cai X. Polymer，1996，37：3721.
[43] Tang H，Zhuang Y，Zhang J，Dong L，Ding M，Feng Z. Macromol. Rapid Commun.，1994，15：677.
[44] Tang H，Dong L，Zhang J，Ding M，Feng Z. J. Appl. Polym. Sci.，1996，60，725.
[45] Pater R H. Polym. Eng. Sci.，1991，31：28.
[46] Ree M，Shin T J，Kim S I，Woo S H，Yoon DY. Polymer，1998，39：2521.
[47] Hourston D J，Lane J M. Polymer，1992，33：1379.
[48] Biolley N，Pascal T，Sillion B. Polymer，1994，35：558.
[49] Chen M C，Hourston D J，Schafer F-U，Huckerby T N. Polymer，1995，36：3287.
[50] Bafna S S，Sun T，Baird D G. Polymer，1993，34：708；Bafna S S，Sun T，de Souza J P，Baird D G. Polymer，1995，36：259.
[51] Blizard K G，Haghighat R R. Polym Eng Sci 1993，33：799.
[52] Lee S，Hong S M，Seo Y，Park T S，Hwang S S，Ung K，Lee K W. Polymer，1994，35：519.
[53] Seo Y，Hong S M，Hwang S S，Park T S，Kim K U，Lee S，Lee J. Polymer，1995，36：525.
[54] Seo Y，Hong S M，Hwang S S，Park T S，Kim KU，Lee S，Lee J. Polymer，1995，36：515.
[55] Lee S，Hong S M，Seo Y，Park T S，Hwang S S，Kim K U，Lee J W. Polymer，1994，35：519.
[56] Wei K，Tyan H. Polymer，1998，39：2103.
[57] Leung L，Williams D J，Karasz F E，MacKnight W J. Polym. Bull. 1986，16：1457.
[58] Guerra G，Choe S，William D J，Karasz F E，MacKnight W J. Macromolecules1988，21：231.
[59] Guerra G，Williams D J，Karasz F E，MacKnight W J. J. Polym. Sci.，Polym. Phys.，1988，26：301.
[60] Liang K，Banhegyi G D J，Karasz F E，MacKnight W J. J. Polym. Sci.，Polym. Phys.，1991，29：649.
[61] Musto P，Karasz F E，MacKnight W J. Macromolecules，1991，24：4762.

[62] Foldes E，Fekete E，Karasz F E，Pukanszky B. Polymer，2000，41，975.
[63] Liang K，Banhegyi G，Karasz F E，MacKnight W J. J. Polym. Sci，Polym Phys.，1991，29：649.
[64] Guerra G，Choe S，William D J，Karasz F E，MacKnight W J. *Macromolecules* 1988，21：231.
[65] Ree J，Yu M，Shin T J，Wang X，Cai W，Zhou D，Lee K-W. J. Polym. Sci.，Polym. Phys.，1999，37：2806.
[66] Yu J，Ree M，Shin T J，Wang X，Cai W，Zhou D，Lee K-W. Polymer，2000，41：169.
[67] Han M G，Im S S. Polymer，2000，41：3253；Han M G，Im S S. J. Appl. Polym. Sci.，1998，67：1863；Han M G，Im S S. J. Appl. Polym. Sci.，1999，71：2169.
[68] Han M G，Im S S. Polymer，2000，41：3253；Han M G，Im S S. Polymer，2001，42：7449.

第Ⅲ编　材　　料

第18章 薄 膜

随着科学技术的发展，聚酰亚胺薄膜的应用范围已经大为扩大，除了传统的作为绝缘材料的厚度为 25～150 μm 的薄膜，即所谓“电工膜”外，还有厚度为 7.5～25 μm、用作柔性线路板的“电子膜”，以及与各种基底结合的薄膜，这些薄膜的厚度可以达到数微米到数埃(Å)，即所谓单分子层的薄膜。除了作为第一个进入产业化的聚酰亚胺绝缘膜及作为电磁线的绝缘涂层外，柔性印刷线路板用的各种聚酰亚胺覆铜箔已经成为巨大的产业。作为介电材料的薄膜要关心的问题除了热稳定性、机械性能外，还有热膨胀系数(CTE)、与基底材料的黏结性和介电常数。作为微电子器件用的介电薄膜，要求低介电常数，这方面的问题已经在第 8.7 节中介绍过了，本章主要就聚酰亚胺薄膜的热膨胀系数和与基底的黏结性问题进行介绍，同时也介绍一些商品聚酰亚胺薄膜的性能和由气相沉积方法得到的膜等。此外还有，主要用于太阳能电池和 OLED 的无色的透明薄膜(将在第 30 章介绍)以及用于气体分离的炭化膜(将在第 24 章介绍)。

18.1 影响薄膜性能的诸因素

在微电子器件中，聚酰亚胺要与别的材料(如铜、玻璃或硅片等)结合在一起，由于这些材料的热膨胀系数各不相同，在受到冷热作用，尤其是当将聚酰亚胺的前体聚酰胺酸在高温(350～400 ℃)热酰亚胺化后冷却时，就会因为两者热膨胀系数的不匹配而发生翘曲、开裂甚至脱层。解决的办法就是使互相结合的两种材料的热膨胀系数尽量接近。普通聚酰亚胺薄膜，如 Kapton 的热膨胀系数为 $30\sim50\times10^{-6}\ K^{-1}$，而铜的热膨胀系数在 $18\times10^{-6}\ K^{-1}$，硅片则更在 $10\times10^{-6}\ K^{-1}$以下。因此，如何使聚酰亚胺的热膨胀系数降低下来，就成为近几十年来聚酰亚胺薄膜研究的主要方向之一。

影响材料 CTE 的因素有化学结构和聚集态两个方面，在化学结构固定以后，聚集态则由更多的因素所决定，例如所用溶剂、涂膜方式、干燥程序、酰亚胺化程序、牵伸条件(牵伸比、牵伸温度、牵伸时薄膜的溶剂含量等)及退火条件等。由聚集态决定的是堆砌系数和自由体积。由 CTE 因素表现出来的现象是存在于薄膜中及与基底界面上的残余应力。

聚酰亚胺薄膜与铜、玻璃或硅片的黏结性及聚酰亚胺薄膜之间的自黏性虽然也与薄膜本身的结构有关，例如最常用的几个薄膜品种，如 Kapton、Upilex 及 Apical 与基底的黏结都不好，引进酮基或采用柔链的结构会明显改善其黏结性，但在实际应用时，更取决于加工工艺，如表面处理、偶联剂或底胶的使用等。

下面就能够影响薄膜的 CTE 的诸因素及黏结性问题分别进行简单的介绍。

18.1.1 化学结构

经过大量的结构研究，现已得出结论：用于薄膜的聚酰亚胺应该采用具有刚性棒状的大分子结构，如 PMDA/ODA、BPDA/PPD、BPDA/ODA 和这些单体的共聚物。Numata 等[1]研究了各种结构的聚酰亚胺薄膜在自由状态和在金属框架中双向固定情况下进行酰亚胺化所得到的薄膜的 CTE，从表 18-1 结果可见，由 PMDA/2,5-DAT 得到的聚酰亚胺的 CTE 为 $4\times10^{-7}K^{-1}$，与石英玻璃相当。在双向固定的情况下进行酰亚胺化所得到的薄膜比在自由状态下酰亚胺化得到的薄膜有更低的 CTE。凡是二胺为单个芳环、二个氨基互为对位时都可以得到低 CTE。由分子链的构象看出，这些大分子的构象都不是弯曲的。凡是带弯曲构象的聚酰亚胺都具有较高的 CTE。因为热膨胀是自由体积的膨胀，通常认为具有刚性棒状结构的大分子的空间障碍较小，可以使得分子链有较紧密的堆砌，自由体积也较小，因此应该具有较低的 CTE。但在检查了 CTE 和堆砌系数后发现自由体积并不是影响 CTE 主要的因素，因为具有高自由体积的聚合物可以有低的 CTE，而具有低自由体积的聚合物也可以具有高的 CTE。

表 18-1　CTE(10^{-6} K^{-1})与聚酰亚胺结构的关系[1]

二胺	二酐					
	PMDA		BTDA		BPDA	
	双向固定	自由	双向固定	自由	双向固定	自由
PPD	—	—	21.0	43.4	2.6	19.0
MPD	32.0	37.0	29.4	36.7	40.0	42.2
2,4-DAT	—	—	39.5	47.0	31.9	46.7
2,5-DAT	0.4	16.5	25.9	40.6	5.8	24.5
2,6-DAT	34.8	39.5	40.0		42.4	
TMPPD	16.1		38.9			
Bz	5.9	18.3	21.7	43.7	5.4	9.2
OTOL	2.0	6.4	15.4	44.4	5.6	27.7
3,3′-DMOBz	13.7	22.9	49.1	63.7	46.4	52.8
DPTP	5.6	9.4	18.3	31.0	5.9	13.8
NDA					17.2	
DAF	15.8	27.1	16.0	29.7	11.3	19.2
ODA	21.6	47.8	42.8	55.2	45.6	52.0
SDA	41.5	58.9	52.4	57.8	46.1	54.3
MDA	45.7	46.6	45.0	49.9	41.8	50.3
3,3′-DMMDA	57.6	58.7	53.6	56.7	48.5	55.4
2,5-DAPy			26.1		10.0	
APBP	53.3	63.2	54.3	55.8	53.2	61.7
BAPP	50.1	61.7	53.9	55.9	56.9	58.0
4,4′-BDAF	45.7	63.7	54.7	55.9	56.1	57.4
3,3′-BAPS	51.4	52.2			49.0	49.8

注：表中的空白大都是由于膜脆，不能测定。

聚酰亚胺的密度大都在 1.27～1.54 g/cm^{3}之间，在聚合物中是较高的。由表 18-2 可以看到，具有低 CTE 的聚合物可以有高的密度。但是甚至 CTE 有很大差别的样品，例如在双向固定和自由状态酰亚胺化的聚合物，也可以具有基本相同的密度。由此可以看出，限制在固化时的收缩对于分子间的相互作用没有多大影响，而在分子取向上则有明显差别。

表 18-2　聚酰亚胺的密度（g/cm^3）

二胺	二酐					
	PMDA		BTDA		BPDA	
	双向固定	自由	双向固定	自由	双向固定	自由
PPD	1.54114	1.53954	1.45949	1.45542	1.46096	1.47543
MPD	1.44836	1.44434	1.40844	1.41039	1.39164	1.39085
2,4-DAT		1.39777		1.36705		1.34689
2,5-DAT	1.43927	1.43192	1.39160	1.39635	1.39083	1.38374
TMPPD		1.38190				
Bz	1.47041	1.46772	1.42469	1.42205	1.41981	1.41893
OTOL	1.34395	1.34680	1.32895	1.33052	1.33283	1.32848
DPTP	1.42819	1.42602	1.40715	1.40379	1.39930	1.39557
DAF	1.46481	1.46373	1.42721	1.42636	1.42388	1.42332
ODA	1.41725	1.41604	1.37277	1.37336	1.39198	1.39228
SDA	1.40963	1.40920	1.37713	1.37755	1.36928	1.36821
MDA	1.36533	1.36533	1.36991	1.36904	1.35901	1.34757
3,3′-DMMDA	1.32017	1.32124	1.30521	1.29699	1.29956	1.29704
APBP	1.37155	1.37205	1.38010	1.38022	1.36182	1.36032
BAPP	1.30481	1.30472	1.27930	1.27999	1.27112	1.26748
4,4′-BDAF	1.42578	1.42364	1.39278	1.39045	1.38139	1.38319
3,3′-BAPS	1.38726	1.38709			1.36583	1.36742

聚酰亚胺的分子堆砌不能用密度进行简单的讨论。为了对分子堆砌进行比较，Slonimskii等[2]引入了“堆砌系数”这个参数，他们发现大多数聚合物的堆砌系数都在 0.665～0.695 之间，但一些特殊场合则可以具有很高的堆砌系数，例如聚四氟乙烯的堆砌系数为 0.723。堆砌系数可用下式表达：

$$K = \frac{V_{\text{int}}}{V_{\text{True}}} = \frac{N_A \sum_i \Delta V_i}{M/d}$$

式中，V_{int}为形成重复单元的原子团的固有体积；V_{True}为由密度得到的摩尔体积；ΔV_i为原子的体积增量；M为重复单元的相对分子质量；d为聚合物的密度；N_A为阿伏伽德罗常量。

虽然聚酰亚胺的密度高于一般聚合物，如一些由 PPD、Bz、DPTP 及 DAF 得到的聚酰亚胺也具有很高的堆砌系数，而且 CTE 都很小。正如所预测的，棒状结构、低 CTE 聚合物的分子堆砌都比较紧密，也就是这些分子链的空间位阻都很低。大多数没有侧链的聚合物的堆砌系数都较高，而且当堆砌系数变高时，CTE 则变低。然而对于带侧链的聚合物，因为侧链阻碍了密堆砌，堆砌系数变低。尽管堆砌系数低，但 CTE 却可以保持不变。这些结果表明，分子堆砌和自由体积并不是降低聚酰亚胺 CTE 的主要因素。

Yamada 等[3]曾经报道过，对于由柔性链和刚性链聚合物得到的分子复合物，杨氏模量与分子堆砌系数之间有密切的关系。对于不带侧链的聚酰亚胺，凡是具有高堆砌系数的聚合物都有高的杨氏模量。然而对于带侧链的聚合物，即使堆砌系数很低，杨氏模量也可以很高。这些事实说明堆砌系数与杨氏模量之间并没有密切的关联性。这就像用玻璃纤维增强的复合材料一样，虽然具有高的模量，但并不具有高的堆砌系数。

聚酰胺酸的相对分子质量对最后得到的聚酰亚胺薄膜性能的影响在图 2-4 中已经表明得很清楚，相对分子质量太低的聚酰胺酸固化后得不到高性能的聚酰亚胺薄膜。中等相对分子质量的聚酰胺酸在酰亚胺化开始时机械性能下降，在 200～250 ℃降到最低，然后随着温度的升高，机械性能逐渐恢复，最后在 300 ℃左右达到应该有的水平。具有高相对分子质量的聚酰胺酸在酰亚胺化整个过程中都保持高的机械性能。对 BPDA/PPD 聚酰亚胺的研究发现，相对分子质量越高，薄膜的各向异性越低，这可能是由于较低的相对分子质量有利于分子活动而取向。例如对于 M_n 为 4700、8400 及 9900 的聚合物，其厚度为 5 μm 的薄膜的双折射相应为 0.255、0.237 及 0.223。

18.1.2　溶剂

Chung 等[4]研究了不同溶剂对薄膜中残余应力的影响。热酰亚胺化过程中的残余应力可以用薄膜张力分析仪测定硅片上的薄膜的弯曲度来确定[5]：

$$\sigma = \frac{E_s}{6(1-\nu_s)}\frac{t_s^2}{t_f}\left(\frac{1}{R^2}-\frac{1}{R_1}\right)$$

式中，下标 f，s 表示聚酰亚胺薄膜和基底；E、ν 和 t 分别为杨氏模量、泊松比和厚度；R_1 和 R_2 为薄膜涂覆前后测得的芯片的弯曲度[6]。

$$\frac{E_s}{1-\nu_s} = 180\,500\ \text{MPa}$$

在任何两个温度，薄膜应力的不同是由于薄膜与基底间热膨胀系数的差别所引起的：

$$\Delta\sigma_t/(T_f - T) = \frac{E_f}{1-\nu_f}(\alpha_s - \alpha_f)$$

式中，E_f 和 ν_f 分别为松弛模量和泊松比；T_f 和 T 分别为完全酰亚胺的温度和测定点的温度。当双轴模量（biaxial modulus）基本不变时，$\Delta\sigma_f/(T_f-T)$ 曲线的斜率就是冷却过程曲线的斜率，这时聚合物薄膜的残余应力随温度变化。溶剂对薄膜残余应力的影响见表 18-3。

表 18-3 溶剂对薄膜残余应力的影响

聚酰亚胺	溶剂 NMP∶CHP	固化过程	应力-温度冷却曲线的斜率 /(MPa/℃)	残余应力 /MPa
PMDA/ODA	80∶20	A	0.088	35.4
	80∶20	B	0.086	31.4
	80∶20	C	0.086	31.1
	100∶0	C-NMP	0.085	29.8
	80∶20	A	0.089	40.4
	80∶20	B	0.077	32.1
	80∶20	C	0.057	20.0
	100∶0	C-NMP	0.017	7.5

注：固化过程：A：以 30℃/min 加热到 400℃，保持 60 min，然后冷却到 25℃；B：以 2℃/min 加热到 400℃，保持 60 min，然后以 1℃/min 冷却到 25℃；C：在加热到 150℃保持 30 min，230℃保持 30 min，300℃保持 30 min，400℃保持 60 min，加热速率为 2℃/min，冷却速度为 1℃/min。CHP 为 *N*-环己基-2-吡咯烷酮。

以 NMP/CHP 为聚酰胺酸的混合溶剂得到的薄膜在 80℃ 30 min 预固化后的残余应力显著低于以 NMP 为单一溶剂得到的薄膜，这是由于有高沸点溶剂[NMP 的沸点为 81～82℃/(10 mmHg)，CHP 的沸点为 154℃/(7 mmHg)]的存在增加了分子链的活动性，然而，使用混合溶剂所得到的完全固化后的聚酰亚胺薄膜要比只用 NMP 为单一溶剂所得到的薄膜的残余应力高。应力-温度曲线的斜率是薄膜抗张模量和与基底在热膨胀系数方面匹配的函数。由混合溶剂得到的薄膜的较大的斜率意味着较高的双轴模量和高的 CTE。

聚合物薄膜的各向异性随分子链的刚性而增加，使用 NMP 为溶剂得到的薄膜具有较高的各向异性。残余应力和各向异性都主要取决于在热固化过程中链的活动性。当使用高沸点的 CHP 时，在干燥过程中由于分子链的高活动性得到无规取向，结果引起较高的残余应力。对于较刚性的聚合物，聚集态的变化受溶剂和热历史的影响较大，而柔性链聚合物就比较不敏感。在热环化时，限制链的活动可以导致刚性链聚合物低的残余应力。

18.1.3 干燥条件

去除薄膜中的溶剂的过程也叫预烘过程。Ree 等[7]详细地研究了旋涂于硅片上的聚酰胺酸的预烘过程对于 BPDA/PPD 聚酰亚胺薄膜性能的影响(表 18-4)。在 80℃进行 30 min 的预烘时在室温下的残余应力为 18～21 MPa。当将预烘的温度升至 100℃，薄膜的应力由于松弛而降到 9 MPa，2 h 后又升至 22 MPa，在冷却的过程中，应力增加到 38 MPa。但当在 185℃加热后，室温的残余应力降到 7.5 MPa。所以在 150℃以下，前体薄膜的残余应力随温度而增高，在 150℃以上，应力则随温度而降低。通常，前体薄膜中的残余应力在很大程度取决于溶剂的含量，残留的溶剂越多，薄膜的残余应力就越低。然而在 150℃以上，酰亚胺化变得明显，在 185℃酰亚胺化达到 67%，是酰亚胺化程度的增高使得残余应力降低。在预烘过程中，溶剂的挥发和酰亚胺化是两个对残余应力产生相反影响的因素。预烘的历史对最终得到的聚酰亚胺薄膜的残余应力产生很大的影响。总的说来，较高的预烘温度可以得到较高残余应力的聚酰亚胺。此外也与预烘时间有关，时间越长，所得到的聚酰亚胺薄膜中的残余应力越低。这可能与聚合物链在面内的取向程度有关，较低的取向会产生较高的应力。由双折射值看出，残余应力高的薄膜有较低的双折射，残余应力低的薄膜有较高的双折射。所以要得到低的残余应力，应该在不发生酰亚胺化的温度下预烘，对于 BPDA/PPD，该最高温度为 130 ℃。

表 18-4　预烘过程对 BPDA/PPD 聚酰亚胺残余应力及光学性能的影响

预烘过程	预烘薄膜的残余应力/MPa（25 ℃）	在 400 ℃固化的聚酰亚胺薄膜			
		残余应力/MPa(25 ℃)	光学性能		
			n_{xy}	n_z	Δn
80 ℃，30 min	18～23	4	1.8549	1.6125	0.2424
80 ℃，30 min；100 ℃，2 h	38	5	—	—	—
80 ℃，30 min，120 ℃，2 h	42	8	—	—	—
80 ℃，30 min，150 ℃，2 h	30	9	—	—	—
80 ℃，30 min，185 ℃，2 h	9	9	—	—	—
80 ℃，30 min，185 ℃，10 min	25	20	—	—	—
80 ℃，30 min，185 ℃，2 min	27	34	—	—	—
115 ℃，2 min，185 ℃，2 min	40	43	1.8247	1.6722	0.1525

注：固化条件是在氮气中以 2 ℃/min 升温速率在 150 ℃，230 ℃，300 ℃各 30 min，最后在 400 ℃处理 1 h，然后以 1 ℃/min的速率冷却到室温。

18.1.4　牵伸

Kochi 等[8]研究了牵伸对薄膜机械性能的影响，他们是将聚酰胺酸薄膜在 50 ℃空气中干燥 1 h，真空干燥 24 h，然后固定在夹具上在 250 ℃下加热 2 h，再在 330 ℃下真空退火 2 h。所有冷拉的薄膜在 T_g 以下升温时都发生收缩。当冷拉比为 40%～80%时，薄膜的机械性能见表 18-5。经过冷拉的 BPDA/PPD 薄膜在拉伸方向的模量和强度都有很大的增加，但在垂直于拉伸方向，两者都有所降低。这种变化对于越是刚性链的大分子越显著。同时从表 18-1 和表 18-2 可以看出，在张力下，酰亚胺化的薄膜具有较低的 CTE，但对密度的影响不大。

表 18-5　牵伸对不同结构聚酰亚胺薄膜机械性能的影响

聚酰亚胺	未牵伸		冷拉			
	E/GPa	σ/MPa	$E_{/\!/}$/GPa	$\sigma_{/\!/}$/MPa	$E_{\perp}$/GPa	$\sigma_{\perp}$/MPa
BPDA/PPD	5.3	240	59.1	1220	2.4	90
BPDA/ODA	3.0	140	5.8	230	2.5	110
PMDA/ODA	2.1	130	4.7	300	1.7	680
BTDA/OTOL	4.3	190	12.1	310	3.3	160

Numata 等研究了单向牵伸的聚酰亚胺薄膜[9]。对于完全酰亚胺化的刚性链聚合物，例如 BPDA/PPD，在 T_g 温度以上进行牵伸是不可能的，牵伸只能在酰亚胺化过程中

进行。固态下的酰亚胺化在 150～250 ℃基本完成，相应聚合物(在酰亚胺化过程中各阶段相应的聚合物实际上是酰胺酸和酰亚胺的共聚物，其 T_g 随组成变化)的 T_g 与酰亚胺化温度基本一致，所以必须在高于 T_g 下才能使酰亚胺化继续进行。所有的聚酰胺酸在 150 ℃的模量都很小，所以 150 ℃似乎就是聚酰胺酸的 T_g。在 150 ℃以上，模量增加，这是因为酰亚胺化使分子链的刚性增加。牵伸也是在 150～250 ℃范围内进行。对于 BPDA/PPD，甚至不进行牵伸，CTE 也很低，当给以很小的牵伸，如 5%时，在牵伸方向(MD)有一个负的 CTE，但该值即使在牵伸比达到 20%时，也不会超过 $-1\times10^{-5}\ K^{-1}$，相比之下，横向(TD)的 CTE 则随牵伸比的增加而增加。BPDA/PPD 的模量随着牵伸比的增加，MD 的模量变大，TD 的模量变小。这也说明，这种聚酰亚胺具有的内聚能密度并未大到足以抑制分子间的热膨胀的程度(图 18-1 和图 18-2)。

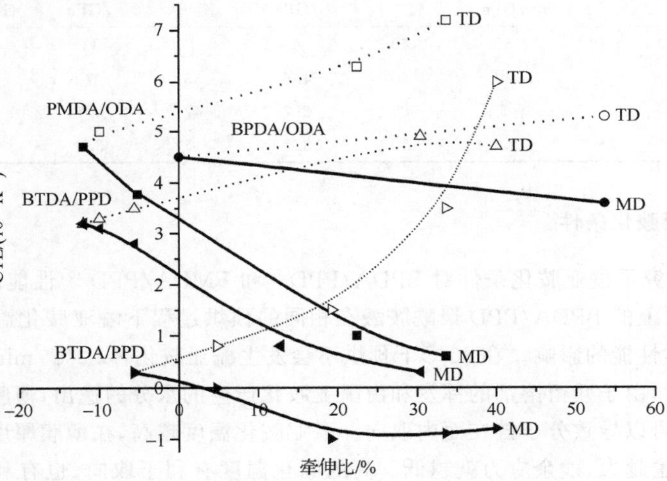

图 18-1　热膨胀系数与牵伸比的关系

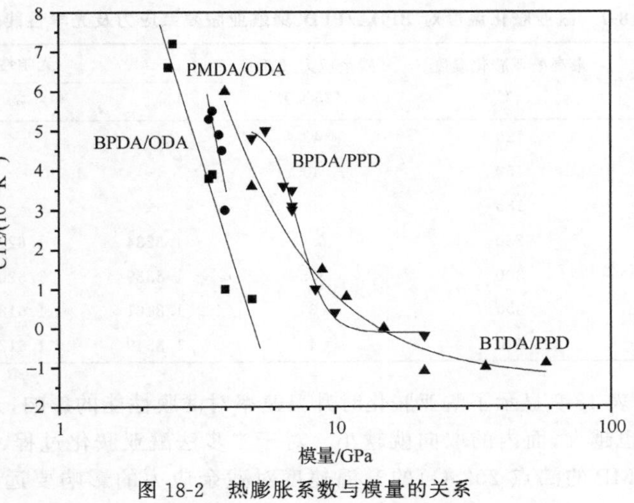

图 18-2　热膨胀系数与模量的关系

分子链弯曲但刚性的 BTDA/PPD 和分子链弯曲但较柔性的 PMDA/ODA 具有类似的行为，但未牵伸的薄膜的 CTE 是大的，只有牵伸比达到 40%，才可以得到接近零的 CTE，模量的变化则较小。对于又弯曲又柔性的 BPDA/ODA，这些情况都不出现。有些聚合物具有高模量但也有高的 CTE，有些聚合物模量低，却也有低的 CTE，这可能与聚合物具有不同的线形和刚性有关(表 18-6)。TD 的数值比较接近是因为它们的内聚能密度是接近的。

表 18-6　牵伸对聚酰亚胺膜性能的影响

聚酰亚胺	40%单向牵伸膜				未牵伸膜		双向牵伸膜	
	MD		TD					
	CTE/(10^{-6} K^{-1})	模量/GPa	CTE/(10^{-6} K^{-1})	模量/GPa	CTE/(10^{-6} K^{-1})	模量/GPa	CTE/(10^{-6} K^{-1})	模量/GPa
BPDA/PPD	−10	55	60	4	4	11	3	11
BTDA/PPD	0	20	50	4.6	33	7	21	7
PMDA/ODA	5	5	80	2.7	47	3.5	22	3.2
BPDA/ODA	35	3.5	50	3.5	45	3.6	46	3.5

18.1.5　酰亚胺化条件

Ree 等研究了酰亚胺化条件对 BPDA/PPD[7] 和 PMDA/PPD[10] 性能的影响，表 18-7 是旋涂于硅片上的 BPDA/PPD 聚酰胺酸在相同的预烘过程下酰亚胺化温度对薄膜的残余应力及光学性能的影响。在 80℃下预烘不会发生酰亚胺化，以 2℃/min 的升温速率进行酰亚胺化时，由于残留溶剂的挥发和由酰亚胺化产生的水分的逸出，薄膜在厚度方向收缩，这种收缩可以导致分子链在面内取向。酰亚胺化温度越高，在薄膜厚度方向的收缩越大，面内取向也越大，残余应力就越低。高的固化温度有利于取向，也有利于模量的增高和残余应力的降低。

表 18-7　酰亚胺化温度对 BPDA/PPD、聚酰亚胺残余应力及光学性能的影响

预烘过程	最高酰亚胺化温度/℃	残余应力/MPa (25℃)	光学性能		
			n_{xy}	n_z	Δn
80℃,30 min	120	42	—	—	—
80℃,30 min	150	30	—	—	—
80℃,30 min	185	9	—	—	—
80℃,30 min	230	6.5	1.8234	1.6211	0.2023
80℃,30 min	300	3.5	1.8339	1.6204	0.2135
80℃,30 min	350	3	1.8461	1.6187	0.2274
80℃,30 min	400	4	1.8549	1.6125	0.2424

表 18-8 和表 18-9 显示了酰亚胺化时升温速率对薄膜性能的影响，升温速率越大，引起的残余应力也越大，面内的取向就越小。对于二步法酰亚胺化过程，第一步由室温到 230℃(高于 NMP 的沸点 202℃)的升温速度对残余应力的影响要远大于在第二步到

400 ℃时的升温速率。第一步的高升温速率使分子链可以在有较多残留溶剂的情况下有高的活动性。多步酰亚胺化过程可以得到较低的残余应力和较高的取向度。

表 18-8　对于一步法酰亚胺化过程，升温速率对 BPDA/PPD 聚酰亚胺残余应力及光学性能的影响[7]

酰亚胺化过程	残余应力/MPa (25 ℃)	光学性能		
		n_{xy}	n_z	Δn
25 ℃，以 30 ℃/min 到 400 ℃，4 h	33	1.8415	1.6419	0.1996
25 ℃，以 26 ℃/min 到 400 ℃，4 h	25	1.8384	1.6370	0.2014
25 ℃，以 12.5 ℃/min 到 400 ℃，4 h	17	1.8416	1.6310	0.2106
25 ℃，以 10 ℃/min 到 400 ℃，4 h	9	1.8418	1.6219	0.2199
25 ℃，以 2 ℃/min 到 400 ℃，4h	8	1.8536	1.6137	0.2399

表 18-9　对于二步法酰亚胺化过程，升温速率对 BPDA/PPD 聚酰亚胺残余应力及光学性能的影响[7]

酰亚胺化过程	残余应力/MPa (25 ℃)	光学性能		
		n_{xy}	n_z	Δn
25 ℃，以 30 ℃/min 到 230 ℃，30 min，再以 18 ℃/min 到 400 ℃，2 h	30	1.8357	1.6356	0.2001
25 ℃，以 30 ℃/min 到 230 ℃，30 min，再以 10 ℃/min 到 400 ℃，2 h	30	1.8367	1.6357	0.2010
25 ℃，以 15 ℃/min 到 230 ℃，30 min，再以 10 ℃/min 到 400 ℃，2 h	18	—	—	—
25 ℃，以 10 ℃/min 到 230 ℃，30 min，再以 10 ℃/min 到 400 ℃，2 h	8	—	—	—
25 ℃，以 5 ℃/min 到 230 ℃，30 min，再以 5 ℃/min 到 400 ℃，2 h	4	1.8551	1.6128	0.2423
25 ℃，以 2 ℃/min 到 230 ℃，30 min，再以 2 ℃/min 到 400 ℃，2 h	4	1.8556	1.6139	1.2417

表 18-10 的结果表明，冷却过程对薄膜残余应力和双折射的影响都不大。

表 18-10　冷却速率对 BPDA/PPD 聚酰亚胺残余应力及光学性能的影响[7]

酰亚胺化过程	冷却速率 /(℃/min)	残余应力/MPa (25 ℃)	光学性能		
			n_{xy}	n_z	Δn
150 ℃，以 30 ℃/min 到 230 ℃，30 min；300 ℃，30 min；400 ℃，2 h	1 ℃/min	4	1.8549	1.6125	0.2424
	淬火	4	1.8552	1.6139	0.2413

Ree 等[10]还研究了 PMDA/PPD 在 80～185 ℃预烘后在氮气中 185～400 ℃固化，用棱镜耦合及 X 射线衍射测定链的取向和有序化。预烘的薄膜中的残余应力随预烘温度和时间的增加而增加。预烘薄膜的残余应力与最后得到的聚酰亚胺薄膜的残余应力没有联系（表 18-11），但与酰亚胺化条件（如温度、时间、升温速率及薄膜厚度）有很大关系。快速和低温固化产生高抗张应力，缓慢及高固化温度产生高的抗压应力（表 18-12 至

表 18-14)。以<10 ℃/min 在 300 ℃固化 2 h 可以使<10 μm 厚的膜产生较低的应力。冷却条件对应力影响不大(表 18-15)。不管固化条件如何,薄膜都具有各向异性,但面内各向异性的程度取决于固化条件。较高的抗张残余应力显示较低的双折射值。

表 18-11 预烘过程对 PMDA/PPD 薄膜性能的影响

预烘过程	预烘薄膜残余应力/MPa (25 ℃)	在 400 ℃1 h 固化的聚酰亚胺薄膜			
		残余应力/MPa (25 ℃)	光学性能		
			n_{xy}	n_z	Δn
80 ℃,30 min	16~23	−6	1.8230	1.5815	0.2415
80 ℃,30 min;150 ℃,2 min	28	−7	1.8212	1.5825	0.2387

表 18-12 固化温度对 PMDA/PPD 薄膜性能的影响

预烘条件	最高固化温度/℃	残余应力/MPa (25 ℃)	光学性能		
			n_{xy}	n_z	Δn
80 ℃,30 min	185	8	1.7817	1.6078	0.1739
80 ℃,30 min	230	1	1.8063	1.5820	0.2243
80 ℃,30 min	300	0	1.8133	1.5818	0.2315
80 ℃,30 min	350	−2.5	1.8199	1.5817	0.2382
80 ℃,30 min	400	−7	1.8230	1.5815	0.2415

表 18-13 固化过程对 PMDA/PPD 薄膜性能的影响

酰亚胺化过程	残余应力/MPa (25 ℃)	光学性能		
		n_{xy}	n_z	Δn
25 ℃,以 30 ℃/min 到 400 ℃,3 h	3	1.8217	1.5909	0.2308
25 ℃,以 10 ℃/min 到 400 ℃,3 h	0.5	1.8218	1.5857	0.2361
25 ℃,以 2 ℃/min 到 400 ℃,2 h	−2.5	1.8225	1.5841	0.2384

表 18-14 酰亚胺化步骤对 PMDA/PPD 薄膜性能的影响

酰亚胺化过程	酰亚胺化步骤	残余应力/MPa (25 ℃)	光学性能		
			n_{xy}	n_z	Δn
400 ℃,2h	1	−2.5	1.8225	1.5841	0.2384
150 ℃,30 min;250 ℃,30 min;300 ℃,30 min;400 ℃,1 h	4	−7	1.8230	1.5815	0.2415

表 18-15 冷却速率对 PMDA/PPD 薄膜性能的影响

酰亚胺化过程	冷却速率温率/℃	残余应力/MPa (25 ℃)	光学性能		
			n_{xy}	n_z	Δn
150 ℃,30 min;250 ℃,30 min;300 ℃,30 min;400 ℃,1 h	1.0 ℃/min	−7	1.8230	1.5815	0.2415
150 ℃,30 min;250 ℃,30 min;300 ℃,30 min;400 ℃,1 h	淬火	−7	1.8228	1.5817	0.2411

Cho 等[11]研究了酰亚胺化温度对密度和屈服强度的影响(表 18-16 和表 18-17)。随着酰亚胺化温度的增高,密度增加,T_g 也增高,这是聚合物链的有序化和堆砌密度增加的结果。撕裂能也可以作为堆砌系数的函数,撕裂能是随着堆砌系数的增加达到一个最大值,而后降低的,发生热分解是撕裂能降低的一个原因。抗张断裂能也具有相同的趋势,达到最大值时的堆砌系数是相同的。这是因为两者发生破坏时都达到最大的断裂伸长率。例如 PMDA/ODA 在 200 ℃固化后,其断裂伸长率为 20%,在 350 ℃固化则达到 85%,固化温度再提高,断裂伸长率就迅速降低。

表 18-16 密度与酰亚胺化温度的关系

聚酰亚胺	酰亚胺化温度				
	200 ℃	250 ℃	300 ℃	350 ℃	400 ℃
BPDA-PDA	1.4330	1.4409	1.4646	1.4693	1.4744
PMDA-ODA	1.4088	1.4130	1.4135	1.4204	1.4210
PMDA-BAPB		1.4111	1.4125	1.4158	1.4242
PMDA-BAPP	1.3130	1.3163	1.3169		

表 18-17 屈服强度(MPa)与酰亚胺化程度的关系

聚酰亚胺	酰亚胺化温度				
	200 ℃	250 ℃	300 ℃	350 ℃	400 ℃
BPDA-PPD	175	181	237	220	214
PMDA-ODA	99	95	96	101	120
PMDA-BAPB	到屈服点前就已经断裂				
PMDA-BAPP	89	72	88		

Chen 等[12]也研究了 BPDA∶ODA∶PPD=0.98∶0.70∶0.30 的聚合物的酰亚胺化温度对 CTE、强度和断裂伸长率的关系。结果表明,随着酰亚胺化温度的增加,CTE 降低而强度及断裂伸长率都有明显提高(表 18-18)。

表 18-18 酰亚胺化温度对 CTE、强度和断裂伸长率的关系(BPDA∶ODA∶PPD=0.98∶0.70∶0.30)

酰亚胺化温度/℃	CTE/(10^{-6} K^{-1})	强度/MPa	断裂伸长率/%
200	54	150	11.6
250	50	165	19.7
300	44	260	49.1
350	38	268	50.0

大多聚酰胺酸虽然在 250 ℃就可以完成酰亚胺化,但要直到 400 ℃才能显示出最佳的性能。机械牵伸和热退火能够根本影响薄膜的 CTE 和非晶态区域的几何分布。不同固化过程(表 18-19)对聚酰亚胺薄膜残余应力的影响见表 18-20[5]。具有线形结构的 BPDA/PPD 和具有曲折结构的 PMDA/ODA 在残余应力上是明显不同的。随着固化温度的提高,冷却过程斜率及残余应力都降低,多步固化比一步固化降低得更显著。同时,

BPDA/PPD 的 WAXD 衍射峰也随着固化温度的提高而变得突出。对于 PMDA/ODA 薄膜的冷却过程斜率及残余应力也随固化温度的提高而降低，但一步固化和多步固化的结果差别较小。这是由于较柔性的 ODA 单元的存在使得大分子难以得到高的有序化。

表 18-19　聚酰亚胺薄膜的固化过程

固化过程	每步的升温速率为 2.0℃/min
A	230℃,1 h
B	300℃,1 h
C	350℃,1 h
D	400℃,1 h
E	150℃,30 min; 1230℃,1 h
F	150℃,30 min;1230℃,30 min;1300℃,1 h
G	150℃,30 min;1230℃,30 min;1300℃,30 min;1350℃,1 h
H	150℃,30 min;1230℃,30 min;1300℃,30 min;1400℃,1 h

注:酰亚胺化完成后以 1℃/min 冷却。

表 18-20　不同固化过程对聚酰亚胺薄膜残余应力的影响

聚合物	固化过程	厚度/mm	最后固化温度/℃	冷却过程斜率/(MPa/℃)	残余应力/MPa (50℃)
BPDA/PPD	A	10	230	0.058	11.7
BPDA/PPD	B	10	300	0.032	7.5
BPDA/PPD	C	10	350	0.019	6.3
BPDA/PPD	D	9	400	0.015	6.0
BPDA/PPD	E	10	230	0.045	9.8
BPDA/PPD	F	10	300	0.024	5.3
BPDA/PPD	G	10	350	0.015	5.2
BPDA/PPD	H	9	400	0.007	4.2
PMDA/ODA	A	11	230	0.123	37.7
PMDA/ODA	B	9	300	0.089	31.1
PMDA/ODA	C	10	350	0.086	30.5
PMDA/ODA	D	10	400	0.081	29.5
PMDA/ODA	E	11	230	0.112	37.5
PMDA/ODA	F	11	300	0.087	30.8
PMDA/ODA	G	11	350	0.082	29.9
PMDA/ODA	H	10	400	0.079	29.3

Coburn 等[13]研究了酰亚胺化温度对各种聚酰亚胺薄膜的影响(表 18-21)。对于 BPDA/PPD 和 PMDA/ODA，当固化温度高于 T_g 时，双折射会有大的增加，相应地，薄膜

的模量、CTE 和残余应力也都明显增加。但对于 BTDA/ODA-MPD 就没有看到这种现象,这与这种聚合物在高于 T_g 时低的结晶趋势有关。

表 18-21 固化温度对聚酰亚胺薄膜性能的影响

薄膜	固化温度/℃	Δn	n_{av}	杨氏模量/GPa	CTE /(10^{-6} K^{-1})	残余应力 /MPa
BPDA/PPD (T_g=340 ℃)	250	0.1826	1.7641	7.1	3	—
	300	0.1960	1.7714	7.2	3	2
	350	0.1979	1.7637	7.3	3	2
	400	0.2186	1.7771	8.2	5	10
PMDA/ODA (T_g=420 ℃)	250	0.0710	1.6857	2.2	26	16
	300	0.0716	1.6870	2.3	26	16
	350	0.0708	1.6869	2.3	26	17
	400	0.0676	1.6914	2.4	32	18
	450	0.0899	1.7010	2.5	36	25
BTDA/ODA-MPD(50∶50) (T_g=320 ℃)	250	0.0122	1.6840	3.3	45	—
	300	0.0100	1.6859	3.2	46	25
	350	0.0104	1.6861	3.3	46	41
	400	0.0102	1.6867	3.3	46	41

这三种聚酰亚胺的体积热膨胀系数仅有 20% 的差别,但 CTE 的差别就十分显著。面内 CTE 比面外 CTE 低的原因是大分子容易在面内发生取向而结晶。对于 BPDA/PPD,面外 CTE 大约是面内 CTE 的 25 倍,所以这种薄膜具有大的各向异性。BTDA/ODA-MPD 的两者差别很小,其薄膜的各向异性的程度也小(表 18-22)。

表 18-22 聚酰亚胺的体积、面内及面外热膨胀系数

性能	BPDA/PPD	PMDA/ODA	BTDA/ODA-MPD(1∶1)
β/(10^{-6} K^{-1})	154	192	150
$\alpha_{面内}$/(10^{-6} K^{-1})	6	33	47
$\alpha_{面外}$/(10^{-6} K^{-1})	144	126	56
可压缩性/(MPa^{-1})	1.373	2.236	1.749
密度/(g/cm^3)	1.487	1.422	1.393

表 18-23 显示了加热速率对聚酰亚胺薄膜性能的影响,快速升温使 PMDA/ODA 和 BPDA/PPD 薄膜的双折射相应降低了 50% 和 20%。双折射的增加被认为是酰亚胺环的影响要大于链轴取向的影响[10]。

表 18-23　加热速率对聚酰亚胺薄膜性能的影响

加热速率	聚合物	Δn	n_{av}	杨氏模量/GPa	CTE /(10^{-6} K^{-1})	残余应力 /MPa
135℃，1 h，干燥后以 2℃/min 加热固化	BPDA/PPD	0.1979	1.7637	7.3	3	2
	PMDA/ODA	0.0708	1.6869	2.3	26	17
	BTDA/ODA-MPD	0.0104	1.6867	3.2	46	41
放入已经预热至 350℃的炉中处理	BPDA/PPD	0.2423	1.7830	11.3	5	—
	PMDA/ODA	0.0380	1.7024	2.0	49	29
	BTDA/ODA-MPD	0.0087	1.6855	3.2	46	35

18.1.6　聚酰亚胺与基底的黏结性

柔性覆铜板是柔性印刷线路板的关键材料，除了上述的对聚酰亚胺薄膜本身的各种要求之外，还要求与铜要有很好的黏结性，使得在加工及使用过程中不至于发生开裂或甚至脱层，例如折叠式手机的折合部分的线路板要求至少能经得起数万次的折叠。

柔性覆铜板的制造有两种方法，第一种是目前普遍应用的方法，这是将聚酰亚胺薄膜用黏合剂与铜箔结合在一起(所谓三层覆铜板)；第二种是将聚酰亚胺(通常是聚酰胺酸)溶液直接涂覆在铜箔上得到所谓“无胶黏剂”的覆铜板或两层覆铜板，应当说后一种薄膜的性能要比前一种更好，但加工的难度很高。

将聚酰亚胺薄膜与基底覆合时，事先往往要将铜箔及聚酰亚胺薄膜的表面进行粗糙化，以增加两者的黏结性。粗糙化的方法有离子束刻蚀[14]、激光刻蚀[15]、摩擦法[16]及用胺的碱溶液腐蚀[17,18]。

1. 聚酰亚胺薄膜对铜箔的黏结

在采用聚酰亚胺薄膜与铜箔黏合的方法制造聚酰亚胺覆铜板时，必须采用在铜箔或聚酰亚胺薄膜上或两者表面施用胶黏剂，再热压使两者结合在一起，合格的产品其 90°的剥离强度要达到 10 N/cm 或更高。这种胶黏剂通常是环氧或丙烯酸类树脂，但由于这类胶黏剂耐热性太低，不能满足一些应用的要求。最近开发了热塑性聚酰亚胺胶黏剂，使线路板的使用温度和可靠性都得到了提高。近年来开发成功的技术是将聚酰胺酸直接涂到铜箔上，然后在惰性气氛下进行酰亚胺化以避免铜箔的氧化，这就是所谓“无胶黏剂聚酰亚胺覆铜板”。但是通常具有高热稳定性、机械性能及尺寸稳定性的 PMDA/ODA 和 BPDA/PPD 薄膜对铜的黏结力很低，所以都采用在铜箔上先打一层或二层底胶的方法，增加聚酰亚胺层与铜的结合。这方面的技术细节目前还由于商业敏感性而很少公开披露。有关的一些结果见第 23.3.1 节。

2. 聚酰亚胺薄膜的自黏

自黏是两种聚合物在界面上由于分子的扩散，使链发生缠结而产生的结合力。将聚酰胺酸涂于聚酰亚胺上，由于聚酰胺酸分子向聚酰亚胺的扩散而得到黏结性。要充分显示黏结强度需要有 200 nm 的扩散距离[19]。层间扩散可以由前向反冲谱仪(forward recoil spectroscopy)测定。只有在底层固化温度不太高,也就是部分酰亚胺化的情况下涂上覆盖层,然后一起进行充分的酰亚胺化才能得到高的自黏性。有关内容见第 23.1 节。

18.2 聚酰亚胺薄膜和柔性覆铜板的制造

作为绝缘材料的聚酰亚胺薄膜的生产已有五十多年的历史,产品已经在许多电气设备上使用,取得了很好的效果。但随着轻小型微电子产品,如手机、笔记本电脑等的迅速发展,对于高密度连接的柔性印刷线路板的要求越来越迫切,对用于柔性线路板用的聚酰亚胺薄膜的技术要求也不断提高,出于商业的敏感性,聚酰亚胺前体的配方、薄膜制造工艺条件及制膜设备虽然已经在一些专利文件中有所叙述,但许多细节仍没有公开。随着技术要求的提高,聚酰亚胺覆铜板的制造技术也在不断进步,这方面的技术更是生产公司的重要机密。本节只是参考几个主要生产厂家的少数专利,对一些技术作一粗略的介绍。

用于柔性线路板的聚酰亚胺薄膜除了要求有高的机械性能、介电性能外,还要求有低的 CTE 和面内各向同性,后两个要求必须用双向拉伸来解决,完全酰亚胺化的聚酰亚胺由于高的玻璃化温度和分子链的刚性是不能进行牵伸的,薄膜的可牵伸性取决于溶剂含量,当固含量到 60%时,该凝胶薄膜就难以牵伸,因为在 MD 方向牵伸 1.05 时,TD 方向就会破裂,所以在牵伸时,固含量不能高于 50%。牵伸比 TD/MD 的控制对于得到面内各向同性是很重要的,认为 TD/MD=0.9～1.3 为合适。通常是在聚酰胺酸溶液中加入脱水剂乙酐及催化剂叔胺,得到部分酰亚胺化的聚酰胺酸溶液再进行涂膜,这样得到的凝胶膜可以在溶剂含量很高的情况下从钢带上剥离,进行双向牵伸和热酰亚胺化及热处理,得到高性能的聚酰亚胺薄膜。

作为柔性印刷线路板的原材料,聚酰亚胺覆铜板的制造方法有两种:其一是在聚酰亚胺薄膜上直接镀铜,这是在聚酰亚胺薄膜上先涂上一层底胶(tiecoat),然后再上一层种铜(copper seedcoat),最后进行镀铜。镀铜可以是单面,也可以是双面。聚酰亚胺首先用等离子进行表面清理和化学改性,以增加其黏结性。黏结底胶金属可以用溅射沉积,也可以用真空沉积,所用的金属是铬和镍的合金,其厚度在数埃到数百埃,目的是提供高的黏结性。种铜层厚度为 200 nm,目的是提供足够的导电性,便于将铜镀到所需要的厚度,例如 18 μm。更薄的铜层可以使线路做得更细。另一种制造无胶黏剂柔性覆铜板的方法是在铜箔上直接涂覆树脂,这样可以将覆铜板做得最薄。对于 35 μm 厚的铜箔,50 μm Kapton E 的典型剥离强度为 12.25 N/cm,而对于 18 μm 厚的铜箔,典型剥离强度为 8.75 N/cm。

下面是三个聚酰亚胺薄膜及覆铜板的典型制造方法:

钟渊公司的一个专利公开了这类薄膜的典型的制备方法[20]:将 PMDA、ODA 及 PPD(ODA:PPD=3:1)加到 DMF 中,二酐与二胺的物质的量比为 1:0.98,所得到的固含量为 20%的聚酰胺酸溶液的表观黏度在 20 ℃下为 1000 P①。一次加入与酰胺酸的

① 1 P=0.1 Pa·s。

物质的量比为 1.58 的乙酐，0.69 的催化剂异喹啉及 DMF(总质量为聚酰胺酸溶液的 40%)，快速搅拌后冷却到 0 ℃，黏度为 180 P 的树脂溶液通过挤出机由 T 形模具涂布在距离为20 mm的连续不锈钢带上，然后加热到 130 ℃经过 100 s，250 ℃、400 ℃、520 ℃各 20 s，得到平均厚度为 25 μm，在牵伸方向的抗张强度为 310 MPa 的薄膜。钟渊公司的 Ito 等[21]在 PMDA/ODA-PPD 聚酰胺酸溶液中加入 10%～50%叔胺来降低覆铜板的 CTE，其结果见表 18-24。

表 18-24 在 PMDA/ODA-PPD 聚酰胺酸溶液中加入叔胺对覆铜板性能的影响

叔胺	加入量%/(占 PAA 溶液的质量分数)	剥离强度/(N/cm)	CTE (10^{-6} K^{-1})	折叠次数	尺寸稳定性/%
异喹啉	5	1.7	22.6	280	0.08
β-甲基吡啶	5	1.7	20.5	265	0.07
—	0	1.7	30.0	273	0.07

杜邦公司的 Okahashi 等[22]报道了双向牵伸聚酰亚胺薄膜的制造方法。PMDA/ODA 的 DMAc 溶液在 20 ℃的表观黏度为 3500 P，冷却下加入 2.5 mol 乙酐和 2.0 mol 吡啶，将所得到的溶液涂于 90 ℃的金属鼓上，得到固含量为 21%的自支撑的凝胶膜。将该薄膜引入到两组夹辊中，在 65 ℃下进行牵伸，然后再固定于张力架上。第一组夹辊相对于金属鼓的速度比为 1.12，第二组夹辊为 1.23，对于张力架为 1.39。在张力架的横向的牵伸为 1.61，使牵伸比(TD/MD)为 1.16。然后在 260℃下加热 40 s，在 430℃下加热 1 min，冷却 30 s，得到平均 CTE 为 27.5×10^{-6} K^{-1}，中心部分的各向异性指数 AI=7 的薄膜。该薄膜涂上聚酯/环氧胶黏剂，在 130 ℃与铜箔热压复合得到柔性聚酰亚胺覆铜板。

日本宇部公司的 Yamamoto 等[23]最近报道了 BPDA/PPD 薄膜及其覆铜板的制造方法。将 BPDA 和 PPD 在 DMAc 中氮气下 40℃搅拌 3 h，得到对数黏度为 1.8 dL/g，表观黏度为 1800 P 的聚酰胺酸溶液。向该溶液中加入 0.1%磷酸硬脂肪醇酯的三乙醇胺盐及 0.5%胶体 SiO_2(平均粒径为 80 nm)得到掺杂的聚酰胺酸溶液。将该掺杂溶液通过 T 形模具挤压到连续钢带上，在 120～160 ℃干燥 10 min，得到含挥发物为 34.4%的自支撑薄膜，进一步干燥后，其挥发物降到 28.5%。将薄膜固定在张力器的夹子上并在炉子中加热到 300℃，这时相对的两组夹子的距离缩短为室温时的 95%，并且大部分已经酰亚胺化，薄膜再在 500 ℃加热 30 s，得到挥发物低于 0.4%的连续薄膜。

将得到的聚酰亚胺薄膜的两侧在 $Ar/He/H_2/O_2$混合气流中以 6.2 kW · min/m^2 的放电密度下进行低温等离子处理，处理过的薄膜表面涂以聚酰亚胺硅氧烷-环氧黏合剂，与电解铜箔在 2 MPa 及 180 ℃下复合得到聚酰亚胺覆铜板。聚酰亚胺薄膜的厚度为 50 μm，CTE 为 22.5×10^{-6} K^{-1}(50～200 ℃，TD)，抗张模量为 7.49 GPa，铜箔在外侧的翘曲度为 1.0 mm，剥离强度为 13 N/cm。

18.3 有关薄膜及覆铜板的性能指标

除了上节介绍的一些薄膜材料的一般性能外，本节再介绍一些专门的性能指标和概念。

1) 膜的均匀度(R)

$$R = \frac{\text{最高厚度} - \text{最低厚度}}{\text{平均厚度}} \times 100\%$$

R 要求低于 1%。

2) 覆铜箔的翘曲度

裁取牵伸方向为 250 mm,横向方向为 50 mm 的覆铜箔,平铺在平台上,量取四个角离平台平面的距离,按下式计算翘曲度:

$$\text{翘曲度} = \frac{h_1 + h_2 + h_3 + h_4}{4}$$

翘曲度小于 10 mm 为低翘曲度;10～30 mm 为中等翘曲度;大于 30 mm 为高翘曲度。

翘曲度也可以将膜以 TD 方向一边固定在一个垂直面上,测量自由端两个角与垂直面的距离,然后相加取平均值。

3) 尺寸稳定性

裁取牵伸方向(MD)为 280 mm,横向方向(TD)为 255 mm 的膜一张,在膜的四角离边缘各为 13 mm 处冲出直径为 1 mm 的圆孔各一个。将样品在 23℃,50%相对湿度下至少放置 24 h,测量孔的中心和中心之间的距离 A-B, C-D, A-C, B-D 然后将样品在没有张力的情况下放置于 150℃恒温箱中 30 min,取出在 23℃,50%相对湿度下放置 3 h,再测量各孔之间的距离。各个方向的线性尺寸变化由下面两个式子计算:

$$\delta_{MD} = \frac{\dfrac{(A\text{-}B)_F - (A\text{-}B)_I}{(A\text{-}B)_I} + \dfrac{(C\text{-}D)_F - (C\text{-}D)_I}{(C\text{-}D)_I}}{2} \times 100$$

$$\delta_{TD} = \frac{\dfrac{(A\text{-}C)_F - (A\text{-}C)_I}{(A\text{-}C)_I} + \dfrac{(B\text{-}D)_F - (B\text{-}D)_I}{(B - D)_I}}{2} \times 100$$

式中,下标 I 为初始测量的数据;F 为最后测量的数据。

如为覆铜板,则要在 43℃下将铜完全腐蚀掉,洗涤、干燥后再按同样方法测定。

4) 面内各向异性指数(AI)

$$AI = \frac{V_{max}^2 - V_{min}^2}{\dfrac{V_{max}^2 + V_{min}^2}{2}} \times 100$$

式中,V_{max} 为超声波在最大取向方向的转播速度;V_{min} 为超声波在最小取向方向的转播速度。

18.4 商品聚酰亚胺薄膜

商品聚酰亚胺薄膜主要有三类:美国杜邦公司的 Kapton 系列、日本宇部公司的 Uplix 系列及日本钟渊公司的 Apical 系列。

18.4.1 Kapton 薄膜

薄膜是聚酰亚胺作为材料最早开发的产品之一，这就是杜邦公司在 20 世纪 60 年代初发展起来的 Kapton 薄膜[24-26]。除了在俄亥俄州外，还在日本与东丽公司合作设厂生产。2002 年，杜邦公司又投入 9000 万美元将 Kapton 的产量提高了 25%，目前总产量估计在 6000～8000 t。它是由均苯四酸二酐和 4,4′-二苯醚二胺在极性溶剂(如 DMF、DMAC、NMP 等)中缩聚，然后将得到的聚酰胺酸溶液在一连续的钢带上涂膜，干燥后再在 300 ℃以上处理完成酰亚胺化。根据化学酰亚胺化方法[27]，1968 年，杜邦公司发展了凝胶成膜法[28]，将其用于单向和双向拉伸的薄膜上。这是在处于低温下的聚酰胺酸 DMAc 溶液中加入乙酐和叔胺类催化剂，如吡啶，β-甲基吡啶等，然后在热鼓上形成膜的凝胶。凝胶膜是含有大量溶剂，部分酰亚胺化了的薄膜。在室温下拉伸 1 倍，然后在张力下加热(最高温度为 300 ℃)去除溶剂得到薄膜。这种方法也同样适用于其他类型的聚酰亚胺薄膜。

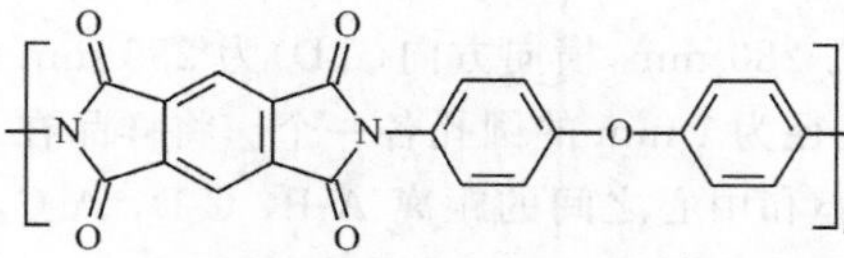

Kapton 薄膜的化学结构

Kapton 薄膜的基本牌号有 HN、VN 和 FN。VN 具有优越的尺寸稳定性，FN 是涂有含氟聚合物的聚酰亚胺薄膜，可以进行热封，防水和较高的耐化学性能。Kapton 的物理性能、电及热性能见表 18-25 至表 18-28，Kapton FN 还具有优异的耐辐射、耐溶剂等性能(表 18-29 至表 18-31)。涂有含氟聚合物的 Kapton 具有黏结和密封性。XHS 则是可以热收缩的 Kapton 品种。填充氧化铝的 Kapton CR 是具有抗电晕性能和高导热性的绝缘薄膜。

表 18-25　Kapton 薄膜(25 mm)的物理性能

物理性能	HN		VN	FN	
	23 ℃	200 ℃	23 ℃	23 ℃	200 ℃
抗张强度/MPa	231	139	231	207	121
断裂伸长率/%	72	83	72	75	80
抗张模量/GPa	2.5	2.0		2.48	1.62
密度/(g/cm³)	1.42		1.42	1.53	
冲击强度/(N·cm)	78			78	
抗撕强度/N(起始)	7.2		7.2	11.8	
抗撕强度/N(增长)	0.07		0.07	0.08	
在 150 ℃ 30 min 的收缩率/%	0.17		0.03		
摩擦系数(动态)	0.48				

续表

物理性能	HN		VN	FN	
	23 ℃	200 ℃	23 ℃	23 ℃	200 ℃
摩擦系数(静态)	0.63				
泊松比	0.34				
极限氧指数/%	37		37		

注:FN 薄膜为 25 μm 的聚酰亚胺基膜上两侧涂有 2.5 μm 的含氟聚合物,质量分数为 20%。

表 18-26　Kapton 薄膜的热性能

熔点/℃	无
零强温度/℃(1.4 kg,15 s)	815
T_g/℃	385
热膨胀系数/(10^{-6} K^{-1})	20
使用寿命	8 年(250 ℃),1 年(275 ℃),3 月(300 ℃),12 h(400 ℃)
收缩率/%(250 ℃,30 min)	0.3
极限氧指数/%	37

表 18-27　各种 Kapton 薄膜的性能

性能 (23 ℃)	Kapton 薄膜的型号				
	200H	XT(氧化铝) (MD/TD)	XC−10 (导电炭)	200X−M25 (滑石粉)	100CO9 (活性炭)
抗张强度/MPa	239.4	140.8/119.7	112.6	140.8	140.8
断裂伸长率/%	90	30/30	40	35	59
介电强度/(kV/mm)	240	160	—	136	32
介电常数	3.4	3.4	11	3.9	—
介电损耗	0.0025	0.0024	0.081	0.012	—
表面电阻/Ω	10^{17}	—	10^{10}	—	10^{15}
体积电阻/(Ω · cm)	10^{14}	10^{14}	10^{12}	10^{14}	10^{16}
热导率/[W/(m · K)]	0.155	0.24	—	—	—
吸湿率/%(100%RH)	3	5	—	3.7	—
高温收缩率/%(400 ℃)	1	1.2/0.6	—	0.5	—

表 18-28　单向拉伸的 Kapton 薄膜的性能

性能	拉伸比	0	1.33	1.33	1.33	1.5
	拉伸温度/℃		室温	100	200	300
抗张强度 /MPa	MD	207.7	244.4	264.1	301.4	364.8
	TD	136.6	152.1	121.1	130.3	105.6
断裂伸长率/%	MD	68.9	37	36.4	34.4	27.5
	TD	123.4	146	137.8	165.5	155.4

续表

性能						
性能	拉伸比	0	1.33	1.33	1.33	1.5
	拉伸温度/℃		室温	100	200	300
抗张模量/GPa	MD	3.45	4.49	5.10	5.28	5.77
	TD	2.88	2.54	2.44	2.60	2.47
吸水率/%（室温浸泡 24 h）		3.54	1.53	1.60	1.41	0.73

表 18-29 双向拉伸薄膜的性能

性能	双向拉伸	未拉伸
拉伸比(MD/TD)	2.0/2.0	1.0/1.0
拉伸温度/℃	25	—
断裂伸长率/%(MD/TD)	58.4/53.6	35.8/24.6
最高干燥温度/℃	300℃	300℃
抗张强度/MPa(MD/TD)	338.0/287.3	194.3/176.1
结晶指数	21.6	20.6

表 18-30 Kapton 薄膜的耐 γ 射线辐射性

性能	空白	10^4 Gy,1 h	10^5 Gy,10 h	10^6 Gy,4 天	10^7 Gy,42 天
抗张强度/MPa	207	207	214	214	152
断裂伸长率/%	80	78	78	79	42
抗张模量/GPa	3.17	3.28	3.38	3.28	2.90
体积电阻/(10^{13} Ω · cm)(200℃)	4.8	6.6	5.2	1.7	1.6
介电常数(23℃,1 kHz)	3.46	3.54	3.63	3.71	3.50
损耗因子(23℃,1 kHz)	0.0020	0.0023	0.0024	0.0037	0.0029
介电强度/(kV/mm)	256	223	218	221	254

表 18-31 Kapton 薄膜的耐紫外光辐射性

辐照 1000h	抗张强度保持/%	100
	断裂伸长率保持/%	74

注：真空环境(2×10^{-6} mmHg)50℃，强度为空间太阳光的 2500 倍。

日本 Unitika 公司的 Echigo 用四氢呋喃/甲醇为溶剂合成 PMDA/ODA 聚酰胺酸溶液，并由此获得厚度为 300～500 μm 的透明薄膜[29]。由非质子极性溶剂难以得到厚度在 200 μm 以上的透明薄膜，因为高沸点的溶剂难以除去，使薄膜变为不透明。

18.4.2 Apical 薄膜

日本钟渊公司生产的 Apical 薄膜在结构上与 Kapton 类似，也是由 PMDA 与 ODA 合成的，但是部分 ODA 由对苯二胺代替，其性能列于表 18-32[30]。

表 18-32 Apical 薄膜的性能

性能		Apical/100AV	Apical/100NP	Apical/100HP	Apical/120AF
抗张强度/MPa		241	303	360	197
断裂伸长率/%		95	90	53	90
抗张模量/GPa		3.2	4.1	6.1	2.85
密度/(g/cm³)		1.42	1.45	1.46	1.53
动态摩擦系数		0.40	0.50	TBD	
耐燃性		94V-O	94V-O	94V-O	
热膨胀系数/(10^{-6} K^{-1})(100～200 ℃)		32	16	11	
收缩率/%(200 ℃,2 h)		0.04	0.04	0.06	0.08(150 ℃,30 min)
介电强度/(kV/mm)		312	320	320	276
吸水率/%	50%RH,23 ℃	1.3	1.3	1.3	0.8
	23 ℃浸泡 24 h	2.9	2.1	TBD	1.7

18.4.3 Upilex 薄膜

Upilex 薄膜是日本宇部公司在 20 世纪 80 年代初发展起来的聚酰亚胺薄膜[31],其结构有两种:Upilex-R 及 Upilex-S。

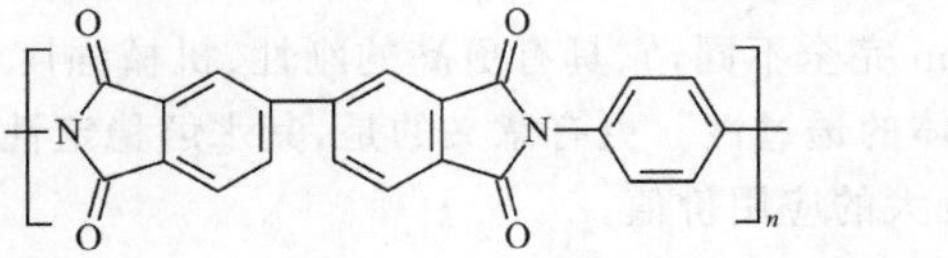

Upilex-S

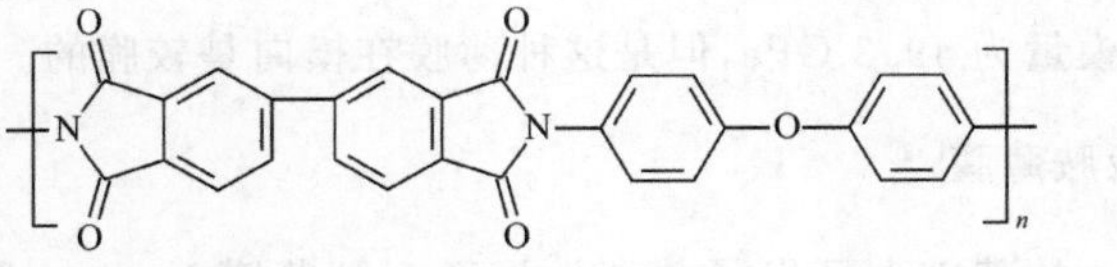

Upilex-R

Upilex 薄膜的性能见表 18-33 至表 18-35。

表 18-33 Upilex 薄膜的电性能

性能	Upilex-S		Upilex-R		Upilex-VT	
	25 ℃	200 ℃	25 ℃	200 ℃	25 ℃	300 ℃
介电常数(10^3 Hz)	3.5	3.3	3.5	3.2	3.2	
介电损耗(10^3 Hz)	0.0013	0.0078	0.0014	0.0040	0.0023	
体积电阻/(Ω·cm)	10^{17}	10^{15}	10^{17}	10^{15}	10^{17}	
表面电组/Ω	$>10^{17}$	10^{15}	$>10^{16}$	—	10^{17}	
介电强度/(kV/mm)	272	272	280	284	252	

表 18-34 Upilex 薄膜的机械性能(机器方向,MD)

性能	Upilex-R				Upilex-S			
	−269 ℃	−196 ℃	25 ℃	300 ℃	−269 ℃	−196 ℃	25 ℃	300 ℃
密度/(g/cm^3)	—	—	1.39	—	—	—	1.47	—
抗张强度/MPa	300	270	250	200	750	660	530	300
断裂伸长率/%	15	40	130	190	10	15	42	67
抗张模量/GPa	—	—	3.8	2.1	—	—	9.3	3.8
抗撕强度/MPa							230	
动态摩擦系数							0.4	

表 18-35 Upilex 薄膜的热性能

性能		Upilex-R	Upilex-S
T_g/℃		285	>500
收缩率/%(200 ℃,2 h)		0.18	0.2
线膨胀系数/(10^{-6} K^{-1})	20~250 ℃	2.8(MD), 3.2(TD)	1.2(MD), 1.2(TD)
	20~400 ℃	—	1.5(MD), 1.5(TD)
比热/(J/kg · K)			1130
热导率/[W/(m · K)]			289
极限氧指数/%		55	66
烟指数		0.07	0.04

与 Kapton 比较,Upilex-R 有较低的 T_g,但吸水率低,在 250 ℃收缩率也低,并有十分优越的耐水解性,尤其是耐碱性水解。

Upilex-S 则和 Kapton 完全不同,它具有更高的刚性、机械强度,低收缩率、低热胀系数、低得多的吸水性和气体的透过性。更有意义的是,其水解稳定性大大高于 Kapton,因此在微电子领域显示了巨大的应用价值。

将 Upilex-S 在聚酰胺酸形式拉伸 1.75 倍,然后在张力下热酰亚胺化,其拉伸方向的抗张强度为 986 MPa,模量为 49.3 GPa,但是这种薄膜在横向是较脆的。

18.4.4 热塑性聚酰亚胺薄膜[32]

杜邦公司在 Aurum 的基础上开发了热塑性聚酰亚胺薄膜 Imidex,厚度为 25 μm~1 mm,宽度为 660 mm,Imidex 的性能见表 18-36。

表 18-36 热塑性聚酰亚胺薄膜 Imidex 的性能

性能		数值	性能		数值
机械性能	抗弯模量/GPa	3.779	热性能	连续使用温度/℃	230
	抗撕强度(起始)/kg	22.9		热膨胀系数/(10^{-6} K^{-1})	55
	抗撕强度(进展)/kg	1.3		热导系数/[W/(m · K)]	0.18
	断裂伸长率/%	110		T_g/℃	255
	抗冲强度/(J/cm)	55		熔点/℃	388
	抗张模量/GPa	3.06		可燃性(UL94)	VTM-0(25 μm)
	抗张模量/MPa	118			

续表

性能		数值	性能		数值
电性能	介电常数(1 kHz)	2.5	其他	密度/(g/cm³)	1.33
(25 μm)	介电损耗(1 kHz)	0.0014	性能	吸水率/%(24 h, 50 ℃,75%RH)	1.0

18.5 气相沉积成膜方法

聚酰亚胺的一个突出的优点是单体二酐与二胺可以在低温下反应而不需要任何催化剂,同时在形成预聚物聚酰胺酸时不产生任何副产物,在热酰亚胺化过程中只放出水分,同时作为单体的大多数二酐和二胺在一定温度下都具有足够高的蒸汽压,因此就可以利用气相沉积的方法在底物上成膜。气相沉积成膜的优点是可以在尖锐的边缘甚至针尖的尖端成膜,也可以在复杂的结构上均匀地覆盖,而这些场合用溶液涂膜都因为表面张力的缘故不可能实现。

1985 年,高桥善和等[33]和 Salem 等[34]首先实现了聚酰亚胺的气相沉积。高桥善和等所用气相沉积条件见表 18-37。

表 18-37 由 PMDA/ODA 进行气相沉积的条件

单体与基底的距离	300 mm
基底温度	室温
两个单体的温度	150 ℃±2 ℃
真空度	8×10^{-6} Torr[a]
沉积速率	~0.1 μm/min
薄膜厚度	~2 μm

a:1 Torr=1 mmHg=$1.333\ 22\times10^2$ Pa。

Dimitrakopoulos 和 Gies 等[35]研究了在−53~23 ℃下 PMDA/ODA 气相沉积的 IR。结果表明由于单体在固体中的扩散造成了阻碍,他们认为直到室温,产物主要是二聚体和三聚体,由于聚酰亚胺的不溶性,难以测定其相对分子质量。

Iijima 等[36]由均苯二酐和均苯二硫酐与各种二胺由气相沉积法得到一系列聚酰亚胺薄膜。他们采用硫代酐可一步得到聚酰亚胺(见式 18-1 和 表 18-38)[37]。单体蒸发率度用石英振荡型速度检测仪控制。PMDA/SiODA 聚酰胺酸在 20 ℃的铝基底上沉积,环化条件为 N_2,250 ℃,1 h,所得到的聚酰亚胺薄膜溶解后测定的黏度为 0.58 dL/g(H_2SO_4,0.2 g/dL, 30 ℃)。

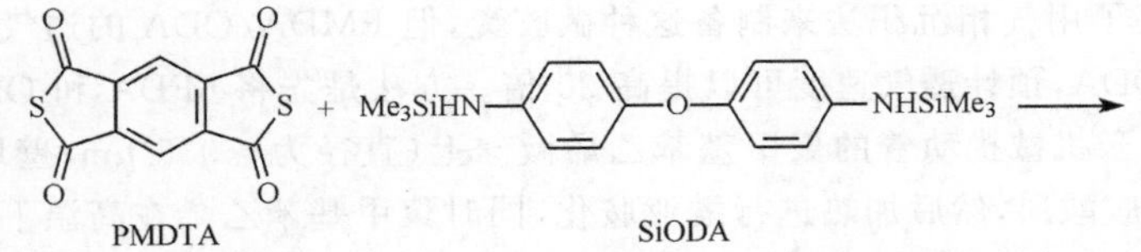

PMDTA SiODA

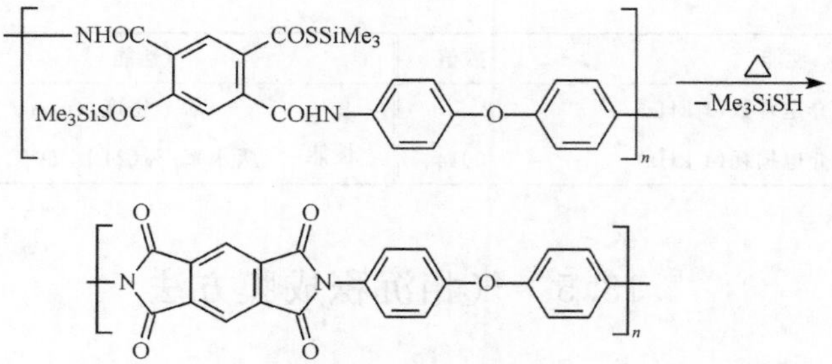

式 18-1　均苯二硫酐与各种二胺反应得到聚酰亚胺

表 18-38　由均苯二酐和均苯二硫酐于各种二胺由气相沉积法得到聚酰亚胺薄膜[38]

二酐	二胺	蒸发温度/℃		沉积压力/Pa	沉积速率/(nm/s)
		二酐	二胺		
PMDA	ODA	180	160	0.000 267	0.40
PMDA	PPD	180	80	0.0267	0.76
PMDA	SiODA	180	100	0.000 665	0.40
PMDA	SiODA	180	60	0.001 33	0.13
PMDTA	ODA	180	160	0.000 133	0.40
PMDTA	PPD	180	80	0.0267	0.40

Takahashi 等[38]由偏苯三酸酐酰氯与 ODA 及 PPD 用气相沉积方法得到薄膜，其沉积条件见表 18-39。

表 18-39　由偏苯三酸酐酰氯进行气相沉积

单体		蒸发温度/℃		沉积压力/Pa	沉积速率/(nm/s)
酸	二胺	偏苯三酸酐	二胺		
偏苯三酸酐	ODA	70	165	0.006 65	0.4
偏苯三酸酐	PPD	70	80	0.0267	0.6

最后再介绍一个气相沉积涂膜方法的应用例子。Tsai 等[39]在惯性受控核聚变(inertial confinement fusion，ICF）实验中需要在直径为 1 mm，壁厚为 1 μm 的微囊中以 1000 atm压力渗透进可以在内壁形成 100 μm 厚的氘-氚燃料层。然后要将装有氘-氚的微囊保存于 19 K。这个过程要求微囊在大的压差和低温下保持形状，还可以用光学方法对形成的氘-氚层进行检查。因此要求材料具有高的气体透过性、高的强度和模量及透明度。最近发展了用气相沉积法来制备这种微胶囊，但 PMDA/ODA 的透气性太差，所以改用 6FDA/ODA，预计透气速度可以提高 30 倍。方法是先将 6FDA 和 ODA 的蒸气在真空室中附着于机械扰动着的聚甲基苯乙烯微球上(直径为～935 μm，壁厚为 7.5～17 μm)形成聚酰胺酸层，然后加热进行酰亚胺化，同时聚甲基苯乙烯在高温下分解并逸出，最后得到聚酰亚胺微囊。沉积条件如下：温度：6FDA 在 181 ℃，ODA 在 135 ℃；压力：5×

10^{-6} mmHg;单体预热时间:30 min;沉积速率:球约为 7 μm/h,平面约为 15 μm/h;酰亚胺化:氮气下以 0.1 ℃/min 升温速度由 25 ℃加热到 300 ℃,保持 3 h,再以 5 ℃ /min 冷却。缓慢的升温速率是为了保证聚甲基苯乙烯分解后从微囊中逸出而不至于因分解太快将微囊破坏。在高温下微囊视材料的刚性大小而有所膨胀。所得到的聚酰亚胺微囊的性能见表 18-40 和表 18-41。

表 18-40 由 6FDA/ODA 及 PMDA/ODA 得到的微囊的性能

聚酰亚胺	机械性能			透气性能/[(mol·m)/(m²·Pa·s)]				E_p(He)
	抗张强度/MPa	抗张模量/GPa	断裂伸长率/%	He×10^{16}	D_2×10^{16}	O_2×10^{17}	N_2×10^{18}	/(kJ/mol)
6FDA/ODA	2.6	221	0.15	194	165	198	351	12.3
PMDA/ODA	3.2	280	0.27	4.9	3.5	1.7	3.9	20.1

表 18-41 聚酰亚胺微囊(直径 1 mm,壁厚 1 μm)的对 D_2 的装填性能

	D_2的时间常数/s	最大装填速率/(atm/h)	装填 D_2到 1000 atm 的时间/h	屈服压力/atm	破坏压力/atm
6FDA/ODA	4.1	1.90	8.8	0.13	8.7
PMDA/ODA	194.2	0.05	333.3	0.16	11.1

注:时间常数是装填好的微囊在真空中压力降低到原来的 36.8%时所需的时间。

气相沉积方法的优点是可以将用溶液法不可能涂覆的表面,如在尖锐的边缘或具有复杂的形状的零件进行涂覆,但也具有固有的缺点[40]:

(1) 单体需要有足够高的蒸汽压;

(2) 沉积速率很慢,每小时增长的厚度以微米计;

(3) 要求真空度在 10^{-7}Torr 级,所以成本较高;

(4) 由于所得到的薄膜相对分子质量较低,所以性能不如溶液法。

参 考 文 献

[1] Numata S, Fujisaki K, Kinjo N. Polymer, 1987, 28: 2282.

[2] Slonimskii G L, Askadskii A A, Kitaigrodskii A I. Vysokomol. Soed., 1970, A12: 494.

[3] Yamada T, Mitsutake T, Hiroshima K, Kajiyama T. Proc. 2ndSPSJ Int. Polym. Conf., Tokyo, Aug. 20, 1986:51.

[4] Chung H, Lee J, Jang W, Shul Y, Han H. J. Polym. Sci., Polym. Phys., 2000, 38: 2879.

[5] Chung H, Joe Y, Han H. J. Appl. Polym. Sci., 1999, 74: 3287.

[6] Timoshenko S P, J. Opt. Soc. Am., 1926, 11: 223.

[7] Ree M, Park Y-H, Kim K, Kim SI, Cho C K, Park C E. Polymer, 1997, 38: 6333.

[8] Kochi M, Yokota R, Yuki Iizuka T, Mita I. J. Polym. Sci., Polym. Phys., 1990, 28: 2463.

[9] Numata S, Miwa T. Polymer, 1989, 30: 1170.

[10] Ree M, Shin T J, Park Y-H, Kim S I, Woo S H, Cho C K, Park C E. J. Polym. Sci., Polym. Phys., 1998, 36: 1261.

[11] Cho K, Lee D, Lee M S, Park C E. Polymer, 1997, 38: 1615.

[12] Chen K-M, Wang T-H, King J-S, Hung A. J. Appl. Polym. Sci., 1993, 48: 291.

[13] Coburn J C, Pottiger M T. Mater. Res. Soc. Symp. Proc., 1993, 308: 475; Coburn J C, Pottiger M T. in Polyimides, New York, Marcel Dekker Inc. 1996;207.
[14] Scott P M, Babu S V, Partch R E. Polym. Degr. Stab., 1990, 27: 169.
[15] Srinivasan R. Appl. Phys. Lett., 1991, 58: 2895; Zhang J Y, Esrom, H., Appl. Surf. Sci., 1993, 69, 299.
[16] De Angelo MA. US, 3821016,1974.
[17] Saiki A, Iwayunagi T, Nonogaki S, Nishida T, Harada S. US, 4436583,1984.
[18] Youlton H G. US, 4960491,1990.
[19] Brown H R, Yang A C M, Russell T P, Volksen W, Kramer E J. Polymer, 1988, 29: 1807.
[20] Yabuta K, Akahori K. US, 6746639, 2004.
[21] Ito H, Nagano H, Furutani H, Nojili H. US, 5167985, 1992.
[22] Okahashi M, Tsukuda A, Miwa T, Edman J R, Paulson C M. US, 5460890, 1995.
[23] Yamamoto T, Takahashi T, Narui K, Mitsui H, Komoda N. US, 6548180, 2003.
[24] E. I. du Pont de Nemous & Co., Brit, 1098556, 1968.
[25] Endrey A L. US, 3179630, 1965.
[26] Neth, 6604263, 1967; Chem. Abstr., 1967, 66: 29779.
[27] EchigoY, Miki N, Tomokia I. Proc. of 4th European Technical Symp. On Polyimide and High Performance Polymers, France, 1996: 57.
[28] 大西优. 工业材料,1990, 38(2): 46.
[29] Itatani H, Inaike T, Yamamoto S. US, 4568715,1986; Sasaki Y, Inoue H, Sasaki I, Itatani H, Kashima M. US, 4290936, 1981; Sasaki Y, Inoue H, Negi Y, Sasaki K. US, 4473523, 1984; Jpn, 59-232455, 1986.
[30] Jones J I. Chem. Ind., 1962, 1686.
[31] Dine-Hart R A, Wright W W. J. Appl. Polym. Sci., 1967, 11: 609.
[32] Hyde C S. http//www.cshyde.com/Imidexspec.htm, April,2003.
[33] 高桥善和,饭岛正行,稻川幸之助,伊藤昭夫,真空,1985, 28: 440.
[34] Salem J R, Sequeda F O, Duran J, Lee W Y, Yang R M. J. Vac. Sci. Tech., A., 1986, 4: 369.
[35] Dimitrakopoulos C D, Machlin E S, Kowalczk S P. Macromolecules, 1996, 29: 5818; Gies A P, Nonidez W K, Anthamatten M, Cook R C, Mays J W. Rapid Commun Mass Spectron, 2002,16:1.
[36] Iijima M, Takahashi Y, Oishi Y, Kakimoto M-A, Imai Y. J. Polym. Sci., Polym. Chem., 1991, 29: 1717.
[37] Imai Y, Kojima K. J. Polym. Sci., Polym. Chem., 1972, 10: 2091.
[38] Takahashi Y, Iijima M, Oishi Y, Kakimoto M-A, Imai Y. Macromolecules, 1991, 24: 3543.
[39] Tsai F Y, Harding D R, Chen S H, Blanton T N. Polymer, 2003, 44: 995.
[40] Anthamatten M, Letts S, Day K, Cook R T, Gies A P, Hamilton T P, Nonidez W K. J. Polym. Sci., Polym. Chem., 2005, 42: 5999.

第19章 高性能工程塑料

高性能工程塑料是指可以在150℃以上长期使用的工程塑料。随着机电制造工业的发展,对于高强度、高模量、尺寸稳定、轻质、电绝缘、耐磨、自润滑、密封材料的要求越来越迫切,而高分子材料,特别是同时又具有高耐热性的塑料是可以满足这些要求的,实际上,这是一类全新的材料。20世纪70年代以来,各发达国家开发了许多主链由芳环、杂环组成的聚合物,这类聚合物既具有优越的机械性能又耐高温,完全能够满足高性能工程塑料的要求。其主要品种有聚苯硫醚(PPS)、聚醚砜(PES)、聚醚酮(PEEK)、聚芳酯类热致性液晶聚合物(LCP)和聚酰亚胺等。这些材料一个重要的共同特性是容易用注射成型来加工。聚酰亚胺在高性能工程塑料中应当是一个比较特殊的品种,除了同样可以进行注射成型外,那些要求更高使用温度(例如在250℃甚至350℃下长期使用)的工程塑料只能用热压甚至更特殊的方法加工成型,而聚酰亚胺由于其多品种和多种制造途径则几乎是这一领域唯一可用的材料。

在已经报道的上千种结构不同的聚酰亚胺中,如果仅从性能上考虑,可以作为工程塑料应用的聚酰亚胺是很多的,但实际上能够发展成为可以为工业界接受的工程塑料却是很有限,因为作为工程塑料,有许多可以竞争的其他品种,最主要的还是成本上要具有优势。这就是至今只有性能并不突出的SABIC公司的Ultem能够发展到万吨级规模的原因。因此,聚酰亚胺工程塑料的发展应该有两个方向:一个是开发超高温材料,另一个是发展低成本的合成路线。如上所述,聚酰亚胺在超高温使用领域是很有优势的,也是其他高分子材料所难以超越的。在这个领域,成本被降到较为次要的考虑因素,例如杜邦公司的Vespel,某些制品每千克的价格可以高达数千美元。在低成本方面,由氯代苯酐不经过二酐直接合成聚酰亚胺的技术就有可能提供高性能又是低成本的聚酰亚胺工程塑料(见4.5节),是今后值得注意的发展方向。

19.1 对作为工程塑料的聚酰亚胺的基本要求

19.1.1 耐热性

耐热性的指标是玻璃化温度。要满足高温使用,其基本点是要有高的玻璃化温度,对于要求能够注射成型的工程塑料,T_g 应当在250℃以下,再高的 T_g 往往使加工温度超过400℃,这不论是对于聚合物本身和加工设备都是难以接受的。因为有机高分子材料在400℃上下都要开始分解或交联,难以维持持续生产而不影响产品的质量。此外,在400℃以上长期工作也使加工成型的设备难以保持精密度。

19.1.2 可加工性

工程塑料的加工方法主要是注射成型,因为这种加工方法效率高,精度高,但如上所述，其材料的使用温度受到加工设备的限制，可以进行注射成型的树脂的熔体黏度应低于 10 000 P。如果采用热压成型，对 T_g 的限制就宽多了，原则上只要具有可测的 T_g 就可以进行热压加工，例如 T_g 高达 360 ℃的线形聚酰亚胺都可以热压得到形状不太复杂的制件。至于热固性聚酰亚胺，热压是其主要的加工方法，最近的进展表明，传递模塑（RTM）或浇铸法可能可以成为重要的加工方法，因为除了高效率外，还可以得到热压法所难以满足的形状复杂的制件。

19.1.3 结晶性

部分结晶的聚合物可以采用注射成型，但由于结晶起到物理交联的作用，材料即使在 T_g 以上的温度下也能够保持一定的机械性能，例如 PPS 和 PEEK 就是很好的例子，它们的 T_g 相应只有 85 ℃和 143 ℃，但由于是结晶聚合物，其 T_m 分别为 285 ℃和 334 ℃，所以可以在 200 ℃左右使用。但是如果作为结构材料，则要充分考虑到在 T_g 以上机械性能的降低。此外，当将结晶性聚合物用于某些关键的场合时，事先要对结晶行为有充分了解，例如在作为电缆绝缘材料时，刚加工出来的材料再经过淬火可能是无定形的，但在使用过程中，尤其在热及环境（如有机溶剂、振动）作用下有可能诱导结晶，过大的结晶度会使材料变脆，就可能会造成事故。采取共聚可以有效地防止结晶。总之，从实际使用的角度出发，高性能聚合物的结晶动力学研究是应当受到重视的。

正如在第 5 章已经提到的，通常认为线形聚合物具有热塑性这个概念在聚酰亚胺中并不很符合，因为某些具有严格线形结构的聚酰亚胺并不具有热塑性，有的甚至在达到分解温度时仍不会出现软化现象，而一些具有热塑性的聚酰亚胺，由于在高达 370～400 ℃下加工，已经在不同程度上发生了交联，因此被认为是“假热塑性”的。但为了叙述的方便，下面对用作工程塑料的聚酰亚胺还是以热塑性、热固性分类进行简单介绍。

19.2 热塑性聚酰亚胺工程塑料

19.2.1 Vespel 聚酰亚胺

Vespel 聚酰亚胺的基本结构是 PMDA/ODA（式 19-1），这种聚酰亚胺的 T_g 为 385 ℃，由理论计算得到的熔点为 592 ℃，因此在它熔融之前已经发生分解，显然不能用通常的熔融加工方法成型。杜邦公司以特殊的等静压-烧结法得到了一定形状的成型品[1]。其过程大致如下：将一种特别制备的聚酰亚胺粉末加入模具中，不加压力在 300 ℃下加热 10 min，然后加压并维持在 20 000 kg 2 min，得到形状简单的制品，最后在真空炉中 450 ℃处理 5 min。这种材料可以进行车、铣、磨、钻等机械加工得到各种形状的制品。Vespel 的连续使用温度可达 315 ℃。使用柱塞式挤塑机可以在 T_g 以下获得聚酰亚胺棒材，然后再在氮气下进行复杂的热处理，其最高处理温度达 400 ℃[2]。Vespel 塑料的牌号和应用领域见表 19-1，性能见表 19-2[3] 和表 19-3。

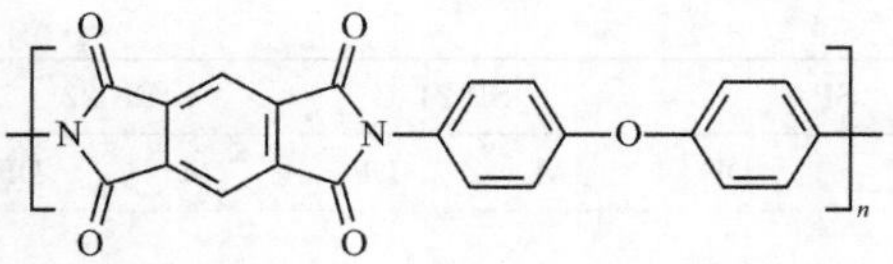

式 19-1　Vespel 的基本结构

表 19-1　Vespel 的牌号和应用

牌号	说明	典型应用
SP-1	未填充的基本树脂	飞机发动机零件,电气电子零件,密封
SP-21	15％石墨	轴承,止推垫,动态密封
SP-22	40％石墨	轴瓦,轴承,耐磨衬条
SP-211	15％石墨,10％PTFE	轴瓦,轴承,垫片,耐磨衬条
SP-3	15％MoS_2	用于真空或干燥环境的密封及轴承

表 19-2　Vespel 聚酰亚胺塑料的性能

性能	温度/℃	SP-1		SP-21		SP-22		SP-211		SP-3
		M	DF	M	DF	M	DF	M	DF	M
抗张强度/MPa	23	88.0	73.9	66.9	63.4	52.8	45.8	45.8	52.8	57.7
	260	42.3	37.3	38.7	31.0	23.9	26.8	24.6	24.6	—
断裂伸长率/％	23	7.5	7.5	4.5	5.5	3.0	2.5	3.5	5.5	4.0
	260	6.0	7.0	3.0	5.2	2.0	2.5	3.0	5.3	—
抗弯强度/MPa	23	112.7	84.5	112.7	84.5	91.5	63.4	70.4	70.4	77.5
	260	63.4	45.8	63.4	49.3	45.8	38.7	35.2	35.2	38.7
抗弯模量/GPa	23	3.17	2.54	3.87	3.24	4.93	4.93	3.17	2.82	3.35
	260	1.76	1.48	2.61	1.83	2.82	2.82	1.41	1.41	1.90
抗压强度/MPa	23									
变形 1％		25.3	24.6	29.6	23.2	32.4	24.6	21.1	14.8	35.2
变形 10％		135.9	114.8	135.9	107.0	114.8	95.8	104.2	77.5	130.3
0.1％offset		52.1	33.8	46.5	34.5	42.3	26.1	38.0	28.2	—
抗压模量/GPa	23	2.46	2.46	2.96	2.32	3.35	2.71	2.11	1.41	2.46
悬臂梁抗冲强度/(ft·lb/in) 缺口	23	1.5		0.8						
无缺口	23	30		8						
泊松比		0.41		0.41						
摩擦系数 PV-25 000		0.29	0.29	0.24	0.24	0.20	0.20	0.12	0.12	0.25
PV-100 000				0.12	0.12	0.09	0.09	0.08	0.08	0.17
热膨胀系数/(10^{-6} K^{-1})	23～300	54	50	49	41	38	27	54	41	52

续表

性能	温度/℃	SP-1 M	SP-1 DF	SP-21 M	SP-21 DF	SP-22 M	SP-22 DF	SP-211 M	SP-211 DF	SP-3 M
热导率/(W/m·K)	40	0.35	0.29	0.87	0.46	1.73	0.89	0.76	0.42	0.47
热畸变温度/℃(1.87 MPa)		～460		～460						
介电常数 10^2 Hz	23	3.62		13.53						
介电常数 10^4 Hz	23	3.64		13.28						
介电常数 10^6 Hz	23	3.55		13.41						
介电损耗 10^2 Hz	23	0.0018		0.0053						
介电损耗 10^4 Hz	23	0.0036		0.0067						
介电损耗 10^6 Hz	23	0.0034		0.0106						
体积电阻/(Ω·cm)	23	10^{14}～10^{15}								
表面电阻/Ω		10^{15}～10^{16}								
吸水率 23℃,24 h		0.24		0.19		0.14		0.21		0.23
吸水率 50℃,48 h		0.72		0.57		0.42		0.49		0.65
平衡吸水率(50%RH)				1.0～1.3	1.0～1.3	0.8～1.1	0.8～1.1			
相对密度		1.43	1.34	1.51	1.42	1.65	1.56	1.55	1.46	1.60
罗氏硬度		45～60		25～45		5～25		1～20		40～55
极限氧指数/%		53		46						

注:M 表示机器运行的方向,DF 为横向。

表 19-3　Vespel 的摩擦性能[16]

负载/N	摩擦系数				磨耗速率/(10^{-4} mm^3/m)			
	0.3 m/s	0.6 m/s	0.9 m/s	1.2 m/s	0.3 m/s	0.6 m/s	0.9 m/s	1.2 m/s
50	0.51	0.41	0.37	0.40	7.7	12.3	13.5	18.2
100	0.47	0.41a	0.38a	0.38a	19.5	36.5	34.8	33.9
150	0.45	0.42a	0.40a	0.40a	31.7	59.7	65.0	68.9
200	0.41	0.44a	0.48a	0.48a	50.9	100	126	137

a：由于过载,为缩短(<15 000m)的试验。

19.2.2　Ultem 聚醚酰亚胺[5]

Ultem 是 GE 公司(现在转让给了 SABIC 公司)于 1982 年开始商品化的热塑性聚酰亚胺,是 Ultimate Engineering Material(终极的工程材料)三个词的头几个字母拼成的,实际上,这种材料的性能在聚酰亚胺家族中是较差的,但是由于价格低廉,容易加工而得到市场的认可,在商业化的最初十来年,产量平均每年以 25%的速度增长,现在已经达到万吨级规模。Ultem 的基本结构如式 19-2 所示,Ultem 的牌号及填充状态见表 19-4,性能见表 19-5。

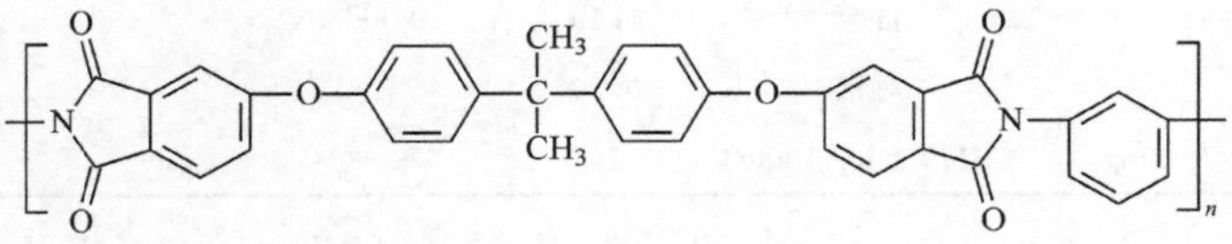

式 19-2　Ultem 1000

表 19-4　Ultem 的牌号及填充状态

牌号	填充状态
Ultem 1000	未填充,透明或不透明
Ultem 2100	10%玻璃纤维增强
Ultem 2200	20%玻璃纤维增强
Ultem 2300	30%玻璃纤维增强
Ultem 4000	含有润滑剂,用于轴承、止推垫等
Ultem 6000	耐热性较高的共聚物,用于军用连接件
Ultem 8601	管子专用的挤塑料,含有 PTFE,有延展性,容易切割
Ultem HP 700	
Ultem XHT	高温级,T_g=247 ℃

表 19-5　Ultem 的性能

性能	单位	条件	型号			
			1000	2100	2200	2300
密度	g/cm^3		1.27	1.34	1.42	1.51
吸水率	%	23 ℃,24 h	0.25	0.28	0.26	0.18
		23 ℃,浸渍饱和	1.25	1.0	1.0	0.9
热形变温度	℃	18.6 kg/cm^2	200	207	209	210
线膨胀系数	K^{-1}	23 ℃	6.2×10^{-5}	3.2×10^{-5}	2.5×10^{-5}	2.0×10^{-5}
抗张强度	MPa	23 ℃	107	122	143	163
断裂伸长率	%	23 ℃	60	6	3	3
抗张模量	MPa	23 ℃	3060	4590	7040	9180
抗弯强度	MPa	23 ℃	148	205	214	235
抗弯模量	MPa	23 ℃	3370	4590	6330	8470
抗压强度	MPa	23 ℃	143	163		163
抗压模量	MPa	23 ℃	2960	3160	570	3880
悬臂梁抗冲强度	kg · cm/cm	23 ℃,无缺口	370	49	49	44
		23 ℃,有缺口	130	6	9	10

续表

性能	单位	条件	型号			
			1000	2100	2200	2300
罗氏硬度			109	114	118	125
摩擦系数		自摩	0.19	—	—	—
		对钢	0.20	—	—	—
磨耗率	mg	CS17，1 kg,1000C	10	—	—	—

由于 Ultem 中含有双酚 A 残基，其耐溶剂性较差，T_g 仅为 217 ℃，因此虽然具有很好的加工性能，但使用温度仅为 150～180 ℃。Ultem 的低成本可能来自先进的合成和聚合工艺。GE 公司仍在致力于发展新型品种，如 Ultem 5000，其热畸变温度为 227 ℃等，Ultem XHT 的 T_g 达到 247 ℃，可以在 230 ℃下长期使用。Ultem 的成型条件见表 19-6[5]。

表 19-6　Ultem 的成型条件

项目	条件
干燥	150 ℃，4 h 以上
树脂温度	340～425 ℃
锥部	325～410 ℃
前部	320～405 ℃
中部	315～395 ℃
后部	310～325 ℃
模型温度	65～175 ℃
注射压力	70～126 MPa
保持压力	56～105 MPa
背压	0.4～3 MPa
压缩比	1.5～3.0
长径比	16/1～24/1
锁模力	50～80 MPa
成型收缩率	0.5%～0.7%

SABIC 最近开发了一种 T_g 达到 311 ℃的新聚酰亚胺，叫做 New TPI。但这种聚合物难以注射成型。由 New TPI 得到一系列共混物已经产业化，牌号为 EXTEM UH。这些共混物具有高的尺寸稳定性，高温强度，耐蠕变。一种牌号为 EXTEM UH1006 的性能见表 19-7。

表 19-7　EXTEM UH1006 的性能

性能		数值
密度/(g/cm³)		1.37
热形变温度/℃(18 MPa)		240
热膨胀系数/(10^{-6} K^{-1})		46
UL-V0 燃烧速率/mm		0.4
极限氧指数/%		47
抗张强度/MPa	23 ℃	120
	150 ℃	68
抗张模量/GPa(23 ℃)		3.8
抗弯强度/MPa	23 ℃	175
	150 ℃	109
抗弯模量/GPa	23 ℃	3.52
	150 ℃	2.5
抗压强度/MPa(23 ℃)		160
悬臂梁抗冲强度/(J/m)(缺口)		75

19.2.3　Torlon 聚酰胺酰亚胺[6]

Torlon 为 Amoco 公司(现在为 Solvay Boedeker Plastics, Inc)的产品，是一种由偏苯三酸酐与二胺缩聚而得到的聚酰胺酰亚胺，其结构见式 19-3，在开始时 Torlon 的结构为Ⅰ，以后可能因为二胺 MDA 的毒性，将结构改为Ⅱ，牌号见表 19-8。

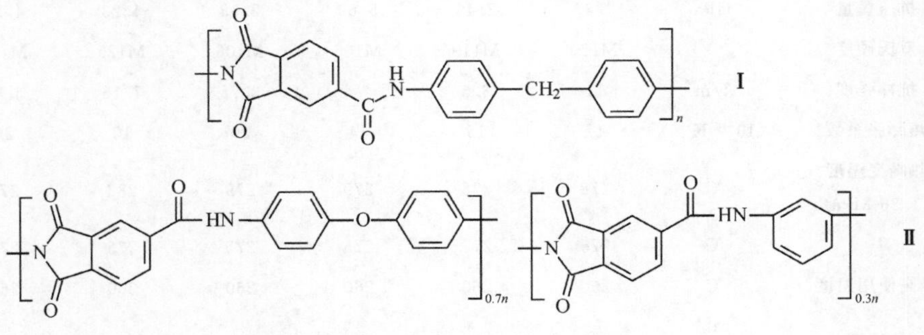

式 19-3　Torlon

表 19-8　Torlon 的牌号

牌号	填充状态	说明
4203	未填充	电气级，注射级
4275	20%石墨，3%氟聚合物	高抗磨
4301	12%石墨，3%氟聚合物	高强轴承级，注射级
4347	12%石墨，8%氟聚合物	低摩擦系数

续表

牌号	填充状态	说明
4501	12%石墨,3%氟聚合物	高强轴承级,模压级
4503	未填充	电气级,模压级
5030	30%玻璃纤维	高机械强度
7130	30%石墨纤维	最高模量
7330	30%石墨纤维加润滑剂	高耐磨
9040	40%玻璃纤维	高机械强度

Torlon 可以注射成型,但对设备需要进行改进。Torlon 的某些牌号的性能见表 19-9,高、低温性能见表 19-10。

表 19-9 Torlon 的性能

性能	单位	4203	4503	4301	4501	5030	5530
密度	g/cm^3	1.41	1.40	1.45	1.45	1.60	1.61
吸水率(24 h)	%	0.40	0.35	0.40	0.30	0.30	0.30
抗张强度	MPa	127	127	84.5	70.4	169	106
抗张模量	GPa	4.23	3.52	6.34	3.10	8.45	6.34
断裂伸长率	%	5	5	3	3	4	3
抗弯强度	MPa	169	169	162	141	254	141
抗弯模量	GPa	4.23	4.23	5.63	4.58	7.04	6.34
抗压强度	MPa	169	127	155	113	268	190
抗压模量	GPa	3.37	2.46	6.69	2.53	4.23	4.23
罗氏硬度		M120	M119	M106	M106	M125	M125
抗冲强度	J/m	11	8.3	4.4	2.75	7.15	3.85
热膨胀系数	(10^{-6} K^{-1})	17	15	14	20	10	26
热畸变温度(1.86 MPa)	℃	278	278	279	279	282	271
T_g	℃	275	275	275	275	275	275
最高使用温度	℃	260	260	260	260	260	260
热导率	cal/(cm·s·℃)	6.2×10^{-4}	6.2×10^{-4}	12.8×10^{-4}	12.8×10^{-4}	8.61×10^{-4}	8.61×10^{-4}
耐火焰		V-0	V-0	V-0	V-0	V-0	V-0
击穿电压	kV/mm	23.2	24	—	—	30	28
介电常数(1 MHz)		4.2	4.2	5.4	5.4	4.2	6.3
介电损耗(1 MHz)		0.026	0.030	0.042	0.042	0.05	0.05
体积电阻	Ω·cm	$>10^{16}$	$>10^{13}$	$>10^{13}$	$>10^{13}$	$>10^{13}$	$>10^{13}$

表 19-10　Torlon 的高、低温性能

性能		4203L	4347	5030	7130
密度/(g/cm³)		1.42	1.50	1.61	1.50
抗张强度/MPa	−160 ℃	221.8	—	207.7	160.6
	23 ℃	195.8	125.3	209.2	207.0
	175 ℃	119.0	106.3	162.1	160.6
	238 ℃	66.9	54.9	114.8	110.6
断裂伸长率/%	−160 ℃	6	—	4	3
	23 ℃	15	9	7	6
	175 ℃	21	21	15	14
	238 ℃	22	15	12	11
抗张模量/GPa(23 ℃)		4.93	6.13	11.00	22.68
抗弯强度/MPa	−160 ℃	288.7	—	383.0	316.9
	23 ℃	245.7	190.1	340.1	357.0
	175 ℃	174.6	144.4	252.8	264.8
	238 ℃	120.4	100.7	184.5	177.5
抗弯模量/GPa	−160 ℃	8.03	—	14.37	25.14
	23 ℃	5.14	6.41	11.97	20.28
	175 ℃	3.94	4.51	10.92	19.15
	238 ℃	3.66	4.37	10.07	16.06
悬臂梁式抗冲强度 (1/8 in) /(kg·cm/cm)	缺口	15.9	7.7	8.8	5.3
	无缺口	118		56.1	37.8
泊松比					0.39
热畸变温度/℃(1.86 MPa)		278	278	392	392
热膨胀系数/(10^{-6}/℉$^{-1}$)		17	15	9	5
导热率/[W/(m·K)]		3.1		4.3	6.2
极限氧指数/%		45	46	51	52
介电常数(1 MHz)	10^3 Hz	44.2	6.8	4.4	
	10^6 Hz	3.9	6.0	4.2	
介电损耗(1 MHz)	10^3 Hz	0.026	0.037	0.022	
	10^6 Hz	0.031	0.071	0.050	
介电强度/(kV/mm)		22.8		33.1	
吸水率/%		0.33	0.17	0.24	0.26

19.2.4　UPIMOL 聚酰亚胺[7]

UPIMOL 是日本宇部公司开发的以联苯二酐为原料的聚酰亚胺塑料，具体结构尚未公开，其性能见表 19-11。

表 19-11 UPIMOL 聚酰亚胺塑料的性能

性能		Upimol SA101	Upimol SA201
密度/(g/cm³)			1.32～1.34
抗张强度/MPa	23 ℃	110	72
	260 ℃	47	
断裂伸长率/%	23 ℃	4.0	4.4
	260 ℃	3.0	
抗弯强度/MP	23 ℃	135	109
	260 ℃	51	
抗弯模量/GPa	23 ℃	7.5	4.3
	260 ℃	3.6	
抗压模量/GPa(23 ℃)		4.0	
罗氏硬度		115	83
介电强度/(kV/mm)		22.7	12.7
介电常数		3.7	3.51
介电损耗		0.0013	0.0031
体积电阻/(Ω·cm)		1.9×10^{16}	7.1×10^{15}
表面电组/Ω		8.5×10^{16}	1.6×10^{15}
耐弧性/s		135	
吸水率/%(24 h)		0.03	
平衡吸水率/%		1.3	
热膨胀系数(23～450 ℃)/(10^{-6} K^{-1})		35	50
热畸变温度/℃(1.86 MPa)		470	470～486
热导率/[W/(m·K)]		0.41	
真空脱气性/[Torr·L/(s·cm²)]	200 ℃	5.5×10^{-4}	4.5×10^{-6}
	300 ℃	7.6×10^{-4}	3.3×10^{-6}

19.2.5 Aurum 聚酰亚胺[8]

Aurum 为日本三井东压公司于 20 世纪 80 年代末发展起来的结晶性热塑性聚酰亚胺，这是目前出现的 T_g 最高的(T_g:250 ℃，T_m:388 ℃) 已进入商品化的可注射成型的聚合物。其结构如式 19-4 所示，Aurum 的牌号和填充情况见表 19-12，性能及加工条件见表 19-13 及表 19-14，长期热老化性能见表 19-15[9]，摩擦性能见表 19-16[4]。

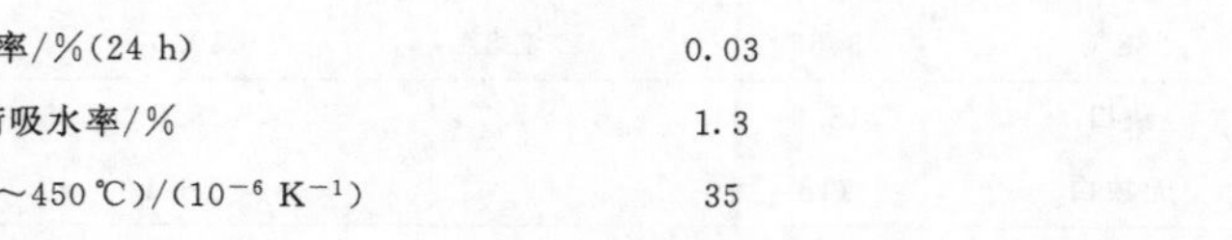

式 19-4 Aurum

表 19-12　Aurum 的牌号和填充情况

牌号	填充情况
PL450c	未填充
JGN3030	30%玻璃纤维
JCL3030	30%碳纤维
JCF3030	碳纤维

表 19-13　Aurum 的性能

性能	单位	条件	JCF3030	JCL3030	JGN3030	PL450c
密度	g/cm^3		1.44	1.42	1.56	1.33
成模收缩率	%		0.0/0.8	0.25	0.44	0.83
吸水率	%	24 h,23 ℃	0.20	0.23	0.23	0.34
吸湿率	%	24 h	0.09		0.10	0.24
抗张强度	MPa	23 ℃	170	229	165	92
		150 ℃		144	106	58
断裂伸长率	%	23 ℃	5	2	3	90
		150 ℃		4	4	90
抗弯强度	MPa	23 ℃	230	314	241	137
		150 ℃		216	173	88
抗弯模量	GPa	23 ℃	10.8	17.2	9.5	2.94
		150 ℃		15.2	8.0	2.55
抗冲强度	J/m	缺口	110	110	120	90
抗压强度	MPa	23 ℃		207	188	120
		150 ℃		102	88	76
T_m	℃		388	388	388	388
T_g	℃		250	250	250	250
熔融指数	g/(10 min)		2.0(420 ℃/4.8 lbs)			4.5～7.5(385 ℃/2.3 lbs)
			29(420 ℃/22 lbs)	27～37(420 ℃/22 lbs)		
热膨胀系数	(10^{-6} K^{-1})			6(MD),47(TD)	1.7(MD),5.3(TD)	5.5(MD),5.5(TD)
热畸变温度	℃		246	248	245	238
热导率	W/(m·K)				0.35	0.17
比热	Cal/(g·℃)	23			0.23	0.24
		100			0.23	0.24
		300			0.32	0.34
介电常数		1 kHz			3.8	3.2
		1 MHz			3.7	3.1

续表

性能	单位	条件	JCF3030	JCL3030	JGN3030	PL450c
损耗因子	1 kHz				0.0012	0.0009
	1 MHz				0.0036	0.0034
体积电阻	Ω·cm					$10^{17}\sim10^{18}$
表面电阻	Ω				10^{16}	$10^{17}\sim10^{18}$
垂直燃烧试验		0.4 mm				V-0
		2.0 mm				5VA
极限氧指数	%	3.2 mm				47

表 19-14 Aurum 的加工条件

加工条件	未填充
干燥	220 ℃,8 h 或 200 ℃;10 h 或 180 ℃,12 h
料筒温度/℃	380～430
模具温度/℃	180～200
注射速度	中速
注射压力/ MPa	77～246
背压/ MPa	0～0.35
螺杆转速/(r/min)	100～200

表 19-15 Aurum 的长期热稳定性

性能	250 ℃的保持率/%			
	100 h	500 h	1000 h	2000 h
抗张强度	110	95	90	90
断裂伸长率	100	90	90	90
抗张模量	90	95	100	100
质量	<0.1	<0.1	0.3	0.8
性能	270 ℃的保持率/%			
	100 h	500 h	1000 h	2000 h
抗张强度	105	95	95	90
断裂伸长率	100	90	90	85
抗张模量	85	95	100	100
质量	<0.1	<0.1	0.3	0.9
性能	290 ℃的保持率/%			
	100 h	500 h	1000 h	2000 h
抗张强度	95	70	60	40
断裂伸长率	90	65	45	35
抗张模量	100	100	100	100
质量	<0.1	0.1	0.5	1.3

表 19-16　Aurum 的摩擦性能[4]

负载/N	摩擦系数				磨耗速率/(10^{-4} mm^3/m)			
	0.3 m/s	0.6 m/s	0.9 m/s	1.2 m/s	0.3 m/s	0.6 m/s	0.9 m/s	1.2 m/s
50	0.48	0.38	0.33	0.30	2.4	12.4	15.3	144
100	0.40	0.42	0.46[a]		25.3	20.2	201	
150	0.38	0.40[a]	—	—	27.8	165	—	—
200	0.40[a]	0.43	—	—	18.3	666	—	—

a：由于过载，为缩短(＜15 000 m)的试验。

19.2.6　Ratem(雷泰)聚酰亚胺

Ratem(雷泰)聚酰亚胺包括 YS-10、YS-20 及 YS-30 等系列工程塑料是上海市合成树脂所在 20 世纪 70 年代初发展起来的，其结构见式 19-5，牌号和主要成分见表 19-17，性能见表 19-18[10]。

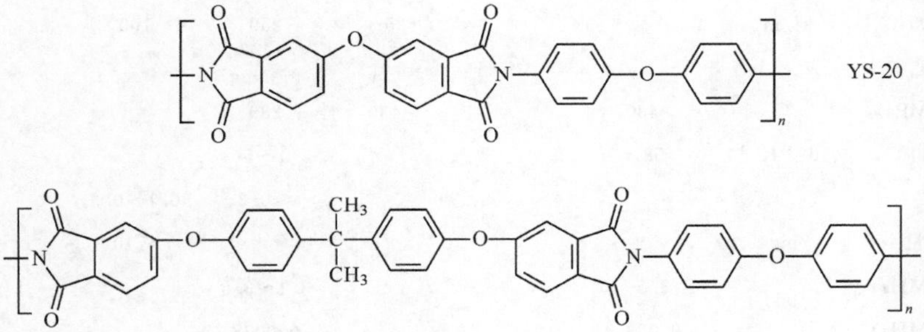

式 19-5　YS-20 和 YS-30

表 19-17　雷泰聚酰亚胺的各种牌号

牌号	说明
YS-10-01	未填充
YS-10-03	具有开孔孔隙率为 10%～25%的 YS10-01
YS-10-021	含 15%石墨的 YS10-01
YS-20	未填充
YS-20-23	含 10%石墨的 YS20
YS-20-G33	含 33%玻璃粉的 YS20
YS-30L	未填充
YS-260A	均苯型共聚酰亚胺
YS-280	含 15%石墨的共聚酰亚胺
YS-330-1	含 15%石墨的共聚酰亚胺
YS-330-2	含 40%石墨的共聚酰亚胺
YS-380-1	含 5%石墨的共聚酰亚胺

表 19-18　雷泰聚酰亚胺的性能

性能	单位	YS-10-01	YS-10-03	YS-10-021	YS-20	YS-20-23	YS-20-G33
密度	g/cm³	1.41	1.01～1.03	1.50	1.4		
抗张强度	MPa	74	17	60 35(250 ℃)	130 65(220 ℃)	120	115
抗张模量	GPa	2.85				4.5	
断裂伸长率	%	7.0	1.8	3.2	7	5	
抗弯强度	MPa 23 ℃	100	30	100	131		155
	250 ℃			62.5	62(220 ℃)		
抗弯模量	GPa	3.5	1.8		3.35 1.6(220 ℃)		
抗压强度	MPa 23 ℃	113	70	136.2			
	250 ℃			92.8			
抗压模量	GPa	1.35	1.1	1.7	1.5	2.5	
抗冲强度	kJ/m²			25	250	100	55
洛氏硬度				40.0			
HDT(1.82 MPa)	℃	>430		>430	239		
TEC(20～230 ℃)	(10^{-6} K^{-1})	58			1～5		
摩擦系数					≤0.3	0.1～0.3	
体积磨损量	mg					≤10	
介电常数(1 MHz)		3.5			3.1～3.5		
介电损耗(1 MHz)		0.003			0.0038		
表面电阻	Ω				10^{15}～10^{16}		
体积电阻	Ω · cm	10^{14}～10^{15}			10^{16}～10^{17}		

性能	单位	YS-30L	YS-260A	YS-280	YS-330-1	YS-330-2	YS-380-1
密度	g/cm³	1.27	1.41～1.42	1.49～1.51	1.49～1.51	1.64～1.68	1.44～1.47
抗张强度	MPa	105	>140 >60(250 ℃)	62 30(250 ℃)	62 34(250 ℃)	48 26(250 ℃)	55 27(250 ℃)
抗张模量	GPa						
断裂伸长率	%	8	>30	7 35(250 ℃)	5 3(250 ℃)	2.5 2(250 ℃)	3.5 2.5(250 ℃)
抗弯强度	MPa 23 ℃	110	100	90	90	69	80
	250 ℃		>50(250 ℃)	48(250 ℃)	48(250 ℃)	41(250 ℃)	40(250 ℃)
抗弯模量	GPa						
抗压强度	MPa(23 ℃)	140	>160	105	>118 52(250 ℃)	94	100 52(250 ℃)
抗压模量	GPa						
抗冲强度	kJ/m²	140	>100	15	19.6	7	15

续表

性能	单位	YS-30L	YS-260A	YS-280	YS-330-1	YS-330-2	YS-380-1
洛氏硬度							
HDT(1.82 MPa)	℃	200	260	280	330	330	380
TEC(20～230 ℃)	(10^{-6} K^{-1})	71	42	38	34		
摩擦系数		0.36～0.40	0.35	0.29	0.3	0.19	
体积磨损量	mg						
介电常数(1 MHz)		3.3	3				
介电损耗(1 MHz)		0.004	0.003				
表面电阻	Ω		2×10^{15}				
体积电阻	Ω·cm	1×10^{16}	2×10^{17}				
导热系数	W/(m·℃)		0.33	0.6	0.6	1.79	0.4

19.2.7　HI 系列聚酰亚胺

HI 系列聚酰亚胺是由中国科学院长春应用化学研究所在 20 世纪 60 年代末开发出来的热塑性聚醚酰亚胺，现由长春高琦聚酰亚胺材料有限公司生产。其结构见式 19-6。HI 系列聚酰亚胺的各种牌号及性能如表 19-19 至表 19-21 所示。

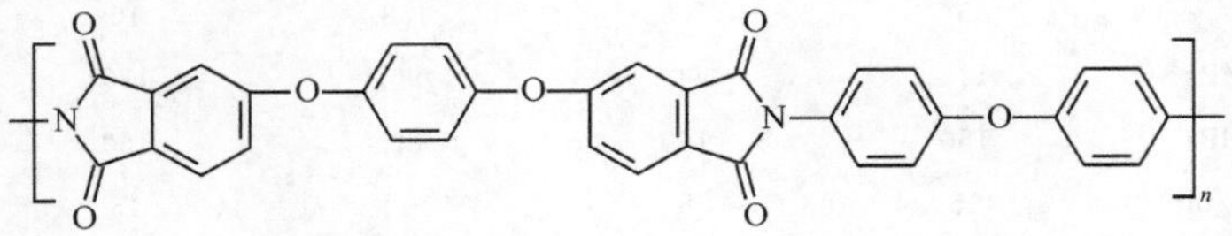

式 19-6　HI 聚醚酰亚胺

表 19-19　HI 系列聚酰亚胺的各种牌号

牌号	填充料	用途
HI-P	无填充料	电气绝缘，密封材料
YHPI-S	聚四氟乙烯、石墨等	自润滑，耐磨材料
YHPI-M	各种填料	电机专用
YHPI-C	超高温	特殊用途

表 19-20　HI 热塑性纯聚酰亚胺的性能

性能	HI-P-100	HI-P-220-1	HI-P-220-2
密度/(g/cm^3)	1.36	1.45	1.45
T_g/℃	232	281	330
热膨胀系数/(10^{-6} K^{-1})	57	62	60
抗张强度/MPa	110	98.6	40
抗张模量/GPa	1.4	1.61	—

续表

性能	HI-P-100	HI-P-220-1	HI-P-220-2
断裂伸长率/%	27	15	3.5
抗压强度/MPa	153	160	150
抗冲强度/(kJ/m^2)	150	8.0	12.0
邵氏硬度	85	85	85
摩擦系数	0.24	0.30	0.30
介电常数	3.4	3.4	3.4
介电损耗	2.1×10^{-4}	2.1×10^{-4}	2.1×10^{-4}
介电强度/(kV/mm)	25	25	25
体积电阻/(Ω·cm)	10^{16}	10^{16}	10^{16}
吸水率/%	0.3	0.3	0.3

表 19-21 HI 热塑性充填聚酰亚胺的性能

性能	HI-M-01	HI-M-02	HI-M-03	HI-M-04	HI-M-05
密度/(g/cm^3)	1.45	1.45	1.9	1.45	1.40
T_g/℃	232	232	250	240	240
热膨胀系数/(10^{-6} K^{-1})	—	—	—	51	—
抗张强度/MPa	53	55	50	85	95
断裂伸长率/%	5	4.5	1.8	10	12
弯曲强度/MPa	115	90	90	130	150
抗压强度/MPa	150	140	80	150	150
抗冲强度/(kJ/m^2)	15	8	—	15	40
邵氏硬度	80	80	70	80	85
摩擦系数	0.20	0.20	0.21	0.19	0.22
体积电阻/(Ω·cm)	10^7	105		10^{15}	10^{16}
吸水率/%	0.3	0.3	0.3	0.3	0.3

性能	HI-S-01	HI-S-02	HI-S-03
密度/(g/cm^3)	1.45	1.45	1.40
T_g/℃	223	225	240
抗张强度/MPa	77	101	100
抗张模量/GPa	2.0	—	1.56
断裂伸长率/%	7	7	15
弯曲强度/MPa	122	128	170
弯曲模量/GPa	4.0	2.7	5.0
抗压模量/MPa	121	150	150
抗冲强度/(kJ/m^2)	26	23	40
邵氏硬度	80	80	85
摩擦系数	0.21	0.21	0.14
吸水率/%	0.3	0.3	0.3

19.2.8 YZPI 聚酰亚胺[11]

YZPI™聚酰亚胺是南京岳子化工有限公司开发的热塑性聚酰亚胺。其结构尚未公开,表 19-22 为 GCPI 聚酰亚胺的各种牌号,表 19-23 至表 19-25 为 YZPI 的性能。

表 19-22 YZPI 聚酰亚胺的各种牌号

牌号	说明
MP10	模压级纯料
MP12	模压级石墨改性料
MP13	模压级碳纤维改性料
MP14	模压级玻璃纤维改性料
MP15	模压级聚四氟乙烯改性料
MP16	模压级二硫化钼改性料
JL10	注塑级纯料
JL12	注塑级石墨改性料
JL13	注塑级玻璃纤维改性料
JL14	注塑级碳纤维改性料

表 19-23 模压级聚酰亚胺树脂的性能

项目	产品牌号(测试标准或仪器)	单位	性能指标			
			MP10	MP12	MP15	MP16
外观	—	—	黄色粉末	黑色粉末	黄色粉末	黑色粉末
粒度	标准筛	目	200	200	200	100~200
实密度	GB 1033—1970	kg/m^3	1350	1600	1530	1600
吸水率(25℃, 24 h)	GB 1034—1970	%	0.6	0.6	0.3	0.5
成型收缩率(25~340℃)	—	%	0.8	0.8	0.8	0.5
拉伸强度(20℃)	GB/T 1040—1992	MPa	100	50	65	25
断裂伸长率(20℃)	GB/T 1040—1992	%	6	6	5	1
弯曲强度(20℃)	GB 1042—1979	MPa	165	100	110	50
压缩强度(20℃)	GB/T 1041—1992	MPa	120	100	110	70
简支梁冲击强度(无缺口)	GB/T 16420—1996	kJ/m^2	100	20	20	10
T_g(N_2, 10℃/min)	DSC(DSC204/1/F)	℃	260	260	260	260
$T_{5\%}$(空气, 10℃/min)	TGA(STA449C/6/F)	℃	520	520	520	520
HDT(1.82 MPa, N_2, 10℃/min)	TMA(EXSTAR TMA/SS6000)	℃	240	240	240	245
热膨胀系数(50~220℃)	TMA(EXSTAR TMA/SS6000)	K^{-1}	5×10^{-5}	5.5×10^{-5}	5.2×10^{-5}	2.2×10^{-5}
体积电阻率	GB 1410—1978	Ω·cm	10^{16}		—	—
体积磨损率	GB 3960—1983	$m^3/(N\cdot m)$	—	4.3×10^{-15}	3.3×10^{-15}	1.1×10^{-14}
摩擦系数	GB 3960—1983	—	—	0.10	0.07	0.10

表 19-24　模压级聚酰亚胺增强树脂的性能

项目	产品牌号（测试标准或仪器）	单位	测试数据	
			MP13	MP14
外观	—	—	黑色粉末	黄色粉末
粒度	分样筛	目	100～200	100～200
实密度	GB 1033—1970	kg/m^3	1430	1600
吸水率(25 ℃，24 h)	GB 1034—1970	%	0.5	0.5
成型收缩率(25～340 ℃)	—	%	0.6	0.6
拉伸强度(20 ℃)	GB/T 1040—1992	MPa	100	85
断裂伸长率(20 ℃)	GB/T 1040—1992	%	6	5
弯曲强度(20 ℃)	GB 1042—1979	MPa	165	135
压缩强度(20 ℃)	GB/T 1041—1992	MPa	190	150
简支梁冲击强度(无缺口)	GB/T 16420—1996	kJ/m^2	11	17
T_g(N_2，10 ℃/min)	DSC(DSC204/1/F)	℃	260	260
$T_{5\%}$(空气，10 ℃/min)	TGA(STA449C/6/F)	℃	520	520
HDT(1.82 MPa，N_2，10 ℃/min)	TMA(EXSTAR TMA/SS6000)	℃	250	250
热膨胀系数(50～220 ℃)	TMA(EXSTAR TMA/SS6000)	K^{-1}	3.6×10^{-5}	3.8×10^{-5}
介电强度	GB 1408—1978	kV/mm	—	300
介电常数(1 MHz，20 ℃)	GB 1409—1978	—	—	3.4
介质损耗(1 MHz，20 ℃)	GB 1409—1978	—	—	6.0×10^{-3}
表面电阻率	GB 1410—1978	Ω	—	10^{14}
体积电阻率	GB 1410—1978	Ω · cm	—	10^{16}
体积磨损率	GB 3960—1983	$m^3/(N\cdot m)$	3.8×10^{-14}	2.6×10^{-14}
摩擦系数	GB 3960—1983	—	0.25	0.27

表 19-25　注塑级聚酰亚胺增强树脂的性能

项目	产品牌号（测试标准或仪器）	单位	测试数据			
			JL10	JL12	JL13	JL14
外观	—	—	琥珀色、粒料	黄色粒料	黄色粒料	黑色粒料
实密度	GB 1033—1970	kg/m^3	1350	1400	1440	1600
吸水率(25 ℃，24 h)	GB 1034—1970	%	0.3	0.5	0.5	0.5
成型收缩率(25～340 ℃)	—	%	0.8	0.9	0.3	0.3
熔融指数(360 ℃，2.16 kg)	GB 3682—1983	g/10 min	1.5	2.0	1.0	1.0
拉伸强度(20 ℃)	GB/T 1040—1992	MPa	95	85	200	200
断裂伸长率(20 ℃)	GB/T 1040—1992	%	20	20	4	5
弯曲强度(20 ℃)	GB 1042—1979	MPa	150	130	220	200
压缩强度(20 ℃)	GB/T 1041—1992	MPa	120	100	200	180

续表

项目	产品牌号（测试标准或仪器）	单位	测试数据			
			JL10	JL12	JL13	JL14
简支梁冲击强度(无缺口)	GB/T 16420—1996	kJ/m²	20	20	20	20
T_g(N₂，10 ℃/min)	DSC(DSC204/1/F)	℃	250	250	250	250
$T_{5\%}$(空气，10 ℃/min)	TGA(STA449C/6/F)	℃	520	520	520	520
HDT(1.82 MPa，N2，10 ℃/min)	TMA(EXSTAR TMA/SS6000)	℃	240	240	245	245
热膨胀系数(50～220 ℃)	TMA(EXSTAR TMA/SS6000)	K^{-1}	5.0×10^{-5}	5.6×10^{-5}	3.6×10^{-5}	3.8×10^{-5}
介电强度	GB 1408—1978	kV/mm	400	—	—	300
介电常数(1 MHz，20 ℃)	GB 1409—1978	—	3.2	—	—	3.4
介质损耗(1 MHz，20 ℃)	GB 1409—1978	—	2.0×10^{-3}	—	—	6.0×10^{-5}
表面电阻率	GB 1410—1978	Ω	10^{14}	—	—	10^{14}
体积电阻率	GB 1410—1978	Ω · cm	10^{16}	—	—	10^{16}
体积磨损率	GB 3960—1983	$m^3/(N\cdot m)$	—	1.5×10^{-14}	3.8×10^{-14}	2.6×10^{-14}
摩擦系数	GB 3960—1983	—	—	0.10～0.12	0.25	0.27

19.2.9　由 3,4′-BPDA 得到的聚酰亚胺

在第 9 章介绍的异构聚酰亚胺中可以知道，由 3,4′-二酐得到的聚酰亚胺比通常由 4,4′-二酐得到的聚酰亚胺有更高的 T_g 和更低的熔体黏度，因此由 3,4′-二酐得到的聚酰亚胺在工程塑料方面的应用是值得注意的方向。Hasegawa 等[12] 用 3,4′-BPDA 与各种二胺得到的聚酰亚胺的性能见表 19-26 和表 19-27。不同相对分子质量的 3,4′-BPDA：ODPA/*m*,*p*-ODA：1,4,4-APB (80：20/50：50)聚合物的性能见表 19-28，3,4′-BPDA：ODPA/1,4,4-APB(50：50/100)的序列的影响见表 19-29。

表 19-26　由 3,4′-BPDA 得到的聚酰亚胺

二胺	苯酐/%	η_{inh}/(dL/g)	T_g/℃	$T_{5\%}$/℃	断裂伸长率/%	熔体流动性
4,4′-ODA：苯基 1,4,4-APB(50：50)	0	0.38	267	553	3	++
4,4′-ODA：苯基 1,4,4-APB(70：30)	0	0.48	285	550	3	+
MPD：苯基 1,4,4-APB(50：50)	0	0.34	283	546	0	+
4,4′-ODA：1,3,4-APB(50：50)	3	0.42	265	551	5	++
3,4′-ODA：1,3,4-APB(50：50)	4	0.41	241	535	0	++10 000 P

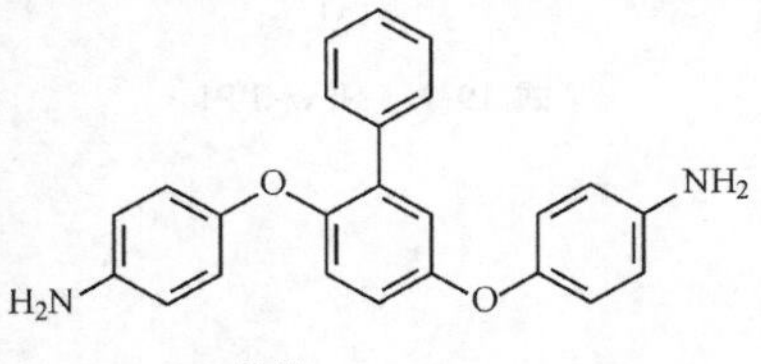

苯基1, 4, 4-APB

表 19-27 由 3,4′-BPDA 和 ODPA 得到的聚酰亚胺

聚酰亚胺	苯酐/%	η_{inh}/(dL/g)	T_g/℃	$T_{5\%}$/℃	断裂伸长率/%	熔体流动性
a-BPDA∶ODPA/1,3,4-APB(80∶20/100)	2.5	0.58	234	556	23	++
a-BPDA∶ODPA/1,3,4-APB(50∶50/100)	2.5	0.53	223	537	19	++
a-BPDA∶ODPA/3,4′-ODA(80∶20/100)	1.5	0.45	264	553	6	++

表 19-28 不同相对分子质量的 3,4′-BPDA∶ODPA/*m*,*p*-ODA∶1,4,4-APB(80∶20/50∶50)聚合物的性能

编号	苯酐/%	η_{inh}(PAA)/(dL/g)	η_{inh}(PI)/(dL/g)	T_g/℃	$T_{5\%}$/℃	断裂伸长率/%	熔体流动性/P
PI-1(2)	5	0.40	0.37	238	555	0	2900
PI-2(2)	4	0.45	0.44	237	560	0	6800
PI-3(2)	3	0.47	0.59	245	556	5	22 000
PI-4(2)	2	0.60	0.61	250	553	10	—
PI-5(1)	3	—	0.53	249	560	66	8200
PI-5′(1)	3	—	0.48	244	562	33	—

注:(2)表示二步法合成;(1)表示一步法合成。

表 19-29 3,4′-BPDA∶ODPA/1,4,4-APB(50∶50/100)的序列的影响

链的序列	苯酐/%	η_{inh}/(dL/g)	T_g/℃	$T_{5\%}$/℃	断裂伸长率/%	熔体流动性
交替	0	1.60	232	553	7	—
无规	0	1.64	232	551	6	—
交替	2.5	0.71	223	537	5	+
无规	2.5	0.73	224	555	4	+

19.2.10 其他热塑性聚酰亚胺

1. New-TPI

New-TPI 是由 NASA 开发的,其结构见式 19-7,性能见表 19-30[13]。

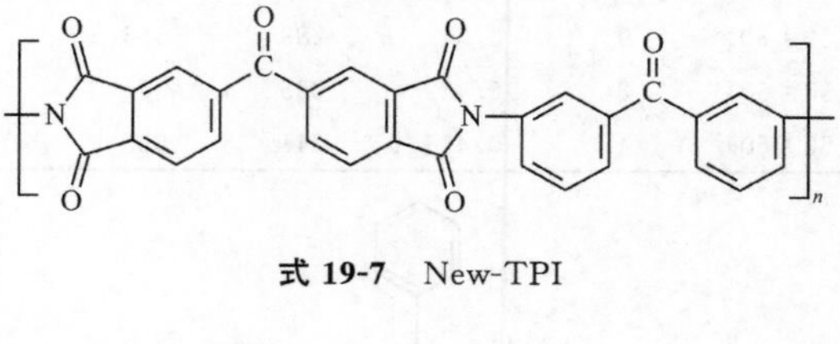

式 19-7 New-TPI

表 19-30　New-TPI 注射成型件的性能

性能	未退火	退火
抗张强度/MPa	107.5	—
抗张模量/GPa	2.06	3.53
断裂伸长率/%	150	10
抗弯强度/MPa	118.6	133.1
抗弯模量/GPa	2.86	3.73
热形变温度/℃	236	250

该技术由 Mitsui Toatsu 和 Rogers 取得许可证。Rogers 的商品名为 Durimid。其粉末可在室温下 5.6 MPa 加压，保压下升温至 309 ℃，冷却至 204 ℃卸压，此为 Durimid 500 P，其性能见表 19-31。二氯甲烷、甲乙酮对其没有显著作用，在 10^7 Gy 吸收剂量下也不明显分解。

表 19-31　Durimid 500P 的性能[14]

抗张强度/MPa	153
抗张模量/GPa	4.4
断裂伸长率/%	8
抗弯强度/MPa	193
抗弯模量/GPa	4.3
抗压强度/MPa	236
抗压模量/GPa	3.6

2. 以 ODPA 为基础的其他热塑性聚酰亚胺

ODPA 是获得各种热塑性聚酰亚胺的重要单体，Shi 等报道了由 ODPA 与各种二胺所得到的聚醚酰亚胺的热性能(表 19-32)[15]。

表 19-32　ODPA 与各种二胺得到的聚醚酰亚胺的热性能

二胺	η_{inh}/(dL/g)	T_g/℃	T_m/℃	$T_{5\%}$/℃		热熔性
				N_2	空气	
PPD	2.54	326[a]	506	580	571	—
MPD	1.32	262	423	541	533	—
4,4′-ODA	1.77	250	390	550	538	—
3,4′-ODA	1.52	232	318	536	514	+
1,4,4-APB	2.41	236	415	560	549	—
1,4,3-APB	1.05	211	338	547	518	+
APBP	2.81	244	377	565	555	—
PTPEQ	1.17	212	—	557	553	+

续表

二胺	η_{inh}/(dL/g)	T_g/℃	T_m/℃	$T_{5\%}$/℃		热熔性
				N_2	空气	
p-BAPS	1.61	258	418	501	515	—
m-BAPS	1.03	216	—	488	510	+
OTOL	1.25	345[a]	—	522	498	—
TFBM	2.50	298	—	510	507	—

a:DMA,其他由 DSC 测得。

3. 以 BPADA 为基础的其他热塑性聚酰亚胺

Shi 等[15]还报道了由 BPADA 与各种二胺得到的聚酰亚胺的热性能(表 19-33)。

表 19-33 由 BPADA 得到的聚酰亚胺的热性能

二胺	η_{inh}/(dL/g)	T_g/℃	T_m/℃	$T_{5\%}$/℃		热熔性
				N_2	空气	
PPD	1.86	233	无	474	449	—
MPD	1.30	215	无	489	475	+
4,4′-ODA	1.76	2111	无	511	501	—
3,4′-ODA	0.83	198	无	510	508	+
1,4,4-APB	2.65	205	无	503	491	—
1,4,3-APB	0.86	189	无	504	484	+
APBP	1.57	217	无	514	491	—
PTPEQ	1.28	195	无	511	504	+
p-BAPS	1.00	229	无	474	486	—
m-BAPS	1.06	194	无	472	478	+
OTOL	2.05	253	无	484	494	—
TFBM	2.01	238	无	493	491	—

4. P-84 热塑性聚酰亚胺

P-84 是由 BTDA 与二异氰酸甲苯二酯和二异氰酸二苯甲烷二酯聚合得到的聚酰亚胺,由 Roger's 公司开发的 Envex 聚酰亚胺的性能见表 19-34。用聚四氟乙烯(PTFE)改性的塑料(在 350℃下烧结)的性能见表 19-35。

表 19-34 P-84 型 Envex 聚酰亚胺的性能

性能	1000	1228	1330
填料	无	PTFE	石墨
比重	1.33	1.52	1.51
抗张强度/MPa	90	23.2	56.3

续表

性能	1000	1228	1330
断裂伸长率/%	5.1	1.7	3.6
抗弯强度/MPa	168	53	104
抗弯模量/GPa	3.1	3.0	4.5
抗压强度/MPa	208	92	169
HDT/℃(1.86 MPa)	142	142	142
线膨胀系数/(10^{-6}℉$^{-1}$)	30	33	25
介电强度/(kV/mm)	313	329	—
吸水率/%	0.98	0.52	0.87
摩擦系数	0.6	0.12	0.26

表 19-35　PTFE/P-84 (75∶25)的性能

密度/(g/cm^3)	1.84
抗张强度/MPa	15
断裂伸长率/%	220
邵氏硬度	65
热膨胀系数/(10^{-6} K^{-1})	18×10^{-5}
摩擦系数	0.2
磨损率/[mm^3/(N·km)]	0.0008

19.3　热固性聚酰亚胺工程塑料

凡是在第 22 章介绍的热固性聚酰亚胺复合材料基体树脂原则上也可以用作热固性工程塑料,某些品种由于固化后太脆,则需要用线形树脂来增韧,成为半互穿网络聚合物。

19.3.1　PMR-15 和 PMR-Ⅱ

PMR-15 模塑粉由 Dexter 和 ICI 供应，可以用碳纤维、石墨及 PTFE 等为填料用来得到各种不同的性能的材料(表 19-36)[16]。

表 19-36　用碳纤维增强的 PMR-15 塑料

性能	条件	碳纤维长度	
		13 mm	25 mm
抗张强度/MPa	23℃	106	123
	260℃	84.5	986
抗张模量/GPa	23℃	35	39
	260℃	28	29.6
断裂伸长率/%	23℃	0.4	0.3

续表

性能	条件	碳纤维长度	
		13 mm	25 mm
抗弯强度/MPa	23℃		
	260℃	191	220
抗弯模量/GPa	23℃	22	48
	260℃	18	38
抗压强度/MPa	23℃	204	211
	260℃	151	166
T_g/℃		320	320
密度/(g/cm³)		1.5	1.5
吸水率/%		0.2	

19.3.2　Kinel

由于纯的双马来酰亚胺固化后太脆，所以用二胺对其进行 Michael 加成，得到仍有部分活性端基存在，在固化时发生交联的聚合物，其性能见表 19-37。

表 19-37　聚氨基双马来酰亚胺(PABMI)Kinel 的性能

性能填料	条件	3514（50% 3 mm 玻纤）	5504（65% 6mm 玻纤）	4518（PTFE/MoS_2）
密度/(g/cm³)		1.71	1.88	1.38
抗张强度/MPa	23℃	45.8	163	—
	250℃	—	123	20.4
断裂伸长率/%	23℃			0.53
抗张模量/GPa	23℃	—	3.3	
抗弯强度/MPa	23℃	225	357	40.8
	250℃	184	255	31
抗压强度/MPa	23℃	245	235	118
HDT/℃(1.86 MPa)		>300	>300	>300
线膨胀系数/(10^{-6}℉$^{-1}$)		19.4	8.3～11.1	28.3
介电常数		4.5	4.7	3.63
介电损耗		0.0017	0.007	0.011
吸水率/%(24 h，23℃)		0.75	0.5	1.25
极限氧指数/%			43.5	
罗氏硬度	23℃	126	120	113

19.3.3　HI-C-01

长春高琦聚酰亚胺材料有限公司以联苯二酐得到的热固性聚酰亚胺 HI-C-01 是以碳

纤维和石墨为填充料的热固性工程塑料，其性能见表 19-38。

表 19-38　HI-C-01 的性能

性能	测试温度	数值
密度/(g/cm³)		1.5
热形变温度/℃		405
抗张强度/MPa	室温	7
	250 ℃	48.7
断裂伸长率/%	室温	6.6
	250 ℃	5.6
抗弯强度/MPa	室温	128.3
	250 ℃	97.2
抗压强度/MPa	室温	216.0
	250 ℃	97.0
抗冲强度/kJ	室温	15.4
摩擦系数		0.386
磨痕宽度/mm		3.278
磨损率/[mm³/(N·m)]		3.371×10^{-6}

参考文献

[1] Jordan T F. US，3413394，1968.

[2] Manwiller C H. US，4238538，1980.

[3] Vespel Product Bulletin E-61477.

[4] Samyn P，Schoukens G. Eur. Polym. J.，2008，44：716.

[5] Takekoshi T. J. Polym. Sci.，Polym. Symp.，1986，74：93.

[6] Boedeker Plastics，Inc.，Torlon Product Bulletin.

[7] 尾崎彰敏，工业材料，33(1)：47.

[8] 伊东克彦，合成树脂，1995，41(8)：36.

[9] Sroog C E. 4th European Technical Symposium on Polyimides and High Performance Polymers，at University Montpellier 2-France 13-15 May 1996. Ed. by J. M. Abadie and B. Sillion.，p. 266-297.

[10] 上海市合成树脂研究所，聚酰亚胺产品说明书.

[11] 南京岳子化工有限公司产品目录.

[12] Hasegawa M，Shi Z，Yokota R，He F，Ozawa H. High Perf. Polym.，2001，13：355.

[13] Hergenrother P W. Angew. Chem. Int.，1990，29：1262.

[14] Taylor A L. US，4092862，1978.

[15] Shi Z，Hasegawa M，Shindo Y，Yokota R，He F，Yamaguchi H，Ozawa H. High Perf. Polym.，2000，12：377.

[16] Mack E J，Childs Jr. H T. US，3652409，1972.

第20章 泡　　沫

聚酰亚胺泡沫材料在20世纪60年代末期由Monsanto和DuPont首先开发。聚酰亚胺泡沫与其他聚合物泡沫相比具有耐热、阻燃、耐辐射、韧性、发烟率低及在分解时放出的有毒气体少等优点。

聚酰亚胺泡沫可分为三类：一类是结构与一般聚酰亚胺相同的泡沫材料(主链酰亚胺泡沫)，使用温度可以高达200～300℃；另一类是酰亚胺环以侧基方式存在的泡沫材料(侧链酰亚胺泡沫)，只能在120℃左右使用；第三类是将热不稳定的脂肪链段引入聚酰亚胺中然后在高温下裂解而得到的纳米泡沫材料。

有关聚酰亚胺泡沫材料可参考詹茂盛等的专著《聚酰亚胺泡沫》[1]。

20.1　主链酰亚胺泡沫

20.1.1　Solimide聚酰亚胺泡沫

1970年，Monsanto公司用BTDA和*N*,*N*-二甲氨基乙醇反应，得到二酯，再与间苯二胺混合成固含量为65%的溶液，部分去除溶剂后在315℃加热得到有弹性的泡沫，密度为0.01 g/cm^3，抗压强度为0.037 MPa。该公司的聚酰亚胺发泡粉末Skybond RI-7271由于市场问题在1988年中止开发[2]。

International Harvester Co.发展了一系列由BTDE、MDA和2,6-二氨基吡啶(2,6-DAP)制得的商品名为Solimide的软泡沫[3]，用于飞机座椅垫，比聚氨酯和氯丁泡沫轻而且耐火，并在火焰中分解时逸出的有毒气体很少。Solimide的典型的配方见表20-1和表20-2。

表20-1　Solimide的典型的配方

组分	含量
BTDA的二乙酯	1 mol
2,6-二氨基吡啶	0.4 mol
MDA	0.6 mol
甲醇	制得80%～85%溶液，使适应于喷雾干燥
表面活性剂，如Zonyl FSB	0.0125%

柔性聚酰亚胺泡沫Solimide TA 301的性能如表20-3所示，这种泡沫具有优良的阻燃性、低发烟、绝缘及声学性能，很低的密度(0.0064 g/cm^3)，可在－184～260℃使用。

表 20-2　BTDA 的二酯与 MDA 及 2,6-二氨基吡啶制得的泡沫[3]

2,6-DAP∶MDA	密度/(g/cm³)	回弹率/%	30 min 后的恢复率/%
0.4∶0.6	0.0147	85	21.0
0.3∶0.7	0.0082	70	28.5
0.2∶0.8	0.0067	60	41.3
0.1∶0.9	0.0085	50	33.7

表 20-3　Solimide TA-301 的性能

	性能	测试方法	单位	数值
	极限氧指数	ASTM D 2863	%	43
	特性光烟密度	ASTM E 662	有火焰	3
			无火焰	0
可燃性	垂直燃烧	FAR 25.853		
		火焰时间	s	0
		燃烧长度	cm	3.05
		滴落		无
	辐射板	ASTM E 162	火焰扩展指数	1.7
	耐火级别	UL-94		5V,V-0
	表面燃烧	ASTM E 84	火焰扩展指数	0
			烟的发展	0
机械性能	密度	ASTM D 3574,A	g/cm³	0.008
	抗张强度	ASTM D 3574,E	MPa	0.085
	抗压强度	ASTM D 3574,C	MPa	0.085
热性能	热稳定性	TGA	204 ℃失重	无
	长期使用温度	260 ℃, 1000 h	%(抗张强度损失)	36
	表观热导率	ASTM C 518	W/(m·K)	0.502
	水解稳定性,高压釜	ASTM D 3474	%(抗张强度损失)	6.9
其他性能	水汽吸收	90%RH, 7 天 150 ℃,25.4 mm 厚	g/cm³	0.000 112
	断裂伸长率	ASTM D 3574,E	%	54
	放气性	ASTM E 595-77	% TML	0.28
			%CVCM	0.01
	耐臭氧	ASTM D 1171, 96 h,50 mPa, 40 ℃	是否开裂	无

Zonyl FSB 是杜邦公司的非离子型含氟共聚物。将如表 20-1 组成的溶液在 100 ℃喷雾干燥,再将得到的 50 目的粒子在微波炉中发泡,得到有回弹性的泡沫,2,6-二氨基吡啶的加入对回弹性是重要的因素。聚合物粒子在发泡前最好能预热到 121～149 ℃以增加

发泡量和均匀性，发泡后再在 260～288 ℃下固化 30～200 min。导电填充料(如 5%～20%活性炭和石墨)有利于产生额外的热能。

20.1.2 TEEK 聚酰亚胺泡沫

NASA Langley 和 UNITIKA 合作开展了聚酰亚胺泡沫的研究[4]，开发了具有很好发泡能力的盐型聚酰亚胺前体粉末，所用的单体有 ODPA、BTDA 及 ODA、3,3′-DDS，泡沫的密度为 0.008～0.32 g/cm³。盐型前体是将二酐混合物和发泡剂在甲醇中加热到 60 ℃，经 3 h，使转变为二酯，该溶液与当量的二胺混合，搅拌 2 h 得到由二酸二酯与二胺形成的盐型前体的溶液，将溶剂去除后得到细粉。将成型用的模具在 140 ℃加热 60 min，然后迅速放入充有氮气的 300 ℃的炉中加热 60 min，而后冷至室温。泡沫在 200 ℃后固化数小时以去除任何挥发物。TEEK-LL 可以在 188 ℃用真空袋成型。TEEK 的商品名和结构见表 20-4。TEEK 聚酰亚胺泡沫的性能见表 20-4 至表 20-7[5]。

表 20-4 TEEK 泡沫

泡沫	结构	密度/(g/cm³)	开孔含量/%	表面积/(m²/g)
TEEK-HH	ODPA/3,4′-ODA	0.080	80.6	6.5
TEEK-HL	ODPA/3,4′-ODA	0.032	97.5	19.1
TEEK-L8	BTDA/4,4′-ODA	0.128	71.3	5.2
TEEK-LH	BTDA/4,4′-ODA	0.080	85.5	3.6
TEEK-LL	BTDA/4,4′-ODA	0.032	94.7	12.9
TEEK-L.5	BTDA/4,4′-ODA	0.008	97.3	—
TEEK-CL	BTDA/4,4′-DDS	0.032		5.0

表 20-5 TEEK 聚酰亚胺泡沫的热性能

性能	方法	TEEK-HH	TEEK-HL	TEEK-L5	TEEK-LH	TEEK-LL	TEEK-CL
$T_{5\%}$/℃	TGA	518	526	522	520	516	
T_g/℃	DSC	237	237	283	278	300	321

表 20-6 TEEK 聚酰亚胺泡沫的机械性能

性能		TEEK-HH	TEEK-HL	TEEK-LL	TEEK-CL
抗张强度/MPa	室温	1.2	0.28	0.26	0.09
	177 ℃	0.81	0.16	0.09	0.05
抗压强度/MPa	室温	0.84 变形 10%	0.19 变形 10%	0.30 变形 10%	0.098 变形 10%
	177 ℃	0.31	0.06～0.10 变形 10%	0.06～0.09 变形 10%	—
	−253 ℃	0.72	0.14～0.46 变形 10%	0.13～0.40 变形 10%	—
抗压模量/MPa		6.13	3.89	11.03	—

表 20-7　TEEK 聚酰亚胺泡沫的耐火性能

性能		TEEK-HH	TEEK-HL	TEEK-LL	TEEK-CL
极限氧指数/%		51	42	49	46
垂直燃烧 25s	燃烧长度/cm	0	1	0	—
	滴落	无	无	无	
发烟(目视)		无	无	无	无

最近,日本宇部公司[6]以 2,3,3′,4′-联苯二酐为原料,得到了柔软的聚酰亚胺泡沫。这是将 2,3,3′,4′-联苯二酐与乙醇在 1,2-二甲基咪唑催化下酯化,再与对苯二胺及少量 1,3-双(3-氨丙基)四甲基硅氧烷反应。然后将溶剂蒸发至干,将产物粉碎,该粉末在室温下压成 5 mm 厚的片,在微波炉中放置 3 min,再在加热炉中加热到 180 ℃,经 5 min,在 30 min内升温到 330 ℃并保持 10 min,最后在 15 min 内升温到 450 ℃再保持 10 min。所得到的柔软泡沫密度为 0.0095 g/cm³, T_g 为 390 ℃。与 Solimid 相比,除了有更高 T_g 外,拉伸强度高 10 倍,并有更好的回弹性。

20.1.3　由二酐与二异氰酸酯得到的聚酰亚胺泡沫

Hexcel 公司曾经发展了用耐高温泡沫填充的蜂窝材料[7],粉末前体用 BTDA、糠醇、异氰酸酯及表面活性剂混合在 66 ℃以下去除挥发物,粉碎成 200 目粉末,在 177 ℃下固化,密度为 0.02～0.13 g/cm³。这种泡沫用来填充蜂窝材料的孔隙以增加结构的强度。

Kashiwame[8]等采用二酐和多异氰酸酯在催化剂作用下得到泡沫,配方、发泡条件基泡沫的性能见表 20-8。

表 20-8　由二酐和多异氰酸酯在催化剂作用下得到泡沫材料

配方		性能		
PAPI 580[a]	100	密度/(kg/m³)		15.5
BTDA	116	开孔分数/%		95
DC-193[b]	5	$T_{10\%}$/℃		415
Kacac	3	极限氧指数/%		46.5
DMSO	50	Butler Chimney 试验 质量保持率/%		97
发泡条件		可粉碎性/%		15
发泡温度/℃	70	导热系数/[W/(m·K)]		0.0444
凝胶时间/s	45	抗压强度/MPa	//	0.057
发泡时间/s	130		⊥	0.021
固化条件	70 ℃,10 min 130 ℃,3 天			

a:多聚异氰酸酯;b:表面活性剂。

热塑性聚酰亚胺泡沫[9]以亚临界 CO_2 为发泡剂,在压力下使 CO_2 扩散到聚合物中,然后在硅油中加热发泡。在 5 MPa 下使扩散达到平衡,在 200 ℃硅油中发泡,可以得到纳米尺寸的泡沫，密度为发泡前的 39%。

20.2 侧链酰亚胺泡沫——聚甲基丙酰亚胺

聚甲基丙酰亚胺(PMI)是闭孔的刚性泡沫，由德国 Rohm GmbH 生产，由美国子公司 Rohm Tech 以 Rohacell 商品名销售。

在甲基丙烯酸和甲基丙烯腈单体混合物中加入脂肪醇(如特丁醇)作为发泡剂来制得泡沫。首先，将含有发泡剂的单体在两块玻璃板间进行本体共聚合，然后将得到的共聚物板加热到 170℃，可以得到密度为 0.030～0.30 g/cm^3 的泡沫板，温度越高，得到的泡沫密度越低。侧链聚酰亚胺的聚合过程见式 20-1[10]，泡沫材料的配方见表 20-9，性能见表 20-10。

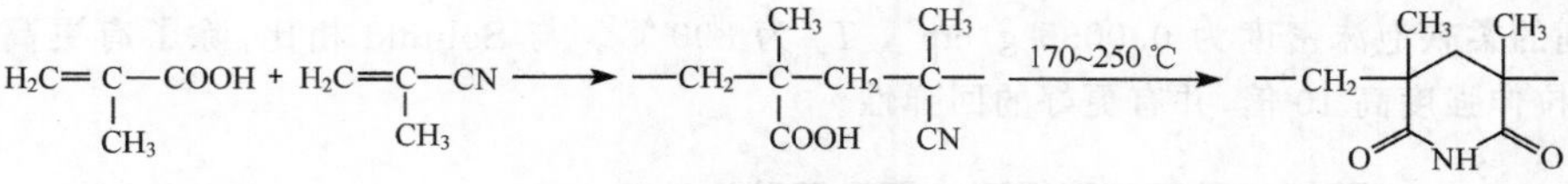

式 20-1 侧链聚酰亚胺的合成

表 20-9 泡沫板的典型配方[11]

组分	含量
甲基丙烯酸	50
甲基丙烯腈	50
甲酰胺	1
异丙醇	1
甲基丙烯酸镁	1
过氧化特戊酸特丁酯	0.2

两个单体如果是交替聚合则可能得到完全酰亚胺化的聚合物。然而交替总是部分地实现，所以酰亚胺化也少于 100%。PMI 的吸水行为类似于聚酰胺。这个缺点限制了 PMI 在更广泛范围内应用。

表 20-10 PMI 的典型性能

性能	51IG	71IG	51WF	71WF
密度/(g/cm^3)	0.0513	0.0752	0.052	0.0749
抗张强度/MPa	1.9	2.8	1.6	2.2
抗压强度/MPa	0.9	1.5	0.9	1.5
抗弯强度/MPa	1.6	2.5	1.6	2.9
断裂伸长率/%	4	4.5	3	3
吸水率(50%RH)	4.2	3.6		

PMI 的主要用途是复合材料的夹芯材料。由于其具有热塑性，所以可以像热塑性塑

料那样成型，并可与热固性树脂共固化。该材料对 X 射线完全透明。可以用真空袋或热压釜法成型。

20.3　纳米泡沫

为了获得低介电常数的薄膜材料，已经做了很多努力，主要的结果是在聚合物中引入含氟或脂肪的单元。纳米聚酰亚胺泡沫则是以 Hedrick 为首的 IBM 研究组在 20 世纪 90 年代提出的另一条途径。因为空气是介电常数最低的物质（介电常数为 1），将空气以纳米尺寸分散在聚酰亚胺基体中，应该可以得到低介电常数的薄膜。方法是将热不稳定的链段引入聚酰亚胺[12]，然后在高温下使其分解产生均匀分散的纳米泡沫。

为了获得聚酰亚胺纳米泡沫材料，作为基体的聚酰亚胺应当满足以下的要求：①在 450 ℃或更高温度下具有热和化学稳定性；②T_g＞375 ℃；③良好的机械性能；④低吸水率；⑤介电常数＜3.0；⑥各向同性的光、电性能；⑦可加工；⑧容易得到。对于能够分解而形成泡沫的热不稳定组分的要求是：①应该在基体聚合物的 T_g 以下能够定量地分解为惰性的气体物质并能够从聚酰亚胺基体中扩散出去；②链段必须在聚集态上是以非连续相单分散的球状均匀分布；③气泡的大小必须大大低于薄膜厚度，而且还必须是闭孔的；④气泡体积分数应当尽可能高，以获得最低的介电常数；⑤热不稳定组分要易于引入聚酰亚胺基体中。

所用的热不稳定聚合物有聚氧化丙烯[13-17]、PMMA[13]、聚苯乙烯[14]、聚(α-甲基苯乙烯)[18]、聚乳酸[19,20]、聚内酯[19,20]等。一些热不稳定链段的结构见式 20-2。聚氧化丙烯在惰气中 300 ℃仍稳定，但在有氧存在时，在 250～300 ℃迅速分解（20 min 内）。PMMA

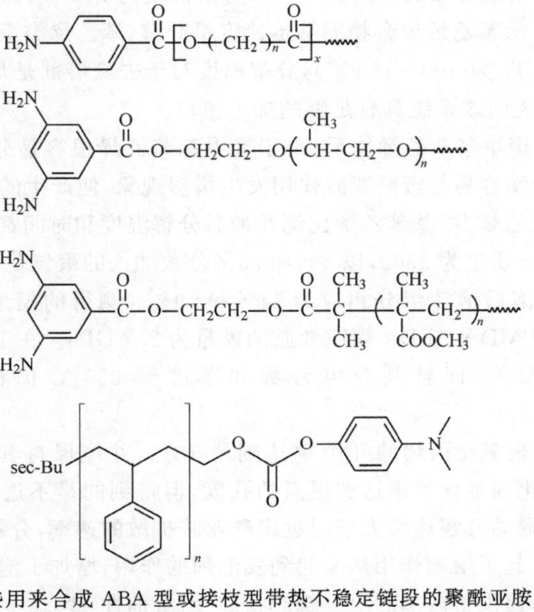

式 20-2　一些用来合成 ABA 型或接枝型带热不稳定链段的聚酰亚胺的结构单元

取决于聚合物的类型(结构规整性)游离基聚合的 PMMA 具有很多由歧化产生的链端，分解温度较低；而由阴离子聚合得到的 PMMA 端基很稳定，分解温度就较高[21]。

带单官能团的热不稳定低聚物可以产生 ABA 型三嵌段共聚物；双官能团的单元则可以得到接枝共聚物(图 20-1)，后者在热分解后聚酰亚胺的相对分子质量不变，这对于保持薄膜物理机械性能是很重要的。

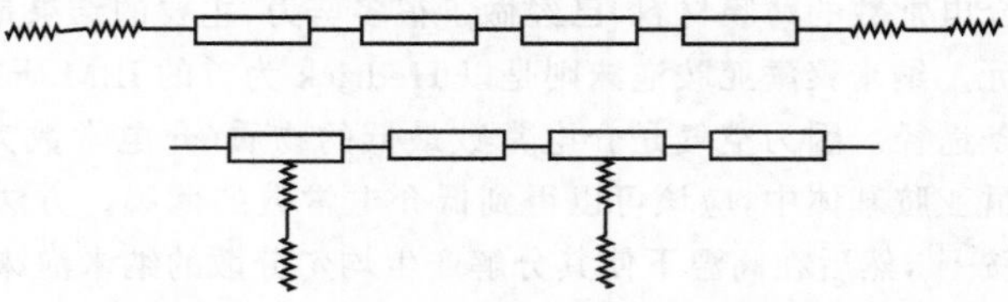

图 20-1　带有热不稳定链段的 ABA 型和接枝共聚物模型

▭：聚酰亚胺链段；∿∿—∿∿：热不稳定链段

热不稳定组分的含量一般在 20%以下，以保证在聚酰亚胺基体中得到分散的球形微区。含量太高将会产生不希望有的圆柱状，容易得到彼此贯通的聚集态。

由引发或链转移生成的每个游离基所产生的单体单元平均数定义为拉链式裂解长度(zip length)[22]。聚甲基苯乙烯具有很高的拉链式裂解长度(约 1200)，即几乎定量产生单体。聚苯乙烯则只有 60。分解温度要足够高，以使溶剂能完全挥发，酰亚胺化完全。所产生的分解产物能通过聚合物扩散出去。共聚物溶于 NMP 中 9%～15%固含量的溶液，涂膜后在 5℃/min 下升温到 300℃，在氮气氛中保持 2 h，然后在 4 h 内加热到340℃，并保持 4.5 h，以保证苯乙烯嵌段的有效分解。

PMDA/3FDA 聚酰亚胺的 T_g 为 440℃，分解温度为 500℃，该聚合物也能溶于一般有机溶剂。TGA 显示苯乙烯聚合物能够迅速定量分解(苯乙烯类聚合物的相对分子质量为 12 000～14 000，T_g 为 100～155℃)，分解温度对于去除溶剂是足够的，并远远处于聚酰亚胺的 T_g 之下，说明该系统具有足够的加工窗口。

对于聚酰亚胺-聚甲基苯乙烯体系，由于聚甲基苯乙烯很容易分解，酰亚胺化温度控制在 260℃，分解产物容易与聚酰亚胺作用发生增塑现象，使产生的孔较大。所以要得到合适的泡沫材料，苯乙烯/甲基苯乙烯比例及最后分解温度和时间都是重要的参数。

用带有相对分子质量为 3500，以 5%和 25%分数加入的聚氧化丙烯为嵌段的PMDA/3FDA 聚酰亚胺，发泡后泡沫组分相应为 14%和 19%。测得的模量相应为 1.74 GPa 和 1.65 GPa。而均相 PMDA/3FDA 聚酰亚胺的模量为 2.7 GPa。在 1 Hz 和 1 GHz 测定的介电常数与频率无关，而且其介电常数和厚度到 350 ℃ 仍稳定(见表 20-11 和表 20-12)[23]。

PMDA/3FDA-聚氧化丙烯的孔隙率达到约 18%，并能保持其纳米泡沫的聚集态。企图通过增加聚氧化丙烯含量来达到更高的孔度，但得到的是不透明的薄膜。可能的解释是由于聚氧化丙烯的分解速率大于通过聚酰亚胺扩散的速率，分解产物，特别在高体积分数时，对聚酰亚胺起了增塑作用从而起到发泡剂的作用，增加了泡的体积。一种解决办法是使聚合物交联，提供了内部的对分解产物的“耐溶剂性”[24]。

表 20-11 ABA 型共聚物泡沫的性能

聚合物	不稳定链段/%	强度/MPa	$n_{/\!/}$	$n_{\perp}$	孔隙率/%	介电常数	吸水率/%
PMDA/3FDA	0	46	1.62	1.60	—	1.85	3.04
PMDA/3FDA(泡沫)	24	25	1.46	1.42	18	1.35	2.80
PMDA/3FDA	0	50	1.66	1.65	—	1.95	—
PMDA/3FDA(泡沫)	13	27	—	—	—	—	—
PMDA/4BDAF	0	49	1.63	2.56	—	2.85	—
PMDA/4BDAF(泡沫)	20	21	1.51	1.46	16	2.30 2.70	—
6FXDA/6F	0	31	1.56	1.50	—	2.55	2.90
6FXDA/6F(泡沫)	16	28	1.47	1.44	14	2.25	2.70

表 20-12 接枝型共聚物泡沫的性能

聚酰亚胺组分及形式	PPO 的 M_w	PPO 的质量分数/%	PPO 的体积分数/%	孔隙率/%
PMDA/3FDA(PI)	3500	25.0	30.0	18.7
PMDA/3FDA(PI)	3500	15.0	19.0	13.4
PMDA/3FDA(PI)	3500	22.0	24.0	15.9
ODPA/3FDA (PI)	3500	24.0	27.0	0.4
ODPA/3FDA (PI)	7900	16.0	19.0	9.0
PMDA/BAPF(PAA)	3500	20.0	23.5	0.8
PMDA/BAPF(PAA)	7900	7.5	9.0	5.5
PMDA/BAPF(PAA)	7900	13.0	15.5	8.7

侧基乙炔基可以在 200～300 ℃反应，该反应温度比 PMDA/3FDA 聚酰亚胺的 T_g（约 440 ℃）低 150～200 ℃，因此不大可能使交联在已经酰亚胺化了的聚合物中进行，交联又应该在热不稳定的链段分解前完成[24]。这个矛盾可以由采用聚酰胺酯来解决。

纳米聚酰亚胺泡沫由于合成和加工困难，热不稳定组分难以完全分解，分解的组分也难以完全除尽，可能影响到聚酰亚胺介电层的性能。此外作为微电子用的介电材料的其他性能，如与铜箔的黏结性、热膨胀系数及机械性能等也难以同时满足，所以这种材料还未见得到实际应用。

20.4 气 凝 胶

气凝胶是由大量空气充填固体骨架的物质，通常是由超临界液体萃取含有大量溶剂的湿凝胶得到的，以保持其多孔的结构。气凝胶具有纳米多孔结构、超低密度、高孔隙率、高比表面积等特点，已经得到 3 g/L 的二氧化硅超低密度气凝胶。气凝胶有三类：无机物气凝胶（以二氧化硅、氧化铝等为主）、聚合物气凝胶及由聚合物气凝胶炭化后得到的炭凝胶。

硅气凝胶由于低的机械性能和吸湿性在应用上受到限制。聚酰亚胺由于其优秀的耐热性和其他综合性能，同时又具有特殊的炭化性能，最近在气凝胶方面受到密切关注，现将有限的一些结果介绍如下：

Kawagishi 等[25]用 PMDA 或 OPDA、二胺 PPD 或 ODA 及三元胺 1,3,5-三(4-氨苯基)苯在 NMP 中反应得到聚酰胺酸凝胶，然后在密闭容器中注入二氧化碳，达到 16 MPa，升温到 80 ℃，NMP 为超临界 CO_2 所取代，缓慢释放 CO_2，将得到的干燥凝胶物质在 250 ℃下加热 5 h，得到聚酰亚胺气凝胶，孔隙率达到 90%以上。

Meador 等[26]用八(4-氨苯基)硅倍半氧烷(OAPS)或三(4-氨苯氧基)苯(TAPOB)为交联剂由各种二酐和二胺聚合，单体溶解后加入脱水剂乙酐/吡啶，立即倒入模具，得到聚酰亚胺湿凝胶，再用丙酮交换和超临界 CO_2 萃取，得到聚酰亚胺气凝胶。密度为 0.1～0.3 g/cm³，孔隙率达到 80%～90%，比表面积为 240～500 m²/g，起始分解温度为 470～600 ℃，模量不低于聚合物增强的硅气凝胶。所得到的气凝胶薄膜具有很高的柔性。由 OAPS 得到的气凝胶除了具备气凝胶应具备的一般性能外，还可以耐原子氧，因此在航天技术上是很受重视的材料。

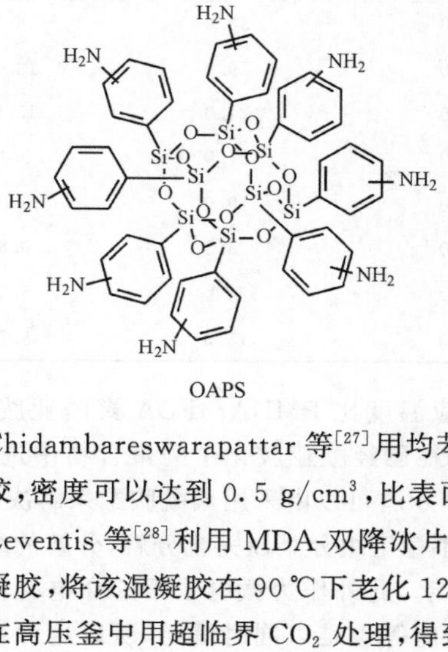

OAPS

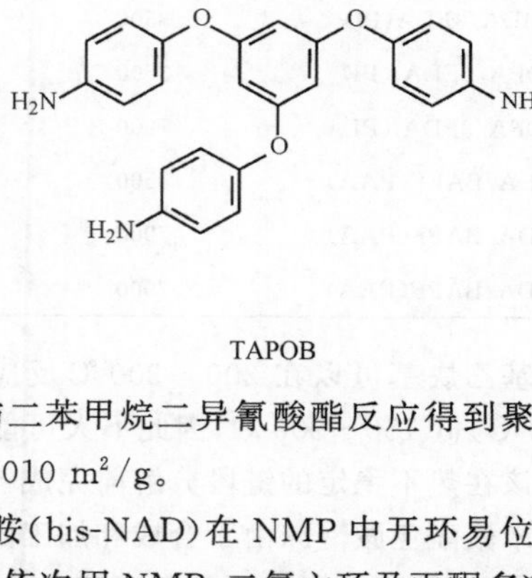

TAPOB

Chidambareswarapattar 等[27]用均苯二酐与二苯甲烷二异氰酸酯反应得到聚酰亚胺气凝胶，密度可以达到 0.5 g/cm³，比表面积为 1010 m²/g。

Leventis 等[28]利用 MDA-双降冰片二酰亚胺(bis-NAD)在 NMP 中开环易位聚合得到湿凝胶，将该湿凝胶在 90 ℃下老化 12 h，然后依次用 NMP、二氧六环及丙酮多次洗涤，最后在高压釜中用超临界 CO_2 处理，得到聚酰亚胺气凝胶，其性能见表 20-13。

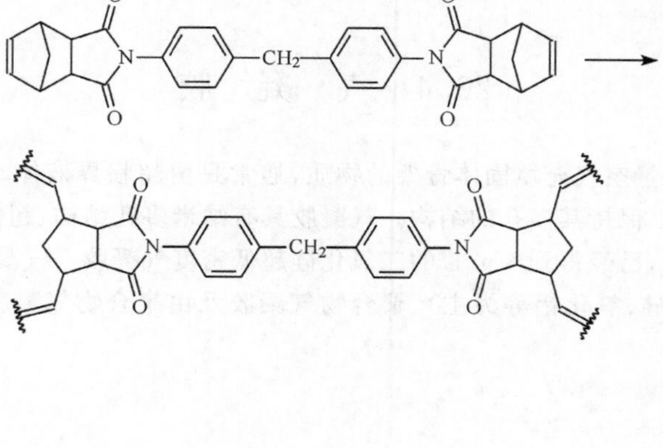

表 20-13 由 MDA-双降冰片二酰亚胺得到的气凝胶的性能

bis-NAD 含量 /%	密度 /(g/cm³)	孔隙率 /%	比表面积 /(m²/g)	平均孔径 /nm	热容 /[J/(g·K)]	热扩散 /(mm²/s)	热导率 /[W/(m·K)]
2.5	0.134	90.1	632	69.7			
5	0.261	80.3	524	67.6			
10	0.341	72.9	438	44.2	0.995	0.091	0.031
15	0.507	60.7	298	12.8	1.088	0.085	0.053
20	0.660	47.6	210	5.0	1.062	0.096	0.063

Rhine 等[29]以 PMDA/ODA 的聚酰胺酸溶液与乙酐/吡啶作用得到湿凝胶，用乙醇进行溶剂置换后再以超临界 CO_2 置换得到气凝胶。将这样得到的气凝胶在高温热解，得到炭气凝胶，其炭化条件和性能见表 20-14。

表 20-14 由聚酰亚胺气凝胶得到的炭凝胶

样品	密度/(g/cm³)	热解温度/℃	平均孔径/nm	比表面积/(m²/g)
1	0.01	600	19.5	1159
2	0.02	1050	28.2	1063
3	0.03	600	40	1328

在聚酰胺酸溶液中加入金属化合物，如氯化钴、氧化钴、氯铂酸、氯化锆、氯化铪、氯化钌、氯化钨等，就可以得到含金属的炭气凝胶。

参 考 文 献

[1] 詹茂盛，王凯. 聚酰亚胺泡沫. 北京：国防工业出版社，2010.
[2] DeBrunner R E. US，3502712，1970.
[3] Gagliani J，Lee R，Sorathia U A K. US，4355120，1982.
[4] Weiser E S，Johnson T F，St Clair T L，Echigo Y，Kaneshiro H，Grimsley B . W. High Perf. Polym.，2000，12：1.
[5] Williams M K，Holland D B，Melendez O E，Weiser S J，Brenner R，Nelson G L. Polym. Degrad. Stab.，2005，88：20.
[6] Yamaguchi H，Yamamoto S. EP，. 1167427 A1，2002.
[7] Lee K W. US，4806573，1989.
[8] Kashiwame J，Ashida，K. J. Appl. Polym. Sci.，1994，54：477.
[9] Miller D，Chatchaisucha P，Kumar V. Polymer，2009，50：5576.
[10] Von Scrroder G. Makromol. Chem. 1966，96：227.
[11] Bitsch W. US，4665104，1987.
[12] Hedrick J L，Labadie J W，Russell T，Wakharkar V. Polymer，1993，34：122.
[13] Hedrick J L，Labadie J，Russell T P，Hofer D，Wakharker V. Polymer，1993，34：4717.
[14] Hedrick J L，Hawker C J，Di Pietro R，Jerome R，Charlier Y. Polymer，1995，36：4855.
[15] Hedrick J L，Di Pietro R，Plummer C J G，Hilborn J G，Jerome R. Polymer，1996，37：5229.
[16] Charlier Y，Hedrick J L，Russell T P，Jones A，Volksen W. Polymer，1995，36：987.
[17] Hedrick J L，Russell T P，Labadie J，Lucas M，Swanson S. Polymer，1995，36：2685.
[18] Hedrick J L，Di Pietro R，Charlier Y，Jerome R. High Perf. Polym.，1995，7：133.

[19] Hedrick J L, Russell T P, Sanchez M, Di Pietro R, Swanson S, Meccerreyes D, Jerome R. Macromolecules, 1996, 29: 3642.

[20] Carter K R, Di Pietro R, Sanchez M I, Russell T P, Lakshmanan P, McGrath J E. Chem. Mat., 1997, 9: 105.

[21] Manring L E. Macromolecules, 1989, 22: 2673; Inaba A, Kashiwagi T, Brown J E. Polym. Degrad. Stab., 1988, 21: 1.

[22] Bywater S, Black P E. J. Phys. Chem., 1965, 69: 2967; Sinaha R, Wall L A, Bram T. J. Chem. Phys., 1958, 29: 894.

[23] Cha H J, Hedrick J L, Di Pietro R, Blume T, Beyers R, Yoon DY. Appl. Phys. Lett., 1996, 68: 1930.

[24] Charlier Y, Hedrick J L, Russell T P, Swanson S, Sanchez M, Jerome R. ,Polymer, 1995, 36: 1315; Hedrick J L, Cater K R, Sanchez M, Di Pietro R, Swanson S, Jayaraman S, McGrath J E. Macromol. Chem. Phys., 1997, 198:549.

[25] Kawagishi K, Saito H,Furukawa H, Horie K. Macromol. Rapid Commnu., 2007, 28: 96.

[26] Guo H, Meador M A B, McCorkle L, Quade D J, Guo J, Hamilton B, Cakmak M, Sprowl G. ACS Appl. Mater. Interfaces, 2011, 3: 546; Meador M A B, Malow E J, Silva R, Wright S, Quade D, Vivod S L,† Guo H, Guo J, Cakmak M. ACS Appl. Mater. Interfaces, 2012, 4: 536.

[27] Chidambareswarapattar C, Larimore Z, Sotiriou-Leventis C, Mang J T, Leventis N. J. Mater. Chem., 2010, 20: 9666.

[28] Leventis N, Sotiriou-Leventis C, Mohite D P, Larimore Z J, Mang J T, Churu G, Lu H. Chem. Mater., 2011, 23: 2250.

[29] Rhine W, Wang J, Begag R. US, 7071287, 2006.

第21章　纤　维

具有高热稳定性的有机纤维是许多领域所需要的材料。20世纪60年代以来,以美国、苏联为主的先进国家都付出巨大努力,以获得这类可以在150 ℃以上长期使用的纤维。到了70年代,美国杜邦公司首先将聚(间苯二甲酸-间苯二胺)(Nomex,芳纶1313)产业化,已经达到万吨规模。其他如聚苯硫醚(PPS)、液晶高分子(LCP, Vectran)和聚噁二唑(POD)也已经开发成功,尤其是PPS,由于成本低,现在也已经达到万吨级。POD则由于在发烟硫酸中聚合,大量稀硫酸的处理成为该品种发展的制约因素。

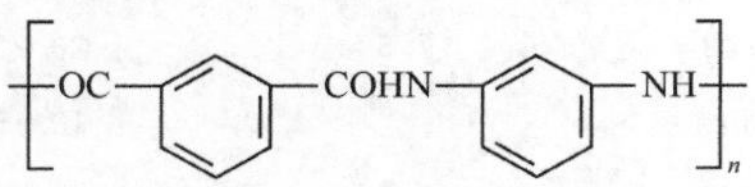

Nomex

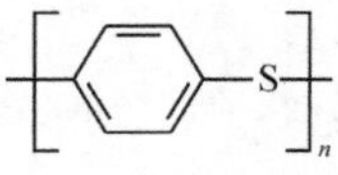

PPS

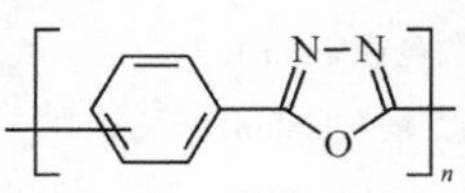

POD

在耐热有机纤维中,具有高强度、高模量的纤维更是引人注意的材料。自从20世纪70年代杜邦公司发现了具有溶致性液晶行为的聚(对苯二甲酸-对苯二胺)可以纺得高强度、高模量纤维后,这种聚芳香酰胺纤维就迅速被商品化,成为高性能纤维的主导品种Kevlar。20世纪80年代以来,在聚苯并噁唑(PBO)和聚苯并噻唑(PBT)纤维方面做了很多工作,并且得到了性能十分优越的高性能纤维,聚苯并噁唑纤维在日本东洋纺已有规模生产,商品名为Zylon,这种纤维的强度可以达到5.8 GPa,模量达到280 GPa,正受到高度重视。但最近由于用Zylon制得的防弹衣在存放一段时间后失效,后来证明为光解断链,使得Zylon的可靠性受到很大的质疑。20世纪60～70年代,美国Celanese公司开发了聚苯并咪唑(PBI)纤维,但由于其有限的性能,尤其是不耐热氧化和合成上的困难,目前仅以小批量供应特殊的用户,未能得到进一步的发展。近来美国正在宣传一种叫M5的聚苯并咪唑纤维,据报道,其强度可以达到5.7～7.1 GPa,模量可以超过400 GPa。更主要的是,该结构中含有羟基,可以利用形成的氢键,提高纤维的抗压强度,认为是一种超过以往任何有机纤维的品种[1]。但是这种树脂合成困难,成本很高,实际的力学性能也还没有达到预期值,而且其耐久性也还有待深入研究,因此在近期还难以估计其实际应用的价值。

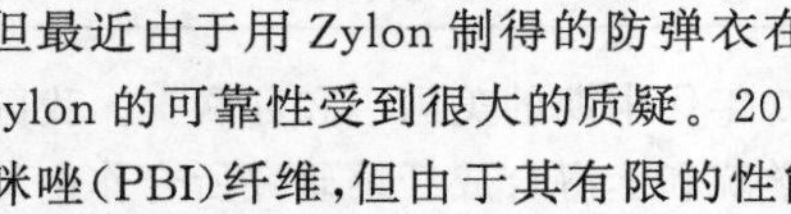

Kevlar

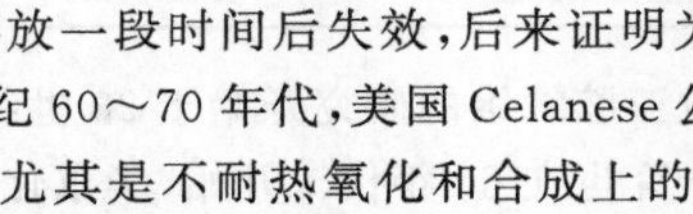

PBO(Zylon)

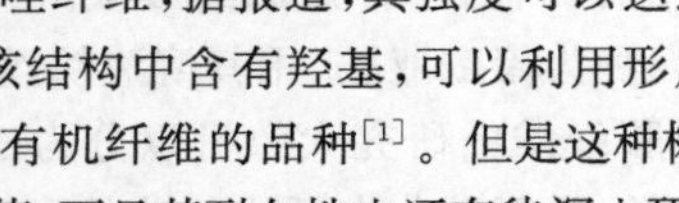

PBI

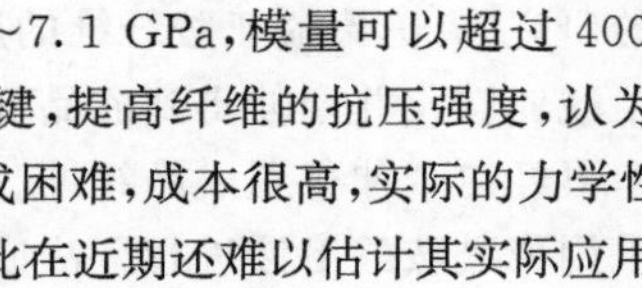

M5

聚酰亚胺是众多杂环聚合物中唯一被工业界所接受，并达到万吨级产量的品种，其可靠性已经被半个世纪的实践所证明，更主要的是聚酰亚胺的单体二酐和二胺相对于其他杂环高分子的单体要容易合成和提纯。而且聚酰亚胺薄膜的强度也已达到很高的水平(见第 18 章)，因此纺制高强、高模聚酰亚胺纤维的工作就特别具有挑战性。

现有的耐热有机纤维的性能见表 21-1[2]。

表 21-1　商品耐热纤维的性能

纤维(牌号)	密度/(g/cm³)	强度/GPa	模量/GPa	断裂伸长率/%
聚苯硫醚(PPS)	1.35	0.51		45
芳纶 1313(Nomex)	1.38	0.62	11.7	30
芳纶 1414(Kevlar)	1.44	3.0	112	2.4
芳纶(Armos)	1.43	3.8～4.1	130～140	3.5
特安纶(Tanlon)	1.42	≥0.43	7.5	20～25
聚噁二唑(Oxalon)	1.42	0.50		10～50
聚苯并咪唑(PBI)	1.3	0.38	5.6	3
聚苯并咪唑(M5)	1.7	2.7	166	1.4
聚苯并噁唑(PBO,Zylon)		5.2	169	3.1
液晶聚芳酯(Vectran)	1.4	2.85～3.34	65～69	3～4
聚酰胺酰亚胺(kermel)	1.35	0.41～0.54	2.7～4.0	30～40
聚酰亚胺(P84)	1.35	0.4～0.5		30
聚酰亚胺(PM-T, Yilun)	1.40	0.59		25
高性能聚酰亚胺	1.40	5.0～7.2	260～280	4.2

聚酰亚胺纤维的研究开始于 20 世纪 60 年代中期的美国[3]和苏联[4]。我国聚酰亚胺纤维的研究也在 60 年代末开始，华东化工学院和上海合成纤维研究所合作由均苯二酐和二苯醚二胺的聚酰胺酸纺得聚酰亚胺纤维，可惜没有更多的资料留下来。随后日本也开展了活跃的研究[5-7]。聚酰亚胺纤维的原料树脂有两种：一种是聚酰胺酸，由其溶液进行纺丝后高温酰亚胺化并牵伸得到成品纤维；另一种为聚酰亚胺，用其溶液纺丝或直接用树脂熔融纺丝再经热牵伸得到成品纤维。聚酰亚胺纤维的研究大致可以分为三个阶段：在初期大都采用聚酰胺酸溶液进行干法或湿法纺丝，酰亚胺化在纤维的热处理过程中进行。20 世纪 80 年代以后，在美国和日本多改用从聚酰亚胺溶液纺丝。他们认为酰亚胺化过程产生的水分容易在纤维中造成缺陷，从而影响产品纤维的性能。此外，用聚酰胺酸纺丝会由于酰亚胺化不完全，例如在牵伸过程中大分子高度取向，分子活动性受到很大的限制，使得尚未酰亚胺化的少量链节难以继续环化，最终造成相对分子质量降低，同时也会给结构带来缺陷。以聚酰亚胺溶液纺丝时，能够溶解聚酰亚胺的溶剂不多，对其结构的选择受到限制，即一些可以用作高强度、高模量纤维的结构由于不溶于有机溶剂而无法使用。或者必须使用酚类化合物作为溶剂，由于这类化合物的毒性，为产业化带来困难。近年来俄罗斯的科学家报道了一类用聚酰胺酸溶液纺得的共聚酰亚胺纤维具有很高的强度和模量，使聚酰亚胺纤维的发展进入了一个新的阶段。

聚酰亚胺纤维与芳香聚酰胺纤维(Kevlar)比较,具有如下特点[8]:

(1) 具有更高的强度和模量:Kevlar 49 纤维的强度为 3.4 GPa,模量很少能够超过 123 GPa,而聚酰亚胺纤维可以具有更高的强度和模量,最高的强度可以达到 5.8～6.3 GPa,模量可达 280～340 GPa。

(2) 具有更高的热氧化稳定性:在 300 ℃空气中老化 30 h,BPDA/3,4′-ODA-PPD(70:30)聚酰亚胺纤维的强度保持 90%,而 Kevlar-49 仅保持 60%。

(3) 具有较低的吸水性:干纤维在 20 ℃,80%相对湿度下,Kevlar 吸湿 4.56%,而由 BPDA /3,4′-ODA-PPD(70:30)的纤维仅吸湿 0.65%。

(4) 具有较高的耐水解性:如在 85 ℃的 40%硫酸中,BPDA/3,4′-ODA-PPD(70:30)纤维 250 h 强度保持 93%,而 Kevlar-49 在 40 h 后强度仅保持 60%。在 200 ℃水蒸气中,前者在 12 h 后强度保持 60%,后者在 8 h 后仅保持 35%。

(5) 具有较高的耐辐照性:80～100 ℃用紫外光辐照,BPDA/3,4′-ODA-PPD(70:30)纤维在 24 h 后强度保持 90%,而 Kevlar-49 仅保持 20%。

(6) 聚酰亚胺纤维的极限氧指数比 Kevlar 高:前者可达 40%～50%,后者为 29。

(7) 由于在聚合时不产生无机物,所以不论是聚酰胺酸或是聚酰亚胺的聚合反应的溶液都可以不经处理直接用来纺丝,而 Kevlar 在聚合后需要充分洗涤,然后溶在浓硫酸中纺丝。

(8) 聚酰亚胺纤维不耐碱性水解:在 85 ℃的 10%NaOH 水溶液中仅 1 h,BPDA/3,4′-ODA-PPD(70:30)纤维的强度就下降了 40%,而 Kevlar-49 在 50 h 后仍保持 50%。

(9) 高强度聚酰亚胺纤维的成本要高于 Kevlar。

21.1　由聚酰胺酸溶液纺得的纤维

初期由聚酰胺酸溶液纺丝大多采用干纺。第一个有关聚酰亚胺纤维的报道出现在 1966 年[9],这是由均苯二酐和 ODA 及 4,4′-二氨基二苯硫醚(SDA)在 DMAc 中得到聚酰胺酸,干纺成纤后再在一定的温度和张力下转化为聚酰亚胺,最后再在 550 ℃牵伸得到聚酰亚胺纤维。PMDA/ODA 聚酰胺酸也可以湿纺,在吡啶溶液中成纤,然后热处理转化为聚酰亚胺。这些纤维的性能见表 21-2。

表 21-2　由均苯二酐和二苯醚二胺得到的纤维

组成	转化方法	牵伸比	牵伸温度/℃	强度/(g/d)	伸度/%	模量/(g/d)
PMDA/ODA	热	1.5×&1.5×	550	3.5	11.7	50
PMDA/ODA	热/吡啶	1.5×	600	5.3	24.0	49
PMDA/ODA	热	1.5×&2.25×	575	6.6	9.0	77
PMDA/ODA	热	1.5×& 2.05×	525	5.1	9.0	68.5
PMDA/SDA	热	1.6×	420	2.8	25.7	31

PMDA/ODA 的纤维具有很好的热稳定性(表 21-3),在干空气中 300 ℃不收缩,可保持室温强度的 44%(3.0 g/d)及室温模量的 48.6%(35 g/d)[10],牵伸的纤维在 400 ℃仅

收缩2%，经2～3 h老化后，其互扣强度仍保持30%～40%。在充分燃烧的液化气火焰中，聚酰亚胺织物不皱缩，变形，不软化，不熔化，不燃烧，只是缓慢分解，还可阻止火焰穿透。认为是目前最耐热的有机纤维，使用温度为−270～450℃，可以耐10～30 MGy紫外辐射的纤维。纤维的耐化学性见表21-4。

表 21-3　PMDA/ODA 纤维的高温性能

温度/℃	强度降低到1.0 g/d的时间/h	强度降低一半的时间/h
400	10	2.5
330	500	280
283	1000	750

表 21-4　PMDA 基聚酰亚胺纤维在100℃的耐化学性

化学物质	性能变化
10%硫酸	260 h强度丧失52%
10%盐酸	260 h强度丧失71%
10%氢氟酸	150 h强度丧失36%
0.4%氢氧化钠	4 h强度丧失57%
水	1400 h强度丧失4%，收缩0.25%
0.5%次氯酸钠	150 h强度丧失37%
166℃的DMAc	强度不丧失，但收缩2%

应该指出，PMDA基的聚酰亚胺是不耐水解的，尤其对碱性水解不稳定，如果采用其他一些二酐，其耐碱性水解的能力可以大大提高。

Irwin还报道了由均苯二酐和对苯二胺及3,4′-ODA的共聚物在DMAc-吡啶中湿纺，部分热酰亚胺化后，最后在高温下牵伸(表21-5)[11]。

表 21-5　由均苯二酐和对苯二胺及3,4′-二苯醚二胺所得到的纤维

组成	牵伸比	牵伸温度/℃	强度/(g/d)	伸度/%	模量/(g/d)
PPD/3,4′-ODA(25∶75)	未牵伸		1.8	125	20
	4.0	550	12.6	7.1	354
	4.75	575	14.7	4.7	427
	4.7	600	14.5	3.7	492
	6.0	650	12.8	2.8	519
	6.1	675	15.6	3.3	570
	6.8	700	13.1	3.0	592
	10.0	700	15.5	3.4	534
	5.0	750	3.6	3.7	168
3,4′-ODA	3.6	500	9.5	8.6	248
	4.5	550	8.9	2.7	404
	4.0	550	10.7	5.5	302
	4.0	575	8.3	4.2	321

Dorogy 和 St. Clair[12] 对 6FDA/4BDAF 的聚酰胺酸的 DMAC 溶液进行纺丝，该聚合物的 η_{inh} = 1.48～2.10 dL/g(35 ℃)，溶液固含量为 15%。以乙二醇或乙醇的 70%水溶液为凝固浴，由凝固浴出来再进入水浴同时进行牵伸。为了减少聚酰胺酸的水解，水浴温度保持在 35 ℃以下。湿的纤维在 80 ℃真空中干燥 14～18 h，然后在空气炉中 100 ℃，200 ℃及 300 ℃各 1 h，使其转变为聚酰亚胺。凝固浴的成分对能否成纤至关重要，纯乙醇凝固浴不能使聚酰胺酸成纤，80%乙醇溶液可以成纤，但性能不好，甚至没有强度。聚酰胺酸纤维的纺丝条件见表 21-6，性能见表 21-7。

表 21-6 聚酰胺酸纤维

凝固浴	70%乙二醇			70%乙醇		
PAA 的 η_{inh}/(dL/g)	2.06	1.79	1.48	1.79	1.65	1.48
挤出速度/(cm^3/min)	0.058	0.058	0.073	0.070	0.070	0.090
牵伸倍数	1.4×	1.3×	1.2×	1.1×	1.1×	1.1×
丝轴速度/(m/min)	15.24～15.85	22.86～23.77	22.86～23.47	16.46～17.07	16.76～17.37	16.46～17.07
纤维直径/μm	23	21	25	29	28	33

表 21-7 由 6FDA/4BDAF 聚酰胺酸得到的纤维的性能

凝固浴	70%乙二醇		70%乙醇	
PAA 的 η_{inh}/(dL/g)	1.79	1.79	1.79	1.65
纤维形式	PAA	PI	PI	PI
纤维直径/μm	21	17	23	24
断裂强度/GPa	0.089	0.167	0.128	0.146
断裂伸长率/%	7.2	111	113	106
屈服点/GPa	0.087	0.108	0.080	0.102
起始模量/GPa	3.44	3.06	2.19	2.67

将 η_{inh}为 1.6 dL/g(35 ℃)的 BTDA/ODA 的聚酰胺酸以固含量为 15%的 DMAc 溶液纺丝，纺丝速度为 0.098 mL/min，喷丝头孔径为 0.1 mm，凝固浴为 70%的乙二醇水溶液，温度为 20 ℃。凝固的纤维再通过 30 ℃的水浴，然后在 80～85 ℃的真空炉中干燥 16～18 h，观察断面没有发现微孔，纤维直径为 42 μm。如以 70%乙醇为凝固浴得到纤维直径为 33 μm。将已经干燥的聚酰胺酸纤维在空气流中 100 ℃、200 ℃及 300 ℃各处理 1 h，断面观察无气孔，直径为 25 μm。其强度、断裂伸长率及模量分别为 0.2 GPa、65%及 3.7 GPa[13]。Dorogy 和 St. Clair[14] 采用相同的纺丝液，在不同的凝固浴中得到的纤维的性能见表 21-8。

前苏联研究人员以 ODPA/PPD 的聚酰胺酸溶液(固含量为 17%，η_{inh} = 1.8 dL/g)，用 40 孔的喷丝头纺丝，进入 50 ℃的乙醇/H_2O(90 : 10)凝固浴，拉伸 1.3 倍，再在 100～50 mmHg 下，50 ℃干燥，410 ℃脱水成环，得到强度为 0.02 GPa，伸度为 1.6%，模量为 106 GPa 的纤维[15]。

表 21-8 由 BTDA/ODA 聚酰胺酸在不同凝固浴中所纺得的纤维的性能

凝固浴	20%DMAc	60%EtOH	70%EtOH	80%EtOH	71%乙二醇
无孔隙纤维/%	0	0	100	100	100
纤维直径/μm	36	26	25	25	25
强度/MPa	47.89	107.04	197.89	196.48	181.69
断裂伸长率/%	13	16	65	65	69
模量/GPa	1.41	3.18	3.68	3.65	3.53

Jinda 和 Matsuda 用聚酰胺酸或部分酰亚胺化的聚酰胺酸的 NMP 溶液纺丝，结果见表 21-9[16]。

表 21-9 由共聚酰胺酸纺得的纤维

二胺	二酐	拉伸比	强度/GPa	伸度/%	模量/GPa
3,3′-DMB	BPDA/PMDA				
100	100：0	1.6(550℃)	1.7	3.0	73
		1.5(550℃)	1.5	2.7	71
100	82：20	3.2(500℃)	3.0	2.4	129
		3.5(550℃)	3.0	2.3	130
100	70：30	3.8(500℃)	3.3	2.6	195
3,4′-ODA	BPDA/PMDA				
100	70：30	9.2(330℃)	2.4	4.4	63
ClBz/ClPPD					
100：0	PMDA	1.1(500℃)	2.0	1.0	205
80：20	PMDA	1.2(550℃)	2.5	1.6	198
60：40	PMDA	1.2(550℃)	2.5	1.5	180
DiClBz/ClPPD					
70：30	PMDA	3.9(550℃)	3.3	2.0	180
Bz	PMDA/ODPA				
100	100：0	1.03(575℃)	0.99	1.0	113
100	70：30	2.0(600℃)	1.5	1.4	129
100	40：60	6.5(500℃)	2.5	1.7	168
Kevlar 49			3.0	2.5	125
Kevlar 149			2.3	1.5	142

由聚酰胺酸纺丝液的不同处理方法得到的纤维的性能也有很大的差别(表 21-10)[17]。

DSDA/ODA 的 DMAc 或 NMP 溶液，黏度为 1500～3000 cP，以丙醇为凝固浴。凝固的纤维再经过水浴后在 2 h 内由室温加热到 50 ℃，在 10 mmHg 下再在 1 h 内由 50 ℃加热到 90 ℃，然后在该温度和真空下干燥 16 h，干燥时间随纤维直径而定。在 270～

290 ℃ 30 min 内进行酰亚胺化。这样得到的纤维可以碳化为碳纤维(表 21-11)[9]。

表 21-10 由不同处理方法得到的 PMDA/ClPPD 纤维

纺丝液	η_{inh} /(dL/g)	化学环化	干燥丝				热处理条件		处理后的丝		
			纤度/旦	强度/(g/d)	断裂伸长率/%	模量/(g/d)	温度	牵伸比	强度/(g/d)	断裂伸长率/%	模量/(g/d)
PAA	1.26	未	31	1.4	1.1	140	逐步	热处理	2.5	0.5	620
PAA	1.26	是	27	2.2	0.9	270	550 ℃	1.07	6.0	0.9	720
部分环化	1.98	未	28	1.9	2.1	130	逐步	热处理	3.8	0.6	680
部分环化	1.98	是	25	2.4	1.0	260	550 ℃	1.07	8.5	1.2	800

注：逐步热处理：200 ℃,300 ℃,400 ℃,500 ℃各 6 s。

表 21-11 DSDA/ODA 聚酰亚胺纤维的碳化

编号	碳化温度/℃	速度/(m/h)	牵伸比/%	直径/μm	强度/GPa	模量/GPa
1	900	6.1	5	25.4	0.796	50.7
2	900	9.1	5	9.7	0.894	40.8
3	900	12.2	100	12.7	0.746	45.1
4	900	18.3	200	11.4	0.634	41.5
5	1150	6.1	5	23.4	0.486	58.5
6	1550	6.1	5	24.1	0.472	54.9
7	1150	6.1	100	13.5	0.800	45.1

最近,长春高琦聚酰亚胺材料公司在中国科学院长春应用化学研究所技术的基础上开发出由聚酰胺酸溶液湿法纺丝得到聚酰亚胺纤维的全连续化过程,纤维牌号为轶纶(Yilun),其性能见表 21-12和表 21-13。

表 21-12 轶纶短切纤维的性能

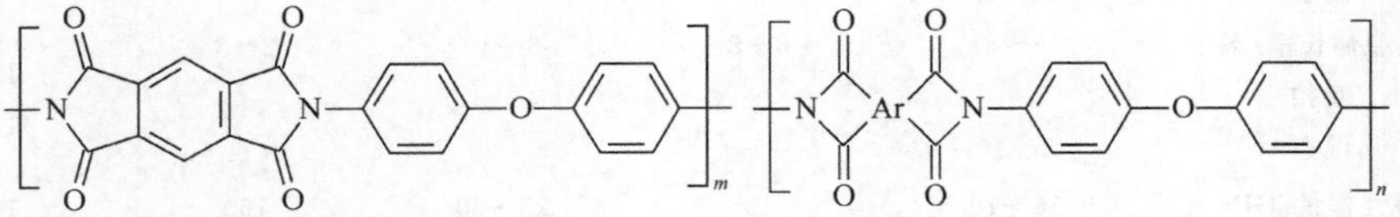

性能	数值
纤度/dtex	0.8～2.2
截面	圆形或三叶形
强度/(cN/dtex)	3.8～5.7
断裂伸长率/%	15～30
模量/(cN/dtex)	
280 ℃ 100 h 强度保持率/%	70

轶纶已经在袋式烟道气除尘和阻燃、保暖织物及高温介质的过滤中获得应用。

表 21-13　铁纶长丝的性能

纤度/dtex	1060
强度/(cN/dtex)	3.7～5.0
模量/(cN/dtex)	40～60
断裂伸长率/%	15～20
回潮率/%	0.85
复丝根数	500
240 ℃空气中收缩率/%	0.23

俄罗斯高强度聚酰亚胺纤维

20 世纪 70 年代以前，苏联就发展了聚酰亚胺纤维[18]，但其结构和纺丝工艺均未见报道，这里仅将某些纤维的性能列于表 21-14 以供参考[19]。

表 21-14　苏联在 20 世纪 70 年代前发展的聚酰亚胺纤维的性能

性能	Arimide PM	Arimide T	Arimide PFT	Vniivsan	PRD-14
纤度/dtex	1.3～5.3	—	1.4～2.9	1.4	
密度/(g/cm³)	1.410	1.450	1.430	1.500	1.410
抗拉强度/GPa　20 ℃	0.63～0.75	0.65～0.87	0.84	2.0～2.2	0.87
抗拉强度/GPa　100 ℃	0.60	0.65			0.71
抗拉强度/GPa　200 ℃	0.47	0.44			0.52
抗拉强度/GPa　300 ℃	0.37	0.36			0.35
抗拉强度/GPa　400 ℃	0.27	0.29			0.27
在 300 ℃老化 100 h	0.39～0.42	0.52～0.70			0.42～0.47
在 300 ℃老化 216 h	0.31～0.35	0.46～0.61			0.34～0.35
在 400 ℃老化 25 h	分解	0.26～0.3625			分解
互扣	0.59～0.71	0.41～0.70			0.73
湿态	0.59～0.71	—			—
断裂伸长率/%	6～8	6～8	6～10	2～3	13
互扣	—	—			10
湿态	8～10	—			
弹性模量/GPa	9.36～10.4	15	25～30	150	10
弯曲后的强度/MPa	120	50	—	—	12
次数	1200～3500	1200			2×10^6
收缩率/%　95 ℃水中	0	0	—	—	0.5
收缩率/%　300 ℃空气中	1～2	1～2	1.0	0.5	0.5
吸湿率/%	1～1.5	—	1.5	1.0	1～1.5
极限氧指数/%	38	50			34～35

在快电子辐照下，剂量达到 10^8 Gy，Arimide T 纤维的强度仍可保持 90%[20]，用紫外灯(PKK-2)照 10 天，Arimide PM 纤维的强度不变。

20 世纪 90 年代中期，俄罗斯科学家系统研究了一类具有刚直链结构的聚酰亚胺，其均聚物纤维的性能见表 21-15[21]，他们发现由含嘧啶环二胺的共聚物纤维具有非常高的性能(表 21-16 至表 21-18)[22,23]。这些纤维是以聚酰胺酸作为纺丝液经湿纺得到。

表 21-15　由聚酰胺酸溶液纺得的刚性链纤维[21]

结构	强度/GPa	模量/GPa	断裂伸长率/%	$T_{10\%}$/℃
PMDA/PPD	0.50	90	0.8	497
PMDA/Bz	0.60	100	0.6	517
PMDA/DPTP	0.45	70	0.7	527
PMDA/PRM	0.40	30	0.7	557
PMDA/ODA	0.65	12.9	10	537
PMDA/MPD	0.22	4.2	57	467
PMDA/MPD	0.48	7.0	17	—
PMDA/*p*-三苯二醚二胺	0.84	23	6	527
PMDA/*p*-四苯三醚二胺	0.71	14	8	467
ODPA/ODA	0.68	15	10	477
ODPA/*p*-三苯二醚二胺	0.80	19	10	427
ODPA/MPD	0.14	4	50	437
BPDA/PPD	1.25	86	0.9	517
BPDA/Bz	1.40	80	0.7	537
BPDA/DPTP	1.32	54	0.6	567
BPDA/PRM	2.00	225	0.7	547
ODPA/PPD	0.90	91	1.2	507
ODPA/Bz	1.0	60	1.4	507
ODPA/DPTP	0.90	59	1.6	483
ODPA/PRM	1.3	195	2.0	527

由表 21-15 可见，尽管根据计算，PMDA/PPD 纤维的理论模量可以达到 505 GPa，但在该工作中即使最刚直的 PMDA 聚酰亚胺纤维都未达到预期的性能，这可能与太刚性的链在热处理时难以完全酰亚胺化，同时由于酰胺酸的可逆反应，也难以保持高的相对分子质量有关。以 BPDA 为二酐时也有类似情况，但需要注意到，BPDA/PRM 纤维却得到了较高的强度和很高的模量。

表 21-16　刚性链共聚酰亚胺纤维[22]

结构	强度/GPa	模量/GPa	断裂伸长率/%	$T_{10\%}$/℃
PMDA/PPD/PRM	1.22	340	0.33	522
PMDA/DPTP/ODA	1.40	15	11	557
PMDA/PRM/ODA	1.57	25	7	552
ODPA/PPD/DPTP	1.43	50	2.7	545
ODPA/PPD/PRM	3.5	248	2.8	550
ODPA/PRM/ODA	3.7	95	6.8	547

续表

结构	强度/GPa	模量/GPa	断裂伸长率/%	$T_{10\%}$/℃
BPDA/PPD/DPTP	1.45	71	1.6	580
BPDA/PPD/PRM	5.1	282	2.8	562
BPDA/PRM/ODA	5.0	104	5.8	561
BPDA/PPD/PRM/MPD	6.43	224	3.5	550
PMDA/DiClBz/ClPPD(7∶3)	3.2	173	2.0	
PMDA/ODA	0.82	9.5	9.0	
PMDA//PPD/3,4′-ODA(1∶3)	1.93	70	3.3	

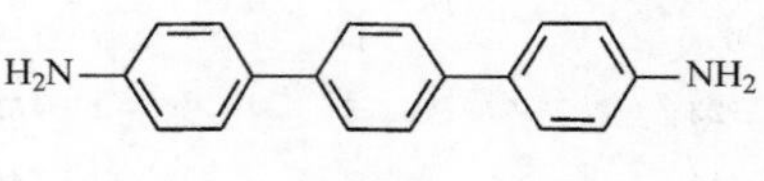
DPTP

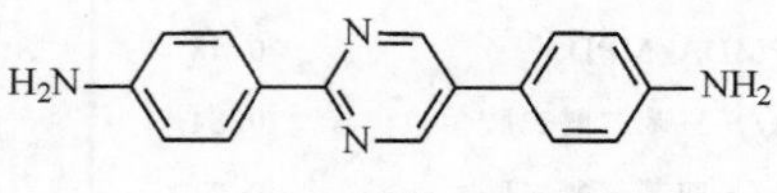
PRM

表 21-17　纤维在室温下的性能[23]

编号	物质的量分数/%			强度/GPa	断裂伸长率/%	模量/GPa	$T_{5\%}$/℃
	2,5-PRM	PPD	MPD				
1	50	49	1	5.076	4.0	280	540
2	50	47.5	2.5	5.729	4.1	280	540
3	50	45	5	6.377	4.1	270	540
4	50	43	7	7.164	4.2	260	540
5	50	40	10	6.453	4.2	250	540
6	50	35	15	6.014	4.4	212	540
	2,5-PRM	PPD	2,4-PRM				
7	50	45	5	5.630	3.55	139.5	550
8	50	40	10	6.234	4.68	103.4	550
	2,5-PRM	PPD					
9	50	50		4.9442	4.8	282	540
	2,5-PRM	ODA					
10	40	60		1.4118	5.3	29	470

表 21-18　纤维在高温下的性能[23]

表 21-17 中的编号	400℃			500℃		
	强度/GPa	断裂伸长率/%	模量/GPa	强度/GPa	断裂伸长率/%	模量/GPa
1	2.117	1.7	126	0.835	1.3	65.0
2	2.389	1.7	126	0.943	1.3	64.4
3	2.659	1.8	126	1.049	1.4	64.0
4	2.987	1.8	117	1.179	1.4	59.0

续表

表 21-17 中的编号	400℃ 强度/GPa	400℃ 断裂伸长率/%	400℃ 模量/GPa	500℃ 强度/GPa	500℃ 断裂伸长率/%	500℃ 模量/GPa
5	2.690	1.8	112	1.062	1.4	57.5
6	2.500	1.8	95.4	0.990	1.4	48.7
8	2.681	2.0	75.0	1.091	1.7	68.0
9	2.135	2.1	94.0	0.824	1.6	66.0

在俄罗斯研究的共聚纤维中出现了一些不寻常的情况，例如 PMDA/PPD/PRM 纤维的强度虽然不算高，但却有超高的模量。ODPA/PPD/PRM 和 BPDA/PPD/PRM 都有很高的强度和模量，更意想不到的是，含有间苯二胺单元的 BPDA/PPD/PRM/MPD 纤维达到了超高的强度、很高的模量和对高强、高模纤维说来算是较高的断裂伸长率。他们的工作使聚酰亚胺纤维的性能达到了一个前所未有的水平。

Artem'eva 等[24]研究了含嘧啶环二胺在纤维结构中的作用。X 射线衍射研究表明，由嘧啶二胺得到的聚酰胺酸分子链可以有层状堆砌和移位(shift)堆砌两种聚集态形式，而由三联苯得到的聚酰胺酸只有层状堆砌(见第 8 章图 8-1)。移位堆砌可以由一个分子的嘧啶环与另一个分子的羰基间形成的氢键而形成。这时部分溶剂 DMAc 与聚酰胺酸分子的键合被处于相邻分子上的嘧啶与聚酰胺酸分子的键合所代替。这是因为嘧啶的碱性比 DMAc 的碱性强。因此在由 PRM 得到的聚合物中以氢键与聚酰胺酸结合的溶剂要比在由 DPTP 得到的聚合物中的为少。所以在形成含 PRM 的聚酰亚胺的薄膜时，挥发的溶剂要比由 DPTP 得到的聚合物多，也就是有较少的溶剂化。移位堆砌的存在可能使聚合物具有更规整的超分子结构。这样可以使得到的聚合物具有更完全的酰亚胺结构。由于这两个大分子中都没有铰链结构，因此可以认为它们具有很大的刚性。作为刚性量度的库恩链段(Kuhn segment)含 PRM 要比含 DPTP 大 3 倍，即 1750 Å 和 625 Å。这就说明由 PRM 得到的聚合物中的聚集态结构缺陷比较少。这也要求对由 PRM 得到的聚合物需要更高的环化温度。因为在聚酰胺酸中存在较少的 DMAc，同时聚合物-聚合物间的作用较强，都会对酰亚胺化造成阻碍。实际上可以观察到达到酰亚胺化最大速率的温度 T_{max} 含 PRM 的聚合物要比含 DPTP 的高 20℃左右。

21.2　由聚酰亚胺溶液纺得的纤维

最早由聚酰亚胺溶液纺得的纤维可能是由 BTDA 和二异氰酸酯(MDI20%，TDI80%)得到的聚酰亚胺，其 15%的 NMP 溶液以乙二醇为凝固浴纺得的纤维的强度为 0.5 GPa，断裂伸长率为 6.4%，模量为 2.12 GPa，这就是由奥地利 Lenzing 公司(现在为 Evonik 公司)商品化的聚酰亚胺纤维 P84[25]，这种纤维主要用在袋式除尘，耐热或耐辐射的滤布或防火织品。

Harris 和 Cheng 等[13]用 BPDA/DMB 和 BPDA/TFDB 在含有异喹啉的对氯苯酚中 216℃反应 4～6 h，除去产生的水分，得到固含量为 8%的聚酰亚胺溶液。他们发现除了对氯苯酚,其他酚类(间甲酚、邻氯酚、2,4-二氯苯酚等)都不是好的溶剂。由干喷湿纺得到的纤维在400～450℃以10倍牵伸,所得到的纤维的双折射为0.6,结晶度为90%,强度为26 g/d,模量为1300 g/d,断裂伸长率为2%。具有很好的热氧化稳定性,在400℃下模量保持80%,可以至少连续使用3 h。抗压强度为600～800 MPa,比现有的有机纤维高50%～100%。这些纤维的性能见表21-19。

表21-19　BPDA/DMB纤维和BPDA/FMB纤维的性能

性能	BPDA/TFDB	BPDA/DMB
牵伸倍数	10	10
抗张强度/(g/d)	24	26
抗张模量/(g/d)	1000	1300
抗压强度/MPa	450	650
结晶度/%	50	65
$T_{5\%}$/℃	600	500
密度/(g/cm³)	1.401	1.3～1.45
T_g/℃	290	300

BPDA可以部分用PMDA代替,DMB也可以部分用PPD或OTOL(3,3′-二甲基联苯胺)代替但这些替代都不能超过50%。BPDA/DMB-OTOL(5∶5)在含有催化量的异喹啉的对氯甲酚中220℃反应3 h,固含量为8%。纤维的强度为20 g/d。

固含量为9%的BPDA/PMDA(70∶30)-OTOL的对氯苯酚溶液(η_{inh}=2.34 dL/g)在低剪切时显示牛顿流动(剪切力与黏度无关),而其苯酚溶液却呈现非牛顿流动(黏度随剪切力降低),该纺丝液的浓度每增加1%,在100℃下的黏度就增加3.3倍。与芳香聚酰胺不同的是后者的溶液浓度超过一定值后就得到溶致性液晶,黏度明显降低,所以20%浓度的溶液也很好处理,聚酰亚胺就相反,BPDA/PMDA(70∶30)-OTOL的聚酰亚胺浓度超过10%就形成不好处理的凝胶。这样就使得到的两种纤维具有不同的性能[8]。该纺丝液在100℃由喷丝头压出后经过20 mm的空气再进入乙醇凝固浴,浴温保持在10℃。BPDA-PMDA/OTOL树脂见表21-20,其初始态纤维见表21-21,经过热处理后的纤维的性能见表21-22。

表21-20　BPDA/PMDA-OTOL树脂的组成及性能

编号	BPDA/%	PMDA/%	溶剂	η_{inh}/(dL/g)
1	100	00	苯酚	2.74
2	90	10	苯酚	3.48
3	80	20	甲酚	3.63
4	70	30	对氯苯酚	5.26
5	60	40	苯酚	3.59
6	50	50	苯酚	3.32

表 21-21 由聚酰亚胺(BPDA/PMDA-OTOL)的对氯苯酚溶液纺得的初始态纤维[8]

由相应树脂得到的纤维	纺丝液		纺丝条件		纤维性能					
	质量分数/%	温度/℃	压力/bar	速度/(m/min)	强度 g/d	强度 GPa	伸度/%	模量 g/d	模量 GPa	纤度/旦
1	10	100	4.1	18.9	5.30	0.68	33.1	148	19	10.0
2	8	80	3.3	18.9	6.44	0.72	18.7	211	27	5.5
3	8	80	3.3	18.9	5.80	0.74	17.0	199	26	6.3
4	9	90	2.7	18.9	4.85	0.62	16.4	193	25	8.8
5	8	80	2.9	18.9	3.38	0.43	26.5	105	13	6.4
6	8	100	3.5	18.9	4.27	0.55	31.5	113	15	5.4

表 21-22 由 BPDA 和 PMDA 得到的纤维[8]

组成		牵伸比	牵伸温度/℃	强度/(g/d)	伸度/%	模量/(g/d)
BPDA/PMDA	OTOL					
100 : 0	100	1.7	450	14.4	2.7	617
		1.6	500	14.6	3.0	587
		1.6	500	14.6	3.0	587
		1.5	550	12.7	2.7	584
80 : 20		3.3	450	23.7	2.4	1060
		3.2	500	23.8	2.4	1026
		3.5	550	23.4	2.3	1067
70 : 30		3.8	500	26.1	2.6	1086
60 : 40		3.8	450	19.0	2.2	916
		4.9	500	20.5	2.3	938
50 : 50		3.9	456	14.6	1.5	997
BPDA/PMDA	3,4′-ODA					
90 : 10		1.7	390	11.6	8.3	303
		1.4	400	6.4	23.9	127
80 : 20		5.0	350	14.5	5.1	401
		3.8	360	13.3	7.4	297
70 : 30		3.6	300	13.7	7.2	363
		9.2	330	18.9	4.4	502
BPDA	3,3′-ODA/PPD					
100	100 : 0	3.0	390	11.4	6.7	289
		1.7	400	7.6	16.7	169
	80 : 20	8.4	360	18.9	4.4	569
	60 : 40	7.3	340	16.6	3.1	606

续表

组成	牵伸比	牵伸温度/℃	强度/(g/d)	伸度/%	模量/(g/d)
	8.3	350	17.1	3.6	576
50∶50	7.9	360	18.7	4.0	568
	10.4	370	17.8	4.0	511

St. Clair 等[26]则将聚酰亚胺的间甲酚溶液进行干纺。干纺的优点是不须凝固浴，也避免了将通常是高沸点的溶剂从凝固的纤维中去除的复杂过程。LaRC-IA 是由 ODPA 和 3,4′-ODA 及 4,4′-ODA 制得的共聚酰亚胺，可以在多种溶剂中制备也可以直接由单体熔融聚合，其纤维的强度为 5 g/d 左右。

Jinda 和 Matsuda 等[16,27]以各种二酐和二胺进行研究，认为最好的结果是由用乙酐-吡啶进行化学环化，然后将纺得的纤维在空气中高温牵伸。由含氯的二胺和联苯胺的衍生物所得到的纤维具有高的强度和模量。以联苯胺得到的纤维性能见表 21-23。

表 21-23 由联苯胺合成的聚酰亚胺纤维[17]

二酐组成		牵伸比	牵伸温度/℃	强度/(g/d)	伸度/%	模量/(g/d)
PMDA/ODPA	100∶0	1.03	575	7.7	1.0	880
	70∶30	2.0	600	12.0	1.4	1010
	50∶50	3.5	600	15.3	1.6	1160
	40∶60	6.5	550	19.7	1.7	1310
	35∶65	6.5	550	18.5	1.6	1250
	25∶75	5.9	425	9.4	1.1	880
	0∶100	3.0	600	10.7	1.8	710
PMDA/BTDA	50∶50	1.8	600	9.4	1.2	940
	0∶100	1.5	575	6.3	1.1	650

取向聚均苯四酰亚胺纤维的性能见表 21-24。

表 21-24 取向聚均苯四酰亚胺纤维的性能

二胺	牵伸比	牵伸温度/℃	强度/(g/d)	伸度/%	模量/(g/d)
ClBz/ClPPD			方法 A		
100∶0	1.3	550	12.2	1.0	1270
80∶20	1.8	550	17.9	1.6	1240
60∶40	2.0	550	20.2	1.8	1270
50∶50	2.0	550	20.1	1.8	1240
ClBz/ClPPD			方法 B		
100∶0	1.1	550	15.9	1.0	1600
80∶20	1.2	550	19.7	1.6	1380
60∶40	1.2	550	19.5	1.5	1410
50∶50	1.2	550	17.6	1.4	1340

续表

二胺	牵伸比	牵伸温度/℃	强度/(g/d)	伸度/%	模量/(g/d)
DiClBz/ClPPD			方法 A		
100 : 0	1.6	550	13.5	1.5	980
70 : 30	3.9	550	26.1	2.0	1410
50 : 50	3.2	550	23.2	1.9	1380
30 : 70	2.3	550	17.8	1.7	1150
DiClBz/ClPPD			方法 B		
100 : 0	1.6	550	14.4	1.6	1030
70 : 30	3.9	550	—	—	—
50 : 50	3.2	550	18.2	1.4	1370
30 : 70	2.3	550	18.0	1.6	1250

注:方法 A:在甲苯中浸 1 h;方法 B:在 NMP 中浸 1 h,在 90 ℃水中牵伸 1.13 倍。

Kaneda[8,28]的结果(表 21-25)显示随着 ClBz 的用量的增加,纤维的强度增加。ClPPD的引入也明显增加了强度和模量。他们是将聚酰胺酸纤维用乙酐-吡啶先部分环化,将凝胶在低温取向,然后再用乙酐-吡啶使环化完全,干燥后,在 550 ℃氮气中完成取向。

表 21-25　由均苯二酐和 DiClBz 及 ClPPD 得到的纤维

二胺组成		聚酰胺酸		聚酰亚胺		强度	断裂伸长率	模量
		拉伸比	温度/℃	拉伸比	温度/℃	/(g/d)	/%	/(g/d)
ClPPD/ClBz	20 : 80	1.5	25	1.2	550	19.7	1.6	1380
		1.1	100	1.2	550	19.7	1.6	1380
	40 : 60	1.6	25	2.0	550	20.2	1.8	1270
	50 : 50	1.6	25	2.0	550	20.1	1.8	1240
	70 : 30	1.6	25	1.4	550	18.0	1.6	1250
		1.13	90	1.4	550	18.0	1.6	1250
ClPPD/DiClBz	50 : 50	1.6	25	3.9	550	26.1	2.0	1440

将 6FDA/4BDAF 的聚酰胺酸化学成环后在水中沉淀、洗涤,在 200 ℃真空干燥 3 h,缓慢冷却,聚酰亚胺的 $\eta_{inh}=1.25\sim1.52$ dL/g(35 ℃),将干燥的聚酰亚胺树脂溶于 DMAc 所得到的纺丝液的固含量为 15.0%～17.5%,所得到的纤维的性能见表 21-26 至表 21-28[12]。

表 21-26　由 6FDA/4BDAF 聚酰亚胺树脂得到的纤维

凝固浴	31%DMAc	70%乙二醇		70%乙醇	80%乙醇
η_{inh}/(dL/g)	—	1.25	1.52	1.25	1.49
挤出速度/(cm³/min)	0.197	0.081	0.073	0.081	0.070

续表

凝固浴	31%DMAc	70%乙二醇		70%乙醇	80%乙醇
树脂固含量/%	15.0	17.5	15.0	17.5	15.0
湿凝胶牵伸	1.2×	1.2×	1.2×	1.2×	1.4×
卷绕速度/(m/min)	15	20	19	18	14
纤维横截面	椭圆形	"8"字形	C形	C形	C形或"8"字形
纤维截面积/μm²	4390	1120	990	1180	1230

表 21-27 由 6FDA/4BDAF 聚酰亚胺树脂在 70%乙二醇中得到的纤维的性能

挤出速度/(cm³/min)	0.073	0.061	0.061
空气牵伸	—	1.1×	2.3×
牵伸温度/℃	室温	288～289	289
卷绕速度/(m/min)	19	12	24
纤维截面积/μm²	990	370	240
断裂强度/GPa	0.043	0.195	0.251
断裂伸长率/%	9.3	54	22
初始模量/GPa	1.288	4.73	5.39

注：η_{inh}=1.52 dL/g，浴中牵伸：1.2×。

表 21-28 以乙醇水溶液为凝固浴从 6FDA/4BDAF 聚酰亚胺树脂得到的纤维的性能

乙醇浓度/%	70[a]	80[b]	80[b]	80[b]
挤出速度/(cm³/min)	0.081	0.070	0.070	0.070
空气牵伸	1.1×	—	—	2.0×
牵伸温度/℃	室温	室温	295～298	297～298
卷绕速度/(m/min)	18	14	13	25
纤维截面积/μm²	1180	1230	390	260
断裂强度/GPa	0.047	0.052	0.22	0.024
断裂伸长率/%	6.9	7.7	58	25
初始模量/GPa	1.54	1.39	4.61	5.21

a：η_{inh}=1.25 dL/g，浴中牵伸：1.1×；

b：η_{inh}=1.49 dL/g，浴中牵伸：1.3×。

有报道认为[29]，由聚酰胺酸湿纺不能得到高强、高模的纤维可能是因为溶剂难以往某些凝固浴中扩散，残留的溶剂使得固化后的纤维不能充分牵伸。该工作中在聚酰胺酸的溶液中加入乙酐使其轻微凝胶化，即在 15%的 PMDA/ODA 的 DMAc 溶液中加入 1 当量乙酐，6 h 后用干喷湿法进行纺丝。乙酐或乙酐/吡啶的加入会使溶液的黏度随时间增加。在 6 h 以后，酰亚胺化程度基本平稳在 30%左右，甚至在凝固浴中加入 10%吡啶，酰亚胺化程度也只增加 3%～5%，说明扩散速度是很慢的，因此该纺丝液实际上是一个酰胺酸和酰亚胺的共聚物。由这样纺得的纤维强度可达 399 MPa，模量为 5.2 GPa，伸长率为 11.1%。

Makino 等[30]用 BPDA/ODA(240 mmol)在 DMAc(1670 mL)中 20 ℃聚合后以 800 mL DMAc 和 600 mL 乙腈稀释,用乙酐(147 g)-吡啶(114 g)化学环化,在 20～30 ℃得到聚合物的粉末状沉淀,然后加热到 70～80 ℃ 30 min 使环化完全,将混合物倒入大量甲醇中,过滤后用甲醇洗涤,减压干燥。酰亚胺化程度在 95%以上,η_{inh} 为 1.4 dL/g(0.5%,以 4 份对氯苯酚和 1 份邻氯苯酚组成的混合物为溶剂)。将得到的聚酰亚胺粉末在 90 ℃溶于对氯酚中,使固含量为 10%,120 ℃过滤,减压脱气,60 ℃下的黏度为 3500 P。喷丝头为单孔,孔径为 0.4 mm,孔深为 0.4 mm,在表压为 2 atm 下,60 ℃纺丝,速度为 0.26 g/min (0.208mL/min),第一凝固浴为 7 ℃的甲醇,第二凝固浴为 10～12 ℃甲醇。纺丝条件和纤维性能见表 21-29 和表 21-30。

表 21-29 BPDA/ODA 聚酰亚胺的纺丝条件

纺丝条件	纺丝速度/(m/min)	拉伸比
1	7.2	4.3
2	13.3	8.0
3	13.9	8.4

表 21-30 BPDA/ODA 聚酰亚胺纤维的处理条件和性能

编号	纺丝条件(表 21-29 编号)	牵伸条件		纤维性能			
		牵伸温度/℃	牵伸比	纤度/旦	强度/(g/d)	断裂伸长率/%	模量/(g/d)
1	1	400	3	4.9	10	17.3	117
1	2	—	—	16	2.2	110	—
2	2	370	2	6.3	7.2	13	98
3	2	370	3	4.4	11.8	12	170
4	2	370	3	4.7	11.3	11	150
5	2	400	3	4.7	12.5	14.7	150
6	3	250	2.4	5.5	8.9	6.8	150
7	3	400	2.7	5.7	10.1	15.6	120

张清华等[31]由 BPDA 和 ODA 在对氯苯酚中聚合,将聚合液直接进行干喷湿纺,以乙醇的水溶液为凝固浴,将得到的纤维在经过牵伸可以得到高强度的纤维(表 21-31)。

表 21-31 BPDA/ODA 纤维的性能

纤维	强度/GPa	模量/GPa	断裂伸长率/%
原丝	0.42	33	30
原丝,在乙醇中浸泡 1 h 后	0.55	40	21
纤维,牵伸 3 倍	1.9	75	2.9
纤维,牵伸 5.5 倍	2.4	114	2.1

BPDA/MDA(25 mmol)在对氯酚(111 g)中在 40 min 内由室温升温到 180 ℃,再在

180 ℃保持 4 h 所得到的聚酰亚胺 η_{inh} 为 1.6 dL/g。110 ℃过滤，减压脱气，在 60 ℃下的黏度为 2500 P。在表压为 0.5 atm 下，97 ℃纺丝，速度为 0.124 g/min (0.70 mL/min)，13 m/min甲醇凝固浴为 −2～0 ℃，BPDA/MDA 聚酰亚胺纤维的处理条件和性能见表 21-32[30]。

表 21-32　BPDA/MDA 聚酰亚胺纤维的处理条件和性能

编号	牵伸条件		纤维性能			
	牵伸温度/℃	牵伸比	纤度/旦	强度/(g/d)	断裂伸长率/%	模量/(g/d)
1	未牵伸	—	7.7	1.6	130	—
2	200	4	2.0	7.3	10.8	98
3	350	3.2	2.8	6.1	19.3	62
4	400	3.6	2.1	7.4	18.1	63
5	450	3.2	2.6	6.5	24.8	50

BPDA/diMoBz (60 mmol) 在 NMP (441 mL) 中聚合后用乙酐 (360 mL)-吡啶 (360 mL)化学环化，在 20～30 ℃得到聚合物的粉末状沉淀，然后加热到 80 ℃ 30 min 使环化完全，酰亚胺化程度在 95%以上，η_{inh} 为 1.5 dL/g。将得到的聚酰亚胺粉末在 90 ℃溶于对氯酚中，120 ℃过滤，减压脱气，在 60 ℃下的黏度为 7000 P。在表压为 0.65 atm 下，92 ℃纺丝，速度为 0.283 g/min (0.115 mL/min)，13 m/min 第一甲醇凝固浴为 0 ℃，第二甲醇凝固浴为 8～10 ℃，BPDA/diMoBz 聚酰亚胺纤维的处理条件和性能见表 21-33[30]。

表 21-33　BPDA/diMoBz 聚酰亚胺纤维的处理条件和性能

编号	牵伸条件		纤维性能			
	牵伸温度/℃	牵伸比	纤度/旦	强度/(g/d)	断裂伸长率/%	模量/(g/d)
1	未牵伸	—	8.6	4.4	2.5	120
2	300	1.5	4.0	9.9	2.4	430
3	350	1.9	3.4	13.1	2.3	580
4	400	2.4	3.2	12.2	2.2	610
5	450	2.0	3.5	13.7	2.5	620
6	500	1.7	3.6	16.2	2.8	640
7	550	1.8	3.3	17.4	3.0	650

21.3　由熔融法纺得的纤维

最近还有将聚酰亚胺进行熔融纺丝的报道[32-34]：为了得到足够高的熔体流动性，采用苯酐为封端剂以控制相对分子质量，例如用苯酐封端的 ODPA/3,4′-ODA(LaRC-IA)，适合纺丝的聚酰亚胺的相对分子质量为 1 万～2 万。聚合物在乙二醇甲醚中聚合，所得的粉末在纺丝前在 200 ℃空气炉中干燥 24 h，LaRC-IA 纤维的性能见表 21-34 和

表 21-35。作为分解温度难以超过 500 ℃(较长时间)的有机高分子,能够用熔融法纺丝的聚酰亚胺纤维一般具有热塑性,其长期使用温度应在 200 ℃以下,其应用之一是与增强纤维混编,用于复合材料的制备。

表 21-34　在 350 ℃纺得的初生态纤维的性能[33]

初生态纤维	速度/(m/min)	纤度/旦	强度/MPa	断裂伸长率/%	平均直径/μm
A	6.4	329	1.38	224	190
B	6.4	552	1.17	207	250
C	6.4	162	1.32	210	130
D	8.8	131	1.32	172	110

表 21-35　LaRC-IA 用熔融纺丝得到的纤维[33]

加工温度/℃	纤维直径/mm	强度/GPa	模量/GPa	断裂伸长率/%
340	0.24	0.160	2.90	103
350	0.17	0.163	3.07	102
360	0.18	0.146	2.92	84
340	0.373	0.140	3.056	50
350	0.300	0.122	3.260	28
360	0.292	0.110	3.275	14

21.4　由电纺丝得到的纳米纤维

用电纺丝可以得到直径为纳米尺寸的纤维,对于刚性结构的棒状大分子,可以在纤维中长轴方向取向,因此可以得到高强度和高模量的纳米纤维。然而这种纤维在电纺丝过程中由于成无规线团状堆积,使得所得到的无纺布的强度较低。

侯豪情等[35]用 BPDA/*p*-BDAF 的聚酰胺酸溶液进行电纺丝,纺丝液的参数见表 21-36。

表 21-36　纺丝液参数

聚酰胺酸溶液浓度/%	十二烷基乙基二甲基溴化铵浓度/%	表观黏度/(Pa·s)	电导率/(μS/cm)
3.0	0.12	5.92	51.0

将电纺得到的纳米纤维收集在线速度达到 24 m/s 的高速旋转的鼓上,得到了取向度为 85%,大部分纤维直径为 150~250 nm 的纳米纤维。该纤维在 250 ℃完成酰亚胺化。这种纳米纤维的无纺布的性能见表 21-37。

侯豪情等[36]用加有十二烷基乙基二甲基溴化铵的 BPDA/Bz-ODA 的聚酰胺酸作为纺丝液,将纳米纤维收集在线速度为 24 m/s、直径为 30 cm、厚度为 8 mm 的转轮的外缘,得到了取向纳米纤维带。然后在 250~370 ℃进行酰亚胺化,所得到的纳米聚酰亚胺纤维带的性能见表 21-38。

表 21-37　纳米纤维无纺布的性能

编号	强度/MPa	模量/GPa	断裂伸长率/%	韧性/MPa
1	299	2.44	211.5	367
2	327	1.96	204.4	392
3	291	1.98	200.0	355
4	310	2.24	200.5	374
5	313	1.80	193.0	338
平均	308	2.08	201.9	365

表 21-38　BPDA/Bz-ODA 聚酰亚胺取向纳米纤维带的性能

Bz/ODA	厚度/mm	抗张强度/MPa	抗张模量/GPa	断裂伸长率/%	T_g/℃	$T_{5\%}$/℃
100/0	11.93	384	11.5	3.9	—	523.6
90/10	11.92	393	8.5	7.1	—	522.8
80/20	12.11	471	7.7	8.3	—	520.5
70/30	14.84	741	7.4	12.8	291.4	517.7
60/40	10.68	806	7.0	13.7	293.3	508.8
50/50	15.88	983	6.3	22.2	296.5	505.3
45/55	10.58	998	6.3	23.2	291.8	502.2
40/60	11.28	1013	6.2	20.8	292.6	500.6
30/70	13.98	957	4.6	23.4	289.8	497.7
20/80	15.09	901	3.2	27.5	285.2	496.4
10/90	11.52	892	2.6	44.5	273.2	492.3
1/99	9.00	736	2.2	37.6	279.7	479.8
0/100	11.54	459	2.1	41.3	275.7	463.9

侯豪情等[37]采用微张力测试方法测得单根电纺纳米纤维的机械性能，见表 21-39。

表 21-39　单根电纺纳米纤维的机械性能

	样品	直径/nm	抗张强度/MPa	抗张模量/GPa	断裂伸长率/%
聚酰胺酸	1	221	786	13.5	46.7
	2	227	707	13.0	40.5
	3	250	801	13.9	44.3
	4	239	770	13.2	41.7
	平均		766±41	13±0.39	43.3±2.4
聚酰亚胺	1	237	1703	89.3	2.6
	2	289	1544	59.6	2.5
	3	219	1776	75.3	2.8
	4	280	1810	81.8	3.3
	平均		1708±118	76±12.6	2.8±0.36

续表

样品	直径/nm	抗张强度/MPa	抗张模量/GPa	断裂伸长率/%
传统纤维	BPDA/PPD[38]	1250	86	0.9
	BPDA-PMDA/OTOL[39,40]	3100	128	2.6
	BPDA/PPD-PRM[38]	5100	282	2.8

普通耐热有机纤维主要用作烟道气的袋式过滤材料、热或含辐射物质的过滤织物、阻燃保护材料、电缆屏蔽材料、纸、橡胶制品及制动片的增强、耐磨材料。

高强、高模聚酰亚胺纤维由于密度要比碳纤维低20%左右，在作为先进复合材料的增强剂方面应该具有特别重大的意义。同时也会在防弹背心、防割手套、绳索及软装甲方面得到应用。

纳米纤维无纺布在锂电池隔膜及精细过滤材料方面应有广泛的用途。

随着聚酰亚胺本身技术的发展，尤其是合成技术的发展和在其他应用领域的扩大，聚酰亚胺的成本会有大幅度降低。同时各个技术部门本身的发展也将会对于更高性能的纤维的需求日益迫切起来。可以认为聚酰亚胺纤维仍然是未来的材料。

参考文献

[1] Magellan Systems International LLC. Technical Information; Klop E A, Lammers M. Polymer, 1998, 39: 5987; Sirichaisit J, Young R J. Polymer, 1999, 40: 3421.

[2] Machalaba N N, Budnitskii G A, Shchetinin A M, Frenkel' G G. Fibre Chemistry, 2001, 33(2): 117 ; Kirin K M, Budnitskii G A, Nikishin V A. Fibre Chemistry, 2004, 36: 75; Perepelkin K E, Makarova R A, Dresvyanina E N, Trusov D Yu. Fibre Chemistry, 2008, 40: 406; 各产品目录.

[3] Irwin R S. US,3415782,1968.

[4] Rudakov A P, Bessonov M I, Koton M M, Florinskii F S. Khim. Volokna, 1966, (5): 20.

[5] Hara S, Yameda T, Yoshida T. US, 3829399, 1974.

[6] Minami M, Taniguchi M. US, 3860559, 1975.

[7] Yokoyama T, Miradera Y, Shito N, Suzuki H, Wakashima Y. US, 4064389, 1977.

[8] Kaneda T, Katsura T, Nakagawa K, Makino H, Horio M. J. Appl. Polym. Sci., 1986, 32: 3151; Kaneda T, Katsura T, Nakagawa K, Makino H, Horio M. J. Appl. Polym. Sci., 1986, 32: 3133.

[9] Chem. Week, 1966, 98(5): 46.

[10] Galasso F S, Bourdeau R G, Pike R A. US, 4056598, 1977.

[11] Irwin R S. US, 4640972, 1987.

[12] Dorogy Jr. W E, St. Clair A K. J. Appl. Polym. Sci., 1993, 49: 501; Dorogy Jr. W E, St. Clair A K. US, 5023034, 1991.

[13] Eashoo M, Shen D, Wu Z, Lee C J, Harris F W, Cheng S Z D. Polymer, 1993, 34: 3209; Eashoo M, Shen D-X, Wu Z-Q, Harris F W, Cheng S Z D, Gardner K H, Hsiao B S. Macromol. Chem., 1994, 195: 2207; Harris F W, Cheng S Z D. US, 5378420, 1995.

[14] Dorogy Jr. W E, St. Clair A K. J. Appl. Polym. Sci., 1991, 43: 501.

[15] Koton M M, Florinskii F S, Frenkel S Ya, Korzhavin L N, Pushkina T P, Prokopchuk N R. Ger, 2892811, 1980; Chem. Abstr., 1980, 92: 148407.

[16] Jinda T, Matsuda T. Sen i Gakkaishi, 1986, 42: T554.

[17] Jinda T, Masuda T, Sakamoto M. Sen-i Gakkaishi, 1984, 40: T480.

[18] Sazanov Yu . Russ. J. Appl. Chem. , 2001, 74: 1253.
[19] Kohkin A A. Ed. "Themally Resistant and Noncombustible Fibers", Khimiya, Moscow, 1978.
[20] Sadaki T, Itatani H, Kashinva M, Yoshimoto H, Yamamoto S, Sasaki Y. US, 4247443, 1981.
[21] Mihailov G M, Korzawin L N, Lebejeva M F, Baklagina Yu G. J. Pract. Chem. , (Russ.), 1998, 71: 2040.
[22] Mihailov G M, Lebejeva M F, Baklagina Yu G, Maricheva TA. J. Pract. Chem. , (Russ.), 2000, 73: 472.
[23] Михайлов Г М. Ru, 2394947 C1, 2006.
[24] Artem'eva V N, Kudryavtsev V V, Nekrasova E M, Skilizkova V P, Shibaev L A, Stepanov N G, Sazanov Yu N, Fedorova G N, Shkurko O P, Borovik V P. Russian Chem Bull. , 1992, 41: 1797; Artem'eva V N, Kudryavtsev V V, Nekrasova E M, Skilizkova V P, Belnikevich N G, Kaluzhnaya L M, Silinskaya I G, Shkurko O P, Borovik V P. Russian Chem Bull. , 1993, 42: 1673; Artem'eva V N, Kudryavtsev V V, Nekrasova E M, Skilizkova V P, Lyubimova G V, Hofman I V, Borovik V P, Shkurko O P. Russian Chem Bull. , 1994, 43: 367.
[25] Farrissey Jr. W J, Onder K B. Ger, 2442203, 1975; Chem. Abstr. , 1975, 83: 116726.
[26] Progar D J, St. Clair T L. J. Adhesion Sci. Technol. , 1990, 4: 527; St. Clair T L, Progar D J. US, 5147966, 1992.
[27] Jinda T. Gakkaishi S I, 1984, 40(12): 42.
[28] Kaneda T. Sho, 1985, 60: 26182.
[29] Park S K, Farris R J. Polymer, 2002, 42: 10087.
[30] Makino H, Kusuki Y, Harada T, Shimazaki H. US, 4370290, 1981.
[31] Zhang Q-H, Dai M, Ding M-X, Chen D-J, Gao L-X. J. Appl. Polym Sci. , 2004, 93: 669.
[32] St. Clair T L, Fay C C, Working D C. US, 5840828,1998.
[33] Dorsey K D, Desai P, Abhiraman A S, Hinkley J A, St. Clair T L. J. Appl. Polym. Sci. , 1999, 73: 1215.
[34] St. Clair T L, Fay C C, Working D C. US, 56702561997.
[35] Cheng C, Chen J, Chen F, Hu P, Wu X-F, Reneker D H, Hou H. J. Appl. Polym. Sci. , 2010, 116: 1581.
[36] Chen S, Hu P, Greiner A, Cheng C, Cheng H, Chen F, Hou H. Nanotechnology, 2008, 19: 015604.
[37] Chen F, Peng X, Li T, Chen S, Wu X-F, Reneker D H, Hou H. J. Phys. D: Appl. Phys, 2008, 41: 025308.
[38] Mihailov G M, Korzawin L N, Lebejeva M F, Baklagina Y G. J. Pract. Chem. (Russ), 1998, 71: 2040.
[39] Kaneda T, Katsura T, Kanji N, Makino H, Horio M. J. Appl. Polym. Sci. 1986, 32: 3133.
[40] Kaneda T, Katsura T, Kanji N, Makino H, Horio M. J. Appl. Polym. Sci. 1986, 32: 3151.

第 22 章　以聚酰亚胺为基体树脂的先进复合材料

22.1　引　　言

先进复合材料是指用高性能纤维(如碳纤维、硼纤维)及高强度、高模量有机纤维(如聚芳香酰胺纤维 Kevlar)作为基体的增强剂的复合材料。以合成树脂为基体、高性能纤维为增强剂的复合材料称为树脂基先进复合材料,以区别用玻璃纤维增强的塑料(玻璃钢)。迄今最重要的基体树脂仍然是环氧树脂,增强剂则为纤维的织物或连续纤维。复合的方法有用热熔法和溶液法浸涂纤维或织物做成预浸料,然后再在模具中加热加压成型。溶液法在聚酰亚胺基体树脂上使用得很普遍,因为许多聚酰亚胺既不能熔融也不能溶解,所以利用具有可溶性的前体溶液进行浸涂,但因此带来的问题是增加预浸料中的挥发成分,处理不当就会使复合材料带有高的孔隙率,影响了性能,同时在生产过程中也会带来环境问题。为了避免使用溶剂,也有报道用粉末预浸(powder impregnation)或以纤维混编(comingling of fibers)方法制备预浸料。前者是利用静电将树脂粉末附着在带电的纤维上,后者是将树脂预先纺成纤维与增强剂混合编织,然后压制成复合材料,但这些方法都具有较大的局限性。为了提高复合材料的制造效率,降低成本(复合材料的制造成本甚至可以占到总成本的 70%～80%),树脂传递模塑(resin transfer molding, RTM)和树脂浸入成型(resin infusion,RI)受到很大的重视,而这些技术都要求基体树脂具有很低的熔体黏度,同时又要求所得到的复合材料具有高的韧性,因此是聚酰亚胺基体树脂研究中一个极具挑战性的课题。

本章所涉及的聚酰亚胺树脂的化学问题可以参考第 2 章、第 5 章和第 6 章的相关内容,复合材料的加工问题可参考文献[1]。本章仅就聚酰亚胺基体树脂的结构和以其为基体的连续纤维或织物的复合材料的性能进行简单的介绍。

22.1.1　先进复合材料发展的推动力

发展先进复合材料的主要推动力是航空和航天工业对高的比模量和比强度材料的需求。表 22-1 列出了质量的减轻给飞行器带来的效益,表 22-2 则为一些材料的比模量和比强度。由表 22-1 可见,飞行器的速度越高,对降低本身质量的要求也越高。表 22-2 则表明树脂基复合材料在比模量和比强度可以远高于其他材料,说明这类材料在飞行器建造上的远大前景。

图 22-1 列出了飞行器的速度和在表面所产生的温度的关系[2]。虽然许多芳香结构的聚合物都具有高的热稳定性,但作为结构材料,其耐热性设计的根据是玻璃化温度,为了提高复合材料的使用温度,大量研究工作集中在以聚酰亚胺为基体树脂的先进复合材料上,因为聚酰亚胺可以有最高的 T_g,同时又有很大的结构和化学变化的可能性,可以满

表 22-1 由于材料质量的减轻而显示的经济效果(美元/千克)

地面车辆	2.5
小飞机	60
直升机	100
波音 747	450
近地卫星	2 000
同步卫星	20 000
航天飞机	30 000

表 22-2 一些材料的比模量和比强度

材料	密度 /(g/cm³)	抗拉强度 /MPa	抗拉模量 /GPa	比强度 /[MPa/(g/cm³)]	比模量 /[GPa/(g/cm³)]
结构钢	7.85	1197	206	152.6	26.3
铝合金	2.78	393	72.0	141.3	25.9
钛合金(Ti-6Al-4V)	4.52	1029	111	227.6	24.6
镁合金(AZ91D)	1.81	250	46.7	138	26.9
铝基金属复合材料 GLARE-1	2.34	1300	64.7	555.6	27.6
Celion 6000/PMR-15,0°/90°	1.60	736.6	69.5	460.4	43.4
G40-800/977-3(环氧),0°	1.70	2817	166.9	1657	98.2
IM-7/5250-4(BMI),0°	1.70	2887	200	1698	117.6
IM7/PEPI-5,0°	1.76	2993	179	1700.6	101.7
IM7/LaRC™-ITPI,0°	1.76	2371	137.8	1346.6	78.3
IM7/LaRC-SI	1.76	2504	167	1422.7	94.9

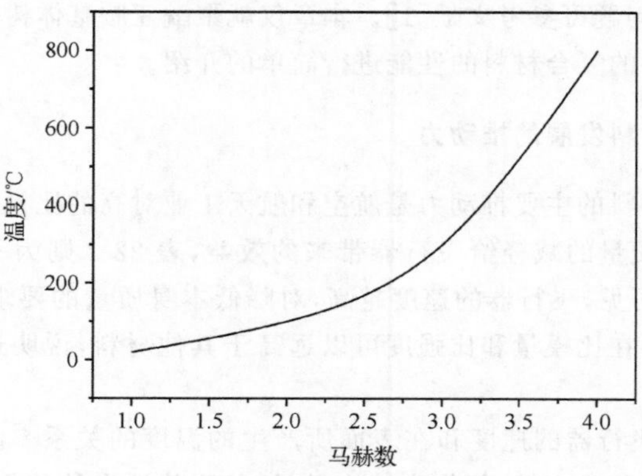

图 22-1 飞行器速度和表面温度的关系

足不同的需要。表 22-3 为环氧树脂和聚酰亚胺类树脂为基体的复合材料的使用温度。

由图 22-1 可以估计，对于飞机来说，当其马赫数(Mach number)①超过 2 时，就难以使用环氧树脂基的复合材料，当超过 3 时，树脂基复合材料就难以胜任了。在目前的技术水平下，或者在可见的相当长的时期内，超音速飞机的马赫数主要在 2.0～2.5 范围内，这正是聚酰亚胺复合材料发挥作用的区间。

表 22-3　先进复合材料的使用温度

基体树脂	长期使用温度/℃	短期使用温度/℃
环氧树脂	130	200
双马来酰亚胺	210	320
聚酰亚胺	300	540

22.1.2　适合于超音速客机使用的先进复合材料

将先进复合材料用在飞机的结构材料上是一个极具挑战性的工作，因为复合材料与金属比较具有更高的比强度和比模量，还可以在加工和成本上有更大的优势，所以在军机上早已经开始应用。出于对安全性的最高关注，客机的结构材料是要求最严格的材料之一。美国在 1989 年提出了建造超音速客机的计划(High Speed Civil Transportation, HSCT)，在随后的 5 年内投入了数亿美元，对当时已经具有可能性的耐高温树脂进行了全面的筛选，最后选定的是以联苯二酐(BPDA)，3，4′-二苯醚二胺(3，4′-ODA)，1，3，3-三苯二醚二胺(1，3，3-APB)及 4-苯炔基苯酐(PEPA)得到的聚酰亚胺，这类树脂将会在第 22.6 节中加以介绍。本节就 HSCT 的情况和对所需的复合材料的要求加以简单介绍。虽然该计划主要因为商业上的原因被暂时中止，但从已经取得的成果可以预见聚酰亚胺复合材料在今后的航空工业上将会占有的重要地位。

现已确定，HSCT 飞机一半的结构材料要采用以聚酰亚胺为基体，碳纤维增强的复合材料，相似结构的聚酰亚胺也被选用为该飞机的结构胶黏剂，即每架飞机上聚酰亚胺复合材料的用量达到 30 t，价值 750 万美元。这架飞机的一些参数列于表 22-4[3,4]。作为基体树脂，已经满足了可加工性、无毒、高韧性、在张力下耐溶剂的要求，在 177 ℃下长寿命和高的机械性能等要求。这个计划的实现，将使美国洛杉矶到上海的飞行由十多个小时缩短为 5～6 h，这不仅将是航空史上的一个里程碑，也将表明一个崭新的先进复合材料时代的开始。

表 22-4　HSCT 的一些技术参数

速度	马赫数 2.4(1600 km/h)
飞机表面温度	−54～177 ℃
要求使用时间	25 年
要求飞行时间	60 000 h(6.7 年)30 000 次飞行
载客量	300 位

① 指飞机的飞行速度与当地大气(即一定的高度、温度和大气密度)中的音速之比。

续表

每架飞机计划使用聚酰亚胺复合材料	30 t(占结构材料的 50%),价值 750 万美元
预期建造架数	500 架
飞行高度	19 000 m
可以连续飞行的距离	9260 km
最大载重量	350 t
空载重量	140 t
机翼面积	660 m^2
长度	95 m

22.2　以双马来酰亚胺为基体树脂的复合材料

BMI 复合材料是在 20 世纪 80 年代初发展起来的,在 149～232 ℃都具有优越的机械性能,只是损伤容限较低。BMI 的使用温度处于环氧和聚酰亚胺之间,其最大的优点是可以采用类似于环氧树脂的加工工艺,并且在加工过程中不放出挥发物。如在第 6 章已经述及,BMI 由于太脆,很少单独使用,作为复合材料的基体树脂也都进行了改性,以 BMI 为基体树脂的先进复合材料有很多牌号,由于商业上的原因,其配方大都未予以公开。对于 BMI 基复合材料的性能,文献[1]中已有很好的介绍,这里只是提供一些补充材料。

表 22-5 和表 22-6 给出了一些典型的复合材料的韧性数据[4],由这些数据看出,当时的材料还不能满足 HSCT 的要求。

表 22-5　BMI 和环氧树脂的抗冲强度和冲击后抗压强度

	抗冲强度/(kJ/m)	冲击后抗压强度/MPa
HSCT 要求	9.0	380
最好的 BMI	6.7	343
最好的环氧树脂	6.7	366

表 22-6　复合材料的断裂韧性

材料	G_{IC}/(J/m^2)
HSCT 要求	720
BMI5250-4/IM7	500
BMI5260-4/IM7	575
PMR-15/celion	500

Cytec Fiberite 开发了 Cycom 5250,主要目的就是对 BMI 的损伤容限进行改善。由于其全面的性能,Cycom 5250 被选为先进战术战斗机原型 F-22 和 F-23 的主要结构材料。其中 Cycom 5250-4 已经被选为正式投产的 F-22 猛禽战斗机的结构材料,其性能与

当时最好的环氧树脂基复合材料的比较见表 22-7 和表 22-8[5]。

表 22-7　5250-4 和当时最好的环氧树脂的碳纤维复合材料的性能

性能		5250-4/IM-7 BMI	977-3/G40-800 环氧	5276-1/G40-800 环氧
0°抗张强度/MPa		2887	2817	2887
0°抗张模量/GPa		200	166.9	167.6
0°抗压强度/MPa		1725	1725	1620
(82℃,湿)		1620	1479	1338
开孔抗压强度/MPa	RT	331.0	331.0	316.9
	82℃,湿	288.7	288.7	253.5
	121℃,湿	267.6	267.6	197.2
	177℃,湿	246.5	—	—
	冲击后抗压强度/MPa (1500 in·lb/in)	190.1～204.2	183.1～204.2	309.9～331.0
T_g/℃ (DMA)	干	282	210	182
	湿	210	163	143

复合材料的使用温度常常被定为在湿气饱和后的样品的开孔抗压强度为 211 MPa 的温度。对于 5250-4/IM-7,其使用温度至少可以达到 177℃。

Cycom 5250-4 优点是:①在较高温度下,机械性能高于环氧,所以可以获得较低的质量和较高的安全性;②可以采用环氧树脂那样标准的热压罐加工方法;③装配成本与环氧类似。

F-22 战斗机采用的复合材料占 24%,其中 Cycom 5250-4 占 50%。机翼上使用了 35%的复合材料,亦即每个机翼使用复合材料 700 lb①,其中主要都是 5250-4/IM-7。用来制造复杂的夹层结构的黏合剂为 FM-2550 BMI。F-22 的马赫数为 1.5。

表 22-8　5250-4/IM-7 的抗压性能

固化制度	OHC/MPa		冲击后抗压强度/MPa (750 kg·cm/cm)	T_g/℃
	82℃,湿	121℃,湿		
177℃,6 h+	288.8	267.6	190.1～204	282
227℃,2 h	295.8	—	197.2	251
191℃,6 h	295.8	267.6	197.2	247

5250-4 基复合材料可以在 232℃使用,但其使用寿命受热氧化稳定性的限制,只能达到 3000 h。PMR-15 的高温性能比 5250-4 好但难以用在 RTM 上。所以需要一种在性能上接近 PMR-15,但加工性能接近 5250-4 的 BMI。5270-1 是 BMI 树脂中具有最高高温性能的品种,而且可以用 RTM 方法加工。在 232℃和 260℃,5270-1 的失重比 PMR-15 高 1 倍,但远远低于 5250-4,该种树脂的结构尚未见公开。

① 磅,非法定单位,1 lb=0.453 592 kg。

HG9107是一种半互穿网络的BMI，具有低吸水、容易加工的性能，其复合材料在260℃(干)和177℃(湿)仍具有好的机械性能。在177℃类似环氧树脂的条件下固化，但需要在227℃进行后固化，复合材料的性能见表22-9[6]。

表 22-9　HG9107/Apollo IM 复合材料的性能

	强度/MPa	模量/GPa
0°抗张性能，RT	2067	176.4
0°抗弯性能，RT	1488	138.5
RT，湿	1371	147.5
177℃	1171	137.8
177℃，湿	999	137.8
204℃，湿	169	99.9
232℃	222	97.8
90°抗弯性能，RT	74.4	10.2
0°层间抗剪强度，RT	93.7	
RT，湿	84.1	
177℃	74.4	
177℃，湿	44.1	
204℃，湿	6.9	
232℃	50.3	
边缘起层强度($\pm 25°_2$，90°)	179	
面内抗剪强度，±45°拉伸		
149℃，湿	90.9	2.27
163℃，湿	71.2	1.38
177℃	45.5	1.31
0°抗压性能，RT	1344	179.8
RT，湿	1226	161.9
177℃	1089	178.5
177℃，湿	827	151.6
218℃，湿	503	136.4
232℃	779	177.1
G_{IC}/(J/m²)	333	

Hsu等[7]报道了由双马来酰亚胺和双衣康酰亚胺所得到的复合材料，两者的组成与其性能见式22-1，表22-10和表22-11。

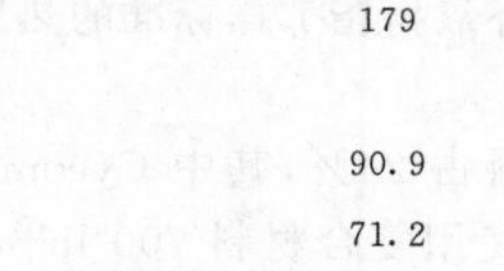

名称	R′	R
BMI-1	R′＝H	
MBMI-1	R′＝CH_3	
BMI-2	R′＝H	
MBMI-2	R′＝CH_3	

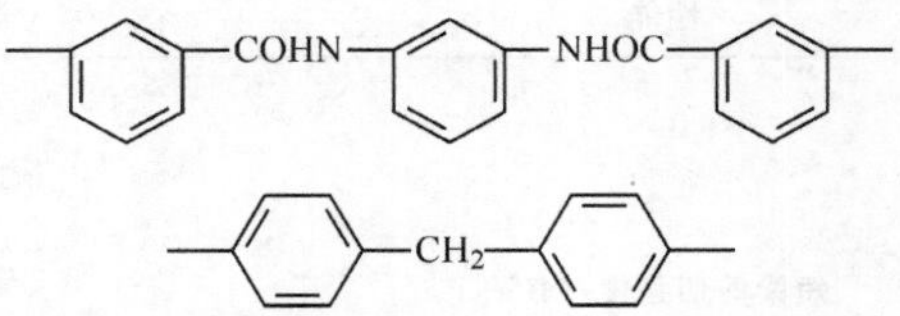

式 22-1　双马来酰亚胺和双衣康酰亚胺基体树脂

表 22-10　由 BMI-1/MBMI-1 得到的碳布复合材料

性能	BMI-1/MBMI-1(物质的量比)				
	1∶0	2∶1	1∶1	1∶2	0∶1
树脂含量/%	41.0	31.9	31.0	23.2	29
LOI/%	65.0	59.5	64.0	69.0	64.0
短梁剪切强度/MPa	12.7	34.7	34.9	35.9	34.1
抗弯强度/MPa	397.2	573.2	1088.7	610.6	740.8
抗弯模量/GPa	51.3	61.5	76.1	75.7	65.6
抗张强度/MPa	450.7	705.6	1056.3	572.5	583.8
抗张模量/GPa	9.2	14.1	13.4	16.2	12.0
断裂伸长率/%	6.5	6.4	6.5	4.5	5.0

表 22-11　由 BMI-2/MBMI-2 得到的碳布复合材料

性能	BMI-2/MBMI-2(物质的量比)					
	1∶0	3∶1	2∶1	1∶1	1∶2	1∶3
树脂含量/%	28	20.3	23.2	21.0	22.1	23.9
LOI/%	65.4	63.0	60.0	62.7	64.0	63.1
短梁剪切强度/MPa	18.3	26.3	28.9	30.4	37.1	21.2
抗弯强度/MPa	293.5	512.3	541.9	609.6	617.7	319.5
抗弯模量/GPa	65.1	73.0	64.5	75.3	72.5	64.9
抗张强度/MPa	464.8	361.3	497.2	508.5	537.3	535.2
抗张模量/GPa	18.3	14.1	12.0	16.2	16.2	19.0
断裂伸长率/%	4.5	4.4	4.6	4.3	4.5	4.7

Hinkley 等[8]用 MDA-BMI 与二烯丙基双酚 A(式 22-2)以 1.00∶0.87 的比例作为基体树脂(Xu-292),以 AS-4,12k 碳纤维为增强剂,在模具中 180 ℃热压 1 h,在 200 ℃压 2 h,然后在 250℃后固化 6 h,其复合材料的性能见表 22-12。

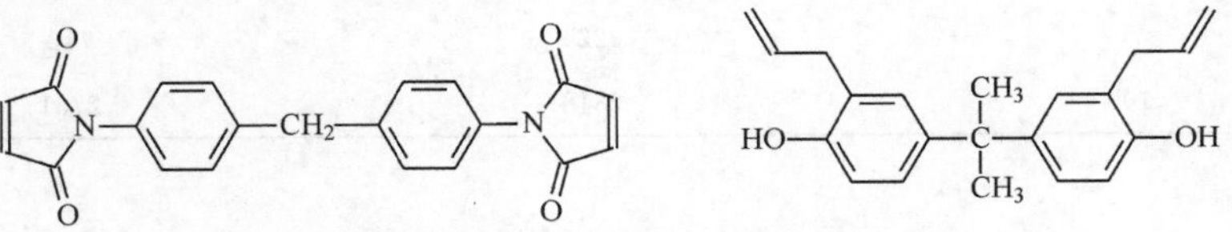

式 22-2　MDA 的 BMI 和二烯丙基双酚 A

表 22-12 Xu-292 复合材料

性能	测试条件		数值
短梁剪切强度/MPa	25 ℃		125.4
	177℃,干		83.8
	232 ℃,干		80.3
	71℃,95%RH 老化 2 周后,177 ℃,湿		54.2
	232℃,1000 h 老化后	25 ℃	107.0
		177 ℃	57.0
抗弯强度/MPa	25 ℃		1901
	177 ℃,干		1542
	71 ℃,95%RH 老化 2 周后,177 ℃,湿		1144
抗弯模量/GPa	25℃		147.9
	177 ℃,干		147.9
	71 ℃,95%RH 老化 2 周后,177℃,湿		146.5

Rakutt 等[9]用聚醚酰亚胺(PEI)Ultem1000 增韧 Compimide 796 与 Compimide 123 的 65 : 35 的混合物,其增韧效果见表 22-13 和表 22-14。Compimide 796 为 BMI,Compimide 123 为式 22-3 所示的二烯丙基化合物,增强剂为 Celion 3000 碳纤维平纹布。用二氯甲烷溶液浸涂,在 80 ℃和 100 ℃真空干燥后挥发物含量为 0.8%。PEI 的增韧效果是明显的,但过多的 PEI 则使复合材料的机械性能下降。

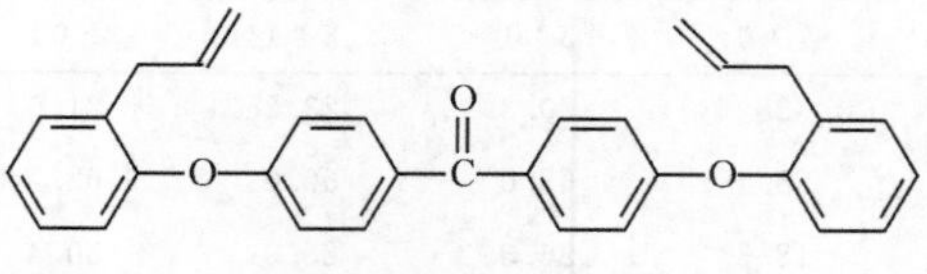

式 22-3 Compimide 123

表 22-13 BMI/PEI 碳纤维复合材料的断裂韧性

PEI 含量/%	复合材料的 G_{IC}/(J/m²)	纯树脂的 G_{IC}/(J/m²)
0	355	62
10	388	136
20	379	227
30	406	250
40	950	188
70	2224	712
100	2318	2731

表 22-14　BMI/PEI 碳纤维复合材料的机械性能

PEI 含量/%		0	10	20	30	40	70	100
纤维含量/%		58.6	56.6	60.2	56.3	55.5	54.9	53.4
层间抗剪	23 ℃	74.3	76.3	76.6	76.5	82.0	78.2	72.9
强度/MPa	177 ℃	64.9	57.8	59.6	54.7	55.1	46.4	42.9
抗弯强度	23 ℃	875	871	796	816	832	586	768
/MPa	177 ℃	824	752	784	697	667	419	623
抗压强度/MPa	23 ℃	764	722	605	588	557	383	512

BMI 树脂基复合材料的性能取决于 BMI 中所用的二胺结构，为了能够了解其他类型的 BMI 的性能，表 22-15 列出了由多种二胺得到的 BMI 的玻璃纤维复合材料的性能[10]。

表 22-15　以各种 BMI 树脂为基体的玻璃纤维增强塑料

二胺	25%NaOH 中的变化		密度	抗弯强度	抗压强度	抗冲强度	罗式硬度	介电强度
	厚度	质量	/(g/cm³)	/MPa	/MPa	/MPa		/(kV/mm)
乙二胺	1.0	1.3	1.81	175	205	201	115	12.5
己二胺	1.1	1.2	1.59	292	250	286	118	13.5
MPD	0.8	1.3	1.82	207	245	240	128	16.0
PPD	0.9	0.9	1.76	125	160	152	132	17.0
Bz	1.0	0.8	1.75	170	192	202	122	13.6
MDA	0.9	13	1.65	172	198	195	122	14.7
ODA	0.8	0.9	1.53	173	185	203	117	12.5
DDS	0.8	0.8	1.55	175	194	205	117	12.7

注：E 玻璃布，10 mm，8 层，树脂含量：40%±2%，糠醛树脂∶BMI＝2∶1，固化：140 ℃±10 ℃，12 h，0.42～0.50 MPa。

22.3　PMR-15 复合材料

PMR-15（结构和反应见第 5 章）是 NASA Lewis 研究中心在 20 世纪 70 年代开发的复合材料，认为可以在 316 ℃下使用。PMR-15 由于在树脂合成方法和加工上的独创性，开辟了由聚酰亚胺为基体树脂的一个新时代，这种复合材料也是被研究得最为充分的聚酰亚胺材料之一。

22.3.1　PMR-15 预浸料的制备

PMR-15 预浸料可有两种制备方法，最普遍使用的方法是用固含量为 50% 的三种单体[二苯酮四酸二甲酯（BTDE）、降冰片二酸单甲酯（NE）及二氨基二苯基甲烷（MDA），见式 22-4]的甲醇的溶液浸渍碳纤维，然后加热使甲醇含量降低到质量的 5%～10%。残留的甲醇使预浸料具有黏性，以利于预浸料按所希望的方式铺叠。制成的预浸料用聚乙烯薄膜隔开卷成卷，在 −18 ℃下储存以阻止单体的进一步反应。在预浸料的制备中，浸渍的参数必须严格控制，例如热历史就是十分关键的参数。

另一种方法是将 PMR-15 甲醇溶液在 21～32 ℃真空干燥除去甲醇，这样得到的粉末就不会进一步酯化，储存 11 个月仍可保持原来质量。PMR-15 粉末已经用来制备预浸料并且得到满意的结果。

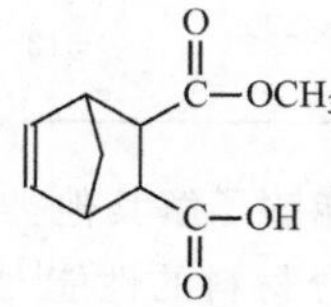
NE

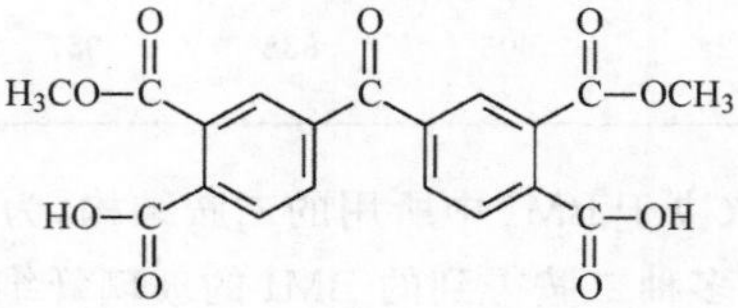
BTDE

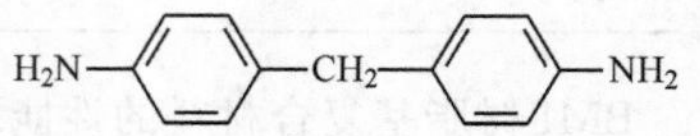
MDA

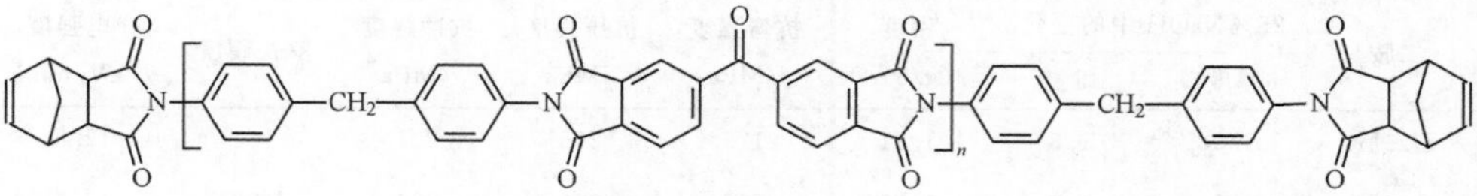
式 22-4　PMR-15，$n=2.087$

22.3.2　PMR-15 复合材料的制备

PMR-15 可以用热压或在热压罐中成型，最高成型温度为 330 ℃，2～3 h，再在相同温度下后固化 4 h。将预浸料铺叠好后放入真空炉中，以一定时间加热使三种单体反应转化为酰亚胺预聚物，并除去所有溶剂和反应中产生的挥发物。然后取出放入模具中在设定的温度、压力和时间成型，压制条件见图 22-2。

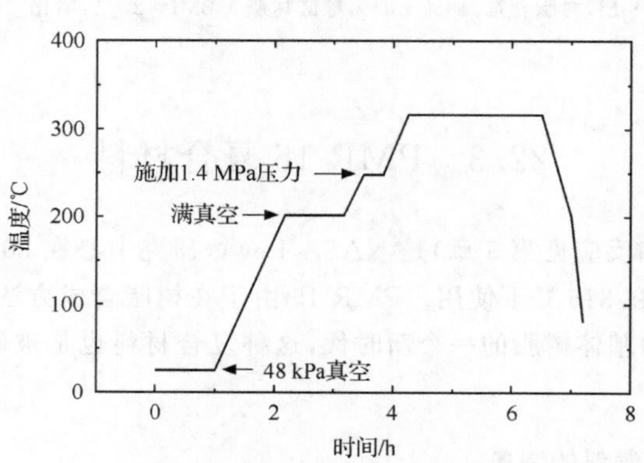

图 22-2　碳纤维/PMR-15 复合材料的压制条件

22.3.3　PMR-15 复合材料的性能

Pater[11] 报道的用 Celion 6000 碳纤维增强的 PMR-15 复合材料的典型性能见表 22-16。

表 22-16　Celion 6000/PMR-15 复合材料的典型性能

性能		数值
纤维体积分数/%		60
抗弯强度/MPa	23℃	1846
	316℃	1096
抗弯模量/GPa	23℃	114
	316℃	91
层间剪切强度/MPa	23℃	110
	316℃	55

Bowles[12] 研究了用各种纤维与 PMR-15 得到的复合材料的性能(表 22-17),碳纤维的性能见表 22-18,纤维的性能及浆料的种类都可以对复合材料的性能产生重大的影响。

表 22-17　PMR-15 与各种碳纤维制得的复合材料的性能

	Celion 6000 (U)	T-40R (U)	Nicalon (S)	Nicalon (PVA)	Nicalon (BMIC)	Nextel (U)
抗弯强度/GPa	1.65	0.88	1.0	0.9	2.05	0.5
抗弯强度/GPa	2.28	2.03	1.45	1.35	1.50	0.68
抗弯模量/GPa	113.9	75.5	88.0	61.0	105.0	28.5
层间剪切/MPa	103.4	75.0	35.6	35.6	118.4	45.8
纤维体积分数/%	60.0	55.7	52.6	49	55.0	49.2

注：U：未挂浆；S：去浆料；PVA：用聚乙酸乙烯酯上浆；BMIC：用 BMI 上浆。

表 22-18　碳纤维的性能

	Celion 6000	Nicalon	T-40R	Nextel 312
抗张强度/MPa	3890	2700	3640	1380～1724
抗张模量/GPa	235	200	296	152
断裂伸长率/%	1.65	1.38	1.23	0.91～1.14
密度/(g/cm³)	1.77	2.55	1.775	2.7
纤维直径/μm	7.1	10-15	10	10-12

Sheppard[13] 报道了 PMR-15/T40B 复合材料的老化性能(表 22-19),可见在 288℃老化 5000 h 后仍可以保持其基本性能。

表 22-19 T40B/PMR-15 复合材料的老化性能

温度/℃	288℃老化时间/h	层间抗剪强度/MPa	失重/%
RT	0	88.7	—
288	0	52.1	
RT	1000	104.9	0.77
288	1000	51.4	
RT	2000	83.8	2.13
288	2000	57.0	
288	5000	50.0	5.86
288	6000	45.8	7.48

注：纤维含量：65.8%(体积分数)。

Rolls-Royce 公司还对 PMR-15 复合材料进行过详细的热循环测试[14]。PMR-15 复合材料的热循环试验在－18～232℃进行，升温速率为 43℃/min，降温速率为 10℃/min，在每个温度停留 10 min(表 22-20)。碳纤维为 Celion 3000 碳布，纤维含量 59.1%，288℃热压罐加工，316℃后固化。抗压疲劳试验是施加抗张强度的 0～30%的应力以 60 min^{-1} 的频率进行。湿热试验是让样品吸水 1%，然后再进行 10 个热循环。龟裂测试是将样品切开，放在树脂溶液中，取出后进行表面抛光，在用光学显微镜检查，最后归一到每 25 mm 龟裂数目。复合材料热循环测试结果见表 22-21 至表 22-23。

表 22-20 Celion 3000/PMR-15 复合材料热循环测试

组别	条件
1	空白
2	在 232℃等温老化 1000 h
3	1000 个疲劳循环
4	1000 个热循环
5	1000 个热循环＋在 232℃等温老化 1000 h
6	1000 个热循环＋1000 个疲劳循环
7	1000 个热循环＋2%热循环在－55～232℃进行
8	1000 个热循环＋湿处理 1%＋10 个循环
9	2000 个热循环
10	2000 个热循环＋在 232℃等温老化 1000 h
11	2000 个热循环＋1000 个疲劳循环
12	2000 个热循环＋2%热循环在－55～232℃进行
13	2000 个热循环
14	2000 个热循环＋2%热循环在－55～232℃进行

表 22-21　Celion 3000/PMR-15 复合材料热循环测试结果

组别	抗张强度/MPa 铺层(0/90°)$_6$		抗张强度/MPa 铺层(±45°)$_6$		抗压强度/MPa 铺层(0/90°)$_6$	
	RT	232℃	RT	232℃	RT	232℃
1	736.6	689.5	97.0	72.9	623.4	460.8
2	820.4	818.4	80.3	71.1	468.3	518.5
3	—	—	—	—	624.3	433.2
4	667.3	661.8	92.2	74.2	555.5	321.4
5	753.6	802.8	80.7	74.8	394.1	382.9
6	825.8	826.5	88.1	73.5	528.7	344.3
7	770.3	638.4	90.6	77.6	634.0	468.0
9	751.6	838.7	92.7	69.4	457.3	409.2
10	729.4	764.4	73.7	67.2	379.2	335.4
11	823.2	800.6	87.7	61.1	599.3	435.5
12	700.1	706.0	91.8	74.5	461.1	425.9
13	759.4	771.8	63.7	60.5	328.7	228.5
14	747.4	790.3	66.7	54.8	252.4	250.5
组别	抗张模量/GPa 铺层(0/90°)$_6$		抗张模量/GPa 铺层(±45°)$_6$		抗压模量/GPa 铺层(0/90°)$_6$	
	RT	232℃	RT	232℃	RT	232℃
1	69.5	67.5	4.52	3.59	60.7	57.4
2	65.6	67.0	4.35	3.42	57.1	74.3
3	—	—	—	—	—	—
4	66.4	66.7	4.67	3.67	56.7	63.2
5	66.3	70.5	4.55	3.55	65.7	71.7
6	69.6	67.6	4.71	3.14	62.2	55.8
7	66.8	65.4	4.46	3.96	61.3	77.5
9	64.2	70.5	5.0	3.23	57.7	66.6
10	63.6	68.0	4.56	3.44	59.1	78.5
11	66.0	65.8	4.19	2.34	68.9	75.4
12	67.4	65.9	4.90	3.10	61.5	81.6
13	4.64	73.4	4.0	3.88	63.6	77.5
14	66.7	73.0	4.07	3.15	63.3	85.4

表 22-22　Celion 3000/PMR-15 复合材料热循环测试龟裂分布(龟裂数目/25 mm)

组别	光滑面(模具侧)	粗糙面	内层	总计
1	0	0	0	0
2	18	24	6	48
3	0	0	0	0
4	11	15	7	33
5	19	19	33	71
6	9	8	1	18
6A	15	19	53	87
7	10	12	3	25
9	16	18	28	62
10	19	19	83	121
11	15	20	44	79
12	16	17	25	58
13	18	21	180	219
14	19	26	209	254

表 22-23　干、湿 Celion 3000/PMR-15 复合材料热循环测试样品中龟裂分布

循环数	条件	光滑面(工具侧)	粗糙面	内层	总计
1000	干	11	15	7	33
1000	干	9	12	11	32
+10	湿	9	14	11	34
1000	干	10	12	8	30
+20	湿	12	15	13	40
1000	干	7	13	10	30
+30	湿	10	14	12	36
1000	干	11	11	10	32
+40	湿	12	14	11	37
1000	干	14	15	14	43
+50	湿	15	15	18	48
1000	干	11	13	10	34
+10	湿	15	17	17	49

热循环的结果与铺层方式很有关系,对于 0/90°的铺层,即使热循环 5000 次也并没有引起性能的显著的变化,但对于±45°的铺层,虽然在热循环 2000 次时还未见明显变化,但在 5000 次热循环后,抗张强度降低了 34%。抗压强度发生明显变化可能是由龟裂所造成。由表 22-22 可见,只有内部龟裂的增加才会对性能产生严重的影响。内外龟裂的不同可能是冷却速度的不同而引起的。随着相同速度的热循环,内部龟裂增加可能与疲

劳有关。同时也看出，在−55～232 ℃的补充循环并未造成显著影响。吸湿后再热循环则会增加龟裂。由此可以得出如下结论：

(1) 热循环最初在复合材料的外层产生龟裂，直到达到应力松弛为止。进一步的热循环则在内层产生龟裂，这种龟裂即使到 5000 个循环还未见出现平台。

(2) 龟裂可以使树脂控制的强度(抗压、抗剪)降低，对于模量影响不大，对于纤维控制的性能没有影响。

(3) 增加在更低温度(−55 ℃)下的热循环并不会产生有害的影响。

(4) 热循环后再进行热老化会增加内层的龟裂，所以也降低了树脂控制的性能。但这并不会在 232 ℃老化 1000 h 后增加失重。

(5) 抗压疲劳试验 1000 次并未对龟裂及性能带来影响。

(6) 吸水 1%的样品的龟裂没有明显增加。

22.3.4 以异丙酯代替甲酯制备 PMR 树脂

PMR 方法采用四酸的二甲酯和降冰片二酸单甲酯为原料，优点是固化时甲醇容易挥发逸出，但储存寿命短，容易发生沉淀变质。Alston 等[15]采用异丙酯代替甲酯，可大大提高 PMR 溶液的储存寿命，例如 PMR-15 以甲酯为原料，在甲醇中室温下 17～21 天就开始出现沉淀。如以异丙酯为原料，在异丙醇中室温放置 700 天才出现沉淀。对于 PMR-Ⅱ50(见第 22.4.4 节)和 VCAP-75(见第 22.4.7 节)，甲酯的 PMR 在室温储存 6 个月后，对复合材料性能造成明显的影响，而对于异丙酯 PMR，即使在室温储存 1 年后，也没有对复合材料造成影响。异丙酯 PMR 的缺点是加工条件的控制，而且得到的复合材料孔隙率比甲酯 PMR 高。

22.3.5 PMR-15 复合材料存在的问题[16]

要使 PMR-15 广泛地用于航空、航天工业，还有一些问题必须被克服，而有些问题对于许多 PMR 体系则是共同的。

(1) 预浸带质量的控制：PMR-15 预浸带对于环境十分敏感，必须保证有正确的操作和储存方法。相应地，对于预浸带的质量，特别是原料的化学纯度应当加以检测，最有效的方法是采用 HPLC。此外用来检测的还有力学谱，特别是流变动态谱(rheometric dynamic spectroscopy，RDS)。在复合材料加工时，温度和时间的细小变化都可以在 RDS 中反映出来。

(2) 预浸带的批次质量稳定性：批次质量稳定是航空工业界的主要要求。除了上述加工条件之外，预聚物的相对分子质量和相对分子质量分布对于黏度特性是很重要的，挥发物也是一个问题，甚至有在后固化时发生爆炸性的脱层现象。

(3) 龟裂：PMR-15/碳纤维复合材料在环境作用下会产生龟裂，导致机械性能的恶化。例如以在−50 ℃经 30 min，20 s 内转移到 232 ℃经 30 min 为一个循环，经过 1600 个循环后，其抗压强度和层间抗剪强度都下降了 50%以上。改善的方法有改变预浸带的叠层方式，改善加工制度以减小热应力，改变结构以降低树脂的吸水性等。降低固化温度常常可以简单地解决这个问题。龟裂的产生是和材料中残留的热应力有关，纤维和树脂的热膨胀系数的不匹配、高的固化温度及高的模量都会引起内应力。将固化温度降到280～290 ℃可以显著降低龟裂的产生，在较低温度固化后再给以较长时间的后固化，还是可以使材料具有可接受的机械性能。低温固化可能会减低树脂的模量，对于模型物的研究见文献[17]。也有人认为表面层的缺树脂会引起龟裂。改善表面树脂的缺失，可以在表面层采用很细的碳纤维等措施可以减少甚至消除龟裂。

(4) 毒性：4,4′-二氨基二苯基甲烷虽然已被应用多年，但认为可能具有致癌性[18]，所以有许多工作致力于采用其他毒性较小的二胺以代替 MDA，但实践证明并不容易。因为 MDA 在 PMR-15 的固化中起到和降冰片烯协同的作用，如果改用 ODA，老化时失重增加，高温机械性能也会降低。也试用过一些其他二胺，但效果并不理想，如导致 T_g 或耐老化性能的降低等，因此目前还只能在生产中改善设备和操作条件以防止 MDA 的毒害。以作者实验室改进的 PMR 方法[19]可以将游离的 MDA 含量降低到 10%以下，也是一个可用的途径。

(5) 高温加工：PMR-15 在 300～330 ℃的加工条件不但消耗大量能源，更重要的是辅助材料(真空袋及密封材料等)难以满足高温的要求。采用间氨基苯乙烯代替 NE 或用对氨基苯乙烯代替部分 NE 可以将固化温度降低 56 ℃，即在 260 ℃下加工[20]，但只有后者可满足 316 ℃使用温度的要求。添加少量 *N*-苯基降冰片酰亚胺可以进行常压加工，其性能并不明显降低。

(6) 长期热氧化稳定性：PMR-15 可以在 250～300 ℃下长期使用，改变组分可以提高使用温度，但那就不是 PMR-15 了。另一条提高热氧化稳定性的途径是优化纤维和纤维/树脂的界面。Celion 6000u 碳纤维的复合材料虽然起始层间抗剪强度较低，但是经过老化后其性能有较大的提高，优于其他碳纤维。

(7) PMR 方法一个最大的限制是因为使用溶剂及在固化过程中放出低分子挥发物，所以不能使用 RTM 方法加工。

(8) PMR-15 的另一个限制是树脂溶液的稳定性低，即使在低温下也只能储存数个月，同时可以采用该法的树脂组分也受到很大限制，例如用联苯四酸二甲酯代替 BTDE 就会在醇类溶剂中产生沉淀。中国科学院长春应用化学研究所曾对 PMR-15 溶液的制备方法进行了改进，详细情况见第 5 章及文献[19]。

所以可以认为，在随后的有关先进复合材料基体树脂的大量工作都是为了克服 PMR-15 存在的问题而进行的。

22.4 其他 PMR 复合材料

22.4.1 PMR-15 的变种

Vannucci[21]研究了不同配比的 PMR 树脂的性能，由表 22-24 可见，端基之间的链越长(即式 22-4 中的 *n* 越大)，所得到的树脂的 T_g 越低，老化性能则有所提高，但加工性能相应有所降低，所以复合材料的孔隙率随着 *n* 的增加而增加[22]。

表 22-24　不同 *n* 值的 PMR 树脂

树脂	NE/%	*n*	T_g/℃		371℃失重/%		复合材料孔隙率/%
			371℃,24 h	371℃,50 h	300 h,1 atm	75 h,4 atm	
PMR-15	21.8	2.09	370	388	18.0	18.2	1.2
PMR-30	10.9	5.2	365	375	12.0	14.0	2.0
PMR-50	6.5	9.3	363	375	13.0	13.0	3.2
PMR-75	4.4	14.5	358	370	10.5	13.8	4.9

Vannucci 等[22]也研究了由 Celion 6000 增强的各种 PMR 树脂基复合材料的性能(表 22-25)。

表 22-25　Celion 6000 增强的各种 PMR 树脂基复合材料的性能

树脂组成	纤维含量/%	T_g/℃	性能	室温	316℃	316℃，1500 h
NE/BTDE/MDA(PMR-15)	58.0	350	抗弯强度/MPa	1718	986	951
			抗弯模量/GPa	116.2	107.0	88.0
			层间剪切强度/MPa	105.6	50.7	49.3
			失重/%			10.0
NE/BTDE/BDAF	56.0	290.1	抗弯强度/MPa	1690	866	
			抗弯模量/GPa	121.8	66.9	
			层间剪切强度/MPa	102.1	47.2	
NE/PMDE/BDAF	58.0	330	抗弯强度/MPa	1549	775	570
			抗弯模量/GPa	123.2	104.9	56.3
			层间剪切强度/MPa	97.2	43.7	31.7
			失重/%			13.0
NE/BTDE/MDA∶BDAF(4∶1)		322	抗弯强度/MPa	1796	662	901
			抗弯模量/GPa	125.4	78.9	70.4
			层间剪切强度/MPa	110.6	43.0	40.1
			失重/%			13.7
NE/BTDE/MDA∶PPD(4∶1)		324	抗弯强度/MPa	1683	606	599
			抗弯模量/GPa	112.6	77.5	59.9
			层间剪切强度/MPa	112.0	34.5	30.3
			失重/%			20.0
NE/BTDE/MDA∶PPD(3∶2)		332	抗弯强度/MPa	1704	704	613
			抗弯模量/GPa	120.0	88.0	70.4
			层间剪切强度/MPa	100.0	46.5	35.9
			失重/%			16.5

22.4.2 LaRC-160

LaRC 160 是由一种叫作 Jeffamine AP22 的低熔点的二胺代替 MDA,其他组分和比例都与 PMR-15 相同的基体树脂。预浸料有很好的黏性和可操作性。NASA 和 Rolls-Royce 都对 PMR-15 和 LaRC-160 复合材料进行了比较。Rolls-Royce 用碳纤维 T300 和 Celion 6000 对两种基体树脂的复合材料在 250 ℃进行试验,老化失重情况见表 22-26[4]。

表 22-26 250 ℃老化失重(%)

时间/h	Celion 6000/PMR-15	Celion 6000/LaRC-160	T300/PMR-15	T300/LaRC-160
1000	0.5	2.0	0.2	2.0
2000	1.2	2.8	4.0	6.0
3000	2.0	4.0	6.0	9.0
4000	2.0	5.7	7.5	11.5
4500	2.0	7.0	11.8	16.2

PMR-15 的短梁剪切强度在 177 ℃老化 10 000 h 保持不变。在 232 ℃ 2000 h 达到最高,然后降低。在 204 ℃老化 15 000 h 后,在室温、232 ℃和 288 ℃下测得的抗弯强度没有变化。在 232 ℃老化 15 000 h 后,室温和 288 ℃的性能有所降低。在 260 ℃老化 5000 h 和 288 ℃老化 2000 h 后,室温抗弯强度降低,但在 232 ℃和 288 ℃的性能并未降低。

NASA 则以 Celion 6000 为增强剂,两种复合材料的性能见表 22-27[8]。

表 22-27 PMR-15 和 LaRC-160 复合材料性能比较

性能		PMR-15	LaRC-160
纤维体积含量/%		61	58
孔隙率/%		<1	<1
T_g/℃		333	350
短梁抗剪强度/MPa	23 ℃	97.2	103.4
	232 ℃	54.0	72.4
	288 ℃	38.4	60.0
抗弯强度/MPa	23 ℃	1670	1755
	232 ℃	1172	1295
	288 ℃	1145	1135

22.4.3 由 ODPA 和 BPDA 代替 BTDA 的 PMR 聚酰亚胺树脂及复合材料

中国科学院长春应用化学研究所在 20 世纪 90 年代初期用改进的 PMR 方法,以 3,3′,4,4′-二苯醚四酸二酯或 3,3′,4,4′-联苯四酸二酯代替 BTDE(相应为 POI-M 和 PBPI-M),以醚类为溶剂得到了室温储存稳定性可达一年以上的预聚物溶液。由该树脂和碳纤维得到的复合材料未经优化的性能见表 22-28。

表 22-28　用改进的 PMR 方法得到的树脂制成的碳纤维复合材料的性能

性能		POI-M	PBPI-M	PMR-15[a]
碳纤维[b]体积分数/%		55	53	52
T_g/℃		344	407	360
层间抗剪强度	室温	100	91	105
/MPa	260 ℃	46	57	53
抗弯强度	室温	1723	1404	1714
/MPa	260 ℃	968	957	1119
抗弯模量	室温	102	91	106
/GPa	260 ℃	97	57	101
断裂韧性 G_{IC}/(J/m^2)		372	728	209

a：本实验室制备的样品，b：碳纤维为 CTU2。

由表 22-28 可见，以联苯四酸得到的复合材料具有出人意料的高断裂韧性和可预见的高 T_g，揭示了联苯基聚酰亚胺基体树脂的可喜前景。

22.4.4　PMR-Ⅱ

PMR-Ⅱ被认为是 PMR-15 的第二代，其结构见式 22-5。

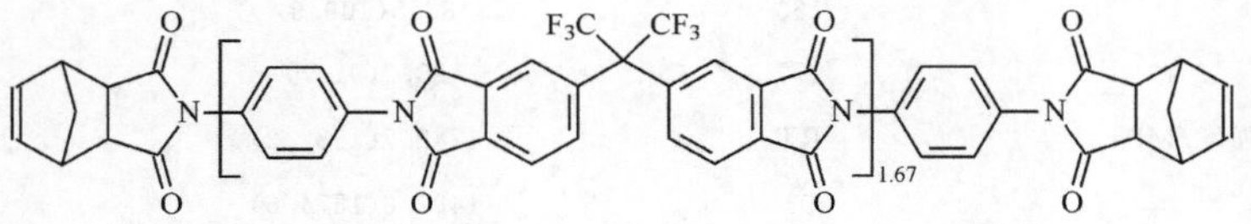

式 22-5　PMR-Ⅱ

当增加预聚物的相对分子质量时，交联后的树脂的热稳定性有所增加，这应当归因于由端基交联产生的脂肪结构的减少[21]。相对分子质量为 5000 的树脂基复合材料(PMR-Ⅱ-50)可以用热压罐成型得到高质量的制品。最高加工温度为 371 ℃。老化后的失重远低于 PMR-15。其性能见表 22-29 和表 22-30。

表 22-29　以 Celion 6000 增强的 PMR-Ⅱ-50 复合材料的性能

性能		数值
玻璃化温度/℃		370
抗弯强度/MPa	23 ℃	1840
	343 ℃	593
短梁剪切强度/MPa	23 ℃	112
	343 ℃	46

注：PMR-Ⅱ-50 为式 22-5 中 $n=9$ 的树脂。

表 22-30　T650-35/PMR-Ⅱ-78 复合材料的性能[22]

测试温度/℃	抗弯强度/MPa	抗弯模量/GPa	短梁剪切强度/MPa
RT	1486	121.8	80.3
316	883	120.0	45.8
371	690	93.0	33.1

这种材料对于航空发动机是有兴趣的，但是其加工性能，材料的成本，对苯二胺的毒性和氧化敏感性及龟裂的产生仍有待解决。

22.4.5　LaRC-RP46

用 3,4′-ODA 代替 MDA 的 PMR-15 所得到的基体树脂是 LaRC-RP46，其理论相对分子质量也是 1500，性能见表 22-31[23]。

表 22-31　IM7/LaRC-RP46 的机械性能

性能	测试温度/℃	IM7/LaRC-RP46 热压成型（热压罐成型）	IM7/PMR-15
短梁抗剪强度/MPa	RT	98.3(121.3)	104.1
	93	88.0(115.8)	—
	150	83.5(100.6)	—
	177	80.2(91.7)	—
0°抗弯强度/MPa	RT	1742.7(1582.2)	1509.1
	93	1492.6(1574.6)	—
	150	1484.3(1389.9)	—
	177	1369.9(1214.2)	—
0°抗弯模量/GPa	RT	144.0(132.5)	120.6
	93	122.7(130.2)	—
	150	125.4(119.2)	—
	177	122.7 (118.5)	—
G_{LC}/(J/m^2)	RT	0.28	0.17
90°抗弯强度/MPa	RT	137.8	
0°抗张强度/MPa	RT	2622.7	2458.1
0°抗张模量/GPa	RT	155.7	144.0
层间抗剪强度/MPa	RT	169.5	84.8
	177	141.3	
层间抗剪模量/GPa	RT	18.6	5.5
	177	14.5	
0°抗压强度/MPa	RT	1382.3	1378.3

续表

性能	测试温度/℃	IM7/LaRC-RP46 热压成型 (热压罐成型)	IM7/PMR-15
0°抗压模量/GPa	RT	135.1	142.6
短块抗压强度/MPa	RT	598.1	529.9
模量/Pa	RT	51.0	49.6
OHC 强度/MPa	RT	272.9	
	177	233.6	
CAI 强度/MPa	RT	185.4	150.2

注：LaRC-RP46/IM7 为在 1.76 MPa 成型；PMR-15/IM7 为在 7 MPa 下成型。

22.4.6　AFR-700B

AFR-700B 为美国空军材料实验室所开发，结构见式 22-6。AFR-700B 比 PMR-Ⅱ-50 容易加工，也有较高的韧性，T_g 为 398 ℃，据说可以在 371 ℃下使用 1000 h，在 316 ℃使用 10 000 h，但成本是 PMR-15 的 10 倍。

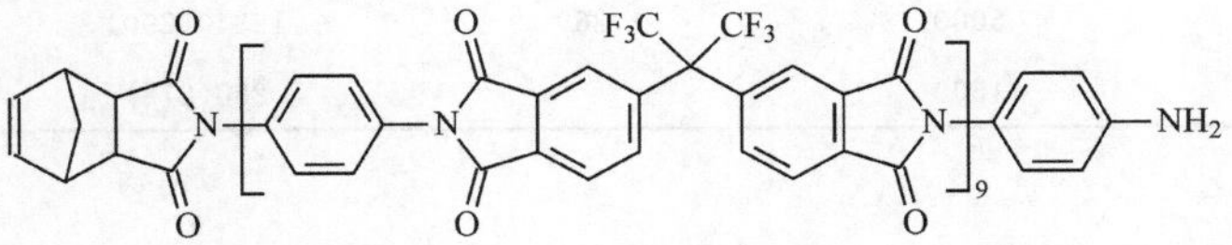

式 22-6　AFR-700B

22.4.7　V-CAP

V-CAP 为 NASA 所开发，结构见式 22-7，在 400 ℃固化后 T_g 为 371 ℃，性能见表 22-32[24]。

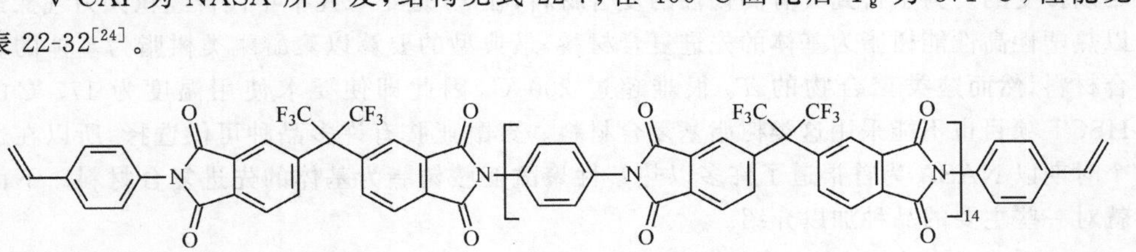

式 22-7　V-CAP-75B

表 22-32　T650-35/V-CAP-75 复合材料的性能

测试温度/℃	抗弯强度/MPa	抗弯模量/GPa	短梁剪切强度/MPa
RT	1324	116.9	71.1
316	754	114.1	38.7
371	331	57.7	28.9

注：在 371 ℃后固化 16 h，再在 399 ℃氮气中后固化 20 h。

22.4.8 以含氟二胺来提高 PMR 的加工性

杨士勇等[25]用含三氟甲基的二胺(Ⅰ)代替 MDA,制备 PMR 型基体树脂,其基本性能见表 22-33。

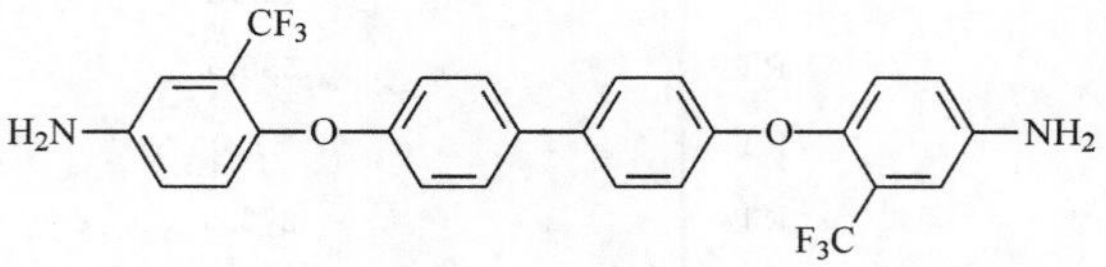

表 22-33 由Ⅰ得到的树脂的基本性能

样品	计算相对分子质量	T_g/℃	最低黏度/(Pa·s)(温度/℃)	凝胶点/℃
1	1500	310	6.2(291)	301
2	1750	307	12(295)	305
3	2000	297	64(301)	309
4	2250	293	68(299)	310
5	2500	291	130(301)	314
6	5000	269	19340(290)	—
PMR-1500	1500		280(278)	288

22.5 以热塑性聚酰亚胺为基体树脂的复合材料

无论是 BMI 类树脂还是 PMR 型树脂,其断裂韧性还不能满足某些应用的需要,虽然用线形聚合物进行了增韧,但往往以牺牲宝贵的 T_g 为代价,这却正是先进复合材料所难以接受的。为了得到具有高韧性的复合材料,在 20 世纪八九十年代曾经花大力气探索以热塑性高性能树脂为基体的先进复合材料,最典型的要算以聚醚酮类树脂为基体的复合材料,然而这类聚合物的 T_g 很难超过 200 ℃,因此即使要求使用温度为 177 ℃的 HSCT 项目也不能采用这类树脂基复合材料。聚酰亚胺有许多品种可供选择,所以在这个时期以 NASA 为首报道了许多以热塑性聚酰亚胺树脂为基体的先进复合材料。下面就对一些主要的品种加以介绍。

22.5.1 Skybond/Pyralin

Pyralin 是 DuPont 公司在 20 世纪 60 年代初期发展起来的聚酰亚胺品种,后来转让给了 Monsanto 公司,改进后成为 Skybond。Skybond 由 BTDA 和各种二胺在 NMP 中制得,最初的组成是 BTDA/MPD,因为太脆,后来用 MDA 来代替 MPD,这就是 Skybond 705。Skybond 705 曾用来制造多种飞机零部件。主要的问题是所制得的复合材料有高的孔隙率(甚至高达 10%)。这个体系的使用温度都可达到 200~250℃,后来因为有更好的树脂出现,现在该体系已不再使用。Skybond/玻璃纤维复合材料的性能见表 22-34。

表 22-34　Skybond/玻璃纤维复合材料的性能

拉伸强度/MPa(24 ℃)	401
断裂伸长率/%	1.9
弹性模量/GPa(24 ℃)	22
弯曲强度/MPa(24 ℃)	528
吸水率/%(24 h 浸泡)	0.7
371 ℃ 100 h 失重/%	3
介电强度/(kV/mm)	5.6～7.2
介电常数(1 MHz)	4.1
介电损耗(1 MHz)	0.0045
体积电阻/(Ω·cm)	2.47×10^{15}
表面电阻/Ω	3.35×10^{14}

22.5.2　Avimid KⅢ

Avimid K 系列是由杜邦公司为了先进战术战斗机(ATF)计划而开发的。最初遇到的在加工和孔隙率方面的困难已经被克服。波音公司曾用 Avimid KⅢ的碳纤维复合材料制成如机翼蒙皮这样的大型结构。这种复合材料具有很好的冲击后抗压强度。树脂的 T_g 为 250 ℃,复合材料的长期使用温度为 200 ℃。Avimid KⅢ是采用 PMR 方法制备的,溶剂为 NMP,控制相对分子质量可以在保持机械性能的前提下改善加工性能。复合材料的机械性能列于表 22-35。

表 22-35　AS4/Avimid KⅢ复合材料的性能

玻璃化温度/℃	251
抗弯强度/MPa(23 ℃)	1619
抗弯模量/GPa(23 ℃)	124
短梁剪切强度/MPa(23 ℃)	95
抗压强度/MPa(23 ℃)	994
冲击后抗压强度/MPa(265 J/m²)	281

22.5.3　Avimid N

Avimid N 曾称为 NR-150,是 Avimid K 的姊妹品种,由 6FDA 和 95%对苯二胺和 5%间苯二胺合成,T_g 为 352 ℃,在 390 ℃,17 MPa 下模压成型,其碳纤维复合材料的性能见表 22-36,在不同老化条件下的抗压性能见表 22-37。

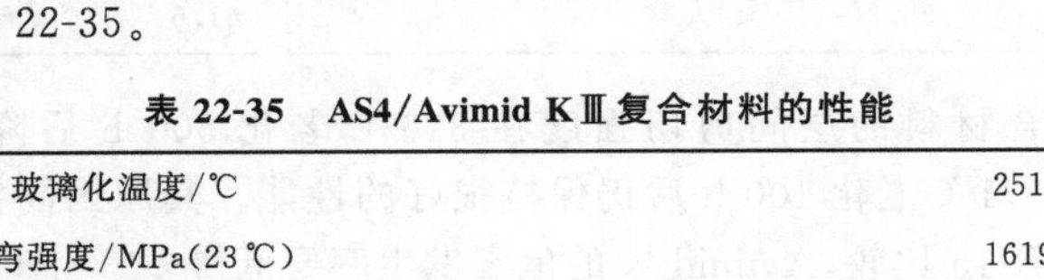

表 22-36　Avimid N/HTS 复合材料的性能

玻璃化温度/℃		355
抗弯强度/MPa	23 ℃	1207
	316 ℃	510
抗弯模量/GPa	23 ℃	104
	316 ℃	79
短梁剪切强度/MPa	23 ℃	52
	316 ℃[16]	44
	316 ℃老化 500 h[16]	29

表 22-37　不同老化条件下的抗压性能

	PMR-15			Avimid N		
老化温度/℃	RT	316	260	RT	316	260
老化时间/h	—	2090	20000	—	2090	20000
抗压强度/MPa	660.2	478.9	233.1	476.2	254.9	127.4
抗压模量/GPa	68.7	60.3	58.8	54.3	36.0	31.0
应变/%	—	0.92	0.47	0.99	0.65	0.4
密度/(g/cm³)	1.5884			1.5486		
孔隙率/%	−0.53			5.65		
纤维含量/%	58.3			61.6		

Avimid N 复合材料的层间剪切强度在 316 ℃老化 500 h 后降为 29 MPa（下降 28%）。纯树脂在 371 ℃老化 100 h 后仍保持很好的性能。其原因同样是难以加工和孔隙率太高。与 PMR-15 比较，Avimid N 的龟裂发生率要低得多。由于其高 T_g、高韧性及优异的热氧化稳定性，其短纤维增强塑料很适合喷气发动机的零部件的应用。

22.5.4　LaRC-TPI

LaRC-TPI 是由 BTDA 和 3,3′-二氨基二苯酮（3,3′-DABP）获得，以乙二醇二甲醚为溶剂，Rogers 公司的产品牌号为“Durimid”。围绕着降低熔体黏度曾进行了大量研究，如添加低分子酰亚胺，小心控制相对分子质量及相对分子质量分布等。所得到的复合材料的性能见表 22-38。

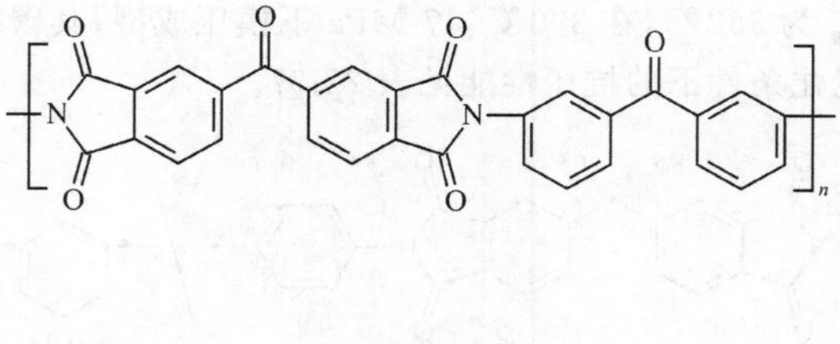

表 22-38　LaRC-TPI/AS4 复合材料的性能

玻璃化温度/℃		250
抗弯强度/MPa	23 ℃	1972
	177 ℃	1372
抗弯模量/GPa	23 ℃	97
	177 ℃	92
短梁剪切强度/MPa	23 ℃	95
	150 ℃	73

22.5.5　Matrimid 5218

Matrimid 5218 是 Ciba-Geigy 开发的热塑性聚酰亚胺，是由 BTDA 和 5(6)-氨基-1-(4-氨基苯基)-1,3-三甲基茚(DAPI)合成。其聚酰亚胺可以溶于一些普通溶剂，如 γ-丁内酯。复合材料可在 316 ℃和 0.7 MPa 热压成型，T_g 为 280 ℃，可在 230 ℃下使用，有很好的断裂韧性。该材料的易溶性可能会限制其应用。

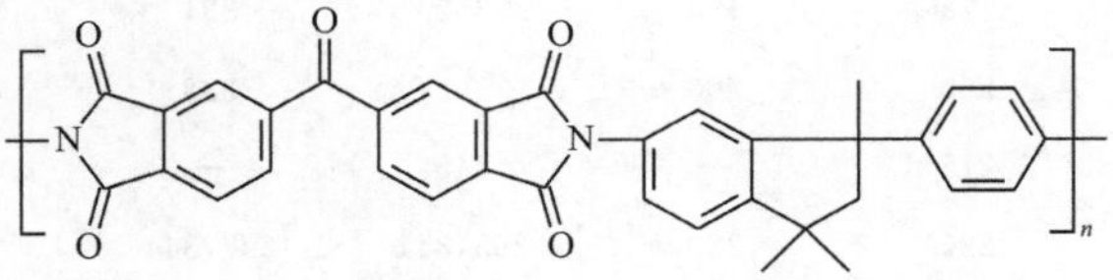

22.5.6　LaRC-8515

LaRC-8515 的组成是 BPDA/3,4′-ODA：APB(85：15)，用苯酐作为封端剂，不同理论相对分子质量的 LaRC-8515 的性能见表 22-39，设计相对分子质量为 11 600(苯酐 4%)及 8500(苯酐为 5.5%)时，η_{inh} 相应为 0.47 dL/g 和 0.41 dL/g，相对分子质量为 9000 的 LaRC-8515 粉末的熔体黏度见表 22-40，预浸料的热性能见表 22-41，复合材料的性能见表 22-42[26]。

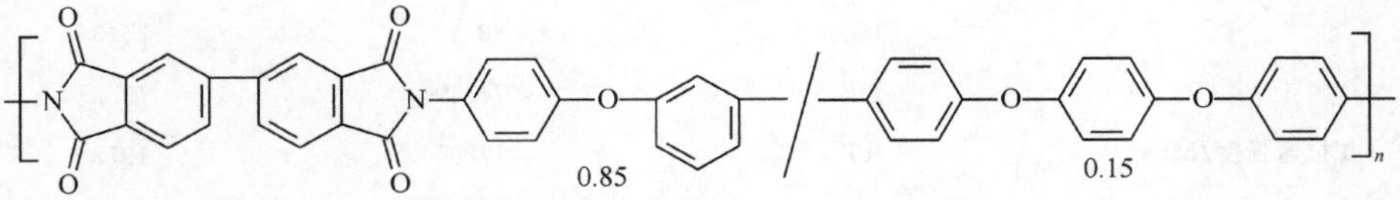

表 22-39　不同相对分子质量的 LaRC-8515

理论相对分子质量	η_{inh}/(dL/g)	$T_g(T_m)$/℃	$T_{5\%}$/℃	
			空气	N_2
8500	0.41	230	509	515
9000	0.43	234(324,350)	509	515
9200	0.44	235(326,352)	510	514
11 600	0.47	248(357)	508	513
23 400	0.68	252	511	519

表 22-40 苯酐为 5%,相对分子质量为 9000 的 LaRC-8515 的熔体黏度

温度/℃	黏度/P
380	1.8×10^4
370	2.8×10^4
360	4.8×10^4
350	7.8×10^4
340	2.5×10^5

表 22-41 IM7/LaRC-8515 预浸料的热性能

热处理条件	热性能					
	T_g/℃		T_m/℃		ΔH/(J/g)	
	TM-43	TM-61	TM-43	TM-61	TM-43	TM-61
180℃,1.0 h	—	—	—	330	—	0.2
200℃,0.5 h	170	—	335	—	0.2	—
200℃,1.0 h	178	180	352	334	0.5	1.3
225℃,1.0 h	200	200	352	338	0.4	3.8
250℃,0.5 h	215	—	345	—	1.1	—
250℃,1.0 h	220	220	285,341	287,344	4.5	3.7
300℃,1.0 h	240	234	324,351	315,346	11.3	10.8
300℃,1.0 h	238	237	347	345	12.1	6.3

注：TM-43 为苯酐 4%;TM-61 为苯酐 5.5%。

表 22-42 IM7/LaRC-8515 复合材料的性能

性能	测试温度/℃	苯酐:4%	苯酐:5.5%
短梁抗剪强度/MPa	RT	104.5	130.7
	93	93.6	108.8
	150	82.1	75.3
	177	74.4	79.2
0°抗弯强度/MPa	RT	1789	1972
	93	1639	1763
	150	1451	1574
	177	1434	1505
0°抗弯模量/GPa	RT	138	156
	93	136	149
	150	141	128
	177	151	153

续表

性能	测试温度/℃	苯酐:4%	苯酐:5.5%
0°抗张强度/MPa	RT	2521	2894
	177	2380	2570
0°抗张模量/GPa	RT	163	183
	177	170	187
0°抗压强度/MPa	RT	1042	1430
	177	1021	1141
0°抗压模量/GPa	RT	147	155
	177	163	159
OHC 强度/MPa	RT	401	415
	177	316	272

22.5.7 LaRC-IA[27]

LaRC-IA 是由 ODPA 和 3,4′-ODA 得到的聚酰亚胺,具有很好的黏结性和热氧化稳定性[28],但不耐溶剂,如丙酮、甲乙酮等。用 PPD 取代 10%3,4′-ODA 后,可以大大改善其耐溶剂性能,这就是 LaRC-IAX[29]。以 PPD 取代 25%的 3,4′-ODA,并用 0.08%(物质的量分数)苯酐来调节相对分子质量,则为 LaRC-IAX-3。不同相对分子质量的 LaRC-IA 的性能见表 22-43,复合材料的热历史对 T_g 的影响见表 22-44,LaRC-IAX-3 预浸料见表 22-45,复合黏度见表 22-46,复合材料的性能见表 22-47。

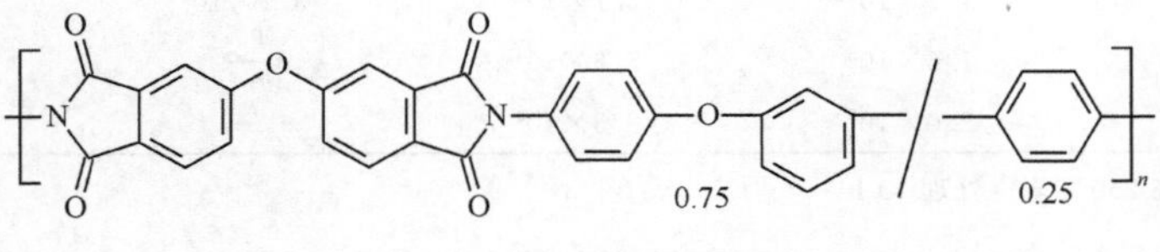

LaRC-IAX-3

表 22-43　不同相对分子质量的 LaRC-IA 的性能

苯酐用量/%	计算相对分子质量	实测相对分子质量/M_n	η_{inh}/(dL/g)	表观黏度/(Pa·s)	复合材料的 G_{IC}/(kJ/m²)
1	48 158	14 023	0.697	35.0	2.092
2	23 958	14 000	0.595	22.0	2.298
3	15 892	12 765	0.422	14.0	1.598
3.5	13 586	10 830	0.413	12.6	1.701
4	11 858	12 370	0.372	9.2	1.819
4.5	10 513	11 513	0.351	7.4	2.384

表 22-44 IM7/LaRC-IA(苯酐 4%)复合材料的热历史对 T_g 的影响

热历史	T_g/℃
控制(315 ℃和 350 ℃各 1 h)	219.4,211
控制+350 ℃,2 h	235.5,229
控制+350 ℃,5 h	218,234
控制+382 ℃,2 h	225,226
控制+382 ℃,5 h	248.5,216
控制+400 ℃,1 h	245,240

表 22-45 LaRC-IAX-3 溶液和预浸料

苯酐含量及溶剂	溶液黏度/cP	理论相对分子质量	预浸料	
			挥发物质量分数/%	FAW/(g/m²)
4% in GBL	20 333	12 000	19	145
5% in GBL	15 900	9000	22	145
4% in NMP	20 300	12 000	18	155
5% in NMP	16 033	9000	21	135

注：GBL：γ-丁内酯；FAW：纤维面积质量。

表 22-46 LaRC-IAX 系列聚酰亚胺的复合黏度(P)

温度/℃	LaRC-IAX-3(苯酐 4%)	LaRC-IAX-3(苯酐 5%)	LaRC-IA(苯酐 4%)	LaRC-8515(苯酐 5%)
380	4.8×10^4	1.4×10^4	—	1.8×10^4
370	8.2×10^4	2.4×10^4	—	2.8×10^4
360	1.2×10^5	3.7×10^4	3.1×10^4	4.8×10^4
350	1.6×10^5	5.6×10^4	—	7.8×10^4
340	2.0×10^5	8.5×10^4	—	2.5×10^5

注：样品先在 250 ℃真空处理 10 h。

表 22-47 IM7/LaRC 系列复合材料的机械性能(归一到纤维体积分数为 60%)

性能	测试温度/℃	IAX-3(5%,GBL)	IAX-3(4%,NMP)	IAX-3(5%,NMP)	IA(4%,NMP)	IAX(5%,NMP)
短梁抗剪强度/MPa	RT	119	130	132	133	109
	93	88	98	98	119	87
	150	59	72	70	110	67
	177	41	55	55	66	54
0°抗弯强度/MPa	RT	1899	1938	1902	1555	1465
	93	1679	1372	1598	1312	1192
	150	1344	1429	1300	1112	906
	177	1157	1190	1112	1048	720

续表

性能	测试温度/℃	IAX-3 (5%,GBL)	IAX-3 (4%,NMP)	IAX-3 (5%,NMP)	IA (4%,NMP)	IAX (5%,NMP)
0°抗弯模量	RT	141	139	141	98	128
/GPa	93	143	126	140	96	109
	150	146	140	130	103	112
	177	138	132	130	105	104
90°抗弯强度	RT	143	172	150	209	
/MPa	93	77	121	103	198	
	150	58	108	68	165	
	177	41	100	45	152	
90°抗弯模量	RT	4.8	5.1	4.9	4.1	
/GPa	93	4.1	4.5	4.4	4.0	
	150	4.2	4.2	4.0	3.7	
	177	3.2	3.7	3.7	3.7	
0°抗张强度	RT	2690	2902	2422	2416	
/MPa	177	2558	2639	2321	2346	
0°抗张模量	RT	159	172	159	162	
/GPa	177	178	173	164	167	
0°抗压强度	RT	1378	1400		1282	1148
/MPa	177		1227			
0°抗压模量	RT	151	143		143	161
/GPa	177					
OHC 强度	RT	412	402	399		
/MPa	177	246	243	256		

注：复合材料的加工：升温质 225 ℃保持 1 h，再升温，在 340 ℃加压 1.40 MPa，至 371 ℃保持 1 h，冷却至 200 ℃以下卸压。

22.5.8 LaRC-CPI

LaRc-CPI 为结晶性树脂，其结构如式 22-8 所示，复合材料的性能见表 22-48[30]。

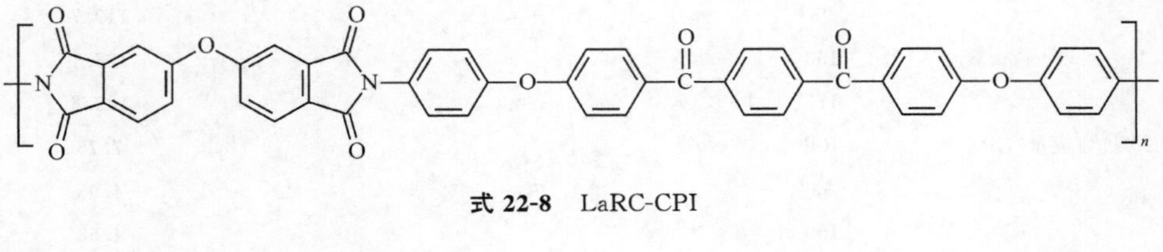

式 22-8　LaRC-CPI

表 22-48 AS-4(12K)/LaRC-CPI 2 复合材料

测试温度/℃	后固化	抗弯强度/MPa	抗弯模量/GPa	短梁剪切强度/MPa
25	未处理	1786	117	83.7
25	300℃,16 h	1717	119	51.7
177	未处理	1255	115	53.1
204	300℃,16 h	1076	117	46.2
204	未处理	1089	92	41.4

注：树脂含量：31%,加工条件：375℃,1.38 MPa,1 h;后固化:2.07 MPa。

22.5.9 LaRC-SCI

LaRC-SCI 的组成是 BPDA/3,4'-ODA/PA,其复合材料的性能见表 22-49[29],不同相对分子质量的 LaRC-SCI 的性能见表 22-50[31]。

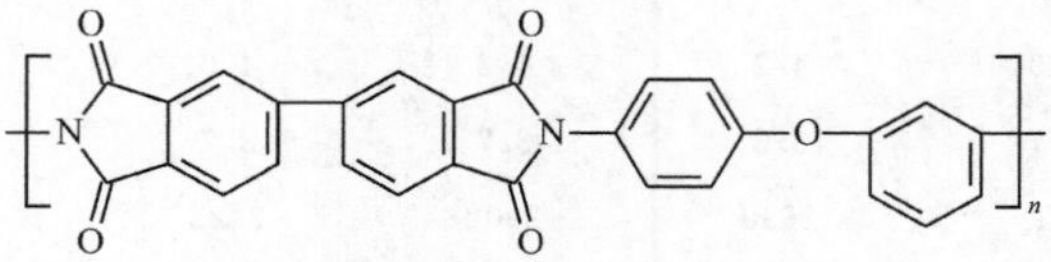

表 22-49 IM7/LaRC-SCI 的机械性能

性能	测试温度/℃	苯酐 2%	苯酐 3%	苯酐 4%
短梁抗剪强度/MPa	RT	98.0	90.1	106.5
	93	81.5	81.1	94.4
	150	68.8	73.4	82.0
	177	67.0	61.5	70.0
0°抗弯强度/MPa	RT		1930	2076
	93		1642	1926
	150		1522	1436
	177		1338	1360
0°抗弯模量/GPa	RT		145.8	150.0
	93		147.2	152.1
	150		144.4	150.7
	177		138.7	133.1
90°抗弯强度/MPa	RT			166.2
	93			119.7
	150			126.1
	177			129.6
90°抗弯模量/GPa	RT			7.75
	93			4.93
	150			4.58
	177			4.44

续表

性能	测试温度/℃	苯酐 2%	苯酐 3%	苯酐 4%
G_{LC}/(kJ/m²)	RT			1.21
0°抗张强度/MPa	RT			2690
	177			2493
0°抗张模量/GPa	RT			183.8
	177			192.3
0°抗压强度/MPa	RT			1152
	177			1151
0°抗压模量/GPa	RT			155.6
	177			160.6
OHC 强度/MPa	RT			388.0

表 22-50　不同相对分子质量的 LaRC-SCI

LaRC™-SCI	理论相对分子质量	熔体黏度/(Pa·s)	η_{inh}/(dL/g)	T_g/℃	T_m/℃
苯酐 2%	22 800	20.8	0.68	225	379
苯酐 3%	15 100	—	0.51	218	392

22.5.10　LaRC-SI

LaRC-SI 是由 ODPA-BPDA/3,4′-ODA 及苯酐以 NMP 和二甲苯为溶剂合成。以 3%苯酐调节相对分子质量的聚合物的 T_g 为 242℃。LaRC-SI 的复合黏度见表 22-51，复合材料的机械性能见表 22-52[32]。

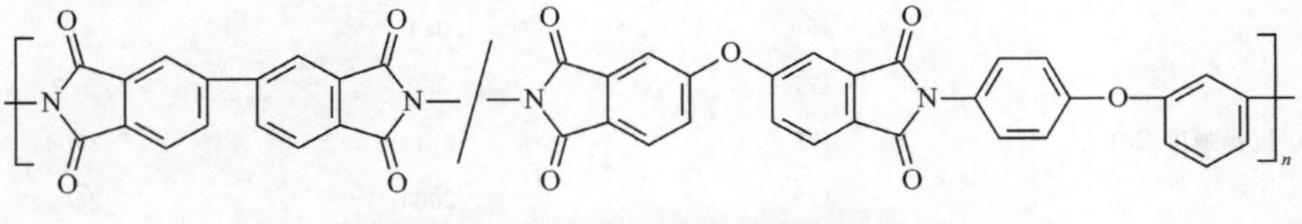

表 22-51　热塑性聚酰亚胺的复合黏度(P)

测试温度	LaRC™-SI (苯酐 3%)	LaRC-IA (苯酐 4%)	LaRC-8515 (苯酐 5%)	LaRC-IAX-3 (苯酐 4%)	LaRC-IAX-3 (苯酐 5%)
380	—	—	1：8×10^4	4：8×10^4	1：4×10^4
370	—	—	2：8×10^4	8：2×10^4	2：4×10^4
360	5：5×10^4	3：1×10^4	4：8×10^4	1：2×10^5	3：7×10^4
350	—	—	7：8×10^4	1：6×10^5	5：6×10^4
340	9：0×10^4	—	2：5×10^5	2：0×10^5	8：5×10^4
320	1：2×10^5	—	—	—	—
300	1：5×10^5	—	—	—	—
280	2：1×10^5	—	—	—	—
260	4：0×10^6	—	—	—	—

注：粉末样品在 250℃真空干燥 10 h。

表 22-52　IM7/LaRCTM-SI 的机械性能

性能	测试温度/℃	IM7/LaRC-SI（苯酐 3%）	IM7/LaRC-SI（苯酐 3%）归一化
短梁抗剪强度/MPa	RT	103	95
	93	79	74
	150	60	56
	177	48	44
0°抗弯强度/MPa	RT	1698	1597
	93	1568	1475
	150	1381	1299
	177	1285	1209
0°抗弯模量/GPa	RT	142	134
	93	142	135
	150	144	136
	177	143	134
G_{LC}/（kJ/m²）	RT	1.72	—
90°抗弯强度/MPa	RT	121	144
	93	97	115
	150	116	138
	177	102	122
90°抗弯模量/GPa	RT	4.2	4.8
	93	3.6	4.3
	150	3.4	4.0
	177	3.0	3.7
0°抗张强度/MPa	RT	2712	2504
	177	2605	2404
0°抗张模量/GPa	RT	181	167
	177	204	188
0°抗压强度/MPa	RT	1340	—
	177	848	—
0°抗压模量/GPa	RT	148	
	177	164	
OHC 强度/MPa	RT	309	296
	177	208	200
冲击后的抗压强度/MPa	RT	316	348

注：纤维体积含量为 60%，复合材料在 350 ℃，3.5 MPa 条件下压制。

22.5.11　LaRC-ITPI

LaRC-ITPI 是由三苯二酮二酐与间苯二胺合成(式 22-9),其复合材料的机械性能见表 22-53[33]。

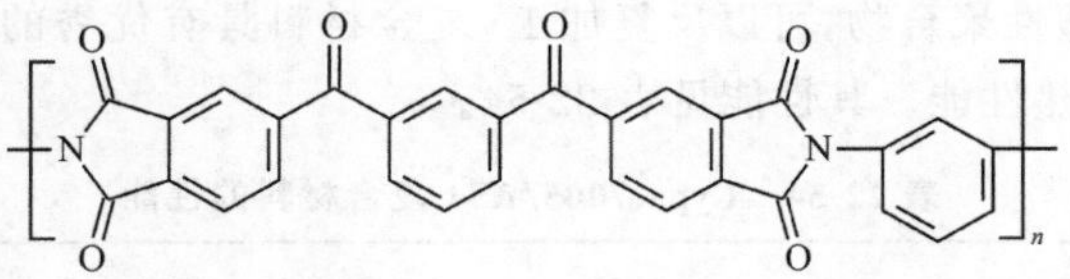

式 22-9　LaRC-ITPI

表 22-53　IM7/LaRC-ITPI 的机械性能

性能	测试温度/℃	IM7/LaRC-ITPI
短梁抗剪强度/MPa	RT	88.4
	177	67.8
90°抗弯强度/MPa	RT	108.9
	93	83.4
	150	73.1
	177	75.8
90°抗弯模量/GPa	RT	3.38
	93	2.83
	150	2.48
	177	2.83
0°抗张强度/MPa	RT	2371
0°抗张模量/GPa	RT	137.8
G_{LC}/(kJ/m^2)	RT	1.214
层间抗剪强度/MPa	RT	146.8
	177	111.6
层间抗剪模量/GPa	RT	17.09
	177	12.06
0°抗压强度/MPa	RT	1088
0°抗压模量/GPa	RT	124.0
冲击后抗压强度/MPa	RT	292.9
冲击后抗压模量/GPa	RT	49.5
OHC 强度/MPa	RT	337.7
	177	261.9

22.5.12 聚醚酰亚胺

由 GE 公司开发的 Ultem 1000 的 T_g 太低(217 ℃)而且不耐溶剂，American Cyanamid 将其改性后耐溶剂性大有提高，牌号为 Cypac，可耐甲乙酮、液压油和喷气机燃料。这是一种真正的热塑性聚合物，可以反复加工，复合材料具有优秀的韧性，良好的机械性能及在 148 ℃的湿/热性能。其性能见表 22-54。

表 22-54　Cypac7005/AS4 复合材料的性能

玻璃化温度/℃		225
抗弯强度/MPa	23 ℃	838
	150 ℃	559
抗弯模量/GPa	23 ℃	56
	150 ℃	54
短梁剪切强度/MPa	23 ℃	66
	150 ℃	41
抗压强度/MPa	23 ℃	503
	150 ℃	414

中国科学院长春应用化学研究所以二苯硫醚二酐及三苯二醚二酐与 MDA 得到的聚合物为基体树脂得到的复合材料的性能见表 22-55[34]。

表 22-55　用二苯硫醚二酐或三苯二醚二酐与 MDA 得到的基体树脂的复合材料的性能

聚酰亚胺		TDPA/MDA (PMR)	TDPA/MDA (PAA)	HQDPA/MDA (PAA)
碳纤体积分数/%		Z-3R(～60%)	T300(60%)	吉林(69%)
抗弯强度/MPa	RT	1120	1168	1200
	200 ℃	638	697	
抗弯模量/GPa	RT	99.2	104	116
	200 ℃	85.6	91.0	
短梁抗剪强度/MPa	RT	73.1	89.9	45
	200 ℃	27.5	46.2	27.1

注：PMR 为用二苯硫醚四酸二甲酯和 ODA 在二氧六环中得到的树脂溶液，固含量为 50%；PAA 为以 DMAc 为溶液得到的聚酰胺酸溶液。

22.5.13 聚酰胺酰亚胺

AMOCO 公司用于基体树脂的聚酰胺酰亚胺是一个特殊的品种，牌号为 TORLON-C。复合材料可以用热压罐成型。由于酰胺单元所带来的高的吸水性限制了其应用，性能见表 22-56。

表 22-56　**TORLON-C/Celion 6000 复合材料的性能**

玻璃化温度/℃	243
抗弯强度/MPa(23 ℃)	2070
抗弯模量/GPa(23 ℃)	128
短梁剪切强度/MPa(23 ℃)	110
抗压强度/MPa(23 ℃)	1380

热塑性基体树脂的共同问题是熔体黏度较高，加工需要较高的压力，一般所得到的复合材料都有较高的孔隙率。此外材料的 T_g 受到一定的限制，因为太高的 T_g 会使一些加工方法，例如热压罐法难以适应。此外也难以找到合适的溶剂，高沸点的溶剂则难以除尽，如采用聚酰胺酸形式，在酰亚胺化过程中有挥发物产生，也增加复合材料中的孔隙率。

22.6　由乙炔封端的聚酰亚胺为基体树脂的复合材料

由乙炔封端的聚酰亚胺最初是由海湾石油公司开发的，牌号为 Thermid 600，后来转让给了 National Starch，其结构见式 22-10。用碳纤维增强的复合材料的性能见表 22-57。

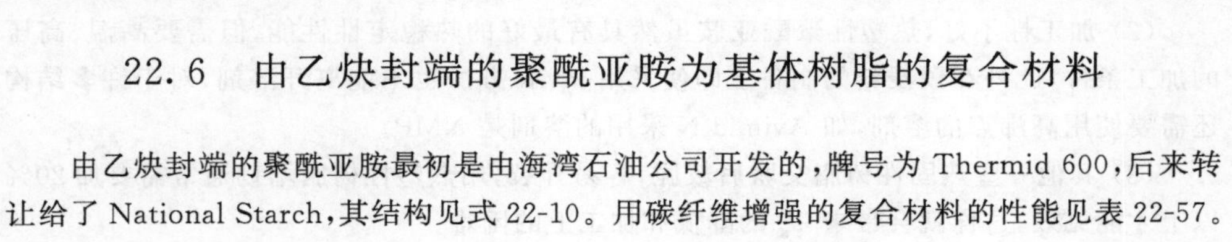

Thermid 600

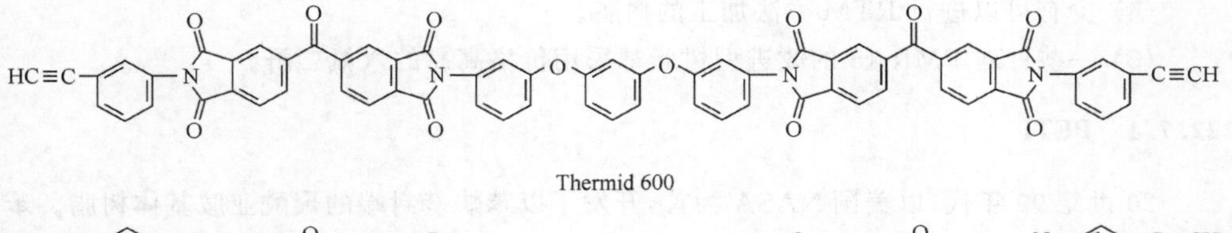

Thermid IP600

式 22-10　Thermid 600 和 Thermid IP600

表 22-57　**Thermid 600/Hercules HTS 复合材料的性能**

玻璃化温度/℃		354
抗弯强度/MPa	23 ℃	1346
	316 ℃	1021
抗弯模量/GPa	23 ℃	104
	316 ℃	83
短梁剪切强度/MPa	23 ℃	86
	316 ℃	56

Thermid 600 的层间抗剪强度在 316 ℃老化 500 h 后还保持 40 MPa。但由于基体树

脂的熔融温度与乙炔基的反应温度重叠,使加工窗口变得太窄而未能得到应用。异酰亚胺型的改性品种的牌号为 Thermid IP600,固化时异构化和交联同时进行,用动态傅里叶变换红外光谱研究,异构化的温度为 160～230 ℃,交联温度为 180～330 ℃,前者的活化能为 26 kcal/mol,后者为 23 kcal/mol[35]。因此异构化完成以后交联还只进行到一半,Thermid IP600 使加工窗口加大到 30 min,但对于大的和复杂的制件仍嫌太窄。

22.7 以苯炔基封端的聚酰亚胺为基体树脂的复合材料

如上所述,经过几十年的研究,树脂基复合材料仍然存在一些根本性的问题:

(1) 相对于线形芳香聚酰亚胺,作为基体树脂的热固性聚酰亚胺(如 BMI 和 PMR-15)的耐热氧化性不够高,应该还有提高的潜力。

(2) 加工性不好,热塑性聚酰亚胺虽然具有最好的热稳定性性能,但需要高温、高压的加工条件,此外在预浸料的制备上即使采用 PMR 方法也不能离开溶剂,对于许多结构还需要使用高沸点的溶剂,如 Avimid N 采用的溶剂是 NMP。

(3) 其他一些热固性树脂交联后较脆,容易开裂,用热塑性树脂增韧通常需要加 20%以上才能见效,这样就会带来 T_g 的降低和加工上的困难。

(4) 少有可以进行 RTM 方法加工的树脂。

(5) 一些针对 PMR-15 的改进型树脂都采用价格高昂的六氟二酐。

22.7.1 PETI

20 世纪 90 年代,以美国 NASA 为首,开发了以苯炔基封端的聚酰亚胺基体树脂。苯炔基的交联温度比 BMI 和降冰片烯都要高 100 ℃左右,这是将固化温度往高温侧扩展以加宽加工窗口的方法。由于聚酰亚胺的高热稳定性,实践证明这种途径是可行的。这些树脂的加工压力为 1.4 MPa,固化温度为 350～370 ℃,1 h 左右。最常用的苯炔基化合物是 4-苯炔基苯酐(PEPA),同时采用联苯二酐、3,4′-ODA 及 1,3,3-APB 为原料所得到的复合材料的韧性可与热塑性聚酰亚胺相比,通称为 PETI 基体树脂,计算相对分子质量为 5000 的树脂叫 PETI-5。这类树脂的相对分子质量和性能的关系见表 22-58,复合材料的性能见表 22-59[36]。

表 22-58 不同相对分子质量的 PETI 树脂的性能

计算相对分子质量	η_{inh} /(dL/g)	$T_g(T_m)$/℃ 固化前	$T_g(T_m)$/℃ 固化后	$T_{5\%}$/℃	最低熔体黏度/P (温度/℃)
1250	0.15	170(320)	288	489	50(335)
2500	0.20	210(330)	277	497	900(335)
5000	0.27	210(357)	270	503	10 000(371)

表 22-59　不同相对分子质量的 PETI 树脂所得到的复合材料的性能

性能	1250	2500	5000
OHC/MPa			
RT(干)	461.6	458.6	450.3
177℃(干)	366.2	395.2	342.7
177℃(湿)	368.5	344.1	—
冲击后抗压强度/MPa	244.6	334.5	331.0
冲击后抗压模量/GPa	55.8	57.9	55.9
微应变/(in/in)	4377	5908	5986
200 次热循环后的龟裂数/in	0	0	0

注：热循环：以 8.3℃/min 加热，在每个温度停留 1 h。

22.7.2　PPEI

Connell 等[37]报道了在 PETI 中引入侧苯炔基的树脂。引入侧苯炔基的目的是要改进 PETI 复合材料在湿热条件下的性能和改善抗压性能而不至于影响其他性能。对于这个问题，认为可以用增加交联密度来实现，但是降低 PETI 的相对分子质量并不能达到目的，所以采用引入带侧苯炔基二胺(PEDA)的方法，即在 PETI 的理论相对分子质量基础上加进侧苯炔基来调节交联密度。各种树脂的组成见表 22-60，树脂性能见表 22-61，IM-7/PPEI-1 复合材料的性能见表 22-62。

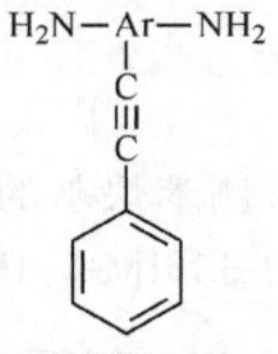

PEDA

表 22-60　PPEI 树脂的组成

低聚物	3,4′-ODA	APB	PEDA	BPDA	PEPA	PA
PPEI-1	0.85	0.00	0.15	0.91	0.00	0.18
PPEI-2	0.85	0.00	0.15	0.98	0.00	0.04
PPEI-3	0.80	0.00	0.20	0.91	0.00	0.18
PPEI-4	0.90	0.00	0.10	0.91	0.00	0.18
PETI-5	0.85	0.15	0.00	0.91	0.18	

表 22-61　PPEI 树脂的性能

低聚物	计算相对分子质量	η_{inh}/(dL/g)	固化后的 T_g/℃	$T_{5\%}$/℃
PPEI-1	5000	0.31	279	505
PPEI-2	20000	0.64	297	511
PPEI-3	5000	0.30	286	513
PPEI-4	5000	0.30	286	513
PETI-5	5000	0.27	249	503

IM-7/PPEI-1 复合材料的加工：大约 1 h 内升温到 250 ℃，真空，保持 1 h 后加压 1.4 MPa再升至 371 ℃维持 1 h，逐渐降温。在 177 ℃老化 5000 h 后测短梁剪切强度，在 23 ℃和 177 ℃相应为 87.5 MPa 和 70 MPa。

表 22-62　IM-7/PPEI-1 复合材料的性能[33]

性能	铺层	测试温度/℃	PPEI-1	PETI-5
抗弯强度/MPa	单向	23	1795.2	1787.5
		177	1513.1	1441.6
抗弯模量/GPa	单向	23	148.3	144.7
		177	142.0	133.7
开孔抗压[a]/MPa	42/50/8	23	396.6	406.7
		177	307.6	330.9
抗压强度/MPa	单向	23	1600.0	1371.9
		177	1544.8	—
抗压模量/GPa	单向	23	159.3	138.5
		177	151.7	—
短梁剪切/MPa	单向	23	93.1	106.5
		177	73.1	62.8

a：归一化为体积含量 62%的碳纤维。

22.7.3　PTPEI

Connell 等又报道了以 PDEB 引入侧苯炔基的树脂[38]，其组成见表 22-63，树脂性能见表 22-64，PTPEI 的熔融黏度见表 22-65，IM-7/PPEI-1 复合材料的性能见表 22-66。

表 22-63　PTPEI 低聚物的组成

低聚物	3,4′-ODA	APB	DPEB	BPDA	PEPA
PTPEI-1	0.85	0.00	0.15	0.91	0.18
PTPEI-3	0.775	0.075	0.15	0.91	0.18
PTPEI-4	0.65	0.15	0.20	0.91	0.18
PTPEI-5	0.85	0.15	0.00	0.91	0.18

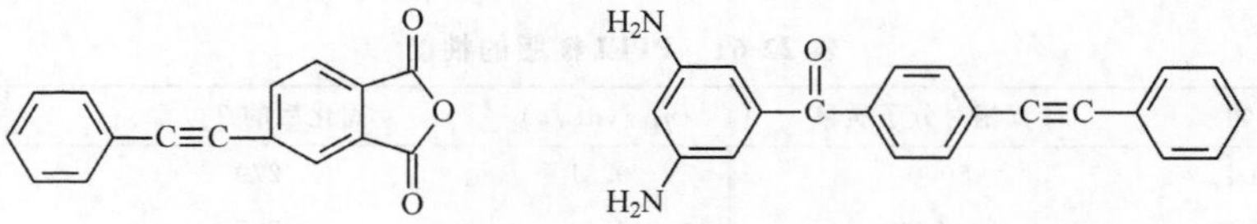

PEPA　　　　PDEB

表 22-64　PTPEI 低聚物的性能

低聚物[a]	η_{inh}/(dL/g)[b]	T_g/℃	
		起始(T_m)[c]	固化后[d]
PTPEI-1	0.32	231(282)	313
PTPEI-3	0.26	244(292)	311
PTPEI-4	0.31	230(259)	312
PTPEI-5	0.27	210(357)	270

a：计算相对分子质量为 5000；b：在 0.5%NMP 中在 25℃测定；c：低聚酰亚胺粉末 DSC 的最初数据；d：在密封的铝盘中，静态空气下 371℃ 1 h 后测 DSC。

表 22-65　PTPEI 的熔融黏度

低聚物	T_g/℃	最低黏度/P	呈现最低黏度的温度/℃
PTPEI-1	313	150 625	362
PTPEI-3	311	38 300	372
PTPEI-4	312	28 005	364
PETI-5	270	10 000	371

注：T_g 为由经过 371℃ 1 h 固化的样品测定。

表 22-66　IM-7 碳纤维复合材料的初步性能

性能	温度/℃	PETI-5	PTPEI-1	PTPEI-3	PTPEI-4
抗弯强度/MPa	23	1787.5	1786.2	1450.0	1758.6
	177	1441.6	1379.3	1255.2	1344.8
	232	—	—	1117.2	1213.8
抗弯模量/GPa	23	144.7	142.0	130.3	139.3
	177	133.7	137.9	126.2	131.0
	232	—	—	128.3	136.6
开口抗压强度	23	450.3	462.0	489.6	517.2
/MPa	177(干)	342.7	—	—	—
(58/34/8)	177(湿)	—	365.5	389.0	394.50
热循环	升温速度为 8.5℃/min				
(龟裂)	−55～177℃ 每个温度 1 h	0	5～10	0	0
(58/34/8)	200 次循环后测				
短梁抗剪强度	23	106.5	—	93.1	103.5
/MPa	177	62.8	—	62.8	69.7
	232	—	—	42.8	42.8
冲击后抗压强度/MPa	23	324	241	262	245

注：压制条件：在 76.2 cmHg 真空下升温到 250℃，1 h，加压 1.4 MPa 升温到 371℃保持 1 h，保压降温。

22.7.4 PETI-1[39]

PETI-1 是以 ODPA/3,4′-ODA/3-APEB 为基础的热固性聚酰亚胺，其特点是容易加工，可用于黏合剂、基体树脂及薄膜等，性能见表 22-67 和表 22-68。

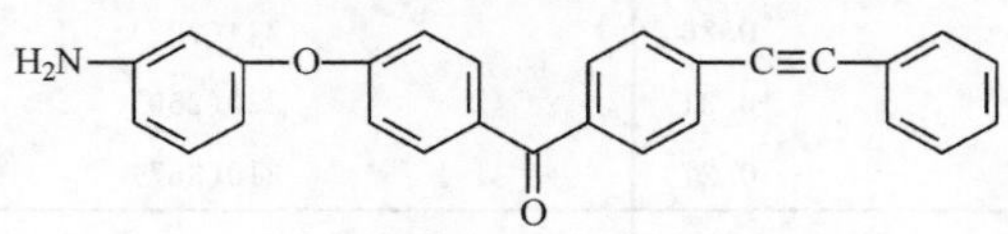

3-APEB

表 22-67 纯树脂的性能

试验温度/℃	抗张模量/GPa	抗张强度/MPa	K_{IC}/($GNm^{-3/2}$)	G_{IC}/(kJ/m^2)
RT	3.86	109	3.03	2.38
150	3.17	55		
177	3.10	41		
177(1000 h)	3.06	39		

表 22-68 IM-7 复合材料的性能

性能	测试温度/℃	数值
抗弯强度/MPa	23	1868
	177	1199
抗弯模量/GPa	23	149.6
	177	131.7
短梁剪切强度/MPa	23	111.7
	177	55.2
抗压强度/MPa	23	1358
开孔抗压强度/MPa	23	372.3
	177（湿）	234.4
冲击后抗压强度/MPa	23	302.0

22.7.5 Triple A

Yokota 等[40]提出 Triple A 的概念，即无定形-不对称-加成型(amorphous, asymmetric, and addition type)的基体树脂。其组成为 3,4′-BPDA/ODA/PEPA。

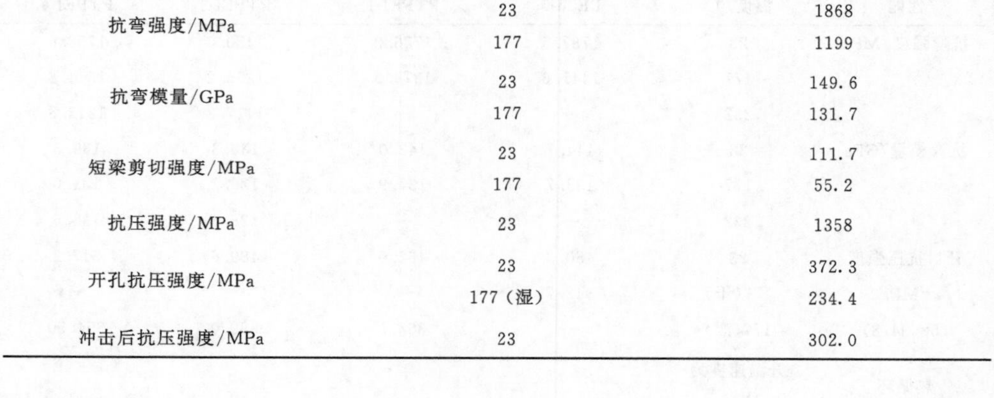

TripleA-PI 复合材料的 T_g 和短梁剪切强度见表 22-69，流变性能见表 22-70，机械性能见表 22-71。

表 22-69　IM600/TripleA-PI 复合材料的 T_g 和短梁剪切强度

性能	温度/℃	组成：(n=4)：(n=2)		
		10：0	8：2	5：5
T_g/℃(DMA)		345	345	345
短梁剪切强度/MPa	25	106.4	114	112
	177	60.0	74.2	72.6
	250	48.3	51.1	48.9
	300	35.2	37.2	38.1

250 ℃以上都发生塑性形变。

表 22-70　TripleA-PI 的流变性能

组成：(n=4)：(n=2)	10：0	8：2	5：5	0：10
温度/℃	335	345	350	355
黏度/(Pa·s)	6.2	17.9	42.1	62.2

表 22-71　IM600/TripleA-PI(n=4)复合材料的机械性能

性能		数值
纤维体积分数/%		55
抗张强度/MPa(单向)	25 ℃	1999
	177 ℃	2003
	250 ℃	1937
	300 ℃	1916
抗张强度/MPa$(+45/0/-45/90)_{2S}$	25 ℃	790.7
	177 ℃	819.6
	250 ℃	819.3
	300 ℃	763.4
抗压强度/MPa，单向	25 ℃	1397
抗压强度/MPa$(+45/0/-45/90)_{2S}$	25 ℃	546.5
	177 ℃	451.3
	250 ℃	411.6
	300 ℃	382.0
开孔抗压强度/MPa$(+45/0/-45/90)_{2S}$	25 ℃	282.1
	177 ℃	211.4
	250 ℃	208.4
	300 ℃	176.2
	177(湿)	193.6

续表

性能		数值
抗压层间剪切强度/MPa(单向)	25℃	86.5
	177℃	
	250℃	51.1
	300℃	35.3
	177(湿)	41.5

无论 PETI-5 还是 Triple A-PI 的酰亚胺低聚物在 NMP 中的溶解度都低于 20%，而且在放置中容易凝胶化，虽然加热可以重新溶解，但也不便于浸料的制作。Ishida 等[41]引入 BAPF 可以解决溶解度问题。低聚物由 3,4′-BPDA、ODA、BAPF 及 PEPA 组成。低聚物的溶解性见表 22-72，树脂和薄膜的性能见表 22-73 和表 22-74。

表 22-72　由 3,4′-BPDA、ODA、BAPF 及 PEPA 得到的低聚物的溶解性

BAPF 的质量分数/%	在 NMP 中的溶解度/%(质量分数)	1天 RT	1月 RT	2月 RT	2月 −20℃
0	20	凝胶	凝胶	凝胶	凝胶
10	35	部分凝胶	凝胶	凝胶	凝胶
25	40	均相	均相	凝胶	均相
50	40	均相	均相	均相	均相
100	40	均相	均相	均相	均相

表 22-73　由 3,4′-BPDA、ODA、BAPF 及 PEPA 得到的树脂的性能

BAPF 的质量分数/%	固化前的 T_g/℃(Ar)	固化后的 T_g/℃(Ar)	$T_{5\%}$/℃ (Ar)	最低熔体黏度/(Pa·s)	热压可加工性
0	218	340	556	81(344℃)	好
10	240	343	553	100(336℃)	好
25	261	353	552	338(348℃)	好
50	273	362	561	1810(349℃)	好
100	307	>370	566	不流动	不好

表 22-74　由 3,4′-BPDA、ODA、BAPF 及 PEPA 得到薄膜的机械性能

BAPF 的质量分数/%	抗张模量/GPa	抗张强度/MPa	断裂伸长率/%
0	2.55	118	15.5
10	2.57	109	7.6
25	2.87	122	7.7
50	2.65	112	6.9
100	薄膜脆	—	—

22.7.6　以氟代 PEPA 为封端剂

杨士勇等[42]报道了带有三氟甲基的 PEPA 具有较低的熔点并使低聚物有低的熔体黏度。结构及在 370 ℃固化后的热性能,机械性能和熔体黏度见表 22-75 至表 22-77。

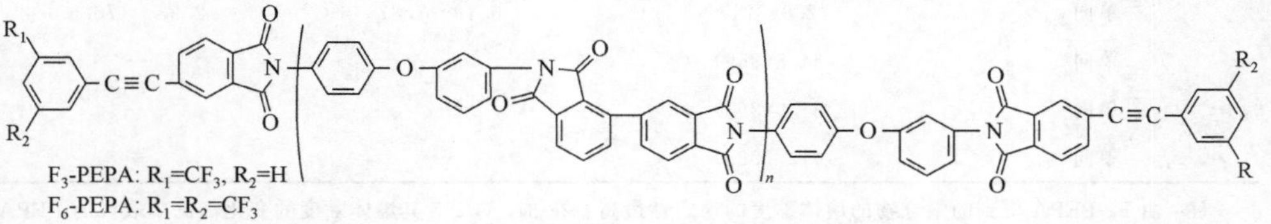

表 22-75　聚合物的结构及在 370 ℃ 固化后的热性能

编号	结构	计算相对分子质量	T_g/℃	$T_{5\%}$/℃
1	3,4′-ODA∶3,4′-BPDA∶F_3-PEPA=2∶1∶2	1254	332	559
2	3,4′-ODA∶3,4′-BPDA∶F_6-PEPA=2∶1∶2	1392	321	559
3	3,4′-ODA∶3,4′-BPDA∶4-PEPA=2∶1∶2	1118	329	555
4	3,4′-ODA∶3,4′-BPDA∶F_3-PEPA=3∶2∶2	1712	306	561
5	3,4′-ODA∶3,4′-BPDA∶F_6-PEPA=3∶2∶2	1850	300	546
6	3,4′-ODA∶3,4′-BPDA∶4-PEPA=3∶2∶2	1576	301	560
7	3,4′-ODA∶3,4′-BPDA∶F_3-EPA=11∶10∶2	5376	269	573
8	3,4′-ODA/3,4′-BPDA∶F_6-PEPA=11∶10∶2	5514	261	572
9	3,4′-ODA∶3,4′-BPDA∶4-PEPA=11∶10∶2	5238	263	560

表 22-76　聚合物在 370 ℃,1 h 固化后的机械性能

编号	抗张强度/MPa	抗张模量/GPa	断裂伸长率/%
1	41.7	1.2	6.2
2	39.0	1.4	5.8
3	47.5	1.3	6.0
7	112.2	1.1	18.6
8	101.8	1.2	21.2
9	121.5	1.3	23.5

表 22-77　熔体黏度

编号	最低熔体黏度/(Pa·s)(温度/℃)	在 280 ℃ 2 h 熔体黏度的变化	在 310 ℃ 2h 熔体黏度的变化
1	0.1(341)	0.45～0.51	0.29～85.7
2	0.4(338)	0.65～0.93	0.50～9.75
3	0.8(320)	1.27～2.73	0.88～452
单向	0.8(347)	3.47～7.25	1.71～134.1

续表

编号	最低熔体黏度/(Pa·s)(温度/℃)	在280℃ 2 h熔体黏度的变化	在310℃ 2h熔体黏度的变化
单向	2.3(342)	4.95～6.44	1.51～87.14
单向	2.9(324)	6.19～7.37	2.93～176.5
单向	64.8(369)	—	—
单向	22.9(367)	—	—
单向	41.7(355)	—	—

注：由 F_6-PEPA 得到的聚合物的熔体黏度的稳定性最高。在310℃ 2 h其熔体黏度的变化都比单取代的PEPA和未取代的PEPA都小。

22.7.7 以PMDA为二酐与非平面结构二胺 *p*-ODA 得到的树脂

考虑到PMR-15由于高交联密度而显得太脆，复合材料的抗冲强度和冲击后抗压强度都较差。PETI-5的 T_g 较低，Triple-A-PI的溶解性较差，预浸料是由高浓度的酰胺酸溶液得到的，由于固化时水的放出，使复合材料有较高的孔隙率。Yokota等[43]报道了一种由PMDA，苯基取代的ODA（*p*-ODA）及PEPA得到的基体树脂，固化条件为370℃，1 h。性能见表22-78。PMDA/*p*-ODA/PEPA低聚物在150℃ NMP中合成得到33%溶液，该溶液在室温下会凝胶化，将该凝胶再加热到150℃ 1 h，又可逐渐变成溶液，虽然重复加热也没有沉淀出现。为了克服这种分子间的聚集，采取加入带有大侧基的第三单体BAPF。用BAPF改性后的树脂性能见表22-79和表22-80。

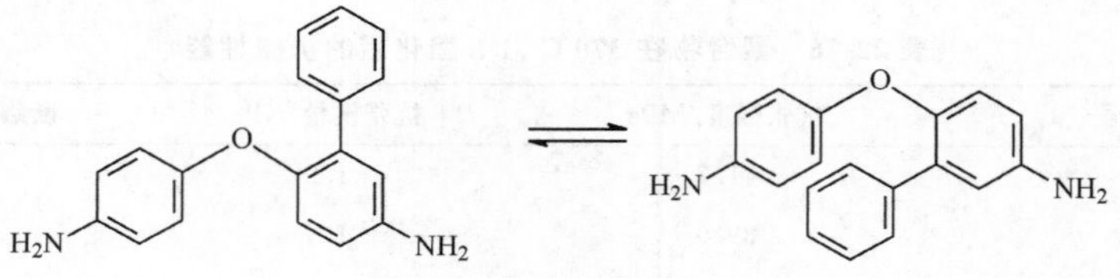

p-ODA

表22-78 PMDA/*p*-ODA/PEPA(*n*=4)树脂与其他树脂在热和机械性能

二酐	二胺	低聚酰亚胺		固化树脂	
		溶解度/%(NMP质量分数)	最低熔体黏度/(Pa·s)	T_g/℃(DMA)	最大伸长率/%
3,4′-BPDA	4,4′-ODA	<20	<200	343	>13
4,4′-BPDA	4,4′-ODA	不溶	不熔	不可加工	
4,4′-BPDA	*p*-ODA	>33	104	309	14.2
PMDA	4,4′-ODA	不溶	不熔	不可加工	
PMDA	*p*-ODA	>33 一天后凝胶化	208	346	17.4

表 22-79　PMDA/*p*-ODA-BAPF/PEPA 低聚物的溶解度和最低熔体黏度

p-ODA∶BAPF	溶解度/%(NMP 质量分数)	最低熔体黏度/(Pa·s)
95∶5	＞33	226
90∶10	＞33	154
75∶25	＞33	1323
50∶50	＞33	731
25∶75	＞33	不熔

表 22-80　PMDA/*p*-ODA-BAPF/PEPA 固化树脂的热和机械性能

p-ODA/BAPF	T_g/℃(DMA)	断裂伸长率/%	
		平均	最大
95∶5	350	11.7	15.2
90∶10	356	11.3	13.2
75∶25	369	7.4	8.2
50∶50	—	4.7	6.2
25∶75		不能加工	

22.7.8　以 PERA-1 作为 PETI-5 的活性添加剂的树脂

Connell 等[44]以 PERA-1(式 22-11)作为 PETI-5 的活性添加剂使用。PERA-1 可溶解在各种溶剂如热 NMP 中,软化点约为 185℃并具有很低的熔体黏度(0.1～0.3 Pa·s),在 250℃具有高的稳定性(＞2 h)。PERA-1 在 280℃的等温流变性能见图 22-3。添加 PERA-1 的效果见表 22-81,预浸料的性能见表 22-82,复合材料的性能见表 22-83。

表 22-81　以 PERA-1 作为 PETI-5 的活性添加剂的效果

PERA-1 的质量分数/%	热转变温度/℃		最低熔体黏度/(Pa·s)	达到最低黏度的温度/℃
	起始	$T_g(T_m)$/℃		
100	182	—	0.3	270
90	182	—	1.5	270
80	183	—	2	373
65	182	—	5	370
50	182	—	50	371
35	183	—	470	372
20	182	273(393)	560	369
15	185	276(390)	4470	371
10	183	278(392)	5200	371
0	230	250(387)	5650	371

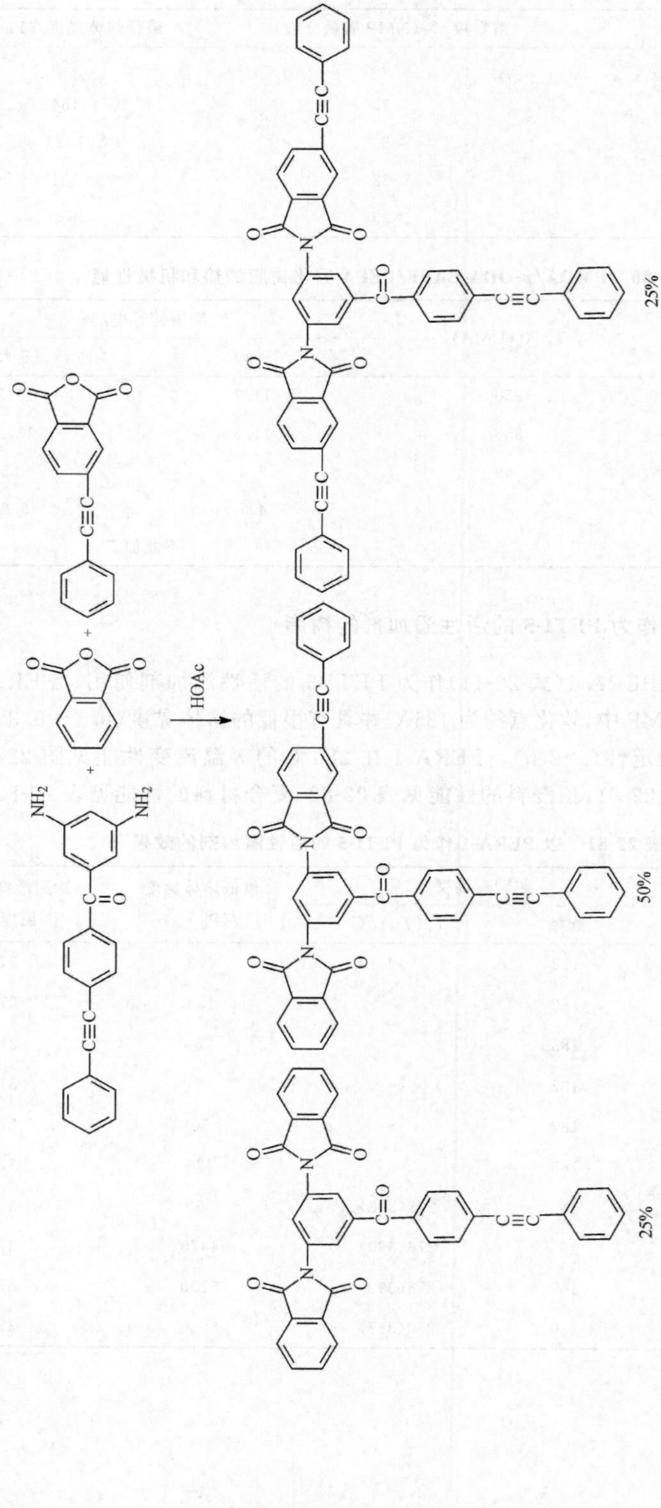

式 22-11　PERA-1

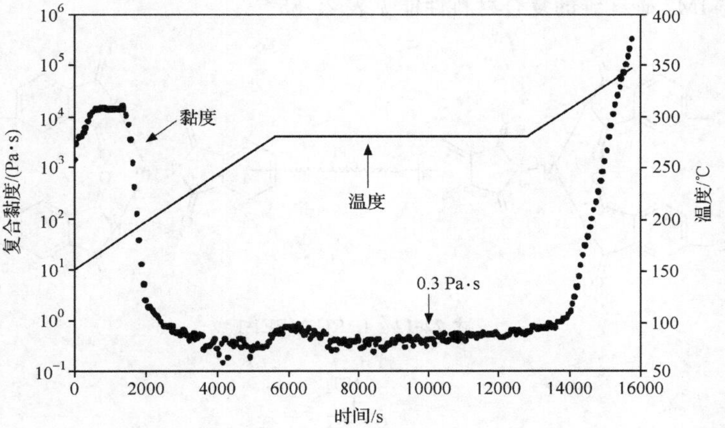

图 22-3　未固化的 PERA-1 在 280 ℃的等温流变性能

表 22-82　IM7 预浸料的性能

PERA-1 的质量分数/%	预浸料的尺寸	黏度/cP	树脂质量分数/%	挥发物质量分数/%
20	21.6 cm×61 m	8700	37～40	17～20
35	21.6 cm×61 m	4400	27～30	18～20
50	21.6 cm×23 m	1000	35～37	18～20

注：黏度是以 35%的溶液在室温下测得的。

表 22-83　复合材料的性能

性能		PERA-1/PETI-5 (20：80)	PETI-5
T_g/℃		290	273
开孔抗压强度(OHC)/MPa	23 ℃	402.8	389.7
	177 ℃(湿)	322.8	319.3
冲击后抗压强度/MPa		325.5	331.0
冲击后抗压模量/GPa		58.6	55.9
冲击后抗压应变/(m/cm²)		5900	5800
200 次热循环后的开裂数/cm^{-1}		0	0

注：PERA-1/PETI-5 (20：80)复合材料是在 0.35 MPa 下压制而成的。PETI-5 复合材料是在 1.4 MPa 下压制而成的。

22.7.9　LaRC MPEI-1

LaRC MPEI-1 是由 BPDA、3,4′-ODA、1,3,3-APB、2,4,6-三氨基嘧啶(TAP)和 PEPA 在 NMP 中合成的线形、接枝及星型含苯炔基的预聚物(设计相对分子质量为 5500)(式 22-12)。固化的树脂具有优越的成膜性、加工性、黏合性及热氧化稳定性。用于制备预浸料的溶液固含量为 42%。具有少量结晶，T_m 为 287 ℃。LaRC MPEI-1 的热性能见

表 22-84，与 IM7 碳纤维的复合材料性能见表 22-85[45]。

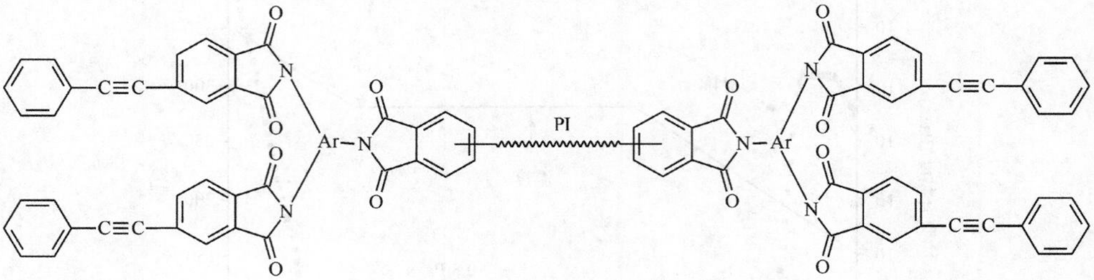

式 22-12　LaRC MPEI-1

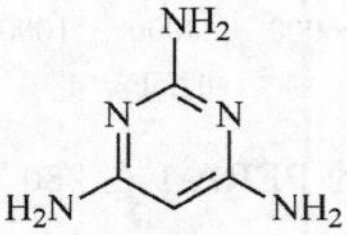

2,4,6-三氨基嘧啶(TAP)

表 22-84　LaRC-MPEI-1 的热性能

热处理条件	LaRC- MPEI-1			LaRC- PETI-5[46]		
	T_g/℃	T_m/℃	ΔH/(J/g)	T_g/℃	T_m/℃	ΔH/(J/g)
180℃,1 h	—	—	—	ND	352	12.7
200℃,1 h	150	271	8.8	ND	352	12.0
225℃,1 h	163	282	4.6	ND	268,355	11.3
250℃,1 h	192	287	4.2	210	290,353	21.5
275℃,1 h	—	—	—	220	302,349	10.0
300℃,1 h	220	ND	0	234	324	38.6
325℃,1 h	245	ND	0	245	345	32.3
225℃,1 h+325℃,1 h	244	ND	0	—	—	—
250℃,1 h+325℃,1 h	245	ND	0	—	—	—
350℃,1 h	270	ND	0	270	389	13.7
371℃,1 h	277	ND	0	—	—	—
250℃,1 h+371℃,1 h	287	ND	0	—	—	—

表 22-85　复合材料的机械性能

机械性能	测试温度/℃	IM7/LaRC MPEI-1	IM7/LaRC PEPI-5
短梁抗剪强度/MPa	RT	125	109
	93	108	100
	150	84	83
	177	71	64

续表

机械性能	测试温度/℃	IM7/LaRC MPEI-1	IM7/LaRC PEPI-5
0°抗弯强度/MPa	RT	1806	1827
	93	1661	1858
	150	1601	1581
	177	1402	1473
0°抗弯模量/GPa	RT	137	147
	93	139	155
	150	141	146
	177	135	137
90°抗弯强度/MPa	RT	112	
	93	99	
	150	99	
	177	87	
90°抗弯模量/GPa	RT	55	
	93	50	
	150	49	
	177	46	
0°抗张强度/MPa	RT	2426	2993
	177	2298	2310
0°抗张模量/GPa	RT	161	179
	177	161	152
0°抗压强度/MPa	RT	1289	1327
	177	1234	1237
0°抗压模量/GPa	RT	137	142
	177	147	142
开孔抗压强度/MPa	RT	437	439
	177(湿)	356	325

注：铺层：[±45/90/0/0±45/0/0±45/0]；纤维体积：53%；压制：升温至 275 ℃保持半小时，加压 1.40 MPa 再升温至 371 ℃保持 1 h，冷却到 100 ℃卸压。

22.7.10　可以进行 RTM 加工的 PETI 类树脂

Criss 等[47]报道虽然高质量的大型层压板和桁条加强的蒙皮壁板（1.8 m×3.0 m）已经由 PETI-5 制得[36]，但是对于能够用树脂传递模塑(RTM)和树脂浸入模塑(RI)加工的复杂结构复合材料制品还要求比 PETI-5(5000 g/mol)加工性更好的材料。尽管模具成本较高，但加工成本要低于传统的热压罐方法，例如可以避免使用预浸料所带来的制备、质量控制、储藏及铺层方面的问题。很复杂的复合材料制件几乎不可能用手工铺层，再以热压罐方法制造。RTM 和 RI 的其他优点还有良好的表面性能、较好的部件整体性、优越的尺寸稳定性及良好的纤维体积控制。目前能够用于 RTM 的高性能/高温树脂有环氧(PR 500)[48]和 BMI(5250-4 RTM)[5]。由 PR 500 和 5250-4 RTM 通过 RTM 得到的复合材料具有很好的室温性能和在 177 ℃的性能保持率。为了得到比现有材料更好的用于 RTM 的树脂，NASA 发展了相对分子质量较低(1250 和 2500)的 PETI-5[49]。熔体黏度虽然降低了，但得到最低黏度的温度已经使苯炔基开始反应，因此不适用于 RTM 和 RI。企图在 PETI-5 中加入活性增塑剂，其结果与低相对分子质量的 PETI-5 类似[50]。

适用于 RTM 和 RI 的树脂要在 250～290 ℃具有低而稳定的黏度，设计的两种材料是 PETI-RTM 和 PETI-RFI。制备方法是将 BPDA、3,4′-ODA、1,3,3-APB 和 PEPA(按相对分子质量为 500～3000)在 NMP 中室温下搅拌 24 h，然后用甲苯带水，环化后的低聚物仍是可溶的，在水中沉淀，用热水洗涤，干燥后收率＞95％。

RTM 加工有下面例子：注射机预热至 288 ℃，在 2.75 MPa 压力下以 500 mL/min 速度注料，给模具施加 9100 kg 压力，预热到 316 ℃，抽真空 1.5 h。或者将树脂在 288 ℃脱气 1 h，树脂以 200 mL/min 速度在 288 ℃注射进去，然后在 1.34 MPa 固化，固化温度为 371 ℃，时间 1 h，然后冷却，脱模。2.4 m 长的 F 型构架可以按下法制得：将 4.5 kg PETI-RTM 在注射机料斗中加热至 260 ℃，真空脱气 1 h，大约在 18 min 内将树脂注进模具，该模具在一个未加压的高压釜中加热，然后在 1.4 MPa 下加热到 371 ℃固化 1 h，冷却后脱模，再进行机械加工。

RI 加工的例子是：将计算好量的 PETI-RI 放进模具底部，再在上面放入 IM7 的编织物和其他需要的模具部分，将这些东西装进袋中，在顶部抽真空，然后加热，使熔融的树脂浸润到织物中，当织物充满树脂后，加压，升温至 371 ℃，并保持 1 h 使树脂固化。

用于 RTM 和 RI 的树脂，不论是粉末、粒子、片子都应不含溶剂和水分，加工时必须具有低而稳定的黏度，固化时不放出挥发物，并具有低的收缩率。用作结构材料，树脂固化后要具有高的 T_g(＞230 ℃)，好的韧性，耐开裂，耐溶剂和水分，高的损伤容限及在湿/热环境下的机械性能保持率。

树脂由 BPDA、3,4′-ODA、1,3,3-APB 及 PEPA 合成，其组成和 T_g 见表 22-86，低聚物的 GPC 表征见表 22-87，熔体黏度见表 22-88，复合材料的性能见表 22-89 和表 22-90。

表 22-86　PETI 树脂的组成

编号	计算相对分子质量	1,3,3-APB 物质的量分数/％	3,4′-ODA 物质的量分数/％	起始 T_g /℃	固化后 T_g /℃
S1	3000	75	25	181	227
S2(PETI-RFI)	1250	75	25	151	244
S3	1000	75	25	141	247
S4(PETI-RTM)	750	75	25	132	258
S5	500	75	25	88	269
S6	750	100	0	120	232
S7	750	90	10	121	245
S8	750	85	15	127	253
S9	750	80	20	129	257

注：T_g 由 DSC 从粉末测定，升温速率为 20 ℃/min。固化是在 DSC 封闭的铝盘中 371 ℃ 1 h 然后再重扫。

表 22-87　PETI 低聚物的 GPC 表征

编号	计算 M_n	M_n	M_w	M_z	[η]/(dL/g)
S1	3000	3445	6015	13910	0.15
S2(PETI-RFI)	1250	1617	2916	3836	0.08
S3	1000	1899	2237	2723	0.08
S4(PETI-RTM)	750	1310	1420	1540	0.08
S5	500	1960	1970	1990	0.05
S6	750	1880	1980	2090	0.06
S8	750	1340	1400	1470	0.08
S9	750	1850	1960	2080	0.06

表 22-88　PETI 的熔体黏度

编号	计算 M_n	APB /%	3,4′-ODA/%	熔体黏度/(Pa·s) (250 ℃,1 h)	熔体黏度/(Pa·s) (280 ℃,1 h)
S1	3000	75	25	380	40
S2(PETI-RFI)	1250	75	25	9	1.5
S3	1000	75	25	5	1.4
S4(PETI-RTM)	750	75	25	1.2	0.6
S5	500	75	25	0.4	0.2
S6	750	100	0	0.6	0.2
S7	750	90	10	0.8	0.3
S8	750	85	15	0.5	0.3
S9	750	80	20	0.5	0.4

以 58/34/8 叠层的 PETI-RI/IM7 复合材料在 −55～177 ℃每个温度各停留 1 h，升温速度为 8.3 ℃/min，经 200 个循环未发现开裂。

未上浆的 IM7 5HS 织物 4 层，用表 22-87 的 S4 和 S2 进行 RTM 加工。树脂在注射进模具前经过脱气后，在 260～280 ℃注射进模具，在压力下 371 ℃固化 1 h。脱模后的层压板用显微镜检查未见开裂，孔隙率<2%。用 DMA 测定层压板的 T_g 发现比用 DSC 测定的树脂 T_g 低约 10 ℃。

表 22-89　RTM 复合材料的性能

性能	PR500	PETI-RTM(S4)	PETI-RFI(S2)
T_g/℃(DMA)	201	246	236
纤维体积/%	48.7±0.5	51.6±0.5	52.2±2.1
孔隙率/%	0	1.5	0.8
开裂情况	No	No	No
抗弯强度/MPa	919±41	889±59	933±43

续表

性能	PR500	PETI-RTM(S4)	PETI-RFI(S2)
抗弯模量/GPa	43.8±0.2	43.3±2.4	46.5±1.9
抗压强度(0°/90°)/MPa	668±37	694±37	629±23
抗压模量(0°/90°)/GPa	98,6±15	112.6±14	92.3±6
短梁抗剪强度/MPa	62.7±4.9	61.0±3.9	66.7±4.1

注：PR500 为高性能 RTM 环氧。

表 22-90　RTM 层压板的性能

性能	测试温度/℃	PETI-RFI	5250-4 RTM
抗压强度(0°/90°)/MPa	23	711	804
	163	—	507
	177	534	—
抗压模量(0°/90°)/GPa	23	92.4	76.5
抗剪强度(±45)/MPa	23	113	139
	163	—	82.5
	177	80.0	—
抗剪模量(±45)/MPa	23	5.5	4.9
	163	—	3.0
	177	4.4	—

22.7.11　以 2,3,3′,4′-联苯二酐为基础的基体树脂

自从发现了以 2,3,3′,4′-联苯二酐(a-BPDA,3,4′-BPDA)为基础的聚酰亚胺比其异构体 3,4,3′,4′-联苯二酐(s-BPDA,4,4′-BPDA)为基础的聚酰亚胺具有更高的 T_g 和较低的熔体黏度后(见第 9 章),以 3,4′-BPDA 代替 4,4′-BPDA 获得基体树脂的工作受到高度的重视。表 22-91 为由两种异构 BPDA 得到的基体树脂,可以明显看出,采用 3,4′-BPDA 的树脂的熔体黏度要显著低于由 4,4′-BPDA 得到的树脂,而 T_g 则有所提高[51]。PETI-330 是由 3,4′-BPDA、1,3,4-APB、MPD 和 PEPA 合成的,所得到的酰亚胺低聚物可以以 30%～40%的固含量溶于热的 NMP 中,将溶液在水中沉淀,水洗后在 135 ℃真空干燥。不建议将低聚物在有机溶剂,如丙酮或甲醇中沉淀,因为在有机溶剂中可引起低相对分子质量化合物的损失,从而会使熔体黏度增加一个数量级[52]。有关由这些树脂得到的先进复合材料的性能的报道尚未多见,表 22-92 至表 22-96 列出了由 PETI-298 和 PETI-330 及 BMI-5270 与 AS-4 碳纤维所得到的复合材料的开孔抗冲性能和短梁剪切强度。可以想见,以异构聚酰亚胺为基体树脂的工作正成为当前先进复合材料研究的前沿,如果能够取得理想的结果,可能追求了几十年的有关聚酰亚胺复合材料的性能和加工的矛盾在很大程度上可以得到解决,这将是先进复合材料技术的一个大的突破。

表 22-91　以 3,4′-BPDA 代替 4,4′-BPDA 所得到的树脂的性能[51]

低聚物	二胺的组成/%	BPDA	$T_g(T_m)$/℃（固化前）	T_g/℃（固化后）	280℃ 2h 后的黏度/(Pa·s)
PETI-298	1,3,4-APB(75)，3,4′-ODA(25)	s	139	298	0.6～1.4
P1	1,3,4-APB(75)，3,4′-ODA(25)	a	147	312	0.4～3.0
P2	1,3,4-APB	s	123(246)	298	13.5～26.0
P3	1,3,4-APB	75%s，25%a	149(239)	301	0.4～0.7
P4	1,3,4-APB	50%s，50%a	168(222)	307	0.8～1.0
P5	1,3,4-APB	a	—(200)	296	0.1～0.4
P6	1,4,4-APB(75)，3,4′-ODA(25)	a	ND	339	41～480
P7	1,3,4-APB(75)，3,4′-ODA(25)	s	139	298	0.6～1.4
P8	1,3,4-APB(75)，3,4′-ODA(25)	a	147	312	0.4～3.0
P9	1,3,4-APB(75)，MPD (25)	s	148(174,226,272)	309	1.9～4.1
P10	1,3,4-APB(75)，MPD (25)	a	151	318	1.2～18
P11	1,3,4-APB(50)，MPD (50)	a	ND(182)	330	0.8～3.0 (0.06～0.09)
P12	1,3,4-APB(50)，MPD (50)	50%s，50%a	139(173)	332	1.4～4.3
P13	1,3,4-APB(50)，MPD (50)	75%s，25%a	145(168)	333	1.1～3.1
P14	1,3,4-APB(50)，MPD(50)	s	—(169,236)	325	＞10^4
P15	1,3,4-APB(75)，TFMBZ(25)	a	ND(179)	320	0.3～1.4
P16	1,3,4-APB(50)，TFMBZ(50)	a	ND(164)	345	0.6～2.0
P17	1,3,4-APB(75)，ClBz(25)	a	193	328	0.2～0.7

续表

低聚物	二胺的组成/%	BPDA	$T_g(T_m)$/℃（固化前）	T_g/℃（固化后）	280℃ 2h后的黏度/(Pa·s)
P18	1,3,4-APB(50)，ClBz(50)	a	148	349	7～21
P19	1,3,4-APB(60)，ClBz(40)	a	145	345	0.3～1.1
P20	3,4′-ODA(50) MPD(50)	a	—	342	1.4～1.6

注：s 表示 3,4,3′,4′-联苯二酐(s-BPDA)，a 表示 2,3,3′,4′-联苯二酐(a-BPDA)；括号中的数值为熔点。

表 22-92　可以 RTM 加工的树脂的 T_g

树脂	T_g/℃(DSC)	T_g/℃(TMA)	T_g/℃(DMTA)
PETI-298	298	281	312
PETI-330	330	313	326
BMI-5270	—	249(287)	276

表 22-93　AS-4 碳纤维复合材料

基体树脂	纤维含量/%	孔隙率/%	龟裂数/(in^{-1})	T_g/℃(TMA)
PETI-298	57.3～60.5	0.7～1.7	未测得	275～287
PETI-330	56.8～58.1	1.7～2.5	未测得	310～320
BMI-5270	58.1～60.4	0.5～0.8	5～162	238～248

表 22-94　AS-4 碳纤维复合材料的开孔抗压性能

基体树脂	OHC 强度/MPa		OHC 模量/GPa	
测试温度/℃	23	288	23	288
PETI-298	243	160	40	39
PETI-330	250	217	42	40
BMI-5270	241	158	43	41

表 22-95　在 288℃ 空气中老化后 AS-4 碳纤维复合材料的开孔抗压性能

基体树脂	OHC 强度/MPa				OHC 模量/GPa			
老化时间/h	0	50	500	1000	0	50	500	1000
PETI-298	251	248	225	198	42	42	41	41
BMI-5270	246	145	125	25	43	38	40	29

表 22-96　AS-4 碳纤维复合材料的短梁抗冲强度(MPa)

基体树脂	测试温度/℃			老化时间/h					
	23	232	288	0	50	100	200	500	1000
PETI-298	39	32	23	45	47	47	46	41	28
PETI-330	38	37	34	—	—	—	—	—	—
BMI-5270	33	22	16	33	27	27	22	21	4.5

PETI-330/T650-35 8HS 后固化对 T_g 的影响见表 22-97[53]。

表 22-97　PETI-330/T650-35 8HS 后固化对 T_g 的影响

后固化温度/℃	后固化时间/h	失重/%	T_g/℃
316	6	0.08	343
316	12	0.09	344
329	6	0.10	347
329	12	0.13	350
357	6	0.29	360
357	12	0.50	352
371	6	0.38	333
371	12	0.57	344

参 考 文 献

[1] 赵渠森. 先进复合材料手册. 北京：机械工业出版社，2003.
[2] Critchley J P，Knight G J，Wright W W. Heat-resistant Polymers. New York：Pleum Press，1983：4.
[3] Hergenrother P M. Trends in Polym. Sci.，1996，4(4)：104；Hergenrother P M. SAMPE J.，1999，35(1)：30.
[4] Wilson D. High Perf. Polym.，1991，3：73.
[5] Boyd J. SAMPE J.，1999，35(6)：13.
[6] Steiner P A，Browne J M，Blair M T，McKillen J M. SAMPE J.，1987，23(2)：8.
[7] Hsu M-T S，Chen T S，Parker J A，Heimbuch A H. SAMPE J.，1984，21(4)：11.
[8] Hinkley J A，Nelson J B. SAMPE J.，1994，31(2)：45.
[9] Rakutt D，Fitzer E，Stenzenberger H D. High Perf. Polym.，1991，3：59.
[10] Patel H S，Patel H D. High Perf. Polym.，1992，4：35.
[11] Pater R H. Polym. Eng. Sci.，1991，31：20.
[12] Bowles K J. 35th Internattional SAMPE Symposium April 2-5，147(1990)；Bowles K J. SAMPE，Q.，1990，21(4)：6.
[13] Sheppard C H. SAMPE Q.，1987,18(1)：1.
[14] Owens G A，Schofield S E. Composites Sci. Tech.，1988，33：177.
[15] Alston W B，Scheiman D A，Sivko G S. J. Appl. Polym. Sci.，2006，99：3549.
[16] Wilson D. Bri. Polym. J.，1988，20：405.
[17] Wong A C，Rotchey W M. Macromolecules，1981，14：825.
[18] Chem. &Eng. News，1987，July 13：13.

[19]丁孟贤，张劲. 中国，95100239.2，1995；Southcott M，Amone M，Senger J，Wang A，Polio A，Sheppards C H. High Perf. Polym.，1994，6：1.
[20] Delvigs P. Polym. Comp.，1983，4(3)：150.
[21]Vannucci R D. SAMPE Q.，1988，19(1)：31.
[22] Malarik D C，Vannucci R D. SAMPE Q.，1992，23(4)：3.
[23] Hou T H，Wilkinson S P，Johnston N J，Pater R H，Schneider T L. High Perf. Polym.，1996，8：491.
[24] Chuang K C，Waters J E. 40th Inter. SAMPE Symp.，May 8-11，1995.
[25] Qu X，Fan L，Ji M，Yang S. High Perform. Polym.，2011，23：151.
[26] Hou T H，Wilkinson S P，Jensen B J// Feger C，Khojasteh M M，Molis S E. Polyimides：Trends in Materials and Applications. SPE，1996：409-434；Jensen B J，Bryant R G，Wilkinson S P. Polym. Prepr.，1994，35(1)：539；Jensen B J，Hou T H，Wilkinson S P. High Perf. Polym.，1995，7：11.
[27] Hou T H，Jensen B J，St. Clair T L. High Perf. Polym.，1995，7，105；Hou T H，St. Clair T L. High Perform. Polym. 1998，10：193.
[28] Stenzenberger H D. Appl. Polym Symp.，1973，220：77.
[29] Stenzenberger H D. Appl. Polym Symp.，1977，310：91.
[30] Herginrother P M，Havens S J. High Perf. Polym.，1993，5：177.
[31] Hou T H，Bryant R G. High Perf. Polym.，1996，8：169.
[32] Hou T H，Bryant R G. High Perf. Polym.，1997，9：437.
[33] Hou T H，Siochi E J. Polymer，1994，35：4956.
[34] Zhou J，He T B，Zhang J，Ding M X. SAMPE Q.，1993，24(4)：31；Zhou J，He T B，Zhang J，Ding M X. J. Mater. Sci.，1994，29：2916；Zhou J，Zhang,J，Ding M X，He T B. J. Adv. Mater.，1996，27(4)：58；Zhou J，He T B，Zhang J，Ding M X. J. Mater. Sci. Lett.，1996，15：916.
[35] Huang W X，Wunder S L. J. Appl. Polym. Sci.，1996，59：511.
[36] Smith Jr. J G，Connell J W，Hergenrother P M. 43rd Inter. SAMPE Symp.，May，31-June 4，1998.
[37] Connell J W，Smith Jr. J G，Cano R J，Hergenrother P M. 41st International SAMPE Symp.，March 24-28，1996：1101.
[38] Connell JW，Smith J G，Hergenrother P M. High Perform. Polym.，1998，10：273.
[39] Bryant R G，Jensen B J，Hergenrother P M. J. Appl. Polym. Sci.，1996，59：1249.
[40] Ogasawara T，Ishida Y，Yokota R，Watanabe T，Aoi T，Goto J. Composites：Part A，2007，38：1296.
[41] Ishida Y，Ogasawara T，Yokota R. High Perfor. Polym.，2006，18：727.
[42] Yang Y，Fan L，Qu X，Ji M，Yang S. Polymer，2011，52：138.
[43] Miyauchi M，Ishida Y，Ogasawara T，Yokota R. Synthesis and properties of novel asymmetric addition-type imide resins based on Kapton-type structure，14th European Conference on Composite materials，7-10 June 2010，Budapest，Hungary.
[44] Connell J W，Smith Jr. J G，Hergenrother P M，Romme M L. High Perf. Polym. 2000，12：323.
[45] Hou T H，Cano R J，Jensen B J. High Perf. Polym.，1998，10：181.
[46] Wood K A，Orwoll R A，Jensen B J，Young P R，McNair H M. Soc. Adv. Mater. Process Eng. Ser. 1997，42：1271.
[47] Criss J M，Arendt C P，Connell J W，Smith Jr. J G，Hergenrother P M. SAMPE J.，2000，36(3)：32.
[48] Kittelson J L，Hakett S C. Soc. Adv. Mat. Proc. Eng. Ser.，1994，39：83.
[49] Smith Jr. J G，Connell J W，Hergenrother P M. Soc. Adv. Mat. Proc. Eng. Ser.，1998，43：93.
[50] Connell JW，Smith Jr. JG，Hergemrother P M，Rommel M L. Intl. SAMPE Tech. Conf. Ser.，1998，30：545.
[51] Smith Jr. J G，Connell J W，Hergenrother P M，Ford L A，Criss J M. Macromol. Symp.，2003，199：401.
[52] Connell J W，Smith J G，Hergenrother P M，Criss J M. NASA-2004-sampe-jwc 982kb.
[53] Bain S，Ozawa H，Criss J. M. High Perform. Polym. 2006，18：991.

第23章 黏 合 剂

现在已经认可的黏合机理有如下几种[1]:①机械锁扣;②表面湿润和吸附;③界面扩散:主要针对聚合物与聚合物之间的黏合;④酸碱作用:对于最佳的黏合存在最佳的酸-碱作用,太强和太弱都得不到高的黏合;⑤化学键合。

在具体的黏合中往往不仅是上述一种模式在起作用,可能有两种甚至更多种的模式同时起作用。

聚酰亚胺作为黏合剂的黏合对象主要有三类:金属(钛、铜、铝及钢等)、非金属(硅片、玻璃及磨料,如金刚砂、氮化硅等)及聚合物(如聚酰亚胺本身)。要达到良好的黏合,除了选择合适的黏合剂之外,基底的表面处理是十分重要的。聚酰亚胺结构中带有多个羰基,并且具有强的传荷作用,这些因素都是作为黏合剂的良好条件,但是使用得最普遍的PMDA/ODA却并不是好的黏合剂,这种聚酰亚胺不但与铜、玻璃等不能很好黏合,即使是与它本身也不能黏合,如果将PMDA/ODA的聚酰胺酸涂于PMDA/ODA聚酰亚胺上再酰亚胺化,所形成的薄膜可以很容易地被剥离下来。

23.1 聚酰亚胺对聚合物的黏合[2]

聚酰亚胺对聚合物的黏合主要针对的是与聚酰亚胺自己的黏合及与环氧类聚合物的黏合,尤其对于印刷线路板的制造,目前主要还是利用聚酰亚胺薄膜通过一层黏合剂与铜箔的黏合而制得,这就需要聚酰亚胺薄膜与黏合剂之间有很好的黏结力,其间的剥离强度要求达到10 N/cm左右。所用的黏合剂有环氧类甚至丙烯酸类聚合物,但由于这些黏合剂的耐热性不够高,通常难以在70℃使用,所以对更耐热的黏合剂,尤其是聚酰亚胺类黏合剂的要求越来越迫切。

聚合物对聚合物的黏合是以大分子通过界面扩散后发生链的缠结而实现的。

聚酰亚胺对聚酰亚胺的黏合的决定因素有:①聚酰胺酸通过界面的扩散;②两层薄膜的固化制度;③酰亚胺化后界面处的分子结构及聚集态。

当将聚酰胺酸溶液涂到聚酰亚胺基底上时,后者可能会由于NMP的作用而发生溶胀,使前者能够穿透到基底中,在随后固化时发生化学结合(也有缠结),基底的堆砌密度越低,透入的可能性就越大。对于PMDA、BPDA和BTDA,以PMDA得到的聚酰亚胺的堆砌密度最大,BTDA的聚合物最小。二胺也同样可以影响聚合物的堆砌密度。薄膜表面的高度取向造成高的堆砌密度,妨碍了分子的扩散,因此对黏结不利。接触角的大小不会影响穿透和黏结强度。两层的热膨胀系数差别越小,结合力越大(内应力越小)。当膨胀系数的差别较大时,如果界面处的分子结构具有较高的柔性,由于分子运动消除了所产生的内应力,也能够达到高的黏结力。

商品聚酰亚胺薄膜是完全酰亚胺化了的薄膜,尤其是Kapton或Upilex薄膜都具有很高的刚性，这种薄膜的界面都是惰性的，很难被黏合剂分子所穿透而扩散，也没有活性基团可以与黏合剂中的基团反应，因此需要预先对聚酰亚胺薄膜的表面进行处理。一般的处理方法有两种：一种是用碱处理，利用聚酰亚胺(尤其是 Kapton 薄膜)不耐碱性水解的特性，使其在碱的作用下开环，产生可以与黏合剂作用的活性基团，以增加黏合能力。例如，Lee 等[3]将 Kapton 薄膜用 1 mol/L KOH 溶液在 22 ℃处理 1～90 min 得到聚酰胺酸钾，将多余的 KOH 用水洗去后，再用 0.1 mol/L 乙酸进行质子化。在表面处理过的薄膜上旋涂上聚酰胺酸，干燥、固化，所得到的剥离强度见表 23-1。

表 23-1 聚酰亚胺薄膜 90°的剥离强度

KOH 处理时间/min	0	1	5	10
剥离强度/(N/cm)	0.3	4.0	8.5	12.6

用碱处理薄膜所达到的深度越大，剥离强度越大，Buchwalter 等[4]用 0.25 mol/L 的 NaOH 对经过 400 ℃固化的 PMDA/ODA 表面进行处理，其水解程度见表 23-2。

表 23-2 PMDA/ODA 聚酰亚胺的水解程度

水解时间/h	水解分数/%	标称水解深度/Å
0	0	0
1	14.6	160
2	26.7	294
3.5	38.1	419

Yun 等[5]则用胺的溶液处理聚酰亚胺薄膜表面以增加对环氧树脂的黏结力，胺的质量体积浓度一般为 0.5%，时间为 1 min。可用的胺有肼、乙二胺、1,3-丙二胺、己二胺等，干燥温度以 100 ℃为宜。

另一种方法是用等离子处理，例如用 N_2/H_2 和 NH_3 等离子处理，由于在处理后薄膜的表面产生了可以与聚酰胺酸作用的氨基，从而使黏结强度增加。水蒸气等离子处理使 PMDA/ODA 聚酰亚胺的表面的氧的浓度明显增加，生成了酮、羧酸及羟基等含氧的基团。未经等离子处理的薄膜对薄膜的 90°剥离强度为 0.49 N/cm；处理后达到≥8.82 N/cm。另一种水蒸气等离子处理的薄膜对薄膜的剥离强度为 12.25 N/cm，超过了 18 μm 厚的薄膜的强度，在 85 ℃，81%RH 环境中放置 1000 h，剥离强度仍保留 8.77 N/cm[6]。等离子处理也增加了薄膜的粗糙度，即增加了薄膜的表面积和反应基团，这些都有利于第二层聚合物的黏结。

如果采用的不是现成的商品薄膜，则可以用控制第一层聚酰亚胺固化程度来增加聚酰亚胺之间的黏结力，即将第一层聚酰胺酸在较低温度下酰亚胺化使其达到不会因第二层聚酰胺酸的涂覆而溶解，又能留下足够的酰胺酸部分可以与第二层的聚酰胺酸作用，以实现既可以相互穿透，又可以使聚酰胺酸间发生交换，从而达到高的黏结强度。Brown 等[7]研究了第一层聚酰亚胺的固化温度对聚酰胺酸扩散深度的影响，由表 23-3 数据可见，对于 PMDA/ODA 的自黏，第一层聚酰胺酸的固化温度以低于 200 ℃为宜，同时第二层涂覆后采用高的固化温度对黏结也有利。

表 23-3 扩散距离与固化温度的关系

第二层固化温度/℃ \ 第一层固化温度/℃（扩散距离/μm）	150	200	300	400
150	168	42	28	22
200	150	43	29	31
300	154	46	35	31
400	156	47	37	30

Miwa 等[8]研究了各种聚酰亚胺对聚酰亚胺的黏结性能，在用水蒸气处理前后的黏结性能见表 23-4。在完全酰亚胺化的聚酰亚胺上的黏合效果较差，而且受水蒸气的影响也较大，当第一层聚合物仅以部分酰亚胺化则能够明显提高与聚酰亚胺的黏结强度，同时对水蒸气的耐性也大大提高。第一层聚合物的固化温度与酰亚胺化程度及剥离强度的关系见表 23-5，可见要得到高的剥离强度，第一层聚合物的固化温度不能超过 200 ℃，这时酰亚胺化程度达到 50%上下。

表 23-4 剥离强度(N/cm)

在 BPDA/ODA 上，120 ℃水蒸气，100 h			在半固化(200 ℃，1 h)的 BPDA/PPD 上，120 ℃水蒸气，100 h			在半固化(200 ℃，1 h)的 BPDA/ODA 上，120 ℃水蒸气，100 h		
聚合物	处理前	处理后	聚合物	处理前	处理后	聚合物	处理前	处理后
PMDA/ODA	4.41	2.45	BPDA/PPD	7.84	7.35	BPDA/PPD	7.64	6.86
BPDA/ODA	7.35	4.90	PMDA/ODA	7.35	7.64	PMDA/ODA	7.45	5.88
PMDA/BAPP	6.86	7.35	BPDA/ODA	7.35	7.45	BPDA/ODA	7.64	8.04
BPDA/BAPP	4.41	2.45	PMDA/BAPP	7.35	7.25	PMDA/BAPP	7.45	7.84
			BPDA/BAPP	7.25	7.35	BPDA/BAPP	7.64	7.55

表 23-5 固化温度与剥离强度的关系

固化温度/℃	酰亚胺化程度/%	剥离强度/(N/cm)
150	10	7.35
200	50	7.35
250	85	0.20
300	90	0.29
350	100	0.20

Ree 等[9]研究了 BPDA/ODA 与各种聚酰亚胺的黏合，BPDA/ODA 的聚酰胺酸在 80 ℃干燥后，氮气流中在 150 ℃、200 ℃、300 ℃各处理 30 min，400 ℃处理 1 h。基底在旋涂前用等离子 (300 W，5 min，氧流速度：535 cm^3/min)处理。对于某些基底，需要使用氨丙基三乙氧基硅烷[γ-APS，体积分数 0.1%的乙醇/水(95：5)溶液]作为黏结促进剂。将 γ-APS 的溶液以 2000 r/min，20 s 旋涂到基底上，然后在 120 ℃热板上加热 20 min，其黏

合结果见表 23-6。

表 23-6 对 BPDA-ODA 聚酰亚胺的黏合

样品结构(由下而上)	剥离速度/(mm/min)						
	0.05	0.1	0.2	0.5	1.0	2.0	5.0
	剥离强度/(N/cm)						
BPDA-ODA/BPDA-ODA	10.60	10.89	11.18	11.48	11.87	—	—
BPDA-ODA/BPDA-ODA/PMDA-ODA	8.14	8.73	8.93	9.12	9.22	9.42	9.71
BPDA-ODA/等离子处理/BPDA-ODA	不能剥离						
BPDA-ODA/等离子处理/底胶/BPDA-ODA	10.69	10.79	11.38	12.36	—	—	—

聚酰亚胺还经常与环氧树脂共用，以综合环氧树脂的易加工、高黏结性，以及聚酰亚胺高耐热性的效果。将聚酰亚胺与环氧树脂结合起来的方法很多，大致可以分为两类：一类是将带有氨基、酐基或羧基的低分子聚酰亚胺作为环氧树脂的固化剂使用[10]；另一类是在酰亚胺结构上引入环氧基团[11]。这方面的工作有大量的专利报道，本书不另作介绍。

Gaw 等[12]向 PMDA/ODA 在 THF/MeOH(80∶20)10%的溶液中加入环氧树脂，涂膜后干燥，再将覆铜板的聚酰亚胺侧与涂层复合，施加 50 kg/cm^2 压力，以 125 ℃，1 h；250 ℃，2 h 加热，所得到的黏合效果见表 23-7。可见适量的聚酰胺酸可以很好地促进环氧树脂的黏结性能。但在这种情况下，PMDA/ODA 聚酰胺酸的酰亚胺化很可能是不完全的。

表 23-7 聚酰胺酸作为环氧树脂的固化剂

环氧树脂的固化剂	黏合强度/(N/cm)
PMDA	<20
ODA	~10
80%聚酰胺酸	~5.0
10%聚酰胺酸	100~200

23.2 聚酰亚胺对无机基底的黏合

无机基底主要有硅片及玻璃。

Miwa 等[8]研究了各种聚酰亚胺对硅片的黏结性能(表 23-8)。水蒸气的作用会大大降低聚酰亚胺与硅片的黏结性能。

表 23-8 各种聚酰亚胺对硅片的黏结性能(硅片上，120 ℃水蒸气，100 h)

聚合物	处理前	处理后
BPDA/ODA	6.37	0.20
BPDA/BAPP	4.70	0.20
BTDA/ODA	2.45	0.20
BTDA/BAPP	3.72	0.20

Ree 等[9]将基底在涂膜前用等离子体处理，在某些情况下采用 γ-APS 在 95%乙醇中，以 0.1%的溶液作为黏合促进剂（底胶），将该溶液旋涂于基底上，120 ℃空气中烘干 20 min。然后再旋涂上 BPDA/ODA 聚酰胺酸，在 80 ℃干燥，在氮气中以 150 ℃，30 min；200 ℃，30 min；300 ℃，30 min；400 ℃，60 min 处理，所得到的聚酰亚胺薄膜对硅片基底的黏结性见表 23-9。

由表 23-9 数据可见，施以底胶后 BPDA/ODA 对硅片的剥离强度提高了 31%～47%。

表 23-9　BPDA/ODA 对各种基底的黏结性

样品结构（由下而上）	剥离速度/(mm/min) 0.05	0.1	0.2	0.5	1.0	2.0	5.0
	剥离强度/(N/cm)						
硅片-等离子-BPDA/ODA	6.87	7.46	7.95	8.34	8.93	9.61	10.40
硅片-等离子-底胶-BPDA/ODA	10.10	10.50	10.99	11.38	12.07	12.56	13.64
玻璃陶瓷-等离子-底胶-BPDA/ODA	—	—	—	9.22	—	—	—

Jou 等[13]将 PMDA/ODA 和 BPDA/PPD 的聚酰胺酸的共混，在硅片上旋涂后 400 ℃处理 30 min，所得到的结果见表 23-10。

表 23-10　PMDA/ODA 和 BPDA/PPD 的聚酰胺酸的共混对硅片的黏合

	PMDA/ODA	PMDA/ODA(80)/BPDA/PPD(20)	PMDA/ODA(60)/BPDA/PPD(40)
厚度/μm	35	30	30
剥离强度/(N/cm)	1.98	5.33	6.98
55%RH，2 天			
厚度/μm	37	32	28
剥离强度/(N/cm)	0.64	5.70	8.23
NMP，2h			
厚度/μm	26	21	16
剥离强度/(N/cm)	1.43	6.17	7.51

由表 23-10 可见，单独的 PMDA/ODA 对水和 NMP 都很敏感，因为这种聚合物在 NMP 中有较显著的溶胀，水在 PMDA/ODA 中的扩散系数为 $5.5\times10^{-9}\ cm^2/s$，比在 BPDA/PPD 中的 $0.3\times10^{-9}\ cm^2/s$ 高 18 倍，所以 BPDA/PPD 的加入能够有效地改善对湿气的影响和降低溶胀的程度。

23.3　聚酰亚胺对金属的黏合

聚酰亚胺对金属的黏合分为两类，一类是与铜箔或铝箔的黏合，主要用于印刷线路板；第二类是对以钛合金为主的黏合，作为高温结构胶黏剂主要用于飞机及其他结构件的黏合。

23.3.1 印刷线路板用的黏合剂

随着微电子工业的发展，聚酰亚胺对铜的黏结性能引起了很大的兴趣，柔性覆铜板是印刷线路板的关键材料[14]。但铜的存在会促使聚酰亚胺分解，使机械性能和黏合界面变坏。聚酰胺酸的羧基会与铜作用并使铜离子扩散到聚酰亚胺中去，降低介电层的性能。在热固化时，扩散的亚铜和铜离子会引起过氧化氢的分解，这些过氧化氢是在高温下由铜上的聚酰亚胺的氧化所形成的。游离基的产生又加速氧化，使性能进一步变坏。为了避免铜的扩散及氧化，可以采用没有酸性的聚酰胺酯和聚异酰亚胺代替聚酰胺酸，但这些预聚体都较难合成和实际使用，同时与铜的黏结力也不如使用聚酰胺酸，所以更实际的方法是在聚酰亚胺和铜的界面建立一个阻隔层。咪唑及其衍生物的聚合物可被用来作为这种阻隔层。咪唑的 N－H 可以与铜形成稳定的络合物，起到保护铜不受腐蚀的作用。硅偶联剂则是为了提高聚合物的稳定性。乙烯基咪唑（VI）和乙烯基三甲氧基硅烷（VTS）的共聚物曾被用来作为聚酰亚胺和铜的分解阻止剂和黏合促进剂。聚酰亚胺/底漆/铜的剪切强度见图 23-1[15]。

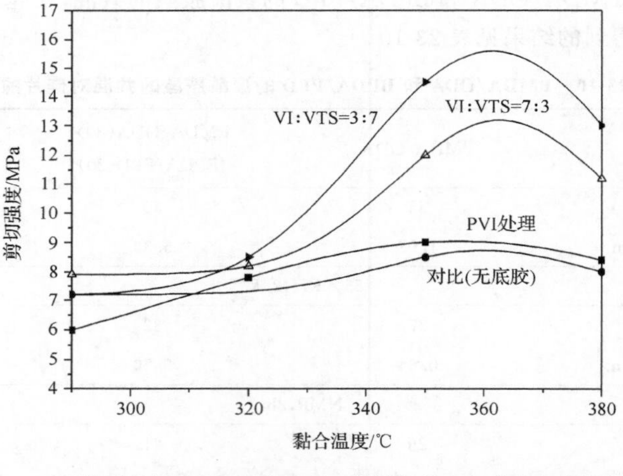

图 23-1 不同物质的量比的 PI/底胶/Cu 的剪切强度与黏合温度间的关系

VI：乙烯基咪唑；VTS：乙烯基三甲氧基硅烷；PVI：聚乙烯基咪唑

Ree 等[14]曾用聚芳醚苯并咪唑（PAEBI，式 23-1）为底漆以改进 BPDA/PPD 对铜的黏结力。剥离试验表明这种黏合的破坏是在聚酰亚胺层脱开，由透射电镜测得聚酰亚胺横切面上并未发现氧化铜，这是因为咪唑环与铜形成了络合物，从而保护了聚酰胺酸溶液对铜的渗透。PAEBI 与 PMDA/ODA 的聚酰胺酸在 NMP 中及含有少量 NMP 的固态都有很好的相容性（用光散射测试）这可能是聚酰胺酸的羧基与咪唑相互作用的结果，聚酰胺酸的这种作用可能与 NMP 的作用竞争[16,17]。但对于聚酰胺酯与 PAEBI 却发现了相分离，当 PAEBI-PMDA/ODA 的聚酰胺酯为 60 ∶ 40，固含量为 9.8％的 NMP 溶液在 80 ℃挥发到固含量为 14.1％时，光散射出现突变。聚酰亚胺/PAEBI/铜结合的剥离强度见表 23-11。

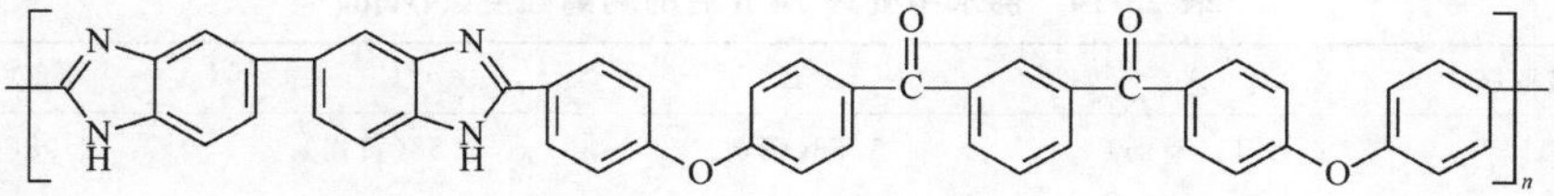

式 23-1 聚苯并咪唑(PAEBI)

表 23-11 聚酰亚胺/PAEBI/铜结合的剥离强度(N/cm)

BPDA/PDA PAA	BPDA/PDA PAE
6.00	4.50

Liang 等[18]在 Kapton 薄膜表面先用氩等离子处理建立反应点,然后浸入 Si-咪唑的 0.01%(质量分数)的甲醇溶液中,再在 110℃下加热 90 min,对铜的黏结强度增加一倍以上,由 1.88 N/cm 增加到 4.8 N/cm。破坏出现在 Si-咪唑与 Kapton 之间。

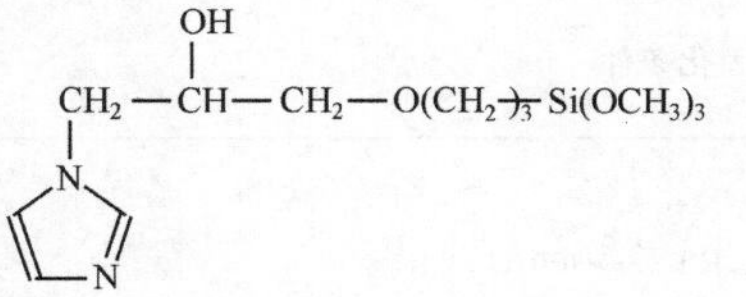

Si-咪唑

Ho 等[19]研究了各种聚酰亚胺对铜箔的黏合,各种聚酰亚胺及其酰亚胺化条件见表 23-12。90°的剥离强度和界面的颜色见表 23-13 和表 23-14。

表 23-12 各种聚酰亚胺及酰亚胺化条件

各种聚酰亚胺	酰亚胺化条件
1. PMDA/BTDA/PPD/ODA/硅氧烷,嵌段共聚	A. 空气中,RT $\xrightarrow{0.5\ h}$ 350℃,1 h
2. PMDA/BTDA/PPD/ODA/硅氧烷,无规共聚	B. 空气中,RT $\xrightarrow{1\ h}$ 350℃,1 h
3. BPDA/PPD/ODA(NMP)	C. 空气中,RT $\xrightarrow{1.5\ h}$ 350℃,1 h
4. BPDA/BTDA/PPD/ODA	D. 真空中,RT $\xrightarrow{1.5\ h}$ 350℃,1 h
5. BPDA/PPD/ODA(NMP:二甲苯=4:1)	

表 23-13 剥离强度(N/cm)与界面的颜色

聚酰亚胺	A	B	C	D
1	5.95(紫褐)	4.20(紫褐)	2.28(暗褐)	3.15(金)
2	5.95(黄褐)	4.55(黄褐)	3.85(紫褐)	0.61(金)
3	13.65(淡蓝-紫金)	14.00(淡蓝-紫)	12.25(淡蓝-紫金)	19.60(金)
4	3.68(褐红)	2.63(褐红)	4.38(褐红)	14.35(金)
5	3.50(紫红)	1.93(紫红)	6.83(紫褐)	25.2(金)

表 23-14　沸水中处理 24 h 后的剥离强度(N/cm)

聚酰亚胺	A	B	C	D
1	2.45(暗褐)	1.58(暗黄)	1.58(黄褐)	2.98(金)
2	4.20(橙褐)	2.45(褐)	2.98(紫褐)	0.18(金)
3	11.90(淡蓝-紫褐)	7.35(淡绿-黄)	8.75(黄褐)	16.10(金)
4	2.80(黄褐)	2.10(黄褐)	2.45(黄褐)	11.90(金)
5	1.93(暗橙红)	1.93(红褐)	0.70(黄褐)	17.15(金)

Wang 等[20]研究了聚酰亚胺在各种酰亚胺化条件下对与铜黏合的影响,结构见表 23-15。所用的聚酰胺酸为 BPDA/ODA-PPD=98∶70∶30,固含量:13.4%,表观黏度:5400 cP。

表 23-15　酰亚胺化条件对与铜黏合的影响

固化条件	剥离强度/(N/cm)	
	原始	沸水 24 h
RT $\xrightarrow{1\ h}$ 100 ℃,1 h $\xrightarrow{1\ h}$ 200 ℃,1 h	4.03	0.35
RT $\xrightarrow{1\ h}$ 100 ℃,1 h $\xrightarrow{1\ h}$ 200 ℃,1 h,RT $\xrightarrow{1\ h}$ 300 ℃,1 h	9.63	4.90
RT $\xrightarrow{1\ h}$ 100 ℃,1 h $\xrightarrow{1\ h}$ 200 ℃,3 h	6.83	0.35
RT $\xrightarrow{1\ h}$ 100 ℃,1 h $\xrightarrow{1\ h}$ 200 ℃,3 h,RT $\xrightarrow{1\ h}$ 300 ℃,1 h	8.58	4.73
RT $\xrightarrow{1\ h}$ 100 ℃,1 h $\xrightarrow{1.5\ h}$ 250 ℃,2.5 h	7.18	0.70
RT $\xrightarrow{1\ h}$ 100 ℃,1 h $\xrightarrow{1.5\ h}$ 250 ℃,2.5 h,RT $\xrightarrow{1\ h}$ 300 ℃,1 h	7.88	4.73
RT $\xrightarrow{1\ h}$ 100 ℃,1 h $\xrightarrow{1\ h}$ 200 ℃,1 h $\xrightarrow{1\ h}$ 300 ℃,1 h	11.38	5.78
RT $\xrightarrow{1\ h}$ 100 ℃,1 h $\xrightarrow{1\ h}$ 200 ℃,1 h $\xrightarrow{1\ h}$ 300 ℃,1 h,RT $\xrightarrow{1\ h}$ 300 ℃,1 h	14.18	6.65
RT $\xrightarrow{1\ h}$ 100 ℃,1 h $\xrightarrow{1\ h}$ 200 ℃,1 h $\xrightarrow{1\ h}$ 300 ℃,1 h,RT $\xrightarrow{0\ min}$ 300 ℃,0.5 h	11.73	8.40
RT $\xrightarrow{1\ h}$ 100 ℃,1 h $\xrightarrow{1\ h}$ 200 ℃,1 h $\xrightarrow{1\ h}$ 300 ℃,1 h,RT $\xrightarrow{0\ min}$ 300 ℃,1 h	10.68	7.18
RT $\xrightarrow{1\ h}$ 100 ℃,1 h $\xrightarrow{1\ h}$ 200 ℃,1 h $\xrightarrow{1\ h}$ 300 ℃,1 h,RT $\xrightarrow{0.5\ h}$ 350 ℃,1 h	13.48	8.05
RT $\xrightarrow{0.5\ h}$ 350 ℃,1 h	18.55	11.90
RT $\xrightarrow{1.5\ h}$ 350 ℃,1 h	13.65	11.55
RT $\xrightarrow{3\ h}$ 350 ℃,1 h	8.75	6.48

Chen 等[21]研究了 BPDA 的聚酰亚胺对铜的黏合。发现含咪唑结构的二胺(PABZ)的加入可以改善对铜的黏结力,但全部采用 PABZ 的聚酰亚胺却并没有在黏合强度上表现出优势,原因可能是因为分子链太过刚性(表 23-16)。热膨胀系数越大冷却后的收缩也越大,因此 PI-1 为铜在外的卷曲,PI-5 为铜在内的卷曲(铜的热膨胀系数为 $1.76\times10^{-5}\ K^{-1}$)。

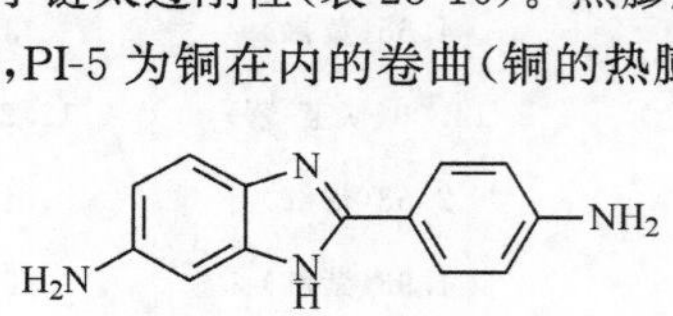

PABZ

表 23-16　各种 BPDA 聚酰亚胺的性能

编号	PI-1	PI-2	PI-3	PI-4	PI-5
二胺	ODA	0.8PPD 0.2ODA	0.3PABZ 0.7ODA	0.6PABZ 0.4ODA	PABZ
η_{inh}/(dL/g)	0.42	0.48	0.55	0.56	0.58
抗张强度/MPa	146	170	152	158	175
断裂伸长率/%	60	15	32	21	10
CTE/(10^{-6} K^{-1})	41.9	18.0	30.0	22.4	11.0
T_g/℃	275	358	337	367	384
对铜的 90°剥离强度/(N/cm)	14.35	2.98	12.60	15.75	8.40
卷曲情况*		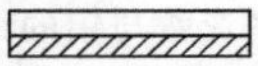	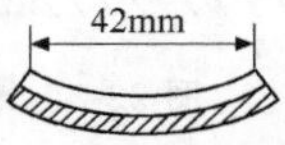	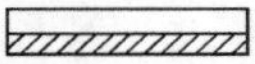	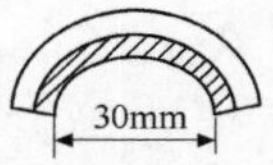

* 阴影部分表示铜层，白色部分表示聚酰亚胺层。

Kim 等[22]等采用带咪唑和硅醇侧基的聚合物作为底胶(式 23-2)，利用咪唑与铜的作用使聚酰亚胺薄膜与铜的黏结力有所提高(表 23-17)。

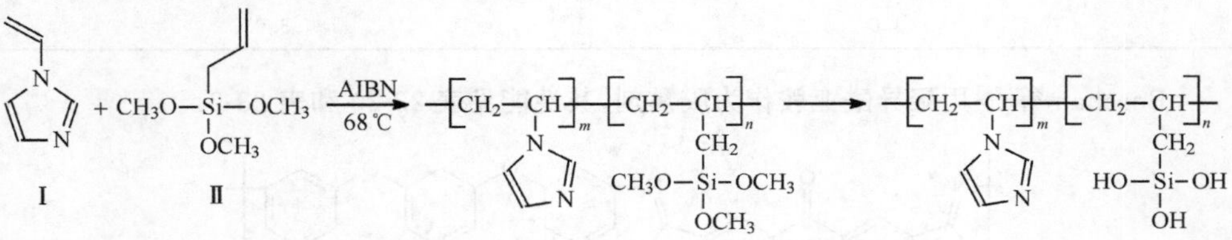

式 23-2　带咪唑和硅醇侧基的聚合物的合成

表 23-17　底胶对 BTDA/ODA-铜的黏合的影响

底胶	剥离强度/(N/cm)	剥离位置	腐蚀性
聚咪唑	1.50	聚咪唑层	有
Ⅰ：Ⅱ＝30：70	6.50	底胶-PI 界面	无
Ⅰ：Ⅱ＝70：30	3.20	底胶-PI 界面	无
聚丙烯基硅氧烷	1.80	底胶-PI 界面	有

注：底胶的苯溶液旋涂在硅片上 60℃干燥 12 h，厚度为 1 μm，再在空气中 200℃ 30 min 使其预氧化，再涂以聚酰胺酸，干燥后在 250℃处理 1 h。

Jang 等[23]将 BTDA/ODA 聚酰胺酸涂在铝箔上，环化温度对 180°的剥离强度的影响见表 23-18，对铝的黏合有一个最佳的环化温度。由于聚酰亚胺与铝的膨胀系数不同，黏合温度过高，产生的内应力就过大，使剥离强度降低(表 23-19)。随着环化温度的提高，更多化学反应出现在聚酰亚胺与铝的界面(图 23-2)，这种作用能使酰亚胺开环，从而降低了内聚强度，也就影响了黏合强度。

表 23-18　聚酰亚胺对铝箔的黏合

环化温度/℃	180°的剥离强度/(N/cm)
175	4.84
290	9.53
320	10.40
350	8.11

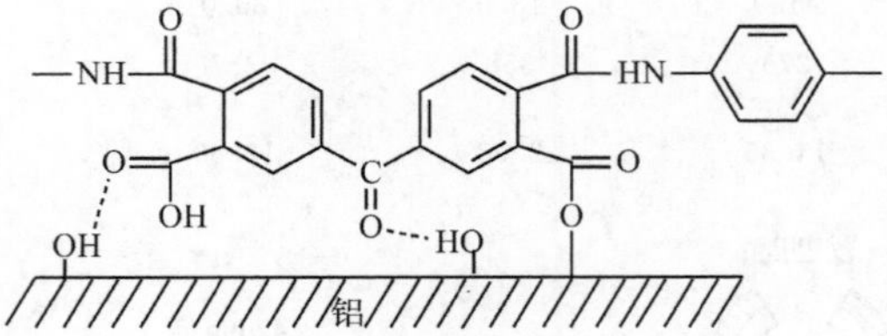

图 23-2　聚酰亚胺与铝的结合

表 23-19　黏结温度对聚酰亚胺与铝黏结性能的影响

酰亚胺化温度/℃	剪切强度/MPa
290	4.70
320	5.16
350	3.65

Boschan 等[24]用聚异酰亚胺作为胶黏剂，其性能见表 23-20 和表 23-21。

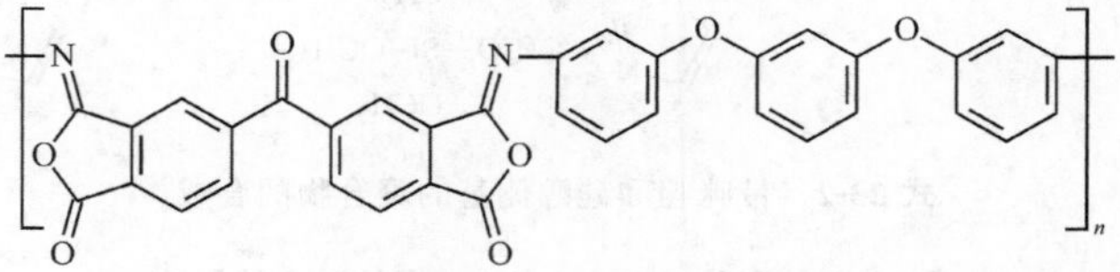

LA-100

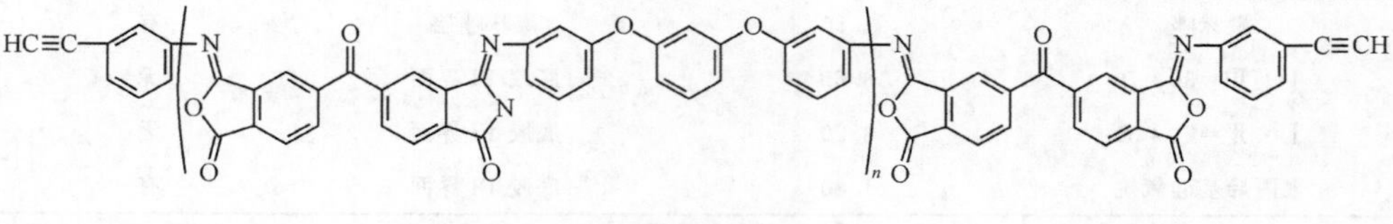

IP-600

表 23-20　聚酰亚胺和聚异酰亚胺的黏合剂

聚合物	溶剂	黏结压力/MPa	黏结温度/℃	形式	挥发物
BTDA/1,3,3-APB,PI	NMP,乙二醇二甲醚	1.4～7	343,399	聚酰胺酸	有
BTDA/1,3,3-APB,PI/LA-100	NMP,乙二醇二甲醚	0.35	260,288	聚酰胺酸	有
LA-100/IP-600	THF,DMAc	0.1～0.35	260,288	聚异酰亚胺	无

表 23-21　聚异酰亚胺黏合剂对金属的黏结

基底	试验形式	LA-100 : IP-600	测试条件	测试温度 /℃	强度 /MPa	破坏模式
铝	短梁剪切	1 : 1	室温干燥	RT	14.1	内聚
铝	短梁剪切	1 : 1	室温干燥	RT	13.9	内聚
铝	平板拉伸	1 : 1	室温干燥	RT	35.5	内聚
铝	平板拉伸	1 : 3	室温干燥	RT	26	内聚
铝-铁-铈 CZ42	短梁剪切	1 : 1	室温干燥	RT	28	90%～100%内聚
铝-铁-铈 CZ42	短梁剪切	1 : 1	室温干燥	RT	19.4	50%本体
铝-铁-铈 CZ42	短梁剪切	1 : 1	260 ℃,30 min	260 ℃	10.4	内聚
铝-铁-铈 CZ42	短梁剪切	1 : 1	260 ℃,30 min 半互穿网络 底漆	260 ℃	8.9	黏结处
铝-铁-铈 CZ42	短梁剪切	1 : 1	260 ℃,30 min IP-600 底漆	260℃	13.3	内聚,除边缘外
冷轧钢 1020	短梁剪切	1 : 1	室温干燥	RT	14.2	内聚
冷轧钢 1020	短梁剪切	1 : 1	室温干燥	RT	17.4	内聚
冷轧钢 1020	短梁剪切	1 : 3	室温干燥	RT	10	内聚
MMC 硅晶须,铝	短梁剪切	0 : 1	196 ℃,100 h	196	17.6	95%内聚
MMC 硅晶须,铝	短梁剪切	0 : 1	288 ℃,100 h	288	12.7	95%内聚
MMC 硅晶须,铝	短梁剪切	0 : 1IP611	196 ℃,100 h	196	14	80%内聚

23.3.2　高温结构胶黏剂

对于超音速飞机制造,要求黏合剂的热氧化稳定性达到 177～316 ℃,时间为 60 000～120 000 h,要优于现用于超音速飞机的环氧-碳纤维复合材料的黏合剂。许多用于复合材料的基体树脂都被作为结构黏合剂进行了研究。

1. 黏合剂的载体

除了直接将黏合剂涂布在处理过的工件表面外,为了不使熔体黏度较低的黏合剂在黏合压力下流失,常常使用玻璃布作为黏合剂的载体。常用的玻璃布有较致密的 181＃和 112＃两种 E 玻璃布,对于前者,黏合剂的含量应在 40%～50%左右,而后者可以达到 70%～80%,载体的厚度在 0.1 mm 上下。涂胶前可以在 425 ℃处理以去除对聚酰亚胺不适用的偶联剂。

2. 金属(钛合金)表面的处理

表面处理是为了去除存在于金属表面的弱结合层,例如疏松的氧化层,并建立在化学和机械上与黏合剂相容的新表面。对钛合金(Ti-6Al-4V),传统的方法是采用铬酸阴极氧化(CAA),氢氧化钠阴极氧化(SHA)及硅偶联剂,使表面形成稳定的氧化层。根据Venables[25]等的工作,表面处理可分为三类:第一类是产生微粗糙(<0.1 μm,microroughness)或宏粗糙(>1 μm,macroroughness)的表面;第二类是产生大量宏粗糙的表面,例如喷砂处理;第三类是产生微孔氧化物,很少或没有宏粗糙,铬酸阴极化和碱处理就属于这一类,虽然后者也会产生一些宏粗糙。由微粗糙化可以得到较好的结合,认为是由于提高机械锁扣作用,在不太苛刻的条件下,如 60 ℃,95%RH 下有很好的结合效果,但一旦处于 300 ℃,黏合强度就大大降低。

下面是一些典型的表面处理方法[26]:

(1) 进行标准喷砂处理后,用水冲洗,在炉子里干燥,再用丙酮擦拭。

(2) 铬酸阴极氧化处理:用细砂布打磨得到镜面表面,达到能够形成连续水膜的程度,然后将试片浸入在室温下搅拌的波音 Isoprep 177 溶液(75 g/L)10 min,试片用去离子水淋洗后,再在由发烟硝酸(151 mL)、去离子水(114 mL)及 HF(10.9 mL)组成的酸溶液中浸 1.5 min,然后再用去离子水淋洗,以能否形成连续的水膜来检验处理效果。如检验不合格,则应再在酸溶液中浸泡。

(3) 阴极化在室温进行,溶液为 45 g/L 的铬酸,在 5 V,1.35 mA/cm^2 下处理 20 min,采用 48%~52%HF 可达到所需要的电流密度。试片再用去离子水淋洗,在 50 ℃干燥 1 h。然后放于保干器中,在 72 h 内使用。

(4) 氢氧化钠刻蚀:将表面处理过的试片在波音 Turco 5578 溶液(37.6 g/L)中 70~80 ℃浸泡 5 min,在室温用去离子水淋洗 5 min,在第二个 Turco 5578 溶液(360 g/L)中 80~100 ℃浸泡 10 min,然后在 60~70 ℃去离子水中浸泡 5 min,在炉中干燥。

Hergenrother 等[27]用 LaRC-CPI 为黏合剂对钛合金进行黏结,相对分子质量的影响见表 23-22,太高和太低的相对分子质量都得不到最好的黏合效果。不同环境对黏合强度的影响见表 23-23,黏合压力的影响见表 23-24。

表 23-22 以不同相对分子质量的 LaRC-CPI 为黏合剂对钛合金的黏结

PAA 的 η_{inh}/(dL/g)	400 ℃黏合压力/MPa	抗剪强度/MPa	破坏形式
0.50	1.4	15.8	不完全黏合
	3.5	39.4	
	7.0	44.0	内聚破坏
	14.0	42.0	
0.7	3.5	38.5	内聚破坏
	7.0	40.4	
	14.0	43.7	
1.10	1.4	24.2	未完全黏合
	3.5	26.5	
	7.0	31.3	
	14.0	34.3	

注:内聚破坏是指在黏合剂内部发生的破坏,不是在黏合界面处破坏。

表 23-23 不同条件下 LaRC-CPI 对钛合金的黏合性能

试验条件	抗剪强度/MPa	内聚破坏/%
25 ℃	44.0	>95
25 ℃,水中沸腾 3 天后	36.2	~90
25 ℃,在液压油中浸 72 h 后	39.4	~70
25 ℃,在 232 ℃老化 1000 h 后	50.1	~100
25 ℃300 ℃,0.7 MPa 下 5 h 后	43.2	>95
25 ℃,在 316 ℃老化 100 h 后	32.3	~70
177 ℃	31.8	>95
177 ℃,300 ℃,0.7 MPa 下 4 h 后	33.0	~100
232 ℃	4.15	~95
232 ℃,在 232 ℃老化 100 h 后	13.0	~50
232 ℃,在 232 ℃老化 1000 h 后	19.3	~50
232 ℃,300 ℃,0.7 MPa 下 5 h 后	19.7	~80
232 ℃,316 ℃100 h 后	25.8	>95

注：聚酰胺酸的黏度为 0.5 dL/g,黏合条件为 400 ℃,7 MPa,15 min,压力下冷却。

表 23-24 黏结压力对黏合强度的影响[a]

测试温度/℃[b]	400℃黏结压力/MPa[c]	平均黏合厚度/μm	抗剪强度/MPa	内聚破坏/%
25	0.7	200	19.3	75%黏合破坏
232			7.4	75%黏合破坏
25	1.4	115	38.4	95%黏合破坏
232			17.7	95%黏合破坏
25	2.1	124	38.0	95%黏合破坏
25	3.5	130	43.5(32.0)[d]	90%内聚破坏
232			19.1	50%内聚破坏
260			12.3	90%内聚破坏
280			10.3	50%内聚破坏
25	7.0	76	44.2	80%内聚破坏

a：用苯酐控制聚酰胺酸的相对分子质量，η_{inh}为 0.58 dL/g；b：在高温下测定的样品都在 300 ℃后固化 4 h；c：RT 至400 ℃,45min,压力下升温,在 400 ℃保持 15 min,保压冷却；d:300 ℃后固化 4 h。

Hergenrother 等[28]还研究了 LaRC-CPI 2 对钛合金的黏合，以苯酐用作相对分子质量调节剂，其用量对 LaRC-CPI 2 与钛合金的黏合性能的影响见表 23-25，压力对黏结强度的影响见表 23-26。由表 23-25的数据可见，在所研究的相对分子质量范围内，相对分子质量对起始黏合性能影响不大。在 204 ℃老化后，相对分子质量低的黏合剂显示较好的性能，但在 300 ℃老化时情况相反，相对分子质量高的黏合剂有较好的黏合性能。由

表 23-26可见，过大的黏合压力使黏合性能变坏。

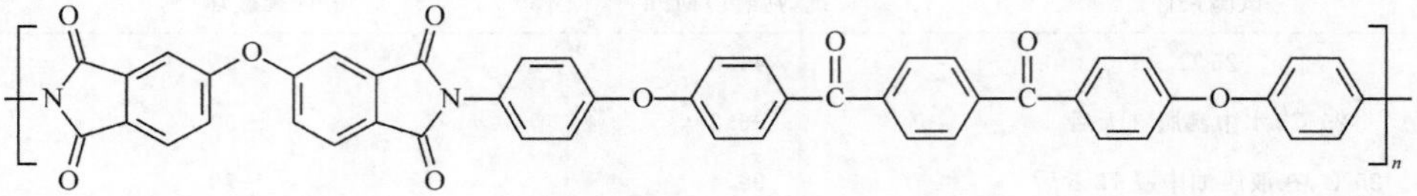

LaRC™-CPI 2

表 23-25 LaRC-CPI 2 对钛合金的黏合性能

测试温度/℃	条件	抗剪强度/MPa			内聚破坏/%		
		苯酐用量			苯酐用量		
		5%	7.5%	10%	5%	7.5%	10%
25	未处理	36.1	36.9	36.9	100	100	98
25	沸水 72 h	33.8	31.2	27.1	90	90	90
25	液压油 72 h		33.9			90	
25	300 ℃,16 h	43.8	33.6	21.9	100	100	70
25	300 ℃,16 h,沸水 72 h	31.1			100		
25	204 ℃,1000 h		33.8	34.6		90	100
25	204 ℃,2000 h		30.3	36.7		70	95
25	204 ℃,5000 h		25.0	28.2		50	70
25	204 ℃,10 000 h		23.5	26.7		30	40
177	未处理	22.8	22.7	23.0	100	98	100
177	300 ℃,16 h	26.6	24.3	18.6	100	98	100
177	204 ℃,1000 h		22.3	22.6		98	100
177	204 ℃,2000 h		22.6	24.8		98	100
177	204 ℃,5000 h		21.9	22.2		98	95
177	204 ℃,10 000 h		23.5	23.2		100	100
200	未处理	15.1	14.1	10.1	100	100	80
200	300 ℃,1 h	8.5			100		
200	300 ℃,4 h	6.0			100		
200	300 ℃,8 h	7.2			100		
200	300 ℃,16 h	21.7	16.9	14.3	100	100	95

注：黏结条件：5%苯酐：375 ℃，1.38 MPa，15 min；7.5%苯酐：375 ℃，0.35 MPa，15 min；10%苯酐：375 ℃，0.35 MPa，15 min。

表 23-26 压力对剪切强度的影响

苯酐含量/%	压力/MPa (375℃,15 min)	胶黏厚度/mm	抗剪强度/MPa (25℃)	内聚破坏/%
7.5	1.38	0.18	39.0	95
7.5	0.69	0.19	37.2	98
7.5	0.34	0.20	36.9	100
10	1.38	0.11	33.1	70
10	0.69	0.16	35.7	90
10	0.35	0.20	36.9	98

Jensen 等[29]用 LaRC-8515(见 22.5.6 节)的固含量为 30%的 NMP 溶液(相对分子质量约 9200)涂于 112E 玻璃布上,最高干燥温度为 250 ℃,这时挥发物含量低于 1%,厚度为 380 μm。Ti-6Al-4V 用 PasaJell 107 进行表面处理,然后用 LaRC-8515 的 5%NMP 溶液打底。在 100 ℃和 225 ℃各处理 1 h,黏合条件为 0.56～1.06 MPa,370 ℃,1 h。对钛合金的室温黏结性能见表 23-27。各种黏合条件和处理条件下的黏结性能见表 23-28 和表 23-29。

表 23-27 LaRC-8515 对钛合金的室温黏结性能

黏合条件	黏合厚度/μm	剪切强度/MPa	内聚破坏/%
371 ℃,0.5 h,0.177 MPa	356～406	31.1	50
371 ℃,1 h,0.177 MPa	254～305	35.7	70
371 ℃,0.5 h,0.53 MPa	178～203	39.3	80
371 ℃,1 h,0.53 MPa	216～254	35.6	80
371 ℃,0.5 h,1.06 MPa	152～178	45.3	90
371 ℃,1 h,1.06 MPa	127～165	44.7	90

表 23-28 LaRC-8515 在 371 ℃,0.60 MPa,1 h 条件下的黏结性能

测试温度/℃	溶剂(时间/h)	黏合厚度/μm	剪切强度/MPa	内聚破坏/%
RT	无	152～254	40.3	100
177	无	127～178	30.4	100
204	无	152～203	23.7	100
RT	甲乙酮(48)	178～279	39.3	80
RT	甲苯(48)	229～305	38.1	50
RT	航空汽油(48)	152～254	43.2	80
RT	液压油(48)	152～178	38.8	80
177	甲乙酮(48)	102～165	29.4	100
177	甲苯(48)	112～160	29.6	100
177	航空汽油(48)	140～178	30.6	80
177	液压油(48)	152～178	28.5	90

表 23-29 LaRC-8515 在 371 ℃,1.06 MPa,1 h 条件下的黏结性能

测试温度/℃	溶剂(时间/h)	黏合厚度/μm	剪切强度/MPa	内聚破坏/%
RT	无	102～152	43.7	90
177	无	102～127	30.7	90
204	无	76～102	23.8	90
RT	甲乙酮(48)	112～152	33.6	80
RT	甲苯(48)	89～114	33.2	80
RT	航空汽油(48)	102～152	33.1	90
RT	液压油(48)	127～165	35.2	80
177	甲乙酮(48)	102～127	28.9	80
177	甲苯(48)	102～152	29.5	90
177	航空汽油(48)	114～127	29.2	70
177	液压油(48)	102～127	29.6	80

Ratta 等[26]研究了 BPDA/1,3,4-APB/PA 聚酰亚胺,其 T_g 为 210℃,熔点为 395℃,在 430℃熔融 30 min,仍可以结晶,结晶速度很快,所以具有很好的熔融加工性能。相对分子质量为 30 000 的聚合物表观黏度为 10 000 Pa·s,相对分子质量降到 15 000,黏度明显降低,但仍可以得到可折的薄膜,可以采用 0.7 MPa 的压力进行加工。在 2.1 MPa 下 20 min 黏合的抗剪强度如下:黏合温度 420℃时为 28.17 MPa;430℃时为 46.48 MPa。在 2.1 MPa 和 430℃下黏合的抗剪强度如下:黏合时间 10 min 为 42.96 MPa;黏合时间 20 min 为 46.48 MPa;时间 30 min 为 23.94 MPa。在 430℃下 20 min 黏合的抗剪强度如下:黏合压力 0.7 MPa 为 59.15 MPa;黏合压力 1.4 MPa 为 50.70 MPa;黏合压力 2.1 MPa为 46.48 MPa;黏合压力 3.5 MPa 为 56.34 MPa。对钛合金的黏合的老化性能见表 23-30,几种黏合剂的耐化学性能见表 23-31。

表 23-30 BPDA/1,3,4-APB/Pa 聚酰亚胺对钛合金黏合的抗剪强度与老化的关系

测试温度/℃	在室温下老化时间/周		
	1	3	7
室温	45.07	42.25	40.14
177	29.58	31.00	31.00
232	16.20	19.72	24.65
测试温度/℃	在 177℃老化时间/周		
	1	3	7
室温	56.34	53.52	35.21
177	42.25	43.66	28.87
232	25.35	23.94	19.72
测试温度/℃	在 232℃老化时间/周		
	1	3	7
室温	42.96	42.25	29.58
177	33.10	31.69	26.76
232	24.65	19.01	16.90

表 23-31 各种黏合剂的耐化学性能

	BPDA/1,3,4-APB	LaRC-8515	LaRC-TPI
空白	45.07	45.07	42.25
沸水(72 h)	33.10	—	31.00
甲乙酮	49.30(9 天)	33.80(2 天)	—
甲苯	52.11(9 天)	33.80(2 天)	—
液压油	49.30(9 天)	35.21(2 天)	—
航空煤油	42.25(9 天)	33.80(2 天)	—

Chang[30]用 LaRC-MPEI(modified phenylethynyl terminated polyimide)为黏合剂对钛合金进行黏合。该低聚物是线形、枝化及星型分子的混合物,结构见式 22-12。完全酰亚胺化的聚合物在 335 ℃的熔体黏度为 600 P。将 BPDA、苯酐及 PEPA 在 NMP 中的混合物缓慢加入到 1,3,3-APB 和三氨基嘧啶的 NMP 溶液中,在 60 ℃左右反应过夜,加入甲苯,加热回流带水,在 185 ℃反应 16 h,200 ℃ 3 h 以除尽水和甲苯,冷却到 23 ℃倒入水中,沉淀洗涤后在 225 ℃真空干燥,得到黄色粉末。LaRC-MPEI 的性能见表 23-32,对钛合金的黏结性能见表 23-33,耐溶剂性见表 23-34。

表 23-32 LaRC-MPEI 树脂的性能

黏合剂(相对分子质量)(封端组成)	T_g/℃(在 371 ℃固化 1 h 后)	最低熔体黏度/P(温度/℃)	Brookfield 黏度/cP(固含量/%)(25℃)
MPEI-1(5500)(2TAP,4PEPA,0PA)	291	600(335)	8500(42) 2000(35)
MPEI-2(5500)(3,4′-ODA∶1,3,3-APB=75∶25)	288	700(340)	—
MPEI-3(5500)(2TAP,3PEPA,1PA)	279	2000(360)	2100(35)
MPEI-5(5500)(1TAP,3PEPA,0PA)	271	1000(340)	4500(35)
MPEI-5(9500)(1TAP,3PEPA,0PA)	272	3000(365)	11 500(35)
PETI-5(5500)	265	60000(371)	35000(35)

表 23-33 LaRC-MPEI 对钛合金黏合的抗张剪切强度和内聚破坏分数

黏合剂(相对分子质量)	黏合条件		
	0.1 MPa,288 ℃,8 h	0.1 MPa,316 ℃,4 h	0.1 MPa,350 ℃,1 h
	黏合性能:剪切强度/MPa,内聚破坏/%		
	RT(177 ℃)	RT(177 ℃)	RT(177 ℃)
MPEI-1(5500)	35.2,30[a] (30.6,20)[a] T_g:278 ℃	30.4,70[a] (33.8,50)[a] T_g:296 ℃	未测定

续表

黏合剂（相对分子质量）	黏合条件		
	0.1 MPa,288 ℃,8 h	0.1 MPa,316 ℃,4 h	0.1 MPa,350 ℃,1 h
	黏合性能：剪切强度/MPa,内聚破坏/%		
	RT(177 ℃)	RT(177 ℃)	RT(177 ℃)
MPEI-2 (5500)	35.2,30[b] 33.8,40[b] T_g:278 ℃	32.0 (30.3)	未测定
MPEI-3 (5500)	33.0,80 ℃ (33.9,70)[c]	33.2,70 (35.5,70)	30.5,60 (33.4,50)
MPEI-5 (9500)	42.9,60[d] (36.7,100)[d]	41.7,100 (30.6)	56.0,100 (33.1,100)
MPEI-5 (5500)	33.0,100[e] (29.8,100)[e]	33.0,100 (28.6,100)	32.9,100 (29.1,100)

a:Pasa Jell 107 表面处理,MPEI-1 底漆；b：Pasa Jell 107 表面处理,MPEI-5 底漆；c：Pasa Jell 107 表面处理,MPEI-3 底漆；d：Pasa Jell 107 表面处理,MPEI-5 5500g/mol 底漆,胶黏带含 2.5%挥发分；e：Pasa Jell 107 表面处理,MPEI-5 9500 g/mol 底漆,胶黏带含 1.7%挥发分。

表 23-34　在溶剂中 48 h 后 LaRC-MPEI 对钛合金的剪切强度(MPa),内聚破坏(%)

溶剂	测试温度/℃	MPEI-5(5500)	MPEI-5(9500)
无	RT	42.9,60	33.0,100
	177	36.7,100	29.8,100
液压油	RT	33.1,100	36.3,50
	177	28.6,100	35.0,100
航空燃料	RT	32.6,100	40.6,80
	177	28.8,100	36.1,100
甲乙酮	RT	32.5,100	35.8,50
	177	30.1,100	34.2,80

Connell 等[31]用 PTPEI(见 22.7.2 节)作为黏合剂对钛合金进行黏合,结果见表 23-35。黏合膜是用聚合物溶液在 112E 玻璃布上多次涂覆制得的,每次都在空气中处理到 225 ℃,最后一次涂覆后处理到 250℃使挥发物降到 1.4%～12.6%,如果处理到 300 ℃,就会显著降低熔融流动性,所以也降低了抗剪强度。

表 23-35　PTPEI 对钛合金的黏合性能

树脂(黏合压力/MPa)	测试温度/℃	剪切强度/MPa	内聚破坏/%
PTPEI-1(1.4)	23	27.6	0
PTPEI-3(1.0)	23	39.2	80
	177	32.4	100
	200	30.0	100

续表

树脂(黏合压力/MPa)	测试温度/℃	剪切强度/MPa	内聚破坏/%
PTPEI-3(1.4)	23	39.3	70
	177	34.5	85
PTPEI-4(1.0)	23	34.0	50
	177	34.0	95
PTPEI-4(1.4)	23	35.9	65
	177	28.1	20
PETI-5(0.7)	23	49.0	100
	177	29.7	100

注：黏合温度为 300 ℃ 0.5 h,350℃ 1 h。

Connell 等[32]也研究了 PPEI-1(见 22.7.2 节)对钛合金的黏合,结果见表 23-36。胶黏膜是用 112E 玻璃布为基底,多次涂覆,每次都在 225 ℃空气中处理,最后一次涂覆后处理到 275 ℃,使挥发物减少到约 1%。这样得到的树脂比纯树脂的流动性差。黏合钛时,表面用 PASA Jell 107 和铬酸阴极化(5 V)处理。

表 23-36　PPEI-1 对钛合金的黏合

表面处理	测试温度/℃	剪切强度/MPa	内聚破坏/%
PASA Jell 107	23	26.9	60
	177	28.3	60
铬酸阴极化	23	29.6	75
	177	28.3	75
PETI-5	23	49.0	100
PASA Jell 107	177	29.7	100

Connell 等[33]研究了 PERA-1/PETI-5 (20：80)(PERA-1 的结构见式 22-11)对钛合金的黏合性能(表 23-37),黏合带是由 PERA-1/PETI-5 (20：80)的 NMP 溶液在玻璃布上涂覆,并经 250 ℃处理,含挥发物 2%,黏合物为钛合金(Ti-6Al-4V)。压力为0.54 MPa,最高温度为 350 ℃,1 h。

表 23-37　PERA-1/PETI-5(20：80)对钛合金的黏合性能

性能	测试温度	PERA-1/PETI-5 (20：80)	PETI-5
抗剪强度/MPa	23	46.9	52.4
	177	44.1	43.5
	204	35.9	37.2
抗张强度/MPa	23	3.79	5.86
	177	2.76	4.13

Tan 等[34]用如式 23-3 所示的低聚物为黏合剂对钛合金进行黏合,其组分、黏合条件

及剪切强度见表 23-38。

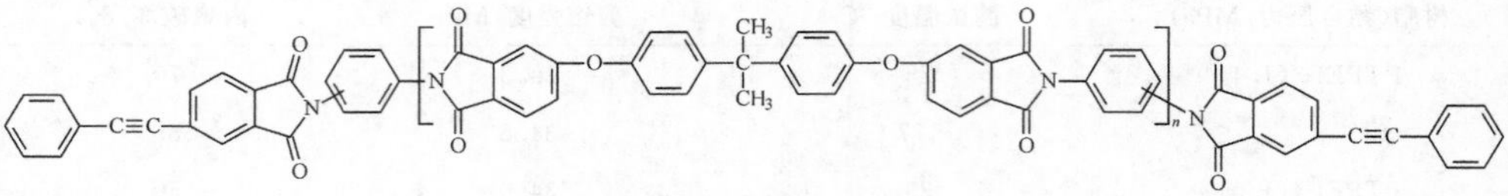

式 23-3

表 23-38　式 23-3 聚合物对钛合金的黏合强度

体系	固化条件	剪切强度/MPa
BPADA/PPD：MPD (7：3)/PEPA,3000 g/mol	380℃,90 min,0.53 MPa	29.58
BPADA/MPD/PEPA,2000 g/mol	370℃,45 min,0.17 MPa	26.06
PBADA/MPD/PEPA,3000 g/mol (3K)	370℃,45 min,0.17 MPa	37.32
3K (90%)-PEI (10%)	370℃,45 min,0.25 MPa	29.58
3K (75%)-PEI (25%)	370℃,45 min,0.35 MPa	33.10
PEI	370℃,45 min,0.53 MPa	28.87

Hergenrother 等[35]研究了 PETI-1(见 22.7.4 节)对钛的黏结性能(表 23-39),由表可见,PETI-1 对钛具有良好的黏结性,耐油,并具有很好的耐老化性能。

表 23-39　由 PETI-1 对钛的黏合性能

试验条件	剪切强度/MPa
23℃,干	51
23℃,湿(沸水中 72 h)	37
23℃,液压油(浸泡 48 h)	47.2
23℃,航空煤油(浸泡 48 h)	50
150℃,干	30.4
150℃,湿(沸水中 72 h)	26
177℃,干	26.9
177℃,湿(沸水中 72 h)	25.8
177℃,(177℃空气中老化 1000 h)	27.2
177℃,(177℃空气中老化 1000 h)	26.8
177℃,(177℃空气中老化 1000 h)	29.0
177℃,(177℃空气中老化 1000 h)	26.9
204℃,干	21

Burgman 等[36]将聚酰胺酸溶液涂于玻璃布上,对于 181E 玻璃布,树脂含量为 40%～45%;对于比较疏的玻璃布,树脂含量可达 80%,在 100℃ 1 h,150℃、200℃及 250℃各 15 min,300℃ 5 min 固化。聚合物的组分和对不锈钢的黏结性能见表 23-40。固化温度对老化性能的影响见表 23-41,聚合物Ⅰ-8 黏合带的树脂含量对不锈钢的黏结性能见

表 23-42。

表 23-40　聚合物的组分和对不锈钢的黏合

牌号	组分				287℃下剪切强度/MPa
	BTDA	MPD	PA	其他组分	
Ⅰ-8	100	100			13.6
Ⅰ-40	99.5	98	1	4(AAA)	16.9
Ⅰ-66	100	96		4(AAA)	23.2
Ⅰ-54	99	100	2		11.6
Ⅰ-55	98	100	4		11.3
Ⅰ-65	97.5	100	5		13.6
Ⅰ-51	100	98		4(苯胺)	15.4
Ⅰ-59	100	95		10(苯胺)	11.9
Ⅰ-60	99	99	2	2(苯胺)	15.0
Ⅰ-61	97.5	97.5	5	5(苯胺)	12.2
Ⅰ-7	100			100(ODA)	1.48
Ⅰ-57	98	49	2	2(AAA)49(MDA)	16.0
Ⅰ-67	98		2	2(AAA)98(MDA)	12.8
Ⅰ-69	98		2	100(ODA)	6.27
Ⅰ-79	100		4	96(MDA)	15.7
Ⅰ-43	100	50		25(DAB),25(DAA)	6.34
Ⅰ-44	100	70		20(DAA),20(EOEtOH)	0.77
Ⅰ-45	100			25(DAB),25(DAA),50(ODA)	1.27
Ⅰ-80	100	90		4(AAA),6(DAA)	15.1

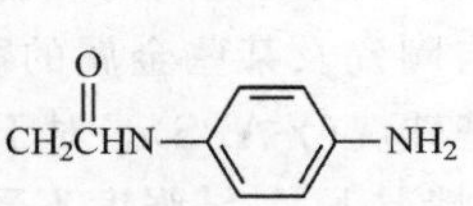

AAA

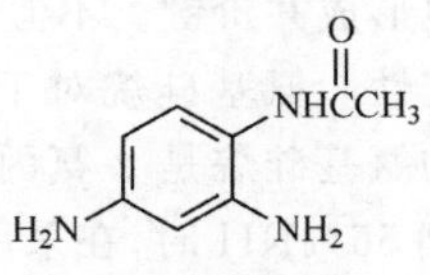

DAA

表 23-41　固化温度对老化性能的影响

牌号	固化温度/℃	剪切强度降低到 7 MPa 的时间/h
Ⅰ-8	260	4000
Ⅰ-40	260	2000
Ⅰ-8	329	100
Ⅰ-40	329	135
Ⅰ-8	371	35
Ⅰ-40	371	35

表 23-42　聚合物Ⅰ-8黏合带的树脂含量对不锈钢的黏合性能

树脂含量/%	黏合条件		黏合厚度/mm	剪切强度/MPa	内聚破坏/%
	温度/℃	时间/min			
42.9	400	10	不黏	—	—
64.8	400	5	0.10	8.1	95
64.8	400	5	0.13	5.3	100
72.3	400	5	0.17	8.1	95
72.3	400	5	0.16	5.3	100
70.2	400	5	0.14	7.4	90
70.2	400	5	0.14	7.4	98
79.0	400	5	0.22	9.8	100
78.5	400	5	0.21	9.6	75
78.5	400	5	0.21	10.2	100
78.5	400	5	0.22	10.2	95

Goldblatt 等[37]研究了铬对未处理的薄膜的剥离强度为 0.2 N/cm，处理后达到 5.2 N/cm，在 390 ℃加热后为 4.4 N/cm，在 350～40 ℃经 5 个循环后剥离强度为 4.8 N/cm，在 85 ℃，81%RH 环境中放置 1010 h 后为 2.4 N/cm。

23.4　黏合促进剂

在前面几节(表 23-6 和表 23-9)，我们已经看到一些带反应基团的硅烷可以促进聚酰亚胺与其他底物的黏合，这是由于这些带反应基团的硅烷与剥离表面形成共价键，另一端还能够与聚合物也形成共价键。不但可以促进聚酰亚胺对玻璃的黏合，而且还可以提高界面对水汽的稳定性。氨基硅烷对于聚酰亚胺与陶瓷及某些金属的黏结都具有促进作用。最普遍使用的氨基硅烷是 γ-氨丙基三乙氧基硅烷(γ-APS)。对于硅片，当环境湿度由 15%RH 增加到 55%RH 时，在采用 γ-APS 的情况下，黏结强度不受影响，但对于不用 γ-APS 的样品，剥离强度降低了 90%[38]。

硅烷促进剂对于不具备反应能力的聚合物也是有效的，这时促进剂与基体聚合物产生了互穿网络，也就是产生了机械锁扣作用。当促进剂的溶度参数与聚合物匹配时，互穿作用可以发挥到最大。

γ-APS/酰亚胺的结合的分解温度在 370 ℃左右，所以当采用 400 ℃固化时，需要考虑其稳定性，但当采用聚酰胺酯与陶瓷的黏合时，γ-APS 的使用并未发现在 400 ℃固化时出现分解。一些可比较的黏合数据见表 23-43。

表 23-43　γ-APS 对陶瓷的黏合的促进作用

聚酰亚胺	基底	促进剂	PI 厚度 /μm	剥离速度 /(mm/min)	剥离强度 /(N/cm)	文献
PMDA/ODA PAA	SiO_2	—	20	4	5.00～6.20	[39]
PMDA/ODA PAA	SiO_2	γ-APS	20	4	8.70	[39]
PMDA/ODA PAE	SiO_2	—	20	4	6.00	
PMDA/ODA PAA	自黏	—	16	4.5	0.50	[40]
PMDA/ODA PAA	自黏	水等离子处理	16	4.5	>9.00	[40]
BTDA/ODA/MPD	Al_2O_3	—	8.5		1.00	[41]
BTDA/ODA/MPD	Al_2O_3	γ-APS	25		2.50	[41]

参 考 文 献

[1] Buchwalter L P//Ghosh M K, Mittal K L. Polyimides: Fundamentals and Applications. New York: Marcel Dekker, Inc, 1996: 587.

[2] Wang T H, Ho S M, Chen H L, Chen K M, Liang S M, Hung A. J. Appl. Polym. Sci., 1994, 51: 415.

[3] Lee K W, Kowalczyk S P, Shaw J M. Macromolecules, 1990, 23: 2097.

[4] Thomas R R, Buchwalter S L O, Buchwalter L P, Chao T H. Macromolecules, 1992, 25: 4559.

[5] Yun H K, Cho K, Kim J K, Park C E, Sim S M, Oh S Y, Park J M. Polymer, 1997, 38: 827.

[6] Goldblatt R D, Ferreiro L M, Nunes S L, Thomas R R., Chou N J, Buchwalter L P, Heidenreich J E, Chao T H. J. Appl. Polym. Sci., 1992, 46: 2189.

[7] Brown H R, Yang A C M, Russell T P, Volksen W, Kramer E J. Polymer, 1988, 29: 1807.

[8] Miwa T, Tawata R, Numata S. Polymer, 1993, 34: 621.

[9] Ree M, Park Y H, Shin T J, Nunes T L, Volksen W. Polymer, 2000, 41: 2105.

[10] Shau M-D, Chin W-K. J. Polym. Sci., Polym. Chem., 1993, 31: 1653; Abraham G, Packirisamy S, Vijayan T M, Ramaswamy R. J. Appl. Polym. Sci., 2003, 88: 1737.

[11] Shau M-D, Chin W-K. J. Appl. Polym. Sci., 1996, 62: 427.

[12] Gaw K, Jikei M, Kakimoto M, Imai Y, Mochjizuki A. Polymer, 1997, 38: 4413.

[13] Jou J-H, Liu C-H, Liu J-M, King J-S. J. Appl. Polym. Sci., 1993, 47: 1219.

[14] Yu J, Ree M, Shin T J, Park Y H, Cai W, Zhou D, Lee K W. Macromol. Chem. Phys., 2000, 201: 491.

[15] Jang J, Earmme T. Polymer, 2001, 42: 2871.

[16] Kim S I, Pyo S M, Ree M. Macromolecules, 1997, 30: 7890.

[17] Kim S I, Pyo S M, Kim K, Ree M. Polymer, 1998, 39: 6489.

[18] Liang G, Fan J. J. Appl. Polym. Sci., 1999, 73: 1645.

[19] Ho S-M, Wang T-H, King J-S, Chang W-C, Cheng R P, Hung A. J. Appl. Polym. Sci., 1992, 45: 947.

[20] Wang T-H, Ho S-M, Chen K-M, Hung A. J. Appl. Polym. Sci., 1993, 47: 1057.

[21] Chen H L, Ho S H, Wang T H, Chen K M, Pan J P, Liang S M, Hung A. J. Appl. Polym. Sci., 1994, 51: 1647.

[22] Kim H, Jang J. J. Appl. Polym. Sci., 2000, 78: 2518.

[23] Jang J, Lee J H. J. Appl. Polym., Sci., 1996, 62: 199.

[24] Boschan R H, Landis A L, Lau K S Y, Quezada S, Tajima Y A. Polym. Adv. Technol., 1991, 2: 81.

[25] Venables J D, McNamara D K, Chen J M, Sun T S. Appl. Surf. Sci., 1979, 3: 88; Davis G D, Sun T S, Ahearn J S, Venables J D. J. Mater. Sci., 1982, 17: 1807.

[26] Ratta V, Stancik E J, Avambem A, Parvatareddy H, McGrath E, Wilkes G L. Polymer, 1999, 40: 1889.

[27] Hergenrother P M, Havens S J. SAMPE J., 1988, 24(4): 13.

[28] Hergenrother P M, Havens S J. High Perf. Polym., 1993, 5: 177.

[29] Jensen B J, Hou T H, Wilkinson S P. High Perf. Polym., 1995, 7: 11.

[30] Jensen B J, Chang A C. High Perform. Polym., 1998, 10: 175; Chang A C. NASA/CR-1998-206927.

[31] Connell J W, Smith J G, Hergenrother P M. High Perform. Polym., 1998, 10: 273.

[32] Connell J W, Smith Jr. J G, Cano R J, hergenrother P M. 41st International SAMPE Symp., March 24-28, 1996. p. 1101.

[33] Connell J W, Smith Jr. J G, Hergenrother P M, Romme M L. High Perf. Polym. 2000, 12: 323.

[34] Tan B, Vasudevan V, Lee Y J, Gardener S, Davis R M, Bullion T, Loos A C, Parvatareddy H, Dillard D A, McGrath J E, Cella J. J. Polym. Sci., Polym. Chem., 1997, 35: 2943.

[35] Bryant R G, Jensen B J, Hergenrother P M. J. Appl. Polym. Sci., 1996, 59: 1249.

[36] Burgman H A, Freeman J H, Frost L W, Bower G M, Traynor E J, Ruffing C R. J. Appl. Polym. Sci., 1968, 12: 805.

[37] Goldblatt R D, Ferreiro L M, Nunes S L, Thomas R R, Chou N J, Buchwalter L P, Heidenreich J E, Chao T H. J. Appl. Polym. Sci., 1992, 46: 2189.

[38] Buchwalter L P, Lacombe RH. J. Adh. Sci. Technol., 1988, 2: 463.

[39] Oh T S, Buchwalter L P, Kim J. J. Adhesion Sci. Technol., 1990, 4: 303.

[40] Goldblatt R D, Ferreiro L M, Nunes S L, Thomas R R, Chou N J, Buchwalter L P, Heidenreich J E, Chao T H. J. Appl. Polym. Sci., 1992, 46: 2189.

[41] Jensen R J, Cummings J P, Vora H. IEEE Trans CHMT 1984, 7: 384.

第24章　分　离　膜

分离膜是指对不同物质具有不同的透过速率的膜状材料。聚酰亚胺作为分离膜材料有如下特点：

(1) 具有很高的热稳定性，使得物质可以在较高温度下通过而得到分离，因为物质通过膜的速率随着温度的提高而增加，但选择性也会随温度的提高而降低，具有高 T_g 的膜，能够在较高温度下仍保持高的选择性。其次，也有利于分离温度较高的物质。

(2) 具有高的机械性能，便于制造膜器件的操作，也使膜器件经得起较高的工作压力。

(3) 对溶剂和其他化学物质的作用有高的耐受性，可以避免工作介质或其他化学杂质所引起的对膜结构的损坏而降低膜的分离效果，甚至造成膜器件的破坏。

(4) 具有良好的成膜性，可以在广泛的范围内选择铸膜液和凝固浴的组成，以获得性能优良的分离膜。

(5) 由于聚酰亚胺结构的多样性，针对不同的分离对象，可以从大量现有的结构中，选择得到或设计、合成新的既具有高的选择系数，又具有高的透过系数的膜材料。

因此聚酰亚胺已成为分离膜的良好候选材料，特别是气体分离膜。近来聚酰亚胺也越来越多地被用作分离液体介质的膜。

由于本书主要在于介绍聚酰亚胺材料，对于不同类型的膜，例如不对称膜和复合膜的制备过程，就不在本章的叙述范围之内。本章介绍的主要是以聚酰亚胺为材料的均质膜的性能。

24.1　气体分离膜

自从 20 世纪 70 年代掀起气体分离膜研究的高潮以来，几乎对所有现成的可以成膜的高分子材料都在气体分离方面进行了评价，其共同存在的问题是：凡是透气系数高的膜，其选择系数就低；凡是选择系数高的膜，其透气系数就低。要得到两者都比较高的膜材料，必须从合成专用的气体分离膜用聚合物着手。聚酰亚胺由于具有上述的优点，同时结构较易设计和合成，所以成为气体分离膜用材料的主要研究对象之一。

24.1.1　均质膜的气体分离原理

气体通过分离膜一般认为是按照“溶解-扩散”机制进行的，其过程分为以下三步[1-3]：第一步，气体分子在膜的一侧表面溶解；第二步，气体分子由膜的一侧向另一侧扩散；第三步，气体分子在膜的另一侧表面脱附。所以气体的透过系数为扩散系数与溶解度之积：

$$P = D \cdot S$$

式中，P 为气体的透过系数，单位为 cm^3 STP・cm/(cm^2・s・cmHg)，也可以用 Barrer

表示[1 Barrer$=10^{-10}$ cm^3 STP·cm/(cm^2·s·cmHg)];扩散系数 D 的单位为 cm^2/s,通常量纲为 10^{-8} cm^2/s;溶解度 S 的单位为 cm^3 STP/(cm^3·atm),通常量纲为 10^{-3} cm^3 STP/(cm^3·cmHg),在本章中如果没有特别注明,就是采用这些单位。

膜的分离效率一般用分离系数 α 表示:

$$\alpha_{A/B} = P_A/P_B = (D_A/D_B)\cdot(S_A/S_B)$$

透过系数 P 和分离系数 α 是衡量膜材料气体分离性能的两个重要参数。

此外,用来表达分离膜的结构参数还有自由体积分数(FFV)和链间距(d-spacing)。

$$\text{FFV} = \frac{V - V_0}{V}$$

$$V_0 = 1.3V_W$$

式中,V 为由密度计算得到的体积;V_W 为范德华体积。

链间距是由广角 X 射线衍射测得的链段间的距离,可由 Bragg 方程计算:$n\lambda = 2d\sin\theta$。

气体分子在膜中的扩散与分子的大小有关,表 24-1 列出了一些常用的气体分子直径。

表 24-1 气体分子的直径(Å)

	He	H_2	CO_2	O_2	N_2	CH_4	C_2H_4	C_2H_6	C_3H_6	C_3H_8
动力学直径	2.60	2.89	3.30	3.46	3.64	3.80	3.8	3.9	4.3	4.5
碰撞直径	2.58	2.92	4.00	3.43	2.68	3.82	4.42	4.23	5.06	4.68
有效直径	2.59	2.90	3.63	3.44	3.66	3.81				

24.1.2 对聚合物的气体透过性能的预测

在掌握了大量有关聚合物结构与气体分离数据后,人们希望能够利用这个庞大的数据库建立起普适的关系来预测聚合物的气体分离性能。这些工作大都以基团加和性为基础,这时要求一个基团对某种性能发挥作用时不受位置和空间排列的影响,这与实际情况是不尽符合的,所以往往难以得到令人满意的结果[4-6]。Alentiev[7]将均聚的聚酰亚胺看成是由二酐和二胺单元组成的交替共聚物,对于玻璃态的聚酰亚胺提出了以二酐和二胺整个单元作为基团的基团叠加方法来预测各种聚酰亚胺膜对气体的透过系数和扩散系数。这是在大量实验结果的基础上找出的最佳增量值或基团贡献。气体透过参数(透过系数 P 和扩散系数 D)可以用下式来计算:

$$\lg A_m = \lg M_{jm} + \lg N_{km} + C_m$$

式中,A_m 为气体 m 的 P 或 D;M_{jm} 为二酐单元对气体 m 的透过参数的增量;N_{km} 为二胺单元对气体 m 的透过参数的增量;C_m 为气体 m 的性能常数。对于 O_2、N_2 及 CO_2,将预测的数值与实测的数值进行比较发现,对于大多数聚酰亚胺,两者之差在系数 2 以下,而对于不同的聚酰亚胺,其 P 值却有 4~5 个数量级之差,这说明该方法的有效性。此外,该方法还可以用来预测未被测试的甚至于未被合成的聚酰亚胺的气体透过性能。有关二酐单元及二胺单元对气体的透过参数的增量和 C_m 值见附录 B。

24.1.3　聚酰亚胺结构与气体分离性能的关系

1. 位置异构对聚酰亚胺气体透过性能的影响

如上所述,用原子基团贡献来预测聚酰亚胺膜的透气性能可以得到很好的结果,但不能反映位置异构体的作用,而以 Alentiev 的以二酐和二胺为单元对气体透过参数的增量来叠加的方法就可以克服这种困难。二胺位置异构体的对 O_2 的透过系数和 O_2/N_2 分离系数的影响见表 24-2,由表中结果可见,实测值与预测值之间能够很好地吻合。

表 24-2　二胺位置异构体的对 O_2 和 O_2/N_2 选择系数的影响

二胺	二酐	P_{O_2}/Barrer		P_{O_2}/P_{N_2}	
		实测	预测	实测	预测
PPD	6FDA	4.2	4.39	5.3	5.48
MPD	6FDA	2.6	2.59	7.2	6.61
p,*p*′-6FBA	6FDA	16.3	19.3	4.7	4.69
m,*m*′-6FBA	6FDA	1.9	4.62	6.6	6.1

1) 异构二酐和异构二胺对聚酰亚胺气体透过性能的影响

有关异构二酐和异构二胺的定义见第 9 章。

我们研究了由不同的异构二酐得到的聚酰亚胺的气体透过性能,发现链弯曲度较大的聚合物具有较大的气体透过性而对分离系数的影响较小,这为选择气体分离膜用聚酰亚胺材料提供了一个有价值的规律。异构作用对气体的溶解性影响不大,而对扩散系数则有很大影响。因为溶解性与化学结构有关,不同异构体的化学结构是相同的,所以具有相似的溶解性;而扩散则取决于高分子的聚集态,也就是与密度及自由体积分数有关,弯曲的链结构具有较大的自由体积,有利于气体的扩散。

对于同一个二酐而言,凡是由对位取代的带桥连的二胺所得到的聚酰亚胺,其气体透过系数都明显高于其他异构体,但苯二胺则是以间苯二胺所得到的聚酰亚胺比对苯二胺有更高的透过系数。因为 *p*,*p*′-位取代的带桥连的二胺所得到的聚酰亚胺具有最弯曲的构象,也就是分子堆砌密度最低,有利于气体分子的扩散,所以具有最高的气体透过系数。

异构二酐和异构二胺对聚酰亚胺气体透过性能影响的详细数据见第 9.1.8 节和第 9.2.5 节。

2) 二酐与二胺中结构单元对换的效应

Eastmond 等[8,9]研究了在二醚二酐中间的双酚结构单元与二胺的结构单元进行对换(式 24-1)而引起在 CO_2/CH_4 分离性能上的差别(表 24-3)。由在邻位有甲基的结构单元组成的聚酰亚胺具有较高的透过系数,如由带 D 单元的二酐与带 E 单元的二胺组成的聚酰亚胺(D/E)和由带 E 单元的二酐与带 D 单元的二胺组成的聚酰亚胺(E/D)都具有较高的透过系数,D 比 E 的贡献更大。同时 D 和 E 在二酐中比在二胺中对透过系数的贡献更突出。A,B,C 单元无论在二酐中和在二胺中都使聚合物具有较低的透过系数。这是因为这些基团比较柔性,容易使大分子的构象发生变化,产生密堆砌,减少分子间的空隙。

在上述的结构中透过系数有下面的比较：D/E＞E/D，D/A＞E/A，D/C＞E/C，D/C＞C/D，E/C＞C/E，但只有 E/A≈A/E。由此可以得出结论：能够限制大分子构象发生变化的结构可以使聚酰亚胺有较高的透过系数，也就是说，T_g 较高的聚酰亚胺有较高的透过系数。

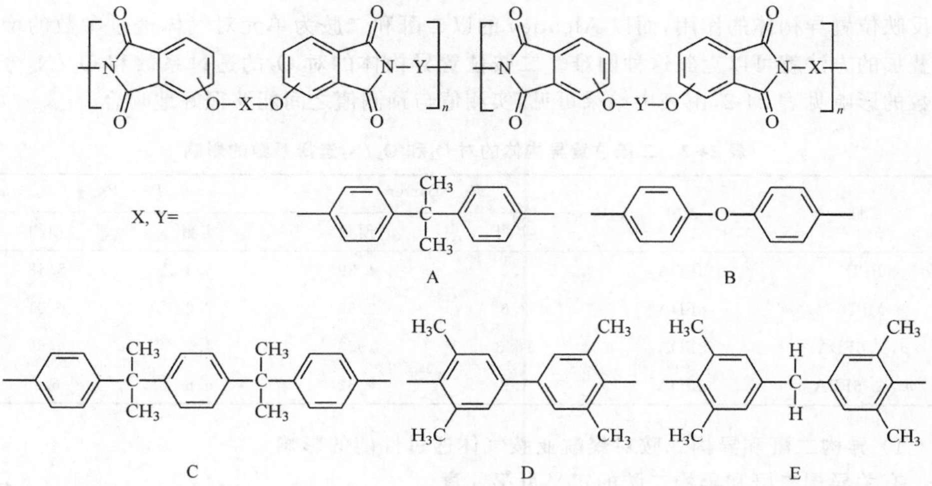

式 24-1

表 24-3 在三苯二醚二酐中间的结构单元与二胺的结构单元进行对换的影响

双酚	性能	二胺 A	二胺 B	二胺 C	二胺 D	二胺 E
A	P_{CH_4}		0.045	0.134		0.174
	P_{CO_2}/P_{CH_4}		48.9	31.8		37.3
	T_g/℃	225	215	212	280	249
B	P_{CH_4}	0.013		0.057	0.173	0.127
	P_{CO_2}/P_{CH_4}	122.3		45.2	30.8	41.3
	T_g/℃	219		221	300	256
C	P_{CH_4}	0.042	0.054		0.202	0.203
	P_{CO_2}/P_{CH_4}	65.0	38.0		35.7	31.7
	T_g/℃	210	194		252	230
D	P_{CH_4}	0.376		0.443		1.46
	P_{CO_2}/P_{CH_4}	35.4		34.3		27.3
	T_g/℃	299	292	296		＞420
E	P_{CH_4}	0.172		0.300	0.755	
	P_{CO_2}/P_{CH_4}	35.4		32.7	30.1	

2. 二酐和二胺苯环上取代基的影响

二酐和二胺的苯环上的取代基的类型和位置对于膜的透气性能有明显的影响。

1）二胺上取代基的位置和数量的影响

Fritsch 等[10] 研究了甲基取代三联苯二胺与 6FDA 得到的聚酰亚胺膜的透气性能。由表 24-4 至表 24-7 看出，序号 1 的二胺具有 6 个甲基，其余的二胺都只有 4 个甲基，显然，序号 1 具有较大的透过系数、扩散系数及溶解度系数（除 CO_2 外）和较小的分离系数。这是由于较多的取代基使得大分子间的堆砌比较松散，造成有较大的自由体积分数的结果。对于同样有 4 个甲基取代的二胺，以序号 2 的透过系数最大，这是因为氨基的位置使得大分子的链比较弯曲，同时氨基邻位的甲基的空间位阻又使氨基所在的苯环与酰亚胺环不能处于同一平面，这些因素都妨碍了分子的密堆砌。这从表 24-7 中序号 2 具有较大的扩散系数得到证实。

表 24-4　6FDA 与甲基取代的三联苯二胺的聚酰亚胺膜的透过系数

序号	二胺	P_{He}	P_{H_2}	P_{CO_2}	P_{O_2}	P_{N_2}	P_{CH_4}
1	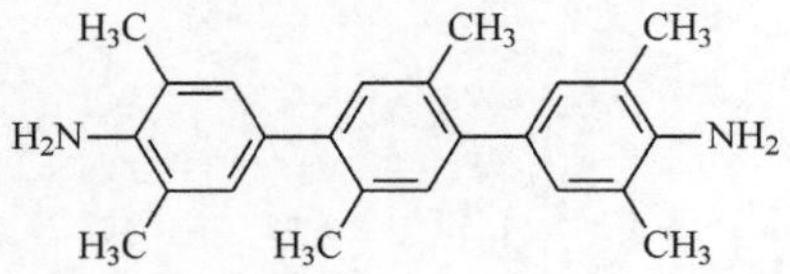	230	350	360	67.0	16.5	15.00
2	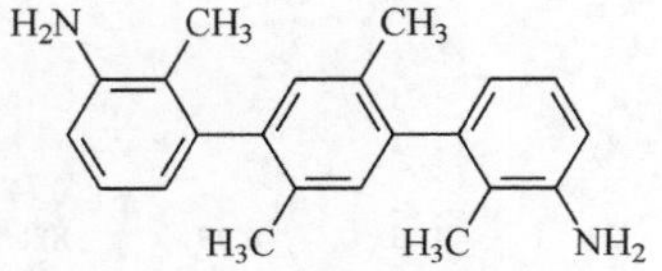	160	210	190	32.0	7.3	5.60
3	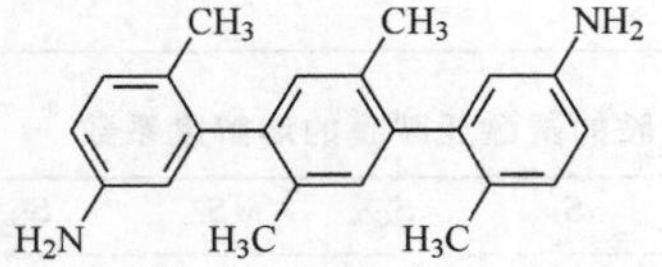	84	100	62	12.0	2.4	1.90
4	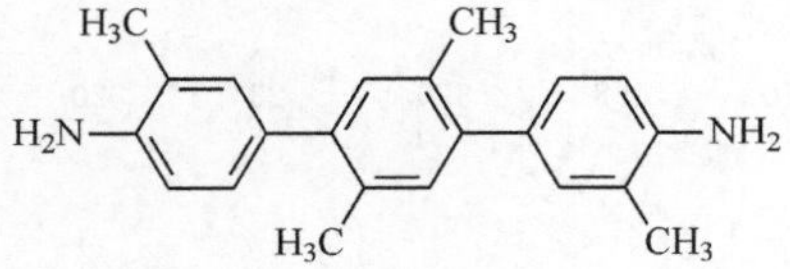	47	51	—	8.6	1.6	1.10
5	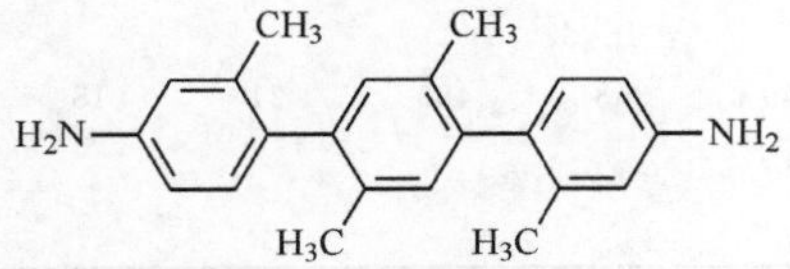	71	72	32	7.2	1.4	0.88

表 24-5　6FDA 与甲基取代的三联苯二胺的聚酰亚胺膜的分离系数

二胺	P_{O_2}/P_{N_2}	P_{CO_2}/P_{N_2}	P_{N_2}/P_{CH_4}	P_{He}/P_{H_2}	P_{H_2}/P_{CH_4}	P_{CO_2}/P_{CH_4}
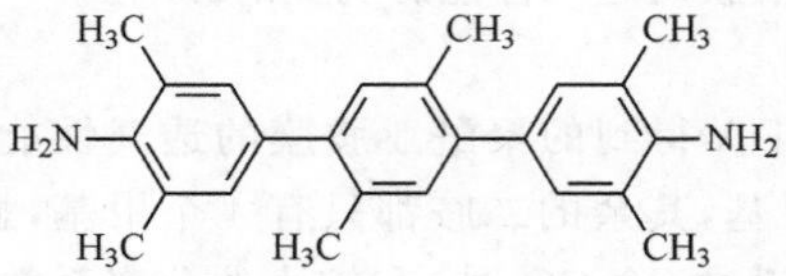	4.0	21	1.1	0.66	24	23
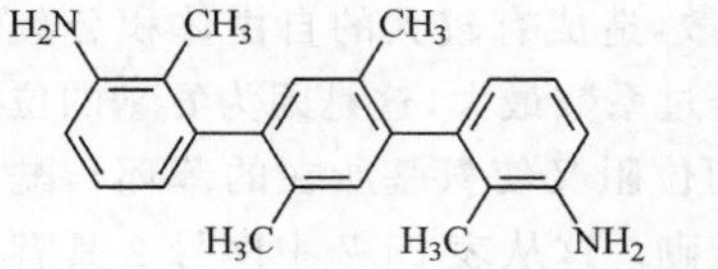	4.4	26	1.3	0.76	38	34
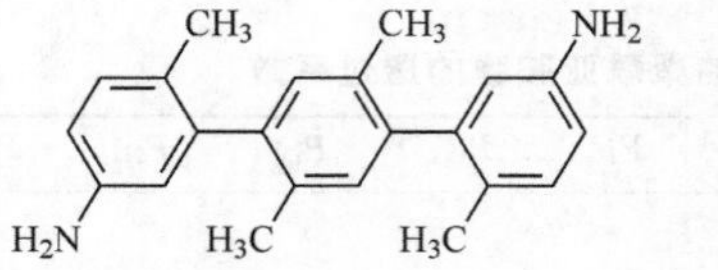	5.1	26	1.3	0.84	53	33
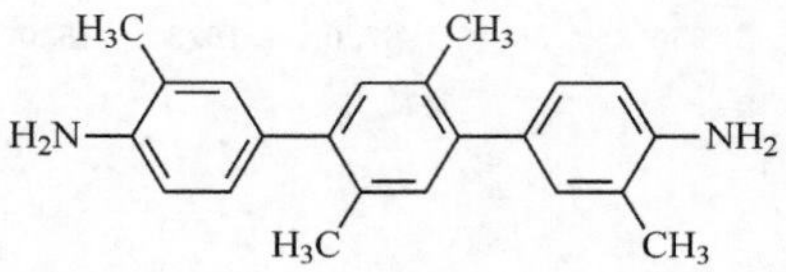	5.2	—	1.5	0.92	45	—
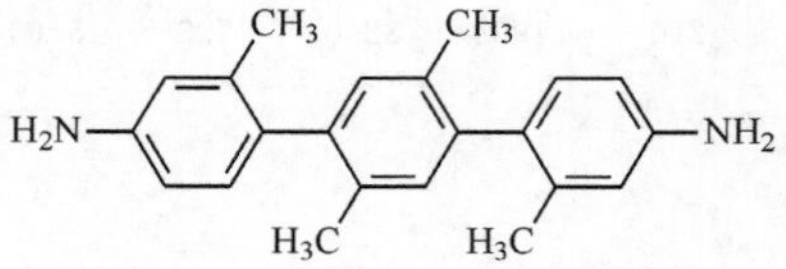	5.2	23	1.6	0.99	82	37

表 24-6　6FDA 与甲基取代的三联苯二胺的聚酰亚胺膜的溶解度系数

二胺	S_{He}	S_{H_2}	S_{CO_2}	S_{O_2}	S_{N_2}	S_{CH_4}
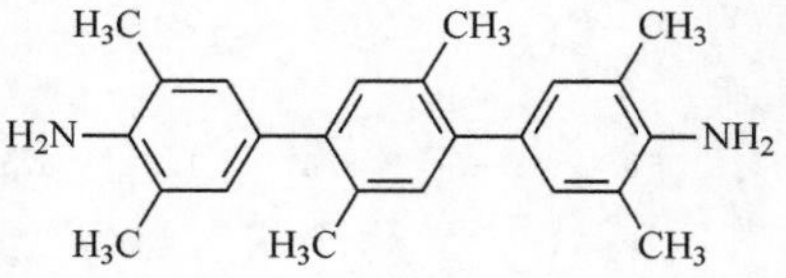	1.70	4.8	390	23	20	79
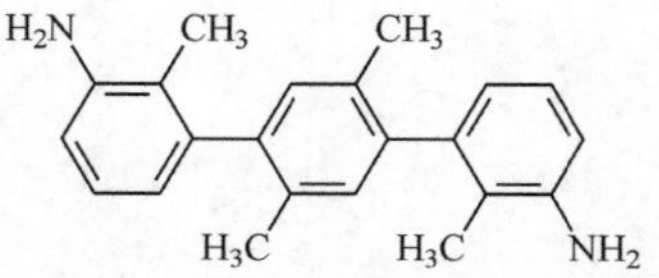	1.40	3.8	460	21	18	71

续表

二胺	S_{He}	S_{H_2}	S_{CO_2}	S_{O_2}	S_{N_2}	S_{CH_4}
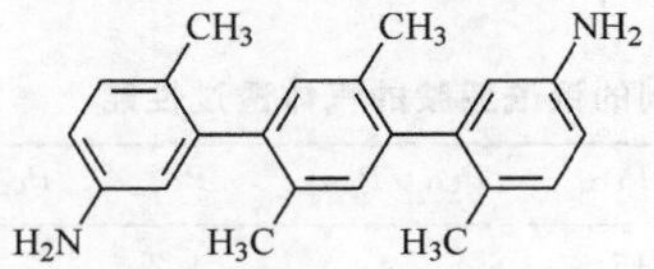	0.92	2.9	330	16	13	54
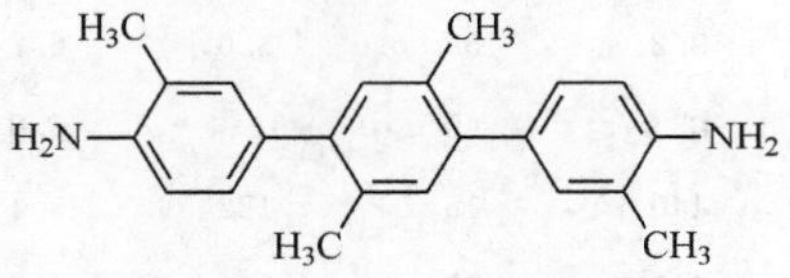	0.56	1.7	—	16	14	53
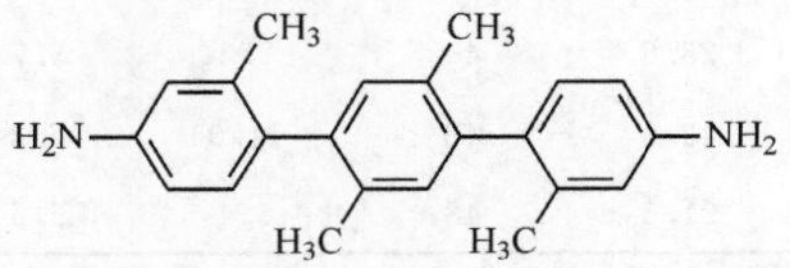	0.76	2.3	250	15	12	38

表 24-7　6FDA 与甲基取代的三联苯二胺的聚酰亚胺膜的扩散系数

二胺	D_{He}	D_{H_2}	D_{CO_2}	D_{O_2}	D_{N_2}	D_{CH_4}
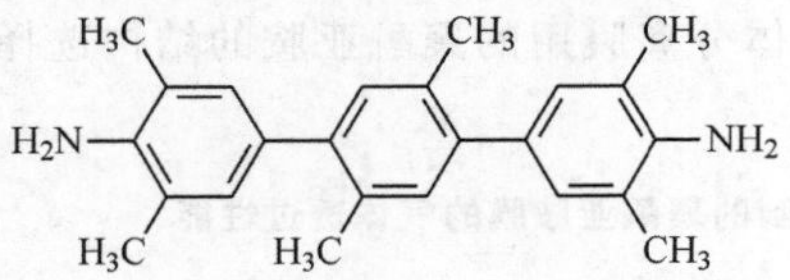	1400	740	9.1	28.0	8.3	1.90
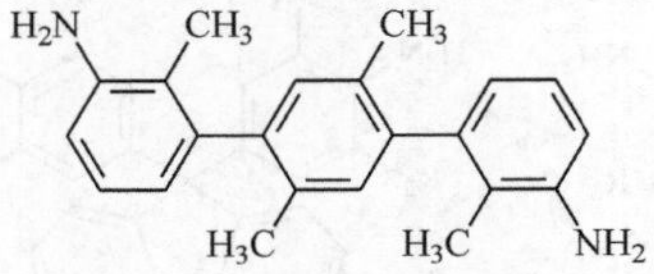	1200	560	4.1	15.0	4.1	0.79
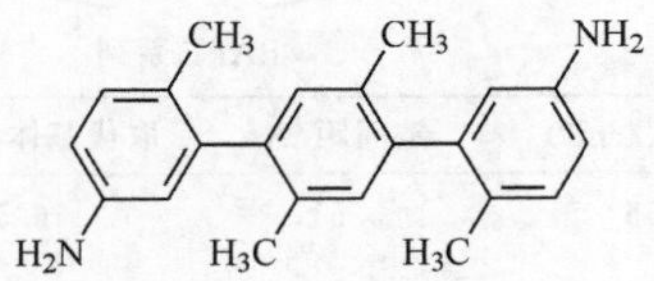	920	340	1.9	7.6	1.9	0.35
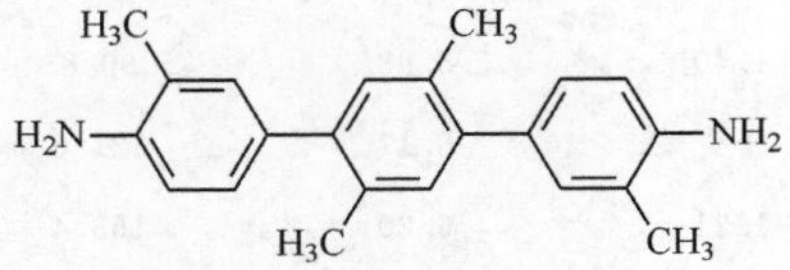	830	290	—	5.5	1.2	0.21
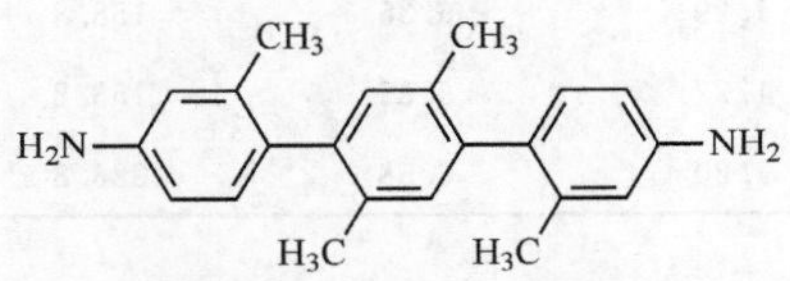	940	310	1.3	4.9	1.2	0.23

同样,由 6FDA 与具有不同取代基的苯二胺得到的聚酰亚胺的气体透过性能也有类似的效果(表 24-8)[11]。随着取代基数量的增加,气体透过系数明显增加,而分离系数相应减少,但减少的幅度较小。

表 24-8　由 6FDA 与具有不同取代基的苯二胺得到的聚酰亚胺的气体透过性能

二胺	T_g/℃	FFV	P_{H_2}	P_{H_2}/P_{CH_4}	P_{CO_2}	P_{CO_2}/P_{CH_4}	P_{O_2}	P_{CO_2}/P_{N_2}
PPD	351	0.161	45.5	159	15.3	54	4.2	5.3
MPD	298	0.160	40.2	252	9.2	58	3.0	6.7
p-DMPD	355	0.175	119	111	42.7	40	13.4	5.0
p-TMPD	420	0.182	549	20	440	16	122	3.4
m-TMPD	377	0.182	516	20	431	17	109	3.5
2,4-DAT	342	0.169	87.2	123	28.6	40	7.4	5.7
2,6-DAT	372	0.173	107	115	42.5	46	11.0	5.2
3,5-DBTF	284	0.175	58.6	130	21.6	48	6.4	5.5

Langsam 等[12]研究了如表 24-9 所示的三种二胺结构中的取代基对 6FDA 系聚酰亚胺膜透气性能的影响。由表 24-9 可以看出,取代基和桥基的体积越大,膜对氧的透过系数越大。但对氧/氮的分离系数的影响却复杂得多,这也说明上述因素对氮的透过系数并不与对氧的透过系数有同样的影响,这个现象给气体分离膜用的聚酰亚胺的结构选择留下了更大的余地。

表 24-9　6FDA 与具有不同取代基的二胺所得到的聚酰亚胺膜的气体透过性能

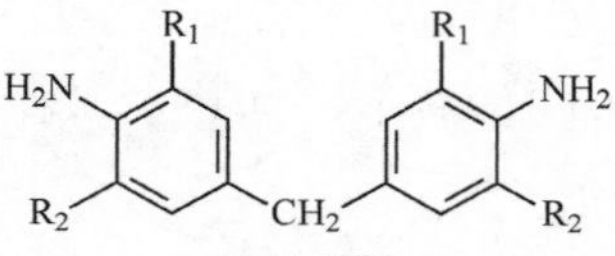
MDA 系列

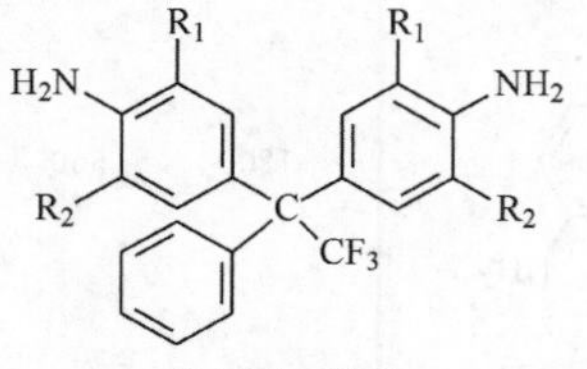
FphDAn 系列

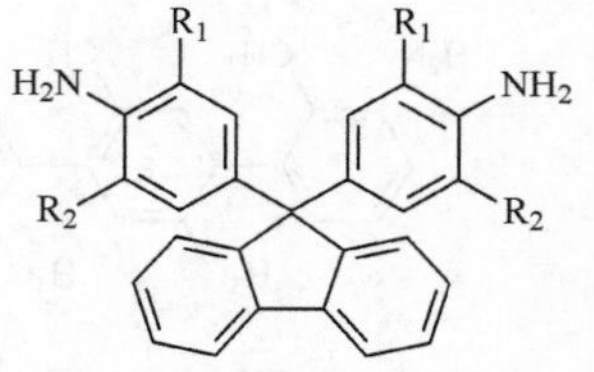
BAPF 系列

	R_1	R_2	P_{O_2}	P_{O_2}/P_{N_2}	密度/(g/cm³)	链间距/Å	取代基体积/Å³
MDA 系列	H	H	2.8	5.65	1.55	5.51	16.5
	H	CF_3	5.2	5.71	1.37	5.91	79.0
	Me	Me	11.0	4.17	1.40	5.93	90.8
	H	*i*-Pr	8.2	5.90	—	6.17	121.6
	H	*t*-Bu	19.0	4.70	1.21	6.20	155.4
	Et	Et	18.4	4.20	1.29	6.35	158.8
	Me	*i*-Pr	30.1	3.82	1.27	6.35	158.8
	i-Pr	*i*-Pr	47.1	3.76	1.20	6.58	226.8

续表

	R_1	R_2	P_{O_2}	P_{O_2}/P_{N_2}	密度/(g/cm³)	链间距/Å	取代基体积/Å³
FphDAn 系列	H	H	3.8	4.21	—	5.70	16.5
	Me	Me	25.5	3.00	—	5.87	90.8
	Me	*i*-Pr	52.3	3.50	1.20	6.10	158.8
	i-Pr	*i*-Pr	80.0	3.22	1.18	—	226.8
BAPF 系列	H	H	11.7	3.90	1.31	5.80	16.5
	H	F	12.2	5.27	1.29	5.82	27.5
	H	*i*-Pr	16.8	5.10	1.20	5.98	121.6
	Me	Me	57.4	4.00	1.24	5.87	90.8
	Me	*i*-Pr	85.9	4.18	1.18	5.93	158.8

注：取代基体积是由范德华共价半径计算得到。

李悦生等[13]研究了三苯二醚二酐(HQDPA)与带有不同数目及不同位置的二氨基二苯甲烷所得到的聚酰亚胺的气体透过性能。如表 24-10 所示，HQDPA/MDA 系列的聚酰亚胺的透过系数受甲基取代的数目影响，取代的甲基数量越多，透过系数越大。有趣的是分离系数非但没有如通常那样随透过系数的增加而减少，反而有明显增加。

表 24-10　取代基位置和数量对 HQDPA 聚酰亚胺透气性能的影响

二胺	P_{H_2}	P_{CO_2}	P_{O_2}	P_{N_2}	P_{CH_4}
MDA	5.80	1.22	0.242	0.0255	0.0222
3,3′-DMMDA	7.83	1.66	0.358	0.0357	0.0209
2,2′-DMMDA	6.83	1.51	0.317	0.0357	0.0209
2,2′,5,5′-TMMDA	14.2	2.26	0.668	0.0631	0.0404
2,2′,3,3′-TMMDA	13.9	2.28	0.678	0.0634	0.0399
二胺	P_{H_2}/P_{CH_4}	P_{H_2}/P_{N_2}	P_{CO_2}/P_{CH_4}	P_{O_2}/P_{N_2}	P_{N_2}/P_{CH_4}
MDA	229	143	54.9	6.8	1.6
3,3′-DMMDA	375	219	79.4	10.0	1.7
2,2′-DMMDA	313	191	69.3	8.9	1.7
2,2′,5,5′-TMMDA	351	225	56.6	10.6	1.6
2,2′,3,3′-TMMDA	349	220	57.1	10.7	1.9

适当选择取代基数目和位置可以找到对分离系数影响较小的膜材料，这个事实是具有很大的实际意义的。

表 24-11 是由 3,5-二氨基苯甲酸及其酯与 HQDPA 所得到的聚酰亚胺的气体分离性能[14]。随着 R 的增大，透气系数增大。3,5-二氨基苯甲酸及其酯体系中分离系数则随由酸到酯而降低，并且酯的 R 越大，分离系数越低。

表 24-11　由 3,5-二氨基苯甲酸及其酯与 HQDPA 所得到的聚酰亚胺的气体分离性能

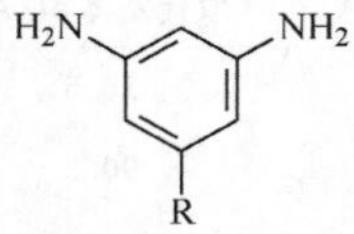

MPD　R＝H　　DBA　R＝COOH　　MBD　R＝COOMe　　EBD　R＝COOEt

二胺	T_g /℃	密度 /(g/cm³)	自由体积 /(cm³/g)	透过系数			分离系数		
				H_2	CO_2	O_2	H_2/N_2	CO_2/N_2	O_2/N_2
MPD	262	1.380	0.086	2.81	0.449	0.112	237	37.4	9.4
DBA	286	1.384	0.096	4.24	0.512	0.134	386	45.5	12
MBD	248	1.371	0.094	4.00	0.885	0.176	155	34.7	6.9
EBD	241	1.353	0.096	5.84	1.70	0.400	103	29.4	6.9

Kim 等[15]对由 PFDAB 和 MPD 得到的聚酰亚胺膜的透气性能进行了比较。由表 24-12可见，含氟的长侧链的引入可以大大增加聚酰亚胺膜的透过系数，最大的可以达到 56 倍，而分离系数却仅仅略有降低，最多降低为 65%。

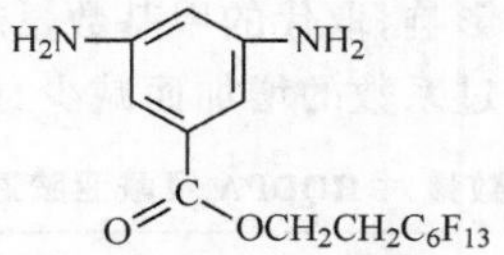

PFDAB

表 24-12　由二胺 PFDAB 和 MPD 得到的聚酰亚胺的透气性能

	透过系数/Barrer				选择系数		
	P_{CO_2}	P_{O_2}	P_{N_2}	P_{CH_4}	P_{CO_2}/P_{CH_4}	P_{CO_2}/P_{N_2}	P_{O_2}/P_{N_2}
6FDA/PFDAB	17.77	4.74	0.74	0.44	40.4	24.0	6.4
6FDA-MPD	9.73	2.55	0.38	0.21	46.3	25.6	6.7
ODPA-PFDAB	11.03	2.61	0.56	0.36	30.6	19.7	4.9
ODPA-MPD	0.301	0.081	0.012	0.0064	47.3	25.1	6.8
BTDA-PFDAB	10.10	2.20	0.48	0.29	34.8	21.0	4.6
BTDA-MPD	0.428	0.112	0.016	0.0086	49.8	26.8	7.0

Xu 等[16]研究了以取代三苯二醚二胺为基础的聚酰亚胺膜(表 24-13 和表 24-14)，在这三个聚合物中只有带三联苯单元的聚合物能够明显增加透过系数，因为三联苯是刚性单元，同时具有高的纵横比，含联苯单元的苯基取代基可能会埋置于大分子链的空隙中从而会降低某些气体分子的扩散系数。透过系数增加与介电常数降低是一致的，因为这与总自由体积分数及自由体积的分布有同样的关系(表 24-15)。该研究同时也显示了扩散系数对气体分子的大小及溶解性对气体临界温度在半对数坐标上具有线性关系。

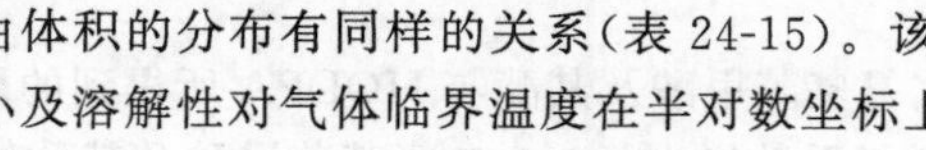

1

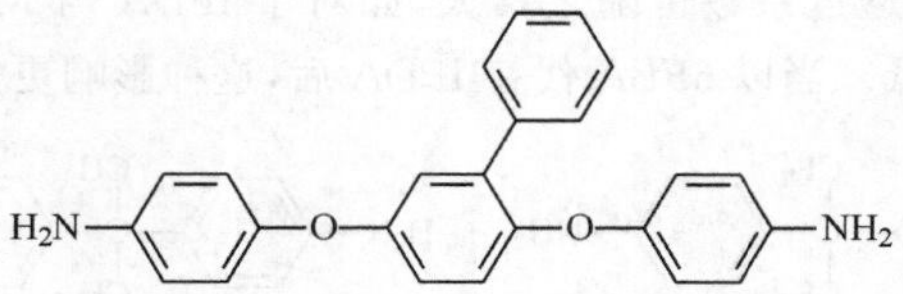

2

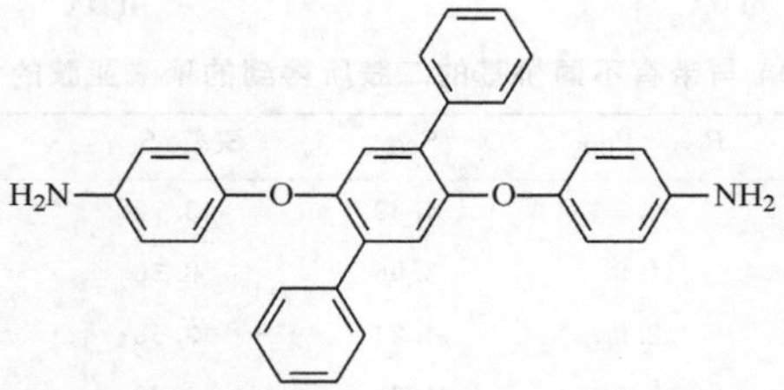

3

表 24-13 6FDA 的聚酰亚胺膜的气体透过性能

二胺	透过系数/Barrer						选择系数			
	P_{He}	P_{H_2}	P_{O_2}	P_{N_2}	P_{CO_2}	P_{CH_4}	P_{CO_2}/P_{CH_4}	P_{CO_2}/P_{N_2}	P_{O_2}/P_{N_2}	P_{He}/P_{N_2}
3	43.01	45.64	5.26	1.02	0.747	21.48	28.76	21.06	5.16	42.17
2	37.59	34.28	3.46	0.616	0.358	12.97	36.23	21.06	5.62	61.02
1	36.45	33.49	3.23	0.563	0.353	11.89	33.68	21.12	5.74	64.74
(**3/1**)/%	18	36.3	62.8	81.2	112	80.6				
(**2/1**)/%	3.1	2.6	7.1	9.4	1.4	9.1				

注：**3/1**,**2/1** 分别由 **3**、**2** 得到的膜的透过数与由 **1** 得到的透过系数比较所增加的百分数。

表 24-14 6FDA 的聚酰亚胺膜的扩散系数和溶解度系数

二胺	扩散系数/(10^{-8} cm^2/s)				溶解度系数/[10^{-3} cm^3 STP/(cm^3 · cmHg)]			
	D_{O_2}	D_{N_2}	D_{CH_4}	D_{CO_2}	S_{O_2}	S_{N_2}	S_{CH_4}	S_{CO_2}
3	6.16	1.66	0.372	3.37	8.54	6.11	20.0	63.7
2	4.23	1.00	0.192	2.01	8.19	6.15	18.7	64.6
1	4.40	1.05	0.192	1.97	7.34	5.35	18.4	60.3
(**3/1**)/%	40.0	58.1	93.8	71.1	16.3	14.2	8.7	40.0
(**2/1**)/%	−3.9	−4.8	0.0	2.0	11.6	15.0	1.6	6.7

表 24-15 6FDA 的聚酰亚胺膜的性能

	密度/(g/cm^3)	FFV/%	链间距/Å	介电常数
3	1.324	17.12	5.48	2.54
2	1.366	15.55	5.51	2.56
1	1.412	15.14	5.49	2.82

2）二胺中桥连基团的影响

随着二胺两个苯环间桥连体积的增大，妨碍了分子间的堆砌和分子内的内旋转而带来的柔性,扩散系数增大,透过系数也随之增大,如对于 IPDA 与 MDA。可贵的是 6FDA/IPDA 的分离系数并不降低。当以 6FBA 代替 IPDA 后,这种影响更为明显(表 24-16)[17]。

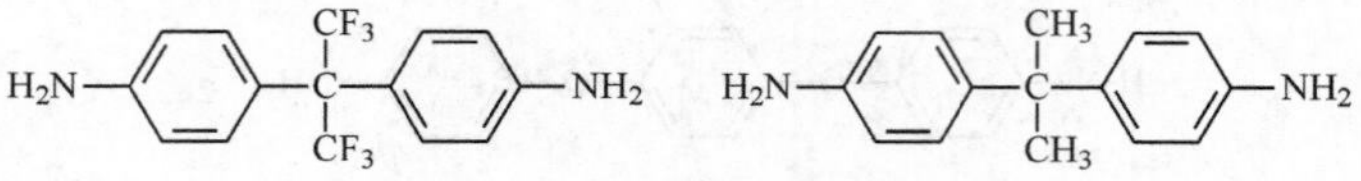

6FBA　　IPDA

表 24-16　由 6FDA 与带有不同桥基的二胺所得到的聚酰亚胺的气体透过性能

二胺	P_{CO_2}	P_{CO_2}/P_{CH_4}	S_{CO_2}	S_{CO_2}/S_{CH_4}	D_{CO_2}	D_{CO_2}/D_{CH_4}
ODA	23.0	60.5	4.89	3.70	3.58	16.3
MDA	19.3	44.9	3.96	3.36	3.70	13.4
IPDA	30.0	42.9	4.24	3.53	5.38	12.1
p,*p*′-6FBA	63.9	39.9	4.72	3.28	10.30	12.2
m,*m*′-6FBA	5.1	63.8	2.89	3.59	1.34	17.7
二胺	P_{O_2}	P_{O_2}/P_{N_2}	S_{O_2}	S_{O_2}/S_{N_2}	D_{O_2}	D_{O_2}/D_{N_2}
ODA	4.34	5.2	1.03	1.90	3.20	2.75
MDA	4.60	5.7	0.83	1.78	4.26	3.19
IPDA	7.53	5.6	0.90	1.81	6.30	3.14
p,*p*′-6FBA	16.30	4.7	0.99	1.48	12.50	3.14
m,*m*′-6FBA	1.80	6.9	0.61	1.73	2.23	3.92

注:P_{CO_2} 在 10 atm 下测定,P_{O_2} 在 2 atm 下测定。

3) 二酐上的取代基的影响

Kwon 等[18]研究了在 PMDA 的 3,6-位有大取代基的聚酰亚胺膜的透气性能。由表 24-17看到,当 R 为三甲硅基时,其透过系数比 R 为特丁基时高,而分离系数则较低。

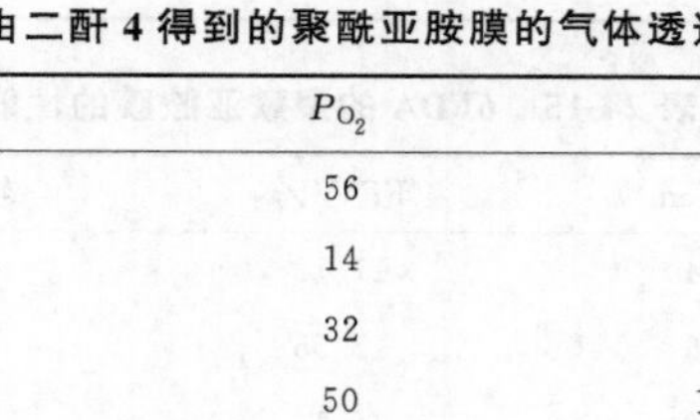

4

表 24-17　由二酐 4 得到的聚酰亚胺膜的气体透过性能性能

R	二胺	P_{O_2}	P_{N_2}	P_{O_2}/P_{N_2}
		56	15	3.7
Me_3Si	6FBA	14	3.3	4.2
Me_3Si	MDA	32	8	4.0
Me_3Si	ODA	50	10.6	4.7
Me_3C	6FBA	13	2.4	5.5
Me_3C	MDA	20	4	5.0
Me_3C	ODA	13	2.7	4.9

de la Campa 等[19]研究了式 24-2 所示的三苯二酮二酐系列中取代基 R 对气体分离膜的影响。由表 24-18 至表 24-20 可以看出，气体透过系数取决于扩散系数，R 决定了聚合物的自由体积分数，也就是 R 越大，FFV 也越大，透过系数就越高，同时分离系数则越低。

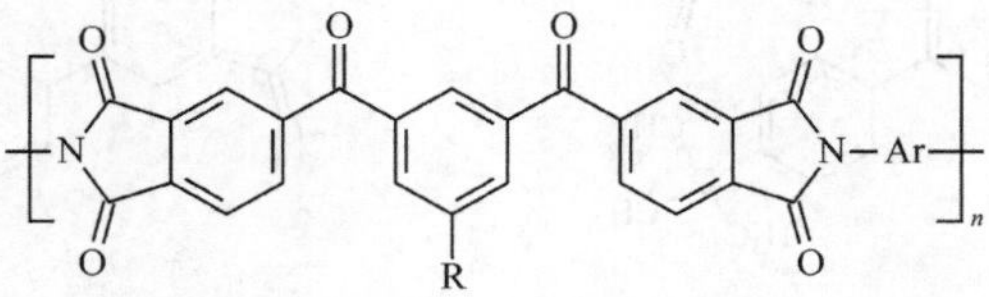

R=H：HDCDA；R=Rh：PDCDA；R=*t*-Bu：BDCDA

式 24-2

表 24-18　由式 24-2 所示的聚酰亚胺的气体透过性能

聚酰亚胺	透过系数/Barrer					选择系数		
	P_{He}	P_{CO_2}	P_{O_2}	P_{N_2}	P_{CH_4}	P_{He}/P_{CH_4}	P_{CO_2}/P_{CH_4}	P_{O_2}/P_{N_2}
HDCDA-6FBA	23.1	4.1	1.06	0.12	0.10	231	41.0	8.8
PDCDA-6FBA	25.0	5.0	1.2	0.18	0.16	156	31.3	6.7
BDCDA-6FBA	41.5	15.6	3.8	0.64	0.40	104	39.0	5.9

表 24-19　由式 24-2 所示的聚酰亚胺的扩散系数和溶解度系数

聚酰亚胺	扩散系数/(10^8 cm²/s)				溶解度系数/[10^3cm³/ STP/(cm³ · cmHg)]			
	D_{CO_2}	D_{O_2}	D_{N_2}	D_{CH_4}	S_{CO_2}	S_{O_2}	S_{N_2}	S_{CH_4}
HDCDA-6FBA	0.21	0.85	0.17	0.019	195	12.5	8.8	43.7
PDCDA-6FBA	0.25	0.95	0.19	0.04	200	12.6	9.5	40.0
BDCDA-6FBA	0.80	2.3	0.6	0.1	195	16.5	10.7	40.0

表 24-20　由式 24-2 所示的聚酰亚胺的物理性能

聚酰亚胺	η_{inh}/(dL/g)	T_g/℃	密度/(g/cm³)	V/(cm³/g)	V_W/(cm³/g)	FFV
HDCDA/6FBA	0.81	257	1.401	0.714	0.461	0.156
PDCDA/6FBA	0.65	260	1.362	0.734	0.472	0.159
BDCDA/6FBA	0.72	265	1.336	0.749	0.478	0.164

注：V_W由 Hyperchem 5.01 计算得到。

Kwon[20]研究了含非平面的联苯单元的聚酰亚胺膜的透气性能。由表 24-21 看出，这些带有大侧基的二酐得到的聚酰亚胺具有很高的气体透过系数，例如对氧的透过系数可以比一般的聚酰亚胺高 1～2 个数量级，但其选择系数仍然保持在一般水平。

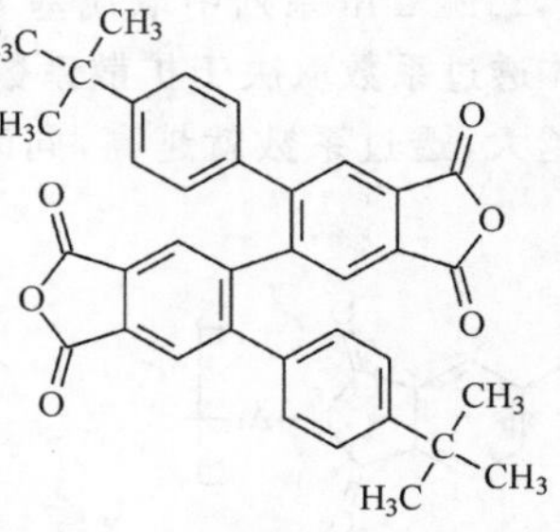

BBBPAn

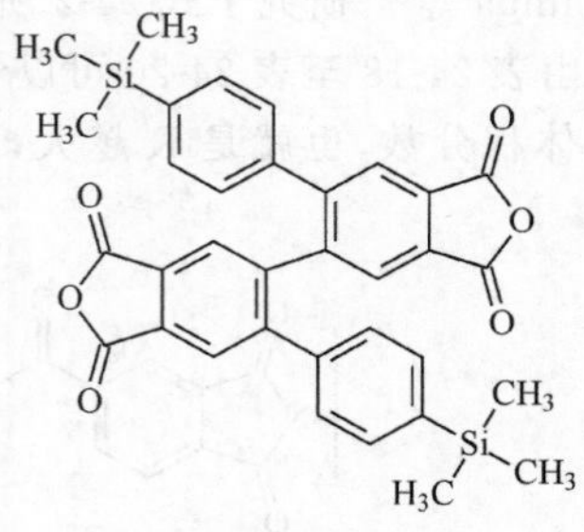

BTSBPAn

表 24-21　由带大侧基的二酐得到的聚酰亚胺的透气性能

聚合物	P_{O_2}	P_{N_2}	P_{O_2}/P_{N_2}
BBBPAn/ODA	43	12	3.58
BBBPAn/MDA	31	8	3.9
BBBPAn/6FBA	110	35	3.14
BTSBPAn/ODA	61	18	3.4
BTSBPAn/MDA	52	12	4.3
BTSBPAn/6FBA	105	37	2.84

Ghanem 等[21]合成了由化学结构造成的多微孔膜。由二酐 **M** 与三种二胺得到的分离膜的气体分离特性见表 24-22。

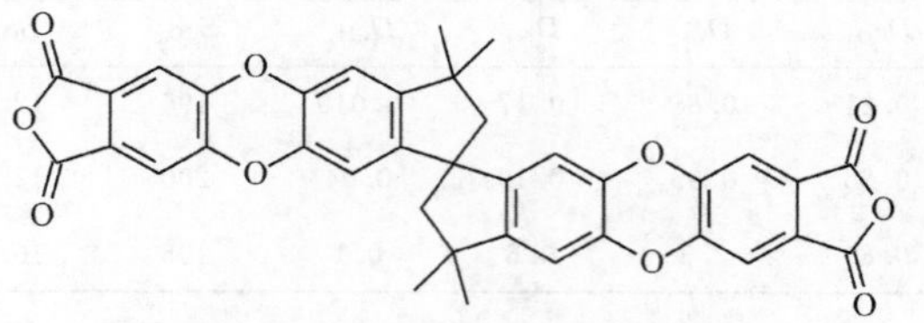

含螺双茚满和二苯并二氧六环结构的二酐(**M**)

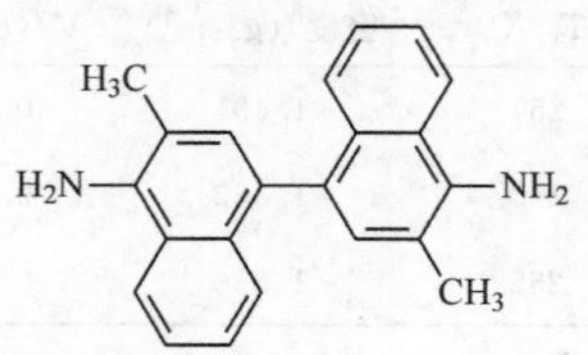

B

表 24-22　由 M 与三种二胺得到的分离膜的性能

聚合物	气体	P_x	D	S	P_x/P_{N_2}
	O_2	150	56	28	3.2
M/TMPPD	N_2	47	20	24	1.0
	He	260	2000	1.3	5.5

续表

聚合物	气体	P_x	D	S	P_x/P_{N_2}
M/TMPPD	H_2	530	1200	4.5	11
	CO_2	1100	17	620	23
	CH_4	77	7	110	1.6
M/6FBA	O_2	85	32	26	3.7
	N_2	23	10	23	1.0
	He	190	1700	1.1	8.3
	H_2	360	860	4.2	16
	CO_2	520	12	440	23
	CH_4	27	3	93	1.2
M/B	O_2	545	130	41	3.4
	N_2	160	41	39	1.0
	He	660	3900	1.7	4.1
	H_2	1600	2600	6.2	10
	CO_2	3700	45	810	23
	CH_4	260	14	180	1.6
	正丁烷(365 mbar)	570	0.3	19000	3.6
	正丁烷(171 mbar)	280	0.4	8100	1.8

由 6FDA 和具有三维立体结构的三蝶烯二胺得到的聚酰亚胺[22] T_g 为 352℃，密度为 1.30 g/cm^3，自由体积分数为 0.226，链间距为 5.54 Å，其气体透过性能见表 24-23。

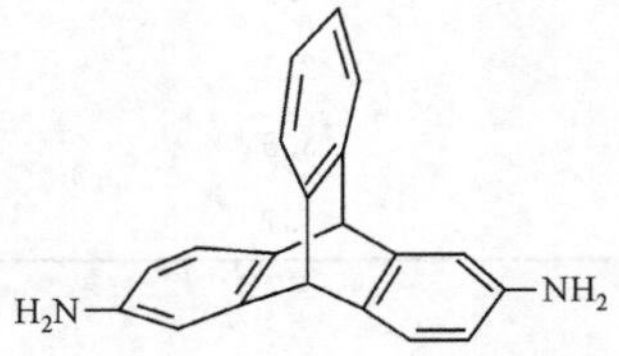

DATRI

表 24-23　6FDA/DATRI 聚酰亚胺的气体透过性能

	H_2	He	CO_2	O_2	N_2	CH_4
透过系数	257	198	189	39	8.1	6.2
扩散系数	442	669	13	23	5.5	1.5
溶解度	0.006	0.003	0.145	0.017	0.015	0.041
	H_2/N_2	He/N_2	H_2/CH_4	O_2/N_2	CO_2/N_2	CO_2/CH_4
透过选择性	31.7	24.4	41.5	4.8	23.3	30.5
扩散选择性	80.4	121.6	294.7	4.2	2.4	8.7
溶解度选择性	0.4	0.2	0.1	1.1	9.7	3.5

24.1.4　由聚酰胺酸盐得到的分离膜

Ding 等[23]研究了由聚酰胺酸盐得到的聚酰亚胺膜的气体透过性能，这些聚酰胺酸盐在醇类溶剂中都有好的溶解性，叔胺盐的酰亚胺化温度峰值在 140℃左右，大大低于其季铵盐或聚酰胺酸本身的酰亚胺化温度。这种低温酰亚胺化有利于制备复合膜，因为作为多孔的底膜材料往往经受不了传统酰亚胺化的高温(例如聚砜底膜，其 T_g 为 189℃)。由低温固化得到的膜的气体分离特性见表 24-24。

表 24-24　由聚酰胺酸盐得到的聚酰亚胺膜的气体分离性能

聚酰亚胺	P_{O_2}	P_{N_2}	P_{CO_2}	P_{CH_4}	P_{O_2}/P_{N_2}	P_{CO_2}/P_{CH_4}
Ⅰ＝6FDA/ODA/Et_3N(PAAS)	0.9	0.16	4.4	0.18	5.3	24
PAAS 在 150℃环化	4.5	0.90	24.2	0.58	5.0	42
6FDA/ODA 聚酰胺酸在 150℃环化后再退火	3.5	0.58	14	0.25	6.1	55
6FDA/ODA 聚酰胺酸在 300℃环化	1.4	0.22	5.6	0.12	6.3	48
由 6FDA/ODA 聚酰亚胺溶液制得的膜	2.3	0.41	10.7	0.23	5.8	47
Ⅱ＝BTDA/*p*,*p*′-6FBA/Et_3N 在 150℃环化	2.7	0.52	12.8	0.31	5.2	42
由 BTDA/*p*,*p*′-6FBA 的聚酰亚胺溶液制得的膜	2.0	0.33	8.4	0.17	6.1	49

以聚砜中空纤维底膜涂上 6FDA/ODA/Et_3N 聚酰胺酸盐，再在 150℃环化得到的复合膜的性能见表 24-25[24]。

表 24-25　以聚砜中空纤维底膜涂上 6FDA/ODA/Et_3N 聚酰胺酸盐再环化

热处理温度/℃(24 h)	P_{CO_2}/[10^5 cm^3/(cm^2 · s · cmHg)]	P_{CO_2}/P_{CH_4}
—	1.1	24.0
100	2.5	26.6
120	3.5	29.3
150	5.7	30.1

24.1.5　交联对聚酰亚胺膜的气体透过性能的影响

Matsui 等[25]对由 BTDA/BAPP 得到的聚酰亚胺(式 24-3)进行 UV 辐照使其交联。辐照样品的气体透过性能见表 24-26，淬火后样品的气体透过性能见表 24-27。随着辐照时间的增加，透过系数降低，这种降低对 N_2 和 CO_2 等较大的分子更加显著，这是由于辐照交联使膜致密化的结果。辐照交联可使分离系数增加，对于 H_2/N_2 更为显著，因为对于

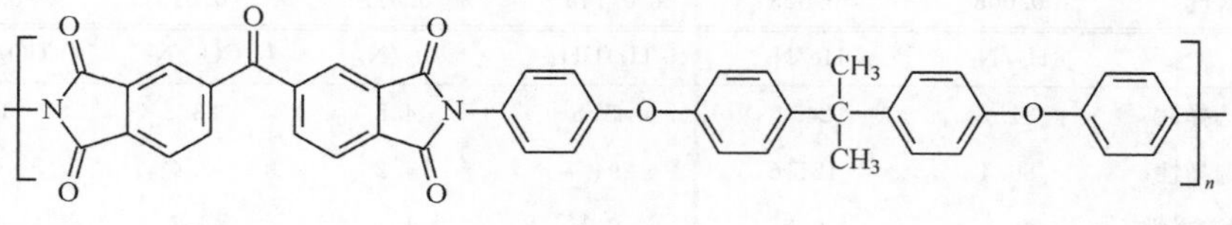

式 24-3

较小的H_2，其透过系数并未因交联而受到太大的影响。辐照效应与厚度有很大关系，这是由于膜因辐照发生的致密化取决于射线的穿透力形成梯度。淬火样品具有较高的透过系数和较低的选择系数是由于分子链来不及有足够的松弛，从而留下较大的孔隙。

表 24-26 UV 辐照聚酰亚胺的气体透过性能

辐照时间/min	P				D			S			P_{H_2}/P_{N_2}
	O_2	N_2	H_2	CO_2	O_2	N_2	CO_2	O_2	N_2	CO_2	
0	0.45	0.060	7.7	2.3	0.96	0.19	0.17	4.7	3.1	138	130
10	0.36	0.046	7.0	1.8	0.75	0.14	0.12	4.8	3.4	144	152
20	0.30	0.034	6.3	1.4	0.67	0.11	0.098	4.4	3.1	140	183
30	0.27	0.029	6.3	1.2	0.61	0.10	0.086	4.5	2.9	135	215

表 24-27 酰亚胺化后进行淬火的样品的气体透过性能

辐照时间/min	P				D			S			P_{H_2}/P_{N_2}
	O_2	N_2	H_2	CO_2	O_2	N_2	CO_2	O_2	N_2	CO_2	
0	0.54	0.11	8.9	2.8	1.4	0.48	0.23	4.0	2.2	121	83
10	0.47	0.064	8.5	2.4	1.0	0.18	0.17	4.6	3.5	147	132
30	0.34	0.040	7.3	1.5	0.69	0.11	0.094	5.1	3.7	164	181

Nakagawa 等[26]用 6FDA/TMPD 聚酰亚胺(式 24-4)在光敏剂二苯酮(BP)存在下用UV 辐照，得到交联的聚酰亚胺。聚合物的性能见表 24-28，气体分离性能见表 24-29，膜辐照的结果与其说是交联还不如说是被压实，所以透过系数随辐照时间而明显降低，而分离系数却提高不多。

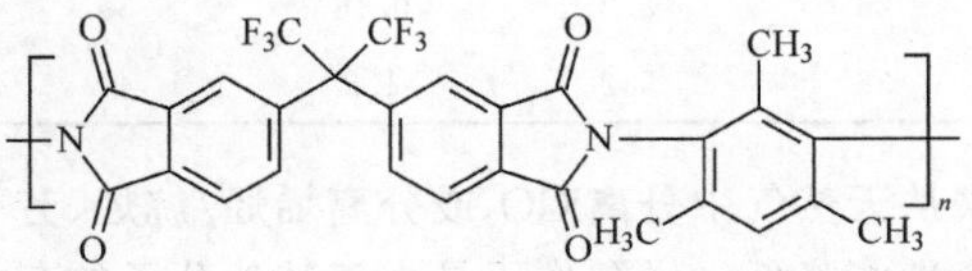

式 24-4

表 24-28 在光敏剂存在下 6FDA/TMPD 由 UV 辐照交联

BP 质量分数/%	N	辐照时间/min	密度/(g/cm³)	链间距/Å	T_g/℃	凝胶含量/%	厚度/μm
0.00	0.00	0	1.352	6.5	394	0.0	41.8
		5	1.354	6.5	392	0.0	41.8
		15	1.354	6.5	389	0.0	45.8
		30	1.356	6.5	389	0.0	40.4
0.99	0.36	0	1.351	6.5	389	0.0	35.3
		5	1.353	6.5	385	1.5	35.4
		15	1.355	6.5	383	3.8	37.8
		30	1.355	6.4	384	5.8	36.4

续表

BP质量分数/%	N	辐照时间/min	密度/(g/cm³)	链间距/Å	T_g/℃	凝胶含量/%	厚度/μm
4.76	15.3	0	—	—	—	0.0	39.8
		15	—	—	—	—	36.6
9.09	30.6	0	1.354	6.1	392	0.0	453
		15	1.356	—	384	—	30.7
		30	1.367	5.9	384	—	35.6
16.6	61.3	0	—	—	—	0.0	39.9
		15	—	—	—	—	34.4
0.00[a]	0.00	0	1.357	6.5	393	0.0	55.9

注：N：每100个重复单元的BP分子数目。

a：膜在400℃真空中退火1 h。

表 24-29　在光敏剂存在下6FDA/TMPD由UV辐照交联前后的气体透过性能

BP质量分数/%	辐照时间/min	厚度/μm	透过系数/Barrer				
			P_{O_2}	P_{N_2}	P_{H_2}	P_{CO_2}	P_{CH_4}
0	0	42	130	36	570	900	—
		112	140	36	560	870	31
0	30	40	14	2.3	160	59	1.4
		51	45	11	380	240	—
0.99	15	33	9.2	1.3	150	35	0.54
		41	21	3.9	220	99	2.5
9.09	15	26	3.2	0.46	39	13	0.22
		36	5.2	1.2	47	21	0.99

聚酰亚胺膜被用来从天然气中分离CO_2或分离烯烃/烷烃、芳香烃/脂肪烃时，往往会由于增塑作用而使分离性能降低。增塑作用是由于其他分子的存在而使大分子的活动性增加，从而提高穿过的分子的扩散性。金属离子的加入可以使丙烯酸类聚合物交联以减少增塑作用，在聚酰胺酸中加入金属盐可以改善透气性能，这时可能发生成盐和成环的竞争，有时还会通过盐发生交联。用5-羧基间苯二胺(DBA)作为共聚单体可以得到聚酰亚胺离聚物。离聚物具有富离子微区(聚集体)和贫离子基体复杂的聚集态，聚集体一般都是球形的，在大小上呈单分散，无规分布在基体中。

Staudt-Bickel等[27]研究了用乙二醇对含有羧基侧链的聚酰亚胺(式24-5)进行交联，从表24-30的结果可见，交联可以增加气体的透过系数，但对分离系数的影响很小，这是因为乙二醇链段的加入，阻止了聚合物链的密堆砌。

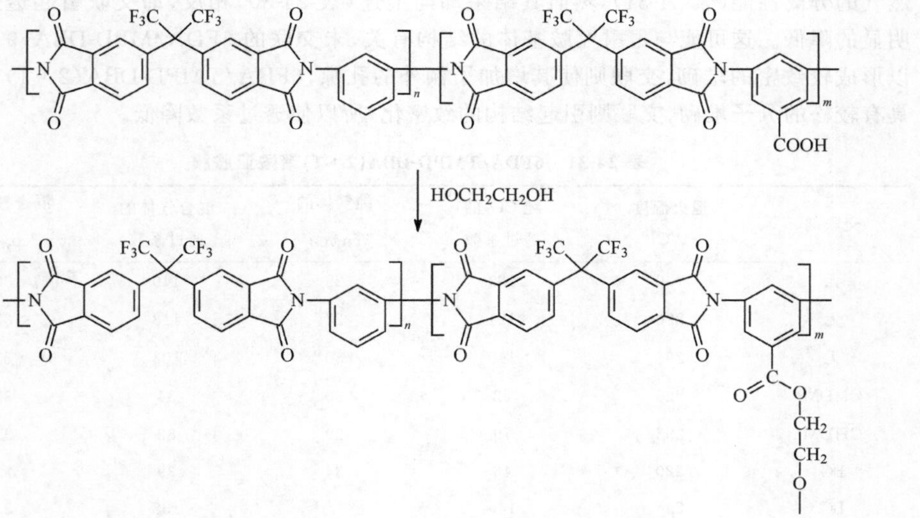

式 24-5

表 24-30 交联对聚酰亚胺膜的气体透过性能的影响

聚酰亚胺	P_{CO_2}	P_{CH_4}	P_{CO_2}/P_{CH_4}	P_{O_2}	P_{N_2}	P_{O_2}/P_{N_2}
6FDA/MPD	11.03	0.19	58.0	2.60	0.40	6.5
6FDA/MPD-DBA(9∶1)	6.53	0.10	65.3	1.71	0.25	6.9
6FDA/MPD-DBA(9∶1)交联	9.50	0.15	63.3	1.81	0.27	6.8
6FDA/DBA 交联	10.40	0.12	87.0	2.69	0.40	6.7

注：在 3.74 atm，35 ℃下测定。

Koros 等[28]用各种二元醇对含羧基的聚酰亚胺膜（式 24-6）进行交联，并研究了对天

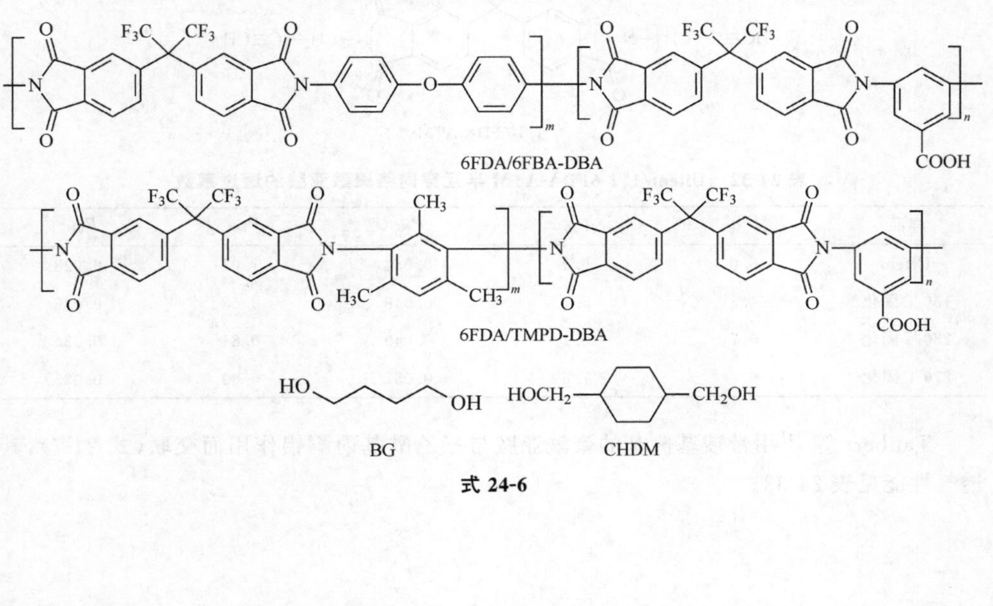

式 24-6

然气的分离性能(表 24-31),然而其结果却与上述(表 24-30)相反,即交联引起透过系数明显的降低。这可能与聚酰亚胺基体的结构有关,未交联的 6FDA/MPD-DBA(9∶1)可以形成较致密的堆砌,交联则使其增加了额外的孔隙,6FDA/TMPD-DBA(2∶1)本身就具有较松的分子堆砌,交联则引起结构的致密化,所以使透过系数降低。

表 24-31　6FDA/TMPD-DBA(2∶1)聚酰亚胺膜

交联剂	退火温度 /℃	纯 CO_2 的透过系数	纯气体的 α_{CO_2/CH_4}	混合气体的透过系数	混合气体的 α_{CO_2/CH_4}
无	130	133	29	140	30
无	220	121	27	118	33
无	295	110	30	103	33
CHDM	220	22	30	34	33
CHDM	295	79	29	82	32
BG	220	46	34	39	33
BG	295	145	—	158	33

注:纯气体为 10 atm,混合气体为 20 atm,35 ℃下测试。混合气体为 CO_2/CH_4=1∶1。

Rezac 等[29]研究了线形聚酰亚胺(Ultem)与乙炔封端单体的互穿网络聚合物的气体透过性能。将 Ultem(91%)与 1,1-6FDA-ATM(9%)的二氯甲烷溶液涂膜。由表 24-32 看出,交联对透过系数影响不大,但可以提高膜的耐溶剂性。

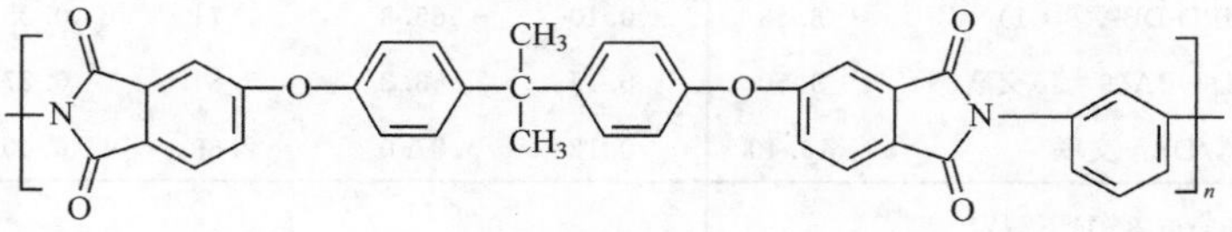

Ultem

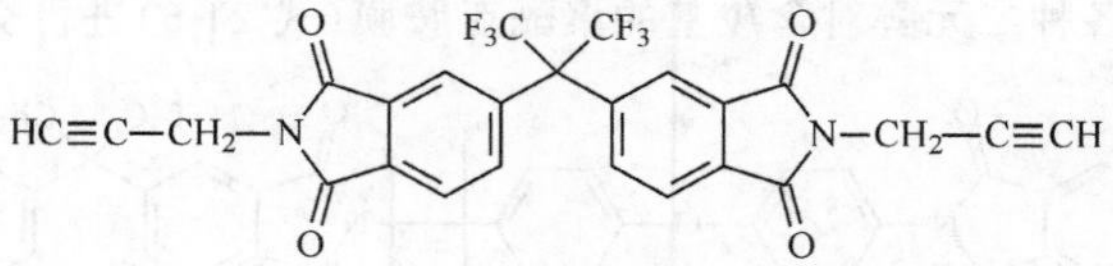

1, 1-6FDA-ATM

表 24-32　Ultem/1,1-6FDA-ATM 半互穿网络聚酰亚胺的透过系数

样品	P_{H_2}	P_{He}	P_{N_2}	P_{CO_2}	P_{CH_4}
Ultem	6.0	6.1	0.054	1.01	0.028
150 ℃固化	4.3	5.7	0.048	0.68	0.035
230 ℃固化	5.7	6.1	0.049	0.81	0.034
270 ℃固化	6.0	7.6	0.052	0.89	0.025

Taubert 等[30]用带羧基侧基的聚酰亚胺与三乙酰基丙酮铝作用而交联(式 24-7),其透气性能见表 24-33。

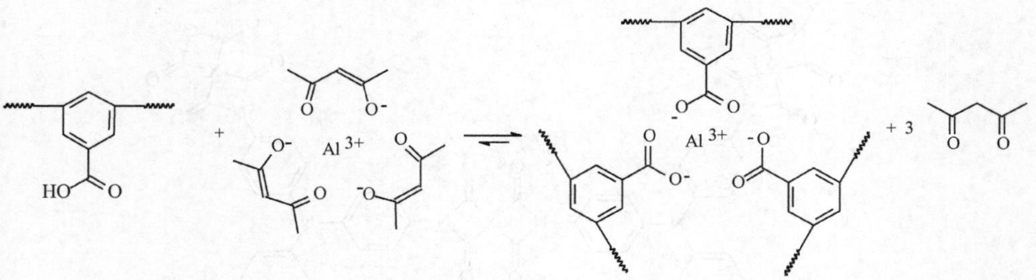

式 24-7　带羧基侧基的聚酰亚胺用三乙酰基丙酮铝交联

表 24-33　6FDA/6FBA：6FDA/DBA＝1：2 和 6FDA/6FBA：6FDA/DBA＝2：1 的 CO_2 透过性能

聚合物	透过系数	吸收系数	扩散系数
2：1 未交联	29	4.2	5.2
2：1 交联	25	4.0	4.8
1：2 未交联	17	3.7	3.5
1：2 交联	19	4.2	3.4

Okamoto 等[31]研究了由带氨端基或带酐端基的高枝化聚酰亚胺(式 24-8)用二元醛或二元醇交联(式 24-9)得到的聚酰亚胺的气体透过性能。表 24-34 为聚合物的性能，表 24-35至表 24-37 为气体透过性能、扩散性能及溶解性能。

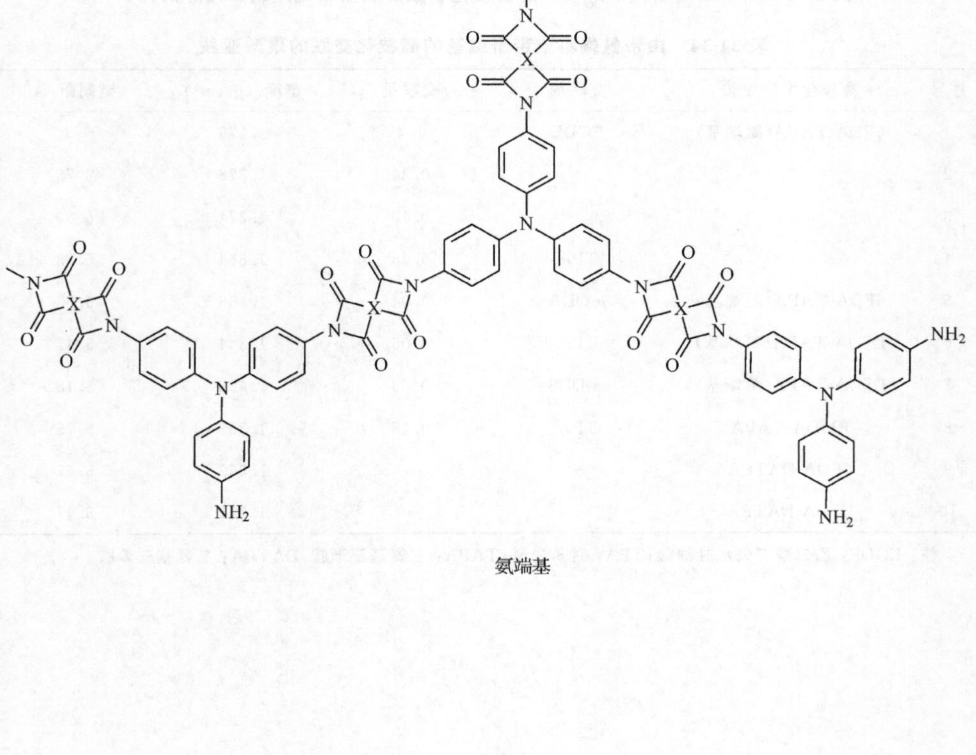

氨端基

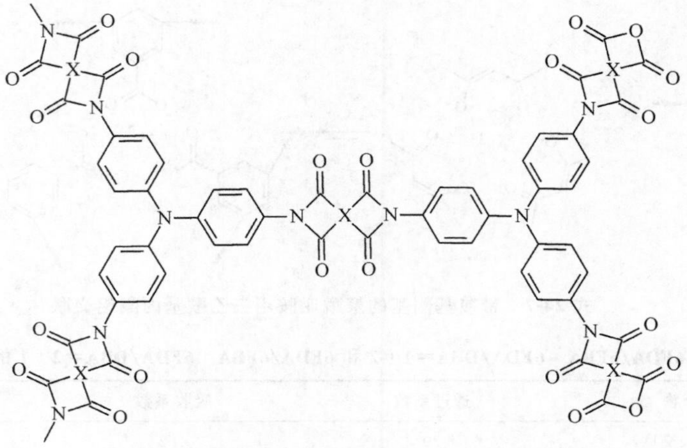

酐端基

式 24-8

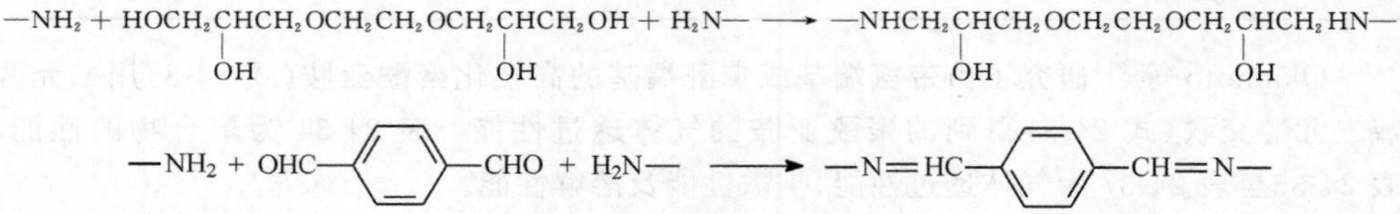

式 24-9　由带氨端基或带酐端基的高枝化聚酰亚胺用二元醛或二元醇的交联

表 24-34　由带氨端基或带酐端基的高枝化交联的聚酰亚胺

序号	高枝化聚酰亚胺	交联剂	交联量	密度/(g/cm³)	链间距/Å
1	6FDA-TAPA(氨端基)	EGDE	1.4	1.379	
2			0.34	1.378	5.75
3			0.15	1.374	5.80
4		TPA	0.25	1.364	5.83
5	6FDA-TAPA(酐端基)	*p*-ODA	0.04	1.458	5.53
6	DSDA-TAPA(氨端基)	TPA	0.05	1.364	5.47
7	DSDA-TAPA(酐端基)	*m*-DDS	0.03	1.426	5.18
8	PMDA-TAPA	TPA	0.18	1.331	5.75
9	6FDA-DATPA	—	—	1.365	5.67
10	DSDA-DATPA	—	—	1.351	5.47

注：EGDE：乙二醇二失水甘油醚；TPA：对苯二醛；TAPA：三氨基三苯胺；DATPA：二氨基三苯胺。

表 24-35　由带氨端基或带酐端基的高枝化交联的聚酰亚胺的透气性能

序号	透过系数/Barrer					分离系数		
	P_{H_2}	P_{CO_2}	P_{O_2}	P_{N_2}	P_{CH_4}	P_{CO_2}/P_{N_2}	P_{CO_2}/P_{CH_4}	P_{O_2}/P_{N_2}
1		3.7		0.12	0.08	31.46		
2	22	11	1.9	0.33	0.22	33	50	5.7
3	32	16		0.50		32		
4	86	65	11	2.16	1.59	30	41	5.0
		47[a]		2.08[a]		23[a]		
5	27	6.7		0.25	0.11	27	61	
6	12	4.0		0.092		44		
7	6.1	1.0		0.024		42		
9	54[a]	23[a]	6.0	1.12a	0.68[a]	20[a]	34[a]	4.8

a：10 atm，其他为在 30℃，1 atm 下测得。

表 24-36　由带氨端基或带酐端基的高枝化交联的聚酰亚胺的扩散性能

序号	扩散系数				扩散选择系数		
	D_{CO_2}	D_{O_2}	D_{N_2}	D_{CH_4}	D_{CO_2}/D_{N_2}	D_{CO_2}/D_{CH_4}	D_{O_2}/D_{N_2}
2	0.59	2.42	0.46	0.077	1.29	7.7	5.3
3	0.93		0.74		1.26		4.5
4	2.7	9.4	2.06	0.31	1.33	8.9	
6	0.20		0.21		0.95		

表 24-37　由带氨端基或带酐端基的高枝化交联的聚酰亚胺的溶解性能

序号	溶解度系数				溶解度选择系数		
	S_{CO_2}	S_{O_2}	S_{N_2}	S_{CH_4}	S_{CO_2}/S_{N_2}	S_{CO_2}/S_{CH_4}	S_{O_2}/S_{N_2}
2	18	0.78	0.71	2.85	26	6.4	1.09
3	18		0.68		26		
4	24	1.15	1.05	5.1	23	4.7	1.10
6	20		0.44		46		

由这种方法得到的交联高枝化聚酰亚胺具有足够的韧性，可用于膜的制备。用刚性交联链接的聚合物与用柔性交联链接的聚合物具有相似的分离系数，但有高得多的透过系数。氨端基的高枝化聚合物的透过系数要比酐端基的聚合物高。DSDA 基的高枝化聚合物相比于 6FDA 基的高枝化聚合物对 CO_2 有较低的透过系数和对 N_2、CH_4 较高的分离系数。用 TAPA 交联的高枝化聚酰亚胺的 CO_2/N_2 分离性能要比用其他交联及其他许多线形聚酰亚胺膜好，可与迄今所报道的性能最好的线形聚合物相比较。

24.1.6　含硅氧烷的聚酰亚胺分离膜

聚硅氧烷是橡胶态聚合物，在气体分离过程中，气体的溶解度起决定作用，具有很高的气体透过系数，但其分离系数很低。聚酰亚胺一般具有很高的分离系数，但往往其透过系数较低，将两者结合，达到性能互补的效果是有意义的工作。

Schauer 等[32]用聚硅氧烷与聚酰亚胺的嵌段共聚物(式 24-10)进行气体分离的研究。由表 24-38 可见，随着硅氧烷含量的降低，透过系数明显降低，而分离系数则逐渐增高。从分离系数可以看出，在硅氧烷含量为 17%时共聚物基本上具有聚硅氧烷的特性，当硅氧烷含量降到 15%以下时，分离系数呈现突然升高，表现了聚酰亚胺的性能，这显然是在硅氧烷含量为 17%和 15%之间有一个相转换过程，共聚物以硅氧烷为连续相转化为以聚酰亚胺为连续相，所以导致气体透过性能的突变。

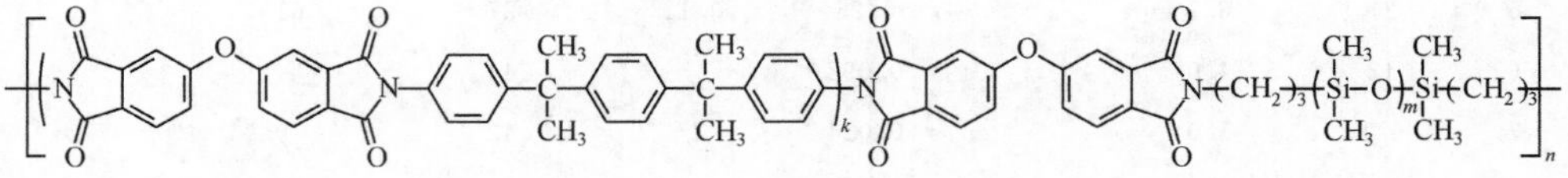

式 24-10

表 24-38　含硅氧烷的聚酰亚胺膜的气体透过性能

硅氧烷的含量/%	透过系数			选择系数	
	P_{N_2}	P_{O_2}	P_{CO_2}	P_{O_2}/P_{N_2}	P_{CO_2}/P_{N_2}
100	440	933	4550	2.1	10.6
30	29	64	330	2.2	11.4
20	3.3	8.3	48	2.5	14.6
17	1.4	3.2	16	2.3	11.0
15	0.26	1.5	12.8	5.5	47
10	0.23	1.5	9.6	6.3	42
0	0.12	0.79	5.7	6.8	54

Marand 等[33]利用带有以三烷氧硅基作为端基的聚酰亚胺(式 24-11)与多烷氧基硅烷进行交联，研究了这些含硅氧烷交联键的聚合物的透气性能(表 24-39)。对于某些气体，含硅的聚合物的透过系数比纯聚合物高是因为增加了扩散系数。退火后更高于退火前，这个反常的现象可能是由于分解产物的逸出增加了膜的自由体积或者是自由体积出现有利于气体分子透过的分布。选择性一般有所降低，但对于 He/CH_4 和 CO_2/CH_4 则有所提高。

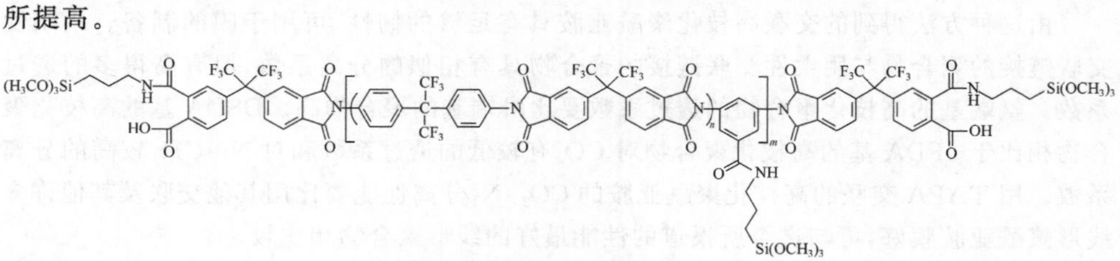

6FDA/6FBA-DBA(25%)

式 24-11

表 24-39 6FDA/6FBA-DBA(25%)交联聚酰亚胺的气体透过性能

	聚合物	He			O_2		
		P	*D*	*S*	*P*	*D*	*S*
退火前(220℃, 12 h)	纯聚酰亚胺	83.1	709	0.09	6.29	5.51	0.87
	22.5% TMOS	71.5	632	0.09	5.99	4.92	0.93
	22.5% MTMOS	69.3	709	0.07	5.69	5.04	0.86
	15.0% MTMOS	82.3	521	0.13	6.75	6.29	0.82
	22.5% PTMOS	55.7	649	0.07	5.08	4.68	0.82
	15.0% PTMOS	60.2	747	0.06	4.96	4.63	0.81
退火后(400℃, 30 min)	纯聚酰亚胺	184	885	0.16	22.7	14.7	1.18
	22.5% TMOS	196	218	0.69	22.9	12.2	1.42
	22.5% MTMOS	169	754	0.17	18.7	10.7	1.33
	15.0% MTMOS	205	952	0.17	24.1	15.1	1.21
	22.5% PTMOS	149	342	0.33	22.4	12.1	1.40
	15.0% PTMOS	177	1100	0.12	27.7	17.2	1.22

	聚合物	N_2			CH_4			CO_2		
		P	*D*	*S*	*P*	*D*	*S*	*P*	*D*	*S*
退火前	纯聚酰亚胺	1.20	1.37	0.66	0.46	0.24	1.48	20.3	2.09	7.36
	22.5% TMOS	1.06	1.11	0.73	0.48	0.18	2.03	15.7	1.45	8.27
	22.5% MTMOS	1.07	1.16	0.70	0.52	0.23	1.75	16.6	1.32	9.57
	15.0% MTMOS	1.32	1.53	0.65	0.63	0.27	1.76	22.8	2.26	7.66
	22.5% PTMOS	0.98	1.18	0.64	0.54	0.24	1.71	19.1	1.90	7.66
	15.0% PTMOS	0.94	1.10	0.65	0.52	0.22	1.81	18.4	1.78	7.87
退火后	纯聚酰亚胺	4.85	3.79	0.97	2.45	0.76	2.95	77.3	5.83	10.1
	22.5% TMOS	4.87	3.33	1.11	2.15	0.45	3.71	79.8	5.08	11.9
	22.5% MTMOS	3.83	2.68	1.09	1.68	0.43	2.95	60.1	4.01	11.4
	15.0% MTMOS	5.07	3.99	0.97	1.93	0.57	2.59	81.1	6.17	10.0
	22.5% PTMOS	5.21	3.50	1.13	3.79	0.95	3.04	94.4	5.71	12.6
	15.0% PTMOS	6.25	4.94	0.96	3.71	1.00	2.83	104	7.72	10.3

注：*P*, $10^{-10}cm^3$ STP·cm/(cm^2·s·cmHg)；*D*, 10^{-8} cm^2/s；*S*, cm^3 STP/(cm^2·atm)。

TMOS：正硅酸甲酯；MTMOS：甲基三甲氧基硅烷；PTMOS：苯基三甲氧基硅烷。

Smaihia 等[34]用正硅酸甲酯为交联剂与含有带烷氧基硅端基的均苯酰胺酸以溶胶-凝胶法得到有机/无机杂化的聚酰亚胺（式 24-12），其气体透过性能见表 24-40。采用 APrMDEOS 端基要比 APrTMOS 有较高的透过系数，交联密度的增高会降低透过系数。由于这种材料中含有很高的无机成分，所以具有较高的热稳定性，在 190℃透过系数有明显增加，有趣的是分离系数也有明显的提高。只是由于材料的高交联密度，所以只能在载体（如氧化铝）上成膜。

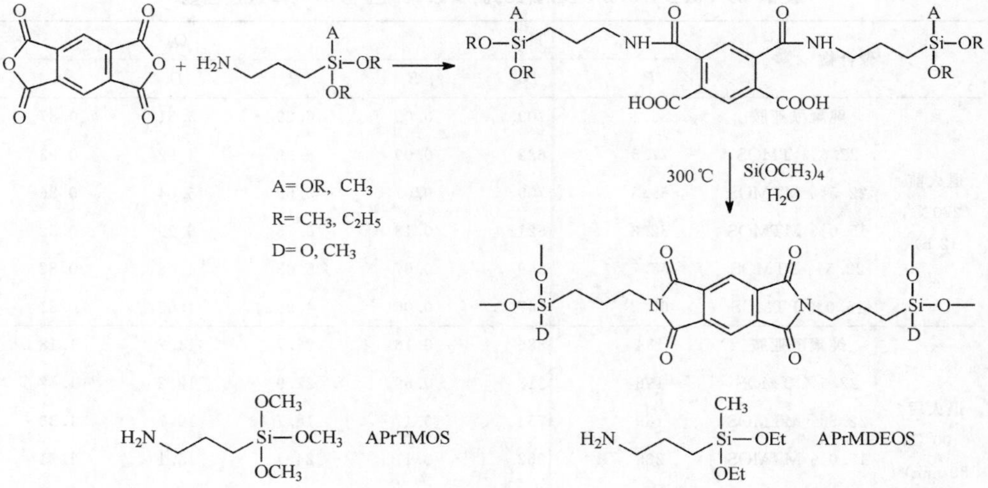

式 24-12

表 24-40 有机/无机杂化聚酰亚胺膜的透气性能

偶联剂	TMOS/酰胺酸	P_{N_2} 90 ℃	P_{N_2} 190 ℃	P_{CO_2} 90 ℃	P_{CO_2} 190 ℃	P_{H_2} 90 ℃	P_{H_2} 190 ℃
PMDA/ODA PI		0.05	—	1.14	—	3	—
APrTMOS	0	4.7	4.7	3	6.2	18	45
APrMDEOS	0	3.8	7.8	18.2	41	63	162
APrTMOS	4	1.8	1.8	2.1	3.4	15.5	31
APrMDEOS	4	2.3	4.5	14.7	21	51.8	127
APrTMOS	8	1.8	1.3	1.6	1.8	10.8	21.2
APrMDEOS	8	4.1	3.8	11	14	57	102

偶联剂	TMOS/酰胺酸	P_{H_2}/P_{CO_2} 90 ℃	P_{H_2}/P_{CO_2} 190 ℃	P_{H_2}/P_{N_2} 90 ℃	P_{H_2}/P_{N_2} 190 ℃
APrTMOS	0	6	6.2	3.8	10.2
APrMDEOS	0	3.5	4	16.5	20.7
APrTMOS	4	7.2	8.6	8.6	17.2
APrMDEOS	4	3.5	6	22.5	28.2
APrTMOS	8	6.7	12	6	15.4
APrMDEOS	8	5.2	7.8	13.9	22.6

24.1.7 对不饱和及饱和低级烃类的分离

Koros 等[35]利用膜对不饱和及饱和低级烃类进行分离，结果见表 24-41。

表 24-41 对不饱和及饱和低级烃类的分离

聚酰亚胺	T_g/℃	ρ/(g/cm³)	FFV	$P_{乙烯}$	$\alpha_{乙烯/乙烷}$	$P_{丙烯}$	$\alpha_{丙烯/丙烷}$
6FDA/MPD	305	1.471	0.156	0.3	3.3	0.13	
6FDA/iPDA	310	1.350	0.168	1.4	3.8	0.58	10
6FDA/6FBA	320	1.471	0.190	2.1	4.4	0.89	15

24.1.8 聚酰亚胺膜在使用过程中的变化

加工和使用条件对膜的透过性能会产生的影响,例如将膜暴露在具有溶解性能的渗透物质下然后迅速减压,可以显著增加剩余自由体积分数,因而可以增加透过系数。CO_2对聚酰亚胺的气体透过性能产生的滞后效应可参见文献[36,37]。聚酰亚胺在 60 atm CO_2的作用下可以使纯气体的透过性能提高 10 倍。这充分证明了过程历史对气体分离膜透过性能测定的重要性。热循环也会给分子的堆砌及透过性能带来大的影响。

Coleman 等[38]研究了 6FDA/p,p'-6FBA 和 6FDA/m,m'-6FBA(式 24-13)聚酰亚胺膜在不同处理及老化过程中对气体透过性能的影响(表 24-42 至表 24-44)。淬火使堆砌密度比未处理和退火样品有所降低,从而显著提高了透过系数,但仅使分离系数略有降低。老化使透过系数有所降低,分离系数略有提高,这是因为在老化过程中分子链发生松弛,使堆砌密度有所提高。但淬火样品在老化 100 天后仍未达到退火样品的水平。

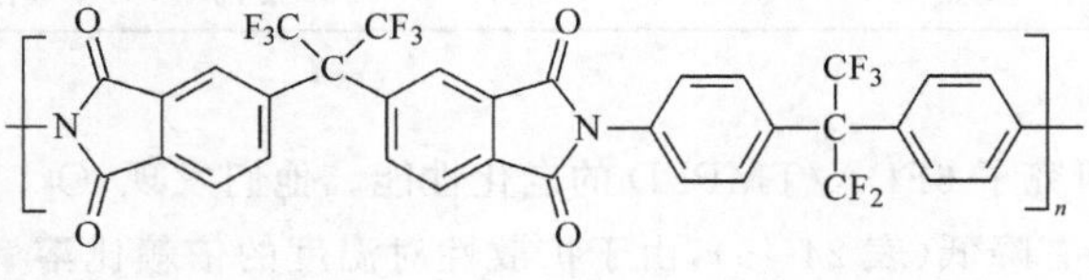

6FDA/p-6FBA

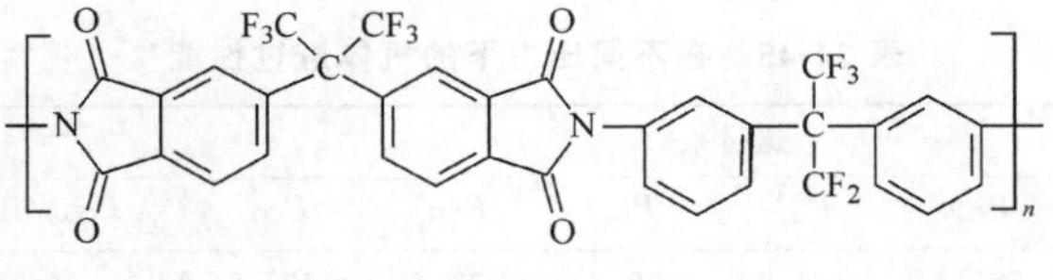

6FDA/m-6FBA

式 24-13

表 24-42 聚酰亚胺膜经不同条件处理后的性能

聚合物	T_g/℃	T_β/℃	密度/(g/cm³)	FFV	链间距/Å
6FDA/m,m'-6FBA[d]	254	151	1.493	0.175	5.7
6FDA/m,m'-6FBA[a]			1.502	0.171	
6FDA/m,m'-6FBA[b]			1.494	0.175	
6FDA/p,p'-6FBA[d]	320	110	1.466	0.190	5.9
6FDA/p,p'-6FBA[b]			1.469	0.189	
6FDA/p,p'-6FBA[c]			1.464	0.191	

a:在 T_g 以上 15℃处理,缓慢冷却,在 150℃退火;b:在 T_g 以上 15℃处理后在冰水中淬火;c:在 T_g 以上 50℃处理后在冰水中淬火;d:不处理。

表 24-43　经不同条件处理的聚酰亚胺膜的透气性能

聚合物	P_{O_2}	P_{CO_2}	P_{He}	P_{O_2}/P_{N_2}	P_{CO_2}/P_{CH_4}	P_{He}/P_{CH_4}
6FDA/*p*-6FBA[a]	19.3	75	159	4.78	38.5	81.5
6FDA/*p*-6FBA[b]	21.5	89.0	175	4.64	39.5	78.0
6FDA/*p*-6FBA[c]	25.7	106	211	4.56	38.5	76.7
6FDA/*p*-6FBA[d]	18	68	147	4.62	36.8	79.5
6FDA/*m*-6FBA[a]	1.80	5.9	46.0	7.1	69.8	540
6FDA/*m*-6FBA[b]	3.30	10.8	73.1	6.7	68.4	460
6FDA/*m*-6FBA[d]	1.80	5.6	47.0	6.9	65.9	550

a,b,c,d:见表 24-42 注。

表 24-44　6FDA/*p*-6FBA[b] 在 35℃老化对膜性能的影响

淬火后的时间	P_{O_2}	P_{CO_2}	P_{He}	P_{O_2}/P_{N_2}	P_{CO_2}/P_{CH_4}	P_{He}/P_{CH_4}
未处理	18	68	147	4.62	36.8	79.5
0 天	21.6	86.5	177	4.76	38.8	79.4
21 天	21.4	84.8	177	4.73	38.6	80.5
29 天	20.3	82.8	177	4.56	39.4	84.3
60 天	20.0	84.5	177	4.76	41.8	87.6

b:见表 24-42 注。

Chung 等[39]研究了 6FDA/TMPPD 的老化性能。他们发现,O_2,N_2,CH_4 和 CO_2 的透过系数随压力略有降低(表 24-45),由于扩散性对温度的依赖比溶解性强,因此气体透过性随温度而增加。渗透活化能与分子的大小(动力学直径,见表 24-1)有关,所以有下

表 24-45　在不同压力下的气体透过性能

压力 /atm	透过系数						选择系数	
	P_{He}	P_{H_2}	P_{O_2}	P_{N_2}	P_{CH_4}	P_{CO_2}	P_{CO_2}/P_{CH_4}	P_{O_2}/P_{N_2}
2.0	355.4	585.4	134.8	38.7	33.7	677.8	20.18	3.46
3.5	358.4	589.1	132.5	37.9	32.4	599.5	18.51	3.49
5.0	—	583.0	132.1	37.0	31.7	546.8	17.27	3.57
7.0	362.9	593.1	127.9	36.7	29.6	501.1	16.95	3.49
10.0	361.9	—	125.1	35.6	28.4	455.8	16.05	3.52

压力/atm	扩散性能			溶解性能		
	D_{CO_2}	D_{CH_4}	D_{CO_2}/D_{CH_4}	S_{CO_2}	S_{CH_4}	S_{CO_2}/S_{CH_4}
2.0	20.77	5.18	4.01	32.64	6.48	5.04
3.5	26.13	4.98	5.25	22.94	6.50	3.53
5.0	28.17	4.85	5.81	19.41	6.53	2.97
7.0	32.92	5.35	6.15	15.22	5.52	2.76
10.0	29.65	5.21	5.68	15.37	5.45	2.82

列次序：CO_2＜O_2＜N_2＜CH_4。老化对透过系数的影响也与分子大小有关，透过系数的降低分数按以下次序增加：He＜H_2＜CO_2＜O_2＜N_2＜CH_4（表 24-46）。除 CO_2 和 CH_4 外，扩散系数随老化变化不大。溶解度系数也随老化而降低（表 24-47 和表 24-48），这是由于在老化过程中分子链堆砌紧密化，使链间的空隙减少。

表 24-46 老化对气体透过性能的影响

	透过系数						选择系数			
	P_{He}	P_{H_2}	P_{O_2}	P_{N_2}	P_{CH_4}	P_{CO_2}	P_{CO_2}/P_{CH_4}	P_{O_2}/P_{N_2}	P_{He}/P_{N_2}	P_{CO_2}/P_{N_2}
原始值	361.9	589.1	125.1	35.5	28.4	455.8	16.06	3.52	10.20	12.84
280 天后	282.0	400.7	79.8	21.3	16.6	317.2	19.17	3.75	13.24	14.88
变化率/%	−22	−32	−36	−40	−42	−30	19.4	6.5	29.8	15.9

表 24-47 老化对气体扩散性能的影响

	扩散系数				选择系数		
	D_{O_2}	D_{N_2}	D_{CH_4}	D_{CO_2}	D_{CO_2}/D_{CH_4}	D_{O_2}/D_{N_2}	D_{CO_2}/D_{N_2}
原始值	61.34	17.59	5.21	29.65	5.69	3.49	1.68
280 天后	62.30	15.90	3.82	23.30	6.10	3.92	1.47
变化率/%	1.6	−9.6	−26.7	−21.4	7.2	12.3	−12.5

表 24-48 老化对气体溶解性能的影响

	溶解度系数/[$10^2 cm^3$ STP/(cm^3 cmHg)]				选择系数		
	S_{O_2}	S_{N_2}	S_{CH_4}	S_{CO_2}	S_{CO_2}/S_{CH_4}	S_{O_2}/S_{N_2}	S_{CO_2}/S_{N_2}
原始值	2.04	2.02	5.45	15.37	2.82	1.01	7.62
280 天后	1.28	1.34	4.33	13.63	3.15	0.96	10.17
变化率/%	−37.3	−33.7	−20.6	−11.3	11.7	−5.0	33.5

Chung 等[40]还研究了 6FDA/NDA 聚酰亚胺膜在不同压力下的透气性能（表 24-49）和暴露于丙烷和丙烯后对分离系数的影响（表 24-50）。由表 24-49 看出，随着压力的增高，C_2 烃的透过系数呈下降趋势，但 C_3 烃却在 5 atm 时出现最低值，这是由于 C_3 对这种聚酰亚胺具有较高的溶解度，所以产生了增塑作用。增塑作用使分子链的堆砌松散，气体透过选择性就降低（表 24-50）。对于 C_2 和 C_3，其扩散选择性分别为 5.5 和 6.1；而其溶解度选择性则分别为 1.1 和 1.7。所以对于 C_2 和 C_3 的分离系数起决定作用的是扩散选择性。对于丙烷和丙烯，其增塑压力分别为 6 atm 和 7 atm，压力超过了增塑压力，扩散系数就增高，也即提高了分离系数。

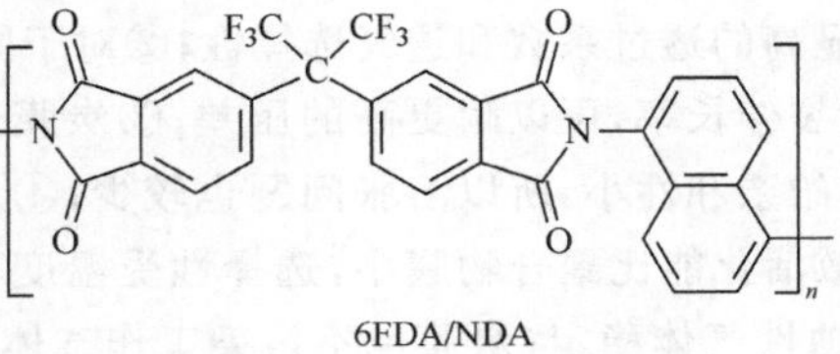

6FDA/NDA

表 24-49 透过系数与压力的关系

压力/atm	透过系数				分离系数	
	$P_{C_2H_4}$	$P_{C_2H_6}$	$P_{C_3H_6}$	$P_{C_3H_8}$	$P_{C_2H_4}/P_{C_2H_6}$	$P_{C_3H_6}/P_{C_3H_8}$
2			0.316	0.0316		10
2.5	1.18	0.17			6.9	
4			0.278	0.0280		9.9
5.0	0.88	0.15	0.236	0.0236	5.9	10
6			0.224	0.0233		9.6
7			0.222	0.0244		9.1
7.5	0.78	0.12			6.5	
8			0.232	0.0264		8.8
8.4			0.244			
10	0.72	0.10			7.2	
12	0.66	0.09			7.3	
14	0.64	0.08			8.0	
16	0.60	0.07			8.6	

表 24-50 丙烷和丙烯对聚酰亚胺膜的分离系数的影响

6FDA/NDA	P_{O_2}/P_{N_2}	P_{CO_2}/P_{CH_4}
暴露于丙烷前	5.80	46.9
暴露于丙烷后	4.32	43.4
暴露于丙烯前	5.74	46.8
暴露于丙烯后	4.51	44.6

24.2 用于气体分离的聚酰亚胺炭分子筛膜

炭分子筛膜是将聚合物膜在惰性气体或真空中高温裂解后得到具有均匀微孔的炭膜。由于炭膜较脆，很难用于实际的分离过程，所以多将聚合物涂在无机多孔材料上，然后再进行热解，成为炭分子筛膜。这种无机载体有炭多孔材料及氧化铝多孔材料等。聚酰亚胺由于容易成膜，得到的炭化膜微孔分布均匀，所以被选择用来制备炭分子筛膜。有关聚酰亚胺的炭化可参考第 7.1.2 节。

炭化膜有如下特点[41]：

①比聚合物膜有明显高的透过系数和透气选择性；②对于同样的厚度，炭膜具有更高的模量和强度，较低的断裂伸长率，可以耐更高的压差；③炭膜透气性能受进气压力的影响较小，因为对各种气体的亲和性小，所以溶胀问题也较少；④炭膜透气性能不受时间影响，即不发生衰退；⑤扩散活化能比聚合物膜小，选择性受温度和气体分子大小的影响较小；⑥对酸、碱及其他腐蚀性气体稳定（炭膜也不污染工作气体）；⑦耐高温，甚至可以在

500～900 ℃下工作；⑧可以使用同一种材料得到具有不同气体透过性能和可用于不同气体混合物的炭膜；⑨炭膜的孔径及分布可以由简单的热化学方法来进行精密地控制；⑩炭膜可以对某些气体有很好的吸附性能，从而可以增加膜的分离容量；⑪炭膜可以进行回扫、再生。

其缺点是：

①炭膜较脆，所以难以处理，可以使用合适的原料膜及适当的制造方法来优化，在实际使用中往往采用将炭膜附着在无机载体上的方式；②在使用前需要预处理以除去被吸附的杂质，以防止堵塞孔道。该问题可以用高温处理来解决；③炭膜的高选择性只适用于尺寸小于 4.0～4.5 Å 的分子，不适用于有机异构体、烯烃/烷烃、空气/有机物及氢/有机物的分离。

Morooka 等[42]用 BPDA/ODA 的聚酰胺酸在 γ-氧化铝管子（外径 2.4 mm，内径 1.8 mm，孔穴率 0.48，平均孔径 140 nm）外表面涂覆，在 300 ℃处理 1 h，涂敷 2～3 次得无针孔膜。其孔穴体积与热解温度的关系见表 24-51。

表 24-51　BPDA/ODA 聚酰亚胺炭化温度与孔穴体积的关系

处理温度/℃	未处理	600	700	800	900
孔穴体积分数	—	0.17	0.37	0.37	0.32

注：孔穴体积分数由 CO_2 测定，单位为 $10^{-3} m^3$ kg。

将在 700 ℃炭化的膜再在 300 ℃氧化 3 h，发现膜中 O、C 比增加，H、C 比降低，透过系数增加但分离系数变化不大。在 100 ℃氧化一个月，表面形成含氧功能团，但这种氧化物在 600 ℃惰性气体中能够消除，而孔径变小，气体透过系数也降低。单元气体与二元气体的透过系数相同说明是扁长状孔，两种气体可以各自透过并不会发生干扰。炭化膜的透气性能见表 24-52。

表 24-52　BPDA/ODA 炭化膜的透气性能

进气	回扫气	测定温度/℃	透过系数/[mol/(m² · s · Pa)] P_{CO_2}	透过系数/[mol/(m² · s · Pa)] P_{N_2}	P_{CO_2}/P_{N_2}
单元	He	35	1.5×10^{8}	3.7×10^{10}	40
		65	2.7×10^{8}	9.7×10^{10}	28
		100	3.7×10^{8}	2.5×10^{9}	14
二元	He	35	2.1×10^{8}	4.1×10^{10}	51
		65	3.1×10^{8}	1.1×10^{9}	30
		100	3.8×10^{8}	2.5×10^{9}	15
二元	Ar	35	1.5×10^{8}	3.1×10^{10}	50
		65	2.6×10^{8}	8.8×10^{10}	29
		100	3.7×10^{8}	2.3×10^{9}	15

注：在 700 ℃炭化后在 300 ℃氧化改性 3 h（氧的分数为 0.05）。

Lee 等[43]用式 24-14 所示的聚酰亚胺在 700 ℃氩气中炭化，所得到的炭化聚酰亚胺膜的气体透过性能和气体扩散性能见表 24-53 和表 24-54。

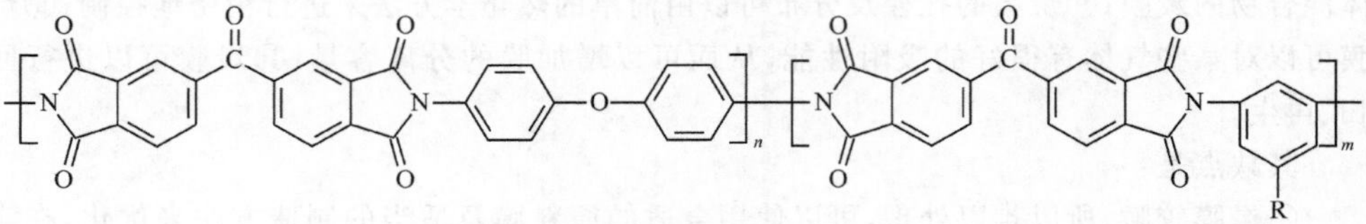

R=H, COOH

式 24-14

表 24-53　在 700 ℃炭化的 BTDA 基聚酰亚胺炭化膜的气体透过性能

二胺	透过系数				选择系数		
ODA ∶ MPD ∶ DBA	P_{He}	P_{CO_2}	P_{O_2}	P_{N_2}	P_{He}/P_{N_2}	P_{CO_2}/P_{N_2}	P_{O_2}/P_{N_2}
8 ∶ 2 ∶ 0	2763	829	256	24	106	35	11
8 ∶ 0 ∶ 2	3208	1674	501	49	64	34	10
5 ∶ 0 ∶ 5	4193	2863	707	83	51	34	9

表 24-54　在 700 ℃炭化的 BTDA 基聚酰亚胺炭化膜的气体扩散性能

ODA ∶ MPD ∶ DBA	扩散系数		选择性
	D_{O_2}	D_{N_2}	D_{O_2}/D_{N_2}
8 ∶ 2 ∶ 0	2.7	0.3	9.0
8 ∶ 0 ∶ 2	18.7	2.3	8.1
5 ∶ 0 ∶ 5	33.9	5.8	5.8

Lee 等[44]还用式 24-15 表示的聚酰亚胺进行热解得到炭化膜，该膜的性能见表 24-55，其气体分离性能见表 24-56。由表 24-56 可见，在 600 ℃炭化得到的膜，其透过系数有很大增加(对 CO_2 最大可以增加 1000 倍)，除了对 He/N_2 的选择系数有所降低外，CO_2/N_2 和 O_2/N_2 的选择系数都有所增加。在 800 ℃炭化则导致透过系数明显降低(但也远高于炭化前的聚酰亚胺膜)，而分离系数则有较大幅度的增加。

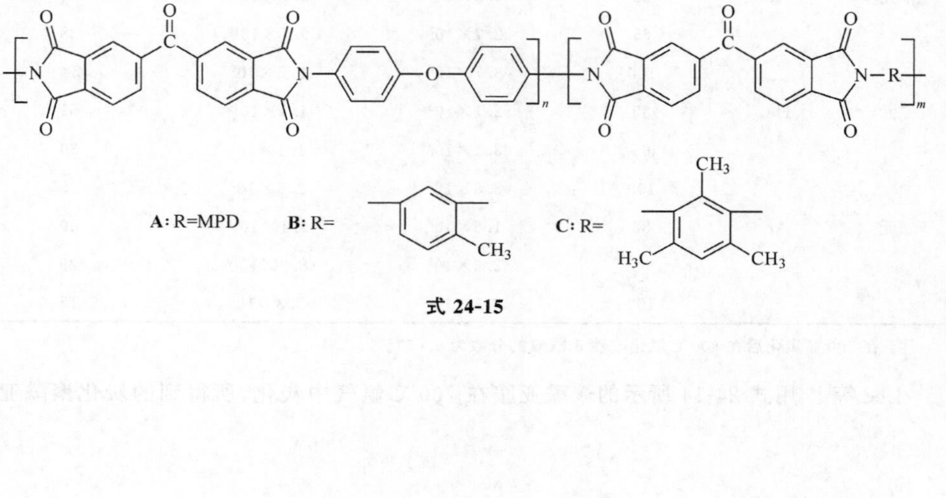

式 24-15

表 24-55　由式 24-15 所示的聚酰亚胺的炭分子筛膜

ODA : R	T_g/℃	密度/(g/cm³)	FFV
9 : 1(**A**)	288.0	1.39	0.118
9 : 1(**B**)	294.4	1.37	0.125
9 : 1(**C**)	325.1	1.33	0.127

表 24-56　由式 24-15 所示的聚酰亚胺的炭分子筛膜的气体透过性能

ODA : R	链间距/Å	透过系数				选择系数		
		P_{He}	P_{CO_2}	P_{O_2}	P_{N_2}	P_{He}/P_{N_2}	P_{CO_2}/P_{N_2}	P_{O_2}/P_{N_2}
9 : 1(**A**)[a]	5.24	6.85	0.81	0.21	0.020	343	41	10.5
9 : 1(**B**)[a]	5.25	7.23	0.90	0.23	0.024	301	38	9.6
9 : 1(**C**)[a]	5.30	11.14	1.03	0.38	0.046	242	22	8.3
9 : 1(**A**)[b]	4.23	1004	840	139	12	84	70	12
9 : 1(**B**)[b]	4.30	1281	925	188	17	75	54	11
9 : 1(**C**)[b]	4.41	1304	1017	229	21	62	48	11
9 : 1(**A**)[c]	4.13	211	71	18	1.0	211	71	18
9 : 1(**B**)[c]	4.17	266	80	22	1.3	205	62	17
9 : 1(**C**)[c]	4.22	289	87	24	1.5	193	58	16

a:未炭化;b:在 600 ℃炭化的膜; c:在 800 ℃炭化的膜。

Koros 等[45]将由 6FDA 和 BPDA 与 TMPD 得到的共聚物(式 24-16)在 0.03 mmHg 下热解。在 800 ℃裂解的膜对 O_2/N_2 的分离系数比未裂解的膜高 3 倍。随着裂解的加深,透过系数有明显提高。部分裂解(550 ℃)的膜比原膜高 4～10 倍。但在 800 ℃裂解的膜却只有原膜的 1/3(表 24-57 和表 24-58)。在 800 ℃裂解的膜的透过性的降低是由于扩散系数的急剧下降。随着热解的深入,自由体积(孔的体积)增加,但孔径却减小。

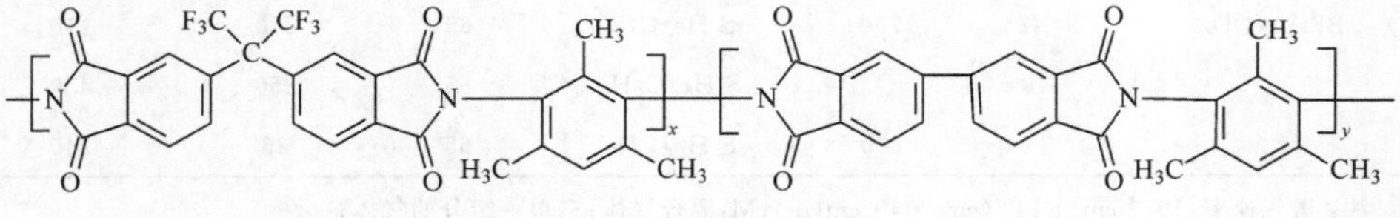

式 24-16

表 24-57　空气分离的性能

性能	炭化前体膜	炭化温度		
		535 ℃	550 ℃	800 ℃
P_{O_2}/Barrer	69	952	239	23
P_{O_2}/P_{N_2}	4.1	4.6	9.9	12.3
D_{O_2}/(10^{-8} cm²/s)	35.6	—	35	1.8
D_{O_2}/D_{N_2}	2.9	—	7.3	8.5
S_{O_2}/[cm³ STP/(cm³ atm)]	1.5	—	5.2	9.7
S_{O_2}/S_{N_2}	1.4	—	1.3	1.4

表 24-58　在 550℃炭化的膜对空气的分离性能

	P_{O_2}/Barrer	P_{N_2}/Barrer	P_{O_2}/P_{N_2}
混合气体	812	108	7.5
纯气体	826	115	7.2

注：纯气体氧在 0.070 MPa、氮在 0.34 MPa，混合气体在 0.40 MPa 下测定。混合物中氧占 19%，氮占 81%。

Tanihara 等[46]用不对称的中空纤维热解为不对称中空炭膜。结果表明，透气性能不受进气压力和时间的影响。当在进气中加有甲苯时其透气性能也不受影响（表 24-59）。

表 24-59　中空炭化分子筛纤维的热解条件和透气性能

热解条件			测试条件		透气性能	
材料	气氛	温度/℃	系统	温度/℃	透气速率	分离系数
BPDA/PPD	N_2	700	M H_2/CH_4	50	420	540
			S H_2/CH_4	120	1500	100
			S H_2/C_2H_6	120	1500	250
		850	S H_2/N_2	50	80	380
			S H_2/CH_4	120	310	680
			S H_2/C_2H_6	120	310	3100
PMDA/ODA	真空	950	S H_2/N_2	35	0.7	1080
			S H_2/N_2	250	83	140
			S H_2/N_2	0	0.7	720
6FDA-BPDA/TMMPD	真空	500	M H_2/CH_4	rt	98	520
			M H_2/CH_4	rt	110	210
		550	M H_2/CH_4	rt	220	500
BPDA/ODA	N2	700	S He/CH_4	65	250	110
			S He/C_2H_6	65	250	430
		800	S He/CH_4	65	36	240

注：透气速率：10^{-6} cm^3 STP/(cm^2·s·cmHg)；M：混合气体；S：单一组分的气体。

Morooka 等[47]在氧化铝多孔管上涂覆 BPDA/ODA 三次得到无针孔的膜，在脱氧的氩气中加热到 700℃后立即自然冷到室温，炭化膜的性能见表 24-60。

表 24-60　BPDA/ODA 炭化膜的性能

膜	测试温度/℃	丙烯的透过系数/[mol/(m^2·s·Pa)]	透气选择性	
			$P_{C_2H_4}/P_{C_2H_6}$	$P_{C_3H_6}/P_{C_3H_8}$
3I-1C	100		4.8	25
	65		5.7	33
	35		5.9	49

续表

膜	测试温度/℃	丙烯的透过系数 /[mol/(m² · s · Pa)]	透气选择性	
			$P_{C_2H_4}/P_{C_2H_6}$	$P_{C_3H_6}/P_{C_3H_8}$
2(I-C)	100	$3.1\times10^{-9}(2.9\times10^{-9})$	4.5	29(33)
	65	$1.7\times10^{-9}(1.5\times10^{-9})$		40(38)
	35	$8.7\times10^{-10}(7.9\times10^{-10})$	4.4	54(46)
3(I-C)	100		4.5	29
	35		6.9	56

注：2(I-C)：涂覆-酰亚胺化-炭化重复 2 次；3(I-C)：涂覆-酰亚胺化-炭化重复 3 次。括号中的数据为混合气体。

将在 700 ℃热解得到的炭化膜在 100 ℃空气中放置 1 个月，以测定炭化膜对氧化的稳定性(表 23-61)[48]。发现在开始阶段透过系数降低，分离系数提高，但将膜在氮气中 600 ℃处理 1～4 h，透气性能明显变坏。认为炭化膜可以在 100 ℃使用数月。氧或水可以与碳作用生成含氧的官能团如羰基，最后以 CO_2 形式失去。

表 24-61　BPDA/ODA 在氧化铝多孔管上的炭化膜在氧化气氛下的变化

炭化温度/℃	氧化温度/℃	气氛	保持时间	电镜观察结果
600～800	300	O_2-N_2[a]	1～6 h	无变化
800	800	CO_2	1～6 h	无变化
900	900	CO_2	5～30 min	无变化
900	900	CO_2	1 h	部分剥离
900	900	CO_2	3 h	剥离

a：含氧 0.05%～1.0%。

Fuertes 等[49]将 13% 的 BPDA/PPD 聚酰胺酸 NMP 溶液以 1300 r/min 旋涂在多孔炭材料上(5 min)，在室温下浸泡于丙酮或异丙醇中 30 min～1 h，凝胶化的膜在室温下干燥后在 150 ℃空气中 1 h(3 ℃/min)；380 ℃真空中 1 h(1℃/min)；真空中 550 ℃炭化 1 h (0.5 ℃/min)，在真空中缓慢冷却到室温，所得到的聚酰亚胺炭化膜的气体分离性能见表 24-62。

表 24-62　由 BPDA/PPD 聚酰亚胺得到的炭化膜的气体透过性能

气体		温度					
		25℃	50℃	75℃	100℃	125℃	150℃
气体透过速度 /(mol/m² · s · Pa)	He	5.5×10^{-9}	5.8×10^{-9}	6.0×10^{-9}	6.3×10^{-9}	6.6×10^{-9}	6.8×10^{-9}
	CO_2	3.5×10^{-9}	3.6×10^{-9}	3.7×10^{-9}	3.9×10^{-9}	4.0×10^{-9}	4.2×10^{-9}
	O_2	1.2×10^{-9}	1.3×10^{-9}	1.5×10^{-9}	1.6×10^{-9}	1.7×10^{-9}	1.8×10^{-9}
	N_2	2.3×10^{-10}	3.0×10^{-10}	3.8×10^{-10}	5.0×10^{-10}	6.0×10^{-10}	7.0×10^{-10}
	CH_4	1.1×10^{-10}	1.8×10^{-10}	2.8×10^{-10}	3.8×10^{-10}	5.0×10^{-10}	5.5×10^{-10}

续表

气体		温度					
		25℃	50℃	75℃	100℃	125℃	150℃
分离系数	O_2/N_2	5.5	4.7	3.9	3.3	2.8	2.5
	He/N_2	26.5	20.3	16.4	13.4	11.2	10.2
	CO_2/CH_4	37.4	22.3	14.3	12.6	8.0	6.7
	CO_2/N_2	18.7	13.5	10.5	8.5	6.8	5.8

Xiao 等[50]将由 DAI 得到的 4 种聚酰亚胺膜炭化后测定其气体分离性能，结果见表 24-63。

表 24-63 聚酰亚胺膜和相应炭化膜的气体分离性能

聚合物		透过系数/Barrer				分离系数	
		O_2	N_2	CH_4	CO_2	O_2/N_2	CO_2/CH_4
聚酰亚胺，10 atm,35 ℃	BTDA/DAI	37.2	8.52	8.12	140.4	4.34	17.28
	ODPA/DAI	43.9	10.3	10.3	161.1	4.26	15.60
	BPDA/DAI	83.4	22.0	23.9	328.8	3.79	13.73
	6FDA/DAI	198.2	58.6	50.5	692.3	3.38	13.72
在 550 ℃炭化的膜	BTDA/DAI	578	128	93.7	1923	4.5	21
	ODPA/DAI	404	85.8	73.4	1321	4.7	18
	BPDA/DAI	509	112	82	1564	4.5	19
	6FDA/DAI	909	193	174	4800	4.7	28
在 800 ℃炭化的膜	BTDA/DAI	114	16.3	4.75	500	8.8	105
	ODPA/DAI	116	14.9	6.4	344	7.8	54
	BPDA/DAI	118	13.8	4.3	353	8.5	82
	6FDA/DAI	160	23	8.2	580	6.9	71

注：测试条件：10 atm,35 ℃。

Peter 等[51]由 ODPA、ODA 及 2,4,6-三氨基嘧啶(TAP)得到的超枝化聚酰亚胺膜进行气体分离，结果见表 24-64。

表 24-64 由 ODPA、ODA 及 2,4,6-三氨基嘧啶(TAP)得到的超枝化聚酰亚胺膜的透气性能

ODPA/TAP/ODA	T_g /℃	透过系数/Barrer				
		H_2	CO_2	O_2	N_2	CH_4
1∶1∶0	222	0.087	0.096	0.024	0.002	0.002
1∶0.95∶0.05	227	1.187	0.156	0.043	0.004	0.003
1∶0.75∶0.25	238	1.843	0.246	0.056	0.006	0.004
1∶0.5∶0.5	250	2.514	0.352	0.101	0.013	0.007
1∶0.25∶0.75	255	2.032	0.451	0.087	0.010	0.006

续表

ODPA∶TAP∶ODA	T_g /℃	透过系数/Barrer				
		H_2	CO_2	O_2	N_2	CH_4
1∶0∶1	266	2.389	0.595	0.132	0.017	0.010
2∶1∶0	231	0.803	0.079			
2∶0.95∶0.05	218	0.923	0.140	0.024	0.003	0.003
2∶0.75∶0.25	208	1.631	0.135	0.054	0.005	0.004
2∶0.5∶0.5	199	1.923	0.257	0.065	0.007	0.004
2∶0.25∶0.75	195	2.131	0.285	0.071	0.008	0.006

ODPA∶TAP∶ODA	分离系数			
	H_2/CH_4	O_2/N_2	CO_2/CH_4	CO_2/N_2
1∶1∶0	444	12.0	48	48
1∶0.95∶0.05	396	10.8	52	39
1∶0.75∶0.25	461	9.3	62	41
1∶0.5∶0.5	356	7.5	50	26
1∶0.25∶0.75	339	8.7	72	45
1∶0∶1	239	7.8	60	35
2∶1∶0				
2∶0.95∶0.05	308	8.6	47	50
2∶0.75∶0.25	431	10.8	36	27
2∶0.5∶0.5	493	9.4	66	37
2∶0.25∶0.75	380	8.8	51	36

Lee 等[52]采用带硅氧烷的 PMDA/ODA 聚酰亚胺(PIS)热解成炭化膜。所用的 PDMS 是带氨丙端基的聚硅氧烷,相对分子质量为 900,聚合度为 10,T_g 为−122℃。PIS 在氩气流中炭化,最高炭化温度为 1500℃。PIS 的组成见表 24-65,气体透过性能见表 24-66,扩散性能见表 24-67。

表 24-65 PIS 的组成

样品	PMDA	ODA	PDMS	硅氧烷的体积分数
PIS Ⅰ	10	9.8	0.2	0.06
PIS Ⅱ	10	9.0	1.0	0.27
PIS Ⅲ	10	8.0	2.0	0.46

表 24-66 硅氧烷的聚酰亚胺炭化膜的气体透过性能

热解温度/℃		透过系数			
		P_{He}	P_{CO_2}	P_{O_2}	P_{N_2}
PIS Ⅰ	600	200	20	8	0.3
	800	300	90	25	1.5
	1000	120	11	5	0.2

续表

	热解温度/℃	透过系数			
		P_{He}	P_{CO_2}	P_{O_2}	P_{N_2}
PIS Ⅱ	600	700	90	20	1.5
	800	1200	200	60	3.5
	1000	100	7	2	0.1
PIS Ⅲ	600	600	400	100	20
	800	1000	700	160	20
	1000	200	40	10	0.7

表 24-67　25℃下的扩散系数和扩散选择性

前体	扩散性能	炭化温度		
		600℃	800℃	1000℃
PIS Ⅰ	D_{O_2}	1.38	5.82	1.09
	D_{N_2}	0.14	0.36	0.11
	D_{O_2}/D_{N_2}	10	15.5	9.9
PIS Ⅱ	D_{O_2}	4.55	9.48	0.89
	D_{N_2}	0.50	0.65	0.10
	D_{O_2}/D_{N_2}	9.1	14.6	8.9
PIS Ⅲ	D_{O_2}	48.60	10.65	0.62
	D_{N_2}	15.00	1.03	0.07
	D_{O_2}/D_{N_2}	3.2	10.3	8.3

注：扩散系数：$\times 10^9 cm^2/s$。

Lee 等[53]将磺化聚酰亚胺(式 24-17)进行炭化，磺化聚酰亚胺与其炭化膜比较(表 24-68 和表 24-69)，选择系数增加不多但透过系数要大 2～3 倍。随着气体离子半径和浓度的增加，气体透过系数增加，选择系数降低。这可能与炭化膜对气体的亲和性及链间距有关。

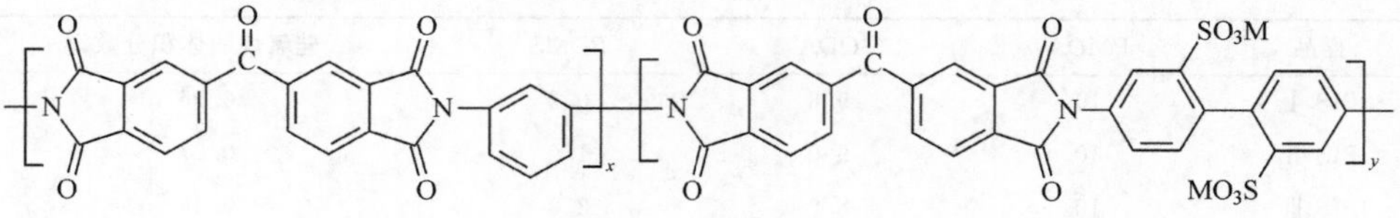

式 24-17

表 24-68　式 24-17 所示的聚酰亚胺膜的气体透过性能

MPD	DSDA (盐)	链间距/Å	透过系数			选择系数	
			P_{He}	P_{O_2}	P_{N_2}	P_{He}/P_{N_2}	P_{O_2}/P_{N_2}
9	1		13.12	0.56	0.06	219	9.3
9	1(Li)	4.96	14.51	0.93	0.17	85.4	5.5

续表

MPD	DSDA（盐）	链间距/Å	透过系数			选择系数	
			P_{He}	P_{O_2}	P_{N_2}	P_{He}/P_{N_2}	P_{O_2}/P_{N_2}
9	1(Na)	5.01	16.49	1.24	0.23	71.7	5.4
9	1(Na)[a]	4.23	185	5.3	1.10	168	4.8
9	1(K)	5.21	18.63	1.36	0.27	69.0	5.0
8	2(Li)		17.20	1.22	0.49	35.1	2.5
8	2(Na)		19.57	1.49	0.70	27.9	2.1
8	2(K)		22.23	1.61	0.98	22.7	1.6

a：热解的样品。

表 24-69 式 24-17 所示的聚酰亚胺膜在 590℃(Ar)炭化后的气体扩散性能

MPD	DSDA（盐）	扩散系数/(10^{-9} cm^2/s)		扩散选择系数
		D_{O_2}	D_{N_2}	D_{O_2}/D_{N_2}
9	1	4.5	0.6	7.5
9	1(Li)	4.7	0.7	6.7
9	1(Na)	5.6	1.0	5.6
9	1(K)	6.2	1.2	5.2
8	2	5.4	0.9	6.0
8	2(Li)	5.9	1.1	5.4
8	2(Na)	6.1	1.1	5.5
8	2(K)	6.8	1.3	5.2

作为无机膜的炭分子筛和硅藻土与聚合物膜比较虽然具有很高的透过系数和选择系数，但加工性及成本限制了其在工业上的应用。例如硅藻土膜的价格为 3000 美元/立方米，而聚合物中空纤维膜仅为 20 美元/立方米。要同时得到有足够韧性和没有针孔的炭化分子筛膜是很困难的。为了解决这个问题，Koros 等[54,55]提出混合基体膜(mixed matrix membrane)的概念，即将炭化膜与聚合物溶液混合然后制膜，试图既能够保留炭化膜的化学和热的稳定性又能结合聚合物膜容易加工的优点。他们将 Matrimid 5218 在真空中 800℃炭化(CMS 800-2)，然后将炭化膜粉碎(球磨)成亚微米到 10 μm 的粒子，再与聚合物溶液混合。所采用的聚合物是也是 Matrimid 5218(T_g 为 302℃，密度为 1.24 g/cm^3)。所得到的混合基体膜的性能见表 24-70，与聚合物膜比较，CO_2/CH_4 分离系数可以增加 45%，O_2/N_2的分离系数增加 20%。

与硅藻土分子筛比较，炭分子筛有下列优点：

(1) 与聚合物有较高的亲和性，所以有较好的黏结性，容易制膜。硅藻土需要表面处理，加增塑剂或化学改性等。

(2) 透气性能可以由裂解条件来控制和改善，以适应不同气体对的分离。

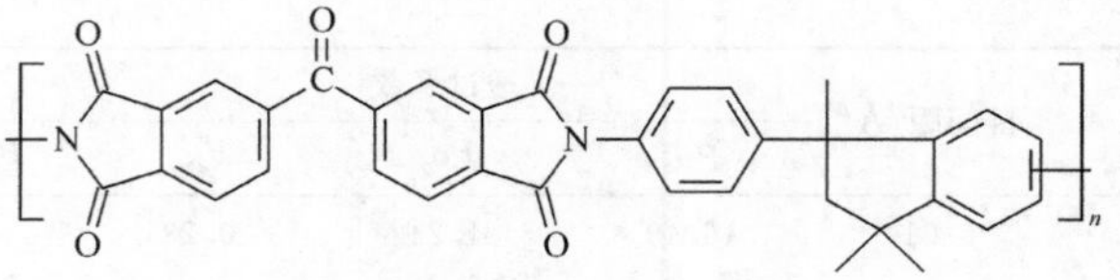

Matrimid 5218

表 24-70　混合基体膜的气体分离特性

混合基体膜	透过系数				选择系数	
	P_{CO_2}	P_{CH_4}	P_{O_2}	P_{N_2}	P_{CO_2}/P_{CH_4}	P_{O_2}/P_{N_2}
连续相 Matrimid 5218	10.0	0.28	2.12	0.32	35.3	6.6
分散相 CMS 880-2	44.0	0.22	22.0	1.65	200	13.3
17%(体积分数)CMS	10.3	0.23	2.08	0.29	44.4	7.1
19%(体积分数)CMS	10.6	0.23	2.41	0.35	46.7	7.0
33%(体积分数)CMS	11.5	0.24	2.70	0.38	47.5	7.1
36%(体积分数)CMS	12.6	0.24	3.00	0.38	51.7	7.9
连续相 Ultem1000	1.45	0.037	0.38	0.052	38.8	7.3
分散相 CMS 880-2	44.0	0.22	22.0	1.65	200	13.3
16%(体积分数)CMS	2.51	0.058	0.56	0.071	43.0	7.9
20%(体积分数)CMS	2.90	0.060	0.71	0.090	48.1	7.9
35%(体积分数)CMS	4.48	0.083	1.09	0.136	53.7	8.0

Won 等[56]将 Matrimid 5218 表面用 1000 eV 离子束处理进行炭化，使得在不破坏膜的结构的情况下使膜的皮层具有炭分子筛的性能。其结果是选择性得到提高而透过系数显著降低。这可能是由于离子束的辐照而产生阻隔层。所以离子束辐照可以改进膜的气体透过选择性。但用较低能量的离子束(300 eV)辐照则对透过系数的影响就可以忽略。用离子束处理 Matrimid 5218 所得到的膜的气体透过性能见表 24-71。

表 24-71　离子束处理 Matrimid 5218 膜的性能

离子束(能量)	离子剂量 /cm^{-2}	透过系数				选择系数
		P_{He}	P_{CO_2}	P_{O_2}	P_{N_2}	P_{CO_2}/P_{N_2}
	空白		11.0	2.2	0.36	30.6
Ar(300 eV)	1×10^{14}		10.2	—	0.32	31.9
Ar(300 eV)	5×10^{14}		10.7	2.16	0.32	33.0
Ar(300 eV)	1×10^{15}		11.4	2.10	0.33	34.5
Ar(1 keV)	1×10^{15}		1.04		0.0256	40.6
Ar(1 keV)	5×10^{15}		0.294		0.00 615	47.8
Ar(1 keV)	1×10^{16}		0.043		0.000 627	68.6
Ar(1 keV)	1×10^{17}	3.86	0.198		0.0047	42.1
Ar(1 keV)	3×10^{17}	4.54	0.174		0.0028	62.1
Ar(1 keV)	5×10^{17}	4.26	0.178		0.0044	40.5

续表

离子束（能量）	离子剂量 $/cm^{-2}$	透过系数 P_{He}	P_{CO_2}	P_{O_2}	P_{N_2}	选择系数 P_{CO_2}/P_{N_2}
He(1 keV)	1×10^{15}		8.98	2.02	0.29	30.9
He(1 keV)	1×10^{16}		1.40		0.047	29.8
He(1 keV)	1×10^{17}		0.51	0.019	0.0092	55.4
N_2(1 keV)	1×10^{15}		6.09	1.34	0.27	22.3
N_2(1 keV)	1×10^{16}		0.65	0.14	0.020	32.5
N_2(1 keV)	1×10^{17}		0.22	0.051	0.0035	63.7

24.3 渗透汽化膜

渗透汽化是在膜的一侧施以真空，让容易渗透的组分从该侧蒸发，而在另一侧的溶液中造成浓度梯度，从而促使组分的分离。渗透汽化是综合了有机物以溶解-扩散机理通过膜的渗透及挥发物的蒸发过程。其选择性取决于有机液体对膜材料的亲和性、分子大小及蒸气压。对于不同的情况，这三个因素中的某一个或两个起着主导的作用。对于非晶态聚合物，透过性主要取决于分子的扩散，即分子的大小。因此渗透汽化过程可以用来分离恒沸物和异构体。

聚酰亚胺由于具有耐高温性，可以提高工作温度；化学稳定性，可以分离多种化合物；同时又有高的分离系数，因此在渗透汽化膜方面有很大的应用前景。然而由于渗透汽化过程本身的局限性，如在真空条件下操作，通常使用液氮或干冰冷凝回收汽化的组分，如果要回收廉价的组分，如低级醇、烃类、氯代烃等，回收的成本是必须考虑的问题。因此至今利用渗透汽化技术多为有机物-水体系，因为水分并不需要回收。

聚酰亚胺对水具有很高的透过性，对水和有机物也有高的分离系数。分离系数随着温度的降低而降低。对于水-乙酸体系，聚酰亚胺和聚酰胺酰亚胺比聚酰胺有较高分离系数，这是由于前者比后者有较大的刚性，不易为有机物所溶胀。引进羧基和磺酸基可以增加膜的亲水性，使透过率增加数倍。用2价金属，尤其是Ca^{II}交联后可以减少溶胀，可以使分离系数提高十倍。

利用聚酰亚胺膜的渗透汽化特性，可用来在酯化反应中去除产生的水，促进平衡向生成酯的方向移动。例如以油酸或乙酸和乙醇进行酯化，使用Ultem 1000为渗透汽化膜脱水，可使酯化转化率几乎达到100%，即比不用渗透汽化膜高20%～30%[57]。由PMDA/ODA的聚酰胺酸制得的不对称膜经热酰亚胺化后作为渗透汽化膜曾用于由苯酚和丙酮在阳离子交换树脂催化下合成双酚A的反应，由于生成的水被及时除去，反应时间仅为不用渗透汽化膜时的1/4。反应8 h后，70%的生成水已被除去，而通过膜而损失的丙酮仅为2%。此外催化剂可以直接重复使用，无须再经过干燥处理[58]。

芳烃与非芳烃和异构体（如苯/环已烷、甲苯/异辛烷、二甲苯异构体）的渗透汽化膜分离技术是很吸引人的工作，因为在能量和成本上都优于传统的分馏方法。对于渗透汽化膜的研究工作集中在发现高的分离性能及稳定的膜材料。因为渗透汽化膜的透过选择性主要是通过溶解度的选择性来实现的，由分子大小决定的扩散选择性往往是低的甚至是负的。为了得到高的溶解选择性，要求膜对一种组分具有高的亲和性而对另一种或几种组分具有低的亲和性。但是过大的亲和性会引起膜的溶胀，结果是降低了选择性和机械性能，所以同时满足这两个要求是发展高性能渗透汽化膜的关键要素。高分子合金、等离子接枝、微相分离结构、在刚性大分子中插入柔性链段及交联等都曾被使用过，但相关的报道还是有限的。渗透汽化膜材料结构与渗透汽化性能的关系也需要进一步探索。前期的工作在苯/环己烷、苯/正己烷的分离上已经取得一定的成绩。

Okamoto 等[59]研究了在聚酰亚胺中引进 2,2′-二乙炔基联苯胺(DEB)并使其交联的方法制得用于渗透汽化的膜材料，将这种膜用于分离苯/环己烷的性能见表 24-72。在高温下热处理意味着 DEB 的交联可以更完全，所得到的膜具有较高的分离系数，这显然是由于交联导致了膜的致密化。将四氰基乙烷(TCNE)加入 DSDA/TMPD-DEB(3∶1)的聚酰亚胺在 DMAc 中的溶液，成膜后在 80 ℃下干燥，再在 100 ℃下干燥 20 h，其对苯/环己烷的分离性能见表 24-73。加入 TCNE 对膜的分离效果见表 24-74。TCNE 的引入增加了芳香烃的分离系数，但降低了通量。热交联对分离系数的增加主要是由于提高了扩散选择性，而 TCNE 则对扩散系数和溶解系数都有贡献。将 TCNE 引入含 DEB 的聚合物中对分离系数的贡献要比热交联大。

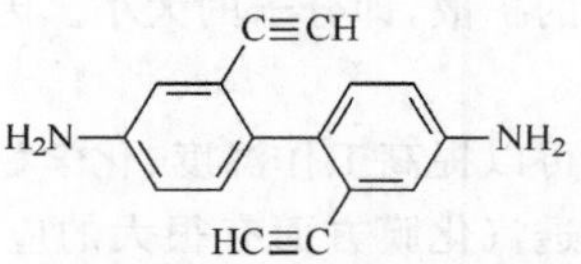

DEB

表 24-72　各种聚合物对苯/环己烷混合物的分离特性

聚合物	热处理条件	厚度 /μm	苯质量分数 /%	通量 [kg·μm/(cm²·h)]	$\alpha_{苯/环己烷}$
BPDA/TMPD	200 ℃,20 h	44	55	9.1	7.1
BPDA/TMPD-DEB(9∶1)	350 ℃,0.5h	21	55	7.4	10.4
DSDA/TMPD	100 ℃,20 h	43	50	10.2	7.7
	200 ℃,20 h	30	50	11.0	6.8
	350 ℃,0.5 h	39	50	10.6	7.3
DSDA/TMPD-DEB(9∶1)	100 ℃,20 h	22	60	7.6	7.0
	350 ℃,0.5 h	18	60	4.1	14.0
DSDA/TMPD-ODA-DEB (6∶1∶1)	350 ℃,0.5h	14	60	3.4	13.3
DSDA-TMMPD/ODA/DEB (2∶1∶1)	100 ℃,20 h	20	55	2.1	13.1
	350 ℃,0.5 h	28	50	1.5	21
BTDA-TMMPD	—	10	50	1.8	9.4
BTDA-TrMPD (UV)	—	10	50	0.056	24
BTDA-6FDA (1∶1)-TMMPD	—	15	50	9.5	5.0
BTDA-6FDA (1∶1)-TMMPD (UV)	—	15	50	1.3	7.9

表 24-73　含 10%TCNE 的 DSDA-TrMPD/DEB (3∶1)膜(21 μm)的分离特性

气体	芳香化合物的质量分数/%	通量/[kg · μm/(cm² · h)]	$\alpha_{苯/环己烷}$
Bz/Cx[a]	50	4.2	11.0
Bz/Cx	50	0.44	48
		1.1[b]	30
Bz/n-Hx[c]	50	2.8	9.1
Tol/i-Ot	45	1.1	330
Tol/n-Ot[c]	40	2.1	13.0

注：Bz：苯；Cx：非芳烃混合物；n-Hx：正己烷；Tol：甲苯；i-Ot：异辛烷；n-Ot：正辛烷。
a：无 TCNE；b：工作 3 周后；c：Bz/Cx 实验完成后。

表 24-74　加有 TCNE 后对膜的分离效应

膜	苯质量分数/%	S/%(质量分数) 苯	S/%(质量分数) 环己烷	Y_B/%(质量分数)	α_S	D/(10^{-8} cm²/s) 苯	D/(10^{-8} cm²/s) 环己烷	α_D
DSDA-TMMPD/DEB (3∶1)，无 TCNE	100	30	—	100	—	—	—	—
	50	15.6	5.4	74.3	3	5.3	1.6	3.7
	0	—	0.5	0	—	—	—	—
	0	—	7.1	0	—	—	—	—
DSDA-TMMPD/DEB (3∶1)，10%(质量分数) TCNE	100	20	—	100	—	5.4	—	—
	50	9.2	2.2	80.9	4.4	2.4	0.38	6.9
	0	—	0	0	—	—	—	—
	0	—	0.6	0	—	—	—	—
	50[a]	9.5	1.5	86.4	6.5	5.5	4.1	1.3

注：a：苯/正己烷。S：g/100 g 干聚合物；Y_B：透过物料中苯的含量。

Yanagishita 等[60]以 BTDA 的聚酰亚胺进行 UV 辐照，在酮羰基处产生游离基，再引发乙烯基单体接枝(式 24-18)，然后用作渗透汽化膜，其分离性能见表 24-75。

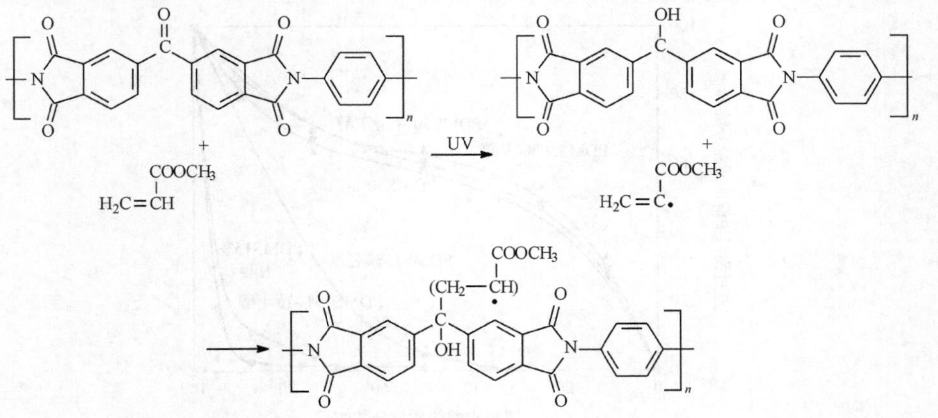

式 24-18

表 24-75 接枝聚酰亚胺对苯/环己烷的渗透汽化性能

单体	接枝度/%	渗透汽化性能		$\Delta/(cal/cm^3)^{0.5}$	
		F	α	苯	环己烷
丙烯酸甲酯	0.018	0.45	8.4	4.6	5.0
苯乙烯	0.010	2.2	7.3	2.7	3.6
乙酸乙烯酯	0.004	0.86	15.6	5.4	6.5
甲基丙烯酸甲酯	0.003	0.76	14.2	5.5	6.6

注：F：kg/(m² h)；Δ：对于接枝聚合物的溶解度参数。

Schauer 等[32]用聚硅氧烷与聚酰亚胺的嵌段共聚物(式 24-10)研究了对乙醇-水的渗透汽化性能(图 24-1)，对乙醇、丙醇和特丁醇与水的混合物的分离结果见图 24-2，对于乙醇/甲苯的分离见图 24-3。由图 24-1 可见，在 PDMS 的含量在 20%～17%之间聚合物的性能有一突变，前者接近 PDMS 的行为，后者则接近聚酰亚胺的行为。图 24-3 表明，当甲苯在进料中的含量超过 30%时，聚合物膜显著溶胀，通量增大但选择性急速降低。

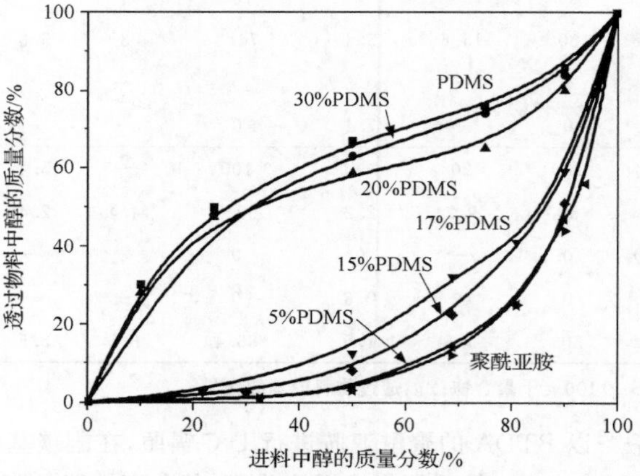

图 24-1 在乙醇-水的渗透汽化过程中进料和渗透液中乙醇含量的关系

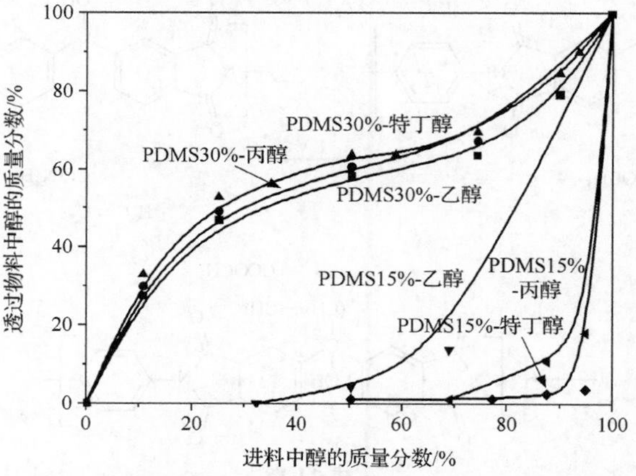

图 24-2 醇-水的渗透汽化过程中进料和渗透液中醇含量的关系

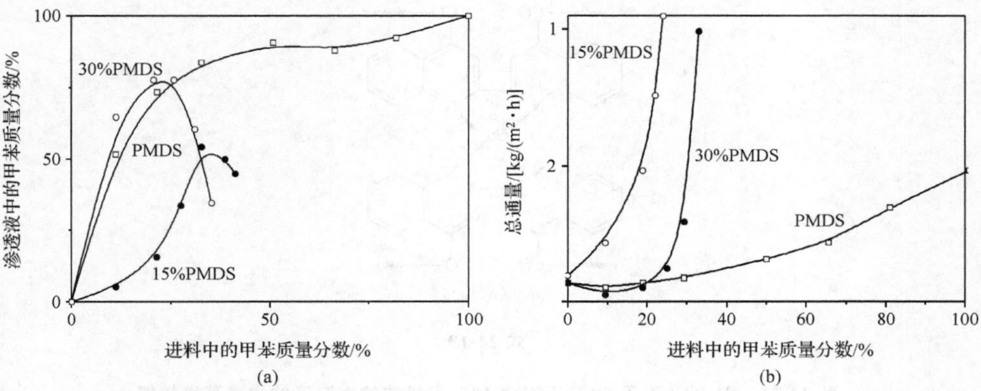

图 24-3　进料中甲苯含量与渗透液中甲苯含量(a)和总通量(b)的关系

张可达等[63]用三种聚酰亚胺均质膜进行乙醇-水和异丙醇-水的渗透汽化分离，当醇含量为 95％时，结果见表 24-76。

表 24-76　聚酰亚胺渗透汽化膜

聚酰亚胺	乙醇-水		异丙醇-水	
	通量/[g/(m²·h)]	分离系数	通量/[g/(m²·h)]	分离系数
SiDA/ODA	12	107	4.2	220
TDPA/ODA	10	148	2.2	846
HQDPA/ODA	3	132	1.9	460

Polotskaya 等[64]将式 24-19 所示的聚酰亚胺用于渗透汽化(表 24-77 至表 24-79)。

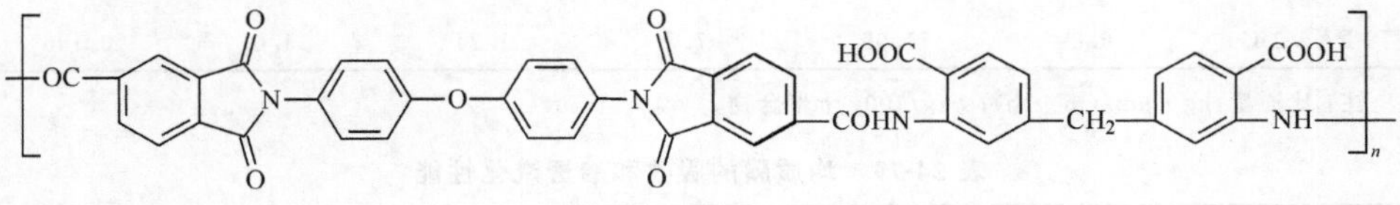

PI-PAA-1

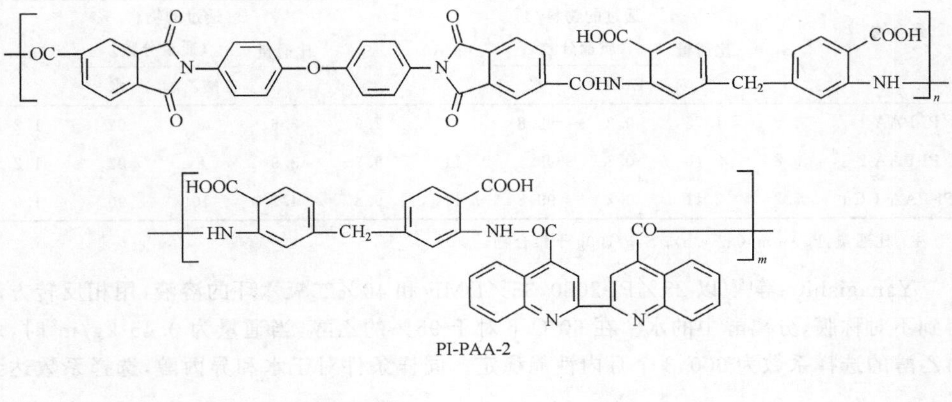

PI-PAA-2

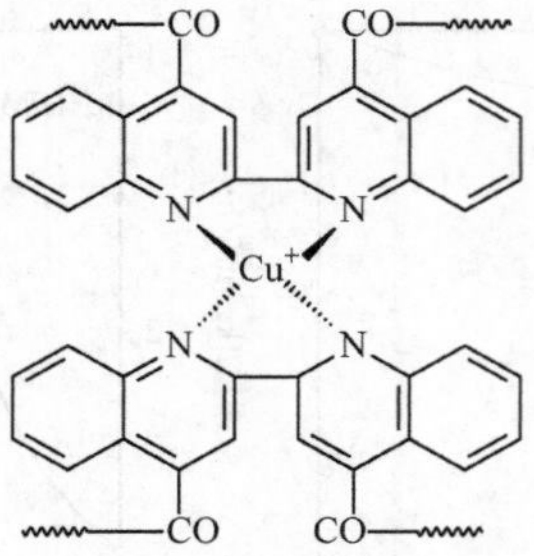

PI-PAA-2-Cu

式 24-19

表 24-77　PI-PAA-1 于 50℃下对含 10%有机物的水溶液的渗透蒸发性能

有机液体	透过物料的质量分数/%		通量/[kg/(m²·h)]	$\alpha_{H_2O/有机物}$
	有机液体	水		
丙酮	4.5	95.5	0.22	2.4
乙醇	4.0	96.0	0.51	2.7
异丙醇	0.1	99.9	0.20	111
乙酸乙酯	99	1.0	1.0	891

表 24-78　均质膜的吸收和透过性能

聚合物	水		乙醇		乙酸乙酯	
	S	比通量	*S*	比通量	*S*	比通量
PI-PAA-1	4.7	1.66	5.7	1.14	8.5	0.180
PI-PAA-2	5.6	1.78	7.1	1.19	9.8	0.191
PI-PAA-1-Cu	6.8	1.96	7.7	1.24	11.0	0.196

注：比通量：kg·μm/(m²·h)；*S*：g/100g 干聚合物。

表 24-79　均质膜的吸收和渗透汽化性能

聚合物	10%乙醇+水					10%乙酸乙酯+水				
	S	比通量	透过的物料/%（质量分数）		α_{H_2O}	*S*	比通量	透过的物料/%（质量分数）		α_{H_2O}
			EtOH	水				乙酸乙酯	水	
PI-PAA-1	4.8	1.75	0.2	99.8	11	7.9	3.6	8	92	1.2
PI-PAA-2	6.8	2.10	0.2	99.8	11	9.3	3.9	8	92	1.2
PI-PAA-1-Cu	7.2	2.41	0.2	99.8	11	9.8	4.2	10	90	1.0

注：比通量：kg·μm/(m²·h)；*S*：g/100g 干聚合物。

Yanagishita 等[65]以 25%PI-2080，35%DMF 和 40%二氧六环的溶液，用相反转方法得到不对称膜，分离醇中的水。在 60℃下对于 95%的乙醇，当通量为 0.45 kg/m²时，水对乙醇的选择系数为 900，3 个月内性能稳定。同样条件对于水和异丙醇，选择系数达到

11 000。

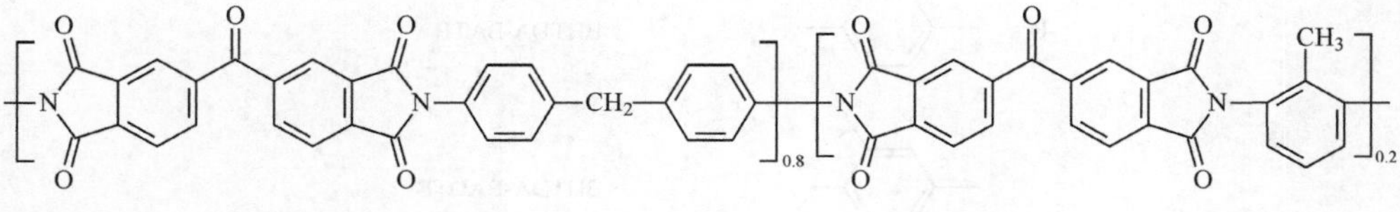

PI-2080

Lai 等[66]由 BTDA 与 ODA 及带氨端基的聚二甲基硅氧烷(PDMS)聚合得到的聚酰亚胺(式 24-20)用于乙醇-水的渗透蒸发分离,分离性能见表 24-80 和表 24-81。含 ODA 的聚酰亚胺膜具有较高的渗透速度和较低的分离系数,这是膜的表面具有较高的疏水性所致。

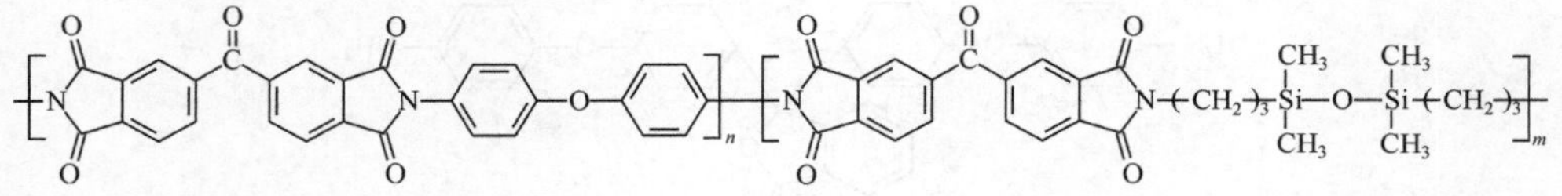

式 24-20

表 24-80　BTDA/ODA 与聚硅氧烷嵌段共聚物对乙醇-水的渗透汽化性能

PDMS 的质量分数/%	$\alpha_{H_2O/乙醇}$	渗透速度/[g/(m² · h)]
60.6	7.5	207
74.1	5.2	517
77.6	5.2	437
83.7	5.6	421

表 24-81　不同组成的聚酰亚胺对于 10%乙醇的水溶液,*α* 与进料温度的关系

PDMS 的质量分数/%		进料温度					
		30 ℃		40 ℃		50 ℃	
A	B	A	B	A	B	A	B
54.7	60.6	0.95	0.54	1.66	1.51	1.90	1.93
66.1	74.1	1.11	1.26	0.75	1.82	2/28	1.54
72.9	77.6	0.96	0.99	0.54	1.28	2.54	1.36

注: A:为含 ODA 的聚酰亚胺膜;B:为不含 ODA 的聚酰亚胺膜。

Li 等[67]以二苯甲醇二酐为基础的聚酰亚胺(式 24-21)对乙醇中的水进行渗透蒸发,其结果见表 24-82。

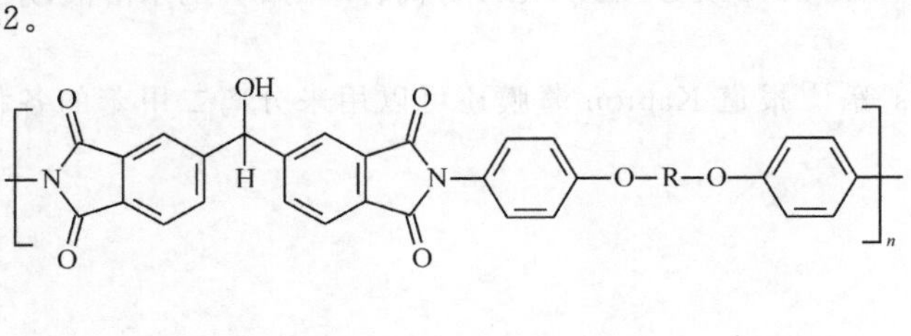

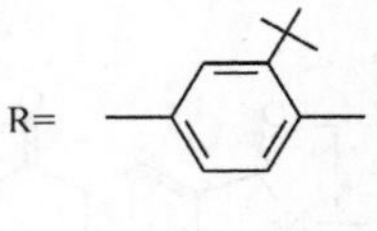

BHTDA-BATB

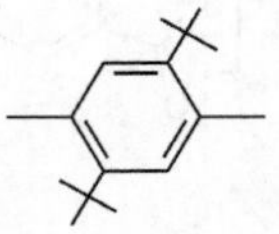

BHTDA-BADTB

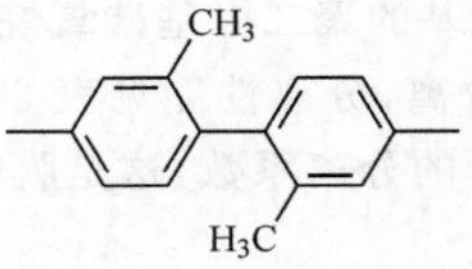

BHTDA-DBAPB

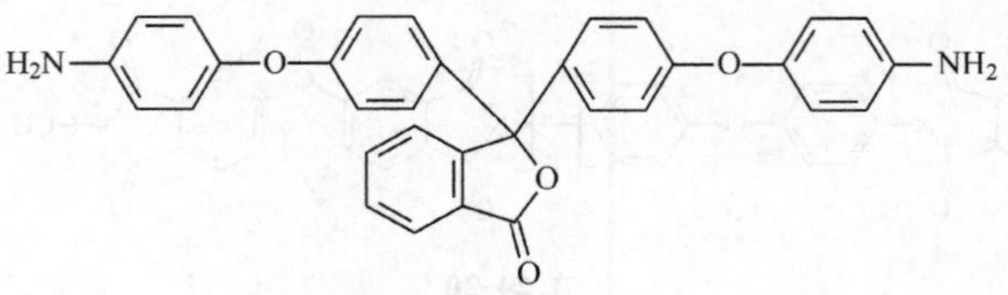

BAPOPP

式 24-21

表 24-82　以二苯甲醇二酐为基础的聚酰亚胺对乙醇中的水进行渗透蒸发结果

聚合物	乙醇含量/%	渗透速度/[g/(m² · h)]	分离因子	文献
BHTDA-BATB	90	282	27	[68]
BHTDA-BADTB	90	325	15	[68]
BHTDA-DBAPB	90	255	141	[68]
PI-2080	95	190	40	[69]
BTDA-ODA	95	2	1300	[69]
PMDA-ODA	95	4	1000	[70]
ODPA-BAPOPP	90	213	6.0	[71]
BPDA-BAPOPP	90	270	11.7	[71]
SDPA-BAPOPP	90	318	10.5	[71]
6FDA-BAPOPP	90	332	4.5	[71]

Pradhan 等[72]在 27 ℃以 BTDA/ODA 分离含苯酚 8%的水溶液，水对苯酚的选择系数达到 18。

McCandless 等[73]报道 Kapton 薄膜还可以用来分离二甲苯的各种异构体和乙苯(表 24-83)。

表 24-83 Kapton 薄膜对 C_8 组分的分离

温度/℃	p-二甲苯+乙苯		p-二甲苯+m-二甲苯		p-二甲苯+o-二甲苯	
	分离系数	通量	分离系数	通量	分离系数	通量
163	1.80	—				
225	1.66	0.02				
213			1.69	0.01		
260			1.43	0.02		
274			1.64	0.04		
132					2.18	—

注：通量：kg/(m² · h)。

Okamoto 等[61]将 BPDA/TMPD 聚酰亚胺甲基部分溴化，再磷化[62]，未反应的溴甲基可与甲基热反应交联(TC)或与乙二胺反应交联(TAC)，得到交联的聚酰亚胺(式 24-22)，其渗透汽化性能见表 24-84 至表 24-86。

$$—CH_2Br + —CH_3 \xrightarrow{\triangle} —CH_2CH_2— + HBr$$

$$—CH_2Br + H_2NCH_2CH_2NH_2 \longrightarrow —CH_2HNCH_2CH_2NHCH_2— + 2HBr$$

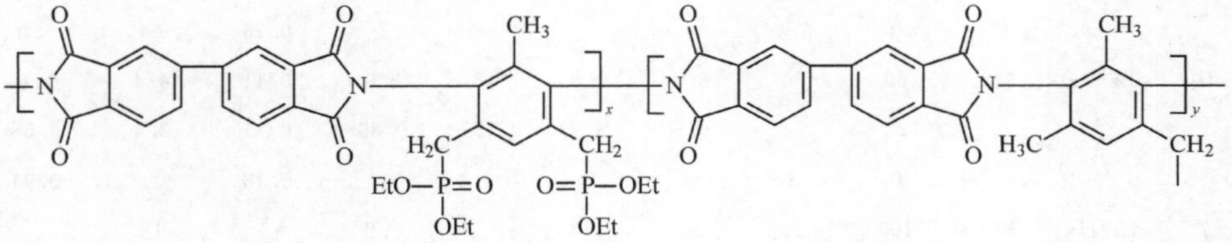

式 24-22 用溴甲基交联的含磷聚酰亚胺

表 24-84 磷化聚酰亚胺的性能及对苯/环己烷的渗透汽化性能

磷含量 /%	交联方法	磷化度 /%	厚度 /μm	密度 /(g/cm³)	溶度参数 /(J/cm³)$^{1/2}$	苯质量分数 /%	温度 /K	比总通量 /[kg · μm/(m² · h)]	α
1.9	TC	39	30	1.225	28.6	50	343	14	7.4
1.9	TAC		30	1.225		80	343	0.02	90
5.9	TC	104	27	1.287	27.6	50	343	22	7.8
5.9	TAC		38	1.267	27.6	50	343	7.9	13.4
6.8	TC	127	33			50	343	20	7.8
6.8	TAC		29			50	343	0.57	43
7.7	TAC	155	47	1.308	26.2	50	343	9.9	15
8.0	TC	162	48	1.300	26.1	50	343	5.4	15
8.3	TC	171	38		25.9	50	343	16	11
8.3	TAC		30	1.296		50	343	2.5	20
9.0	TC	197	40			50	343	6.8	17
9.1	TAC	200	31			50	343	1.1	24

表 24-85 磷化聚酰亚胺对 5 种组分的渗透汽化分离性能

磷含量/%	交联方法	通量//[kg · μm/(m² · h)]					
		苯	甲苯	己烷	正辛烷	异辛烷	总通量
7.7	TAC	6.2	4.3	0.9	0.4	0.08	12
5.9	TAC	2.3	1.8	0.3	0.1	0.02	4.6

磷含量/%	交联方法	分离系数			
		芳香/脂肪	芳香/己烷	芳香/异辛烷	己烷/异辛烷
7.7	TAC	12	8	71	8
5.9	TAC	15	10	133	13

注：芳香：苯＋甲苯；脂肪：己烷＋正辛烷＋异辛烷。每种组分含量为 20%，在 80 ℃下测定。

表 24-86 磷化聚酰亚胺的吸收和扩散性能

磷含量/%	体系	温度/K	苯质量分数/%	S	α_S	α_D	α	Q_{Bz}	Q_{Bz}/Q_{Cx}	D_{Bz}	D_{Bz}/D_{Cz}
	Bz/Cx	343	100	21	—	—	—	13		17	
			60	17	8.5	1.8	15	8.7	0.42	12	7.3
			19	12	9.9	2.4	24	2.3	0.39	7	3.0
			0	3.4	—	—	—	—	0.76	—	5.0
10	Bz/Cx	343	60	20	6.4	2.8	18	3.0	0.11	4.4	1.6
			20	14	9.8	3.3	32	0.89	0.11	2.4	0.68
			0	3					0.13		0.94
7	Bz/Hx	333	100	20				8.9		12	
			60	18	7.6	1.2	8.8	6.5	0.49	11	9.2
			0	6					3.4		12
共聚物	Bz/Cx	323	50	23	4.8	2.2	11	3.1	0.33	3.7	1.7

注：S 为溶解度，g/100 g 干聚合物；Q 为比通量，kg · μm/(m² · h)；D 为扩散系数，10^{-8} cm²/s。

共聚物：BPDA/TrMPD-PPD(3 : 1)。

Koros 等[74]用 Torlon 来分离二甲苯的异构体。对于原料二甲苯(邻、间、对二甲苯含量各为 30%，另外 10%为乙苯)，退火的膜在 200 ℃的透过系数为 0.25 Barrer，对位/邻位的分离系数为 3.1，对位/间位为 2.1。

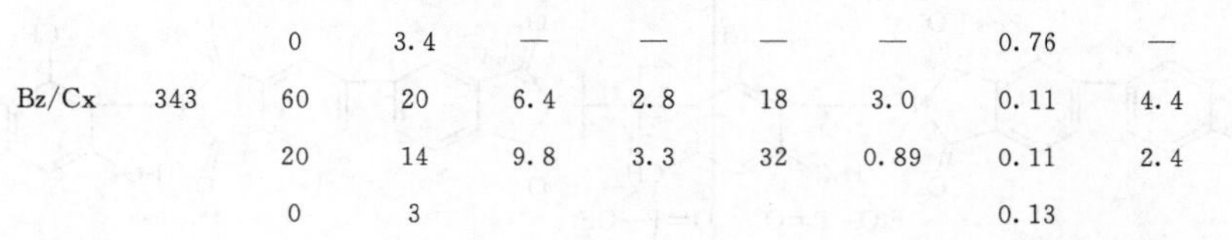

Torlon 4000T

Jonquieres 等[75]用如式 24-23 所示的聚酰胺酰亚胺对乙醇-乙基特丁基醚恒沸物进行分离(表 24-87)，随着温度的提高。通量大幅度提高，但分离系数并不随温度的提高而下降。

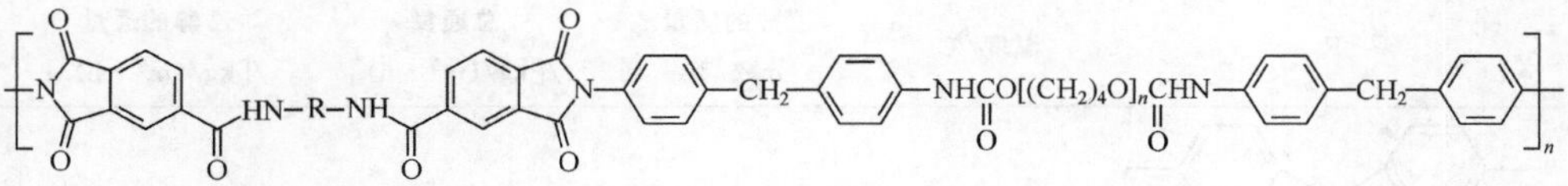

式 24-23

表 24-87　用渗透汽化法对乙醇-乙基特丁基醚恒沸物(乙醇含量为 20%)的分离结果

R	温度/℃	乙醇的质量分数/%	总通量/[kg/(m²·h)]	乙醇的通量/[kg/(m²·h)]
	30	64	1.065	0.682
	35	64	1.532	0.980
	40	62	2.055	1.274
	45	62	2.818	1.747
	50	62	3.677	2.780
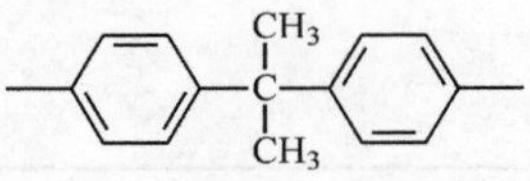	30	70	0.751	0.526
	35	69	1.040	0.718
	40	69	1.342	0.926
	45	68	1.847	1.256
	50	67	2.438	1.633
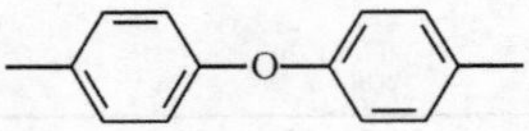	30	67	0.567	0.380
	35	65	0.800	0.520
	40	65	1.052	0.684
	45	65	1.417	0.921
	50	65	1.912	1.235
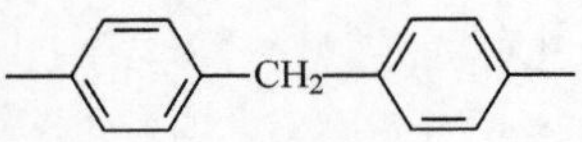	30	69	0.870	0.600
	35	0.68	1.156	0.786
	40	0.68	1.506	1.024
	45	0.67	1.915	1.283
	50	0.66	2.496	1.647

续表

R	温度/℃	乙醇的质量分数/%	总通量/[kg/(m² · h)]	乙醇的通量/[kg/(m² · h)]
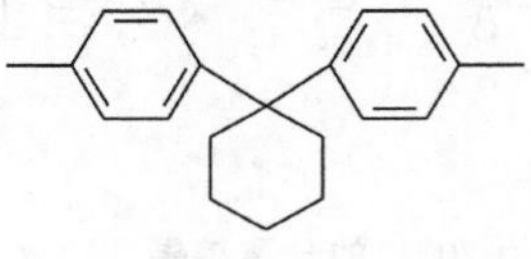	30	0.69	0.657	0.454
	35	0.67	1.000	0.665
	40	0.67	1.351	0.905
	45	0.67	1.895	1.270
	50	0.67	2.508	1.680

Hofman 等[76]将 6FDA/TMPD-DBA(式 24-6)用于渗透汽化，DBA 的加入有利于链间的相互作用,减少在甲苯/异辛烷中的溶胀,从而提高选择性。这种选择性是由于扩散选择性得到提高而提高的。膜的溶解选择性与溶度参数有线性关系,扩散选择性则与自由体积分数有逆指数性的关系。所用材料的性能见表 24-88，对甲苯/异辛烷的分离性能见表 24-89,DBA 的含量对聚合物溶胀性能的影响见表 24-90。

表 24-88　材料和物料的性能

	T_g/℃	溶解度参数/(J/cm³)$^{1/2}$	自由体积分数	密度/(g/cm³)
6FDA/TMPD	339	26.4	0.190	1.338
6FDA/TMPD-DBA (33%)	379	27.3	0.184	1.380
6FDA/TMPD-DBA (60%)	—	28.0	0.180	1.414
甲苯		18.2		
异辛烷		14.1		

表 24-89　DBA 含量为 33%的聚酰亚胺对甲苯/异辛烷的分离性能

进料中甲苯的质量分数/%	透过系数/[cm³ STP · cm/(cm² · s · cmHg)]		分离系数	
	甲苯	异辛烷	$D_{甲苯}/D_{异辛烷}$	$S_{甲苯}/S_{异辛烷}$
80	40	20	3.4	3.4
50	20	0.8	4.6	4.2
35	7	0.1	8.4	5.0

表 24-90　DBA 含量对聚合物溶胀的影响

进料中甲苯的质量分数/%	总溶胀率/%(质量分数)		异辛烷的溶胀率/%(质量分数)	
	10%DBA	33%DBA	10%DBA	33%DBA
80	35	31	3.5	2.0
50	32	22	7.5	4.1
35	27	17	8.2	5.0

24.4　超　滤　膜

超滤膜是一种有孔膜，其分离性能取决于孔的大小、均匀度和分布，因此与膜的材料的结构的关系不如其他膜密切。当然取决于制膜的过程，材料的结构也起有一定的作用。另一方面，采用聚酰亚胺作为超滤膜的材料主要就是可以满足对于有机物、放射性及高温介质的要求。一般的聚合物超滤膜只能在 100 ℃和更低温度下使用。同时也难以用于有机物的分离，例如燃料油的过滤、热油的循环及植物油的分离等。具有高热稳定性、机械稳定性及化学稳定性的聚酰亚胺是合适的材料之一。但主要的局限在于聚酰亚胺高的熔点和低的溶解性使得制膜工艺复杂化。由可溶的聚酰胺酸来制膜则需要热或化学酰亚胺化，使膜的结构难以控制，虽然这方面的工作很少见到，但却是一个值得探索的领域，因为这个方法不受结构的限制，可以得到最耐有机物的聚酰亚胺膜。

岩间昭男等[77]用 CBDA/ODA 或 CBDA/MDA 聚酰亚胺(式 24-24)作为超滤膜，该膜在己烷、甲苯、丙酮、三氯乙烷、乙酸乙酯及乙醇中 25 ℃、40 ℃甚至 75 ℃下长达 200 天，其透过系数没有明显变化，对聚乙二醇甲苯溶液的分离性能见表 24-91。

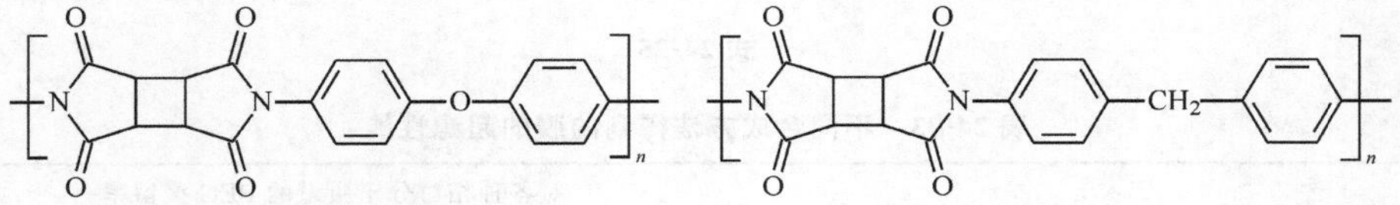

CBDA/ODA　　CBDA/MDA

式 24-24

表 24-91　CBDA/ODA 或 CBDA/MDA 聚酰亚胺超滤膜

截留相对分子质量	评价液	压力/MPa	透过率/[L/(m²·h)]	截留率/%
20 000	平均相对分子质量为 20 000 的聚乙二醇 5000 ppm 的甲苯溶液	0.3	75	95
8000	平均相对分子质量为 6000 的聚乙二醇 5000 ppm 的甲苯溶液	0.3	60	80

Mulder 等[78]用 P84 对单分散的聚苯乙烯进行超滤过程的研究，结果见表 24-92。

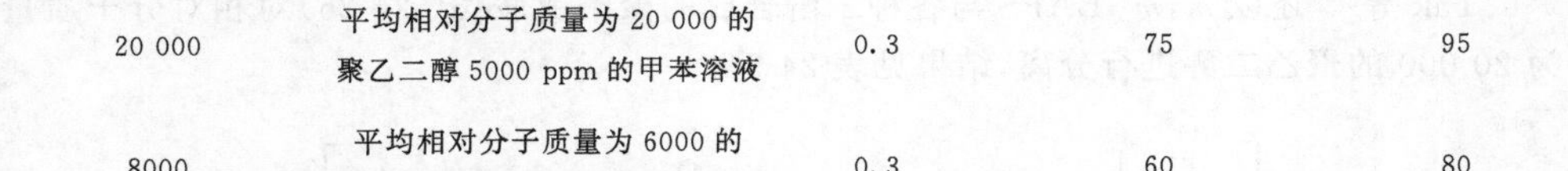

P84

表 24-92　单分散聚苯乙烯在聚酰亚胺膜上的扩散透过性能

聚苯乙烯的 M_w	M_w/M_n	r_h/nm	P/(m/s)
4075	1.04	2.1	4.1×10^{8}
45 730	1.05	4.8	1.4×10^{8}
95 800	1.04	7.1	6.2×10^{9}
401 340	1.02	15.1	1.9×10^{9}
850 000	1.06	22.5	8.9×10^{10}
1 447 000	1.14	29.9	5.3×10^{10}

注：r_h为流体力学半径；P 为扩散渗透性。

Tak 等[79]用相转换法制得 ODPA/3,3′-BAPS 聚酰亚胺(式 24-25)超滤膜，发现不同合成方法得到的膜在超滤性能上具有明显的差别(表 24-93)。

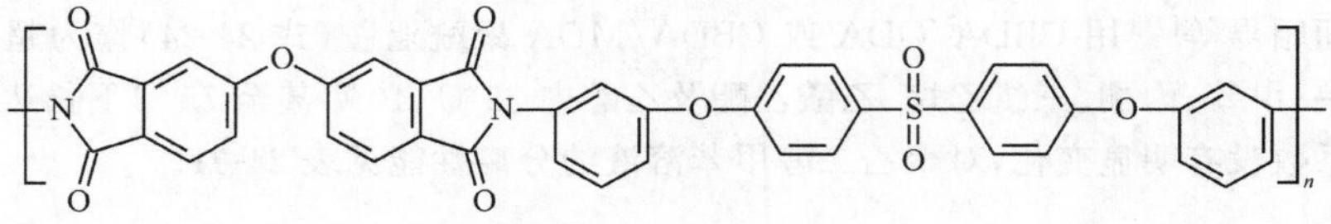

式 24-25

表 24-93　不同合成方法得到的膜的超滤性能

合成方法	纯水通量/[L/(m²·h)][a]	对各种相对分子质量的 PEG 截留率/%[b]			
		6000	10 000	20 000	35 000
ODPA/*m*,*m*′-BAPS(一步法)	80	85	91	97	99
ODPA/*m*,*m*′-BAPS(二步法)	265	48	72	90	99

a：在压力为 1 kg/cm²，流量为 2.5 L/min 下测定；b：PEG 在水中的浓度为 1000 ppm。

Tak 等[80]还以 *m*,*m*′-BAPS 与各种二酐合成的聚酰亚胺(式 24-26)对相对分子质量为 20 000 的聚乙二醇进行分离，结果见表 24-94。

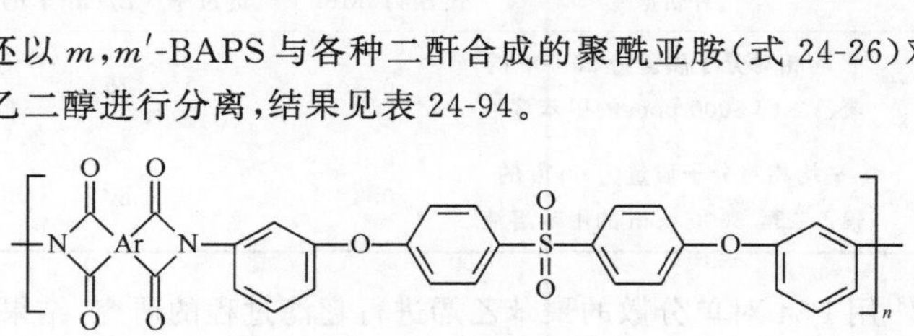

式 24-26

表 24-94　由 *m*,*m*′-BAPS 得到的不对称膜

	二酐[a]			聚醚砜	聚砜
	PMDA	DSDA	ODPA	PES	PSf
通量 /[L/(m·h)][b]	375	470	450	63	95
截留率/%[c]	98	93	97	94	91

注：a:由 PI/NMP (22∶78)溶液制膜在聚丙烯无纺布上刮膜，在去离子冰水中沉淀制得；b:1 kg/cm² 压力，2.5 L/min，25 ℃；c:相对分子质量为 20 000 的 PEG。

Kim 等[81]将 PMDA/m,m'-BAPS 聚酰亚胺用/磷酸三乙酯(TEP)络合物在二氯甲烷中进行非均相磺化,反应见式 24-27,磺化聚酰亚胺(SPI)的性能见表 24-95,超滤膜的性能见表 24-96。

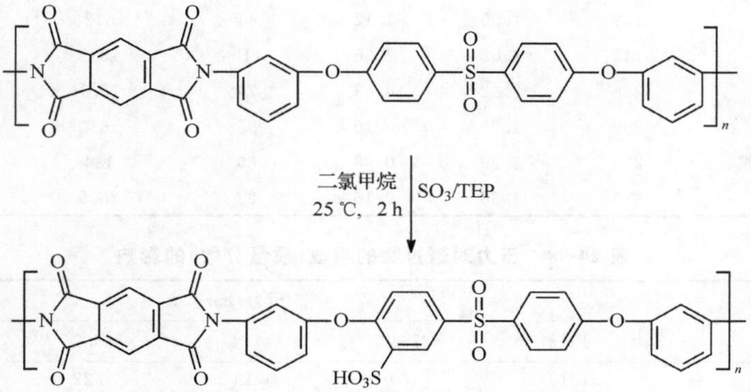

式 24-27　磺化聚酰亚胺(SPI)的制备

表 24-95　可溶性阳离子交换聚酰亚胺的离子交换量和磺化度

聚合物	反应时间/h	IEC/(meq/g)	DS(滴定法)	DS(NMR)
SPI-1	2	0.22	0.14	0.15
SPI-2	4	0.35	0.22	0.25
SPI-3	6	0.41	0.26	0.29

注:磺化度:$DS = y/(x+y)$,x 和 y 为未磺化单元数及磺化单元数;离子交换量:$IEC = 1000y/(M_1x + M_2y)$,$M_1$,$M_2$ 为未磺化单元及磺化单元的相对分子质量,二式合并得到:$DS = M_1 IEC/[1000 + IEC(M_1 - M_2)]$。

表 24-96　超滤膜的性能

聚合物	IEC/(meq/g)	纯水通量[a]/[L/(m^2·h)]	截留率[b]/%
PI	0	450	95
SPI-1	0.22	470	92
SPI-2	0.35	510	85
SPI-3	0.41	540	79

a:在 2 kg/cm^{2}下于 25 ℃测得;b:对于 1000 ppm 的 PEG 20 000。

Tak 等[82]利用由 DSDA、m,m'-DDS 和其他二酐和二胺得到的共聚酰亚胺超滤膜用于豆油的提纯以去除磷脂类杂质。聚酰亚胺膜具有很高的通量,其体积浓缩比(VCR)可以达到 10。

White[83]利用 P84 制备了聚酰亚胺耐溶剂的纳滤膜,膜的制备方法见文献[68],性能见表 24-97,压力影响见表 24-98,随着压力的增加,通量和截留率都有增加。

表 24-97　聚酰亚胺纳滤膜的性能

化合物	相对分子质量	进料质量分数/%	渗透液质量分数/%	截留率/%	通量/[mol/(m² · h)]	传输速率/(mm/s)
溶剂,甲苯	92	88.05	95.51		2803	297
正癸烷	142	1.99	1.12	44	312	60.7
1-甲基萘	142	2.02	2.00	1	1373	195
十六烷	226	2.02	0.43	79	78.1	22.9
异十八烷	269	1.92	0.10	95	16.0	5.50
1-苯基十一烷	232	1.99	0.68	66	134	36.2
二十二烷	310	1.98	0.16	92	26.5	10.5

表 24-98　压力对透过物的组成(质量分数)的影响

	压力/bar				
	13.8	27.6	41.4	55.2	69.0
苯	1.19	1.20	1.21	1.22	1.22
甲苯	96.66	97.23	97.46	97.59	97.71
p-二甲苯	0.14	0.14	0.14	0.14	0.13
非芳烃	2.01	1.43	1.19	1.05	0.94
通量/[L/(m² · h)]	6.1	12.2	19.0	26.0	29.9
非芳烃的截留率/%	53	67	72	76	78

注：在 18 ℃下测定。

24.5 纳　滤　膜

纳滤是以压力差为推动力,介于反渗透和超滤之间的截留粒径为纳米级颗粒物的一种膜分离技术。纳滤膜本身可以带有电荷,这是它在很低压力下仍具有较高脱除无机盐的重要原因,所以多用来进行废水处理,脱除重金属离子及生物粒子。聚酰亚胺则由于其高的热稳定性和耐有机溶剂的性能,并且易于加工,所以考虑用它来分离相对分子质量在 200 以上的有机分子。

Ba 等[69]将 P84 的 DMF 溶液涂在聚酯载体上,然后浸在去离子水中,沉淀后在水中保持过夜去除 DMF,再将得到的膜浸入 70 ℃的聚乙撑亚胺溶液中一定时间进行交联,然后用去离子水洗涤以去除多余的聚乙撑亚胺。用这种膜来脱除盐的性能见表 24-99。

表 24-99　交联的聚酰亚胺纳滤膜的脱盐性能

盐	通量/[m³/(m² · d)]	截留率/%
NaCl	1.16	72.7
$CuCl_2$	1.03	92.9
$ZnCl_2$	0.86	94.5
$FeCl_3$	0.80	98.2
$AlCl_3$	0.92	99.2

注：进料浓度：10 mmol；pH 2(用盐酸调节)；试验压力：13.8 bar。

Aldea 等[70]将 Matrimid 膜用对二甲苯二胺交联，得到的膜能耐非质子极性溶剂，DMF 的透过系数达 5.4 L/(m^2 · bar · h)，对玫瑰红(M_w 1017，摩尔体积 272.8 cm^3/mol)和甲基橙(M_w 327.3，摩尔体积 130 cm^3/mol)的截留率相应达到 98%以上和 95%以上。

See-Toh 等[71]用 P84 以相转换法得到纳滤膜，在 50 ℃，4 MPa 下的过滤效果见表 24-100。

表 24-100　P84 纳滤膜对有机物的分离效果

物质	进料质量分数/%	透过物料质量分数/%	截留率/%
甲苯(溶剂)	88.05	95.51	
正癸烷(C_{10})	1.99	1.12	44
1-甲基萘(C_{11})	2.02	2.00	1
十六烷(C_{16})	2.02	0.43	79
1-苯基十一烷(C_{17})	1.99	0.68	66
姥鲛烷(C_{19})	1.92	0.10	95
廿二烷(C_{22})	1.98	0.16	92

由表 24-100 可见，这种聚酰亚胺膜对脂肪烃比对芳香化合物有较高的截留率。

Kim 等[81]在铸膜液中加入添加剂可以降低不对称膜的孔径，并用相转换方法和在铸膜液中添加二乙二醇二甲醚(DGDE)、乙酸、二氧六环得到不对称聚醚酰亚胺纳滤膜。但由于添加物的疏水性，使得通量比薄的复合纳滤膜低。但是对聚合物的磺化可以改进膜的表面。纳滤膜对于 Na_2SO_4、NaCl 及 $CaCl_2$ 在浓度为 0.005 mol/L 时的截留率为 80%、25%及 20%。

24.6　聚酰亚胺反渗透膜

用作反渗透膜是利用聚酰亚胺的高刚性和合适的极性。聚酰亚胺中的自由体积可由二胺上的取代基来调节，Walch 等[84]研究了 PMDA 基聚酰亚胺的脱盐效果(表 24-101)。

表 24-101　PMDA 聚酰亚胺反渗透膜的脱盐效果

二胺	水的透量/[L/(m^2 · d)]		NaCl 截留率/%	
	0.5%NaCl	4%NaCl	0.5%NaCl	4%NaCl
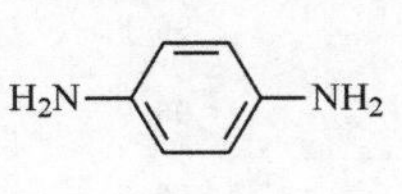	9	4	99.9	99.8
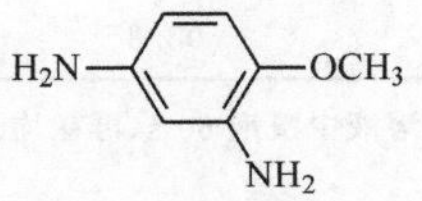	25	13	99.7	99.6

续表

二胺	水的透量/[L/(m² · d)]		NaCl 截留率/%	
	0.5%NaCl	4%NaCl	0.5%NaCl	4%NaCl
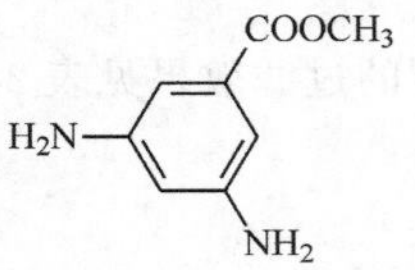	5	3	97.1	97.1
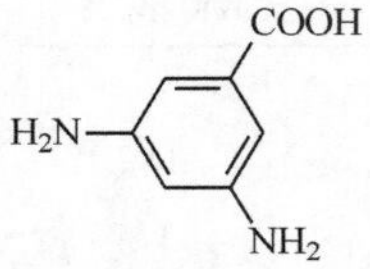	100	120	98.6	90.2

注：膜厚：12 μm，压力：100 atm；温度：25 ℃；流速：60 L/h。

Ba 等[85]在 PMDA/ODA 的聚酰胺酸溶液中加入 $ZnCl_2$，然后化学酰亚胺化，再在表面用均苯三酰氯与 MPD 界面聚合，得到复合膜，用于反渗透，结果见表 24-102 和表 24-103。

表 24-102　不同基底对反渗透膜脱盐的影响

膜基底	通量/[m³/(m² · d)]	截留率/%
PI-0%	0.80±0.04	61.4±15.1
PI-6%	0.60±0.01	95.3±0.4

表 24-103　单体浓度对脱盐效果的影响

MPD 浓度/%	均苯三酰氯浓度/%	通量/[m³/(m² · d)]	截留率/%
0.5	0.15	0.81	95.7
1.0	0.15	0.71	98.1
2.0	0.15	0.67	96.8
4.0	0.15	0.62	95.9
1.0	0.01	1.06	96.9
1.0	0.02	1.13	97.8
1.0	0.05	1.15	96.8
1.0	0.1	0.96	96.9
1.0	0.2	0.83	96.2
1.0	0.4	1.13	93.8

注：薄膜的制备：以加有 24%$ZnCl_2$ 的 PMDA/ODA 聚酰胺酸膜作为基底，在 MPD 水溶液中浸泡 60 s，再在均苯三酰氯在己烷的溶液中浸泡 10 s。

试验条件：2.0 g/L NaCl 溶液，压力为 55.2 bar，室温，在 55.2 bar 压实 9 h。

参 考 文 献

[1] Koros W J, Chen R T. Handbook of Separation Process Technology, R. W. Rousseau, ed., Wiley Intersciences, New York, 1987: 863.
[2] Stern S A, Trohalaki S. Gas Diffusion in Rubbery and Glassy Polymers, ACS Symp. Ser., 1990, 423: 22.
[3] A minabhavi T M, Athal U S. J. Macromol. Sci. Rev. Chem, Phys., 1988, C28: 421.
[4] Jia L, Xu J. Polym. J., 1991, 23: 417.
[5] Robeson L M, Smith C D, Langsom M. J. Membr. Sci., 1997, 132: 33.
[6] Yampolskii Y, Shishatskii S, Alentiev A, Loza K. J. Membr. Sci., 1998, 149:145;Yampolskii Y, Shishatskii S, Alentiev A, Loza K. J. Membr. Sci., 1998, 148: 59.
[7] Alentiev AYu, Loza K A, Tampolskii Yu P. J. Membr. Sci., 2000, 167: 91.
[8] Eastmond G C, Paprotny J, Webster I. Polymer, 1993, 34: 2865.
[9] Eastmond G C, Daly J H, Mckinnon A S, Pethrick R A. Polymer, 1993, 40: 2865.
[10] Al-Masri M, Kricheldorf H R, Fritsch D. Macromolecules 1999, 32: 7853.
[11] Ohya H, Kudryavtsev V V, Semenova S I. Polyimide Membrances-Applications, Fablications and Properties, Gordon and Breach Publishers, 1996: 111.
[12] Langsam M, Burgoyme W F. Proceedings of Int. Congr. On Membr. And Membr. Proc. ICOM'90, Chigago, USA, 1990, 1: 809.
[13] Li Y, Ding M, Xu J. J. Macromol. Sci., Pure & Appl. Chem., 1999, 34: 3605.
[14] 李悦生,丁孟贤,徐纪平,高分子通报,1998,(3): 1.
[15] Kim J-H, Lee S-B, Kim S Y. J. Appl. Polym. Sci., 2000, 77: 2756.
[16] Xu J W, Chng. M L, Chung T S. Hea C B, Wang R. Polymer, 2003, 44: 4715.
[17] Coleman M R, Koros W J. J. Membr. Sci., 1990, 50: 285.
[18] Kim Y-H, Ahn S-K, Kim H S, Kwon S-K. J. Polym. Sci., Polym. Chem., 2002, 40: 4288.
[19] Ayala D, Lozano A E, de Abajo J, García-Perez C, de la Campa J G, Peinemann K-V, Freeman B D, Prabhakar R. J. Membr. Sci., 2003, 215: 61.
[20] Kim H-S, Kim Y-H, Ahn S-K, Kwon S-K. Macromolecules 2003, 36: 2327.
[21] Ghanem B S, McKeown N B, Budd P M, Selbie J D, Fritsch D. Adv. Mater. 2008, 20: 2766.
[22] Yoon Jin Cho, Ho Bum Park, Macromol. Rapid Commun. 2011, 32, 579-586
[23] Ding Y, Bikson B, Nelson K. Macromolecules, 2002, 35: 905.
[24] Ding Y, Bikson B, Nelson K. Macromolecules, 2002, 35: 912.
[25] Matsui S, Nakagawa T. J. Appl. Polym. Sci., 1998, 67: 49.
[26] Matsui S, Sato H, Nakagawa T. J. Membr. Sci., 1998, 141: 31.
[27] Staudt-Bickel C, William J. Koros W J. J. Membr. Sci., 1999, 155: 145.
[28] Wind J D, Paul D R, Koros W J. J. Membr. Sci., 2004, 228: 227.
[29] Rezac M E, Schoberl B. J. Membr. Sci., 1999, 156: 211.
[30] Taubert A, Wind J D, Paul D R, Koros W J, Winey K I. Polymer, 2003, 44: 1881.
[31] Fang J, Kita H, Okamoto K-I. J. Membr. Sci., 2001, 182: 245.
[32] Schauer J, Sysel P, Marrousek V, Pientka Z, Pokorny J, Bleha M. J. Appl. Polym. Sci., 1996, 61: 1333.
[33] Hibshman C, Cornelius C J, Marand E. J. Membr. Sci., 2003, 211: 25.
[34] Smaihia M, Schrottera J-C, Lesimple C, Prevost, I, Guizarda C. J. of Membr. Sci., 1999, 161: 157.
[35] Staudt-Bickel C, Koros W J. J. Membr. Sci., 2000, 170: 205.
[36] Coleman M R, Koros W J. Macromolecules, 1997, 30: 6899.
[37] Coleman M R; Koros W J. Macromolecules, 1999, 32: 3106.
[38] Fuhrman C, Nutt M, Vichtovonga K, Coleman M R. J. Appl. Polym. Sci., 2004, 91: 1174.

[39] Lin W-H, Chung T-S., J. Membr. Sci., 1999, 186: 183.
[40] Chan S S, Wang R, Chung T-S, Liu Y. J. Membr. Sci., 2002, 210: 55.
[41] Ismail A F, David L I B. J. Membr. Sci., 2001, 193: 1.
[42] Kusakabe K, Yamamoto M, Morooka S. J. Membr. Sci., 1998, 149: 59.
[43] Kim Y K, Lee J M, Park H B, Lee Y M. J. Membr. Sci., 2004, 235: 139.
[44] Park H B, Kim Y K, Lee J M, Lee S Y, LeeY M. J. Membr. Sci., 2004, 229: 117.
[45] Singh-Ghosal A, Koros W J. J. Membr. Sci., 2000, 174: 177.
[46] Tanihara N, Shimazaki H, Hirayama Y, Nakanishi S, Yoshinaga T, Kusuki Y. J. Membr. Sci., 1999, 160: 179.
[47] Hayashi J-I, Mizuta H, Yamamoto M, Kusakabe K, Morooka S. Ind. Eng. Chem. Res., 1996, 35: 4176.
[48] Hayashi J-I, Yamamoto M, Kusakabe K, Morooka S. Ind. Eng. Chem. Res., 1997, 36: 2134.
[49] Fuertes A B, Centeno T A. J. Membr. Sci., 1998, 144: 105.
[50] Xiao Y, Chung T-S, Chng M L, Tamai S, Yamaguchi A. J. Phys. Chem. B 2005, 109: 18741.
[51] Peter J, Khalyavina A, Kríz J, Bleha M, Eur. Polym. J., 2009, 45: 1716.
[52] Park H B, Suh I Y, Lee Y M. Chem. Mater., 2002, 14: 3034.
[53] Kim Y K, Park H B, Lee Y M. J. Membr. Sci., 2003, 226: 145.
[54] Vu de Q, Koros W J, Miller S J. J. Membr. Sci., 2004, 221: 233.
[55] Vu de Q, Koros W J, Miller S J. J. Membr. Sci., 2003, 211: 311.
[56] Won J, Kim M H, Kang Y S, Park H C, Kim U Y, Choi S C, Koh O K. J. Appl. Polym. Sci., 2000, 75: 1554.
[57] Kita H, Sasaki S, Tanaka K, Okamoto K, Yamamoto M. Chem. Lett., 1988, 12: 2025.
[58] Okamoto K-I, Semoto T, Tanaka K, Kita H. Chem. Lett., 1991, 167.
[59] Fang J, Tanaka K, Kita H, Okamoto K-I. Polymer, 1999, 40: 3051.
[60] Yanagishita H, Kitamoto D, Ikegami T, Negishi H, Endo A, Haraya K, Nakane T, Hanai N, Arai J, Matsuda H, Idemoto Y, Koura N. J. Membr. Sci., 2002, 203: 191.
[61] Okamoto K-I, Wang H, Ijyuin T, Fujiwara S, Tanaka K, Kita H. J. Membr. Sci., 1999, 157: 97.
[62] Okamoto K, Ijyuinn T, Fujiwara S, Wang H, Tanaka K, Kita H. Polym. J. 1998, 30, 1061.
[63] 张可达,刘南安,丁孟贤,张超,张劲. 高分子材料科学与工程,1993,(1): 19.
[64] Polotskaya G A, Kuznetsov Y P, Goikhman M Y, Podeshvo I V, Maricheva T A, Kudryavtsev V V. J. Appl. Polym. Sci., 2003, 89: 2361.
[65] Yanagishita H, Kitamoto D, Nakane T, High Perf. Polym., 1995, 7: 275.
[66] Lai JY, Li S-H, Lee K-R. J. Membr. Sci., 1994, 93: 273.
[67] Li C-L, Lee K-R. Polym. Int., 2006, 55: 505.
[68] White L S. US, 6180008, 2001.
[69] Ba C, Langer J, Economy J. J. Membr. Sci., 2009, 327: 49.
[70] Vanherck K, Vandezande P, Aldea S O, Vankelecom I F J. J. Membr. Sci., 2008, 320: 468.
[71] See-Toh Y H, Ferreira F C, Livingston A G. J. Membr. Sci., 2007, 299: 236.
[72] Pradhan N C, Sarkar C S, Niyogi S, Adhikari B, J. Appl. Polym. Sci., 2002, 83: 822.
[73] McCandless F P, Downs W B. J. Membr. Sci., 1987, 30: 114.
[74] Chafin R, Lee J S, Koros W J. Polymer, 2010, 51: 3462.
[75] Jonquieres A, Dole C, Clemente R, Lochon P. J. Polym. Sci., Polym. Chem., 2000, 38: 614.
[76] Hofman D, Ulbrich J, Fritsch D, Paul D. Polymer, 1998, 37: 4773.
[77] 岩间昭男,田坂谦太郎,今村犹兴. 化学工场. 1983,27(4): 110.
[78] Beerlage M A M, Peeters J M M, Nolten J A M, Mulder M H V, Strathmann H. J. Appl. Polym. Sci., 2000, 75:1180.

[79] Kim I C, Park K W, Tak T M. J. Appl. Polym. Sci., 1999, 73: 907.
[80] Kim I C, Kim J H, Lee K H, Tak T M. J. Appl. Polym. Sci., 2000, 75: 1.
[81] Kim I-C, Lee K-H, Tak T-M. J. Appl. Polym. Sci., 2003, 89: 2483.
[82] Kim I-C, Kim J-H, Lee K-H, Tak T-M. J. Membr. Sci., 2002, 205: 113.
[83] White L S. J. Membr. Sci., 2002, 205: 191.
[84] Walch A, Lukas H, Klimmek A, Pusch W. J. Polym. Sci., Polym. Lett., 1974, C12: 701.
[85] Ba C, Economy J. J. Membr. Sci., 2010, 363: 140.

第 25 章　光敏聚酰亚胺

光敏聚酰亚胺是指对如紫外光(UV)、X 射线、电子束或离子束敏感,用光刻技术能将掩膜板图形直接转移到膜材上的可溶性聚酰亚胺或聚酰亚胺的预聚体(precursor)。在光敏聚酰亚胺中再添加上增感剂、稳定剂等就得到"聚酰亚胺光刻胶"。聚酰亚胺光刻胶与普通光刻胶之间的区别在于普通光刻胶也叫作光阻隔剂(photoresist),它的作用是利用其可光刻性将掩膜上的图形留在通常是普通聚酰亚胺的介电层上,然后按图形将暴露的聚酰亚胺去除后留下所需要的图形,留在聚酰亚胺上的光阻隔剂最后再被去掉。而聚酰亚胺光刻胶本身既起光刻作用又是介电材料,所以可以大大缩短工序,提高生产效率,图 25-1 是两种光刻胶加工工序的比较[1]。

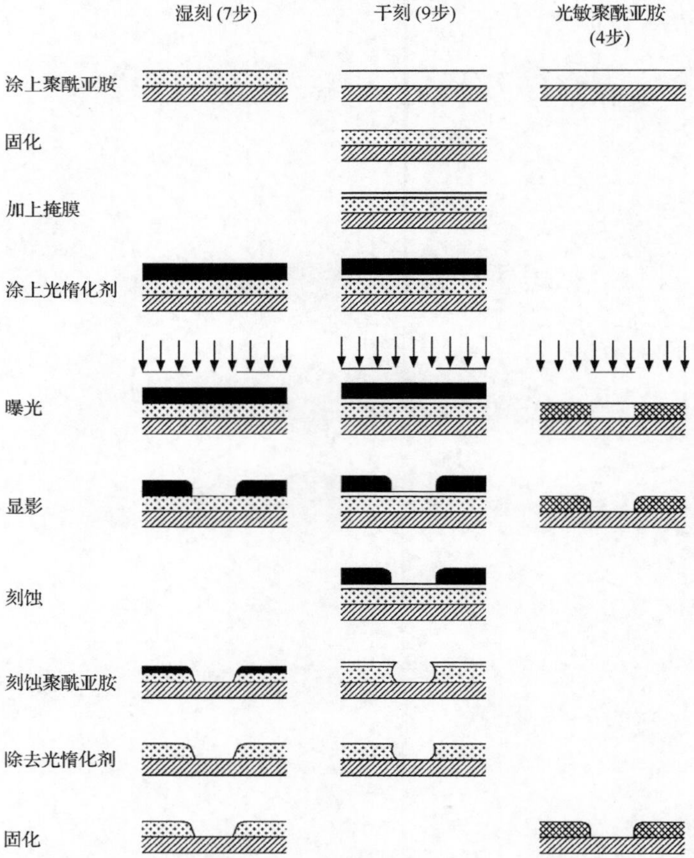

图 25-1　聚酰亚胺光刻胶与普通光刻胶的光刻过程比较

聚酰亚胺具有高的耐热性、高强度、高介电性能，更重要的是聚酰亚胺可以通过各种前体，如聚酰胺酸、聚酰胺酯及聚异酰亚胺的形式再加热转变为稳定的聚酰亚胺，这样就可以通过盐或酯的方式引入光敏基团，这些光敏基团在曝光、显影后，可以加热转化为稳定的聚酰亚胺层。也可以利用聚异酰亚胺的高溶解性和在碱催化下转化为聚酰亚胺的性能进行光刻。聚酰亚胺前体溶液都有良好的成膜性及流平性，适宜作为微电子技术所需要的介电层、缓冲层及 α 粒子屏蔽层等。四十多年来，光敏性聚酰亚胺的研究非常活跃，并且已经有商品上市成为微电子工业中的重要材料。

1971 年，贝尔实验室的 Kerwin 和 Goldrick[2] 首先报道了在聚酰胺酸溶液中添加少量的重铬酸钾，形成可以在涂膜后曝光成像的光敏性聚酰亚胺胶液，但这种胶液很不稳定，4～8 h 内就会失效，所以没有应用价值。1976 年，西门子公司的 Rubner[3] 首次报道了通过将光敏性醇与均苯二酐反应，得到二酸二酯，然后再酰氯化，并与芳香二胺缩聚，制成对紫外敏感的聚酰胺酯，该方法就成为合成光敏聚酰亚胺的基础。

25.1 负性光敏聚酰亚胺

被曝光的区域由于发生光化学反应能够在显影后将光刻胶留下形成图案的光刻胶是负性光刻胶。负性聚酰亚胺光刻胶有三类：酯型、离子型和可以进行光交联的酰亚胺型。

25.1.1 酯型光敏聚酰亚胺

酯型聚酰亚胺光刻胶就是以 Rubner 的方法为基础发展起来的，作为光刻胶实际上只是聚酰亚胺的光敏性前体，就是如式 25-1 所表示的由二酐与带光敏性基团的醇反应生成二酸二酯，然后再酰氯化，最后与二胺反应得到光敏性聚酰胺酯。

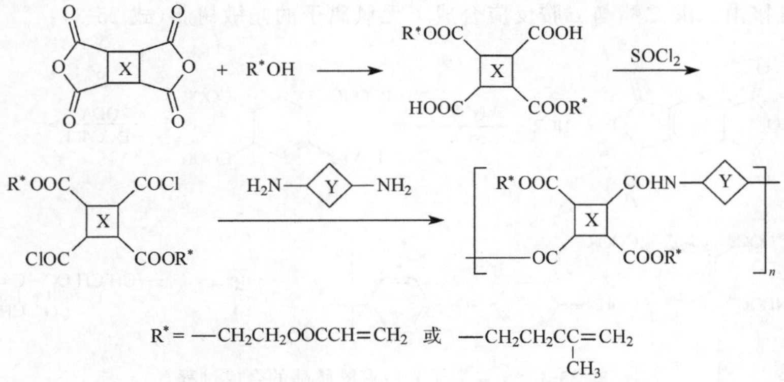

式 25-1　酯型光敏聚酰亚胺的合成

将这种具有良好溶解性的光敏性聚酰胺酯配以适当的溶剂，并添加少量的增感剂和稳定剂等，就可以得到实用型的酯型聚酰亚胺光刻胶，它的分辨能力可达 2 μm[4]。这种双键系统的光敏基团的最大吸收波长在 230 nm 左右或更低。目前微细加工工艺一般都采用超高压汞灯作为曝光光源，其特征谱线为 365 mm(i 线)、405 nm(h 线)和 436 nm (g 线)。因此,在配制这种酯型聚酰亚胺光刻胶时,不仅要添加增感剂,而且要添加一定量的交联剂(如双叠氮交联剂),有时还要添加一些光化学反应引发剂,以提高这种光敏聚酰亚胺对 i 线、h 线或 g 线的感度。

Merrem 等[5]为了提高灵敏度,合成了在单位结构单元中含有较多感光基团的聚酰胺酯,其结构如式 25-2 所示。

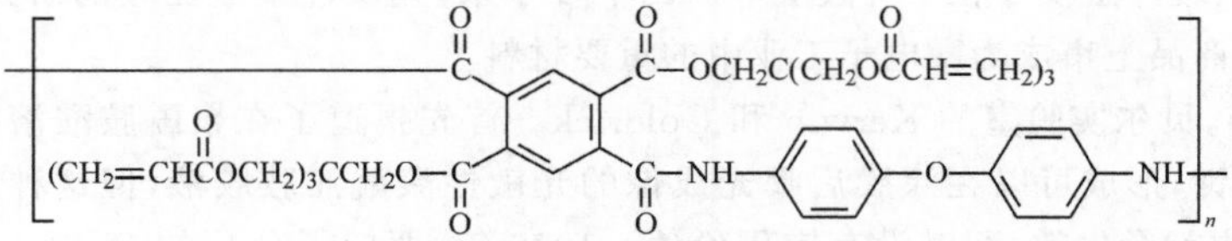

式 25-2　多功能光敏聚酰胺酯结构

这种带不饱和基团的聚酰亚胺光刻胶在曝光后,分子的侧链发生光化学反应,形成交联桥,导致曝光区难溶或不溶,未曝光部分仍然保留溶解性,用有机溶剂显影后曝光的不溶部分按掩膜的图形留下来。热酰亚胺化时,交联桥及其他添加剂都在高温下分解、逸出,留下稳定的聚酰亚胺图形。这种光刻胶的灵敏度可达到约 120 mJ/cm^2。但由于酰亚胺化时,失掉由大量庞大的光敏基团产生的交联桥,导致膜厚度损失率高达 55%。针对这个问题,侯豪情等[6]以丙三醇二丙烯酸酯作为光敏性醇,合成了类似结构的光敏性树脂,灵敏度仍约为 120 mJ/cm^2(若配以适当的光化反应引发剂,灵敏度可达 80 mJ/cm^2),而膜厚度损失率可减少至 40%以下。同时,李佐邦等[7]以肉桂醇为光敏剂,期望得到灵敏度更好的酯型光敏性树脂。肉桂醇的吸收波长更接近 i 线(在 280～300 nm),但灵敏度仍然不理想。

为了消除能够降低介电性能和对铜有腐蚀性的氯离子,Rubner 等[8]改用 DCC 作为酰化剂,直接由二酸二酯与二胺反应合成了无氯离子的光敏树脂(式 25-3)。

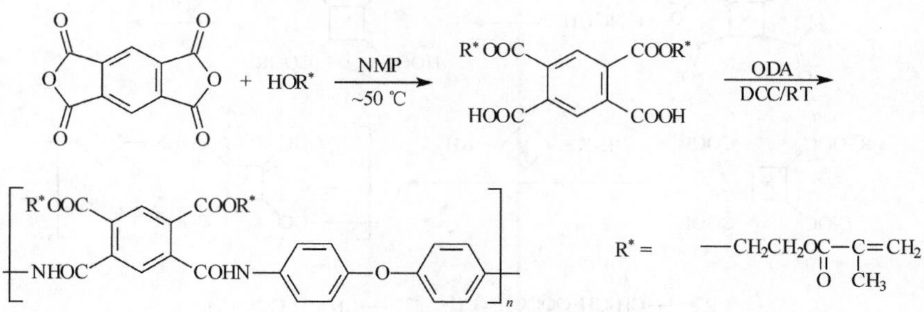

式 25-3　无氯离子光敏聚酰胺酯的合成过程

Minnema 等[9]以烷氧代异脲与羧酸的酯化反应[10]为依据,通过式 25-4 所示的过程合成了相对分子质量较高的光敏树脂。

用这种方法可以获得相对分子质量可控的酯型光敏树脂,同时也可以免去氯离子的污染。但对于大分子反应,酯化度较低。

侯豪情等[11]利用界面反应技术,合成了相对分子质量较高的酯型光敏树脂,这也是

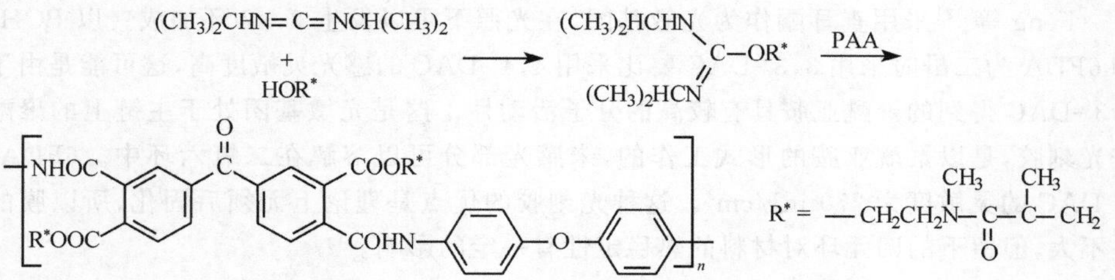

式 25-4　以烷氧代异脲与羧酸的酯化反应

一个不经分离过程的，从二酐开始计量的系列反应，所得到的光敏树脂的特性黏度可达 0.8 dL/g，合成过程见式 25-5。用该树脂配制的聚酰亚胺光刻胶，对 X 射线和 UV 都很灵敏，且容易形成厚胶膜。

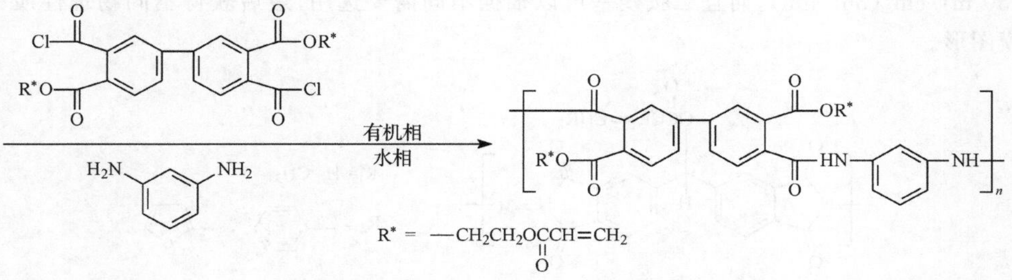

式 25-5　用界面聚合得到高相对分子质量的光刻胶

Zhang 等[12]将光敏基团肉桂酸接在聚酰亚胺的侧链上（式 25-6），利用光诱导的 2+2 环加成发生交联，用 DMF 为显影液得到光刻图形。

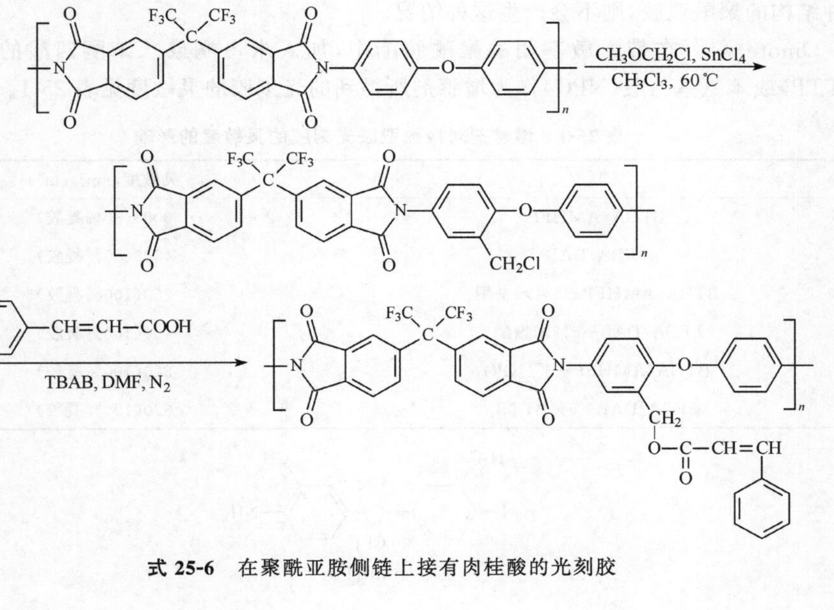

式 25-6　在聚酰亚胺侧链上接有肉桂酸的光刻胶

Feng 等[13]采用查耳酮作为光敏基团，在光照下可以发生 2+2 环加成。以 BCHDA 和 6FDA 为二酐时采用 3,3′-DAC 要比采用 4,4′-DAC 的感光灵敏度高，这可能是由于以 3,3′-DAC 得到的聚酰亚胺具有较高的分子活动性。这是光敏基团处于主链上的聚酰亚胺光刻胶，是以聚酰亚胺的形式工作的，未感光部分可以溶解在二氧六环中。6FDA/4,4′-DAC 的灵敏度为 270 mJ/cm^2。这种光刻胶的优点是理论上无须后固化，所以膜的损失不大，但留下的四元环对材料的热稳定性有一定的影响。

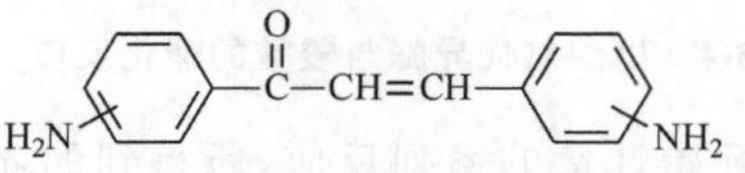

DAC

Berrada 等[14,15]合成了结构如式 25-7 所示的光敏聚酰亚胺。光二聚反应使大分子间产生交联结构，在高温热固化时，光敏侧基被分解逸出胶膜。所报道的灵敏度在 100～150 mJ/cm^2(365 nm)，而且二胺残基可以根据不同需要选用，最后获得不同物理性质的膜图形。

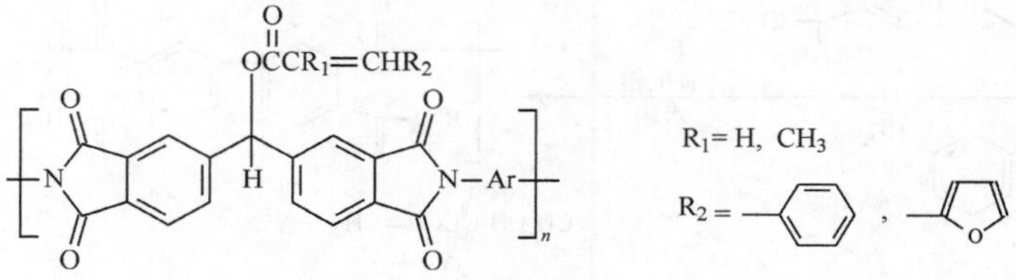

式 25-7 在二酐单元带有光敏基团的聚酰亚胺

前面介绍的带烷侧基的光敏聚酰亚胺在高温固化后，由于侧基的热反应，在最终的膜图形中形成较高密度的交联结构，导致应力过大[16,17]，容易造成膜图形的龟裂。而后面这种结构的聚酰亚胺，则不会产生这种情况。

Omote 等[18]在带光敏基团的聚酰胺酯中，加入米蚩酮或二苯酮四酸的四特丁酯(BTTB)或苯氨基乙酸(NPG)作为增感剂所得到的光刻胶的灵敏度见表 25-1。

表 25-1 增感剂对聚酰亚胺光刻胶的灵敏度的影响

光刻胶	灵敏度/(mJ/cm^2)
BTDA/AMHFP	3000(80%凝胶)
6FDA/DAB	4500(50%凝胶)
BTDA/AMHFP+5%米蚩酮	250(100%凝胶)
6FDA/DAB+5%米蚩酮	900(100%凝胶)
BTDA/AMHFP+5%NPG	320(100%凝胶)
6FDA/DAB+5%BTTB	320(100%凝胶)

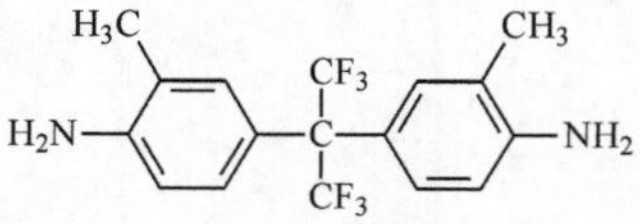

AMHFP

NPG 和 BTTB 的增感作用见式 25-8，即由这两个化合物光解产生的游离基引发丙烯酸酯的聚合。

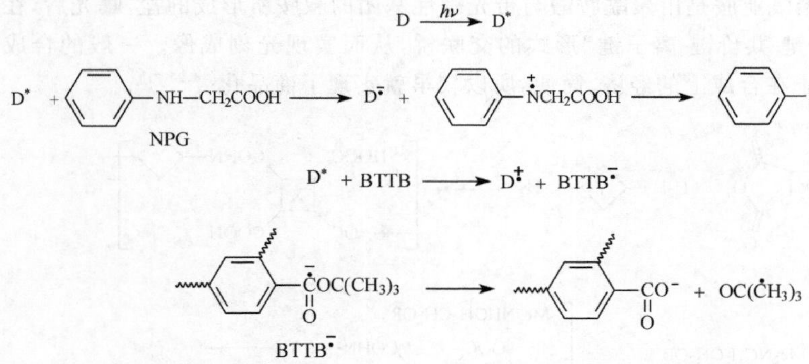

式 25-8　NPG 和 BTTB 的增感作用

印杰等[19]将 2 当量的 6FDA 与三元胺 TAPOB 反应得到带端酐基的化合物，然后再与对氨基苯酚反应得到超枝化的带羟端基的聚合物，最后与丙烯酰氯、甲基丙烯酰氯或肉桂酸酰氯反应得到光敏超枝化聚酰亚胺（图 25-2）。三种光敏聚酰亚胺具有相似的感光性能，并且可以溶于低沸点溶剂，如丙酮、二氯乙烷中。在 365 nm 紫外光辐照下，灵敏度在 650～680 mJ/cm^2，对比度为 2.6。

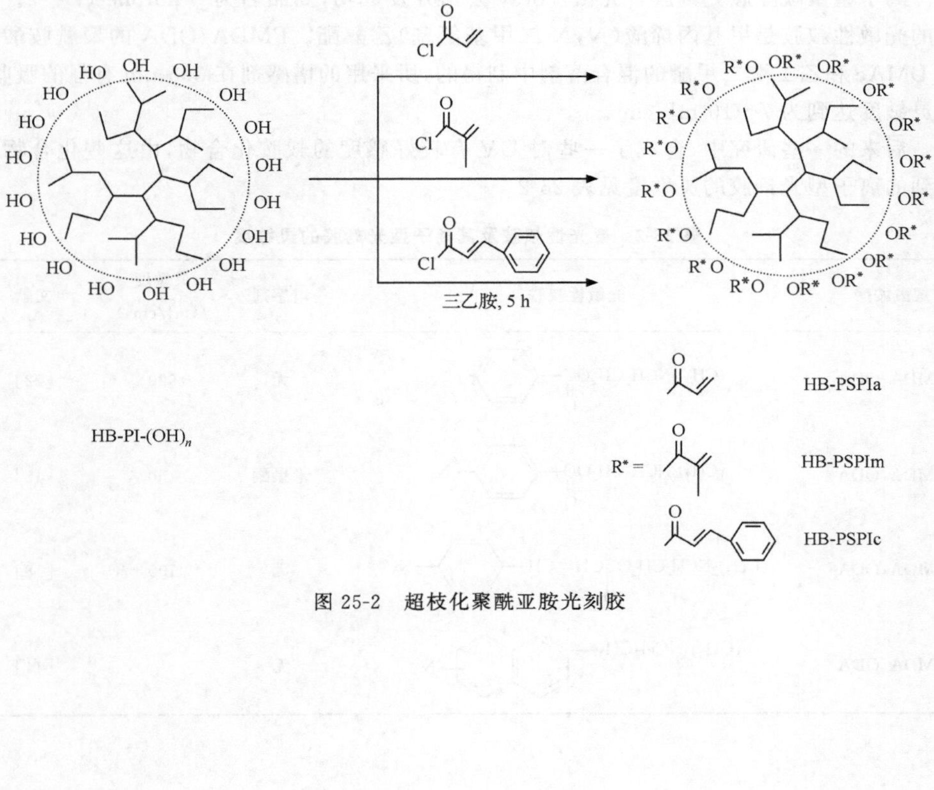

图 25-2　超枝化聚酰亚胺光刻胶

25.1.2 离子型负性光敏聚酰亚胺

离子型光敏聚酰亚胺是由聚酰胺酸与带光敏性基团的叔胺所形成的盐，曝光后，在大分子间产生“离子键-共价键-离子键”形式的交联桥，从而实现光刻成像。一般的合成方法见式 25-9。由于在合成上的经济、简便，所以较早就实现了商品化[16,20,21]。

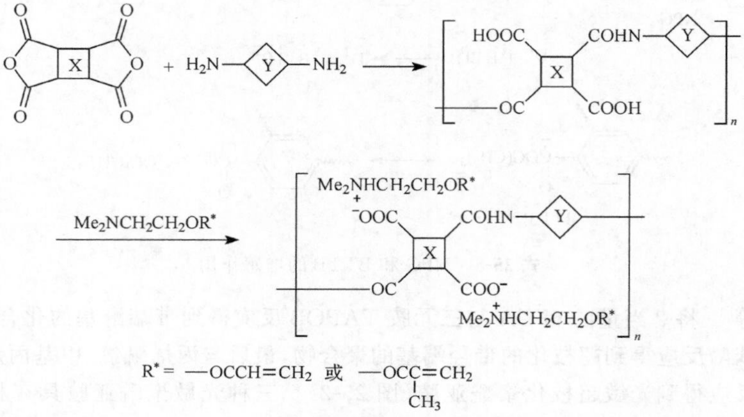

式 25-9 离子型光敏聚酰亚胺的合成方法

离子型聚酰亚胺光刻胶首先由 Toray 公司开发成功，商品名为“Photoneece”[21]。其中的光敏性叔胺是甲基丙烯酸（*N*,*N*-二甲基氨基）乙醇酯。PMDA/ODA 的聚酰胺酸是在 DMAc 和乙二醇二甲醚的混合溶剂中制得的，所采用的增感剂在 365 nm 有强的吸收，其灵敏度达到为 7～10 mJ/cm^2。

后来的一些研究中，合成了一些对 UV 有较好感度的叔胺化合物，由这些化合物所得到的离子型光刻胶的灵敏度见表 25-2。

表 25-2 感光性叔胺及其离子型光刻胶的灵敏度

聚酰胺酸	光敏性叔胺	增感剂	灵敏度 /(mJ/cm^2)	文献
PMDA/ODA	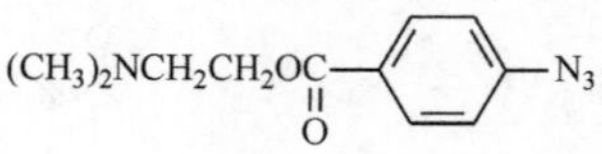	无	920	[22]
PMDA/ODA	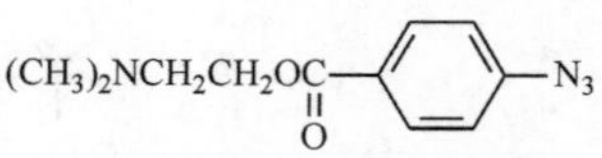	米蚩酮	150	[18]
PMDA/ODA	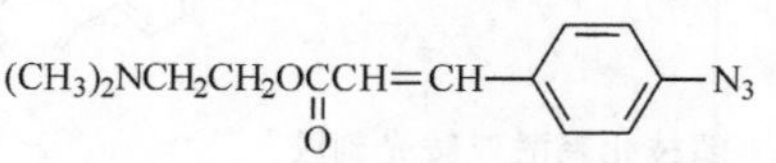	无	100	[18]
PMDA/ODA	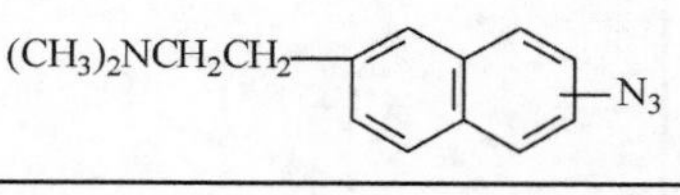	无		[14]

续表

聚酰胺酸	光敏性叔胺	增感剂	灵敏度 /(mJ/cm²)	文献
TDPA/ODA	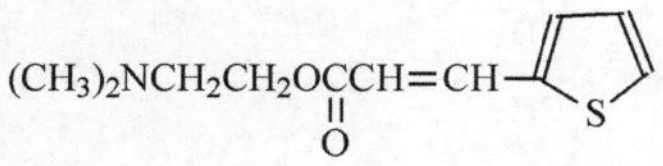	无	250	[15]
TDPA/ODA	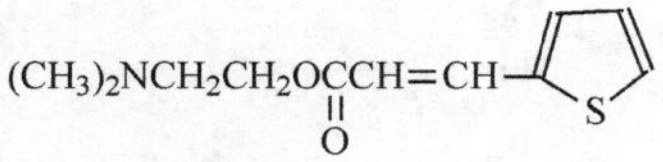	米蚩酮	150	[15]
TDPA/ODA	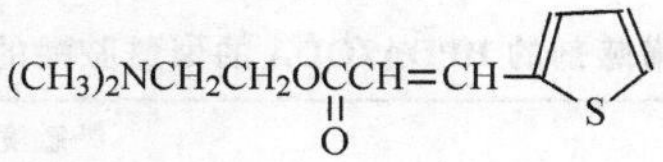	2-异丙基噻吨酮	175	[15]
PMDA/ODA	$(CH_3)_2NCH_2CH_2O{-}C({=}O){-}C(CH_3){=}CH_2$	2,6-双(4-叠氮苯基甲叉)-4-甲基环己酮		[14]
PMDA/ODA	$(CH_3)_2NCH_2CH_2O{-}C({=}O){-}C(CH_3){=}CH_2$		7～9	[17,21]

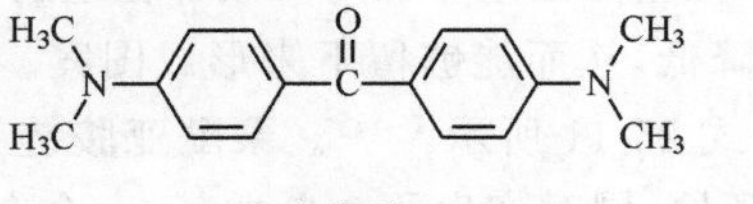

米蚩酮

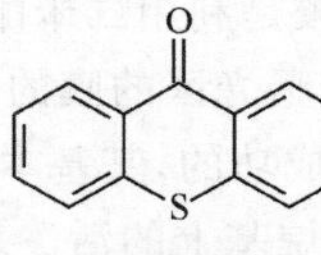

2-异丙基噻吨酮

表 25-2 中的叠氮化合物的光刻原理是形成偶氮化合物(式 25-10)[22]。

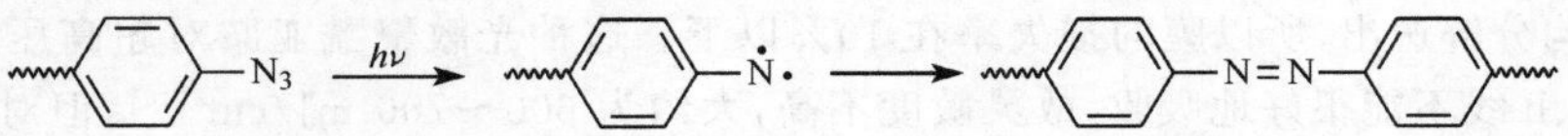

式 25-10　叠氮化合物的光分解及复合

Kataoka 等[23]以 Xe-Hg 灯对加有不同结构的叠氮化合物的 BPDA/ODA 的聚酰胺酸进行辐照,其灵敏度见表 25-3,对加有不同增感剂的聚酰胺酸的灵敏度见表 25-4。

表 25-3　Xe-Hg 灯辐照加有不同结构叠氮化合物的 BPDA/ODA 的聚酰胺酸的灵敏度

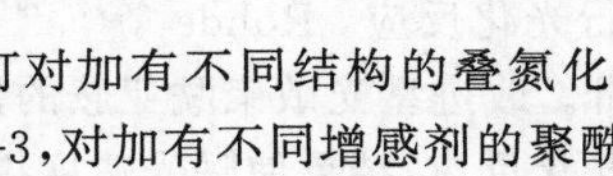

R^1	R^2	灵敏度 $D_{0.5}$/(mJ/cm²)
$\text{-(}CH_2\text{)}_2\text{-}$	CH_3	14
$\text{-(}CH_2\text{)}_3\text{-}$	CH_3	14

续表

R^1	R^2	灵敏度 $D_{0.5}$/(mJ/cm^2)
$-\!(CH_2)_4\!-$	CH_3	15
$-\!(CH_2)_6\!-$	CH_3	14
$-\!(CH_2)_2\!-O-\!(CH_2)_2\!-$	CH_3	9
$-\!(CH_2)_2\!-$	Et	16
$-\!(CH_2)_2\!-$	*i*-Pr	预烘后不透明
$-\!(CH_2)_2\!-$	*n*-Bu	预烘后不透明

表 25-4 Hg 灯辐照加有不同增感剂的 BPDA/ODA 的聚酰胺酸的灵敏度

感光剂和增感剂	灵敏度 $D_{0.5}$/(mJ/cm^2)
$R^1=-\!(CH_2)_2\!-$,$R^2=CH_3$	920
$R^1=-\!(CH_2)_2\!-$,$R^2=CH_3$+米蚩酮	150
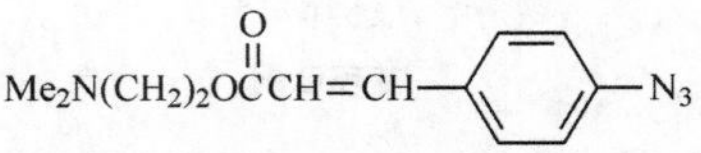	100

25.1.3 酰亚胺型负性光敏聚酰亚胺

酰亚胺型光刻胶是利用二苯酮二酐单元上的酮基可以与二胺邻位上的 α-氢在紫外光辐照下发生交联,使曝光区的膜的溶解性降低,从而能够留下来形成图案。这是由 Pfeifer 等[24,25]首先研制成功的,其基本结构如式 25-11 所示[26,27]。聚酰亚胺链上的酮羰基被 UV 激发,夺取侧链烷基上的活泼氢而被还原,同时产生两个自由基,一个在侧烷基上,一个在主链羰基碳上。两个自由基的结合则形成聚酰亚胺分子间的交联结构,导致曝光区难溶,成为负性光刻胶。这种聚酰亚胺光刻胶的最大优点是在高温固化时,没有大量的交联桥结构分解逸出,所以膜的损失率在 10%以下。这种光敏聚酰亚胺对超高压汞灯的 i 线、g 线、h 线不能很好地吸收,故灵敏度不高,大约为 600~700 mJ/cm^2[16],但对 310 mn 波段的感光度是 20~30 mJ/cm^2[26,28]。为了使这种聚酰亚胺的最大吸收发生红移,能较好地利用 i 线或 h 线和 g 线进行光化反应, Rohde 等[28,29]将分子结构进行改造,在合成时,加进了约 10%的噻吨酮二酐。改进型光敏聚酰亚胺的紫外吸收移至 410 nm 以上,能比较好地利用 i 线和 h 线进行光化反应,结果使曝光速度提高 2.7 倍。

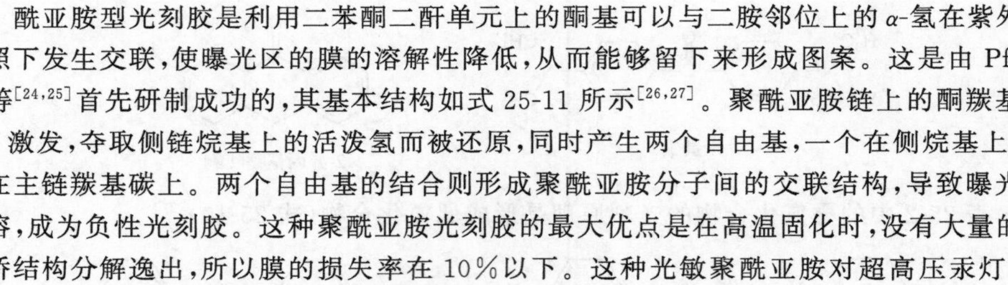

式 25-11 酰亚胺型光刻胶的交联

杨士勇等[30]合成了如式 25-12 所示的聚酰亚胺，用 i 线曝光，灵敏度为 150 mJ/cm²，收缩率为 8%～12%。

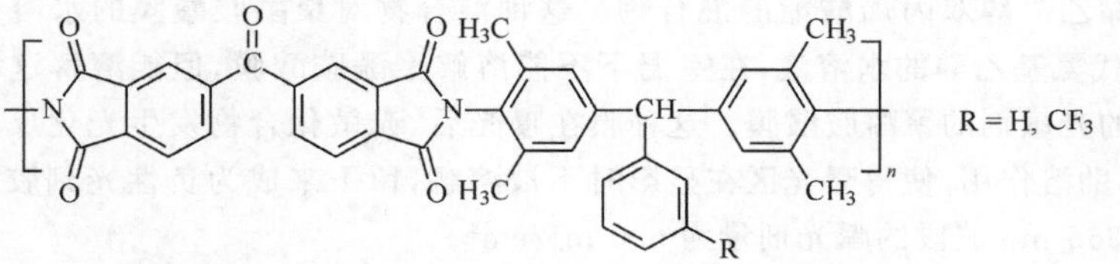

式 25-12　含多个烷基的酰亚胺型光刻胶

后来的研究表明，在这种光敏聚酰亚胺中，酰亚胺五元环与二胺残基间能形成分子内或分子间的电荷转移(CT)复合结构[27,31]，这种 CT 复合结构使聚酰亚胺分子中光激发态寿命降低(与二苯酮的激发态寿命相比)，从而导致光交联反应的量子产率只有 2.0×10^{-3}。基于这个原因，人们希望采用激发态寿命较长的结构替代二苯酮结构，以便提高光交联反应的量子产率。于是，Yamashita 等[31]合成了具有式 25-13 所示结构的光敏聚酰亚胺树脂。这种结构的聚酰亚胺在 400 nm 波段有很强的吸收，吸收 h 线或 g 线光能后放出氮气，同时产生反应性很强的卡宾结构。这种激发态结构的寿命足够长，不至于来不及反应就失活[32-34]。因此，用这种光敏聚酰亚胺进行光交联反应时的量子产率是 0.13，比二苯酮结构的 PI 的量子产率高 65 倍。

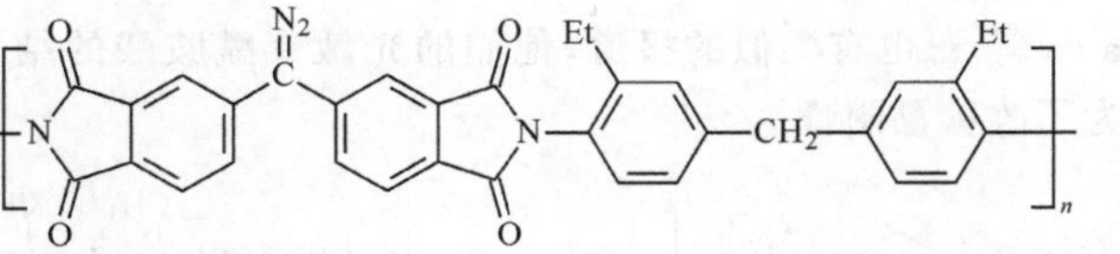

式 25-13　含重氮基的亚胺型 PSPI 光刻胶的成膜剂结构

另外，Chiang 等[35]则在二胺中引入乙硫基，用这种二胺与二苯酮二酐缩合成的可溶性光敏聚酰亚胺获得了预期的灵敏度(对 365 nm 波段 UV 的灵敏度为 129 mJ/cm²)，结构见式 25-14。

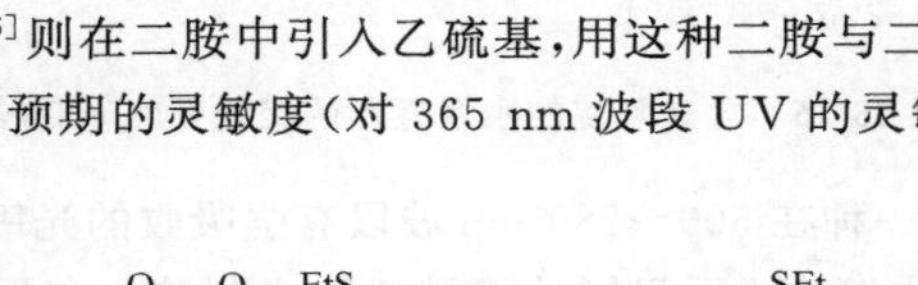

式 25-14　含乙硫基的 PSPI 光刻胶

25.1.4　使用水系显影液的负性光敏聚酰亚胺

迄今进入实用的聚酰亚胺光刻胶大部分还是以有机溶剂为显影液，在环境保护越来越受到重视的今天，人们更希望使用水系显影的光刻胶。首先报道水系显影负性聚酰亚胺光刻胶的是 Nishizawa 等[36]和 Choi 等[37]。前者的方法是在聚酰胺酸溶液中添加一定量的光敏性物质和高灵敏度的光化反应引发剂，成膜后，经掩膜曝光，并用氮上取代的氨基乙醇的水溶液做显影剂，进行显影成像。他们使用的光敏剂是易溶于水的单甲基丙烯酰脲和二缩乙二醇双丙烯酸酯的混合物。这种混合物对聚酰胺酸膜的水溶性有增强作用。*N*-取代氨基乙醇的水溶液，在室温下不能溶解聚酰胺酸膜，但能溶解这种添加了含单酰脲基的光敏剂的聚酰胺酸膜。这种膜在曝光后，光敏化合物发生光化反应形成聚合物，失去了助溶作用，使得曝光区在显影时不被溶解，留下来成为负性光刻胶图形。这种光刻胶在 365 nm 波段的曝光剂量为 500 mJ/cm^2。

Choi 等的做法是通过一种含光敏性侧基的二胺与二酐缩合成光敏性聚酰胺酸。这种膜可以溶解在四甲基氢氧化铵水溶液中，其曝光部分因为发生交联而不能溶解，结构见式 25-15。

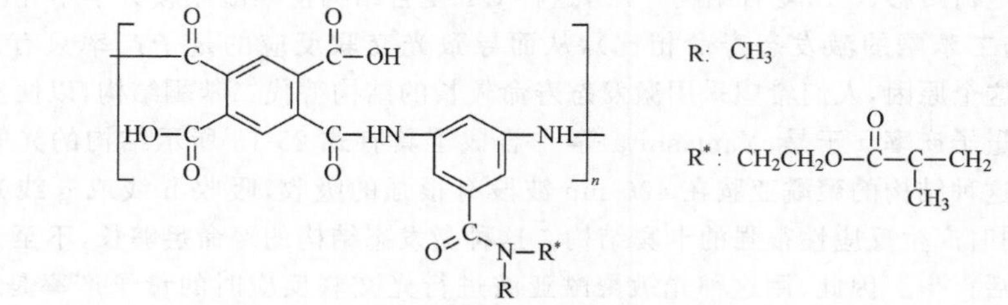

式 25-15　水系显影的 PSPI 光刻胶[37]

另外，Kikkawa 等[38]也有类似的报道，他们的光敏聚酰胺酸的结构见式 25-16，加进硅氧烷结构，是为了改善黏附性。

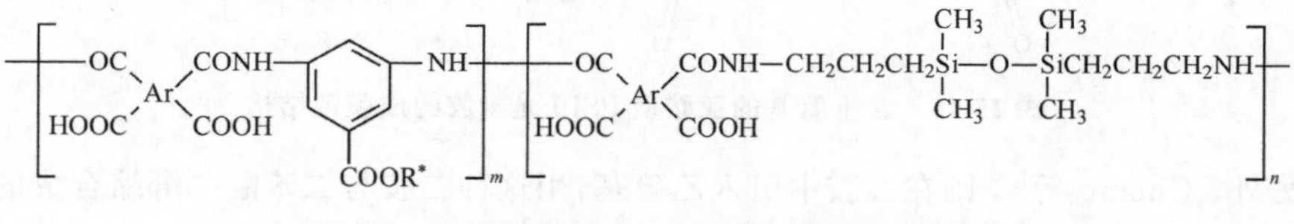

式 25-16　含硅氧烷的水系显影的聚酰亚胺光刻胶

侯豪情等[39]合成了一种在 500～280 nm 波段有强吸收的光敏型二胺，用这种二胺可以与一系列的二酐形成主链型水系显影的聚酰亚胺光刻胶。在不加入任何添加剂时，灵敏度可达 100～150 mJ/cm^2。这种主链型的光敏聚酰胺酸具有式 25-17 所示结构。这种结构在曝光后，发生大分子的交联导致曝光区难溶，从而实现显影成像。由于主链中的部分非芳香结构，热稳定性有所降低，初始热分解温度为 380 ℃左右。

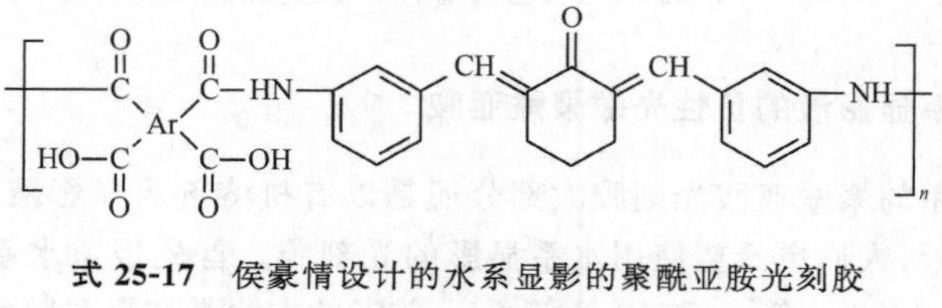

式 25-17　侯豪情设计的水系显影的聚酰亚胺光刻胶

Hsu 等[40]将正性与负性光刻胶的结构结合起来，发展了一种可以用水系显影液的负性光刻胶(式 25-18)。大多数正性聚酰亚胺光刻胶都带羟基，用邻重氮萘醌磺酸酯类物质(DNQ)作为光敏剂，正性胶在显影时胶溶胀少，但暗膜的损失较大，难以得到厚膜。Hsu 等采用了带酚羟基及丙烯酸的聚酰亚胺前体，与光引发剂、光敏剂及光交联剂组成的光刻胶，带羟基的聚酰胺酯可以溶于水，表 25-5 和表 25-6 为这种光刻胶的溶解速度和灵敏度。

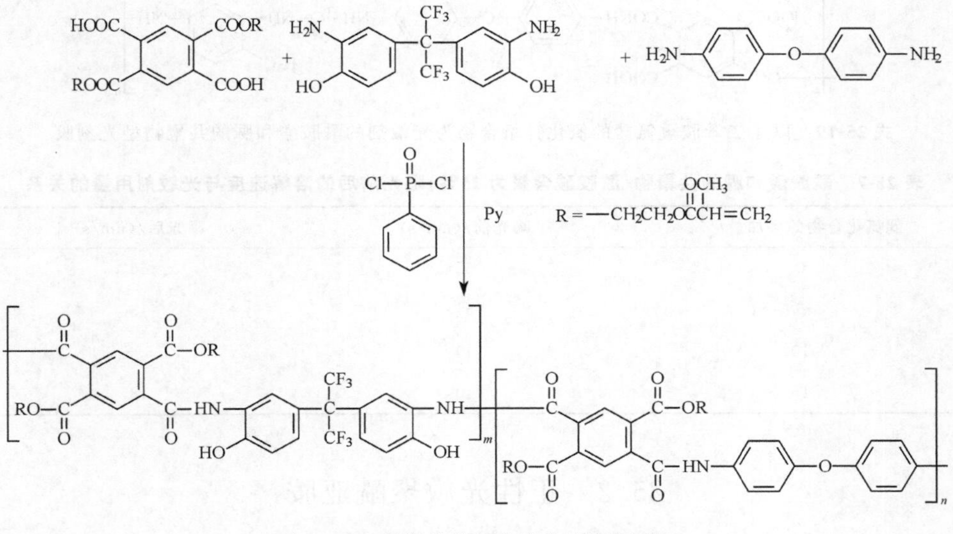

式 25-18　带羟基的负性聚酰亚胺光刻胶

表 25-5　3 μm 厚的带羟基的负性光敏聚酰亚胺薄膜的溶解速度(s)

m∶*n*	0.60%TMAH	1.19%TMAH	2.38%TMAH	4.76%TMAH
100∶0	31	9	3	1
75∶25	200	45	21	5
25∶75	4800	547	245	65

注：TMAH：四甲基氢氧化铵。

表 25-6　带羟基的负性光敏聚酰亚胺灵敏度 $D_{0.5}$/(mJ/cm²)

TMAH 的浓度/%	*m*∶*n*=100∶0	*m*∶*n*=75∶25	*m*∶*n*=50∶50
0.60	582	—	—
1.19	687	428	—
2.38	839	452	323
4.76	1064	794	360

注：*m*∶*n*=75∶25 的聚合物的特性黏度为 0.2 dL/g。

Liu 等[41]用 4-二苯胺重氮盐的氯化锌络合物为光敏剂加入到酰胺酸和脲的共聚物中

组成光刻胶(式 25-19),酰胺酸的含量为25%时,在365 nm,800 mJ/cm^{2}条件下曝光后,以DMSO∶H_2O=10∶1为显影液,30℃,25 s,曝光前后的溶解速度与光敏剂用量的关系见表25-7。

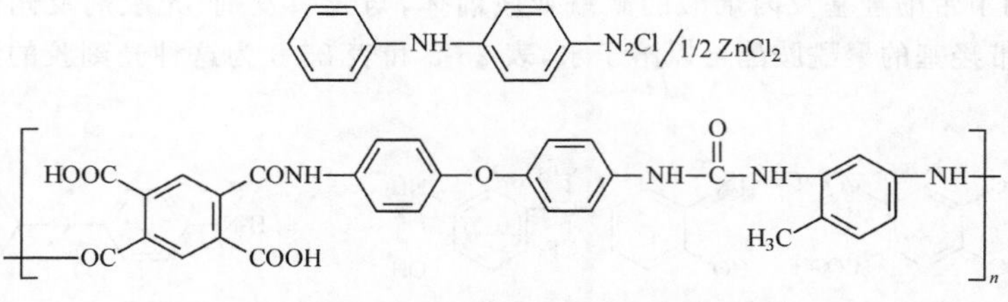

式 25-19 以4-二苯胺重氮盐的氯化锌络合物为光敏剂的酰胺酸和脲的共聚物型光刻胶

表 25-7 酰胺酸和脲的共聚物(酰胺酸含量为25%)曝光前后的溶解速度与光敏剂用量的关系

偶氮化合物的添加量/%	曝光前/(nm/s)	曝光后/(nm/s)
0	65	65
5	55	13
10	40	5.5
15	40	18

25.2 正性光敏聚酰亚胺

正性光刻胶与负性胶相反,在曝光区由于光化学反应,使该区域中的胶膜变得容易溶解,从而在显影时被溶解除去,留下来的是非曝光区的溶解性较差的胶膜。迄今,大多数正性聚酰亚胺光刻胶都是由可以在碱性水溶液中溶解的带羟基的聚酰胺酸与光敏剂邻重氮萘醌磺酸酯类物质(NQD)组成,后者对聚合物的溶解性起控制作用。因为NQD本身不溶于碱性溶液中,保护了聚酰胺酸与碱性溶液的接触,一旦受到光照,NQD分解为可以溶解的茚酸化合物(式 25-20),它的溶解使碱液进入聚合物内部,促使了聚合物的溶解,这就是这类正性光刻胶的工作过程。其优点是可以采用水系显影液,显影液对胶膜没有溶胀作用,所以光刻分辨能力比较高。最常用的重氮萘醌磺酸酯类物质是接有多个NQD的二苯酮,这是一种取代程度不同的化合物的混合物,一个典型的产品其组成如表25-8所示[42]。

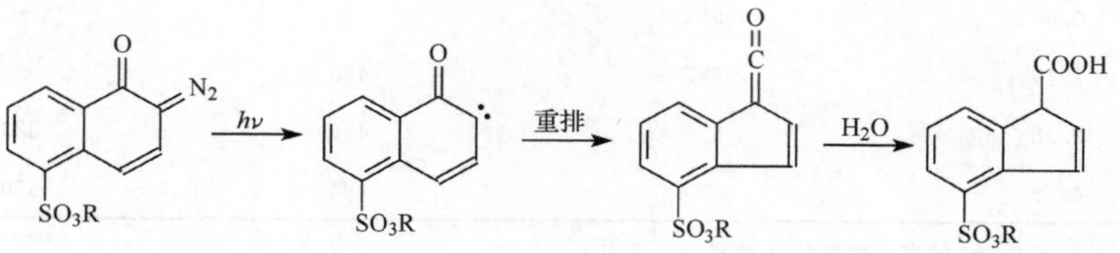

式 25-20 DNQ及其光化学变化

表 25-8　由 HPLC 测得的重氮萘醌磺酸酯类化合物的组成

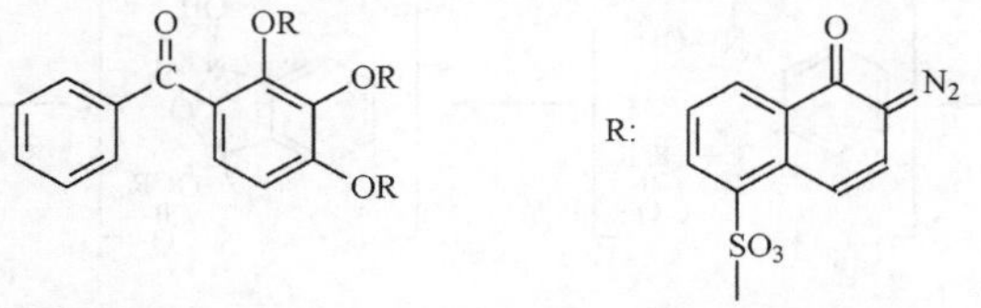

R=H 的数目	含量/%
2	2.5
1	64.4
0(PIC-3)	25.5

此外利用聚酰胺酸的邻硝基苄酯的光分解，含有环丁烷四酰亚胺的链节在光照下发生的逆 Diels-Alder 反应使聚酰亚胺断链等，原则上都可以用来得到正性光刻胶。

25.2.1　自感光型正性光敏聚酰亚胺

自感光型正性聚酰亚胺光刻胶是指这种正性光刻胶的成膜剂本身就有感光性，曝光时发生反应变成易溶的物质。1987 年，Kubota 等[43,44]首次报道了正性聚酰亚胺光刻胶的研究工作。这种感光性成膜剂的合成路线如式 25-21 所示。曝光时，邻硝基苄酯被光解脱落。感光机制见式 25-22[45]，聚酰胺酯回复到聚酰胺酸可以溶解于 2%的 KOH 水溶液，非曝光区则留下来成为正性光刻图形。但这种聚酰亚胺光刻胶的灵敏度很低，3 μm 厚的膜需在 500W Hg-Xe 灯下曝光 20 min，才能彻底显影，所以没有实用价值。

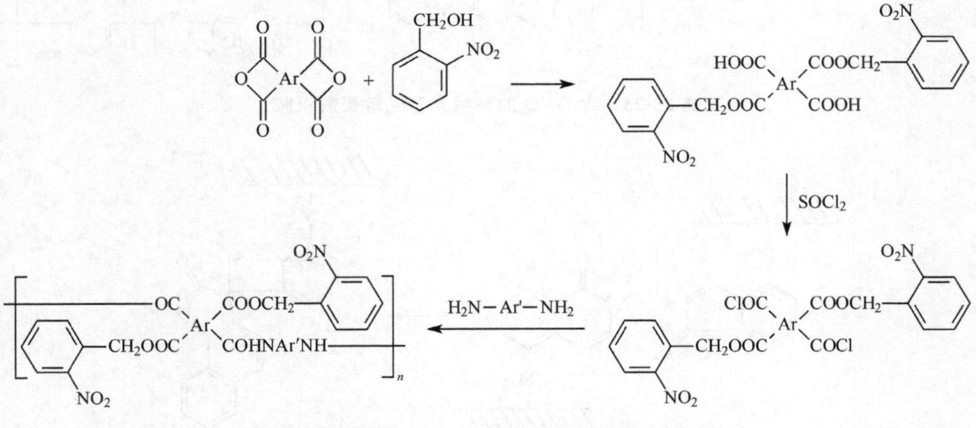

式 25-21　带邻硝基苄醇基团的正性聚酰亚胺光刻胶

Omote 等[46]则是用 1,2-邻重氮萘醌-5-磺酰氯与含酚羟基的可溶性的聚酰亚胺进行大分子反应，使酚羟基部分酯化，获得自感光的正性聚酰亚胺光刻胶的成膜剂。具体过程见式 25-23。他们的研究表明，当 DNQ 在聚酰亚胺链中的含量在 15%以下时，可形成正性胶图形。而当 DNQ 含量超过 32%时，曝光时可以发生大分子间反应，生成内酯交联结

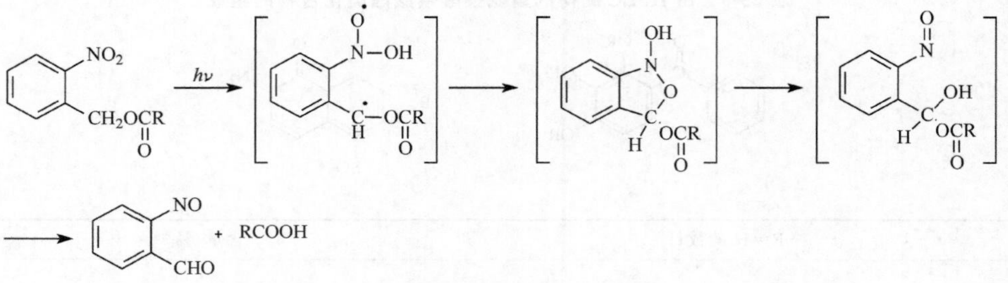

式 25-22 邻硝基苄酯的光解

构(式 25-24),结果形成负性光刻胶图形。所以这是一种仅由 DNQ 浓度决定是负性或正性光刻胶的双重的光敏性聚酰亚胺。

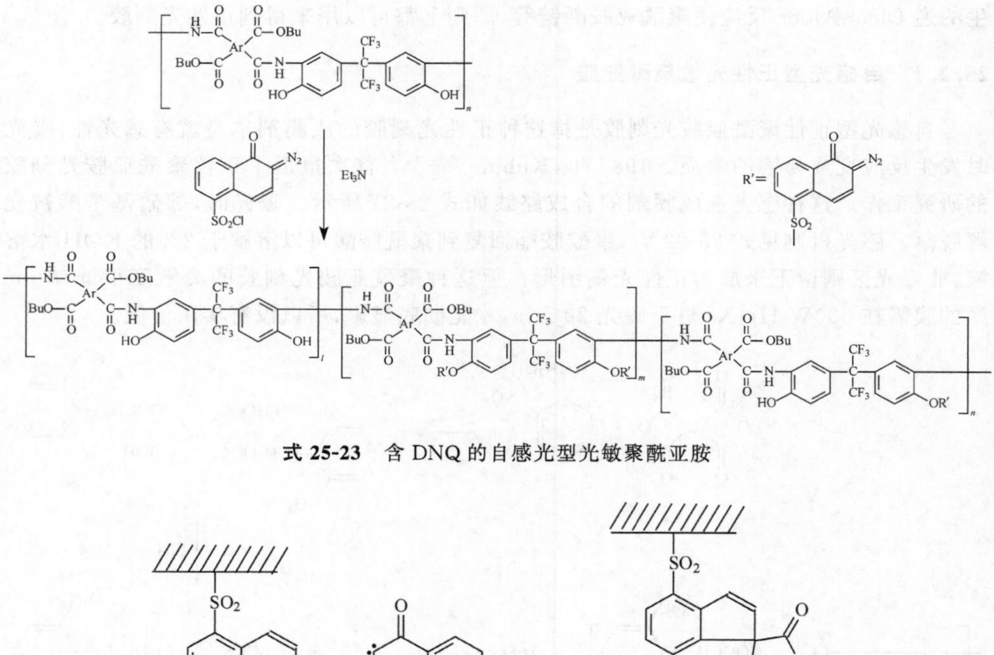

式 25-23 含 DNQ 的自感光型光敏聚酰亚胺

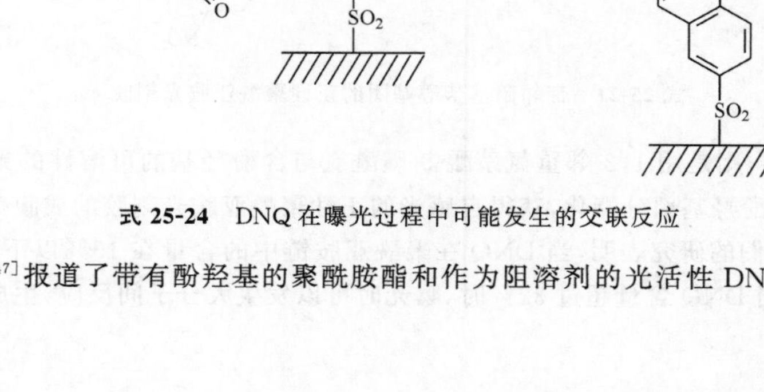

式 25-24 DNQ 在曝光过程中可能发生的交联反应

Hsu 等[47]报道了带有酚羟基的聚酰胺酯和作为阻溶剂的光活性 DNQ 形成磺酸酯,

该聚酰胺酯在有机溶剂中具有很好的溶解性，能够得到高固含量的配方，而且在显影后还能够完全溶解于水性显影液而不会留下残余物质，同时还具有高的灵敏度和分辨率。但与所有有 DNQ 参加的水性显影的聚酰亚胺光刻胶一样，在显影时具有高的暗膜损失率，这是由于 DNQ 不能够完全阻止聚合物在水性显影液中的溶解性，因此难以获得厚膜，现在则是通过酯化使溶解性得到降低。由 PMDA 和 ODPA 得到的聚酰胺丁酯的黏度相应为 0.23 dL/g 和 0.16 dL/g(表 25-9 至表 25-11)。

表 25-9　DNQ 化的 PMDA/DH6FBA 聚酰胺丁酯的溶解速率

DNQ 的理论物质的量分数/%	DNQ 的实际物质的量分数/%	溶解速率/(μm/min)
0	0	2.44
10	17	2.18
25	22	0.71
50	54	0.44
75	79	0.22
100	100	0.09

表 25-10　在 1.25%四甲基氢氧化铵中 PMDA/DH6FBA 聚合物的溶解速率

DNQ 的含量/%	未曝光样品/(μm/min)	曝光样品/(μm/min)
0	2.443	2.443
10	2.181	2.947
25	0.711	4.416
50	0.444	7.758
75	0.217	4.037
100	0.008	2.267

表 25-11　暗膜损失量

聚合物	暗膜损失量/%
PMDA 基聚酰胺丁酯	22
25%DNQ 封端 PMDA 基聚酰胺丁酯	6
ODPA 基聚酰胺丁酯	35
25%DNQ 封端 ODPA 基聚酰胺丁酯	14

Moore 等[48]报道了利用环丁烷四酸二酐与二胺合成自感光的聚酰胺酸，以这种聚酰胺酸为成膜剂配制的正性聚酰亚胺光刻胶在曝光时曝光区聚酰胺酸链上的四元环吸收 UV 能量后解聚，使大分子变成小分子，溶解性能增加(式 25-25)，因而可以刻出正性胶图形，只是显影不用碱性水溶液，而是匹配的有机溶剂。这种光刻胶对远紫外光的灵敏度可达约 15 mJ/cm^2。若将这种聚酰胺酸用化学方法酰亚胺化，能得到在某些有机溶剂中可溶的光敏聚酰亚胺，以这种聚酰亚胺为成膜剂，也可以配制正性聚酰亚胺光刻胶，它对远紫外光的灵敏度是 45 mJ/cm^2[49]。

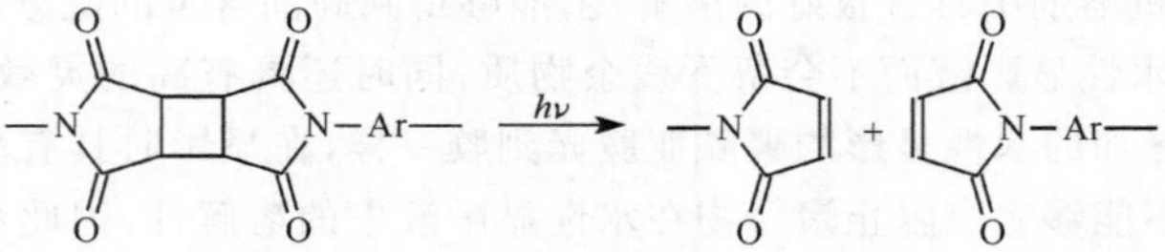

式 25-25　由环己烷二酐得到的聚酰亚胺的光解

25. 2. 2　混合型正性光敏聚酰亚胺

Hayase 等[50]则是将 DNQ 类溶解抑制剂直接与聚酰胺酸溶液混合，制成混合型正性光刻胶。由于成膜剂(聚酰胺酸)在碱性水溶液中的溶解速度太快，在这种情况下，DNQ 类物质的溶解阻抑作用是不能令人满意的。如果能降低成膜剂中的羟基数量，使胶膜在碱性溶液中的溶解速度降低，DNQ 才能有效地发挥溶解阻抑作用。所以曝光后在 140～160 ℃进行热处理，使成膜剂部分酰亚胺化，降低羧基的数量，这个过程称为"预烘"。正性光刻胶的灵敏度可达 50 mJ/cm^2，分辨率为 1～2 μm。在这里，预烘是关键步骤，温度、时间控制都需要十分精细，否则就难以刻出令人满意的图形。

Hayase 等[51]合成了如式 25-26 所示的聚酰胺酸的间羟基苄醇酯，将其与聚酰胺酸以一定比例(如 3：1)混合后再加入 25％DNQ，所得光刻胶的感度可达 90 mJ/cm^2。这种光刻胶曝光后无须在 140～160℃预烘。

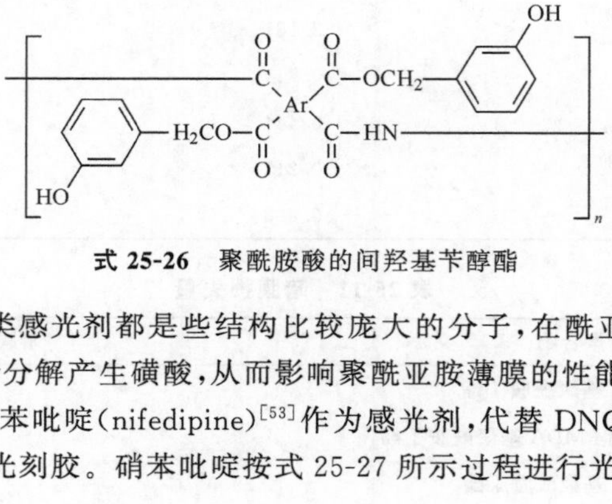

式 25-26　聚酰胺酸的间羟基苄醇酯

一般来说，DNQ 类感光剂都是些结构比较庞大的分子，在酰亚胺化时，不易去除干净，尤其是磺酸酯基会分解产生磺酸，从而影响聚酰亚胺薄膜的性能。

Omoto 等[52]用硝苯吡啶(nifedipine)[53]作为感光剂，代替 DNQ 类溶解阻抑剂，与聚酰胺酸混合组成正性光刻胶。硝苯吡啶按式 25-27 所示过程进行光化反应。

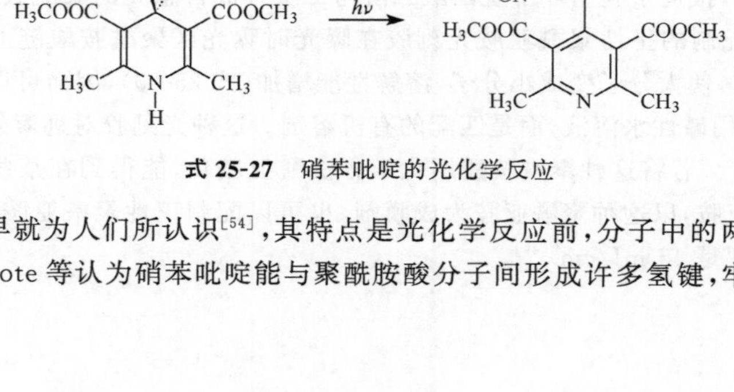

式 25-27　硝苯吡啶的光化学反应

这个反应早就为人们所认识[54]，其特点是光化学反应前，分子中的两碳环不处在一条轴线上。Omote 等认为硝苯吡啶能与聚酰胺酸分子间形成许多氢键，牢固地结合在一起，使得聚酰胺酸的羧基难以与四甲基氢氧化铵溶液作用形成盐。而光化反应后两碳环共一轴线，空间结构发生了变化及硝基变为亚硝基使控制溶解的能力变弱。也可能是所产生的吡啶化合物具有弱碱性，从而增加了溶解性等原因，曝光区可以被溶解，而非曝光区留下来成为正胶光刻图形。但侯豪情等[55]认为还有一种可能的原因是硝苯吡啶的碱性比曝光后形成的苯基吡啶的碱性强，在烘烤过程中，非曝光区发生碱催化酰亚胺化反应的倾向更大，酰亚胺化程度较高的非曝光区，比曝光区难溶，结果在非曝光区留下光刻图形。因为如果仅靠曝光就能破坏氢键，使硝苯吡啶丧失溶解阻抑作用，就无须在 150 ℃后烘。这种光刻胶在曝光后需要在 150 ℃左右烘烤数分钟，才能有效地显影。这种聚酰亚胺光刻胶对 365 nm UV 的感度是 170 mJ/cm^2，对比度为 5.5，并且在酰亚胺化后，膜中不会存在可能产生磺酸的 DNQ 物质(见式 25-28)。

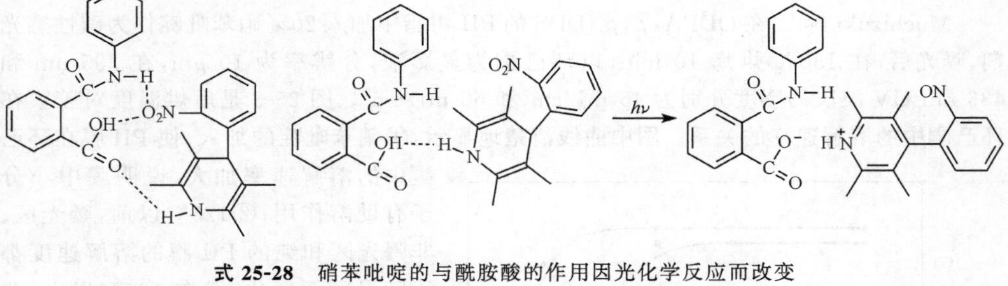

式 25-28　硝苯吡啶的与酰胺酸的作用因光化学反应而改变

Hsu 等[56]利用式 25-29 的反应得到正性聚酰亚胺噁唑光刻胶。中间聚合物聚酰胺酸羟基酰胺可以溶解于 DMF、DMAC、NMP、丙酮、THF 和乙醇，但聚酰亚胺噁唑则不溶于这些溶剂。将聚酰胺酸羟基酰胺和 PIC-3(表 25-8)在 NMP 中混合，旋涂后在 110 ℃预

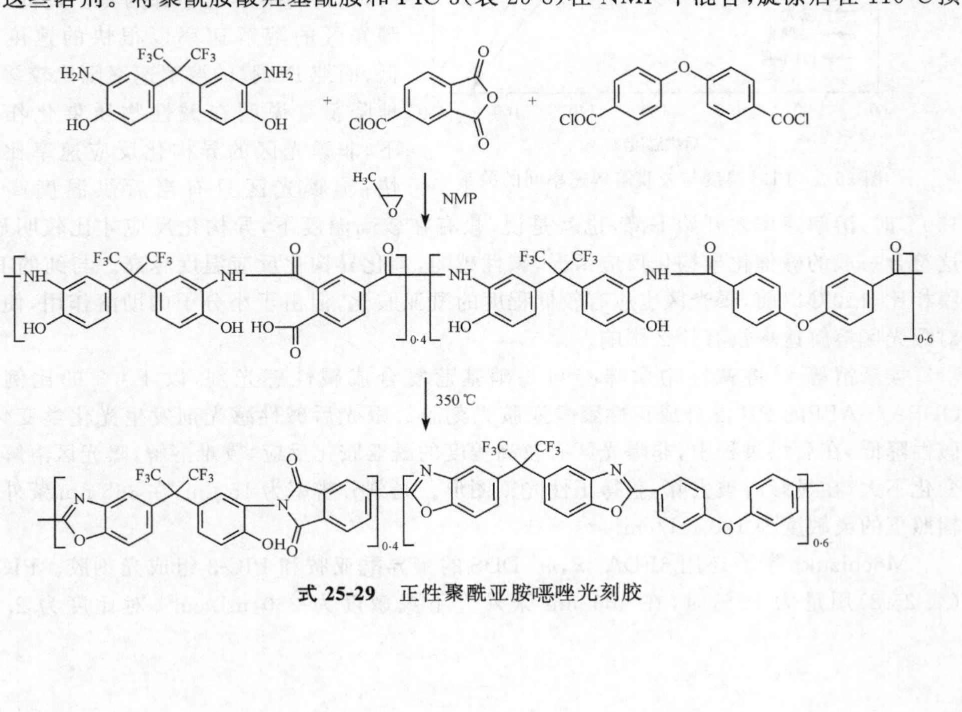

式 25-29　正性聚酰亚胺噁唑光刻胶

烘 3 min 得到 3 μm 薄膜，曝光后用 0.6%四甲基氢氧化铵显影，最后在 350 ℃后烘 1 h。聚酰胺酸羟基酰胺在 0.6%四甲基氢氧化铵中的溶解速度为 0.106 μm/s，辐照前的聚酰胺酸羟基酰胺/PIC-3 为 0.070 μm/s，辐照后的聚酰胺酸羟基酰胺/PIC-3 为 0.253 μm/s。含 25%DNQ 的聚合物的灵敏度为 256 mJ/cm^3，对比度为 1.13，分辨率为 5 μm。

25.2.3 异构型正性光敏聚酰亚胺

异构型正性聚酰亚胺光刻胶是指由溶解性能较好的聚异酰亚胺(PII)与碱性感光剂组成的聚酰亚胺光刻胶。这种胶膜曝光后，感光剂的碱性被破坏或转变为碱性较弱的物质。在随后的热处理(后烘，PEB)过程中，碱性更强的非曝光区 PII 更大程度地异构化为聚酰亚胺，而曝光区则没有异构化反应发生或异构化反应程度较低。造成两区溶解性能上的差别，从而实现正性光刻。

Mochizuki 等[57]在 ODPA/*p*,*p*′-DDS 的 PII 树脂中加入 20%硝苯吡啶作为碱性感光剂，曝光后，在 150 ℃烘烤 10 min，以环己酮为显影液，分辨率为 10 μm，在 365 nm 和 436 nm UV 波段的感度分别为 45 mJ/cm^2 和 60 mJ/cm^2。图 25-3 是后烘温度对胶膜在环己酮中的溶解速率的关系。图中曲线清楚地显示：①硝苯吡啶的加入，使 PII 膜在环己酮中的溶解速率加大，说明膜中小分子有助溶作用；②125℃以前，曝光区、非曝光区和纯的 PII 膜的溶解速度都不随温度而变化；③在 125℃以上，非曝光区和纯的 PII 膜的溶解速率都随后烘温度升高而降低，在大约 170℃时，它们的溶解速率都为零。此间，非曝光区的溶解速率以很快的速度降低，而纯 PII 膜的溶解速率则比较缓慢地降低。说明在碱性物质催化作用下，非曝光区的异构化反应速率比较快；④曝光区只有当后烘温度高于 150℃时，溶解速率才开始下降，也就是说，只有在较高温度下，异构化反应才比较明显。这符合一般的碱催化异构化反应情况，碱性越弱，催化异构化反应温度越高。与纯的 PII 膜相比，150℃以前，曝光区也应有较低程度的酰亚胺化，但由于小分子的助溶作用，使之对曝光区溶解速率没有什么影响。

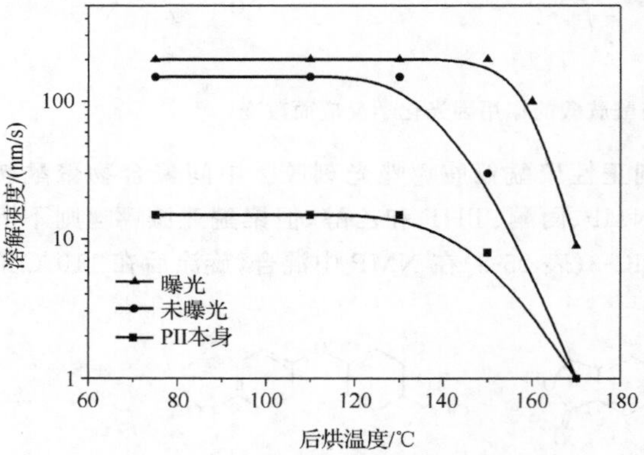

图 25-3 PEB 温度与胶膜溶解速率间的关系

侯豪情等[55]将碱性物质咪唑与 5-硝基苊复合成碱性感光剂，以 1 ∶ 3 的比例与 ODPA/BAPP的 PII 混合成正性聚酰亚胺光刻胶。曝光后碱性感光剂发生光化学变化，碱性降低，在后烘过程中，非曝光区有较高程度的酰亚胺化反应，较难溶解，曝光区溶解性变化不大，在显影时被去除，获得正性光刻图形。光刻分辨率为 15 μm，在 365 nm 紫外光辐照下的灵敏度为 120 mJ/cm^2。

Mochizuki 等[58]还用 6FDA/*m*,*m*′-DDS 的聚异酰亚胺和 PIC-3 组成光刻胶。PIC-3(表 25-8)用量为 20%时，在 436 nm 紫外光下灵敏度为 250 mJ/cm^2，对比度为 2.4。

365 nm下相应为 300 mJ/cm² 和 4.5 mJ/cm²。在 130 ℃后烘就可以得到良好的图像(DNQ 在 130 ℃分解半衰期为 8 min，在 150 ℃为 89 s，同时由于交联得到不溶的聚合物)。后烘温度高于 130 ℃，曝光和未曝光的膜的溶解速度都显著降低，这说明 PIC-3 的分解温度可能高于后烘温度，所以造成了聚合物的交联。光产酸能够促进 PII 的溶解。

为了得到低介电常数的光刻胶，Mochizuki 等[59]采用 BPDA/PFBM 聚异酰亚胺，以 30%PIC-3 为溶解促进剂，在 436 nm 紫外光辐照下的感度为 250 mJ/cm²，对比度为 1.5。这种光敏聚异酰亚胺在显影后加热可以转变为具有低介电常数，低热膨胀系数的聚酰亚胺介电层。感光剂 PIC-3 在 320～450 nm 具有高的吸收。含有 30%PIC-3 的聚合物在曝光后容易溶于水，该薄膜并不溶于 2.38%～10%的四甲基氢氧化铵，而采用 2.38%的四甲基氢氧化铵和异丙醇溶液作为显影液。溶解速度随异丙醇含量的增加而增加。例如当异丙醇含量为 30%时，曝光部分的溶解速度在 45 ℃时为 40 nm/s，而未曝光部分为 5 nm/s，在 25 ℃时相应为 7 nm/s 和 1 nm/s。曝光部分的溶解速度也随 PIC-3 的含量增加而增加，但未曝光部分的溶解速度则不受 PIC-3 用量的影响。此外溶解速度还与预烘温度有关，预烘温度越低，曝光和未曝光部分的溶解速度相差越大。

Fukushima 等[60]采用了反应显影(reaction developing patterning，RDP)新概念，用含胺的显影液使曝光区的聚酰亚胺的主链发生分解。含胺的显影液中的胺为乙醇胺，*N*-甲基乙醇胺、*N*,*N*-二甲基乙醇胺、环己胺及 1-氨基丙醇，以乙醇胺最有效。聚酰亚胺是在 γ-戊内酯和吡啶催化下一步合成，在 DNQ 存在下具有很好的正性光敏活性。在含乙醇胺的显影液作用下，可以得到分辨率为 10 μm、20 μm 的膜。形成图像的机理是 DNQ 光解得到的酸与胺作用生成盐，这种酸-碱反应促进了显影液向曝光区的聚酰亚胺内部渗透，由于胺的亲核反应导致开环，使聚酰亚胺解聚，进一步的胺解得到低分子的酰胺化合物(式 25-30 和式 25-31)。对于该体系，任何可溶的聚酰亚胺都可以用作良好的光敏聚合物。例如 BTDA∶BPDA＝2∶1，DAT∶BAPP＝1∶2，PC-5 的用量为 30%，采用显影液的组成为乙醇胺∶NMP∶水＝1∶1∶1，在 45～50 ℃超声波作用下显影 2.5 min。灵敏

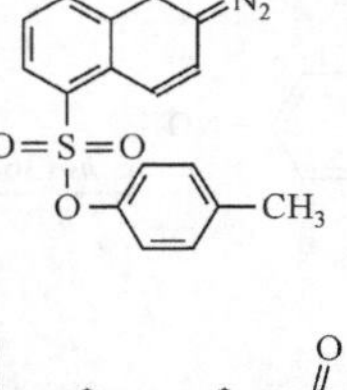
PC-5

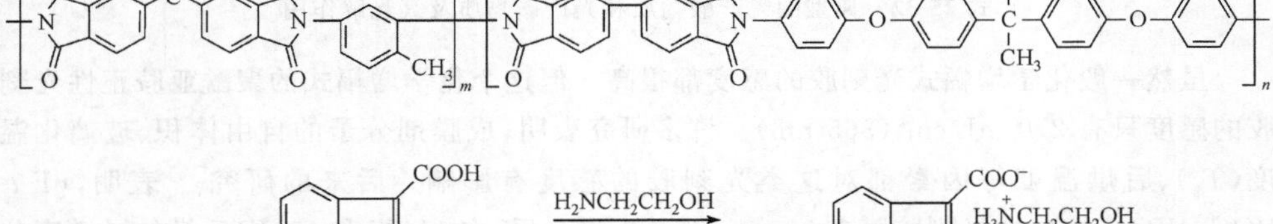

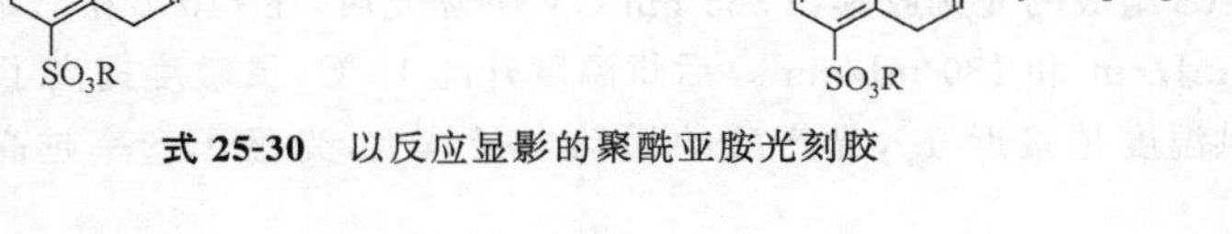

式 25-30　以反应显影的聚酰亚胺光刻胶

度为 2000 mJ/cm²。认为引进大的侧基可以提高透明度。采用四甲基氯化铵显影液则会使膜从基底上脱离。

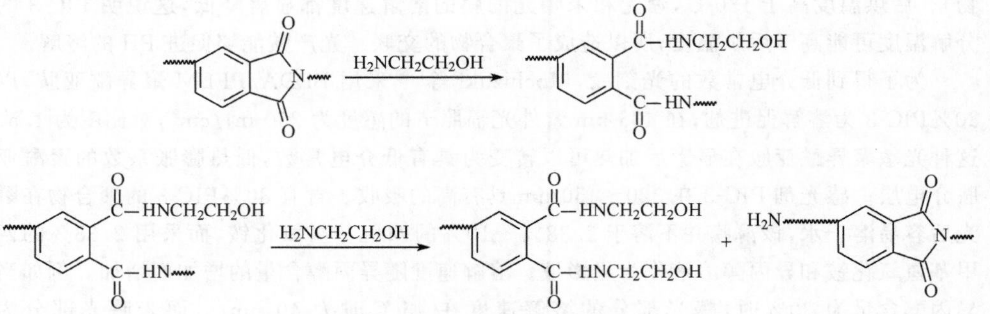

式 25-31　采用反应显影(RDP)体系的光刻、显影过程

25.3　化学增幅型光敏聚酰亚胺

化学增幅型聚酰亚胺光刻胶是利用光反应使成膜物质中的某些部分发生化学变化,产生酸性或碱性化合物,这些化合物能够发生催化作用,促进大分子的交联[61,62]、分解[63-66]或异构化[67],再经合适的显影液显影后形成光刻图形。由于这是一种催化反应,使得光量子效率大大提高,所以称之为化学增幅。化学增幅型光刻胶的特点是灵敏度高,对比度大[68]。

Ito 等在 1982 年首先提出了利用光产酸的化学增幅用于开发高分辨光刻胶的概念[69],Cameron 等[70]则首先在光刻胶中采用了光产碱。首先报道化学增幅型光敏聚酰亚胺的是 Omote[71]等。他们合成了如式 25-32 所示的光产酸物质 NBAS。NBAS 在光作用下分解产生磺酸[72,73],它使由 *t*-BOC 保护的聚酰亚胺(式 25-33)中的羟基发生解护,可以溶解在碱性溶剂从而得到负性光刻胶的效果。

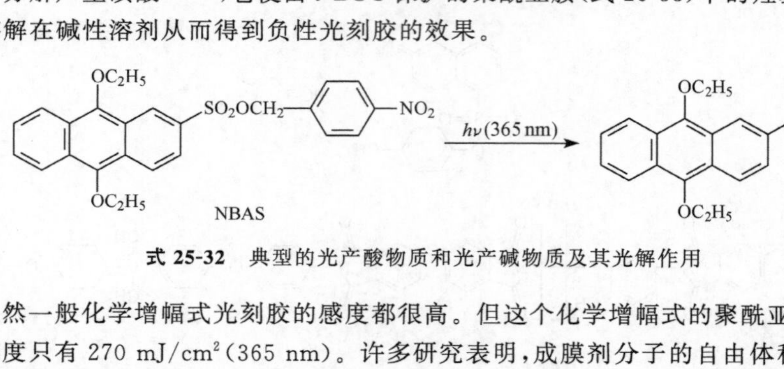

式 25-32　典型的光产酸物质和光产碱物质及其光解作用

虽然一般化学增幅式光刻胶的感度都很高。但这个化学增幅式的聚酰亚胺正性光刻胶的感度只有 270 mJ/cm²(365 nm)。许多研究表明,成膜剂分子的自由体积、玻璃化温度(T_g)、后烘温度等因素都对这类光刻胶的感度有影响。后来的研究[74]表明,6F-*t*-BOC/NBAS 组成的光刻胶膜在 365 nm UV 下曝光后,在 110℃和 120℃后烘的灵敏度分别为 270 mJ/cm²和 180 mJ/cm²。后烘温度升高 10 ℃,灵敏度提高了 90 mJ/cm²。一般来说,后烘温度越接近 T_g,光产酸的活动半径越大,光量子产率越高。但 6F-*t*-BOC 在

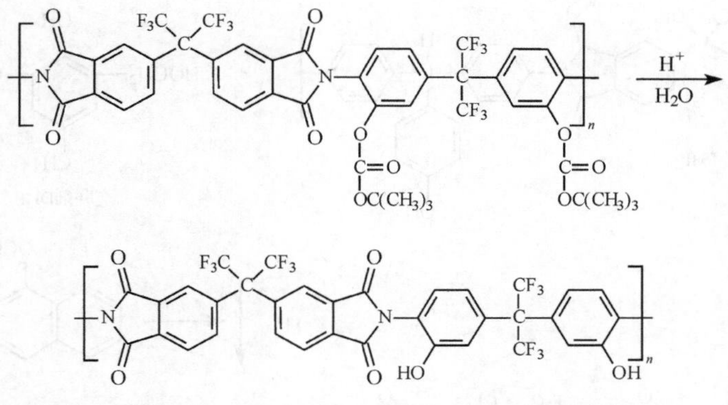

式 **25-33**　由 *t*-BOC 保护的含羟基聚酰亚胺在光产酸作用下的解护

130 ℃开始无须酸催化的热分解，曝光区与非曝光区都产生含酚羟基的聚酰亚胺。因此，后烘的温度不能太高，也就是说，低的后烘温度是影响这种光敏聚酰亚胺灵敏度的一个因素。

Omote 等[74]合成的另一类似结构的成膜剂 6F-THP(式 25-34)与 1-苯氨基-8-蒽磺酸二苯碘鎓盐(DIANS)组成的聚酰亚胺光刻胶，也因为成膜剂的热稳定性而使得后烘温度不能高于 120 ℃。在 120 ℃进行后烘，其灵敏度为 110 mJ/cm^2。

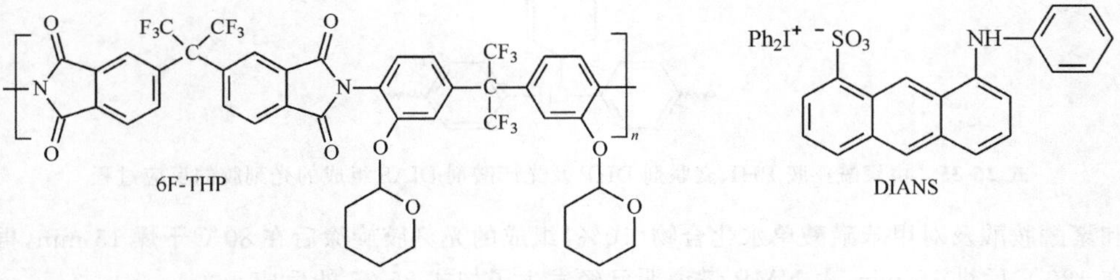

式 **25-34**　聚酰亚胺 6-THP 和光敏剂 DIANS

Ueda 等[75]报道了一种灵敏度比较高的化学增幅式聚酰亚胺负性光刻胶。他们合成的是由成膜剂 PHI、交联剂 DHP 和光产酸剂 DIAS 组成的光刻胶，其比例为 7：2：1，溶剂为乙二醇甲醚。这种胶膜曝光后，经后烘便产生交联结构，其过程见式 25-35。以 2.5%的四甲基氢氧化铵水溶液为显影液，非曝光区胶膜能以 10 nm/s 的速率溶于 40℃的显影液中。产生交联结构的曝光区则留在衬底上成为负性光刻图形。这种聚酰亚胺光刻胶的灵敏度为 70 mJ/cm^2，对比度为 3.8。

最近 Watanabe 等[76]采用 PMDA/ODA 聚酰胺酸为成膜剂，4,4′-双(2,6-二羟甲基)二苯甲烷双酚(MBHP)为交联剂，PTMA 为光产酸剂组成光敏聚酰亚胺。在 PTMA 为 10%时，PAA：MBPH＝70：20，65：25 及 60：30，未曝光部分的溶解速度要比曝光部分快几百倍。对于 PAA：MBPH＝65：25 的样品在后烘温度为 110～130 ℃下经过 100 mJ/cm^{2}曝光后在 2.38%的四甲基氢氧化铵中未曝光部分的溶解速度为曝光部分的 800 倍和 400 倍。但后烘温度到 140 ℃时，两者的区别就很小了。模型反应表明，由 DHP

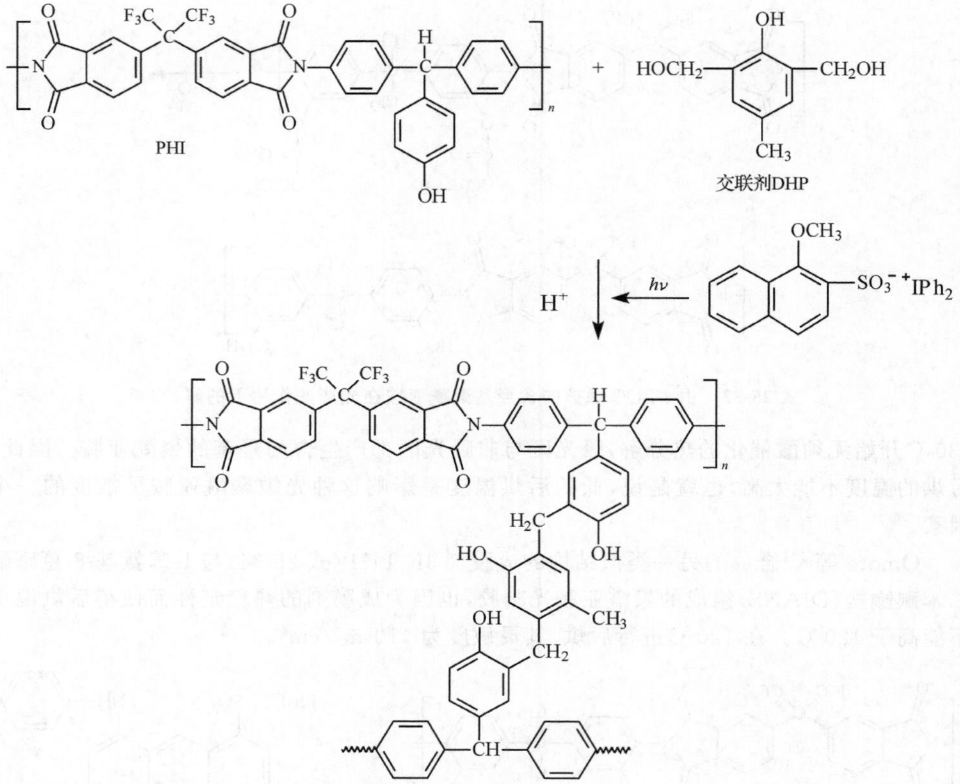

式 25-35　由聚酰亚胺 PHI、交联剂 DHP 及光产酸剂 DIAS 组成的光刻胶的反应过程

和聚酰胺酸及对甲苯磺酸单水化合物(10%)组成的光刻胶旋涂后在 80 ℃干燥 15 min,再在 120 ℃后烘 15 min,由 NMR 谱说明已经发生了如式 25-36 的反应。

Yu 等[77]合成了如式 25-37 所示的用环氧基保护羟基的聚酰亚胺成膜剂(6FDA/ep-AHHFP),所使用的光产酸剂为六氟砷酸二苯碘鎓盐(DPI-AsF_6),用量为聚酰亚胺的 5%,溶剂为二氯甲烷。曝光时由 DPI-AsF_6产生的酸[75]在加热时催化环氧基团进行交联反应,过程如式 25-38 所示。

所获得的光刻胶的灵敏度 0.16 mJ/cm^2,这对于用聚酰亚胺为成膜剂的化学增幅式光刻胶来说是很高的,这是由于环氧基团的交联反应是一个链式反应。

Ho 等[78]采用以硅氧烷保护酚羟基的聚酰亚胺为成膜剂,用 20%DNQ 为感光剂。利用 DNQ 曝光后产生的酸使硅氧烷水解,暴露出酚羟基(式 25-39)。这种聚合物可以用 0.05 *N* 的 NaOH 为显影液进行显影,灵敏度为 110 mJ/cm^2,对比度为 3.24,显影时间为 60 s。

以上提到的都是光产酸式化学增幅型光刻胶,其最大的不利因素是残余酸及产酸剂的残留物质不易从膜中彻底去除,作为微电子器件中的永久性功能膜,是不允许含有影响其性能或有腐蚀性的酸性物质存在的。为了克服这种不利的影响,人们利用光产碱催化聚酰胺酯或聚异酰亚胺进行酰亚胺化来实现光刻图形。

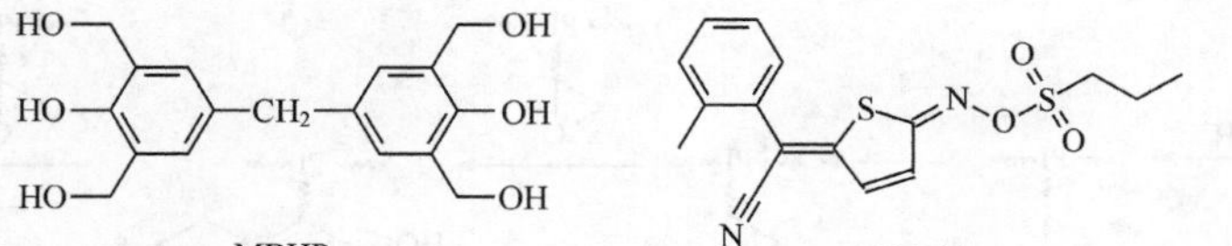

MBHP　　TPMA

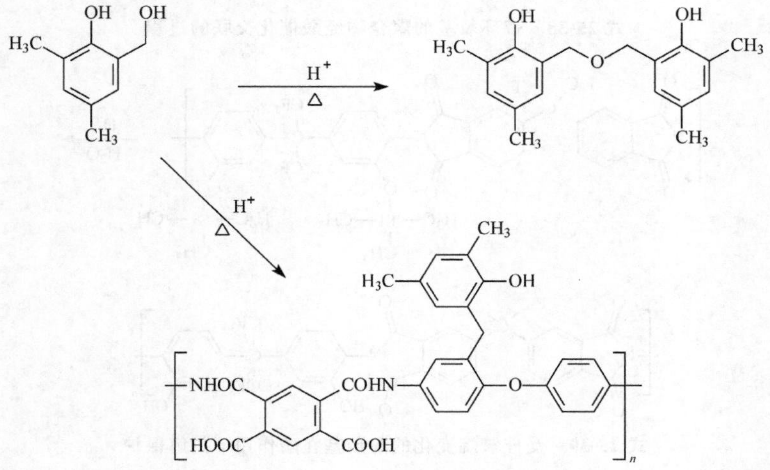

式 25-36　4,4′-双(2,6-二羟甲基)二苯甲烷双酚在酸作用下的交联反应

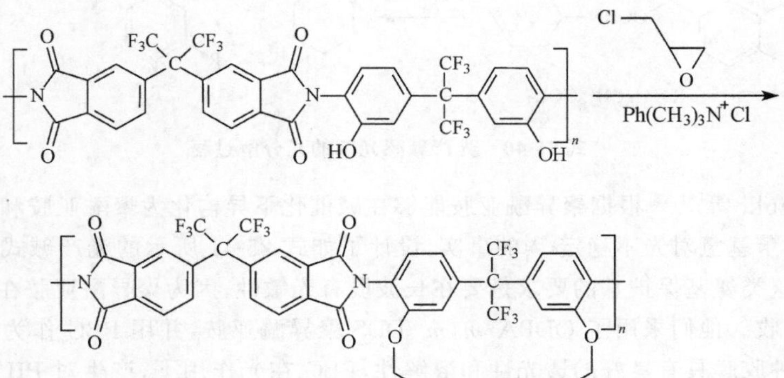

式 25-37　用环氧基保护羟基的聚酰亚胺(6FDA/ep-AHHFD)

Mckean 等[79]根据 Cameron 等的研究结果[80]，合成了一类在 365 nm 波段有最大吸收的氨基甲酸邻硝基苄酯衍生物作为光产碱剂。这种光产碱剂在聚酰胺酯膜中按式 25-40 所示过程进行光分解。

所产生的伯胺(光产碱)在大约 150℃的 PEB 条件下催化聚酰胺酯转变成难溶的聚酰亚胺。使曝光区与非曝光区的膜具有不同的溶解性从而实现光刻图形。这种聚酰亚胺光刻胶的光刻反差值大，分辨率高，但灵敏度不高。

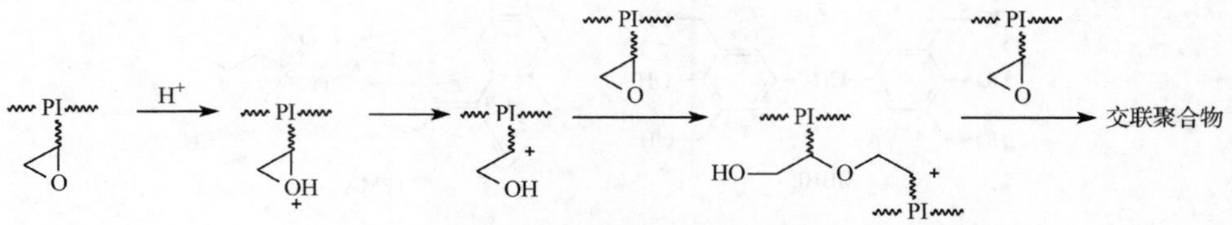

式 25-38 带环氧基的聚合物经酸催化交联的过程

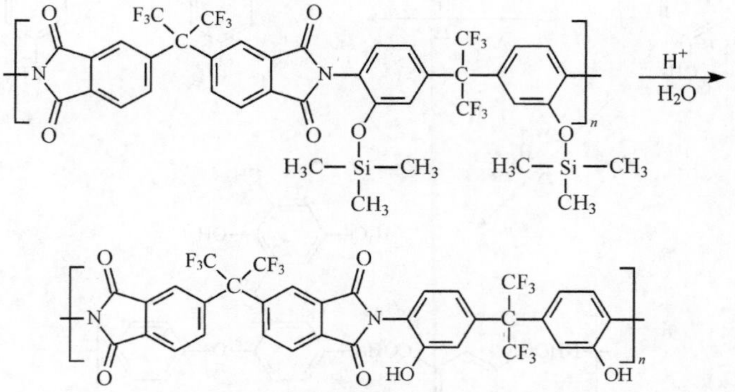

式 25-39 受硅氧烷变化的酚羟基在酸作用下的解保护

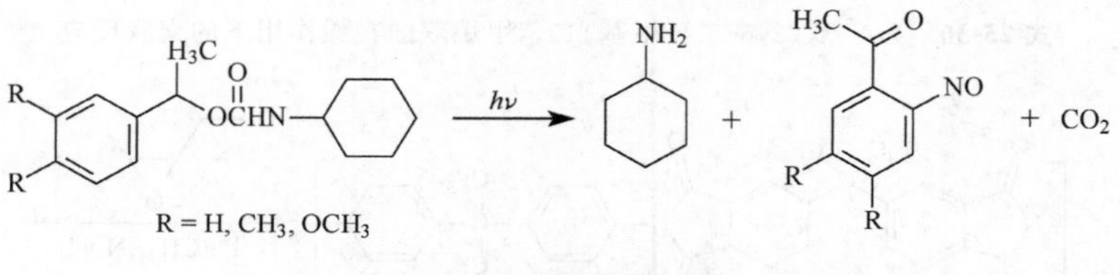

式 25-40 光产碱感光剂的光分解过程

Mochizuki 等[81,82]根据聚异酰亚胺能够在碱催化下异构化为聚酰亚胺和芳香硝基化合物的邻位苄基氢对光不稳定[83]的事实，设计了如式 25-41 所示的光产碱式的氨基保护基团，采用这类氨基保护基的要求是要在长波段有光敏性，因为聚异酰亚胺在低于350 nm 有很高的吸收。他们采用了 ODPA/*m*,*m*′-DDS 聚异酰亚胺，并用 PBG 作为光产碱得到光刻胶，这种胶膜具有良好的透光性和溶解性，PBG 在光作用下，产生对 PII 酰亚胺化有催化作用的 2,6-二甲基哌啶。当 PII 与 PBG 的比例为 9∶1 时，后烘条件为150 ℃，5 min 时，灵敏度仅为 900 mJ/cm^2。

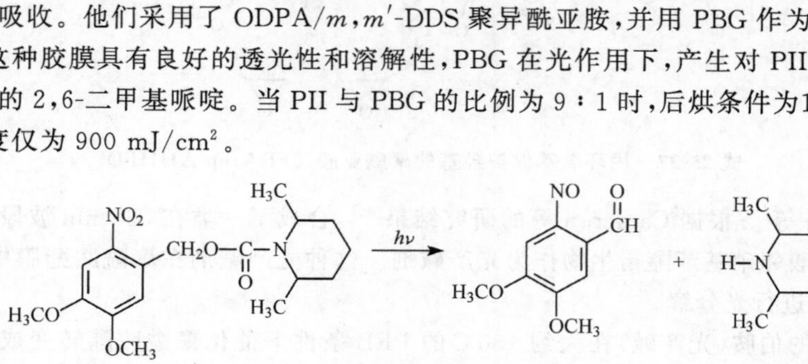

式 25-41 光产碱感光剂 PBG 及其光解过程

碱催化型的化学增幅聚酰亚胺光刻胶的研究是一种新的尝试。在目前阶段还只能获得低的灵敏度，其原因是多种多样的，比如说起催化作用的碱性物质（一般为有机胺）分子结构比 H^+ 大得多，在膜中活动（扩散）比较困难，成膜剂在反应前后的溶解性差别不如产生交联结构或产生碱溶结构时的溶解性差别大等。

Ueda 等[84] 报道了一种新型的化学增幅正型光刻胶，这是利用聚苯并噁唑（PBO）作为上层，聚酰亚胺为下层。那是在基板上先旋涂上一层聚酰胺酸（BPDA/ODA 在 DMAc 中的溶液），干燥后接着再旋涂上一层以 TBMPF 为阻溶剂，PTMA 为光产酸的光敏 PBO（式 25-42）。干燥后用紫外线辐照，特丁酯去保护，得到二酸，可以用 2.38％四甲基氢氧化铵水溶液显影，得到正性映象。然后按 PSPBO 的花样显影聚酰胺酸，得到正性聚酰胺酸映象。最后由热环化得到 PBO-PI 图样。由于聚酰胺酸中没有添加物，就避免了因光产酸而产生的排气和对金属电路的腐蚀。顶层的 PSPBO 也无须除去。

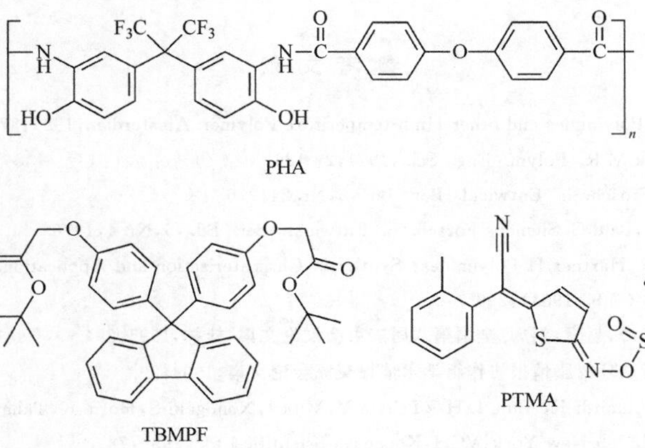

式 25-42　PSPBO

25.4　结　束　语

如上所述，光敏性聚酰亚胺既是光刻胶，又在完成光刻作用得到所需要的图形后经热处理而成为永久保留下来具有高稳定性的聚酰亚胺膜，聚酰亚胺由于具有高的介电性能，低的介电常数，与金属及无机材料（如硅片，陶瓷等）比较具有较低的模量，同时还具有吸收由封装材料带来的微量放射性元素所产生的 α 粒子的性能，在微电子技术中作为介电层、缓冲层及 α 粒子屏蔽层起到了关键作用。同时也由于聚酰亚胺可以设计和合成出具有在通信波长透明及具有非线性光学性能的材料，使得光敏聚酰亚胺在光电材料方面的应用得到很大的关注。此外由于聚酰亚胺的优异的力学性能使光敏聚酰亚胺在微机械制造方面也具有很好的发展前景。

然而实际上，本章所列出的光敏性聚酰亚胺都仍存在各种问题，例如负性光刻胶往往需要有机溶剂作为显影液，所以胶膜会发生溶胀，同时在显影后膜的损失率高，残留物也难以完全去除，最后可能影响膜的介电性能。对于正性光刻胶，许多可用的溶解抑制剂都具有大的体积和含有芳香环，显影后难以从胶膜中去尽，更严重的是这种聚合物所带有的大量酚羟基，使留下的聚合物膜的热稳定性降低，同时还增加了吸水性。酰亚胺型光刻胶具有上述两类材料所没有的缺点，即结构稳定，显影后膜的损失率低，没有过多的残留物等，但这类光刻胶灵敏度较低。作为异构型的光刻胶的聚异酰亚胺是不稳定的结构，很容易在热作用下转化为聚酰亚胺，因此在使用上会带来不少问题。由于光敏性聚酰亚胺具有很高的商业敏感性，作为商品的光刻胶的配方及光刻、显影条件仍不会公开，因此所公开的信息只是在原理上的揭示，能够达到应用目的的光敏性聚酰亚胺还需要在实际中深入研究。

因此，光敏聚酰亚胺除了还应该在结构设计上追求高灵敏度，高分辨率(0.1 μm)，低膜厚损失率，更有效的水性显影液，光刻胶储存稳定性的提高及低成本的合成方法等方面加强研究外，还需要在低介电常数、宽的透明波长范围、低光损耗、深刻直墙胶种等方面继续开展研究。

参考文献

[1] Sillion B, Verdet L. Polyimides and other High-temperiture Polymer. Amsterdam, 1991: 372.

[2] Kerwin R E, Goldrick M R. Polym. Eng. Sci., 1971, 2: 426.

[3] Rubner R. Siemens Frosch. -u. Entwickl. -Ber. Bd., 5, Nr. 2, 1976.

[4] Rubner R, Bartel W, Bald G. Siemens Forsch. -u. Entwickl. -Ber. Bd., 5, Nr. 4, 1976.

[5] Merrem, H J, Klug R, Hartner H Polyimides: Synthysis, Chracaterization and Application. Proc. Rechnol. Conf. Polyimides, 1st, 1982 (pub. 1984): 2905.

[6] 侯豪情，韩阶平，匡滨海，赵豪，刘辉. 全国第八届三束会议论文集，桂林，1995: 294.

[7] 李佐邦，等. 第四次芳杂环树脂情报协作组学术情报交流会论文集，1994: 29.

[8] Rubner A, Hammerschmitdt R, Ahne L H//Tabata Y, Mita I, Nonogaki S, Horie K, Tahawa S, eds. Polymers for Microelectronics, PME'89 New York: VCH: Kodansya Ssientific Ltd., 1989: 789.

[9] Minnema L, van der Zande J M. Polym. Eng. Sci., 1988, 28: 815.

[10] Mathias L J. Synthesis, 1979: 561.

[11] 侯豪情，苏洪利，张春华，李悦生，丁孟贤. 全国高分子学术论文报告会论文集，合肥，1997: b8.

[12] Zhang A, Li X, Nah C, Hwang K, Lee M-H. J. Polym. Sci., Polym. Chem., 2003, 41: 22.

[13] Feng K, Tsushima M, Matsumoto T, Kurosaki T. J. Polym. Sci., Polym. Chem., 1998, 36: 85.

[14] Berrada M, Carriere F, Monjol P, Sekiguchi H. Chem. Mater., 1996, 8: 1022.

[15] Berrada M, Carriere F, Coutin B, Monjol P, Sekiguchi H. Chem. Mater., 1996, 8: 1029.

[16] Ahne H, Rubner R//Horie K, Yamashita T, eds. Photosensitive Polyimides : Applications of Polyimides in Electronics, 1995: 13.

[17] Cech A F, Knapp L. Conference Preprints, Photopolymers Principles-Processes and Materials. New York, 1991: 401.

[18] Omote T, Guo J, Koseki K, Yamaoka T. J. Appl. Polym. Sci., 1990, 41: 929.

[19] Chen H, Yin J. J. Polym. Sci., Polym. Chem., 2004, 42: 1735.

[20] Hiramoto H, Eguchi M. Jpn. Kokai 56-38038, 1981.

[21] Yoda N, Hiramoto H. J. Macromol. Sci. Chem. 1984, A21: 1641.

[22] Reiser A, Willets F W, Terry G C, Williams V, Marley R. Trans. Faraday Soc., 1968, 64, 3265.

[23] Kataoka F, Shoji F, Kojima M. Polym. Mater. Sci. Eng., 1992, 69: 66 .

[24] Pfeifer J, Rohde O// Weber W D, Gupta M R, eds. Recent Advances in Polyimide Science and Technology Society

of Plastics Engineers,Brookfield,1987:336.
[25] Rohde O,Smolka P,Falcigno P A. Polym. Eng. Sci.,1992,32:1623.
[26] Lin A A,Sastri V R,Tesoro G,Reiser A. Macromolecules,1988,21: 1165.
[27] Higuchi H,Yamashita T,Horie K,Mita I. Chem. Mater.,1991,3: 189.
[28] Pfeifer J,Rohde O. Proc. 2nd Tech. Conf. Polyimides,1985:130.
[29] Rohde O,Smolka P,Falcigno P,Pfeifer J. Conference Preprints,Photopolymers Principles-Processes and Materials,1991:357.
[30] Qian Z G,Pang Z Z,Li Z X,He M H,Liu J G,Fan L,Yang S Y. J. Polym. Sci.,Polym. Chem.,2002,40: 3012; Qian Z G,Ge Z Y,Li Z X,He M H,Liu J G,Pang Z Z,Fan L,Yang S Y. Polymer,2002,43: 6057.
[31] Yamashita T,Kasai C,Sumida T,Horie K. Acta Polymer.,1995,46: 407.
[32] Yamashita T,Horie K//Thompson L F, Willson C G,Tagawa S,eds. Polymers for Microelectronics,Washington,ACS Symp. Ser. 537,ACS,1994:440.
[33] Horie K,Mita I. Adv. Polym. Sci.,1989,88: 78.
[34] Jones M,Moss R A. Carbenes,Wiley,New York,Vol. 1(1973) and Vol. 2(1974).
[35] Chiang W-Y,Mei W-P. J. Appl. Polym. Sci.,1993,31: 1195.
[36] Nishizawa H,Sato K,Kojima M,Satou H. Polym. Eng. Sci.,1992,32:1610.
[37] Choi J O,Rosenfeld J C,Tyrell J A,Yang J H,. Rojstaczer S R,Jeng S. Polym. Eng. Sci.,1992,32: 1630.
[38] Kikkawa H,Shoji F,Tanaka J,Kataoka F. Polym. Adv. Technol.,1993,4: 268.
[39] 侯豪情,李悦生,丁孟贤. 应用化学,1998,15(2): 100.
[40] Hsu S L-C,Fan M H. Polymer,2004,45: 1101.
[41] Liu J-H,Lee S-Y,Tsai F-R. J. Appl. Polym. Sci.,1998,70: 2401.
[42] Fukushima T,Hosokawa K,Oyama T,Iijima T,Tomo M,Itatani H. J. Polym. Sci.,Polym. Chem.,2001,39: 934.
[43] Kubota S,Meriwaki T,Ando T,Fukami A. J. Appl. polym. Sci.,1987,33: 1763.
[44] Kubota S,Mouiwaki T,Ando T,Fukami A. J. Macromol. Sci. Chem.,1987,A24: 1497.
[45] Barltrop J A,Plant P J,Schofield P. Chem. Commun.,1966,822.
[46] Omote T,Mockizuki H,Koseki K,Yamaoka T. Macromolecules,1990,23: 4796.
[47] Hsu S L-C,Lee P-I,King J-S,Jeng J-L. J. Appl. Polym. Sci.,2002,86: 352; Hsu S L-C,Lee P-I,King J-S,Jeng J-L. J. Appl. Polym. Sci.,2003,90: 2293.
[48] Moore J A,Gamble D R. Polym,Eng. Sci.,1992,32: 1642.
[49] Moore J A,Dasheff A N//Feger C,Khojasteh M M,McGrath J E,eds. Polyimides: Materials,Chemistry and Charact eristics. Amsterdam,1989:115.
[50] Hayase S,Takano K,Mtkogami Y,Nakano Y. J. Electrochem. Soc.,1991,138: 3625.
[51] Hayase R,Kihara N,Oyasato N,Matake S,Oba M. J. Appl. Polym. Sci.,1994,51: 1971.
[52] Omote T,Yamaoka T. Polym. Eng. Sci.,1992,32: 1634.
[53] M. 西蒂. 药物制造百科全书. 苏焕臣,等译. 长春:长春出版社,1991:619.
[54] Berson J A,Brown E. J. Am. chem. Soc.,1955,77: 447.
[55] 侯豪情,李悦生,丁孟贤. 全国高分子学术论文报告会论文集,合肥,1997:b6.
[56] Hsu S L-C,Chen H-T,Tsai S-J. J. Polym. Sci.,Polym. Chem.,2004,42: 5990.
[57] Mochizuki A,Yamada K,Teranishi T,Matsushita K,Ueda M. High Perform. Polym.,1994,6,225.
[58] Mochizuki A,Teranishi T,Ueda M,Matsushita K. Polymer,1995,36: 2153.
[59] Seino H,Haba O,Ueda M,Mochizuki A. Polymer,1999,40: 551.
[60] Fukushima T,Oyama T,Iijima T,Tomoi M,Itatani H. J. Polym. Sci.,Polym. Chem.,2001,39: 3451.
[61] Smets G,Aerts A,Erum J. Polym. J.,1980,12: 539.
[62] Tsuncoka M,Ueda T,Tanaka M,Egawa H. J. Polym,Sci.: Polym. Chem.,1984,19: 201.

[63] Frechet J M J, Ito H, Willson C G. Polymer, 1980, 24: 995.
[64] Ito H, Ueda M. Macromolecules, 1988, 21: 147.
[65] Yamaoka T, Nishiki M, Koseki K, Koshiba M. Polym. Eng. Sci., 1989, 29: 858.
[66] Madit N, Bonfils F, Giral L, Montginoul C, Sagnes R, Schue F. Makromol. Chem. 1991, 192: 1467.
[67] Frechct J M J, Matuszczak S, Lee S M, Fahey J, Willson C G. Polym. Eng. Sci. 1992, 32: 1471.
[68] Reichmanics E, Novembre A E. Annu. Rev. M. ater. Sci., 1993, 23: 11.
[69] Ito H, Willson C G, Frechet J M J. Digest of Technical Papers of 1982 Symposium on VLSI Technology; Businesa Center for Academic Societies, Tokyo, Japan, 1982: 86.
[70] Cameron J F, Mchet J M J. J. Am. Chem. Soc., 1991, 113: 4303.
[71] Omote T, Koseki K, Yamaoka T. Macromolecules, 1990, 23: 4788.
[72] Naitoh K, Yoneyama K, Yamaoka T. J. Phys. Chem., 1990, 96: 238.
[73] Yamaoka T, Omote T, Adachi H, Kikuchi N, Watanabe Y, Shirosaki T. J. Photopolym. Sci. Technol., 1990, 3: 275.
[74] Yamaoka T, Omote T//Horie K, Yamashita T, eds. Photosensitive Polyimides: Photosensitive Polyimides Based on Chemical Amplification Mechanism. 1995: 178.
[75] Ueda M, Nakayama T. Macromolecules, 1996, 29: 6427.
[76] Watanabe Y, Fukukawa K-I, Shibasaki Y, Ueda M. J. Polym. Sci., Polym. Chem., 2005, 43: 593.
[77] Yu H S, Yamashita T, Horie K. Macromolecules, 1996, 29: 1144.
[78] Ho B-c, Chen J-h, Perng W-c, Lin C-l, Chen L-m. J. Appl. Polym. Sci., 1998, 67: 1313.
[79] Mckean D R, Briffaud T, Volksen W, Hacker N P, Labadie J W. Polym. Prepr., 1994, 35(1): 387.
[80] Cameron J F, Frechet J M J. J. Am. Chem. Soc., 1991, 133: 4303.
[81] Mochizuki A, Teranishi T, Ueda M. Polym. J., 1994, 26(3): 315.
[82] Mochizuki A, Teranishi T, Ueda M. Macromolecules, 1995, 28: 365.
[83] Ciamician G, Silber P. Ber., 1901, 34: 2040.
[84] Ogura T, Higashihara T, Ueda M. Eur. Polym. J., 2010, 46: 1576.

第 26 章　液晶取向排列剂

26.1 引　　言

液晶显示要求液晶分子在电场作用下显示图形时必须要将液晶分子按一定方向取向，并与平面成一定角度，这就是所谓“预倾角”。能够使液晶分子有序排列的是涂在液晶盒内表面的取向膜，形成这种膜的材料就是液晶取向剂。现在工业上用作液晶显示取向剂的都是高分子材料，将这种高分子膜按一定方向摩擦后就具有使液晶分子取向的能力。但并不是任何高分子膜在摩擦后都能使液晶分子获得所需的预倾角，用作取向剂的高分子材料应当在结构上有所选择，才能满足所需预倾角的要求。此外由于加工工艺和使用性能的需要，还应满足下列条件：

(1) 为使取向性能在长期使用中稳定，作为取向剂的高分子必须有高的热稳定性；

(2) 对 ITO 有良好的黏结性，不至于在摩擦后的清洗中脱落；

(3) 取向剂的溶液在涂复(旋涂或丝网印刷)时有良好的流平性；

(4) 化学稳定性好，对所接触的物质，如液晶等稳定，还要有较好的储存稳定性；

(5) 有足够的机械强度；

(6) 为保证良好的绝缘性能，取向剂应有低的离子含量，如 Na^+、K^+ 等离子的含量应低于 1 ppm 甚至 0.1 ppm；

(7) 有良好的透明性；

(8) 尽可能低的酰亚胺化温度，这就要求聚合物的 T_g 不能过高。

聚酰亚胺能够很好满足上述各项要求，尤其是聚酰亚胺特别容易在结构上进行改性，可以根据需要合成各种能产生不同预倾角的取向剂。因此 20 世纪 80 年代后聚酰亚胺就成为液晶显示器最普遍使用的取向剂材料。

液晶显示器种类繁多，目前已经商品化和仍在开发中的有扭曲向列相液晶显示器(TN-LCD)、超扭曲向列相液晶显示器(STN-LCD)、薄膜晶体管液晶显示器(TFT-LCD)或称有源驱动液晶显示器(AM-LCD)、表面双稳态铁电液晶显示器(SSFLC，或称 FLCD)和电致双折射液晶显示器(ECB-LCD)等。不同的显示模式要求初始态液晶分子具有不同的取向排列方式。对于 TN-LCD，要求有 1°～3°的预倾角；对于 STN-LCD，则视扭转角的大小而定，若是 180°～220°扭曲，要求取向排列剂有使液晶分子按 3°～5°预倾排列的能力；若是 240°扭曲，要求取向排列剂有使液晶分子按 4°～7°预倾排列的能力；若是 270°扭曲，则要求取向排列剂有使液晶分子按 15°以上预倾排列的能力；对于超扭曲双折射液晶显示器(SEB-LCD)，则要求取向排列剂有使液晶分子按 20°以上倾斜排列的能力[1]。对 TFT-LCD 的取向剂的预倾角要求并不高，能够在 60℃以上保持 3°就可以满足，但由于薄膜晶体管不耐高温，要求对聚酰胺酸的固化温度不超过 180℃，同时对于取向剂的离子含量也比用于 TN-LCD 的取向剂要高，例如 Na^+、K^+ 等离子的含量应低于 0.1 ppm。某些电致双折射和宾主(GH 型)模式要求初始态液晶分子垂直于液晶盒表面排列，这要求取向排列剂具有使液晶分子垂直排列(预倾角为 90°)的能力。反铁电液晶显示器(TFLCD)和 LCD 要求初始态铁电液晶分子平行排列且具有一定的铁电角(cone angle)，聚酰亚胺也是 TFLCD 和 FLCD 最合适的取向排列剂。

26.2 液晶在高分子膜表面的取向排列机制

液晶分子在定向摩擦聚合物表面的排列取决于液晶分子与聚合物表面的物理和化学作用。现用"表面沟纹理论"和"液晶-聚合物相互作用理论"来说明。表面沟纹理论认为液晶分子沿着由摩擦产生的表面沟纹排列时能量最低[2,3]，场发射扫描电子显微镜(FE-SEM)和原子力显微镜发现摩擦聚酰亚胺膜表面确实有沟纹存在[4,5]。"表面沟纹理论"可以解释液晶在摩擦无机物表面的定向排列。液晶-聚合物相互作用理论认为液晶分子沿摩擦方向定向排列是由液晶分子-膜表面聚合物分子之间相互作用的各向异性所决定的[6]。弱摩擦聚合物膜、拉伸聚合物膜、LB 膜和偏振光倾斜辐照的聚合物膜均没有表面沟纹，但可使液晶分子定向排列[7-10]，所以，液晶分子在聚合物表面的定向排列只能归因于液晶分子与膜表面聚合物分子之间的特殊相互作用。

摩擦能使高分子链段在摩擦应力的作用下发生形变，形成膜表面有序链段沿着摩擦方向重新排列。这种效应是摩擦应力的积累效果，摩擦强度越大，其有序性越好。这样，膜表面取向大分子链段-液晶分子之间产生各向异性相互作用，以类似外延的生长机制使液晶分子定向排列，从而使液晶盒内整体液晶定向排列，这一机制得到了近代光学实验结果的有力证实[11-15]。例如，尽管如式 26-1 所示的聚酰亚胺的玻璃化温度高达 300 ℃以上，但经室温摩擦后，膜表面聚酰亚胺分子链段的一维取向函数可达 0.67±0.15[12]。

图 26-1 是摩擦聚酰亚胺膜的光延迟。在相同摩擦条件下，有支链聚酰亚胺膜的光延迟比无支链聚酰亚胺膜的大，说明摩擦能使支链聚酰亚胺膜表面大分子链段更易于定向排列，表面柔性支链是产生该效果的主要原因[16]。

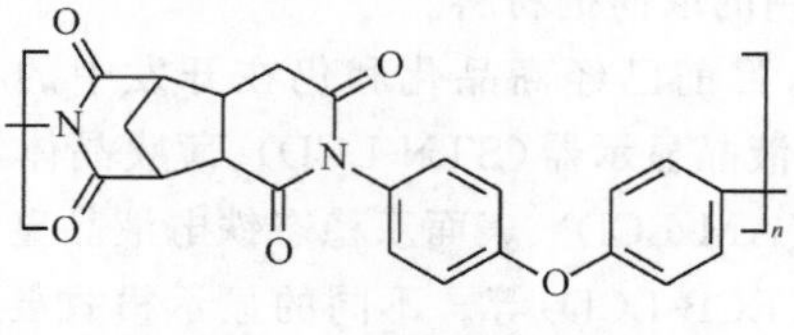

式 26-1 一种聚酰亚胺取向剂

无支链聚酰亚胺膜经摩擦后，不仅表面大分子链段沿着摩擦方向重新排列，而且表面还会产生微观不对称三角形，位于聚酰亚胺膜表面的刚性棒状液晶分子的状态受控于膜表面的微观形貌，分子间相互作用力诱使所有液晶分子形成一致性预倾排列，图 26-2 中的 θ_P 即为预倾角。强摩擦时，聚酰亚胺膜表面微观不对称三角形的斜度增大，液晶分子排列的预倾角随之增大[17,18]。如图 26-3 所示，带支链的聚酰亚胺膜摩擦前，支链呈无序分布，不能使液晶分子定向排列；定向摩擦后，膜表面支链沿摩擦方向有序排列，从而诱使液晶分子也沿该方向排列，并形成一定的预倾角。强摩擦时，聚酰亚胺膜表面的支链受力比弱摩擦时大，倾斜度较小，液晶分子的预倾角也比较弱摩擦时小[19]。

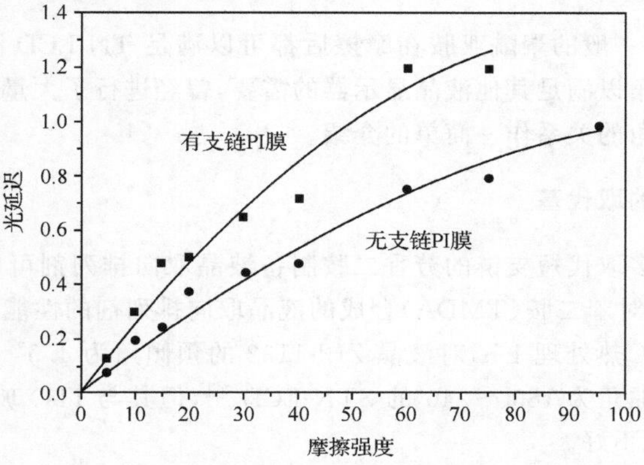

图 26-1　摩擦聚酰亚胺膜的光延迟

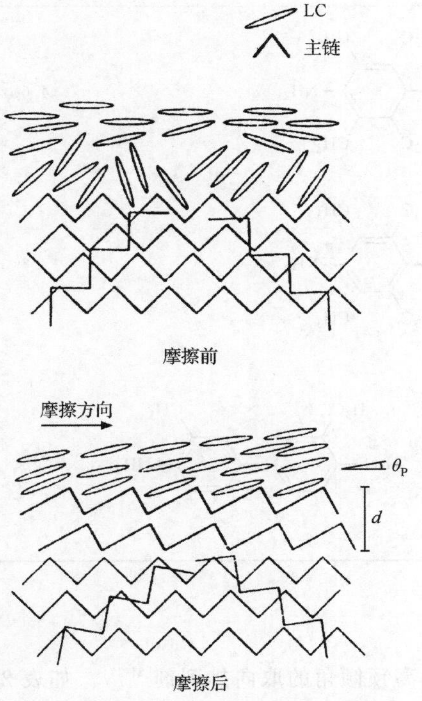

图 26-2　液晶分子在摩擦无支链聚酰亚胺表面取向模型

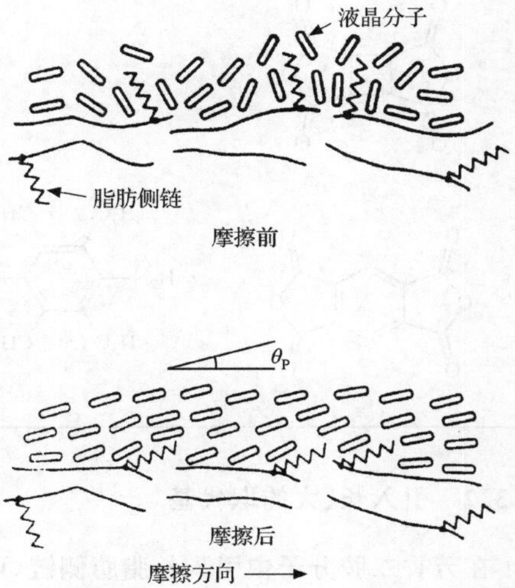

图 26-3　液晶分子在摩擦有支链聚酰亚胺表面取向模型

26.3　聚酰亚胺的结构与预倾角的关系

就预倾角而言，一般的聚酰亚胺在摩擦后都可以满足 TN-LCD 液晶显示器的要求。要进一步提高预倾角以满足其他液晶显示器的需要，曾经进行了大量的研究，以下就对聚酰亚胺结构对预倾角的关系作一简单的介绍。

26.3.1　引入短小的取代基

用刚性二酐与多取代短支链的芳香二胺制备液晶取向排列剂可以获得较高预倾角。表 26-1 是由四甲基对苯二胺(TMDA)合成的液晶取向排列剂的性能，取向膜在 250 ℃环化 1 h，封盒后 120 ℃热处理 1 h，对液晶 ZLI-1132 的预倾角为 4.5°～6°。可见这类聚酰亚胺可用于制作扭曲角为 180°～240°的 STN-LCD[20]，但其与 ITO 玻璃的黏结性不尽如人意，储存稳定性也不好。

表 26-1　四甲基对苯二胺型聚酰亚胺的取向排列性能

二酐	二胺	预倾角/(°)
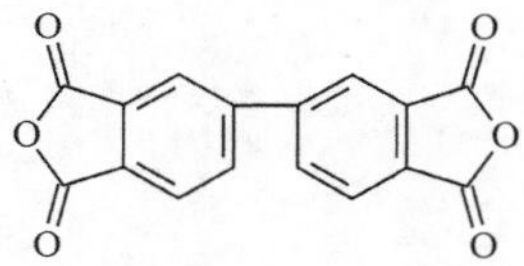	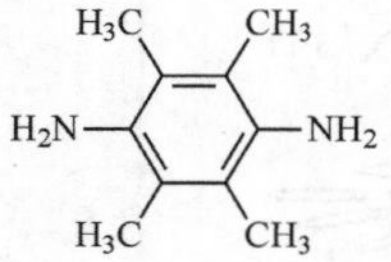	4.6
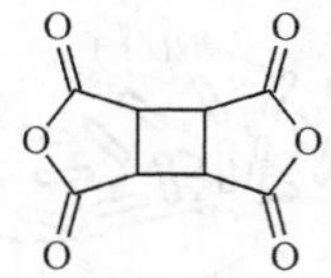	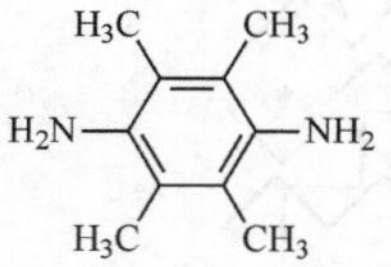	5.8
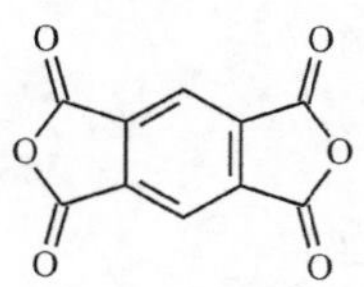	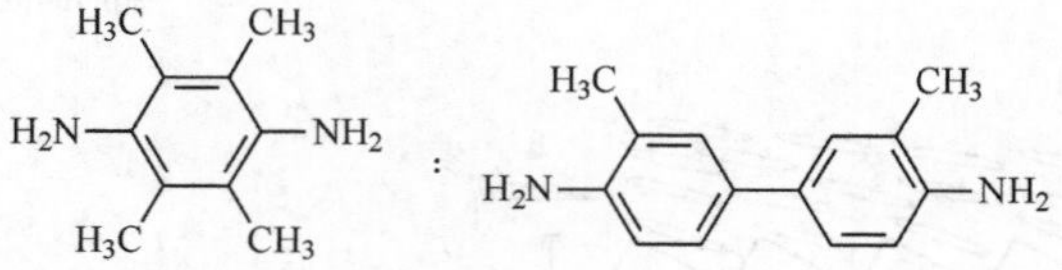 (7:3)	6.3

26.3.2　引入长、大的取代基

在芳香二胺分子中引入长脂肪侧链，可获得高预倾角的取向排列剂[21-23]。如表 26-2 所示结构的取向排列剂，当脂肪链的长度达到的碳数为 6 时，混合向列相液晶 ZLI-1132 预倾角可增大到 18°。这类液晶取向剂排列剂的黏结性也不好，为了改善其黏结性，合成时可加入物质的量分数为 10％左右的硅氧烷二胺或硅氧烷二酐[22]。

表 26-2　具有长侧基聚酰亚胺的液晶取向排列性能

聚酰亚胺	m	预倾角/(°)
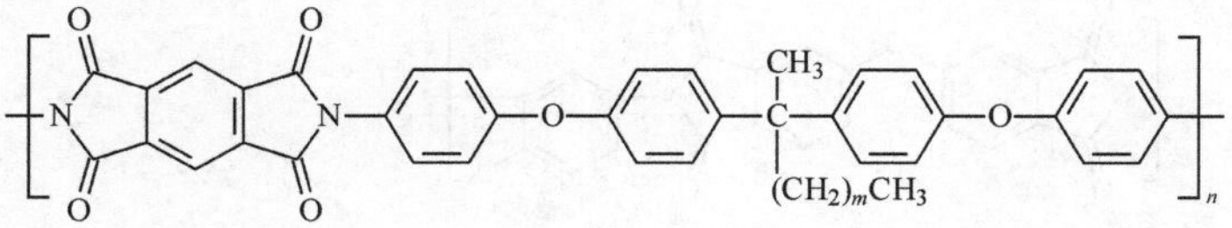	0	5
	3	7
	5	18
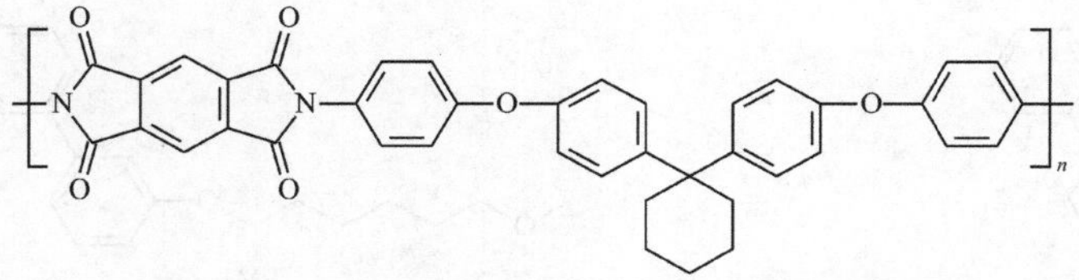	0	7.3
	2	9
	3	11.8
	5	14

表 26-3 是另一类带有长侧基的共聚型液晶取向排列剂的性能。共聚酰胺酸在 ITO 玻璃上涂膜后，90 ℃和 200 ℃各环化 2 h，封盒后 120 ℃热处理 1 h，测定液晶 ZLI-2214 的取向排列性能，当取代二胺的物质的量分数为 25％时，预倾角为 6°～8.4°；而当取代二胺的物质的量分数为 75％时，预倾角高达 14.6°～16.8°，可见这类共聚酰亚胺也具有良好的液晶取向排列性能[24-26]，但存在着黏结性、透明性和储存稳定性较差和合成难度大等问题。

表 26-3　带长侧基的共聚酰亚胺的取向排列性能

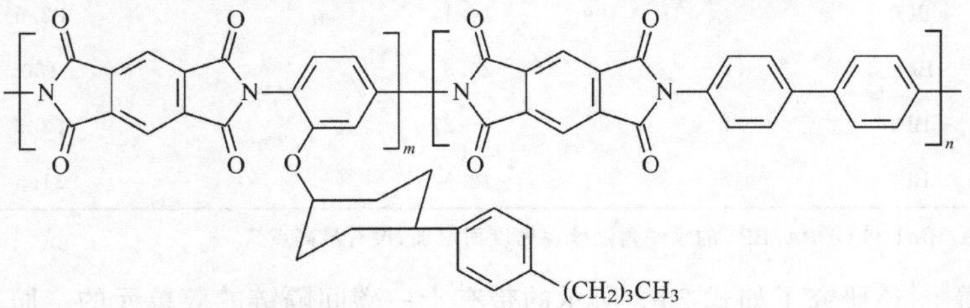

$m:n$	2.5 : 7.5	3.5 : 6.5	5 : 5	6.5 : 3.5	7.5 : 2.5
θ_P/(°)	6.0	7.8	10.4	12.9	14.6

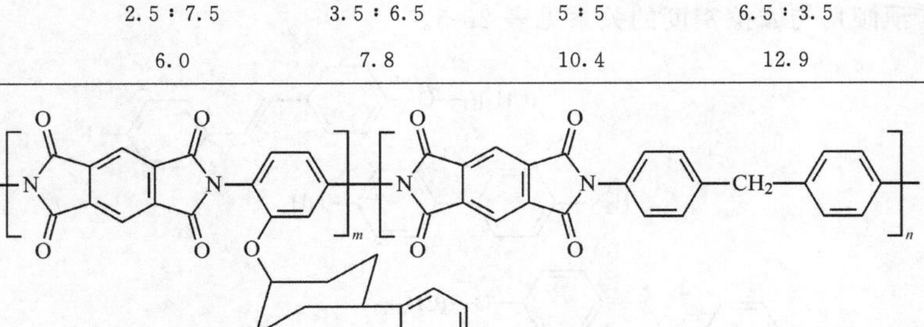

$m:n$	2.5 : 7.5	3.5 : 6.5	5 : 5	6.5 : 3.5	7.5 : 2.5
θ_P/(°)	8.4	9.8	12.2	14.8	16.8

Ree 等[27]由 ODPA 与带长侧基的间苯二胺合成一系列聚酰亚胺(式 26-2),其最高预倾角及相应的摩擦密度的关系见表 26-4。

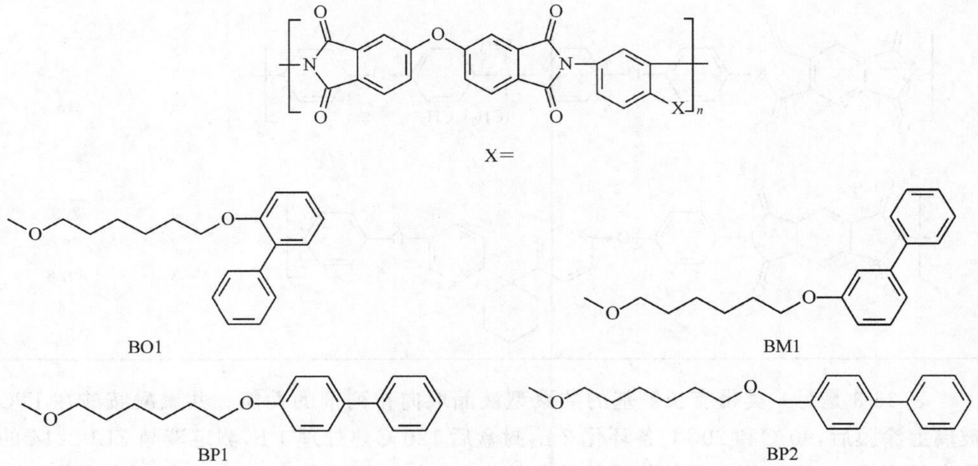

式 26-2　带长链的聚酰亚胺取向剂

表 26-4　ODPA 基聚酰亚胺最高预倾角及相应的摩擦密度

二胺中的 X	最高预倾角/(°)	相应的摩擦密度
MPD	12	65
BO1	14.4	82.6
BM1	20.5	150
BP1	26～27	63.6
BP2	12.5	31.5

注：ODPA/BM1 和 ODPA/BP1 的预倾角随摩擦密度而增加,没有最高点。

Park 等[28]还研究了如式 26-3 所示的带有十一碳间隔链的芪单元的二胺所得到的聚酰亚胺,其预倾角与摩擦密度的关系见表 26-5。

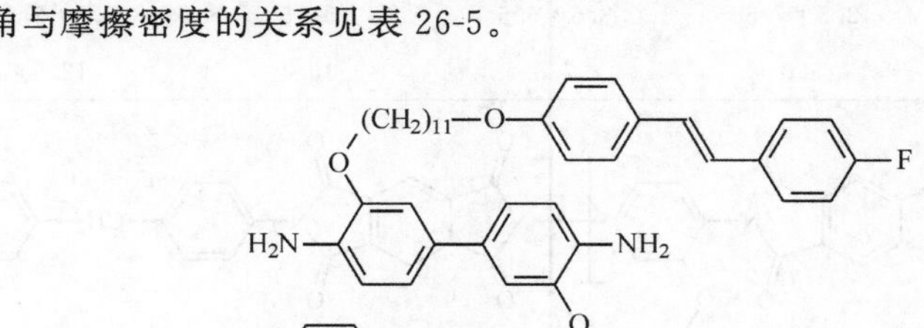

式 26-3　带有十一碳间隔链的芪单元的二胺

表 26-5　由如式 26-3 所示的二胺所得到的聚酰亚胺的性能

二酐	T_g /℃	T_{m1} /℃	T_{m2} /℃	$T_{5\%}$ /℃	预倾角/(°) 摩擦密度			
					100	125	150	175
PMDA	—	—	—	407	2	2	1.8	2
BTDA	不明确	256	280	413	7.5	5.8	6	5.7
ODPA	不明确	252	277	395	4.5	2.5	1.5	—
6FDA	99	—	—	431	5	5	5	4.8

Jung 等[29]在均苯二酐的 3,6-位接上长的脂肪链(式 26-4),所得到的聚合物的预倾角见表 26-6。

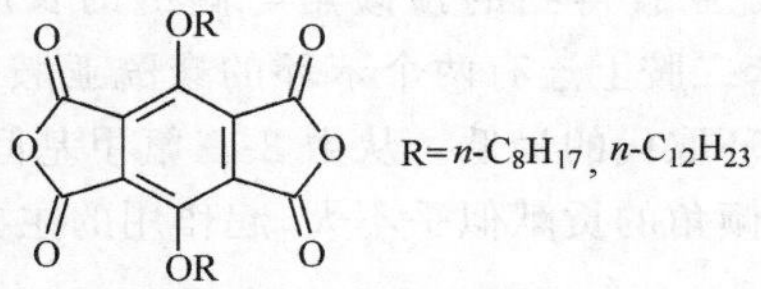

式 26-4　3,6-位接上长的脂肪链的均苯二酐

表 26-6　由带长脂肪链的 PMDA 得到的聚酰亚胺的性能

聚酰亚胺	[η] /(dL/g)	T_g /℃	$T_{10\%}$ /℃	预倾角/(°) 摩擦密度			
				60	120	180	240
C_8/PPD	1.07	—	398	10.0	13.2	12.2	11.1
C_{12}/PPD	0.45	—	415				
C_8/OTOL	0.92	294	409	6.9	12.5	12.3	10.3
C_{12}/OTOL	0.76	—	418	9.9	14.8	14.5	13.1
C_8/ODA	0.60	220	405	8.0	10.4	10.5	9.0
C_{12}/ODA	0.80	—	409	14.5	16.1	13.7	13.7
C_8/MDA	0.60	188	403	5.0	8.7	7.5	6.5
C_{12}/MDA	0.58	170	415	16.4	17.3	17.9	15.7
C_8/BDAF	0.75	148	409	9.5	9.3	9.5	9.2
C_{12}/BDAF	0.51	117	415	13.3	13.1	13.3	12.9

注：C_{12}/PPD 在加进液晶后膜就脱落。

印杰等[30]合成了如式 26-5 所示的带长侧链的聚酰亚胺。由表 26-7 可见,侧链越长,能够得到的预倾角越大。

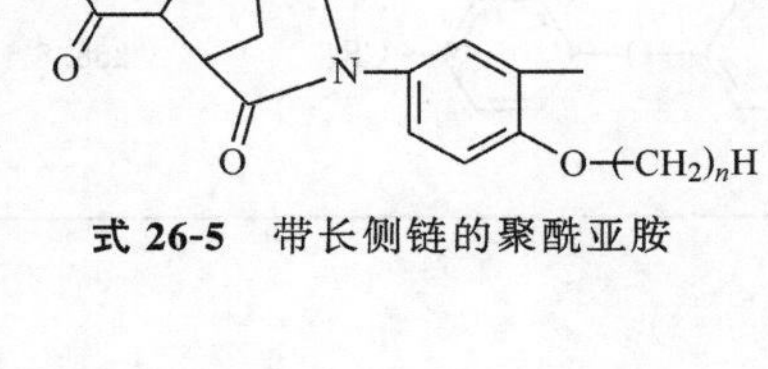

式 26-5　带长侧链的聚酰亚胺

表 26-7　结构如式 26-5 所示的带长侧链的聚酰亚胺的性能

n	$[\eta]$/(dL/g)	T_g/℃	$T_{5\%}$/℃	预倾角/(°)
6	0.21	222	398	4.0
8	0.18	188	397	5.1
10	0.19	198	406	7.3
12	0.21	228	398	8.9
14	0.22	202	395	>10
16	0.19	181	385	>10

杨士勇等[31]合成了由 ODPA 与带三氟甲基的芳香侧链的二胺得到的聚酰亚胺，其性能见表 26-8。由这些聚酰亚胺得到的预倾角与侧链的长度有关，与二胺本身长度无关，以间苯二胺为例，在间苯二胺上连有两个苯环的聚酰亚胺可以得到最高的预倾角，连有一个苯环的次之，没有苯环取代的最低。从由 3-三氟甲基间苯二胺得到的聚酰亚胺的预倾角来看，三氟甲基对预倾角的贡献似乎不大，起作用的主要是侧链的长度。

表 26-8　ODPA 基的聚酰亚胺的性能

二胺	T_g/℃ (DMA)	$T_{5\%}$/℃	吸水率/%	预倾角/(°)
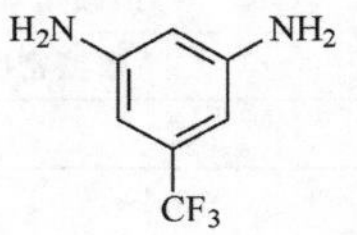	255.3	551.2	0.39	2.2
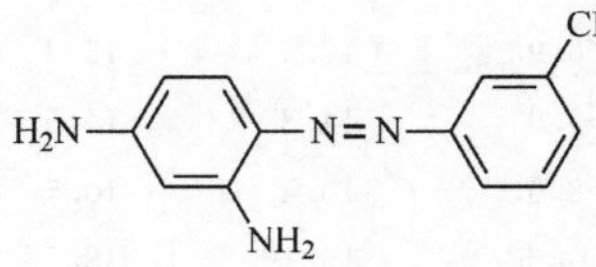	240.5	493.1	0.56	4.1
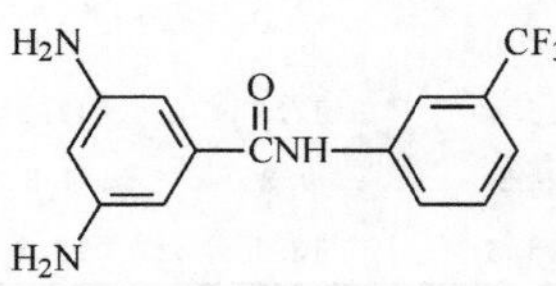	258.0	476.9	0.58	5.2
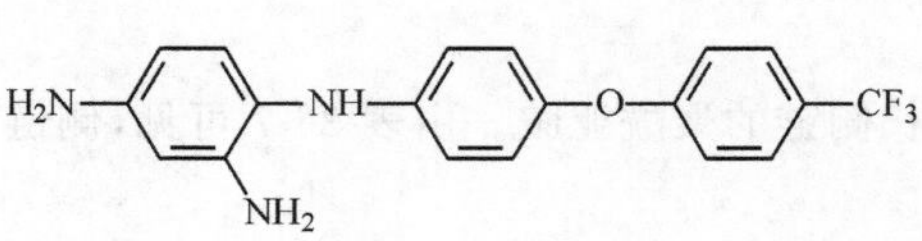	233.1	504.0	0.52	10.2
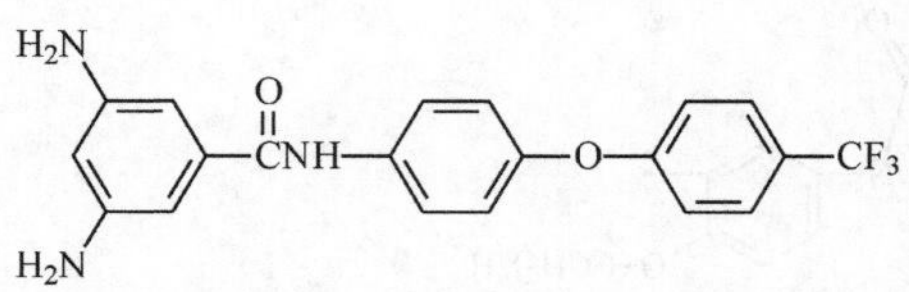	258.5	478.5	0.61	20.0

续表

二胺	T_g/℃ (DMA)	$T_{5\%}$/℃	吸水率 /%	预倾角 /(°)
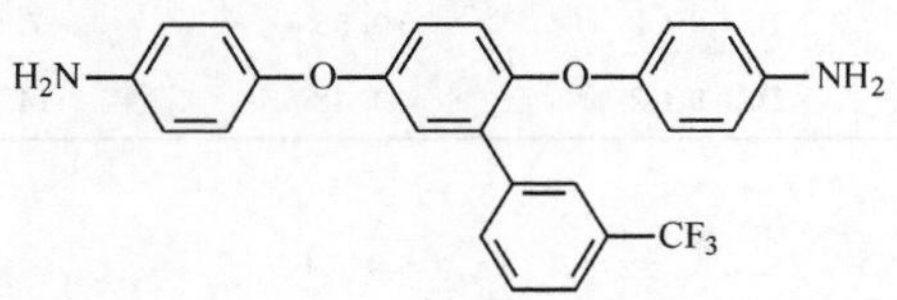	215.1	534.1	0.42	3.0
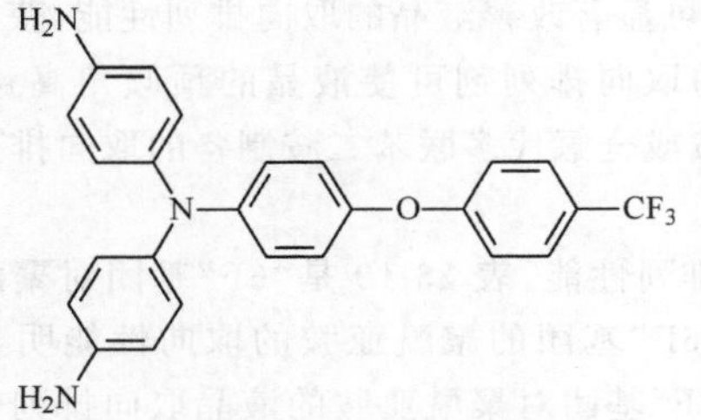	256.7	542.0	0.44	7.1
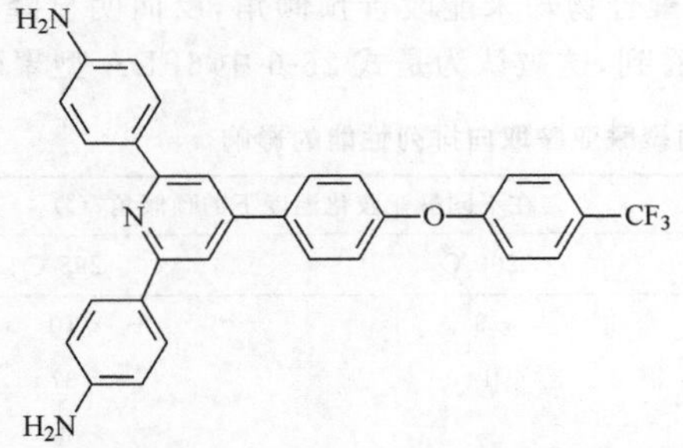	273.6	579.9	0.46	9.0

增大液晶预倾角的另一个方法是在合成取向排列剂时，添加物质的量分数为 10%左右的长链脂肪胺，加入太多的脂肪胺会使取向排列剂的相对分子质量下降太多，影响其成膜性和降低机械强度[32-34]。脂肪胺最好是直链的，不含强极性基团，链长超过 C_{10} 以上才能获得 7°以上的预倾角，见表 26-9。

表 26-9　长链脂肪胺结构对取向排列剂性能的影响

二酐单体	二胺单体	单胺	物质的量比	特性黏度/(dL/g)	预倾角/(°)
CBDA	BAPP	—	10∶9	0.38	2.7
CBDA	BAPP	—	10∶9.85	0.68	2.4
CBDA	BAPP	n-$C_4H_9NH_2$	10∶9∶2	0.46	2.9
CBDA	BAPP	$PhNH_2$	10∶9∶2	0.64	2.9
CBDA	BAPP	n-$C_{12}H_{25}NH_2$	10∶9∶2	0.69	10
CBDA	BAPP	n-$C_{16}H_{33}NH_2$	10∶9∶2	0.52	19
CBDA	BAPP	n-$C_{10}H_{21}NH_2$	10∶9∶2	0.62	4.5
CBDA	BAPP	n-$C_{12}H_{25}PhNH_2$	10∶9∶2	0.51	10.5

续表

二酐单体	二胺单体	单胺	物质的量比	特性黏度/(dL/g)	预倾角/(°)
CBDA	BAPP	n-$C_{14}H_{29}PhNH_2$	10 : 9 : 2	0.47	12.5
PMDA	MDA	n-$C_{16}H_{33}NH_2$	10 : 9 : 2	0.55	7.6
CBDA	DDCA	n-$C_{16}H_{33}NH_2$	10 : 9 : 2	0.48	14.5

26.3.3 引入含氟单元

在聚酰亚胺的二胺单体中引入氟原子，可显著改善液晶的取向排列性能，获得高预倾角。例如由 PMDA 与四氟对苯二胺合成的取向排列剂可使液晶的预倾角高达 10°[35]。用 PMDA、BPDA 和 CBDA 等与八氟联苯胺或全氟代多联苯二胺制备的取向排列剂也能使液晶的预倾角达 7°～10°[36]。

Seo 等[18]研究了含氟聚酰亚胺的取向排列性能，表 26-10 是“6F”基团对聚酰亚胺取向性能的影响。比较编号 1 和 3，可见含“6F”基团的聚酰亚胺的取向性能明显高于无“6F”基团的聚酰亚胺，可见二胺结构中的“6F”基团对聚酰亚胺的液晶取向排列性能有很大的贡献。出乎意料的是由 6FDA 得到的聚合物却未能改善预倾角，反而明显降低了取向排列性能。类似的情况也从表 26-11 中看到，这被认为是式 26-6 中 6FDA 型聚酰亚胺

表 26-10 六氟亚异丙基对聚酰亚胺取向排列性能的影响

编号	聚酰亚胺	在不同酰亚胺化温度下的预倾角/(°)	
		200 ℃	295 ℃
1	PMDA/BAPF	9	10
2	PMDA/BAMPF	14	37
3	PMDA/BAPP	—	4
4	NTDA/BAPF	10	20
5	NTDA/BAMPF	7	31
6	BPDA/BAPF	—	5
7	BPDA/BAMPF	1	1
8	6FDA/BAPP	—	2
9	PMDA-BPDA/BAPP	9	20

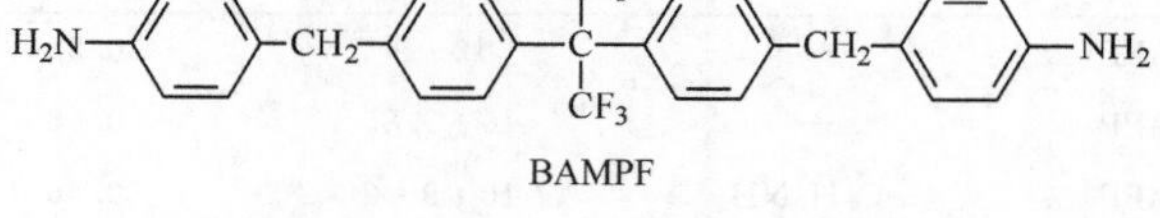

BAMPF

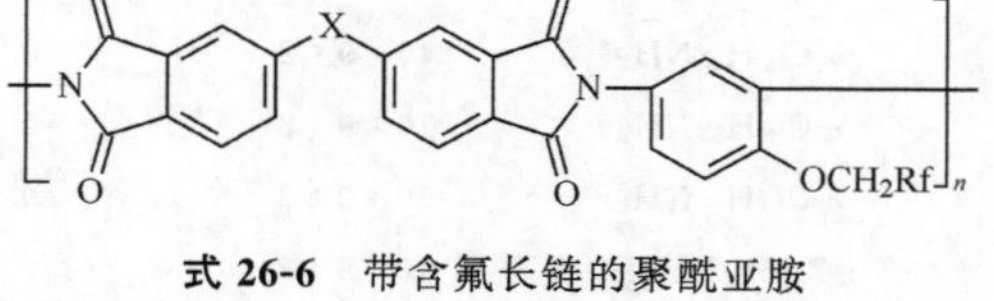

式 26-6 带含氟长链的聚酰亚胺

中二酐残基中的两个三氟甲基降低了二酐残基与液晶分子极性基团之间的相互吸引力，所以，6FDA 型聚酰亚胺的液晶取向排列性能不如 BTDA 型聚酰亚胺。

表 26-11　由聚酰亚胺 2(表 26-10 编号 2)得到的预倾角(°)

X	Rf		
	CF_3	$CF_2CF_2CF_3$	$(CF_2CF_2)_2CF_3$
CO	8.5	14	
$C(CF_3)_2$	4	6	9.5

联苯二酐的分子的刚性不如均苯二酐和萘二酐高，所以联苯二酐型聚酰亚胺(编号6,7)的液晶取向排列性不如均苯二酐或萘二酐型聚酰亚胺(编号 1,2,4,5)。但联苯二酐与均苯二酐的 1∶1 共聚物(编号 9)却具有优异的液晶取向排列性能。虽然由 BAMPF 得到的聚酰亚胺(编号 2,5)具有很好的取向角，但该二胺不易得到。

表 26-12 是"6F"基团对环丁烷二酐(CBDA)型聚酰亚胺及有机硅氧烷型单体改性聚酰亚胺的取向排列性能[37-39]。编号 1～4 经 250 ℃环化 1 h；5,6 经 180 ℃环化 1 h，液晶盒注入混合向列相液晶 ZLI-2293 或 ZLI-1132，封盒，120 ℃热处理 1 h 后，测定液晶的预倾角。编号 3 的氟含量高于编号 2，而编号 2 的液晶取向排列性能却好于编号 3，说明氟含量和化学结构都是决定聚酰亚胺的液晶取向排列性能的主要因素。经过有机硅氧烷二胺或二酐改性的"6F"型聚酰亚胺(编号 5、编号 6 和编号 7)不仅黏结性好，而且仍具有很高的取向排列能力，是性能优异的 STN-LCD 用液晶取向排列剂。

表 26-12　"6F"硅氧烷基团对聚酰亚胺液晶取向排列性能的影响

编号	聚酰亚胺	预倾角/(°)	黏结性
1	CBDA-BAPP	4.1	可
2	CBDA-BAPF	11.3	可
3	CBDA-6FBA	10.2	可
4	CBDA-BAPP/BAPF(1∶1)	8.6	良
5	BPDA/PMDA/DsiDA(16∶16∶5)-BAPF	13.8	优
6	PMDA-BAPF/5SiDA(17.3∶2)	12.0	优
7	BPDA/PMDA/TPDSiDA(11∶11∶1)-6FBA	11.0	优

$$H_2N(CH_2)_3\overset{CH_3}{\underset{CH_3}{Si}}\!\left(O-\overset{CH_3}{\underset{CH_3}{Si}}\right)_5\!(CH_2)_3NH_2$$

5SiDA

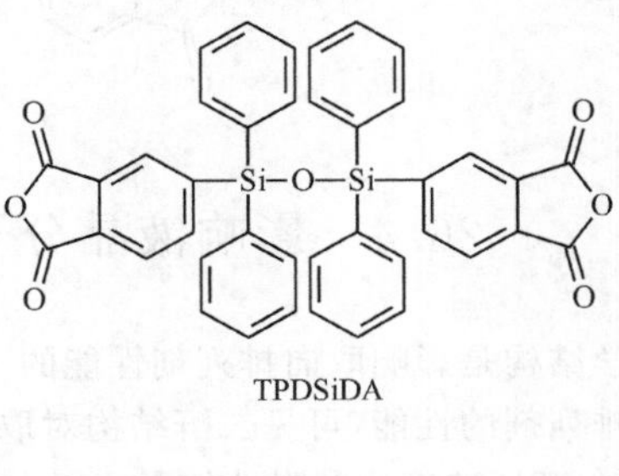

TPDSiDA

26.3.4　引入脂肪单元

图 26-4 是由脂肪族二胺合成的聚酰亚胺的液晶取向排列性能[40-45]。这类聚酰亚胺的液晶取向排列性能存在着明显的“奇-偶效应”，即由含偶数碳的脂肪二胺合成的聚酰亚胺的液晶预倾取向排列性能好于含奇数碳的脂肪二胺合成的聚酰亚胺。对于二苯酮二酐(BTDA)型聚酰亚胺，脂肪族二胺的碳原子数为 4 时，预倾角最高，为 3.5°左右；对于联苯二酐(BPDA)型聚酰亚胺，脂肪族二胺的碳原子数为 8 时，预倾角最高，可达 6.3°左右，前者可用作扭曲角为 180°～220°的 STN-LCD 的取向排列剂，后者可用作扭曲角为 240°的 STN-LCD 的取向排列剂。这类聚酰亚胺的缺点是酰亚胺化温度较高，当环化温度低于 280 ℃，预倾角显著降低。例如，由 BPDA 与辛二胺制备的取向剂在 250 ℃环化时，预倾角只有 4°～5°。

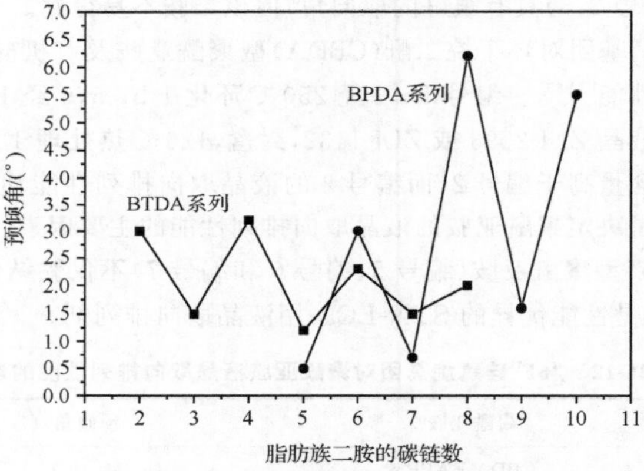

图 26-4　脂肪族二胺型聚酰亚胺的取向排列性能

由直链脂肪二胺得到的聚酰亚胺的黏附性很差，用少量的硅氧烷二酐与其共聚可得到高预倾角和黏结性能好的取向排列剂。例如由 BPDA、PMDA 和硅氧烷二酐 DSiDA (物质的量分数分别为 0.34、0.51 和 0.15)与 1,8-辛二胺制备的取向剂在 250 ℃环化 1 h 可以得到预倾角为 11.5°同时具有很好黏结性的取向剂[45,46]。

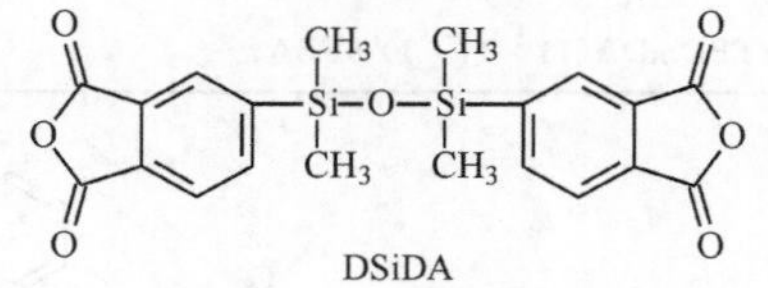

DSiDA

26.4　影响液晶分子取向排列预倾角的因素

化学结构是影响取向排列剂性能的主要因素。表 26-13 是由不同二酐与 ODA 合成的取向排列剂的性能，可见二酐结构对取向排列剂的液晶取向排列性能、储存稳定性、透明性和对 ITO 玻璃的黏附性的影响很大。

表 26-13　各种二酐与 ODA 得到的聚酰亚胺对取向排列剂性能的影响

二酐	T_g/℃	预倾角/(°)	取向剂的稳定性	透明性	黏结性
PMDA	无	2.6	差	差	差
BPDA	282	2.2	差	一般	差
BTDA	269	2.0	差	差	很好
ODPA	254	1.1	好	好	好
TDPA	255	1.2	好	好	好
DSDA	287	1.5	差	差	好
6FDA	296	2.5	一般	优	一般
HQDPA	239	1.2	很好	好	好

由表 26-12 可以看出，一般的聚酰亚胺都能够满足 TN-LCD 对预倾角的要求，但在其他性能上就有较大的差别。例如取向剂通常都是以聚酰胺酸形式供应，一方面是聚酰胺酸具有较好的溶解性，二是由聚酰胺酸成膜再热酰亚胺化比直接使用可溶的聚酰亚胺可以有较高的黏结性。但是由于聚酰胺酸溶液在储存过程中容易降解，从而使取向剂变质则是液晶显示器生产厂家十分头疼的事，因此取向剂都要用冷冻方式运输，并在低温下储存，即使如此，储存期也只有半年左右。在第 2 章我们已经介绍二酐结构对聚酰胺酸的稳定性起有决定的作用，例如使用 HQDPA 制备的取向剂即使在室温下也可以储存半年以上而不变质。第 30 章将介绍聚酰亚胺的结构与透明性的关系，采用脂肪结构或含氟单体都能够提高膜的透明性。改善聚酰亚胺对 ITO 玻璃的黏结性有三种途径：一是部分使用硅氧烷二胺或硅氧烷二酐[47]；二是在合成时加入少量含氨基的硅烷偶联剂[48]或现场添加偶联剂，前者常使取向排列剂的储存稳定性下降，后者增加了 LCD 制作工艺流程的复杂性，是大多数 LCD 制造商所不愿采用的方法；三是使用特殊结构的二酐或间位二胺单体，并适当降低相对分子质量。

摩擦强度是影响液晶分子预倾取向排列的重要因素，其影响程度和方式随聚酰亚胺取向排列剂的化学结构变化关系较大，有些取向排列剂的性能受摩擦强度的影响大，而另外一些取向排列剂的性能受摩擦强度的影响小[32,49,50]。如图 26-5 所示[16]，无支链聚酰亚胺膜随着摩擦强度增大，液晶取向排列的预倾角增大，增加幅度可达 2°以上；有支链聚酰亚胺膜随着摩擦强度增大，液晶取向排列的预倾角减小，减小幅度有时可达 5°以上，这与聚酰亚胺的结构和浓度等因素有关。

摩擦密度可以用下式表示[27]：

$$L/l = N\left(\frac{2\pi rn}{60v} - 1\right)$$

式中，L 为预聚合物薄膜某一点接触的摩擦织物的总长度，mm；l 为摩擦辊圆周的接触长度，mm；N 为累计的摩擦次数；n 为辊的速度，r/min；r 为辊的半径，cm；v 为基板台的速度，cm/s。取向膜的厚度为 4.0～5.0 m。

由原子力显微镜(AFM)看出，摩擦的方向就是所产生的沟槽的方向。预倾角与摩擦密度的关系见图 26-5。对于 ODPA/MPD，开始时，随摩擦密度而增高，到摩擦密度达到

31.5 后变平坦。到 63.6 后略为下降，预倾角最高值为 11.8°。该值对于那些没有侧链的聚酰亚胺，如 PMDA/ODA、BPDA/PPD、6FDA/ODA、6FDA/DDS、CBDA/ODA 等仅能达到 0.7°～5.1°的预倾角来说是较高的，同时也高于一些带侧基的聚酰亚胺。

图 26-6 是向列相液晶(5CB)在摩擦有支链聚酰亚胺膜表面取向排列的预倾角与膜面光延迟之间的关系。聚酰亚胺光延迟的对数值与大分子链段取向程度成正比，由图 26-6 可知，对有支链聚酰亚胺而言，提高膜表面大分子链段的取向程度不利于液晶分子的预倾取向排列。值得注意的是，有些有支链聚酰亚胺取向膜，随摩擦密度的增大，液晶分子取向排列的预倾角先增大而后减小[52,53]。在无支链聚酰亚胺膜中掺入少量 TiO_2 和炭黑等纳米微粒，摩擦时会增大膜表面大分子链段的取向深度，有利于液晶分子在其表面的取向排列[54]。

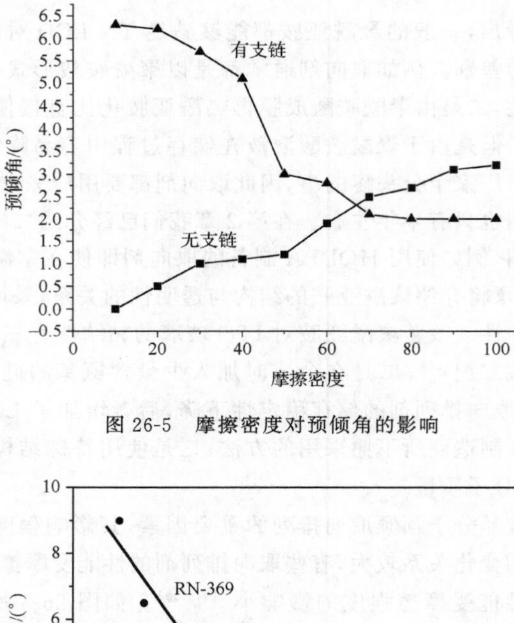

图 26-5　摩擦密度对预倾角的影响

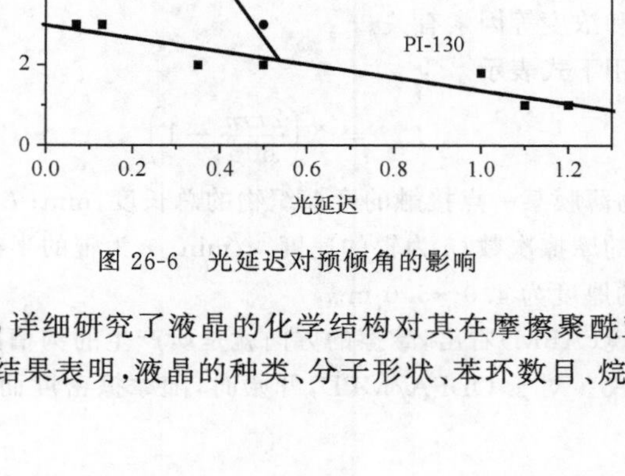

图 26-6　光延迟对预倾角的影响

Myrvold 和 Kondo 详细研究了液晶的化学结构对其在摩擦聚酰亚胺(BPDA-HDA)表面上取向行为[55,56]，结果表明，液晶的种类、分子形状、苯环数目、烷基或烷氧基长度和分子极性等均影响预倾排列。含端氰基液晶分子的预倾角大,液晶基元与预倾角的关系可用基团加和法计算,两端基均为 OR 时,R 的长度是主要因素。商业 LCD 所用液晶都是混合液晶,表 26-14 是常用液晶的基本性质,由表 26-14 可知,不同商业混合液晶间的极性差别很大,但大多数在 0.65～0.85。液晶分子的极性主要来源于氰端基,以液晶分子的极性为例,预倾角随液晶分子极性的增大有增大的趋势,改变液晶分子的极性可导致预倾角变化 3°左右,极性相近不同牌号液晶的预倾角可相差 2°以上。

表 26-14　具有代表性商业混合相列相液晶的主要参数

混合液晶	折光指数		介电常数		极性参数
	n_0	n_e	ε_0	ε_e	
ZLI-684	1.493	1.700	16.5	5.5	0.813
ZLI-1557	1.499	1.614	7.9	3.7	0.656
ZLI-1602	1.485	1.585	2.77	3.6	0.436
ZLI-1646	1.485	1.565	10.6	4.5	0.756
ZLI-1701	1.499	1.605	8.2	3.8	0.670
ZLI-1800-000	1.481	1.587	11.8	4.8	0.780
ZLI-1800-100	1.479	1.556	7.1	4.2	0.682
ZLI-3700-000	1.485	1.586	16.3	4.8	0.821
ZLI-3497-000	1.495	1.632	28.8	5.8	0.894
ZLI-1132	1.493	1.633	15.0	4.7	0.797
RO-TN-103	1.512	1.735	32.8	7.2	0.897
RO-TN-200	1.534	1.813	26.0	7.7	0.861
RO-TN-619	1.490	1.613	10.6	4.8	0.752
E-44	1.522	1.758	22.9	5.2	0.830
ZLI-1081	1.508	1.668	5.5	5.5	0.670
ZLI-1237	1.492	1.632	16.3	5.1	0.817
ZLI-1275	1.484	1.584	3.3	4.1	0.546
ZLI-3102	1.503	1.626	8.4	3.5	0.655
ZLI-3276-000	1.486	1.590	15.9	4.9	0.818
ZLI-3276-100	1.487	1.686	8.3	3.7	0.676
ZLI-3783	1.491	1.591	7.1	3.7	0.644
MJ-62738	1.501	1.639	13.2	4.0	0.757

取向排列剂的酰亚胺化温度也是影响液晶分子预倾排列的重要因素,随着酰亚胺化温度的升高和时间的延长,取向排列剂的酰亚胺化程度增加,残留的溶剂减小,膜表面的大分子链段更倾向于局部有序排列,而液晶分子的预倾角无一例外地随之增大,其原因还不十分清楚[57]。摩擦聚酰亚胺膜再经热处理后,由于松弛加剧,大分子链段的取向程度降低,液晶分子在其表面的取向排列的预倾角会减小[32]。Seo 等[58]研究了液晶在如式 26-7 所示的聚酰亚胺膜上的排列情况,随环化温度的升高,摩擦膜表面的光延迟值不是

增大而是减小，这说明膜表面的大分子链段的取向程度随固化温度的升高而减小，但液晶分子的取向排列程度却随之增大。由此得出结论，提高环化温度，使聚酰亚胺的结晶度增大，从而增大了液晶分子的预倾取向程度。但绝大多数聚酰亚胺取向排列剂是完全无定形的，显然，Seo 的结论有一定的限制。

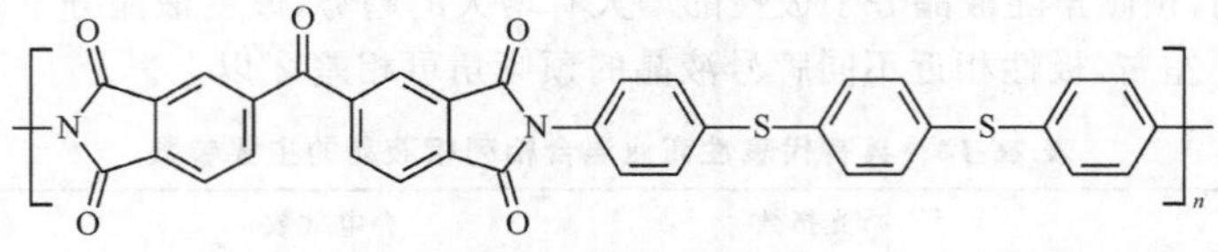

式 26-7 聚酰亚胺取向剂

除此之外，取向排列剂的浓度[52]、液晶温度[40]、所用溶剂和取向膜的制作方法等均影响液晶取向排列的预倾角，例如，我们的研究表明，在使用相同液晶和同一取向剂的条件下，与印刷法相比，旋涂法制作的取向膜具有较好的液晶预倾取向排列性能，预倾角有时会相差 2°～3°。

26.5 非摩擦液晶取向剂

现用的液晶取向剂都需要摩擦后才能使液晶分子取向，采用摩擦除了在摩擦材料和设备上有较高的要求外，主要缺点是会产生灰尘和静电，尤其对要求较高的 TFT-LCD 的质量会带来影响，所以一直有人在追求非摩擦的方法得到取向的效果，这些方法中主要有两种，即 LB 膜法和光固化法。前者是利用 LB 膜的分子有序排列诱导液晶分子取向，后者则是利用光固化使已经排列有序的分子固定下来。虽然这两种方法都没有达到实际可用的程度，而且对于今后发展的前景也没有把握，但还是在这里作一个简单的介绍，以使读者了解取向剂技术的发展概况。

26.5.1 聚酰亚胺 LB 膜作液晶取向层

有关聚酰亚胺 LB 膜可以参考第 30 章。试图将聚酰亚胺 LB 膜用于取向剂已经有一些报道[59-64]。

在用聚酰胺酸的长链铵盐的拉膜过程中，聚合物分子链沿拉膜方向取向，热环化后这种分子取向被保留下来，重复上面过程可获得具有较高强度的多层一维取向的 LB 膜。这种 LB 膜能使液晶分子平行取向，但预倾角太小，这是因为与摩擦聚酰亚胺膜不同，聚酰亚胺 LB 膜表面的大分子链段与基面间没有倾斜角。这些结果得到了原子力显微镜研究结果的证实[59]。对于聚酰亚胺 LB 膜摩擦后的情况，研究表明，当 LB 膜层数不大于 3 时，液晶分子沿摩擦方向预倾排列；而当 LB 膜层数大于 3 时，不论摩擦方向和强度如何，液晶分子都按拉膜方向平行取向，无预倾角[60]。

值得注意的是，并非所有的聚酰亚胺 LB 膜都能使液晶分子取向，从表 26-15 可以看出，聚酰亚胺 LB 膜的液晶平行取向能力与分子结构也有较大关系，当刚性较差时，大分子链段取向程度不好，不能使液晶分子取向[61]。

表 26-15　分子结构对聚酰亚胺 LB 膜液晶取向排列性能的影响

聚酰亚胺	聚酰亚胺取向函数	TN 液晶盒偏光显微观测	液晶取向程度
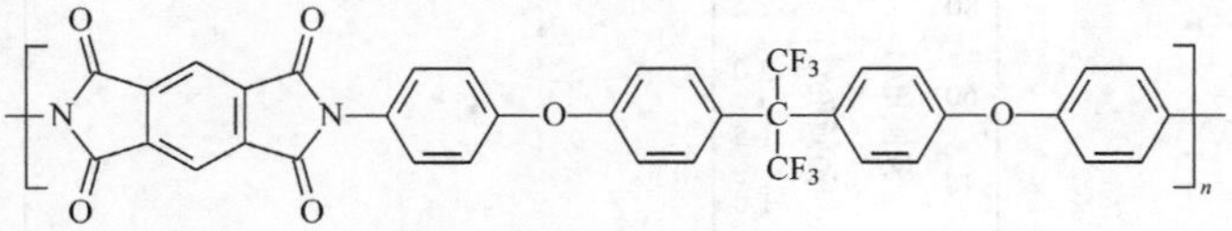	1.00	无规分布	0.5
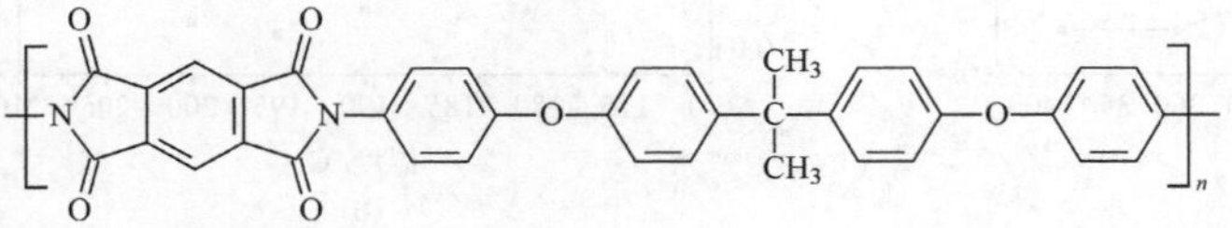	1.08	无规分布	0.6
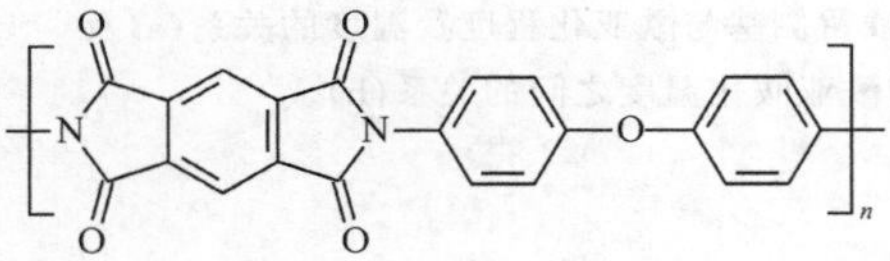	1.11	无规分布	0.8
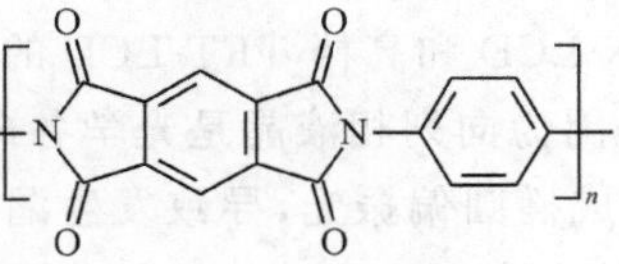	1.45	取向良好	60
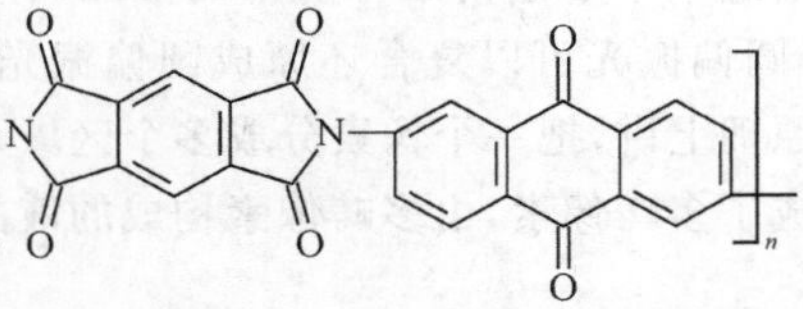	2.36	取向良好	20

为了使 LB 膜具有液晶取向的能力，Vithana 等在 ITO 基板表面先倾斜蒸镀一层 SiO_2，而后在 SiO_2 上拉制聚酰亚胺 LB 膜，取得了较好的效果[62]，但制作过程复杂。

当聚酰胺酯酯链长度在 18 个碳以上时，可用于拉制 LB 膜，其酰亚胺化过程比较容易控制。在聚酰胺酯 LB 膜的拉制过程中，长侧基也随聚合物分子主链的取向而取向，如果控制酰亚胺化程度，即可赋予聚酰亚胺 LB 膜液晶分子预倾取向排列的能力。以 PMDA-PPD 的 LB 膜为例，如图 26-7 所示，当酰亚胺化温度控制在 190 ℃以下时，可使液晶分子预倾取向排列[63,64]，但是过低的环化温度使脂肪链残留在取向膜中，同时酰亚胺化也不完全，会严重影响取向剂的稳定性。

在聚酰亚胺 LB 膜的热分解过程中，大分子链段的取向能够得以保留。在 400 ℃进行热解时，聚酰亚胺分子链段沿拉膜方向的取向程度增加；在 600 ℃以上进行热解，羰基完全消失；在 1000 ℃热解，LB 膜的大部分被炭化形成了石墨微晶，这些微晶之间的间隔大于 0.34 nm[65]。由于热解聚酰亚胺 LB 膜的表面仍具有一定程度的有序性，能使液晶分子平行排列，同时又具有导电性，所以这种石墨化的聚酰亚胺 LB 膜有可能同时用作 LCD 的液晶取向膜和电极（取代 ITO 电极）材料[66]。

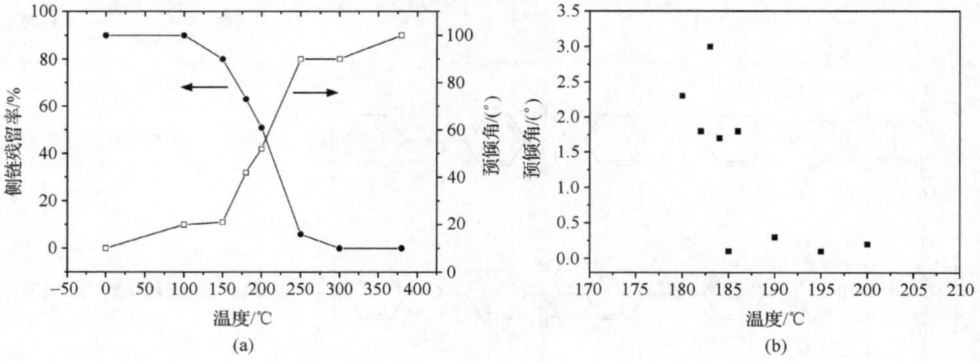

图 26-7 PMDA-PPD LB 膜残留侧基与酰亚化程度及温度的关系(a)及液晶取向性能与酰亚胺化温度之间的关系(b)

26.5.2 聚酰亚胺光控液晶取向材料

从低档 90°扭曲的 TN-LCD 到中档 STN-LCD 和高档 TFT-LCD 的扭曲相列型液晶显示器均存在着视角较窄的缺点。这主要是因为向列相液晶是光学各向异性物质，圆偏振光通过向列相液晶层后，由于光延迟而变成椭圆偏振光，导致发生漏光[67,68]。如果把单畴像素变成多畴像素，尽管圆偏振光通过单个小于肉眼分辨率的液晶畴后仍然变为椭圆偏振光，但对于多畴像素而言，多个椭圆偏振光可以复合还原成圆偏振光，这就解决了扭曲相列型 LCD 视角较窄的问题。从原理上讲，把一个像素分成多个区域，如四区，每个区域内液晶分子的取向状态不同，就形成了多畴像素，由多畴像素构成的液晶盒即为多畴液晶盒。

以双畴像素为例（图 26-8），每一区上下两基板近表面液晶分子取向排列的预倾角不同，A 和 B 两区同侧基板近表面液晶分子取向排列的预倾角也不相同，这样对称性就被破坏了。当施加电压到像素时，中央平行处液晶分子的预倾方向受控于具有更高预倾角的表面。由于 A 区和 B 区预倾角较高表面的液晶分子取向排列方向相反，所以中央的液晶分子也是反向排列的。

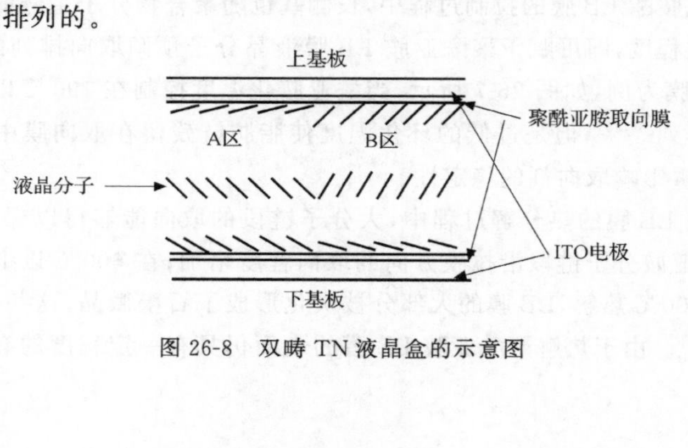

图 26-8 双畴 TN 液晶盒的示意图

制作多畴液晶盒的关键是将单向液晶取向膜变为多微区多向取向膜，这可以通过紫外光(UV)调节液晶分子在摩擦聚酰亚胺表面的预倾角或用 UV 光控液晶分子在非摩擦聚酰亚胺表面取向排列的方法来实现[69]。许多聚酰亚胺具有光反应的活性，在 UV 的辐照下发生光分解或光交联反应，基本反应有下列三类[70-72]：

(1) 主链光降解反应。环丁烷二酐(CBDA)型聚酰亚胺在 UV 辐射下发生光分解反应生成双马来酰亚胺(式 26-8)，常常降低液晶分子取向排列的预倾角。

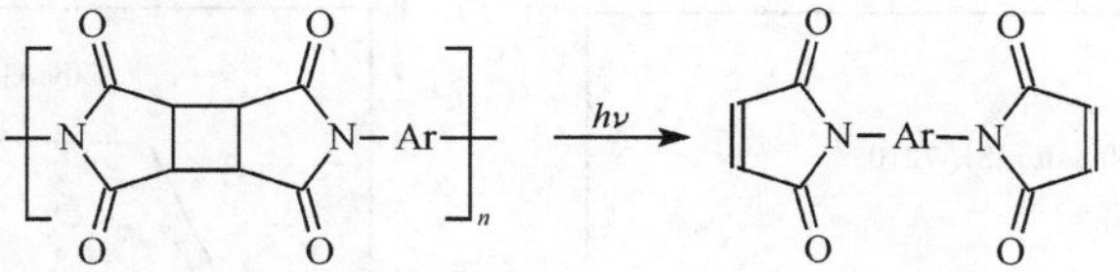

式 26-8　环丁烷二酐型聚酰亚胺的光解

(2) 主链光交联反应。BTDA 型聚酰亚胺在 UV 辐射下发生光交联反应(式 26-9)，有时可增大液晶分子取向的预倾角。

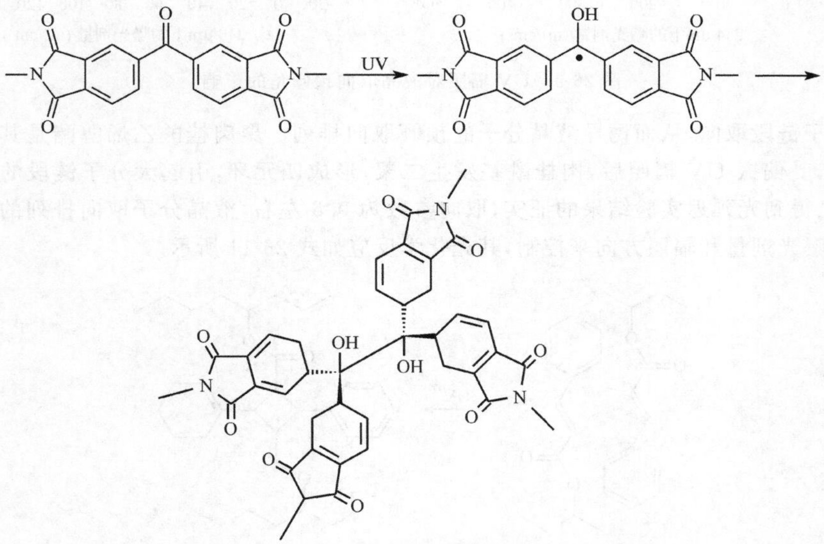

式 26-9　BTDA 型聚酰亚胺的光交联

(3) 侧链的光分解反应(式 26-10)，侧基的断裂和极性基团的引入将减小液晶分子取向排列的预倾角。

有些摩擦聚酰亚胺膜经 UV 曝光后，液晶取向的预倾角减小，而有些则相反。如图 26-9 所示，Nissan 化学公司的 PISE-7210 是前一类 LCD 用聚酰亚胺取向排列剂的典型例子，而 Ciba-Geigy 公司的 PI412 属于后一类 LCD 用聚酰亚胺取向排列剂的典型例子。如果先经 UV 曝光，后进行定向摩擦也可获得类似结果[69,73]。

尽管摩擦聚酰亚胺膜法已被 LCD 生产厂商广泛采用，但如上述摩擦过程会产生灰尘和静电，非摩擦法一直是人们追求的目标。现已发现多种聚合物可用偏振 UV 辐照法使

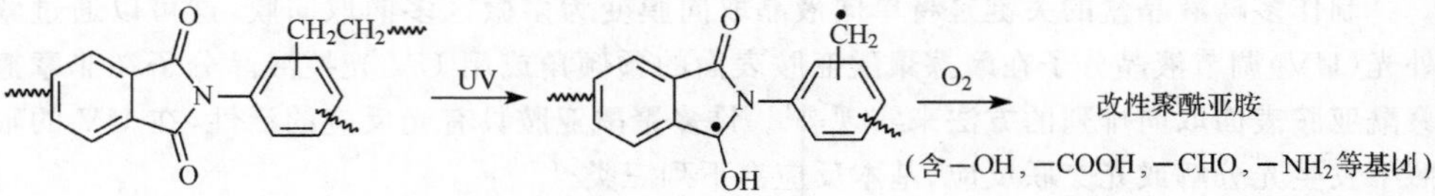

式 26-10 聚酰亚胺侧链的光分解反应

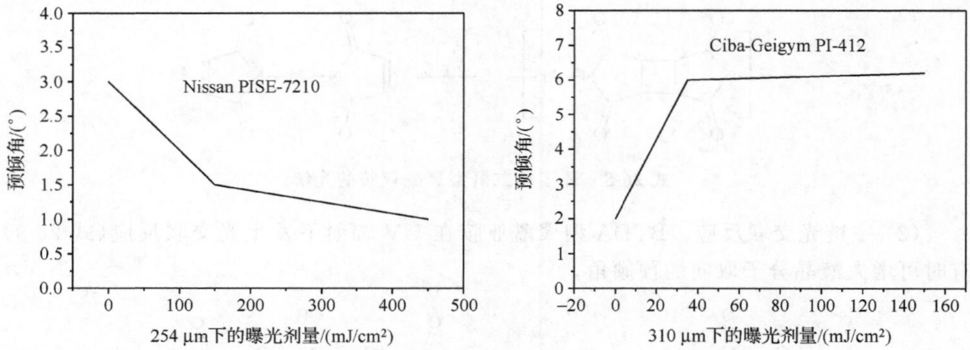

图 26-9 UV 辐照对液晶取向预倾角的影响

其大分子链段取向,从而诱导液晶分子的预倾取向排列。聚肉桂酸乙烯醇酯是其典型代表[74-76],受偏振 UV 辐照后,肉桂酰基发生二聚,形成四元环,引起大分子链段的重新取向,这已得到光延迟实验结果的证实,取向参数为 0.6 左右,液晶分子取向排列的预倾角可通过曝光剂量和辐照方向来控制,其光化学反应如式 26-11 所示。

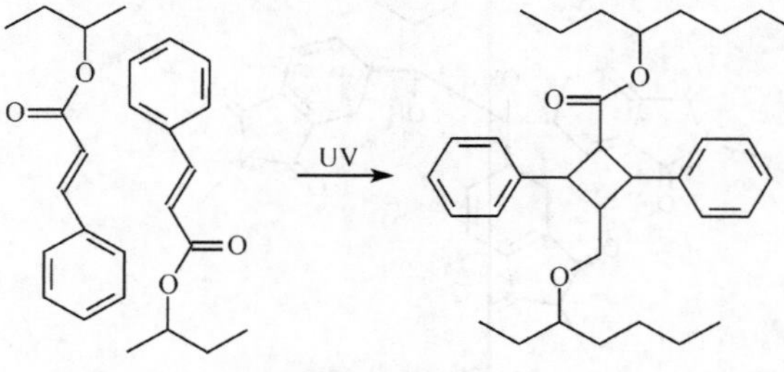

式 26-11 肉桂酸的光二聚反应

聚肉桂酸乙烯醇酯及其衍生物的耐热性较差,当温度升至 T_g(低于 100 ℃) 以上时,大分子链段松弛加剧,由有序变为无序,液晶取向排列性能随之消失。

环丁烷二酐(CBDA)型聚酰亚胺在 UV 辐照下分解成双马来酰亚胺,用平行的非偏振光倾斜辐照即可使聚酰亚胺表面的大分子链段发生不对称分解,剩余大分子链段具有一定的有序性,而诱使膜表面上的液晶分子取向排列。其原理如图 26-10 所示[70]。

图 26-10 (a)中,A_S和A_P分别是 UV 的 S 偏振面和 P 偏振面的振幅(或光强),其方向相互垂直,绝对值相等。当 UV 辐照方向垂直于聚酰亚胺膜表面时,A_S 和 A_P 相等,聚酰亚胺的光分解反应没有方向性。当 UV 辐照方向与聚酰亚胺膜的法线方向成一 θ 角时,S

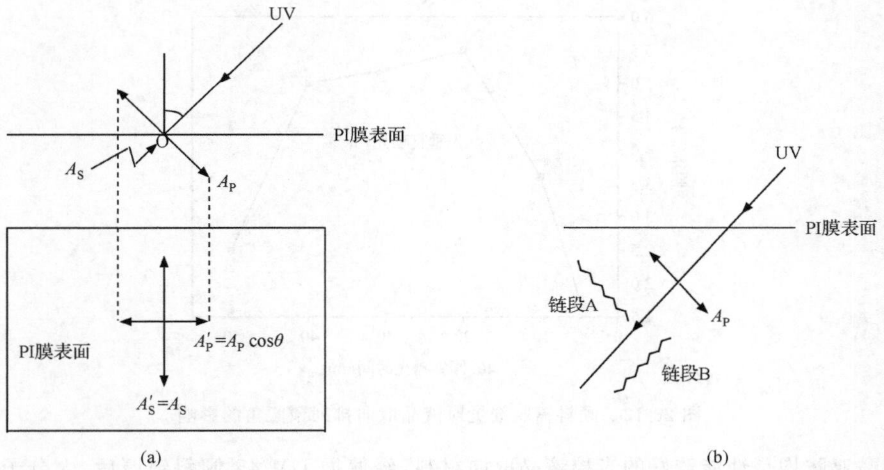

图 26-10　非偏振 UV 液晶在聚酰亚胺膜表面的原理图

方向的振幅不变($A'_S=A_S$)，而 P 方向的振幅减小($A'_P=A_P\cos\theta$)，即平行于入射 UV 投影方向的光强小于垂直于入射 UV 投影方向的光强。CBDA 型聚酰亚胺的光分解反应正比于光强，所以，沿垂直于入射 UV 投影方向的聚酰亚胺链段分解得多，而沿平行于入射 UV 投影方向的聚酰亚胺链段分解得少，剩余的聚酰亚胺大分子链段大多沿入射 UV 投影方向取向。图 26-10 (b)中，链段 A 垂直于入射 UV 投影方向，链段 B 平行于入射 UV 投影方向。倾斜辐照前，A 和 B 链段数目相同，而倾斜辐照后，A 链段分解掉得多，B 链段分解掉得少，剩余得多，这相当于有支链聚酰亚胺膜经过定向摩擦的情况，液晶分子在其表面能实现预倾排列，预倾角与入射光的倾斜度和辐照剂量有关。液晶分子在光控 CBDA型聚酰亚胺膜表面取向排列的预倾角与 UV 入射角有关，控制 UV 入射角在 70°～80°，可获得 0.7°～0.8°的液晶取向预倾角。

取向排列剂 Nissan 610 膜经 240 ℃环化 1 h，先用偏振 UV 垂直辐照一段时间后，再经偏振 UV 40°倾斜辐照，可使液晶分子取向排列。图 26-11 是垂直辐照剂量对液晶取向排列预倾角的影响。图 26-12 是倾斜辐照剂量对液晶取向排列预倾角的影响，可见预倾角可通过控制两次偏振 UV 辐照的剂量来调节，可控制在 5°以上[77,78]。

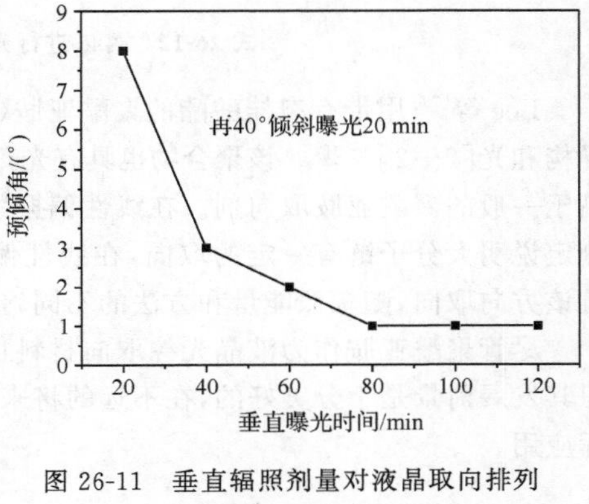

图 26-11　垂直辐照剂量对液晶取向排列预倾角的影响

BTDA 型聚酰亚胺的偏振 UV 诱导的光交联反应具有方向性，促使大分子链段沿入射光投影方向重新排列。在光交联的同时，也伴随着各种光分解反应，从而像 CBDA型聚酰亚胺一样，诱导液晶分子在其表面上预倾排列。式 26-12 中三种 BTDA

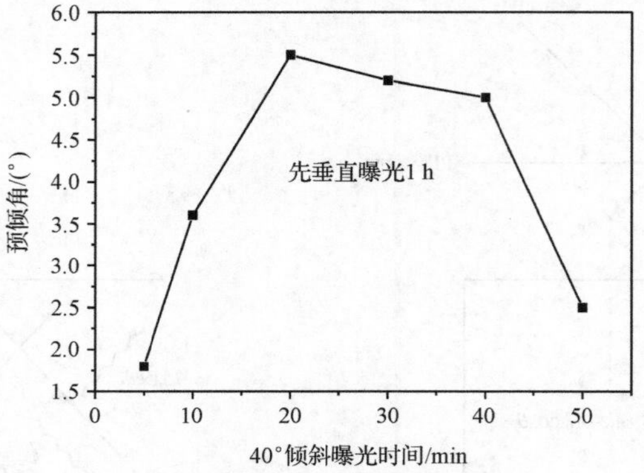

图 26-12　倾斜辐照剂量对液晶取向排列预倾角的影响

型聚酰亚胺均是性能较好的光控液晶取向材料，经偏振 UV 45°倾斜辐照后，大分子链段的取向参数为 0.6 左右，热稳定性高于 150 ℃，是一类有希望的新型液晶取向排列剂[72]。

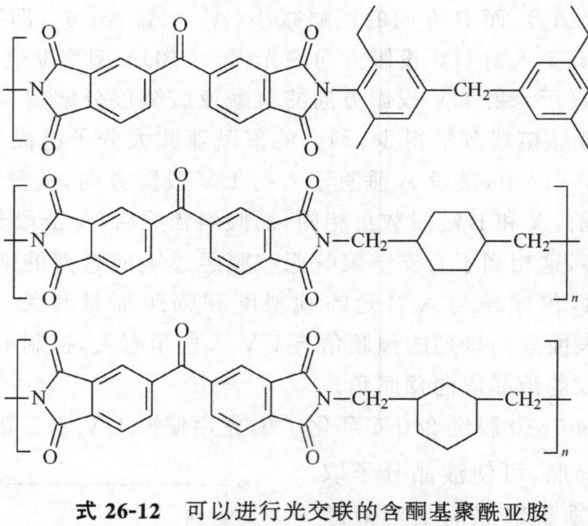

式 26-12　可以进行光交联的含酮基聚酰亚胺

Lee 等[79]用带有肉桂酸酯的聚酰亚胺(式 26-13)在紫外光作用下发生了光引发反-顺异构和光[2+2]二聚。该聚合物也具有光刻胶的功能，T_g 为 181 ℃，热分解温度为340 ℃，高于一般的聚酰亚胺取向剂。在线性偏振紫外光辐照后以偏振紫外、偏振红外及光迟滞测定说明大分子链有一定的取向，在线性偏振紫外光在 107°方向极化，使液晶分子也沿着该方向取向，随辐照能量和方法的不同，预倾角为 0～0.15°。

尽管聚酰亚胺作为液晶光控取向材料目前技术还不够成熟，尚有许多问题没弄清楚，但其发展前景是十分美好的，在不远的将来定会在 TFT-LCD 等其他多畴 LCD 中得到实际应用。

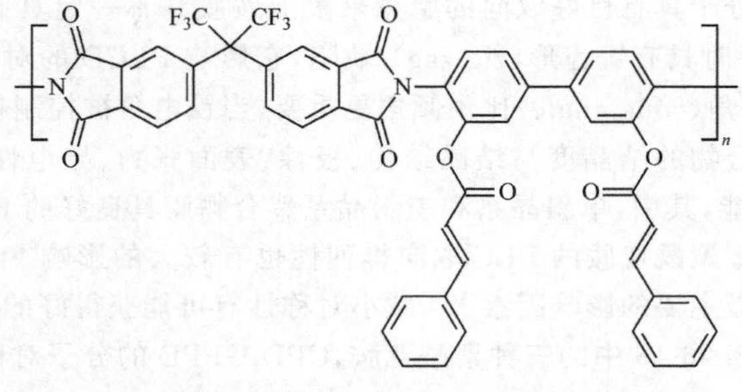

式 26-13　带有肉桂酸酯侧链的聚酰亚胺

26.6　铁电液晶显示器用取向排列剂

26.6.1　表面双稳态铁电液晶显示器用取向排列剂

铁电液晶显示器(FLCD)是继 TFT-LCD 之后又一种具有发展前景的液晶显示器，1994 年佳能公司的高分辨率(1280×1024)、15 in① 彩色 FLCD 的商品化规模为 60 000 台。FLCD 具有快速响应、高对比度、宽视角和存储特性，最适合制作高分辨率平板电视。铁电液晶分子的取向技术也是制作 FLCD 的关键技术之一，与扭曲型 LCD 的向列相液晶不同，铁电液晶分子在表面双稳态液晶盒中的均匀取向排列比较困难，多年来一直没有得到很好解决，这也是 FLCD 没有得以迅速发展的主要原因。

各向同性铁电液晶(FLC)被注入液晶盒，渐渐冷却取向。当温度降至近晶 A 相(S_A)时，表面分子平行于盒的基板，近晶 A 相(S_A)层垂直于基板。当向手性近晶 C 相(S_C^*)转变时，分子倾斜，层间距减小。由于基板表面附近分子移动困难，为了补偿层间距减小而发生层变形，呈人字纹构造(见图 26-13)。目前被广泛采用的 FLC 取向排列技术仍是摩擦法，通过控制 FLC 的预倾角、铁电角(又称锥角)和层倾斜角，可获得双稳态 C1U 和 C2U[80,81]。

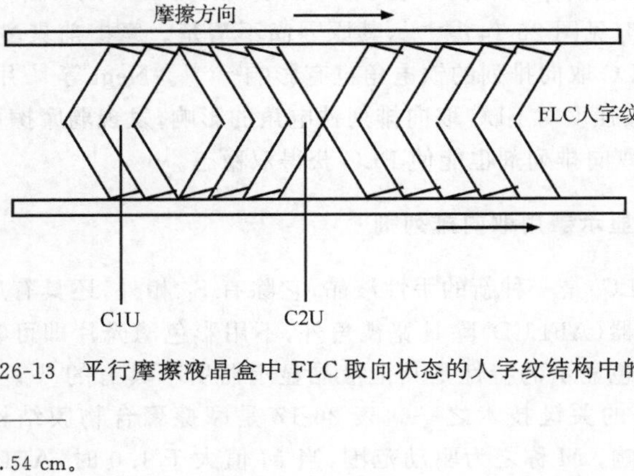

图 26-13　平行摩擦液晶盒中 FLC 取向状态的人字纹结构中的双稳态

① 英寸，1 in＝2.54 cm。

使向列相液晶分子具有良好取向的摩擦聚酰亚胺膜并不一定具有良好的 FLC 取向性能，FLC 取向不好时具有锯齿形(zig-zag) 缺陷，它影响 FLCD 的对比度。对 FLCD 而言，液晶取向的铁电角(cone angle)比预倾角更重要，当铁电角被控制在 14°～16°左右时，可获得双稳态。聚合物的结晶度与结晶结构、极性、表面张力、导电性、介电性等均影响 FLC 的取向排列性能，其中，单斜晶系和三斜晶系聚合物膜具良好的 FLC 取向性[82]。

分子结构对摩擦聚酰亚胺的 FLC 取向排列性也有较大的影响[42,83]，其中，结晶性和分子对称性是两个最主要的影响因素[82]，减小对称性有可能获得好的 FLCD 用聚酰亚胺取向排列剂，例如，表 26-16 中的三种聚酰亚胺，CPDA-PPD 的分子对称性最差，却具有最高的铁电角。

表 26-16　聚酰亚胺对称性对 FLC 取向铁电角的影响

聚酰亚胺	结构	铁电角/(°)
PMDA/PPD	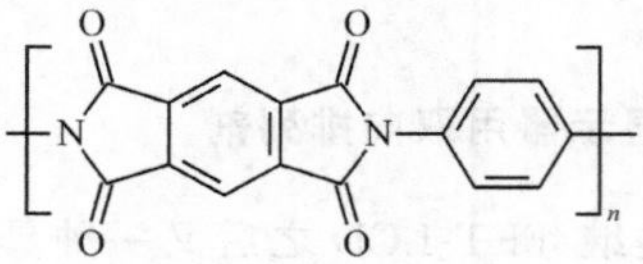	14.9
NTDA/PPD	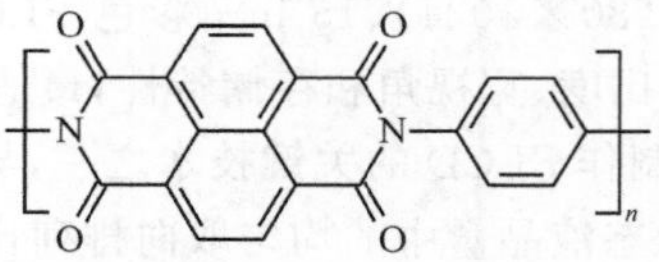	6.5
CPDA/PPD	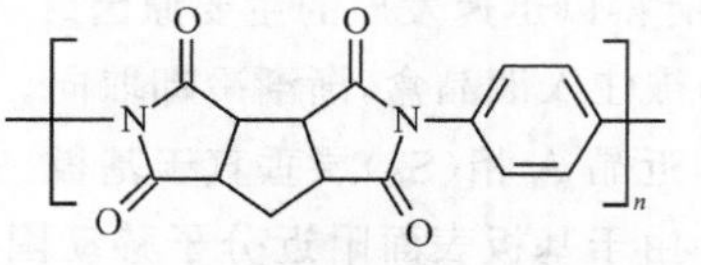	24.8

脂肪二胺的聚酰亚胺的 FLC 取向排列性能研究得最多，当采用 PMDA、NDA 和 BPDA 三种刚性二酐或环戊烷二酐时，FLC 取向的铁电角具有“奇-偶效应”，这是因为当脂二胺为偶数时，聚酰亚胺的结构性好。但当采用的二酐为二苯酮二酐时，FLC 取向的铁电角没有“奇-偶效应”(见图 26-14)[84,85]，其原因尚不清楚。摩擦前聚酰亚胺膜的热处理温度和摩擦强度对 FLC 取向排列的铁电角也有影响[32,86]。Negi 等[87]用一种含氟聚酰亚胺作取向层，研究摩擦强度对 FLC 取向排列铁电角的影响，发现弱摩擦可获得高铁电角。用聚酰亚胺 LB 膜作取向排列剂也能使 FLC 获得双稳态。

26.6.2　反铁电液晶显示器用取向排列剂

反铁电液晶(AFLC)是一种新的手性液晶，它除有 S_C^* 相外，还具有反铁电相，用其制作的反铁电液晶显示器(AFLCD)除具宽视角外，不用彩色滤光片即可实现彩色显示，这一宽视角和易实现彩色显示的特性是其他液晶显示器所不具有的[81]。液晶分子的取向排列也是制作 AFLC 的关键技术之一。表 26-17 是摩擦聚合物膜结构对 FLC 取向和 AFLC 显示性能的影响，M 称之为驱动范围，当 M 值大于 1.0 时，AFLC 具有良好的显

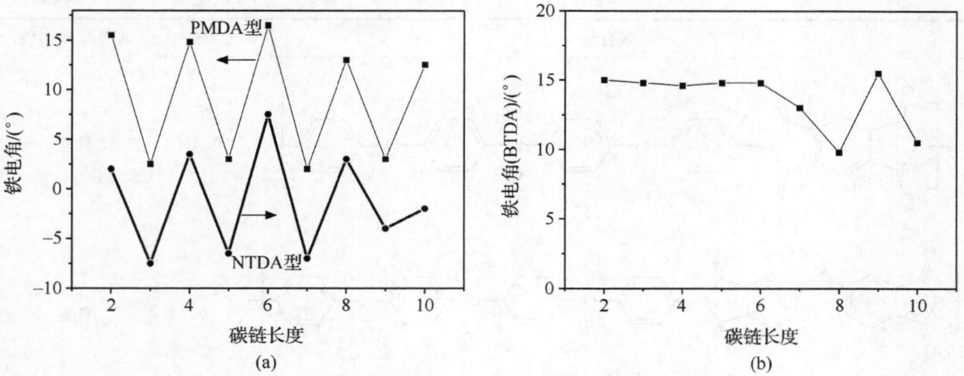

图 26-14　脂肪族二胺型聚酰亚胺的 FLC 取向排列性能

(a) PMDA 型和 NDA 型聚酰亚胺；(b) BTDA 型聚酰亚胺

示特性。由表 26-17 可见，通过改变聚酰亚胺和聚酰胺酰亚胺的分子结构可获得性能良好的 AFLCD 用液晶取向材料[51,87]。

表 26-17　取向排列剂的化学结构与 AFLC 分子的取向性

聚合物	*M*	AFLC 取向性
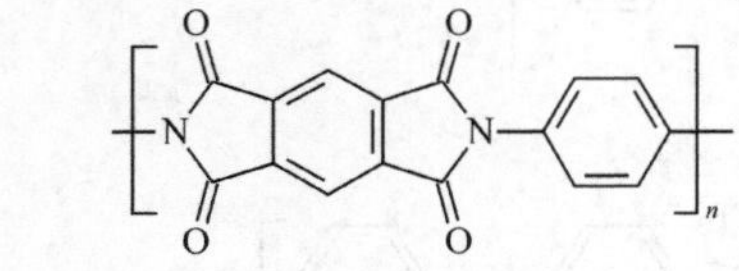	2.1	良好
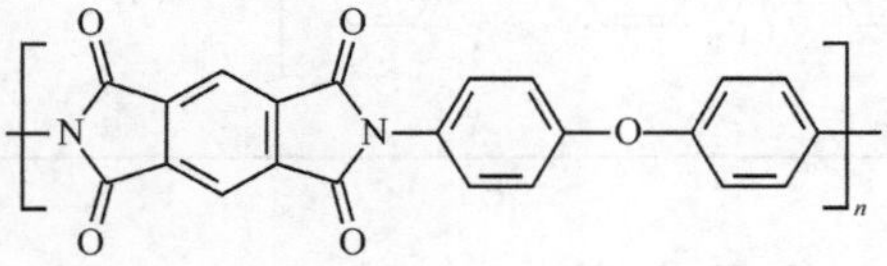	2.0	良好
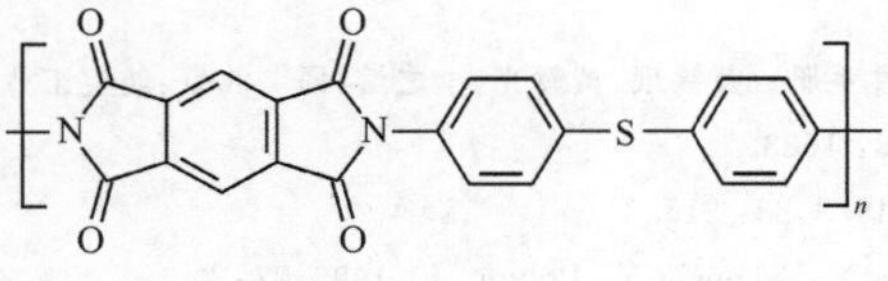	1.6	良好
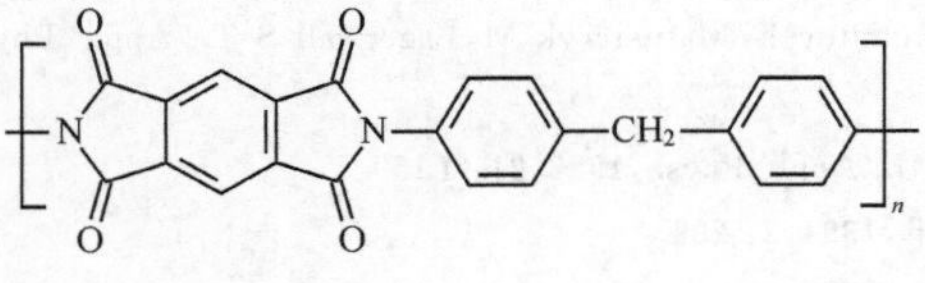	0.95	良好
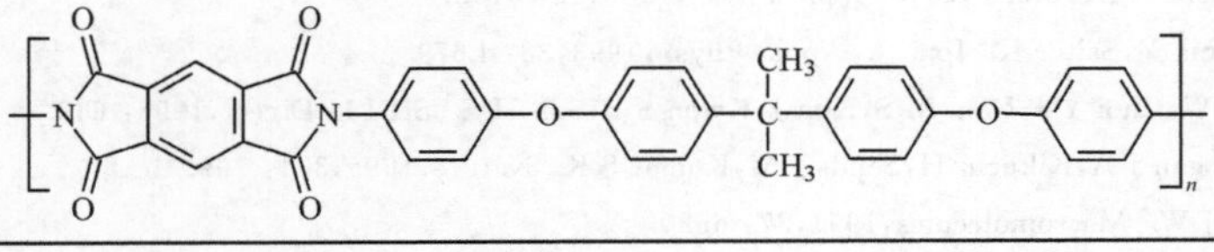	0.23	良好

续表

聚合物	*M*	AFLC 取向性
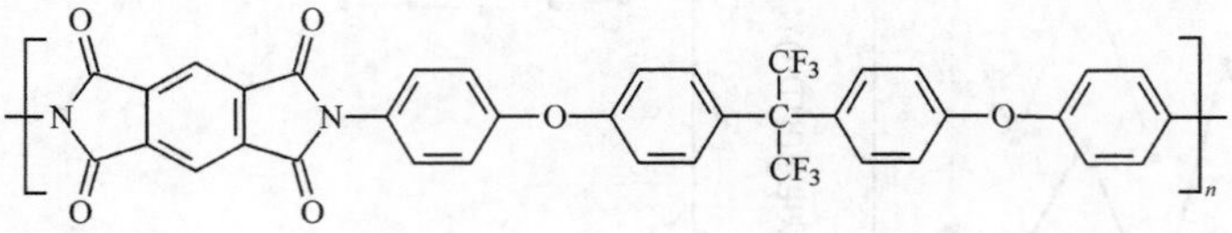	0.21	良好
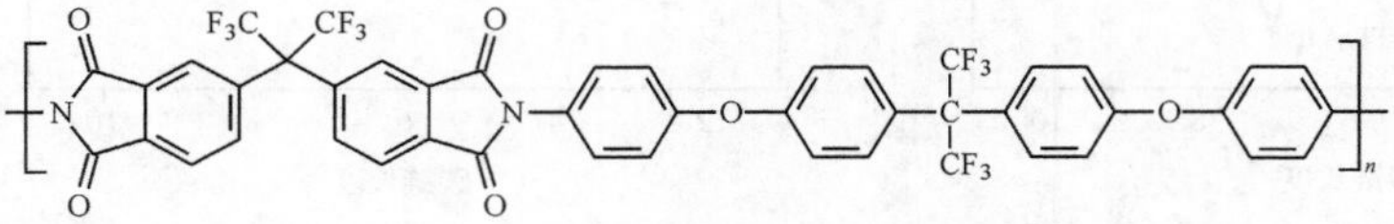 (Hitachi 化学公司的 LQ-1800)	0	良好
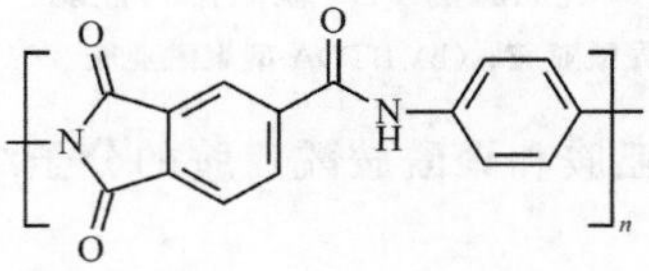	2.1	良好
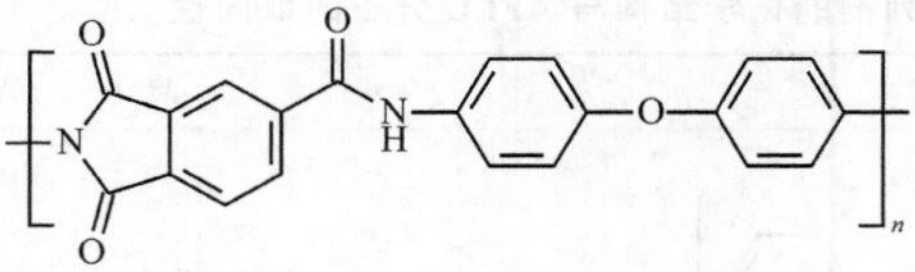	2.0	良好
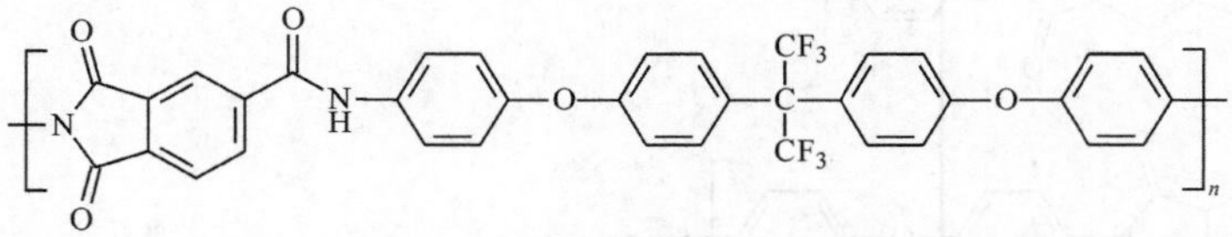	0.43	良好

参 考 文 献

[1] 日本学术振兴会第 142 委员会编．液晶器件手册．黄锡珉，黄辉光，李之熔，译．北京：航空工业出版社，1992.

[2] Berreman D W. Phys. Rev. Lett.，1972，28：1683.

[3] Berreman D W. Mol. Cryst. Liq. Cryst.，1973，23：215.

[4] Ito T，Nakanish K，Nishikawa M，Yokoyama Y，Takenchi Y. Polym. J.，1995，27：240.

[5] Kim Y B，Olin H，Park S Y，Choi J W，Komitov L，Matuszcayk M，Lagerwall S T. Appl. Phys. Lett.，1995，66：2218.

[6] Okano K，Matsuura N，Kobayashi S. Jpn. J. Appl. Phys.，1982，21：L109.

[7] 孙睿鹏，郭建新，黄锡珉，张立功．液晶通讯，1994，2：299.

[8] Geary J M，Goodby J W，Kmetz A R，Patel J S. J. Appl. Phys.，1987，62：4100.

[9] Murata M，Uekita M，Nakajima Y，Saitor K. Jpn. J. Appl. Phys.，1993，32：L679.

[10] Kim J H，Yoon K H，Wu J W，Choi Y J，Nam M S，Kim J，Kwon S B，Soh H S. SID'96 Digest，1996：646.

[11] Toney M F，Russell T P，Logan J A，Kikuchi H，Sands J M，Kumar S K. Nature，1995，374：709.

[12] van Aerle N A J M，Tol A J W. Macromolecules，1994，27：6520.

[13] Sakamoto K,Arafune R,Ito N,Ushioda S. Jpn. J. Appl. Phys. ,1994,33：L1323.
[14] Sawa K,Sumiyoshi K,Hirai Y,Tateishi K,Kamejima T. Jpn. J. Appl. Phys. ,1994,33：6273.
[15] Huang J Y,Li J S,Juang Y S,Chen S H. Jpn. J. Appl. Phys. ,1995,34：3163.
[16] 孙睿鹏,黄锡珉．液晶通讯,1995,(2)：82.
[17] Sugiyama T,Kuniyasu S,Kobayshi S. Mol. Cryst. Liq. Cryst. ,1993,231：199.
[18] Seo D-S,Araya K,Yoshida N,Nishikawa M,Yabe Y,Kobayashi S. Jpn. J. Appl. Phys. ,1995,34：L503.
[19] Sugiyama T,Kuniyasu S,Seo D,Fukuro H,Kobayashi S. Jpn. J. Appl. Phys. ,1990,29：2045.
[20] Nacki O,Shun-ichiro U,Masahiro K. Eur,365 855,1990.
[21] 向当宣昭．日本,63-259515,1988；Eur,282 254,1988.
[22] 村田镇男．日本,3-219213,1992；Eur,389 092,1992.
[23] Seo D-S,Muroi K,Kobayashi S. Mol. Crys. Liq. Crys. Tech. ,Sect. A,1992,213：223.
[24] 神户贞男．日本,2-21281,1991.
[25] 神户贞男．日本,2-223916,1991.
[26] 神户贞男．日本,2-223919,1991.
[27] Kim S I, Ree M, Shin T J, Jung J C. J. Polym. Sci. , Polym. Chem. , 1999, 37：2909.
[28] Park J H, Sohn B-H, Jung J C, Lee S W, Ree M. J. Polym. Sci. , Polym. Chem. , 2001, 39：1800.
[29] Lee S J, Jung J C, Lee S W, Ree M. J. Polym. Sci. , Polym. Chem. , 2004, 42：3130.
[30] Li L, Yin J, Sui Y, Xu H-J, Fang J-H, Zhu Z-K, Wang Z-G. J. Polym. Sci. , Polym. Chem. , 2000, 38：1943.
[31] Liu J G, Li Z X, Wu J T, Zhou H W, Wang F S, Yang S Y. J. Polym. Sci. , Polym. Chem. , 2002, 40：1583.
[32] Mosley A,Nicholas B,Gass P A. Displays,1987,8：17.
[33] Noriaki K,Toyohiki A,Hiroyoshi F. Eur,249 881,1988.
[34] 小林骏介,袋裕善．日本,62-262823,1987.
[35] 佐藤成広(松下电器株式会社)．日本,4-23832,1993.
[36] 佐藤成広(松下电器株式会社)．日本,4-109222,1993.
[37] 川上正洋,内村俊一郎,佐藤任廷．日本,3-216620,1992.
[38] 江口敏政．日本,5-158046,1994.
[39] 江口敏政．日本,5-158047,1994.
[40] Orihara H,Suzuki A,Ishibashi Y,Gouhara K,Yamada Y,Yamamoto N. 1993,Jpn. J. Appl. Phys. ,1989, 28:L676.
[41] Yokokura H,Ohe M,Kondo K,Oh-hara S. Mol. Cryst. Liq. Cryst. ,1993,225:253.
[42] Myrvokd B O,Yokokura H,Iwakabe Y,Kondo K. Japan Display,1992:828.
[43] 奥田直纪,内村俊一郎．日本,3-75727,1992.
[44] Johamsmann D,Zhou H T,Sonderkaer P,Wierenga H,Myrvold B O,Shen Y R. Phys. Rev. E. ,1993,48:1889.
[45] 奥田直纪,内村俊一郎．日本,3-164714,1992.
[46] Matsunobe T,Nagai N, Kamoto R,Nakagawa Y,Ishida H. J. Photopolym. Sci. Tech. ,1995,8:263.
[47] Ito K. 日本,3-81731,1992.
[48] Noda N,Azuma K. 日本,61-273524,1986.
[49] Kuniyasu S,Fukuro H,Makaya S,Nitta M,Ozausi,N,Kobayashi S. Jpn. J. Appl. Phys. ,1988,27：827.
[50] Fukuro H,Kobayashi S. Mol. Liq. Liq. Cryst. ,1988,163：157.
[51] Negi Y S,Kawamura I,Suzuki Y. Mol. Cryst. Liq. Cryst. ,1994,239：11.
[52] Seo D-S,Kobayashi S. Jpn. J. Appl. Phys. ,1995,34：L786.
[53] Seo D-S,Nishikawa M,Yabe Y,Kobayashi S. Jpn. J. Appl. Phys. ,1995,34：L1214.
[54] Hide F,Nito K,Yasuda A. Thin Solid Films,1994,240：157.
[55] Myrvold B O,Kondo K,Ohhara S. Mol. Cryst. Liq. Cryst. Sci. Technol. ,Sect. A,1994,239：211.
[56] Myrvold B O,Kondo K. Liq. Cryst. ,1995,18：271.

[57] Myrvokd B O, Iwakabe Y, Oh-hara S, Kondo K. Jpn. J. Appl. Phys., 1993, 32: L5052.
[58] Seo D-S, Kobayashi S, Niohikawa M, Yabe Y. Liq. Cryst., 1995, 19: 289.
[59] Fang J Y, Lu Z H, Min G W, Wei Y. Liq. Cryst., 1993, 14: 1621.
[60] Zhu, Y. M., Lu, Z. H. and Wei, Y., Mol. Cryst. Liq. Cryst. Sci. Techn. Sect. A, 257, 53 (1994)
[61] Murata M, Yoshida E, Uekita M, Tawada Y. Jpn. J. Appl. Phys., 1993, 32: L676.
[62] Murata M, Awaji H, Isurugi M, Uekita H, Tawada Y. Jpn. J. Appl. Phys., 1992, 31: L189.
[63] Vithana H, Johnson D, Albarict A, Lando J. Jpn. J. Appl. Phys, 1995, 34: L131.
[64] Nakajima Y, Satio K, Murata M, Uekita M. Mol. Cryst. Liq. Cryst. Sci., Tech. Sect. A, 1993, 237: 111.
[65] Akatsuka T, Tanaka, H, Toyama J, Nakamura T, Matsumoto M, Kawabata Y. Synth. Met., 1993, 57: 3859.
[66] Fang J Y, Lu Z H, Wei Y. Mol. Crys. Liq. Cryst., 1993, 226: 1.
[67] 李福明，程正迪．现代显示，1994，(2)：25.
[68] 徐刚．现代显示，1994，(2)：10．
[69] 连水池．现代显示，1996，(4)：21.
[70] 侯豪情，李悦生，丁孟贤，韩阶平．功能高分子学报，1996，9：217.
[71] Lee K-W, Lien A, Stathis J, Paek S-H. SID'96 Digest, 1996: 638.
[72] Jang Y K, Yu H S, Yu S H, Song J K, Chae B H, Han K Y. Paper in SID'97 Digest.
[73] Reznikov Y, Petschek P R G, Rosenblatt C. Appl. Phys. Lett, 1996, 68: 2201.
[74] Schadt M, Schmitt K, Kozinkkov V, Chigrinov V. Jpn. J. Appl. Phys., 1992, 31: 2155.
[75] Hashimoto T, Sugiyama T, Katoh K, Saitoh T, Suzuki H, Iimura Y, Kobayashi S. SID'95 Digest, 1995: 877.
[76] Chen J, Cull B, Bos P L, Johnson D L. SID'95 Digest, 1995: 528.
[77] West J L, Wang X, Ji Y, Kelly J R. SID'95 Digest, 1995: 703.
[78] Wang X, Subacius D, Lavrentovich O, West J L, Reznikov Y. SID'96 Digest, 1996: 654.
[79] Lee S W, Kim S I, Lee B, Choi W, Chae B, Kim S B, Ree M. Macromolecules, 2003, 36: 6527.
[80] 薛九枝．现代显示，1994，(2)：11.
[81] 赵静安．现代显示，1995，(4)：4.
[82] Myrvold B O. Liq. Cryst., 1991, 10: 771.
[83] Yamamoto N, Yamada Y, Mori K, Nakamura K, Orihara H, Ishibashi Y, Suzuki Y, Negi Y S. Jpn. J. Appl. Phys, 1991, 30: 2380.
[84] Myrvold B O. Liq. Cryst., 1990, 7: 261.
[85] Myrvold B O. Liq. Cryst., 1989, 4: 437.
[86] Rupp T, Eberbardt M, Gruler H. Jpn. J. Appl. Phys., 1992, 31: 3636.
[87] Negi Y S, Suzuki Y, Kawamura I, Yamamoto N, Mori K, Yamada Y, Kakimoto M, Imai Y. Liq. Cryst., 1993, 13: 153.

第 27 章　非线性光学材料

27.1　引　言

在未来的以光子学技术为中心的信息时代中，非线性光学材料(NLO)正是处于关键地位的材料。与无机材料比较，聚合物具有许多潜在的优点，包括大的非线性光学系数、低的介电常数和易于制作器件的性质等。聚合物材料作为非线性光学材料的缺点是：光损耗大，热稳定性差，也即寿命短。早期的研究工作表明非线性光学聚合物可以提供合适的有效倍频系数 d 与电光系数 γ[1]，同时也认识到获取更大的非线性光学系数与提高生色基团极化取向的热稳定性，如在 80 ℃时可保持 5 年，可在数分钟内承受 250 ℃以上的高温，就必须采用高玻璃化温度的聚合物。聚酰亚胺由于耐高温，在制备和加工上的可适性及优秀的综合性能，已经成为非线性光学材料的有希望的候选材料，其性能和非线性光学技术的要求的匹配情况见表 27-1[2]。

表 27-1　非线性光学材料对性能的要求和聚酰亚胺可达到的性能

		可接受的性能	最佳性能要求	聚酰亚胺可达到的性能
热性能	热膨胀系数/(10^{-6} K^{-1})	<40	<10	0.1～30
	失重 1%的温度/℃	400	550	450～600
	T_g/℃	>300	>400	250～500 以上
	T_m/℃	无	无	无
机械性能	抗张强度/MPa	>100	>300	120～400
	断裂伸长率/%	>10	>50	30～70
	弹性模量/GPa	>2.5	>10	3.5～10
	加工温度/℃	<375	<250	200～350
化学性能		与有机溶剂和酸碱接触不开裂和失重		可达到如左要求
	吸水率(100℃12 h)/%	<3	<0.5	2～0.5
	离子含量/ppm	<10	<1	<1
光学性能	电光系数/(pm/V)	30	100	30～100
	吸收损耗/(dB/cm)	<1.0	<0.1	<1.0
	散射损耗/(dB/cm)	<0.5	<0.1	—
	折射率	1.5～1.7	1.4～1.8	1.5～1.8
	固有双折射	<0.01	无	−0.1～0.2

由表 27-1 可见，聚酰亚胺是可以全面达到作为非线性光学材料的各项要求的材料。

作为光学材料的主要障碍之一是光损耗，聚酰亚胺的光损耗主要来自以下几个方面：

(1) 由聚酰亚胺大分子中存在的电荷转移效应所产生的光吸收；

(2) 由聚酰胺酸热环化形成聚酰亚胺时由于溶剂的挥发或环化产生水分的挥发在聚合物中留下的空穴所引起的光散射；

(3) 聚合物中所存在的不同微区(如在结晶聚合物中的晶区及在非晶态聚合物中产生的有序畴)所形成的密度涨落所引起的光散射；

(4) 由外部带入的杂质所引起的光散射等。

改变聚酰亚胺的结构和加工方法可以大大降低其光损耗：

(1) 在结构上降低大分子的有序性和分子间的堆砌，如在单体中引入 CF_3 基团，如采用 6FDA，特别是在联苯胺的 2,2′-位引入 CF_3，既可以由于破坏结构单元的共平面性也即破坏其传荷结构，减少吸收，使聚酰亚胺颜色变浅甚至变成无色，还可以增加聚合物在普通溶剂，如 THF、丙酮等中的溶解性，而又能保持其高热稳定性；

(2) 进一步用氟取代芳环上的氢，减少在通信有用波长(0.8～1.6 μm)的吸收；

(3) 采用低沸点溶剂，避免高温环化，减少空穴；

(4) 改进加工方法，控制聚集态，减少材料的各向异性；

(5) 采用高纯度的单体和溶剂。

用于 NLO 的聚酰亚胺时常用的生色团结构见表 27-2，这是一端为电子给体，另一端为电子受体，中间为共轭电子桥连接的分子，由于其偶极作用可以在电场中取向。

表 27-2　几种常用的生色分子

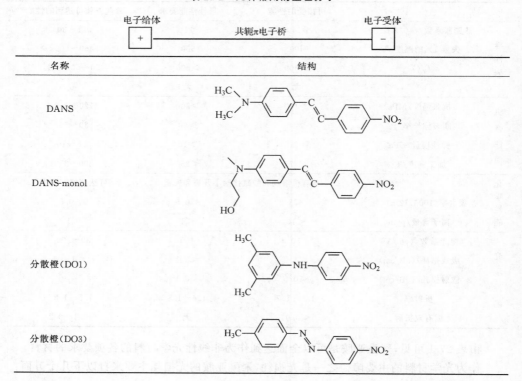

名称	结构
DANS	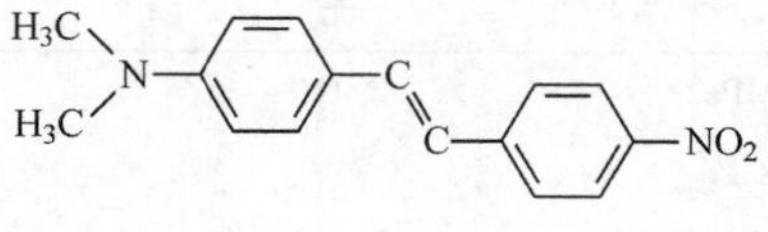
DANS-monol	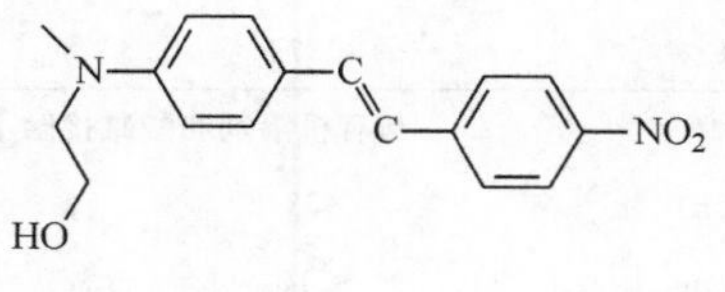
分散橙(DO1)	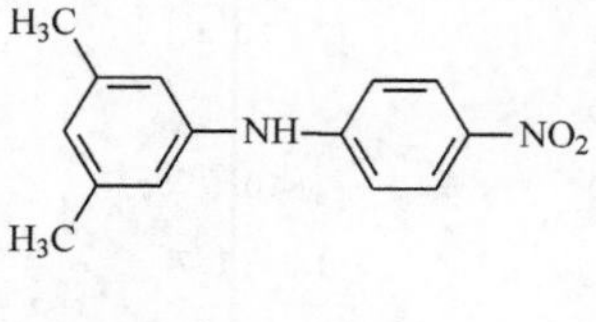
分散橙(DO3)	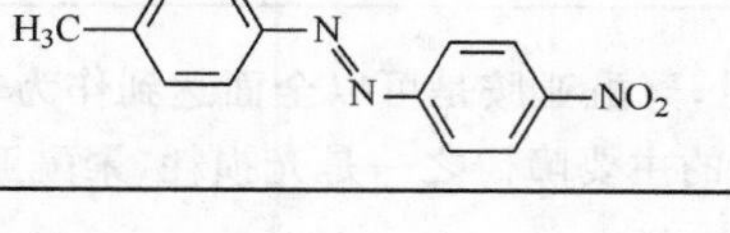

续表

名称	结构
分散红(DR1)	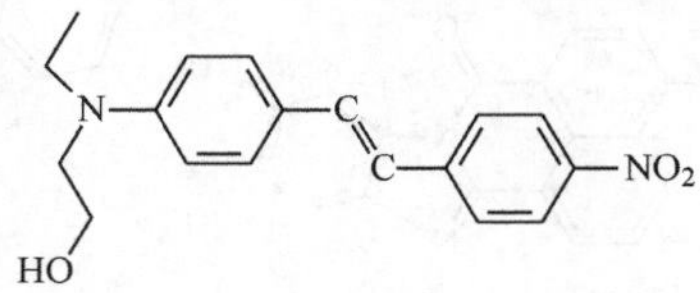
DCM	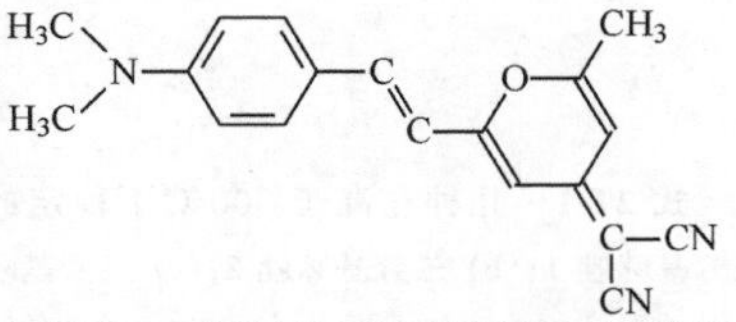

聚酰亚胺非线性光学材料有如下几种类型：主-客体型 NLD 聚酰亚胺、侧链型 NLD 聚酰亚胺、主链型 NLD 聚酰亚胺、交联型 NLD 聚酰亚胺、无机/聚酰亚胺 NLD 体系及多功能 NLD 聚酰亚胺。下面就按照类型进行简单的介绍。

27.2　主-客体型 NLO 聚酰亚胺

主-客体型 NLO 聚酰亚胺是将非线性生色分子分散在高 T_g 的聚酰亚胺中构成的 NLO 材料。不论采用聚酰胺酸或可溶性聚酰亚胺作为生色分子的载体，加工和极化过程都需要经过高温处理。T_g 越高，酰亚胺化和极化的温度就越高。对于可溶性聚酰亚胺，为了去尽溶剂，也需要较高温度。因此生色分子的热稳定性就成为制约因素。最常用的生色分子是分散红。这种主-客体材料容易制备，但热稳定性不够高，容易在高温下分解或从聚合物中逸出。较高含量的 NLO 生色分子又会起增塑作用，使聚合物的 T_g 降低。最近已经合成了许多耐热的 NLO 生色分子，它们的分解温度都在 300 ℃以上(式 27-1)，可以经受得住较高温度处理。

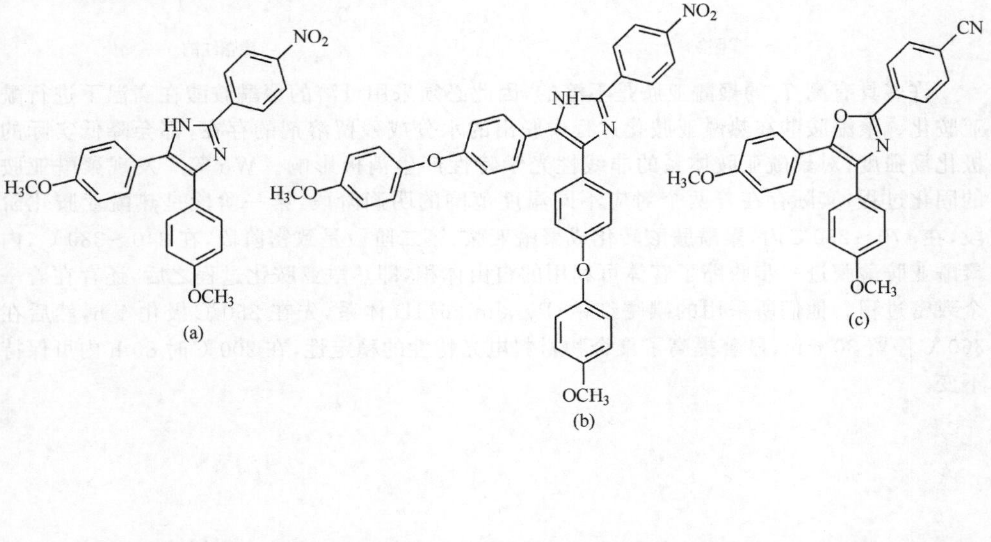

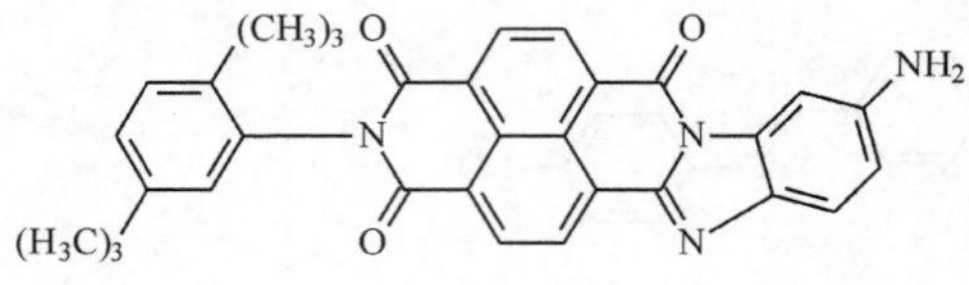

(d)

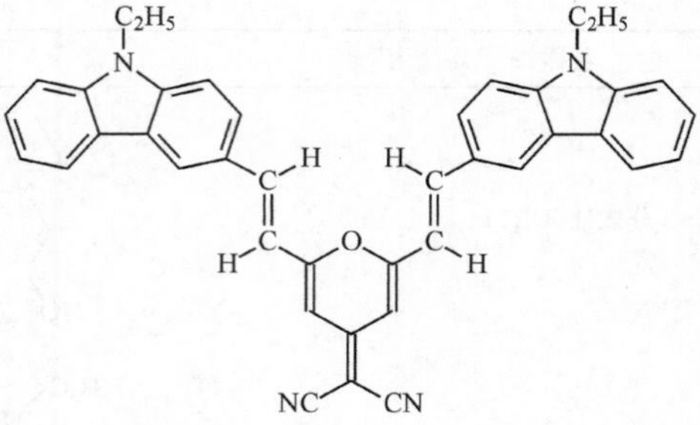

(e)

式 27-1　几种在高于 300 ℃下稳定的 NLO 生色分子

(a) 三芳基咪唑 1；(b) 三芳基咪唑 2；(c) 三芳基噁唑；(d) SY177；(e) DADC

极化取向是一种热力学、动力学的非稳态。当没有电场作用，特别是器件工作环境较高时，NLO 生色分子趋于弛豫到更稳定的任意分布状态。将 NLO 生色分子限制在具有高玻璃化温度的聚酰亚胺材料中，无疑会改进材料体系的非线性光学特性的热稳定性。Wu 等[3]最先选用聚酰亚胺 Pyralin 2611D (6FDA/ODA)作为生色分子羊毛铬黑 T 的主体。先将含客体的聚酰亚胺溶液旋涂到以石英为衬底的铬电极上，在 120 ℃经 6 h 真空去除溶剂，然后在平面极化电场(50 V/μm)作用下，以 1 ℃/min 加热到 250 ℃进行热酰亚胺化。在 250 ℃停留 1 h 后，将聚合物材料冷却至室温，最后撤去直流电场。已经证实这种聚酰亚胺体系的电光特性在 150 ℃的温度下保持不变。但该体系的电光系数不够大，当生色分子的质量分数为 10％时，在 633 nm 波长下测定的电光系数 γ 仅为几皮米每伏。同时他们也注意到低相对分子质量的客体在较高的极化温度下容易逸出。

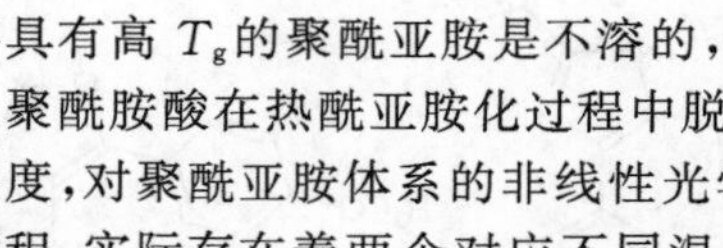

羊毛铬黑 T

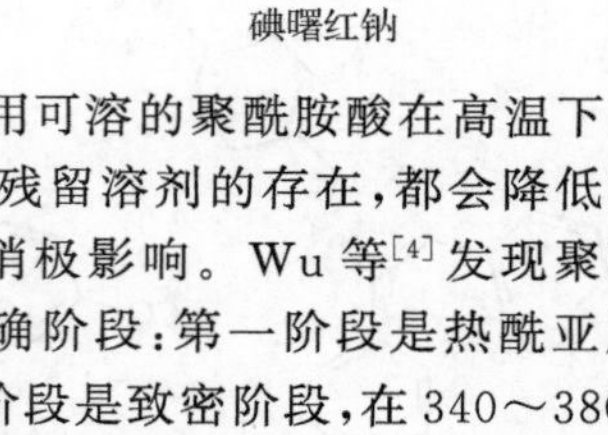

碘曙红钠

许多具有高 T_g 的聚酰亚胺是不溶的，因此必须采用可溶的聚酰胺酸在高温下进行酰亚胺化。聚酰胺酸在热酰亚胺化过程中脱出的水分或残留溶剂的存在，都会降低实际的极化场强度，对聚酰亚胺体系的非线性光学特性产生消极影响。Wu 等[4]发现聚酰亚胺的固化过程，实际存在着两个对应不同温度范围的明确阶段：第一阶段是热酰亚胺化阶段，在 170～230℃内，聚酰胺酸转化成聚酰亚胺；第二阶段是致密阶段，在 340～380 ℃，内聚酰亚胺薄膜进一步收缩了客体可利用的自由体积，即热酰亚胺化过程之后，还存在着一个致密过程。他们所采用的碘曙红钠/Pyralin 2611D 体系，先在 250 ℃极化 1 h，然后在 360 ℃停留 30 min，显著提高了聚合物材料电光特性的稳定性，在 200 ℃时 80 h 内可保持不变。

Valley 等[5]采用聚酰胺酸 LQ-2200(Hitachi)作为主体，分散红(DR1)为客体来制备非线性光学材料。这种聚酰胺酸所对应的聚酰亚胺，在 830 nm 波长下的光损耗不大于 1 dB/cm。压电谱表明这种聚酰胺酸在高达 370 ℃才完全酰亚胺化，但实际酰亚胺化温度为主体中的生色分子的热稳定性所限制，不能达到最佳的酰亚胺化温度。未掺杂的聚酰亚胺的 T_g 约为 260℃，但随着生色团的掺杂量的增加，这种体系的 T_g 下降。对含有 50%(质量分数)生色分子的聚酰亚胺，薄膜的 T_g 低至 133 ℃。对掺杂量为 11%(质量分数)的聚酰亚胺，极化温度选为 190 ℃。在 830 nm 波长下测定的电光系数为 γ_{13} 为 1.5 pm/V。从室温按 3℃/min 速率升温至 150℃，未观测到材料电光特性的损失。

Ermer 等[6]则选用高热稳定性的商品激光染料 DCM 作为 NLO 生色分子。该分子的两个端基，二甲氨基[—N(CH_3)$_2$]和二氰基亚甲基[═C(CN)$_2$]相应地为有效的电子给予体和接受体，其间由双键和单键相间隔的 π 共轭键连接，其分子结构见表 27-2。DCM 的热稳定性要比 DR1 高 20～30℃，其倍频效应强度也约为 DR1 的 1.6 倍。采用同样具有低光损耗的热塑性聚酰胺酸 Ultrade 4212 或 3112(Amoco)为主体，掺杂 20%(质量分数)的 DCM 的聚酰亚胺薄膜的 T_g 约为 220℃。在 190℃极化的 DCM/聚酰亚胺体系在 830 nm 波长下测定的体系 γ_{33} 为 3.4 pm/V。聚酰胺酸的电导减小了实际极化电场的强度，也就是说降低了生色基团的取向程度。

Wong 等[7]采用芳杂环化合物的生色基团与高 T_g 的聚酰亚胺制备了具有大的非共振电光特性与高温稳定性的主-客体材料体系。选用 *N*,*N*-二乙氨基-三氰基乙烯基取代的噻吩作为生色分子，其电光效应强度为 DANS(表 27-2)的 10 倍。将含 15%(质量分数)生色分子的聚酰胺酸 PIQ-2200 旋涂在导电玻璃上，在 120 ℃经 10 h 去除溶剂后，先在 200 ℃热酰亚胺化 30 min，然后在 220 ℃极化 10 min。这种材料体系在 1.52 μm 波长下测定的电光系数 γ_{33} 为 10.8 pm/V，在 120℃经 600 h 后可保留初始值的 80%以上，在 150 ℃经 700 h 后仍可保留初始值的 60%以上。

Stähelin 等[8]选用聚醚酰亚胺 Ultem 作为主体，以热稳定的三芳基咪唑作为客体。完全热酰亚胺化的聚醚酰亚胺可溶于多种溶剂，T_g 约为 210 ℃，并具有较低的光损耗。三芳基咪唑的分子结构见式 27-1，在低于 300 ℃时并不分解，并在主体中具有相当好的可溶性，在高达 30%(质量分数)的掺杂量时并没有发现明显的结晶与相分离，但客体含量的增加降低了聚酰亚胺的 T_g。掺杂量为 20%(质量分数)的聚醚酰亚胺材料的 T_g 为 170℃，在 1.06 μm 波长下测定的 d_{33} 为 12 pm/V。掺杂量为 26%(质量分数)的聚醚酰亚胺材料的 T_g 只有 150 ℃。

Harris 等[9]以 6FDA/TFDB 聚酰亚胺为主体，TNON 为客体，该体系的特点是全芳香性，其结构如式 27-2 所示。主体为氟化聚酰亚胺，完全酰亚胺化后可溶于有机溶剂，并在极化后可提供很高的玻璃化温度。未掺杂的聚酰亚胺的 T_g 为 357 ℃，客体分子的热分解温度为 305 ℃。将该体系溶液旋涂在导电玻璃上。先在 105 ℃真空去除溶剂，再在 300 ℃氮气氛中电晕极化 45 min。在 1.217 μm 波长下测定的倍频系数 d_{31} 为 1.6 pm/V，d_{33} 为 4.9 pm/V。全芳香型的主-客体聚酰亚胺体系显著降低了材料非线性光学特性衰减的弛豫速度。此外，材料体系还具有很低的介电常数，这意味着这种材料可用来制作宽带电光器件。

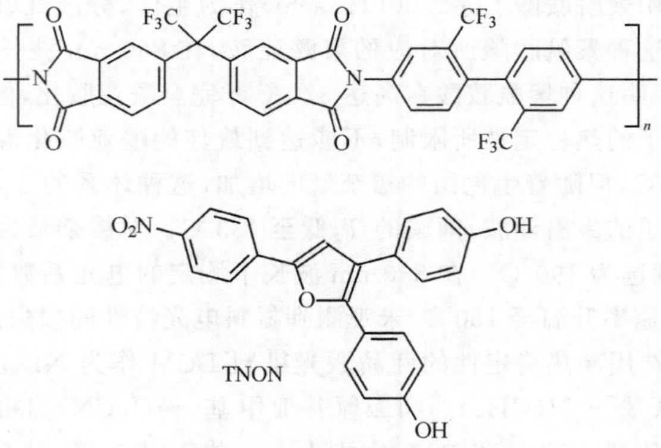

式 27-2　全芳香的主-客体型聚酰亚胺体系

为了避免客体分子在高温下从主体中逸出，采用较低的酰亚胺化温度又可能使环化不完全，同时也会使材料不能发挥最佳的热学和力学性能，Ermer 等[6,10]采用一层不透气的铝层覆盖 DCM-聚酰亚胺，在较高温度下进行固化，使 NLO 生色分子保留在材料中，从而得到完全固化的 DCM-聚酰亚胺材料而又避免了 DCM 的升华。这种样品在 350℃也不发生性能的衰退。但在热酰亚胺化过程中脱出的水分与残留的溶剂会严重影响器件的质量。

Wu 等[11]则采用化学酰亚胺化取代常见的热酰亚胺化来避免高温极化时生色分子的升华或热降解。他们将 PIQ-L100/DR1 旋涂在平面电极上，先在 110 ℃下去除溶剂，然后在 150 ℃与氮气的保护下极化 30 min，极化电场为 50 V/μm。样品冷却到室温后，移去极化电场，并将样品浸入脱水剂中。150 ℃极化过程中也会发生部分热酰亚胺化，相应地减少了客体可利用的自由体积的大小。

式 27-1 所示的三芳基咪唑和三芳基噁唑类化合物已被用作 NLO 生色分子[8,12,13]，这些生色分子虽具有高的热稳定性，但其非线性光学系数并不令人满意。SY117 与 DADC 具有可与标准生色分子 DR1 相比的超极化率，但其热稳定性得到了显著提高。带有稠环结构的生色团 SY117 在结构上与聚酰亚胺接近[14]，它曾在聚酰亚胺中被加热到 350℃，但并未发现其吸收系数的明显变化。而结构上与 DCM 相近的 DADC 是电子给体-电子受体-电子给体化合物，由两个咔唑电子给体接于(二氰基亚甲基)吡喃电子受体上。由于 DADC 的 λ 形状，含有这种生色分子的非线性光学聚合物明显减缓了由取向弛豫引起的非线性光学特性的衰变[15]。

Hsiue 等[16]合成了大二维生色团的 NLO 聚酰亚胺。大多数生色团被设计成线性的推-拉式，即推电子基团(D)，拉电子基团(A)，中间由一个共轭桥连接。这种一维的生色团具有大的一级超敏性(hypersuceptibility)β。然而一维化合物由于其小的非对角组分，相匹配性较差[17,18]。二维生色团就有较好的相匹配(phase-matching)性，同时也有较好的不对称排列。

二维生色团 Cz2PhSO2 对可溶性聚酰亚胺(式 27-3)有很好的相容性，掺杂量可达 38%，二阶非线性指数达 5～22 pm/V。聚酰亚胺的相对分子质量的宽分散对相容性起了很大的作用。此外两者模糊的界面也增加了相容性。聚酰亚胺在 T_g 时的自由体积与生色团的大体积相适应,适应温度接近 T_g。

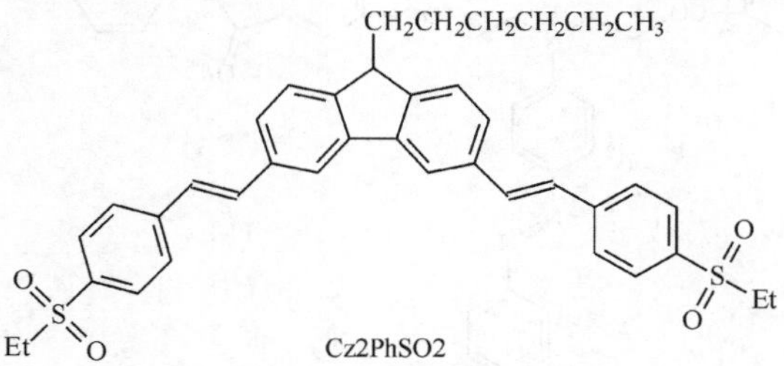

Cz2PhSO2
二维生色团

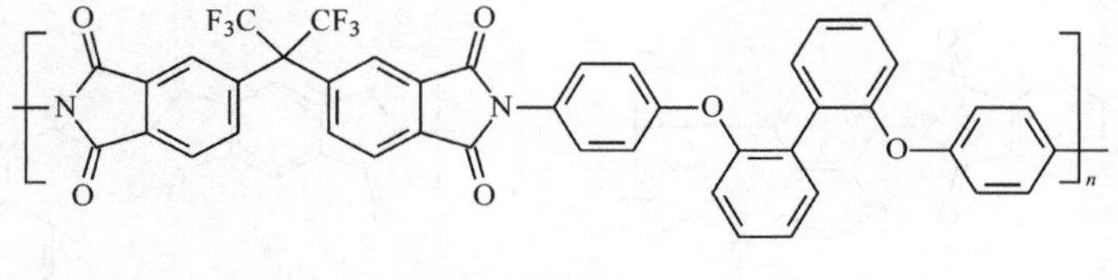

式 27-3

27.3　侧链型 NLO 聚酰亚胺

主-客体型 NLO 聚酰亚胺除了客体分子易于在高温下分解和逸出之外,主体聚合物与客体分子间的较差的相容性也成了这种材料的问题之一。相容性较差限制了 NLO 生色分子的掺杂含量,一般要低于 10%。提高分子取向就需要施加非常高的极化电场,容易导致聚合物薄膜的绝缘击穿。过高的 NLO 生色分子含量,在成膜时容易发生相分离。另外生色分子的结晶也降低了聚合物薄膜的透明度。为了克服上述的缺点,可将 NLO 生色分子以共价键接到聚合物链上,以获得更大的非线性光学系数和更高的热稳定性。这种体系的 NLO 生色分子作为侧链接到聚合物链上,可以实现高浓度非线性光学基团接枝,而不会发生生色分子的聚集结晶、相分离和在聚合物中形成浓度梯度等情况。生色基团的键接阻碍了聚合物链的运动,大多数情况下,含有相同浓度生色基团的侧链型聚合物体系的 T_g明显高于主-客体型体系,从而减缓了生色分子的极化取向弛豫。如何将高非线性光学特性的 NLO 生色分子键接到高 T_g的聚合物骨架上是该体系研究的关键。表 27-1 给出了侧链型聚酰亚胺体系中较为常用的生色分子。这些生色分子是基于分散红的分子结构而设计的,其中以二胺型的生色分子最为引人注意。

Dalton 研究小组[19] 最先将分散红(DR19)作为侧链键接到聚酰亚胺上,其结构见式 27-4中的 PI-1。聚酰胺酸预聚体先在 70 ℃经 24 h 的真空去除溶剂,随后电晕极化,并在 220～250 ℃保持 2 h,以确保聚酰胺酸的完全酰亚胺化。PI-1 的 T_g约为 205 ℃,只在高极性溶剂中轻微可溶。在 1.064 μm 下测定的有效倍频系数 d_{33} 为 117 pm/V。较大的倍频系数得益于高达 36%(质量分数)的生色分子含量和高的极化效率。PI-1 的非线性光学特性在 180℃无明显衰退。

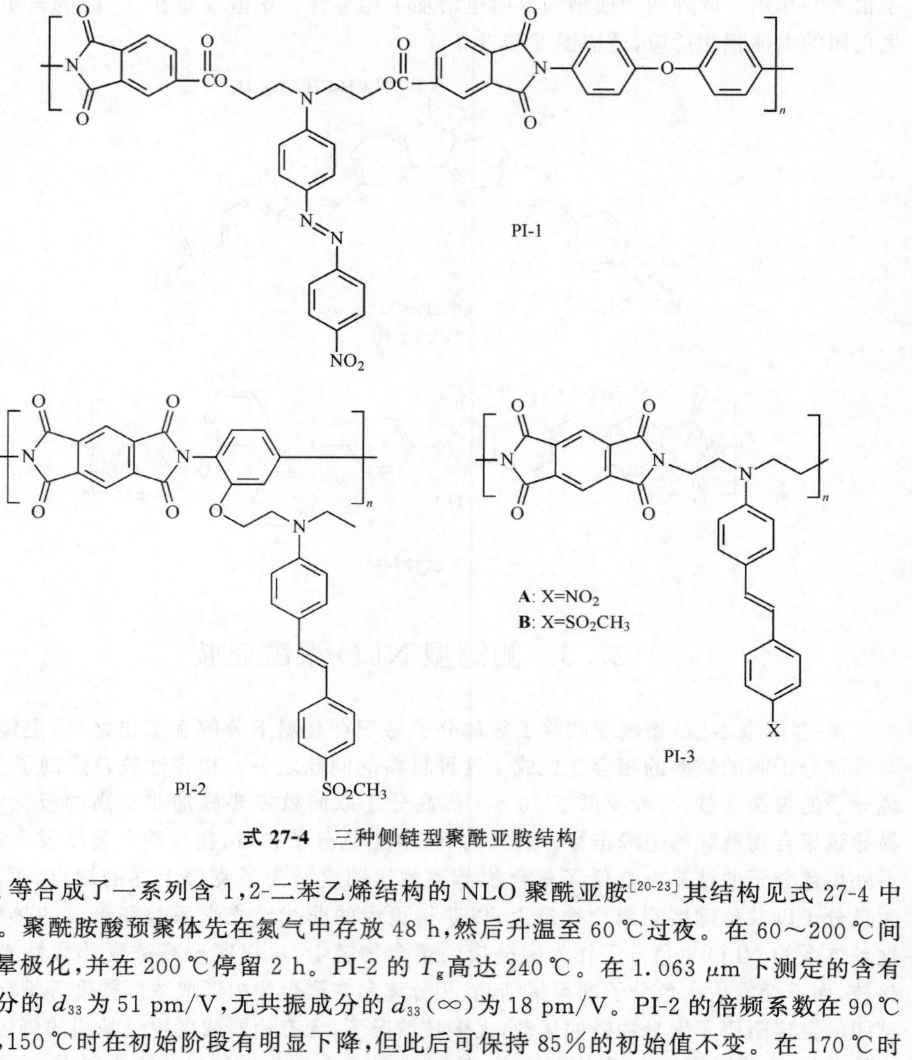

式 27-4　三种侧链型聚酰亚胺结构

Yu 等合成了一系列含 1,2-二苯乙烯结构的 NLO 聚酰亚胺[20-23]，其结构见式 27-4 中的 PI-2。聚酰胺酸预聚体先在氮气中存放 48 h，然后升温至 60 ℃过夜。在 60～200 ℃间实现电晕极化，并在 200 ℃停留 2 h。PI-2 的 T_g 高达 240 ℃。在 1.063 μm 下测定的含有共振成分的 d_{33} 为 51 pm/V，无共振成分的 $d_{33}(\infty)$ 为 18 pm/V。PI-2 的倍频系数在 90 ℃无变化，150 ℃时在初始阶段有明显下降，但此后可保持 85％的初始值不变。在 170 ℃时仍可以保留 60％的初始值。对于 PI-3**A**，其 d_{33} 在 90 ℃ 500 h 不变，150 ℃ 100 h 保持 80％，其性能见表 27-3。

表 27-3　NLO 聚酰亚胺 PI-3 的性能

聚合物	T_g/℃	T_d/℃	λ_{max}/nm	序列参数	n (532 nm)	n (1064 nm)	d_{33}(532 nm) /(pm/V)	$d_{33}(\infty)$ /(pm/V)
A	230	340,420	440	0.30	1.833	1.746	115	27
B	250	437	372	0.12	1.769	1.625	28.8	10

A：X＝NO_2；B：X＝SO_2CH_3。

通常都是将含有 NLO 生色基团的二胺和不含有 NLO 生色基团的二胺与二酐共聚得到 NLO 聚酰亚胺。在热酰亚胺化的相当苛刻的条件下，只有少数生色分子能保存下来，这严重影响了聚合物的非线性光学特性。Jen 等[24]通过温和的 Mistsunobu 反应将生色基团键接到聚酰亚胺骨架上(式 27-5)。避免了条件苛刻的酰亚胺化过程和含有 NLO 生色基团的二胺的合成。这就提供了在较大范围内改变聚合物骨架和选择生色基团的灵活性。

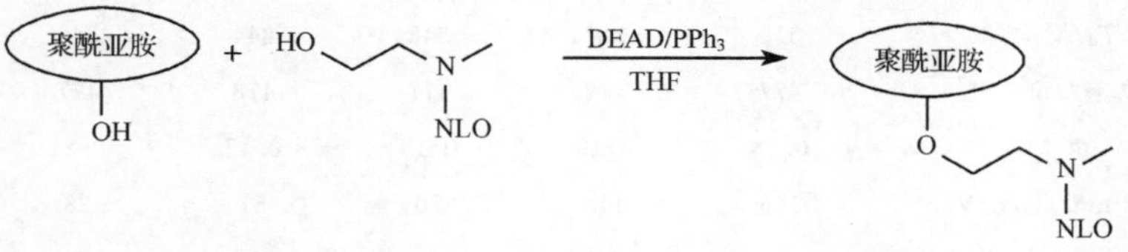

式 27-5　利用 Mistsunobu 反应合成 NLO 聚酰亚胺

DEAD：偶氮二酸二乙酯

为了避免酰亚胺化时脱出的水分的影响，Yu 等[25]合成了可溶性的侧链型 NLO 聚酰亚胺，其结构见式 27-6。这是一种氟化聚酰亚胺，其 T_g 高达 238 ℃，T_d 为 319 ℃。在 1.064 μm 波长下测定的共振 d_{33} 高达 169 pm/V，非共振的 $d_{33}(\infty)$ 为 18 pm/V。在 780 nm波长下测定的电光系数 γ 为 27 pm/V。其有效倍频系数 100℃时在初始阶段迅速衰减至初始值的 90%，但在此后 600 h 基本保持不变。在 150 ℃的空气中 300 h 后仍可保留大于 82%的初始值。

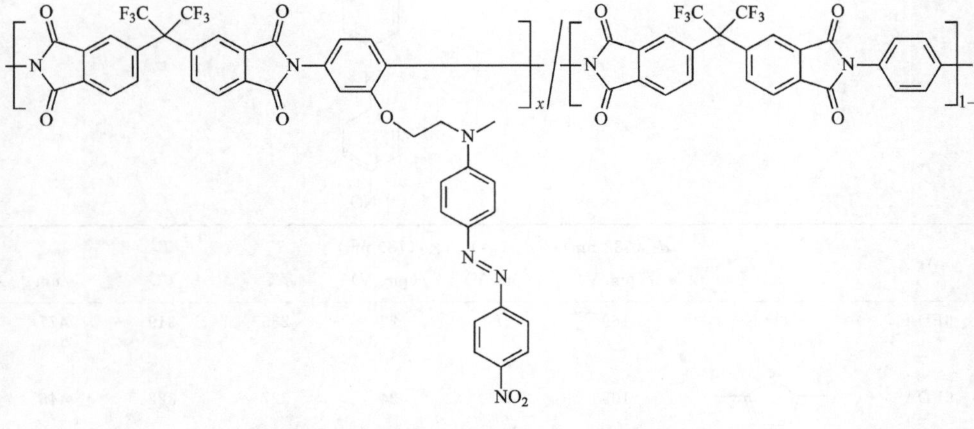

式 27-6　可溶性的侧链型 NLO 聚酰亚胺

Yu 等[26]考察了式 27-6 的生色基团负载量与聚合物物理性质的关系(表 27-4)。聚酰亚胺中带生色团链段的组分比从 1 降低到 1/5，生色基团的负载量也相应地从 32.3% 减小到 9.3%，而 T_g 却从 235℃上升至 278℃，相差高达 40℃以上，体系的热分解温度也从 319℃上升到 354℃，这势必增强生色基团电极化取向的稳定性。但生色基团负载量的减少自然会降低聚合物的非线性光学系数。532 nm 波长下的共振 d_{33} 从 146 pm/V 减小到 32 pm/V，非共振的 $d_{33}(\infty)$ 从 16 pm/V 减小到 4 pm/V。1.30 μm 波长下的 γ_{33} 从

25 pm/V下降至 3 pm/V。聚合物的极化效率和吸收峰的位置却基本保持不变。

表 27-4　式 27-6 的生色基团负载量与聚合物物理性质的关系

X	1	3/4	1/2	1/3	1/4	1/5
生色团的含量/%	32.3	26.8	19.9	14.4	11.3	9.3
T_g/℃	235	236	257	267	277	278
T_d/℃	319	327	342	344	348	354
λ_{max}/nm	477	477	477	478	477	476
Φ	0.18	0.19	0.18	0.17	0.21	0.19
d_{33}(532 nm)/(pm/V)	146	115	70	51	38	32
$d_{33}(\infty)$/(pm/V)	16	14	9	7	5	4
γ_{33}(1300 nm)/(pm/V)	25	19	11	10	4	3

几种侧链型 NLO 聚酰亚胺的光学性质见表 27-5。

表 27-5　几种侧链型 NLO 聚酰亚胺的光学性质

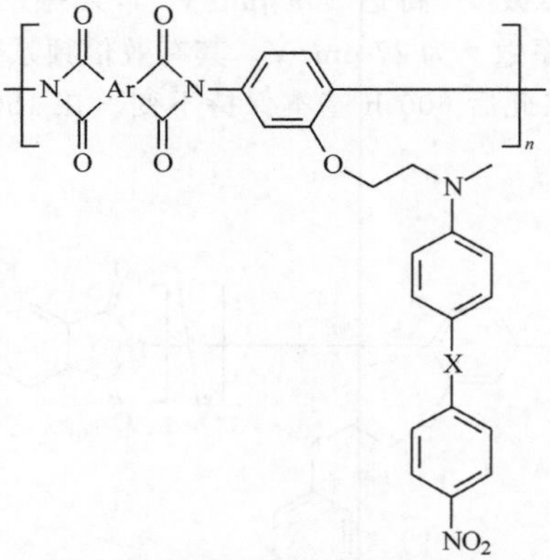

Ar	X	d_{33}(532 nm)/(pm/V)	$d_{33}(\infty)$/(pm/V)	γ_{33}(780 nm)/(pm/V)	T_g/℃	T_d/℃	λ_{max}/nm
6FDA	—N═N—	169	18	27	235	319	477
6FDA		103	21	24	227	322	445
6FDA	—C═C—	146	40	46	229	321	440
PMDA	—N═N—	69	9	7		291	470
BTDA	—N═N—	59	7	7		303	490

对于 Ar 为 6FDA，X 为噻吩的 NLO 聚酰亚胺，其折射率有明显变小的趋势，在 632.8 nm 下，聚合物折射率 n_{TE} 从 1.7421 降至 1.6407，n_{TM} 从 1.7410 降至 1.6144。在 1.30 μm 波长下，n_{TE} 从 1.6403 降至 1.5901，n_{TM} 1.6173 降至 1.5661。PI-4 的非线性光学

系数 180 ℃时在初始阶段迅速下降,此后基本稳定,700 h后仍可保留 60%的初始值。

Burland 等[27]用二苯胺代替二烷基氨基偶氮硝基苯中的二烷基胺作为电子给体,可使生色分子的刚性增加,使分解温度由 309 ℃提高到 393 ℃,其结构如式 27-7 中 PI-4 和 PI-5 所示。如果每一个重复单元都接上生色团,则生色团可占聚合物质量的 50%。这些聚酰亚胺体系可承受数小时的 350 ℃高温。高极化温度(300 ℃)的采用大大改善了聚合物非线性光学特性的稳定性,其非线性光学系数 225 ℃时在起初的 10 h 内降低了 7%,但随后的 1000 h 内基本保持不变。

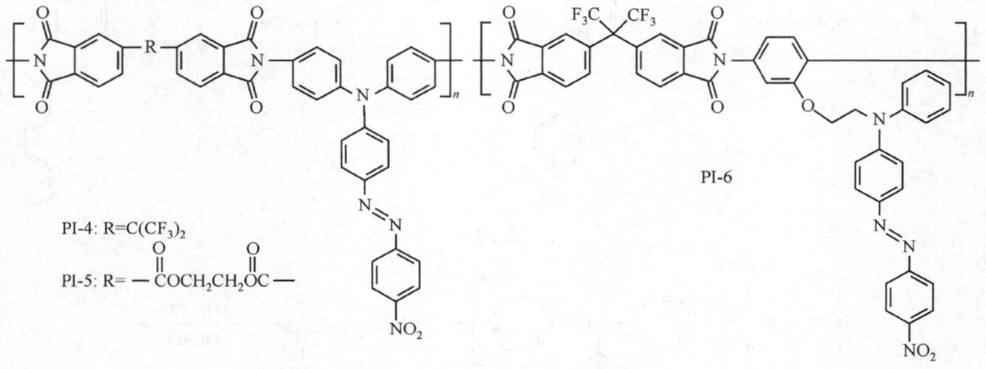

式 27-7　具有三苯胺结构的聚酰亚胺体系

为比较生色基团的不同键接方式对聚酰亚胺的非线性光学特性与热稳定性的影响,Burland 等[27]还将相似的生色基团通过柔顺的间隔基团作为侧链键接到聚酰亚胺骨架上,其结构见式 27-7 中的 PI-6。依据聚合物的玻璃化温度的高低,对不同的聚酰亚胺采用不同的极化温度,其中 PI-4 的极化温度为 350 ℃,PI-5 为 300 ℃,PI-6 为 275 ℃。这三种聚酰亚胺均是可溶的,未极化薄膜在 1.305 μm 波长下的光损耗约为 2 dB/cm。极化电场的强度决定了聚酰亚胺的电光系数 γ_{33}。在 1.305 μm 波长下,这三种聚酰亚胺的单位极化电场的 γ_{33} 值分别为 0.029 pm/V,0.033 pm/V 和 0.040 pm/V。对相近的生色基团负载量,这三种聚酰亚胺的电光效应没有明显差别。但其热稳定性有很大差异,PI-4 的极化取向稳定性最好,部分受益于聚酰亚胺的极高的玻璃化温度。而 PI-5 则比较柔顺,其玻璃化温度与 PI-6 接近,分别为 252 ℃和 228 ℃。相对于 PI-6,PI-5 的极化取向稳定性的改进可能来自聚合物中 NLO 生色基团的取向运动间较强的耦合。含有柔顺接头基团的 PI-6 仅在 100 ℃可维持非线性光学特性的稳定性。

Burland 等[28]还合成了如式 27-8 所示的 NLO 聚酰亚胺,在 220 ℃用 230 V/μm 电场的电晕极化后的 ODPA/DPDR1 用衰减全反射(ATR)方法测得的 γ_{33} 为 8.2～10 pm/V,在 85 ℃ 1000 h 没有明显降低,然后升温到 100 ℃再保持 1000 h,仍然没有明显降低。

Kim 等[29]将 DANS-monol(表 27-2)或分散红在三苯膦和 DEAD 存在下与由 4,4′-二氨基-4″-羟基三苯甲烷(DTHM)得到的带羟基聚酰亚胺反应得到带 NLO 生色团的聚酰亚胺(式 27-9)。这些 NLO 聚酰亚胺的性能见表 27-6。对于 6FDA 和 DOCDA 系列的 NLO 材料,在极化场为 100 V/μm 时在 1.3 μm 波长的电光系数 γ_{33} 可达到 5～6 pm/V

和 3～4 pm/V。6FDA/DHTM/分散红和 6FDA/DHTM/DANS 可以稳定到 140 ℃和 120 ℃，两者在 110 ℃和 115 ℃加热 350 min 其电光性能还保持 80%以上。

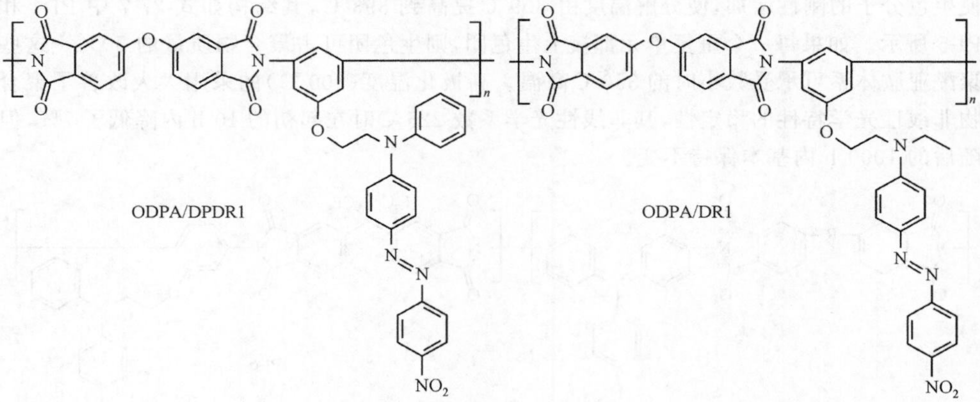

ODPA/DPDR1　　ODPA/DR1

式 27-8

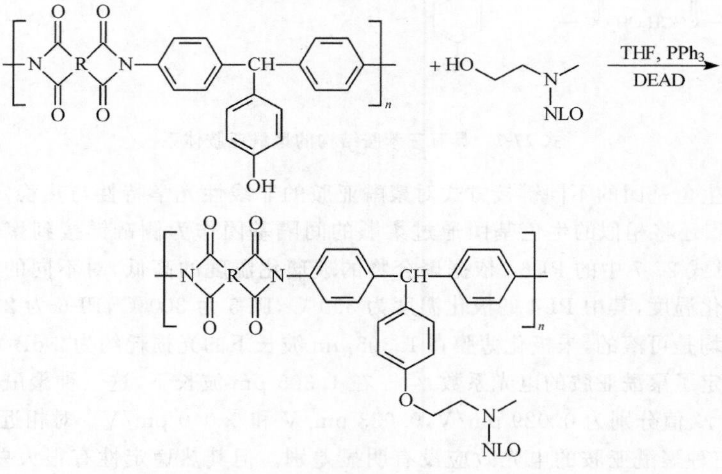

式 27-9

表 27-6　聚酰亚胺的线性和非线性光学数据

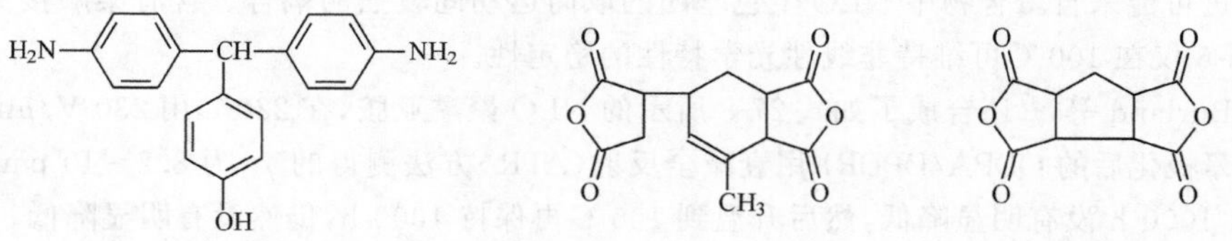

DHTM　　DOCDA　　CPDA

聚酰亚胺	η_{inh} /(dL/g)	T_g /℃	λ_{max} /nm	旋涂条件	n (1.3 μm)	γ_{33}/(pm/V) (1.3 μm)
6FDA/DHTM/分散红	0.45	209.6	497	13%环已酮	1.6185	5.8

续表

聚酰亚胺	η_{inh} /(dL/g)	T_g /℃	λ_{max} /nm	旋涂条件	n (1.3 μm)	γ_{33}/(mp/V) (1.3 μm)
6FDA/DHTM/DANS	0.50	214.8	449	13%环己酮	1.6101	5.9
BPDA/DHTM/分散红	0.27	161.3	498	劣质薄膜	—	—
BPDA/DHTM/DANS	0.25	162.2	452	劣质薄膜	—	—
DOCDA/DHTM/分散红	0.21	177.8	499	17%γ-丁内酯	1.62	3.7
DOCDA/DHTM/DANS	0.22	179.6	453	17%γ-丁内酯	1.62	2.1
CPDA/DHTM/分散红	0.35	220.5	499	劣质薄膜	—	—
CPDA/DHTM/DANS	0.28	232.7	452	劣质薄膜	—	—

Zhou 等[30] 以带有生色团的间苯二胺 **A** 和 **B** 合成了 NLO 聚酰亚胺，其性能见表 27-7。

表 27-7　由带生色团的间苯二胺合成的 NLO 聚酰亚胺

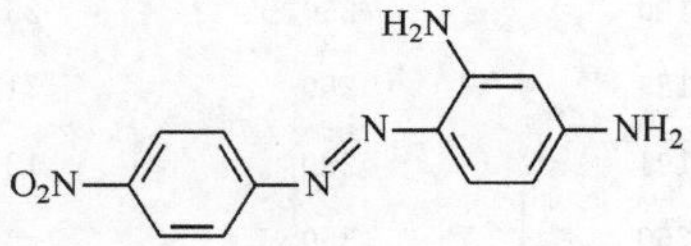

A

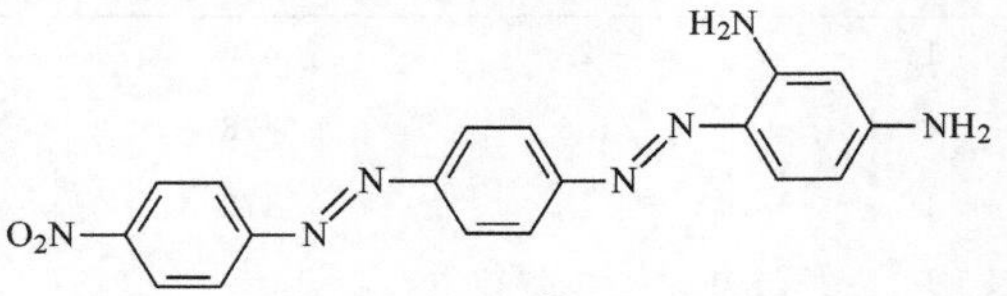

B

聚酰亚胺	λ_{max} /nm	T_g/℃	T_d /℃	1.5 kV 下的极化温度/℃	γ_{33} /(pm/V)	失重 /%
6FDA/**A**	480	224	342	220	13	11.3[a]
6FDA/**B**	488	233	383	227	21	17.6[a]
PMDA/**A**	481	246	356	241	16	9.4[b]
PMDA/**B**	487	248	388	246	21	13.8[b]

a：空气中 220 ℃，120 h；b：空气中 240 ℃，120 h。

Tsutsumi 等[31] 也用表 27-7 中的二胺 **A** 与 BTDA 合成了 NLO 聚酰亚胺，并研究了极化温度对材料电光性能的影响，发现稳定性随极化温度的升高而提高，但电光性能却明显降低（表 27-8）。

表 27-8　由 A 与 BTDA 得到的 NLO 的聚酰亚胺

保持温度/℃	100	150			
最终极化温度/℃		200	220	230	260
松弛时间/s	1.6×10^{9}	9.3×10^{6}	2.1×10^{7}	3.9×10^{7}	1.2×10^{8}
β（松弛时间分布的宽度）	0.28	0.33	0.27	0.26	0.28
d_{33}/(pm/V)		2.85	1.0	0.5	0.3

Zhou 等[32] 按式 27-10 合成了 NLO 聚酰亚胺，PI-OH ∶ **C** = 1 ∶ 2 的聚合物在 0.83 μm的电光系数为 27 pm/V。聚合物在 120 ℃ 100 h，电光系数保持 90% 以上。不同生色团含量的 NLO 聚酰亚胺的性能见表 27-9。

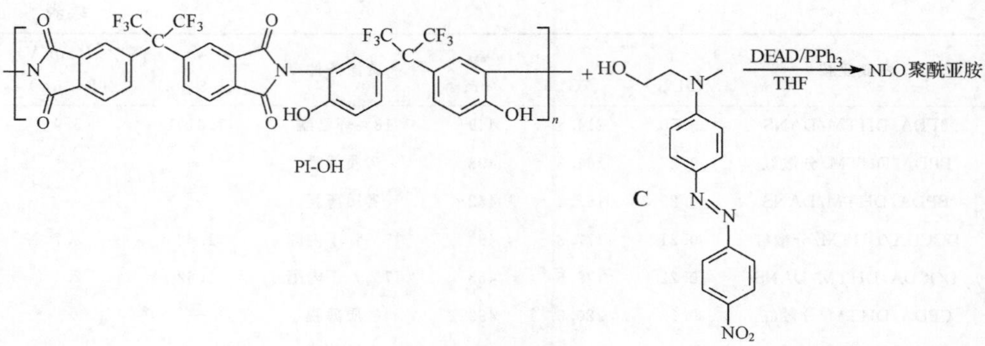

式 27-10

表 27-9　不同生色团含量的 NLO 聚酰亚胺

PI-OH/mol	**C**/mol	λ_{max}/nm	T_g/℃	T_d/℃	γ_{33}/(pm/V)
1	2	479	180	250	25
1	1.5	478	185	260	21
1	1	479	191	280	13
1	0	—	260	350	—

Zhou 等[33]合成了一系列在生色团中带苯并噻唑的 NLO 聚酰亚胺，这些带生色团的二胺(式 27-11)与 6FDA 得到 NLO 聚酰亚胺在 0.83 μm 的电光系数为 22 pm/V。由于聚合物的芳香性，在高温下电光系数的保持率很高，其性能见表 27-10。

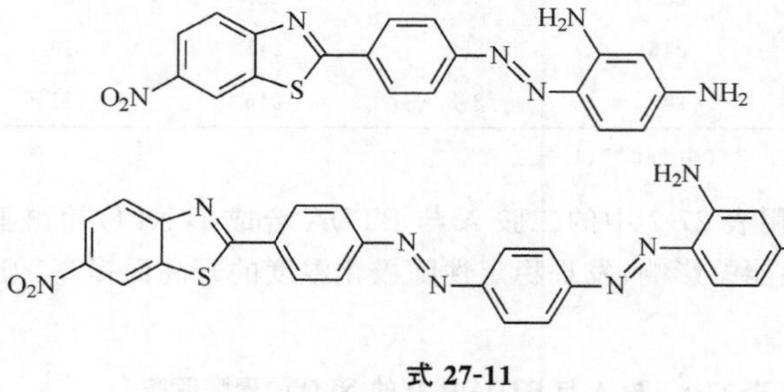

式 27-11

表 27-10　带噻唑结构的全芳香 NLO 聚酰亚胺的性能

聚合物	M_n	M_w	T_g/℃	T_d/℃	λ_{max}/nm	γ_{33}/(pm/V) (0.83 μm)	240 ℃,120 h,空气保持率%
PMDA/**D**	27 000	69 500	253	387	477	17	84
6FDA/**E**	25 500	72 000	247	363	475	15	77
PMDA/**D**	26 000	78 000	260	432	492	20	87.5
6FDA/**E**	28 500	78 600	248	418	492	22	84

Zhou 等[34]还按式 27-12 合成了一系列 NLO 聚酰亚胺，其性能见表 27-11。由于结

构中含有脂肪链，其电光系数的稳定性比表 27-10 中所列的聚酰亚胺低。

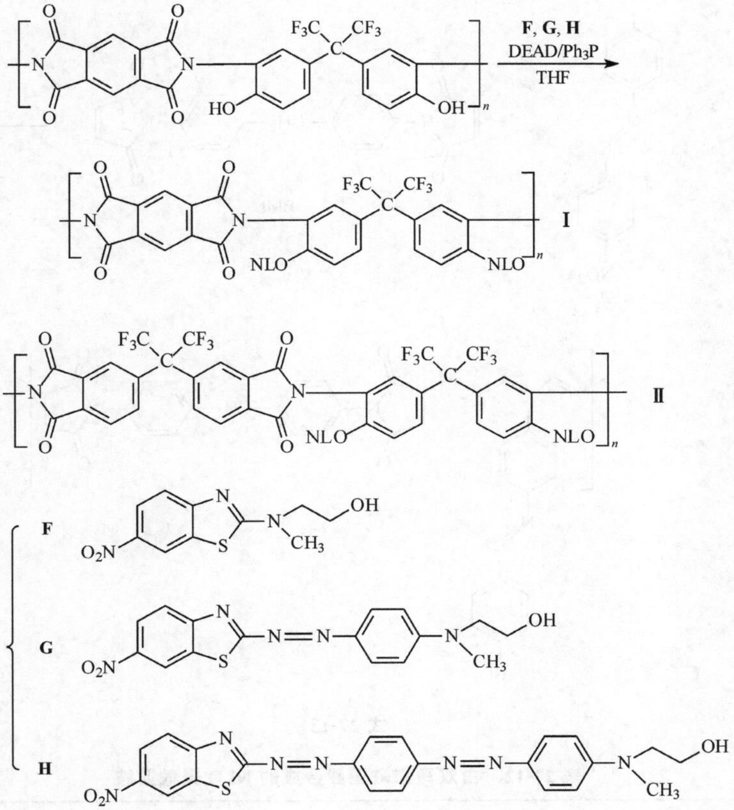

式 27-12

表 27-11　带噻吩结构的 NLO 聚酰亚胺的性能

聚合物	M_n	λ_{max} /nm	T_g /℃	T_d /℃	1.5 kV 下的极化温度/℃	γ_{33} /(pm/V)	损失 /%
ⅠF	32 000	420	204	388	204	9	18.9[a]
ⅠG	29 000	437	239	406	231	26	10.2[a]
ⅠH	31 500	468	247	423	248	29	13.1[b]
ⅡF	18 000	419	197	377	195	11	16.8[c]
ⅡG	22 000	437	210	395	213	24	10.9[a]
ⅡH	21 500	466	233	405	230	32	11.7[b]

a：空气中 200 ℃，120 h；b：空气中 220 ℃，120 h；c：空气中 180 ℃，120 h。

王东等[35]由双马来酰亚胺的 Micheal 反应按式 27-13 合成了 NLO 聚酰亚胺，其性能见表 27-12。

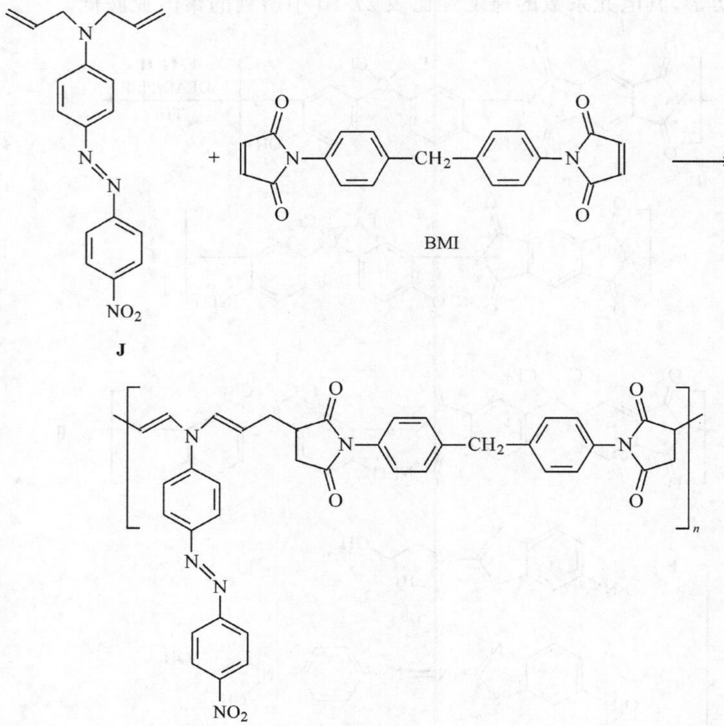

式 27-13

表 27-12　由双马来酰亚胺合成的 NLO 聚酰亚胺

BMI : J	T_g/℃	T_d/℃	d_{33}/(pm/V)
1 : 1	205	394	76.2
2 : 1	234	413	53.6
3 : 1	277	436	30.0

Lee 等[36]合成了如式 27-14 所示的 NLO 聚酰亚胺，其性能见表 27-13 和表 27-14。

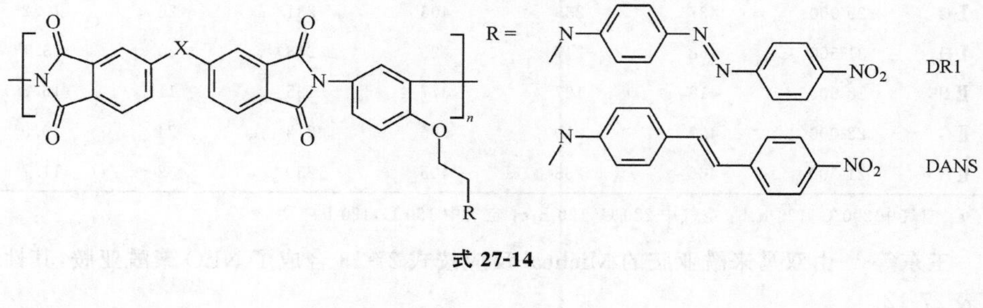

式 27-14

表 27-13　结构如式 27-14 所示的 NLO 聚酰亚胺

聚合物	T_g/℃	T_d/℃	λ_{max}/nm	n_{TE}	n_{TM}	γ_{33}/(pm/V)
6FDA/DR1	223	318	481	1.6396	1.6271	7.6
6FDA/DANS	233	320	436	1.6127	1.6124	1.8
ODPA/DR1	225	314	496	1.6048	1.6048	4.3
ODPA/DANS	221	319	449	1.6460	1.6460	1.9

注：γ_{33}在 1.3 μm 下测得。

表 27-14　有序参数和电光系数与极化电压的关系

聚合物	极化电压/(V/μm)	C_p(10 kHz)	Φ_ε	γ_{33}/(pm/V)
6FDA/DR1	0	0.3068		
	100	0.3147	2.59	6.34
	150	0.3183	3.75	8.28
6FDA/DANS	0	0.3634		
	100	0.3649	0.41	1.8
ODPA/DR1	0	0.2662		
	100	0.2670	0.31	2.08
	150	0.2715	1.99	5.57
ODPA/DANS	0	0.3420		
	100	0.3433	0.39	1.9

注：C_p：由 LCZ 计在 10 kHz 下测得的电容值。有序参数(order parameter) $\Phi_\varepsilon=(\varepsilon_r/\varepsilon_{r0}-1)\times100$，$\varepsilon_r$ 和 ε_{r0} 分别为极化前后的介电常数。6FDA/DR1 的电光系数在 120 ℃和 160 ℃ 500 h 后衰退 20%和 40%。

Lee 等[37]还按式 27-15 合成了 NLO 聚酰亚胺。聚合物在 5 kV，186 ℃(T_g)极化 10 min，有序参数值为 0.22，在 150℃加热 10 h，吸收谱没有变化，在 250℃加热 10 h，415 nm 峰消逝，可能是由于偶氮基团的分解。d_{33} 为 150 pm/V，在 633 nm 波长下，γ_{33} 为 28 pm/V，在室温 67 天，保持 95%，在 100 ℃ 600 h，降低 10%，但在随后的 30 天中不再降低。

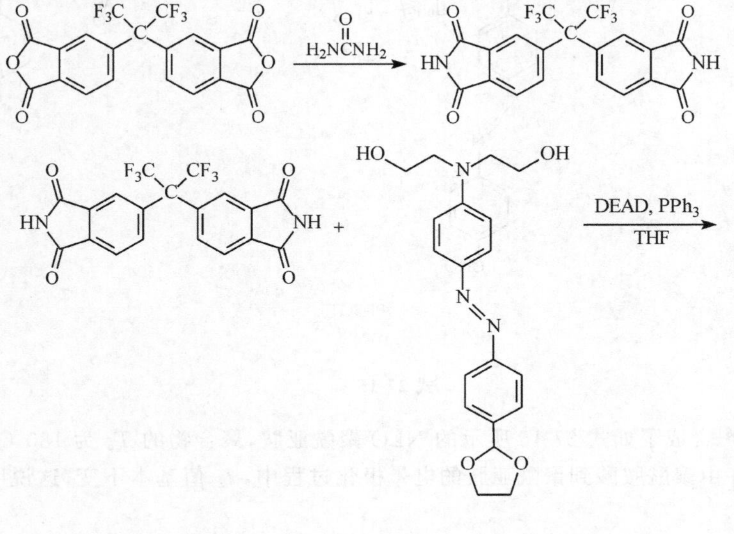

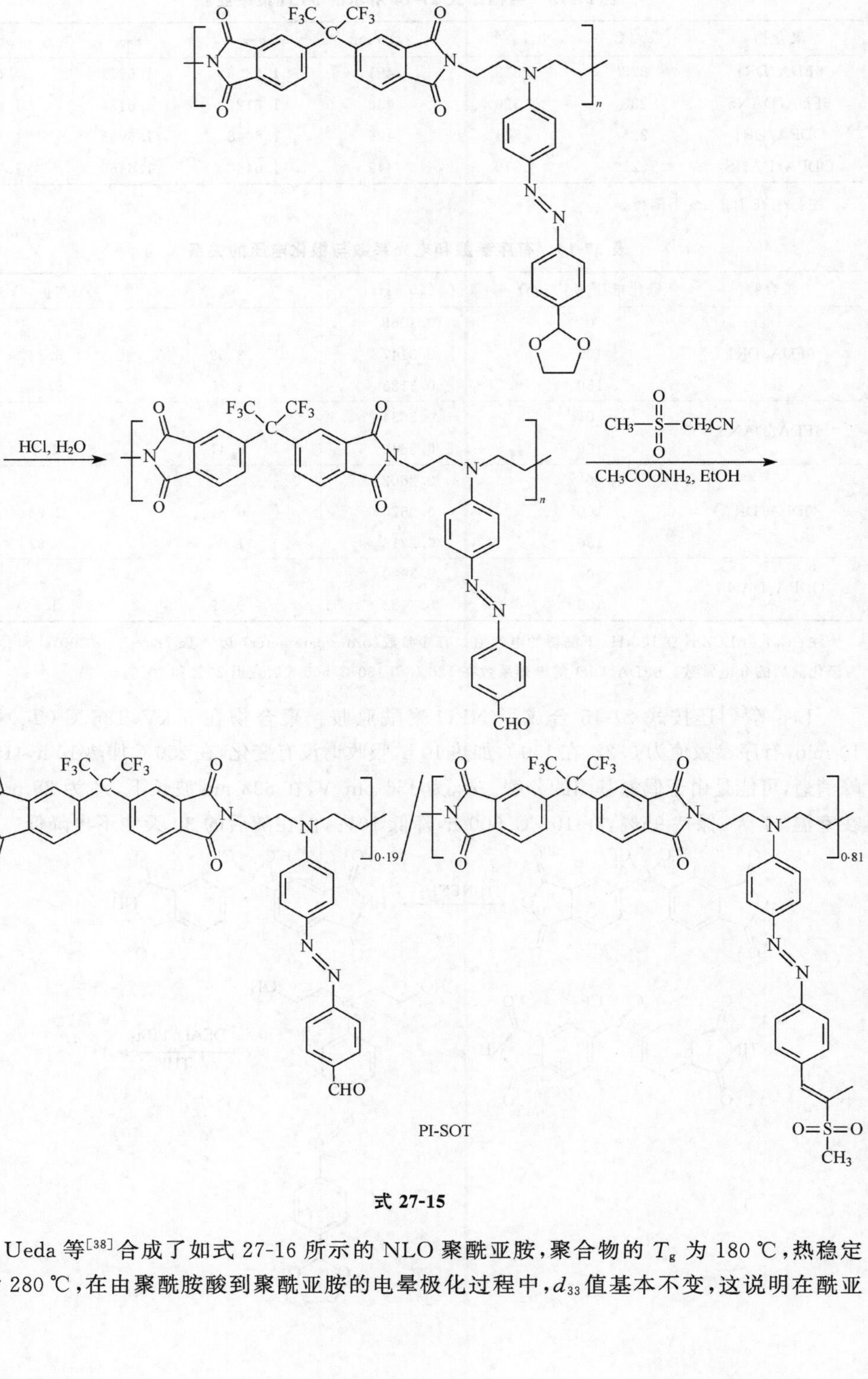

式 27-15

Ueda 等[38]合成了如式 27-16 所示的 NLO 聚酰亚胺，聚合物的 T_g 为 180 ℃，热稳定性为 280 ℃，在由聚酰胺酸到聚酰亚胺的电晕极化过程中，d_{33} 值基本不变，这说明在酰亚胺后聚合物的活动性也基本相同。在 1.064 μm 测得的最佳 d_{33} 值为 138 pm/V,其值在 160 ℃下无论是氮气和空气中都不变。

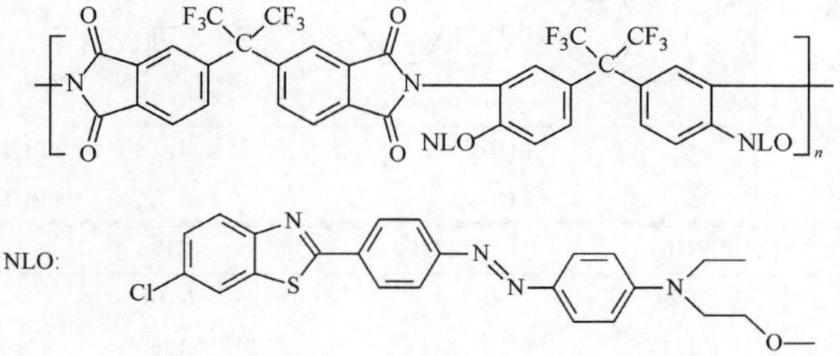

式 27-16

印杰等[39] 按式 27-17 合成了 NLO 聚酰亚胺,其性能见表 27-15。他们还用后偶氮化方法合成了 NLO 聚酰亚胺,但其电光性能未见报道[40]。

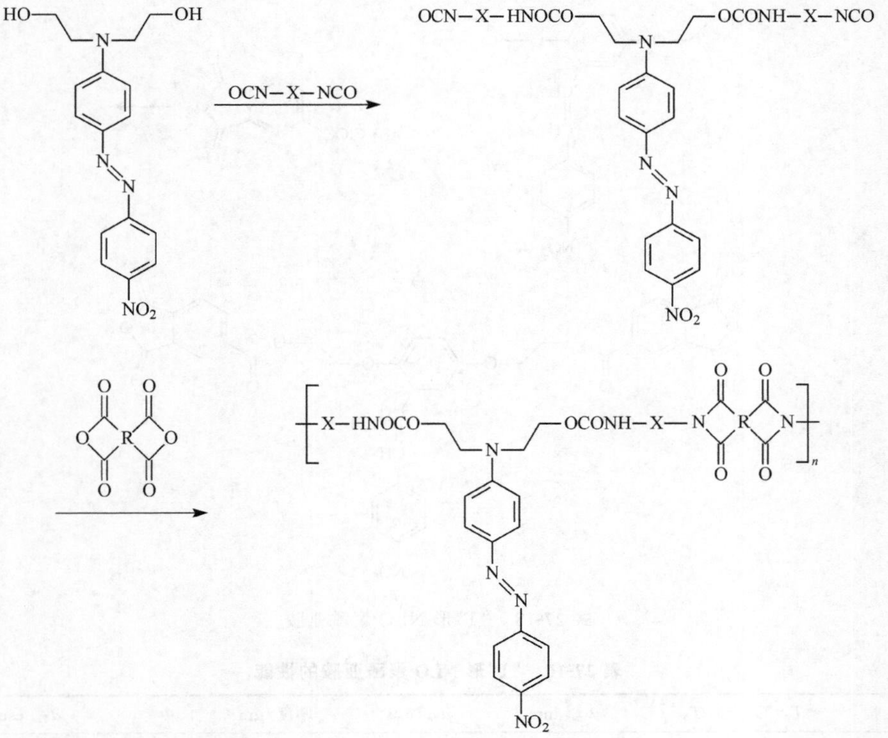

式 27-17

Lee 等[41] 合成了如式 27-18 所示的 NLO 聚酰亚胺,这是一种生色团,一部分处于主链,一部分处于侧链的"T"形 NLO 材料,其性能见表 27-16。这种材料在 T_g 以上 45 ℃仍保持 d_{33} 的稳定性,说明生色团作为主链的一部分可以增加其偶极取向的稳定性。

表 27-15　各种 NLO 聚酰亚胺

二酐 \ X	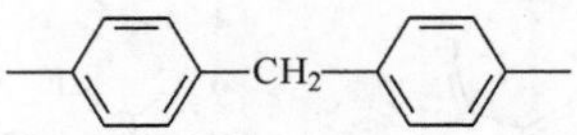	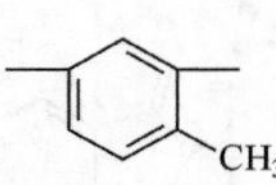 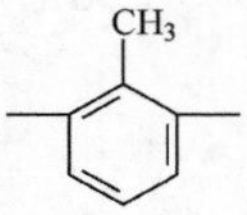
ODPA	PUI-1	PUI-2
6FDA	PUI-3	PUI-4

性能	PUI-1	PUI-2	PUI-3	PUI-4
[η]/(dL/g)	0.24	0.16	0.18	0.31
T_g/℃	171	184	196	211
T_{d_1}/℃	298	313	304	314
T_{d_2}/℃	542	564	544	549
d_{33}/(pm/V)	52.5	51	51	34

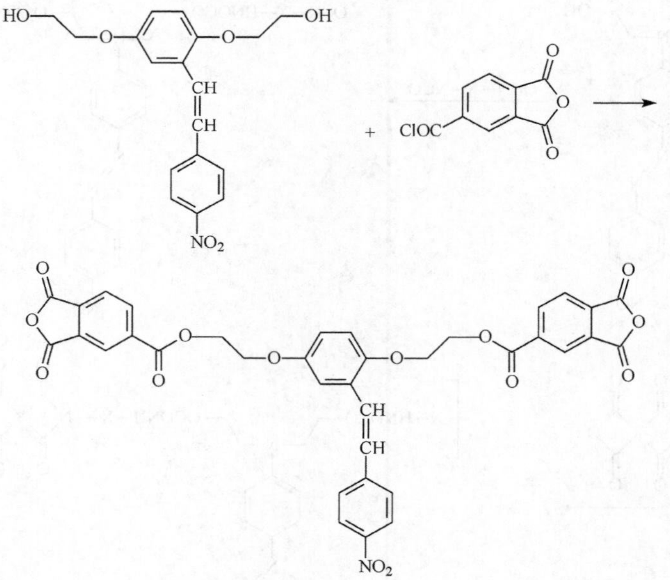

式 27-18　"T"形 NLO 聚酰亚胺

表 27-16　"T"形 NLO 聚酰亚胺的性能

二胺	T_g/℃	$T_{5\%}$/℃	λ_{max}/nm	d_{33}/esu	厚度/μm	Φ	d_{31}/esu
PPD	152	316	376	3.39×10^{-9}	0.28	0.12	1.25×10^{-9}
ODA	152	333	375	3.26×10^{-9}	0.26	0.11	1.19×10^{-9}
DABA	153	332	378	4.35×10^{-9}	0.27	0.15	1.60×10^{-9}
IPDA	153	371	375	3.48×10^{-9}	0.29	0.16	1.29×10^{-9}

Jen 等[42]按式 27-19 合成了树枝状 NLO 聚酰亚胺，其性能见表 27-17。

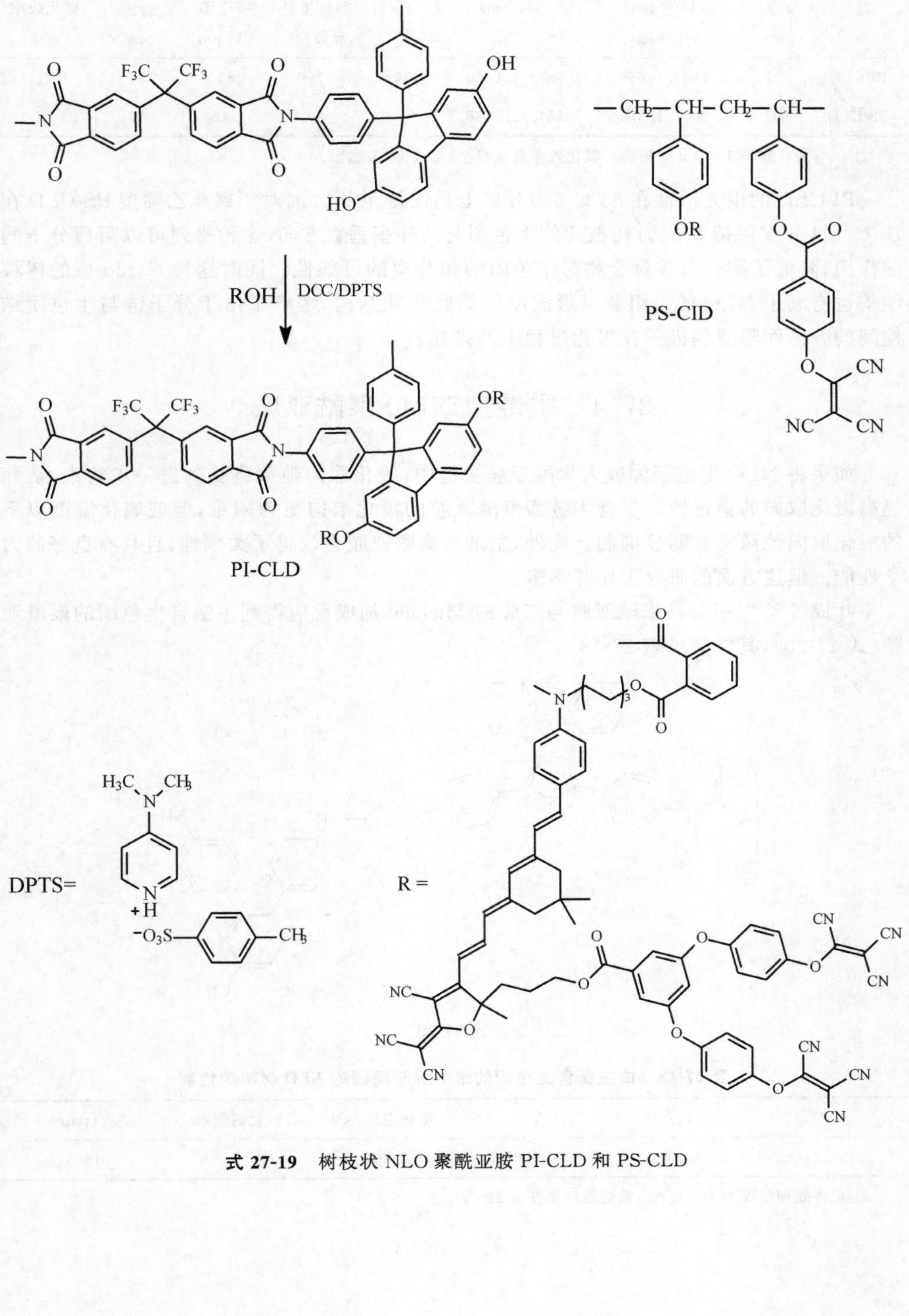

式 27-19　树枝状 NLO 聚酰亚胺 PI-CLD 和 PS-CLD

表 27-17　树枝状 NLO 聚酰亚胺的性能

	λ_{max} /nm	n(1300 nm) n_{TE}/n_{TM}	n(1550 nm) n_{TE}/n_{TM}	T_g /℃	颜料质量分数/%	极化场 /(V/μm)	γ_{33} /(pm/V)	极化效率 /%
PI-CLD	711	1.7104/1.6864	1.6875/1.6660	155	25	85	71	81
PS-CLD	708	1.5851/1.5776	1.5813/1.5738	90	20	142	97	78

注：γ_{33}为在波长 1.3 μm 时测得。极化效率是实验 γ_{33} 与理论 γ_{33} 之比。

PI-CLD 的电光活性在 85℃ 650 h 以上仍保持 90%。而对于聚苯乙烯型 PS-CLD 在 70℃ 144 h 仅保持 37%。树枝化的生色团与芴环呈垂直方向，这种排列可以阻碍分子间的作用，降低了刚性芳香聚合物与生色团的相分离的可能性。同时这种 Cardo 型的树枝结构也有利于 NLO 的自组装以形成刚性筒状棒状结构，缓解了由于分子链与生色团结构间的缠结而阻碍偶极子在极化过程中的排列。

27.4　主链型 NLO 聚酰亚胺

如果将 NLO 生色基团嵌入聚酰亚胺主链中，极化取向弛豫将受到进一步约束，从而提高极化取向的稳定性。尽管主链型聚酰亚胺的极化取向更为困难，但玻璃化温度以下的极化取向弛豫将被明显抑制。此外，主链型聚酰亚胺也改善了柔顺性，且具有良好的力学性能。但这方面的研究工作并不多。

叶成等[43,44]用双马来酰亚胺与二胺的 Micheal 加成反应得到主链含生色团的聚酰亚胺（式 27-20），其性能见表 27-18。

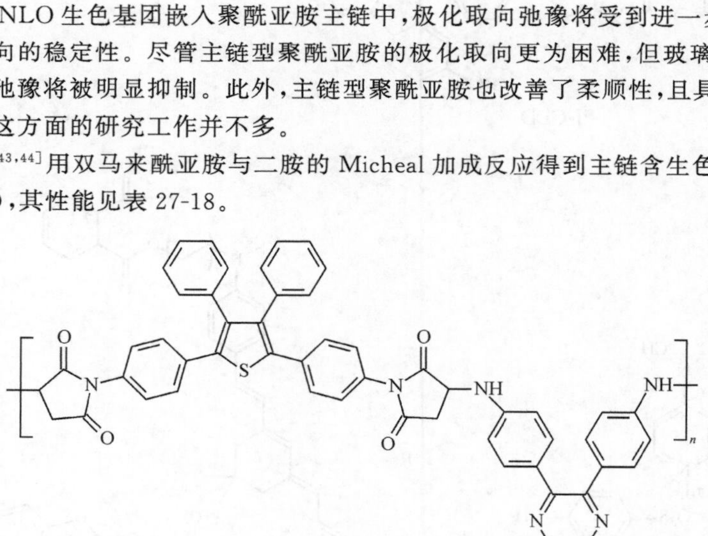

式 27-20

表 27-18　由主链含生色团的聚酰亚胺得到的 NLO 材料的性能

T_g/℃	T_d/℃	T_p/℃	极化电压/kV	极化时间/h	d_{33}/(pm/V)
218[a],244[b]	400	150	7.5	8	16.5

a：最终处理温度为 180℃；b：最终处理温度为 220℃。

27.5　交联型 NLO 聚酰亚胺

弛豫过程严重影响了非线性光学聚合物器件的寿命。除了增大聚合物体系的 T_g 外，还可以通过热交联或光交联来增强聚合物链的相互作用，提高聚合物非线性光学特性的稳定性。预聚物骨架交联前一般都比较柔顺，可在常见的溶剂中溶解，因而具有较大的处理窗口。交联导致聚合物中局部的链段不可移动，其效率取决于交联的密度、属性和位置。极化过程用来破坏大多数极性体系中宏观中心对称，因此大多数交联必须在极化过程中或之后进行。若交联与电场极化同时进行，将更有利于生色基团取向稳定性的提高。常见的聚合物与生色基团间的成键类型有：主-客体型 NLO 聚合物体系的交联是由树脂和外加的催化剂引起的，NLO 生色分子并不参与交联；生色基团键接在聚合物骨架上，也不参与交联；NLO 生色基团键接在树脂骨架上，与交联位置无关；双功能树脂与 NLO 生色分子的二胺相接，其中胺取代基不仅参与链生长，而且也含在链中；多功能树脂与多功能 NLO 基团交联。图 27-1 示意了三种有效的 NLO 生色基团与聚合物的交联方式。

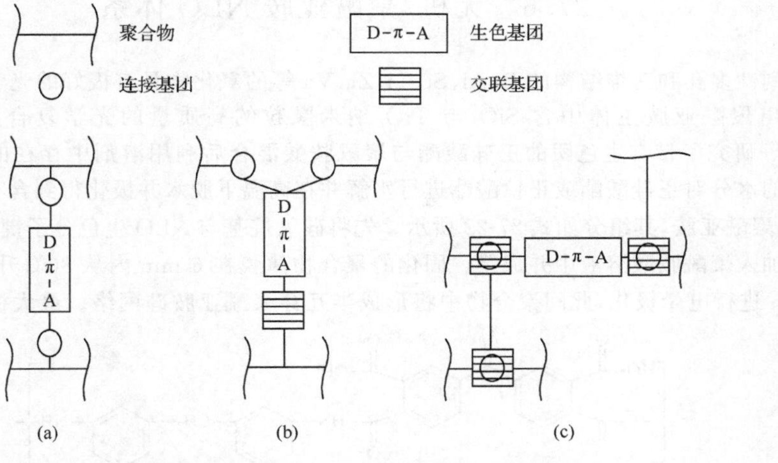

图 27-1　三种有效的 NLD 生色基团与聚合物的交联方式

Tripathy 等[45]基于可溶聚酰亚胺的活性端基，利用一种具有 NLO 活性的硅氧烷染料(ASD)作为交联剂，与聚酰亚胺反应合成了交联型聚酰亚胺体系，其结构见式 27-21。采用电晕极化技术，在 60 ℃时施加直流电场，按 10 ℃/min 升至 240 ℃，并停留 1 min，同时形成交联网络和实现生色团的取向。端接羟基的 ODPA/Bis P 聚酰亚胺的玻璃化温度为 169～250 ℃。测定的有效倍频系数为 d_{33} 为 17.8 pm/V，在 110 ℃ 122 h 内未观测到电光特性的明显衰变。

热交联同样要求 NLO 生色分子具有良好的稳定性。如果 NLO 生色分子含有光反应官能团，便可以在室温下或略高的温度下进行电场极化和实现光化学交联。大多数光化学反应不会损伤 NLO 生色基团，从而保证了聚合物较大的非线性光学系数。光交联最显著的优点是可以有选择地在聚合物局部区域实现极化与交联，还可以提供聚合物薄膜的图案化处理。但生色分子的较强的紫外-可见吸收将会阻碍聚合物的光交联的进行。

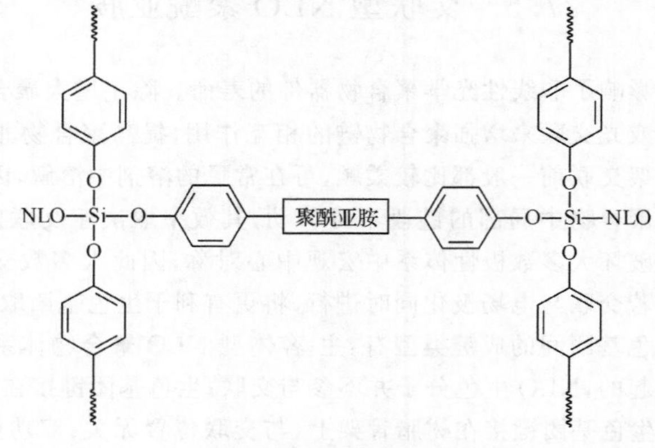

式 27-21 交联型聚酰亚胺体系

27.6 无机/聚酰亚胺 NLO 体系

刚性多孔和三维结构的 B、Al、Si、Ti、Zr、Va 等的氧化物具有极好的光学活性。已经制备出聚酰亚胺主体中含 SiO_2 与 TiO_2 纳米颗粒的高质量的光学复合膜。Tripathy 等[46,47]研究了带有生色团的正硅酸酯与聚酰胺酸混合后利用溶剂中存在的和酰亚胺化产生的水分对正硅酸酯或正钛酸酯进行水解并在高温下脱水并极化得到含有无机成分的 NLO 聚酰亚胺，其组分如式 27-22 所示。先将硅氧烷基与 NLO 生色分子键合生成 ASD，然后加入聚酰胺酸溶液中并成膜。固化的聚合物薄膜在 6 min 内从 80℃升至 220 ℃，停留 4 h 进行电晕极化，此间聚合物中将形成半互穿聚酰亚胺硅网络。最大极化温度限于

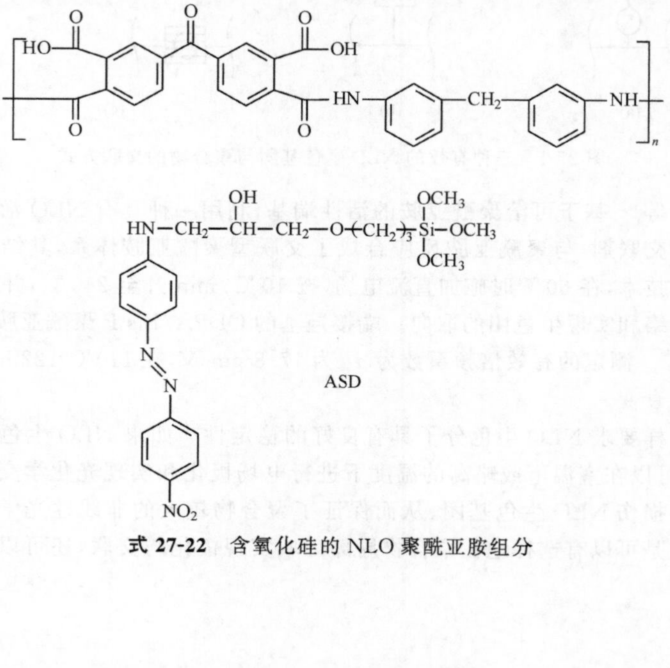

式 27-22 含氧化硅的 NLO 聚酰亚胺组分

NLO 生色分子的热稳定性，对于 ASD 约为 237 ℃。这种无机/聚酰亚胺体系的玻璃化温度为 275 ℃，测定的有效倍频系数 d_{33} 为 13.7 pm/V。倍频信号在室温下无损失，120 ℃下在初始阶段下降了 27%。但此后的 168 h 内基本不变。这种体系的稳定性为 NLO 生色分子的分解温度所限制。

27.7　多功能 NLO 聚酰亚胺

光折变在高密度光数据存储、全息图像加工、相共轭、神经网络、协同记忆的模拟和程序化互连等应用上都具有令人鼓舞的发展前途。自 Moerner 等[48,49]首次报道聚合物光折变效应以来，光折变聚合物作为近年来聚合物非线性光学材料的重要进展之一备受重视。多种材料体系的研究结果均已证实聚合物的光电导与电光特性完全满足光折变效应的要求。光电导聚合物材料可以通过多种方式制备。例如，将与聚合物主链具有类似的π电子云结构的电子受体掺杂到具有电子给体的聚合物中，或接枝到具有电子给体的聚合物侧链上；也可以掺杂具有传输载流子特性的低分子，来增加光生载流子的迁移率。

光折变材料是多功能材料，结合了材料的电光特性与光电导特性，表现出新的光学性质。要制备具有良好光折变性能的聚合物材料，就必须提高光电荷产生的量子产额，加快电荷载体迁移速率，减少电荷载体迁移率发散，增强 NLO 生色分子取向的稳定性。Peng 等[50]基于卟啉-电子受体（醌类或酰胺链段）体系，合成了多功能的聚酰亚胺体系，提高了材料的光折变性能，增强了材料的稳定性。其合成路线如式 27-23 所示，关键是两个二胺单体的合成。在 160 ℃附近进行酰亚胺化后的玻璃化温度为 250 ℃。采用二极管激光（690 nm）作为光源，测定的多功能聚酰亚胺体系的光导率为 $1.1\times10^{-12}\ \Omega^{-1}\cdot cm^{-1}$。在 1.064 μm 波长下 d_{33} 的计算值为 110 pm/V。多功能聚酰亚胺体系表现出非同寻常的热稳定性。150 ℃时 d_{33} 无明显衰减，170 ℃时 120 h 后仍可保留 80% 的初始值。

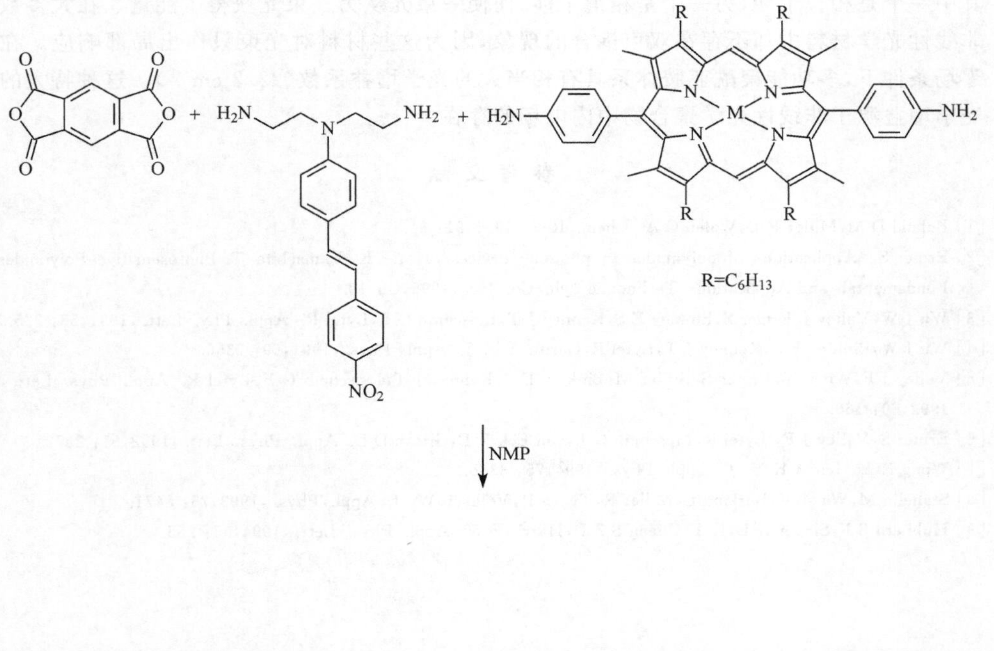

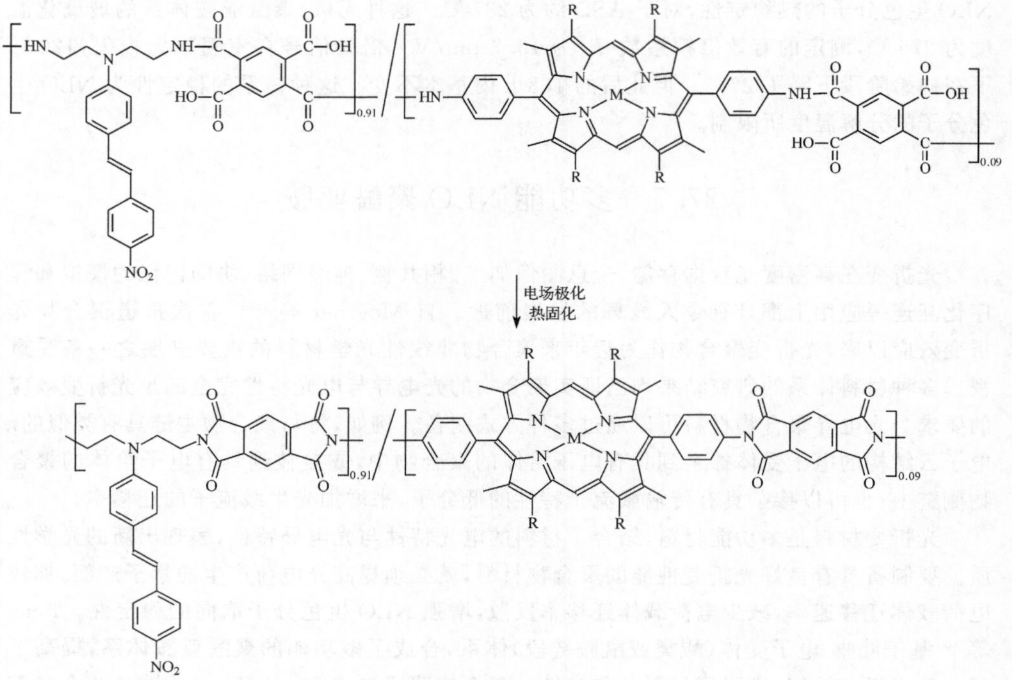

式 27-23　多功能聚酰亚胺体系的合成路线

利用多功能聚酰亚胺体系，Peng 等[50] 成功地观测了光束耦合中的一种不对称光学能量交换现象，其中一光束获得能量，另一光束损失能量。这种双束耦合的实现是由于光折变材料的光学图案和折射率光栅在空间上产生偏转，而使原先的两束光分别产生干涉，其中一个是相长干涉，另一个是相消干涉，而使一束光从另一束光获得了能量。在大多数非线性光学材料中却不存在双束耦合的现象，因为这些材料对光束只作出局部响应。在零场条件下，多功能聚酰亚胺体系具有相当大的光学增益系数(22.2 cm^{-1})。这种特大的光学增益源于非线性光学聚合物中内电场的存在。

参考文献

[1] Buland D M, Miller R D, Walsh C A. Chem. Rev., 1991, 91: 31.

[2] Ermer S. Applications of polyimides to photonic devices//Horie K, Yamashita T. Photosensitive Polyimides Fundamentals and Applications. Technomic Pyb. Co. Inc., 1995, Ch. 10.

[3] Wu J W, Valley J, Ermer S, Binkley E S, Kenney J T, Lipscomb G F, Lytel R. Appl. Phy. Lett., 1991, 58: 225.

[4] Wu J W, Binkley E S, Kenney J T, Lytel R, Garito A F. J. Appl. Phys., 1991, 69: 7366.

[5] Valley J F, Wu J W, Ermer S, Stiller M, Binkley E S, Kenney J T, Lipscomb G F, Lytel R. Appl. Phys. Lett., 1992, 60: 160.

[6] Ermer S, Valley J F, Lytel R, Lipscomb G F, van Eck T E, Girton D D. Appl. Phys. Lett., 1992, 61: 2272.

[7] Wong K Y, Jen A K-Y. J. Appl. Phys., 1994, 75: 3308.

[8] Stähelin M, Walsh C, Burland D, Miller R, Twieg R, Volkson W. J. Appl. Phys., 1993, 73: 8471.

[9] Hubbard S F, Singer K D, Li F, Cheng S Z D, Harris F W. Appl. Phys. Lett., 1994, 65: 265.

[10] Fujimoto H H, Das S, Valley J F, Stiller M, Dries L, Cirton D, van Eck T, Ermer S, Binkley E S, Nurse J C, Kenney J T. Proc. MRS, Boston, Dec., 1993.

[11] Wu J W, Valley J F, Ermer S, Binkley E S, Kenney J T, Lytel R. Appl. Phys. Lett., 1991, 59: 2213.

[12] Cahill P A, Seager C H, Meinhardt M B, Beuhler A J, Wargowski D A, Singer K D, Kowalczyk T C, Kosc T Z. Proc. SPIE, 2025, 48, 1993.

[13] Moylan C R, Miller R D, Twieg R J, Betterton K M, Lee V Y, Matray T J, Nguyen C. Chem. Mater., 1993, 5: 1499.

[14] Shi R F, Wu M H, Yamada S, Cai Y M, Garito A F. Appl. Phys. Lett., 1993, 63: 1173.

[15] Yamamoto H, Katogi S, Watanabe T, Sato H, Miyata S, Hosomi T. App. Phys. Lett., 1992, 60: 935.

[16] Kuo W-J, Hsiue G-H, Jeng R-J. Macromolecules, 2001, 34: 2373.

[17] Yamamoto H, Katogi S, Watanabe T, Sato H, Miyata S, Hosomi T. Appl. Phys. Lett., 1992, 60: 935.

[18] Zyss J, Oudar L L. Phys. Rev. A, 1982, 26: 2016.

[19] Becker M W, Sapochak L S, Ghosen R, Xu C, Dalton L R, Shi Y, Steier W H, Jen A K-Y. Chem. Mater., 1994, 6: 104.

[20] Yu D, Yu L. Macromolecules, 1994, 27: 6718.

[21] Yang S, Peng Z, Yu L. Macromolecules, 1994, 27: 5858.

[22] Peng Z, Yu L. Macromolecules, 1994, 27: 2638.

[23] Yu D, Yu L. Macromolecules, 1994, 27: 6718.

[24] Chen T, Jen A K-Y, Cai Y, J. Am. Chem. Soc., 1995, 117: 7295.

[25] Yu D, Gharavi A, Yu L. Macromolecules, 1995, 28: 784.

[26] Yu D, Gharavi A, Yu L. Macromolecules, 1996, 29: 6139.

[27] Verbiest T, Burland D M, Jurich M C, Lee V Y, Miller R D, Volksen W. Science, 1995, 268: 1604.

[28] Verbiest T, Burland D M, Jurich M C, Lee V Y, Miller R D, Volksen W. Macromolecules, 1995, 28: 3005.

[29] Kim E-H, Moon I K, Kim H K, Lee M-H, Han S-G, Yi M H, Choi K-Y. Polymer, 1999, 40: 6157.

[30] Zhou Y, Leng W, Liu X, Xu Q, Feng J, Liu J. J. Polym. Sci., Polym. Chem., 2002, 40: 2478.

[31] Tsutsumi N, Morishima M, Sakai W. Macromolecules, 1998, 31: 7764.

[32] Leng W N, Zhou Y M, Xu Q H, Liu J Z. Polymer, 2001, 42: 7749.

[33] Leng W N, Zhou Y M, Xu Q H, Liu J Z. Polymer, 2001, 42: 9253.

[34] Leng W, Zhou Y, Xu Q, Liu J. Macromolecules, 2001, 34: 4774.

[35] Wu W, Wang D, Wang P, Zhu P, Ye C. J. Appl. Polym. Sci., 2000, 77: 2939.

[36] Lee H-J, Lee M-H, Han S G, Kim H-Y, Ahn J-H, Lee E-M, Won Y H. J. Polym. Sci., Polym. Chem., 1998, 36: 301.

[37] KimT-D, Lee K-S, Lee G U, Kim O-K. Polymer, 2000, 41: 5237.

[38] Sakai Y, Ueda M, Fukuda T, Matsuda H. J. Polym. Sci., Polym. Chem., 1999, 37: 1321.

[39] Sui Y, Yin J, Hou Z, Zhu N, Lu J, Liu Y, Zhu Z, Wang Z. J. Polym. Sci., Polym. Chem., 2001, 39: 2189.

[40] Liu Y-G, Sui Y, Yin J, Gao J, Zhu Z-K, Huang D-Y, Wang Z-G. J. Appl. Polym. Sci., 2000, 76: 290.

[41] Lee J-Y, Bang H-B, Park E-J, Rhee, B K, Lee S M, Lee J H. J. Polym. Sci., Polym. Chem., 2004, 42: 3189.

[42] Luo J, Haller M, Li H, Tang H-Z, Jen A K-Y. Macromolecules, 2004, 37: 248.

[43] Qin A, Yang Z, Bai F, Ye C. J. Polym. Sci., Polym. Chem., 2003, 41: 2846.

[44] Wu W, Wang D, Zhu P, Wang P, Ye C. J. Polym. Sci., Polym. Chem., 1999, 37: 3598.

[45] Hsiue G H, Kuo J K, Jeng R J, Chen J I, Jiang X L, Marturunkakul S, Kumar J, Tripathy S K. Chem. Mater., 1994, 6: 884.

[46] Jeng R J, Chen Y M, Jain A K, Kumar J, Tripathy S K. Chem. Mater., 1992, 4: 1141.

[47] Marturunkaku S, Chen J I, Jeng R J, Sengupta S, Kumar J, Tripathy S K. Chem. Mater., 19935: 743.

[48] Moerner W E, Silence S M. Chem. Rev., 1994, 94: 127.

[49] Ducharme S, Scott J C, Twieg R J, Moerner W E. Phys. Rev. Lett., 1991, 66: 1846.

[50] Peng Z, Bao Z, Yu L. J. Am. Chem. Soc., 1994, 116: 6005.

第 28 章　聚酰亚胺(纳米)杂化材料

本章所涉及的杂化材料包括聚酰亚胺-无机杂化材料和聚酰亚胺-金属杂化材料。

28.1　聚酰亚胺在(纳米)杂化材料制备中的特点

在聚合物杂化材料的研究过程中，材料的合成或制备一直是人们重视的关键环节。聚酰亚胺在杂化材料的制备中，尤其是对于被广泛使用的溶胶-凝胶法有其独特之处，从而受到格外的注意。

(1) 聚酰亚胺是迄今已经产业化的聚合物材料中使用温度最高的品种之一，其高热稳定性和高玻璃化温度对于合成杂化材料十分有利。例如，溶胶-凝胶法对于水解产物的进一步转化和金属掺杂剂的分解转化都要求在较高温度下进行[1,2]。

(2) 聚酰亚胺可以通过多种途径合成，如聚酰胺酸、聚酰胺酸盐、聚酰胺酯、聚异酰亚胺等都可以作为聚酰亚胺的前体，它们的共同特点是在有机溶剂中有较大的溶解度，杂化材料可以根据需要选择合适的前体来制备。

(3) 聚酰胺酸在杂化材料的制备中最为常用，因为可以在非质子极性溶剂，如DMAc、DMF、DMSO、NMP 等中由二酐和二胺缩聚得到(见第 2.1 节)。而这些溶剂也是许多无机物前体的良溶剂。聚酰胺酸在含水量相当高的非质子极性溶剂中仍可以溶解(见表 2-2)，这就为溶胶-凝胶法和金属掺杂剂的水解缩合带来方便条件。聚酰胺酸的羧基与无机物或其前体相互作用，如成盐、成酯，也提供了现成条件。这种分子水平的结合对于无机纳米微粒的分散起稳定化作用[3]。酰亚胺化时产生的水分有时对于无机相的形成也起到关键的作用[3,4]。

28.2　聚酰亚胺-无机物杂化材料

28.2.1　无机物及其前体

构成聚酰亚胺-无机物杂化材料的无机物多种多样，包括陶瓷、聚硅氧烷、黏土、分子筛等。通常无机物以分散相的形式分散于聚酰亚胺基体中，形成一定相分离尺寸的无机相。无机物可以超微粉的形式引入聚酰亚胺中，但更普遍的是以某种前体形式(如元素烷氧化合物等)与聚酰亚胺前体溶液共混再转化为相应的无机相。表 28-1 列出聚酰亚胺-无机物杂化材料制备中常用的无机物及其前体。

表 28-1　用于聚酰亚胺-无机物(纳米)杂化材料的无机物及其前体

类别	种类	超微粉或前体	文献
陶瓷	SiO_2	超微粉，Si(OR)$_4$，$\{$Si(OEt)$_2$O$\}_n$	[1,3,5-25]
	TiO_2	超微粉，Ti(OR)$_4$	[25-30]
	Al_2O_3	超微粉	[25]
	AlN	超微粉	[31-33]
	$(Pb_{1-x},La_x)(Zr_y,Ti_{1-y})O_3$	$PbAc_2$＋$LaAc_3$＋Ti(OR)$_4$＋Zr(acac)$_4$	[34]
	$LiNbO_3$	LiOH＋Nb(OR)$_5$	[35]
	$BaTiO_3$	超微粉，有机钡、钛	[36,37]
聚硅氧烷	聚烷基硅氧烷、聚二烷基硅氧烷、聚芳基硅氧烷及其共聚物	R′Si(OR)$_3$，R′$_2$(OR)$_2$ 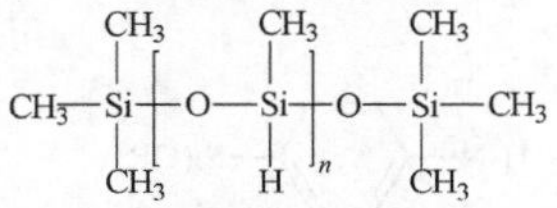	[38-45]
黏土	水辉石 滑石粉 蒙脱土 云母(合成云母)	有机插层黏土	[46-56]
分子筛	ZSM-5 硼硅酸盐 Silicalite-1 Zeolite Y	超微粉、硅烷化分子筛粉	[57-59]

28.2.2　聚酰亚胺-无机物杂化材料的合成方法

1. 溶胶-凝胶法

溶胶-凝胶法是一种在温和条件下合成无机材料的重要方法，在该过程中最典型的反应见式 28-1。

$$Si(OCH_3)_4 + 4H_2O \longrightarrow Si(OH)_4 + 4CH_3OH$$

$$Si(OH)_4 \xrightarrow{\triangle} SiO_2 + 2H_2O$$

式 28-1　溶胶-凝胶法的反应过程

烷基氧化物，如正硅酸酯、正钛酸酯等在有机溶剂中的溶解性及溶胶-凝胶化过程的低温(300～400 ℃)特性使得引进聚合物进行杂化成为可能。

采用上述方法可以制得 SiO_2 含量为 70％的自支撑膜，但当 SiO_2 含量大于 8％，相分离尺寸往往达到数微米，杂化膜就不再透明[1,3,6,7]。溶胶-凝胶法不断得到改进，以期在提高无机物含量的同时降低相分离尺寸。Nandi 等[3] 提出了"位置分离(site isolation)"的概念，将正硅酸乙酯或正钛酸乙酯在聚合时与二酐、二胺一起加入，使其一部分键合到刚形成的聚酰胺酸的羧基上而彼此隔离。由此法得到的聚酰亚胺-SiO_2杂化材料，当SiO_2含量为32%时，氧化物团簇的尺寸<1.5 nm。他们认为颗粒表面的元素与聚酰亚胺中羰基的络合可能是防止微粒结聚的原因。但当无机物含量太高时，还是会出现较大的颗粒。而且由于正硅酸乙酯的水解速率较慢，部分未水解的正硅酸乙酯会在薄膜的干燥甚至酰亚胺化的过程中挥发掉。

Morikawa等[5,8]将聚酰胺酸与三乙胺作用得到三乙胺的盐，以甲醇为溶剂进行溶胶-凝胶化反应，使杂化膜的形态结构和相分离尺寸都有很大改善，可得到含SiO_2达50%的透明薄膜，这可能是在甲醇中有更好的溶解性所致。该作者还采用含乙氧基硅烷的二胺制得功能化的聚酰胺酸，由于产生化学键联，SiO_2含量即使达到70%仍可得到透明薄膜。

在溶胶-凝胶化过程中加入少量偶联剂可以有效地增加两相的相容性[9-12]。常用的偶联剂有：

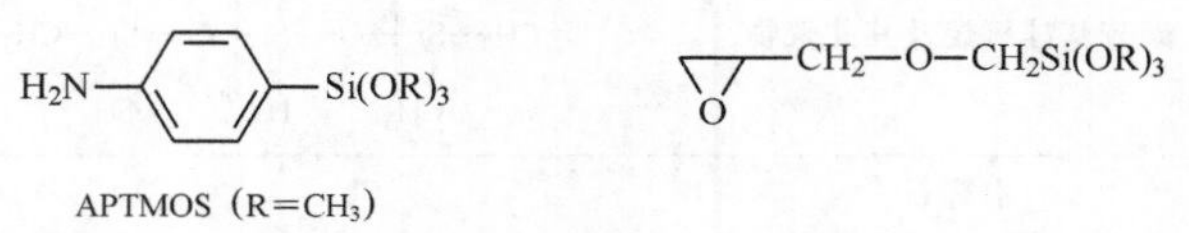

偶联剂中的功能基可与聚酰胺酸中的羧基成盐，或发生共价键结合，—OR基则参加溶胶-凝胶化反应。如果将偶联剂与二酐和二胺共聚制得功能化的聚酰亚胺前体，效果将更为明显[13,14]。

采用正钛酸酯以溶胶-凝胶法制备聚酰亚胺-TiO_2杂化材料容易在水解阶段产生凝胶或因TiO_2团聚成大颗粒而导致薄膜不透明，得不到均匀的薄膜。Chiang等[60]在正钛酸乙酯中加入乙酰基丙酮，与含1,3,4-噁二唑单元的聚酰胺酸混合得到杂化材料(式28-2)。甚至当TiO_2含量高达40%时，所得到的薄膜仍然是透明的。TiO_2含量在5%～30%范围内，大小为10～40 nm的纳米晶体可以均匀分散在薄膜中。在TiO_2含量<20%时，表面TiO_2含量与整体含量的比例随TiO_2含量的增加而增加，>20%后，该比例就趋向平稳。

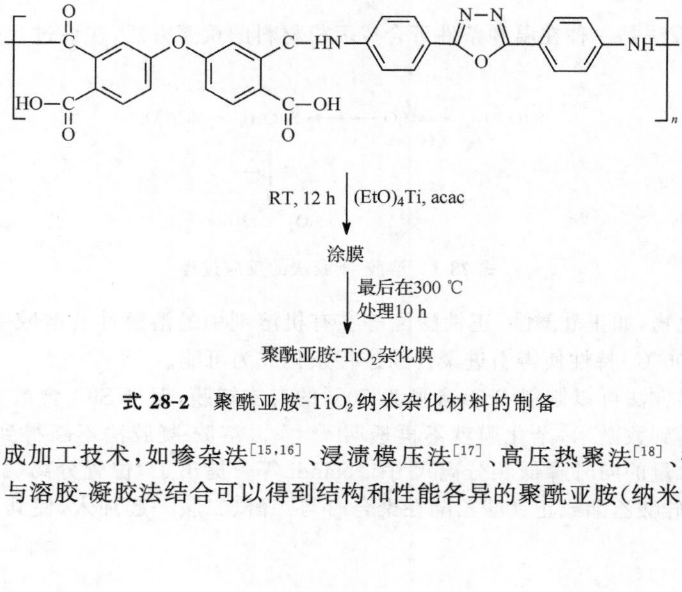

式 28-2　聚酰亚胺-TiO_2纳米杂化材料的制备

将其他合成加工技术，如掺杂法[15,16]、浸渍模压法[17]、高压热聚法[18]、微胶囊法[27]、反相胶束法[28]与溶胶-凝胶法结合可以得到结构和性能各异的聚酰亚胺(纳米)杂化材料。

2. 插层法

插层法多用于制备聚酰亚胺-黏土杂化材料，Yano 等[61]在 1993 年首先报道了有关聚酰亚胺-蒙脱土(MMT)的杂化材料。黏土是一类具有层状结构的硅酸盐，每一层的厚度约为 1 nm，长、宽尺寸则视黏土的种类而异：水辉石为 46 nm，滑石粉为 165 nm，蒙脱土为 218 nm，(合成)云母为 1230 nm[48]。由于各层表面的亲水性，难以与有机聚合物结合，所以在制备杂化材料前都应该将其与有机胺进行离子交换，在表面引入有机结构，以增加与聚合物的亲和力。可用的有机胺类有乙醇胺(HONH)、十二胺(12CNH)、十六胺(16CNH)、十六烷基三甲铵盐(HDTMA)、甲基丙烯酸二甲氨基乙酯(DMAEM)、氨基苯甲酸及各种二胺等。通常是在有机胺的稀盐酸溶液中加入钠黏土，进行离子交换后用水洗去游离酸和铵盐，将干燥的有机黏土加入到聚酰胺酸溶液中，搅拌，得到均一的溶液，涂膜，干燥后在 300 ℃或更高温度下酰亚胺化，得到聚酰亚胺-黏土杂化材料。

3. 分散法

无机物如 SiO_2、Al_2O_3、ALN、TiO_2、分子筛、$BaTiO_3$ 等的微粉和超微粉可直接分散于聚酰亚胺或其前体中以制得(纳米)杂化材料。高速、长时间的机械搅拌，加上超声波辅助是常用的分散方法。无机微粒，特别是超微粒是不稳定的体系，分散过程中的流体力学和表面物理化学作用可使团聚体重新分散并使其稳定化[31]。但是一般无机微粒的分散量都不能太高，否则会发生沉积分离。Chen 等采用快速固化和模压方法制得 ALN 含量高达 65%的聚酰亚胺纳米杂化材料[31,33]。对无机微粒表面进行修饰，如用 γ-氨基硅氧烷对分子筛微粉进行处理，可以增强两相的亲和性[59]。聚酰亚胺和聚硅氧烷是不相容的，但用式 28-3 所示的反应可以将聚硅氧烷均匀地分散到聚酰亚胺基体中[43]，与溶胶-凝胶法比较，该法并不需要水和酸。

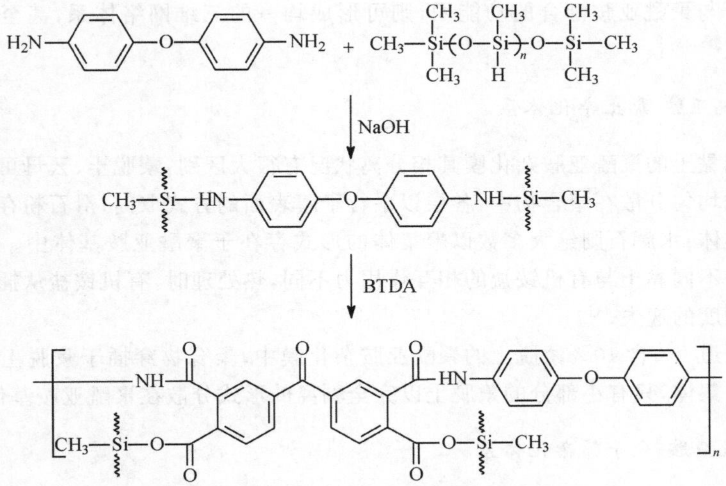

式 28-3　可以均匀分散聚硅氧烷的合成方法

28.2.3 聚酰亚胺-无机物杂化材料的形态结构

1. 聚酰亚胺-陶瓷杂化体系

聚酰亚胺-陶瓷杂化物的相分离状况依无机物的本性、含量、合成方法和合成条件的不同而异。相分离尺寸的范围从 1 nm 到数十微米不等。降低相分离尺寸的主要途径是增加两相的相容性和限制无机微粒团聚长大。偶联剂可以同时起到二者的功用，故对降低相分离尺寸特别有效[9-14]。

采用扫描电子显微镜、透射电子显微镜及原子力显微镜可以观察到，大多数微相分离杂化体系中无机物多以分立的球状体弥散在聚酰亚胺基体中，也能观察到微粒间的互相连接、团聚等[8,20]。微相分离的无机相仍然存在微结构，如中空结构[23]、核壳结构[27]等，也可以看到表面多孔性和活性基团的残留等。两相界面存在一定的互相作用，如化学键合、氢键、配位、半互穿网络等[10,12]。即使是 TiO_2、ALN 超微粉分散体系也有界面吸附、穿插等现象。

2. 聚酰亚胺-聚硅氧烷杂化体系

聚酰亚胺-聚硅氧烷的相分离状况相对来说优于聚酰亚胺-SiO_2 杂化物[39,43]。以 $R'Si(OR)_3$ 和 $R'_2Si(OR)_2$ 代替 $Si(OR)_4$ 作为无机物的前体将引起以下三方面的效应：①R 代替了 RO 使无机物的交联度降低；②R 的引入增加了两相的相容性；③在两相界面形成了互穿网络。由 $R'_2Si(OR)_2$ 可以形成线形结构的聚硅氧烷，改善了与聚酰亚胺的相容性[40]。有时 $R'_2Si(OR)_2$ 也用作 SiO_2 网络修饰剂[10]。同样是 $R'Si(OR)_3$，当 R' 为芳基时，与聚酰亚胺的相容性明显好于烷基[38,39]。按一定比例搭配使用 $R'Si(OR)_3$ 和 $R'_2Si(OR)_2$ 常可达到很好的杂化效果[40]。偶联剂，即部分 R' 上带 NH_2 等官能团，可有效地降低两相的相分离尺寸，甚至当聚硅氧烷含量大于 70% 仍可得到透明的杂化物[44]。若 R' 全部为可与聚酰亚胺键合的功能团，则可形成均一的三维网络体系，甚至观察不到相分离的存在[42,45]。

3. 聚酰亚胺-黏土杂化体系

含不同黏土的聚酰亚胺杂化膜其相分离状况有很大区别：蒙脱土、云母可以完全剥离为单层形式均匀分散在聚合物中，各层以平行于膜表面的方式取向；滑石粉存在少量的有机黏土聚集体；水辉石则绝大多数以聚集体的形式存在于聚酰亚胺基体中。造成这种差异的原因是不同黏土与有机铵盐的相互作用力不同，热处理时，有机铵盐从插层复合物中产生不同程度的逸失[48]。

另有报道[47]，含 10% 蒙脱土的聚酰亚胺杂化膜中，聚合物穿插于蒙脱土片层之间形成穿插的聚集体，只有小部分的蒙脱土以完全剥离的形式分散在聚酰亚胺基体中。

4. 聚酰亚胺-分子筛杂化体系

分子筛微粉均匀地分散在聚合物中，颗粒尺寸通常为微米级。杂化膜由于沉积作用产生一定程度的不均匀分布[57]。聚酰亚胺-分子筛杂化体系具有独特的三相结构:聚合物、分子筛与空穴。分子筛与聚酰亚胺之间的连接力很小,交界处常有空隙产生,个别分子筛则可起到桥联聚合物的作用[58]。经硅烷化处理的分子筛与聚酰亚胺的界面存在半互穿网络或化学键联作用[59]。

28.2.4　聚酰亚胺-无机物杂化材料的性能

1. 热性能

聚酰亚胺-无机物杂化材料的热稳定性通常高于纯聚合物。随着 SiO_2 含量的增加,聚酰亚胺的分解温度提高。随着相分离状况的改善,热稳定性也可提高。但是对于 TiO_2 杂化物,情况却相反[3]。

无机物的热膨胀系数通常较低,所以通过杂化可以降低聚酰亚胺的热膨胀系数。例如,随着 SiO_2 含量的增加,杂化物的热膨胀系数呈线性下降。含 2%云母的聚酰亚胺杂化物的热膨胀系数可下降 60%[48]。但是也有相反的情况,如将 SiO_2 气凝胶引入聚酰亚胺(BPDA/PPD),却使热膨胀系数提高了一倍多[23]。聚酰亚胺-聚硅氧烷杂化物的热膨胀系数高于聚酰亚胺[38-40],这是因为聚硅氧烷的热膨胀系数较高的缘故。

Morikawa 等[1]将正硅酸乙酯加到 PMDA/ODA 的聚酰胺酸中,薄膜在 270℃酰亚胺化得到含 SiO_2 的杂化膜,其性能见表 28-2。编号 2,3 为相容的体系,其他样品出现分相。

表 28-2　PMDA/ODA-SiO_2 杂化膜的性能

编号	计算含硅量/%	T_g/℃	T_d/℃	灰分/%	模量/GPa
1	0	419	470	3	1.9
2	3	410	475	8	1.5
3	8	396	480	12	1.6
4	13	403	477	17	2.2
5	22	405	478	26	2.0
6	30	412	492	35	2.2
7	46	425	510	49	2.2
8	56	412	513	49	4.4
9	63	430	515	58	3.0
10	70	419	505	57	6.0

Nandi 等[3]用分隔法得到的杂化材料的性能见表 28-3。

表 28-3　聚酰亚胺-SiO_2 和聚酰亚胺-TiO_2 杂化膜的性能

杂化体系	T_g/℃	T_d/℃
PMDA/ODA	346	551
PMDA/ODA-SiO_2(6%)	360	587
PMDA/ODA-SiO_2(42%)		564
BTDA/ODA	361	545
BTDA/ODA-TiO_2(2%)		520
BTDA/ODA-TiO_2(12%)	298	

朱子康等[49]将黏土用对氨基苯甲酸在稀盐酸中有机化，与 PMDA/DMMDA 所得到的杂化膜都是透明的。所得到的含有 5%黏土的聚酰亚胺可以溶于 DMAc 等溶剂中。这些杂化材料的热性能见表 28-4。

表 28-4 对氨基苯甲酸处理的黏土/PMDA/DMMDA 杂化材料的热性能[49]

热性能	MMT 的含量			
	0%	1%	5%	5%[a]
T_g/℃	510	530	546	501
$T_{5\%}$/℃	573	577	581	566
CTE/(10^{-6} K^{-1})	36.0	22.0	17.6	24.0

a：采用的是未有机化的黏土。

聚酰亚胺-ALN 纳米杂化材料非但明显降低了热膨胀系数，更可贵的还将热导率提高了一个数量级[31-33]（表 28-5）。

表 28-5 聚酰亚胺-ALN 纳米杂化材料的热性能

ALN 的体积分数/%	热导率/[W/(m·K)]	热膨胀系数/(10^{-6} K^{-1})	T_d/℃
ALN	320	3.5	在 800℃被氧化
65	—	6.21	515
50	1.84	14.7	512
32	—	17.7	525
25	0.65	50.4	511
17	—	51.4	510
13	—	57.7	515
PMDA/ODA	0.16～0.22	80	510

2. 机械性能

聚酰亚胺-SiO_2杂化物的抗张模量随着 SiO_2 含量的增加而增加，但是其抗张强度和断裂伸长率则降低。少量偶联剂可以显著提高模量和强度。加入 $R_2Si(OR')_2$则可提高杂化物的延展性。聚酰亚胺-聚硅氧烷杂化体系的拉伸性能则依是否化学键联有很大的区别，非键联杂化物的拉伸强度、模量和断裂伸长率都降低[38-40]，而化学键连型杂化则可以使拉伸性能有所提高[45]。但即使如此，非键连体系的性能仍优于相应的嵌段共聚物[40]。

动态力学分析表明，随着 SiO_2 含量的增加，杂化物的储能模量提高，并随温度的提高下降的幅度降低，tanδ 峰的强度下降，宽度增加并略向右移[1,8,11]。SiO_2相分离的尺寸越小，上述趋势越明显。这些结果表明，杂化材料中聚酰亚胺分子运动受限制的程度大于本体聚合物。键连型聚酰亚胺-聚硅氧烷杂化物也有类似的动态力学行为。非键联型杂化物的储能模量则随聚硅氧烷含量的增加而降低[38,39]，反映了聚硅氧烷和 SiO_2 在本质上存在差异。

Sysel 等[13]用 APTMOS 为偶联剂,控制 ODPA/ODA 的相对分子质量为 5000,所得到的杂化膜的性能见表 28-6。

表 28-6　ODPA/ODA-SiO_2 杂化膜的性能

性能	SiO_2的含量					
	0%	10%	20%	30%	40%	50%
T_g/℃	190	192	188	194	219	225
抗张强度/MPa	120	118	51	46	—	—
断裂伸长率/%	8(9)	6(7)	2(6)	2(3)	—	—
抗张模量/GPa	2(1)	2(4)	2(4)	2(6)	—	—

注:括号中的数据为聚合物的相对分子质量不加控制的结果。

Wang 等[12]采用 APTMOS 为偶联剂使杂化膜的强度和模量得到改善(表 28-7)。

表 28-7　PMDA/ODA-SiO_2 杂化膜的比较

杂化体系	抗张强度/MPa	断裂伸长率/%	抗张模量/GPa
PMDA/ODA	134	103	1.4
PMDA/ODA(20%)SiO_2[$Si(OMe)_4$]	79	52	2.0
PMDA/ODA(20%)SiO_2 [97%$Si(OMe)_4$+3% APTMOS]	102	10	2.6

含 SiO_2、ALN 等无机物的聚酰亚胺纳米杂化材料的硬度明显高于本体聚合物。

黏土的加入通常可以提高聚酰亚胺的模量和强度,但降低其断裂伸长率,如 Agag 等[50]用黏土改性 PMDA/ODA 和 PBDA/PPD 的结果见表 28-8。

表 28-8　黏土对于聚酰亚胺的机械性能的影响

聚酰亚胺类型	黏土含量/%	抗张模量/GPa	抗张强度/MPa	断裂伸长率/%
PMDA/ODA	0	2.7	90	30
	1	3.9	87	8
	2	5.7	69	2
	3	5.2	40	0.9
BPDA/PPD	0	8.5	192	28
	1	10.1	244	18
	2	12.1	206	8
	4	10.4	185	6

然而,Tyan 等[51]用溶解于稀盐酸中的对苯二胺有机化的黏土改性 PMDA/ODA 聚酰亚胺。发现黏土的加入非但可以明显提高模量和强度同时降低了 CTE(表 28-9),而且也提高了断裂伸长率(表 28-10)。

表 28-9　黏土对 PMDA/ODA 聚酰亚胺机械性能的影响

有机黏土的含量/%	流延的膜			旋涂的膜		
	模量/GPa	强度/MPa	断裂伸长率/%	模量/GPa	强度/MPa	断裂伸长率/%
0	0.79	79.33	13.08	2.45	88.24	10.20
1	1.23	83.98	13.24	2.95	93.40	10.96
2	1.60	87.46	13.88	3.15	94.80	11.32
3	2.00	89.16	14.04	3.27	96.70	12.04
5	2.55	91.31	14.52	3.34	99.50	12.96
7	2.77	93.88	15.36	3.46	101.37	13.28

表 28-10　黏土对 PMDA/ODA 聚酰亚胺 CTE 的影响

有机黏土的含量/%	0	2	5	7
CTE/(10^{-6} K^{-1})	70	47	40	37

Tyan 等[52]将黏土加入溶有 ODA 的稀盐酸中进行有机化，然后与聚酰胺酸作用所得到的 BTDA/ODA-黏土杂化材料也具有类似的性能(表 28-11)。

表 28-11　ODA 来改性黏土所得到的 BTDA/ODA-黏土杂化材料的性能

有机黏土含量/%	T_g/℃	抗张模量/GPa	抗张强度/MPa	断裂伸长率/%
0	275.5	1.35	75.26	7.04
1	277.2	1.78	75.67	7.24
2	277.9	2.30	88.50	7.36
3	278.8	2.66	93.74	7.88
5	278.7	3.22	105.44	8.16
7	281.9	4.18	113.66	8.42

Liang 等[53]用十六碳胺(OM-16C)和 OM-I 及 OM-m 改性黏土与 BTDA/DMMDA 的聚酰亚胺得到杂化材料，其模量见表 28-12，模量随改性剂的刚性的增加而提高。抗张强度和断裂伸长率见图 28-1。

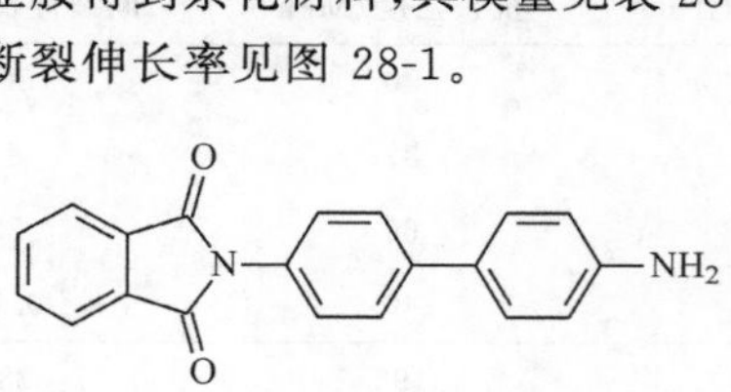

OM-I

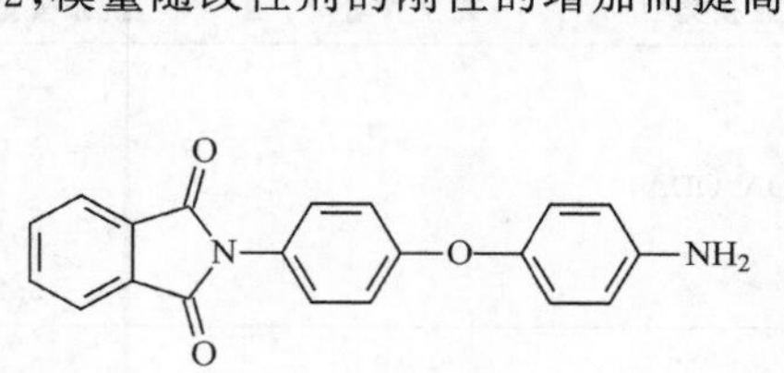

OM-m

表 28-12　BTDA/DMMDA 聚酰亚胺-黏土杂化材料的性能

杂化材料	模量/GPa						含 3%MMT 杂化材料的 T_g/℃
MMT 含量/%	0	1	2	3	5	10	
PI/MMT-OM16C	3.8	1	2	3	5	10	305
PI/MMT-OM-m	3.8	4.2	8.1	11.8	10.8	10	300
PI/MMT-OM-I	3.8	4.3	9.9	13	11	10.2	303
聚酰亚胺		4.5	10	13.8	11	10.2	289.8

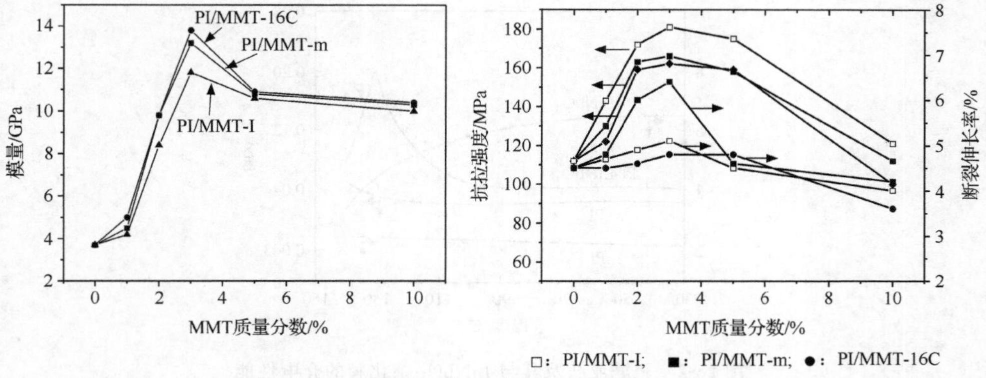

图 28-1 BTDA/DMMDA 聚酰亚胺-黏土杂化材料的机械性能

当 MMT 含量超过 3%,模量和强度都开始降低,这可能是由于太高的 MMT 含量引起本身的聚集。

Kim 等[62]采用有机改性石墨烯可以很好地分散在 DMAc 中,这是由于石墨烯中的羧基与 DMAc 能够很好作用。环化后可以得到透明均匀的薄膜。其性能见表 28-13。

表 28-13 PMDA/ODA 聚酰亚胺与石墨烯复合材料的性能

石墨烯质量分数/%	T_g/℃	$T_{5\%}$/℃	抗张强度/MPa	断裂伸长率/%	抗张模量/GPa
0	384.8	590.6	117.8	54.3	1.24
0.2	392.5	597.0	109.5	44.1	1.33
0.4	387.4	590.7	103.8	38.3	1.37
0.6	376.3	589.0	89.7	26.8	1.46
0.8	365.1	587.4	81.3	20.5	1.58

3. 电学性能

酰亚胺-无机物杂化材料的导电性能研究得较少,但有报道,随着 SiO_2 含量的增加杂化物的电阻降低,纳米材料比非纳米材料下降的程度低[19]。

聚酰亚胺-无机物杂化材料的介电性能因所含无机物的介电性能的不同而不同。例如,通常聚酰亚胺-SiO_2 杂化物的介电常数高于非杂化物[19],但是将低介电常数的 SiO_2 气凝胶与聚酰亚胺(BPDA/PPD)杂化,杂化物的介电常数由 3.4 降到 2.9[23]。又如,聚酰亚胺-PLZT 杂化物的介电常数为 13,介电损耗为 0.01[34]。含 15%~20% $BaTiO_3$ 的聚酰亚胺杂化膜介电常数为 10,介电损耗为 0.08[36]。聚酰亚胺-$LiNbO_3$ 纳米杂化膜的介电性能明显不同于 $LiNbO_3$ 单晶,介电常数随温度升高而下降[35](图 28-2),这是 $LiNbO_3$ 超微晶在聚酰亚胺基体中的无规取向造成的。

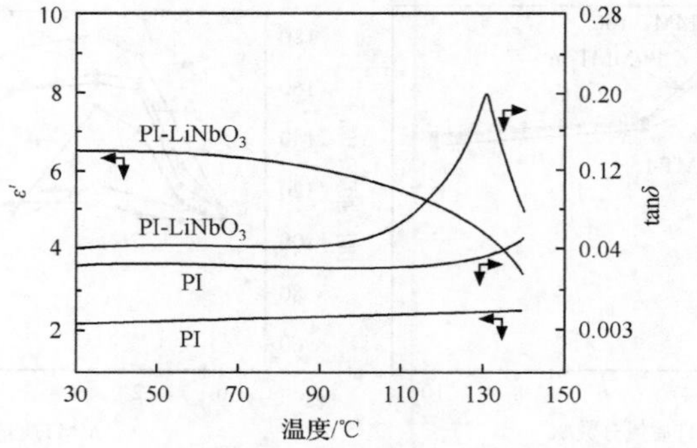

图 28-2　聚酰亚胺及其与 $LiNbO_3$ 杂化膜的介电性能

4. 光学性能

能够得到透明的薄膜是形成纳米级相分离的简单而直观的判据（尽管比较粗糙），也是杂化材料本身的一个重要性能。BPDA/PPD 聚酰亚胺与 SiO_2 气凝胶（27%）杂化，折射率由 1.7421 降到 1.7007[23]。该聚酰亚胺与 4% TiO_2 杂化，折射率从 1.550 升至 1.560，后者作为光波导材料在 633 nm 的损耗为 1.4 dB/cm[28]。

聚酰亚胺和无机非线性光学材料如 PLZT[34]、$BaTiO_3$[36]、$LiNbO_3$[35] 等的纳米杂化膜显示了非线性光学特性。

采用式 28-4 所示的硅氧烷染料（ASD）与聚酰亚胺杂化可得到具有高二阶非线性系数的杂化材料，其光电转换效率 d_{33} = 28 pm/V。该材料具有的优异稳定性可能与材料的半互穿网络结构及高 T_g 有关[41,42]（图 28-3）。

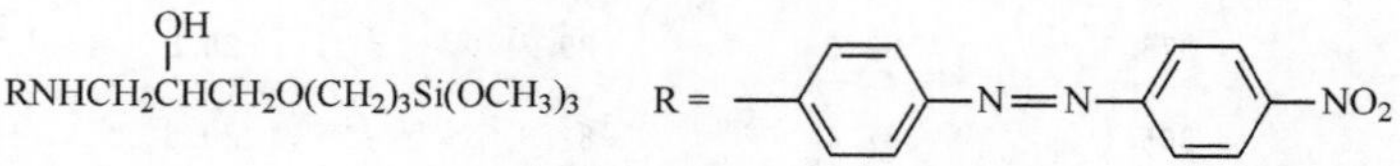

式 28-4　硅氧烷染料（ASD）

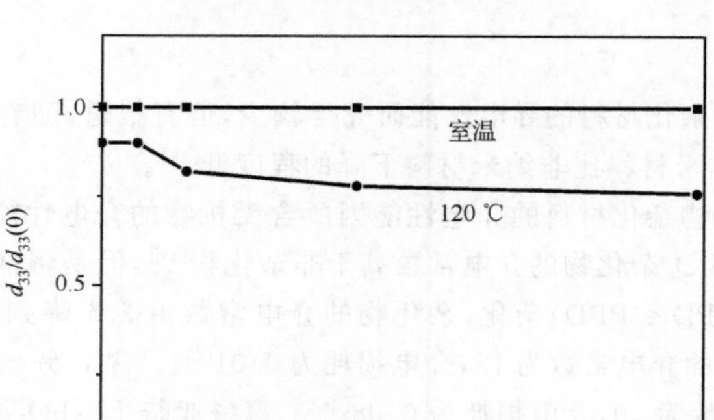

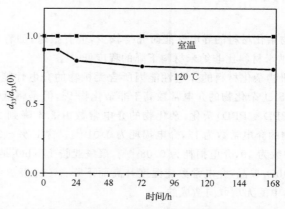

图 28-3　极化 PI-ASD 二阶非线性系数的经时变化

5. 透气性能

聚酰亚胺杂化膜表现出特有的耐热、透过系数和透气选择性。聚酰亚胺与2%黏土杂化即显示出高的阻透性能[46-48]。这是因为与膜面平行的片状黏土使气体分子通过膜的路径加长了的缘故。

Chang等[54]研究了PMDA/HAB与由十六胺改性的黏土杂化材料，其机械性能和水蒸气透过性能见表28-14。

表28-14　水蒸气的透过系数

黏土含量/%	水蒸气的透过系数/[$cm^3/(m^2 \cdot d)$]	P_c/P_0
0	86.97	1.00
1	79.21	0.91
2	76.58	0.88
4	16.20	0.18
8	10.76	0.12

注：P_c和P_0分别为杂化膜和未杂化膜的水蒸气的透过系数。

含2%云母的杂化膜对水气的透过系数下降至1/10[48]。聚酰亚胺-分子筛杂化膜对于二甲苯异构体有选择透过的性能其吸附速率依次为：*p*->*m*->*o*-二甲苯[58](表28-15)。

表28-15　PMDA/ODA-分子筛杂化膜对二甲苯的吸附性能(mL/g)

吸附时间/周	1	2	3	4	5	6	7
o-二甲苯	55	80	110	145	180	210	220
m-二甲苯	150	210	215	240	230	235	230
p-二甲苯	225	230	240	245	230	240	240

聚酰亚胺与7.3% TiO_2的杂化膜的$\alpha_{CO_2/CH_4}=33.3$，$p_{CO_2}=44.7$ Barrers[29]。聚酰亚胺-SiO_2(68%)杂化膜在室温下对CO_2的透过性是本体膜的10倍，$\alpha_{CO_2/N_2}=30$，在300℃仍具有良好的CO_2/N_2分离性能，可用于烟道气的处理[21]。

6. 对酰亚胺化反应的促进作用

Tyan等[55]研究了黏土对于酰亚胺化反应的促进作用，他们将1.08 g对苯二胺溶于1000 mL 0.01 mol/L的盐酸中，缓慢加入蒙脱土钠，60℃搅拌3 h，滤出，水洗至无氯离子反应，80℃真空烘干12 h。磨碎过筛为325目，即为有机黏土。将有机黏土在DMAc中搅拌12 h，再与聚酰胺酸溶液混合，最后的固含量为11%。有机黏土的含量对PMDA/ODA聚酰胺酸在80 min酰亚胺化程度的影响见表28-16。对于含有机黏土7%的聚酰胺酸，在250℃完全酰亚胺化的温度减少了15 min，活化能降低了20%，热分解温度则提高了25℃。

表 28-16 有机黏土的含量对 PMDA/ODA 聚酰胺酸在 80 min 酰亚胺化程度的影响

有机黏土的含量/%	环化温度			
	150 ℃	200 ℃	230 ℃	250 ℃
0	25	72	85	94
2	32	80	90	100
5	35	84	98	100
7	40	90	98	100

7. 耐溶剂性

Huang 等[56]研究了黏土对 BPADA/ODA 聚酰亚胺耐溶剂性的影响，由表 28-17 看出，黏土的加入能够明显减少聚合物的溶剂吸收量。同时也提高了 T_g 和分解温度。

表 28-17 BPADA/ODA-有机黏土的耐溶剂性(吸收率/%)

	有机黏土的含量							
	0%		5%		10%		20%	
	25 ℃[a]	100 ℃[b]	25 ℃	100 ℃	25 ℃	100 ℃	25 ℃	100 ℃
水	0.68	1.02	0.58	0.72	0.49	0.61	0.37	0.65
乙醇	0.47	0.81	0.36	0.72	0.37	0.55	0.35	0.39
二甲苯	0.55	1.31	0.51	1.20	0.38	1.10	0.31	0.80
NMP	c		85		75		69	
DMSO	c		80		71		58	
DMAc	c		78		65		61	

a：样品在 25 ℃浸泡 24 h；b：样品在 25 ℃浸泡 3 天，100 ℃封管中 1 h；c：样品溶解。

此外在聚酰亚胺液晶取向剂中添加少量纳米 TiO_2，在摩擦时会大大增加分子链段的取向程度，有利于液晶分子的取向排列[25]。与 SiO_2 的杂化材料由于其低膨胀系数，在提高陶瓷表面的流平性上比纯聚酰亚胺有更好的效果[24]。

8. 阻燃性[63]

硼砂的杂化可以提高聚合物的热稳定性和阻燃性。^{10}B 还是很好的中子吸收剂。将用 3-氨丙基三甲氧基癸烷处理过的硼砂加到 3,3′-DDS 在 NMP 的溶液中，再加入 BTDA 充分搅拌后得到含硼砂的聚酰胺酸，涂膜处理得到硼砂杂化的聚酰亚胺薄膜(表 28-18)。

表 28-18 硼砂杂化的聚酰亚胺的性能

硼砂含量/%	T_g/℃	接触角/(°)	中子透过/(个/分)	LOI/%
0	286	73	1355	33
0.5	282	76.5	1270	35
1	278	78	1260	38.5
2	271	80.5	1245	42.5
5	273	86.5	1210	46

28.3　聚酰亚胺-金属杂化材料

Angelo[64]早在 1959 年就报道了聚酰亚胺-金属杂化材料，这是由金属的乙酰基丙酮络合物与聚酰胺酸溶液混合，涂膜，干燥再酰亚胺化得到的。例如，将乙酰基丙酮铜的1%吡啶溶液加入到由 PMDA/MDA 的聚酰胺酸的 DMF 溶液中，再加入一定量的乙酰基丙酮，得到蓝绿色的黏液。涂膜，干燥后得到含铜 2.2%的薄膜，即每个羧基单元含 0.5 mol铜。该聚酰胺酸铜盐薄膜在真空中 300 ℃处理半小时，得到褐色柔韧的透明薄膜，铜的最大粒子为 0.8 μm。薄膜的抗张模量为 3.03 GPa，抗张强度为 83.8 MPa，断裂伸长率为 5%，介电常数为 3.6，损耗因子为 0.004～0.01，体积电阻为 8×10^{12} Ω · cm。可进行杂化的金属离子有铜离子、第Ⅱ族的金属离子，原子序数至少为 13 的第Ⅲ族金属离子、原子序数至少为 40 的第Ⅳ族金属离子及原子序数至少为 24 的第三周期第四系列的金属离子。该专利所述的方法一直沿用到现在。

28.3.1　金属掺杂剂

金属掺杂剂的形式是多种多样的，如金属超微粉、金属盐、金属有机配合物、金属有机聚合物等，表 28-19 列出了一些常用的掺杂剂及其功能。

表 28-19　金属掺杂剂及其功能

金属元素	掺杂剂	功能	文献
Ag	$AgBF_4$, $AgNO_3$, Ag(COD)HFA, AgAc, Ag(FOD), (Me_3P)AgHFA	光反射性、导电性、催化	[2,65-74]
Al	$Al(acac)_3$, Alq_3	黏结性、发光	[65, 75-77]
Au	AuI_3, $HAuCl_4\cdot3H_2O$, $Au(PPh_3)_2Cl_3$, $AuCl_3(SMe_2)$	光反射性、导电性	[65, 78-81]
Co	$CoCl_2$	导电性	[75,82-84]
Cr	$Cr(C_6H_6)_2$	导电性、磁性	[4]
Cu	$Cu(TFA)_2$, $Cu(acac)_2$, PCuPc, $Cu(Bu_3P)I$	导电性	[64,72, 85-87]
Fe	$Fe(acac)_3$, $Fe_3(CO)_{12}$, H_3FeCl_6, $Fe(bzac)_3$	磁性	[4, 77, 88-90]
Li	LiCl, LiI, Li(acac)	导电性	[91,92]
Ln	$La(accc)_3\cdot3H_2O$; $LnAc_3$, Ln=Dy,Ho,Er,Tm,Yb,Y; $LnAc_3\cdot$DBM, Ln=Ce,Eu,Gd,Tm,Er; $TmAc_3$TFA, $TmCl_3$, $TmAc_3$HFA, $Tm(NO_3)_3$, $TmAc_3$TFAA	低膨胀系数	[93-96]
Ni	$NiCl_2$	导电性	[72]
Pd	$Pd[S(CH_3)_2]Cl_2$, $PdAc_2$, $PdCl_2$, Na_2PdCl_4	导电性、催化、光反射性	[65, 73, 74, 97] [98-100]
Pt	$Pt(COD)Cl_2$	催化	[101]
Sn	$SnCl_2\cdot2H_2O$, $(n\text{-}Bu)_2SnCl_2$	导电性、光导电性	[65, 102, 103]
V	$VO(acac)_2$	催化	[77]

续表

金属元素	掺杂剂	功能	文献
Li+Co	LiCl + $CoCl_2$	导电性	[82]
Li+Pd	Li_2PdCl_2	导电性	[97]
Al+Ni	Al,Ni,微粉	导电性	[104]
Pd+Ag	$PdAc_2+AgBF_4$,$PdAc_2$+AgAc	催化	[73, 74, 100]
Pd+Co	$PdAc_2+CoCl_2 \cdot 6H_2O$	催化	[73, 74, 100]
Pd+Cu	$PdAc_2+CuCl_2 \cdot 2H_2O$	催化	[73, 74, 100]
Pd+Pb	$PdAc_2+PbAc_2 \cdot 3H_2O$	催化	[73, 74, 100]

注：acac：乙酰丙酮；HFA：六氟乙酰丙酮；COD：1,5-环辛二烯；Pc：酞菁；q：八羟基喹啉；TFA：三氟乙酰丙酮；TFAA：三氟乙酸；DBM：二苯甲酰甲烷；FOD：6,6,7,7,8,8,8-七氟-二甲基-3,5-辛二酮。

金属掺杂剂在掺杂过程中可能经历以下几种变化：①被还原成金属单质或被氧化成高价态的离子或氧化物；②金属离子水解及进一步脱水成氧化物；③与聚合物发生配位络合作用或反应；④不发生任何变化。金属在杂化物中存在的化学状态则受诸多因素的制约。金属掺杂剂的本性及聚酰亚胺的结构是必须首先加以考虑的。例如，Pd、Ag、Au 等以单质存在居多，Fe、Co、Cu 等可以多种价态共存，Li、Al、Sn 等常以离子形式存在。含硫聚酰亚胺与金属离子有强烈的相互作用，等等。

28.3.2 掺杂方法

1. 一般方法[64, 66, 97]

在聚酰亚胺前体，多数情况下为在聚酰胺酸溶液中加入金属掺杂剂，获得均相溶液后，再将该溶液成膜，最后进行酰亚胺化，通常是热环化，得到聚酰亚胺-金属杂化材料。

2. 原位聚合掺杂

将金属掺杂剂先溶于非质子极性溶剂中，然后在这个溶液中进行缩聚，得到掺杂的聚酰胺酸溶液。对于某些体系，这种方法能够改善掺杂效果。另外，在二酐、二胺单体气相共沉积聚合时掺杂也可得到杂化膜[101]。

3. 反应掺杂

金属掺杂剂在溶液中通过化学反应原位产生。例如，某些银盐不能溶于 DMAc，或者与聚酰胺酸作用产生凝胶，加入六氟乙酰丙酮（HFA），生成 Ag（HFA），则可以克服上述问题[67, 68]。不稳定的掺杂剂 H_3FeCl_6 也是由 $Fe(acac)_3$ 与 HCl 反应得到的[88]。有时在掺杂时加入还原剂，如 $NaBH_4$ 使金属离子转化为金属元素[73,74,100,101]。

4. 共掺杂

同时加入两种金属掺杂剂或加入含两种金属元素的金属掺杂剂。共掺杂可以综合两种金属元素的特点，有时还存在两种掺杂剂间的协同效应。例如，在钴掺杂剂中加入少量锂盐,可使导电性大大提高[82]。

5. 复合膜法

在聚酰亚胺薄膜上制聚酰亚胺杂化膜[68]。该法可以节省金属掺杂剂的用量,提高聚酰亚胺杂化膜的韧性和抗皱性能。特别适用于制作大面积的光反射薄膜。类似的方法也可以用于催化膜的制备[100]。

6. 添加剂法

可以显著改善杂化物某方面的性能。例如,制备聚酰亚胺-银杂化物时,添加碳粉,可以加快形成银金属面层,有利于提高导电性能[66]。

除了聚酰胺酸外,聚酰胺酯、聚异酰亚胺、可溶性聚酰亚胺及聚酰胺酰亚胺等都可以加金属掺杂剂进行掺杂。尤其当金属掺杂剂与聚酰胺酸作用太强,以致产生凝胶甚至团块时,使用其他前体,改变掺杂体系组成常可奏效。这可以改变聚合物与金属掺杂剂之间的相互作用,对掺杂剂的迁移及最终的形态分布有很大的影响。有时采用含硫或含氟的聚酰亚胺也有异曲同工之效[77, 85]。此外,有些对高温敏感的掺杂剂,也以采用可溶性聚酰亚胺为宜。

由此可见,掺杂方法对聚酰亚胺-金属杂化物的结构、性能都能产生至关重要的影响。其实,掺杂时的条件,如气氛、温度、湿度以及掺杂剂的浓度等的影响也是不容忽视的。例如,热酰亚胺化时采用空气或潮湿空气或氮气气氛,在杂化膜中金属元素所处的化学状态和分布就会不相同,所得到的性能也各异。湿度还是锂掺杂体系导电性高低的决定性因素。每一个杂化体系,与其最佳的综合性能相对应都有一个最佳的掺杂浓度范围,例如,BTDA/ODA 聚酰亚胺掺杂 $AgNO_3$ 和 $LiPdCl_4$ 时,以 20%(物质的量分数)掺杂量为宜。

28.3.3　聚酰亚胺-金属杂化材料的形态结构

聚酰亚胺-金属杂化物的相分离情况及无机物的分布和颗粒大小依不同的杂化体系及不同的杂化过程而异。就无机物的分布而言,归结起来有两种类型:一是均匀的分布,杂化物是各向同性的;二是不均匀的分布,杂化物是各向异性的,包括各种各样的多层结构。前者常常是微相分离的,后者则常导致大颗粒的生成。金属、金属氧化物等与聚酰亚胺从本质上讲是不相容的,要发生相分离,迁移和聚集导致多层分布和大颗粒的生成。热处理过程中,杂化物中存在的温度梯度及溶剂的挥发往往会发生迁移。但迁移还受其他因素的制约,如金属掺杂剂的稳定性及与聚合物的相互作用的程度等。如果金属掺杂剂的稳定性差,与聚酰胺酸等相互作用很强(如配位络合等),则金属掺杂剂来不及迁移就分解成金属或金属氧化物,并以微相分离的形式被聚酰亚胺的基体固定下来。

事实上,用 $Cr(C_6H_5)_3$、$Fe_3(CO)_{12}$、$Ln(acac)_3$ 等掺杂的聚酰亚胺杂化膜均呈均匀分布,相分离尺寸小于几个纳米,$Fe(acac)_3$ 则为数十纳米。聚酰胺酰亚胺掺杂 Pd、Ag 等也得到以金属团簇(1～3 nm)均匀分散的杂化体系。

从实用的观点看,均匀分布或分层分布的结构各有所长。通过选择合适的杂化体系和杂化条件,人们可以合成某种特定结构的杂化物,以实现特殊的功能化。

28.3.4　聚酰亚胺-金属杂化材料的性能

1. 热性能

聚酰亚胺掺杂后在通常情况下热稳定性和热氧化稳定性都有所降低，并且热氧化稳定性下降的程度大于在惰性气氛中热稳定性下降的程度。金属离子(或金属氧化物)被认为对热降解有促进作用，已经有证据证明某些金属(特别是过渡金属)催化聚酰亚胺的热氧化降解[69,85,88]。金属掺杂剂的种类、掺杂量、聚酰亚胺的结构、杂化物的形态结构等对热稳定性和热氧化稳定性都有影响。图 28-4 是几种常见掺杂聚酰亚胺的热失重曲线[65]。加大掺杂剂用量，通常会引起热稳定性的降低。同样条件下，多层结构的热稳定性较高[88]，这可能与表面层金属(金属化合物)的保护作用有关。

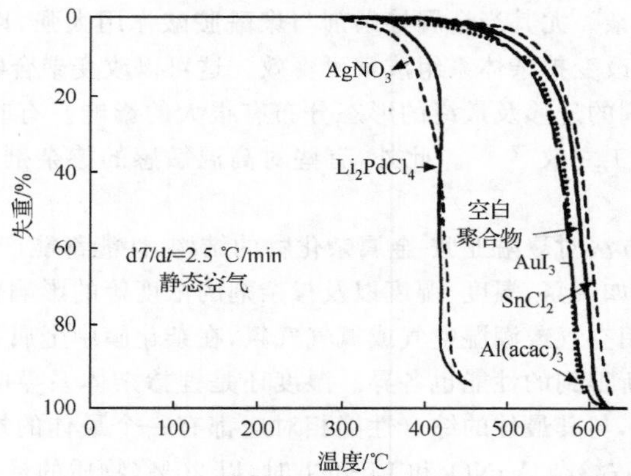

图 28-4　聚酰亚胺-金属杂化膜的 TGA

金属掺杂量虽然很少，通常都在百分之几，但对热膨胀系数的降低作用却较大。例如聚酰亚胺中掺杂以 5% 的 $Ln(acac)_3$，可以使热膨胀系数降低 12%[93]。由此推测杂化物中存在金属与聚合物的相互作用，如由金属促进聚合物的交联或直接与聚合物配位。从杂化膜经高温，长时间处理有利于热膨胀系数的降低则可作为这种推测的佐证[93,95]。由金属掺杂所引起的热膨胀系数的降低是各向同性的。

对于玻璃化温度(T_g)，总的来说，变化不大。有些杂化物 T_g 升高，可能与杂化物产生一定程度的交联有关[77,95]；有些 T_g 降低，则可能与杂化物降解有关。

2. 力学性能

聚酰亚胺-金属杂化材料与相应的聚酰亚胺相比，其强度和模量有所提高，特别是在高温条件下[65,94]。表 28-20 显示了一些掺杂聚酰亚胺的力学性能[65]。大多数聚酰亚胺杂化膜都是柔韧的薄膜。掺杂量加大，韧性有所降低。聚酰亚胺杂化膜的结构对膜的韧性也有影响。有趣的是均匀分布的杂化膜的韧性不如分层分布的杂化膜[85]。

表 28-20　金属/聚酰亚胺薄膜的力学性能

聚合物薄膜	试验温度/℃	在 2%的屈服强度/MPa	抗张强度/MPa	抗张模量/GPa	断裂伸长率/%
聚合物(空白)	室温	75.4	116.2	2.00	10
	200	41.5	47.9	1.25	26
聚合物＋$Al(acac)_3$	室温	64.1	113.4	3.20	6
	200	42.3	55.6	1.81	6
聚合物＋$AgNO_3$	室温	66.2	84.5	3.42	3
	200	31.7	58.5	1.51	4
聚合物＋Li_2PdCl_4	室温	79.6	97.9	3.46	4
	200	54.2	74.6	2.37	5
聚合物＋AuI_3	室温	70.4	134.5	3.48	8
	200	51.4	69.7	2.19	15

3. 电学性能

聚酰亚胺-金属杂化膜的许多研究工作都是围绕着如何提高其导电性能进行的。在众多的金属元素中，以 Ag、Pd、Co、Cu、Li、Sn 等研究得较为深入，这当然与这些元素及其氧化物的高导电性能有关。聚酰亚胺用这些元素掺杂后，体积电阻和表面电阻都显著降低，电阻率降低幅度可达 10^5 以上[83]，聚酰亚胺-Ag 杂化膜杂表面电阻可接近于 0[69]。表 28-21 显示了不同的聚酰亚胺掺杂 $CoCl_2$ 后的导电性[91]。对于具有表面层结构的杂化膜，其表面电阻的降低应归结于表面层金属或金属氧化物的导电性，体积电阻的降低则是残留在本体中的金属离子所致。表面层的连续性、化学组成、厚度等对杂化膜的导电性有很大的影响[69]。两种元素的共掺杂对降低电阻是行之有效的方法[82,84](表 28-22)。

表 28-21　聚酰亚胺掺杂 $CoCl_2$ 的薄膜在 25℃ 时的电阻

聚合物基体	添加量[a]	对数体积电阻	表面电阻对数	
			空气侧/Ω	玻璃侧/Ω
PMDA/ODA	0	18.22(18.02)[b]	＞17.00	＞17.00
	1	16.57	13.80	16.30
PMDA/DDS	0	17.43	＞17.00	＞17.00
	1	17.08	＞14.97	＞16.13
BTDA/ODA	0	17.60	16.28	16.00
	1	17.61	12.55	16.07
BTDA/DDS	0	16.94	16.34	16.30
	1	15.85(16.07)[b]	＞17.00	＞17.00
BDSDA/ODA	0	17.53	16.73	17.18
	1	17.00	12.05	15.69
	1[c]	12.73	13.02	—
BDSDA/DDS	0	16.60	＞17.00	15.34
	1	16.46	14.17	15.99

a：0 表示未掺杂；1 表示 25%(摩尔分数)$CoCl_2$；b. 同样薄膜的第二次测试；c. 该薄膜是不浸水从玻璃板上剥离的。

表 28-22　室温下用锂-钴掺杂的聚酰亚胺薄膜的电阻

聚合物体系[a] BTDA∶ODA∶$CoCl_2$∶LiCl	电阻的对数[b] 体积电阻/(Ω·cm)		空气侧/Ω		玻璃侧/Ω
	空气	真空	空气	真空	空气
4∶4∶0∶0	17.60	17.60	16.28	17.76	16.00
4∶4∶1∶0	17.61	16.57	12.55	12.55	16.07
4∶4∶1∶0.005	14.57	～17.4	12.00	12.91	12.54
4∶4∶1∶0.05	14.98	～17.3	11.87	15.01	15.99
4∶4∶1∶0.5	11.72	16.30	12.29	12.12	11.86
4∶4∶0∶1	14.41	17.16	14.06	＞16.00	14.33

a：加入到反应器中的每种组分的物质的量；b：直流电压 100 V，测定时间≥5 min，T=25～27 ℃。

聚酰亚胺-锡杂化膜在表面形成一层 SnO_2[102]。除了体电阻和表面电阻明显降低外，还具有一些特殊的性能，如电阻率随温度升高而降低，经光照辐射，表面电阻下降 2～3 个数量级，显示出明显的半导体效应和光导效应。SnO_2 是一种 n 型半导体，所以具有以上性质。

Huang 等[72]将聚酰胺酰亚胺与 $AgNO_3$ 的 NMP 溶液混合，涂膜后在 120 ℃，真空干燥 30 min，用 $NaBH_4$ 的水溶液和其他金属粉末还原，杂化聚酰亚胺的薄膜性能见表 28-23。聚酰亚胺与其他金属杂化膜的性能见表 28-24。

表 28-23 和表 28-24 中的薄膜编号：

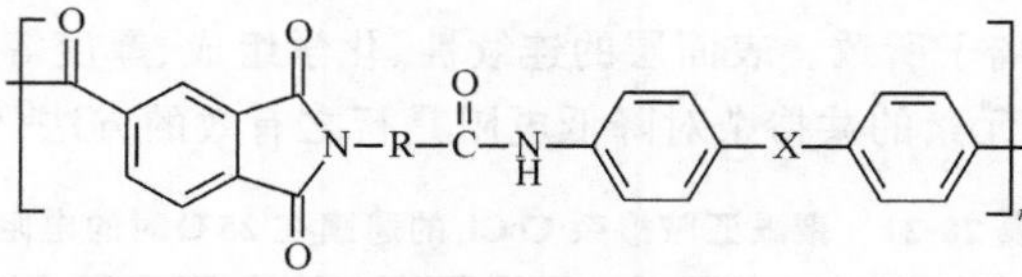

编号	R	符号	X
1		O	O
2	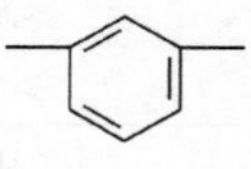	M	CH_2
3	—CH_2—		

表 28-23　聚酰胺酰亚胺-银的杂化膜的性能

薄膜	金属含量 物质的量分数	质量分数/%	$NaBH_4$ 质量分数/%	温度/℃	时间/min	表面电阻/(Ω/cm^2)	用镁粉还原 时间/s	表面电阻/(Ω/cm^2)
1-M	1.0	35.92	1.0～4.0	50～85	3	＞2×10^7	20	1.68
	1.5	53.88	2.5	65	3	200	20	2.12
	2.0	71.84	2.5	65	3	10	20	4.50

续表

薄膜	金属含量		NaBH$_4$				用镁粉还原	
	物质的量分数	质量分数/%	质量分数/%	温度/℃	时间/min	表面电阻/(Ω/cm^2)	时间/s	表面电阻/(Ω/cm^2)
2-M	1.0	35.92	1.0～4.0	50～85	3	>2×10^7	60	34.0
	1.5	53.88	2.5	65	3	>2×10^7	20	4.1
	2.0	71.84	2.5	65	3	>2×10^7	20	5.9
	2.5	89.8	3.5	85	3	1000	20	14
	3.0	107.76	3.5	85	3	25	20	6.9
2-O	1.0	35.76	1.0～4.0	50～85	3	>2×10^7	120	5.8
	1.5	53.64	3.5	85	3	1.0×10^5	20	6.0
	2.0	71.52	3.5	85	3	1000	20	9.0
	2.5	89.40	3.5	85	3	50	20	1.8

表 28-24　聚酰亚胺与其他金属杂化膜的性能

薄膜	金属盐	物质的量分数	NaBH$_4$			表面电阻/(Ω/cm^2)
			质量分数/%	温度/℃	时间/min	
1-O	$CuCl_2$、$2H_2O$	1.0	3.0	80	3	100
	$NiCl_2$、$6H_2O$	1.0	2.5	60	3	100
	$CoCl_2$、$6H_2O$	1.0	4.0	80	3	2000
1-M	$CuCl_2$、$2H_2O$	1.0	3.0	80	1	50
	$NiCl_2$、$6H_2O$	1.0	2.5	60	1	200
	$CoCl_2$、$6H_2O$	1.0	4.0	80	1	1000
2-O	$CuCl_2$、$2H_2O$	1.0	3.0	80	3	10
	$NiCl_2$、$6H_2O$	1.0	2.0	60	3	100
	$CoCl_2$、$6H_2O$	1.0	4.0	80	3	200
2-M	$CuCl_2$、$2H_2O$	1.0	3.0	80	1	100
	$NiCl_2$、$6H_2O$	1.0	2.5	60	1	100
	$CoCl_2$、$6H_2O$	1.0	4.0	80	1	30000
3-O	$CuCl_2$、$2H_2O$	1.0	3.0	80	3	100
	$NiCl_2$、$6H_2O$	1.0	2.0	65	3	100
	$CoCl_2$、$6H_2O$	1.0	4.0	80	3	100
3-M	$CuCl_2$、$2H_2O$	1.0	3.0	80	1	300
	$NiCl_2$、$6H_2O$	1.0	2.0	50	1	500

Furstch 等[98]研究了钯的掺杂，对于聚酰亚胺薄膜的体积电阻和表面电阻的影响见表 28-25。

表 28-25 聚酰亚胺-钯杂化膜的电阻

聚合物	掺杂剂	固化气氛	体积电阻/(Ω·cm)	表面电阻/(Ω/cm²)
BTDA/DADPC	Li_2PdCl_4	空气	1.1×10^{7}	5.3×10^{5}(空气侧)
				1.1×10^{9}(玻璃侧)
BTDA/ODA	Li_2PdCl_4	空气	2.1×10^{6}	2.3×10^{4}(空气侧)
				1.8×10^{5}(玻璃侧)
	$Pd[SMe_2]_2Cl_2$	空气	$<10^{5}$	$<10^{5}$(空气侧)
				$<10^{5}$(玻璃侧)
		氩	4.8×10^{16}	$>10^{18}$(空气侧)
				$>10^{18}$(玻璃侧)
BTDA/DABP	Li_2PdCl_4	空气	1.5×10^{15}	$>10^{18}$(空气侧)
				$>10^{18}$(玻璃侧)

Ezzell 等[86]研究了铜($[(n\text{-Bu})_3PCuI]_4$或 BTDA/ODA-$Cu(TFA)_2$)对聚酰亚胺的掺杂,杂化薄膜的电阻见表 28-26 和表 28-27。

表 28-26 BTDA/ODA-$[(n\text{-Bu})_3PCuI]_4$杂化薄膜

Cu/%	环化气氛	表面电阻/(Ω/cm²)	体积电阻/(Ω·cm)
4.69	N_2	2.2×10^{13}	2.1×10^{15}
4.70	空气	1.4×10^{14}	2.2×10^{16}
2.62	空气	7.8×10^{12}	7.6×10^{14}
1.59	空气	1.1×10^{14}	7.6×10^{14}
0	空气	$>10^{18}$	1.0×10^{16}

表 28-27 BTDA/ODA-$Cu(TFA)_2$杂化薄膜

Cu/%	聚合物	表面电阻/(Ω/cm²)	体积电阻/(Ω·cm)
2.76	BTDA/ODA	2.0×10^{14}(玻璃)	1.6×10^{15}
	聚合后加入	1.7×10^{12}(空气)	
2.82	BTDA/ODA	$>10^{18}$(玻璃)	8.2×10^{14}
	聚合时加入	4.7×10^{12}(空气)	
2.61	BTDA/ODA	4.6×10^{15}(玻璃)	8.6×10^{16}
		9.7×10^{15}(空气)	
4.08	PMDA/ODA	3.1×10^{12}(玻璃)	5.6×10^{14}
	反应 7 h	7.3×10^{10}(空气)	
3.34	PMDA/ODA	3.0×10^{12}(玻璃)	4.1×10^{14}
	反应 48 h	9.3×10^{10}(空气)	
	PMDA/ODA	1.0×10^{16}	$>10^{18}$
	BTDA/ODA	1.0×10^{16}	$>10^{18}$

St. Clair 等[105]在 BTDA/ODA 聚酰胺酸中加入金属盐和金属络合物，涂膜、干燥，最后在 300 ℃酰亚胺化 1 h。薄膜的体积电阻和表面电阻见表 28-28。$AgNO_3$ 和 Li_2PdCl_4 的加入使聚合物的热稳定性大大降低，但金属化合物的加入使机械性能有所提高，并且与所加的金属化合物的种类关系不大。

表 28-28　BTDA/ODA 与各种金属的掺杂薄膜

所加的金属化合物	金属含量/%	T_g/℃	体积电阻(Ω·cm)	表面电阻/(Ω/cm²)
空白	0	283	1.8×10^{16}	$>10^{18}$
$Al(acac)_3$	0.9	312	1.2×10^{16}	$>10^{18}$
$AgNO_3$	4.0	320	1.7×10^{16}	$>10^{18}$
Li_2PdCl_4	Li 0.1,Pd 7.7	341	3.5×10^{10}	1.5×10^{9}
AuI_3	0.2	320	7.5×10^{15}	$>10^{18}$
$SnCl_2\cdot2H_2O$	2.7	283	2.9×10^{14}	2.4×10^{10}

Rancourt 等[89]研究了不同量的钴对 BTDA/ODA 聚酰亚胺掺杂后电阻的变化(表 28-29)。

表 28-29　不同量的钴对 BTDA/ODA 聚酰亚胺的掺杂

BTDA∶ODA∶$CoCl_2$∶LiCl	电阻对数值				
	体积电阻/(Ω·cm)		表面电阻/(Ω/cm²)		
	空气	真空	空气	真空	玻璃侧,空气
4∶4∶0∶0	17.60	17.60	16.28	17.76	16.00
4∶4∶1∶0	17.61	16.57	12.55	12.55	16.07
4∶4∶1∶0.005	14.57	～17.4	12.00	12.914	12.5
4∶4∶1∶0.05	14.98	～17.3	11.87	15.01	15.99
4∶4∶1∶0.5	11.72	16.30	12.29	12.12	11.86
4∶4∶0∶1	14.41	17.16	14.06	>16.00	14.33

Khor 等[98]研究了锂对聚酰亚胺掺杂的效果(表 28-30)。

表 28-30　锂对聚酰亚胺掺杂的效果

聚合物	掺杂剂	Li 含量/%	体积电阻/(Ω·cm)	表面电阻/(Ω/cm²)
BTDA-ODA	Li(AcAc)	0.30	5×10^{16}	$>10^{16}$(空气侧)
BTDA-ODA	LiI	0.17	7×10^{15}	$>10^{16}$(空气侧)
BTDA-ODA	LiCl	0.51	4×10^{6}	4×10^{4}(空气侧) 3×10^{4}(玻璃侧)
PMDA-ODA	LiCl	0.54	4×10^{6}	1.1×10^{9}(空气侧) 3.6×10^{4}(玻璃侧)
BTDA-DADPC	LiCl	0.23	1×10^{15}	$>10^{15}$(空气侧)
PMDA-DADPC	LiCl	0.23	4×10^{15}	$>10^{16}$
BTDA-DABP	LiCl	0.14	1×10^{15}	$>10^{16}$

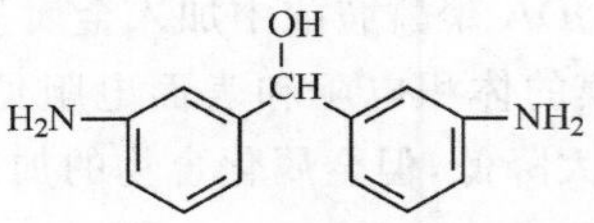

DADPC

4. 光学性能

聚酰亚胺-金属杂化膜的光学性能主要表现在它的透光性和反光性上。杂化膜的透明性常常是微相分离（纳米量级）的特征。具有表面金属层的杂化膜可具有反光性，这是杂化膜研究中的另一个热点。尽管 Ag、Au、Pd 等都可以形成光反射膜，但以 Ag 光反射膜研究得最多，近年来尤为活跃。研究内容集中在两方面：一是结构与性能的关系，二是解决反射膜实用化存在的问题。对于前者，已经可以通过选择合适的银掺杂剂和控制合适的杂化条件来制备综合性能优异的光反射膜。在实用化方面，则通过筛选掺杂剂或采用复合膜法来降低成本，解决大面积制膜存在的抗皱难题。

Rubria 等[2]研究了银对聚酰亚胺的掺杂，结果见表 28-31 和表 28-32。

表 28-31　银对聚酰亚胺的掺杂

体系	Ag/%	空气侧	玻璃侧
BTDA/ODA-Ag(COD)(HFA)	8.44	银	褐
BTDA/SDA-Ag(COD)(HFA)	8.08	银	黄褐
BDSDA/ODA-Ag(COD)(HFA)	6.29	浊	红
BDSDA/SDA-Ag(COD)(HFA)	6.22	浊	红

表 28-32　不同角度的反射率

聚合物体系	20°	45°	70°
BTDA/ODA	65.2	56.5	44.6
BTDA/SDA	55.0	51.3	48.6
BDSDA/ODA	3.9	3.4	8.8

Southward 等[67]研究了由乙酸银/六氟乙酰基丙酮(HFA)掺杂的 BTDA/ODA 聚酰亚胺薄膜，其反射性和热数据见表 28-33。

表 28-33　由 AgAc/HFA 掺杂的 BTDA/ODA 薄膜的反射性和热数据

Ag/%	重复单元：Ag	反射率			T_g/℃	$T_{10\%}$/℃		CTE
		20°	45°	70°		空气	N_2	/(10^{-6} K^{-1})
空白	—	—	—	—	275	524	540	39.1
2.5	8.7∶1	43	32	12	269	361	531	—
5.0	4.3∶1	68	59	33	268	379	489	42.7
7.4	2.8∶1	75	64	46	270	372	488	43.6
9.9	2.0∶1	79	69	49	272	376	491	42.8
12.1	1.6∶1	82	65	52	269	361	531	—
17.9	1.0∶1	76	54	36	272	361	477	—

Caplan 等[70]在 BTDA/ODA 的聚酰胺酸中用乙酸银和氟化银掺杂，以等当量的 HFA 作为助溶剂，涂膜后最后在 300 ℃处理得到薄膜，成膜过程无需避光。这种薄膜的空气侧具有类金属的对光的反射性，玻璃侧则没有反射性而且不均一，所有薄膜都很柔韧(表 28-34)。

表 28-34　BTDA/ODA 的聚酰胺酸用醋酸银和氟化银掺杂

银盐	含银量/%	平均反射率/%	$T_{10\%}$/℃	
			空气	N_2
乙酸银	4	55	379	489
	6	51	372	488
	8	79	376	491
	10	78		
	15	76		
氟化银	4	43	390	548
	6	65	385	550
	8	74	378	540
	10	76		
	15	72		
BTDA/ODA 聚酰亚胺			524	540

Caplan 等[80]还用三乙基膦氯化金、三乙基膦金、丁二酰亚胺三乙膦金及酞酰亚胺三乙膦金掺杂聚酰胺酸，涂膜后在 100 ℃，200 ℃及 300 ℃下各 1 h 得到含金的聚酰亚胺，后固化在 300 ℃经 30 min，所得到的聚酰亚胺-金杂化膜的性能见表 28-35。

表 28-35　聚酰亚胺-金杂化膜的性能

聚酰亚胺	金试剂	含金量/%	后固化/h	反射率/%
BTDA/BDAF	金酸	13	0	35
			21	41
		12	0	12
			21	24
BTDA/BDAF	丁二酰亚胺三乙膦金	25	0	18
			30	45
BTDA/ODA	丁二酰亚胺三乙膦金	25	0	13
			30	15

另外，聚酰亚胺-Alq_3杂化膜在有机电发光器件中可用作电子传输膜和发光体[76]。

5. 催化性能

含钯[73,74,100]、铂[101]和银及其双金属[73,74]的聚酰亚胺杂化膜可被用作催化膜和膜反应器。金属含量高达 20%的杂化膜仍具有高的韧性和强度，相分离尺寸为 1～3 nm，具有极大的表面积。含有 20%钯的聚酰胺酰亚胺杂化膜对氢的透过系数达 100 Barrer，氢/氮的透过选择系数为35。另一品种的氢透过系数为23 Barrer,选择系数为100[100]。含15%钯-银的杂化膜已用于氧化氮的还原反应,取得明显效果[74]:$N_2O + H_2 \longrightarrow N_2 + H_2O$。

聚酰亚胺-金属纳米杂化膜作为兼具催化与分离性能的耐高温膜材料是具有潜在的应用前景的。

6. 气体透过性能

Troger[73]等研究了含金属的聚酰胺酰亚胺(式28-5)膜的气体透过、扩散及溶解性能。由表28-36可见,金属的掺杂都会降低氮在聚酰胺酰亚胺膜的扩散、溶解也就是透过性能,但总的变化并不太大。但是对于氢或氧,金属的掺杂就有很大的影响(表28-37和表28-38),例如13%左右钯的掺杂可以使氢的扩散系数降低600多倍,其他金属的共掺杂会降低钯对气体扩散的阻碍作用。同时钯的掺杂则使对氢的溶解性提高了几百倍。对氧的扩散系数和溶解度的影响比较复杂,而且与膜所处的环境有关,在空气中储存的膜影响不很显著,但在氢气中储存的膜却可以对氧的溶解度增加几十倍。而对氧的扩散系数也降低了几十倍。总之,金属的掺杂对气体分离膜的影响还有待深入的研究。

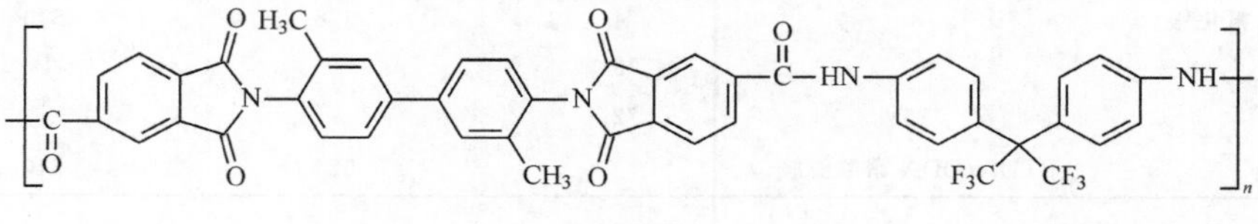

式 28-5

表 28-36　金属掺杂对聚酰胺酰亚胺膜的影响

聚合物	D_{N_2}	S_{N_2}	P_{N_2}
PAI	1.59	16.2	2.50
$AgBF_4$	0.96	17.2	1.64
$PdAc_2$, $AgBF_4$(Pd∶Ag=1∶9)	0.96	17.0	1.63
$PdAc_2$, $PbAc_2$ $3H_2O$ (Pd∶Pb=9∶1)	1.37	16.9	2.32
$PdAc_2$, $CuCl_2$ $2H_2O$ (Pd∶Cu=9∶1)	0.94	17.1	1.61

注:P为气体透过系数,Barrer[10^{-10} cm^3 STP·cm/(cm^2·s·cmHg)];D为扩散系数(10^{-8} cm^2/s);S为溶解度系数[10^{-3} cm^3STP/(cm^3·cmHg)]。

表 28-37　钯掺杂对聚酰胺酰亚胺膜对氢的扩散和溶解性能的影响

	Pd含量/%	D_{H_2}	S_{H_2}
$PdAc_2$	15.0	0.48	1100.0
$PdAc_2$, $CoCl_2$ $6H_2O$ (Pd∶Co=9∶1)	13.5	0.89	520.0
$PdAc_2$, $CuCl_2$ $2H_2O$ (Pd∶Cu=9∶1)	13.5	1.70	320.0
$PdAc_2$, $PbAc_2$ $3H_2O$ (Pd∶Pb=9∶1)	13.5	2.9	240.0
$PdAc_2$, AgAc(Pd∶Ag=3∶1)	11.3	2.1	230.0
$PdAc_2$, $AgBF_4$ (Pd/Ag=1∶9)	1.5	65.0	12.0
$AgBF_4$	0.0	200.0	3.5
PAI	0.0	300.0	3.4

表 28-38　钯掺杂对聚酰胺酰亚胺膜对氧的扩散和溶解性能的影响

掺杂剂	膜在空气中储存		膜在氢气中储存	
	D_{O_2}	S_{O_2}	D_{O_2}	S_{O_2}
$PdAc_2$	3.2	23	0.19	350
$PdAc_2$, $CoCl_2$ $6H_2O$ (Pd : Co=9 : 1)	3.0	18	0.13	260
$PdAc_2$, $CuCl_2$ $2H_2O$ (Pd : Cu=9 : 1)	4.1	22	0.48	160
$PdAc_2$, $PbAc_2$ $3H_2O$ (Pd : Pb=9 : 1)	5.8	25	1.1	120
$PdAc_2$, AgAc(Pd : Ag=3 : 1)			1.1	130
$PdAc_2$, $AgBF_4$ (Pd : Ag=1 : 9)	4.3	20	2.7	33
$AgBF_4$	4.3	21	4.3	21
PAI	7.1	16	7.1	16

此外,聚酰亚胺掺杂银盐可以降低分子激光诱导导电的脉冲数阈值,并改变其导电机理[71]。掺杂铝等可以提高黏结性,尤其是高温黏结性[75]。聚酰亚胺掺杂铁、铬则具有明显的铁磁性或顺磁性[4,77,88,89]等。

参 考 文 献

[1] Morikawa A, Iyoku Y, Kakimoto M, Imai Y. Polym. J., 1992, 24: 107.

[2] Rubria A F, Raucourt J D, Caplan M L, St. Clair A K, Taylor L T. Chem. Mater., 1994, 6: 2351.

[3] Nandi M, Conklin J A, Jr. Salvati L, Sen A. Chem. Mater., 1991, 3: 201.

[4] Nandi M, Conklin J A, Jr. Salvati L, Sen A. Chem. Mater., 1990, 2: 772.

[5] Morikawa A, Iyoku Y, Kakimoto M, Imai Y. J. Mater. Chem., 1992, 2: 679.

[6] Imai Y. J. Macromol. Sci.-Chem., 1991, A28: 1115.

[7] Kakimoto M, Morikawa A, Iyoku Y, Imai Y. Mater. Res. Soc. Symp. Proc., 1991, 227: 69.

[8] Morikawa A, Yamaguchi H, Kakimoto M, Imai Y. Chem. Mater., 1994, 6: 913.

[9] Mascia L, Kioul A. J. Mater. Sci. Lett., 1994, 13: 641.

[10] Kioul A, Mascia L, Non J. Cryst. Solids, 1994, 175: 169.

[11] Mascia L, Kioul A. Polymer, 1995, 36: 3649.

[12] Wang S, Ahmad Z, Mark J E. Chem. Mater., 1994, 6: 943.

[13] Sysel P, Pulec R, Maryska M. Polym. J., 1997, 29: 607.

[14] Beecroft L L, Johnen N A, Ober C K. Polym. Adv. Technol., 1997, 8: 289.

[15] Avadhani C V, Chujo Y. Appl. Organomet. Chem., 1997, 11: 153.

[16] Kumar N D, Ruland G, Yoshida M, Lal M, Bhawalkar J, He G S, Prasad P N. Mater. Res. Soc. Symp. Proc., 1996, 435: 535.

[17] Mascia L, Zhang Z. Composites, 1996, 27A: 1211.

[18] Gaw K, Suzuki H, Jikei M, Kakimoto M, Imai Y. Mater. Res. Soc. Symp. Proc., 1996, 435: 165.

[19] Kim Y, Kang E, Kwon Y S. Synth. Met., 1997, 85: 1399.

[20] Kim Y, Lee W K, Cho W J, Ha C S. Polym. Int., 1997, 43: 129.

[21] Kusakabe K, Ichiki K, Hayashi J, Maeda H, Morooka S. J. Membr. Sci., 1996, 115: 65.

[22] Joly C, Goizet S, Schrotter J C, Sanchez J, Escoubes M. J. Membr. Sci., 1997, 130: 63.

[23] Ree M, Goh W H, Kim Y. Polym. Bull., 1995, 35: 215.

[24] Breval E, Mulvihill M L, Dougherty J P, Newnham R E. J. Mater. Sci., 1992, 27: 3297.

[25] Hide F, Nito K, Yasuda A. Thin Solid Film, 1994, 240: 157.
[26] Rodrigues D E, Brennan A B, Betrabet C, Wang B, Wilkes G L. Chem. Mater., 1992, 4: 437.
[27] McDaniel P R, St Clair T L. Polym. Mater. Sci. Eng., 1997, 76: 181.
[28] Yoshida M, Lal M, Kumar N D, Prasad P N. J. Mater. Sci., 1997, 32: 4047.
[29] Hu Q, Marand E, Dhingra S, Fritsch D. J. Membr. Sci., 1997, 135: 65.
[30] Tong Y, Li Y, Xie F, Ding M. Polym. Int., 2000, 49: 1543.
[31] Chen X H, Gonsalves K E. J. Mater. Res., 1997, 12: 1274.
[32] Chen X H, Gonsalves K E, Chow G M. Adv. Mater., 1994, 6: 481.
[33] Gonsalves K E, Chen X H. Polym. Mater. Sci. Eng., 1995, 73: 285.
[34] Chariar V, Tripathi A K, Goel T C, Mendiratta R G, Pillai P K C, Dutta K. Ferroelectrics, 1996, 184: 117.
[35] Tripathi A K, Roy A, Goel T C, Pillai P K C, Singh K. J. Mater. Sci. Lett., 1997, 16: 1045.
[36] Tripathi A K, Goel T C, Pillai P K C. Proc. Int. Symp. Electrets, 9th, 1996: 438.
[37] Tong Y J, Liu S L, Liu J P, Ding M X. J. Appl. Polym. Sci., 2002, 83: 1810.
[38] Iyoku Y, Kakimoto M, Imai Y. High Perfm. Polym., 1994, 6: 43.
[39] Iyoku Y, Kakimoto M, Imai Y. High Perfm. Polym., 1994, 6: 53.
[40] Iyoku Y, Kakimoto M, Imai Y. High Perfm. Polym., 1994, 6: 95.
[41] Marturunkakul S, Chan J I, Jeng R J, Sengupta S, Kumar J, Tripathy S K. Chem. Mater., 1993, 5: 743.
[42] Jeng R J, Chen Y M Jain A K, Kumar J, Tripthy S K. Chem. Mater., 1992, 4: 1141.
[43] Jung J C, Lee K K, Jkon M S. Polym. Bull., 1996, 36: 67.
[44] Hedrick J L, Miller R D, Yoon D. Polym. Prepr., 1997, 38(1): 987.
[45] Srinivasan S A, Hedrick J L, Miller R D, Pietro R D. Polymer, 1997, 38: 3129.
[46] Yano K, Usuki A, Okada A, Kurauchi T, Kamigaito O. J. Polym. Sci., Polym. Chem., 1993, 31: 2493.
[47] Lan T, Kaviratna P D, Pinnavaia T J. Chem. Mater., 1994, 6: 573.
[48] Yano K, Usuki A, Okada A. J. Polym. Sci., Polym. Chem., 1997, 35: 2289.
[49] Zhu Z-K, Yang Y, Yin J, Wang X-Y, Ke Y-C, Qi Z-N. J. Appl. Polym. Sci., 1999, 73: 2063;Zhu Z-K, Yang Y, Yin J, Qi Z-N. J. Appl. Polym. Sci., 1999, 73: 2977.
[50] Agag T, Koga T, Takeichi T. Polymer, 2001, 42: 3399.
[51] Tyan H-L, Liu Y-C, Wei K-H. Chem. Mater, 1999, 11: 1942.
[52] Tyan H-L, Wei K-H, Hsieh T-E. J. Polym. Sci., Polym. Phys., 2000, 38: 2873.
[53] Liang Z-M, Yin J, Xu H-J. Polymer, 2003, 44: 1391.
[54] Chang J-H, Park D-K, Ihn K J. J. Appl. Polym. Sci., 2002, 84: 2294.
[55] Tyan H-L, Liu Y-C, Wei K-H. Polymer, 1999, 40: 4877.
[56] Huang J-C, Zhu Z-K, Yin J, Qian X-F, Sun Y-Y. Polymer, 2001, 42: 873.
[57] Duval J M, Kemperman A J B, Folkers B, Mulder M H V, Desgrandchamps G, Smolders C A. J. Appl. Polym. Sci., 1994, 54: 409.
[58] Vankelecom I F J, Merckx, E, Luts M, Uytterhoeven J B. J. Phys. Chem., 1995, 99: 13187.
[59] Vankelecom I F J, Broeck S V D, Merckx E, Geerts H, Grobet P, Uytterhoeven J B. J. Phys. Chem., 1996, 100: 3753.
[60] Chiang P-C, Whang W-T. Polymer, 2003, 44: 2249.
[61] Yano K, Usuki A, Okada A, Kurauchi T, Kamigaito O. J Polym Sci Polym Chem., 1993, 31: 2493.
[62] Kim G Y, Choi M-C, Lee D, Ha C-S. Macromol. Mater. Eng. 2011, 296.
[63] Mülazim Y,Kizilkaya C, Kahraman M V. Polym. Bull, 2011, 67: 1741.
[64] Angelo R J. US, 3073785, 1959.
[65] St. Clair A K, Taylor L T. J. Appl. Polym. Sci., 1983, 28: 2393.
[66] Auerback A. J. Electrochem. Soc., Acce. Brief Commun., 1984, 937.

[67] Southward R E, Thompson D S, Thompson D W, Caplan M L, St. Clair A K. Chem. Mater., 1995, 7: 2171.
[68] Southward R E, Thompson D S, Thompson D W, St. Clair A K. Chem. Mater., 1997, 9: 691.
[69] Southward R E, Thompson D W, St. Clair A K. Chem. Mater., 1997, 9: 501.
[70] Caplan M L, Southward R E, Thompson D W, St. Clair A K. Polym. Mater. Sci. Eng., 1994, 71: 787.
[71] Hopp B, Szilassi Z, Revesz K, Kocsis Z, Mudra I. Appl. Surf. Sci., 1997, 109/110: 212.
[72] Huang C J, Yen C C, Chang T C. J. Appl. Polym. Sci., 1991, 42: 2267.
[73] Troger L, Hunnefeld H, Nunes S, Oehring M, Fritsch D. J. Phys. Chem., B, 1997, 101: 1279.
[74] Fritsch D, Peinemann K V. Catalysis Today, 1995, 25: 277.
[75] Taylor L T, St. Clair A K. US, 4284467, 1981.
[76] Maltsev E I, Berndyaev V I, Brusentseva M A, Tameev A R, Kolesnikov V A, Kozlov A A, Kotov B V, Vornikov A V. Polym. Int., 1997, 42: 404.
[77] Ellison M M, Taylor L T. Chem. Mater., 1994, 6: 990.
[78] Madeleine D G, Spillane S A, Taylor L T. J. Vac. Sci. Technol., 1987, 5: 347.
[79] Madeleine D G, Spillane S A, Taylor L T. Polym. Prepr., 1985, 26(1): 92.
[80] Caplan M L, Stoakley D M, St Clair A K. Polym. Mater, Sci. Eng., 1993, 69: 400.
[81] Madeleine D G, Ward T C, Taylor L T. J. Polym. Sci., Polym. Phys., 1988, 26: 1641.
[82] Rancourt J D, Taylor L T. Macromolecules, 1987, 20: 790.
[83] Boggess R K, Taylor L T. J. Polym. Sci., Polym. Chem., 1987, 25: 685.
[84] Rancourt J D, Boggess B K, Horning L S, Taylor L T. J. Electrochem. Soc., 1987, 134: 85.
[85] Porta G M, Rancourt J D, Tayler L T. Chem. Mater., 1989, 1: 269.
[86] Ezzell S A, Furtsch T A, Khor E, Taylor L T. J. Polym. Sci., Polym. Chem., 1983, 21: 865.
[87] Venkatachalam S, Vijayan T M, Packirisamy S. Makromol. Chem. Rapid Commun., 1993, 14: 703.
[88] Bergmeister J J, Taylor L T. Chem. Mater., 1992, 4: 729.
[89] Bergmeister J J, Rancourt J D, Taylor L T. Polym. Mater. Sci. Eng., 1990, 63: 903.
[90] Bergmeister J J, Rancourt J D, Taylor L T. Polym. Mater. Sci. Eng., 1991, 64: 81.
[91] Sarboluki M N. NASA Tech. Brief., 1978, 3(2): 36.
[92] Khor E, Taylor L T. Macromolecules, 1982, 15: 379.
[93] Southward R E, Thompson D S, Thompson D W. J. Adv. Mater., 1996, 27(3): 2.
[94] Thompson D W, Southward R E, St. Clair A K. Polym. Mater. Sci. Eng., 1994, 71: 725.
[95] Southward R E, Thompson D S, Thompson D W, Thornton T A, St. Clair A K. Polym. Mater. Sci. Eng., 1997, 76: 185.
[96] Ballato J, Dejneka M, Riman R E, Snitzer E, Zhou W M. J. Mater. Res., 1996, 11: 841.
[97] St. Clair A K, Carver V C, Taylor L T. J. Am. Chem. Soc., 1980, 102: 876.
[98] Furstch T A, Taylor L T, Fritz T W, Fortner G, Khor E. J. Polym. Sci., Polym. Chem., 1982, 20: 1287.
[99] Stoakley D M, St Clair A K. Polym. Prepr., 1996, 37: 541.
[100] Fritsch D, Peinemann K V. J. Membr. Sci., 1995, 99: 29.
[101] Maggioni G, Carturan S, Boscarino D, Della M G, Pieri U. Mater. Lett., 1997, 32: 147.
[102] Ezzell S A, Taylor L T. Macromolecules, 1984, 17: 1627.
[103] Rancourt J D, Porta G M, Taylor L T. Thin Solid Film., 1988, 158: 189.
[104] Bott R H, Taylor L T, Ward T C. J. Appl. Polym. Sci., 1988, 36: 1295.
[105] St. Clair A K, Taylor LT. J. Appl. Polym. Sci., 1983, 28: 2393.

第 29 章　质子传输膜

氢燃料电池是一种将化学能转变为电能的装置，具有高效（50％或更高）、安静、环境友好等特点。采用聚合物电解质膜（PEM）的氢燃料电池已经用在车辆上。氢燃料电池由两个电化学反应产生电能：在阴极氢被氧化，在阳极氧被还原。由质子（以水化物的形式）通过聚合物隔膜而完成电路的运行（图 29-1）。这种电池都用聚四氟乙烯磺酸膜 Nafion为隔膜，可以在低于 80 ℃、高湿度下使用。Nafion 膜具有高的质子电导率和长寿命。氢燃料电池体积较大，储氢容器笨重，所以直接甲醇燃料电池（DMFC）就引起了很大的兴趣，因为 DMFC 更适用于做成便携式电池。Nafion 膜由于具有很高的甲醇透过性（高达 40％），不适用于 DMFC，而且十分昂贵，所以发展在质子导电性能上接近 Nafion 膜，具有低的甲醇透过率，并且在低湿度下具有高导电性可以在高温下工作同时又较廉价的隔膜一直是开发者追求的目标[1]。

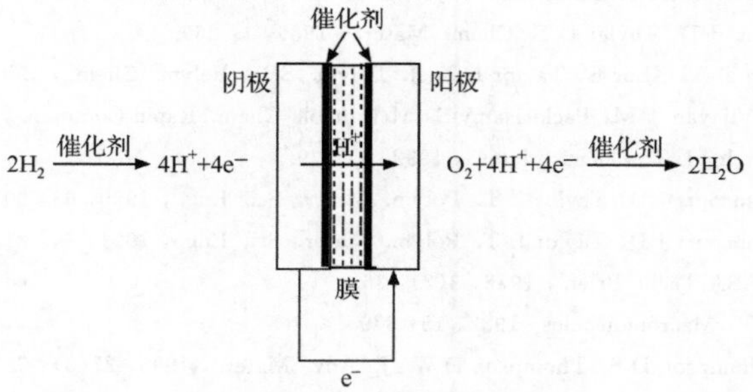

图 29-1　聚合物隔膜燃料电池工作示意图

对于作为燃料电池隔膜的材料应该满足下列的要求：

（1）对氧和氢或其他燃料，如甲醇应有低的透过性；

（2）为了由膜的一侧到另一侧形成连续的水化离子相，对水应有高的溶胀性；

（3）为了在 50 ℃下达到较高的电导率（如 10^{-1} S/cm），膜应有足够的离子交换能力；

（4）在苛刻的电池使用条件下膜应有高的化学和机械的稳定性（对于电动车寿命至少应达到 2000 h）；

（5）容易在催化剂粒子表面上形成连续的膜；

（6）合理的成本。

由于上述 Nafion 的缺点，采用磺化芳香聚合物如 PEEK[2]、PFS[3]、PPS[4]及 PBI[5]等作为替代材料在过去十年中引起了很大的注意，但这些聚合物因为其离子交换能力低下，质子传导性较低。由于聚酰亚胺的高热稳定性、高的机械性能、对溶剂的耐力和优越的成膜性，正是作为聚合物电解质膜所要求的，所以现在把更多的注意力放在磺化聚酰亚胺上，法国科学家 Mercier 等在 1996 年首先将磺化聚酰亚胺用于燃料电池[6]。下面将对聚酰亚胺质子传输膜及其关键的对水稳定性作一简单的介绍。

29.1 由 1,4,5,8-萘四酸二酐(NTDA)与磺化二胺得到的聚酰亚胺

聚酰亚胺质子传输膜最初由 Mercier 等[7]由二苯醚四酸二酐(ODPA)或 1,4,5,8-萘四酸二酐(NTDA) 与 2,2′-二磺酸基联苯胺(BDSA)及不带磺酸基的二胺共聚而得的(式 29-1)。由 ODPA 得到的磺化聚酰亚胺的离子交换容量和吸水率见表 29-1。如果二胺全用 BDSA，所得到的聚酰亚胺通常较脆，而且会溶解于水中，因此用不带磺酸基的二胺作为共聚单体来调节膜的性能。NTDA 的六元环酐对胺的反应活性没有五元环酐那么高，所以都采用在间甲酚中进行高温催化聚合的方法制备。在反应开始时使用酸性催化剂，如苯甲酸，能够促进反式异酰亚胺的形成，随后需用碱性催化剂使反式异酰亚胺转化为酰亚胺(有关由 NTDA 合成聚酰亚胺的反应见第 14 章)。

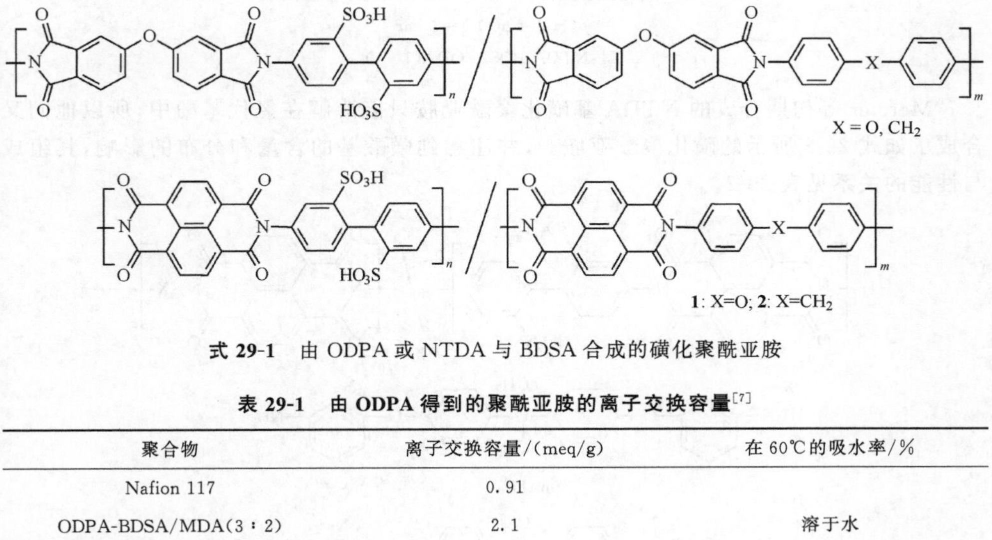

式 29-1 由 ODPA 或 NTDA 与 BDSA 合成的磺化聚酰亚胺

表 29-1 由 ODPA 得到的聚酰亚胺的离子交换容量[7]

聚合物	离子交换容量/(meq/g)	在 60℃的吸水率/%
Nafion 117	0.91	
ODPA-BDSA/MDA(3∶2)	2.1	溶于水
ODPA-BDSA/MDA(1∶1)	1.8	溶于水
ODPA-BDSA/MDA(2∶3)	1.5	30
ODPA-BDSA/MDA(3∶7)	1.2	23
ODPABDSA/MDA(1∶3)	1.05	17

在 60 ℃，3 bar 氢压和电流密度为 250 mA/cm^{2}的条件下，由 ODPA 得到的磺化聚酰亚胺膜在几十小时内就变脆，而由 NTDA 得到的膜在 2000 h 以上仍然稳定。由聚酰亚胺 **2** 得到的隔膜在 70 ℃下的极化曲线见图 29-2，从该图的曲线看出，电流密度由 0 A/cm^{2}到 1.0 A/cm^2，电压由 1000 mV 降到 400 mV，所以 G4 与 Nafion 具有几乎相同的性能。

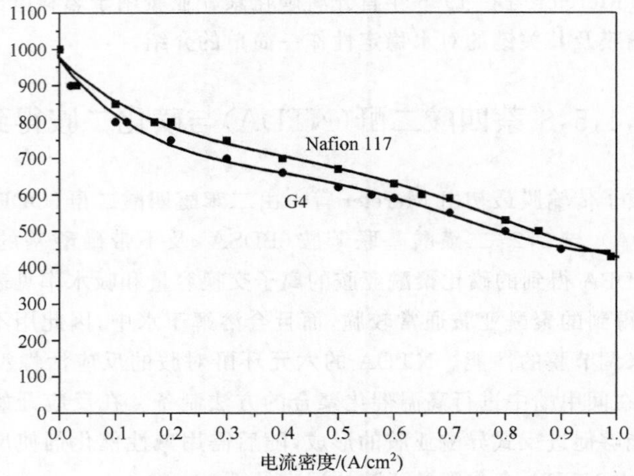

图 29-2　磺化聚酰亚胺 **2** 和 Nafion 117 的极化曲线[7]

$p(H_2)=p(O_2)=4$ bar

G4：NTDA-BDSA/ODA(1：1)

Mercier 等初期合成的 NTDA 基磺化聚酰亚胺只能溶解在氯代苯酚中，所以他们又合成了如式 29-2 所示的磺化聚酰亚胺[8]，并注意到磺酸基的含量和分布的影响，其组成与性能的关系见表 29-2。

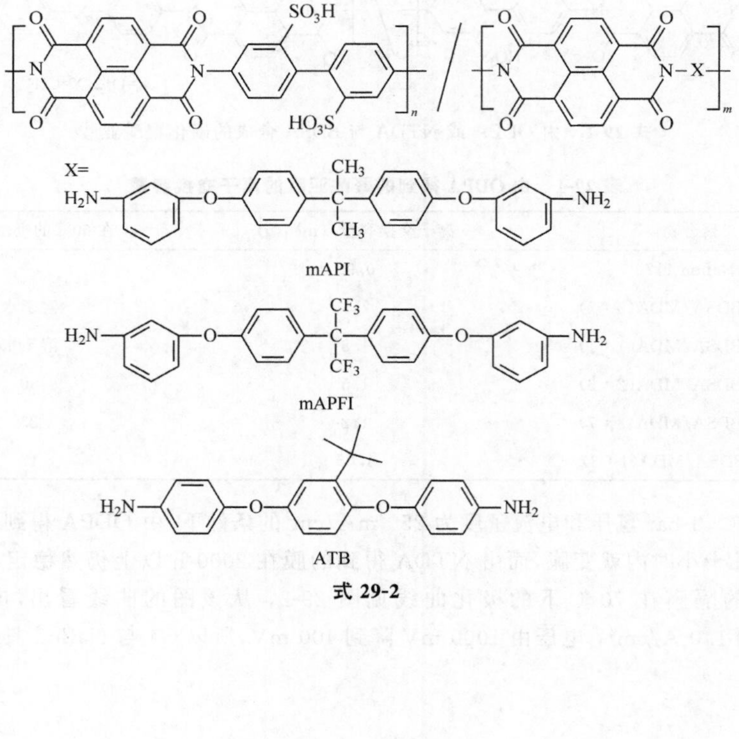

式 29-2

表 29-2　NTDA 与 BDSA 及其他二胺的共聚物的性能

二胺	n	$n:m$	吸水率/%	λ/(H_2O/SO_3^-)	电导率/(10^{-3} S/cm²)	IEC/(meq/g)
mAPI	5	20∶80	13.5	12.5	0.32	0.63
	1	30∶70	11.0	7.0	0.91	0.96
	5	30∶70	19.0	11.5	1.3	0.96
	5	40∶60	27.0	12.0	6.5	1.30
	1	50∶50	31.0	11.0	4.6	1.64
	5	50∶50	42.0	15.0	5.9	1.64
mAPFI	5	20∶80	14.0	14.0	0.40	0.56
	1	30∶70	19.5	12.5	1.1	0.86
	3	30∶70	17.0	11.0	2.7	0.86
	5	30∶70	22.0	14.0	1.70	0.86
	5	40∶60	31.0	15.0	4.6	1.17
	1	50∶50	22.0	9.5	6.1	1.51
	5	50∶50	41.0	15.0	7.1	1.51
	5	60∶40	46.5	14.0	8.3	1.86
	9	30∶70	20.0	13.0	0.36	0.86
ATB	5	30∶70	24.5	13.0	0.04	1.03
	5	40∶60	45.5	18.0	3.1	1.38
	1	50∶50	40.5	13.0	5.1	1.73
	5	50∶50	45.5	15.0	6.7	1.73

注：IEC 为离子交换容量。

Okamoto 等[9]研究了磺化二胺的结构对膜的稳定性和质子导电性能的影响(表 29-3 至表 29-8)。

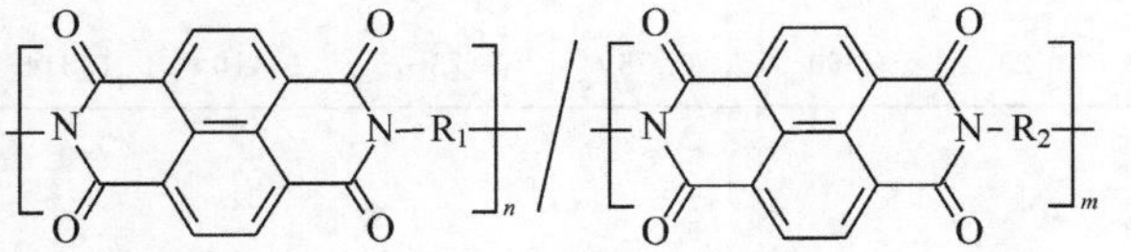

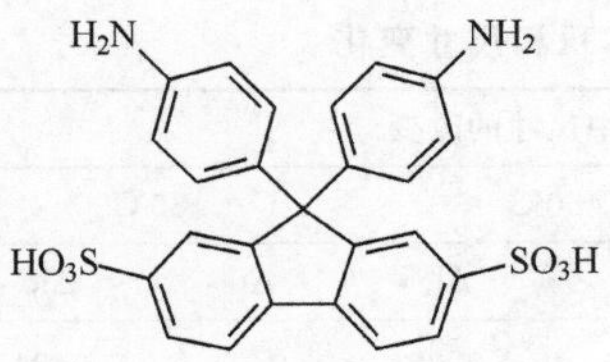

DADFDS

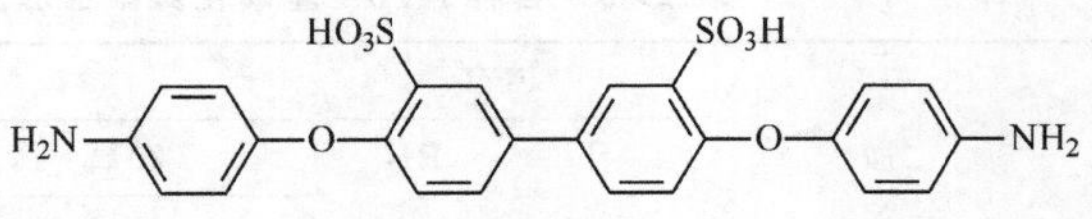

BAPBDS

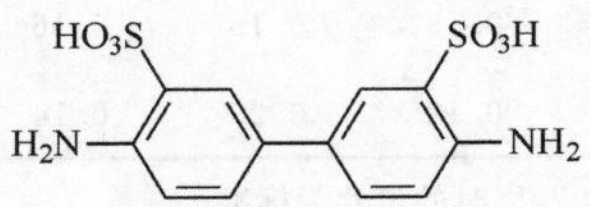

BDSA

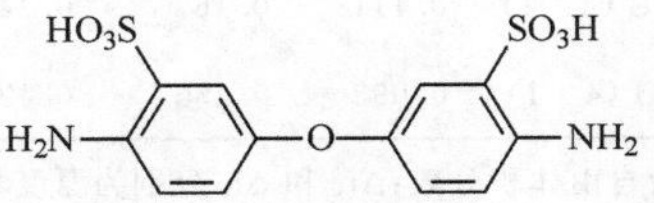

ODADS

表 29-3　各种 NTDA 基磺化聚酰亚胺的交换容量和对水的稳定性

二胺	交换容量/(meq/g)[a]	对水的稳定性	
		温度/℃	失去机械性能的时间/h
BAPBDS	2.63 (2.43)	80	>1000
		100	1000
BAPBDS/TFMB (4∶1)	2.23	80	1440
		100	150
BAPBDS/TFMB (1∶1)	1.52	100	>1000
BAPBDS/BAPB (4∶1)	2.20	100	>1000
BAPBDS/BAPB (2∶1)	1.89 (1.86)	100	>1000
ODADS/ODA (3∶1)	2.70 (2.31)	80	10
ODADS/ODA (1∶1)	1.95	80	25
BDSA/ODA (1∶1)	1.98	80	3
BAPFDS/ODA (1∶1)	1.71	80	26

a：括号中为测定值，其他为计算值。

表 29-4　各种 NTDA 基磺化聚酰亚胺的吸水率和密度

二胺	吸水率/(g/100 g 干聚合物)				密度/(g/cm^3)			
	RH[a]	在水中			RH[a]	在水中		
	(70%)	20 ℃	50 ℃	80 ℃	(70%)	20 ℃	50 ℃	80 ℃
BAPBDS	24	75	103	107	1.399	1.274	1.237	1.219
BAPBDS/TFMB (4∶1)	25	67	75	82	1.406	1.294	1.284	1.274
BAPBDS/BAPB (4∶1)	23	60	58	73	1.410	1.314	1.312	1.285

a：在 20 ℃测得。

注：RH 为相对湿度。

表 29-5　各种 NTDA 基磺化聚酰亚胺膜在水中体积和尺寸变化

二胺	FFV		在水中尺寸的改变					
	干	RH	20℃		50℃		80℃	
	(0%)	(70%)	Δtc	Δlc	Δtc	Δlc	Δtc	Δlc
BAPBDS	0.105	0.165	0.16	0.15	0.26	0.22	0.24	0.24
BAPBDS/TFMB (4∶1)	0.111	0.167	0.14	0.13	0.19	0.15	0.18	0.16
BAPBDS/BAPB (4∶1)	0.093	0.155	0.12	0.12	0.11	0.12	0.20	0.14

注：FFV 为自由体积分数；Δtc 和 Δlc 分别为厚度和直径的变化，以在 RH 为 70%时的尺寸为标准。

表 29-6　各种 NTDA 基磺化聚酰亚胺膜的机械性能

二胺	预处理条件	杨氏模量/GPa	最大强度/MPa	断裂伸长率/%
BAPBDS	未处理	1.14	54	58
	100 ℃ 10 min	0.14	31	109
	100 ℃ 10 h	0.11	22	64
ODADS/ODA (1∶1)	未处理	1.33	103	102
	100 ℃ 10 min	0.69	58	103
	100 ℃ 3 h	0.74	32	46

表 29-7　各种 NTDA 基磺化聚酰亚胺膜的离子交换容量及吸水率

二胺	离子交换容量/(meq/g)	吸水率/%		
		RH(70%)	RH(96%)	水中
NTDA-BAPBDS	2.63	24	44	103
BAPBDS/TFMB (4∶1)	2.23	25	42	75
BAPBDS/TFMB (1∶1)	1.52	16	27	51
BAPBDS/BAPB (4∶1)	2.20	23	37	58
BAPBDS/BAPB (2∶1)	1.89	22	39	65
ODADS/ODA (3∶1)	2.70	31	49	113
ODADS/ODA (1∶1)	1.95	21	34	80
BDSA/ODA(3∶7)	1.26	—	24b	44
Nafion 117	0.91	10	17	35

表 29-8　各种 NTDA 基磺化聚酰亚胺膜的质子电导率

二胺	$\lambda/(H_2O/H_2SO_4)$			$\sigma/(S/cm)$		
	RH(70%)	RH(96%)	水中	RH(70%)	RH(96%)	水中
NTDA-BAPBDS	5.1	9.3	22	0.024	0.145	0.20
BAPBDS/TFMB (4∶1)	6.2	10	19	—	—	0.15
BAPBDS/TFMB (1∶1)	5.5	9.9	19	—	—	0.033
BAPBDS/BAPB (4∶1)	5.8	9.3	15	—	—	0.11
BAPBDS/BAPB (2∶1)	6.5	11.5	19	0.021	0.089	0.15
ODADS/ODA (3∶1)	6.4	10	23	0.017	—	0.24
ODADS/ODA (1∶1)	6.0	9.7	23	—	—	0.10
BDSA/ODA(3∶7)	—	11b	20	—	0.0004	0.012
Nafion 117	6.1	10	21	0.031	0.010	0.11

Okamoto 等[10]采用带间隔链的磺酸基和芳香三胺得到枝化或交联的磺化聚酰亚胺，其性能见表 29-9 至表 29-11。膜的吸水率和尺寸变化受批次影响较大，膜的聚集态结构

的差别可以或多或少地影响其物理性能。磺化聚酰亚胺的质子导电性与相对湿度有较大的相关性，在相对湿度高于 80%时，其质子电导率可以高于 Nafion。侧链型磺化聚酰亚胺的质子电导率普遍较低。

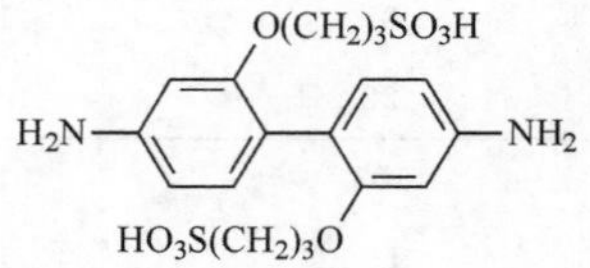

2, 2'-BSPB

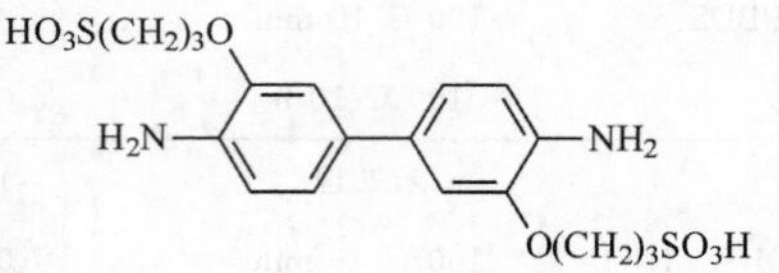

3, 3'-BSPB

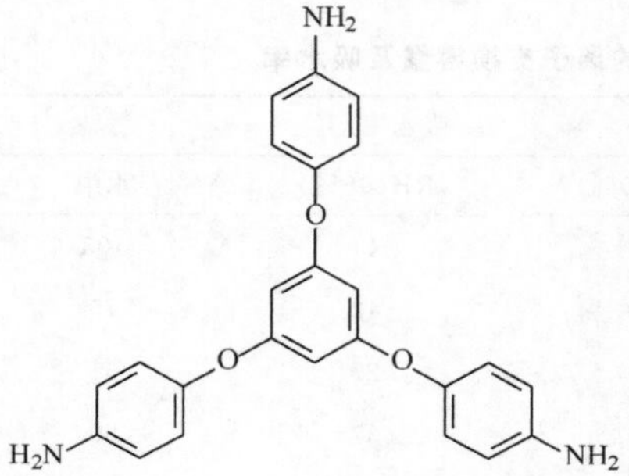

TAPB

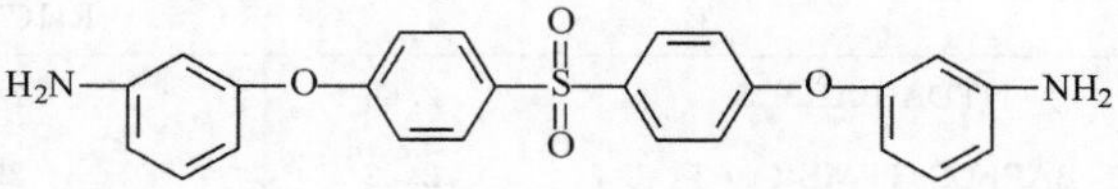

m-BAPS

表 29-9　由 NTDA 得到的磺化聚酰亚胺的性能

胺的组成	IEC/(meq/g)	吸水率/%		质子电导率/(S/cm)		尺寸变化	
		75%RH	水中	75%RH	水中	Δtc	Δlc
BAPBDS∶BAPB(2∶1)	1.89	23	93	0.019	0.13	0.28	0.078
BAPBDS∶TAPB(5∶4)	2.29	—	77	0.016	0.15	0.23	0.08
2,2'-BSPB	2.89	30	220	0.046	0.18	2.30	0.01
2,2'-BSPB∶BAPB(2∶1)	2.02		44	0.003	0.06	0.14	0.031
2,2'-BSPB∶BAPB(2∶1)-s	2.02		87	0.0062	0.11	0.55	0.045
2,2'-BSPB∶TAPB(6∶5)	2.42		104	0.011	0.14	0.59	0.01
3,3'-BSPB	2.89	31	250	0.035	0.20	1.80	0.06
3,3'-BSPB∶BAPB(2∶1)	2.02	18	62	0.0038	0.11	0.48	0.03
3,3'-BSPB∶BAPB(2∶1)-s	2.02		78	0.0071	0.13	0.57	0.03
3,3'-BSPB∶TAPB(5∶4)	2.33		149	0.016	0.19	1.23	0.01
m-BAPS	2.09	23	91	0.011	0.18	0.12	0.15

注：膜的尺寸的变化是以相对湿度 70%时为基准在水中测得，Δlc 为直径变化，Δtc 为厚度变化。

表 29-10　由 NTDA 得到的磺化聚酰亚胺在水中浸泡前后的机械性能

胺的组成	浸泡条件	杨氏模量/GPa	最高强度/MPa	断裂伸长率/%
BAPBDS	未浸泡	1.14	54	58
	100 ℃,10 h		22	64
BAPBDS∶BAPB(2∶1)	未浸泡	1.22	104	126
	130 ℃,24 h	0.80	44	5.9
	130 ℃,48 h	0.81	40	5.6
	130 ℃,96 h	0.61	34	6.2
BAPBDS∶TAPB(5∶4)	未浸泡	1.22	98	78
	130 ℃,48 h	0.90	55	10
	130 ℃,96 h	0.83	57	15
3,3′-BSPB∶TAPB(6∶5)	未浸泡	2.30	130	18
	130 ℃,48 h	2.00	120	16
	130 ℃,96 h	1.90	110	17
	130 ℃,196 h	2.00	90	12

膜在水中浸泡的初期可以引起相对分子质量的明显降低,但在随后的时间中影响变小,对于枝化/交联的共聚磺化聚酰亚胺由于分子松弛的减少而在较长时间内保持稳定。

表 29-11　由 NTDA 得到的磺化聚酰亚胺的甲醇透过性能

胺的组成	σ/(S/cm)[a]		P_M/(10^{-6} cm^2/s)		σ/P_M(10^4 S·s/cm^3)	
	30 ℃	50 ℃	30 ℃[b]	50 ℃[c]	30 ℃[b]	50 ℃[c]
BAPBDS	0.16	0.19	1.29	2.58	14	7.4
BAPBDS∶BAPB(2∶1)	0.11	0.14	1.05	1.19	10	12
BAPBDS∶TAPB(5∶4)	0.13	0.17	0.83	1.58	16	11
BAPPSDS∶mBAPPS(2∶1)	0.071	0.07	0.84	1.64	8.3	
2,2′-BSPB	0.11	0.18	1.05	2.06	13	
2,2′-BSPB∶BAPB(2∶1)	0.05	0.06	0.66	0.51	7.6	12
2,2′-BSPB∶BAPPS(2∶1)	0.04	0.05	0.32	0.47	13	11
2,2′-BSPB∶PPD(2∶1)	0.13	0.15	1.05	1.19	12	13
3,3′-BSPB∶BAPB(2∶1)	0.08	0.11	0.48	1.04	17	11
3,3′-BSPB∶BAPB(2∶1)-s	0.10	0.13	0.75		13	
3,3′-BSPB∶ODA(2∶1)	0.13	0.16	1.36	1.62	9.6	9.9
3,3′-BSPB∶BAPS(2∶1)	0.13	0.15	1.20	1.56	11	9.6
3,3′-BSPB/BAPF(2∶1)	0.09	0.11	0.52	0.87	17	13
3,3′-BSPB∶BAPPS(2∶1)	0.06	0.088	0.55	1.01	11	8.7
3,3′-BSPB∶TAPB(6∶5)	0.15	0.18	0.16	1.75	13	10
3,3′-BSPB∶TAPB(5∶4)	0.14	0.19	2.1	2.8	6.7	7.8
20%磺化度的聚苯乙烯	0.05	0.086	0.52	1.19	9.6	7.2
Nafion 117	0.1	0.11	2.72	3.3	3.7	3.3

a：在水中测得；b：甲醇浓度为 30%；c：甲醇浓度为 10%。

膜的制造批次不同，在甲醇透过率上相差也大，可见材料的聚集态是需要严格控制的。将 NTDA/BAPBDS 和 NTDA-BAPBDS/BAPB(2∶1)用于氢/氧燃料电池，其性能略高于以 Nafion 112 为隔膜的电池，明显高于 BDSA 聚酰亚胺为隔膜的电池。例如当电流密度为 1 A/cm^{2}时，后者电压为 0.2～0.4 V，而前者为 0.69 V，这可能是前者具有较高的质子电导率和较低的膜厚所致。

房建华等[11]合成了以苯氧基为间隔链的磺化二胺 BSPOB，这些磺化聚酰亚胺的性能见表 29-12。NTDA-BSPOB/TrMPD(9∶1)膜在相对湿度为 70%和 20%时的质子电导率相应为 10^{-2} S/cm 以上及 10^{-4} S/cm，并且直到 160 ℃，质子电导率都没有明显变化。在 25 ℃和 70 ℃的水中 NTDA-BSPOB/mBAPPS(9∶1)的质子电导率相应为 0.18 S/cm 和 0.31 S/cm，高于 Nafion117 的电导率。

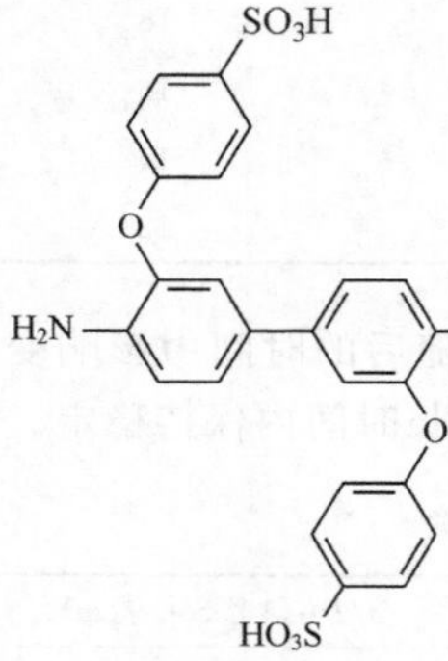
BSPOB

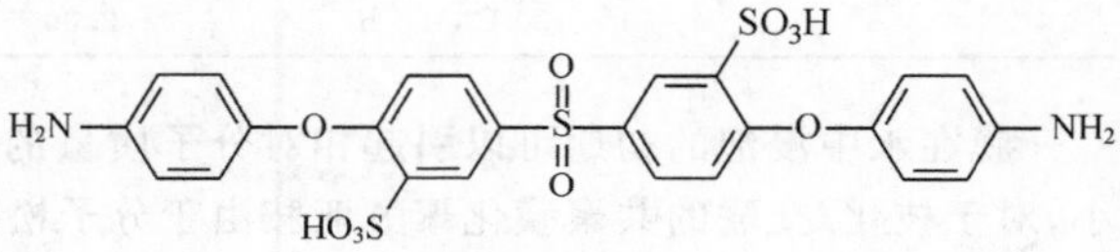
BAPPSDS

表 29-12 由 BSPOB 得到的磺化聚酰亚胺的性能

聚合物	IEC /(meq/g)	吸水率 /(g/100g 聚合物)	对水的稳定性/h	尺寸变化 Δtc	尺寸变化 Δlc
NTDA-BSPOB/mBAPS(9∶1)	2.40	160	＞3000	1.50	0.07
NTDA-BSPOB/TMMPD(9∶1)	2.49	143	600	1.10	0.32
NTDA-BSPOB/TMMPD(2∶1)	2.10	72	＞720	0.22	0.32
NTDA-BAPBDS	2.63	107	1000	0.16	0.15
NTDA-3,3′-BSPB	2.89	250	700	1.80	0.11
NTDA-2,2′-BSPB	2.89	222	2500	2.20	0

McGrath 等[12]认为由 BDSA 与 NTDA 得到的聚酰亚胺在水中的稳定性有限[8]。采用较柔性的磺化二胺可以提高水解稳定性，这种聚合物的合成见式 29-3，性能见表 29-13[13]。

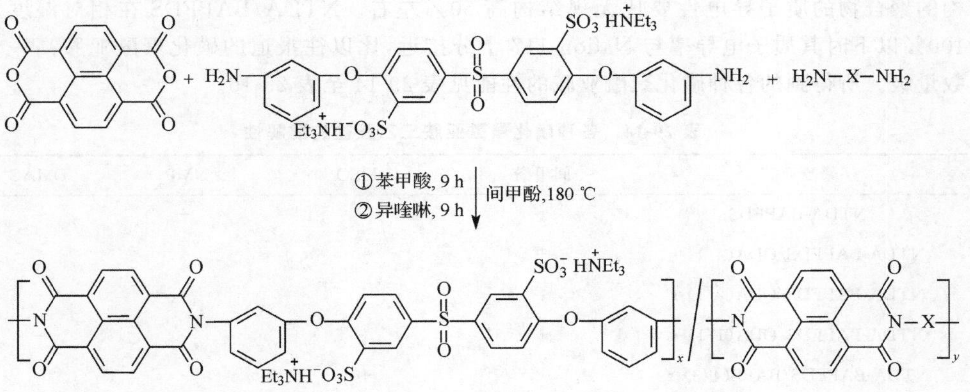

式 29-3　NTDA 与 SADADPS 共聚酰亚胺的合成

表 29-13　由 NTDA 与 SADADPS 和其他二胺合成的磺化聚酰亚胺的性能

共聚二胺及其含量	二磺化度/%（NMR）	η_{inh} /（dL/g）	理论离子交换量 /（mmol/g）	实际离子交换量 /（mmol/g）	$T_{5\%}$/℃
BAPS-00	0	1.17			
BAPS-30	32.6	2.17	0.88	0.85	490
BAPS-40	39.1	2.19	1.12	1.02	484
BAPS-50	49.3	2.40	1.36	1.30	428
BAPS-60	62.8	2.51	1.59	1.50	422
BAPS-70	75.6	1.54	1.82	1.74	419
BAPS-80	81.9	1.65	2.03	1.90	390
ODA-30	27.0	1.57	1.09	1.05	450
ODA-40	40.8	3.98	1.36	1.25	436
ODA-50	49.6	1.54	1.58	1.56	426
ODA-60	63.2	2.23	1.80	1.72	140
ODA-70	74.4	1.04	1.98	1.94	400
ODA-80	84.6	1.85	2.14	2.01	395
MPD-30	31.9	1.20	1.24	1.20	438
MPD-40	41.7	1.37	1.50	1.53	384
MPD-50	48.8	2.01	1.72	1.60	381
MPD-60	63.3	1.87	1.90	1.94	370
MPD-70	71.0	1.24	2.06	2.05	365
MPD-80	82.4	1.15	2.20	2.17	360

Okamoto 等[14,15]合成了以磺化二胺 BAPFDS 或 BDSA 及其他非磺化二胺与 NTDA 得到的磺化聚酰亚胺，在研究其聚集态的影响时发现，在相同的相对湿度下具有有序结

构的聚合物的质子导电性要比无规结构高 50%左右。NTDA/BAPFDS 在相对湿度为 100%以下时其质子电导率与 Nafion 117 十分接近,比以往报道的磺化聚酰亚胺高一个数量级。所得到的各种磺化聚酰亚胺的性能见表 29-14 至表 29-16。

表 29-14 各种磺化聚酰亚胺三乙胺盐的溶解性

聚酰亚胺	间甲酚	DMSO	NMP	DMAC
NTDA-BAPFDS	+	+	−	−
NTDA-BAPFDS/ODA(4/1)-r	+	+	−	−
NTDA-BAPFDS/ODA(2/1)-r	+	+	−	−
NTDA-BAPFDS/ODA(1/1)-r	+	+	−	−
NTDA-BAPFDS/BAPB(4/3)-r	+	+	−	−
NTDA-BAPFDS/m-BAPS(2/1)-r	+	+	−	−
NTDA-BDSA/BAPB(1/1)-r	±	−	−	−
NTDA-BAPFDS/ODA(2/1)-s	+	+	−	−
NTDA-BAPFDS/m-BAPS(2/1)-s	+	+	−	−

注:-r:无规聚合;-s:有序聚合。

表 29-15 各种磺化聚酰亚胺膜的性能

膜	厚度 /μm	IEC /(meq/g)	吸水率 /%	电导率/(S/cm)		膜的稳定性		
				RH:50%	RH:100%	T/℃	时间/h	稳定性
NTDA-BAPFDS	40	2.70	122	0.013	0.21	50	50	○
						80	5	溶
NTDA-BAPFDS/ODA(4∶1)-r	15	2.36	100	0.0065	0.20	80	6	×
NTDA-BAPFDS/ODA(2∶1)-r	28	2.09	76	0.0038	0.17	80	20	○
NTDA-BAPFDS/ODA(1∶1)-r	30	1.71	57	0.0035	0.12	80	26	○
NTDA-BAPFDS/BAPB(4∶3)-r	30	1.68	56	未测到	0.10	80	27	○
NTDA-BAPFDS/m-BAPS(2∶1)-r	25	1.87	69	未测到	0.11	80	20	○
NTDA-BAPFDS/ODA(2∶1)-s	23	2.09	102	0.0067	0.19	80	7	×
NTDA-BAPFDS/m-BAPS(2∶1)-s	25	1.87	77	NM	0.14	80	14	×
NTDA-BDSA/ODA(1∶1)-r	34	1.98	79	0.0030	0.11	80	5	×
NTDA-BDSA/m-BDAF(6∶4)-s	~20	1.86	46.5	—	0.0083	80	~200	×
NTDA-ODADS/ODA(3∶1)-r	44	2.70	113	0.0050	0.21	80	15	○
NTDA-ODADS/ODA(1∶1)-r	34	1.95	87	0.0032	0.12	80	25	溶
NTDA-ODADS/BAPF(1∶1)-r	37	1.71	69	0.0021	0.090	80	13	×
NTDA-ODADS/BAPB(1∶1)-r	36	1.68	57	0.0025	0.10	80	200	○

注:○:保持机械强度。×:稍为弯曲,膜即破裂。

表 29-16　磺化聚酰亚胺薄膜在 50℃和不同湿度下的 IEC 和质子电导率

聚酰亚胺	离子交换容量/(meq/g)	电导率/(S/cm)		
		RH=50%	RH=80%	RH=100%
NTDA-ODADS	3.37	0.0090	0.043	0.30
NTDA-ODADS/ODA(1∶1)	1.95	0.0032	0.017	0.12
NTDA-ODADS/BAPB(1∶1)	1.68	0.0025	0.011	0.10
NTDA-ODADS/*p*-6FBA(1∶1)	1.73	0.0018	0.012	0.11
NTDA-ODADS/BAPF(1∶1)	1.71	0.0021	0.011	0.090
NTDA-BDSA	3.46	未测到	未测到	未测到
NTDA-BDSA/ODA(1∶1)	1.98	0.0030	0.013	0.11
NTDA-BDSA/p-6FBA (1∶1)	1.75	0.0028	0.012	0.12
NTDA-BDSA/BAPF(1∶1)	1.73	0.0036	0.010	0.096
$CH_3$5 50∶50[a]	1.64	—	—	0.0059
CF_3 5 50∶50[a]	1.51	—	—	0.0071
Nafion117	0.91	0.0040[b]	0.015[b]	0.1[b]

a：$CH_3$5 50∶50 为 NTDA 与 DSDA 及 *p*,*p*′-API 的嵌段共聚物，DSDA 与 *p*,*p*′-API 的物质的量比为 1∶1，各链段的长度为 5 个重复单元；CF_3 5 50∶50 为 NTDA 与 DSDA 及 *p*-BDAF 的嵌段共聚物，DSDA 与 *p*-BDAF 的物质的量比为 1∶1，各链段的长度为 5 个重复单元。质子电导率在室温下测得。b：在 45℃测得的数据。

Lee 等[16]研究了由 NTDA 或 PTDA 与 BDSA 及等当量的另一种二胺得到的聚酰亚胺在较高温度下的性能(表 29-17 和表 29-18)。发现二胺桥基的增大可以增加自由体积，电导率随自由体积的增加而增加。尽管磺化聚酰亚胺在低温下与 Nafion 相比具有低的吸水率和离子交换容量，但在高温下质子电导率可以与 Nafion 相当或更高。这认为是由于非磺化链段自由体积的增加使水分子的迁移能力提高。桥基体积的增大也提高了聚合物的水解稳定性。NTDA-BDSA/DMMDA 在超过 50 ℃以后质子电导率迅速增高，而 NTDA-BDSA/TEMDA 在超过 80℃以后才增高。随着烷基取代数量的增加，磺化聚酰亚胺的吸水率和离子交换容量降低，水解稳定性增高。

表 29-17　由 NTDA 或 PTDA 与 BDSA 及等当量的另一种二胺得到的聚酰亚胺的性能

聚酰亚胺	厚度/μm	吸水率/%	离子交换容量/(meq/g)	80℃下水解稳定性	
				时间/h	状态
NTDA-BDSA/ODA	19.42	26.3	2.01	90	稍脆
NTDA-BDSA/MDA	13.87	27.2	1.76	80	脆
NTDA-BDSA/DDS	22.90	21.2	1.66	110	良好
NTDA-BDSA/BAPP	22.10	20.6	1.48	110	良好
NTDA-BDSA/*p*-BDAF	25.60	15.9	1.28	110	良好
NTDA-BDSA/MDA	13.87	38.5	1.76	80	脆
NTDA-BDSA/DMMDA	27.85	32.3	1.72	110	良好
NTDA-BDSA/TEMDA	34.10	23.7	1.12	110	良好
PTDA-BDSA/ MDA	35.00	35.1	1.64	110	稍脆
PTDA-BDSA/DMMDA	25.32	27.8	1.58	110	良好
PTDA-BDSA/TEMDA	30.64	23.3	1.13	25℃	脆

表 29-18　由 NTDA 或 PTDA 与 BDSA 及等当量的另一种二胺得到的聚酰亚胺的质子电导率(S/cm)

聚酰亚胺	30 ℃	40 ℃	50 ℃	60 ℃	70 ℃	80 ℃	90 ℃
NTDA-BDSA/DDS	0.0050	0.0071	0.0085	0.0247	0.0605	0.1899	0.2218
NTDA-BDSA/MDA	—	—	0.0259	0.0538	0.0702	0.0790	—
NTDA-BDSA/BAPP	0.0037	0.0063	0.0758	0.1063	0.1509	0.1628	0.1966
NTDA-BDSA/*p*-BDAF	0.0020	0.0047	0.0318	0.0343	0.0580	0.1028	0.2828
NTDA-BDSA/MDA	—	—	0.0259	0.0538	0.0702	0.0790	—
NTDA-BDSA/DMMDA	0.0092	0.0101	0.0173	0.1213	0.2320	0.3137	0.3777
NTDA-BDSA/TEMDA	0.0044	0.0065	0.0087	0.0195	0.0210	0.1265	0.1403
Nafion 115	0.0810	0.0989	0.1157	0.1338	0.1463	0.1606	0.1759

随着对在高温下工作的燃料电池受到重视，Okamoto 等[17]合成了带脂肪磺酸侧基的二胺 BSPB，与 NTDA 合成的聚酰亚胺在 120 ℃，50%～100% RH，质子电导率达到 0.02～0.25 S/cm，在氢-氧电池上的性能可与 Nafion 112 相比。这些聚合物的性能见表 29-19。

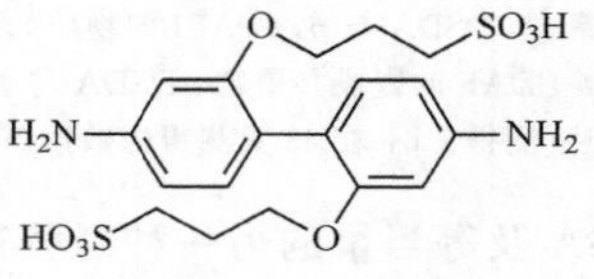
2, 2′-BSPB

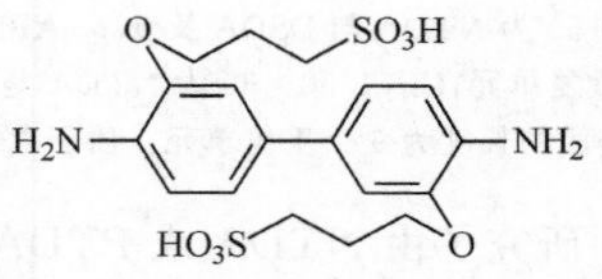
3, 3′-BSPB

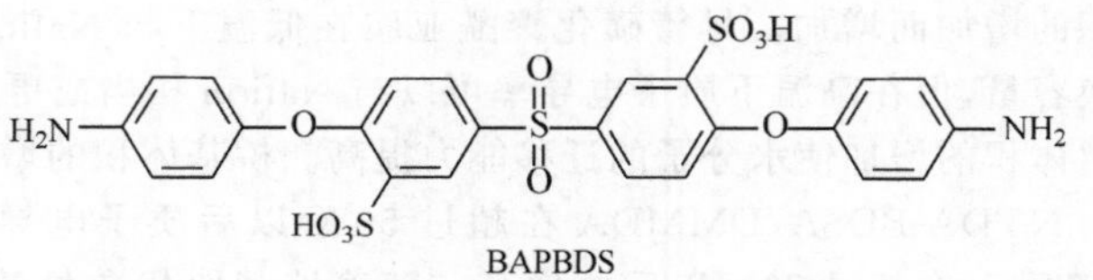
BAPBDS

表 29-19　一些磺化聚酰亚胺的性能

磺化 PI	IEC /(meq/g)	吸水率/%	尺寸变化[a] Δtc	尺寸变化[a] Δlc	电导率[b] /(S/cm)	浸泡时间/h	模量 /GPa	强度 /MPa	断裂伸长率/%
NTDA/BAPBDS-BAPB(2∶1)	1.89	51	0.20	0.04	0.090	0	1.22	104	126
						48	0.81	40	5.6
						96	0.61	34	6.2
NTDA/BAPBDS-TAPB(5∶4)	2.29	77	0.23	0.08	0.095	0	1.22	98	64
						48	0.90	55	10
						96	0.83	57	15
NTDA/3,3′-BSPB-TAPB(5∶4)	2.49	114	0.68	0.02	0.13	0	2.3	130	18
						48	2.0	120	16
						96	1.9	110	17
						196	2.0	90	12

续表

磺化 PI	IEC /(meq/g)	吸水率/%	尺寸变化[a] Δtc	Δlc	电导率[b] /(S/cm)	浸泡时间/h	模量 /GPa	强度 /MPa	断裂伸长率/%
						0	—	—	—
NTDA/2,2′-BSPB-TAPB(6∶5)	2.57	104	0.59	0.01	0.10	48	2.4	122	8.8
						96	2.3	83	4.6
Nafion 117	0.91	25	—	—	0.080				

a：室温，水中测定；b：50 ℃，90%RH 下测定。

磺化 PEEK(SPEEK)与聚酰胺酰亚胺及聚醚酰亚胺(PEI，Ultem)都可以得到相容的共混物，T_g 接近 Fox 方程[18]。Mikhailenko 等[19]研究了磺化 PEEK 与 PEI 的共混物的质子导电性能(表 29-20)。

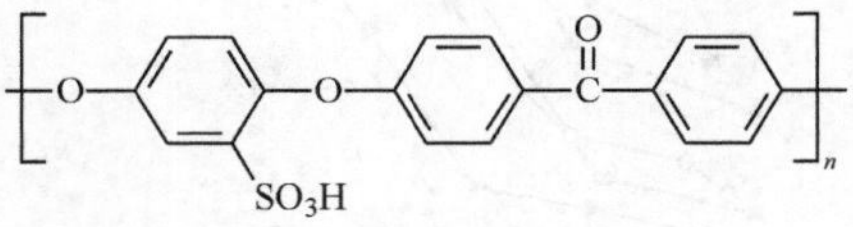

SPEEK

表 29-20　磺化 PEEK 与 PEI 的共混物的质子导电性能

PEEK 磺化度/%	PEI 质量分数%	水化膜的厚度/μm	吸水率/%	电导率/(S/cm) 25 ℃	100 ℃
65	0	300	33	7.9×10^{-4}[a]	8.1×10^{-3}
				2.8×10^{-3}[b]	1.7×10^{-2}
				3.2×10^{-3}[c]	2.4×10^{-3}
70	0	350	40	1.4×10^{-3}	8.6×10^{-3}
				4.1×10^{-3}	2.5×10^{-2}
				5.7×10^{-3}	4.1×10^{-2}
	0	300	47	1.0×10^{-3}	1.3×10^{-3}
				3.0×10^{-3}	5.7×10^{-2}
				5.1×10^{-3}	7.0×10^{-2}
	2	450	61	2.2×10^{-3}[a]	1.9×10^{-2}
72	5	600	51	1.8×10^{-3}	2.3×10^{-2}
				4.2×10^{-3}	6.4×10^{-2}
				7.1×10^{-3}	8.3×10^{-2}
	15	400	42	9.1×10^{-4}	1.4×10^{-2}
				2.9×10^{-3}	3.1×10^{-2}
				4.1×10^{-3}	3.0×10^{-2}
	25	250	31	7.9×10^{-4}	4.8×10^{-3}
				1.0×10^{-3}	7.3×10^{-3}
				3.1×10^{-3}	2.1×10^{-2}

a：未掺杂；b：磷酸掺杂；c：HCl 掺杂。

共混膜的吸水率随 PEI 的增加而减少，与掺杂与否无关。用酸掺杂后，电导率可以增加几倍(图 29-3)。用盐酸掺杂比磷酸更有效。电镜研究表明，PEI 呈球状粒子分散在 SPEEK 中，DSC 研究表明 PEI 对 SPEEK 部分溶解，从而影响了后者的溶胀。少量 PEI 可以增加共混物的吸水率，因为在界面处增加了吸水点，PEI 的再增加会减少共混膜的溶胀，所以也减少了吸水率。

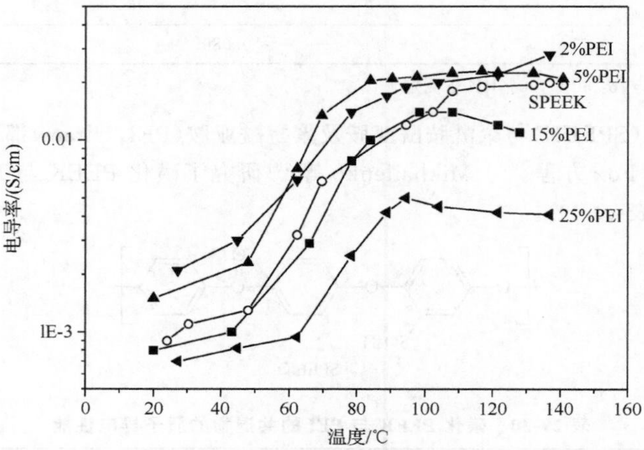

图 29-3　SPEEK/PEI 共混物膜的导电性与温度的关系

Karcha 等[20]研究了 PEEK 与 Torlon 4000T(PAI)的共混物，当 PAI＜30％时，只有一个 T_g，PAI＞30％则分相，T_g 取决于磺化度。PAI 与磺酰胺化 PEEK(SPEEK)也相容。SPEEK/PAI 的红外光谱分析未发现氢键或酸碱作用，认为相容是由于传荷作用，即磺酸取代的缺电子的苯环与 PAI 中带氨基富电子苯环之间形成的电荷转移络合物。

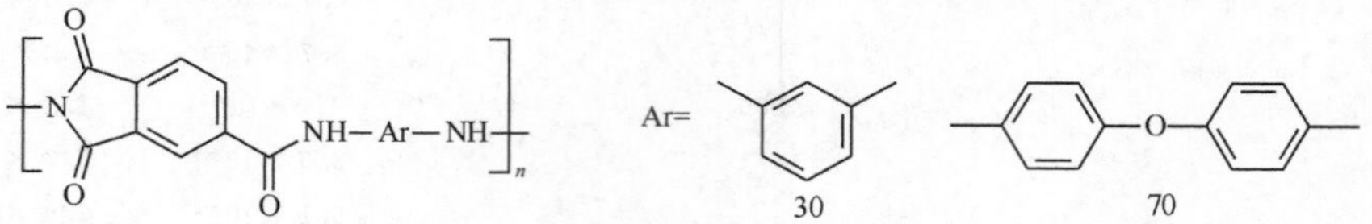

Torlon 4000T, T_g: 273 ℃

Jung 等[21]合成了以 BTDA 为二酐，BDSA 及 ODA 为二胺的磺化聚酰亚胺(式 29-4)，并研究了它们的质子导电性能和甲醇透过率(表 29-21)。由该结果可以看到，磺化聚酰亚胺的甲醇透过率可以比 Nafion 117 低至少两个数量级。但在该工作中没有说明这类磺化聚酰亚胺对水的稳定性。

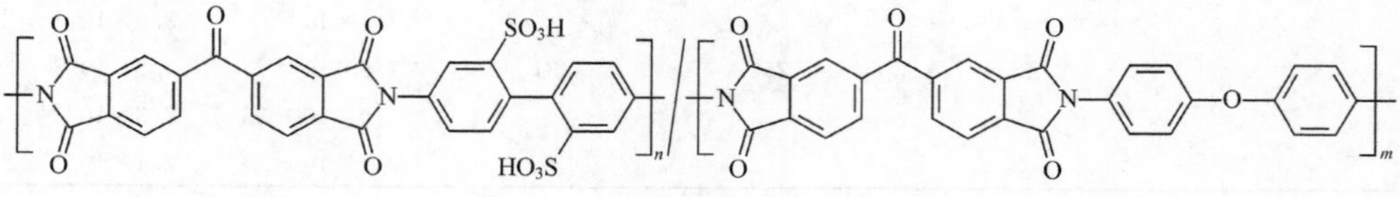

式 29-4

表 29-21　由 BTDA 得到的磺化聚酰亚胺的性能

设计磺化度/%（物质的量分数）	实际磺化度/%（物质的量分数）	离子交换容量/(mmol/g)	膜厚/μm	吸水率/%（质量分数）	质子电导率/(S/cm)	甲醇透过率/[cm³·cm/(cm²·s)]
Nafion117		0.091	175	34.21	0.10	2.38×10^{-6}
0	0.0	0.00	89	2.41	1.72×10^{-3}	8.52×10^{-10}
10	6.5	0.25	82	3.24	2.26×10^{-3}	9.18×10^{-10}
20	15.8	0.56	98	4.32	3.52×10^{-3}	1.13×10^{-9}
30	25.0	0.84	85	5.99	3.64×10^{-3}	2.08×10^{-9}
40	35.8	1.13	74	12.65	3.62×10^{-3}	2.08×10^{-9}
50	45.9	1.38	81	14.74	1.11×10^{-2}	2.59×10^{-8}
60	57.1	1.63	90	15.35	3.77×10^{-2}	6.26×10^{-8}
70	63.2	1.75	85	15.89	4.10×10^{-2}	7.34×10^{-8}

阎敬灵等[22]利用联萘二酐合成了带磺酸基的聚酰亚胺（式 29-5），这些聚合物与 Nafion 膜的性能比较见表 29-22 和表 29-23。

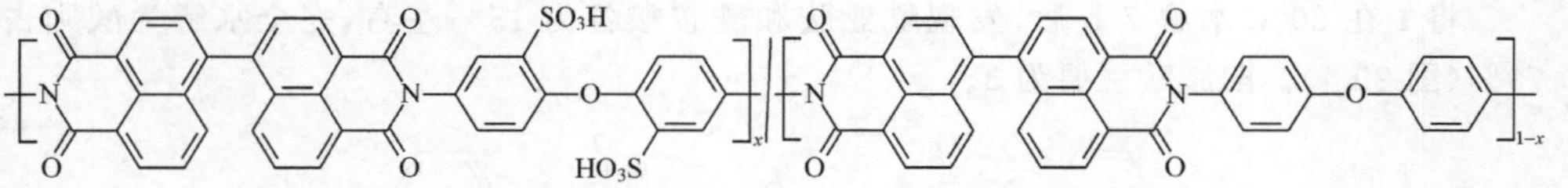

式 29-5　由联萘二酐得到的含磺酸基的聚酰亚胺

表 29-22　由联萘二酐合成的磺化聚酰亚胺薄膜的性能

聚合物	IEC/(meq/g)	吸水率/%	质子电导率/(mS/cm)	甲醇透过率/(cm²/s)	相对选择性	D_{eff}/(cm²/s)
$x=0.75$	2.21	53	182	1.4×10^{-6}	2.6	7.6×10^{-6}
$x=0.50$	1.57	38	110	6.1×10^{-7}	3.5	2.0×10^{-6}
NR-212	0.91	36	137	2.7×10^{-6}	1	9.5×10^{-6}

表 29-23　由联萘二酐合成的磺化聚酰亚胺膜组成的燃料电池的性能

聚合物	HFR/(W·cm²)	I_{lim}/(mA/cm²)	$OCV_{甲醇}$/V	$P_{max甲醇}$	$OCV_{氢}$/V	$P_{max氢}$
$x=0.75$	0.103	288	0.82	72	0.95	252
$x=0.50$	0.097	267	0.83	75	0.95	250
NR-212	0.083	342	0.80	67	0.95	238

注：HFR：高频电阻；I_{lim}：极限电流密度；OCV：开放电路电压；P：最大功率密度。

29.2　磺化聚酰亚胺对水的稳定性

由于燃料电池是在水的存在下工作的，聚合物对水的稳定性直接决定了材料的使用寿命。对水的稳定性分两种：一种是物理性的，即由于水对亲水膜的溶胀甚至溶解造成膜的强度的损失；另一种是化学性的，即在电池条件下酰亚胺环的水解及磺酸基的脱落。由于酰亚胺环本身对水解,尤其是在碱和强酸中的不稳定,在选定以聚酰亚胺作为交换膜时就要特别加以关注。通常的五元酰亚胺环由于环的张力较大对水解比较敏感,而六元的酰亚胺环就比较稳定[23]。

Mercier 等[24]用模型研究带磺基聚酰亚胺的水解稳定性,水解实验在 80 ℃(燃料电池工作温度下)进行。

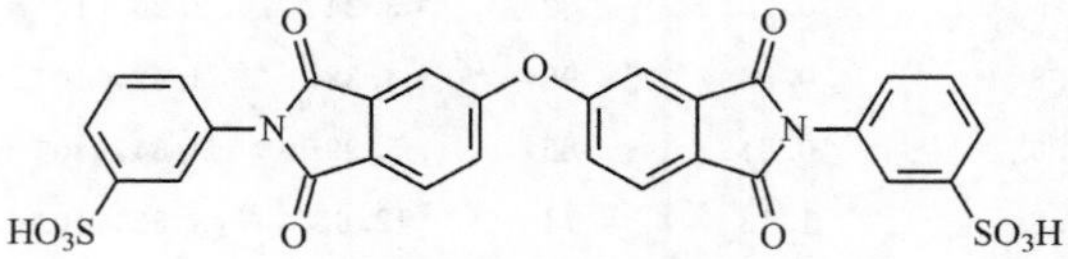

1

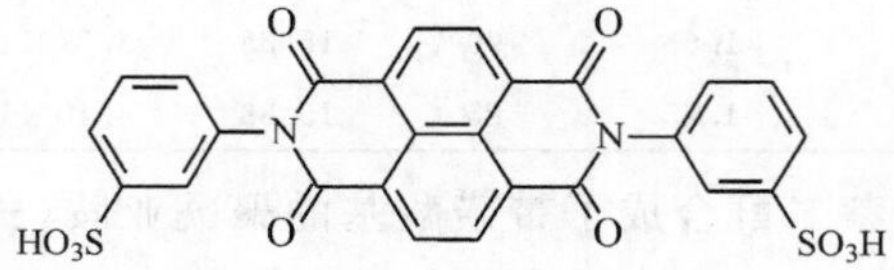

2

将**1**在 80 ℃水解 7 h 后,发现酰亚胺和酰胺酸各为 15%左右,完全水解为酸则占 70%(图 29-4)。酰胺酸主要为**3**。

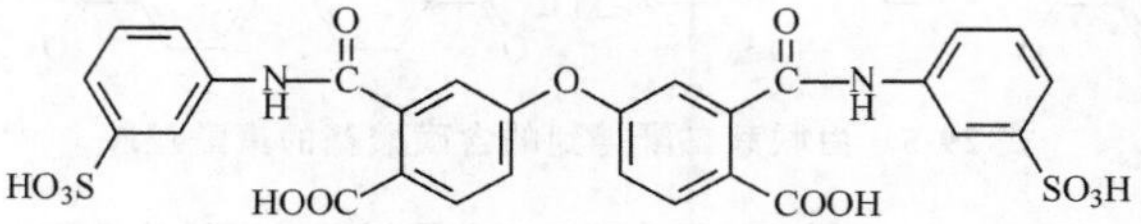

3

将**2**在 80 ℃水解 120 h 后的 ^{1}H NMR 与在 1200 h 后的相同,说明可能存在如式 29-6 所示平衡反应,认为水解转化率达到 12%左右即形成平衡。这与五元环的酰亚胺的水解反应有根本的区别(见第 7.2 节)。

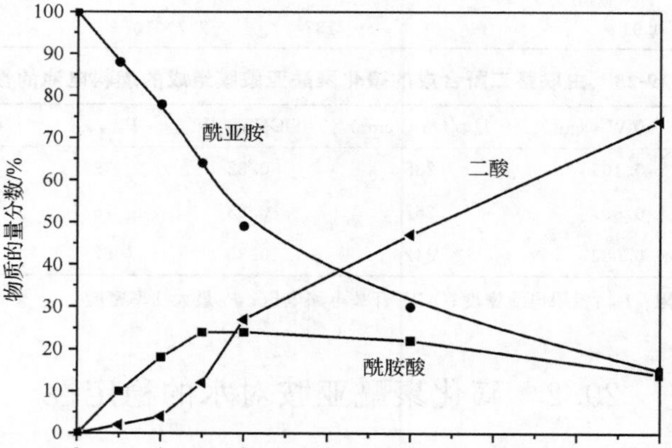

图 29-4　各种化合物的组成与老化时间的关系

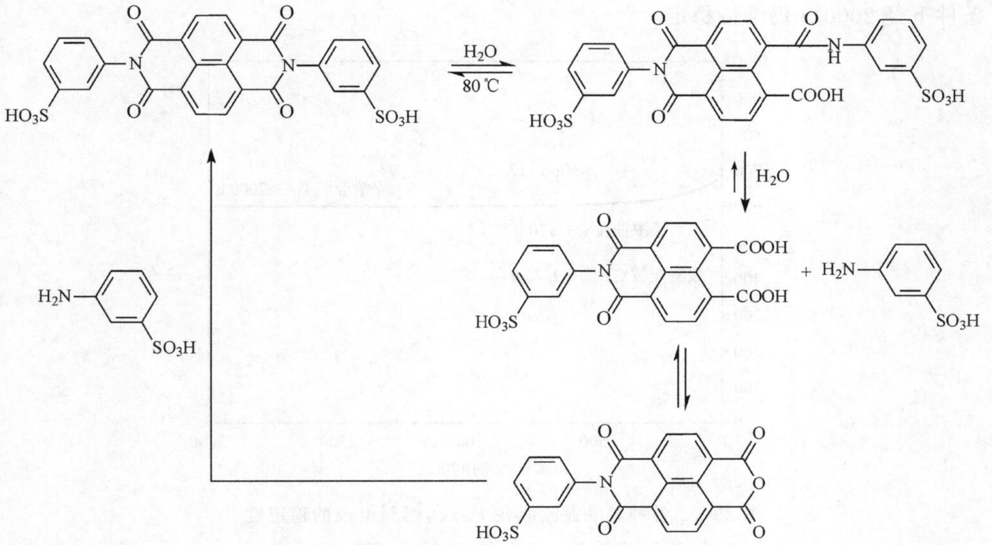

式 29-6　六元环酰亚胺的水解平衡反应

Okamoto 等[9]研究了磺化二胺的结构对膜的稳定性的影响,结果见表 29-3 和表 29-24。

表 29-24　由 NTDA 得到的各种磺酸化聚酰亚胺膜的对水的稳定性[25,26]

二胺	水解温度/℃	水解时间/h	失重/%	失硫/%	薄膜状态	文献
p-BAPBDS/BAPB(2∶1)	100	300	2.8	1.7	可对折	[24]
	130	96	7.0	6.5	可对折	[24]
p-BAPBDS/BAPBz(2∶1)	100	300	5.2	3.2	可对折	[24]
	130	192	7.3	8.1	可对折	[24]
m-BAPBDS/BAPB(3∶2)	130(蒸汽)	96	0.1		可对折	[24]
BDSA/BAPBz(1∶1)	130	24	37	46	碎裂	[24]
2,2′-BSPB/BAPB(2∶1)	100	300		21	对折断裂	[25]
2,2′-BSPB/BAPB(2∶1)-s	100	300		5.0	可对折	[25]
2,2′-BSPB/BAPPS(2∶1)	100	300		6.0	可对折	[25]
3,3′-BSPB/BAPB(2∶1)	100	300		11	对折断裂	[25]
p-BAPBDS/TAPB(6∶1)	130	96	8.3	7.9	可对折	[25]
2,2′-BSPB/TAPB(7.5∶1)	130	96	13		可对折	[25]
3,3′-BSPB/TAPB(7.5∶1)	130	196	18	30	可对折	[25]

由表 29-3 可见由带多个苯环的二胺,如 BAPBDS 和 BAPB 及带氟的二胺所得到的磺化聚酰亚胺比由 ODA 得到的聚酰亚胺有大得多的对水稳定性,他们认为具有较高碱性的磺化二胺和柔性链的二胺可以提高聚酰亚胺的对水稳定性。这也可能与这些二胺单元能够使聚合物有较大的疏水性有关。各种聚酰亚胺膜在 H_2/O_2 燃料电池中的稳定性见图 29-5,从该图可以看到,由 NTDA 与 BDSA 及 ODA 得到的磺化聚酰亚胺膜在电池

条件下经 2000 h 仍维持稳定。

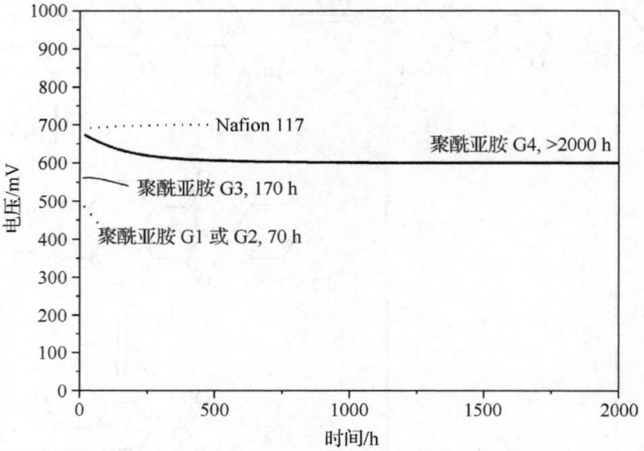

图 29-5　各种聚酰亚胺膜在 H_2/O_2 燃料电池的稳定性[7]

$P(H_2)=P(O_2)=3$ bar；$T=60$ ℃；$i=250$ mA/cm^2

G1：ODPA-BDSA/MDA(1∶1)；G2：ODPA-BDSA/ODA(1∶1)；

G3：NTDA-BDSA/MDA(1∶1)；G4：NTDA-BDSA/ODA(1∶1)

NTDA-ODADS/ODA-(1∶1)膜在干态的强度为 100 MPa，在 100 ℃水中浸泡 3 h，强度降到 32 MPa。而 BDSA 的膜在 100 ℃水中 10 min 就变脆了，由 ODADS 得到的聚酰亚胺膜的柔性比由 BDSA 的高，所以对水也较稳定。

Okamato 等[9,14,15]以用于氧化稳定性试验的 Fenton 试剂（30 ppm $FeSO_4$ + 30% H_2O_2）对各种磺化聚酰亚胺进行了稳定性试验，其结果见表 29-25。

表 29-25　各种磺化聚酰亚胺在 30 ℃下与 Fenton 试剂作用的结果

磺化聚酰亚胺	厚度/μm	变脆时间/h	开始溶解时间/h
NTDA-BAPFDS/ODA(4∶1)-r	58	17	21
NTDA-BAPFDS/ODA(1∶1)-r	23	18	22
NTDA-BAPFDS/BAPB(4∶3)-r	31	22	26
NTDA-BAPFDS/*m*-BAPS(2∶1)-r	26	21	26
NTDA-BAPFDS/ODA(2∶1)-s	30	12	16
NTDA-BAPFDS/*m*-BAPS(2∶1)-s	21	7	10
NTDA-BDSA/ODA(1∶1)-r	21	13	20
NTDA-ODADS/BAPF(1∶1)-r	40	29	32
NTDA-ODADS/ODA(1∶1)	29	20	24
NTDA-ODADS/BAPB(1∶1)	37	29	32
NTDA-ODADS/BAPF(1∶1)	40	29	32
NTDA-ODADS/*p*-6FBA (1∶1)	26	24	29
NTDA-BDSA/ODA(1∶1)	21	13	20

续表

磺化聚酰亚胺	厚度/μm	变脆时间/h	开始溶解时间/h
NTDA-BDSA/BAPF(1∶1)	34	23	26
NTDA-BDSA/*p*-6FBA (1∶1)	25	18	20
NTDA-BAPBDS		22	25
NTDA-BAPBDS/TFMB (4∶1)		22	25
NTDA-BAPBDS/TFMB (1∶1)		23	38
NTDA-BAPBDS/BAPB (4∶1)		20	29

Meyer 等[27]研究了式 29-7 聚合物的耐水性，结果见图 29-6。

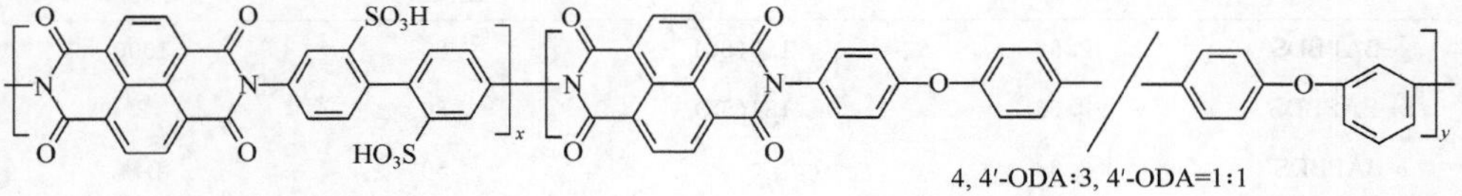

式 29-7

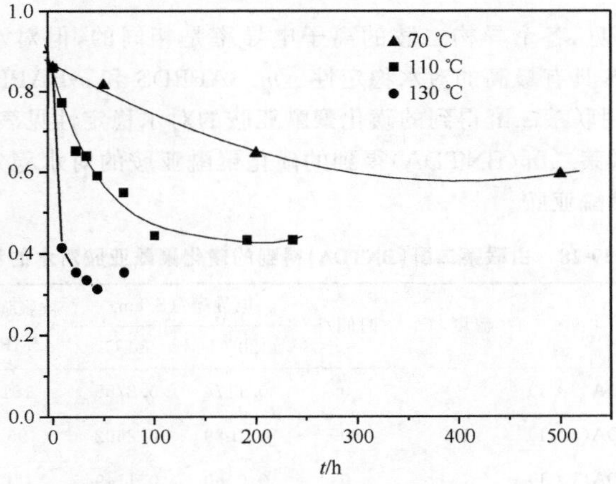

图 29-6　式 29-7 聚酰亚胺(x∶y=20∶80，$x=5$，$y=21$)的耐水性

Okamoto 等[28]研究了异构磺化二胺的性能，其溶解性和对水的稳定性见表 29-26 和表 29-27。

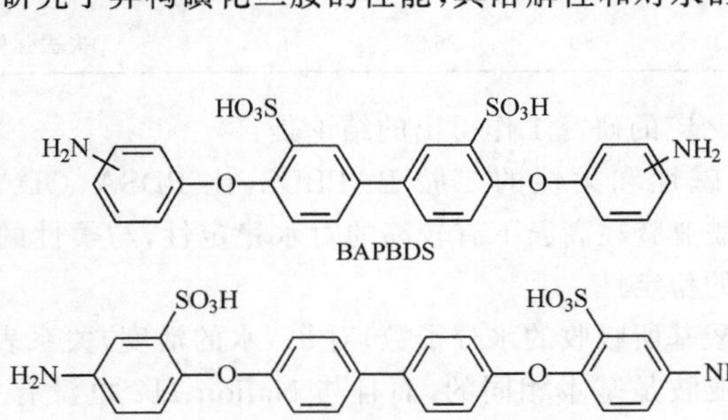

表 29-26　各种异构二胺与 NTDA 得到的聚酰亚胺的溶解性

二胺	间甲酚	DMSO	NMP	DMAc	DMF	甲醇
p-BAPBDS	+	−	−	−	−	−
m-BAPBDS	+	+	+	+	+	−
o-BAPBDS	+	+	+	+	+	−
i-BAPBDS	+	−	−	−	−	−

表 29-27　各种异构二胺与 NTDA 得到的聚酰亚胺的 IEC、WU 基对水的稳定性

二胺	IEC/(meq/g)	WU/%(温度/℃)	对水的稳定性	
			温度/℃	时间/h
p-BAPBDS	2.63	130(80)	80	1000
m-BAPBDS	2.63	184(50)	80	2
o-BAPBDS	2.63	—	50	溶解
i-BAPBDS	2.63	213(80)	80	80

由表 29-27 可见，各个异构二胺的离子电导率是相同的，但对水的稳定性却显著不同。以 *p*-BAPBDS 具有最高的对水稳定性。*m*-BAPBDS 和 *o*-BAPBDS 最差。

阎敬灵等[29]用联萘二酐得到的磺化聚酰亚胺的对水稳定性见表 29-28。

由表可见由联萘二酐(BNTDA)得到的磺化聚酰亚胺的对水稳定性明显高于相应的由萘二酐得到的聚酰亚胺。

表 29-28　由联萘二酐(BNTDA)得到的磺化聚酰亚胺对水的稳定性

聚合物	温度/℃	时间/h	电导率/(S/cm)		抗张强度/MPa	模量/GPa	断裂伸长率/%
			20 ℃	80 ℃			
BNTDA/ODADS∶ODA(3∶1)		0	0.1174	0.2755	101	1.46	35
BNTDA/ODADS∶ODA(3∶1)	100	800	0.1089	0.2602	95	1.22	16
BNTDA/ODADS∶ODA(1∶1)		0	0.0450	0.1149	110	1.35	40
BNTDA/ODADS∶ODA(1∶1)	100	800	0.0372	0.1012	94	1.03	22
NTDA/ODADS	50	0.17			失去强度		
NTDA/ ODADS∶ODA(1∶1)	80	25			失去强度		

由 Okamoto 等[9,14,15]的研究工作得出的结论是：

(1) 具有较高的碱性和柔性的二胺 BAPBDS，比 BDSA、ODADS 或 BAPFDS 与 NTDA得到的磺化聚酰亚胺在高温下有较高的对水稳定性，与柔性的非磺化 BAPB 共聚后进一步提高其对水的稳定性。

(2) 由 λ(每个磺酸基所吸收的水分子数)对 α_w(水的活度)关系表达的等温吸水性对于所研究的磺化聚酰亚胺是基本相同的，而且与 Nafion 117 也没有大的差别。当 α_w 由 0.8 增加到 1 时，λ 明显增加，因为吸水使聚合物链的堆砌发生较大的松弛。

（3）尺寸变化随吸水率的增加而增加。

（4）离子交换容量在 1.9～2.7 meq/g 的磺化聚酰亚胺其质子电导率（σ）与吸水率间有类似的关系而与 Nafion 117 不同。磺化聚酰亚胺要达到与 Nafion 相同的质子电导率需要高得多的吸水率。完全水化后的磺化聚酰亚胺在 50 ℃可以达到较高的质子电导率（0.11～0.24 S/cm），该值类似或略高于 Nafion 117。

（5）对于具有较低离子交换容量的磺化聚酰亚胺，例如 1.5 meq/g 或更低，σ 与吸水率的关系不同于具有较高离子交换容量的磺化聚酰亚胺。在给定的吸水率下具有小得多的 σ。具有较高离子交换容量的磺化聚酰亚胺甚至在 70%RH 下也具有高的 σ。

对水的稳定性可以由膜在 100 ℃水中破碎的时间来评估，NTDA/BAPBDS 膜可以稳定 1000 h，而由 2,2′-BSPB 和 3,3′-BSPB 得到的共聚磺化酰亚胺可以在 3000 h 以上稳定，这可能是由于丙氧基高的给电子效应使二胺有高的碱性，此外微相分离的结构也对稳定性起有重要的作用。因为酰亚胺环的水解是酸催化过程，如果质子被限制在与聚合物主链分隔的富离子微区中，酰亚胺环的水解将会被抑制。

磺化聚酰亚胺质子导电膜的研究只有仅仅十多年的历史，对于以聚酰亚胺为基体材料的燃料电池隔膜来说，最大的挑战还是其对水解的稳定性，含六元环酰亚胺的聚合物的水解稳定性虽然比含五元环的聚合物要高得多，尤其是以联萘二酐所得到的磺化聚酰亚胺，其表现出的对水稳定性是值得给予充分关注的。

磺化聚酰亚胺除了希望能够作为燃料电池的隔膜外，还可能在电解或电渗析隔膜及从有机物除水的渗透汽化膜等方面找到应用。

参考文献

[1] Kerres J A, J. Membr. Sci., 2001, 185: 3; Kreuer K D. J. Membr. Sci., 2001, 185: 29.

[2] Bailly C, Williams D J, Karasz F E, MacKnight W J. Polymer, 1987, 28: 1009.

[3] Johnson B C, Yilgor I, Tran C, Iqbal M, Wightman J P, Lloyd D R, McGrath J E. J. Polym. Sci., Polym. Chem., 1984, 22: 721; Kerres J, Cui W, Reichle S. J. Polym. Sci., Polym. Chem., 1996, 34: 2421.

[4] Miyatake K, Fukushima K, Takeoka K, Tsuchida E. Chem. Mater., 1999, 11: 1171.

[5] Jones D J, Roziere J. J. Membr. Sci., 2001, 185: 41.

[6] Faure S, Mercier R, Aldebert P, Pineri, M, Sillion B. Fr, 9605707, 1996.

[7] Faure S, Mercier R, Pineri M, Sillion B. in 4th European Technical Symposium on Polyimides and High Performance Polymers, at University Montpellier 2-France 13-15 May 1996. Ed. by J. M. Abadie and B. Sillion., p. 414.

[8] Genies C, Mercier R, Sillion B, Cornet N, Gebel G, Pineri M. Polymer, 2001, 42: 359.

[9] Watari T, Fang J, Tanaka K, Kita H, Okamoto K-I, Hirano T. J. Memb. Sci., 2004, 230: 111.

[10] Okamoto K-I//Proceedings of The Sixth China-Japan Seminar on Advanced Aromatic Polymers, Hangzhou, China, 24-27 Oct., 2004: 1.

[11] Fang J, Guo X, Litt M. in Proceedings of The Sixth China-Japan Seminar on Advanced Aromatic Polymers, Hangzhou, China, 24-27 Oct., 2004: 9.

[12] Einsla B R, Hong Y-T, Kim Y S, Wang F, Gunduz N, McGrath J E. J. Polym. Sci., Polym. Chem., 2004, 42: 862.

[13] Fang J, Guo X, Harada S, Watari T, Tanaka K, Kita H, Okamoto K. Macromolecules, 2002, 35: 9022.

[14] Guo X, Fang J, Watari T, Tanaka K, Kita H, Okamoto K-I. Macromolecules, 2002, 35: 6707.

[15] Fang J, Guo X, Harada S, Watari T, Tanaka K, Kita H, Okamoto K-I. Macromolecules, 2002, 35: 9022.

[16] Lee C, Sundar S, Kwon J, Han H. J. Polym. Sci., Polym. Chem., 2004, 42: 3612; Lee C, Sundar S, Kwon J, Han H. J. Polym. Sci., Polym. Chem., 2004, 42: 3621.
[17] Yin Y, Hayashi S, Yamada O, Kita H, Okamoto K-I. Macromol. Rapid Commun., 2005, 26: 696.
[18] Karcha RJ, Porter R S. J. Polym. Sci., Polym. Phys., 1989, 27: 2153.
[19] Mikhailenko S D, Zaidi S M J, Kaliaguine S. J. Polym. Sci., Polym. Phys., 2000, 38: 1386.
[20] Karcha R J, Porter R S. J. Polym. Sci., Polym. Phys., 1993, 31: 821.
[21] Woo Y, Oh S Y, Kang Y S, Jung B. J. Memb. Sci., 2003, 220: 31.
[22] Yan J, Huang X, Moore H D, Wang C-Y, Hickner M A. Int. J. Hydrogen Energy, 2012, 31: 6153.
[23] Vallejo E, Pourcelly G, Gavach C, Mercier R, Pineri M. J. Membr. Sci., 1999, 160: 127.
[24] Genies C, Mercier R, Sillion B, Petiaud R, Cornet N, Gebe, G, Pineri M. Polymer, 2001, 42: 5097; Perrot C, Gonon L, Marestin C, Gebel G. J. Membr. Sci., 2011, 379: 207.
[25] Yin Y, Chen S, Guo X, Fang J, Tanaka K, Kita H, Okamoto K-I, High Perform. Polym., 2006, 18: 617.
[26] Yin Y, Suto Y, Sakabe T, Chen S, Hayashi S, Mishima T, Yamada O, Tanaka K, Kita H, Okamoto K-I, Macromolecules, 2006, 39: 1189.
[27] Meyer G, Perrot C, Gebel G, Gonon L, Morlat S, Gardette J-L. Polymer, 2006, 47: 5003.
[28] Yin Y, Chen S, Guo X, Fang J, Tanaka K, Kita H, Okamoto K-I. High Perform. Polym., 2006, 18: 617.
[29] Yan J, Liu C, Wang Z, Xing W, Ding M. Polymer, 2007, 48: 6210.

第30章　生物相容材料

30.1　聚酰亚胺的生物适应性

一种材料可以作为生物材料使用，首要条件就是要有良好的血液相容性和组织相容性。Sun 等对 Kapton HN、PI2611 和感光聚酰亚胺 PSPI7020 的生物相容性进行了研究[1]。成纤细胞 L929 的细胞毒性实验(MTS)结果显示在三种聚酰亚胺上的细胞生存能力与参照样品聚乙烯没有明显区别。Kapton HN、PI2611 和感光聚酰亚胺 PSPI7020 对成纤维细胞 L929 没有大的细胞毒性。成纤维细胞 L929 培养 24 h 后，Kapton HN 和 PSPI7020 上细胞有多的附着和正常的向外铺展的多角形态，PI2611 上只有少量细胞黏附和个别细胞的向外铺展，说明成纤维细胞 L929 在 Kapton HN 和 PSPI 7020 上有好的细胞生长能力，在 PI2611 上有相对较差的细胞生长能力。Schwann 细胞在 Kapton HN、PI2611 和 PSPI7020 上分别培养 24 h 后均有好的黏附和铺展，有好的生长能力。在材料上细胞的行为与材料的种类和表面性质相关，这些因素也影响蛋白质和细胞黏附，应综合选择合适的基板和封装材料。

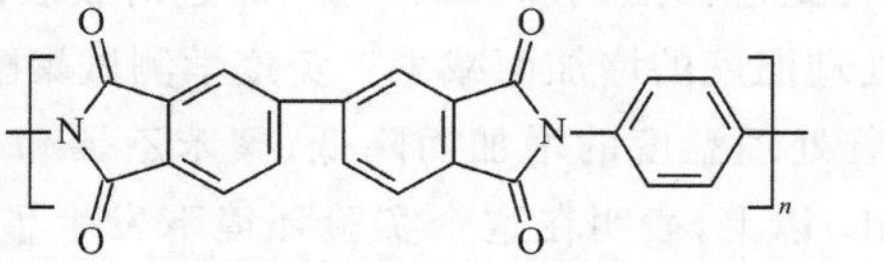

聚酰亚胺PYRALIN PI 2611的结构

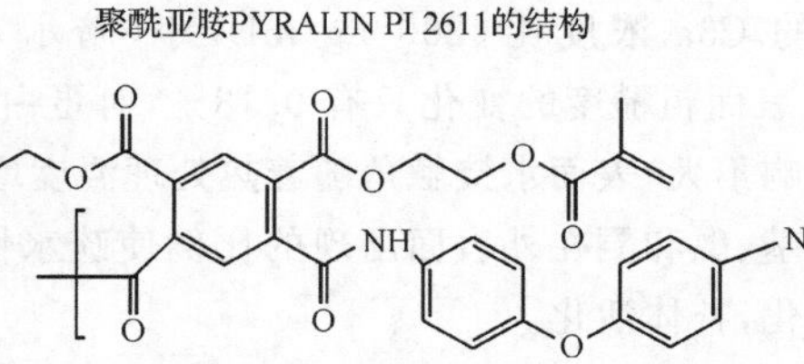

感光聚酰亚胺PSPI7020的结构

Myllymaa 等考察了 PI2525 和感光聚酰亚胺 PI2771 的生物适应性[2]。PI-2771 在 200 ℃和 350 ℃烘烤样品分别为 PI-2771-200 和 PI-2771-350，BHK-21 细胞毒性实验(MTS)测试显示培养 24 h 后几种 PI 上细胞附着数目在聚乙烯的 62%～70%之间，PI2525 和 PI2771 之间没有大的不同。存活细胞的表面积 PI-2525 最大(71 900 μm^2 ± 8500 μm^2，$n = 13$)，PE 为 70 400 μm^2 ±2900 μm^2($n = 10$)，PI-2771-200 为67 300 μm^2 ±13 200 μm^2($n = 8$)，PI-2771-350 为 63 000 μm^2 ±5800 μm^2($n=8$)，乳胶为 1400 μm^2 ±320 μm^2($n = 8$)，乳胶上几乎没有活细胞，所有 PI 均有高的生物兼容性，死亡细胞的密度(扫描电镜平均值)PI-2525、PE、PI-2771-200、乳胶 latex 和 PI-2771-350 分别是

13.5 cells/mm^2 ± 5.5 cells/mm^2、13.9 cells/mm^2 ± 5.4 cells/mm^2、18.8 cells/mm^2 ± 8.2 cells/mm^2、24.9 cells/mm^2 ± 8.6 cells/mm^2、30.8 cells/mm^2 ± 8.8 cells/mm^2，在统计学上没有大的不同。扫描电镜显示各样品上培养的 BHK-21 细胞都有正常的成纤维细胞的形状、铺展和生长情况，说明 PI2525 和感光聚酰亚胺 PI2771 对 BHK-21 细胞没有大的毒性。感光聚酰亚胺 PI2771 有希望应用于生物材料，应进一步考察其体内和体外的长期效应。

Nagaoka 等系统地考察了含氟聚酰亚胺 6FDA/6FBA 的表面血液与组织相容性，以及热处理和表面摩擦对其生物相容性的影响[3-6]。

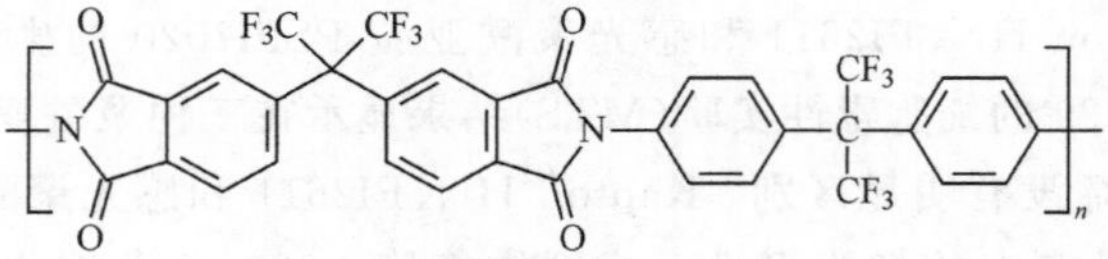

6FDA/6FBA

血液系统和生物材料之间接触会引发复杂的连续反应，文献[3]体外评价了在不同温度处理的 6FDA/6FBA 膜表面蛋白质的吸附，嗜中性粒细胞黏附和活化及补体活化，发现聚酰亚胺的生物活性依赖于处理温度。随着热处理温度由 50 ℃到 150 ℃、250 ℃的增加，在聚酰亚胺表面牛血清白蛋白、免疫球蛋白、纤维蛋白原的黏附总量都分别降低，血浆蛋白质黏附总量也降低。不同温度处理的聚酰亚胺表面黏附的嗜中性粒细胞的总数均比聚苯乙烯少，并且随着热处理温度的增加而减少，通过对膜表面 O_2^- 浓度的测试显示嗜中性粒细胞的活化也随处理温度的增加而减少。免疫学测试聚酰亚胺薄膜引起的人血液中补体 C3a 酶的浓度随着处理温度的增加而降低，聚苯乙烯和 50 ℃处理的聚酰亚胺膜的 C3a 浓度在(200 ng/mL)以上，表明在这个实验环境下发生了补体活化，150 ℃和 250 ℃处理的聚酰亚胺上的 C3a 浓度比(200 ng/mL)小，暗示它们抑制补体活化。通过 50～250 ℃的热处理，表面粗糙度的变化只有 0.18%，对蛋白质吸附、嗜中性粒细胞黏附和活化及补体活化影响不大，表面水接触角随着热处理温度增加而增加，作者认为热处理能调整分子如三氟甲基、砜和酮在外表面出现的比例使疏水性增加，抑制蛋白质吸附，嗜中性粒细胞黏附和活化，补体活化。

文献[4]聚焦在含氟聚酰亚胺表面人类血浆蛋白质的竞争吸附。含氟聚酰亚胺上吸附血小板的浓度比聚二甲基硅氧烷膜低，并且随着热处理温度的升高而降低，高温热处理的含氟聚酰亚胺有极好的体外血液相容性。血浆蛋白质的黏附依赖于处理温度，表面黏附的牛血清白蛋白 BSA、Fbg 和 IgG 随着温度的增加而减少，另一方面，人类血浆的 IgG 黏附量随着处理温度增加而增加，而 HAS 和 Fbg 则随之减少。在聚酰亚胺膜表面出现了血浆蛋白质的竞争吸附，通过热处理形成了对 IgG 的特异性血浆黏附表面。如表 30-1 所示水接触角随着热处理温度增加而增加，ζ 电势随着热处理温度的增加而降低，表明在表面形成疏水性和电斥力对血浆蛋白质的竞争黏附有重大影响。

表 30-1　聚合物表面的水接触角和 ζ 电势[4]

聚合物	ζ 电势/mV	水接触角/(°)
PDMS	−28	103
6FDA-6FAP，50 ℃	−42	74
6FDA-6FAP，150 ℃	−53	78
6FDA-6FAP，250 ℃	−64	81

注：离子强度：0.001。

通过对 6FDA/6FBA 表面摩擦能对表面进行修饰，形成微纳米结构[5,6]，例如图 30-1(b)所示，摩擦后的聚酰亚胺表面与没有摩擦的不同，形成了纳米沟槽，因此其表面生物性能受到影响。

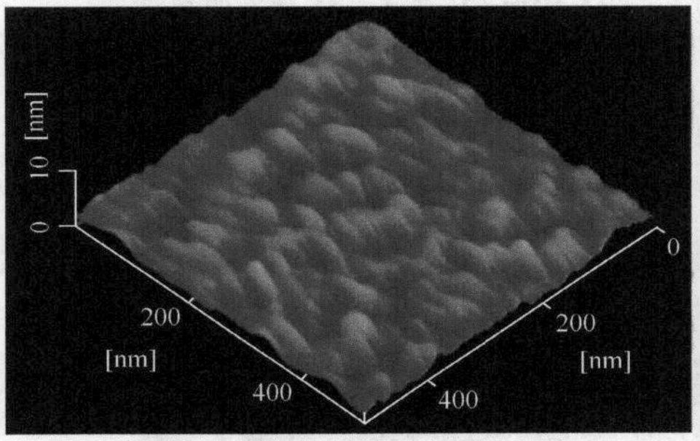

(a)

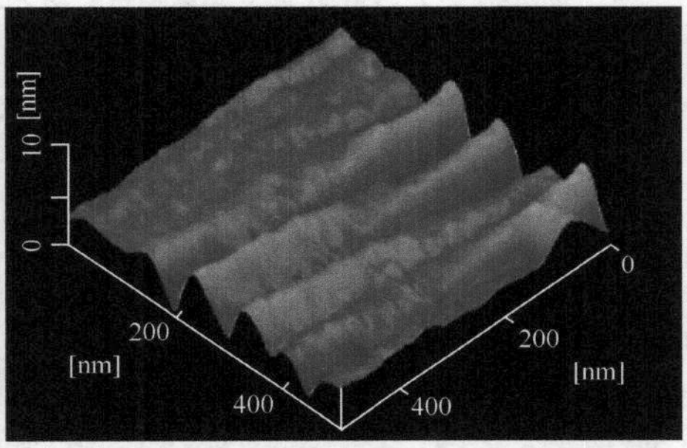

(b)

图 30-1　6FDA/6FAP 表面的 AFM 照片[6]

(a) 没摩擦；(b) 摩擦

文献[5]研究了摩擦 6FDA/6FBA 表面血浆蛋白质的黏附和纤维原细胞(FR)的黏附和成长。摩擦的 6FDA/6FBA 表面形成 100 nm 宽、2～3 nm 高的沟槽，与没有摩擦修饰的表面显示不同的血浆蛋白质黏附性质。在没有摩擦的 6FDA/6FBA 表面形成的对免疫球蛋白 IgG 的特异性吸附，摩擦后的 6FDA/6FBA 表面形成了对纤维蛋白原 Fbg 的特异性吸附，并造成血小板黏附量增加，这与纤维蛋白原分子和高度取向聚酰亚胺表面性质密切相关。FR 细胞培养结果见图 30-2，活纤维原细胞在摩擦 6FDA/6FBA 的表面与没有摩擦的比较显著不同，在摩擦膜表面纤维原细胞聚集和形成多细胞球体，显示极好的胶原质产生，有更好的生存能力。

文献[6]报道了宫颈癌传代细胞(HeLa)在含氟聚酰亚胺 6FDA/6FBA 表面的黏附、繁殖和它们的方向性。摩擦的 6FDA/6FBA 表面形成 100～150 nm 宽、4～5 nm 高的沟槽。随着热处理温度由 50 ℃到 150 ℃、250 ℃的增加，细胞的黏附和繁殖数量增多，在没有摩擦和摩擦的 250 ℃热处理的表面细胞有相似的黏附和繁殖数量，但值得注意的是如图 30-3(b)在摩擦后的 6FDA/6FBA 表面细胞沿着摩擦方向调整和排列，有纳米规则结构生长形成，在没有摩擦的表面，如图 30-3(a)所示，细胞随意生长没有纳米规则结构，这种细胞的形貌调制响应现象可能被利用来设计新型生物芯片或植入材料。

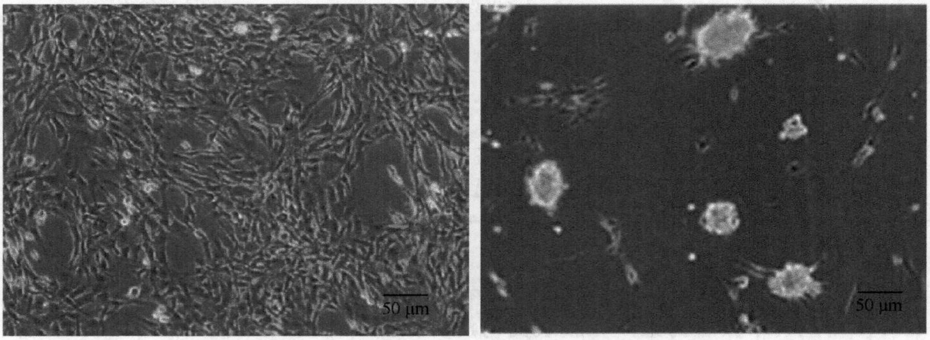

(a)　(b)

图 30-2　在没摩擦（a）和摩擦（b）的 6FDA/6FBA 表面 FR 细胞培育 48 h 的相态[5]

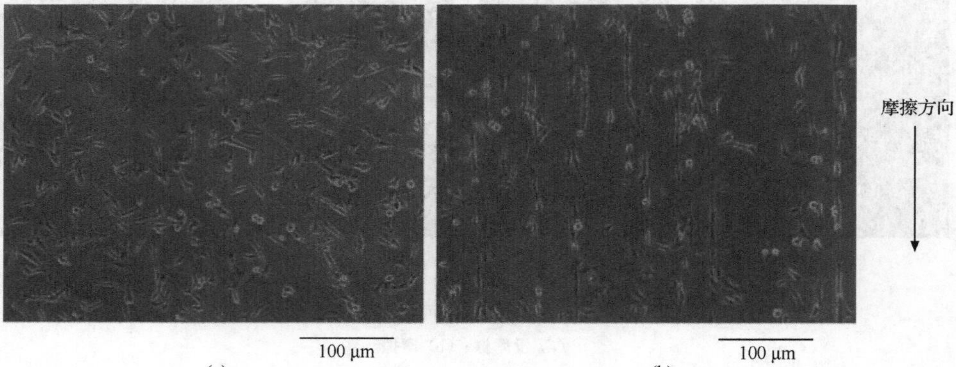

(a)　(b)

图 30-3　HeLa 细胞在 6FDA/6FAP 表面培植 12 h 的扫描电镜照片[6]

(a) 没有摩擦表面；(b) 摩擦表面

聚酰亚胺在作为生物材料使用时，要面对血液和组织两种环境，表面改性可以获得更好的组织相容性和多功能薄膜。van Vlierberghe 等使用 PI2611 膜，通过表面化学修饰的方法制备了两种表面功能化的可植入聚酰亚胺膜[7]。一种方法是通过甲基丙烯酰胺将可交联的乙烯基引入聚酰亚胺表面，另一种方法是将活性琥珀酰亚胺酯引入聚酰亚胺表面，结构如图 30-4 所示。

将 PI2611、PI-//和 PI-AFB 进行活体皮下组织埋植，两个修正的 PI 膜与没有修正的 PI 在组织中有相似的响应。PI-AFB 和 PI-//没有太大的差异，两个修饰的 PI 膜都有很好的生物和免疫相容性。并在 PI-//膜上进行了甲基丙烯酰胺修饰的凝胶的固定研究，通过红外证实了固定成功。

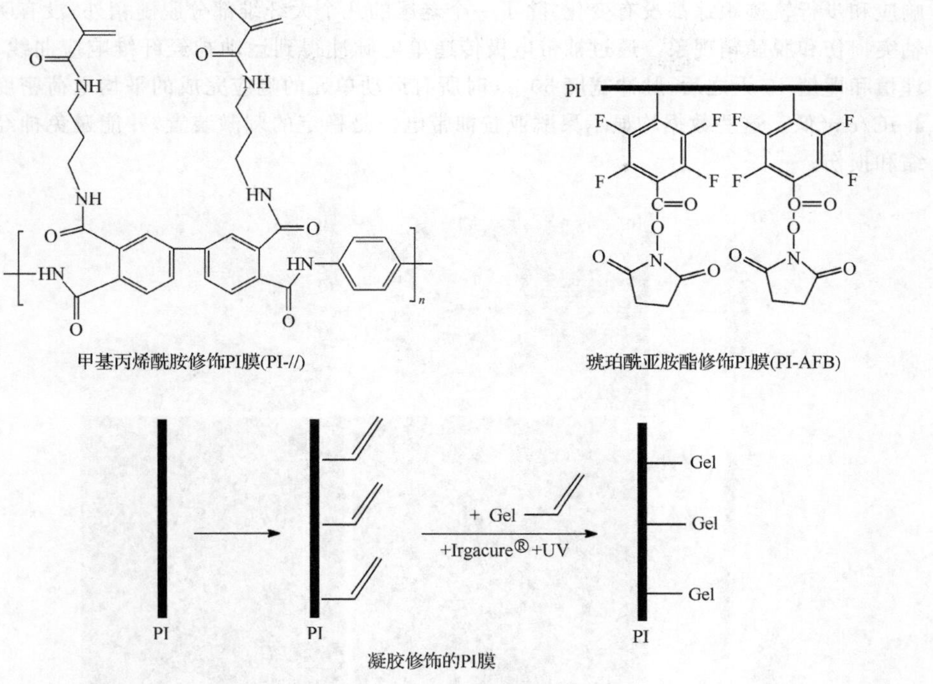

图 30-4　聚酰亚胺膜的表面修饰

30.2　聚酰亚胺封装

神经接口的应用为选择性刺激受损神经的神经纤维和选择性记录神经活动提供有效途径[8]。PI2611 聚酰亚胺的吸湿率低，只有 0.5%，研究显示在体内和体外测试都有稳定机械性能和生物适应性。

Stieglitz 等使用 PI2611 聚酰亚胺树脂作为底层和绝缘材料制备了多通路筛网电极，并评价了在筛网电极长期培植下大鼠髋骨断裂神经的再生情况，筛网电极结构和其埋植情况如图 30-5 所示[9-11]。结果 13 只实验鼠中有 12 只神经和远端肌肉的再支配重建成功。从埋植后 2～7 个月内，随着时间的增加，神经纤维轴突直径增大，髓鞘厚度增加，逐渐趋于成熟。大部分神经纤维穿过筛网孔洞有完好的髓磷脂鞘和正常的形貌，只有 0.65%左右的神经纤维，在筛网表面附近由于压力效应显示不规则。在筛网电极远端再生纤维的数目与正常神经相似，只是与正常神经相比髓鞘薄和直径低，整个植入器件的尺寸和结构及孔洞的尺寸都影响神经再生。

Rodríguez 等[12]还使用 PI2611 制备了袖带电极，其示意图见图 30-6(b)。该电极由聚酰亚胺绝缘层和三个铂电极组成，其制作工艺的示意图如图 30-6(c)所示。将袖带电极用于老鼠髋骨神经刺激，围绕神经埋植见图 30-6(a)，在埋置的 2～6 个月中只引起非常温和的异体组织反应，神经外形没有变化。埋植 6 个月后，运动和感觉神经传导测试、痛觉响应和步行轨迹跟踪都没有变化，除了一个老鼠的几个大纤维部分脱髓鞘外，没有明显的轴突损伤和脱髓鞘现象。通过袖带电极传递单电脉冲得到运动神经纤维响应曲线，在刚埋植和埋植 45 天之后，脉冲宽度 50 μs 时所有运动单元的响应完成的平均电荷密度都比 4 $\mu C/cm^2$ 低。这些数据均显示聚酰亚胺袖带电极是稳定的刺激装置，并能避免神经的压缩和损伤。

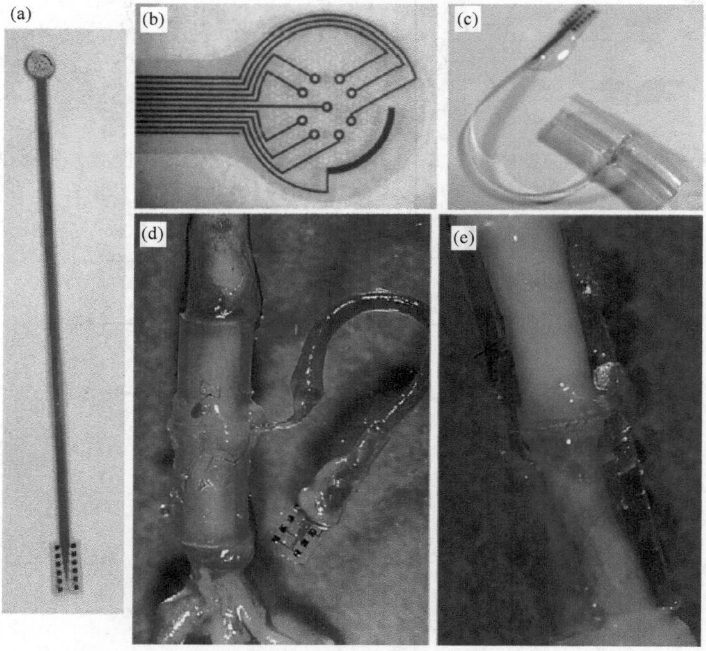

图 30-5　(a)聚酰亚胺筛网电极照片；(b)再生电极筛网部分的放大照片；(c)筛网电极装入硅管；(d)经过聚酰亚胺筛网电极埋植 6 个月的再生髋骨神经；(e)移除硅管后的神经

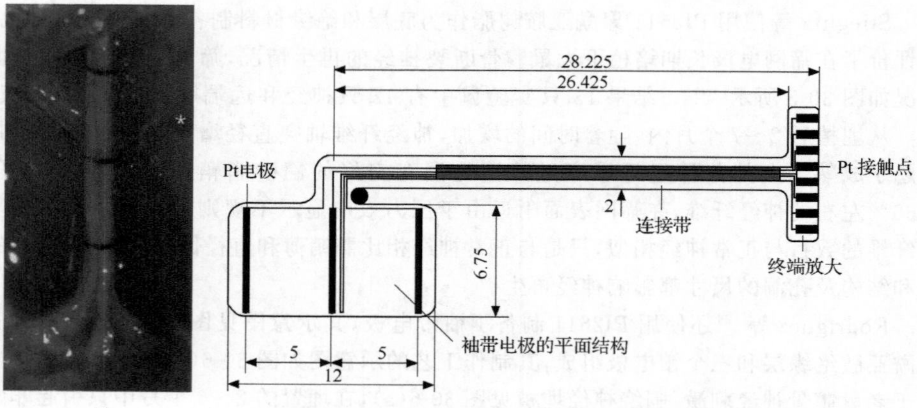

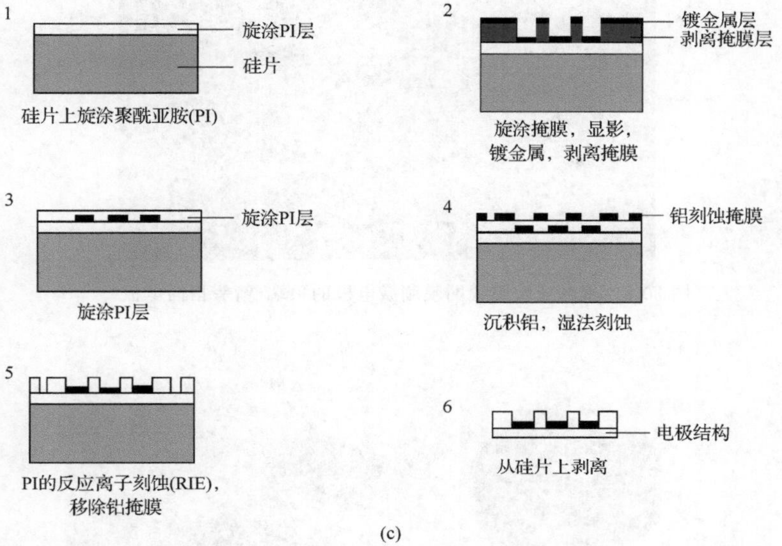

图 30-6　(a)围绕大鼠大腿髋骨神经埋植的一个袖带电极；(b)聚酰亚胺袖带电极的设计示意图，长度单位为 mm；(c)袖带电极的制备工艺示意图[12]

此外，Stieglitz 等还制作了如图 30-7 所示的 24 个触点的聚酰亚胺基视网膜刺激电极，在野兔体内能长期埋植，并通过刺激视网膜获得了视觉诱发电位[13]。

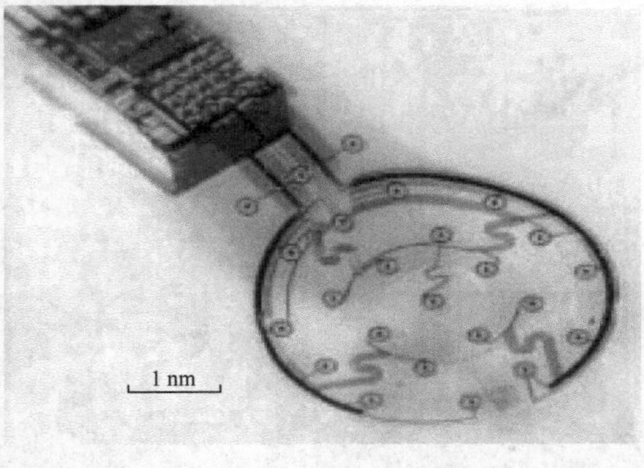

图 30-7　柔韧的聚酰亚胺膜视网膜刺激电极[13]

图 30-8 是 Sachs 等制备的一个聚酰亚胺基底的视网膜刺激电极阵列，同样通过局部视网膜电刺激唤起大脑皮层的时空分布响应[14]。

台湾交通大学陈右颖等制备了如图 30-9 所示柔韧的聚酰亚胺封装 16 通道微电极阵列 NCTU 探针，并在大鼠脑内进行埋植，能减少坚硬电极对软的脑组织的损伤，经研究显示该探针有很好的生物相容性、高的稳定的信噪比和高的抗电解损害能力[15]。

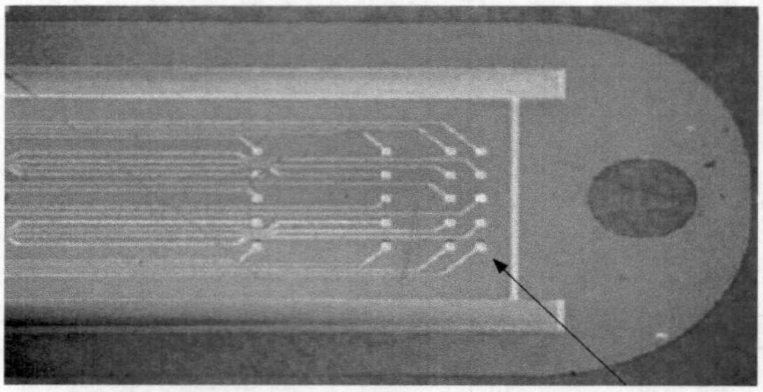

图 30-8 聚酰亚胺膜视网膜刺激电极的顶端(箭头指向电极)[14]

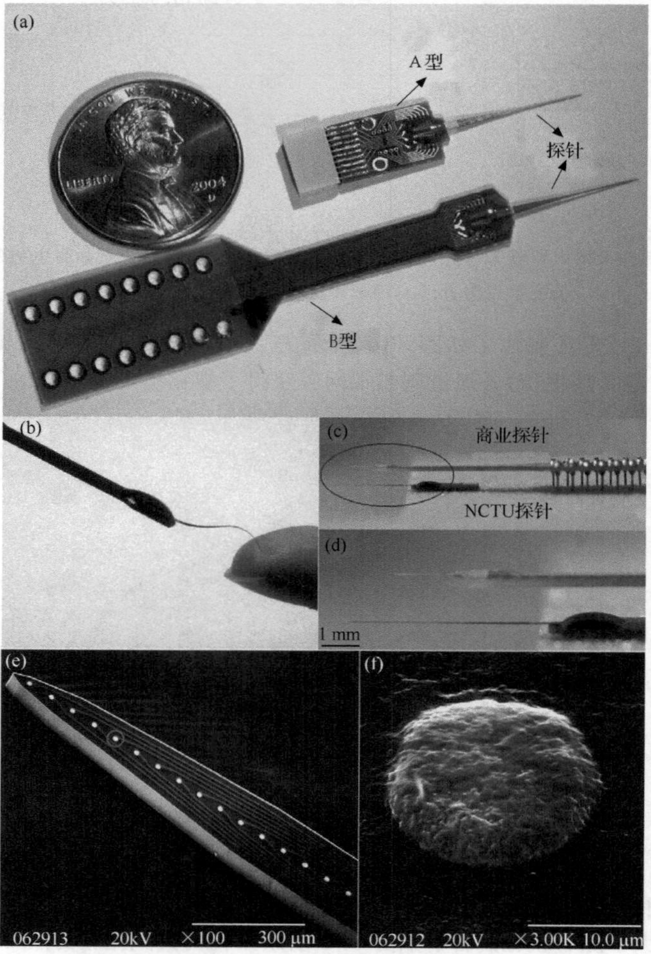

图 30-9 (a) 两个不同类型的 NCTU 探针；(b) NCTU 探针柔韧可弯曲；(c)NCTU 探针与商业探针比较；(d) NCTU 探针的 16 个电极点的扫描电镜照片；(e)一个电极点的放大 SEM 照片；(f) 显示其粗糙表面[15]

为了制备长期、稳定、小型葡萄糖传感器用于可佩戴人工内分泌胰腺（WAEP），Ichimori 等使用聚酰亚胺制备了新型微针型葡萄糖传感器[16]。这个 PI 传感器示意图和照片如图 30-10 所示，外径 0.3 mm，长 16 mm，它有一个聚酰亚胺轴和轴外末梢区域的铂阳极和临近阳极的一个银阴极组成，然后用 6% 聚氨酯和 MPC-*co*-BMA 膜覆盖。体外研究，在 0.9% NaCl 溶液中改变葡萄糖浓度测试传感器，传感器输出电流与葡萄糖浓度成线性关系（范围：0～500 mg/100 mL）。在体内试验，PI 传感器校准后嵌入小狗腹部的皮下组织，监测葡萄糖浓度。同时，血液葡萄糖浓度也通过放置在静脉内的另一个传感器进行监测，皮下组织葡萄糖浓度（Y）和血液葡萄糖浓度（X：30～350 mg/mL）的相互关系和时间延迟分别是 $Y=1.03X+7.98$ （$r=0.969$）和（6.6±1.2）min。应用这个新 WAEP 体系（PI 传感器）和静脉内胰岛素注射运算规则，对糖尿病的狗能实现极好的血糖控制，按 1.5 g/kg 口服葡萄糖后[测试血液葡萄糖水平：在 65 min 时是（176±18） mg/100 mL，在 240 min 时是（93±23） mg/100 mL]，没有任何低血糖症。证实这个新的 PI 传感器无论在生物体内和体外都有极好的传感性能，使用这个传感器的新 WAEP 有望临床应用。

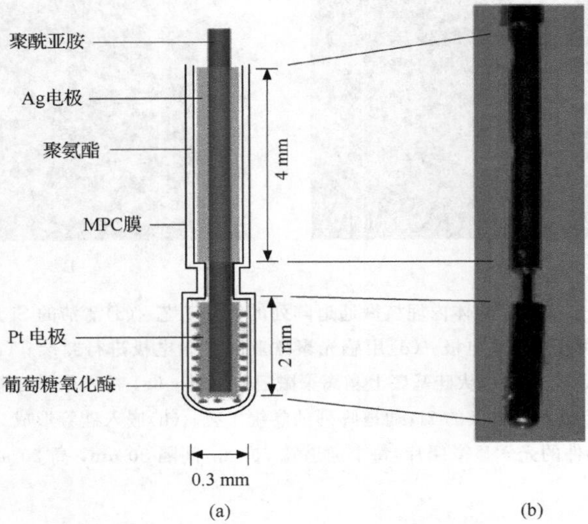

图 30-10 聚酰亚胺（PI）传感器示意图（a）和照片（b）[16]

Lacour 等采用如图 30-11（a）和（b）的工艺制备了聚酰亚胺微通道阵列，并通过一系列的体外试验对通道的尺寸和规格进行了优化。这个 3D 电极通道装置不仅为生物体内再生神经的物理引导提供手段，而且也能通过电极的引入在外围神经再生中与神经纤维之间进行电信息传达[17]。

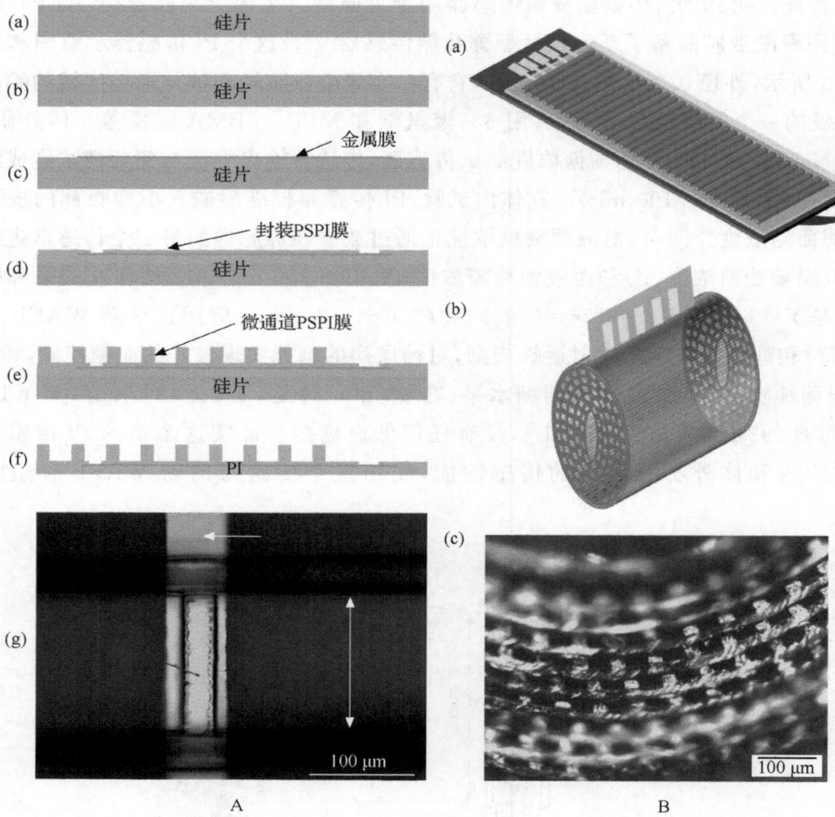

图 30-11 A. 植入金属电极的体内埋植微通道阵列的制作工艺：(a)清洁的 Si 片；(b)Si 片上旋涂聚酰亚胺；(c)蒸镀和模拓金属电极；(d)用感光聚酰亚胺对微电极进行封装；(e)光刻微通道阵列；(f)350 ℃氮气条件处理 1 h 后，从硅基底上剥离聚酰亚胺器件；(g) 植入聚酰亚胺微阵列的金微电极光学照片[17]。B.(a)植入微电极的 2D 通道阵列的卷绕工艺；(b)嵌入硅管形成 3D 通道阵列；(c)卷绕器件的光学显微照片，每个通道宽 70 μm，间隔 30 μm，高 20 μm[17]

30.3 聚酰亚胺多孔膜

中空纤维膜已经广泛用于医学上的膜氧合器和血液透析，近年来在日本和欧美等国家广泛应用的人工肺中，膜型人工肺约占 90%以上。硅酮涂层微孔聚丙烯中空纤维膜因其好的氧气交换和二氧化碳去除作用而被使用，但使用几个小时后就会出现因纤维润湿和血浆渗漏而使性能恶化。要解决这些问题，制备长期使用的膜氧合器就必须制备新型的中空纤维膜。

Niwa 等[18]使用含氟聚酰亚胺 6FDA/6FBA 制备了不对称中空纤维膜。确定了最佳聚酰亚胺溶液是聚酰亚胺固含量 18%，溶剂二氯甲烷(MC)10 %，1，1，2-三氯乙烷(TCE)

58 %和丁醇 14 %，所得中空纤维膜断面扫描电镜见图 30-12，直径 300 μm 左右，有好的微孔结构和好的强度和韧性。在气-气体系中的氧气迁移速率为 6.9×10^{-3} cm^3 STP/(cm^2·s·cmHg)，约是 Si-PP 和 MENOX 聚烯烃纤维膜的 9 倍，CO_2 迁移速率约是 Si-PP 和 MENOX 聚烯烃纤维膜的 11 倍。

用不对称聚酰亚胺中空纤维膜制得的氧合器见图 30-13，有效表面积为 0.6 m^2，与之对照的是 MENOX 4000α 氧合器，有效表面积为 0.8 m^2。37 ℃气-液体系氧气迁移速率聚酰亚胺中空纤维膜氧合器比 MENOX 略低，这可能是因为其低的有效表面积，二氧化碳迁移速率比 MENOX 高。

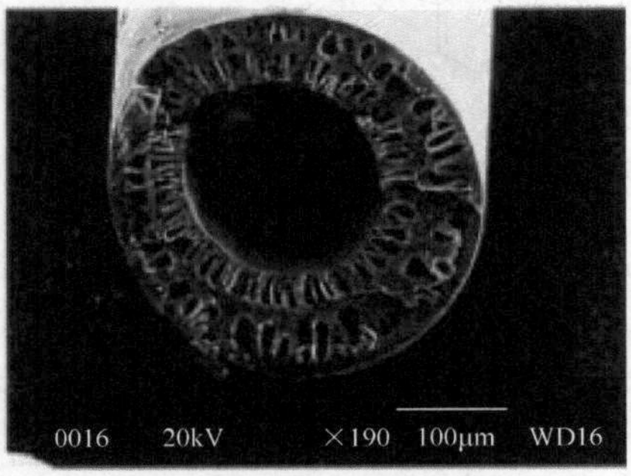

图 30-12　中空纤维膜的扫描电镜照片[18]

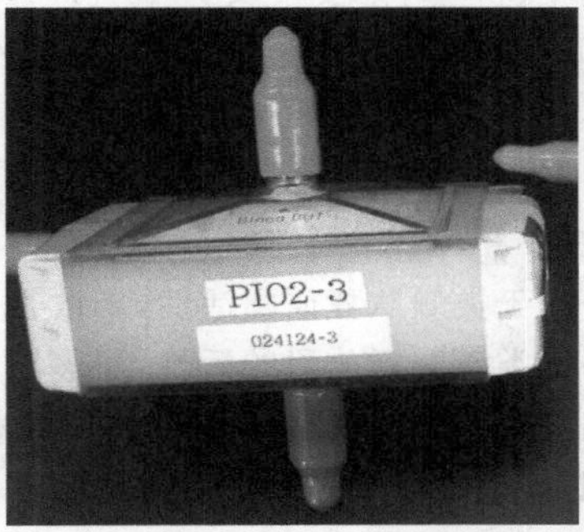

图 30-13　聚酰亚胺中空纤维膜氧合器[18]

将聚酰亚胺和 Si-PP 中空纤维膜埋植进狗下腔静脉 7 天，用氨基酸分析仪测得中空纤维表面的血液组分见表 30-2，在聚酰亚胺中空纤维膜表面的血液组分如血小板和血浆蛋白质等比 Si-PP 的少得多，并且在聚酰亚胺中空纤维膜表面没有观察到血栓的形成，在 Si-PP 中空纤维表面则发现了血栓的形成，说明聚酰亚胺中空纤维膜有极好的血液相容性。

表 30-2　用氨基酸分析仪测得的在中空纤维表面的血液组分[18]

中空纤维	血液组分/($\mu g/cm^2$)
聚酰亚胺	0.85
Si-PP	18

作为生物医学器官的膜，如动物肝脏支撑系统，必须面对两种环境，即血液和组织细胞。因此，各个膜表面必须有对血液和组织细胞的最佳生物适应性。Seifert 等将聚合物材料的物理性能(例如粒子的吸附容量或膜的过滤能力)和源自于器官的生物细胞活性联合起来，制备了表面修饰的微孔 PEI 薄膜[19]。首先采用水相转换技术制备 PEI 微孔膜，然后通过式 30-1 的反应，靠羟甲基氨基甲烷(缓血酸胺)掺入得到表面羟基，聚乙烯亚胺的黏附束缚上有氨基的亲水大分子，用肝磷脂进行肝素化，有利于进一步的配合的黏合力和肝磷脂的附着，并对各种修饰薄膜的血液和组织相容性进行研究。

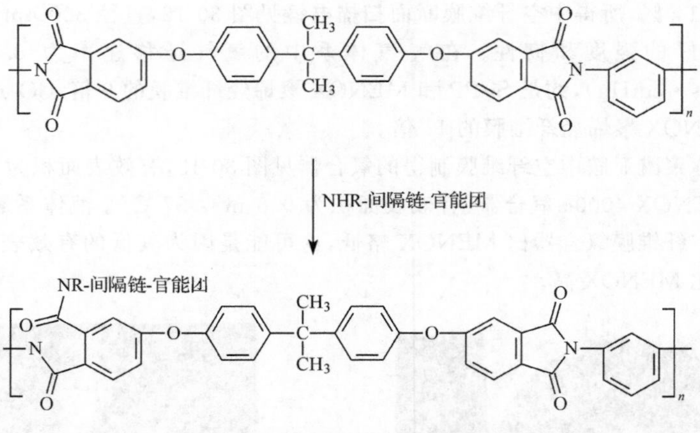

式 30-1 PEI 的修饰

对于类激肽释放酶活性,未改性的 PEI 最高,更多的聚乙烯胺和肝磷脂修饰会进一步降低类激肽释放酶的活性,更多的 Tris(PEI-OH)修饰会使类激肽释放酶的活性重新升高。根据类激肽释放酶活性和补体中 Bb 链段的产生,空白 PEI 的血液相容性是较低的,其他改性的则较高。血小板的黏结性对空白和改性 PEI 都在同一水平,只有用肝磷脂长时间培养样品(PEI-Hep10),血小板的黏结有明显下降。

同血液反应相反,空白和改性 PEI 组织相容性有很大差别,同 Millicell 比较,在 PEI 上 3T3 纤维原细胞的数目和增长情况差不多,用 MTT 测试,在 PEI 表面代谢活性低得多。Tris 改性的 PEI-OH 表面,细胞数量比 Millicell 高,并且有相似的细胞代谢活性。其他两种改性的材料无论在细胞数目及增值或代谢活性上都降低了,所以不适宜用作组织接触膜。

最近的研究表明,许多商品膜并不适用于如肝细胞这样的器官细胞的固载。虽然聚丙烯腈和聚砜在一定程度上可以种植上皮细胞,但并不能与肝细胞结合。而 PEI 似乎有好的组织相容性,并且可以用能够促进黏合和对特殊的生物作用相容的配体进行改性。

结论是,PEI 是作为人工器官膜有希望的材料,短时间的改性就可以提供两侧具有不同功能的双功能膜,例如具有血液相容侧和组织相容侧。

30.4 聚酰亚胺复合材料生物应用

30.4.1 牙根管修复用聚酰亚胺基复合材料

纤维增强聚合物基复合材料的最大优点是其弹性模量与天然齿的弹性模量(约 18 GPa)非常接近,由其制作的牙桩能将咀嚼应力均匀地分散于牙齿残根上,从而降低因应力集中而导致牙根断裂的可能性。纤维增强聚合物基复合材料又具有强度高、耐疲劳、耐腐蚀等特点,是金属材料牙桩的理想替代品。

中国科学院化学研究所的范琳等对牙根管修复用聚酰亚胺基复合材料的制备与性能

进行了评价[20]。四种树脂体系分别为 BTDA/TMMDA/NA(CF/PI-1);ODPA/TMMDA/ NA(CF/PI-2);BTDA/3,4′-ODA/NA(CF/PI-3)和 ODPA/3,4′-ODA/NA(CF/PI-4)。四种 PMR 聚酰亚胺树脂溶液按照经典方法制备(见第 5.2.1 节)。与 T300 连续碳纤维复合得到的复合材料机械性能如表 30-3 所示。材料的弯曲强度在 1160～1550 MPa 之间,远远高于金属材料的弯曲强度(800～1000 MPa),从而保证其在长期反复受力情况下不被破坏。材料 70°和 90°方向的拉伸模量与人齿咀嚼时的受力方向相近。文献报道,牙根部弹性模量为 8 GPa 左右,与牙齿轴向呈 60°方向模量约为 34 GPa,平均弹性模量约为 18 GPa。制备的复合材料在 90°方向的拉伸模量在 6.4～8.8 GPa 之间,与人齿根部的弹性模量基本一致。

表 30-3 聚酰亚胺与 T300 复合材料的机械性能

编号	弯曲强度 /MPa	弯曲模量 /GPa	0°拉伸强度 /MPa	0°拉伸模量 /GPa	70°拉伸强度 /MPa	70°拉伸模量 /GPa	90°拉伸强度 /MPa	90°拉伸模量 /GPa
CF/PI-1	1160	77.1	1110	113	49.2	6.7	39.2	6.4
CF/PI-2	1300	86.5	1250	121	52.9	7.6	42.3	6.9
CF/PI-3	1500	91.0	1440	128	41.1	9.2	33.8	7.3
CF/PI-4	1550	93.1	1400	147	77.8	10.1	58.1	8.8

通过细胞毒性试验和溶血试验对所制备的复合材料热处理前后的生物学性能进行了评价,结果见表 30-4。复合材料未进行热处理前,其细胞毒性均为一级,符合口腔植入材料的标准。其细胞溶血率均低于 5%,说明所制备的材料不会引起急性溶血。对材料进行热处理后,其中 CF/PI-4 的溶血率仅为 0.68%。

表 30-4 聚酰亚胺的生物学性能

编号	热处理前			热处理后		
	RGR/%	毒性等级	溶血率/%	RGR/%	毒性等级	溶血率/%
CF/PI-1	87.86	1	4.45	56.97	2	3.27
CF/PI-2	90.39	1	3.91	46.29	3	5.63
CF/PI-3	92.38	1	2.70	92.67	1	1.07
CF/PI-4	93.94	1	1.48	94.23	1	0.68

上述的研究结果表明,制备的聚酰亚胺基复合材料不但具有优良的力学性能,而且安全无毒,有望代替传统的金属材料应用于口腔临床修复。

30.4.2 羟基磷灰石在聚酰胺酸薄膜表面的生长

在高分子材料表面生长类骨羟基磷灰石是近几年才开始的研究,高分子材料表面形成类骨磷灰石之后,不仅具有高的生物活性,而且有与自然骨骼相似的机械性能,所以作为骨骼修复材料具有很大的潜力。东华大学的杨鹏飞等对式 30-2 所示的聚酰胺酸表面羟基磷灰石的生长情况进行了研究[21]。

将氯化钙按照 20%、30%、50%的质量分数与聚酰胺酸粉末混合,制备聚酰胺酸复合薄膜。然后,分别在 $CaCl_2$ 和 K_2HPO_4 的溶液中交替浸渍,通过 SEM、XRD、FTIR 等研究表明，制备出的试样的磷酸盐组成与自然骨相似。

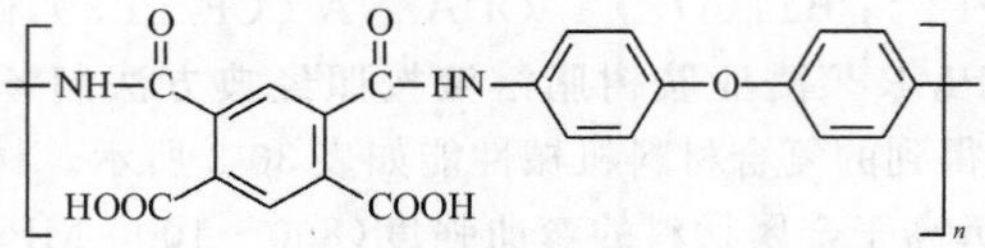

式 30-2 文献[21]中聚酰胺酸的结构式

参 考 文 献

[1] Sun Y, Lacour S P, Brooks R A, Rushton N, Fawcett J, Cameron R E. J. Biomed. Mater. Res., 2009, 90A: 648.

[2] Myllymaa S, Myllymaa K, Korhonen H, Lammi M J, Tiitu V, Lappalainen R. Coll. Surf. B: Biointerf., 2010, 76: 505.

[3] Kanno M, Kawakami H, Nagaoka S, Kubota S. J. Biomed. Mater. Res., 2002, 60: 53.

[4] Kawakami H, Kanno M, Nagaoka S, Kubota S. J. Biomed. Mater. Res., 2003, 67A: 1393.

[5] Nagaoka S, Ashiba K, Kawakami H. Mater. Sci. Eng., *C*, 2002, 20:181.

[6] Nagaoka S, Ashiba K, Kawakami H, Artif. Organs, 2002, 26: 670.

[7] van Vlierberghe S, Sirova M, Rossmann P, Thielecke H, Boterberg V, Rihova B, Schacht E, Dubruel P. Biomacromolecules, 2010, 11: 2731-2739.

[8] Urban G. BioMEMS, 2006: 71-137.

[9] Lago N, Ceballos D, Rodríguez F J, Stieglitz T, Navarro X, Biomaterials, 2005, 26: 2021-2031.

[10] Ceballos D, Valero-Cabre′A, Valderrama E, Schüttler M, Stieglitz T, Navarro X. J. Biomed. Mater. Res., 2002, 60: 517-528.

[11] Klinge P M, Vafa M A, Brinker T, Brandis A, Walter G F, Stieglitz T, Samii M, Wewetzer K. Biomaterials, 2001, 22: 2333-2343.

[12] Rodríguez F J, Ceballos D, Schuettler M, Valero A, Valderrama E, Stieglitz T, Navarro X. J. Neurosci. Meth., 2000, 98: 105-118.

[13] Stieglitz T, Beutel H, Schuettler M, Meyer J-U Biomedical Microdevices, 2000, 2(4): 283-294.

[14] Sachs H G, Schanze T, Wilms M, Rentzos A, Brunner U, Gekeler F, Hesse L, Arch G. Clin. Exp. Ophthalmol., 2005, 243: 464-468.

[15] Chen Y-Y, Lai H-Y, Lin S-H, Cho C-W, Chao W-H, Liao C-H, Tsang S, Chen Y-F, Lin S-Y, J. Neurosci. Methods, 2009, 182: 6-16.

[16] Ichimori S, Nishida K, Shimoda S, Sekigami T, Matsuo Y, Ichinose K, Shichiri M, Sakakida M, Araki E. J. Artif. Organs., 2006, 9: 105-113.

[17] Lacour S P, Atta R, Fitzgerald J J, Blamire M, Tarte E, Fawcett J. Sensors and Actuators A, 2008, 147: 456-463.

[18] Niwa M, Kawakami H, Nagaoka S, Kanamori T, Morisaku K, Shinbo T, Matsuda T, Sakai K, Kubota S. Artificial Organs, 2004, 28(5): 487-495.

[19] Seifert B, Mihanetzis G, Groth T, Albrecht W, Richau K, Missirlis Y, Paul D, von Sengbusch G. Artificial Organs, 2002, 26(2): 189-199.

[20] 左红军，陈建升，杨士勇，范琳. 2005 年全国高分子学术论文报告会.

[21] 杨鹏飞，山田敏郎，李光，东华大学学报(自然科学版)，2008，34(2)：145-148.

第 31 章 其他材料

31.1 透明材料

耐高温透明材料是指可以经受 250 ℃以上加工处理的透明材料，主要用于柔性太阳能电池底板、液晶显示器的 ITO 和 OLED 底板以代替易碎的玻璃底板、液晶显示取向膜、用于通信连接的波导材料及用于平面光线路的半波板。在目前可用的材料中，要求 T_g 远高于 250℃的聚合物，聚酰亚胺应当是首选的材料[1]。但是一般的聚酰亚胺都是黄-棕色的透明材料。从分子设计上，要使聚酰亚胺增加透明性的结构原则是避免或减少共轭单元，减少分子内和分子间的传荷作用。具体的结构设计是：①引入含氟基团；②引入体积较大的取代基，如圈形结构及其他大的侧基；③在联苯的 2,2′-位引入取代基以产生非共平面结构，破坏较大范围的共轭；④引入脂肪，尤其是脂环结构单元；⑤ 采用能使主链弯曲的单体，如 3,4-二酐和 3,3-二酐，间位取代的二胺等。

聚酰亚胺的带色被认为是由于在大分子主链中交替的二酐残基羰基的吸电子作用和二胺残基的给电子作用产生的分子内和分子间的电荷转移络合物(CTC)所引起的(图 31-1)。二胺的给电子能力越强，二酐的吸电子能力越强所得到的聚酰亚胺的颜色就越深[2-4]。二胺的给电子能力可以方便地由^{15}N NMR 来测定[5]，即氮的化学位移越在高场，其电离势就越高，所得到的聚酰亚胺薄膜的颜色就越浅[6-8]。二胺氮在^{15}N NMR 中的化学位移见表 2-4。

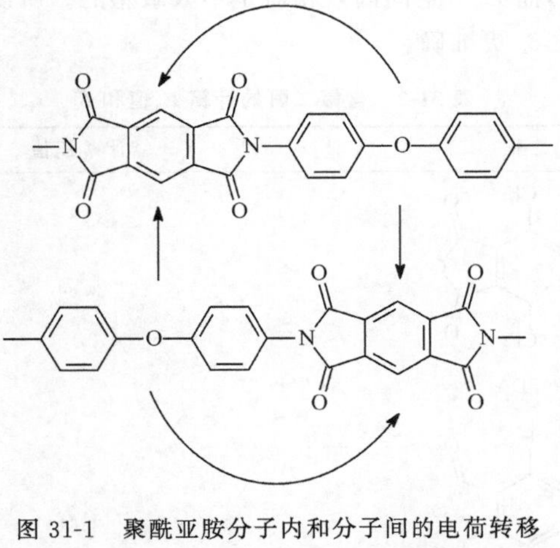

图 31-1 聚酰亚胺分子内和分子间的电荷转移

对于给定的二胺，二酐的电子亲和性越高，所得到的聚酰亚胺薄膜的颜色就越深。其中有两个例外，6FDA 由于六氟丙基的大的空间位阻降低了分子间 CTC，所得到的聚合物的颜色比预期的要浅[1]。BTDA也是例外的情况，由它得到的聚酰亚胺往往具有最深的颜色，这是由于出现在苯酮羰基上的交联所引起，除了在氨基邻位有烷基取代基可以引起与羰基的激发三线态作用形成羰游基苄游离基而产生交联外，在高温下，如350℃即使氨基邻位不带烷基也会发生热交联[9]。交联部分由于存在不饱和键而显示深色。此外二苯酮羰基可能与氨基作用产生亚胺基，芳香亚胺通常是带颜色的[10]。二酐的电子亲和性见表2-3。减少分子间和分子内传荷作用的另一个途径是采用脂环二胺和二酐，脂环的引入可以尽量减少热稳定性的降低。表31-1所列的两个全脂肪聚酰亚胺薄膜的截止波长在250 nm[11]。由脂环二酐CBODA与芳香二胺得到的聚酰亚胺的透明度见表13-44。

表31-1　高透明的全脂肪聚酰亚胺

聚酰亚胺	分解温度/℃	T_g/℃
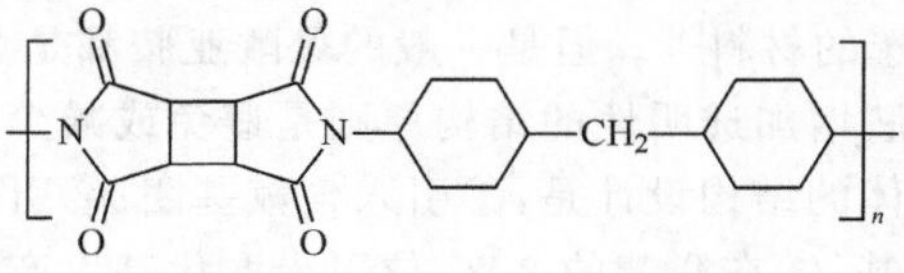	440	277
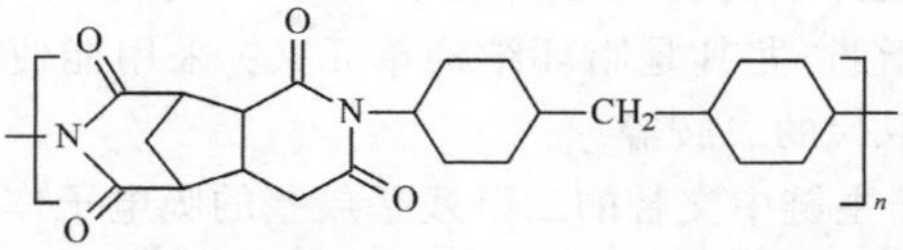	427	251

Rogers[12]首先报道由6FDA可以得到无色的聚酰亚胺。Matsuura等[13,14]报道由6FDA和TFDB得到的聚酰亚胺是无色的，在可见光区有高的透明度，在近红外区光损耗低，同时还具有低的介电常数、低的折射率、高的溶解性及低的吸水率。含氟二酐的E_a值和^{13}C NMR的化学位移见表31-2。带CF_3基团的二酐的^{13}C NMR处于较低场是由于CF_3与羰基的空间位阻，而E_a对空间因素相对是不太敏感的。所以对于高氟代的二酐，E_a对拉电子性能的估计比δ_c更准确。

表31-2　含氟二酐的计算E_a值和δ_c

二酐	计算E_a值	δ_c/ppm
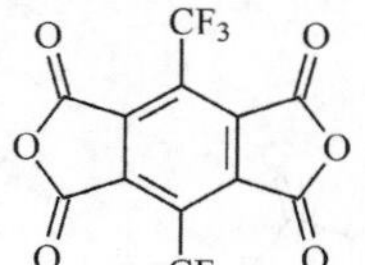 P6FDA	3.84	157.6
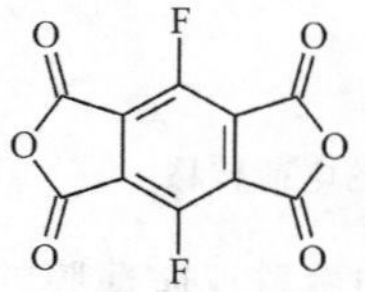 P2FDA	3.61	156.9

续表

二酐	计算 E_a 值	δ_c/ppm
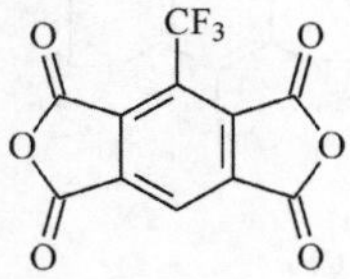 P3FDA	3.50	157.7/160.2
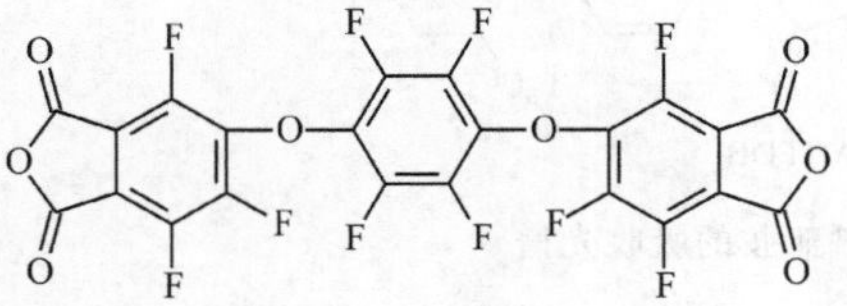 10FEDA	3.16	157.5
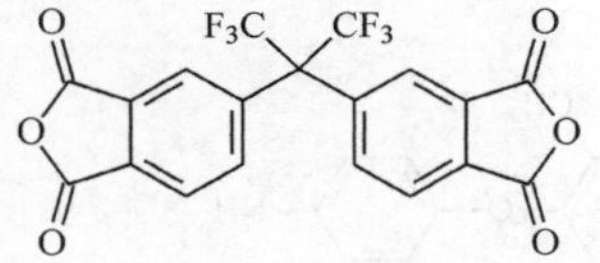 6FDA	2.68	162.2/162.0
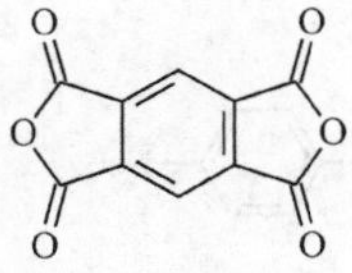 PMDA	3.14	161.2

最近还报道了全氟代聚酰亚胺，在整个光通信波长范围(1.0～1.7 μm)有很高的透明度(图 31-2)，同时其 T_g 还在 300 ℃以上。但这种全氟代的聚酰亚胺是橙色或褐色的，所以，原料的高氟代不一定得到无色的聚酰亚胺[14]。

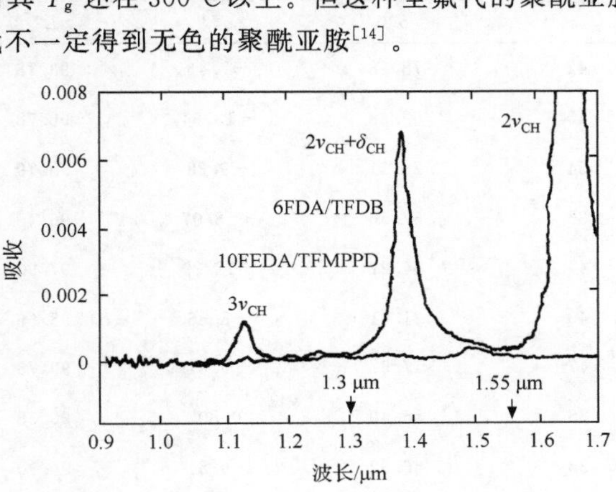

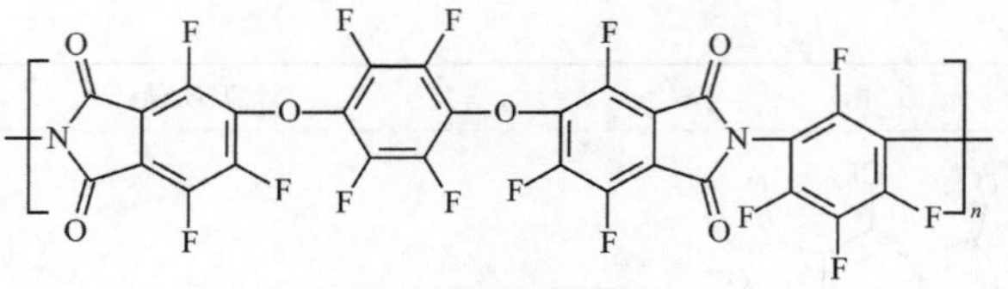

10FEDA/4FMPD

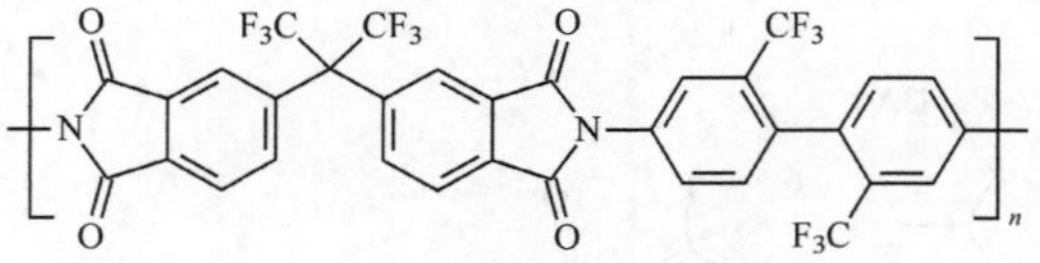

6FDA/TFDB

图 31-2　含氟聚酰亚胺的吸收光谱

杨金平等[15]用定量的方法研究了由二胺 A 和 B 与各种二酐得到的聚酰亚胺的颜色效果和截止波长，其结果见表 31-3。

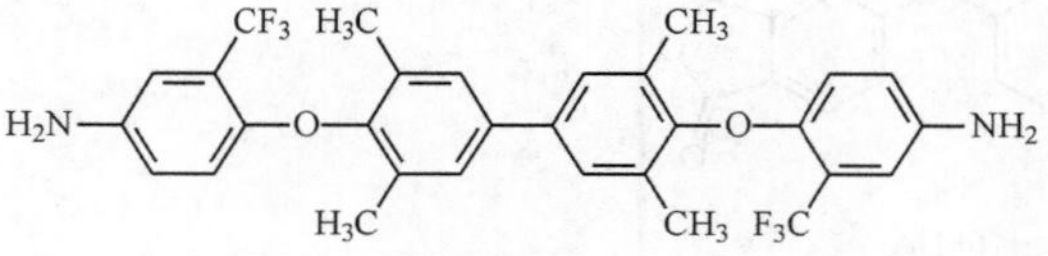

A

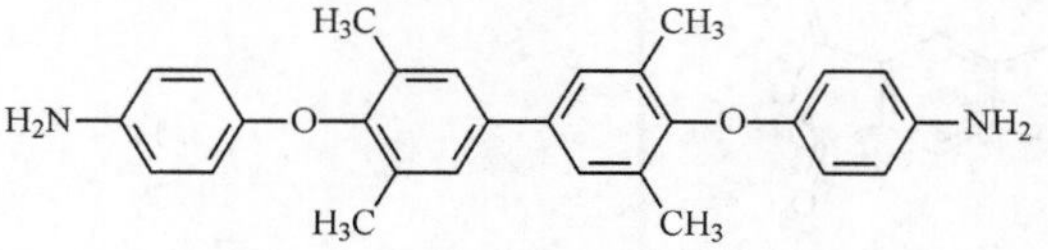

B

表 31-3　由二胺 A 和 B 得到的聚酰亚胺的颜色效果及截止波长

聚合物	厚度/μm	颜色效果			λ_0/ nm
		b^*	a^*	L^*	
PMDA/**A**	42	78.98	−7.43	93.78	418
BTDA/**A**	40	62.68	−13.64	96.78	409
BPDA/**A**	34	28.31	−9.28	98.79	395
BTDA-BPDA/**A**	33	57.56	−13.07	96.49	405
SDPA/**A**	44	44.27	−12.29	97.90	399
ODPA/**A**	40	21.01	−5.86	98.66	373
6FDA/**A**	47	17.57	−6.61	99.75	373
PMDA/**B**	28	86.40	0.80	90.38	424
BTDA/**B**	33	86.92	−6.81	94.10	430
BPDA/**B**	46	50.27	−14.54	97.86	414

续表

聚合物	厚度/μm	颜色效果			λ_0/ nm
		b^*	a^*	L^*	
SDPA/**B**	40	60.03	−14.32	96.81	415
ODPA/**B**	29	22.15	−8.09	99.07	375
6FDA/**B**	31	25.59	−10.01	99.37	375
Kapton	38	85.00	0.30	90.00	443

注:颜色参数根据 Cielab 方程计算,以纸为标准。L^* 为白度,以 100 为白,0 为黑;a^*:正值为红色,负值为白色,a^* 表明绿色;b^*:正值为黄色,负值为白色,b^* 表明蓝色。

表 31-4 所列出的聚酰亚胺可以透过 80%以上的波长。

表 31-4 透过率为 80%的波长

聚酰亚胺	透过率为 80%的波长/nm	文献	聚酰亚胺	透过率为 80%的波长/nm	文献
DNDA/BABCH	345	[16]	PMDA/DMB	520	[13]
BPDA/ODA	420	[16]	BHDAdx/ODA	410	[18]
PMDA/ODA	560	[16]	BHDAdx/MDA	390	[18]
6FDA/TFDB	410	[1]	BHDAdx/1,3,4-APB	330	[18]
ODPA/TFDB	420	[1]	BHDAxx/ODA	390	[18]
PMDA/TFDB	475	[1]	BHDAxx/1,3,4-APB	330	[18]
BPDA/TFDB	510	[1]	P3FDA/TFDB	570	[17]
BTDA/TFDB	610	[1]	P2FDA/TFDB	650	[17]
10FEDA/4FMPD	580	[17]	P6FDB/TFDB	660	[17]

31.2 发光材料

高分子发光材料由于易加工、化学结构的多选择及良好的机械性能,对于平面彩色显示器有很大的应用前景。芳香聚酰亚胺是一类新的给体-受体大分子,已经显示出是有效的电子和空穴导电材料。芳香聚酰亚胺还结合了良好的可加工性和耐热性,所以在发光材料方面也受到重视。

Burroughes 等[19]报道了含联呋喃单元的二胺(PFDA)与 PMDA 得到的聚酰亚胺,在用 380 nm 波长的紫外光激发,可以发出 λ_{max} 为 419 nm 及 436 nm 的蓝光。而 PFDA 本身用 340 nm 紫外光辐照,发出 λ_{max} 为 450 nm 的光。

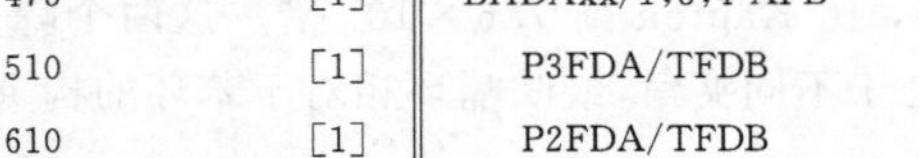

PFDA

Mal'tsev 等[20]则报道了由含蒽的 9,10-蒽单元的二胺得到的聚酰亚胺(式 31-1),由这些聚酰亚胺组成的单层发光二极管(LED)在电压为 16 V 时所发出蓝-绿光的亮度达到 1000 cd/m^2。

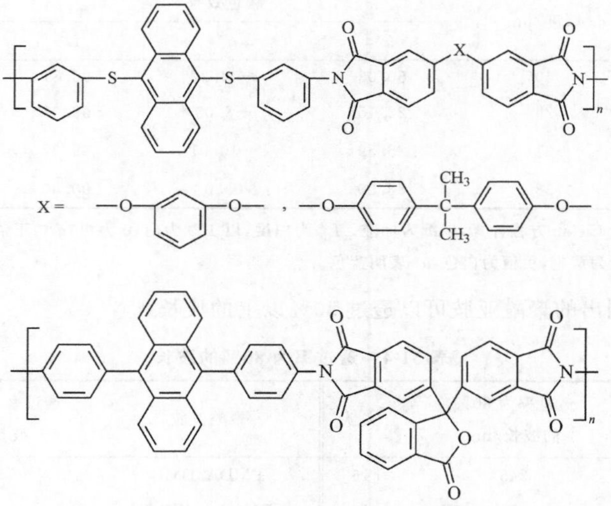

式 31-1 由含 9,10-蒽单元的二胺得到的发光聚酰亚胺

Pyo 等[21]由在 2,2′-位带呋喃基的联苯胺与 PMDA 得到的聚酰亚胺（式 31-2）用 340 nm紫外光激发时，可以发出 λ_{max}在 436 nm 和 443 nm 两个彼此靠得很近的光。其荧光量子效率 $\Phi_f = 0.074$，比 Kapton 高 7.6×10^5 倍。这两个峰分别来自分子的不同构象，如联苯的两个苯环处于不同夹角，或呋喃环相对于苯环的构象等。

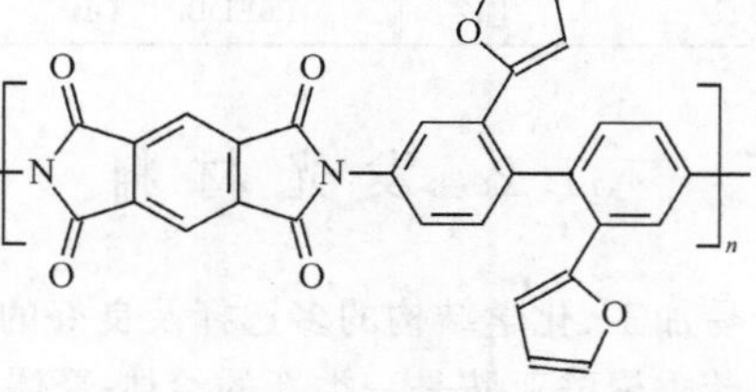

式 31-2 2,2′-位带呋喃基的联苯胺与 PMDA 得到的发光聚酰亚胺

Wang 等[22]用二胺 **C** 合成了可以通过孔穴传递的电致发光聚酰亚胺。由 P-N 结发出的亮绿光的最大强度达到约 355 cd/m^2。由 6FDA 和 BPDA 得到的聚酰亚胺的电致发光谱，最大峰在 527 nm 和 524 nm（表 31-5）。

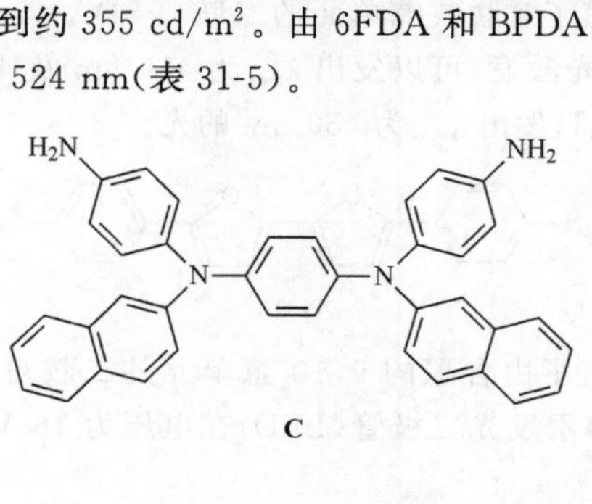

C

表 31-5　由二胺 C 得到的聚酰亚胺的发光性能

二酐	最大发光光谱的波长/nm	10 V 下的电流密度/(mA/cm²)	15 V 下的电流密度/(mA/cm²)	发光强度/(cd/cm²)
6FDA	527	99.5	859.6	188(16.5 V,920 mA/cm²)
BPDA	524	45.8	720.1	355(13 V,600 mA/cm²)

Meisel 等[23]将由孔穴传输分子 ST1163(式 31-3)掺杂的聚酰亚胺(PMDA/ODA)组成 LED 器件，当掺杂剂的浓度由 10%增加到 30%，亮度由 200 cd/m² 增加到 800 cd/m²，偏振比则由 22 降低到 5。当浓度为 10%时相分离不明显，到 15%开始显示相分离。

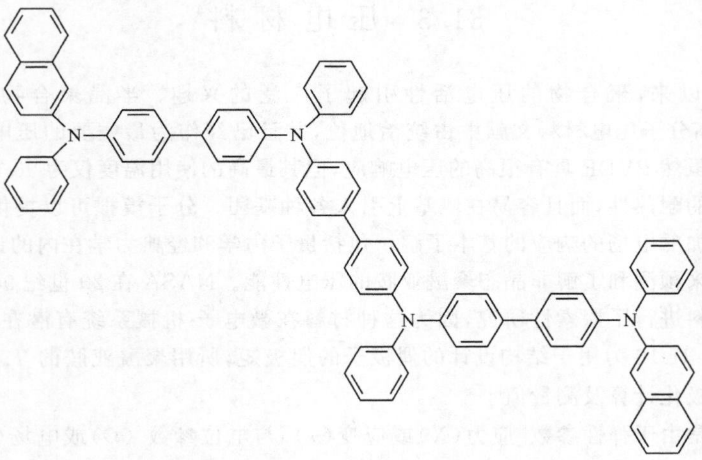

式 31-3　孔穴传输分子 ST1163

Kudo 等[24]以脂环二酐 DAn 与含蒽单元的二胺 BAPA 与其他二胺的交替聚合得到能发蓝光的聚酰亚胺(表 31-6)。

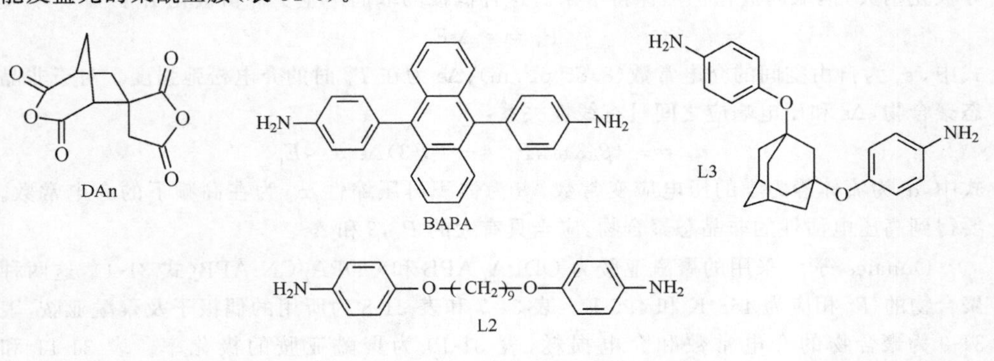

表 31-6　由 DAn 与 BAPA 及另一个二胺的交替聚合物的发光特性

聚酰亚胺	UV 谱，λ_{max}/nm	荧光谱[b]	
		λ_{max}/nm[a]	λ_{max}/nm[c]
DAn/BAPA	358，377，397	435(0.64)	437
DAn/BAPA-ODA	358，377，397	435(0.69)	446
DAn/BAPA-L2	358，377，397	435(0.77)	440
DAn/BAPA-L3	358，377，398	436(0.68)	447

a：在 DMSO 中测得；b：λ_{ex}=320 nm；c：由薄膜测得。

31.3　压电材料

1963年以来，聚合物的压电活性引起了广泛的兴趣。半晶聚合物聚偏氟乙烯(PVDF)在高分子压电材料文献中占统治地位，并且已经作为最主要的压电材料得到了广泛应用。虽然 PVDF 具有很高的压电响应，但其最高的使用温度仅为 90℃。聚酰亚胺不仅具有高的耐热性，而且容易在侧基上引入各种基团。分子模拟可以提供聚酰亚胺对温度和所施加的电场的响应的基本了解。包括量子力学和经典力学在内的计算机化学技术已经被用来预测和了解非晶态聚酰亚胺的压电性能。NASA 在 20 世纪 90 年代对聚酰亚胺压电材料进行了探索性研究，因为这种材料在微电子-机械系统有潜在的应用[25-29]。表 31-7 至表 31-10 为用于结构设计的偶极子的偶极矩，所用聚酰亚胺的 T_g，介电性能和聚酰亚胺的极化计算及测量值[26]。

压电性是由于弹性参数[应力(X)或应变(x)]与电位参数 (D)或电场(E)的偶合而产生。为了使一个非晶态的极性聚合物成为压电材料，该聚合物必须在高温($T_p>T_g$)下施加以强的电场(E_p)使其极化。通过在外加电场作用下的偶极取向而产生诱导极化和取向极化，然后在电场中将温度降低到 T_g 以下使材料"冻结"在极化态。移去电场后，诱导极化消失，但取向极化仍然保持下来。这种偶极的取向产生了保留极化 P_r：

$$P_r = \varepsilon_o \Delta\varepsilon E_p$$

式中，ε_o 为自由空间的介电常数(8.85 pF/m)；$\Delta\varepsilon$ 为在 T_g 时的介电松弛强度。对于非晶态聚合物，$\Delta\varepsilon$ 和压电响应之间具有线性关系：

$$d_h = -(\beta/3)\varepsilon_\infty P_r = -(\beta/3)\Delta\varepsilon\varepsilon_o\varepsilon\infty E_p$$

式中，d_h为流体静力学的压电应变常数，β 为体积可压缩性，ε_∞ 为在高频下的介电常数。要得到高压电活性的非晶态聚合物，应当具有大的 P_r，β 和 $\Delta\varepsilon$。

Ounaies 等[26]采用的聚酰亚胺为 ODPA/APB 和 ODPA/CN-APB(式 31-4)，这两种聚合物的 T_g 相应为 458 K 和 496 K。表 31-7 和表 31-8 为所用的偶极子及聚酰亚胺，表 31-9 为聚合物的介电常数和介电损耗，表 31-10 为聚酰亚胺的极化率。表 31-11 和表 31-12 为聚酰亚胺的压电系数及 P2 在不同固化条件下的压电性能，但目前其压电性比器件所要求的数值还低一个数量级。

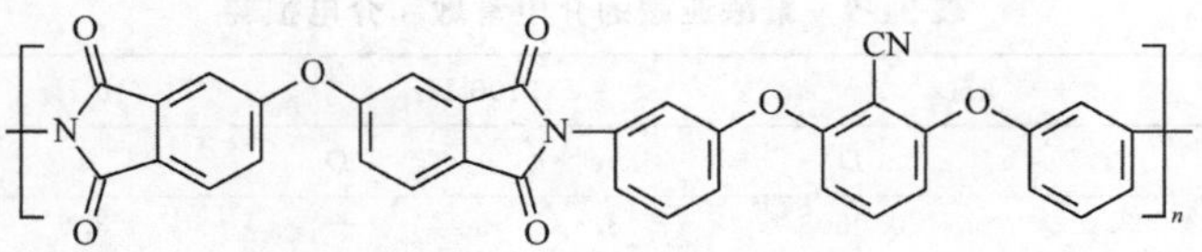

式 31-4　ODPA/CN-APB 聚酰亚胺

表 31-7　所用的偶极子

偶极子	偶极矩 μ/deb[a]
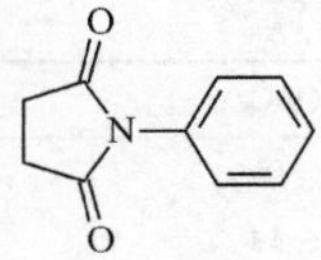	2.34
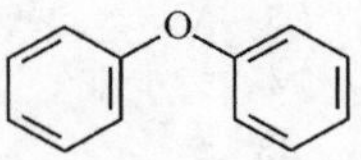	1.30
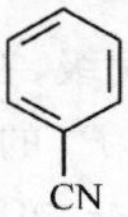	4.18
—SO_2—	5.20

a：德拜，非法定单位，1 deb=10^{-18} Fr · cm=3.335 64×10^{-30} cm。

表 31-8　所用的聚酰亚胺

聚酰亚胺	编号	二胺	T_g/℃
APB/ODPA	P1	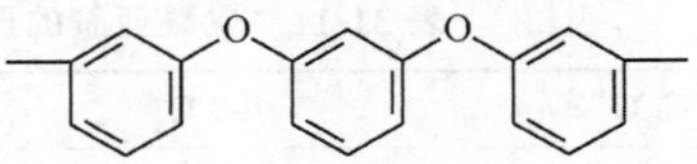	185
(2,6-β-CN)APB/ODPA	P2	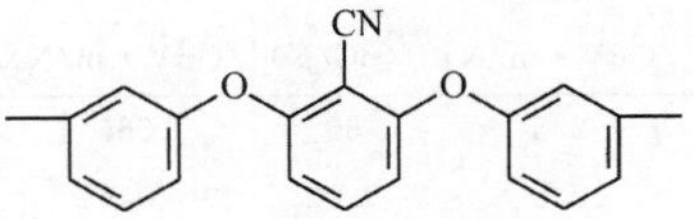	220
(2,4-β-CN)APB/ODPA	P3	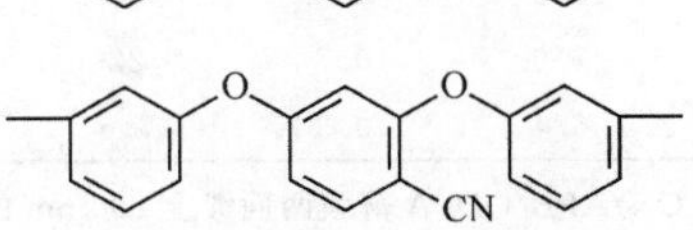	205
DAB/ODPA	P4	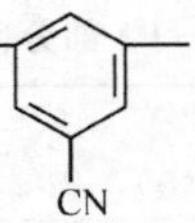	258
DDS/ODPA	P5	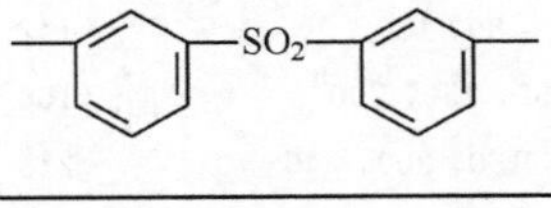	246

表 31-9 聚酰亚胺的介电常数和介电损耗

聚酰亚胺	1 kHz		100 Hz		10 Hz	Δε
	ε	D	ε	D	ε	
P1	3.4	0.0008	3.4	—	3.5	4.0
P2	3.5	0.0031	3.5	—	3.8	11.0
P3	3.6	0.0012	3.61	0.002	3.7	6.0
P4	3.9	0.0076	4.0	—	4.4	9.0
P5	3.5	0.0029	3.5	0.0038	3.8	9.0

表 31-10 聚酰亚胺的极化计算及测量值

聚酰亚胺	P_u/(mC/m²)	$P_{计算}$/(mC/m²)	P_r(mC/m²)	P_r/P_u
P1	22	—	5	0.23
P2	40	24	14	0.35
P3	40	22	6	0.14
P4	57	33	4	0.07
P5	48	43	13	0.28

在 25～80 ℃，PDVF 的压电常数比 P2 和 P5 都高两个数量级，在 80 ℃以上，PDVF 就会失去在加工时得到的取向。图 30-3 为 P2 在等温老化下的 P_r 的保持率，由图可见，P2 在 50 ℃ 1000 h P_r 保持不变，在 150 ℃经 500 h，P_r 保持接近 50%[3]。在 150 ℃，P2 的压电常数增加到只比 PDVF 低一个数量级。在 200 ℃，P5 的压电常数就和室温下的 PVDF 处于同一数量级了，而这温度是 PDVF 的使用温度的 2 倍。随着时间和温度的增加，PVDF 和聚酰亚胺都会失去压电效应。对于 PDVF，由于失去了机械取向，压电效应的损失是不可逆的，而非晶态聚酰亚胺在重新极化后可以恢复压电性。

表 31-11 聚酰亚胺的压电系数[26]

聚合物	25 ℃		100 ℃		150 ℃		200 ℃	
	d_{31} /(pC/N)	g_{31} /(mV · m/N)	d_{31} /(pC/N)	g_{31} /(mV · m/N)	d_{31} /(pC/N)	g_{31} /(mV · m/N)	d_{31} /(pC/N)	g_{31} /(mV · m/N)
PVDF	25	235	60	565	—	—	—	—
P1	0.02	0.5	0.02	0.6	0.02	0.6	—	—
P2	0.3	7.6	0.7	22	5.0	152.7	—	—
P5	0.2	6.4	0.3	7.6	2.0	61.1	30	916

注：30 μm 的(2,6-β-CN)APB/ODPA 薄膜两面镀上 200 nm 的银，用于极化，一面机械电晕极化。

表 31-12 P2 部分固化，电晕极化薄膜的加工参数和 P_r

样品	固化温度/℃ (各 1 h,N_2)	T_g/℃ (极化前)	酰亚胺化程度 (1780/1500 cm⁻¹)	P_r/(mC/m²)
P100	50，100	97	0.18	—
P150	50，150	142	0.69	26
P200	50，150，200	166	0.82	9
P240	50，150，200，240	218	1.00	4

在 150 ℃固化的聚合物具有最高的 P_r，说明此时聚合物的 T_g 较低，在电场下容易活动，而得到较好的偶极子的取向，但作为聚酰亚胺，部分酰亚胺化的聚合物的稳定性是有问题的。例如 150 ℃以上，完全酰亚胺化的样品的 d_{31} 可以保持 60%，而部分酰亚胺化的仅剩不到 20%。

31.4　LB　膜

随着高技术的不断发展，超薄膜技术受到越来越多的重视。“Langmuir-Blodgett (LB)”技术是产生超薄膜的一种很重要的方法。LB 技术是将在水表面形成的单分子层(L 膜)按照一定的形式逐层转移到固体表面的技术，所得到的单层或多层薄膜称为 LB 膜。LB 膜在分子水平上具有取向的层状结构。组成 LB 膜的分子是双亲的，即同时具有亲水和疏水部分，如脂肪酸。LB 膜有三种组合方式：X 型 LB 膜的疏水面与底板接触，是将底板垂直通过 L 膜向下插入而得到；Z 型则与 X 型相反，由亲水面与底板表面接合；Y 型是由 X 型和 Z 型交替组成。为了克服 LB 膜的热不稳定的缺点，曾设计了许多方法，但终因存在热不稳定的长链疏水部分，使得热稳定性难以得到提高。聚酰亚胺由于下列的优点成为 LB 膜的极好材料：

(1) 作为聚酰亚胺前体的聚酰胺酸具有亲水性，通过羧基可以方便地与具有长脂肪链的胺形成盐从而使聚酰胺酸盐具有双亲的性能。也可以利用以四酸的高级脂肪醇二酯形成双亲的聚酰胺酯；

(2) 带有长链的聚酰胺酸盐或聚酰胺酯在 300 ℃经过热处理使脂肪部分分解或用化学脱水剂处理形成热稳定的聚酰亚胺，因此 LB 膜中不再存在长链烷基化合物，使膜的厚度普遍低于其他带长链烷基化合物的 LB 膜，由于在单分子层间不存在亲水和疏水面结合的差别，单分子层间的结合方式相同，排列也更为紧密；

(3) 聚酰亚胺具有多种结构，可以使 LB 膜的性质根据需要而调节；

(4) 由于聚酰亚胺链的刚性，在形成 LB 膜后，容易保留在成膜过程中生成的分子取向特性。

聚酰亚胺 LB 膜材料已经由 Iwamoto 等作了很好的专论[30]，本节只作简单的介绍。

1. 聚酰亚胺 LB 膜的制备

制备聚酰亚胺 LB 膜的化学过程如光敏聚酰亚胺有盐法和酯法(式 31-5 和式 31-6)[31]。

疏水脂肪链的长度太短会妨碍大分子链在膜表面的平铺，酰亚胺化后会使 LB 膜造成皱折，针孔等缺陷。一般采用的脂肪链长度在 16 个碳以上。

制备 LB 膜的步骤如下：

(1) 将聚酰胺酸在 DMAc 和苯(1∶1)中浓度为 1 mmol/L 的溶液和具有相同浓度的长链脂肪胺(例如 $C_{16\sim18}$)的同样溶液混合，得到聚酰胺酸盐的溶液。或者将聚酰胺酯在合适的溶液中配成 1 mmol/L 的溶液；

(2) 将所得到的溶液加到去离子水中，在水面上形成稳定的单分子层膜；

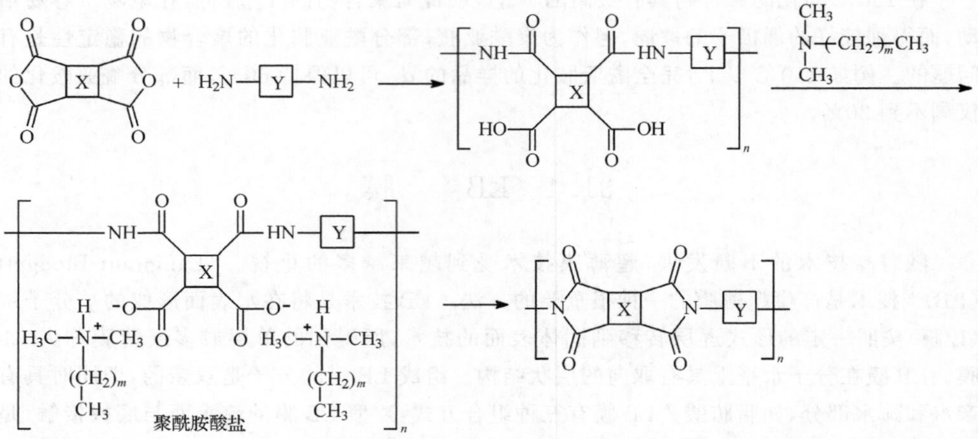

式 31-5　盐法制备聚酰亚胺 LB 膜

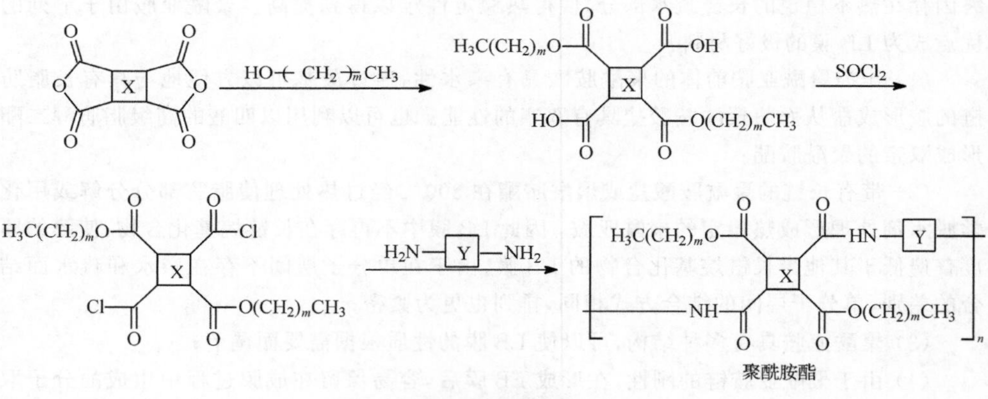

式 31-6　酯法制备聚酰亚胺 LB 膜

(3) 将单分子层膜转载到底板(如玻璃、石英或硅片)上；

(4) 将载在底板上的单层或多层聚酰胺酸盐或聚酰胺酯的 LB 膜加热酰亚胺化，就可以得到聚酰亚胺 LB 膜。

移置于底板上的聚酰胺酸盐或聚酰胺酯可以是单层也可以是多层的，单分子层的厚度根据其结构的不同为 1.6～1.9 nm，酰亚胺化后的聚酰亚胺单分子层的厚度约为 0.45 nm。

2. 聚酰亚胺 LB 膜的性能和应用

1) 用于气体分离膜

将 BTDA 与 ODA 得到的聚酰胺酸与带 12 或 16 个碳的叔胺作用形成聚酰胺酸盐涂膜干燥后测试，同时将其进行热酰亚胺化后测试，相对于聚酰亚胺均质膜，LB 膜的透过系数要高一个数量级，可能由于 LB 膜存在缺陷，分离系数要低一个数量级，但对于由十六碳叔胺得到的 LB 膜既能够保持高透过系数又保持高的分离系数(表 31-13)[32]。

表 31-13 BTDA/ODA LB 膜的透气性能

	P_{O_2}	P_{N_2}	P_{CO_2}	α_{O_2/N_2}	α_{CO_2/N_2}
PAA(12)	5.80	2.54	20.51	2.28	8.08
PAA(16)	27.3	12.70	76.81	2.15	6.05
PI(12)	19.44	8.68	70.13	2.24	8.08
PI(16)	12.52	1.60	41.10	7.71	25.73
PI 30～50μm 厚的均质膜	0.085	0.01	0.277	8.10	26.38

注：P 的单位是 10^{-10} mol/(min · cm^2)。括号中的数字为脂肪侧链的碳数。

2）用于液晶取向膜[33]

这种取向膜不需摩擦，可以减少加工程序和可能由于摩擦而带进来的灰尘。但并不是所有的聚酰亚胺 LB 膜都对液晶具有取向性，通常分子链的刚性越大，取向性越好。有趣的是，聚酰亚胺 LB 膜在热解过程中仍能保持分子的有序性，如在 1000 ℃热解后，LB 膜转变为石墨微晶，既具有取向性又具有导电性，这样就有希望将取向膜和电极统一为一种材料[34]。但总的说来聚酰亚胺 LB 膜的取向效果还不理想，所以并未得到实际应用。

3）聚酰亚胺导电和介电 LB 膜

对于 PMDA/ODA LB 膜，10 nm 即可以消除针孔成为很好的介电膜；这种 LB 膜在 1000 ℃热解后得到导电膜，当 LB 膜为 30 层，电导率可达 6×10^2 S/cm，比热解的浇铸膜大一倍。

4）光导膜

Barlett 和 Pillai 最早发现 PMDA/ODA 聚酰亚胺的光导现象[35]，这是由于分子间形成电荷转移络合物。聚酰亚胺分子排列越规整，所形成的电荷转移络合物的激发态所需的能量就越低，在垂直于分子链取向方向上的光导性最强，所以聚酰亚胺 LB 膜可能获得高的光导性。

参考文献

[1] Ando S, Matsuura T, Sasaki S. Polym. J., 1997, 29: 69.
[2] Bikson B R, Freimanis Y F. Vysokomol. Soyedin., A. 1970, 12: 69.
[3] Dine-Hart R A, Weight W W. Makromol. Chem., 1971, 143: 189.
[4] Mulliken R S, J. Am. Chem. Soc., 1952, 74: 811.
[5] Ando S, Matsuura T, Sasaki S. J. Polym. Sci., Polym. Chem., 1992, 30: 2285.
[6] Kotov B V, Gordina T A, Voishchev V S, Kolninov O V, Pravednikov A N. Vysokomol. Soyedin., 1977, 19: 614.
[7] St. Clair A K, St. Clair T I. Polym. Mater. Sci. Eng., 1984, 51: 62.
[8] Ando S. 高分子论文集, 1994, 51: 251.
[9] Higuchi H, Yamashita T, Horie K, Mita I. Chem. Mater., 1991, 3: 188.
[10] Takekosh, T. Adv. Polym. Chem., 1990, 94: 1.
[11] Horie K, Li Q H, Lee S A, Yokota R. Proc. of 2nd China-Japan Seminar on Advanced Aromatic Polymers,

Guilin, China, 1998.

[12] Rogers F E, US, 3356648, 1964.

[13] Matsuura T, Hasuda Y, Nishi S, Yamada N. Macromolecules, 1991, 24: 5001.

[14] Ando S, Matsuura T, Sasaki S. Macromolecules, 1992, 25: 5858; Ando S., Matsuura T, Sasaki S. ACS Symp. Ser., 1994, 537: 304.

[15] Yang C-P, Hsiao, S-H, Chen K-H. Polymer, 2002, 43: 5095.

[16] Matsumoto T, Kurosaki T. Macromolecules, 1999, 32: 4933.

[17] 安藤慎治.最新聚酰亚胺.东京:日本聚酰亚胺协会,2002:99.

[18] Matsumoto T, Kurosaki T. Macromolecules, 1997, 30: 993.

[19] Burroughes J H, Bradley D D C, Brown A R, Marks R N, Mackay K, Friend R H, Burns P L, Holmes A B. Nature, 1990, 347:539;Pyo S M, Kim S I, Shin T J, Park H K. Macromolecules, 1998, 31: 4777.

[20] Mal'tsev E I, Brusentseva M A, Kolesnikov V A, Berendyaev V I, Kotov B V, Vannikov A V. Appl. Phys. Lett., 1997, 71: 3480;Mal'tsev E I, Berendyaev V I, Brusentseva M A, Tameev A R, Kolesnikov V A, Kozlov A A, Kotov BV, Vannikov A V. Polym. Int., 1997, 42: 404; Mal'tsev E I, Brusentseva M A, Lypenko D A, Berendyaev V I, Kolesnikov V A, Kotov B V, Vannikov A V. Polym. Adv. Technol., 2000, 11: 325.

[21] Pyo S M, Kim S I, Shin T J, Ree M, Park K H, Kang J S. Polymer, 1999, 40: 125.

[22] Wang Y-F, Chen T-M, Okada K, Uekawa M, Nakaya T, Kitamura M, Inoue H. J. Polym. Sci., Polym. Chem., 2000, 38: 2032.

[23] Meisel A, Miteva T, Glaser G, Scheumann V, Neher D. Polymer, 2002, 43: 5235.

[24] Kudo K, Imai T, Hamada T, Sakamoto S. High Perform. Polym., 2006, 18: 749.

[25] Young J A, Farmer B L, Hinkley J A. Polymer, 1999, 40: 2787.

[26] Ounaies Z, Park C, Harrison J S, Smith J G, Hinkley J. NASA/CR-1999-209516, ICASE Report No. 99-32.

[27] Park C, Ounaies Z, Su J, Smith Jr. J. G, Harrison J S. NASA/CR-1999-209833, ICASE Report No. 99-53.

[28] Ounaies Z, Young J A, Simpson J O, Farmer B L. NASA-96-mrs-zo, 100kb.

[29] Ounaies Z, Young J A, Harrison J S. NASA/TM-1999-209359.

[30] Iwamoto M, Kakimoto M-A//Ghosh M K, Mittal K L. Polyimides Fundamentals and Applications. New York: Dekker, 1996:815.

[31] Uekita M, Aivaji H. Thin Solid Films, 1989, 180: 271.

[32] Schauer J, Schwarz H H, Elsold C, Angew. Makromol. Chem., 1993, 206: 193; Marek Jr, M, Brynda E, Schauer J, et al., Polymer, 1996,37: 2577.

[33] Nishikata Y, Morikawa A. Nippon Kagaku Kaishi, 1987, 11: 2174.

[34] Akatsuka T, Tanaka H, Toyama J, Nakamura T, Matsumoto,M, Kawabata Y. Synth. Met., 1993, 57: 3859.

[35] Pillai P K C, Sharma B L. Polymer, 1979, 20: 1431.

附录 A　英文缩写与化合物结构对照表

说明:本表中的化合物只给出一种异构体的结构,其他异构体可从位置推出。

缩写	结构	缩写	结构
ABDE	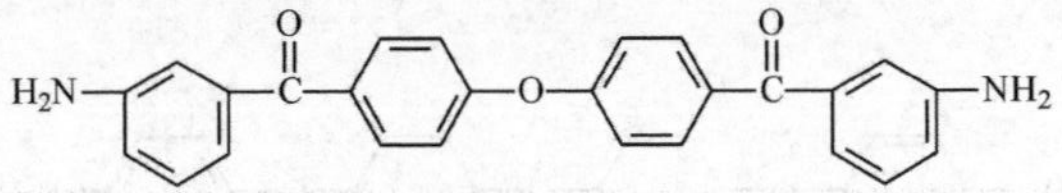	AODA	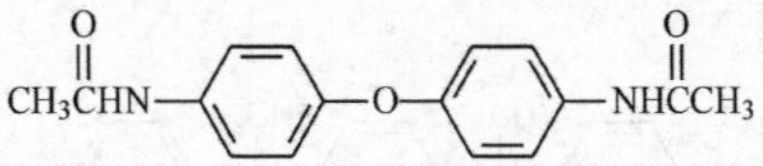
APA	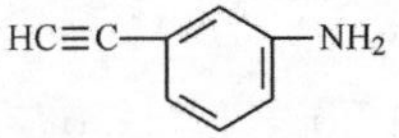	APB	
APBP	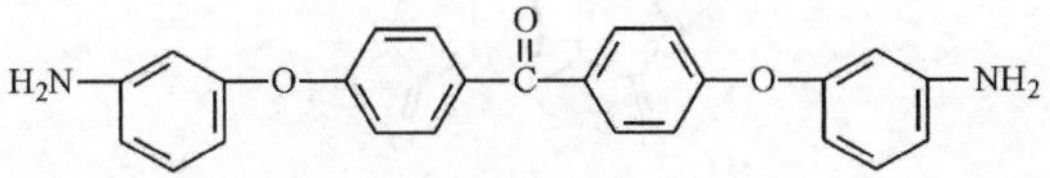	APDS	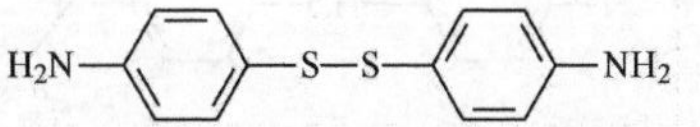
APS	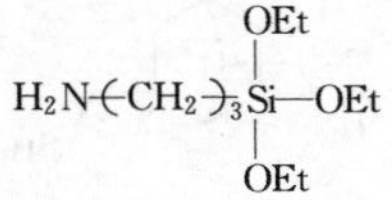	APTS	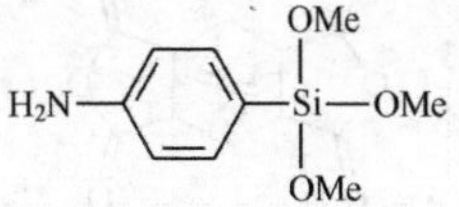
BAPB	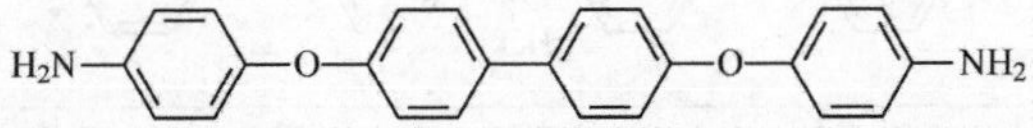	BAPF	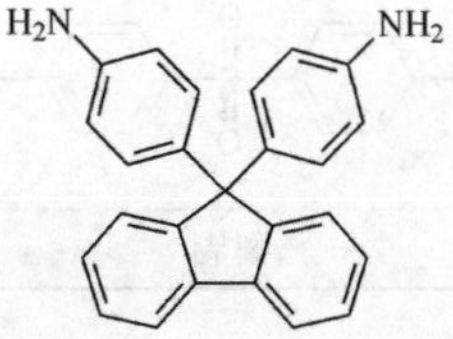

续表

缩写	结构	缩写	结构
BAPP	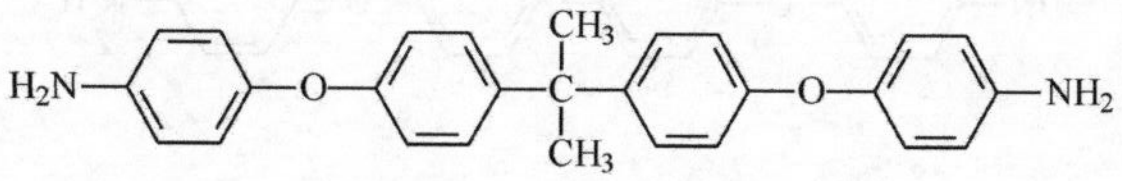	BAPS	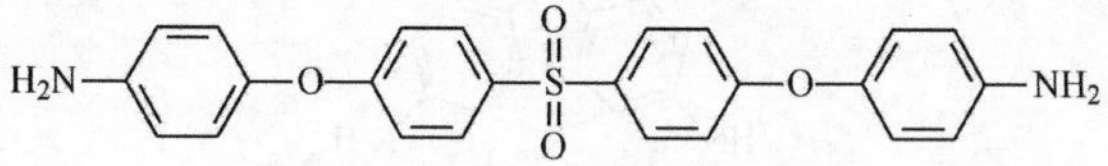
BBH	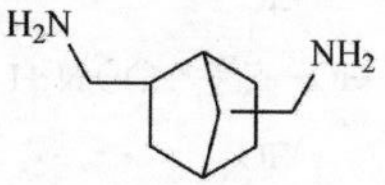	BCDA	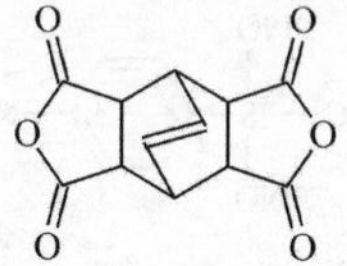
BCHDA	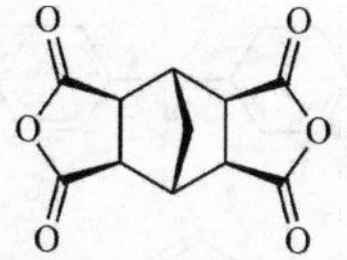	BCI	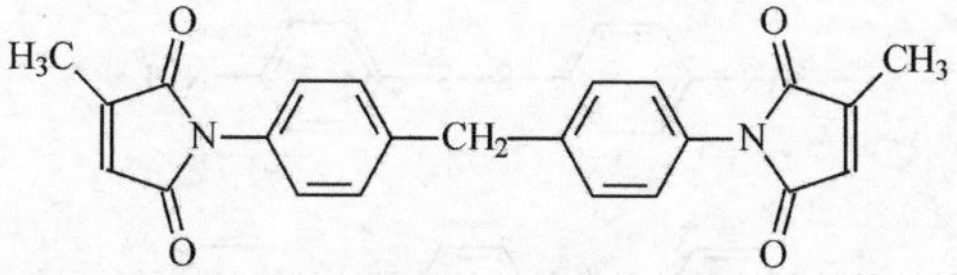
BDAF	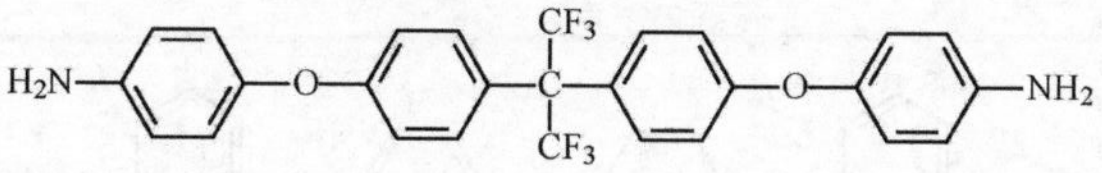	Bis-P	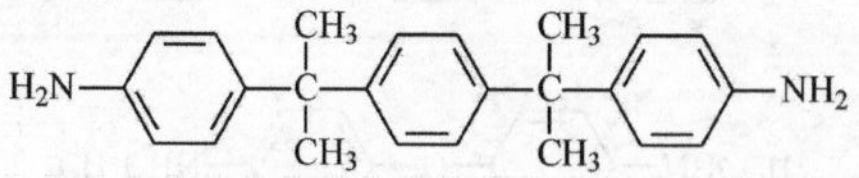
BMI	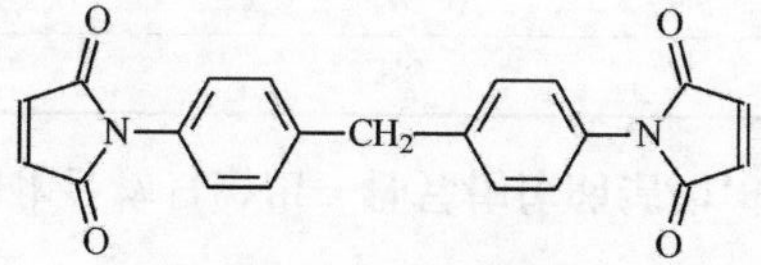	BPADA	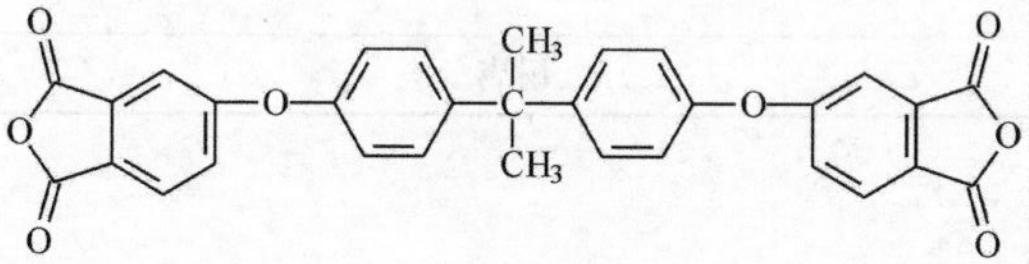
BPDA	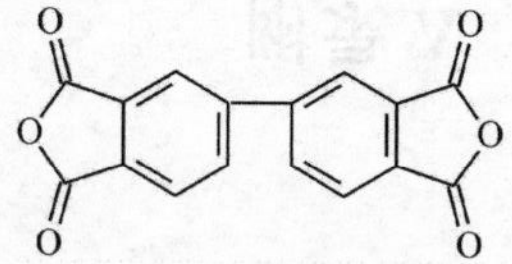	BTDA	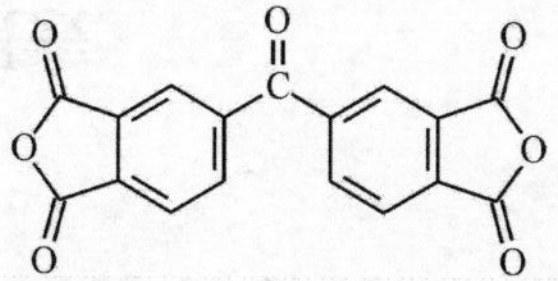

续表

缩写	结构	缩写	结构
BTDE	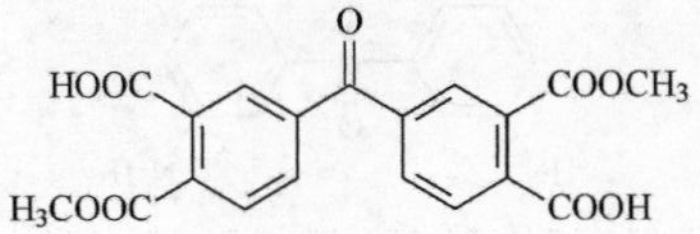	Bz	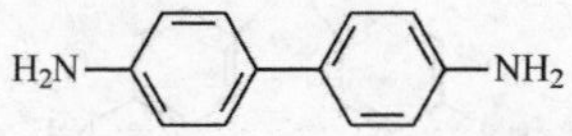
BzDPA	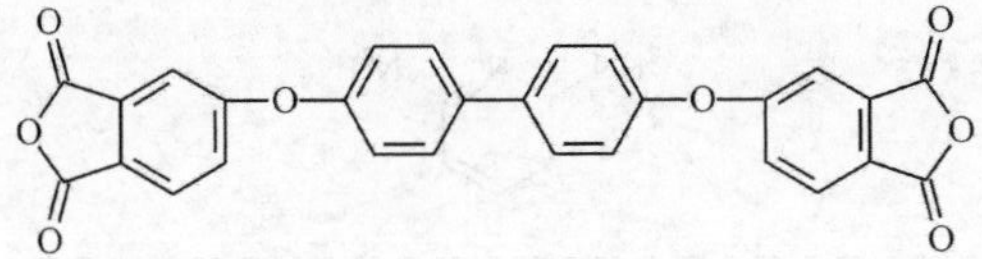	C8F	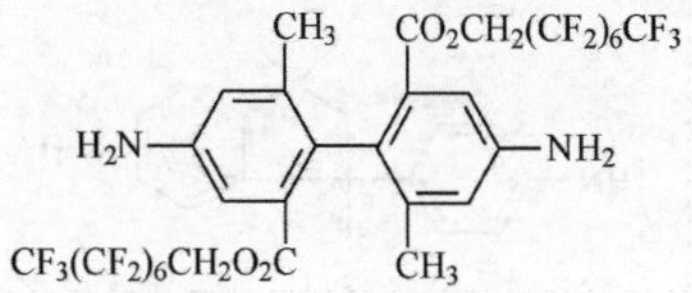
CBDA	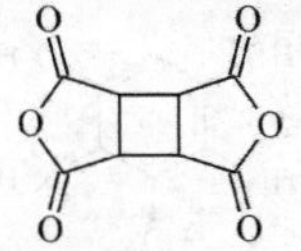	CHDA	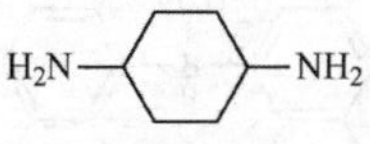
CHDAn	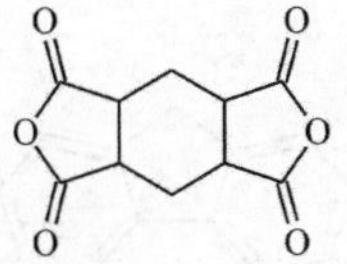	CHP	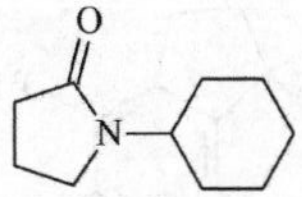
ClBz	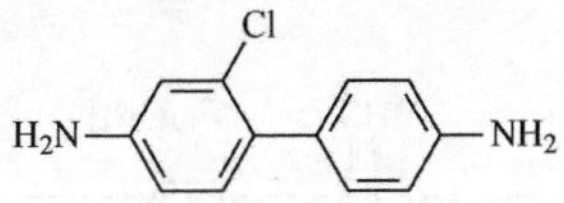	ClPPD	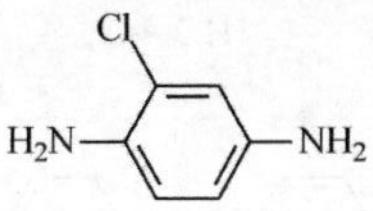
DABA	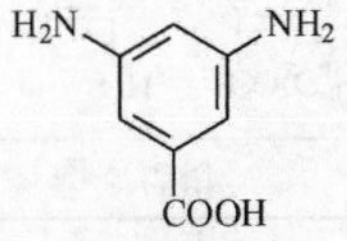	Dabco	

续表

缩写	结构	缩写	结构
DABMB	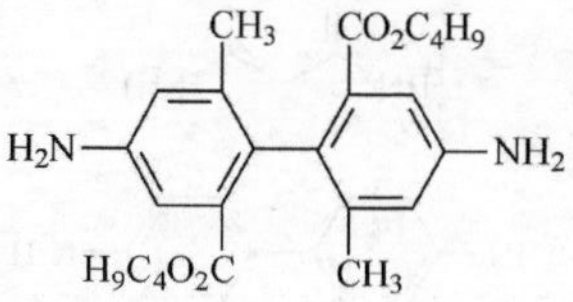	DABP	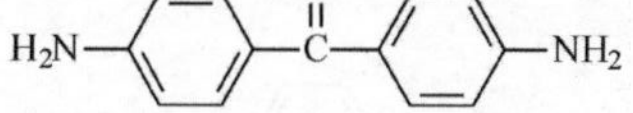
DAF	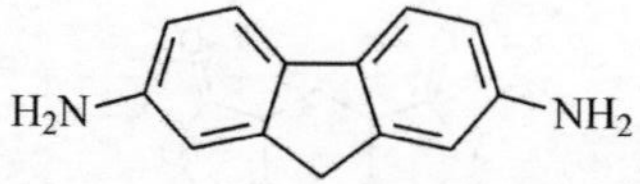	DAI	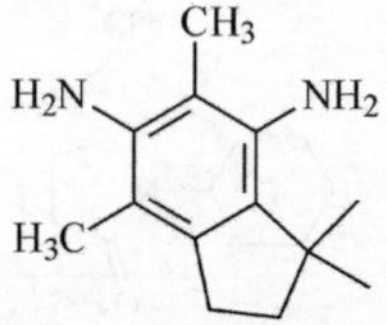
DAM	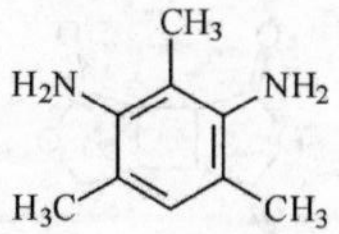	DAMPO	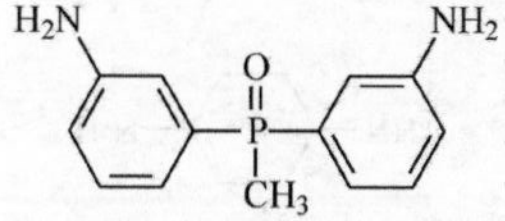
DAP	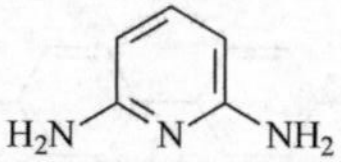	DAPI	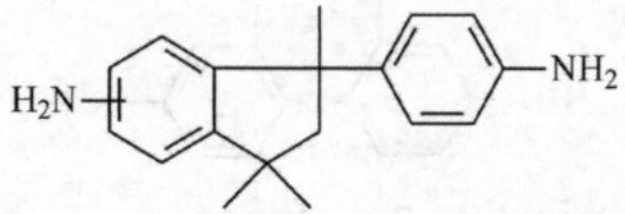
DAPPO	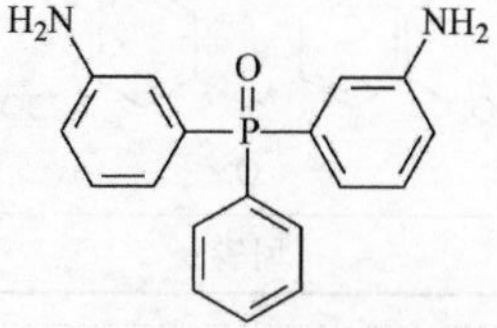	DAPT	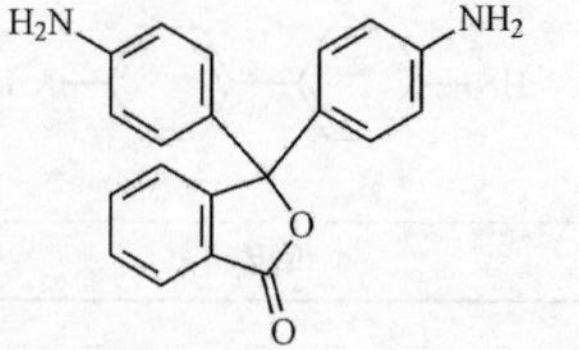

续表

缩写	结构	缩写	结构
DAT	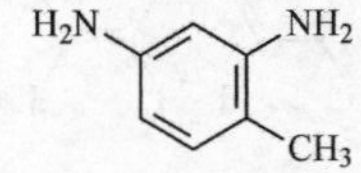	DBTF	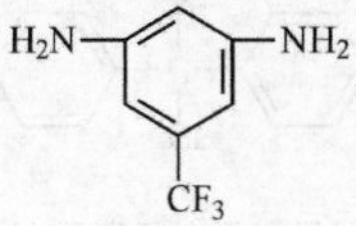
DCB	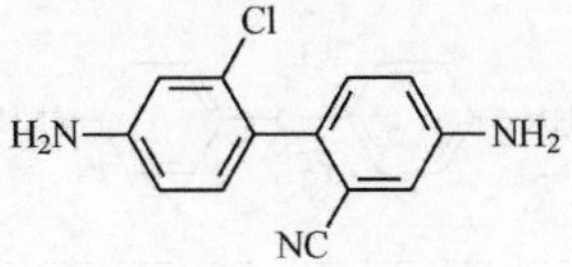	DCC	$C_6H_{11}N{=}C{=}C_6H_{11}$
DCHM	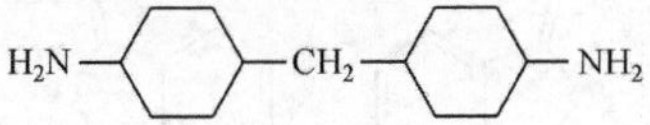	DCM	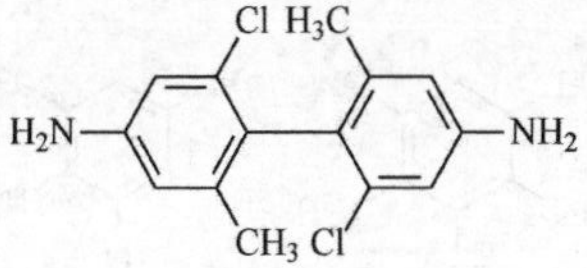
DCU	$C_6H_{11}NHCOHNC_6H_{11}$	DDA	癸二胺
DDS	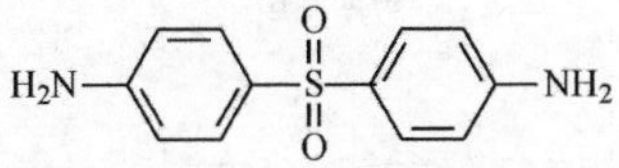	DDTEP	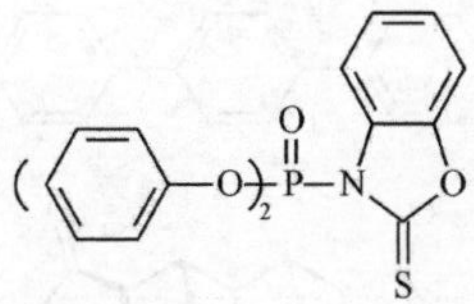
DiClBz	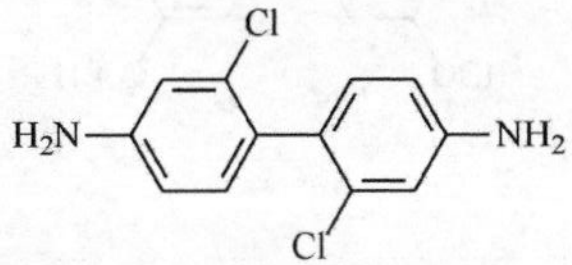	DMAc	*N*,*N*-二甲基乙酰胺
DMB	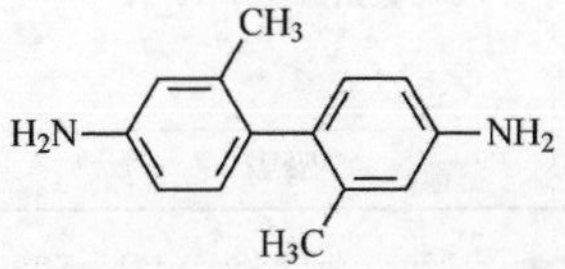	DMC	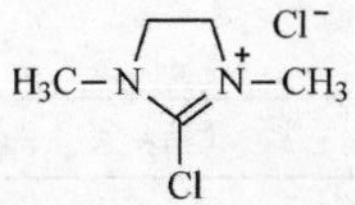

续表

缩写	结构	缩写	结构
DMF	*N*,*N*-二甲基甲酰胺	DMMDA	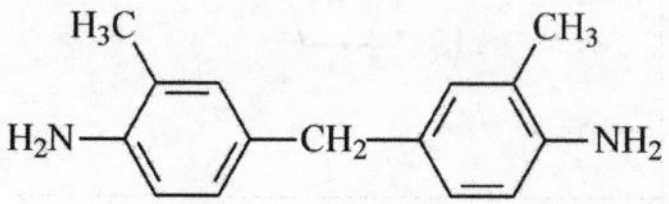
DMOBz	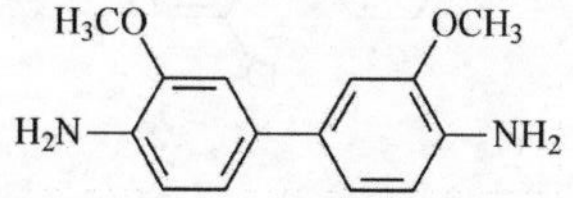	DNDA	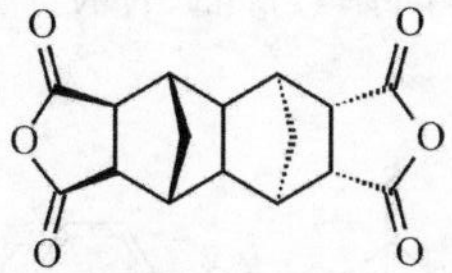
DMSO	二甲基亚砜	DPTP	
DSDA	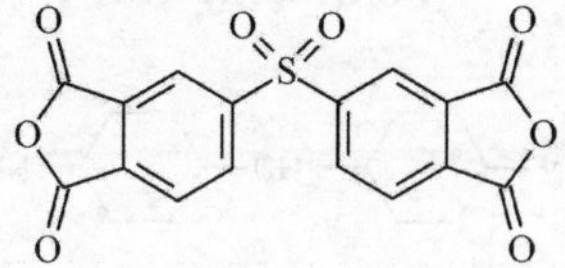	ET100	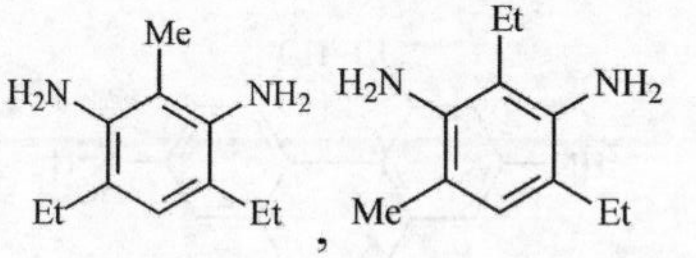
6FBA	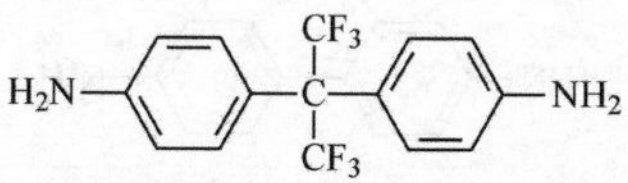	6FBAP	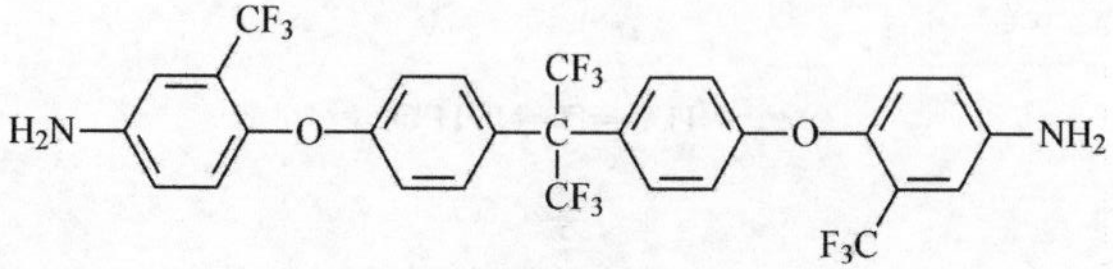
8FBz	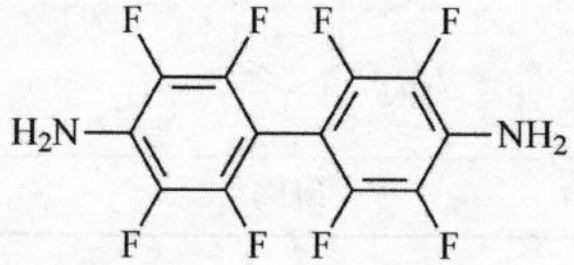	3FDA	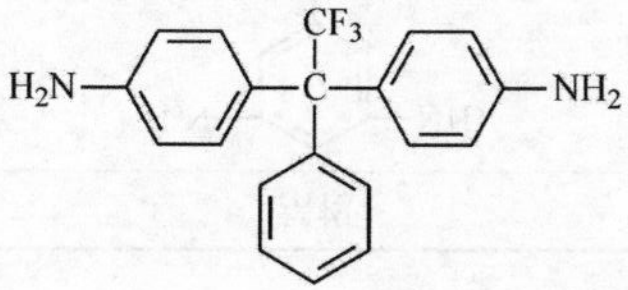

续表

缩写	结构	缩写	结构
6FDA	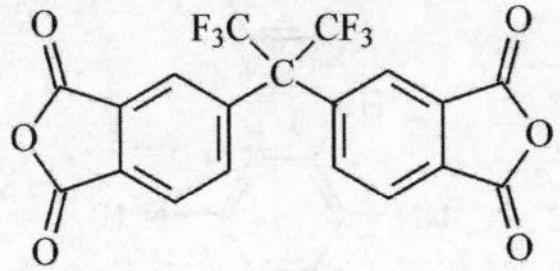	10FEDA	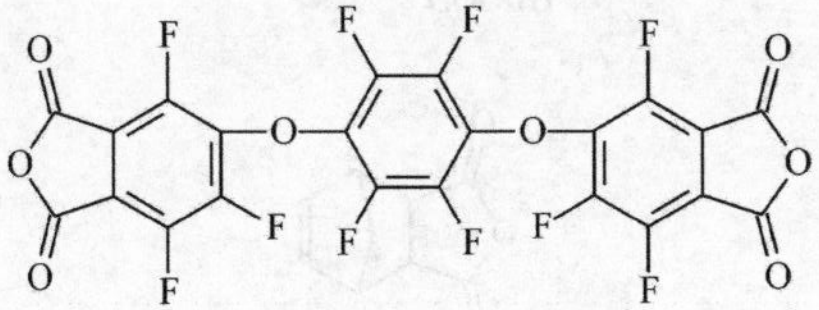
FPPD	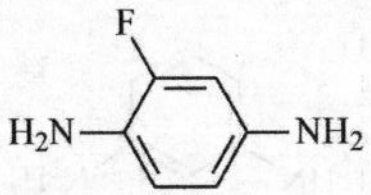	4FPPD	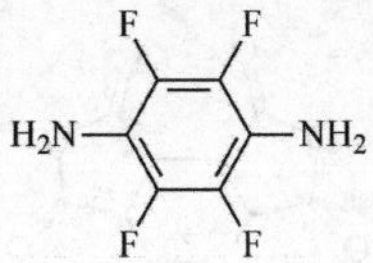
GAPD	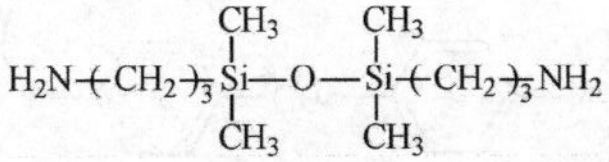	HAB	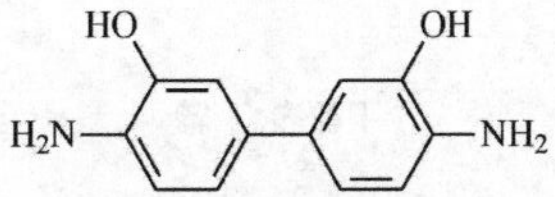
HDA	己二胺	HFBAPP	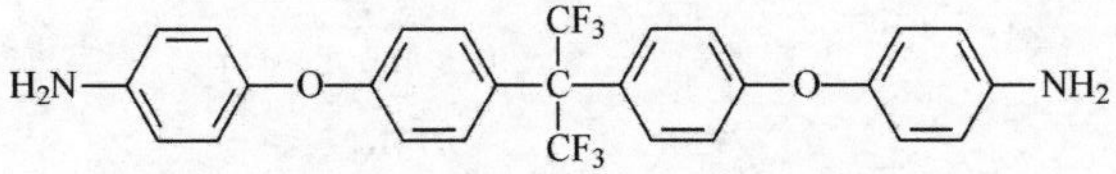
HQDPA	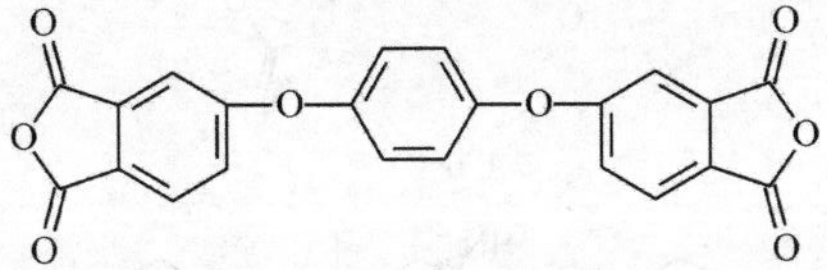	*p*-intA	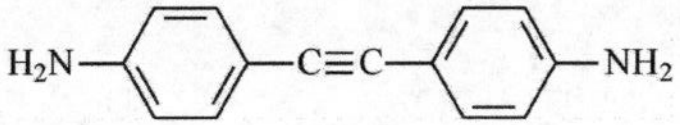
IPDA	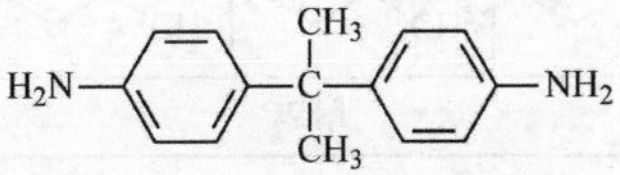	Jefamine TXJ-502	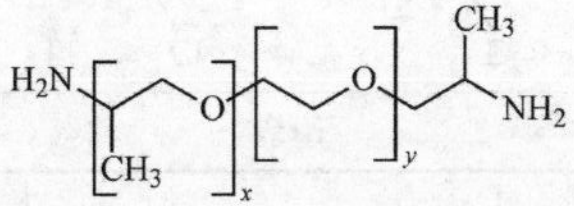

续表

缩写	结构	缩写	结构
Jeffamine	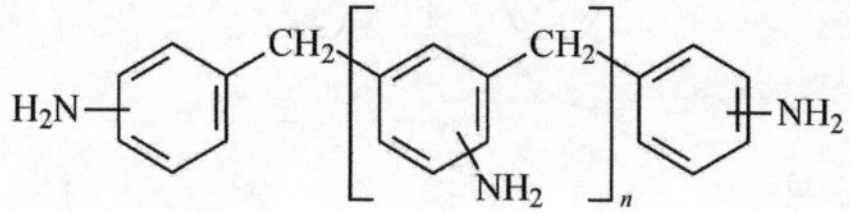 n=0, 1, 2	MCDEA	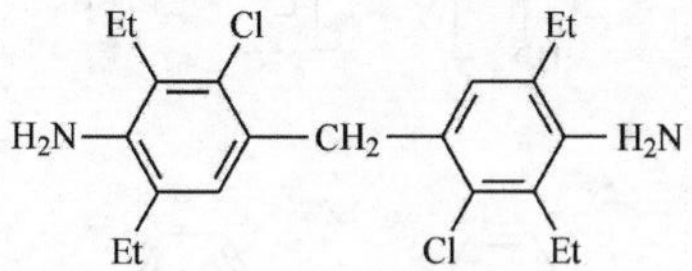
MCTC	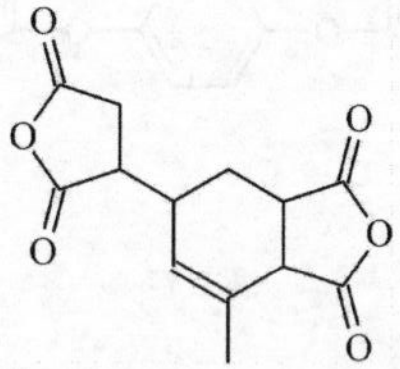	MDA	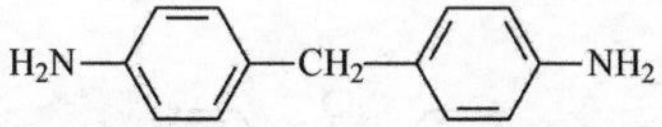
MDA-BMI	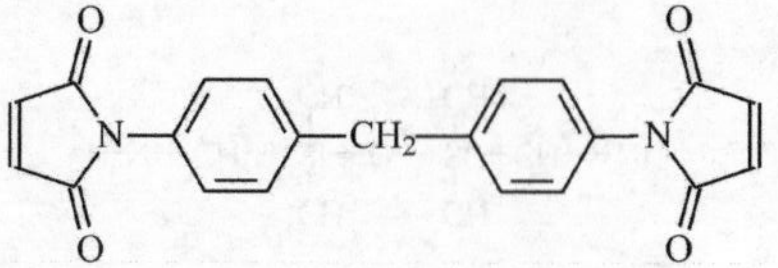	MMT	黏土,蒙脱土
MPD	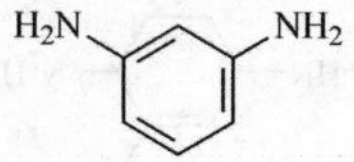	MPDA	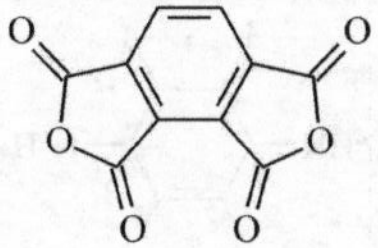
2MPPD	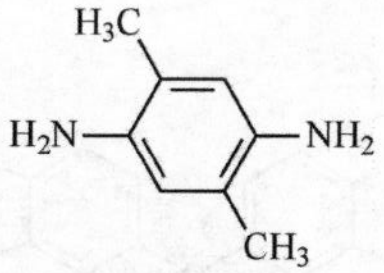	NA	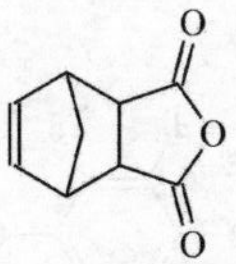
NDA	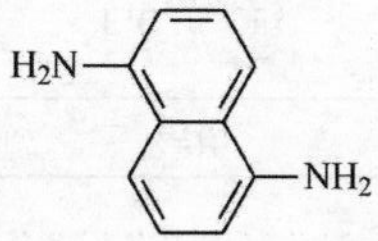	NE	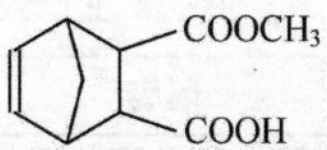

续表

缩写	结构	缩写	结构
NMP	*N*-甲基吡咯烷酮	NNPB	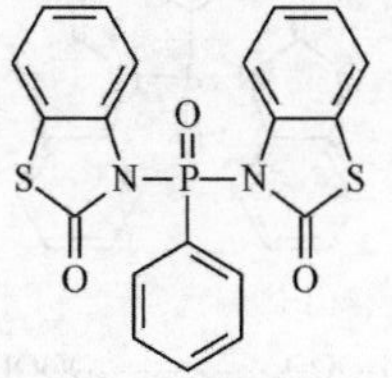
NTDA	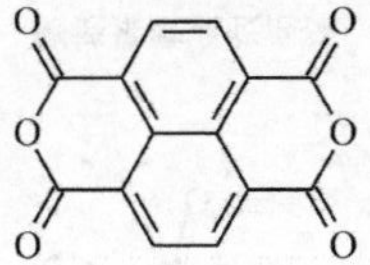	ODA	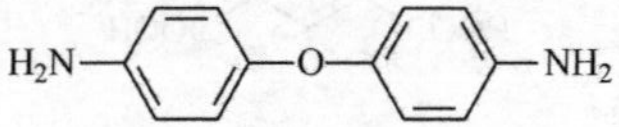
ODPA	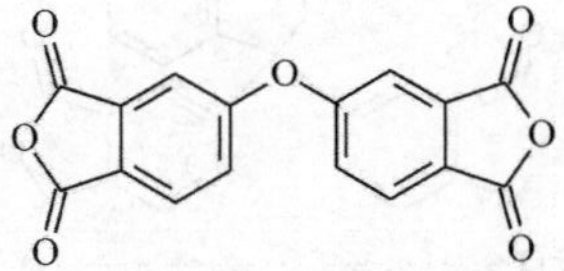	OFB	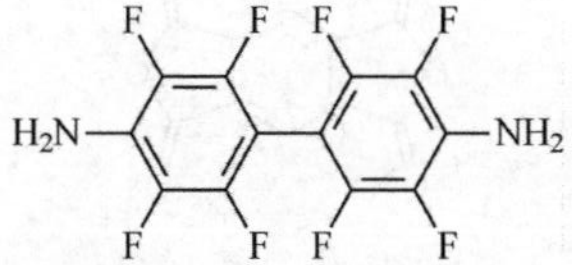
OTOL	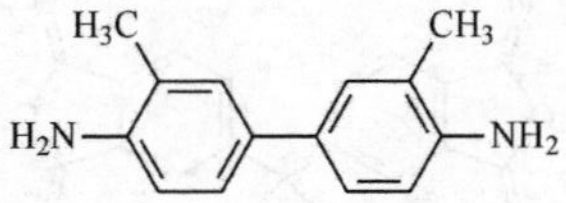	PA	苯酐
PAA	聚酰胺酸	PADS	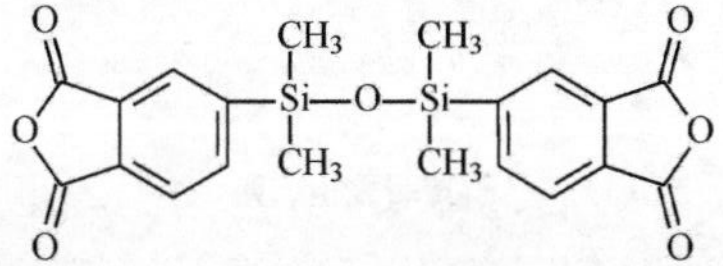
PAI	聚酰胺酰亚胺	PBDA	

续表

缩写	结构	缩写	结构
PDEB	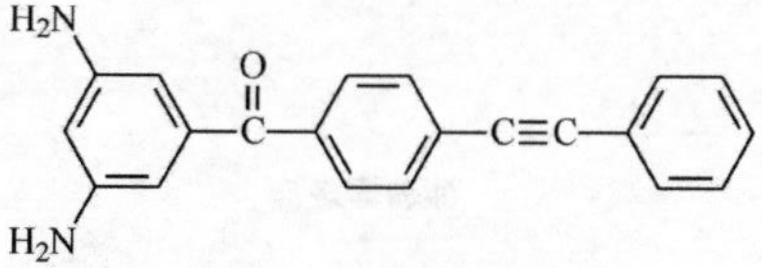	PDMS	聚二甲基硅氧烷
PDPA	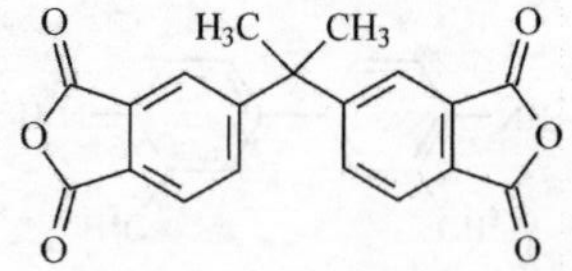	PEPA	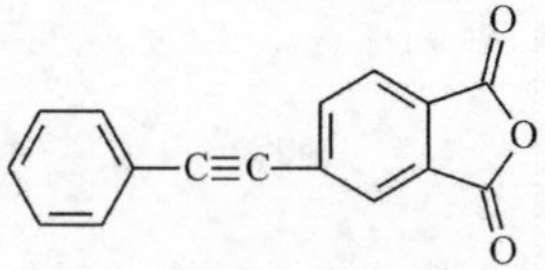
PhDA	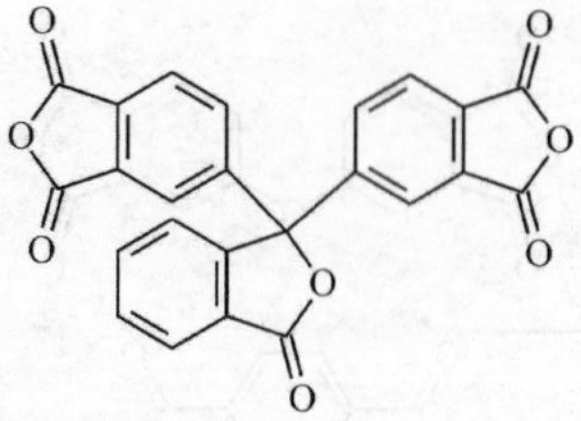	PMDA	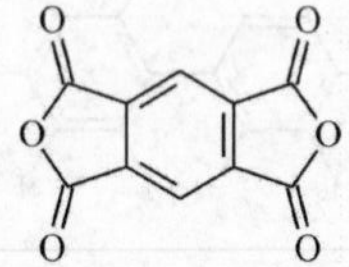
PMI	侧链聚酰亚胺泡沫	PMTA	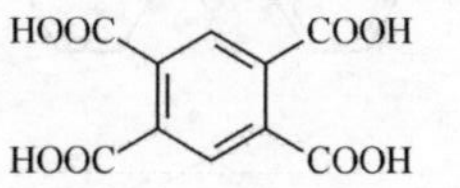
POSS	硅倍半氧烷	PPBBO	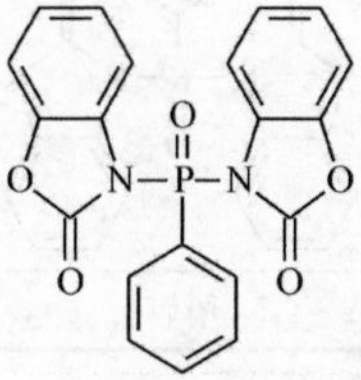

续表

缩写	结构	缩写	结构
PPBBT	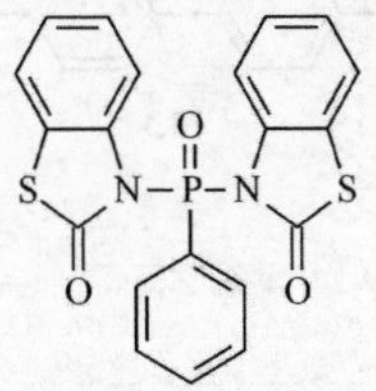	PPD	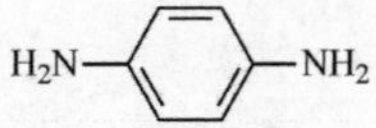
PPDS	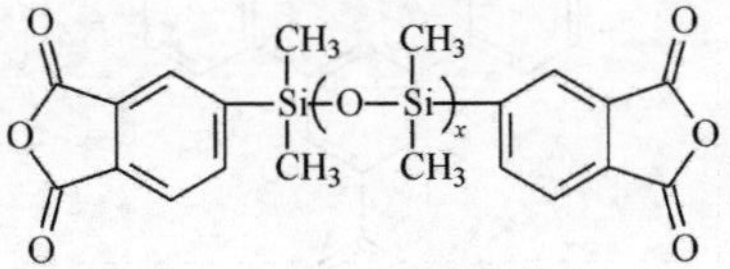	PRM	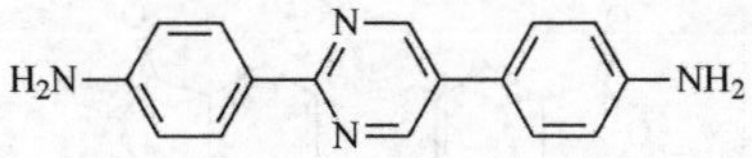
PSX4	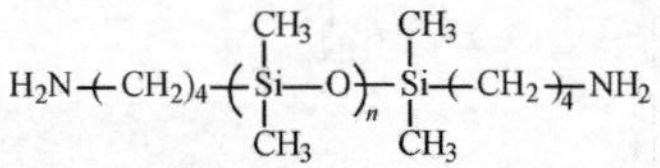	PTS	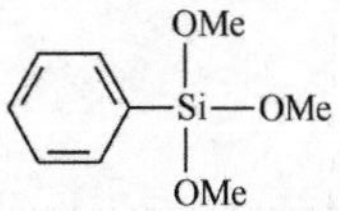
Py	吡啶	RsDPA	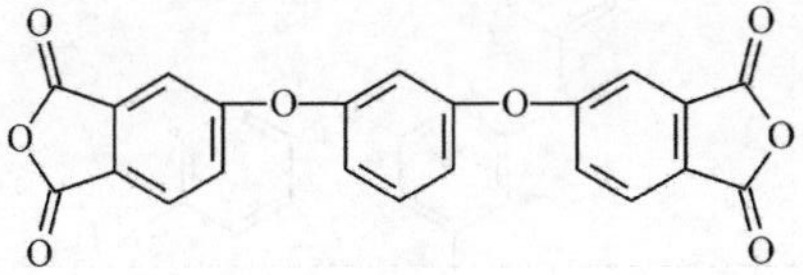
RTM	传递模塑	SDA	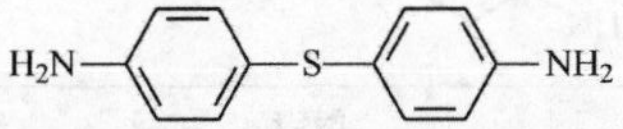

续表

缩写	结构	缩写	结构
SiDPA	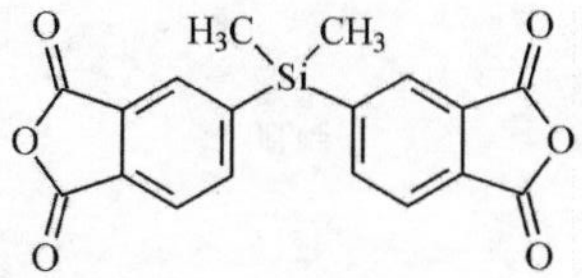	TAPOB	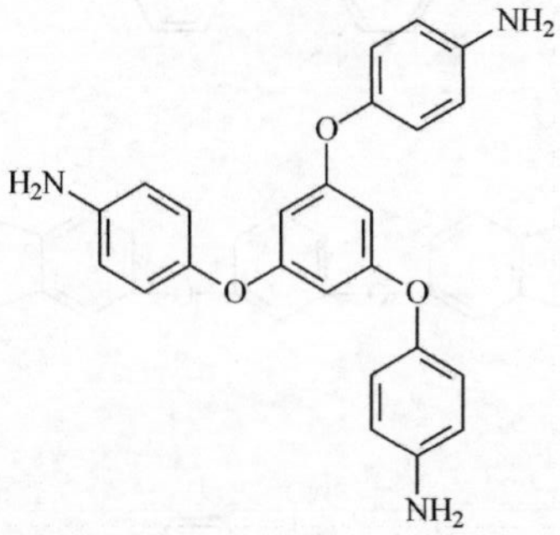
TAPB	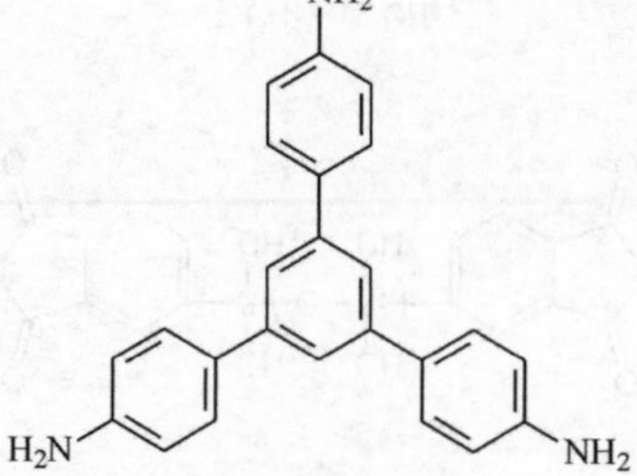	TDPA	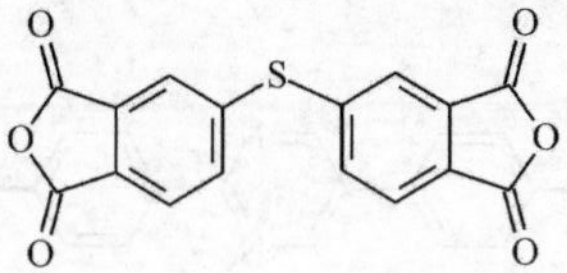
TEA	三乙胺	TEOS	正硅酸乙酯
TFDB	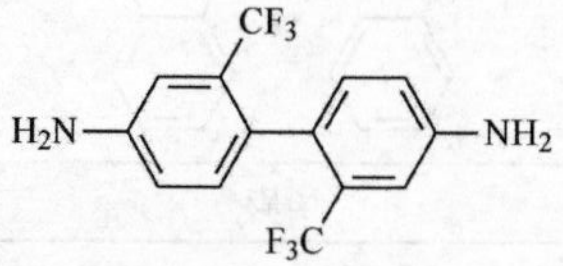	TFMPD	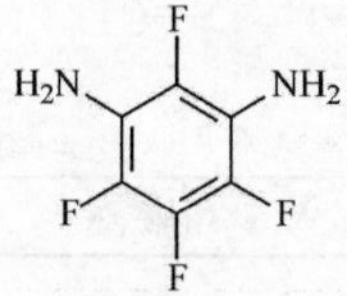

续表

缩写	结构	缩写	结构
TFMPPD	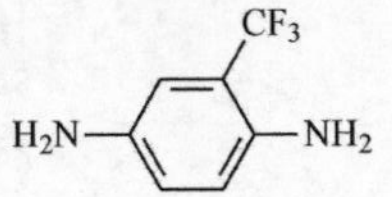	2TFMPPD	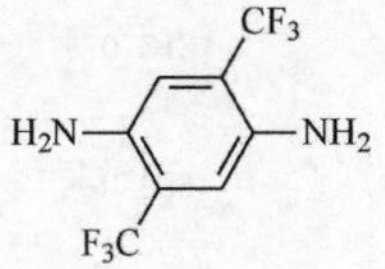
TFPDA	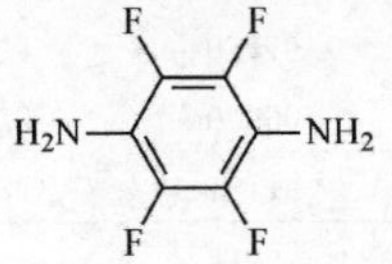	THF	四氢呋喃
TMA	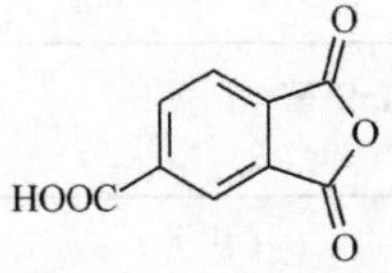	TMBz	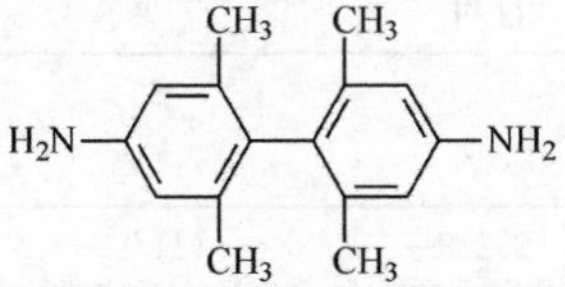
TMMDA	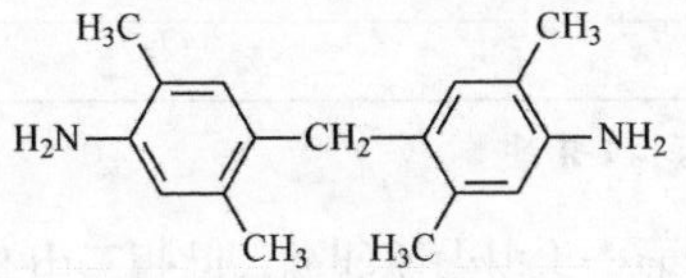	TMMPD	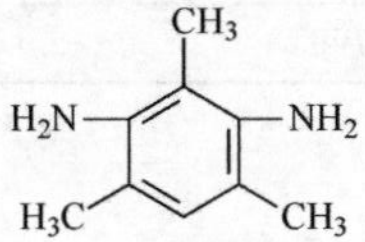
TMOS	正硅酸甲酯	TMPPD	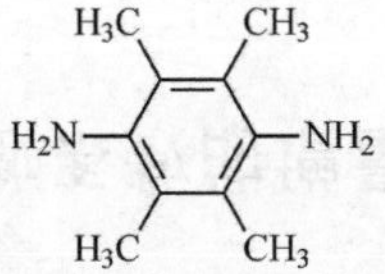
TPP	亚磷酸三苯酯		

附录 B　二酐单元及二胺单元对气体透过系数和扩散系数的增量

引自文献：Alentiev A Y，Loza K A，Tampolskii Y P. J. Membr. Sci.，2000，167:91.

对表 B-2 和表 B-3 中二酐和二胺的次序作了一些调整，见第 24.1.2 节。

表 B-1　各种气体对于透过系数和扩散系数的 C_m

lg *P*						lg *D*		
H_2	He	N_2	O_2	CO_2	CH_4	N_2	CO_2	CH_4
−7.515	−7.835	−8.462	−7.965	−7.472	−8.882	−8.174	−8.765	−9.816

表 B-2　二酐单元对于气体的透过系数和扩散系数的贡献

	二酐	lg *P*						lg *D*		
		H_2	He	N_2	O_2	CO_2	CH_4	N_2	CO_2	CH_4
A	PMDA	−0.534	−1.115	−0.419	−0.493	−0.573	−0.504	−0.302	0.434	0.284
B	BPDA	−0.773	−0.690	−0.807	−0.749	−0.929	−0.894	−0.738	0	0
C	BTDA	−0.754	−0.440	−1.023	−0.935	−1.069	−1.164	−1.199	−0.116	−0.162
D	6FDA	0	0	0	0	0	0	0	0.947	0.797
E	ODPA	−0.728	—	−1.157	−1.012	−0.941	−0.958	—	—	—
F	DSDA	−0.698	—	−0.790	−0.756	−0.932	−0.813	−0.539	—	—
G	SiDA	−0.478	—	−0.642	−0.685	−0.605	−0.361	—	—	—
H	HQDPA	−0.671	—	−1.316	−1.189	−0.799	—	−0.243	0.500	—
I	BPADA	—	−1.192	−0.880	−0.804	−0.698	−0.466	—	0.859	0.433
J	SpiroDPA	—	—	—	−0.102	—	—	—	—	—
K	CardoDPA	—	—	—	−0.840	—	—	—	—	—

表 B-3　二胺单元对于气体的透过系数和扩散系数的贡献

	二胺	lg *P*						lg *D*		
		H_2	He	N_2	O_2	CO_2	CH_4	N_2	CO_2	CH_4
1	PPD	−0.856	—	−1.635	−1.393	−1.210	−1.581	0.082	0.233	0.224
2	2,5′-DMPPD	−0.410	—	−1.112	−0.908	−0.898	−1.089	0.496	0.631	0.701
3	TMPPD	0.254	—	0.013	0.051	0.115	0.332	1.535	1.499	2.002
4	MPD	−1.099	0	−1.945	−1.621	−1.738	−2.100	−0.521	−0.467	0.015
5	2,4′-DAT	−0.670	—	−1.465	−1.236	−1/192	−1.434	0.406	−0.293	—
6	2,6′-DAT	−0.459	—	−1.202	−0.988	−0.908	−1.165	0.452	0.610	0.643
7	2-ClMPD	−0.863	—	—	—	−1.419	−1.751	—	—	—
8	DBA	−1.120	—	−1.965	−1.536	−2.027	−2.408	−0.838	−0.834	—
9	MDBA	−1.050	—	−1.633	−1.434	−1.631	—	−0.413	−0.453	—
10	EDBA	—	—	−1.285	−1.088	−1.352	—	−0.126	−0.221	—
11	XmPD	−0.923	—	—	—	—	−1.665	—	—	—
12	3,5′-DBTF	−0.666	—	−1.470	−1.227	−1.119	−1.354	0.207	0.136	
13	2,4′-DMMPD	−0.402	—	−0.842	−0.687	−0.751	−0.904	—	—	—
14	3MMPD	0.241	—	−0.099	−0.027	0.131	0.248	1.583	1.678	1.986
15	3,3′-DHOBz	—	−1.068	−3.020	−2.626	−2.473	−2.989	−1.097	−1.133	−1.255
16	3,3′-DMOBz	−1.022	—	−1.763	−1.449	−1.641	−2.132	—	—	—
17	2,6′-TMBz	−0.248	—	—	—	—	−0.737	—	—	—
18	3,5′-TMBz	−0.100	—	—	—	—	−0.362	—	—	—
19	DAF	—	−0.245	−1.532	−1.235	−1.680	−2.058	0.229	−0.047	−0.108
20	4,4′-SDA	−1.050	−0.907	−2.389	—	−1.638	−2.101	−0.152	−0.135	0.079
21	4,4′-ODA	−1.157	−0.545	−1.961	−1.690	−1.678	−1.897	0	0	0
22	3,3′-ODA	−1.367	—	−2.701	−2.315	−2.232	−2.662	—	−0.413	—
23	3,4′-ODA	−1.111	—	−2.125	−1.839	−1.836	−2.166	−0.173	−0.068	−0.017

续表

	二胺	lg *P*						lg *D*		
		H_2	He	N_2	O_2	CO_2	CH_4	N_2	CO_2	CH_4
24	3,5′-TMODA	−0.022	—	−0.501	−0.361	−0.206	−0.306	−0.537	−0.221	−0.106
25	APB	—	—	—	—	−1.503	−1.724	—	—	—
26	TPER	—	—	—	—	−1.867	−2.126	—	—	—
27	BAPE	—	−0.903	−2.043	−1.797	−1.634	−1.786	−0.075	−0.193	0.069
28	APBP	—	—	—	—	−1.469	−1.637	—	—	—
29	BAPP	—	—	—	—	−1.469	−1.578	—	—	—
30	*m*-BAPS	—	—	—	−2.066	−2.277	—	—	—	—
31	*p*-BAPS	−0.851	−0.697	−1.996	−1.721	−1.371	−2.038	0.121	0.196	0.322
32	BAPP	—	−0.600	−1.759	−1.511	−1.152	−1.297	0.369	0.554	0.635
33	4,4′-MDA	−0.919	−0.733	−1.854	−1.596	−1.442	−1.685	0.081	0.187	0.309
34	3,3′-DMMDA	−0.754	−0.573	−1.918	−1.596	−1.464	−1.808	−0.118	−0.090	−0.028
35	2,2′-DMMDA	−0.799	—	−1.791	−1.469	−1.392	−1.824	—	—	—
36	3,3′-DMOMDA	−0.803	—	−1.800	−1.482	−1.423	−1.822	—	—	—
37	3,3′-DClMDA	—	−0.659	−2.176	−1.824	−1.653	−2.023	−0.168	−0.202	−0.153
38	2,2′-DClMDA	—	−0.911	−2.702	−2.305	−2.074	−2.484	−0.592	−0.482	−0.377
39	2,2′-DBrMDA	—	−0.925	−2.718	−2.321	−2.101	−2.492	−0.473	−0.551	−0.440
40	2,2′-DFMDA	—	−0.838	−2.424	−2.131	−1.865	−2.114	−0.326	−0.282	−0.175
41	3,3′-D3FMDA	—	—	−1.485	−1.261	—	—	—	—	—
42	3,3′-DiPMDA	—	—	−1.304	−1.070	—	—	—	—	—
43	3,3′-DtBMDA	—	—	−0.862	−0.781	—	—	—	—	—
44	3,5′-TMMDA	—	−0.133	−0.823	−0.671	−0.367	−0.323	0.954	0.934	1.298
45	3,5′-TEMDA	—	—	−0.822	−0.720	—	—	—	—	—
46	3-DM,5-DiPMDA	—	—	−0.576	−0.524	—	—	—	—	—

续表

	二胺	lg P						lg D		
		H_2	He	N_2	O_2	CO_2	CH_4	N_2	CO_2	CH_4
47	3,5′-TiPMDA	—	—	−0.384	−0.336	—	—	—	—	—
48	*m*,*m*-6FBA	0.059	−0.794	−1.658	−1.370	−1.292	−1.643	0.529	0.686	0.680
49	4,4′-DMm-6FBA	—	—	—	—	−1.030	−1.325	—	—	—
50	*m*-IPDA	−0.903	—	−1.864	−1.574	−1.499	−1.782	0.066	0.160	0.166
51	3FDA	—	—	−1.485	−1.391?	—	—	—	—	—
52	3,5′-TM3FDA	—	—	−0.546	−0.594	—	—	—	—	—
53	3-DM,5-DiP3FDA	—	—	−0.310	−0.292	—	—	—	—	—
54	3,5′-TiP3FDA	—	—	−0.096	−0.114	—	—	—	—	—
55	BAPF	—	—	−0.983	−0.921	—	—	—	—	—
56	3DFBAPF	—	—	−1.095	−0.904	—	—	—	—	—
57	3DiPBAPF	—	—	−0.943	−0.769	—	—	—	—	—
58	3,5′-TMBAPF	—	—	−0.324	−0.253	—	—	—	—	—
59	3DiP5DMBAPF	—	—	−0.176	−0.084	—	—	—	—	—
60	*p*-DDS	−0.804	−0.628	−2.033	−1.745	−1.287	−1.703	−0.055	0.287	0.260
61	*m*-DDS	−1.447	—	—	—	−2.494	−3.181	—	−0.835	−1.178
62	3DM,*p*-DDS	−1.396	—	—	—	−2.499	−2.913	—	—	—
63	DDBT	−0.310	−0.272	−1.468	−1.204	−0.894	−1.197	0.211	0.348	0.373
64	*p*-6FBAP	−0.589	−0.213	−1.336	−1.108	−0.971	−1.118	0.737	0.814	0.938
65	*m*-6FBAP	−0.918	−0.755	−1.908	−1.650	−1.557	−1.785	—	—	—
66	*p*-2D3F6FBAP	−0.390	—	−1.074	−0.868	−0.748	−0.843	0.826	0.978	1.110
67	1,5′-NDA	−0.911	—	—	—	−2.062	−2.084	—	—	—
68	IPDA	−0.619	−0.438	−1.299	−1.188	−1.002	−1.194	0.554	0.650	0.807
69	BisP	—	—	−0.469	−0.685	−1.450	−1.081	—	—	—